물리학 Ⅱ

정답과 해설 PDF 파일은 EBS*i* 사이트(www.ebsi.co.kr)에서 다운로드 받으실 수 있습니다.

EBS*i* 사이트에서 본 교재의 문항별 해설 강의 검색 서비스를 제공하고 있습니다.

교재 내용 문의 교재 및 강의 내용 문의는 EBS*i* 사이트 (www.ebs*i*.co.kr)의 학습 Q&A 서비스를 활용하시기 바랍니다.

교재 정오표 공지 발행 이후 발견된 정오 사항을 EBS*i* 사이트 정오표 코너에서 알려 드립니다. **교재 ▶ 교재 자료실 ▶ 교재 정오표**

교재 정정 신청 공지된 정오 내용 외에 발견된 정오 사항이 있다면 EBS에 알려 주세요. **교재 ▶ 교재 정정 신청**

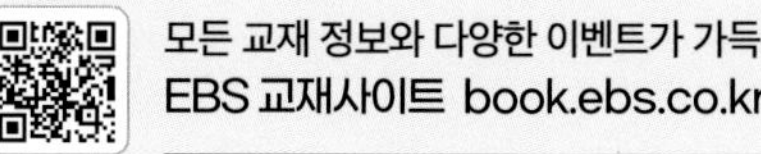

기획 및 개발

오창호

집필 및 검토

김대현(창현고등학교)
민병도(부산외국어고등학교)
박인규(탄현중학교)
이상현(이리고등학교)
채규선(경기북과학고등학교)

검토

강태욱
김경철
김형섭
남종민
민보경
박수환
신성용
신찬욱
정성원
정수정

편집 검토

김선영 조은정

본 교재의 강의는 TV와 모바일 APP, EBS*i* 사이트(www.ebs*i*.co.kr)에서 무료로 제공됩니다.

발행일 2020. 3. 1. **6쇄 인쇄일** 2024. 3. 14. **신고번호** 제2017-000193호 **펴낸곳** 한국교육방송공사 경기도 고양시 일산동구 한류월드로 281
표지디자인 디자인싹 **인쇄** ㈜테라북스 **내지디자인** 다우 **내지조판** 다우 **사진** 북앤포토, ㈜아이엠스톡
인쇄 과정 중 잘못된 교재는 구입하신 곳에서 교환하여 드립니다. 신규 사업 및 교재 광고 문의 pub@ebs.co.kr

물리학 Ⅱ

CONTENTS

차례와 우리 학교 교과서 비교

구성과 특징

1 교과서 내용 정리

교과서의 내용을 반드시 알아야 하는 개념 중심으로 이해하기 쉽게 상세히 정리하였습니다. 개념을 다지고 핵심 용어를 익힐 수 있습니다.

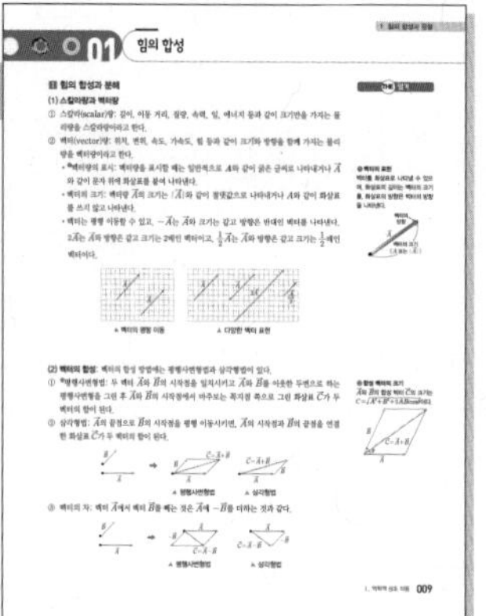

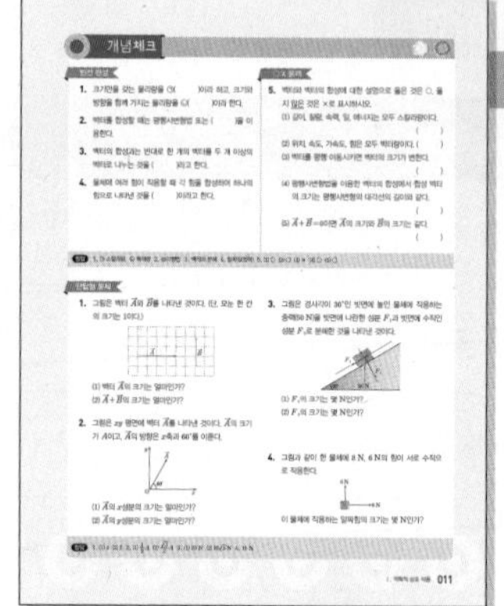

2 개념 체크

내용을 학습하면서 간단한 문제로 개념을 확인할 수 있도록 하였습니다.

3 탐구 활동

교과서에 수록된 여러 가지 탐구 활동 중에 중요한 주제를 선별하여 과정, 결과 정리 및 해석, 탐구 분석의 순서로 정리하였습니다.

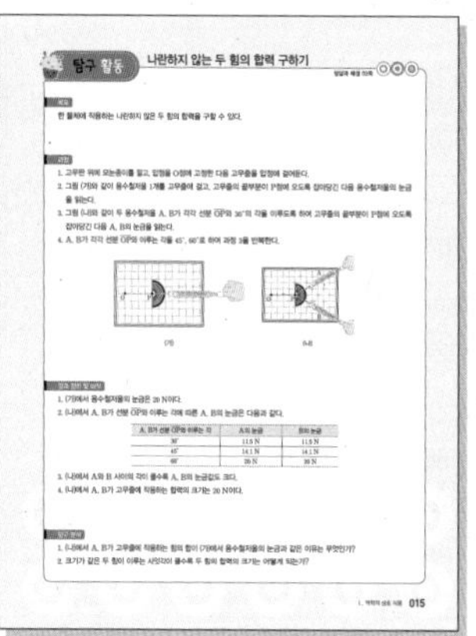

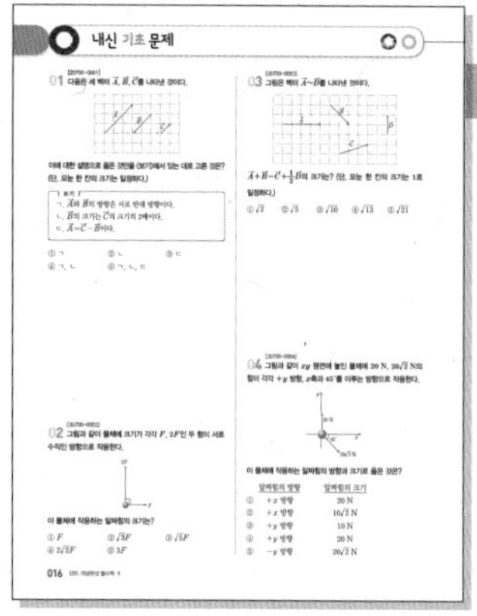

4 내신 기초 문제

기초 실력 연마에 도움이 되는 문제 위주로 수록하여 학교 시험에 대비할 수 있도록 하였습니다.

5 실력 향상 문제

난이도 있는 문제를 수록하여 문제에 대한 응용력을 기를 수 있도록 하였습니다.

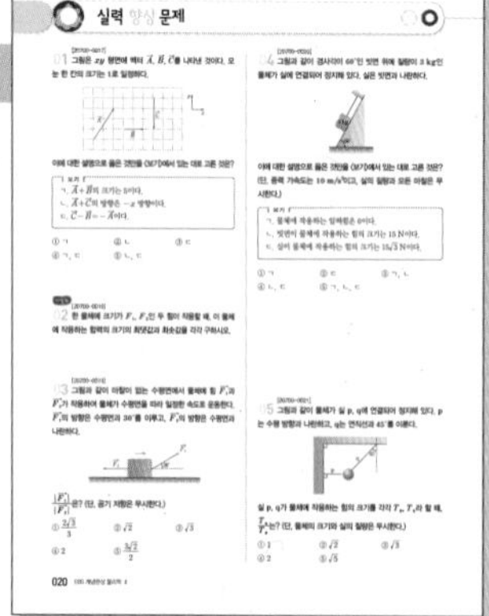

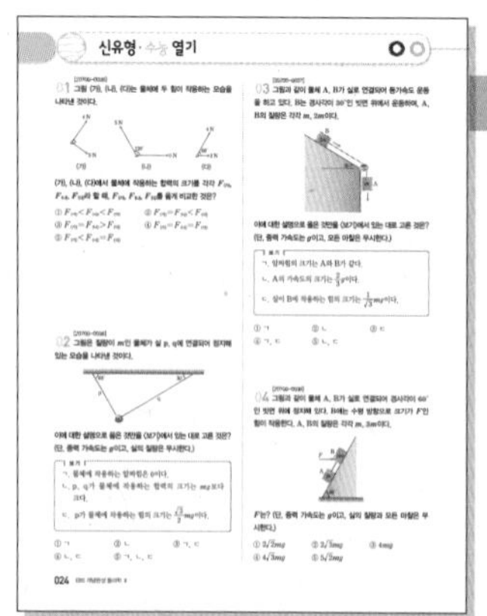

6 신유형 · 수능 열기

수능형 문항으로 수능의 감(感)을 잡을 수 있도록 하였습니다.

7 단원 정리

단원 학습이 끝나면 단원 정리를 통해 학습 내용을 정리해 볼 수 있습니다.

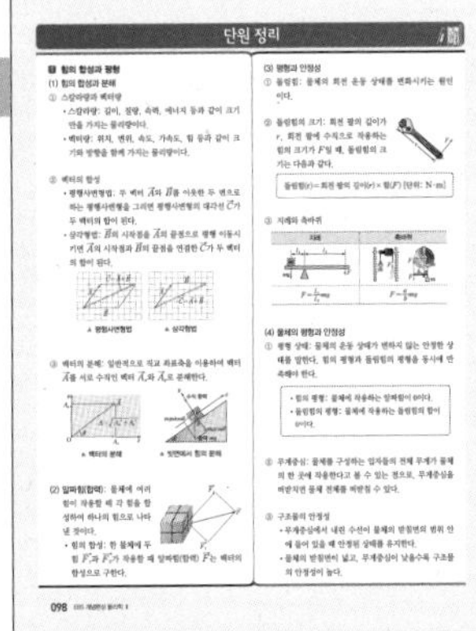

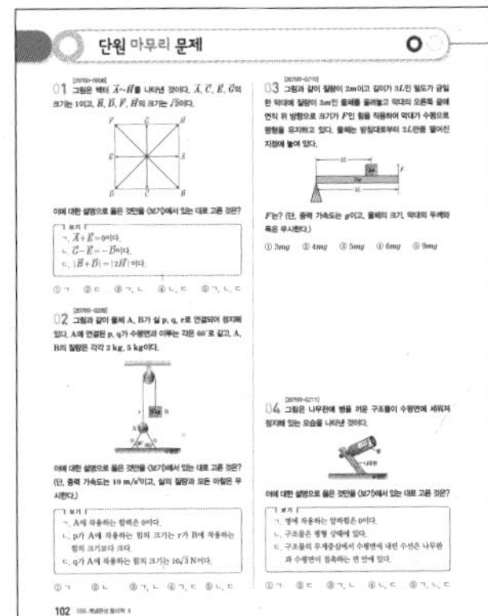

8 단원 마무리 문제

앞에서 학습한 내용을 최종 마무리 할 수 있도록 단원간 통합형 문제로 출제하였습니다.

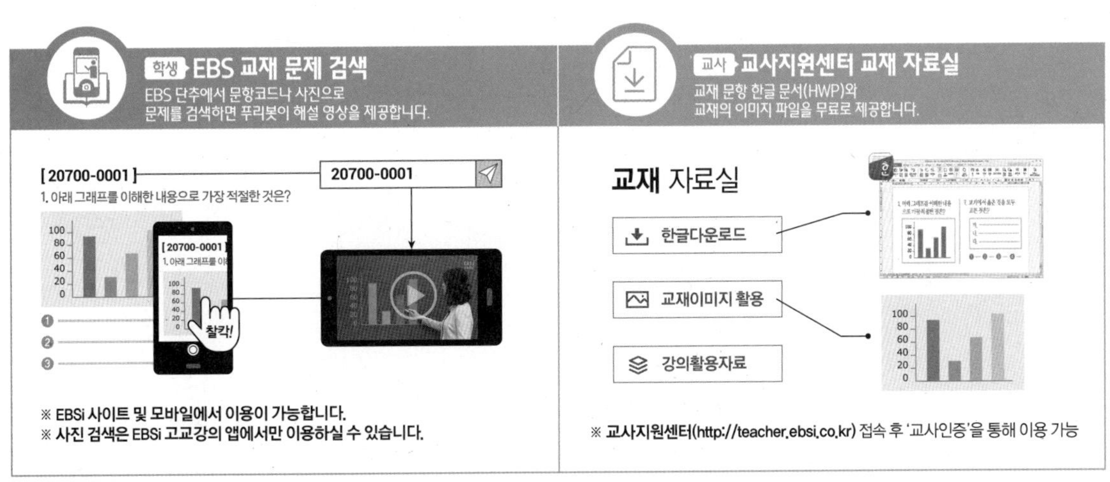

I 역학적 상호 작용

1 힘의 합성과 평형

- 벡터의 성질을 알고 힘의 합성과 분해 이해하기
- 물체에 작용하는 알짜힘 구하기
- 돌림힘의 평형을 이용하여 물체의 안정성 이해하기

한눈에 단원 파악, 이것이 핵심!

벡터를 어떻게 합성하고 분해할까?

- 나란하지 않은 두 벡터의 합성: 평행사변형법과 삼각형법이 있다.

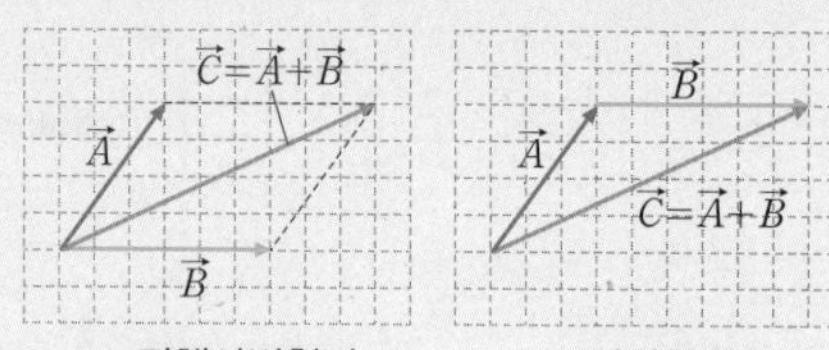

▲ 평행사변형법 ▲ 삼각형법

- 벡터의 분해: 일반적으로 서로 직교하는 x축과 y축 방향의 두 성분으로 분해할 수 있다.

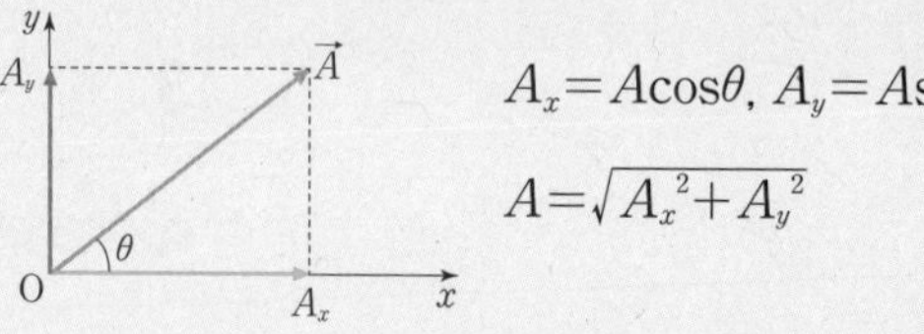

$A_x = A\cos\theta,\ A_y = A\sin\theta$

$A = \sqrt{A_x^{2} + A_y^{2}}$

구조물이 평형 상태를 유지하는 조건은 무엇일까?

- 돌림힘: 물체의 회전 운동 상태를 변화시키는 원인이다.

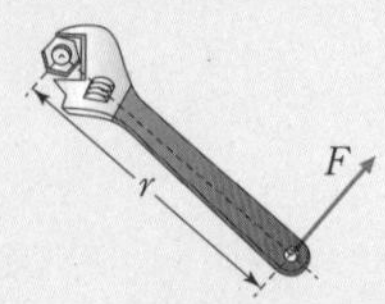

돌림힘(τ) = 회전 팔의 길이(r) × 힘(F)

- 평형 상태: 구조물에 작용하는 알짜힘이 0이고, 구조물에 작용하는 돌림힘의 합이 0일 때이다.
- 구조물의 안정성: 구조물의 받침면이 넓고, 무게중심이 낮을수록 안정성이 높다.

01 힘의 합성

1 힘의 합성과 분해

THE 알기

(1) 스칼라량과 벡터량

① 스칼라(scalar)량: 길이, 이동 거리, 질량, 속력, 일, 에너지 등과 같이 크기만을 가지는 물리량을 스칼라량이라고 한다.

② 벡터(vector)량: 위치, 변위, 속도, 가속도, 힘 등과 같이 크기와 방향을 함께 가지는 물리량을 벡터량이라고 한다.

- [1]벡터량의 표시: 벡터량을 표시할 때는 일반적으로 **A**와 같이 굵은 글씨로 나타내거나 $\vec{A}$와 같이 문자 위에 화살표를 붙여 나타낸다.
- 벡터의 크기: 벡터량 $\vec{A}$의 크기는 $|\vec{A}|$와 같이 절댓값으로 나타내거나 A와 같이 화살표를 쓰지 않고 나타낸다.
- 벡터는 평행 이동할 수 있고, $-\vec{A}$는 $\vec{A}$와 크기는 같고 방향은 반대인 벡터를 나타낸다. $2\vec{A}$는 $\vec{A}$와 방향은 같고 크기는 2배인 벡터이고, $\frac{1}{2}\vec{A}$는 $\vec{A}$와 방향은 같고 크기는 $\frac{1}{2}$배인 벡터이다.

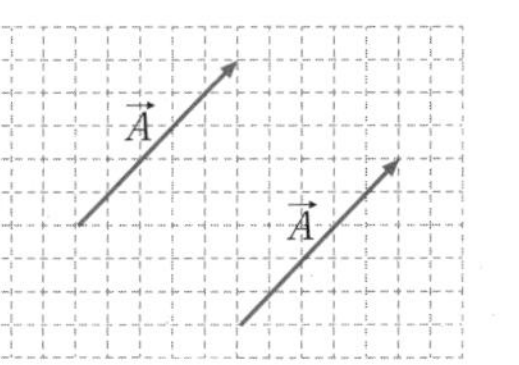

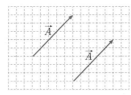

▲ 벡터의 평행 이동

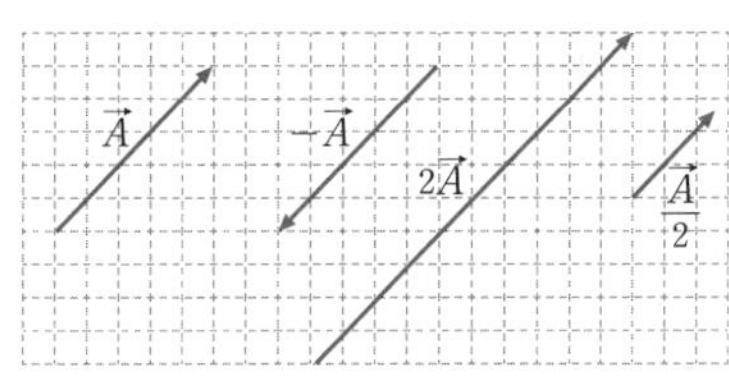

▲ 다양한 벡터 표현

❶ 벡터의 표현
벡터를 화살표로 나타낼 수 있으며, 화살표의 길이는 벡터의 크기를, 화살표의 방향은 벡터의 방향을 나타낸다.

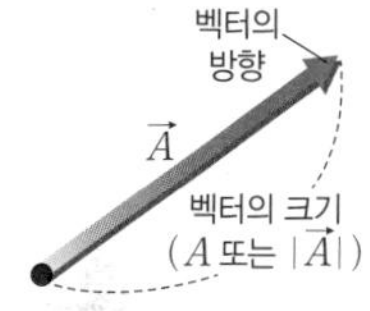

(2) 벡터의 합성: 벡터의 합성 방법에는 평행사변형법과 삼각형법이 있다.

① [2]평행사변형법: 두 벡터 $\vec{A}$와 $\vec{B}$의 시작점을 일치시키고 $\vec{A}$와 $\vec{B}$를 이웃한 두변으로 하는 평행사변형을 그린 후 $\vec{A}$와 $\vec{B}$의 시작점에서 마주보는 꼭지점 쪽으로 그린 화살표 $\vec{C}$가 두 벡터의 합이 된다.

② 삼각형법: $\vec{A}$의 끝점으로 $\vec{B}$의 시작점을 평행 이동시키면, $\vec{A}$의 시작점과 $\vec{B}$의 끝점을 연결한 화살표 $\vec{C}$가 두 벡터의 합이 된다.

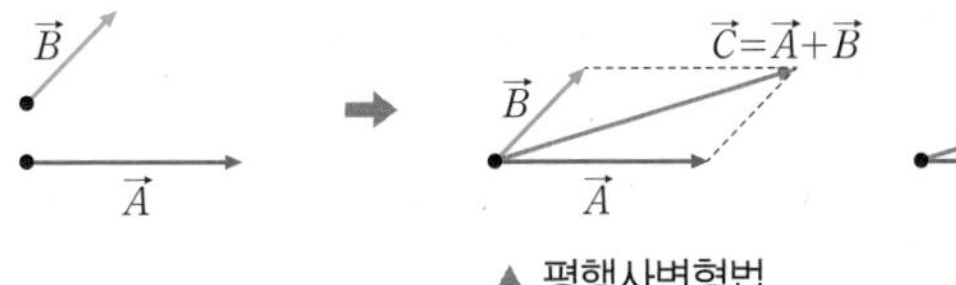

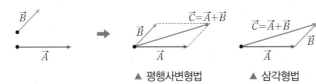

▲ 평행사변형법 ▲ 삼각형법

③ 벡터의 차: 벡터 $\vec{A}$에서 벡터 $\vec{B}$를 빼는 것은 $\vec{A}$에 $-\vec{B}$를 더하는 것과 같다.

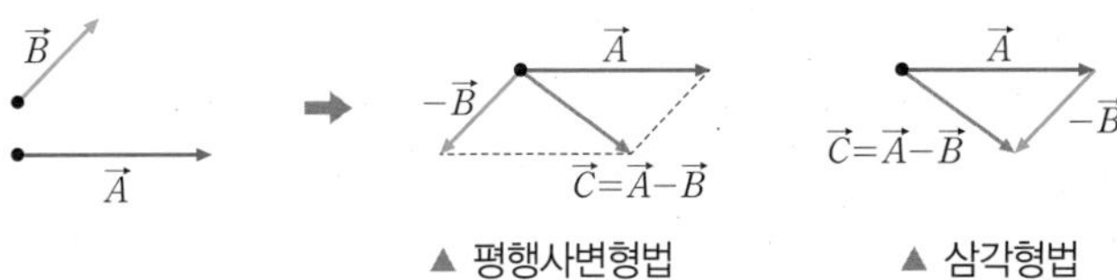

▲ 평행사변형법 ▲ 삼각형법

❷ 합성 벡터의 크기
$\vec{A}$와 $\vec{B}$의 합성 벡터 $\vec{C}$의 크기는 $C=\sqrt{A^2+B^2+2AB\cos\theta}$이다.

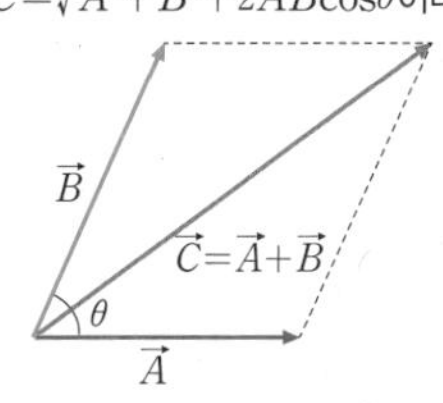

THE 알기

❶ 여러 벡터의 합성
한 벡터의 끝점으로 더하고자 하는 다른 벡터의 시작점을 평행이동시키는 것을 반복한 후, $\vec{A}$의 시작점과 $\vec{D}$의 끝점을 이은 화살표가 $\vec{A}+\vec{B}+\vec{C}+\vec{D}$가 된다.

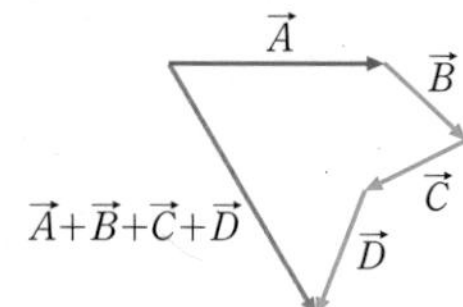

④ [❶]여러 벡터의 합성: 세 개 이상의 벡터를 합성하는 경우에는 두 벡터를 합성하는 방법을 반복하여 벡터의 합을 구한다.

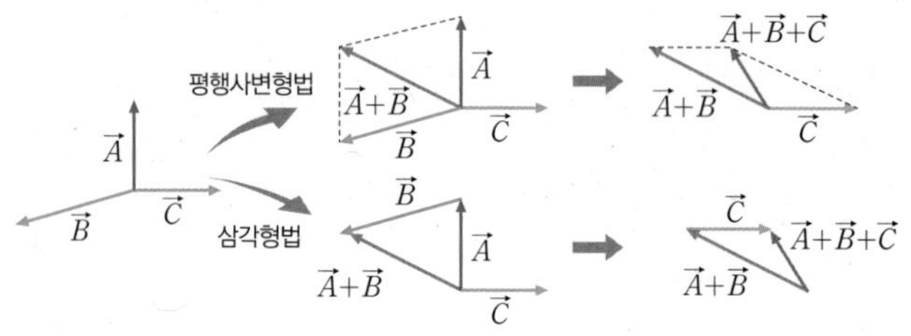

(3) 벡터의 분해: 벡터의 합성과는 반대로 한 개의 벡터를 두 개 이상의 벡터로 나누는 것을 벡터의 분해라고 한다.

① 벡터는 삼각형법 또는 평행사변형법을 만족하는 임의 방향의 성분 벡터로 분해할 수 있지만, 일반적으로 직교 좌표축을 이용하여 서로 수직인 벡터로 분해한다.

② [❷]벡터의 성분: $\vec{A}$를 $\vec{A}_x+\vec{A}_y$로 나타낼 때 $\vec{A}_x$, $\vec{A}_y$를 $\vec{A}$의 성분 벡터라고 하고, A_x, A_y는 각각 $\vec{A}$의 x성분의 크기, y성분의 크기라고 한다.

❷ 벡터의 성분의 크기
벡터 $\vec{A}$가 x축과 이루는 각이 θ이고, 크기가 A일 때, $\vec{A}$의 x성분의 크기는 $A_x=A\cos\theta$이고, y성분의 크기는 $A_y=A\sin\theta$이다.

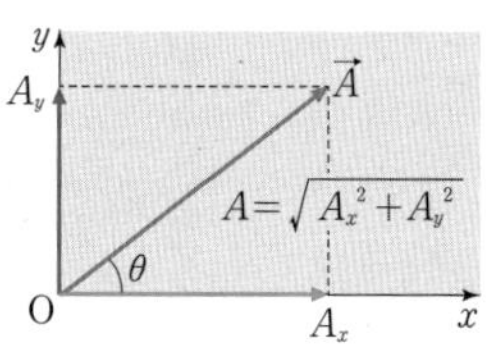

(4) 알짜힘(합력): 물체에 여러 힘이 작용할 때 각 힘을 합성하여 하나의 힘으로 나타낸 것을 알짜힘(합력)이라고 한다.

① 힘의 합성: 한 물체에 두 힘 $\vec{F}_1$과 $\vec{F}_2$가 작용할 때 알짜힘(합력) $\vec{F}$는 벡터의 합성으로 구한다.

② 빗면에 놓인 물체에 작용하는 알짜힘: 빗면 위에 놓인 물체의 중력(mg)은 빗면에 나란한 성분과 빗면에 수직인 성분으로 분해할 수 있다. 빗면의 경사각이 θ일 때 물체에 작용하는 중력을 분해하면 다음과 같다.

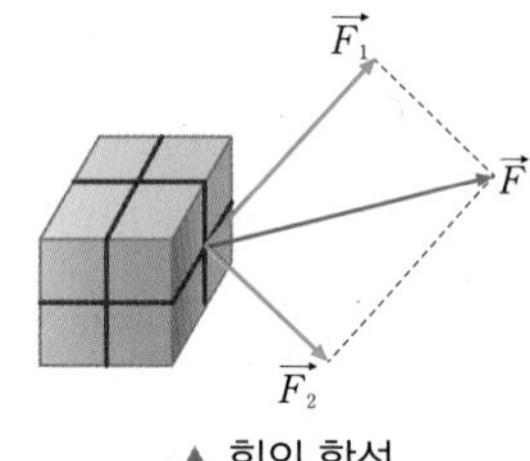

▲ 힘의 합성

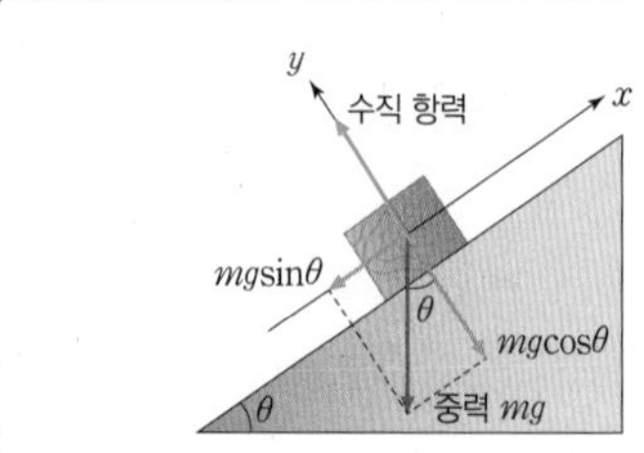

• 중력의 빗면에 나란한 성분의 크기: $mg\sin\theta$
• 중력의 빗면에 수직인 성분의 크기: $mg\cos\theta$

빗면이 물체를 수직으로 떠받치는 [❸]힘(수직 항력)과 중력의 빗면에 수직인 성분은 평형을 이루므로 마찰이 없는 빗면에서 물체에 작용하는 알짜힘의 방향은 빗면과 나란하고 크기는 $mg\sin\theta$이다.

❸ 수직 항력
물체가 접촉한 면을 수직으로 누르는 힘의 반작용으로 접촉한 면이 물체를 수직으로 떠받치는 힘을 수직 항력이라고 한다. 수평면에 놓인 물체에 작용하는 수직 항력의 크기는 물체에 작용하는 중력의 크기와 같다.

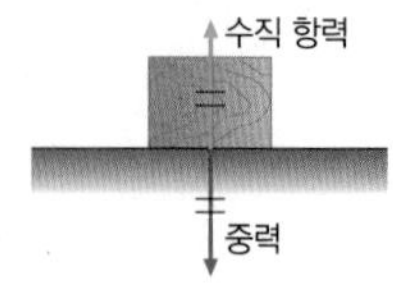

개념체크

빈칸 완성

1. 크기만을 갖는 물리량을 ㉠(　　　)이라 하고, 크기와 방향을 함께 가지는 물리량을 ㉡(　　　)이라 한다.

2. 벡터를 합성할 때는 평행사변형법 또는 (　　　)을 이용한다.

3. 벡터의 합성과는 반대로 한 개의 벡터를 두 개 이상의 벡터로 나누는 것을 (　　　)라고 한다.

4. 물체에 여러 힘이 작용할 때 각 힘을 합성하여 하나의 힘으로 나타낸 것을 (　　　)이라고 한다.

○X 문제

5. 벡터와 벡터의 합성에 대한 설명으로 옳은 것은 ○, 옳지 않은 것은 ×로 표시하시오.

(1) 길이, 질량, 속력, 일, 에너지는 모두 스칼라량이다. (　　)

(2) 위치, 속도, 가속도, 힘은 모두 벡터량이다. (　　)

(3) 벡터를 평행 이동시키면 벡터의 크기가 변한다. (　　)

(4) 평행사변형법을 이용한 벡터의 합성에서 합성 벡터의 크기는 평행사변형의 대각선의 길이와 같다. (　　)

(5) $\vec{A}+\vec{B}=0$이면 $\vec{A}$의 크기와 $\vec{B}$의 크기는 같다. (　　)

정답 1. ㉠ 스칼라량, ㉡ 벡터량 2. 삼각형법 3. 벡터의 분해 4. 알짜힘(합력) 5. (1) ○ (2) ○ (3) × (4) ○ (5) ○

단답형 문제

1. 그림은 벡터 $\vec{A}$와 $\vec{B}$를 나타낸 것이다. (단, 모눈 한 칸의 크기는 1이다.)

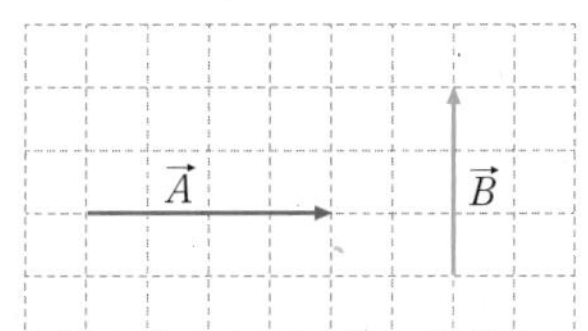

(1) 벡터 $\vec{A}$의 크기는 얼마인가?

(2) $\vec{A}+\vec{B}$의 크기는 얼마인가?

2. 그림은 xy 평면에 벡터 $\vec{A}$를 나타낸 것이다. $\vec{A}$의 크기가 A이고, $\vec{A}$의 방향은 x축과 60°를 이룬다.

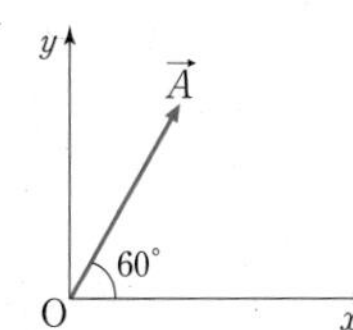

(1) $\vec{A}$의 x성분의 크기는 얼마인가?

(2) $\vec{A}$의 y성분의 크기는 얼마인가?

3. 그림은 경사각이 30°인 빗면에 놓인 물체에 작용하는 중력(50 N)을 빗면에 나란한 성분 F_1과 빗면에 수직인 성분 F_2로 분해한 것을 나타낸 것이다.

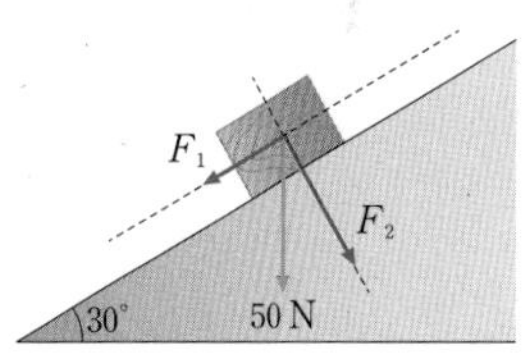

(1) F_1의 크기는 몇 N인가?

(2) F_2의 크기는 몇 N인가?

4. 그림과 같이 한 물체에 8 N, 6 N의 힘이 서로 수직으로 작용한다.

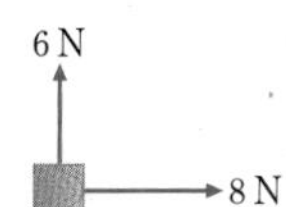

이 물체에 작용하는 알짜힘의 크기는 몇 N인가?

정답 1. (1) 4 (2) 5 2. (1) $\frac{1}{2}A$ (2) $\frac{\sqrt{3}}{2}A$ 3. (1) 25 N (2) $25\sqrt{3}$ N 4. 10 N

02 평형과 안정성

THE 알기

❶ 돌림힘의 크기
회전축으로부터 크기가 F인 힘이 작용하는 지점까지의 거리가 r이고 힘의 방향과 회전 팔의 연장선이 이루는 각이 ϕ일 때, 돌림힘의 크기는 $\tau = rF\sin\phi$이다.

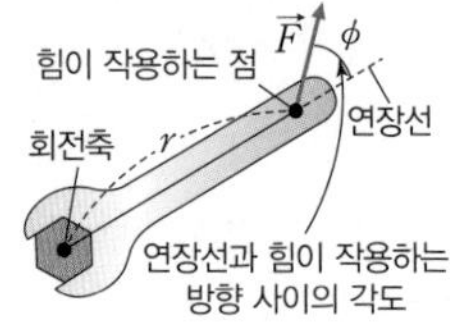

❷ 돌림힘의 방향
받침점을 회전축으로 할 때, 힘 F에 의한 돌림힘은 지레를 시계 방향으로 회전시키려고 하고 물체의 무게 w에 의한 돌림힘은 지레를 시계 반대 방향으로 회전시키려고 한다.

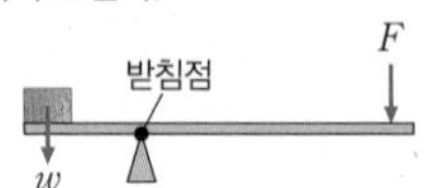

1 돌림힘

(1) 돌림힘: 물체의 회전 운동 상태를 변화시키는 원인을 돌림힘 또는 토크(torque)라고 한다.

① ❶돌림힘의 크기: 회전 팔의 길이를 r, 회전 팔에 수직으로 작용하는 힘의 크기를 F라고 하면, 돌림힘의 크기는 다음과 같다.

> 돌림힘(τ) = 회전 팔의 길이(r) × 힘(F)

- 돌림힘의 크기는 회전 팔의 길이가 길수록, 힘의 크기가 클수록 크다.
- 돌림힘의 크기는 회전 팔의 방향과 힘의 방향이 수직일 때 가장 크고, 평행일 때는 0이다.
- 돌림힘의 단위: N·m

② 지레의 원리: 지레가 수평으로 평형을 유지하고 있는 상태에서는 힘 F에 의한 돌림힘(τ_F)과 물체의 무게에 의한 돌림힘(τ_w)은 크기가 같고 ❷방향은 반대이다.

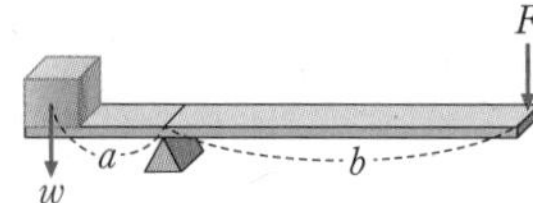

> $F \times b = w \times a \Rightarrow F = \frac{a}{b}w$

- 지레의 원리를 이용한 예: 병따개, 가위, 장도리 등

③ 축바퀴: 하나의 회전축에 반지름이 다른 두 바퀴가 붙어 있는 도구이다.

- 반지름이 큰 바퀴에 작은 힘을 작용하여 반지름이 작은 바퀴에 연결된 무거운 물체를 움직일 수 있다.
- 물체가 매달려 있는 상태는 지레의 원리와 같이 회전축을 중심으로 큰 바퀴의 돌림힘과 작은 바퀴의 돌림힘이 크기가 같고 방향이 반대이다.

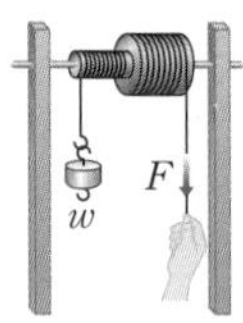

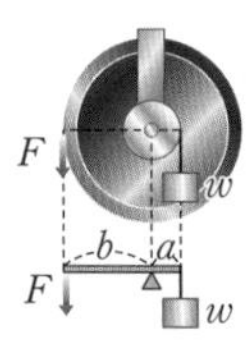

> $F \times b = w \times a \Rightarrow F = \frac{a}{b}w$

- 축바퀴를 이용한 예: 자동차의 운전대, 드라이버, 자전거 기어, 문 손잡이 등

THE 들여다보기 여러 가지 도구와 일의 원리

	지레	움직 도르래	축바퀴
도구	$F = \frac{a}{b}w,\ s = \frac{b}{a}h$ → $Fs = wh$	$F = \frac{1}{2}w,\ s = 2h$ → $Fs = wh$	$F = \frac{a}{b}w,\ s = \frac{b}{a}h$ → $Fs = wh$
일의 원리	지레, 움직 도르래, 축바퀴, 빗면 등의 도구를 이용하면 일의 이득은 없지만 작은 힘으로 같은 일을 할 수 있다.		

2 물체의 평형과 안정성

(1) 평형 상태

① 힘의 평형: 물체에 작용하는 모든 힘들의 합력이 0인 상태로 병진 운동 상태의 변화가 없다.
➡ $\vec{F}_{알짜}=\vec{F}_1+\vec{F}_2+\vec{F}_3+\cdots=\sum\vec{F}_i=0$

② 돌림힘의 평형: 물체에 작용하는 돌림힘의 합이 0인 상태로 회전 운동 상태의 변화가 없다.
➡ $\vec{\tau}_{알짜}=\vec{\tau}_1+\vec{\tau}_2+\vec{\tau}_3+\cdots=\sum\vec{\tau}_i=0$

③ ❶평형 상태: 물체가 정지해 있거나 등속도로 운동할 때 또는 일정한 속력으로 회전하면서 정지해 있거나 등속도 운동할 때 물체는 평형 상태에 있다고 한다. 평형 상태에 있기 위해서는 힘의 평형과 돌림힘의 평형을 동시에 만족해야 한다.

❶ **정적 평형 상태**
물체가 회전하거나 움직이지 않고 가만히 정지해 있을 때 정적 평형 상태에 있다고 한다. 정적 평형 상태에 있는 물체에 작용하는 알짜힘은 0이고, 돌림힘의 합도 0이다.

(2) 무게중심: 물체를 구성하는 입자들의 전체 무게가 물체의 한 곳에 작용한다고 볼 수 있는 점이다.

① 균일한 물질로 이루어진 공이나 정육면체의 무게중심은 중앙에 있다.
② 모양이 불규칙한 물체의 무게중심은 물체의 서로 다른 점을 실로 매달았을 때 실의 방향을 연장한 연장선이 만나는 점이다.
③ 무게중심을 받치면 물체 전체를 떠받칠 수 있다.

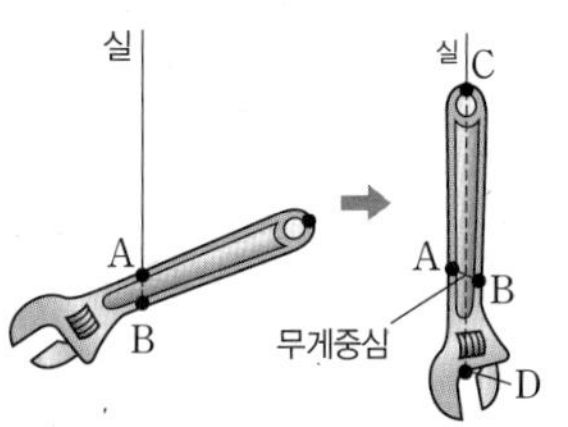

▲ 무게중심 찾기

(3) 구조물의 안정성

① 구조물이 안정적으로 정지해 있기 위한 조건: 구조물이 안정한 평형 상태에 있어야 한다.
② 물체의 무게중심에서 내린 수선이 물체의 받침면의 범위 안에 들어 있을 때 물체는 안정된 상태를 유지할 수 있다.
③ ❷구조물의 안정성: 물체의 받침면이 넓고, 무게중심이 낮을수록 안정성이 높다.

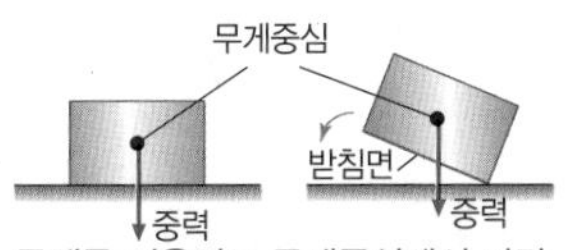

물체를 기울여도 무게중심에서 바닥에 내린 수선이 받침면 안에 있어 넘어지지 않고 원래 위치로 되돌아온다.

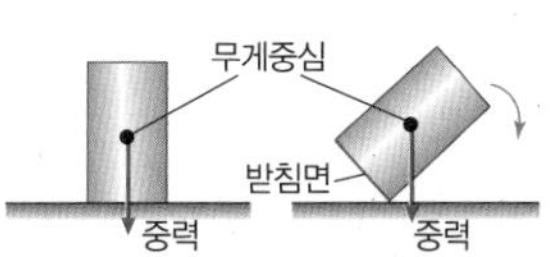

물체를 기울이면 무게중심에서 바닥에 내린 수선이 받침면 안에 있지 않아 물체가 넘어진다.

❷ **복원력과 배의 안정성**
평형 위치에서 벗어난 물체가 원래 위치로 되돌아가려는 힘을 복원력이라고 한다. A와 같이 배의 무게중심이 낮으면 약간 기울어져도 부력에 의한 돌림힘으로 원래 위치로 되돌아가지만, B와 같이 무게중심이 높으면 부력에 의한 돌림힘이 배를 더 기울어지게 한다.

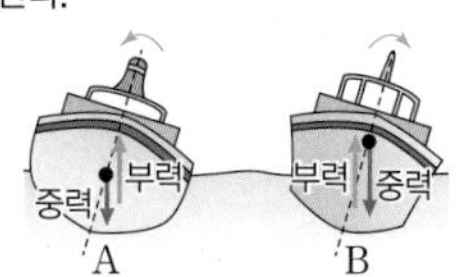

THE 들여다보기 안정한 평형과 불안정한 평형

그림 (가)와 같이 물체가 약간 기울어져도 처음 위치로 되돌아오는 복원력이 작용하기 때문에 물체는 다시 평형 상태로 되돌아온다. 이와 같은 상태를 안정한 평형이라고 한다. 그림 (나)와 같이 물체가 약간 기울어지면 계속 기울어지게 되어 평형 상태로 되돌아오지 못한다. 이와 같은 상태를 불안정한 평형이라고 한다. 물체를 약간 기울일 때 무게중심이 높아지면 안정한 평형이고, 무게중심이 낮아지면 불안정한 평형이다.

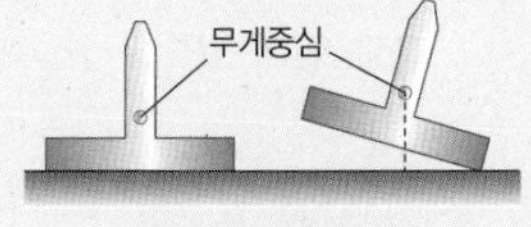

(가) 안정한 평형

(나) 불안정한 평형

개념체크

빈칸 완성

1. 물체의 회전 운동 상태를 변화시키는 원인을 (　　　) 이라고 한다.

2. 물체를 구성하는 입자들의 전체 무게가 물체의 한 곳에 작용한다고 볼 수 있는 점이 (　　　)이다.

3. (　　　)는 하나의 회전축에 반지름이 다른 두 바퀴가 붙어 있어 작은 힘으로 무거운 물체를 들어 올릴 수 있다.

4. 물체가 정지해 있거나 등속도로 운동할 때 또는 일정한 속력으로 회전하면서 정지해 있거나 등속도 운동할 때를 (　　　)라고 한다.

5. 물체가 평형 상태에 있기 위해서는 ㉠(　　　)과 ㉡(　　　)을 모두 만족해야 한다.

둘 중에 고르기

6. 돌림힘의 크기는 회전 팔의 길이가 (짧을수록 , 길수록) 크다.

7. 구조물의 안정성은 구조물의 무게중심이 ㉠(낮을수록, 높을수록) 높고, 지면과 접촉하는 면적이 ㉡(작을수록, 클수록) 높다.

8. 그림과 같이 회전문에 크기가 같은 힘 F_1과 F_2를 작용한다.

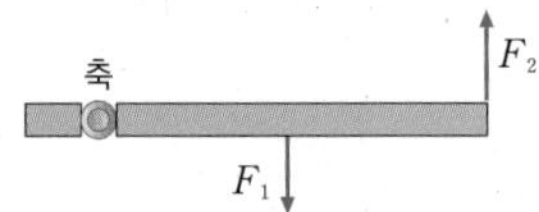

(1) 축을 회전축으로 할 때, F_1에 의한 돌림힘의 크기는 F_2에 의한 돌림힘의 크기보다 (작 , 크)다.

(2) 축을 회전축으로 할 때, F_1에 의한 돌림힘과 F_2에 의한 돌림힘은 (같은 방향 , 반대 방향)이다.

정답 1. 돌림힘 2. 무게중심 3. 축바퀴 4. 평형 상태 5. ㉠ 힘의 평형, ㉡ 돌림힘의 평형 6. 길수록, 7. ㉠ 낮을수록, ㉡ 클수록 8. (1) 작 (2) 반대 방향

○X 문제

1. 돌림힘에 대한 설명으로 옳은 것은 ○, 옳지 않은 것은 ×로 표시하시오.

(1) 돌림힘의 단위는 N·m이다. (　　)

(2) 돌림힘은 회전 팔의 길이 r와 작용하는 힘 F 사이의 각이 수직일 때 최대이며 나란할 때는 0이다. (　　)

(3) 물체에 작용하는 알짜힘이 0이면 물체에 작용하는 돌림힘의 합도 항상 0이다. (　　)

2. 물체의 안정성에 대한 설명으로 옳은 것은 ○, 옳지 않은 것은 ×로 표시하시오.

(1) 평형 상태에 있는 구조물은 정지해 있거나 등속도 운동을 한다. (　　)

(2) 물체의 무게중심에서 지표면에 내린 수선이 물체의 바닥면 안에 있으면 물체는 넘어진다. (　　)

단답형 문제

3. 그림과 같이 회전문의 회전축에서 0.8 m 떨어진 곳을 수직 방향으로 20 N의 힘으로 밀 때 돌림힘의 크기는 몇 N·m인가?

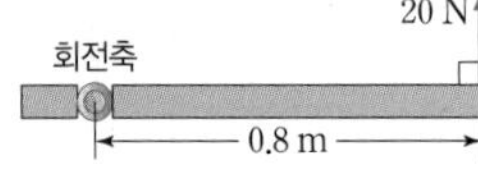

4. 일상생활에서 축바퀴의 원리를 이용한 예를 두 가지 쓰시오.

5. 그림과 같이 축바퀴의 작은 바퀴에는 힘 F_1이 작용하고, 큰 바퀴에는 힘 F_2가 작용하여 축바퀴가 회전하지 않고 정지해 있다. F_1과 F_2의 크기를 비교하시오.

정답 1. (1) ○ (2) ○ (3) × 2. (1) ○ (2) × 3. 16 N·m 4. 드라이버, 자동차의 운전대 5. $F_1 > F_2$

탐구 활동 나란하지 않는 두 힘의 합력 구하기

정답과 해설 02쪽

목표

한 물체에 작용하는 나란하지 않은 두 힘의 합력을 구할 수 있다.

과정

1. 고무판 위에 모눈종이를 깔고, 압정을 O점에 고정한 다음 고무줄을 압정에 걸어둔다.
2. 그림 (가)와 같이 용수철저울 1개를 고무줄에 걸고, 고무줄의 끝부분이 P점에 오도록 잡아당긴 다음 용수철저울의 눈금을 읽는다.
3. 그림 (나)와 같이 두 용수철저울 A, B가 각각 선분 $\overline{OP}$와 30°의 각을 이루도록 하여 고무줄의 끝부분이 P점에 오도록 잡아당긴 다음 A, B의 눈금을 읽는다.
4. A, B가 각각 선분 $\overline{OP}$와 이루는 각을 45°, 60°로 하여 과정 3을 반복한다.

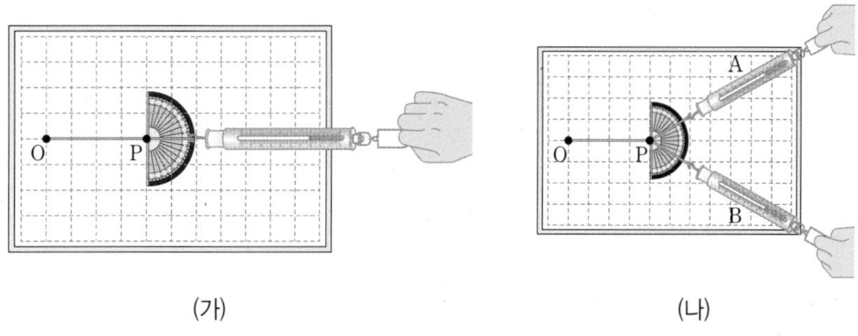

(가) (나)

결과 정리 및 해석

1. (가)에서 용수철저울의 눈금은 20 N이다.
2. (나)에서 A, B가 선분 $\overline{OP}$와 이루는 각에 따른 A, B의 눈금은 다음과 같다.

A, B가 선분 $\overline{OP}$와 이루는 각	A의 눈금	B의 눈금
30°	11.5 N	11.5 N
45°	14.1 N	14.1 N
60°	20 N	20 N

3. (나)에서 A와 B 사이의 각이 클수록 A, B의 눈금값도 크다.
4. (나)에서 A, B가 고무줄에 작용하는 합력의 크기는 20 N이다.

탐구 분석

1. (나)에서 A, B가 고무줄에 작용하는 힘의 합이 (가)에서 용수철저울의 눈금과 같은 이유는 무엇인가?
2. 크기가 같은 두 힘이 이루는 사잇각이 클수록 두 힘의 합력의 크기는 어떻게 되는가?

내신 기초 문제

[20700-0001]
01 다음은 세 벡터 $\vec{A}$, $\vec{B}$, $\vec{C}$를 나타낸 것이다.

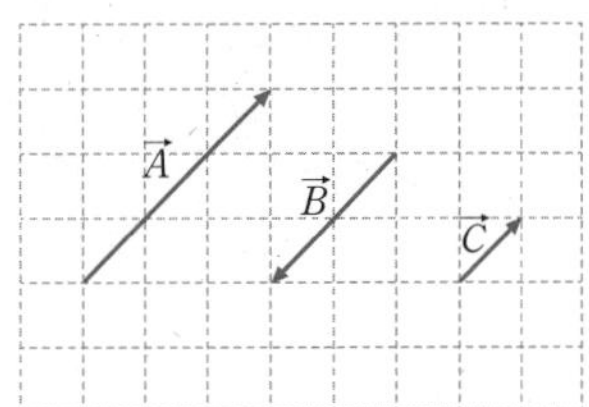

이에 대한 설명으로 옳은 것만을 〈보기〉에서 있는 대로 고른 것은? (단, 모눈 한 칸의 크기는 일정하다.)

> 보기
> ㄱ. $\vec{A}$와 $\vec{B}$의 방향은 서로 반대 방향이다.
> ㄴ. $\vec{B}$의 크기는 $\vec{C}$의 크기의 2배이다.
> ㄷ. $\vec{A}=\vec{C}-\vec{B}$이다.

① ㄱ ② ㄴ ③ ㄷ
④ ㄱ, ㄴ ⑤ ㄱ, ㄴ, ㄷ

[20700-0002]
02 그림과 같이 물체에 크기가 각각 F, $2F$인 두 힘이 서로 수직인 방향으로 작용한다.

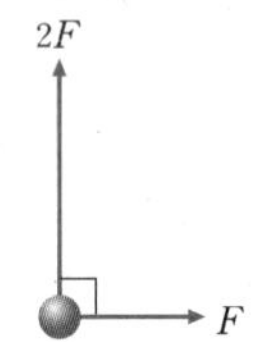

이 물체에 작용하는 알짜힘의 크기는?

① F ② $\sqrt{3}F$ ③ $\sqrt{5}F$
④ $2\sqrt{2}F$ ⑤ $3F$

[20700-0003]
03 그림은 벡터 $\vec{A}$~$\vec{D}$를 나타낸 것이다.

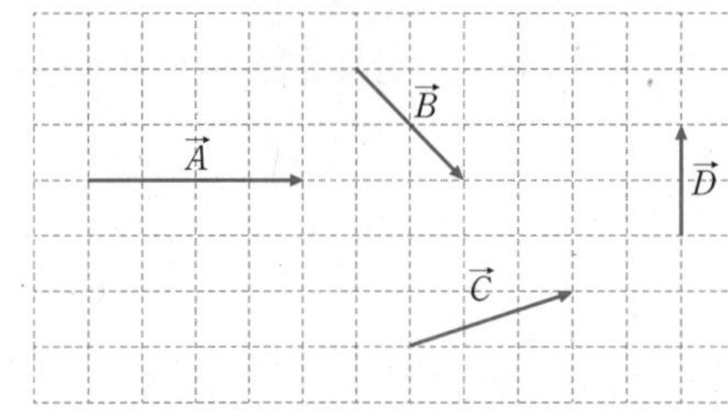

$\vec{A}+\vec{B}-\vec{C}+\frac{1}{2}\vec{D}$의 크기는? (단, 모눈 한 칸의 크기는 1로 일정하다.)

① $\sqrt{2}$ ② $\sqrt{5}$ ③ $\sqrt{10}$ ④ $\sqrt{13}$ ⑤ $\sqrt{21}$

[20700-0004]
04 그림과 같이 xy 평면에 놓인 물체에 20 N, $20\sqrt{2}$ N의 힘이 각각 $+y$ 방향, x축과 45°를 이루는 방향으로 작용한다.

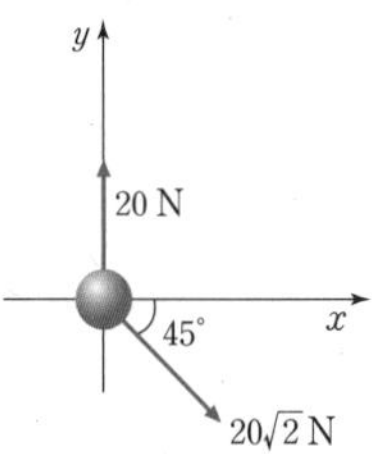

이 물체에 작용하는 알짜힘의 방향과 크기로 옳은 것은?

	알짜힘의 방향	알짜힘의 크기
①	$+x$ 방향	20 N
②	$+x$ 방향	$10\sqrt{2}$ N
③	$+y$ 방향	10 N
④	$+y$ 방향	20 N
⑤	$-y$ 방향	$20\sqrt{2}$ N

[20700-0005]
05 그림과 같이 마찰이 없고 경사각이 θ인 빗면에 놓인 물체에 빗면과 나란한 방향으로 30 N의 힘을 작용할 때 물체는 정지해 있다. 물체에 작용하는 중력의 크기는 50 N이다.

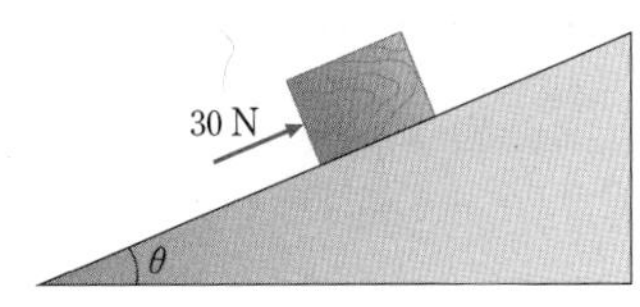

$\sin\theta$는?

① $\frac{1}{5}$ ② $\frac{1}{3}$ ③ $\frac{2}{5}$ ④ $\frac{3}{5}$ ⑤ $\frac{4}{5}$

[20700-0006]
06 그림은 xy 평면에 크기가 A이고, x축과 60°를 이루는 벡터를 나타낸 것이다.

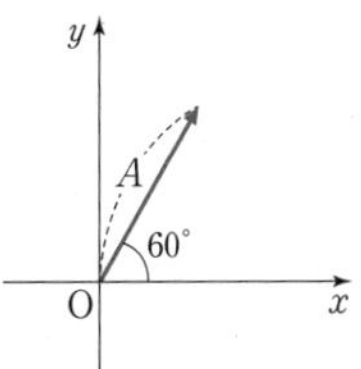

이 벡터의 x, y성분의 크기를 각각 A_x, A_y라고 할 때, A_x와 A_y로 옳은 것은?

	A_x	A_y
①	$\frac{1}{2}A$	$\frac{1}{2}A$
②	$\frac{1}{2}A$	$\frac{\sqrt{3}}{2}A$
③	$\frac{\sqrt{2}}{2}A$	$\frac{\sqrt{2}}{2}A$
④	$\frac{\sqrt{3}}{2}A$	$\frac{1}{2}A$
⑤	$\frac{\sqrt{3}}{2}A$	$\frac{\sqrt{3}}{2}A$

[20700-0007]
07 그림 (가), (나)와 같이 동일한 물체를 실 a~d를 이용하여 매달아 놓았다. (가)에서 실 a, b가 천장과 이루는 각은 θ_1로 같고, (나)에서 실 c, d가 천장과 이루는 각은 θ_2로 같으며, $\theta_1 < \theta_2$이다.

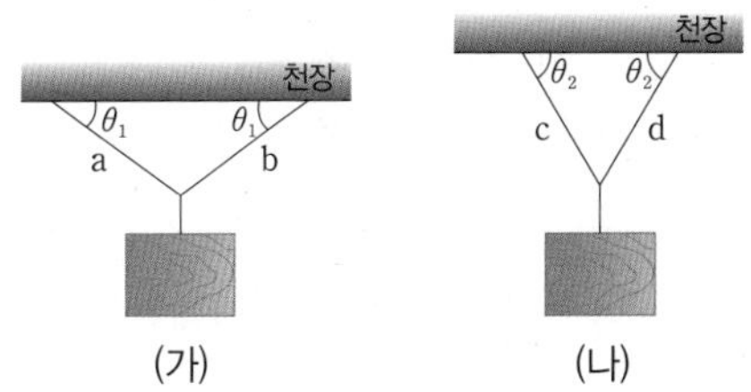

이에 대한 설명으로 옳은 것만을 〈보기〉에서 있는 대로 고른 것은? (단, 실의 질량은 무시한다.)

보기
ㄱ. (가)와 (나)에서 물체에 작용하는 알짜힘은 0이다.
ㄴ. (가)에서 a가 천장에 작용하는 힘의 크기와 b가 천장에 작용하는 힘의 크기는 같다.
ㄷ. a가 천장에 작용하는 힘의 크기는 c가 천장에 작용하는 힘의 크기보다 크다.

① ㄱ ② ㄴ ③ ㄷ
④ ㄱ, ㄴ ⑤ ㄱ, ㄴ, ㄷ

[20700-0008]
08 그림과 같이 물체에 세 힘 F_1, F_2, F_3이 작용할 때, 물체는 등속도 운동을 한다. F_2와 F_3의 방향은 서로 수직이고, 크기는 F_0으로 같다.

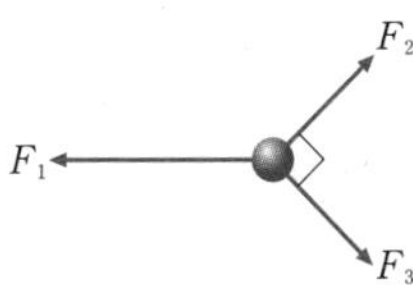

이에 대한 설명으로 옳은 것만을 〈보기〉에서 있는 대로 고른 것은?

보기
ㄱ. 물체에 작용하는 알짜힘의 크기는 $2F_0$이다.
ㄴ. F_2와 F_3의 합력의 크기는 $\sqrt{2}F_0$이다.
ㄷ. F_1의 크기는 $\sqrt{2}F_0$이다.

① ㄱ ② ㄴ ③ ㄱ, ㄷ
④ ㄴ, ㄷ ⑤ ㄱ, ㄴ, ㄷ

[20700-0009]

09 그림은 막대에 크기가 같은 세 힘 F_1, F_2, F_3이 작용하는 모습을 나타낸 것이다. 점 O에서 힘이 작용하는 지점까지의 거리는 F_1이 가장 작고, F_3이 가장 크다.

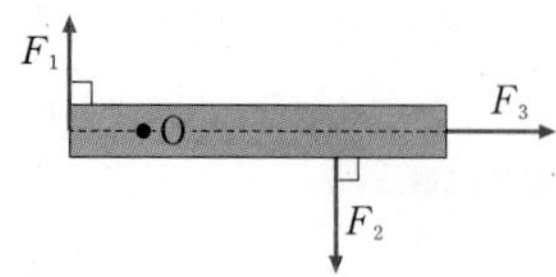

O를 회전축으로 할 때, F_1, F_2, F_3에 의한 돌림힘의 크기를 각각 τ_1, τ_2, τ_3이라 한다면, τ_1, τ_2, τ_3을 옳게 비교한 것은?

① $\tau_1>\tau_2>\tau_3$　② $\tau_2>\tau_1>\tau_3$
③ $\tau_2>\tau_3>\tau_1$　④ $\tau_3>\tau_1>\tau_2$
⑤ $\tau_3>\tau_2>\tau_1$

[20700-0010]

10 그림과 같이 렌치의 회전축으로부터 0.2 m 떨어진 지점에 팔의 길이의 수직 방향으로 80 N의 힘을 작용한다.

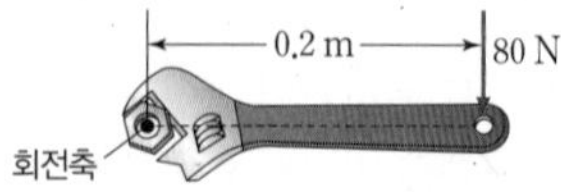

회전축을 축으로 할 때, 80 N의 힘에 의한 돌림힘의 크기는?

① 16 N·m　② 20 N·m　③ 24 N·m
④ 40 N·m　⑤ 80 N·m

[20700-0011]

11 그림과 같이 막대 위에 물체 A, B를 올려놓았을 때 막대가 수평으로 평형을 유지하고 있다. A의 질량은 5 kg이고, 받침점에서 A, B까지의 거리는 각각 0.3 m, 0.5 m이다.

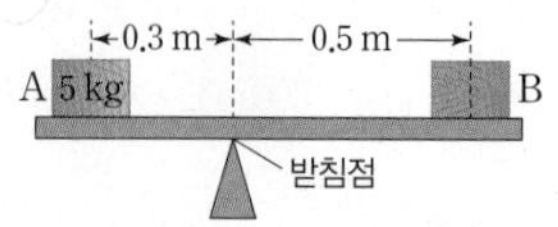

이에 대한 설명으로 옳은 것만을 〈보기〉에서 있는 대로 고른 것은? (단, 중력 가속도는 10 m/s^{2}이고, A, B의 크기와 막대의 질량, 두께, 폭은 무시한다.)

보기

ㄱ. 막대에 작용하는 돌림힘의 합은 150 N·m이다.
ㄴ. 받침점을 회전축으로 할 때, A에 작용하는 중력에 의한 돌림힘의 크기는 5 N·m이다.
ㄷ. B의 질량은 3 kg이다.

① ㄱ　② ㄷ　③ ㄱ, ㄴ
④ ㄴ, ㄷ　⑤ ㄱ, ㄴ, ㄷ

[20700-0012]

12 그림과 같이 수평면에 놓인 저울 P, Q 위에 길이가 1 m인 수평한 막대를 놓고, 막대 위에 무게가 w인 물체를 올려놓았더니 막대가 수평을 유지하였다. 막대의 왼쪽 끝에서 물체까지의 거리는 0.2 m이다. 막대의 무게는 60 N, P에 측정되는 힘의 크기는 150 N이고, Q에 측정되는 힘의 크기는 F_0이다.

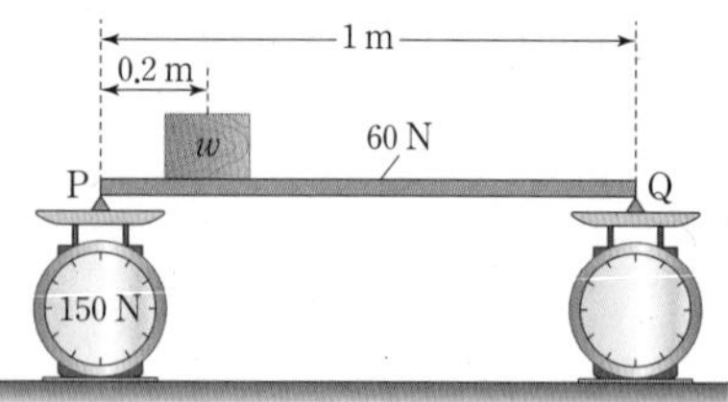

$\frac{w}{F_0}$는? (단, 막대의 밀도는 균일하고, 막대의 두께와 폭, 물체의 크기는 무시한다.)

① $\frac{5}{4}$　② $\frac{5}{2}$　③ $\frac{8}{3}$
④ $\frac{7}{2}$　⑤ $\frac{9}{2}$

[20700-0013]

13 그림과 같이 추를 매단 막대의 왼쪽 끝은 천장과 실로 연결하고, 막대의 오른쪽 끝은 연직 위 방향으로 크기가 F인 힘을 작용할 때 막대는 수평으로 평형을 유지한다. 막대와 추의 무게는 각각 w, $2w$이고, 추는 막대의 무게중심 점 O에 연결되어 있다. 막대의 왼쪽 끝에서 O까지의 거리와 O에서 막대의 오른쪽 끝까지의 거리는 r로 같다.

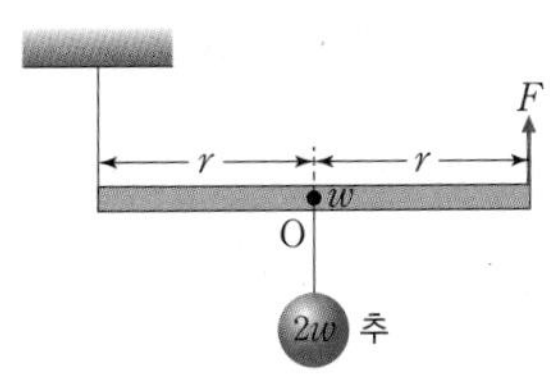

이에 대한 설명으로 옳은 것만을 〈보기〉에서 있는 대로 고른 것은? (단, 막대의 밀도는 균일하고, 막대의 두께와 폭, 실의 질량은 무시한다.)

보기

ㄱ. 막대에 작용하는 돌림힘의 합은 0이다.
ㄴ. 막대의 왼쪽 끝을 회전축으로 할 때, 추의 무게에 의한 돌림힘의 크기는 $2rw$이다.
ㄷ. F는 w이다.

① ㄱ ② ㄷ ③ ㄱ, ㄴ
④ ㄴ, ㄷ ⑤ ㄱ, ㄴ, ㄷ

[20700-0014]

14 그림과 같이 축바퀴의 작은 바퀴에 무게가 w인 물체를 매달고 큰 바퀴가 연결된 실에 연직 아래 방향으로 크기가 F인 힘을 작용할 때 물체는 정지해 있다. 이에 대한 설명으로 옳은 것만을 〈보기〉에서 있는 대로 고른 것은? (단, 실의 질량과 모든 마찰은 무시한다.)

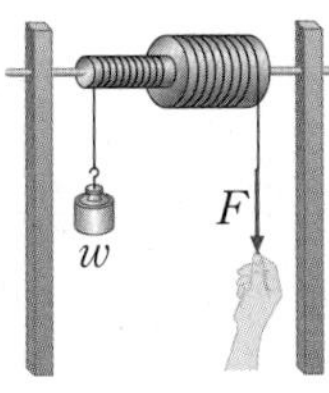

보기

ㄱ. 물체에 작용하는 알짜힘은 0이다.
ㄴ. 물체의 무게에 의한 돌림힘의 크기와 힘 F에 의한 돌림힘의 크기는 같다.
ㄷ. F는 w보다 작다.

① ㄱ ② ㄷ ③ ㄱ, ㄴ
④ ㄴ, ㄷ ⑤ ㄱ, ㄴ, ㄷ

[20700-0015]

15 그림 (가)와 같이 받침대 P, Q에 올려놓은 직육면체 모양의 막대가 수평으로 평형을 유지하고 있다. 그림 (나)는 (가)에서 Q를 오른쪽으로 옮겨 놓은 것을 나타낸 것이다.

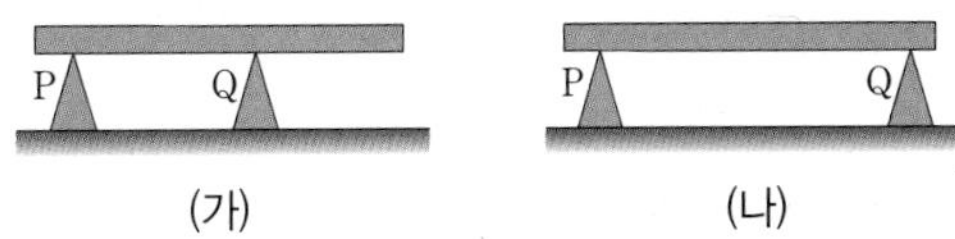

이에 대한 설명으로 옳은 것만을 〈보기〉에서 있는 대로 고른 것은? (단, 막대의 밀도는 균일하고, 막대의 두께와 폭은 무시한다.)

보기

ㄱ. (가)에서 막대에 작용하는 돌림힘의 합은 0이다.
ㄴ. P, Q가 막대를 떠받치는 힘의 합의 크기는 (가)에서가 (나)에서보다 크다.
ㄷ. Q가 막대를 떠받치는 힘의 크기는 (가)에서가 (나)에서보다 작다.

① ㄱ ② ㄴ ③ ㄱ, ㄴ ④ ㄱ, ㄷ ⑤ ㄴ, ㄷ

[20700-0016]

16 그림과 같이 길이가 L, 질량이 $4m$인 막대의 왼쪽 끝에 실로 연결된 물체 A와 오른쪽 끝에 물체 B가 놓여 막대가 수평으로 평형을 유지하고 있다. A, B의 질량은 각각 m, $3m$이고, 막대의 왼쪽 끝에서 받침대까지의 거리는 x이다.

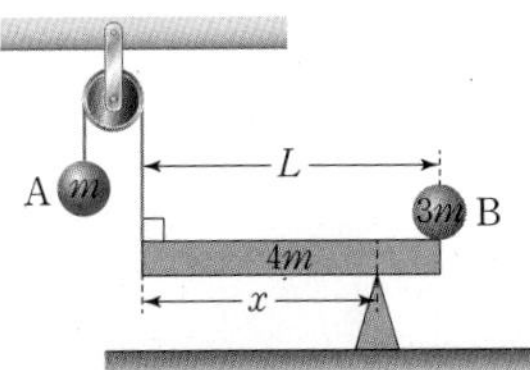

x는? (단, 막대의 밀도는 균일하고, 막대의 두께와 폭, 실의 질량, 모든 마찰은 무시한다.)

① $\frac{5}{6}L$ ② $\frac{6}{7}L$ ③ $\frac{7}{8}L$
④ $\frac{8}{9}L$ ⑤ $\frac{9}{10}L$

실력 향상 문제

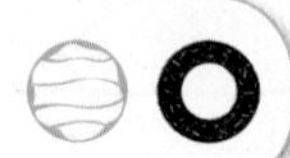

[20700-0017]

01 그림은 xy 평면에 벡터 $\vec{A}$, $\vec{B}$, $\vec{C}$를 나타낸 것이다. 모눈 한 칸의 크기는 1로 일정하다.

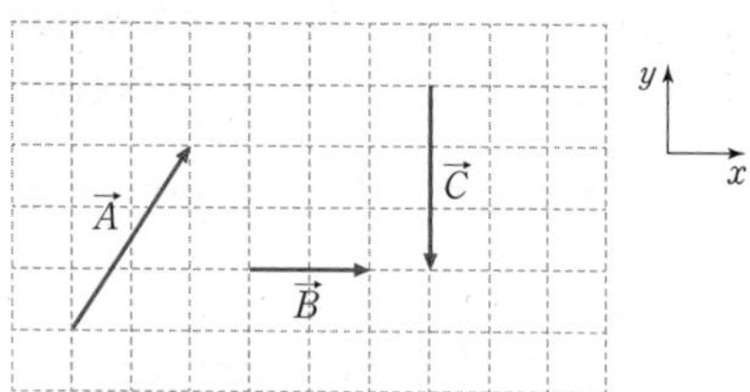

이에 대한 설명으로 옳은 것만을 〈보기〉에서 있는 대로 고른 것은?

보기

ㄱ. $\vec{A}+\vec{B}$의 크기는 5이다.

ㄴ. $\vec{A}+\vec{C}$의 방향은 $-x$ 방향이다.

ㄷ. $\vec{C}-\vec{B}=-\vec{A}$이다.

① ㄱ ② ㄴ ③ ㄷ

④ ㄱ, ㄷ ⑤ ㄴ, ㄷ

서술형

[20700-0018]

02 한 물체에 크기가 F_1, F_2인 두 힘이 작용할 때, 이 물체에 작용하는 합력의 크기의 최댓값과 최솟값을 각각 구하시오.

[20700-0019]

03 그림과 같이 마찰이 없는 수평면에서 물체에 힘 $\vec{F_1}$과 $\vec{F_2}$가 작용하여 물체가 수평면을 따라 일정한 속도로 운동한다. $\vec{F_1}$의 방향은 수평면과 30°를 이루고, $\vec{F_2}$의 방향은 수평면과 나란하다.

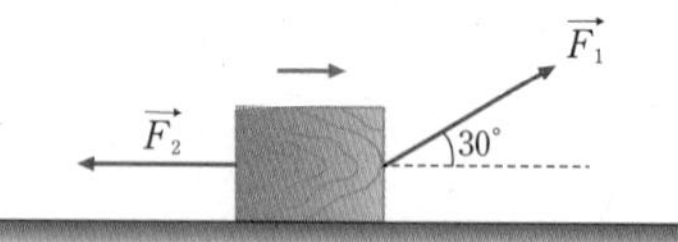

$\dfrac{|\vec{F_1}|}{|\vec{F_2}|}$은? (단, 공기 저항은 무시한다.)

① $\dfrac{2\sqrt{3}}{3}$ ② $\sqrt{2}$ ③ $\sqrt{3}$

④ 2 ⑤ $\dfrac{3\sqrt{2}}{2}$

[20700-0020]

04 그림과 같이 경사각이 60°인 빗면 위에 질량이 3 kg인 물체가 실에 연결되어 정지해 있다. 실은 빗면과 나란하다.

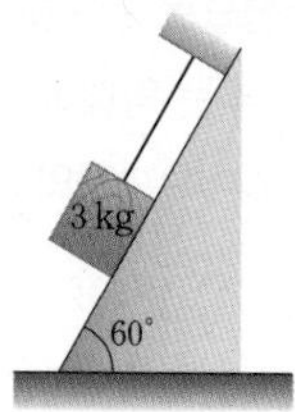

이에 대한 설명으로 옳은 것만을 〈보기〉에서 있는 대로 고른 것은? (단, 중력 가속도는 10 m/s^{2}이고, 실의 질량과 모든 마찰은 무시한다.)

보기

ㄱ. 물체에 작용하는 알짜힘은 0이다.

ㄴ. 빗면이 물체에 작용하는 힘의 크기는 15 N이다.

ㄷ. 실이 물체에 작용하는 힘의 크기는 $15\sqrt{3}$ N이다.

① ㄱ ② ㄷ ③ ㄱ, ㄴ

④ ㄴ, ㄷ ⑤ ㄱ, ㄴ, ㄷ

[20700-0021]

05 그림과 같이 물체가 실 p, q에 연결되어 정지해 있다. p는 수평 방향과 나란하고, q는 연직선과 45°를 이룬다.

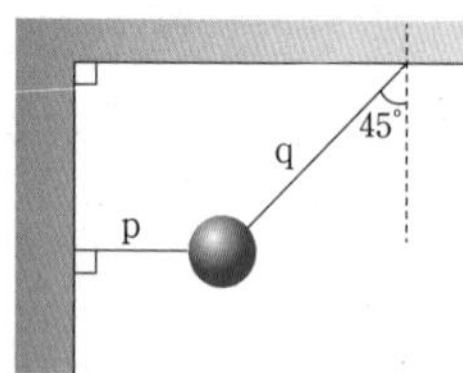

실 p, q가 물체에 작용하는 힘의 크기를 각각 T_p, T_q라 할 때, $\dfrac{T_q}{T_p}$는? (단, 물체의 크기와 실의 질량은 무시한다.)

① 1 ② $\sqrt{2}$ ③ $\sqrt{3}$

④ 2 ⑤ $\sqrt{5}$

[20700-0022]
06 그림과 같이 xy 평면에 놓인 질량이 2 kg인 물체에 크기가 8 N, 6 N인 힘이 서로 수직으로 작용한다.

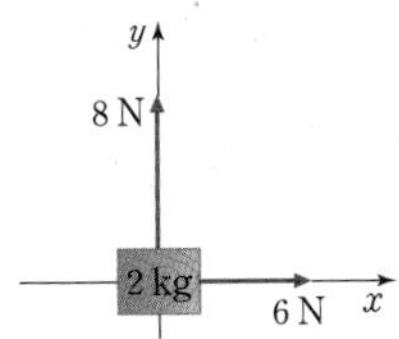

이 물체의 가속도의 크기는?

① 2 m/s^2　② 3 m/s^2　③ 4 m/s^2
④ 5 m/s^2　⑤ 6 m/s^2

서술형
[20700-0023]
07 그림과 같이 사람이 움직도르래에 매달린 물체를 일정한 속력으로 연직 위로 들어 올리고 있다.

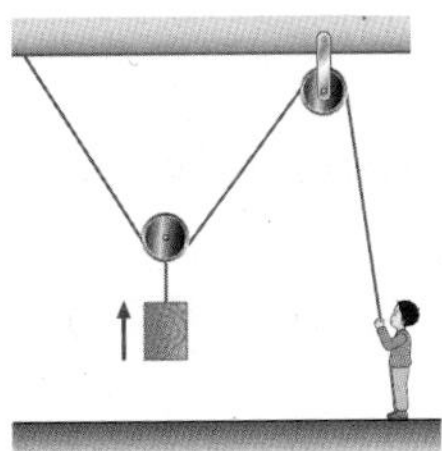

물체가 일정한 속력으로 연직 위로 올라가는 동안 사람이 줄을 당기는 힘의 크기에 대해 서술하시오. (단, 줄의 질량은 무시한다.)

[20700-0024]
08 그림과 같이 마찰이 없고 경사각이 30°인 빗면 위에서 물체 A, B가 등가속도 운동을 한다. A, B의 질량은 각각 2 kg, 3 kg이다.

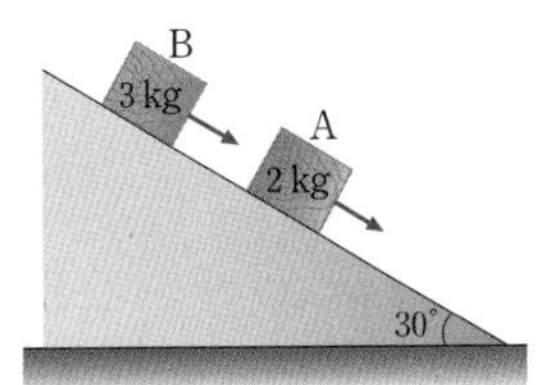

이에 대한 설명으로 옳은 것만을 〈보기〉에서 있는 대로 고른 것은? (단, 중력 가속도는 10 m/s^2이다.)

보기
ㄱ. A에 작용하는 알짜힘의 크기는 10 N이다.
ㄴ. 빗면이 B에 작용하는 힘의 크기는 빗면이 A에 작용하는 힘의 크기보다 크다.
ㄷ. B의 가속도의 크기는 5 m/s^2이다.

① ㄱ　② ㄴ　③ ㄷ
④ ㄱ, ㄴ　⑤ ㄱ, ㄴ, ㄷ

[20700-0025]
09 그림은 천장에 실로 연결된 물체에 크기가 F인 힘을 수평 방향으로 작용할 때 물체가 정지해 있는 모습을 나타낸 것이다. 물체의 질량은 5 kg이고, 실이 연직선과 이루는 각은 60°이다.

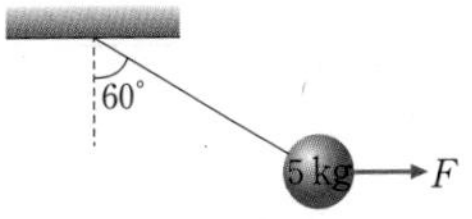

F는? (단, 중력 가속도는 10 m/s^2이고, 실의 질량은 무시한다.)

① 25 N　② $\frac{50\sqrt{3}}{3}$ N　③ 50 N
④ $50\sqrt{3}$ N　⑤ $100\sqrt{3}$ N

[20700-0026]

10 그림 (가), (나)와 같이 물체 A, B에 크기가 F로 같은 두 힘이 서로 반대 방향으로 작용한다. 점 O는 A, B의 무게중심이다.

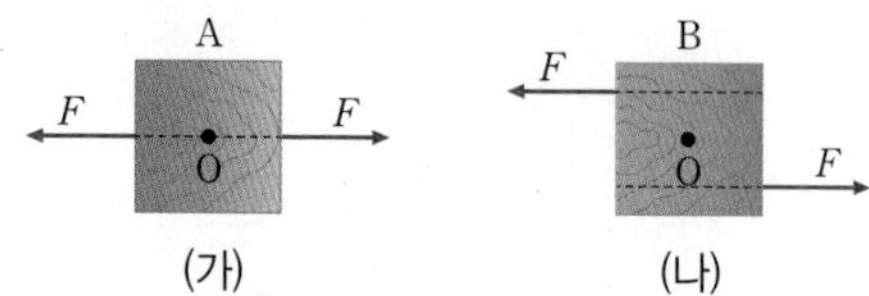

이에 대한 설명으로 옳은 것만을 〈보기〉에서 있는 대로 고른 것은?

보기
ㄱ. A, B에 작용하는 알짜힘은 모두 0이다.
ㄴ. B에 작용하는 돌림힘의 합은 0이다.
ㄷ. A는 평형 상태에 있다.

① ㄱ ② ㄴ ③ ㄷ
④ ㄱ, ㄷ ⑤ ㄴ, ㄷ

[20700-0027]

11 그림과 같이 수평면에 놓은 막대에 크기가 각각 F_1, F_2, F_3인 힘이 작용하여 막대가 가만히 정지해 있다. F_1과 F_2는 회전축으로부터 거리 $2r$만큼 떨어진 지점에 작용하고, F_3은 회전축으로부터 거리 r만큼 떨어진 지점에 작용한다.

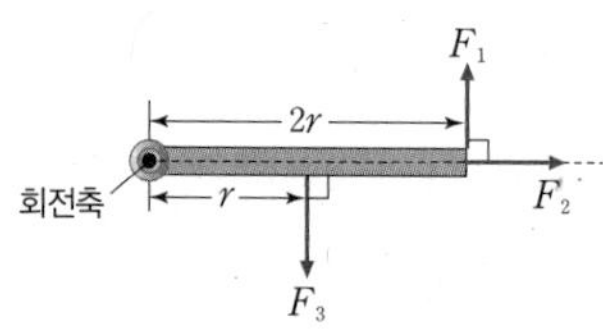

이에 대한 설명으로 옳은 것만을 〈보기〉에서 있는 대로 고른 것은? (단, 막대의 두께와 폭, 모든 마찰은 무시한다.)

보기
ㄱ. 막대에 작용하는 돌림힘의 합은 0이다.
ㄴ. F_2에 의한 돌림힘의 크기는 $2rF_2$이다.
ㄷ. F_3은 F_1의 2배이다.

① ㄱ ② ㄴ ③ ㄱ, ㄷ
④ ㄴ, ㄷ ⑤ ㄱ, ㄴ, ㄷ

[20700-0028]

12 그림과 같이 천장과 실 p로 연결된 막대가 수평으로 평형을 유지하고 있다. A와 막대의 질량은 m으로 같고, 막대의 길이는 $3l$이다. 막대의 양쪽 끝에 물체 A, B가 각각 연결되어 있다. p에서 A까지의 수평 거리는 $2l$, B까지의 수평 거리는 l이다.

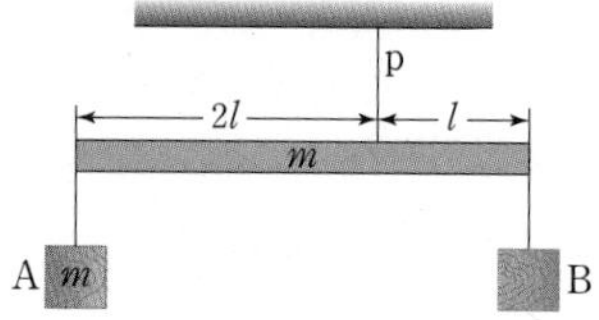

B의 질량은? (단, 막대의 밀도는 균일하고, 막대의 두께와 폭, 실의 질량은 무시한다.)

① $\frac{3}{2}m$ ② $\frac{5}{3}m$ ③ $2m$ ④ $\frac{5}{2}m$ ⑤ $\frac{7}{2}m$

서술형

[20700-0029]

13 그림과 같이 밀도가 균일하고 길이가 6 m인 원통형 막대가 수평으로 평형을 유지하고 있다. 막대의 양쪽 끝은 실 p, q로 천장과 연결되어 있고, 막대의 왼쪽 끝에서 2 m 떨어진 지점에 질량이 3 kg인 물체가 매달려 있다. 막대의 질량은 10 kg이다.

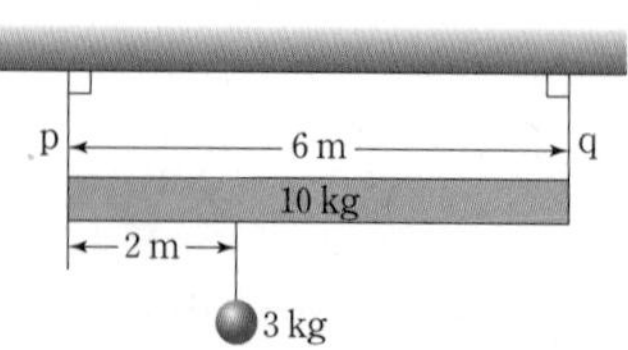

p, q가 막대에 작용하는 힘의 크기를 풀이 과정과 함께 구하시오. (단, 중력 가속도는 10 m/s^{2}이고, 막대의 두께와 폭, 실의 질량은 무시한다.)

[20700-0030]

14 그림과 같이 물체 A, B가 각각 축바퀴의 작은 바퀴와 큰 바퀴에 연결되어 정지해 있다. 축바퀴의 반지름은 각각 0.1 m, 0.3 m이고, A는 수평면에 놓여 있으며, A, B의 질량은 각각 8 kg, 2 kg이다.

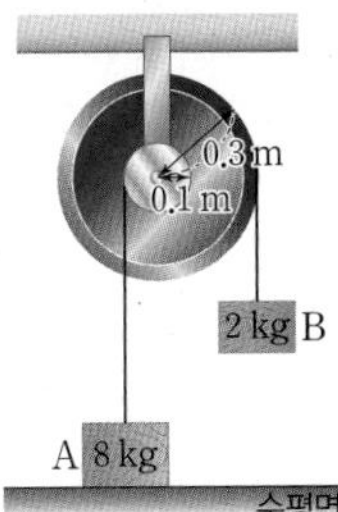

이에 대한 설명으로 옳은 것만을 〈보기〉에서 있는 대로 고른 것은? (단, 중력 가속도는 $10\ m/s^2$이고, 축바퀴와 실의 질량 및 모든 마찰은 무시한다.)

보기

ㄱ. B의 무게에 의한 돌림힘의 크기는 6 N·m이다.
ㄴ. 실이 A를 당기는 힘의 크기는 60 N이다.
ㄷ. 수평면이 A를 떠받치는 힘의 크기는 20 N이다.

① ㄱ ② ㄷ ③ ㄱ, ㄴ ④ ㄴ, ㄷ ⑤ ㄱ, ㄴ, ㄷ

[20700-0031]

15 그림은 받침대 P, Q에 올려놓은 막대에 물체를 놓았을 때 막대가 수평으로 평형을 유지하고 있는 모습을 나타낸 것이다. 물체의 무게는 w이고, P, Q가 막대를 떠받치는 힘의 크기는 각각 F_P, F_Q이며, P에서 물체까지의 거리는 $2l$이고, Q에서 물체까지의 거리는 $3l$이다.

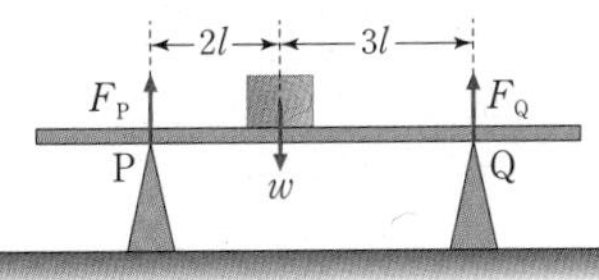

F_P, F_Q로 옳은 것은? (단, 물체의 크기와 막대의 질량, 두께, 폭은 무시한다.)

	F_P	F_Q
①	$\frac{1}{2}w$	$\frac{1}{2}w$
②	$\frac{1}{3}w$	$\frac{2}{3}w$
③	$\frac{2}{3}w$	$\frac{1}{3}w$
④	$\frac{2}{5}w$	$\frac{3}{5}w$
⑤	$\frac{3}{5}w$	$\frac{2}{5}w$

[20700-0032]

16 그림 (가)는 오뚝이가 수평면에 가만히 정지해 있는 모습을 나타낸 것이고, (나)는 (가)의 상태에서 옆으로 기울였다가 놓은 순간의 모습을 나타낸 것이다.

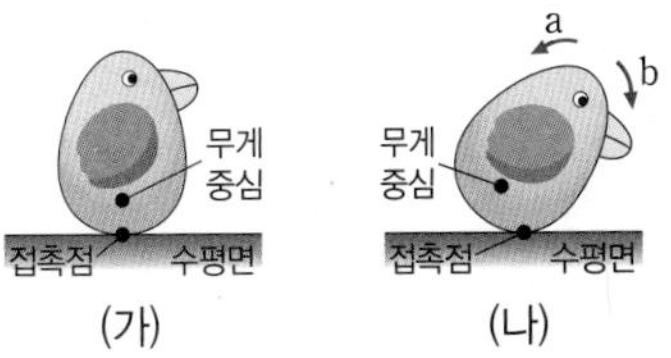

(가) (나)

이에 대한 설명으로 옳은 것만을 〈보기〉에서 있는 대로 고른 것은? (단, 마찰은 무시한다.)

보기

ㄱ. 접촉점을 회전축으로 할 때, 오뚝이의 무게에 의한 돌림힘의 크기는 (나)에서가 (가)에서보다 크다.
ㄴ. (가)에서 무게중심에서 수평면에 내린 수선은 접촉점을 지난다.
ㄷ. (나)의 순간 오뚝이는 b 방향으로 회전한다.

① ㄱ ② ㄷ ③ ㄱ, ㄴ ④ ㄴ, ㄷ ⑤ ㄱ, ㄴ, ㄷ

서술형

[20700-0033]

17 그림 (가), (나)와 같이 동일한 물체가 수평면에 놓여 있다. 점 O는 물체의 무게중심이다.

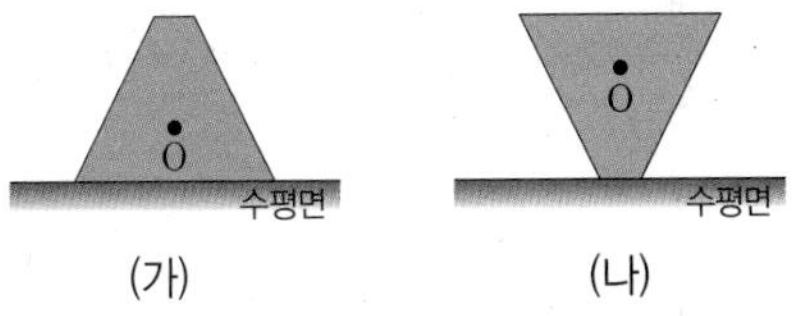

(가) (나)

물체의 안정성을 비교하여 서술하시오.

[20700-0034]

18 그림과 같이 수평면에 직육면체의 동일한 막대 A, B가 놓여 있다. 막대의 길이는 $3L$이고, A의 왼쪽 끝에서 B의 왼쪽 끝까지의 거리는 x이다.

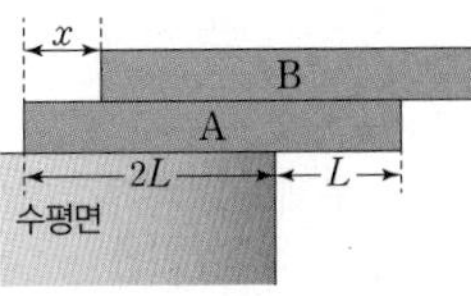

B만을 오른쪽으로 천천히 이동시켜 A, B가 수평으로 평형을 유지할 수 있는 x의 최댓값은? (단, 막대의 밀도는 균일하고, 막대의 두께와 폭은 무시한다.)

① $0.5L$ ② $0.8L$ ③ L ④ $1.2L$ ⑤ $1.5L$

신유형·수능 열기

[20700-0035]

01 그림 (가), (나), (다)는 물체에 두 힘이 작용하는 모습을 나타낸 것이다.

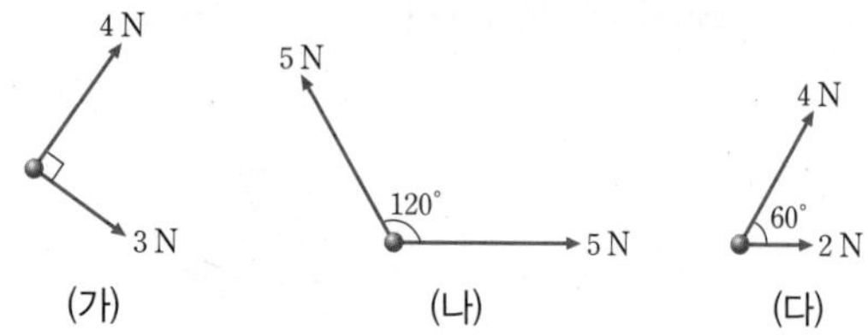

(가), (나), (다)에서 물체에 작용하는 합력의 크기를 각각 $F_{(가)}$, $F_{(나)}$, $F_{(다)}$라 할 때, $F_{(가)}$, $F_{(나)}$, $F_{(다)}$를 옳게 비교한 것은?

① $F_{(가)}<F_{(나)}<F_{(다)}$　② $F_{(가)}=F_{(나)}<F_{(다)}$
③ $F_{(가)}=F_{(나)}>F_{(다)}$　④ $F_{(가)}=F_{(나)}=F_{(다)}$
⑤ $F_{(가)}<F_{(나)}=F_{(다)}$

[20700-0036]

02 그림은 질량이 m인 물체가 실 p, q에 연결되어 정지해 있는 모습을 나타낸 것이다.

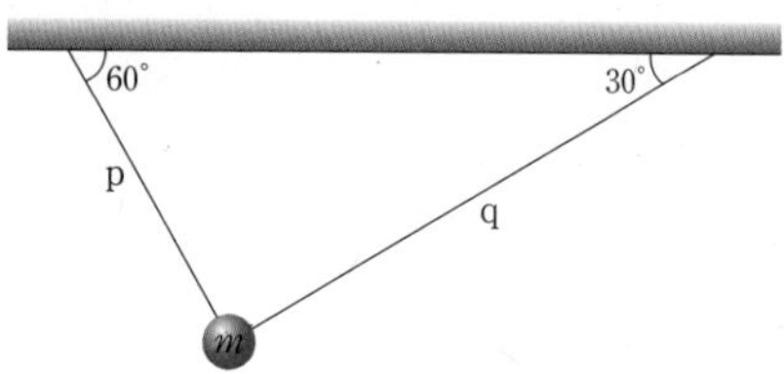

이에 대한 설명으로 옳은 것만을 <보기>에서 있는 대로 고른 것은? (단, 중력 가속도는 g이고, 실의 질량은 무시한다.)

보기
ㄱ. 물체에 작용하는 알짜힘은 0이다.
ㄴ. p, q가 물체에 작용하는 합력의 크기는 mg보다 크다.
ㄷ. p가 물체에 작용하는 힘의 크기는 $\frac{\sqrt{3}}{2}mg$이다.

① ㄱ　② ㄴ　③ ㄱ, ㄷ
④ ㄴ, ㄷ　⑤ ㄱ, ㄴ, ㄷ

[20700-0037]

03 그림과 같이 물체 A, B가 실로 연결되어 등가속도 운동을 하고 있다. B는 경사각이 30°인 빗면 위에서 운동하며, A, B의 질량은 각각 m, $2m$이다.

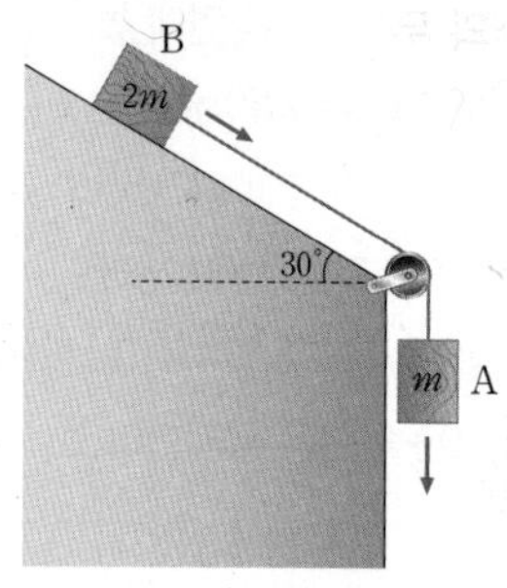

이에 대한 설명으로 옳은 것만을 <보기>에서 있는 대로 고른 것은? (단, 중력 가속도는 g이고, 모든 마찰은 무시한다.)

보기
ㄱ. 알짜힘의 크기는 A와 B가 같다.
ㄴ. A의 가속도의 크기는 $\frac{2}{3}g$이다.
ㄷ. 실이 B에 작용하는 힘의 크기는 $\frac{1}{\sqrt{3}}mg$이다.

① ㄱ　② ㄴ　③ ㄷ
④ ㄱ, ㄷ　⑤ ㄴ, ㄷ

[20700-0038]

04 그림과 같이 물체 A, B가 실로 연결되어 경사각이 60°인 빗면 위에 정지해 있다. B에는 수평 방향으로 크기가 F인 힘이 작용한다. A, B의 질량은 각각 m, $3m$이다.

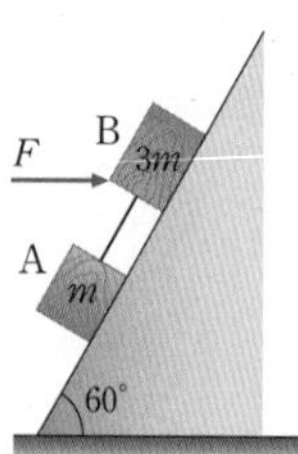

F는? (단, 중력 가속도는 g이고, 실의 질량과 모든 마찰은 무시한다.)

① $2\sqrt{2}mg$　② $2\sqrt{3}mg$　③ $4mg$
④ $4\sqrt{3}mg$　⑤ $5\sqrt{2}mg$

[20700-0039]

05 그림과 같이 무게가 w이고 밀도가 균일한 막대의 점 b에 실을 연결하여 손으로 당긴다. 물체 A, B, C를 각각 점 a, d, e에 연결했을 때 막대는 수평으로 평형을 유지하며 정지해 있다. 점 c는 막대의 무게중심이고, A, B의 무게는 각각 $9w$, w이다. a~e까지 이웃한 점 사이의 간격은 일정하다.

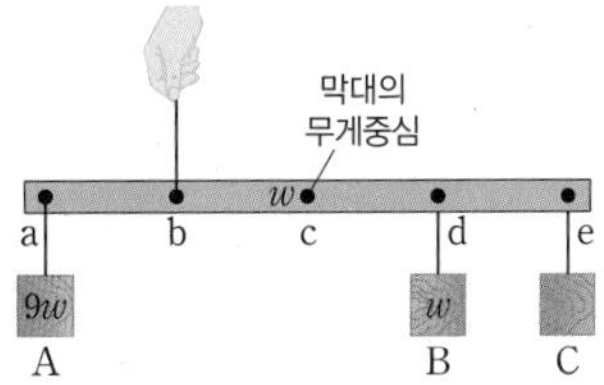

이에 대한 설명으로 옳은 것만을 <보기>에서 있는 대로 고른 것은? (단, 막대의 두께와 폭, 실의 질량은 무시한다.)

보기

ㄱ. b를 회전축으로 할 때, A의 무게에 의한 돌림힘의 크기는 B의 무게에 의한 돌림힘의 크기보다 크다.
ㄴ. C의 무게는 $2w$이다.
ㄷ. 막대에 연결된 실이 손을 당기는 힘의 크기는 $13w$이다.

① ㄱ ② ㄷ ③ ㄱ, ㄴ ④ ㄴ, ㄷ ⑤ ㄱ, ㄴ, ㄷ

[20700-0040]

06 그림과 같이 수평면과 실로 연결된 길이가 $8l$, 질량이 m인 막대가 수평으로 평형을 유지하고 있다. 막대의 오른쪽 끝에는 질량 $3m$인 물체가 놓여 있고, 실에서 받침대까지의 거리는 $3l$, 받침대에서 물체까지의 거리는 $4l$이다.

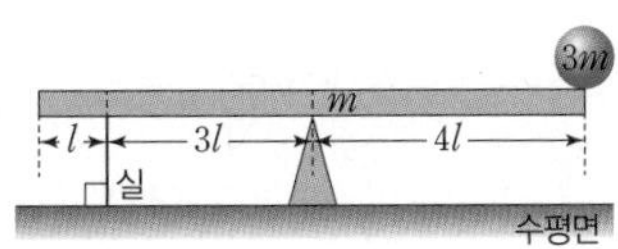

실이 막대에 작용하는 힘의 크기를 F_1, 받침대가 막대를 떠받치는 힘의 크기를 F_2라 할 때, $\frac{F_1}{F_2}$은? (단, 막대의 밀도는 균일하고, 막대의 두께와 폭, 실의 질량은 무시한다.)

① $\frac{1}{2}$ ② $\frac{3}{5}$ ③ $\frac{2}{3}$ ④ $\frac{4}{5}$ ⑤ 1

[20700-0041]

07 그림과 같이 받침대 P, Q에 올려놓은 질량이 m인 막대가 수평으로 평형을 유지하고 있다. 막대의 오른쪽 끝에는 질량이 m인 물체가 매달려 있고, 막대 위에는 질량이 $4m$인 공이 놓여 있다. 막대의 길이는 $3L$이고, 막대의 왼쪽 끝에서 P까지의 거리와 P와 Q 사이의 거리는 L로 같으며, 막대의 왼쪽 끝에서 공까지의 거리는 x이다.

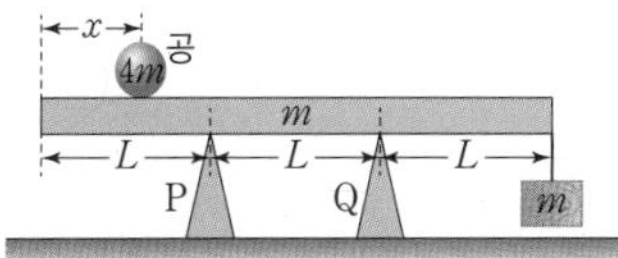

막대가 수평으로 평형을 유지할 수 있는 x의 최솟값을 x_1, 최댓값을 x_2라 할 때, $\frac{x_2}{x_1}$는? (단, 막대의 밀도는 균일하고, 막대의 두께와 폭, 실의 질량은 무시한다.)

① 2 ② 3 ③ 4 ④ 5 ⑤ 6

[20700-0042]

08 그림과 같이 축바퀴에 연결된 밀도가 균일하고 길이가 $10r$인 막대가 수평으로 평형을 유지하고 있다. 막대의 양쪽 끝에는 물체 A, B가 매달려 있다. 축바퀴의 작은 바퀴와 큰 바퀴의 반지름은 각각 r, $2r$이고, 막대와 A의 질량은 m으로 같다.

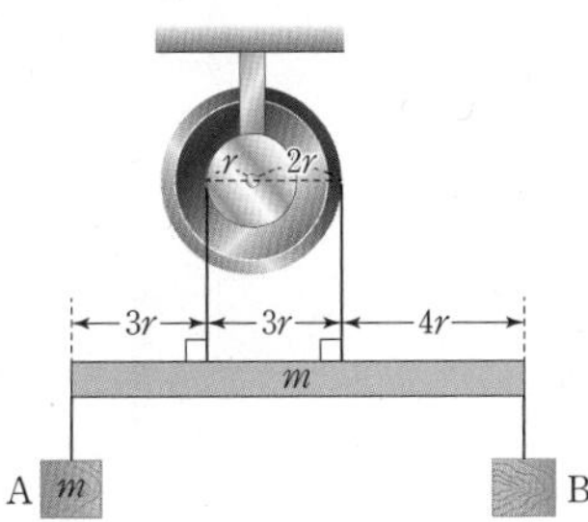

B의 질량은? (단, 막대의 두께와 폭, 축바퀴의 두께, 실의 질량과 모든 마찰은 무시한다.)

① $\frac{1}{4}m$ ② $\frac{1}{2}m$ ③ $\frac{3}{5}m$ ④ $\frac{3}{4}m$ ⑤ $\frac{4}{5}m$

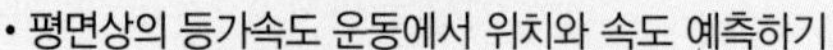

2 등가속도 운동과 포물선 운동

- 평면상의 등가속도 운동에서 위치와 속도 예측하기
- 중력장 내에서 물체의 연직 운동 이해하기
- 뉴턴 운동 법칙을 이용하여 포물선 운동을 정량적으로 설명하기

한눈에 단원 파악, 이것이 핵심!

등가속도 운동을 하는 물체의 위치와 속도는 어떻게 알 수 있을까?

- 평면상의 등가속도 운동

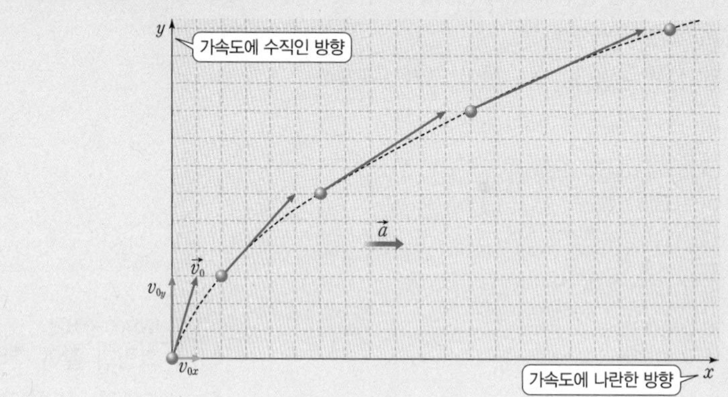

x 방향: $v_x=v_{0x}+at,\ x=v_{0x}t+\frac{1}{2}at^2$　　y 방향: $v_y=v_{0y}=$일정, $y=v_{0y}t$

중력장 내에서 포물선 운동을 어떻게 분석할까?

수평 방향은 등속도 운동, 연직 방향은 등가속도 운동을 한다.

- 수평으로 던진 물체의 운동

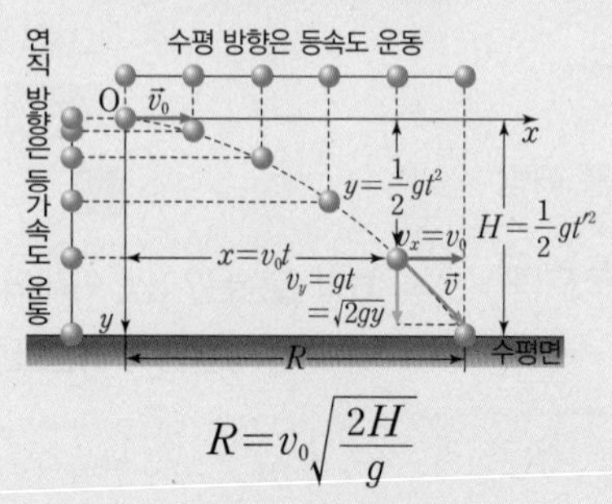

$$R=v_0\sqrt{\frac{2H}{g}}$$

- 비스듬히 던진 물체의 운동

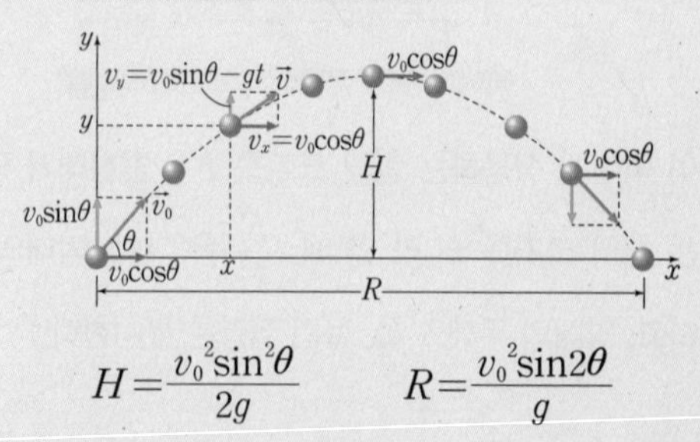

$$H=\frac{v_0^2\sin^2\theta}{2g}\qquad R=\frac{v_0^2\sin2\theta}{g}$$

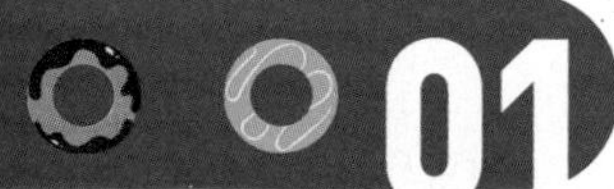

01 등가속도 운동

1 속도와 가속도

(1) 위치 벡터와 변위 벡터

① ❶위치 벡터: 물체의 위치를 나타내는 벡터로 기준점에서 물체까지의 직선 거리와 방향으로 나타낸다.

- $\vec{r_1}$, $\vec{r_2}$는 각각 점 P, Q의 위치를 나타내는 위치 벡터이다.

② 변위 벡터: 물체의 위치 변화를 나타낸 벡터로, 물체의 처음 위치와 나중 위치 사이의 직선 거리와 방향으로 나타낸다.

- P에서 Q까지의 변위 벡터는 $\Delta\vec{r}=\vec{r_2}-\vec{r_1}$이다.

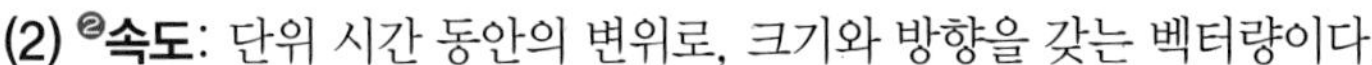

(2) ❷속도: 단위 시간 동안의 변위로, 크기와 방향을 갖는 벡터량이다.

① 평균 속도: 변위를 걸린 시간으로 나눈 값이다. P에서 Q까지 걸린 시간이 Δt이면, 평균 속도는 $\vec{v}_{평균}=\frac{\Delta\vec{r}}{\Delta t}=\frac{\vec{r_2}-\vec{r_1}}{\Delta t}$ (단위: m/s)이다.

② 순간 속도: 시간 간격 Δt가 거의 0일 때의 평균 속도를 순간 속도라고 한다. 순간 속도의 방향은 운동 경로의 접선 방향과 같다.

(3) 가속도: 단위 시간 동안의 속도 변화량으로, 크기와 방향을 갖는 벡터량이다.

① 속도 변화량: P, Q에서 속도가 각각 $\vec{v_1}$, $\vec{v_2}$이면, P에서 Q까지 속도 변화량은 $\Delta\vec{v}=\vec{v_2}-\vec{v_1}$이다.

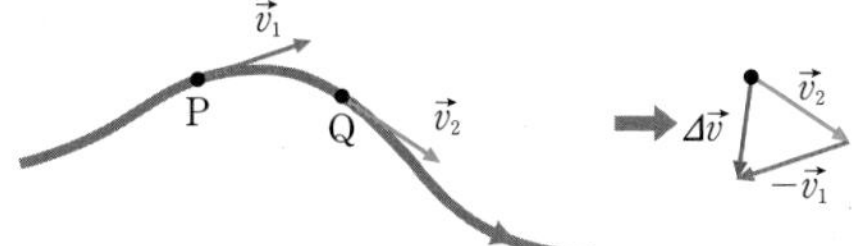

② 평균 가속도: 속도 변화량을 걸린 시간으로 나눈 값이다. P에서 Q까지 이동하는 데 걸린 시간이 Δt이면, 평균 가속도는 $\vec{a}_{평균}=\frac{\Delta\vec{v}}{\Delta t}=\frac{\vec{v_2}-\vec{v_1}}{\Delta t}$ (단위: m/s^2)이다.

- 가속도의 방향은 속도 변화량의 방향과 같다.

③ 순간 가속도: 시간 간격 Δt가 거의 0일 때의 평균 가속도를 순간 가속도라고 한다.

2 등가속도 운동

(1) 등가속도 직선 운동

① 직선 경로를 따라 운동하며, 속도가 일정하게 증가하거나 감소한다.

② 물체에 작용하는 알짜힘의 크기와 방향이 일정하다.

③ 직선상에서 가속도 a로 등가속도 운동하는 물체의 처음 속도가 v_0이면 시간 t일 때의 속도 v와 변위 s는 다음과 같은 관계가 있다.

$$v=v_0+at,\ s=v_0t+\frac{1}{2}at^2,\ v^2-v_0^2=2as$$

④ ❸등가속도 직선 운동의 그래프

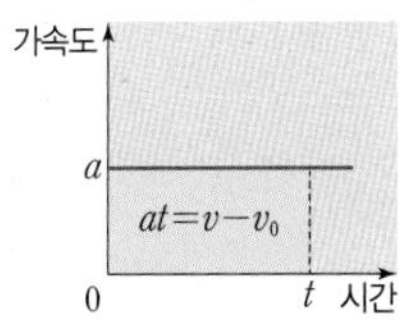

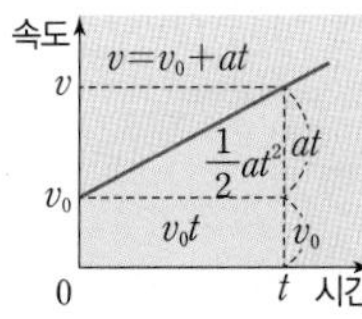

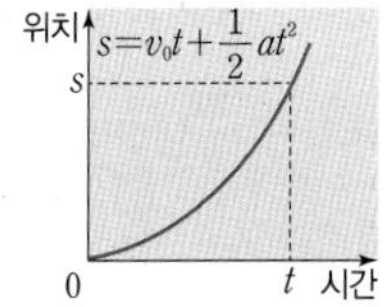

THE 알기

❶ 위치-시간 그래프와 속도

시간 t_1에서 t_2까지의 평균 속도는 위치-시간 그래프에서 두 점 P, Q를 이은 직선의 기울기이다. t_1일 때 순간 속도는 P점에서 그은 접선의 기울기이고, t_2일 때 순간 속도는 Q점에서 그은 접선의 기울기이다.

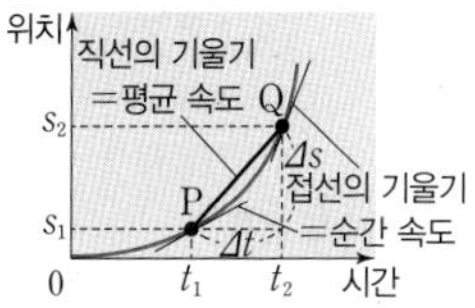

❷ 속도-시간 그래프와 가속도

시간 t_1에서 t_2까지의 평균 가속도는 속도-시간 그래프에서 두 점 P, Q를 이은 직선의 기울기이다. t_1일 때 순간 가속도는 P점에서 그은 접선의 기울기이고, t_2일 때 순간 가속도는 Q점에서 그은 접선의 기울기이다.

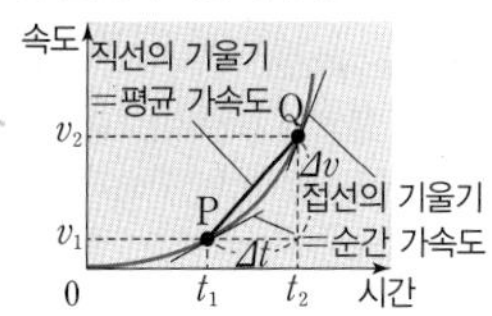

❸ 운동 그래프

가속도-시간 그래프의 밑넓이는 속도 변화량을, 속도-시간 그래프의 밑넓이는 변위를, 속도-시간 그래프의 기울기는 가속도를 나타낸다.

(2) 평면에서 등가속도 운동: ❶물체의 가속도의 크기와 방향이 일정한 운동

① 가속도의 방향을 x 방향으로 정하면 가속도의 y성분은 0이다. 따라서 y 방향으로는 속도가 변하지 않는 등속도 운동을 하고, x 방향으로는 등가속도 운동을 한다.

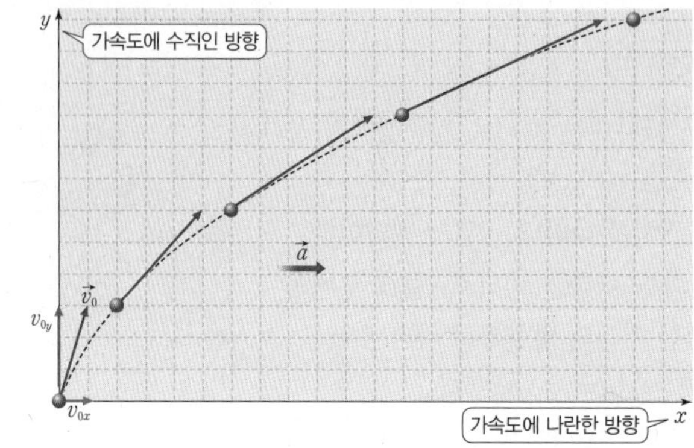

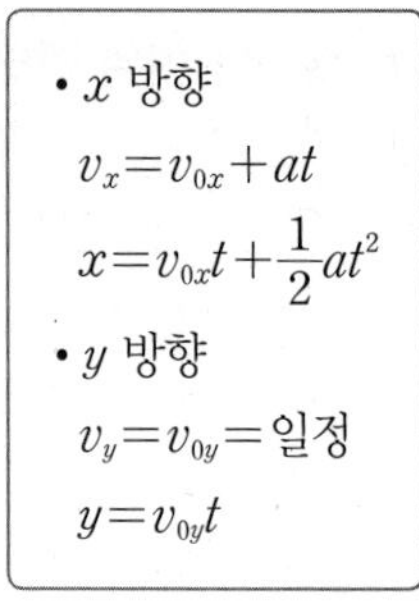

THE 알기

❶ 등가속도 직선 운동에서 평균 속도
시간 t 동안의 변위가 s일 때 $s=v_0t+\frac{1}{2}at^2$이므로 평균 속도는 $\bar{v}=\frac{s}{t}=v_0+\frac{1}{2}at=\frac{v_0+v}{2}$이다.

② 평면에서 ❷등가속도 운동 경로: $y=v_{0y}t$에서 $t=\frac{y}{v_{0y}}$이다. $x=v_{0x}t+\frac{1}{2}at^2$에 $t=\frac{y}{v_{0y}}$를 대입하면 $x=\frac{v_{0x}}{v_{0y}}y+\frac{a}{2v_{0y}{}^2}y^2$이다. 즉, 물체는 포물선 경로를 따라 운동한다.

❷ 등가속도 운동
물체에 작용하는 알짜힘의 크기와 방향이 일정한 운동으로 물체에 작용하는 알짜힘의 방향과 수직인 성분의 속도는 변하지 않고, 알짜힘의 방향과 나란한 성분의 속도만 변한다. 즉, 알짜힘의 방향과 수직인 방향은 등속도 운동을 하고, 알짜힘의 방향과 나란한 방향으로는 등가속도 운동을 한다.

(3) 중력장에서 등가속도 직선 운동

① 자유 낙하 운동: 초속도 없이 중력의 영향만으로 낙하하는 운동으로 물체의 가속도는 중력 가속도 ❸g로 일정한 운동이다.

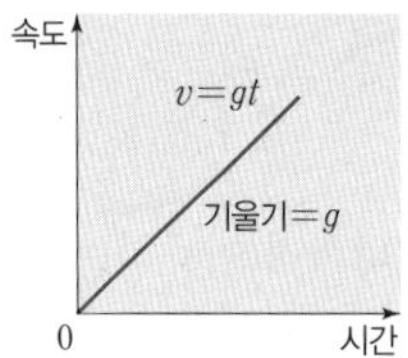

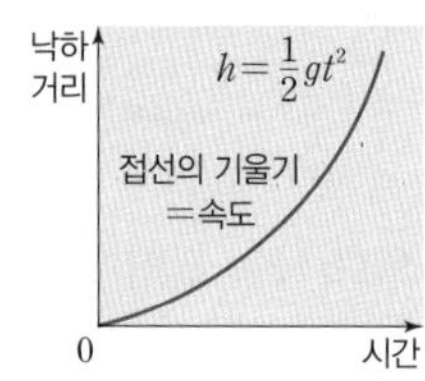

$$v=gt,\ h=\frac{1}{2}gt^2,\ v^2=2gh$$

❸ 중력 가속도
지구가 물체에 작용하는 중력에 의한 가속도를 중력 가속도라고 한다. 진공에서 낙하하는 물체는 약 9.8 m/s^2의 가속도로 등가속도 운동을 하는데, 이 값을 중력 가속도라 하고 g로 표시한다.

② 연직 아래로 던진 물체의 운동: 연직 아래 방향을 (+)방향으로 정하고 물체를 던진 속도를 v_0이라 하면, 처음 속도가 v_0이고 가속도가 g인 등가속도 직선 운동을 한다.

$$v=v_0+gt,\ h=v_0t+\frac{1}{2}gt^2,\ v^2-v_0{}^2=2gh$$

③ 연직 위로 던진 물체의 운동: 연직 위 방향을 (+)방향으로 정하고 물체를 던진 속도를 v_0이라 하면, 처음 속도가 v_0이고 가속도가 $-g$인 등가속도 직선 운동을 한다.

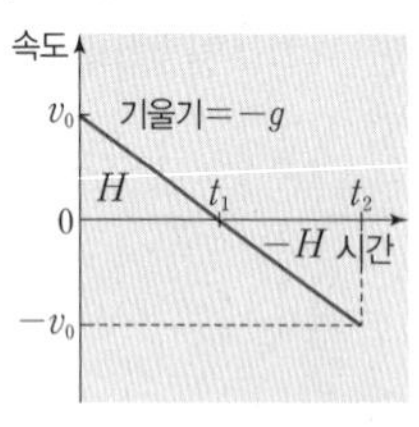

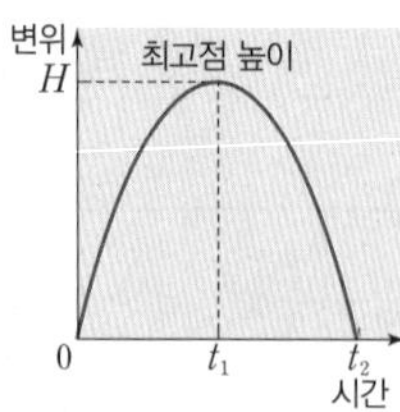

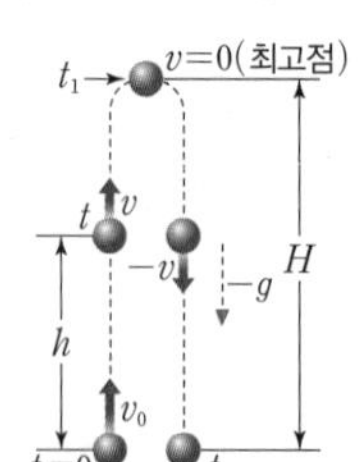

$$v=v_0-gt,$$
$$h=v_0t-\frac{1}{2}gt^2,$$
$$v^2-v_0{}^2=-2gh$$

- 최고점까지 올라가는 데 걸리는 시간 $t_1=\frac{v_0}{g}$이고, 출발점으로 되돌아오는 데 걸린 시간은 $t_2=2t_1=\frac{2v_0}{g}$이다.
- ❹최고점 높이는 $H=\frac{v_0{}^2}{2g}$이다.

❹ 최고점 높이
연직 위로 던진 물체의 속도-시간 그래프에서 그래프가 시간 축과 이루는 면적은 변위이다. 던진 순간부터 최고점에 도달할 때까지 그래프가 시간 축과 이루는 면적은 $\frac{1}{2}v_0t_1=\frac{v_0{}^2}{2g}$이므로 최고점 높이는 $H=\frac{v_0{}^2}{2g}$이다.

개념체크

빈칸 완성

1. 물체가 xy 평면에서 운동할 때 원점에서 물체의 위치까지를 화살표로 나타낸 벡터를 (　　　)라고 한다.

2. (　　　)는 물체의 위치 변화를 나타내는 벡터이다.

3. 물체의 처음 위치가 $\vec{r_1}$, 나중 위치가 $\vec{r_2}$일 때, 물체의 변위는 (　　　)이다.

4. 위치–시간 그래프에서 그래프의 기울기는 ㉠(　　　)이고, 속도–시간 그래프에서 그래프의 기울기는 ㉡(　　　)이다.

5. 시간 Δt 동안 속도 변화량이 $\Delta\vec{v}$이면 물체의 평균 가속도는 ㉠(　　　)이고, 가속도의 방향은 ㉡(　　　)의 방향과 같다.

6. 물체에 작용하는 알짜힘이 0일 때 물체는 ㉠(　　　) 운동을 하고, 물체에 작용하는 알짜힘이 일정할 때 ㉡(　　　) 운동을 한다.

7. 물체에 작용하는 알짜힘의 방향과 (　　　)의 방향은 같다.

8. 등가속도 운동하는 물체의 운동 방향과 가속도의 방향이 나란하면 물체의 운동 경로는 (　　　)이다.

9. 물체가 가속도의 크기와 방향이 일정한 운동을 할 때, 가속도의 방향과 나란한 방향으로는 ㉠(　　　) 운동을 하고, 가속도의 방향과 수직 방향으로는 ㉡(　　　) 운동을 한다.

정답 **1.** 위치 벡터 **2.** 변위 벡터 **3.** $\vec{r_2}-\vec{r_1}$ **4.** ㉠ 속도, ㉡ 가속도 **5.** ㉠ $\frac{\Delta\vec{v}}{\Delta t}$, ㉡ 속도 변화량 **6.** ㉠ 등속도, ㉡ 등가속도 **7.** 가속도 **8.** 직선 **9.** ㉠ 등가속도, ㉡ 등속도

○X 문제

1. 등가속도 운동하는 물체에 대한 설명으로 옳은 것은 ○, 옳지 않은 것은 ×로 표시하시오.

(1) 등가속도 운동하는 물체의 속력은 일정하다. (　　)

(2) 등가속도 운동하는 물체가 정지한 순간 물체에 작용하는 알짜힘은 0이다. (　　)

2. 그림은 직선상에서 운동하는 물체의 속도를 시간에 따라 나타낸 것이다. 물체의 운동에 대한 설명으로 옳은 것은 ○, 옳지 않은 것은 ×로 표시하시오.

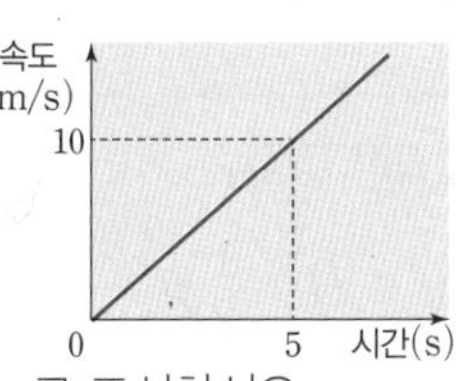

(1) 물체에 작용하는 알짜힘의 크기는 점점 증가한다. (　　)

(2) 0초부터 5초까지 변위의 크기는 25 m이다. (　　)

(3) 5초일 때 물체의 가속도의 크기는 2 m/s^{2}이다. (　　)

단답형 문제

3. 그림과 같이 물체의 속도는 시간 $t=0$일 때 동쪽으로 4 m/s이고, $t=5$초일 때 북쪽으로 3 m/s이다.

(1) 5초 동안의 속도 변화량의 크기는 몇 m/s인가?

(2) 5초 동안의 평균 가속도의 크기는 몇 m/s^{2}인가?

4. 그림은 직선상에서 등가속도 운동하는 물체를 나타낸 것이다. 점 p, q에서 물체의 속력은 각각 1 m/s, 5 m/s이고, p에서 q까지 이동하는 데 걸린 시간은 2초이다.

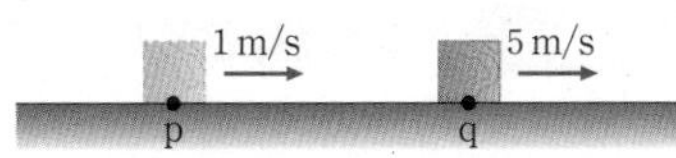

(1) 물체의 가속도의 크기는 몇 m/s^{2}인가?

(2) p에서 q까지의 거리는 몇 m인가?

정답 **1.** (1) × (2) × **2.** (1) × (2) ○ (3) ○ **3.** (1) 5 m/s (2) 1 m/s^2 **4.** (1) 2 m/s^2 (2) 6 m

포물선 운동

THE 알기

❶ 포물선 운동
물체를 수평 방향으로 속력 v_0으로 던졌을 때 물체의 위치의 x성분은 $x=v_0t$이고, 위치의 y성분은 $y=\frac{1}{2}gt^2$이다. 따라서 $y=\frac{1}{2}gt^2=\frac{g}{2v_0^2}x^2$이다. 이 식은 포물선 방정식이므로 물체는 포물선 경로를 따라 운동한다.

1 포물선 운동

물체에 작용하는 알짜힘이 일정하고, 알짜힘의 방향이 운동 방향과 나란하지 않을 때 물체는 ❶포물선 경로를 따라 운동한다.

(1) 수평 방향으로 던진 물체의 운동: 물체를 수평 방향으로 던지면, 수평 방향으로는 중력이 작용하지 않으므로 등속도 운동을 하고, 연직 방향으로는 중력이 작용하므로 자유 낙하와 같은 등가속도 운동을 한다.

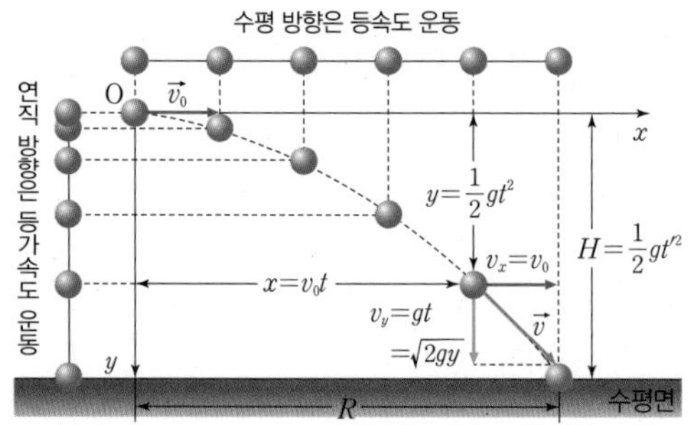

① 수평 방향 운동: 수평 방향으로 작용하는 힘이 없으므로 $F_x=ma_x=0$에서 가속도는 $a_x=0$이고, 처음 속도는 v_0인 등속도 운동을 한다.

② 연직 방향 운동: 물체에는 연직 아래 방향으로 중력이 작용하므로 $F_y=ma_y=mg$에서 가속도는 $a_y=g$이다. 처음 속도는 0이고, 가속도는 g로 일정한 등가속도 운동을 한다.
➡ 물체의 질량에 관계없이 가속도는 중력 가속도 g로 일정하다.

[수평 방향 운동] 등속도 운동	[연직 방향 운동] 등가속도 운동
가속도: $a_x=0$	가속도: $a_y=g$
속도: $v_x=v_0$	속도: $v_y=gt$
변위: $x=v_0t$	변위: $y=\frac{1}{2}gt^2$

③ 시간 t일 때 물체의 속력(v): $v=\sqrt{v_0^2+(gt)^2}$

④ 수평면에 도달하는 데 걸린 시간(t'): $H=\frac{1}{2}gt'^2 \rightarrow t'=\sqrt{\frac{2H}{g}}$

⑤ 수평면에 도달하는 순간 물체의 속력(V): $V=\sqrt{v_0^2+(gt')^2}=\sqrt{v_0^2+2gH}$

THE 들여다보기 빗면에서 포물선 운동

그림과 같이 경사각이 θ인 빗면에서 물체를 빗면과 나란하게 수평 방향으로 v_0의 속력으로 던지면 물체는 빗면상에서 포물선 운동을 한다.

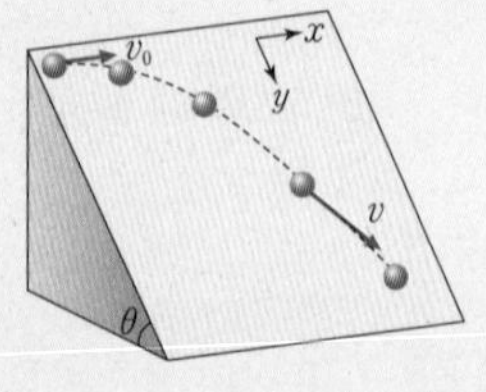

- 빗면과 나란하며 수평 방향(x 방향)으로는 힘이 작용하지 않으므로 등속도 운동을 한다. → $v_x=v_0$
- 빗면과 나란하며 아래 방향(y 방향)으로는 일정한 힘이 작용하므로 등가속도 운동을 한다. → $F_y=ma_y=mg\sin\theta$에서 $a_y=g\sin\theta$
- t초 후 물체의 속도의 x성분은 $v_x=v_0$이고, 속도의 y성분은 $v_y=g\sin\theta t$이다. → $v=\sqrt{v_x^2+v_y^2}=\sqrt{v_0^2+(g\sin\theta t)^2}$

⑥ 수평 도달 거리(R): $R=v_0t'=v_0\sqrt{\frac{2H}{g}}$

➡ 수평 도달 거리는 던지는 높이 H가 크고, 수평 방향으로 던지는 속력 v_0이 클수록 크다.

THE 알기

(2) 비스듬히 던진 물체의 운동: 물체를 수평면과 θ를 이루는 각으로 속력 v_0으로 던지면, 물체는 포물선 경로를 따라 운동하며 수평 방향으로 등속도 운동을 하고 연직 방향으로는 연직 위로 던진 물체의 운동과 같은 등가속도 운동을 한다.

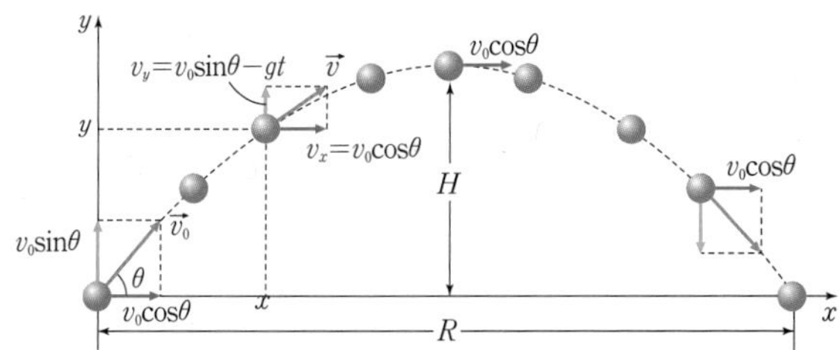

① 처음 속도: 물체를 속력 v_0으로 수평면과 θ를 이루는 각으로 던지면, 처음 속도 $\vec{v_0}$의 x성분 v_{0x}와 y성분 v_{0y}는 다음과 같다.

➡ $v_{0x}=v_0\cos\theta$, $v_{0y}=v_0\sin\theta$

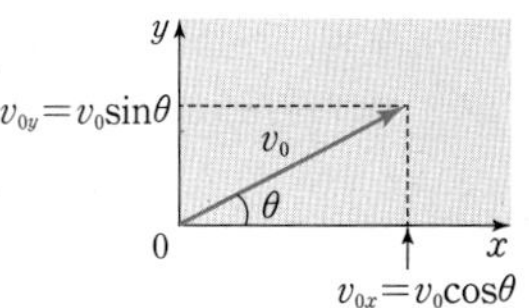

② 수평 방향 운동: 초속도 $v_{0x}=v_0\cos\theta$의 속도로 등속도 운동을 하고, t초 후의 속도와 변위는 $v_x=v_0\cos\theta$, $x=v_{0x}t=v_0\cos\theta t$이다.

③ 연직 방향 운동: 초속도 $v_{0y}=v_0\sin\theta$, 가속도 $-g$인 등가속도 운동을 하고, t초 후의 속도와 변위는 $v_y=v_0\sin\theta-gt$, $y=v_0\sin\theta t-\frac{1}{2}gt^2$이다.

④ 최고점에서의 속도(V): $V=v_{0x}=v_0\cos\theta$

⑤ 최고점 도달 시간(T)과 최고점 높이(H): 최고점에서 연직 방향의 속도는 0이다.

- 최고점 도달 시간(T): $v_y=v_0\sin\theta-gT=0 \rightarrow T=\frac{v_0\sin\theta}{g}$이다.
- 최고점 높이(H): $-2gH=0-(v_0\sin\theta)^2 \rightarrow H=\frac{v_0^2\sin^2\theta}{2g}$이다.

⑥ [1]수평 도달 거리(R): 수평면에 도달하는 시간($2T$) 동안 수평 방향으로 등속도 운동을 한다.

➡ $R=v_{0x}\times 2T=v_0\cos\theta\times\frac{2v_0\sin\theta}{g}=\frac{v_0^2\sin2\theta}{g}$이다.

❶ 최대 수평 도달 거리

속력 v_0으로 비스듬히 던질 때, 수평 도달 거리는 $R=\frac{v_0^2\sin2\theta}{g}$이므로 $\sin2\theta=1$일 때 수평 도달 거리는 최대가 된다. 즉, $2\theta=90°$에서 $\theta=45°$일 때 물체의 수평 도달 거리는 최대이다. $\theta_1+\theta_2=90°$이면 $\sin(2\theta_1)=\sin(2\theta_2)$이므로 던지는 각도가 θ_1일 때와 θ_2일 때의 수평 도달 거리는 같다.

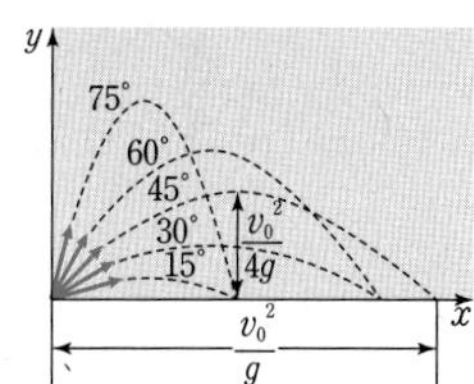

THE 들여다보기 비스듬히 아래로 던진 물체의 운동

그림과 같이 물체를 수평 방향과 θ의 각을 이루며 속력 v_0으로 비스듬히 아래로 던지면 물체는 중력 가속도 g로 일정한 포물선 운동을 한다.

- 던지는 순간 속도의 수평 성분은 $v_0\cos\theta$, 연직 성분은 $v_0\sin\theta$이다.
- 수평 방향으로는 등속도 운동을 하므로 $v_x=v_0\cos\theta$이다.
- 연직 아래 방향으로 등가속도 운동을 하므로 $v_y=v_0\sin\theta+gt$이다.
- t초 후 물체의 속도의 크기는 $v=\sqrt{v_x^2+v_y^2}$이다.
- t초 동안 낙하한 거리는 $h=(v_0\sin\theta)t+\frac{1}{2}gt^2$이다.
- t초 동안 수평 방향의 이동 거리는 $R=(v_0\cos\theta)t$이다.

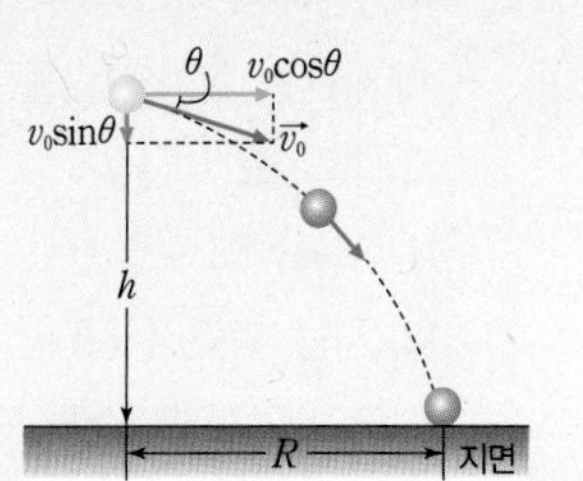

개념체크

둘 중에 고르기

1. 어떤 높이에서 가만히 놓아 자유 낙하 하는 물체는 속도가 일정하게 ㉠(증가 , 감소)하는 ㉡(등속도 , 등가속도) 운동을 한다.

2. 연직 위로 던진 물체의 운동에서 물체를 연직 위로 던진 순간 속력이 ㉠(클수록 , 작을수록) 최고점 높이가 크고, 최고점에 도달하는 데 걸리는 시간이 ㉡(크 , 작)다.

3. 등가속도 운동에서 물체에 작용하는 알짜힘의 방향과 운동 방향이 나란하지 않을 때 물체의 운동 경로는 (직선 , 포물선)이다.

4. 수평 방향으로 던진 물체는 수평 방향으로는 ㉠(등속도 , 등가속도) 운동을 하고, 연직 방향으로는 ㉡(등속도 , 등가속도) 운동을 한다.

단답형 문제

5. 지면으로부터 20 m 높이에서 가만히 놓은 물체가 등가속도 운동하여 지면에 도달하는 데 걸린 시간은 몇 초인가? (단, 중력 가속도는 10 m/s^{2}이다.)

6. 그림과 같이 물체를 수평면에서 연직 위 방향으로 속력 10 m/s로 던졌을 때 물체는 등가속도 운동을 한다. (단, 중력 가속도는 10 m/s^{2}이다.)

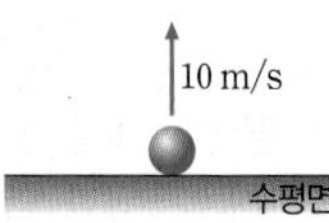

(1) 던진 순간부터 최고점에 도달하는 데 걸린 시간은 몇 초인가?

(2) 최고점에서 물체의 속력은 몇 m/s인가?

(3) 수평면으로부터 최고점까지의 높이는 몇 m인가?

정답 1. ㉠ 증가, ㉡ 등가속도 2. ㉠ 클수록, ㉡ 크 3. 포물선 4. ㉠ 등속도, ㉡ 등가속도 5. 2초 6. (1) 1초 (2) 0 (3) 5 m

○X 문제

1. 그림은 수평 방향으로 2 m/s의 속력으로 던진 물체가 포물선 운동하는 것을 나타낸 것이다. 물체의 운동에 대한 설명으로 옳은 것은 ○, 옳지 않은 것은 ×로 표시하시오.

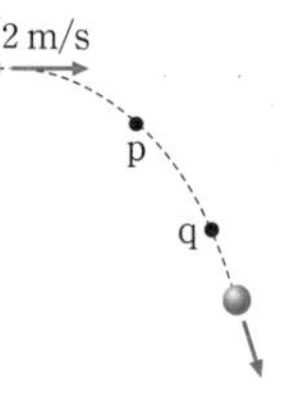

(1) p에서 속도의 수평 성분의 크기는 2 m/s이다. ( )

(2) 물체의 가속도의 크기는 q에서가 p에서보다 크다. ( )

(3) 물체에 작용하는 알짜힘의 크기는 p와 q에서가 같다. ( )

2. 수평면에서 비스듬히 던진 물체가 포물선 운동할 때 물체에 대한 설명으로 옳은 것은 ○, 옳지 않은 것은 ×로 표시하시오.

(1) 최고점에 도달한 순간 속력은 최소이다. ( )

(2) 처음 속력이 같다면 수평 방향과 45°를 이루는 각으로 던질 때, 수평 도달 거리는 최대이다. ( )

선다형 문제

3. 그림과 같이 수평면에서 수평 방향과 60°를 이루는 각으로 10 m/s의 속력으로 던져진 물체가 포물선 운동하여 수평면에 도달한다. 점 p, q는 포물선 경로상의 점이다.

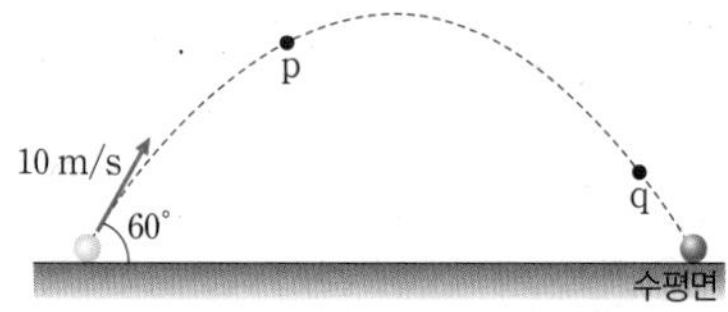

물체의 운동에 대한 설명으로 옳은 것을 모두 고르면? (3개)

① 물체에 작용하는 알짜힘은 일정하다.
② 던지는 순간 속도의 연직 성분의 크기는 5 m/s이다.
③ p에서 물체의 속도의 수평 성분의 크기는 5 m/s이다.
④ 물체의 가속도의 크기는 p에서가 q에서보다 크다.
⑤ 수평면에 도달하는 순간 속력은 10 m/s이다.

정답 1. (1) ○ (2) × (3) ○ 2. (1) ○ (2) ○ 3. ①, ③, ⑤

탐구 활동 비스듬히 던진 물체의 운동

정답과 해설 09쪽

목표

비스듬히 던진 물체의 운동을 수평 방향과 연직 방향으로 나누어 분석할 수 있다.

과정

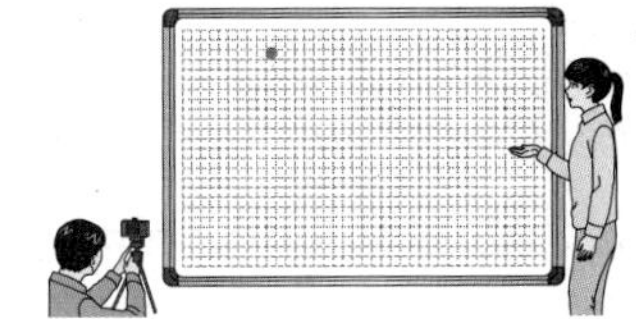

1. 모눈이 그려진 칠판과 디지털카메라를 고정한다.
2. 공을 비스듬히 던지고 공의 운동을 카메라로 촬영한다.
3. 촬영한 파일을 동영상 분석 프로그램으로 재생한다.
4. 0.1초 간격으로 수평 방향 위치와 연직 방향 위치를 기록한다.

시간(초)	0	0.1	0.2	0.3	0.4	0.5	0.6
수평 위치(m)							
연직 위치(m)							

결과 정리 및 해석

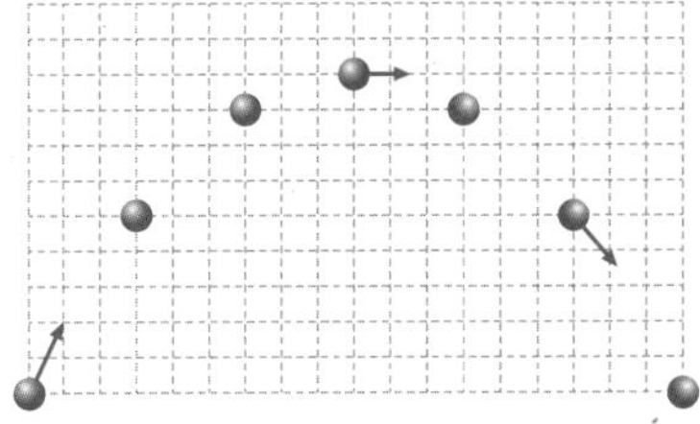

• 수평 방향

시간(s)	0		0.1		0.2		0.3		0.4		0.5		0.6
위치(m)	0		0.5		1		1.5		2		2.5		3
구간 거리(m)		0.5		0.5		0.5		0.5		0.5		0.5	
구간 속도(m/s)		5		5		5		5		5		5	

• 연직 방향

시간(s)	0		0.1		0.2		0.3		0.4		0.5		0.6
위치(m)	0		0.245		0.392		0.441		0.392		0.245		0
구간 변위(m)		0.245		0.147		0.049		−0.049		−0.147		−0.245	
구간 속도(m/s)		2.45		1.47		0.49		−0.49		−1.47		−2.45	
가속도(m/s^2)			−9.8		−9.8		−9.8		−9.8		−9.8		

1. 수평 방향으로는 5 m/s의 일정한 속도로 운동한다.
2. 연직 방향으로는 $-9.8\ m/s^2$의 일정한 가속도로 등가속도 운동을 한다.

탐구 분석

1. 공의 속도의 수평 성분의 크기는 어떻게 변하는가? 또 그 이유는 무엇인가?
2. 연직 방향으로는 공은 어떤 운동을 하며, 공에 작용하는 알짜힘은 어떠한가?

내신 기초 문제

[20700-0043]

01 그림은 곡예 비행하는 비행기의 운동 경로를 나타낸 것이다. 점 P, Q는 경로상의 지점이다.

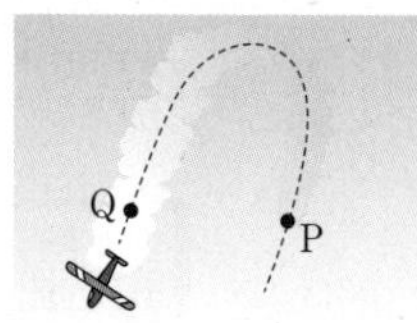

비행기가 P에서 Q까지 운동하는 동안, 비행기의 운동에 대한 설명으로 옳은 것만을 〈보기〉에서 있는 대로 고른 것은?

보기

ㄱ. 가속도 운동을 한다.
ㄴ. 이동 거리는 변위의 크기보다 크다.
ㄷ. 평균 속도의 크기는 평균 속력의 크기보다 작다.

① ㄱ ② ㄷ ③ ㄱ, ㄴ
④ ㄴ, ㄷ ⑤ ㄱ, ㄴ, ㄷ

[20700-0044]

02 그림은 마찰이 없는 수평면상의 점 p에 정지해 있던 물체에 수평 방향으로 크기가 F인 힘을 작용하였더니 물체가 등가속도 직선 운동을 하여 수평면상의 점 q를 5 m/s의 속력으로 지나는 모습을 나타낸 것이다. 물체의 질량은 2 kg이고, p와 q 사이의 거리는 5 m이다.

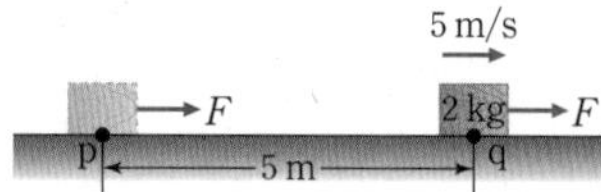

이에 대한 설명으로 옳은 것만을 〈보기〉에서 있는 대로 고른 것은?

보기

ㄱ. p에서 q까지 이동하는 데 걸린 시간은 1초이다.
ㄴ. 가속도의 크기는 2.5 m/s^{2}이다.
ㄷ. F는 5 N이다.

① ㄱ ② ㄴ ③ ㄷ
④ ㄱ, ㄴ ⑤ ㄴ, ㄷ

[20700-0045]

03 그림은 물체 A, B가 경사각이 각각 θ_1, θ_2인 빗면에서 수평한 기준선 P를 같은 속력 v_0으로 지나는 순간의 모습을 나타낸 것이다. $\theta_1 < \theta_2$이고, 기준선 Q와 P는 서로 평행하다.

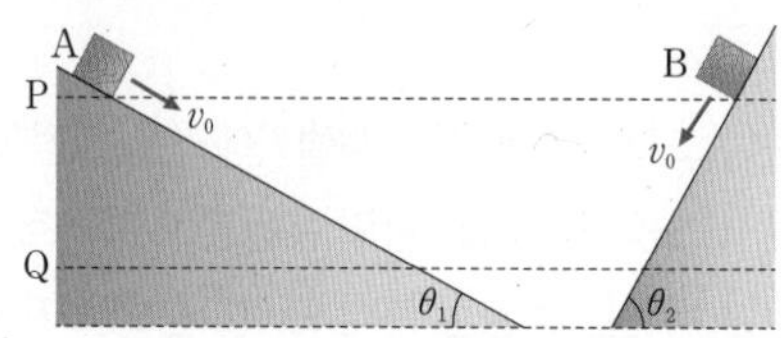

이에 대한 설명으로 옳은 것만을 〈보기〉에서 있는 대로 고른 것은? (단, 물체의 크기, 마찰과 공기 저항은 무시한다.)

보기

ㄱ. P에서 Q까지 이동하는 데 걸리는 시간은 A가 B보다 크다.
ㄴ. 가속도의 크기는 A가 B보다 작다.
ㄷ. Q를 지나는 속력은 B가 A보다 크다.

① ㄱ ② ㄷ ③ ㄱ, ㄴ
④ ㄴ, ㄷ ⑤ ㄱ, ㄴ, ㄷ

[20700-0046]

04 그림 (가)는 일직선상에서 질량 2 kg인 물체가 4 m/s의 속력으로 오른쪽으로 운동하는 모습을 나타낸 것이다. 그림 (나)는 (가)의 순간부터 물체의 가속도를 시간에 따라 나타낸 것이다. 가속도는 오른쪽 방향일 때가 양(+)이다.

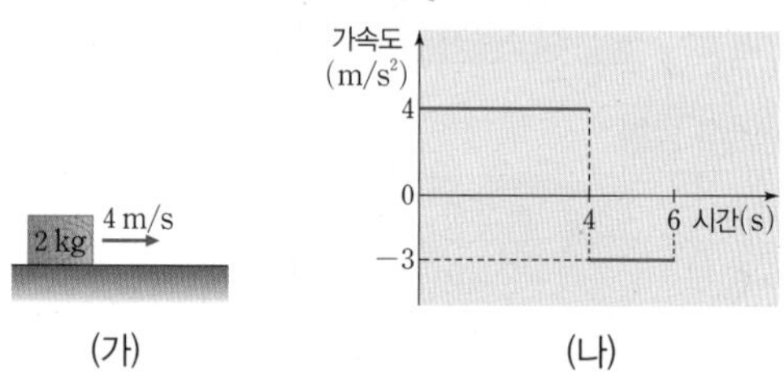

(가) (나)

이에 대한 설명으로 옳은 것만을 〈보기〉에서 있는 대로 고른 것은? (단, 물체의 크기는 무시한다.)

보기

ㄱ. 2초일 때, 물체에 작용하는 알짜힘의 크기는 8 N이다.
ㄴ. 6초일 때 물체의 속력은 10 m/s이다.
ㄷ. 0초부터 6초까지 물체의 변위의 크기는 94 m이다.

① ㄱ ② ㄴ ③ ㄱ, ㄴ ④ ㄱ, ㄷ ⑤ ㄴ, ㄷ

[20700-0047]

05 그림과 같이 경사각이 30°인 빗면상의 점 p를 속력 v_0으로 지난 물체가 등가속도 직선 운동을 하여 점 q를 속력 $2v_0$으로 지난다. 물체의 질량은 2 kg이고, p에서 q까지 이동하는 데 걸린 시간은 3초이다.

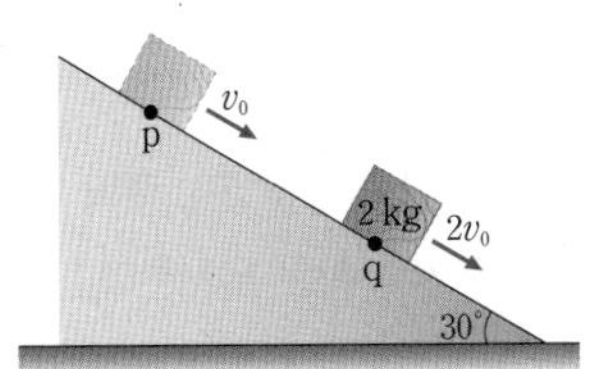

이에 대한 설명으로 옳은 것만을 <보기>에서 있는 대로 고른 것은? (단, 중력 가속도는 10 m/s²이고, 물체의 크기와 마찰은 무시한다.)

보기
ㄱ. 물체에 작용하는 알짜힘의 크기는 10 N이다.
ㄴ. v_0=15 m/s이다.
ㄷ. p와 q 사이의 거리는 90 m이다.

① ㄱ ② ㄷ ③ ㄱ, ㄴ
④ ㄴ, ㄷ ⑤ ㄱ, ㄴ, ㄷ

[20700-0048]

06 그림은 xy 평면에서 운동하는 질량 2 kg인 물체의 속도의 x, y성분 v_x, v_y를 시간에 따라 나타낸 것이다.

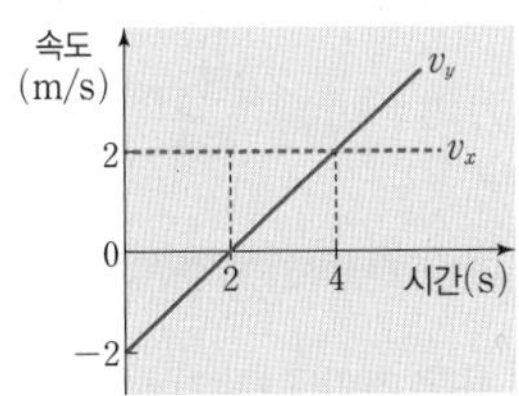

이에 대한 설명으로 옳은 것만을 <보기>에서 있는 대로 고른 것은?

보기
ㄱ. 물체는 등가속도 운동을 한다.
ㄴ. 0초부터 4초까지 물체의 변위의 크기는 8 m이다.
ㄷ. 2초일 때, 물체에 작용하는 알짜힘의 크기는 4 N이다.

① ㄱ ② ㄷ ③ ㄱ, ㄴ
④ ㄴ, ㄷ ⑤ ㄱ, ㄴ, ㄷ

[20700-0049]

07 그림은 수평면에서 연직 위로 던진 물체의 속도를 시간에 따라 나타낸 것이다.

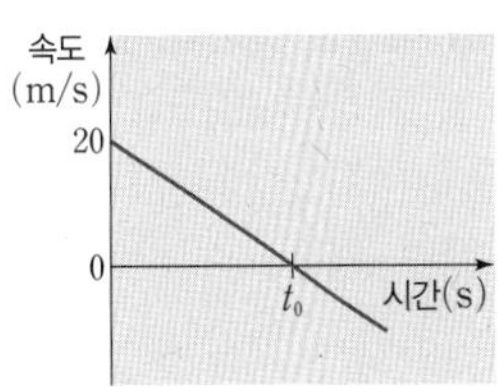

이에 대한 설명으로 옳은 것만을 <보기>에서 있는 대로 고른 것은? (단, 중력 가속도는 10 m/s²이고, 물체의 크기는 무시한다.)

보기
ㄱ. t_0은 2초이다.
ㄴ. t_0일 때, 물체에 작용하는 알짜힘은 0이다.
ㄷ. 물체가 올라간 최고점 높이는 20 m이다.

① ㄱ ② ㄴ ③ ㄱ, ㄷ
④ ㄴ, ㄷ ⑤ ㄱ, ㄴ, ㄷ

[20700-0050]

08 그림은 수평면으로부터 높이가 h인 곳에서 수평 방향으로 속력 v로 던져진 물체가 포물선 운동하여 수평면에 도달한 것을 나타낸 것이다. 물체의 수평 도달 거리는 $2h$이다.

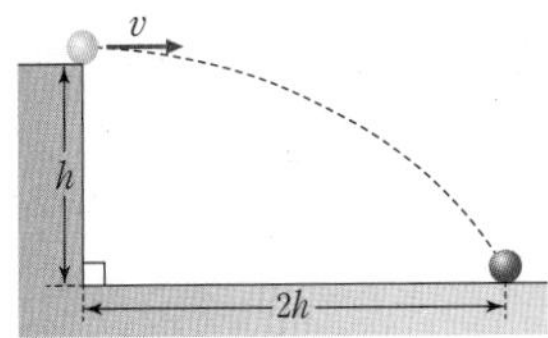

v는? (단, 중력 가속도는 g이고, 물체의 크기는 무시한다.)

① $\sqrt{gh}$ ② $\sqrt{2gh}$ ③ $\sqrt{3gh}$
④ $2\sqrt{gh}$ ⑤ $\sqrt{5gh}$

[20700-0051]

09 그림은 동일 연직선상에서 수평 방향으로 각각 v_A, v_B의 속력으로 던져진 물체 A, B가 포물선 운동을 하여 수평면상의 점 O에 도달한 것을 나타낸 것이다. 던진 높이는 B가 A보다 높다.

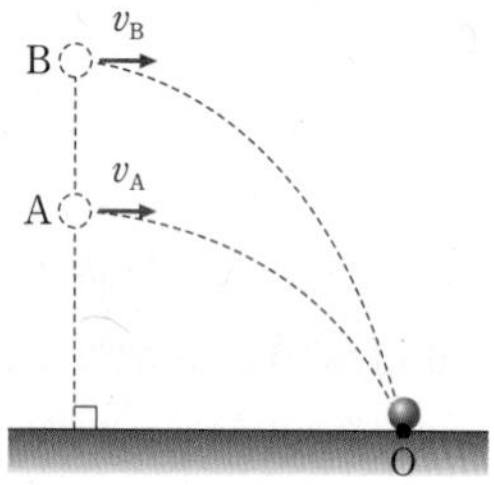

A, B를 던진 순간부터 수평면에 도달할 때까지에 대한 설명으로 옳은 것만을 ⟨보기⟩에서 있는 대로 고른 것은? (단, 물체의 크기는 무시한다.)

보기
ㄱ. 가속도의 크기는 B가 A보다 크다.
ㄴ. 수평면에 도달할 때까지 걸린 시간은 A가 B보다 작다.
ㄷ. $v_A > v_B$이다.

① ㄱ ② ㄴ ③ ㄷ ④ ㄱ, ㄴ ⑤ ㄴ, ㄷ

[20700-0052]

10 그림은 수평면에서 비스듬히 던진 물체가 포물선 운동하는 것을 나타낸 것이다. 점 p, q, r는 운동 경로상의 지점이고, p와 r의 높이는 같고, q는 수평면으로부터 가장 높은 지점이다.

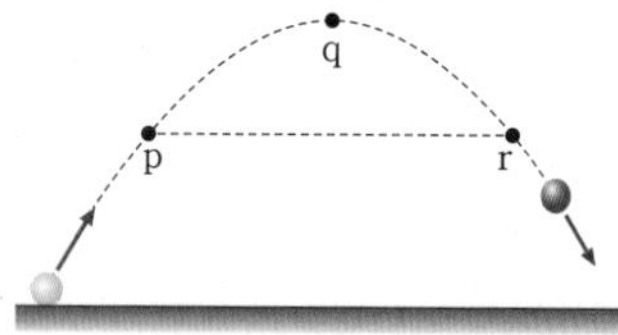

이에 대한 설명으로 옳은 것만을 ⟨보기⟩에서 있는 대로 고른 것은?

보기
ㄱ. p와 r에서 가속도의 방향은 같다.
ㄴ. p와 q에서 속도의 수평 성분의 크기는 같다.
ㄷ. p에서 q까지 이동하는 데 걸린 시간과 q에서 r까지 이동하는 데 걸린 시간은 같다.

① ㄱ ② ㄷ ③ ㄱ, ㄴ
④ ㄴ, ㄷ ⑤ ㄱ, ㄴ, ㄷ

[20700-0053]

11 그림과 같이 물체를 수평면과 60°를 이루는 각으로 속력 20 m/s로 던졌다.

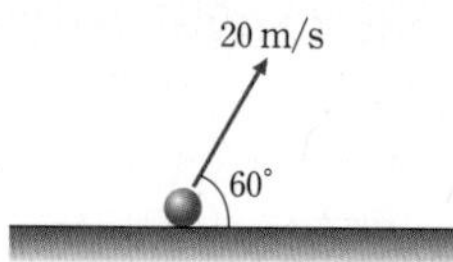

물체가 올라가는 최고점 높이는? (단, 중력 가속도는 10 m/s^{2}이고, 물체의 크기와 공기 저항은 무시한다.)

① 5 m ② 10 m ③ 15 m
④ 20 m ⑤ 25 m

[20700-0054]

12 그림은 수평면상의 점 P에서 비스듬히 던진 물체 A, B가 포물선 운동하는 모습을 나타낸 것이다. P에서 A, B의 속력은 각각 v_A, v_B이고, P에서 A의 운동 방향은 수평면과 45°를 이루며, A, B는 수평면상의 점 Q에 도달한다.

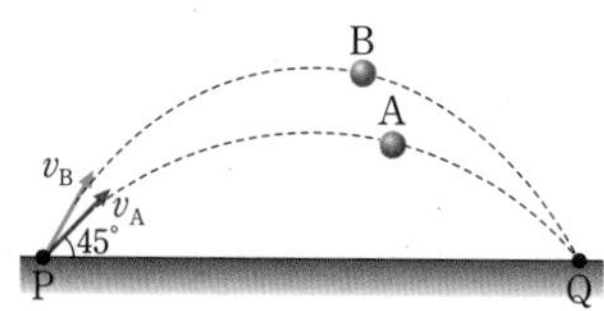

이에 대한 설명으로 옳은 것만을 ⟨보기⟩에서 있는 대로 고른 것은? (단, 물체의 크기는 무시한다.)

보기
ㄱ. P에서 Q까지 이동하는 데 걸린 시간은 A와 B가 같다.
ㄴ. 최고점 높이에서 속력은 A가 B보다 크다.
ㄷ. v_A는 v_B보다 크다.

① ㄱ ② ㄴ ③ ㄱ, ㄷ
④ ㄴ, ㄷ ⑤ ㄱ, ㄴ, ㄷ

[20700-0055]

13 그림은 xy 평면에서 등가속도 운동하는 물체의 위치를 1초 간격으로 나타낸 것이다.

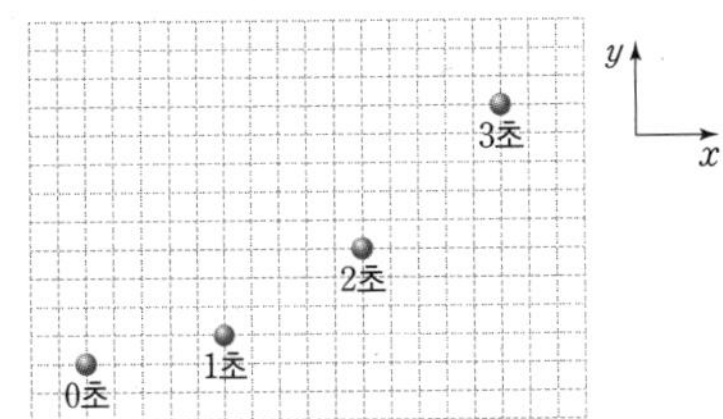

이 물체의 운동에 대한 설명으로 옳은 것만을 <보기>에서 있는 대로 고른 것은? (단, 모눈의 가로, 세로 간격은 0.1 m로 일정하다.)

보기
ㄱ. 0초부터 2초까지 평균 속도의 크기와 1초부터 3초까지 평균 속도의 크기는 같다.
ㄴ. 알짜힘의 방향은 $+x$ 방향이다.
ㄷ. 가속도의 크기는 0.2 m/s^2이다.

① ㄱ ② ㄷ ③ ㄱ, ㄴ
④ ㄴ, ㄷ ⑤ ㄱ, ㄴ, ㄷ

[20700-0056]

14 그림은 수평면에서 물체 A, B를 각각 수평 방향과 25°, 65°를 이루는 각으로 동일한 속력 v_0으로 던지는 것을 나타낸 것이다.

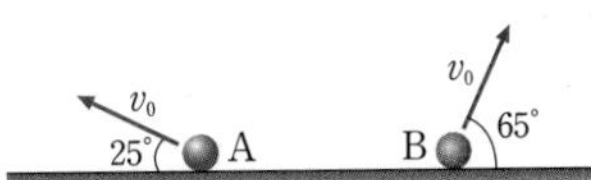

B가 A보다 큰 물리량만을 <보기>에서 있는 대로 고른 것은? (단, 물체의 크기와 공기 저항은 무시한다.)

보기
ㄱ. 최고점에 도달하는 데 걸리는 시간
ㄴ. 수평 도달 거리
ㄷ. 최고점 높이

① ㄱ ② ㄴ ③ ㄱ, ㄷ
④ ㄴ, ㄷ ⑤ ㄱ, ㄴ, ㄷ

[20700-0057]

15 그림 (가), (나)는 xy 평면에서 운동하는 물체의 위치의 x성분 s_x와 속도의 y성분 v_y를 시간에 따라 나타낸 것이다. 물체의 질량은 5 kg이다.

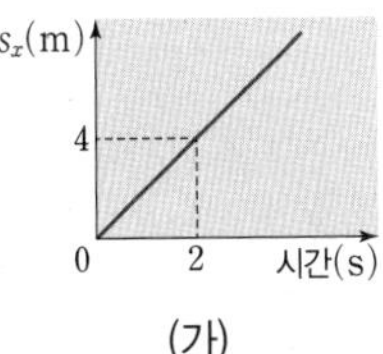

(가)

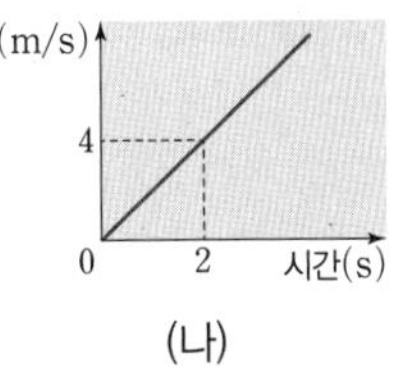

(나)

이에 대한 설명으로 옳은 것만을 <보기>에서 있는 대로 고른 것은?

보기
ㄱ. 0초부터 2초까지 변위의 크기는 $4\sqrt{2}$ m이다.
ㄴ. 2초일 때 물체의 속력은 $2\sqrt{5}$ m/s이다.
ㄷ. 물체에 작용하는 알짜힘의 크기는 10 N이다.

① ㄱ ② ㄷ ③ ㄱ, ㄴ
④ ㄴ, ㄷ ⑤ ㄱ, ㄴ, ㄷ

[20700-0058]

16 그림은 점 p에서 수평 방향으로 속력 v_0으로 던져진 물체가 포물선 운동하여 점 q를 지난 모습을 나타낸 것이다. p와 q의 높이차와 수평 거리는 20 m이다.

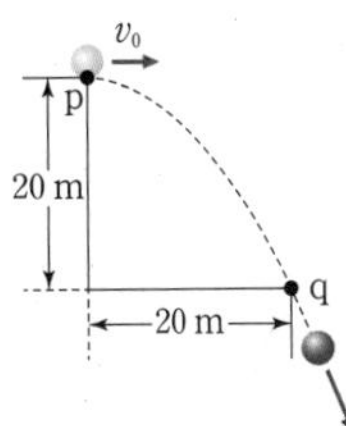

이에 대한 설명으로 옳은 것만을 <보기>에서 있는 대로 고른 것은? (단, 중력 가속도는 10 m/s^2이고, 물체의 크기는 무시한다.)

보기
ㄱ. p에서 q까지 이동하는 데 걸린 시간은 2초이다.
ㄴ. v_0은 10 m/s이다.
ㄷ. q에서 물체의 속력은 25 m/s이다.

① ㄱ ② ㄷ ③ ㄱ, ㄴ
④ ㄴ, ㄷ ⑤ ㄱ, ㄴ, ㄷ

[20700-0059]

01 그림과 같이 물체가 xy 평면의 원점 O를 $+x$ 방향으로 속력 10 m/s로 통과하는 $t=0$인 순간부터 물체에는 $+y$ 방향으로 크기가 10 N으로 일정한 힘이 계속 작용한다. 물체의 질량은 2 kg이다.

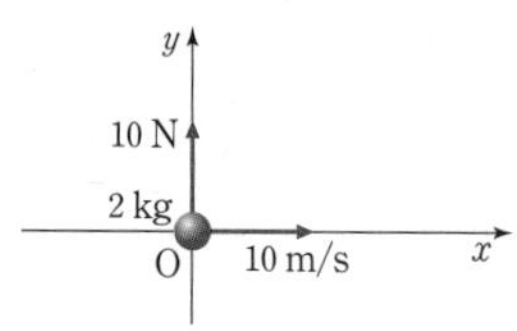

$t=3$초인 순간 물체의 속력은?

① $4\sqrt{5}$ m/s ② $3\sqrt{10}$ m/s ③ $4\sqrt{10}$ m/s
④ $10\sqrt{2}$ m/s ⑤ $5\sqrt{13}$ m/s

[20700-0060]

02 그림 (가)는 물체를 수평면과 각 θ를 이루는 방향으로 던진 것을 나타낸 것이고, (나)의 P, Q는 물체를 던진 순간부터 속도의 수평 성분과 연직 성분을 순서 없이 나타낸 것이다.

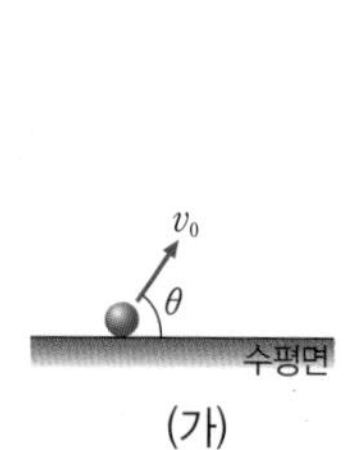

(가)

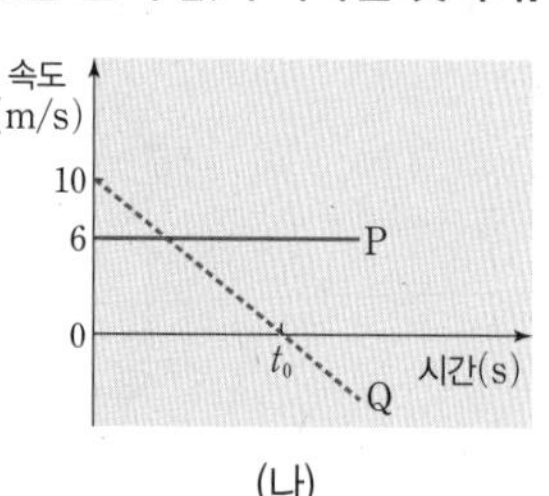

(나)

이에 대한 설명으로 옳은 것만을 <보기>에서 있는 대로 고른 것은? (단, 중력 가속도는 10 m/s²이다.)

보기
ㄱ. $\tan\theta=\frac{5}{3}$이다.
ㄴ. $t_0=1$이다.
ㄷ. 수평 도달 거리는 12 m이다.

① ㄱ ② ㄷ ③ ㄱ, ㄴ
④ ㄴ, ㄷ ⑤ ㄱ, ㄴ, ㄷ

서술형

[20700-0061]

03 그림은 경사각이 45°인 빗면 위에서 등가속도 운동하는 물체를 나타낸 것이다. 빗면상의 점 p와 점 r에서 물체의 속력은 각각 v_0, $3v_0$이고, p와 점 q 사이의 거리와 q와 r 사이의 거리는 같다.

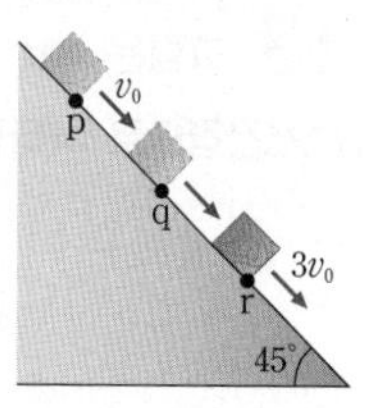

물체의 가속도의 크기와 q에서 물체의 속력을 풀이 과정과 함께 구하시오. (단, 중력 가속도는 g이고, 마찰은 무시한다.)

[20700-0062]

04 다음은 등가속도 운동에 대한 실험이다.

[실험 과정]
(가) 그림과 같이 빗면을 설치하고 디지털카메라로 동영상 촬영을 준비한다.

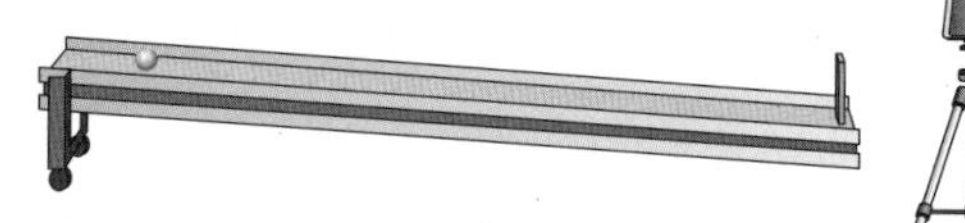

(나) 빗면에 쇠구슬을 놓고 동영상을 촬영한다.
(다) 동영상 프로그램을 이용하여 물체의 운동을 분석한다.

[실험 결과]

시간(s)	0	0.1	0.2	0.3	0.4	0.5
위치(cm)	0	6.0	17.5	34.5	57.0	85
이동 거리(cm)	6	11.5	17	22.5	28	
평균 속도(cm/s)	60	115	170	㉠	280	

• 쇠구슬은 가속도의 크기가 약 [㉡] m/s²으로 일정한 운동을 한다.

이에 대한 설명으로 옳은 것만을 <보기>에서 있는 대로 고른 것은?

보기
ㄱ. ㉠은 225이다.
ㄴ. ㉡은 5.5이다.
ㄷ. 빗면의 경사각이 클수록 가속도의 크기가 크다.

① ㄱ ② ㄴ ③ ㄱ, ㄷ
④ ㄴ, ㄷ ⑤ ㄱ, ㄴ, ㄷ

[20700-0063]

05 그림 (가)는 xy 평면에서 등가속도 운동하는 물체가 0초인 순간 원점 O를 4 m/s의 속력으로 $+y$ 방향으로 통과하는 순간의 모습을 나타낸 것이고, (나)는 물체에 작용하는 알짜힘의 x, y성분인 F_x와 F_y를 시간에 따라 나타낸 것이다. 물체의 질량은 2 kg이다.

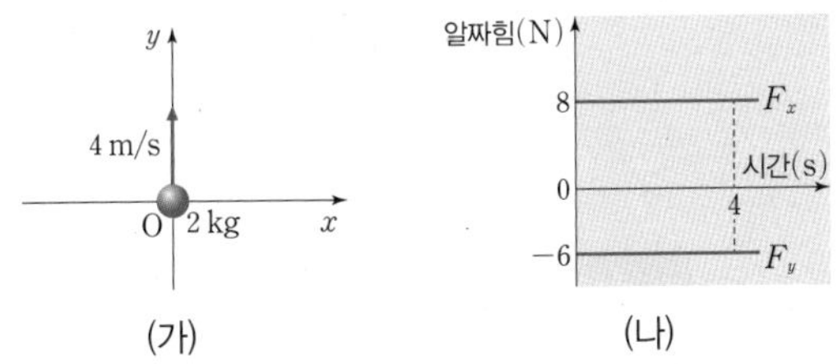

(가) (나)

이에 대한 설명으로 옳은 것만을 〈보기〉에서 있는 대로 고른 것은? (단, 물체의 크기는 무시한다.)

보기

ㄱ. 물체에 작용하는 알짜힘의 크기는 10 N이다.

ㄴ. 0초부터 2초까지 물체의 변위의 크기는 $10\sqrt{2}$ m이다.

ㄷ. 4초일 때, 물체의 속력은 $8\sqrt{5}$ m/s이다.

① ㄱ ② ㄴ ③ ㄱ, ㄷ ④ ㄴ, ㄷ ⑤ ㄱ, ㄴ, ㄷ

서술형

[20700-0064]

06 그림은 수평면으로부터 높이 30 m인 곳에서 물체 A를 가만히 놓는 순간 수평면에서 연직 위 방향으로 물체 B를 15 m/s의 속력으로 던진 것을 나타낸 것이다. 잠시 후 A, B는 공중에서 충돌한다.

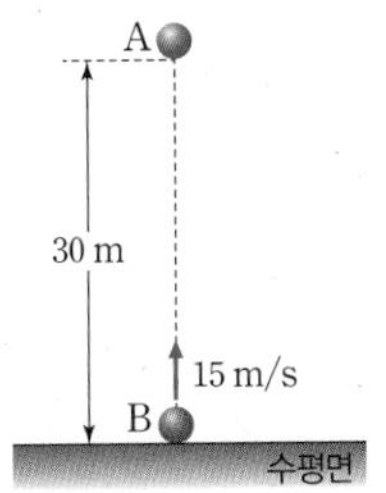

A, B가 충돌할 때까지 걸린 시간과 충돌한 지점의 높이를 풀이 과정과 함께 구하시오. (단, 중력 가속도는 10 m/s^{2}이고, 물체의 크기와 공기 저항은 무시한다.)

[20700-0065]

07 그림과 같이 책상면 끝에서 물체를 비스듬히 던진다. 표는 물체 A, B, C가 비스듬히 던져진 순간 속도의 수평 성분의 크기 v_x와 연직 성분의 크기 v_y를 나타낸 것이다.

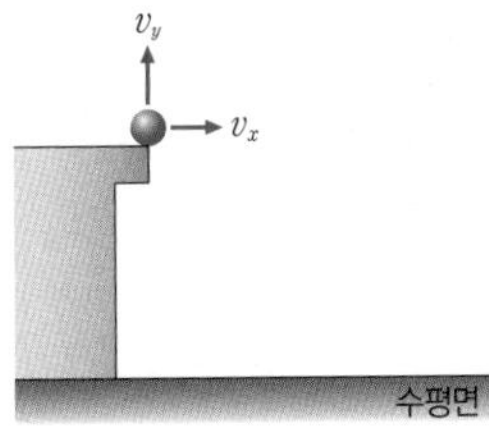

물체	A	B	C
v_x(m/s)	5	10	5
v_y(m/s)	5	5	10

이에 대한 설명으로 옳은 것만을 〈보기〉에서 있는 대로 고른 것은? (단, 물체의 크기와 공기 저항은 무시한다.)

보기

ㄱ. 던져진 순간부터 수평면에 도달하는 데 걸린 시간은 A와 B가 같다.

ㄴ. 수평면으로부터 최고점까지의 높이는 B가 C보다 크다.

ㄷ. 던진 순간부터 수평면에 도달할 때까지 수평 방향으로 이동한 거리는 B와 C가 같다.

① ㄱ ② ㄴ ③ ㄷ ④ ㄱ, ㄷ ⑤ ㄴ, ㄷ

[20700-0066]

08 그림과 같이 수평면에서 $2v$의 속력으로 던져진 물체가 포물선 운동하여 최고점 p를 지나 점 q를 $\sqrt{3}v$의 속력으로 지난 것을 나타낸 것이다. q에서 물체의 운동 방향은 수평 방향과 30°의 각을 이룬다.

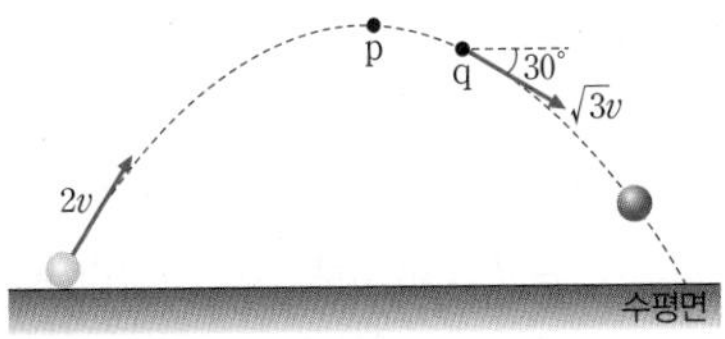

이에 대한 설명으로 옳은 것만을 〈보기〉에서 있는 대로 고른 것은? (단, 중력 가속도는 g이고, 물체의 크기는 무시한다.)

보기

ㄱ. p에서 물체의 속력은 $\frac{1}{2}v$이다.

ㄴ. p에서 q까지 이동하는 데 걸린 시간은 $\frac{\sqrt{3}v}{2g}$이다.

ㄷ. 수평면으로부터 p까지의 높이는 $\frac{7v^2}{8g}$이다.

① ㄱ ② ㄴ ③ ㄱ, ㄷ ④ ㄴ, ㄷ ⑤ ㄱ, ㄴ, ㄷ

[20700-0067]
09 그림 (가), (나)와 같이 물체 A, B를 수평면과 각 θ를 이루는 방향으로 각각 속력 v, $2v$로 던졌다. A, B의 질량은 m, $2m$이다.

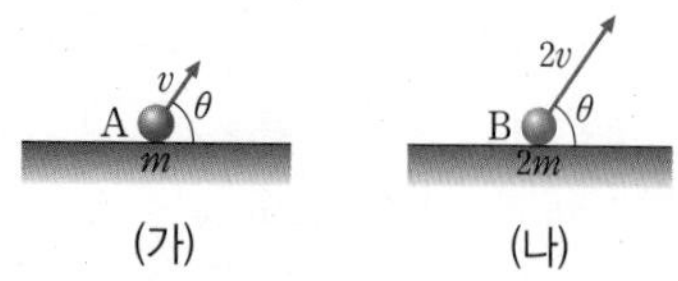

이에 대한 설명으로 옳은 것만을 〈보기〉에서 있는 대로 고른 것은? (단, 물체의 크기와 공기 저항은 무시한다.)

보기
ㄱ. 물체에 작용하는 알짜힘의 크기는 A와 B가 같다.
ㄴ. 최고점에서 물체의 속력은 B가 A의 2배이다.
ㄷ. 수평 도달 거리는 B가 A의 2배이다.

① ㄴ ② ㄷ ③ ㄱ, ㄴ ④ ㄱ, ㄷ ⑤ ㄴ, ㄷ

서술형
[20700-0068]
10 그림과 같이 수평면으로부터 높이 20 m인 곳에서 물체 A를 수평 방향으로 속력 5 m/s로 던지는 순간 A의 연직 아래에 정지해 있던 물체 B는 수평면을 따라 등가속도 직선 운동을 하였고 A와 B는 수평면상의 점 P에 동시에 도달하였다.

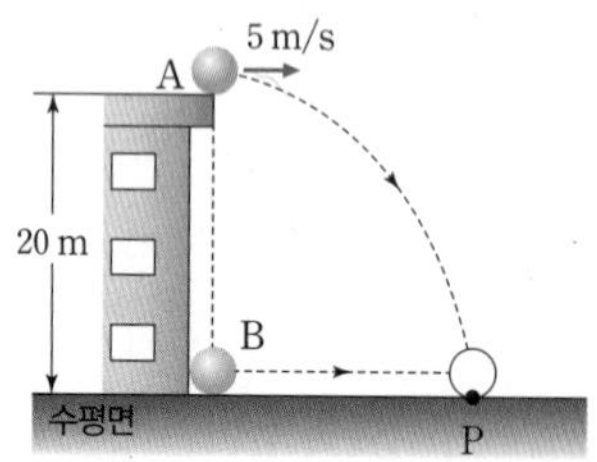

B의 가속도의 크기를 풀이 과정과 함께 구하시오. (단, 중력 가속도는 $10\ \text{m/s}^2$이고, 물체의 크기와 공기 저항은 무시한다.)

[20700-0069]
11 그림과 같이 물체를 속력 v_0으로 비스듬히 던졌더니 물체는 높이 10 m인 수평면에 도달한 직후부터 10 m/s의 속력으로 등속 직선 운동을 한다. 물체를 던진 지점에서 수평면에 도달한 지점까지의 수평 거리는 R이다.

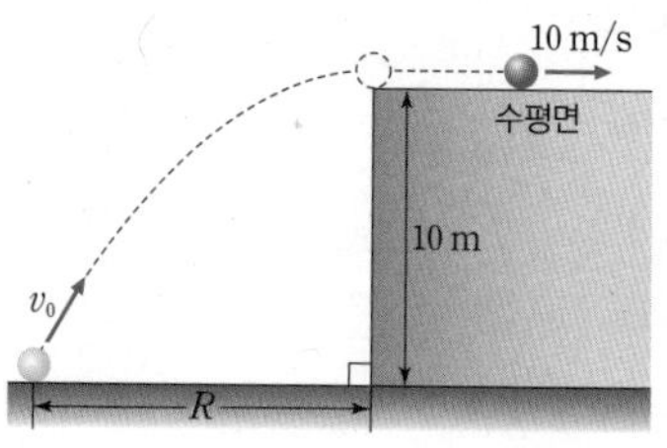

R와 v_0으로 옳은 것은? (단, 중력 가속도는 $10\ \text{m/s}^2$이고, 물체의 크기와 공기 저항은 무시한다.)

	R(m)	v_0(m/s)
①	$10\sqrt{2}$	$10\sqrt{2}$
②	$10\sqrt{2}$	$10\sqrt{3}$
③	$15\sqrt{2}$	$15\sqrt{2}$
④	$15\sqrt{2}$	$15\sqrt{3}$
⑤	$20\sqrt{2}$	$20\sqrt{2}$

[20700-0070]
12 그림은 빗면상의 기준선 P에서 물체 A는 가만히 놓고, 물체 B는 수평 방향으로 던진 것을 나타낸 것이다. A, B는 각각 등가속도 운동을 하여 빗면상의 기준선 Q를 통과하며, P와 Q는 수평면과 나란하다.

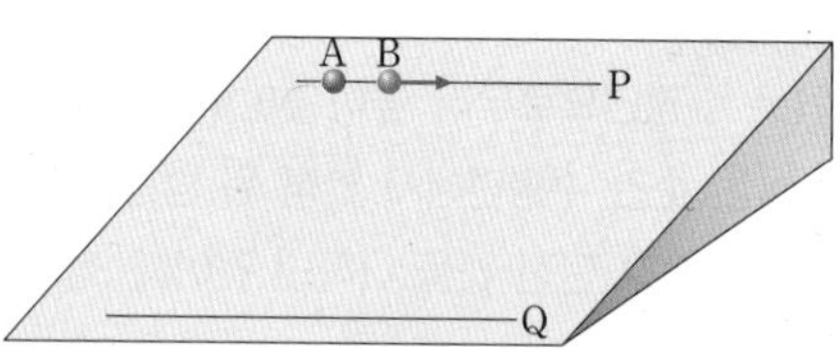

A, B가 P에서 Q까지 이동하는 동안, 이에 대한 설명으로 옳은 것만을 〈보기〉에서 있는 대로 고른 것은? (단, 물체의 크기와 마찰은 무시한다.)

보기
ㄱ. A, B의 가속도의 크기는 서로 같다.
ㄴ. P에서 Q까지 이동하는 데 걸린 시간은 A가 B보다 크다.
ㄷ. Q를 통과하는 순간 속력은 B가 A보다 크다.

① ㄱ ② ㄴ ③ ㄷ ④ ㄱ, ㄷ ⑤ ㄴ, ㄷ

[20700-0071]

13 그림은 수평면으로부터 높이 15 m인 지점에서 수평면과 30°의 각을 이루는 방향으로 20 m/s의 속력으로 던져진 물체가 포물선 운동하여 수평면에 도달한 것을 나타낸 것이다.

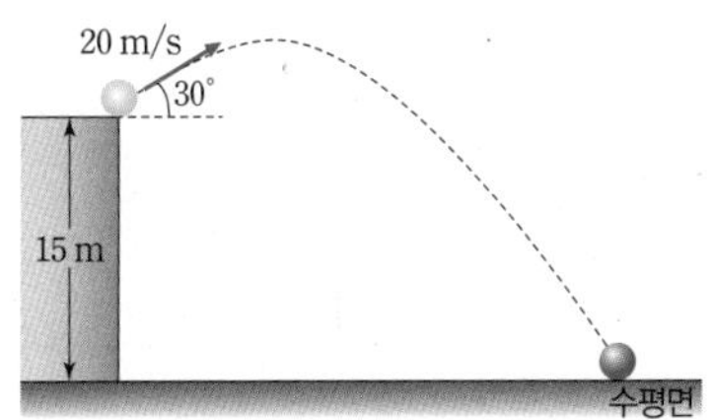

던져진 순간부터 수평면에 도달할 때까지 변위의 수평 성분의 크기는? (단, 중력 가속도는 $10\ m/s^2$이고, 물체의 크기는 무시한다.)

① 20 m ② 30 m ③ $20\sqrt{3}$ m
④ $30\sqrt{3}$ m ⑤ $40\sqrt{2}$ m

[20700-0072]

14 그림은 수평면에서 수평 방향과 60°의 각을 이루는 방향으로 던져진 물체가 포물선 운동을 하여 최고점을 지나 수평면에 도달한 것을 나타낸 것이다. 최고점 높이는 H, 수평 도달 거리는 R이다.

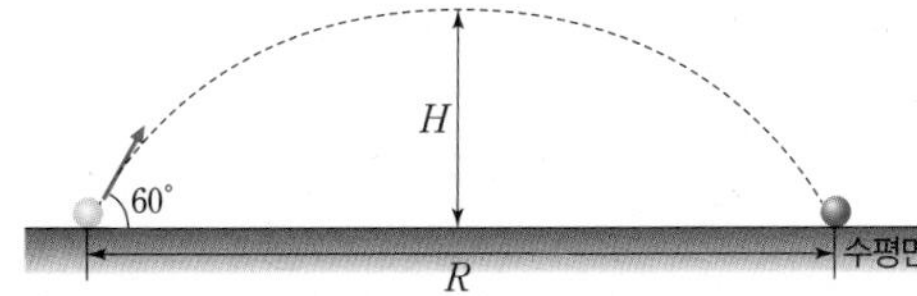

$\dfrac{R}{H}$를 구하시오. (단, 물체의 크기는 무시한다.)

[20700-0073]

15 그림은 수평면에서 수평 방향과 60°를 이루는 방향으로 속력 v로 던져진 물체가 포물선 운동하여 벽에 충돌한 모습을 나타낸 것이다. 충돌한 지점의 높이는 L이고, 던져진 순간부터 충돌할 때까지 수평 이동 거리는 $2\sqrt{3}L$, H는 최고점의 높이이다.

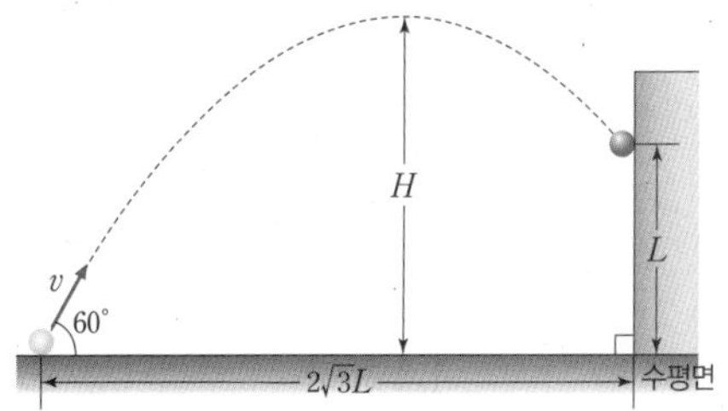

H는? (단, 물체의 크기는 무시한다.)

① $\dfrac{7}{4}L$ ② $\dfrac{9}{5}L$ ③ $\dfrac{11}{6}L$ ④ $\dfrac{12}{7}L$ ⑤ $\dfrac{15}{8}L$

[20700-0074]

16 그림은 수평 방향으로 속력 v_0으로 던져진 물체가 포물선 운동하여 경사각이 45°인 빗면상의 점 P에 충돌한 것을 나타낸 것이다. P에 충돌하는 순간 운동 방향은 빗면에 수직이다.

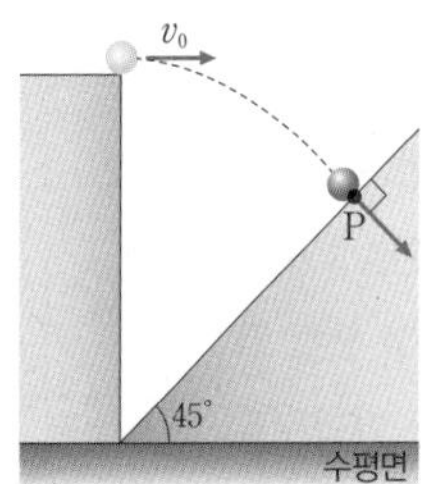

이에 대한 설명으로 옳은 것만을 <보기>에서 있는 대로 고른 것은? (단, 중력 가속도는 g이고, 물체의 크기는 무시한다.)

보기

ㄱ. P에 충돌하는 순간 물체의 속력은 $\sqrt{2}v_0$이다.

ㄴ. 던진 순간부터 P에 충돌할 때까지 걸린 시간은 $\dfrac{\sqrt{2}v_0}{g}$이다.

ㄷ. 수평면으로부터 P까지의 높이는 $\dfrac{{v_0}^2}{g}$이다.

① ㄱ ② ㄴ ③ ㄷ ④ ㄱ, ㄷ ⑤ ㄴ, ㄷ

신유형·수능 열기

[20700-0075]

01 그림과 같이 xy 평면에서 물체가 곡선 경로를 따라 운동한다. 점 p, q는 운동 경로상의 지점이며, p, q에서 물체의 속력은 각각 3 m/s, 4 m/s이고, 운동 방향은 각각 x축과 $60°$, $30°$를 이룬다. 물체가 p에서 q까지 이동하는 데 걸린 시간은 2초이다.

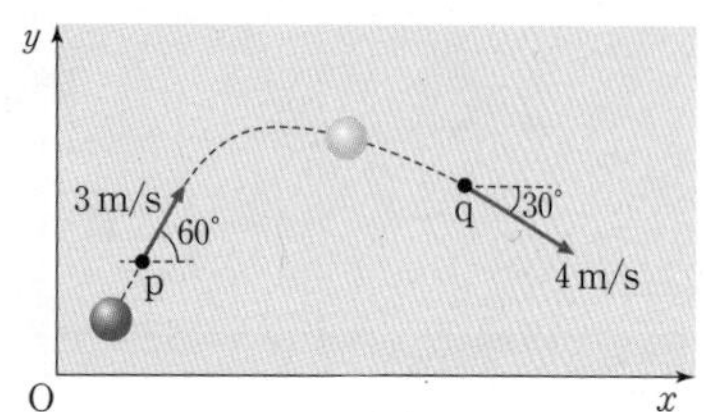

p에서 q까지 이동하는 동안 물체의 운동에 대한 설명으로 옳은 것만을 〈보기〉에서 있는 대로 고른 것은?

보기

ㄱ. 가속도 운동을 한다.

ㄴ. p와 q에서 속도의 x성분의 크기는 같다.

ㄷ. 평균 가속도의 크기는 $\frac{5}{2}$ m/s²이다.

① ㄱ ② ㄴ ③ ㄱ, ㄷ ④ ㄴ, ㄷ ⑤ ㄱ, ㄴ, ㄷ

[20700-0076]

02 그림은 xy 평면에서 등가속도 운동하는 물체가 x축상의 점 p를 $+y$ 방향으로 5 m/s의 속력으로 통과하여 2초 후 y축상의 점 q를 $-x$ 방향으로 5 m/s의 속력으로 통과하는 모습을 나타낸 것이다.

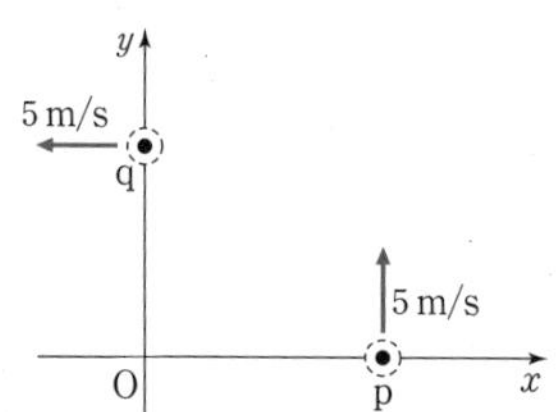

p에서 q까지 이동하는 동안 물체의 운동에 대한 설명으로 옳은 것만을 〈보기〉에서 있는 대로 고른 것은? (단, 물체의 크기는 무시한다.)

보기

ㄱ. 알짜힘의 방향은 x축과 $30°$의 각을 이룬다.

ㄴ. 가속도의 크기는 $\frac{5\sqrt{2}}{2}$ m/s²이다.

ㄷ. 속력의 최솟값은 $\frac{5}{2}$ m/s이다.

① ㄱ ② ㄴ ③ ㄱ, ㄷ ④ ㄴ, ㄷ ⑤ ㄱ, ㄴ, ㄷ

[20700-0077]

03 그림은 xy 평면에서 질량이 5 kg인 물체가 원점 O를 $+x$ 방향으로 5 m/s의 속력으로 통과하는 시간 $t=0$인 순간을 나타낸 것이다. 표는 물체에 작용하는 알짜힘의 x, y성분 F_x, F_y를 나타낸 것이다.

	크기	방향
F_x	6 N	$-x$ 방향
F_y	8 N	$+y$ 방향

이에 대한 설명으로 옳은 것만을 〈보기〉에서 있는 대로 고른 것은? (단, 물체의 크기는 무시한다.)

보기

ㄱ. 물체는 직선 운동을 한다.

ㄴ. 물체의 가속도의 크기는 2 m/s²이다.

ㄷ. $t=0$부터 $t=5$초까지 물체의 평균 속도의 크기는 $2\sqrt{5}$ m/s이다.

① ㄱ ② ㄴ ③ ㄱ, ㄷ
④ ㄴ, ㄷ ⑤ ㄱ, ㄴ, ㄷ

[20700-0078]

04 그림 (가), (나)는 xy 평면에서 운동하는 물체의 가속도의 x성분 a_x와 위치의 y성분 S_y를 시간에 따라 나타낸 것이다. 4초일 때 물체의 운동 방향은 $+y$ 방향이다.

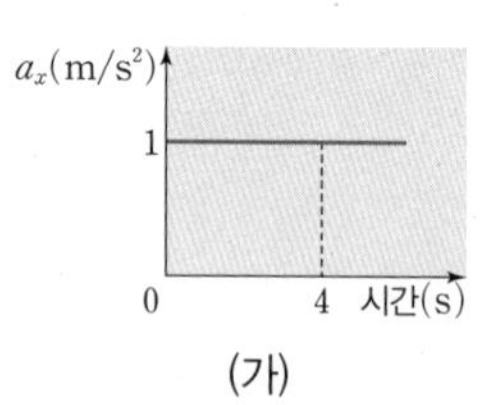

(가)

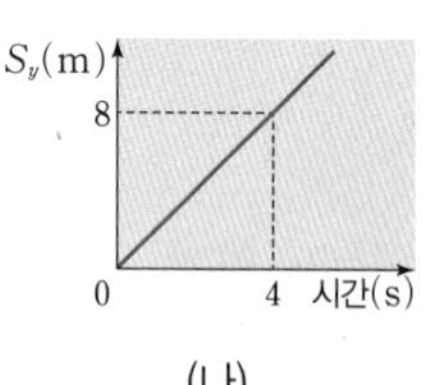

(나)

이에 대한 설명으로 옳은 것만을 〈보기〉에서 있는 대로 고른 것은?

보기

ㄱ. 물체는 등가속도 운동을 한다.

ㄴ. 4초일 때 물체의 속력은 2 m/s이다.

ㄷ. 0초부터 4초까지 평균 속도의 크기는 $2\sqrt{2}$ m/s이다.

① ㄱ ② ㄷ ③ ㄱ, ㄴ
④ ㄴ, ㄷ ⑤ ㄱ, ㄴ, ㄷ

[20700-0079]

05 그림은 수평면에서 물체 A를 수평 방향과 60°를 이루는 각으로 던지는 순간 A로부터 연직 위 높이 h에서 물체 B를 수평 방향으로 던진 것을 나타낸 것이다. A, B를 던지는 순간 속력은 각각 v_A, v_B이다. A, B는 각각 포물선 운동을 하여 A가 최고점 P에 도달하는 순간 B와 충돌한다.

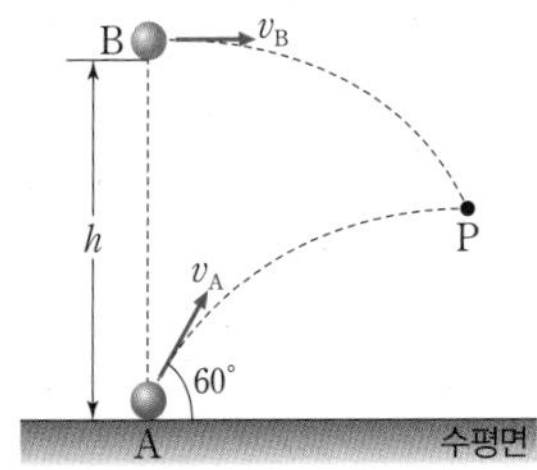

이에 대한 설명으로 옳은 것만을 <보기>에서 있는 대로 고른 것은? (단, 중력 가속도는 g이고, 물체의 크기는 무시한다.)

보기

ㄱ. $v_A=2v_B$이다.

ㄴ. 던진 순간부터 P에서 충돌할 때까지 걸린 시간은 $\sqrt{\frac{h}{g}}$이다.

ㄷ. 수평면으로부터 P까지의 높이는 $\frac{1}{2}h$이다.

① ㄱ ② ㄴ ③ ㄱ, ㄷ
④ ㄴ, ㄷ ⑤ ㄱ, ㄴ, ㄷ

[20700-0080]

06 그림은 경사각이 30°인 빗면상의 점 P에서 빗면에 수직 방향으로 속력 v_0으로 던져진 물체가 포물선 운동하여 빗면상의 점 Q에 도달한 것을 나타낸 것이다. P와 Q의 높이차는 h이다.

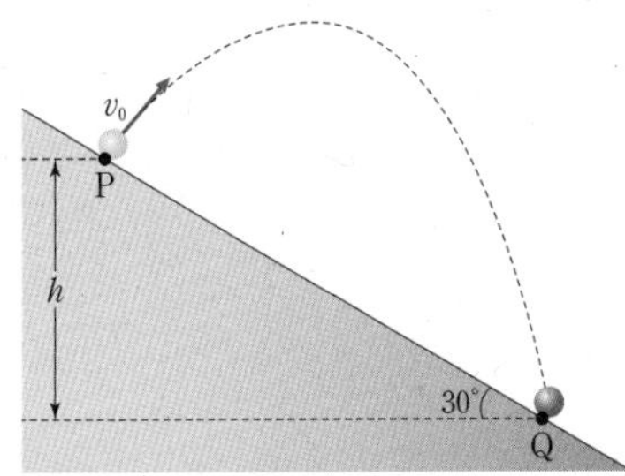

v_0은? (단, 중력 가속도는 g이고, 물체의 크기는 무시한다.)

① 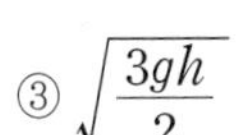 $\sqrt{\frac{gh}{2}}$ ② $\sqrt{gh}$ ③ 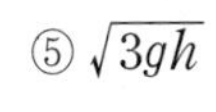 $\sqrt{\frac{3gh}{2}}$ ④ $\sqrt{2gh}$ ⑤ $\sqrt{3gh}$

[20700-0081]

07 그림은 연직면상의 점 P에서 수평 방향으로 속력 v_0으로 던져진 물체가 포물선 운동하는 것을 나타낸 것이다. 경로상의 점 Q, R에서 물체의 속력은 각각 $\sqrt{3}v_0$, $3v_0$이다. P와 Q의 높이차를 h_1, Q와 R의 높이차를 h_2라 할 때, $\frac{h_2}{h_1}$는? (단, 물체의 크기는 무시한다.)

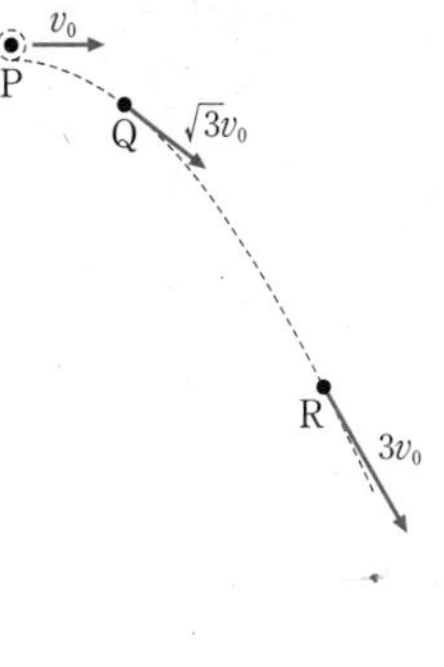

① $\sqrt{5}$ ② $\sqrt{6}$ ③ 3 ④ $\sqrt{10}$ ⑤ $2\sqrt{3}$

[20700-0082]

08 그림과 같이 수평면에서 물체 A를 수평 방향과 각 θ를 이루는 방향으로 던진 순간 수평면으로부터 높이 h인 곳에서 물체 B를 가만히 놓았더니 A, B는 각각 등가속도 운동을 하여 수평면상의 동일한 지점에 동시에 도달하였다. A의 수평 도달 거리는 L이다.

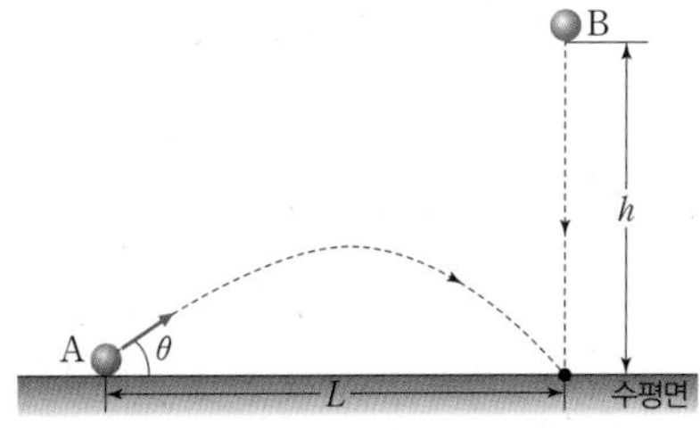

이에 대한 설명으로 옳은 것만을 <보기>에서 있는 대로 고른 것은? (단, 중력 가속도는 g이고, 물체의 크기는 무시한다.)

보기

ㄱ. 던진 순간부터 수평면에 도달할 때까지 걸린 시간은 $\sqrt{\frac{h}{g}}$이다.

ㄴ. $\tan\theta=\frac{h}{L}$이다.

ㄷ. $\theta=45°$이면, 수평면에 도달하는 순간 속력은 B가 A의 2배이다.

① ㄱ ② ㄴ ③ ㄷ
④ ㄱ, ㄴ ⑤ ㄴ, ㄷ

3

등속 원운동과 케플러 법칙

- 구심력이 작용하는 등속 원운동 이해하기
- 케플러 법칙으로 행성의 운동 이해하기

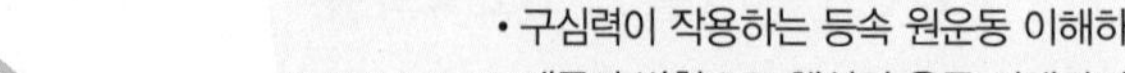

한눈에 단원 파악, 이것이 핵심!

구심력에 의한 등속 원운동은?

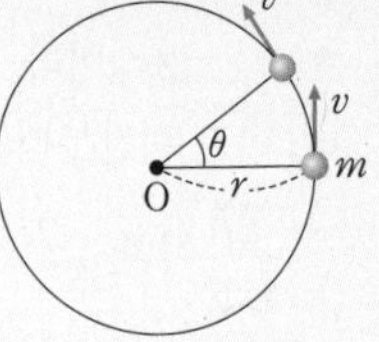

- 등속 원운동: 일정한 속력으로 원을 그리는 운동
- 구심력: 원운동 하는 물체에 원의 중심 방향으로 작용하는 힘
- 등속 원운동의 속도 변화를 통하여 구심 가속도와 구심력을 측정할 수 있다.

- 주기 T
- 진동수 f] $T=\frac{1}{f}$
- 각속도 ω

  $\omega=\frac{\theta}{t}=\frac{2\pi}{T}=2\pi f$

- 속력과 각속도: $v=r\omega$
- 구심 가속도 크기

  $a=\frac{v^2}{r}=r\omega^2$
- 구심 가속도 방향: 운동 방향에 수직이고, 원의 중심을 향한다.

- 구심력

  $F=ma=\frac{mv^2}{r}$

  $v=r\omega$에서

  $F=\frac{mv^2}{r}=mr\omega^2$

  $\omega=2\pi f$에서 $F=mr(2\pi f)^2$

케플러 법칙은?

케플러는 티코 브라헤의 행성 운동 자료를 바탕으로 행성 운동에 대한 세 개의 법칙을 발견하였고 케플러 법칙은 뉴턴의 중력 법칙으로 설명할 수 있다.

〈케플러 법칙〉
- 제1법칙: 타원 궤도 법칙
- 제2법칙: 면적 속도 일정 법칙
- 제3법칙: 조화 법칙

〈중력 법칙과 등속 원운동〉

$F=\frac{GMm}{r^2}=\frac{mv^2}{r}$에서

- 회전 속력 $v=\sqrt{\frac{GM}{r}}$

$F=\frac{GMm}{r^2}=mr\omega^2$

- 공전 주기 $T=2\pi\sqrt{\frac{r^3}{GM}}$

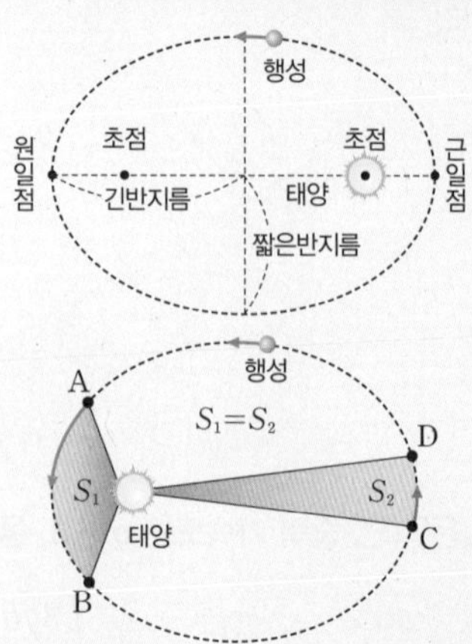

01 등속 원운동

1 등속 원운동

(1) **[1]등속 원운동**: 원 궤도를 따라 일정한 속력으로 회전하는 운동으로, 운동 방향이 계속 변하므로 속도가 변하는 가속도 운동이다.

THE 알기

[1] 등속 원운동에서 힘의 방향

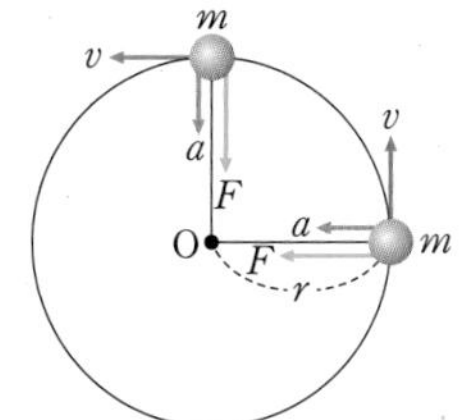

원의 중심 방향=가속도의 방향 =힘의 방향

(2) 등속 원운동의 예

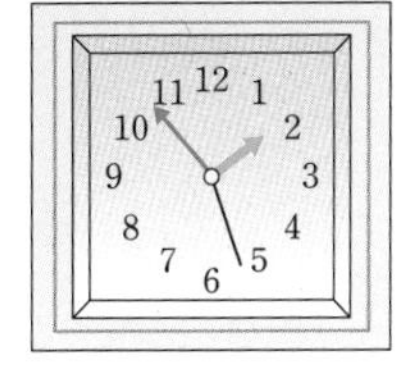

▲ 시계 분침

▲ 풍력 발전기

▲ 회전관람차

▲ 선풍기 날개

(3) 각속도와 속력

① 각속도(ω): 단위 시간 동안 회전한 중심각이다.

$$\omega=\frac{\theta}{t}\ (\text{단위: rad/s})$$

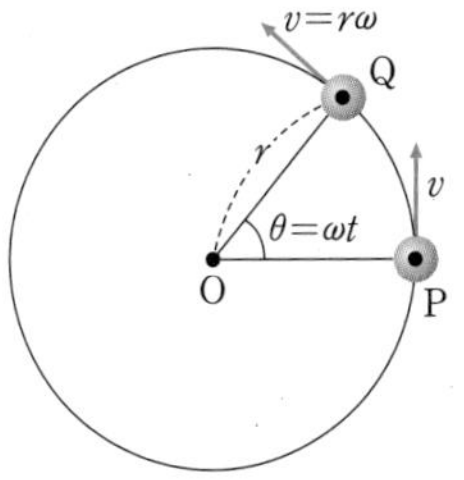

② 속력(v): 등속 원운동 하는 물체가 갖는 접선 방향의 속력을 의미하며 속도는 방향이 계속 변하므로 매 순간 달라지지만 속력은 일정하다.

③ 각속도와 속력 사이 관계: P에서 Q까지 호의 길이 l이 반지름 r와 그 사잇각 θ(rad)와 $l=r\theta$의 관계를 만족하므로 양변을 걸린 시간 t로 나누면 다음의 관계가 성립한다.

$$v=\frac{l}{t}=\frac{r\theta}{t}=r\omega\ (\text{단위: m/s})$$

(4) [2]주기와 진동수

① 주기(T): 한 번 회전하는 데 걸리는 시간 ➡ $T=\frac{2\pi r}{v}=\frac{2\pi}{\omega}$ (단위: s)

② 진동수(f): 단위 시간 동안에 회전하는 횟수 ➡ $f=\frac{1}{T}=\frac{\omega}{2\pi}$ (단위: Hz)

[2] 주기와 진동수

진동수가 20 Hz인 원운동을 하는 물체의 주기는 $\frac{1}{20}$초이다.

THE 들여다보기 원운동과 단진동의 비교

원운동을 분석하는 방법 중 하나는 원운동 하는 물체의 그림자를 평면에 투영시켜 관찰하여 보는 방법이다. 그림과 같이 평행 광선을 시계 반대 방향으로 반지름 A인 원 궤도를 회전하는 물체 P에 비추게 되면 P의 그림자는 $+A$에서 $-A$ 사이를 단진동하게 된다. 이때 P의 운동을 x축에 투영할 경우 시간에 따른 그림자의 x축 운동을 다음과 같이 나타낼 수 있다.

$x(t)=A\sin\omega t$

$v(t)=A\omega\cos\omega t$

$a(t)=-A\omega^2\sin\omega t=-\omega^2 x(t)$

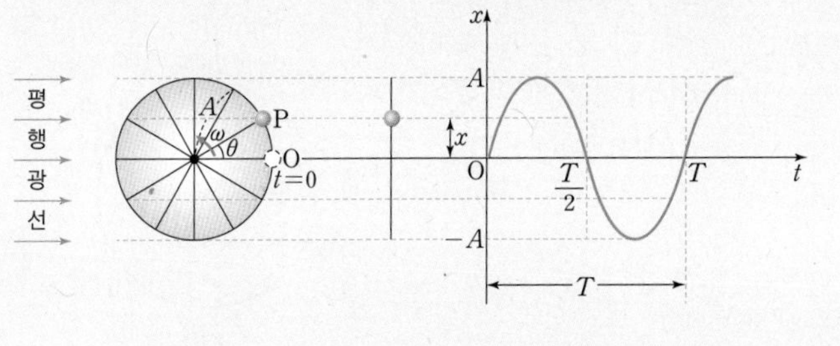

THE 알기

2 구심 가속도와 구심력

(1) 구심 가속도: 등속 원운동 하는 물체의 가속도의 방향은 항상 원의 중심을 향한다. 따라서 등속 원운동의 가속도를 구심 가속도라고 한다.

① 구심 가속도의 크기: $a=r\omega^2=\dfrac{v^2}{r}$

② 구심 가속도의 방향: 항상 원의 중심을 향하며, 운동 방향과 수직을 이룬다.

(2) 구심력: $\vec{F}=m\vec{a}$이므로 등속 원운동 하는 물체에 작용하는 힘의 방향은 가속도의 방향과 같으므로 원의 중심을 향한다. 이와 같이 등속 원운동의 알짜힘으로 등속 원운동의 근원이 되는 힘을 구심력이라고 한다.

① 구심력의 크기: $F=ma=mr\omega^2=\dfrac{mv^2}{r}$

② 구심력의 방향: 항상 원의 중심을 향하며, 운동 방향과 수직을 이룬다.

(3) 여러 가지 구심력

원판 위에서 원운동 하는 물체	경사진 도로 위의 원운동 하는 자동차	원운동 하는 진자
F	F, N, θ, θ, mg	θ, T, F, mg
마찰력이 구심력	수직 항력 N의 $\sin\theta$ 성분이 구심력	❶장력 T의 $\sin\theta$ 성분이 구심력

❶ **장력**
원운동 하는 진자의 경우 실이 물체를 당기는 힘이다.

THE 들여다보기 **벡터로 알아보는 구심 가속도의 크기와 방향**

(가)의 점 P, Q에서의 속도를 각각 벡터 $\vec{v_1}$, $\vec{v_2}$라고 하고 (나)와 같이 두 벡터를 기준점인 점 C를 기준으로 나타낼 수 있다. 이때, $\Delta\vec{v}=\vec{v_2}-\vec{v_1}$는 점 A에서 점 B를 향하는 벡터이다.

(가)의 삼각형 OPQ와 (나)의 삼각형 CAB가 서로 닮음이고 $|\vec{v_1}|=v$, $|\vec{v_2}|=v$임을 이용하면 θ가 매우 작을 때, $\dfrac{\Delta l}{r}=\dfrac{\Delta v}{v}$가 성립한다. 따라서

$a=\dfrac{\Delta v}{\Delta t}=\dfrac{\left(\dfrac{v\Delta l}{r}\right)}{\Delta t}=\dfrac{v}{r}\,\dfrac{\Delta l}{\Delta t}=\dfrac{v^2}{r}$이다. 또한 $v=r\omega$이므로 다음의 관계식이 성립한다.

$$a=\frac{v^2}{r}=r\omega^2=r\left(\frac{2\pi}{T}\right)^2=r(2\pi f)^2$$

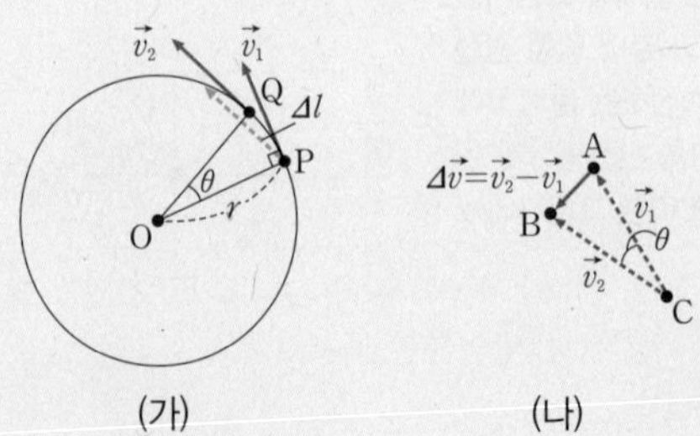

(가) (나)

개념체크

빈칸 완성

1. 등속 원운동 하는 물체의 진동수가 50 Hz이면 주기는 (　　　)초이다.

2. 반지름이 r인 원둘레를 v의 속력으로 등속 원운동 하는 물체의 각속도는 (　　　)이고, 주기는 (　　　)이다.

3. 등속 원운동 하는 물체에 작용하는 알짜힘을 (　　　)이라고 하며, 이 힘의 방향은 원의 중심 방향이다.

4. 반지름이 r인 원을 일정한 속력 v로 원운동 하는 물체의 구심 가속도의 크기는 (　　　)이다.

5. 반지름이 r인 원을 일정한 속력 v로 원운동 하는 질량이 m인 물체에 작용하는 구심력의 크기는 (　　　)이다.

둘 중에 고르기

6. 주기와 진동수는 서로 (비례 , 반비례) 관계이다.

7. 구심 가속도의 방향은 (접선 방향 , 원의 중심 방향) 이다.

단답형 문제

8. 반지름이 2 m인 원둘레를 주기 2초로 등속 원운동 하는 물체가 있다.

(1) 물체의 속력을 구하시오.

(2) 물체의 구심 가속도의 크기를 구하시오.

정답 1. $\frac{1}{50}$(=0.02) 2. $\frac{v}{r}$, $\frac{2\pi r}{v}$ 3. 구심력 4. $\frac{v^2}{r}$ 5. $\frac{mv^2}{r}$ 6. 반비례 7. 원의 중심 방향 8. (1) 2π(m/s) (2) $2\pi^2$(m/s^2)

○X 문제

1. 반지름이 r이고, 속력 v로 등속 원운동 하는 질량이 m인 물체에 대한 설명으로 옳은 것은 ○, 옳지 않은 것은 ×로 표시하시오.

(1) 주기는 $\frac{2\pi r}{v}$이다. (　　)

(2) 질량이 2배가 되면 구심 가속도의 크기도 2배가 된다. (　　)

(3) 물체에 작용하는 구심력의 크기는 $\frac{mv^2}{r}$이다. (　　)

2. 그림과 같이 고무마개를 등속 원운동 시키고 있다. 고무마개의 운동에 대한 설명으로 옳은 것은 ○, 옳지 않은 것은 ×로 표시하시오.

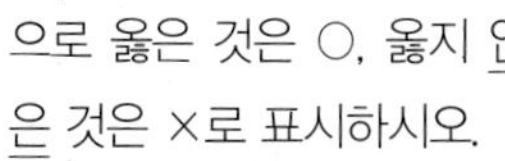

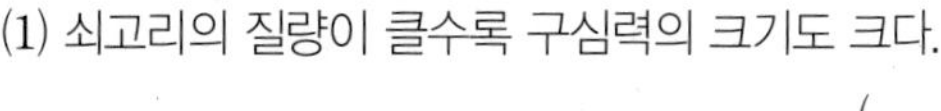

(1) 쇠고리의 질량이 클수록 구심력의 크기도 크다. (　　)

(2) 쇠고리의 질량이 일정할 때, 회전 반지름과 주기는 반비례한다. (　　)

(3) 실이 고무마개를 당기는 힘의 크기는 실이 쇠고리를 당기는 힘의 크기와 같다. (　　)

선다형 문제

3. 등속 원운동 하는 물체에 대한 설명으로 옳은 것을 모두 고르면? (3개)

① 진동수는 물체가 1회 회전하는 데 걸린 시간이다.

② 각속도는 단위 시간 동안 회전한 중심각으로 정의한다.

③ 진동수가 f일 때 주기는 $\frac{1}{f}$이다.

④ 구심 가속도는 일정하다.

⑤ 구심력의 크기는 일정하다.

바르게 연결하기

4. 반지름이 r인 원을 각속도 ω로 등속 원운동 하는 물체의 특징을 옳게 연결하시오.

(1)	속력	ⓐ	원 궤도의 접선 방향
(2)	구심 가속도	ⓑ	$r\omega^2$
(3)	구심력의 방향	ⓒ	$\frac{2\pi}{\omega}$
(4)	속도의 방향	ⓓ	원의 중심 방향
(5)	주기	ⓔ	$r\omega$

정답 1. (1) ○ (2) × (3) ○ 2. (1) ○ (2) × (3) ○ 3. ②, ③, ⑤ 4. (1)-ⓔ (2)-ⓑ (3)-ⓓ (4)-ⓐ (5)-ⓒ

02 케플러 법칙

THE 알기

❶ 천동설과 지동설의 비교

▲ 천동설: 지구가 우주의 중심이고 행성이나 태양, 별들이 지구 둘레를 완벽한 원 모양으로 돌고 있다는 설이다.

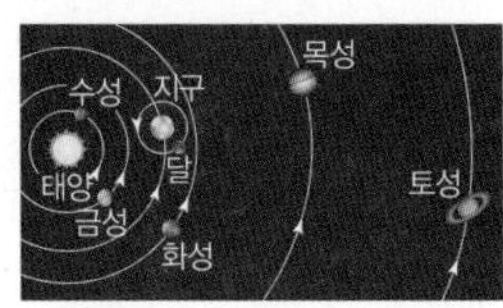

▲ 지동설: 지구를 포함한 행성들이 태양 주위를 돌고 있다는 설이다.

❷ 케플러(kepler, Johannes; 1571~1630)
케플러는 브라헤로부터 물려받은 방대한 자료를 분석하여, 행성 운동에 관한 세 개의 법칙을 발견하였다.

1 케플러 법칙

(1) ❶천동설과 지동설

① 천동설(지구 중심설): 지구가 우주의 중심에 있고, 모든 천체들이 지구 주위를 회전한다는 우주론이다.

② 지동설(태양 중심설): 지구를 비롯한 행성들이 태양 주위를 회전한다는 우주론으로 16세기 중엽 천체의 운동을 쉽게 설명하기 위해 코페르니쿠스가 제안하였다.

③ 브라헤의 관측: 브라헤는 천동설과 지동설 중 어떤 설이 옳은지 알아내기 위해 수십 년간 행성의 운동을 정밀하게 측정하였다.

(2) ❷케플러 법칙

① 케플러 제1법칙(타원 궤도 법칙): 태양계 내의 모든 행성들은 태양을 한 초점으로 하는 타원 궤도를 따라 공전한다.

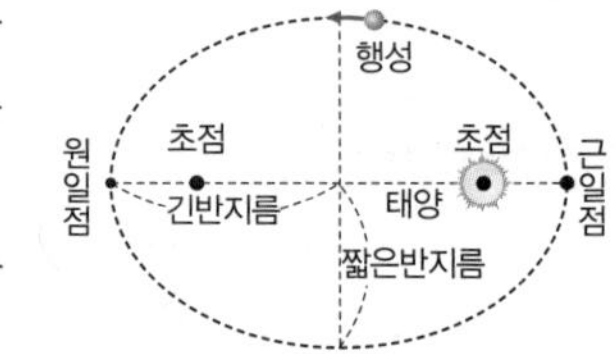

- 타원과 초점: 평면 위에서 고정된 두 점으로부터 거리의 합이 일정한 점들의 집합을 타원이라고 하고, 고정된 두 점을 초점이라고 한다.
- 긴반지름: 두 초점을 연결한 직선이 타원과 만나는 두 점 사이의 거리가 긴지름이고, 긴지름의 절반이 긴반지름이다.
- 짧은반지름: 두 초점을 연결한 선분의 수직이등분선이 타원과 만나는 두 점 사이의 거리가 짧은지름이고, 짧은지름의 절반이 짧은반지름이다.
- 원일점과 근일점: 태양 주위를 도는 천체가 태양과 가장 먼 지점이 원일점이고, 가장 가까운 지점이 근일점이다.

② 케플러 제2법칙(면적 속도 일정 법칙): 태양과 행성을 연결하는 선분이 같은 시간 동안 쓸고 지나가는 면적은 일정하다.

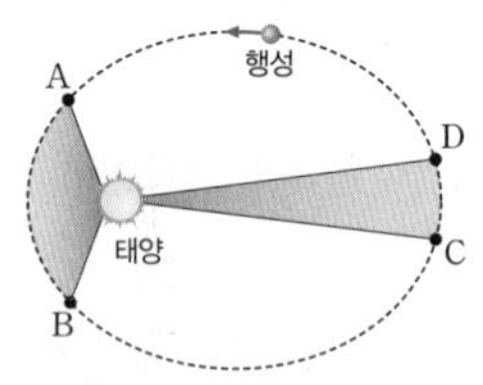

- 두 부채꼴의 면적이 같으면 AB의 길이가 CD의 길이보다 길다. 따라서 근일점 근처에서가 원일점 근처에서보다 속력이 빠르다.
- 행성이 태양으로부터 가까울 때는 속력이 빠르고, 멀 때는 속력이 느리다. 따라서 행성의 속력은 근일점에서 최대이고, 원일점에서 최소이다.
- 행성이 태양에 가까워지는 동안에는 속력이 증가하고, 멀어지는 동안에는 속력이 감소한다. 따라서 원일점에서 근일점으로 이동하는 동안에는 속력이 증가하고, 근일점에서 원일점으로 이동하는 동안에는 속력이 감소한다.

③ 케플러 제3법칙(조화 법칙): 행성의 공전 주기의 제곱은 타원 궤도의 긴반지름의 세제곱에 비례한다. 따라서 행성의 공전 주기를 T, 타원 궤도의 긴반지름을 a라고 하면 다음 관계가 성립한다.

$$T^2 = ka^3 \ (k\text{: 비례 상수})$$

2 중력 법칙

(1) ❶**뉴턴 중력 법칙**: 두 물체 사이에 작용하는 중력은 질량의 곱에 비례하고 떨어진 거리의 제곱에 반비례한다. 따라서 그림과 같이 질량이 각각 m_1, m_2이고, 떨어진 거리가 r인 두 물체 사이에 작용하는 중력의 크기는 다음과 같다.

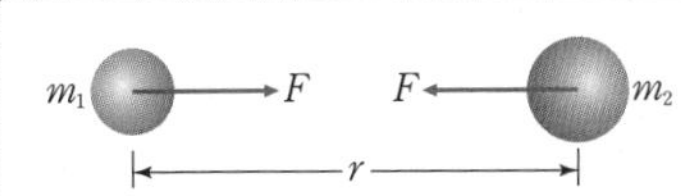

$$F=G\frac{m_1m_2}{r^2}\ (G\text{: 중력 상수})$$

(2) 뉴턴 중력 법칙으로 케플러 법칙의 해석

① 태양과 행성의 질량을 각각 M, m이라 하고 행성이 태양을 중심으로 속력 v로 반지름 r인 등속 원운동을 한다.

② 중력이 곧 구심력이므로 $G\frac{Mm}{r^2}=\frac{mv^2}{r}$이 성립한다.

③ $v=\frac{2\pi r}{T}$이므로 대입하여 정리하면 $T^2=\frac{4\pi^2}{GM}r^3=kr^3$이다. 따라서 조화 법칙(케플러 제 3법칙)이 성립한다.

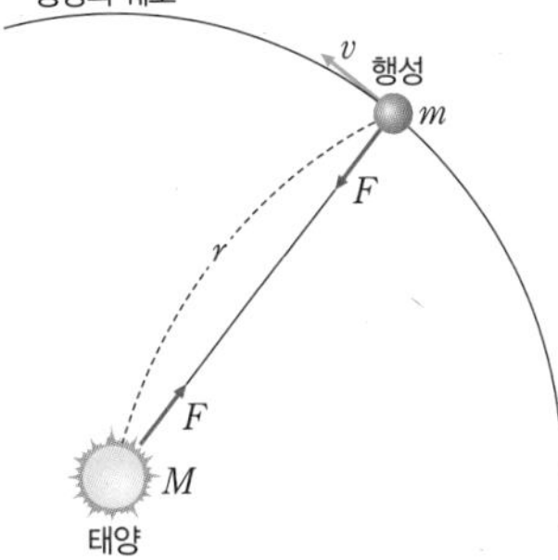

(3) 인공위성의 운동: 지구 주위를 등속 원운동 하는 인공위성에는 지구의 중력이 구심력으로 작용한다.

① 회전 속력: 지구의 중력이 구심력으로 작용하므로 $G\frac{Mm}{r^2}=\frac{mv^2}{r}$에서 회전 속력은 회전 반지름의 제곱근에 반비례한다. ➡ $v=\sqrt{\frac{GM}{r}}$

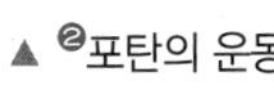

▲ ❷포탄의 운동

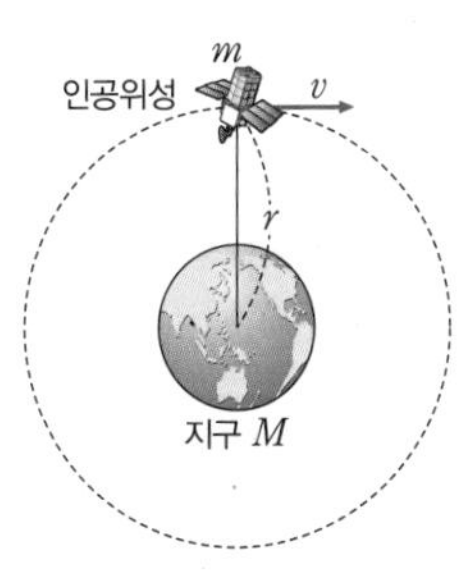

▲ 인공위성의 운동

② 공전 주기: $v=\frac{2\pi r}{T}$이므로 $v=\frac{2\pi r}{T}=\sqrt{\frac{GM}{r}}$에서 공전 주기의 제곱은 반지름의 세제곱에 비례한다. ➡ $T^2=kr^3$ (k: 비례 상수)

THE 알기

❶ 중력과 중력 가속도

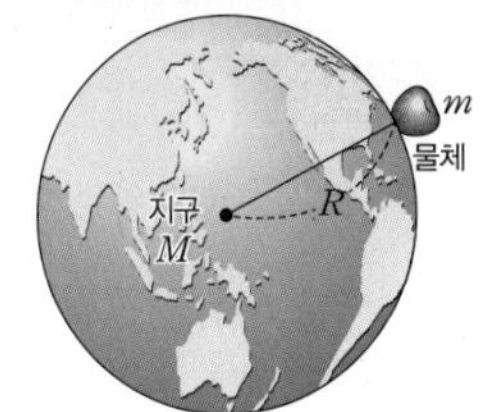

지구 질량을 M, 반지름을 R라고 할 때 지표면에서 질량이 m인 물체에 작용하는 중력의 크기는 $F=G\frac{Mm}{R^2}$이다.
$F=ma$이므로
$a=g=\frac{GM}{R^2}$이다.

❷ 포탄의 운동

포탄의 속력이 작으면 포물선 운동을 하여 지면에 낙하하지만, 포탄의 속력이 크면 지구 주위를 스치듯이 원운동 할 수 있다.

THE 들여다보기 태양계 행성 자료 분석

지구와 태양 사이의 거리를 1 AU(약 1억 5천만 km), 지구의 공전 주기를 1년, 지구의 타원 궤도 반지름을 1로 하였을 때 태양계 행성들은 케플러 제3법칙을 만족하고 조화롭게 직선상에 배열된다.

구분	a(AU)	T(년)	a^3(AU^3)	T^2(년^2)
수성	0.39	0.24	0.06	0.06
금성	0.72	0.62	0.37	0.37
지구	1.00	1.00	1.00	1.00
화성	1.52	1.88	3.51	3.53
목성	5.21	11.86	141.42	140.66
토성	9.58	29.42	879.22	865.54
천왕성	19.20	83.75	7077.89	7014.06
해왕성	30.05	163.72	27135.23	26804.24

출처: 미국항공우주국(NASA)

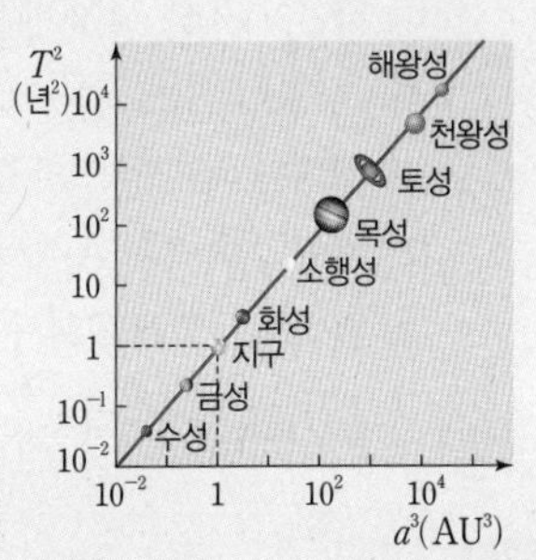

개념체크

빈칸 완성

1. 태양계의 행성들이 태양 주위를 회전한다는 우주론은 (　　　)설이다.

2. 태양계 내의 행성들은 태양을 하나의 ㉠(　　　)으로 하는 ㉡(　　　) 궤도를 따라 공전한다.

3. 태양 주위를 공전하는 행성의 운동 에너지는 근일점에서가 원일점에서보다 (　　　)다.

4. 질량 m인 행성이 반지름 r, 속력 v로 태양 주위를 등속 원운동 할 때, 행성에 작용하는 알짜힘의 크기는 (　　　)이다.

5. 행성 공전 주기의 제곱은 타원 궤도의 (　　　)의 세제곱에 비례한다.

둘 중에 고르기

6. 면적 속도 일정 법칙에 의해 행성의 속력은 (근일점 , 원일점)을 지날 때 가장 크다.

7. 지구 주위를 원운동 하는 인공위성의 속력은 원 궤도의 반지름이 클수록 (크 , 작)다.

단답형 문제

8. 지구 질량, 지구 반지름이 각각 M, R이고 중력 상수가 G일 때 지표면에서 중력 가속도의 크기는 얼마인가?

9. 티코 브라헤로부터 받은 방대한 천문 자료를 바탕으로 행성 운동에 관한 세 가지 법칙을 발견한 과학자의 이름을 쓰시오.

정답 1. 지동(태양 중심) 2. ㉠ 초점, ㉡ 타원 3. 크 4. $\frac{mv^2}{r}$ 5. 긴반지름 6. 근일점 7. 작 8. $\frac{GM}{R^2}$ 9. 케플러

○X 문제

1. 지구 주위를 등속 원운동 하는 질량이 동일한 인공위성 A, B의 공전 반지름이 각각 r, $2r$이다. A, B에 대한 설명으로 옳은 것은 ○, 옳지 않은 것은 ×로 표시하시오.

(1) 공전 주기는 B가 A의 4배이다. (　　)

(2) 구심 가속도의 크기는 A가 B의 2배이다. (　　)

(3) 지구에 의한 중력의 크기는 A가 B의 4배이다. (　　)

2. 그림과 같이 행성 주변을 위성이 타원 궤도를 따라 공전하고 있다. O는 타원의 중심이고 A는 위성이 행성으로부터 가장 가까운 지점이다. 이에 대한 설명으로 옳은 것은 ○, 옳지 않은 것은 ×로 표시하시오.

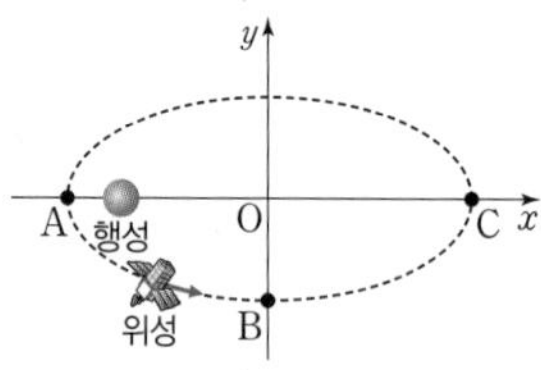

(1) 행성은 타원 궤도의 한 초점에 위치한다. (　　)

(2) 위성의 속력은 A에서가 B에서보다 크다. (　　)

(3) 위성이 B에서 C까지 운동하는 데 걸린 시간은 공전 주기의 $\frac{1}{4}$배이다. (　　)

3. 질량이 m, $2m$인 물체가 거리 r만큼 떨어져 있을 때, 이에 대한 설명으로 옳은 것은 ○, 옳지 않은 것은 ×로 표시하시오.

(1) 두 물체 사이에 작용하는 중력의 크기는 $\frac{2Gm^2}{r^2}$이다. (　　)

(2) 두 물체의 질량과 두 물체 사이 거리가 모두 2배가 되면 두 물체 사이에 작용하는 중력의 크기는 4배가 된다. (　　)

선다형 문제

4. 다음 중 케플러 법칙에 대한 설명으로 옳은 것을 모두 고르면? (2개)

① 케플러 제1법칙은 조화의 법칙이다.
② 태양과 행성을 잇는 선분이 같은 시간 동안 쓸고 지나는 면적은 근일점 부근이 원일점 부근보다 크다.
③ 뉴턴 중력 법칙으로 케플러 법칙을 설명할 수 있다.
④ 지구의 공전 주기가 1년일 때, 수성의 공전 주기는 1년보다 작다.
⑤ 행성의 공전 주기는 긴반지름에 비례한다.

정답 1. (1) × (2) × (3) ○ 2. (1) ○ (2) ○ (3) × 3. (1) ○ (2) × 4. ③, ④

구심력 측정

정답과 해설 16쪽

목표

원운동 하는 물체의 주기, 속력, 구심력과의 관계를 설명할 수 있다.

과정

1. 그림과 같이 줄의 한쪽 끝은 고무마개를 매달고 다른 쪽은 플라스틱관에 통과시켜 쇠고리를 연결한다.
2. 고무마개를 돌리면서 회전 반지름을 일정하게 유지하고 10회전하는 데 걸리는 시간을 측정하여 주기를 구한다.
3. 반지름을 일정하게 하고, 쇠고리의 수를 늘려 가면서 주기를 측정한다.

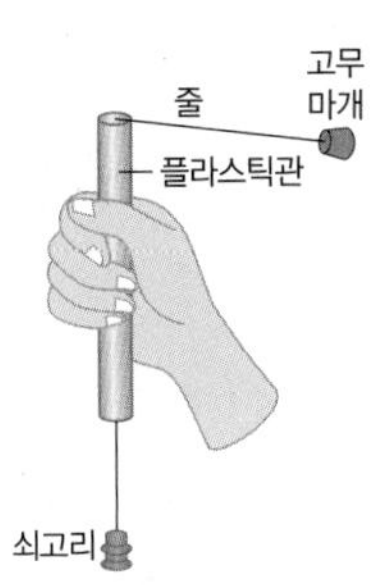

결과 정리 및 해석

쇠고리 수(개)	10회전 시간(초)	주기(초)	주기^2(초^2)
2	31.4	3.14	9.86
4	22.2	2.22	4.93
6	18.2	1.82	3.31
8	15.7	1.57	2.46
10	14.1	1.41	1.99

탐구 분석

1. 쇠고리의 무게는 구심력과 어떤 관계인가?
2. 주기와 구심력 사이에는 어떤 관계가 있는가?
3. 그림과 같이 고무마개가 회전하는 면과 줄이 이루는 각이 θ일 때, 고무마개에 작용하는 중력의 크기는 얼마인가? (단, 쇠고리의 질량은 M, 중력 가속도는 g이고, 모든 마찰과 공기 저항은 무시한다.)

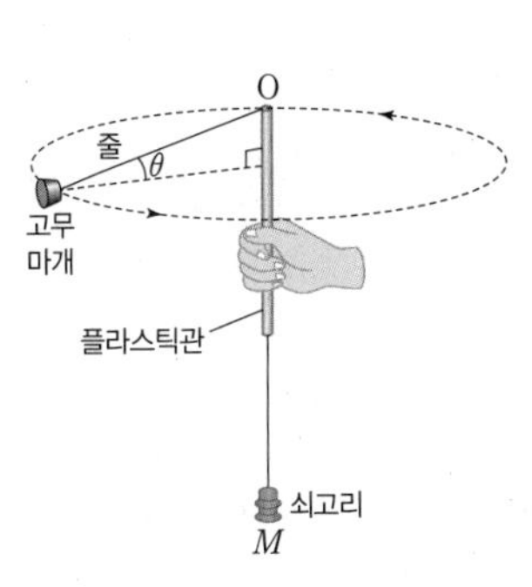

내신 기초 문제

[20700-0083]

01 그림은 수평면에서 자동차가 반지름 r인 원 궤도를 따라 등속 원운동 하는 모습을 나타낸 것이다.

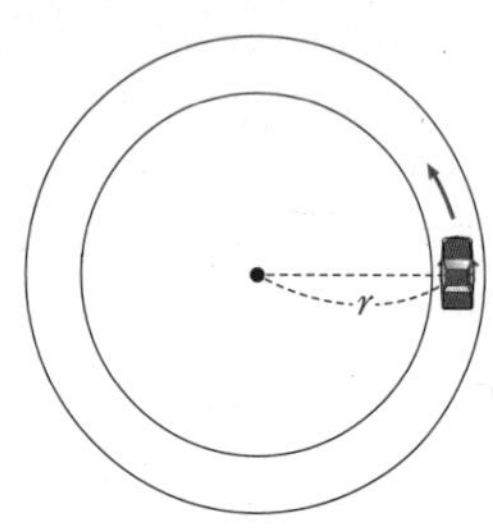

시간 T_0 동안 N번 회전하였을 때, 자동차의 운동에 대한 설명으로 옳은 것은?

① 주기는 T_0이다.
② 1회 회전하는 데 이동한 거리는 $2r$이다.
③ 진동수는 $\frac{T_0}{N}$이다.
④ 속력은 $\frac{2\pi rN}{T_0}$이다.
⑤ 구심 가속도의 방향은 일정하다.

[20700-0084]

02 그림과 같이 반지름의 비가 1 : 2인 고정된 톱니바퀴 A와 B가 체인에 연결되어 일정한 속력으로 회전하고 있다.

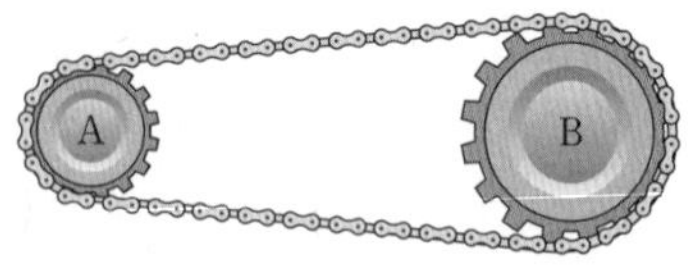

등속 원운동 하는 동안, A의 물리량이 B의 물리량보다 큰 것만을 〈보기〉에서 있는 대로 고른 것은?

보기
ㄱ. 진동수　　ㄴ. 주기　　ㄷ. 각속도

① ㄱ　② ㄷ　③ ㄱ, ㄴ
④ ㄱ, ㄷ　⑤ ㄴ, ㄷ

[20700-0085]

03 그림은 일정한 주기로 회전하고 있는 풍력 발전기의 모습을 나타낸 것으로 점 A, B, C는 동일한 길이의 날개 위의 점들이다.

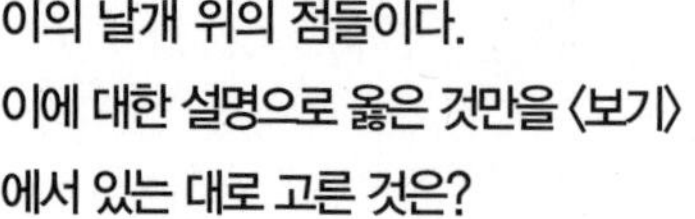

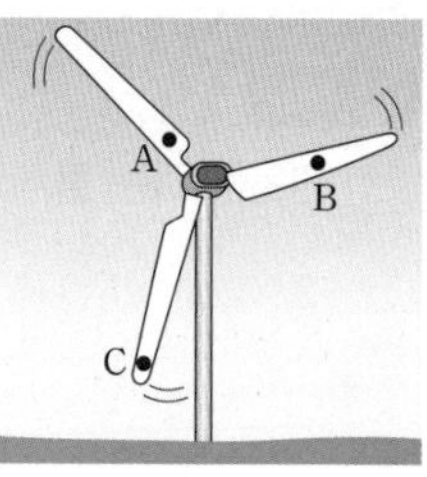

이에 대한 설명으로 옳은 것만을 〈보기〉에서 있는 대로 고른 것은?

보기
ㄱ. 속력은 A가 B보다 크다.
ㄴ. 구심 가속도의 크기는 C가 B보다 크다.
ㄷ. 각속도는 A, B, C가 모두 같다.

① ㄱ　② ㄷ　③ ㄱ, ㄴ
④ ㄴ, ㄷ　⑤ ㄱ, ㄴ, ㄷ

[20700-0086]

04 반지름이 4 m인 원형 트랙을 8 m/s의 속력으로 등속 원운동 하는 장난감 기차가 있다.

기차의 운동에 대한 설명으로 옳은 것만을 〈보기〉에서 있는 대로 고른 것은?

보기
ㄱ. 각속도는 2 rad/s이다.
ㄴ. 주기는 π초이다.
ㄷ. 구심 가속도의 크기는 8 m/s^2이다.

① ㄱ　② ㄷ　③ ㄱ, ㄴ
④ ㄴ, ㄷ　⑤ ㄱ, ㄴ, ㄷ

[20700-0087]

05 표는 물체 A, B가 각각 등속 원운동 할 때의 회전 주기와 회전 반지름을 나타낸 것이다.

물체	회전 주기	회전 반지름
A	T	r
B	$2T$	$2r$

A의 구심 가속도 크기가 a일 때, B의 구심 가속도 크기는?

① $\frac{1}{4}a$　② $\frac{1}{2}a$　③ a
④ $2a$　⑤ $4a$

[20700-0088]
06 그림과 같이 수평면에서 물체 A가 질량이 M인 추와 실로 연결되어 반지름이 r인 등속 원운동을 하고 있다. A의 각속도는 ω이다.

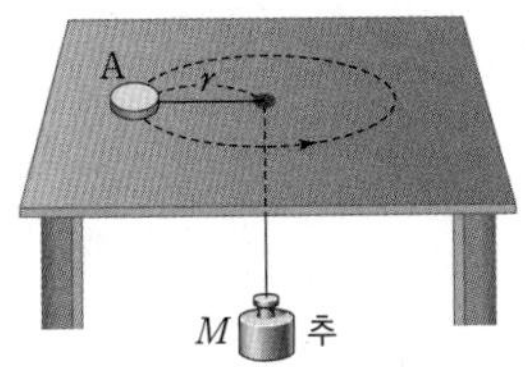

이에 대한 설명으로 옳은 것만을 〈보기〉에서 있는 대로 고른 것은? (단, 중력 가속도는 g이고, 실의 질량과 모든 마찰, 공기 저항은 무시한다.)

보기
ㄱ. A의 주기는 $\frac{2\pi}{\omega}$이다.
ㄴ. A에 작용하는 구심력의 크기는 Mg이다.
ㄷ. A의 질량은 $\frac{r\omega^2}{Mg}$이다.

① ㄱ ② ㄷ ③ ㄱ, ㄴ
④ ㄴ, ㄷ ⑤ ㄱ, ㄴ, ㄷ

[20700-0089]
07 그림은 가정에서 사용하는 선풍기를 나타낸 것이다.

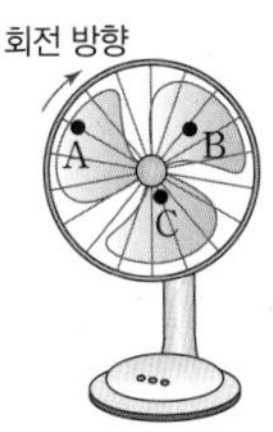

선풍기의 날개가 일정한 주기로 회전할 때, 날개 위의 점 A, B, C의 운동에 대한 설명으로 옳은 것만을 〈보기〉에서 있는 대로 고른 것은?

보기
ㄱ. 1회전할 때의 이동 거리는 A가 B보다 크다.
ㄴ. 각속도는 A, B, C가 모두 같다.
ㄷ. 구심 가속도의 크기는 C가 A보다 작다.

① ㄱ ② ㄷ ③ ㄱ, ㄴ
④ ㄴ, ㄷ ⑤ ㄱ, ㄴ, ㄷ

[20700-0090]
08 그림 (가)는 용수철에 매달린 물체가 수평면 위에서 단진동하는 모습을 나타낸 것이다. 그림 (나)는 물체가 등속 원운동하는 모습을 나타낸 것이다. 그림 (다)는 균일한 중력장 내에서 던져진 물체가 포물선 운동을 하는 모습을 나타낸 것이다.

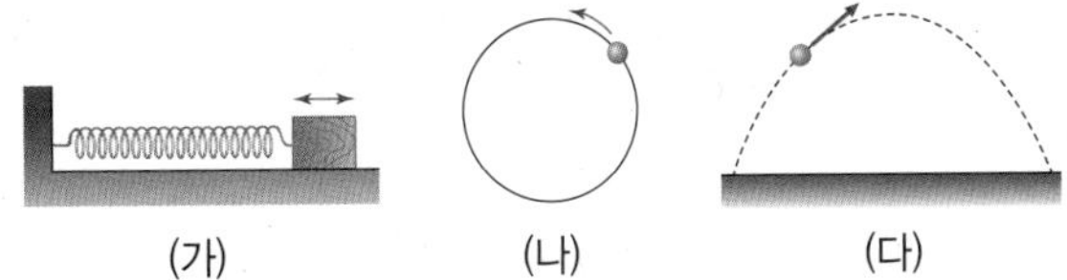

(가), (나), (다) 중에서 물체가 운동하는 동안 물체의 가속도가 변하는 것만을 있는 대로 고른 것은? (단, 모든 마찰과 공기 저항은 무시한다.)

① (가) ② (나) ③ (다)
④ (가), (나) ⑤ (나), (다)

서술형
[20700-0091]
09 그림과 같이 직선 운동을 하던 질량 m인 자동차가 반지름 R인 원형 궤도를 완전히 돌아 내려온다. (단, 중력 가속도는 g이고, 모든 마찰과 공기 저항은 무시한다.)

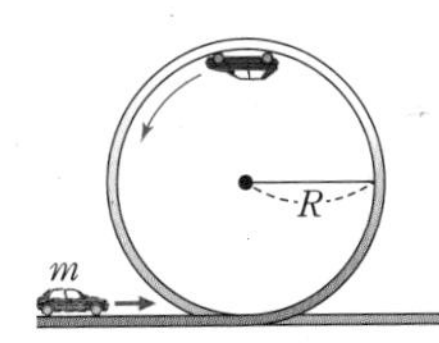

(1) 원형 궤도의 최고점에서 자동차가 레일에서 벗어나 떨어지지 않고 완전히 한 바퀴 돌기 위한 조건을 서술하시오.

(2) 위 조건을 이용하여 원형 궤도의 최고점에서 자동차가 가질 수 있는 최소 속력을 풀이 과정과 함께 구하시오.

서술형
[20700-0092]
10 그림과 같이 물체가 실에 매달린 채 각속도 ω로 등속 원운동 한다. 실이 연직 방향과 이루는 각도는 θ이고, 원 궤도가 이루는 면은 수평면과 나란하다. 물체의 원 궤도 반지름 r를 풀이 과정과 함께 구하시오. (단, 중력 가속도는 g이고, 실의 질량, 물체의 크기, 공기 저항은 무시한다.)

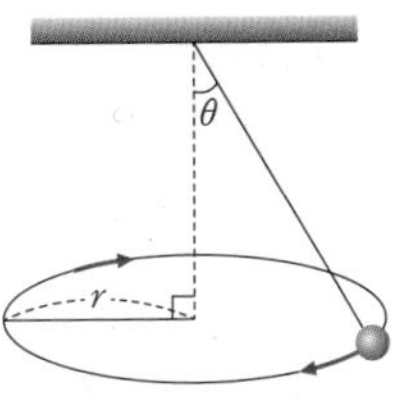

[20700-0093]
11 그림은 태양 주위를 공전하는 여러 행성들의 공전 주기 T와 긴반지름 a 사이의 관계를 나타낸 것으로 지구의 공전 주기와 타원 궤도 긴반지름은 각각 1년, 1 AU이다.

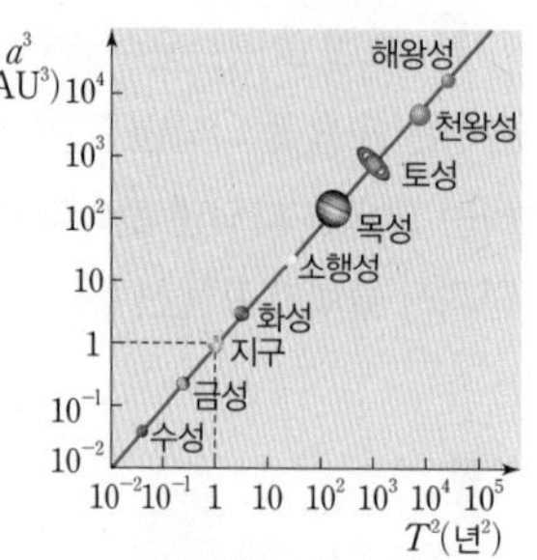

이에 대한 설명으로 옳은 것만을 〈보기〉에서 있는 대로 고른 것은?

보기
ㄱ. 행성들은 태양 주위를 타원 궤도를 따라 공전한다.
ㄴ. 태양으로부터 거리가 멀수록 공전 주기가 커진다.
ㄷ. 타원 궤도 긴반지름이 10 AU인 소행성의 공전 주기는 10년이다.

① ㄱ ② ㄷ ③ ㄱ, ㄴ ④ ㄴ, ㄷ ⑤ ㄱ, ㄴ, ㄷ

[20700-0094]
12 그림 (가)와 (나)는 프톨레마이오스의 우주관과 코페르니쿠스의 우주관을 순서 없이 나타낸 것이다.

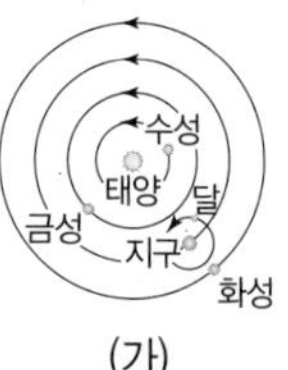

(가)

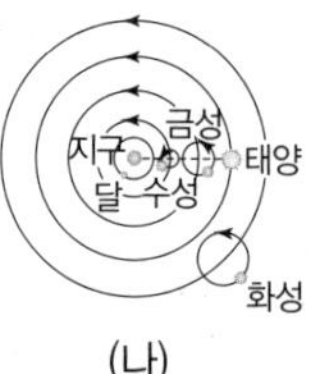

(나)

이에 대한 설명으로 옳은 것만을 〈보기〉에서 있는 대로 고른 것은?

보기
ㄱ. (가)는 코페르니쿠스의 우주관이다.
ㄴ. (나)는 천동설과 관련이 있다.
ㄷ. 케플러는 행성들이 태양 주변을 타원 운동한다는 사실을 밝혀 (가)의 우주관을 입증하였다.

① ㄱ ② ㄷ ③ ㄱ, ㄴ ④ ㄴ, ㄷ ⑤ ㄱ, ㄴ, ㄷ

[20700-0095]
13 다음은 케플러 법칙에 대한 설명이다.

• 태양계의 모든 행성은 (㉠)을/를 한 초점으로 하는 타원 운동을 한다.
• 태양에 가까운 행성일수록 행성의 공전 속력은 (㉡).
• 각 행성의 공전 주기의 (㉢)은 행성 궤도의 긴반지름의 세제곱에 비례한다.

㉠~㉢에 들어갈 가장 적절한 말을 쓰시오.

[20700-0096]
14 그림과 같이 행성이 태양을 한 초점으로 하는 타원 궤도를 따라 운동하고 있다. 점 p와 q는 각각 태양으로부터의 거리가 가장 먼 지점과 가장 가까운 지점이다.

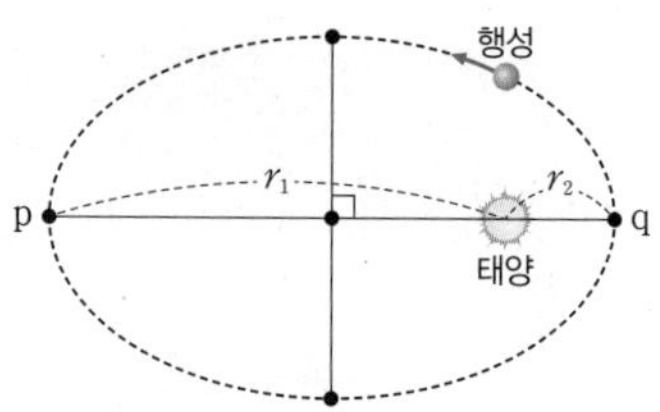

이에 대한 설명으로 옳은 것만을 〈보기〉에서 있는 대로 고른 것은?

보기
ㄱ. 태양이 행성에 작용하는 중력의 크기는 p에서가 q에서보다 작다.
ㄴ. 행성의 운동 에너지는 p에서가 q에서보다 크다.
ㄷ. 공전 궤도의 긴반지름은 r_1이다.

① ㄱ ② ㄷ ③ ㄱ, ㄴ ④ ㄴ, ㄷ ⑤ ㄱ, ㄴ, ㄷ

서술형
[20700-0097]
15 다음은 뉴턴의 중력 법칙에서 케플러 제3법칙을 유도하는 과정을 정리한 것이다.

• 태양계의 행성은 원에 가까운 타원 궤도를 따라 운동하므로 행성의 운동을 등속 원운동으로 볼 수 있다.

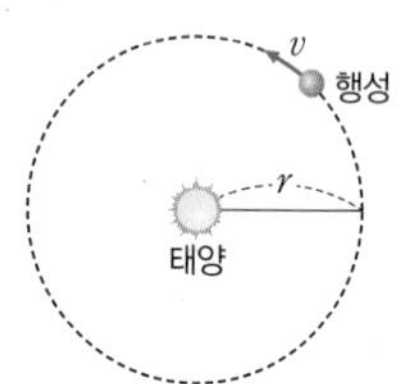

• 태양과 행성의 질량을 각각 M, m이라 하고, 행성이 반지름 r인 궤도를 따라 속력 v로 등속 원운동 한다면, 행성이 태양으로부터 받는 중력이 곧 구심력이므로 v^2= (가) 임을 알 수 있다. 여기서 G는 중력 상수이다.
• 속력$=\dfrac{\text{이동 거리}}{\text{시간}}$이므로 행성의 주기를 T라 하면 속력 v= (나) 이다.
• 이로부터 다음과 같이 케플러 제3법칙을 이끌어 낼 수 있다.
T^2= (다) r^3

(가) ~ (다)에 들어갈 값을 구하시오.

[20700-0098]
16 그림과 같이 위성이 행성을 한 초점으로 하는 타원 궤도를 따라 운동하고 있다. S_1과 S_2는 각각 궤도 상의 점 p, q 부근에서 행성과 위성을 연결하는 선분이 같은 시간 동안 쓸고 지나간 면적이다.

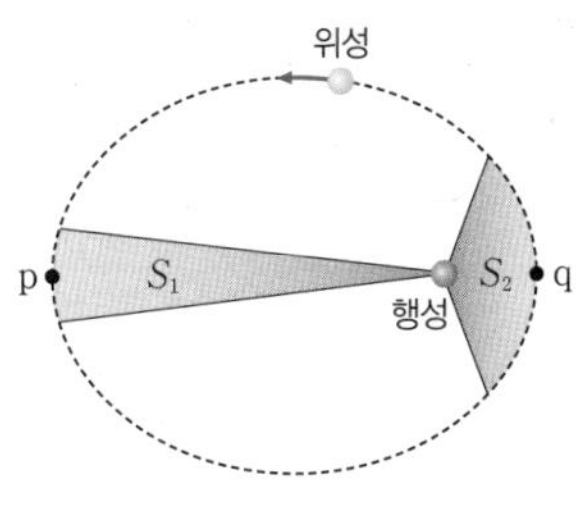

이에 대한 설명으로 옳은 것만을 〈보기〉에서 있는 대로 고른 것은?

보기
ㄱ. $S_2>S_1$이다.
ㄴ. 위성의 가속도의 크기는 p에서가 q에서보다 작다.
ㄷ. 위성에는 행성의 중심에서 위성의 중심까지의 거리에 반비례하는 중력이 작용하고 있다.

① ㄱ ② ㄴ ③ ㄱ, ㄷ ④ ㄴ, ㄷ ⑤ ㄱ, ㄴ, ㄷ

[20700-0099]
17 그림과 같이 행성이 태양을 한 초점으로 하는 타원 궤도를 따라 공전하고 있다. 행성이 점 a에서 점 b까지, 점 c에서 점 d까지 이동하는 동안 행성과 태양을 연결한 직선이 쓸고 지나간 면적은 각각 S, $2S$이다. 행성이 a에서 b까지 이동하는 데 걸린 시간은 T이다.

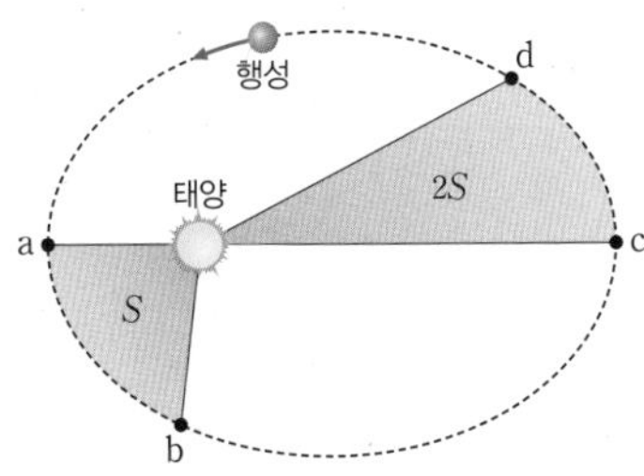

행성의 운동에 대한 설명으로 옳은 것만을 〈보기〉에서 있는 대로 고른 것은? (단, a와 c는 각각 근일점과 원일점이다.)

보기
ㄱ. 가속도의 크기는 a에서가 b에서보다 크다.
ㄴ. c에서 d까지 이동하는 데 걸린 시간은 $2T$이다.
ㄷ. 태양이 행성에 작용하는 중력의 크기는 c에서가 a에서보다 작다.

① ㄱ ② ㄷ ③ ㄱ, ㄴ ④ ㄴ, ㄷ ⑤ ㄱ, ㄴ, ㄷ

[20700-0100]
18 그림은 질량이 M인 지구의 중심으로부터 거리 r만큼 떨어진 곳에서 질량이 m인 인공위성이 지구를 중심으로 등속 원운동 하는 모습을 나타낸 것이다. 인공위성의 공전 주기는 T이다.

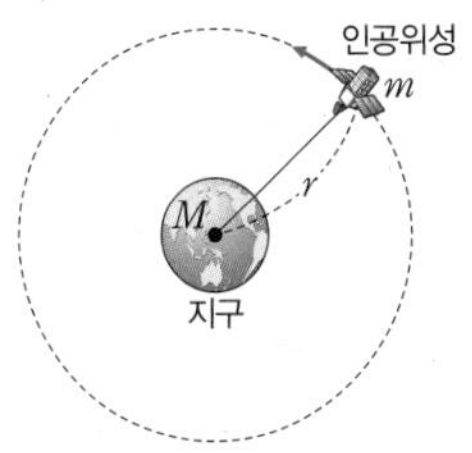

이에 대한 설명으로 옳은 것만을 〈보기〉에서 있는 대로 고른 것은? (단, 중력 상수는 G이다.)

보기
ㄱ. 인공위성에 작용하는 합력은 0이다.
ㄴ. 인공위성에 작용하는 구심력의 크기는 $G\frac{Mm}{r^2}$이다.
ㄷ. 인공위성의 속력은 $\frac{\pi r}{T}$이다.

① ㄱ ② ㄴ ③ ㄱ, ㄷ
④ ㄴ, ㄷ ⑤ ㄱ, ㄴ, ㄷ

[20700-0101]
19 그림은 케플러 법칙과 중력 법칙에 대해 학생 A, B, C가 대화하고 있는 모습을 나타낸 것이다.

제시한 의견이 옳은 학생만을 있는 대로 고른 것은?

① A ② B ③ A, C
④ B, C ⑤ A, B, C

실력 향상 문제

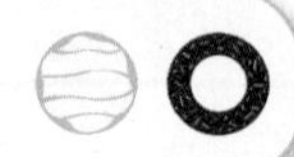

[20700-0102]

01 그림과 같이 직선 막대에 고정된 물체 A, B가 점 O를 중심으로 등속 원운동 하고 있다.

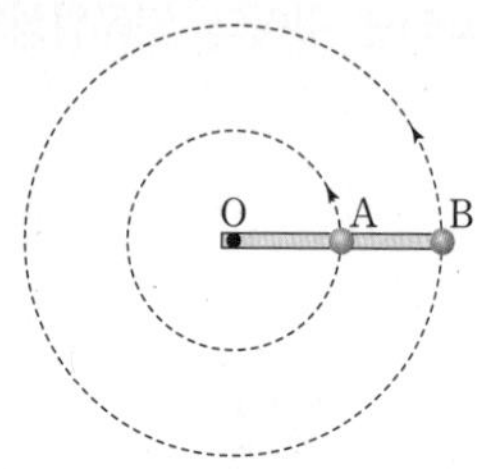

A, B의 물리량 중 B가 A보다 큰 것만을 <보기>에서 있는 대로 고른 것은?

보기
ㄱ. 속력　　ㄴ. 각속도　　ㄷ. 구심 가속도의 크기

① ㄱ　② ㄴ　③ ㄱ, ㄷ　④ ㄴ, ㄷ　⑤ ㄱ, ㄴ, ㄷ

[20700-0103]

02 그림과 같이 놀이 기구에 탄 철수와 영희가 같은 주기로 등속 원운동을 하고 있다.

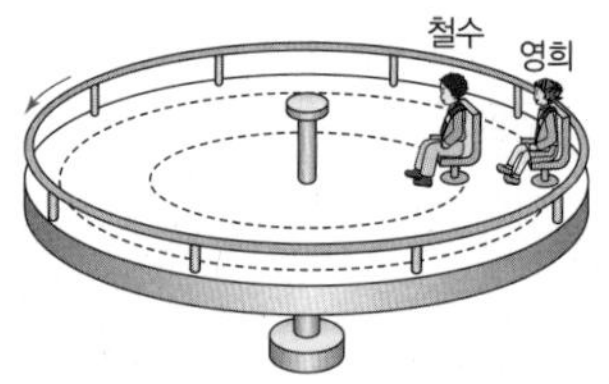

이에 대한 설명으로 옳은 것만을 <보기>에서 있는 대로 고른 것은?

보기
ㄱ. 속력은 철수가 영희보다 크다.
ㄴ. 철수에게 작용하는 알짜힘의 방향은 철수의 운동 방향과 수직이다.
ㄷ. 구심 가속도의 크기는 영희가 철수보다 크다.

① ㄱ　② ㄷ　③ ㄱ, ㄴ　④ ㄴ, ㄷ　⑤ ㄱ, ㄴ, ㄷ

[20700-0104]

03 그림과 같이 질량이 각각 m, $2m$인 물체 A, B가 각각 막대에 고정되어 반지름이 각각 $2r$, r인 등속 원운동을 하고 있다. A와 B의 주기는 같다.

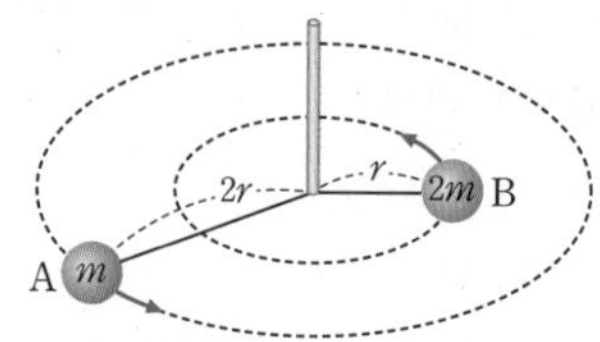

이에 대한 설명으로 옳은 것만을 <보기>에서 있는 대로 고른 것은?

보기
ㄱ. 구심 가속도의 크기는 A가 B의 2배이다.
ㄴ. 구심력의 크기는 A가 B의 2배이다.
ㄷ. 속력은 A가 B의 2배이다.

① ㄱ　② ㄴ　③ ㄱ, ㄷ　④ ㄴ, ㄷ　⑤ ㄱ, ㄴ, ㄷ

[20700-0105]

04 그림은 질량이 각각 $2m$, m인 자동차 A, B가 반지름이 각각 $2r$, r인 원 궤도를 따라 v_0의 일정한 속력으로 운동하고 있는 모습을 나타낸 것이다.

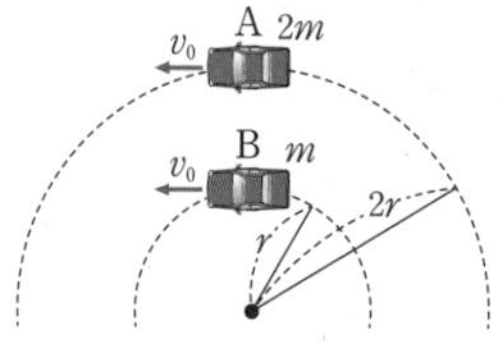

이에 대한 설명으로 옳은 것만을 <보기>에서 있는 대로 고른 것은? (단, A, B의 크기는 무시한다.)

보기
ㄱ. 원 궤도를 한 바퀴 도는 데 걸린 시간은 A가 B의 2배이다.
ㄴ. 구심 가속도의 크기는 B가 A의 2배이다.
ㄷ. 구심력의 크기는 A와 B가 같다.

① ㄱ　② ㄷ　③ ㄱ, ㄴ　④ ㄴ, ㄷ　⑤ ㄱ, ㄴ, ㄷ

서술형 [20700-0106]

05 그림은 v의 속력으로 등속 원운동 하는 질량이 m인 물체를 나타낸 것이다. 원 궤도의 반지름은 r이고, 각속도는 ω일 때, 물음에 답하시오.

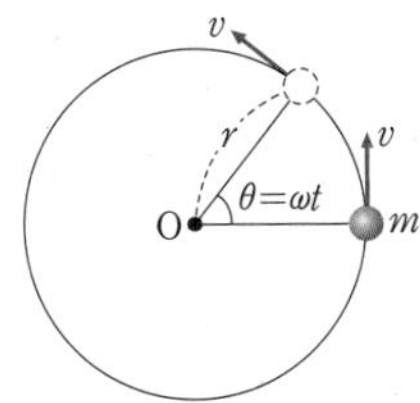

(1) 주기 T를 v와 r로 나타내시오.

(2) 각속도 ω를 주기 T와 진동수 f로 나타내시오.

(3) 구심력 F의 크기를 r, m, v와 r, m, ω로 각각 나타내시오.

서술형 [20700-0107]

06 그림과 같이 길이가 5 m인 원뿔 진자의 끝에 질량이 2 kg인 추가 매달려 반지름 3 m인 수평 원운동을 한다.

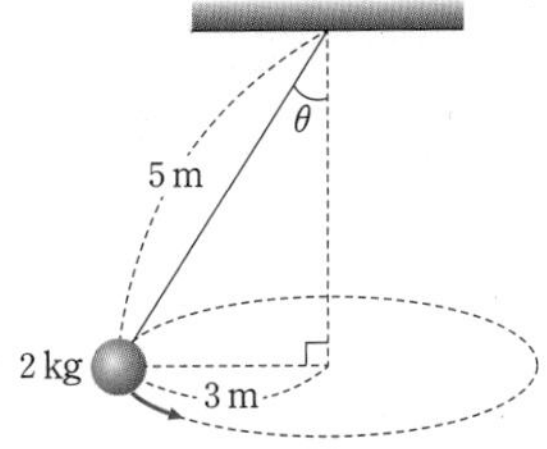

이때, 추의 구심 가속도의 크기를 풀이 과정과 함께 구하시오. (단, 중력 가속도는 10 m/s^{2}이고, 공기 저항은 무시한다.)

[20700-0108]

07 그림은 질량 m인 물체가 길이가 L인 실에 매달려 마찰이 없는 수평면에서 각속도 ω로 등속 원운동 하는 것을 나타낸 것이다. 실과 기준선이 이루는 각은 θ이다.

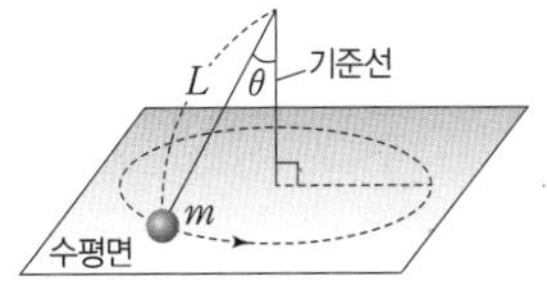

이에 대한 설명으로 옳은 것만을 〈보기〉에서 있는 대로 고른 것은? (단, 모든 마찰은 무시한다.)

보기

ㄱ. 물체의 운동 방향과 가속도 방향은 서로 수직이다.

ㄴ. 실이 물체를 당기는 힘은 $mL\omega^2$이다.

ㄷ. 구심력의 크기는 실이 물체를 당기는 힘의 크기와 같다.

① ㄱ ② ㄷ ③ ㄱ, ㄴ ④ ㄴ, ㄷ ⑤ ㄱ, ㄴ, ㄷ

서술형 [20700-0109]

08 그림 (가), (나)는 고정된 관을 통해 질량이 각각 M, $2M$인 추와 실로 연결되어 있는 질량 m인 물체가 각각 등속 원운동 하는 것을 나타낸 것이다. (가), (나)에서 관 끝의 점 O로부터 물체까지 실의 길이는 각각 L, $2L$이고, 물체는 각각 진동수 f_1, f_2로 회전한다.

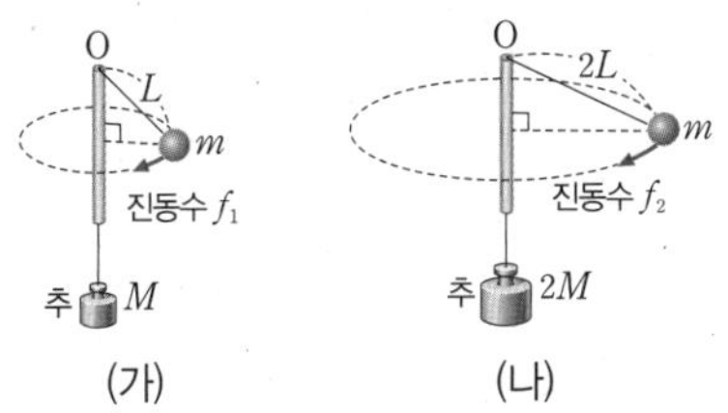

$f_1 : f_2$를 풀이 과정과 함께 구하시오. (단, 물체의 크기와 실의 질량, 관의 굵기 및 실과 관 사이의 마찰은 무시한다.)

[20700-0110]
09 그림은 질량이 각각 m, $2m$인 인공위성 A, B가 행성 주변을 동일한 타원 궤도를 따라 운동하는 모습을 나타낸 것이다. P는 타원 궤도상의 점이다.

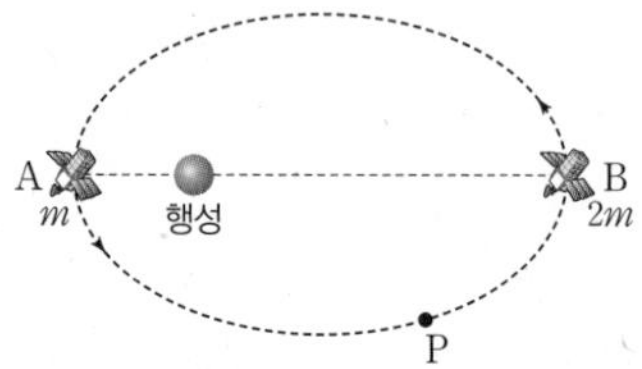

이에 대한 설명으로 옳은 것만을 ⟨보기⟩에서 있는 대로 고른 것은? (단, A와 B에는 행성에 의한 중력만 작용한다.)

보기
ㄱ. 두 인공위성의 운동은 중력 법칙으로 설명할 수 있다.
ㄴ. 주기는 A가 B보다 크다.
ㄷ. 점 P를 지날 때 A와 B의 가속도의 크기는 같다.

① ㄱ ② ㄴ ③ ㄱ, ㄷ ④ ㄴ, ㄷ ⑤ ㄱ, ㄴ, ㄷ

[20700-0111]
10 그림은 지구를 중심으로 원운동 하는 인공위성 A와 지구를 한 초점으로 타원 운동하는 인공위성 B를 나타낸 것이다. 두 궤도상의 접점 Q를 지날 때 지구에 의한 중력의 크기는 B가 A의 2배이다.

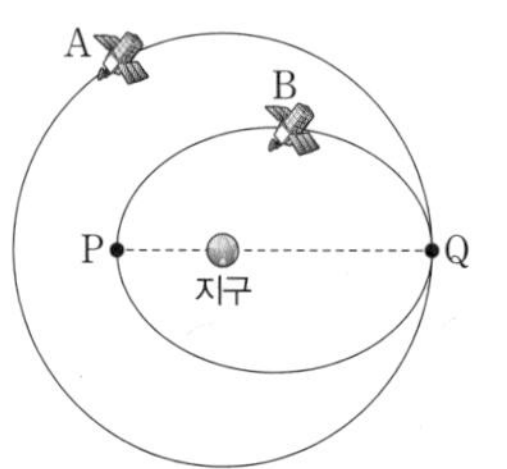

이에 대한 설명으로 옳은 것만을 ⟨보기⟩에서 있는 대로 고른 것은? (단, A, B에는 지구에 의한 중력만 작용한다.)

보기
ㄱ. 공전 주기는 B가 A보다 작다.
ㄴ. 질량은 B가 A보다 크다.
ㄷ. B의 운동 에너지는 P에서가 Q에서보다 크다.

① ㄱ ② ㄷ ③ ㄱ, ㄴ ④ ㄴ, ㄷ ⑤ ㄱ, ㄴ, ㄷ

[20700-0112]
11 그림과 같이 위성이 행성을 한 초점으로 하는 타원 궤도를 따라 운동하고 있다. 위성은 공전 주기가 T이고, a에서 b까지 운동하는 데 걸리는 시간이 $\frac{1}{6}T$이다. S_1, S_2는 각각 색칠된 부분의 면적이다.

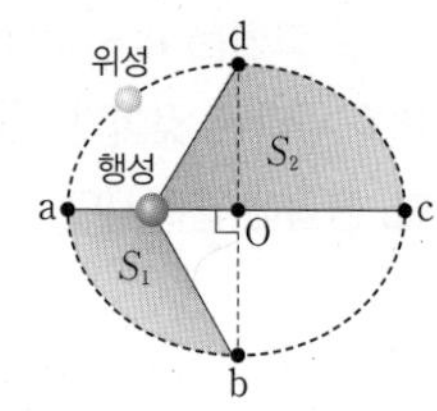

이에 대한 설명으로 옳은 것만을 ⟨보기⟩에서 있는 대로 고른 것은?

보기
ㄱ. 위성에 작용하는 중력의 크기는 a에서가 c에서보다 크다.
ㄴ. 위성이 c에서 d까지 운동하는 데 걸리는 시간은 $\frac{1}{3}T$이다.
ㄷ. $S_1 : S_2 = 2 : 3$이다.

① ㄱ ② ㄷ ③ ㄱ, ㄴ ④ ㄴ, ㄷ ⑤ ㄱ, ㄴ, ㄷ

[20700-0113]
12 그림은 인공위성 P, Q가 지구를 한 초점으로 하는 타원 궤도를 따라 각각 운동하는 모습을 나타낸 것이다. 점 a는 P, Q가 지구로부터 가장 가까운 지점이고, 점 b, c는 각각 P, Q가 지구로부터 가장 먼 지점이다.

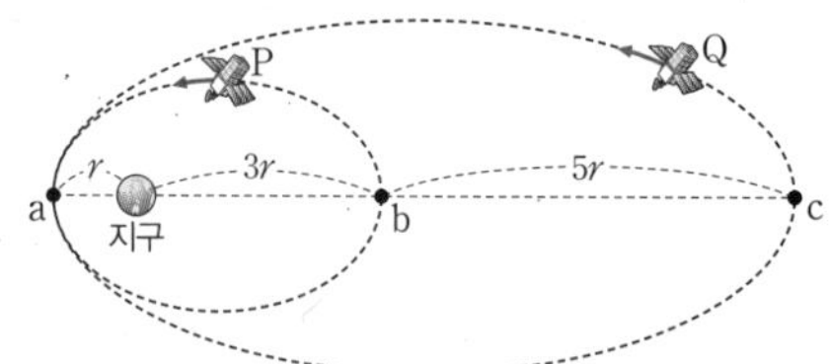

이에 대한 설명으로 옳은 것만을 ⟨보기⟩에서 있는 대로 고른 것은? (단, P, Q에는 지구에 의한 중력만 작용한다.)

보기
ㄱ. Q가 a에서 c까지 운동하는 데 걸리는 시간은 P가 a에서 b까지 운동하는 데 걸리는 시간의 2배이다.
ㄴ. P의 가속도의 크기는 a에서가 b에서의 3배이다.
ㄷ. Q의 속력은 c에서가 a에서보다 작다.

① ㄱ ② ㄷ ③ ㄱ, ㄴ ④ ㄴ, ㄷ ⑤ ㄱ, ㄴ, ㄷ

서술형 [20700-0114]

13 그림과 같이 반지름이 각각 R, $1.5R$인 행성 A, B에서 인공위성이 일정한 속력으로 표면을 스치듯이 원운동 하고 있다.

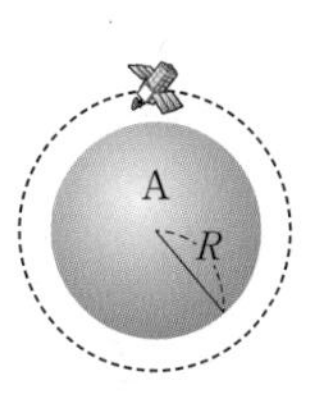

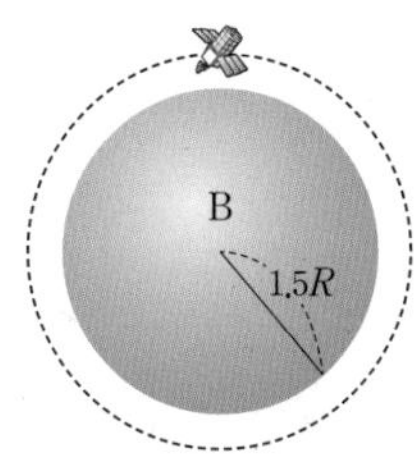

두 인공위성의 공전 주기가 같고, A의 밀도는 ρ_0이다. B의 밀도를 풀이 과정과 함께 구하시오. (단, 두 행성은 밀도가 균일한 구형이고, 공기 저항은 무시한다.)

[20700-0115]

14 그림은 질량이 m인 위성 A가 질량이 $50m$인 행성을 한 초점으로 하는 타원 궤도를 따라 한 주기 동안 운동할 때, 행성이 A에 작용하는 중력의 크기를 행성 중심으로부터 A의 중심까지의 거리에 따라 나타낸 것이다.

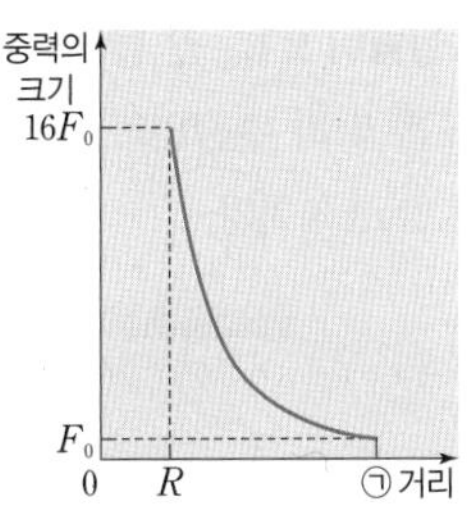

이에 대한 설명으로 옳은 것만을 〈보기〉에서 있는 대로 고른 것은? (단, 중력 상수는 G이다.)

보기
ㄱ. ㉠은 $4R$이다.
ㄴ. $F_0=G\frac{50m^2}{4R^2}$이다.
ㄷ. 한 주기 동안 중력에 의한 가속도의 크기가 가장 클 때 가속도의 크기는 $\frac{16F_0}{m}$과 같다.

① ㄱ ② ㄴ ③ ㄱ, ㄷ ④ ㄴ, ㄷ ⑤ ㄱ, ㄴ, ㄷ

[20700-0116]

15 그림은 두 인공위성 A, B가 각각 지구를 중심으로 등속 원운동 하는 것을 나타낸 것이다. 지구 중심으로부터 A, B까지의 거리는 각각 r, $2r$이고, A와 B의 질량은 각각 m, $2m$이다.

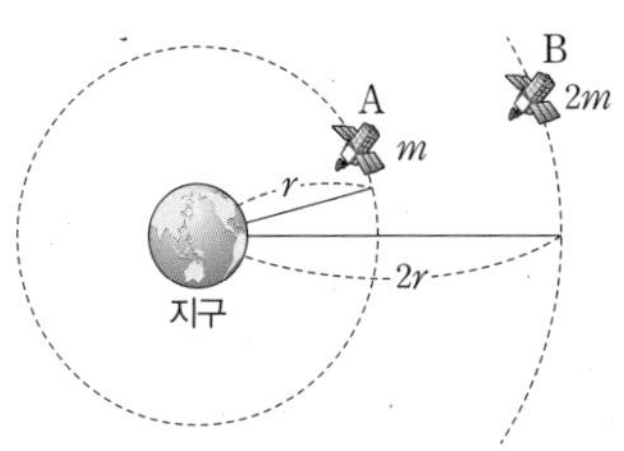

이에 대한 설명으로 옳은 것만을 〈보기〉에서 있는 대로 고른 것은? (단, A, B에는 지구에 의한 중력만 작용한다.)

보기
ㄱ. 구심력의 크기는 A가 B의 2배이다.
ㄴ. 공전 주기는 B가 A의 $2\sqrt{2}$배이다.
ㄷ. 운동 에너지는 A가 B의 8배이다.

① ㄱ ② ㄴ ③ ㄷ ④ ㄱ, ㄴ ⑤ ㄴ, ㄷ

[20700-0117]

16 그림과 같이 질량이 $2m$, m인 인공위성 A, B가 행성을 중심으로 반지름이 각각 r_0, $2r_0$인 원 궤도를 따라 동일한 평면에서 등속 원운동 하고 있다. 표는 A와 B의 운동 에너지를 나타낸 것이다.

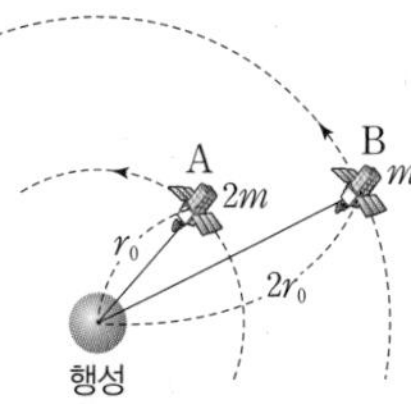

인공위성	운동 에너지
A	$4E_0$
B	E_0

이에 대한 설명으로 옳은 것만을 〈보기〉에서 있는 대로 고른 것은? (단, A와 B에는 행성에 의한 중력만 작용한다.)

보기
ㄱ. 행성에 의한 중력의 크기는 A가 B의 2배이다.
ㄴ. 공전 주기는 B가 A의 $2\sqrt{2}$배이다.
ㄷ. 속력은 A가 B의 2배이다.

① ㄱ ② ㄴ ③ ㄱ, ㄷ ④ ㄴ, ㄷ ⑤ ㄱ, ㄴ, ㄷ

[20700-0118]

01 그림 (가)는 등속 원운동을 하는 물체 A의 그림자가 스크린상에서 단진동을 하는 것을 나타낸 것이다. 원의 반지름은 R이다. 그림 (나)는 스크린에 나타나는 A의 그림자의 속도를 시간에 따라 나타낸 것이다.

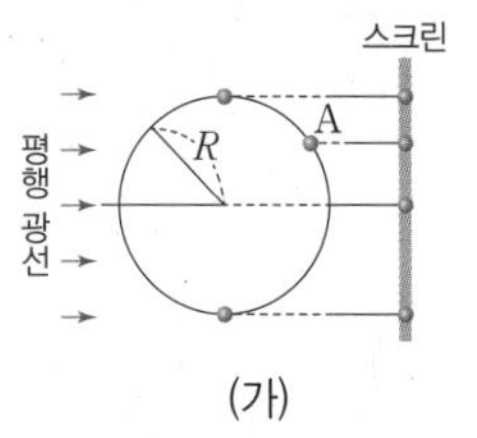

(가)

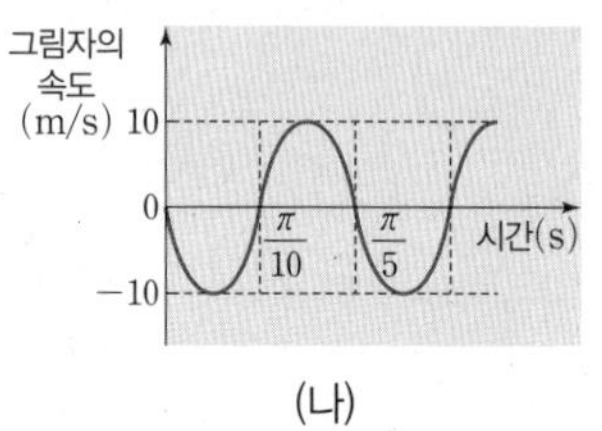

(나)

이에 대한 설명으로 옳은 것만을 〈보기〉에서 있는 대로 고른 것은?

보기

ㄱ. A가 한 바퀴 회전하는 데 걸린 시간은 $\frac{\pi}{5}$이다.

ㄴ. A의 각속도는 10 rad/s이다.

ㄷ. R=10 m이다.

① ㄱ ② ㄷ ③ ㄱ, ㄴ
④ ㄴ, ㄷ ⑤ ㄱ, ㄴ, ㄷ

[20700-0119]

02 그림 (가)는 질량이 각각 m, $2m$인 두 물체 A, B가 마찰이 없고 수평인 실험대의 구멍을 통과하는 실로 연결되어 있는 모습을 나타낸 것이다. A는 구멍을 중심으로 속력 v_A, 반지름 r인 등속 원운동을 하고, B는 정지한 상태로 실에 매달려 있다. 그림 (나)는 (가)에서 A와 B를 서로 바꾸었을 때, B는 속력 v_B, 반지름 r인 등속 원운동을 하고, A는 정지한 상태로 실에 매달려 있는 것을 나타낸 것이다.

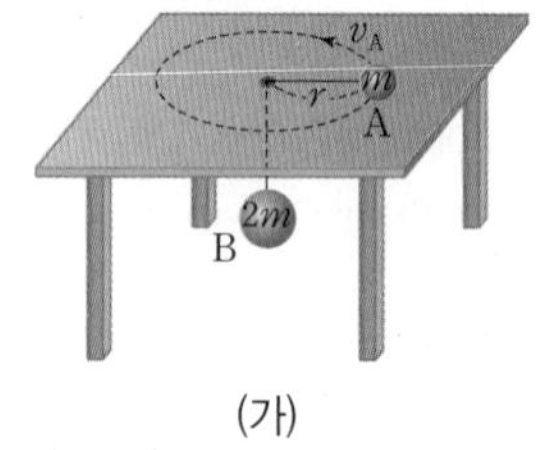

(가)

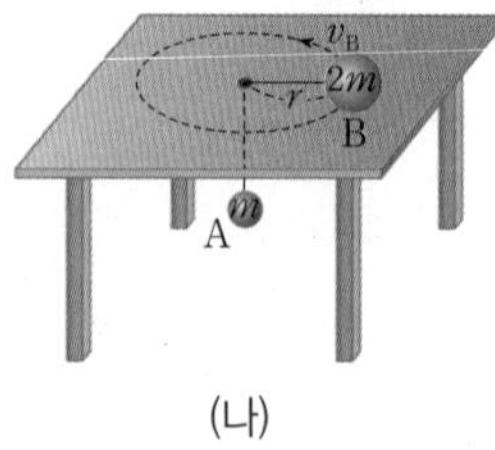

(나)

$\frac{v_A}{v_B}$는? (단, A, B의 크기와 실의 질량은 무시한다.)

① $\frac{1}{2}$ ② $\frac{1}{\sqrt{2}}$ ③ 1 ④ $\sqrt{2}$ ⑤ 2

[20700-0120]

03 그림은 xy 평면에서 원점을 중심으로 등속 원운동을 하는 물체의 속도의 x, y성분 v_x, v_y를 시간 t에 따라 각각 나타낸 것이다.

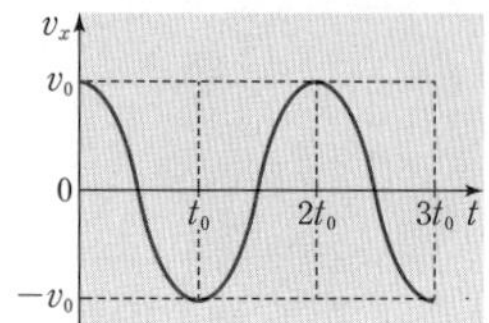

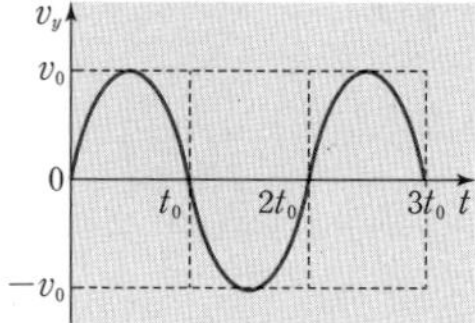

$t=t_0$일 때 구심 가속도의 방향과 크기로 옳은 것은?

	방향	크기		방향	크기
①	$+x$	$\frac{\pi v_0}{t_0}$	②	$-y$	$\frac{\pi v_0}{t_0}$
③	$-x$	$\frac{2\pi v_0}{t_0}$	④	$-x$	$\frac{\pi v_0}{t_0}$
⑤	$-y$	$\frac{2\pi v_0}{t_0}$			

[20700-0121]

04 그림과 같이 질량이 2 kg인 물체가 실에 매달려 반지름이 1.2 m인 원 궤도를 따라 수평면과 나란하게 등속 원운동을 한다. 물체의 속력은 3 m/s이다.

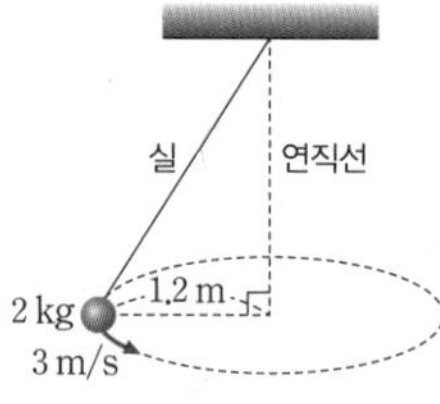

이에 대한 설명으로 옳은 것만을 〈보기〉에서 있는 대로 고른 것은? (단, 중력 가속도는 10 m/s²이고 실의 질량은 무시한다.)

보기

ㄱ. 물체에 작용하는 알짜힘의 크기는 15 N이다.

ㄴ. 구심 가속도의 크기는 7.5 m/s²이다.

ㄷ. 실이 물체를 당기는 힘의 크기는 20 N이다.

① ㄱ ② ㄷ ③ ㄱ, ㄴ
④ ㄴ, ㄷ ⑤ ㄱ, ㄴ, ㄷ

[20700-0122]

05 그림 (가), (나)는 인공위성 A, B가 질량이 각각 M, $8M$인 행성을 중심으로 반지름이 각각 r_A, r_B인 궤도를 따라 등속 원운동 하고 있는 것을 나타낸 것이다. A와 B의 공전 주기는 서로 같다.

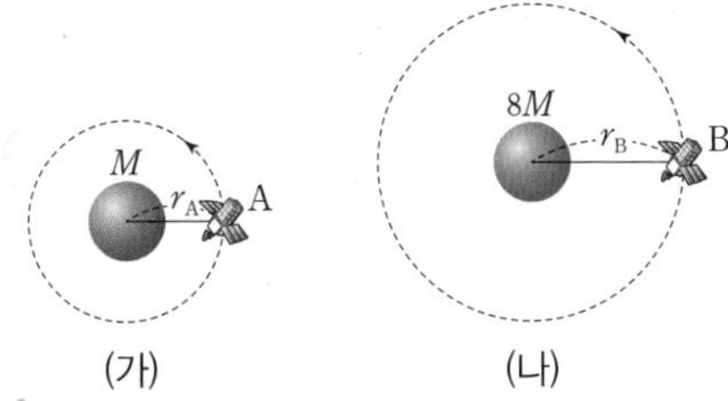

A의 속력이 v일 때, B의 속력은?

① $\frac{1}{4}v$　② $\frac{1}{2}v$　③ v　④ $2v$　⑤ $4v$

[20700-0123]

06 그림 (가)는 질량이 M인 행성 X를 한 초점으로 하는 타원 궤도를 따라 운동하는 위성 A를, (나)는 질량이 $2M$인 행성 Y를 한 초점으로 하는 타원 궤도를 따라 운동하는 위성 B를 나타낸 것으로 A, B의 질량은 각각 $2m$, m이다. (가)에서 X가 A에 작용하는 중력의 크기가 가장 작을 때 그 크기는 F이다.

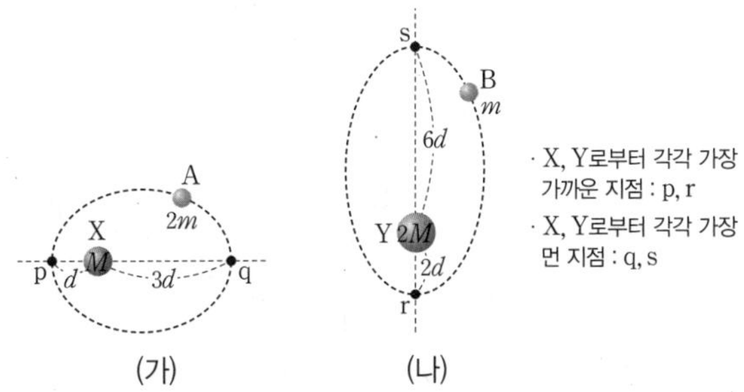

이에 대한 설명으로 옳은 것만을 <보기>에서 있는 대로 고른 것은?

보기

ㄱ. Y가 B에 작용하는 중력의 크기가 가장 작을 때 그 값은 $\frac{1}{4}F$이다.

ㄴ. A가 p를 지날 때 가속도의 크기는 B가 r를 지날 때 가속도의 크기와 같다.

ㄷ. (가)에서 A가 p를 지날 때 X가 A에 작용하는 중력의 크기는 $3F$이다.

① ㄱ　② ㄴ　③ ㄱ, ㄷ　④ ㄴ, ㄷ　⑤ ㄱ, ㄴ, ㄷ

[20700-0124]

07 그림은 행성을 중심으로 원운동 하는 인공위성 P와 같은 행성을 한 초점으로 하는 타원 궤도를 따라 운동하는 인공위성 Q를 나타낸 것이다. P와 Q의 질량과 주기는 서로 같고 점 a, b, c, d는 궤도상의 점들이다.

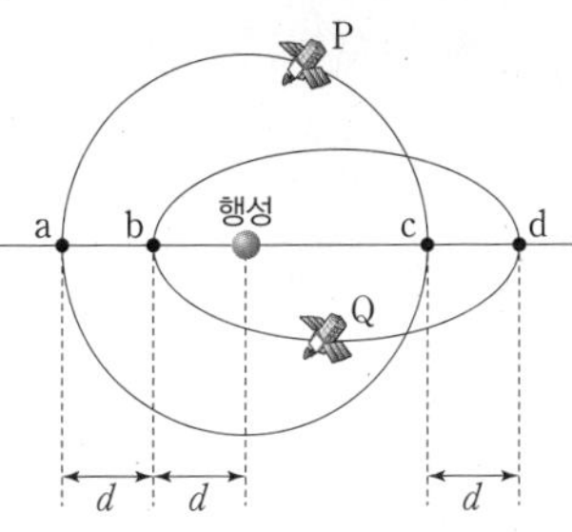

이에 대한 설명으로 옳은 것만을 <보기>에서 있는 대로 고른 것은?

보기

ㄱ. Q가 b에서 d까지 운동하는 동안 변위의 크기는 $4d$이다.

ㄴ. P의 가속도의 크기는 Q가 d를 지날 때 가속도의 크기의 9배이다.

ㄷ. P가 a를 지날 때 P의 운동 에너지는 Q가 b를 지날 때 Q의 운동 에너지보다 크다.

① ㄱ　② ㄴ　③ ㄱ, ㄷ　④ ㄴ, ㄷ　⑤ ㄱ, ㄴ, ㄷ

[20700-0125]

08 그림은 질량이 M인 행성 주위를 운동하는 위성 A, B의 중력에 의한 가속도의 크기를 시간에 따라 나타낸 것이다. 표는 A, B의 물리량을 나타낸 것이다.

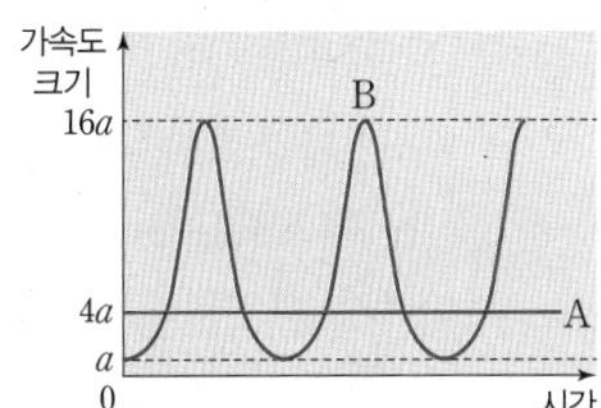

물리량	A	B
질량	$2m$	$4m$
궤도 반지름 또는 긴반지름	R	?
주기	T_0	㉠

이에 대한 설명으로 옳은 것만을 <보기>에서 있는 대로 고른 것은? (단, A, B의 공전 궤도면은 동일하고, A, B에는 행성에 의한 중력만 작용한다.)

보기

ㄱ. A에 작용하는 중력의 크기는 $8ma$이다.

ㄴ. B가 행성으로부터 가장 먼 곳을 지날 때 행성으로부터 B까지 거리는 $4R$이다.

ㄷ. ㉠은 $\frac{5\sqrt{5}}{8}T_0$이다.

① ㄱ　② ㄴ　③ ㄱ, ㄷ　④ ㄴ, ㄷ　⑤ ㄱ, ㄴ, ㄷ

일반 상대성 이론

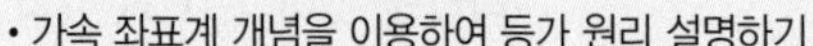

- 가속 좌표계 개념을 이용하여 등가 원리 설명하기
- 중력 렌즈 효과와 블랙홀을 항성의 질량과 관련지어 설명하기

한눈에 단원 파악, 이것이 핵심!

관성력과 등가 원리는?

〈가속 좌표계〉

관찰자가 위치한 기준계가 가속 운동을 하고 있는 좌표계를 말하며 비관성계라고도 한다.

- 버스가 등속도 운동할 때: A, B 모두 관성 좌표계

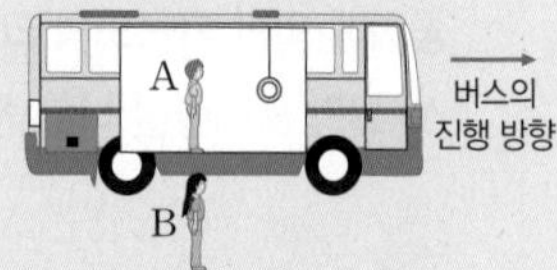

- 버스가 가속도 운동할 때: A는 가속 좌표계, B는 관성 좌표계

〈관성력〉

- 버스 밖(관성 좌표계)에서 관찰: 버스 안의 손잡이는 장력(T)과 중력(mg)의 합력 방향으로 가속 운동한다.

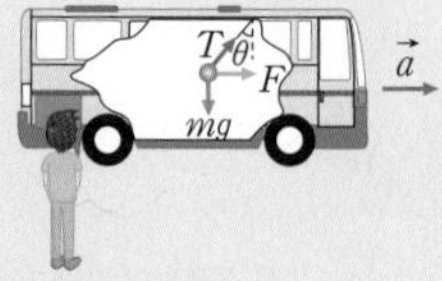

- 버스 안(가속 좌표계)에서 관찰: 손잡이는 장력, 중력, 관성력의 합력이 0으로 정지해 있다.

〈등가 원리〉

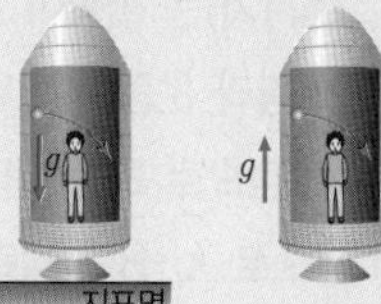

(가) (나)

(가) 중력 가속도 크기가 g인 지표면에서 물체가 포물선 운동을 한다.(중력)

(나) 가속도 크기 g로 상승하는 우주선 속에서 물체가 포물선 운동을 한다.(관성력)

➡ 일반 상대성 이론에서 관성력과 중력은 근본적으로 구분할 수 없다.

중력 렌즈 효과와 블랙홀은?

〈일반 상대성 이론의 특징〉

- 시공간의 휘어짐: 중력에 의한 현상으로 질량이 큰 천체의 주변은 공간이 휘어져 있고 시간이 느리게 흐른다.
- 중력 렌즈 효과: 중력이 렌즈와 같이 빛을 굴절시키는 효과
- 블랙홀: 엄청난 질량이 작은 공간에 집중된 곳으로 시공간을 극단적으로 휘게 한다.
  ➡ 블랙홀에서는 큰 중력 때문에 빛조차도 빠져나갈 수 없다.

01 가속 좌표계와 등가 원리의 이해

1 관성 좌표계와 가속 좌표계

(1) 관성 좌표계

① 관성 ❶기준틀: 정지 또는 등속도로 움직이는 기준틀

② 관성 좌표계(관성계): 좌표계가 정지 또는 등속도 운동을 하는 경우

예 정지 상태의 관측자, 등속 운동하고 있는 엘리베이터나 버스 안

(2) 가속 좌표계(비관성 좌표계)

① 기준틀에 작용하는 알짜힘이 0이 아니기 때문에 가속도(a)가 있는 기준틀

② ❷가속 좌표계: 좌표계가 가속도 운동을 하는 경우

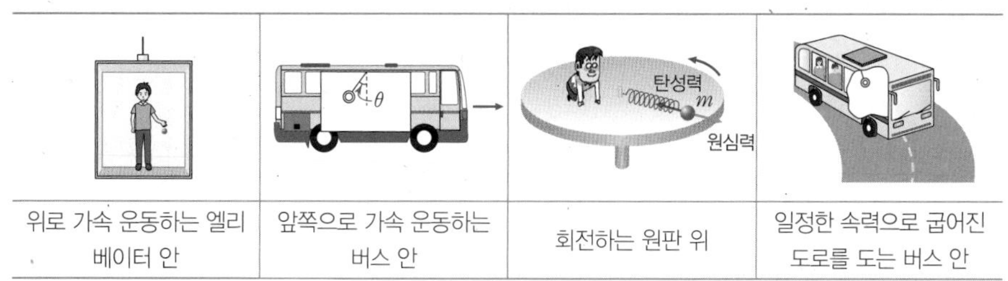

위로 가속 운동하는 엘리베이터 안	앞쪽으로 가속 운동하는 버스 안	회전하는 원판 위	일정한 속력으로 굽어진 도로를 도는 버스 안

③ 가속 좌표계 안에 있는 물체는 관성 법칙에 의해 현재의 운동 상태를 유지하려고 하기 때문에 가속하는 계(a)와 반대 방향의 가속도($-a$)를 가지게 된다.

2 관성력(Inertial Force)

(1) ❸**관성력**: 가속 좌표계에 있는 사람이나 물체가 관성에 의해 받게 되는 가상의 힘

① 가속도 $\vec{a}$인 가속 좌표계에서 관성력은 $\vec{f}=m(-\vec{a})=-\vec{F}$이다.

② 관성력은 가속 좌표계에서 관찰자가 뉴턴 운동 제2법칙을 적용하여 운동을 기술하기 위해서 도입한 힘이다.

예 엘리베이터 안 몸무게 변화, 원심력, 전향력 등

THE 알기

❶ 기준틀(Reference Frame)과 기준 좌표계
- 기준틀: 관찰이나 측정을 하는 특정한 장소
- 기준 좌표계: 기준틀에서 상대적으로 운동하는 점의 위치를 나타내기 위해 정지해 있거나 움직이는 물체에 설정한 좌표계

❷ 지구와 가속 좌표계
지구는 반지름이 크기 때문에 회전에 의한 관성력은 무시할 정도로 작으므로 대부분 지표면의 과학실은 좋은 관성 기준계이다.

❸ 관성력
비관성 좌표계 안에서도 뉴턴의 운동 법칙($F=ma$)을 만족하도록 도입한 힘이다.

THE 들여다보기 가속도 운동에서의 관성력 - 가속 중인 버스 안

① 버스 밖에서 본 추의 운동 (관찰자 정지: 관성 좌표계)
: 추는 중력 $m\vec{g}$와 장력 $\vec{T}$의 합력에 의해 힘 $\vec{F}$를 얻는다.
➡ 알짜힘 $\vec{F}(=\vec{T}+m\vec{g})=m\vec{a}$에 의해 버스와 함께 가속 운동
➡ 뉴턴의 운동 법칙을 만족한다.

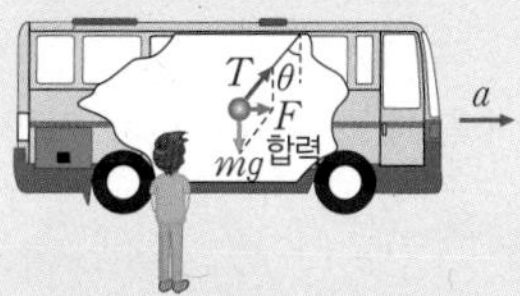

▲ 버스 밖에서 본 추의 운동

② 버스 안에 있는 사람이 본 추의 운동(가속: 가속 좌표계)
: 추는 정지해 있고 중력 $m\vec{g}$와 장력 $\vec{T}$ 및 가상적인 힘 $\vec{f}(=-\vec{F})$의 세 힘이 평형을 이루고 있다.
➡ 힘의 평형 $(-\vec{F})+\vec{T}+m\vec{g}=0$이 성립한다.
➡ 즉, $\vec{f}(=-\vec{F})$를 도입하면 비관성 좌표계에서도 뉴턴의 운동 법칙은 동일하게 성립한다.

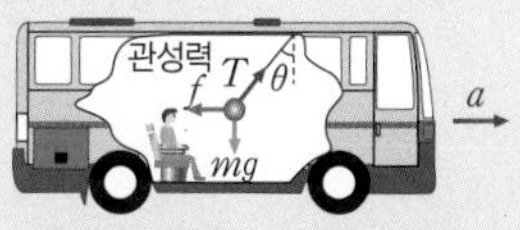

▲ 버스 안에서 본 추의 운동

THE 알기

3 등가 원리

(1) 등가 원리: 가속 좌표계에서 나타나는 관성력은 중력과 구별할 수 없다는 원리이다.

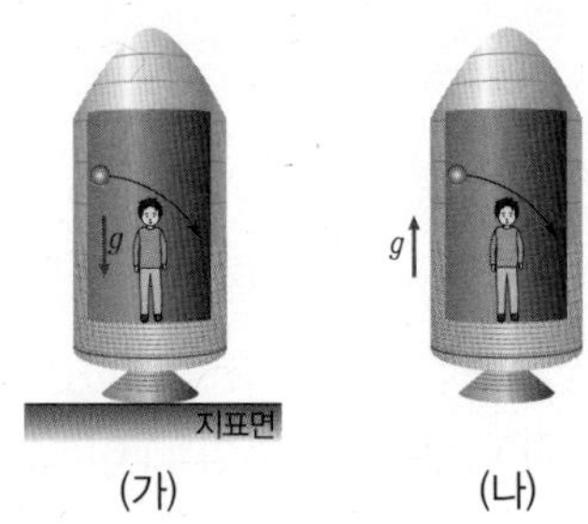

① 중력이 작용할 때: 그림 (가)와 같이 중력이 작용하는 지표면에 정지해 있는 우주선 안에서 물체를 수평으로 던지면 물체는 중력 가속도 g로 포물선 운동을 하며 낙하한다.

② 중력이 작용하지 않을 때: 그림 (나)와 같이 우주 공간에서 일정한 가속도 g로 운동하는 우주선 안에서 물체를 수평 방향으로 던지면 우주선 안의 관찰자에게 물체는 가속도 g로 포물선 운동을 하며 낙하하는 것으로 관찰되어 중력과 관성력을 구별할 수 없다.

③ 관성 질량과 중력 질량은 같다.

4 일반 상대성 이론

❶ 일반 상대성 이론
1916년에 아인슈타인은 일반 상대성 이론을 완성하였다.

(1) [1]일반 상대성 이론

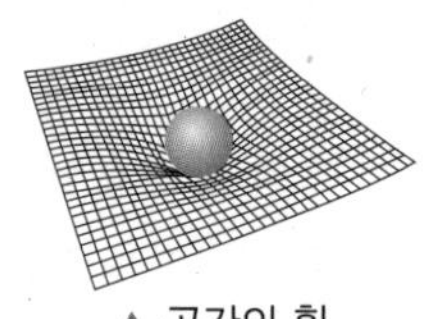
▲ 공간의 휨

① 공간의 휨: 질량이 큰 천체는 중력이 크므로 주변의 공간이 휘어진다.
➡ 태양 주위의 빛의 휘어짐을 통해 행성의 공전 운동을 설명한다.

② 중력에 의한 시간 지연: 중력이 강한 곳일수록 시간의 흐름은 느려진다.
➡ 중력이 매우 강한 블랙홀의 경계로 가면 시간이 거의 정지한다.

❷ 중력 렌즈 효과
태양이 있을 때 관측되는 위치
1.75″
실제 위치
태양 지구

(2) [2]중력 렌즈 효과(빛의 휘어짐 현상): 중력이 렌즈와 같이 빛을 굴절시키는 효과

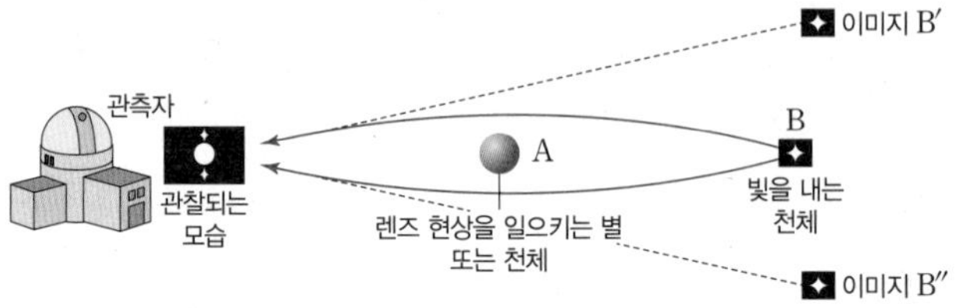

(3) 블랙홀

① 엄청난 질량이 작은 공간에 집중된 곳으로 시공간을 극단적으로 휘게 한다.

② 블랙홀에서는 큰 중력 때문에 빛 조차도 빠져나갈 수 없다. ➡ 검은색 공간으로 보인다.

③ 사건 지평 : 블랙홀 주변에서 시간이 정지한 것처럼 보이는 것이다.

④ 블랙홀의 형성: 태양 정도의 별이 붕괴하면 백색 왜성이 되고, 태양 질량의 1.4배보다 무거운 별은 중성자별이 되며 태양 질량의 3배를 넘어서면 천체 근처를 지나는 빛마저도 흡수하는 블랙홀이 될 수 있다.

개념체크

빈칸 완성

1. 정지해 있다가 출발하여 속력을 점점 증가시키는 비행기 안의 고정된 좌표계는 ㉠(　　　) 좌표계이고, 일정한 고도에서 일정한 속력으로 운동하는 비행기 안의 좌표계는 ㉡(　　　) 좌표계이다.

2. 가속 좌표계에서 뉴턴 운동 제2법칙을 적용하기 위해 도입한 가상의 힘을 (　　　)이라고 한다.

3. 등속 원운동을 하는 좌표계에서 물체에 작용하는 것으로 보이는 관성력을 (　　　)이라고 한다.

4. 관성력과 중력은 구분할 수 없는 동일한 현상이라는 원리는 (　　　)이다.

5. 중력이 렌즈와 같이 빛을 휘게 하는 것을 ㉠(　　　) 효과라고 하며, ㉡(　　　) 이론으로 설명할 수 있다.

둘 중에 고르기

6. 엘리베이터 안에서 몸무게를 측정한다. 엘리베이터가 연직 위로 출발할 때 몸무게는 정지 상태에서 측정한 몸무게보다 (증가 , 감소)하고, 엘리베이터가 연직 위로 운동하다가 정지할 때 몸무게는 정지 상태에서 측정한 몸무게보다 (증가 , 감소)한다.

7. 가속도 운동을 하는 우주선의 한쪽 벽면에서 우주선의 가속도 방향에 대해 수직으로 발사한 빛을 우주선 안의 관측자가 볼 때 빛은 우주선의 가속도 방향과 (같은 , 반대) 방향으로 휘어지는 것으로 관측된다.

정답 1. ㉠ 가속, ㉡ 관성 2. 관성력 3. 원심력 4. 등가 원리 5. ㉠ 중력 렌즈, ㉡ 일반 상대성 6. 증가, 감소 7. 반대

○X 문제

1. 일반 상대성 이론에 대한 현상으로 옳은 것은 ○, 옳지 않은 것은 ×로 표시하시오.

(1) 빛은 중력이 큰 곳을 지날 때에도 계속 직진한다. (　　)

(2) 중력이 작은 곳은 시간이 빠르게 흐르고, 중력이 큰 곳은 시간이 느리게 흐른다. (　　)

(3) 중력에 의한 현상과 관성력에 의한 현상은 구분할 수 있다. (　　)

(4) 블랙홀과 중력 렌즈 현상은 일반 상대성 이론의 대표적인 증거이다. (　　)

2. 관성력 대한 현상으로 옳은 것은 ○, 옳지 않은 것은 ×로 표시하시오.

(1) 그림과 같이 버스 안의 사람은 장력(T)과 중력(mg)의 합력 방향으로 추가 운동하는 것으로 관찰한다. (　　)

(2) 버스의 운동 방향과 반대 방향의 관성력의 크기는 버스의 가속도의 크기가 클수록 크다. (　　)

선다형 문제

3. 다음 중 관성력을 도입하여 뉴턴의 운동 법칙을 설명해야 하는 경우를 있는 대로 모두 고르면? (2개)

① 길가에 서 있는 정지 상태의 철수가 관찰할 때, 등속도 운동을 하는 버스 안에서 단진자 실험을 하는 영희

② 등속도 운동을 하는 버스 안의 영희가 관찰할 때, 버스 밖에 정지한 상태에서 단진자 실험을 하는 철수

③ 서서히 멈추고 있는 버스 안에 서 있는 영희가 관찰할 때, 버스 안에서 포물선 운동을 하는 물체

④ 등속 원운동 하는 회전목마를 타고 있는 영희가 관찰할 때, 회전목마 위에서 단진자 운동하는 물체

4. $4\ m/s^2$의 일정한 가속도로 직선 운동하는 기차 안에 질량이 $1\ kg$인 가방이 바닥에 놓여 정지해 있다. 가방에 작용하는 관성력의 크기는?

① 0　② 2 N　③ 4 N　④ 8 N　⑤ 10 N

정답 1. (1) × (2) ○ (3) × (4) ○ 2. (1) × (2) ○ 3. ③, ④ 4. ③

중력 렌즈 효과

정답과 해설 23쪽

목표

일반 상대성 이론의 증거인 중력 렌즈 효과를 볼록 렌즈 실험을 통해 이해할 수 있다.

과정

1. 손전등 앞에 둥글게 자른 검은 종이를 가까이 하고 검은 종이를 통해 손전등의 불빛을 관찰한다.
2. 검은 종이와 손전등 사이에 볼록 렌즈를 놓고 손전등의 불빛을 관찰한다.

결과 정리 및 해석

1. 과정 1에서는 손전등 불빛이 보이지 않는다.
2. 과정 2에서는 검은 종이 주변으로 불빛이 보인다.

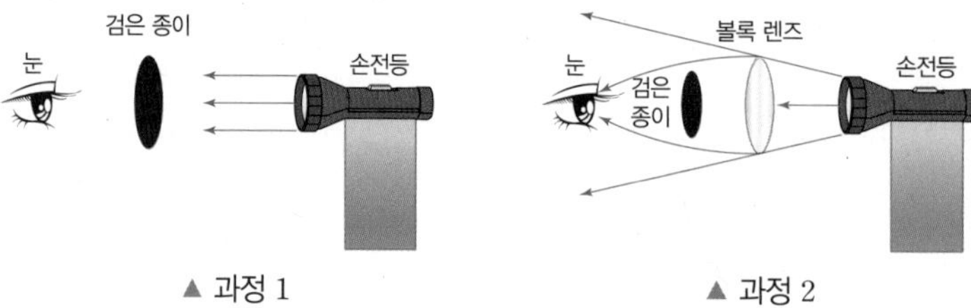

▲ 과정 1　　▲ 과정 2

탐구 분석

1. 실험에서 볼록 렌즈는 중력 렌즈에서 어떤 역할을 하는가?
2. 중력 렌즈 효과가 크게 나타날 수 있는 조건은 무엇인가?

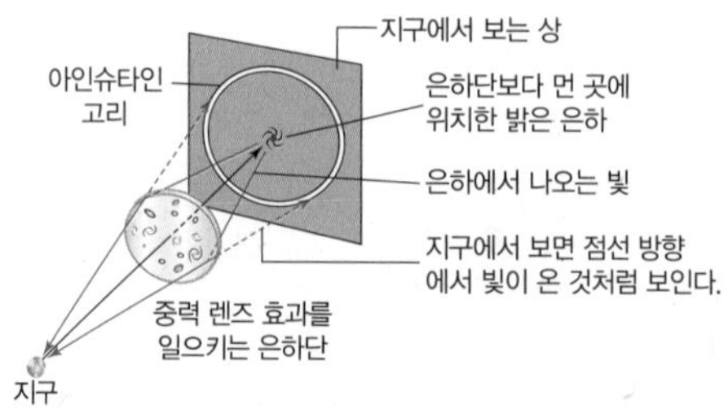

내신 기초 문제

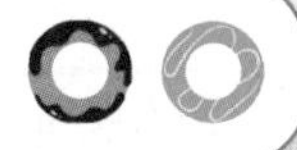

정답과 해설 23쪽

[20700-0126]

01 그림은 사람들을 태우고 높은 곳까지 끌어올렸다가 떨어뜨리면서 스릴을 느끼게 하는 놀이기구이다. 사람의 몸무게가 정지해 있을 때보다 크게 측정되는 경우를 〈보기〉에서 있는 대로 고른 것은?

보기

ㄱ. 자유 낙하 할 때　　ㄴ. 등속도로 상승할 때
ㄷ. 하강하면서 느려질 때　　ㄹ. 상승하면서 빨라질 때

① ㄱ, ㄷ　② ㄱ, ㄹ　③ ㄴ, ㄷ　④ ㄴ, ㄹ　⑤ ㄷ, ㄹ

[20700-0127]

02 그림 (가)는 천장에 고정된 용수철에 추가 가만히 매달려 있는 엘리베이터를 나타낸 것이다. 엘리베이터는 지면에 정지해 있다. 그림 (나)는 중력이 작용하지 않는 공간에서 (가)의 엘리베이터가 화살표 방향으로 가속도 g로 운동하는 모습을 나타낸 것이다. (가)와 (나)에서 용수철의 늘어난 길이는 같다.

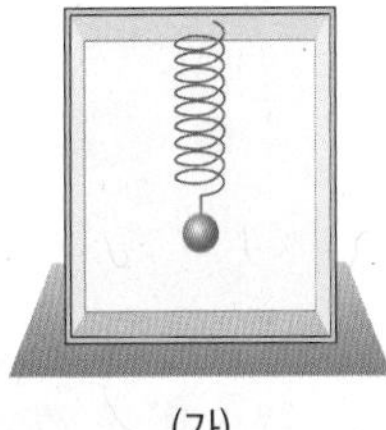

(가)

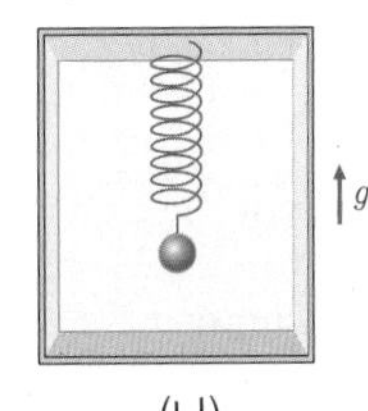

(나)

이에 대한 설명으로 옳은 것만을 〈보기〉에서 있는 대로 고른 것은? (단, 중력 가속도는 g이다.)

보기

ㄱ. (가)에서 용수철이 추에 작용하는 힘과 추에 작용하는 중력은 크기가 같다.
ㄴ. (나)에서 추에 작용하는 관성력의 방향은 엘리베이터의 가속도 방향과 반대이다.
ㄷ. 엘리베이터 안에서는 늘어난 용수철을 보고 (가)의 상황인지 (나)의 상황인지 구별할 수 없다.

① ㄱ　② ㄷ　③ ㄱ, ㄴ　④ ㄴ, ㄷ　⑤ ㄱ, ㄴ, ㄷ

[20700-0128]

03 그림은 수평한 도로에서 버스가 출발할 때 자동차의 바닥에 놓여 있던 물체가 버스 뒷면과 충돌하여 튀어 나오는 모습을 나타낸 것이다. 물체와 자동차의 수평인 바닥 사이에 마찰은 없고 자동차의 가속도는 일정하다.

이에 대한 설명으로 옳은 것만을 〈보기〉에서 있는 대로 고른 것은?

보기

ㄱ. 철수가 관찰할 때 버스가 출발한 순간부터 물체가 버스 뒷면에 충돌하기 전까지 물체는 등가속도 운동을 한다.
ㄴ. 철수는 버스 뒤쪽으로 당겨지는 힘을 경험한다.
ㄷ. 철수가 관찰할 때 물체는 버스 뒷면에 충돌 후 속력이 점점 감소한다.

① ㄱ　② ㄴ　③ ㄱ, ㄷ　④ ㄴ, ㄷ　⑤ ㄱ, ㄴ, ㄷ

[20700-0129]

04 그림 (가)는 철수가 탄 엘리베이터가 연직 위쪽으로 일정한 속력으로 운동하는 것을, (나)는 영희가 탄 엘리베이터가 속력이 점점 증가하면서 연직 아래쪽으로 운동하는 것을 나타낸 것이다.

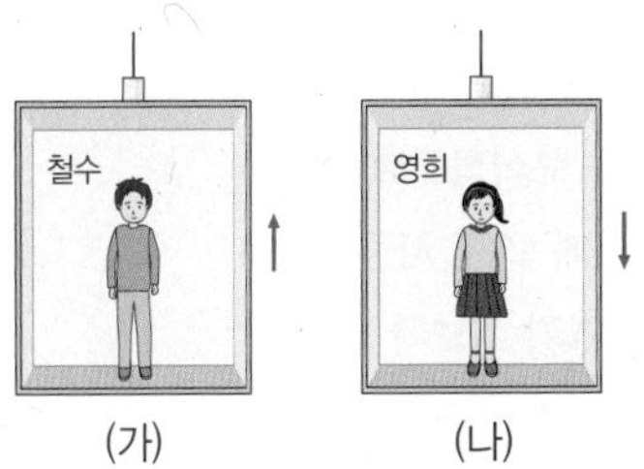

(가)　(나)

이에 대한 설명으로 옳은 것만을 〈보기〉에서 있는 대로 고른 것은?

보기

ㄱ. 영희가 관찰할 때 철수는 일정한 속도로 올라간다.
ㄴ. 엘리베이터 바닥이 철수를 떠받치는 힘의 크기는 철수의 몸무게보다 크다.
ㄷ. 엘리베이터 바닥이 영희를 떠받치는 힘의 크기는 영희의 몸무게보다 작다.

① ㄱ　② ㄴ　③ ㄷ　④ ㄱ, ㄴ　⑤ ㄴ, ㄷ

정답과 해설 23쪽

[20700-0130]
05 그림은 아인슈타인의 십자가로 불리는 천체 사진으로, 5개의 별이 모여 있는 것처럼 관측되지만 실제로는 1개의 *준성(퀘이사)과 1개의 거대 질량의 은하만이 존재한다.

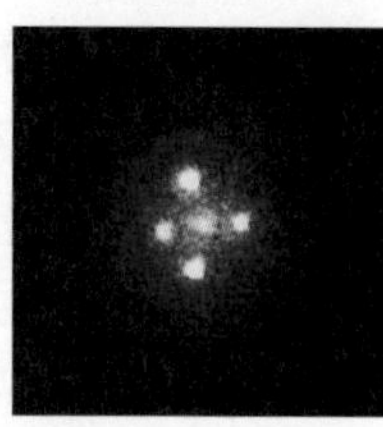

*준성(퀘이사): 수 천 내지 수 만 개의 별로 이루어진 은하의 중심 천체로 큰 에너지를 방출한다.

이에 대한 설명으로 옳은 것만을 〈보기〉에서 있는 대로 고른 것은?

보기
ㄱ. 5개의 별이 모여 있는 것처럼 관측되는 현상은 특수 상대성 이론으로 설명할 수 있다.
ㄴ. 빛이 중력에 의해 휘어진 시공간을 따라 진행하기 때문에 나타나는 현상이다.
ㄷ. 지구로부터 거대 질량의 은하까지의 거리는 지구로부터 준성(퀘이사)까지의 거리보다 가깝다.

① ㄱ ② ㄴ ③ ㄷ ④ ㄱ, ㄷ ⑤ ㄴ, ㄷ

[20700-0131]
06 그림은 천체 A, B의 근처에서 휘어진 시공간을 따라 빛이 진행하는 모습을 모식적으로 나타낸 것이다. 천체에 의해 시공간이 휘어진 정도는 A가 B보다 크다. 점 P, Q는 각각 A, B의 중심에서 휘어진 시공간을 따라 같은 거리만큼 떨어진 지점이다.

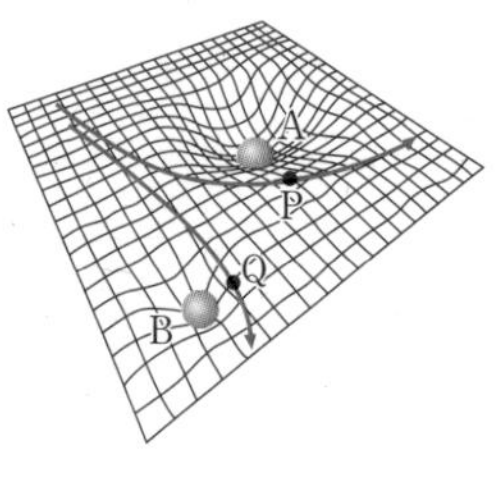

이에 대한 설명으로 옳은 것만을 〈보기〉에서 있는 대로 고른 것은?

보기
ㄱ. 질량은 A가 B보다 크다.
ㄴ. P에서의 시간은 Q에서의 시간보다 빠르게 흐른다.
ㄷ. 천체를 지날 때 빛이 휘어짐은 P에서가 Q에서보다 더 뚜렷하게 나타난다.

① ㄱ ② ㄴ ③ ㄷ ④ ㄱ, ㄷ ⑤ ㄴ, ㄷ

[20700-0132]
07 그림은 일반 상대성 이론에 대해 학생들이 대화하고 있는 모습을 나타낸 것이다.

중력과 관성력은 근본적으로 구별할 수 없어.
질량은 시공간을 휘어지게 해.
중력이 큰 곳이 중력이 작은 곳보다 시간이 느리게 흘러.
A
B
C

옳게 말한 학생만을 있는 대로 고른 것은?

① A ② C ③ A, B ④ B, C ⑤ A, B, C

서술형
[20700-0133]
08 그림 (가)는 밤하늘의 사진과 일식 때의 사진을 분석한 자료이다. 점은 태양이 없을 때 별들의 위치이고, 화살표는 태양이 있을 때 별들의 위치 변화를 나타낸 것이다.

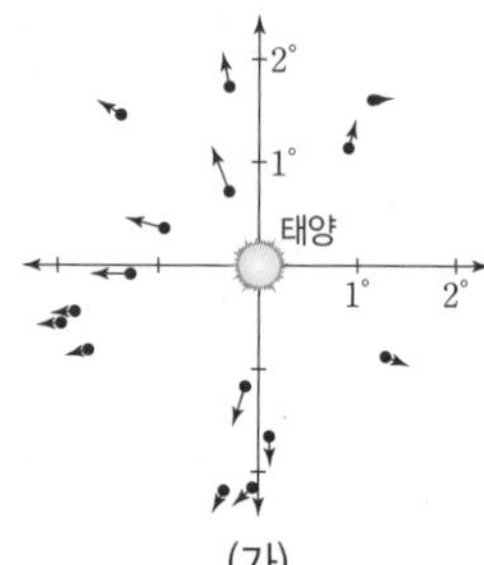

(가)

그림 (나)와 같이 태양, 지구, 달, 그리고 태양계보다 훨씬 먼 곳에 위치한 별이 있다. 별의 실제 위치를 기준으로 중력 렌즈 현상에 의한 겉보기 위치를 그리고, 그 이유를 서술하시오.

(나)
별의
실제 위치

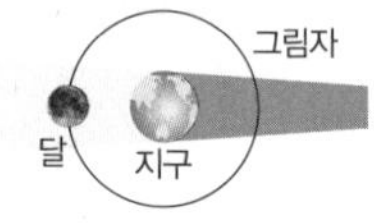

[20700-0134]
09 그림은 어떤 천체 주위를 지나는 빛이 천체로 빨려 들어가는 것을 나타낸 것이다. 천체로부터 거리는 점 P가 점 Q보다 가깝다.

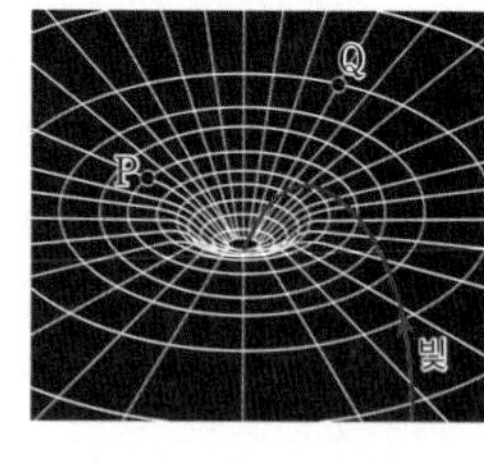

이에 대한 설명으로 옳은 것만을 〈보기〉에서 있는 대로 고른 것은?

보기
ㄱ. 이 천체는 블랙홀이다.
ㄴ. Q에서가 P에서보다 시공간의 왜곡 현상이 더 크다.
ㄷ. Q에서가 P에서보다 시간이 더 빠르다.

① ㄱ ② ㄴ ③ ㄷ ④ ㄱ, ㄷ ⑤ ㄴ, ㄷ

실력 향상 문제

정답과 해설 24쪽

[20700-0135]

01 그림은 마찰이 있는 수평한 원판에 놓인 물체 A, B가 미끄러지지 않고 원판과 함께 일정한 주기로 회전하는 것을 나타낸 것이다. A, B는 원판의 중심에서 각각 $2r$, r만큼 떨어져 있고, 질량은 m, $2m$이다.

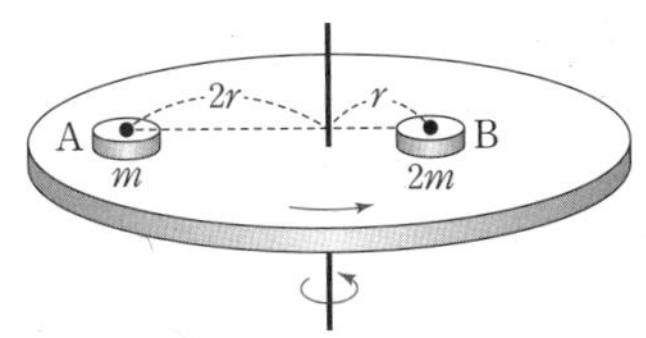

이에 대한 설명으로 옳은 것만을 〈보기〉에서 있는 대로 고른 것은?

> 보기
> ㄱ. A에 작용하는 알짜힘은 0이다.
> ㄴ. 원판 위에서 물체에 작용하는 관성력의 크기는 B가 A의 2배이다.
> ㄷ. 원판 위에서 B에 작용하는 마찰력의 방향은 B에 작용하는 관성력의 방향과 반대 방향이다.

① ㄱ ② ㄴ ③ ㄷ ④ ㄱ, ㄷ ⑤ ㄴ, ㄷ

서술형

[20700-0136]

02 그림은 마찰이 없는 수평면에서 용수철 상수가 k인 용수철 A에 연결된 물체가 반지름 r인 원 궤도를 따라 등속 원운동하는 모습을 나타낸 것이다. 용수철이 평형 위치로부터 늘어난 길이는 L이고, 물체의 질량은 m이다.

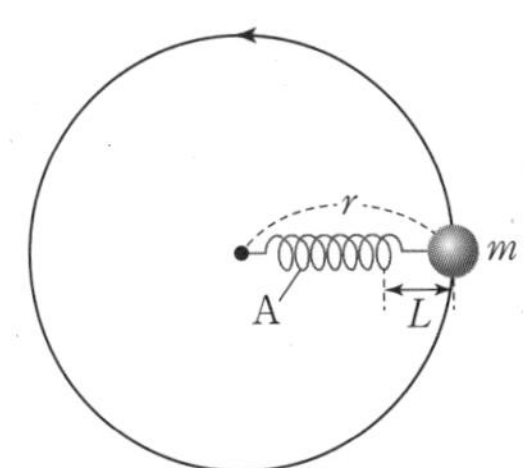

(1) 등속 원운동 하는 물체에 작용하는 관성력의 크기를 구하시오.

(2) 물체의 속력을 구하시오.

(3) 물체에 작용하는 다음 힘들의 방향을 쓰시오.

	탄성력	구심력	관성력
힘의 방향			

[20700-0137]

03 그림 (가)는 지표면 근처에서 연직 위로 일정한 가속도 g로 운동하는 우주선을, (나)는 무중력 상태의 우주에서 일정한 가속도 a로 운동하는 우주선을 나타낸 것이다. 두 우주선의 바닥으로부터 높이 h인 지점에서 물체를 가만히 놓았을 때, 물체가 바닥에 닿을 때까지 걸린 시간은 같았다.

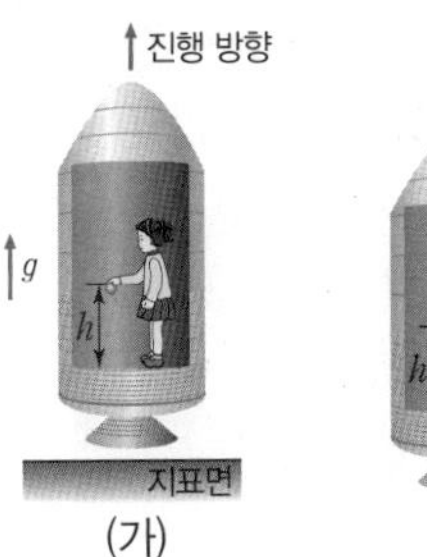

(가) (나)

이에 대한 설명으로 옳은 것만을 〈보기〉에서 있는 대로 고른 것은? (단, 지표 근처에서 중력 가속도는 g이고, 공기 저항은 무시한다.)

> 보기
> ㄱ. (가)의 우주선 안에서 관찰할 때, 물체에 작용하는 관성력의 방향은 우주선의 가속도 방향과 같다.
> ㄴ. (나)에서 a의 크기는 $2g$이다.
> ㄷ. 우주선의 진행 방향에 수직으로 지나가는 빛을 우주선 안에서 관찰할 때, 빛의 휘는 정도는 (나)에서가 (가)에서보다 크다.

① ㄱ ② ㄴ ③ ㄷ ④ ㄱ, ㄷ ⑤ ㄴ, ㄷ

[20700-0138]

04 그림 (가)는 중력이 큰 천체 주변을 지나는 빛의 경로가 휘어지는 현상을, (나)는 반지름이 같은 구형의 천체가 질량이 클 때와 작을 때 시공간의 휘어짐을 순서없이 A, B로 나타낸 것이다.

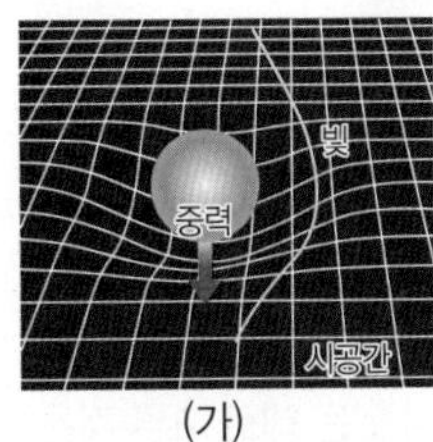

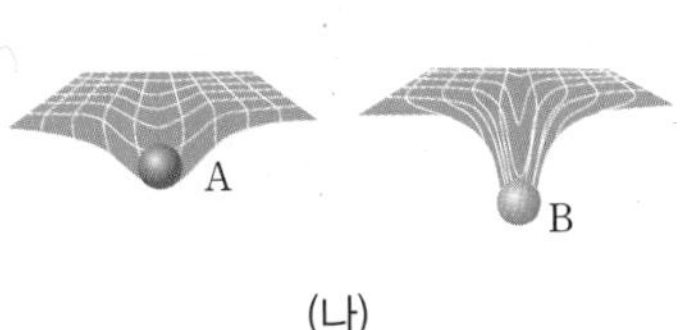

(가) (나)

이에 대한 설명으로 옳은 것만을 〈보기〉에서 있는 대로 고른 것은?

> 보기
> ㄱ. (가)에서 빛의 속력은 중력이 큰 천체를 지날 때 느려진다.
> ㄴ. 질량은 A가 B보다 크다.
> ㄷ. 천체 표면에서 중력 가속도의 크기는 B가 A보다 크다.

① ㄱ ② ㄴ ③ ㄷ ④ ㄱ, ㄷ ⑤ ㄴ, ㄷ

정답과 해설 24쪽

[20700-0139]
05 그림 (가), (나)는 각각 중력 렌즈 효과에 의한 아인슈타인의 십자가와 아인슈타인의 원이다.

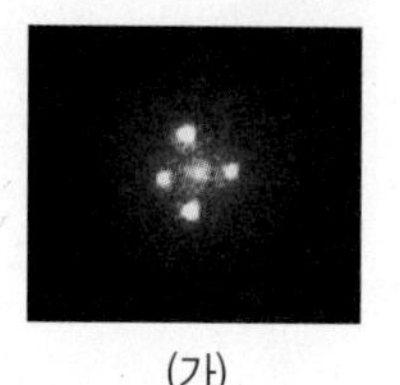
(가)

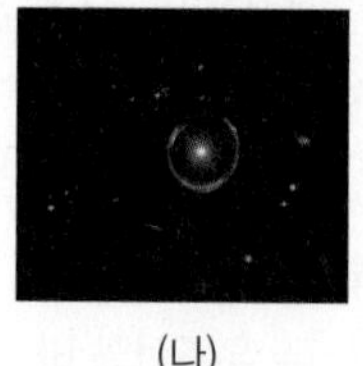
(나)

이에 대한 설명으로 옳은 것만을 〈보기〉에서 있는 대로 고른 것은?

보기
ㄱ. 중력 렌즈 효과는 일반 상대성 이론으로 설명할 수 있다.
ㄴ. 중력 렌즈 효과는 질량이 큰 천체 주변을 지나는 빛의 경로가 굴절되어 나타나는 현상이다.
ㄷ. (가)와 (나)를 통해 중력이 큰 천체 주변의 공간이 휘어져 있음을 알 수 있다.

① ㄱ ② ㄷ ③ ㄱ, ㄴ ④ ㄴ, ㄷ ⑤ ㄱ, ㄴ, ㄷ

[20700-0140]
06 그림 (가)는 지표면에 정지해 있는 우주선에서 철수가 물체를 가만히 놓은 모습을, (나)는 중력이 없는 공간에서 일정한 가속도 g로 운동하는 우주선 안의 영희가 물체를 가만히 놓은 모습을 나타낸 것이다.

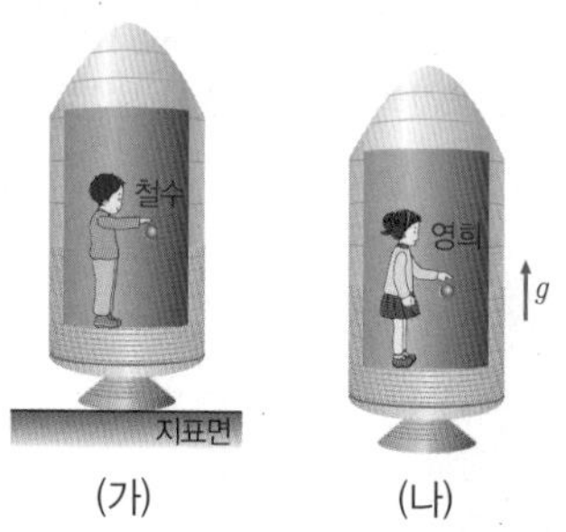

(가) (나)

이에 대한 설명으로 옳은 것만을 〈보기〉에서 있는 대로 고른 것은? (단, 지표면 근처에서 중력 가속도는 g이고, 공기 저항은 무시한다.)

보기
ㄱ. 철수가 측정할 때 물체의 속력은 시간에 대해 일정하다.
ㄴ. 영희가 측정할 때 물체는 놓은 위치에 정지해 있다.
ㄷ. 철수와 영희가 각각 자신의 좌표계에서 측정하였을 때 물체의 가속도의 크기는 같다.

① ㄱ ② ㄷ ③ ㄱ, ㄴ ④ ㄱ, ㄷ ⑤ ㄴ, ㄷ

[20700-0141]
07 그림 (가), (나)는 각각 지표면 근처에서 10 m/s의 일정한 속도로 낙하하고 있는 상자와 10 m/s^{2}의 일정한 가속도로 낙하하고 있는 상자를 나타낸 것이다. (가), (나)의 상자 바닥에 있는 물체의 질량은 서로 같다.

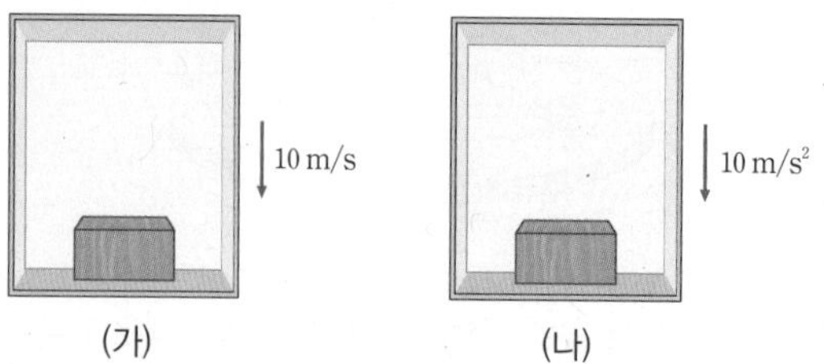

(가) (나)

이에 대한 설명으로 옳은 것만을 〈보기〉에서 있는 대로 고른 것은? (단, 중력 가속도는 10 m/s^{2}이다.)

보기
ㄱ. 물체가 상자를 누르는 힘의 크기는 (가)에서가 (나)에서보다 크다.
ㄴ. 지표면에 정지한 관찰자가 관찰할 때 물체에 작용하는 알짜힘의 크기는 (가)와 (나)에서 서로 같다.
ㄷ. (나)에서 상자 안의 관찰자가 관찰할 때 물체에 작용하는 중력과 관성력이 힘의 평형을 이룬다.

① ㄱ ② ㄴ ③ ㄱ, ㄷ ④ ㄴ, ㄷ ⑤ ㄱ, ㄴ, ㄷ

[20700-0142]
08 그림과 같이 블랙홀과 함께 회전하는 별의 기체층의 일부가 블랙홀로 흡수되는 상상화를 보며 학생들이 대화를 하였다.

질량이 매우 작은 천체가 블랙홀이 될 수 있어.

블랙홀 주변에서는 시공간의 왜곡 현상이 나타나.

블랙홀에 가까울수록 시간이 천천히 흘러.

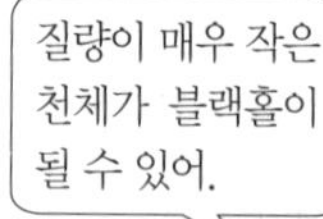

제시한 내용이 옳은 학생만을 있는 대로 고른 것은?

① A ② C ③ A, B
④ B, C ⑤ A, B, C

신유형·수능 열기

정답과 해설 25쪽

[20700-0143]

01 그림과 같이 엘리베이터 안의 철수가 체중계 위에 서서 자신의 몸무게를 측정하고 있다. 표는 엘리베이터의 운동 상태에 따른 체중계에 나타난 철수의 몸무게이다.

운동 상태	몸무게
정지	800 N
A	1000 N
B	600 N

이에 대한 설명으로 옳은 것만을 〈보기〉에서 있는 대로 고른 것은? (단, 중력 가속도는 $10\ m/s^2$이다.)

보기
ㄱ. A일 때 철수에게 작용한 관성력의 크기는 200 N이다.
ㄴ. B에서 엘리베이터 가속도의 크기는 $\frac{5}{2}\ m/s^2$이다.
ㄷ. B는 엘리베이터가 하강하면서 속력이 감소하는 경우에 해당한다.

① ㄱ ② ㄷ ③ ㄱ, ㄴ ④ ㄴ, ㄷ ⑤ ㄱ, ㄴ, ㄷ

[20700-0144]

02 그림과 같이 수평면에서 $+x$ 방향으로 운동하는 버스에 물체가 실에 매달려 있다. 실과 연직선이 이루는 각은 θ로 일정하다. 철수는 버스에 대해, 영희는 지면에 대해 각각 정지해 있다.

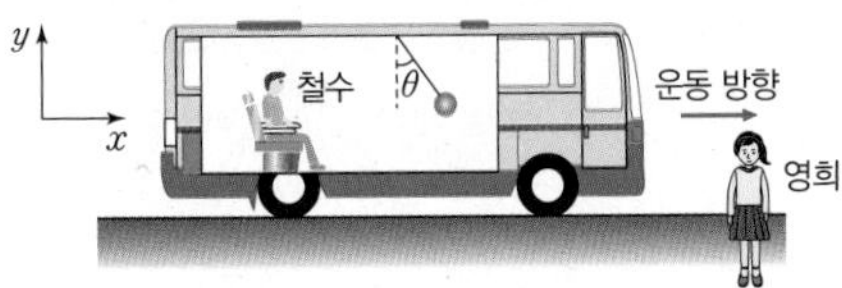

이에 대한 설명으로 옳은 것만을 〈보기〉에서 있는 대로 고른 것은?

보기
ㄱ. 영희가 관찰할 때, 버스의 가속도의 방향은 버스의 운동 방향과 반대이다.
ㄴ. 철수가 관찰할 때, 물체에 작용하는 알짜힘은 0이다.
ㄷ. 영희가 관찰할 때, 철수에게 작용하는 알짜힘의 방향은 버스의 운동 방향과 같은 방향이다.

① ㄱ ② ㄷ ③ ㄱ, ㄴ ④ ㄴ, ㄷ ⑤ ㄱ, ㄴ, ㄷ

[20700-0145]

03 그림 (가)는 연직 위로 운동하는 엘리베이터 안에 있는 철수와 엘리베이터 밖에 정지한 상태로 서 있는 영희를 나타낸 것으로, 철수는 엘리베이터 천장에 매달린 실에 연결되어 정지해 있는 질량이 m인 물체를 관찰하고 있다. 그림 (나)는 시간에 따른 엘리베이터의 속력을 나타낸 것이다.

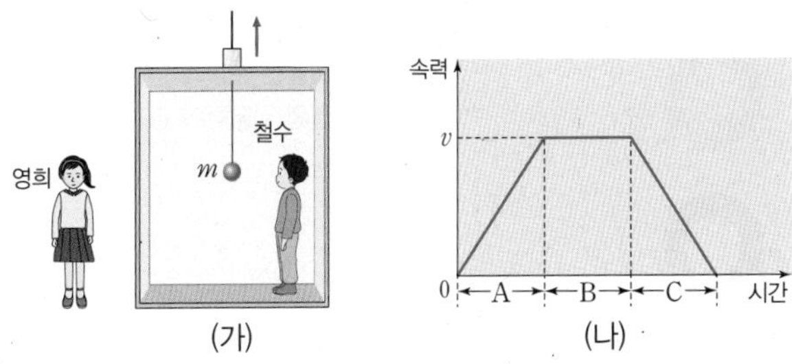

(가) (나)

이에 대한 설명으로 옳은 것만을 〈보기〉에서 있는 대로 고른 것은? (단, 중력 가속도는 g이다.)

보기
ㄱ. 구간 A에서 철수가 관찰할 때, 실이 물체를 당기는 힘의 크기는 mg보다 크다.
ㄴ. 구간 C에서 영희가 관찰할 때, 물체에 작용하는 알짜힘의 방향은 연직 위쪽이다.
ㄷ. 구간 B에서 영희가 관찰할 때, 물체에 작용하는 알짜힘은 0이다.

① ㄱ ② ㄴ ③ ㄱ, ㄷ ④ ㄴ, ㄷ ⑤ ㄱ, ㄴ, ㄷ

[20700-0146]

04 그림은 등가속도 운동을 하는 우주선 안의 관찰자 A가 별빛을 관측하는 모습을 나타낸 것이다. A는 P에 있는 별을 P′에 있는 것으로 관찰한다.

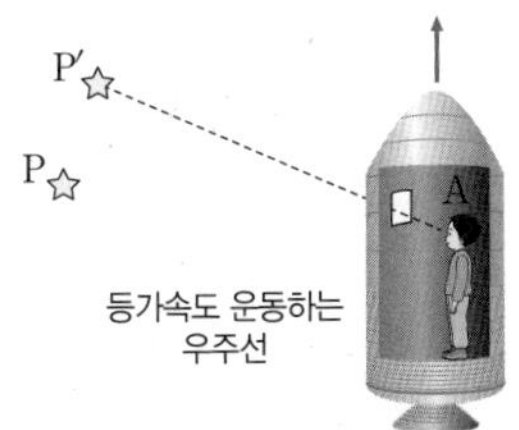

이에 대한 설명으로 옳은 것만을 〈보기〉에서 있는 대로 고른 것은?

보기
ㄱ. 우주선의 가속도의 방향은 A가 느끼는 관성력의 방향과 서로 반대이다.
ㄴ. 우주선이 등속 직선 운동을 하면 P와 P′는 일치하게 된다.
ㄷ. 일반 상대성 이론으로 설명할 수 있다.

① ㄱ ② ㄷ ③ ㄱ, ㄴ ④ ㄴ, ㄷ ⑤ ㄱ, ㄴ, ㄷ

5

일과 에너지

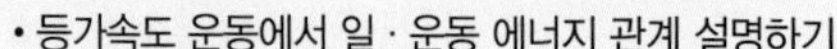

- 등가속도 운동에서 일 · 운동 에너지 관계 설명하기
- 포물선 운동과 단진자 운동에서 역학적 에너지 보존 이해하기
- 열의 일당량과 열과 일 사이의 전환 이해하기

한눈에 단원 파악, 이것이 핵심!

일과 에너지

일 · 운동 에너지 정리

$W=Fs=\frac{1}{2}mv^2-\frac{1}{2}mv_0{}^2$

$=\Delta E_k$

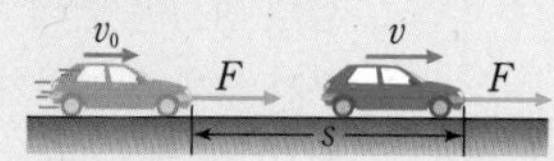

중력이 한 일

$W=mg(h_1-h_2)$

m, v_1, v_2, h_1, h_2

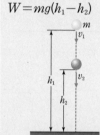

마찰력이 한 일

$W=-fs=\frac{1}{2}mv^2-\frac{1}{2}mv_0{}^2$

$=\Delta E_k$

(f: 크기가 일정한 마찰력)

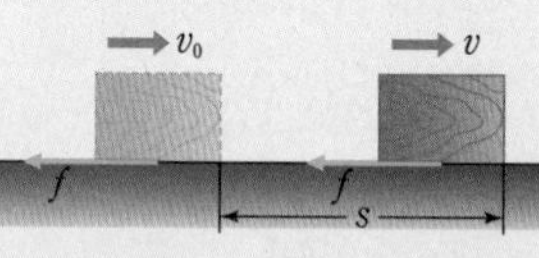

2차원 운동에서 역학적 에너지

포물선 운동하는 물체의 역학적 에너지

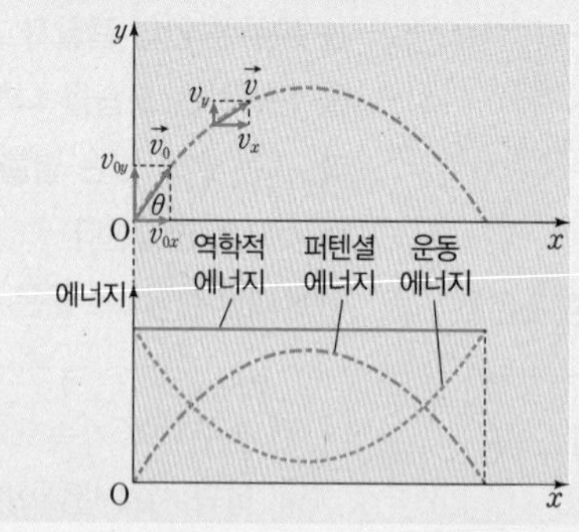

단진동하는 물체의 역학적 에너지

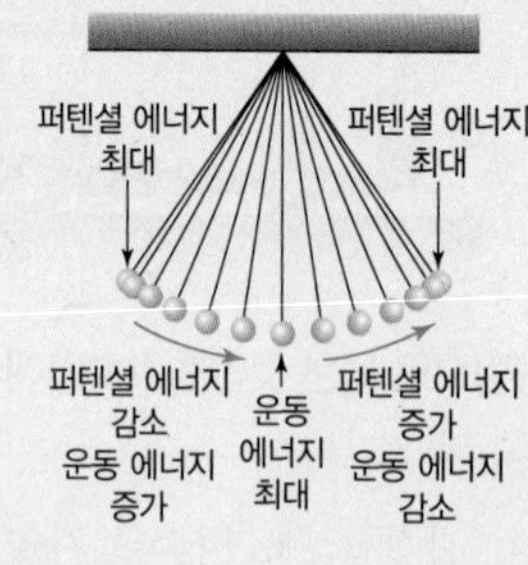

열과 일의 전환

- **줄의 실험 장치:** 열량계 속 물에 역학적인 일을 해 주면 물의 온도가 변한다. ➡ 열이 에너지의 이동임을 증명한 실험이다.
- **줄(Joule)의 열의 일당량** ➡ $W=JQ$ ($J=4.2\times10^3$ J/kcal)

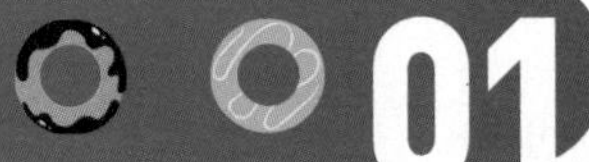

일과 운동 에너지의 관계

1 일과 운동 에너지

(1) 일: 물체가 일직선을 따라 거리 s만큼 움직이는 동안 크기가 F인 일정한 힘이 운동 방향과 θ의 각을 이루며 작용했을 때, 그 힘이 물체에 ❶한 일은 다음과 같다.

$$W = Fs\cos\theta \text{ [단위: N·m=J(줄)]}$$

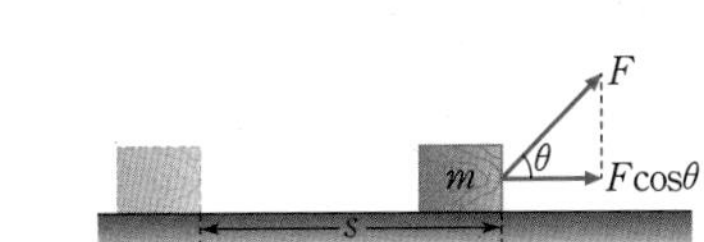

- 한 일 $W = Fs\cos\theta$
- $\theta = 90^\circ$: 일을 하지 않는다.
- $\theta = 180^\circ$: (−)의 일을 한다.

THE 알기

❶ 힘이 한 일이 0인 경우
- 힘을 작용하여도 물체가 움직이지 않은 경우
- 힘의 방향과 물체의 운동 방향이 서로 수직인 경우

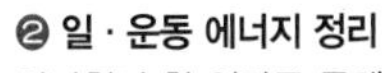

(2) ❷일 · 운동 에너지 정리: 질량 m인 물체에 일정한 알짜힘(합력) F를 작용하여 거리 s만큼 이동시킬 때, 알짜힘 F가 한 일은 운동 에너지 변화량과 같다.

① 일 · 운동 에너지 정리 증명: 자동차가 일정한 힘 F를 받아 거리 s만큼 이동하였다면 다음 식이 성립한다.

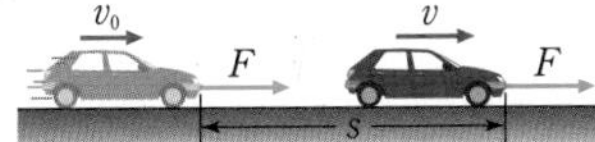

$W = Fs = mas$ ⋯⋯ ⓘ

$2as = v^2 - v_0^2$ ⋯⋯⋯ ⓘⓘ

ⓘⓘ를 ⓘ에 대입하면 $W = Fs =$ ❸$\frac{1}{2}mv^2 - \frac{1}{2}mv_0^2 = \Delta E_k$

② 알짜힘의 방향과 운동 방향: 물체에 작용한 알짜힘의 방향이 물체의 운동 방향과 같으면 물체의 운동 에너지는 증가하고, 알짜힘의 방향이 물체의 운동 방향과 반대이면 물체의 운동 에너지는 감소한다.

❷ 일 · 운동 에너지 정리
알짜힘이 한 일만큼 물체의 운동 에너지가 변한다.

❸ 운동 에너지와 운동량
운동 에너지는 $\frac{1}{2}mv^2$으로 스칼라량이고, 운동량은 $m\vec{v}$로 벡터량이다.

THE 들여다보기 빗면에서 물체의 운동 에너지

질량이 m인 물체에 빗면 방향으로 일정한 크기의 힘 F_0과 F가 각각 작용해 물체가 운동한다. 물체의 속력이 일정한 경우와 속력이 변하는 경우 알짜힘이 한 일은 다음과 같다.

속력이 일정한 경우	속력이 변하는 경우
(v_0, F_0, m, s, θ)	(v_0, F, v, m, s, θ)
알짜힘이 0이므로 운동 에너지 변화량이 없다. $F_0 = mg\sin\theta$	'알짜힘이 한 일=운동 에너지 변화량'이다. $(F - mg\sin\theta) \times s = \frac{1}{2}mv^2 - \frac{1}{2}mv_0^2$

THE 알기

❶ **자유 낙하**
중력이 물체에 일을 해 준만큼 물체의 운동 에너지가 증가한다.

2 중력이 한 일

(1) ❶자유 낙하: 질량 m인 물체가 자유 낙하 할 때 물체에는 크기가 mg인 일정한 중력이 알짜힘으로 작용하며, 이때 낙하 거리가 (h_1-h_2)일 때 중력이 한 일은 다음과 같다.

$$W=Fs=mg(h_1-h_2)$$

(2) 역학적 에너지 보존: 자유 낙하 하는 물체에 일 · 운동 에너지 정리를 적용해 보면 중력(알짜힘)이 한 일은 운동 에너지 증가로 나타난다.

$$mg(h_1-h_2)=\frac{1}{2}mv_2{}^2-\frac{1}{2}mv_1{}^2$$

$$mgh_1+\frac{1}{2}mv_1{}^2=mgh_2+\frac{1}{2}mv_2{}^2=\frac{1}{2}mV^2=mgH=\text{일정}$$

즉, 물체의 운동 에너지와 중력 퍼텐셜 에너지의 합은 일정하다. ➡ 역학적 에너지 보존 법칙

❷ **연직 투상 운동**
$v=v_0+at$에서 $v=0$이고, $a=-g$를 대입하면 최고점 도달 시간은 $t=\frac{v_0}{g}$이다.

(3) ❷연직 위로 던져 올린 물체의 운동

① 중력이 한 일이 (−)의 일에 해당하므로 운동 에너지는 감소한다.

② 최고점 높이: 지면에서 연직 방향으로 질량 m인 물체를 v_0의 속력으로 던져 올리면 중력이 물체에 한 일은 $-mgh=0-\frac{1}{2}mv_0{}^2$이다.

➡ $\frac{1}{2}mv_0{}^2=mgh$이므로 물체를 던진 지점에서 최고점까지의 높이 h는 다음과 같다.

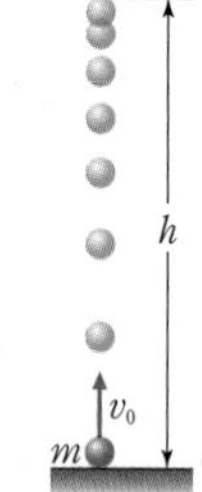

$$h=\frac{v_0{}^2}{2g}$$

3 마찰력이 한 일

(1) 마찰력: 물체의 운동을 방해하는 힘으로 운동 방향과 반대 방향으로 작용하며 물체에 대해 마찰력이 물체에 일을 하면 역학적 에너지가 보존되지 않는다.

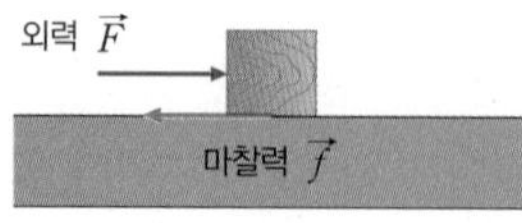

(2) 마찰력이 한 일: 수평면에서 v_0으로 운동하던 질량이 m인 물체에 크기가 f인 일정한 마찰력이 알짜힘으로 작용하고, 이때 물체가 이동한 거리가 s라면 마찰력이 한 일 W는 다음과 같다.

$$W=-fs=\frac{1}{2}mv^2-\frac{1}{2}mv_0{}^2=\Delta E_k$$

개념체크

빈칸 완성

1. 크기가 F인 일정한 힘이 운동 방향과 θ의 각을 이루며 물체에 작용하여 물체가 거리 s만큼 이동하였다. 이때 힘이 물체에 한 일은 (　　　) 이다.

2. 물체에 작용한 알짜힘이 한 일은 물체의 운동 에너지 변화량과 같음을 (　　　) 정리라고 한다.

3. 그림과 같이 질량 2 kg인 물체에 빗면 방향과 나란한 일정한 힘을 작용하였더니 마찰이 없는 빗면에서 속력이 증가하였다. 알짜힘의 크기는 ㉠(　　　) N이고, 물체의 가속도의 크기는 ㉡(　　　) m/s²이다.

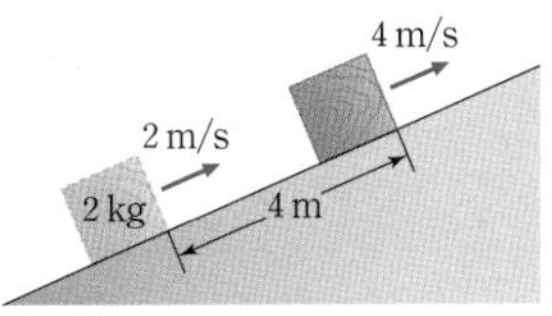

4. 질량이 m이고, 중력 가속도가 g일 때 높이 h_1에서 높이 h_2로 자유 낙하 한 물체의 감소한 중력 퍼텐셜 에너지는 (　　　)이다.

5. 수평면에서 속력 v_0으로 운동하던 질량이 m인 물체에 크기가 F_0인 일정한 마찰력이 작용하여 물체가 정지하였다. 정지할 때까지 물체가 이동한 거리는 (　　　) 이다.

6. 수평면에서 6 m/s의 속력으로 운동하는 질량 2 kg인 물체에 크기가 10 N인 일정한 마찰력이 작용하여 3 m를 이동한 순간 물체의 속력은 (　　　) m/s이다.

정답 1. $Fs\cos\theta$ 2. 일 · 운동 에너지 3. ㉠ 3, ㉡ 1.5 4. $mg(h_1-h_2)$ 5. $\frac{mv_0^2}{2F_0}$ 6. $\sqrt{6}$

○X 문제

1. 그림과 같이 물체 A와 B가 실로 연결되어 함께 운동하고 있다. A가 점 p에서 점 q까지 운동하는 동안 에너지의 변화에 대한 설명으로 옳은 것은 ○, 옳지 않은 것은 ×로 표시하시오. (단, 실의 질량, 모든 마찰과 공기 저항은 무시한다.)

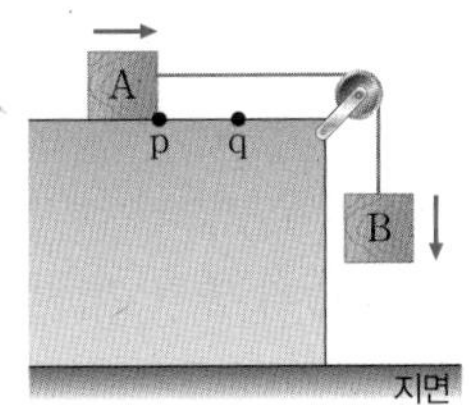

(1) A의 운동 에너지는 증가한다. (　　)
(2) A의 역학적 에너지는 감소한다. (　　)
(3) B의 중력 퍼텐셜 에너지는 일정하다. (　　)
(4) B의 운동 에너지는 증가한다. (　　)
(5) B의 역학적 에너지는 증가한다. (　　)
(6) A와 B의 역학적 에너지의 합은 일정하다. (　　)

2. 역학적 에너지에 대한 설명으로 옳은 것은 ○, 옳지 않은 것은 ×로 표시하시오

(1) 물체가 자유 낙하 할 때, 중력이 물체에 일을 해 준 만큼 물체의 운동 에너지가 증가한다. (　　)
(2) 일과 에너지의 단위는 모두 J이다. (　　)

3. 그림과 같이 연직 방향으로 일정한 크기의 외력 F가 작용하여 물체가 운동한다. 이에 대한 설명으로 옳은 것은 ○, 옳지 않은 것은 ×로 표시하시오. (단, 중력 가속도는 g이고, 모든 마찰과 공기 저항은 무시하며 $v>v_0$이다.)

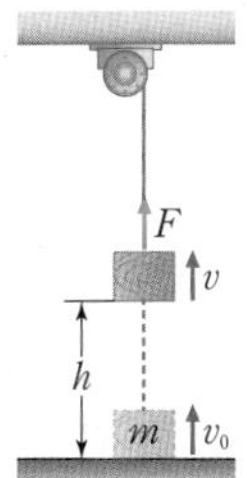

(1) 외력 F가 한 일은 Fv이다. (　　)
(2) 알짜힘이 한 일은 $\frac{1}{2}mv^2-\frac{1}{2}mv_0^2$이다. (　　)
(3) 알짜힘의 크기는 $F-mg$이다. (　　)

4. 질량이 m인 물체가 지표면으로부터 높이 h_1인 지점에서 높이가 h_2인 지점으로 자유 낙하 한다.

(1) 중력이 물체에 한 일은 $mg(h_1-h_2)$이다. (　　)
(2) 물체의 운동 에너지 증가량은 $mg(h_1+h_2)$이다. (　　)

정답 1. (1) ○ (2) × (3) × (4) ○ (5) × (6) ○ 2. (1) ○ (2) ○ 3. (1) × (2) ○ (3) ○ 4. (1) ○ (2) ×

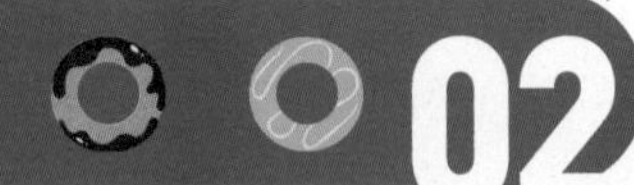

2차원 운동의 역학적 에너지 보존

THE 알기

❶ **수평으로 던진 물체의 지면 도달 속력**

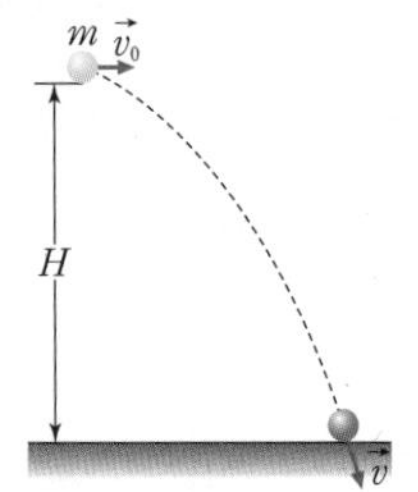

$mgH+\frac{1}{2}mv_0^2=\frac{1}{2}mv^2$이 성립한다. 따라서 지면 도달 속력은 $v=\sqrt{v_0^2+2gH}$이다.

❷ **포물선 운동 분석**

- 최고점 도달 시간 $T=\frac{v_0\sin\theta}{g}$
- 최고점 높이 $H=\frac{v_0^2\sin^2\theta}{2g}$
- 수평 도달 거리 $R=\frac{v_0^2\sin2\theta}{g}$

1 포물선 운동과 역학적 에너지

(1) ❶❷**포물선 운동하는 물체**: 포물선 운동하는 물체는 최고점까지 상승하면서 운동 에너지가 감소하고 중력 퍼텐셜 에너지는 증가하지만, 물체가 하강할 때에는 운동 에너지가 증가하고 중력 퍼텐셜 에너지는 감소한다.

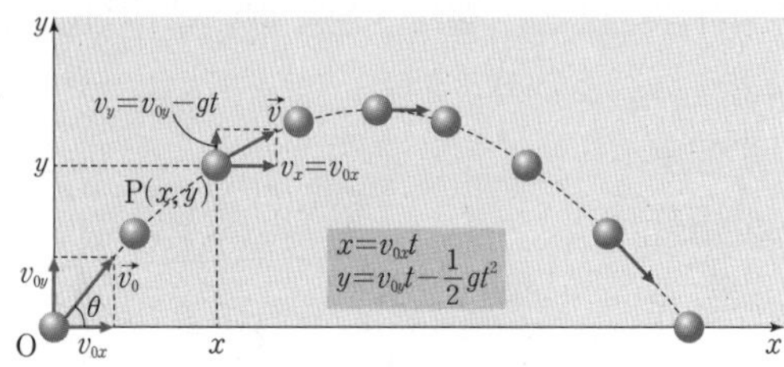

• 발사 지점에서 역학적 에너지는 다음과 같다.

$$E_0=\frac{1}{2}mv_0^2=\frac{1}{2}m(v_{0x}^2+v_{0y}^2)$$

(2) **임의의 시간 t에서 역학적 에너지 $E(t)$**: 임의의 시간 t에서 속도의 수평 방향 성분을 v_x, 연직 방향 성분을 v_y라고 할 때 v_x, v_y는 다음과 같다.

$$v_x=v_{0x}=v_0\cos\theta,\ v_y=v_{0y}-gt=v_0\sin\theta-gt$$

• 임의의 시간 t에 대한 운동 에너지 E_k와 중력 퍼텐셜 에너지 E_p는 다음과 같다.

• $E_k=\frac{1}{2}mv^2=\frac{1}{2}m(v_x^2+v_y^2)=\frac{1}{2}m\{(v_0\cos\theta)^2+(v_0\sin\theta-gt)^2\}$

• $E_p=mgy=mg(v_0\sin\theta t-\frac{1}{2}gt^2)$

THE 들여다보기 포물선 운동 그래프 해석하기

에너지-위치 그래프

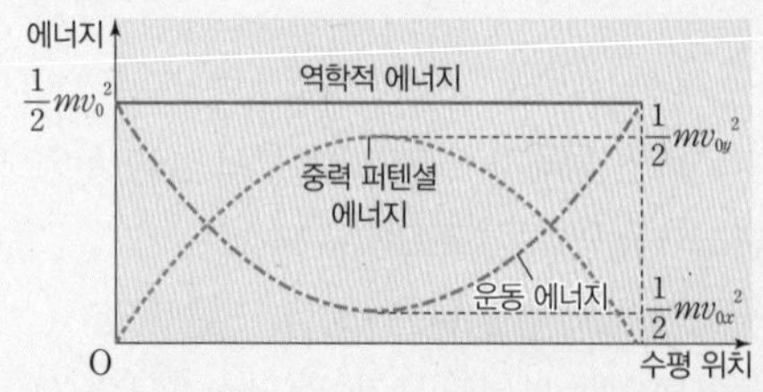

최고점에서 중력 퍼텐셜 에너지는 발사 순간 속도의 수직 성분에 의한 운동 에너지와 같다. 속도의 수평 성분에 의한 운동 에너지는 처음 발사한 순간부터 지면에 도달할 때까지 변하지 않는다.

에너지-시간 그래프

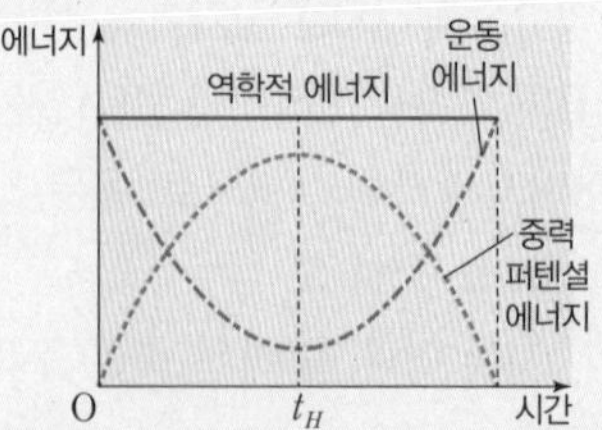

최고점 도달 시간은 $t_H=\frac{v_0\sin\theta}{g}$이고, 최고점에서 운동 에너지는 역학적 에너지에서 중력 퍼텐셜 에너지를 뺀 값과 같다.

(3) 포물선 운동에서의 역학적 에너지 보존

$$E(t)=E_k+E_p=\frac{1}{2}mv^2+mgy$$
$$=\frac{1}{2}m\{(v_0\cos\theta)^2+(v_0\sin\theta-gt)^2\}+mg\left(v_0\sin\theta t-\frac{1}{2}gt^2\right)=E_0=\text{일정}$$

① E_0은 수평면에서 발사하는 순간의 운동 에너지와 같고, 시간에 의존하지 않는 상수이다. 따라서 포물선 운동에서 역학적 에너지는 보존된다.

② 최고점에서 수평 방향의 속도가 있기 때문에 운동 에너지가 0이 아니다.

2 단진자와 역학적 에너지

(1) 단진자 운동 분석

① ❶단진자: 질량을 무시할 수 있는 줄에 작은 물체를 매달고 연직 방향에 대해 일정한 각만큼 줄을 기울였다가 놓으면 물체가 연직면에서 왕복 운동하는데, 이를 단진자라고 한다.

② ❷단진자의 역학적 에너지 보존: 공기 저항과 마찰을 무시하면 단진자의 역학적 에너지는 보존되며 최고점에서 중력 퍼텐셜 에너지가 최대이고 최하점에서 운동 에너지가 최대이다.

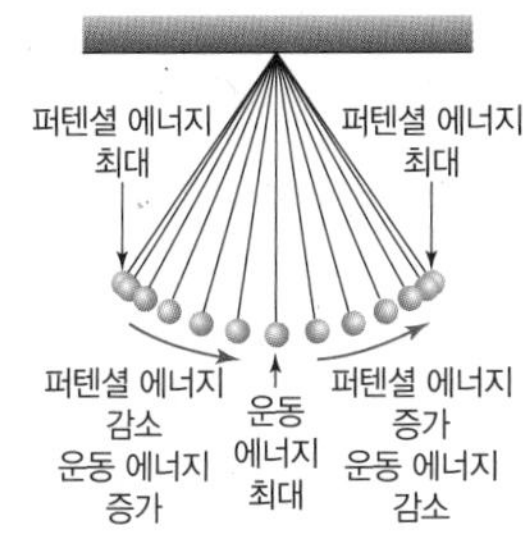

(가) 단진자에서 역학적 에너지의 변화

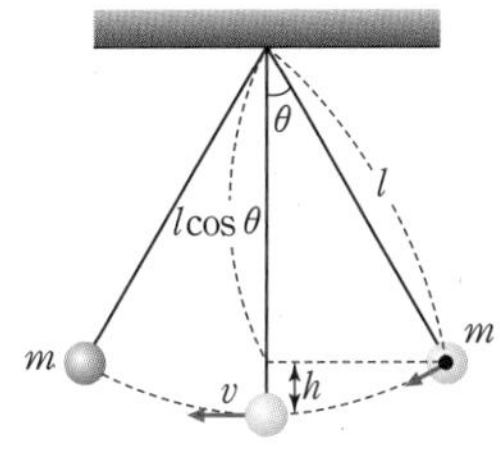

(나) ❸질량이 m인 물체의 단진자 분석

③ ❹진동의 중심(최하점): 복원력과 수평 방향으로의 가속도가 0이고, 속력은 최대이다. 속력이 최대이므로 운동 에너지는 최대이고, 중력 퍼텐셜 에너지는 최소이다.

④ 진동의 양 끝(최고점): 복원력과 수평 방향으로의 가속도의 크기가 최대이고, 속력은 0이다. 속력이 0이므로 운동 에너지는 0이고, 중력 퍼텐셜 에너지는 최대이다.

⑤ 최하점에서 진자의 속력(v_{max}): 그림 (나)와 같이 길이 l, 질량 m인 단진자를 진폭 θ로 진동시킬 때, 최하점에서 중력 퍼텐셜 에너지를 0으로 하면, 최하점과 최고점의 높이 차이가 h이므로 최고점에서 역학적 에너지는 $mgh=mgl(1-\cos\theta)$이다. 최하점에서 역학적 에너지는 $\frac{1}{2}mv_{max}{}^2=mgl(1-\cos\theta)$이다. 즉 $v_{max}=\sqrt{2gl(1-\cos\theta)}$이다.

THE 알기

❶ **단진동과 단진자의 비교**
단진자(Simple pendulum)는 고정된 점과 질점이 일정한 거리를 유지하면서 연직면상에서 움직이는 진동자를 말한다.
단진동(harmonic oscillator)은 단순 조화 진동이라고도 하며 고전 역학에서 다루는 이상적인 계로, 평형점을 기준으로 물체의 운동을 복원력으로 설명하는 방법이다.

❷ **단진자의 운동 그래프 분석**

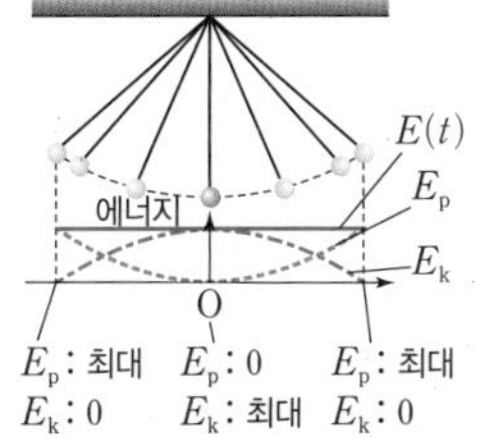

❸ **단진자에 작용하는 힘**
단진자는 장력과 중력의 합력 방향의 알짜힘을 받아 운동한다.

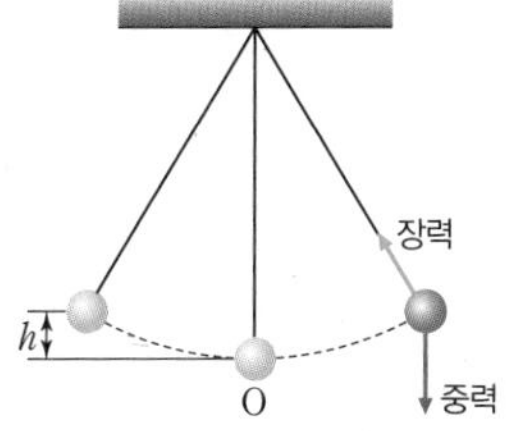

❹ **최하점에서 구심력 크기**

$$F=\frac{mv^2}{r}$$
$$=\frac{m}{l}\{2gl(1-\cos\theta)\}$$
$$=2mg(1-\cos\theta)$$

THE 들여다보기 단진자의 주기

단진자의 주기는 진폭이 매우 작은 경우 진자의 길이에만 의존한다.

① 추에 작용하는 힘: θ가 매우 작을 때, 그림에서와 같이 $\sin\theta=\frac{x}{l}$가 성립한다. 그러면 추에 작용하는 접선 방향의 힘 $F=-mg\sin\theta=-\frac{mg}{l}x$로 놓을 수 있다. 여기서 (−)부호는 복원력이 변위와 반대 방향임을 의미한다.

② $F=-kx=ma$일 때 주기는 $T=2\pi\sqrt{\frac{m}{k}}$이고 $\omega=\frac{2\pi}{T}$이므로 주기는 $T=2\pi\sqrt{\frac{l}{g}}$이다.

③ 진자의 등시성: 단진자의 주기는 추의 질량이나 진폭에 관계없이 진자의 길이에만 관계가 있다.

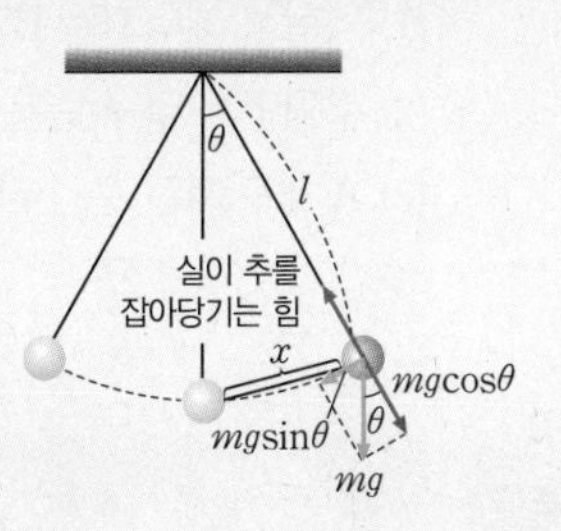

개념체크

○X 문제

1. 포물선 운동하는 물체의 운동 에너지와 중력 퍼텐셜 에너지의 합은 위치에 관계없이 일정하다. (　　　)

2. 포물선 운동하는 물체의 역학적 에너지는 최고점에서 가장 크다. (　　　)

3. 단진자 운동에서 물체가 최고점에 정지해 있을 때 중력 퍼텐셜 에너지가 최대이다. (　　　)

4. 주기가 T_0인 단진자의 시간에 따른 역학적 에너지는 항상 일정하다. (　　　)

단답형 문제

5. 지면으로부터 높이 30 m인 곳에서 수평 방향으로 5 m/s의 속력으로 질량이 2 kg인 물체를 던졌다. (단, 중력 가속도는 10 m/s^{2}이고, 물체의 크기와 공기 저항은 무시한다.)

(1) 물체를 던진 순간부터 지면에 도달할 때까지 물체의 운동 에너지 증가량은 (　　　) J이다.

(2) 역학적 에너지는 (　　　) J이다.

(3) 발사하고 1초 후 물체의 운동 에너지는 (　　　) J이다.

정답 1. ○ 2. × 3. ○ 4. ○ 5. (1) 600 J (2) 625 J (3) 125 J

둘 중에 고르기

1. 그림과 같이 길이가 l인 단진자가 최고점 P와 R, 최하점 Q를 지나며 왕복 운동하고 있다. 중력 가속도는 g이다.

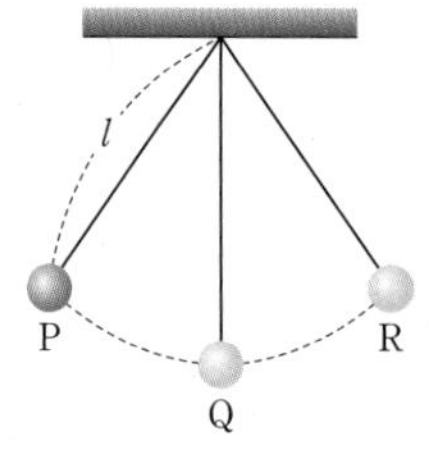

(1) 운동 에너지는 P에서가 Q에서보다 (크다 , 작다).

(2) 중력 퍼텐셜 에너지는 P와 R에서 (같다 , 다르다).

(3) 주기는 $\left(2\pi\sqrt{\frac{l}{g}},\ 2\pi\sqrt{\frac{g}{l}}\right)$이다.

2. 그림과 같이 수평면과 나란하게 던져진 물체 A, B가 포물선 경로를 따라 운동한다. A, B가 던져진 순간 두 물체의 높이는 h로 같고, 수평면 도달 거리는 A, B가 각각 s, $2s$이다.

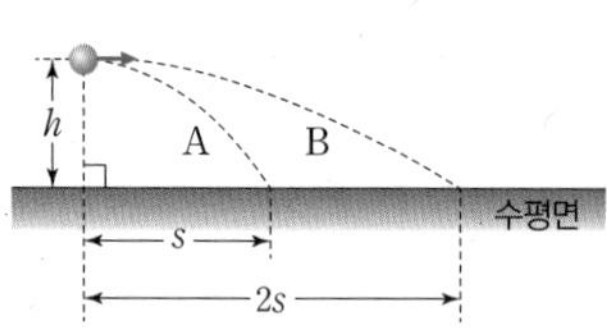

(1) 역학적 에너지는 B가 A보다 (크다 , 작다).

(2) 수평면 도달 속력은 B가 A보다 (크다 , 작다).

(3) A가 던져진 순간부터 수평면에 도달할 때까지 걸린 시간은 $\left(\sqrt{\frac{2h}{g}},\ \sqrt{\frac{g}{2h}}\right)$이다.

선다형 문제

3. 그림과 같이 질량이 m인 물체 A, B를 수평면으로부터 높이 h인 곡선 레일의 한 지점에 놓았더니 A는 곡선 레일상의 최고점 p에 도달하였고, B는 곡선 레일을 벗어난 최고점 q에 도달하였다.

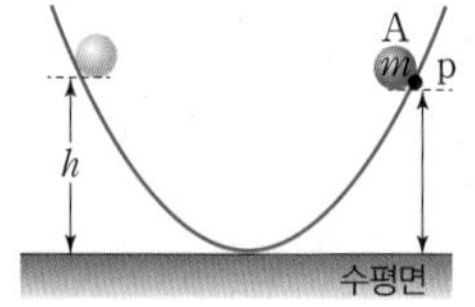

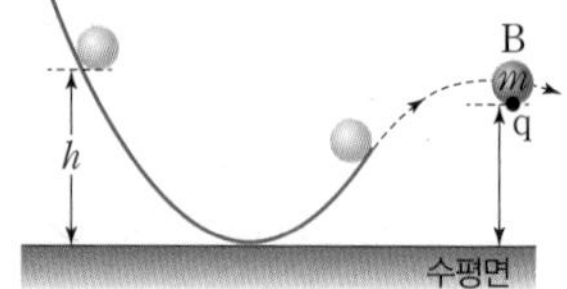

이에 대한 설명으로 옳은 것을 모두 고르면? (단, 중력 가속도는 g이고, 모든 마찰, 공기 저항은 무시한다.) (2개)

① p에서 A의 중력 퍼텐셜 에너지는 mgh이다.

② q에서 B의 중력 퍼텐셜 에너지는 mgh이다.

③ q에서 B의 수평 방향 속력은 0이다.

④ p에서 A의 역학적 에너지가 q에서 B의 역학적 에너지보다 크다.

⑤ 수평면으로부터 p까지의 높이가 수평면으로부터 q까지의 높이보다 높다.

정답 1. (1) 작다 (2) 같다 (3) $2\pi\sqrt{\frac{l}{g}}$ 2. (1) 크다 (2) 크다 (3) $\sqrt{\frac{2h}{g}}$ 3. ①, ⑤

03 열과 일

1 열과 일의 전환

(1) 온도와 열

① [1]온도: 물체의 차고 더운 정도를 수치로 나타낸 것을 온도라고 한다. 물체를 구성하고 있는 입자들의 평균 운동 에너지가 클수록 물체의 온도가 높다.

② [2]열: 에너지의 한 종류로, 물체의 온도나 상태를 변화시키는 원인이다.

- 열은 자연적으로 고온에서 저온으로 이동한다.
- 고온의 물체에서 저온의 물체로 이동한 열에너지의 양을 열량이라고 한다.
- 열량의 단위: kcal 또는 J을 사용한다.

(2) 비열과 열용량

① [3]비열(c): 어떤 물질 1 kg의 온도를 1K(1 ℃) 높이는 데 필요한 열에너지의 양을 의미한다.

- 동일한 양의 물체일 때, 비열이 클수록 온도 변화가 작다.
- 대체로 액체의 비열은 크고, 고체의 비열은 작다.
- 비열의 단위 : J/kg·K, J/kg·℃, kcal/kg·K 등

② 열용량(C): 어떤 물체의 온도를 1K 높이는 데 필요한 열에너지의 양을 의미한다.

- 질량 m(kg)인 물체의 열용량 C와 비열 c의 관계는 $C=cm$이다.
- 열용량의 단위 : J/K, J/℃, kcal/K, kcal/℃
- 같은 물질이라도 질량이 다르면 비열이 같아도 열용량은 달라진다.

(3) 열평형

① [4]열평형 상태: 온도가 서로 다른 두 물체 A, B를 접촉시켜 놓으면 얼마 후 A, B의 온도가 같아지는데, 이때 A, B는 열평형 상태에 도달했다고 한다. 이는 접촉면을 통해 고온인 물체 A에서 저온인 물체 B로 열에너지가 이동하여 평형 상태가 되기 때문이다.

② 열량 보존 법칙: 열평형 상태에 도달할 때까지 고온의 물체 A가 잃은 열량은 저온의 물체 B가 얻은 열량과 같은데, 이를 열량 보존 법칙이라고 한다. 이때 물체가 서로 주고받은 열량 Q는 다음과 같다.

$$Q=cm\Delta T=C\Delta T$$ (c: 비열, m: 질량, C: 열용량, ΔT: 온도 변화량)

(4) 열과 일의 전환

① 열이 일로 전환되는 예

- 주전자에 물을 담고 끓일 때 주전자 뚜껑이 달그락거린다. ➡ 물이 끓을 때 발생된 수증기의 열운동 에너지가 주전자의 뚜껑을 밀어 올리는 일을 하여 뚜껑이 달그락거린다.
- 찌그러진 탁구공을 뜨거운 물속에 넣으면 탁구공이 원래 모양으로 돌아온다. ➡ 뜨거운 물에 의해 탁구공 안에 있는 기체의 열운동 에너지가 증가하고, 이로 인해 분자 운동이 활발해진 기체가 탁구공 안쪽 표면을 밀어내는 일을 하여 원래 모양으로 펴진다.
- 증기 기관, 자동차, 제트기의 엔진과 같이 열기관에서 열이 일로 전환된다.

THE 알기

[1] 온도의 종류
- 상대 온도: 섭씨, 화씨
- 절대 온도: 절대 온도(K)

[2] 열과 열에너지의 비교
- 열(heat): 이동 중이거나 변환하는 과정에서의 에너지를 의미하고 고온의 물체와 저온의 물체 사이에서 이동하는 경우 온도차에 비례한다.
  ➡ $Q=cm\Delta T$
- 열에너지(thermal energy): 입자들의 평균 운동 에너지가 클수록 큰 값을 가지며 이상 기체의 경우 절대 온도에 비례한다.

[3] 여러 가지 물체의 비열

금속	비열(kcal/kg·℃)
알루미늄	0.215
철	0.107
구리	0.092
은	0.056
수은	0.033
납	0.031

[4] 열평형

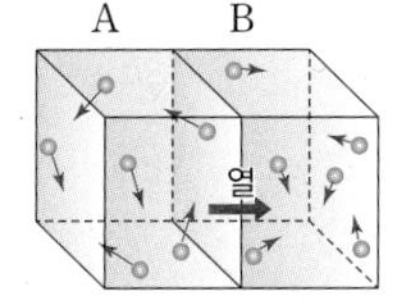

A: 고온의 물체
B: 저온의 물체
⬇

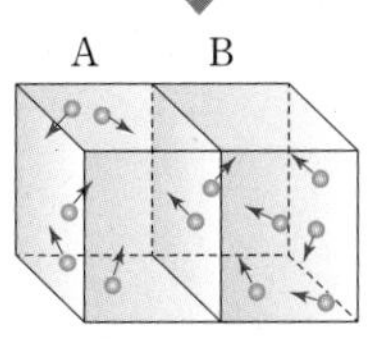

열평형 도달 후

THE 알기

❶ 이상 기체의 내부 에너지

$$U=\frac{3}{2}nRT$$

(n: 몰수, R: 기체 상수, T: 절대 온도)

❷ 부호의 의미

계가 일을 받으면 $W<0$, 계가 일을 하면 $W>0$, 계가 주위로 열을 방출하면 $Q<0$, 계가 주위로부터 열을 흡수하면 $Q>0$이다.

2 열역학 제1법칙

(1) ❶내부 에너지(U): 물체를 구성하는 입자들의 운동 에너지와 퍼텐셜 에너지의 총합을 내부 에너지라고 한다.

(2) 열, 일, 내부 에너지의 관계

① 망치로 못을 내리칠 때 망치와 못의 온도가 올라가는 이유: 망치와 못의 충돌로 인해 망치와 못을 구성하는 분자들의 운동이 활발해지면서 내부 에너지가 증가한 것이므로 망치의 역학적 에너지가 내부 에너지로 전환된 것이다.

② 모래가 들어 있는 통을 여러 번 흔들었을 때 모래의 온도가 올라가는 이유: 모래 사이의 충돌과 마찰로 인해 모래의 내부 에너지가 증가한 것이므로 통의 흔들림에 의한 역학적 에너지가 내부 에너지로 전환된 것이다.

③ 이상 기체의 내부 에너지: 이상 기체의 경우 분자들 사이의 상호 작용이 없으므로 이상 기체의 내부 에너지는 분자들의 운동 에너지의 총합과 같다.

(3) 열역학 제1법칙: 역학적 에너지와 열을 포함하는 에너지 보존 법칙의 또다른 표현이다.

> 외부에서 계에 가해 준 열량(Q)은 계의 내부 에너지의 변화량(ΔU)과 계가 외부에 해 준 일(W)의 합과 같다. ➡ ❷$Q=\Delta U+W$

3 줄의 실험 장치와 에너지 전환

(1) 줄의 실험 장치: 영국의 물리학자인 줄(Joule)은 외부와 열의 이동이 없도록 차단한 용기에 있는 물에 역학적으로 일을 해 주었을 때 물의 온도가 변하는 것을 보여줌으로써 열이 에너지의 이동이라는 것을 증명하였다.

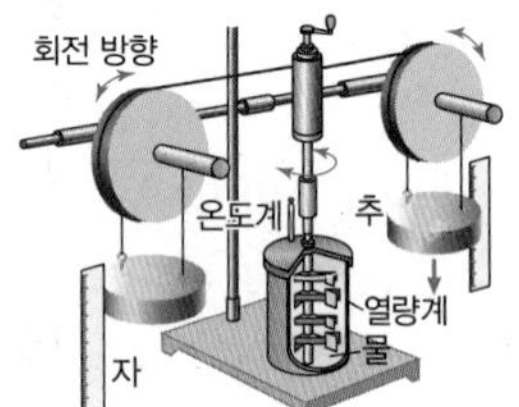

(2) 줄의 실험 장치에서 에너지 전환: 추의 중력 퍼텐셜 에너지 → 회전 날개의 운동 에너지 → 회전 날개와 물의 마찰로 인한 열에너지

(3) 열의 일당량(J): 추가 낙하하는 동안 추가 한 일 W와 열량계 속에서 회전 날개와 물의 마찰로 발생한 열량 Q 사이에는 다음 관계가 성립한다.

$$W=JQ$$

- 비례 상수 J: 열의 일당량으로, J는 약 4.2×10^3 J/kcal이다.
  ➡ 1 kcal의 열에너지가 약 4.2 kJ의 역학적 에너지에 해당함을 의미한다.

THE 들여다보기 **일이 열로 전환되는 예**

- 사포로 물체를 문지를 때 열이 발생된다.
- 망치로 못을 내리치면 망치와 못의 온도가 올라간다.
- 추운 겨울에 손을 비비면 마찰에 의해 열이 발생하여 손이 따뜻해진다.
- 모래가 들어 있는 통을 여러 번 흔들면 모래의 온도가 올라간다.

개념체크

빈칸 완성

1. 어떤 물체의 온도를 1 K만큼 높이는 데 필요한 열량을 (　　　)이라고 한다.

2. 비열이 c이고 질량이 m인 물체의 열용량은 (　　　) 이고, Q의 열량을 받으면 온도가 (　　　)만큼 상승한다.

3. 어떤 계를 구성하고 있는 모든 입자들의 미시적인 에너지의 총합으로, 이상 기체가 갖는 총 운동 에너지의 합을 (　　　)라고 한다.

4. 기체의 내부 에너지 증가량은 기체가 외부로부터 받은 열량에서 기체가 외부에 한 일을 뺀 것과 같다. 이 관계를 (　　　)이라고 한다.

5. 영국의 물리학자 줄(Joule)은 열의 일당량을 측정하여 1 kcal의 열에너지가 약 (　　　) kJ의 역학적 에너지에 해당함을 발견하였다.

둘 중에 고르기

6. 어떤 물체의 온도를 1 K 올리는 데 필요한 열에너지의 양은 (비열 , 열용량)이고, 어떤 물체 1 kg의 온도를 1 K 올리는 데 필요한 열에너지의 양은 (비열 , 열용량)이다.

단답형 문제

7. 비열이 c, 질량이 m인 물체가 ΔT만큼 온도가 감소했을 때 물체가 잃은 열량을 구하시오.

8. 열용량이 C인 물체가 ΔT만큼 온도가 감소했을 때 물체가 잃은 열량을 구하시오.

9. 어떤 이상 기체가 10 J의 열에너지를 흡수하여 내부 에너지가 4 J만큼 증가하였다. 이 기체가 외부에 한 일을 구하시오.

정답 1. 열용량 2. cm, $\frac{Q}{cm}$ 3. 내부 에너지 4. 열역학 제1법칙 5. 4.2 6. 열용량, 비열 7. $cm\Delta T$ 8. $C\Delta T$ 9. 6 J

○X 문제

1. 열역학 법칙에 대한 설명으로 옳은 것은 ○, 옳지 않은 것은 ×로 표시하시오.

(1) 열을 포함한 에너지 보존 법칙을 열역학 제2법칙이라고 한다. (　　)

(2) 기체에 열을 가하였지만 기체가 외부 일을 하지 않았다면 기체의 온도는 증가한다. (　　)

(3) 열 출입이 없는 실린더 속 기체가 외부에 일을 하면 기체의 내부 에너지는 증가한다. (　　)

(4) 일과 열은 서로 전환될 수 있다. (　　)

(5) 1 J의 역학적 에너지는 약 4.2 cal의 열에너지에 해당한다. (　　)

(6) 외부에서 기체에 가해 준 열량을 Q, 기체의 내부 에너지 변화량을 ΔU, 기체가 외부에 한 일을 W라고 할 때 $\Delta U = Q + W$가 성립한다. (　　)

선다형 문제

2. 물체의 열용량에 대한 설명 중 옳은 것은?

① 온도를 1 ℃ 올리는 데 필요한 열에너지이다.
② 온도 변화 없이 물체의 상태가 변하는 데 필요한 에너지이다.
③ 1 kg의 물체를 1 ℃ 올리는 데 필요한 열에너지이다.
④ 물의 비열과 물체의 비열의 비이다.
⑤ 1 J의 열을 가할 때, 변하는 온도이다.

3. 물체의 비열에 대한 설명으로 옳은 것은?

① 1 kg의 물체의 상태를 변화시키는 데 필요한 에너지이다.
② 1 kg의 물체를 연소시킬 때 나오는 에너지이다.
③ 1 kg의 물체를 어는점에서 끓는점까지 온도를 올리는 데 필요한 에너지이다.
④ 1 kg의 물체를 1 ℃ 올리는 데 필요한 에너지이다.
⑤ 물체의 온도를 1 ℃ 올리는 데 필요한 에너지이다.

정답 1. (1) × (2) ○ (3) × (4) ○ (5) × (6) × 2. ① 3. ④

탐구 활동 열의 일당량 구하기

정답과 해설 26쪽

목표

열의 일당량 측정 실험 장치를 통해 역학적 에너지가 열로 전환될 수 있음을 알고, 열의 일당량을 구할 수 있다.

과정

1. 수조에 넣을 물의 질량(m_1)을 측정한다.
2. 물을 수조에 넣고 처음 온도 T_1을 측정한다.
3. 추의 질량 m_2를 측정한다.
4. 2개의 추를 회전 날개에 연결된 줄에 연결하고 높이 h를 측정한다.
5. 추를 가만히 놓아 낙하시켜 물이 잔잔해지면 물의 온도 T_2를 측정한다.
6. 과정 5를 9회 더 반복하여 10회 실험한다.

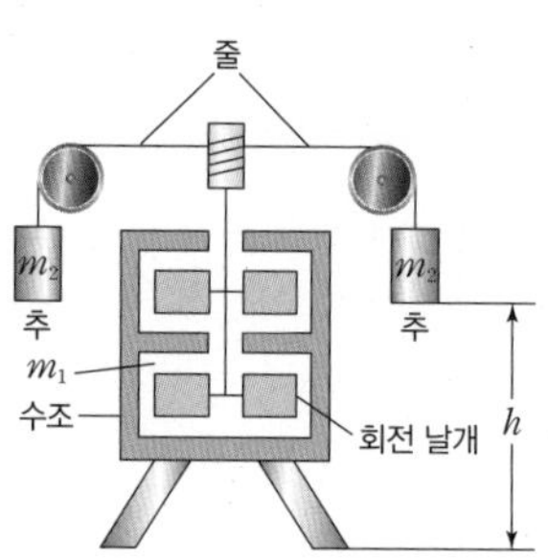

결과 정리 및 해석

(물의 비열 $c=1$ cal/g·℃)

물의 질량(m_1)	처음 물의 온도(T_1)	나중 물의 온도(T_2)	물의 온도 변화(T_2-T_1)	발생한 열(cal)
200 g	21 ℃	21.6 ℃	0.6 ℃	120
추 1개의 질량(m_2)	추의 높이(h)	중력 가속도(g)	낙하 횟수	감소한 중력 퍼텐셜 에너지(J)
2 kg	1.5(m)	9.8 m/s^2	10	588

➡ 실험값: 열의 일당량(J)=4.9 J/cal, 참값(J)=4.2 J/cal

탐구 분석

1. 물의 양을 200 g보다 많이 넣고 위 탐구 과정을 반복하였을 때 나중 물의 온도는 어떻게 달라질 것으로 예상되는가?
2. 추의 질량을 2 kg보다 더 큰 것으로 교체하고 위 탐구 과정을 반복하였을 때 나중 물의 온도는 어떻게 달라질 것으로 예상되는가?

내신 기초 문제

정답과 해설 26쪽

서술형 [20700-0147]

01 그림과 같이 질량이 3 kg인 물체를 기울기가 30°인 빗면에 나란한 일정한 크기의 힘 F를 주어 일정한 속력으로 밀어 올렸다. 물체가 올라간 수직 높이는 0.4 m이다. (단, 중력 가속도는 10 m/s²이고, 물체의 크기, 모든 마찰 및 공기 저항은 무시한다.)

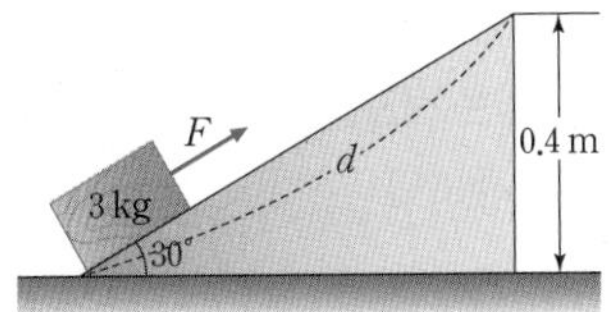

다음의 값을 풀이 과정과 함께 구하시오.

(1) 0.4 m 높이에서 물체의 중력 퍼텐셜 에너지

(2) 경사면을 따라 이동한 거리 d

(3) 경사면을 따라 밀어올리는 힘 F의 크기

(4) (2)와 (3)의 결과로 F가 물체에 한 일

[20700-0148]

02 그림은 마찰이 없는 수평면에 놓인 물체에 수평 방향과 θ의 각을 이루는 방향으로 크기가 F인 힘으로 끌었더니 수평 방향으로 s만큼 이동한 모습을 나타낸 것이다.

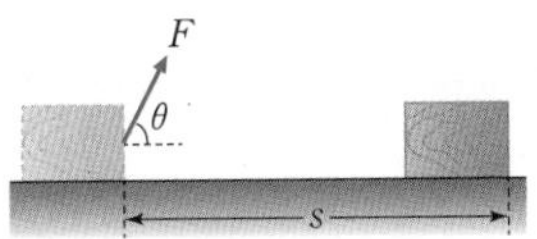

힘의 크기, 이동 거리, θ를 표와 같이 변화시켰을 때 힘이 한 일을 옳게 비교한 것은?

힘의 크기	이동 거리	θ	한 일
F	$2s$	0°	W_1
$2F$	s	60°	W_2
$2F$	$2s$	0°	W_3

① $W_1 > W_2 > W_3$　② $W_1 > W_3 > W_2$
③ $W_2 > W_1 > W_3$　④ $W_3 > W_1 > W_2$
⑤ $W_3 > W_2 > W_1$

[20700-0149]

03 그림 (가)와 같이 마찰이 없는 수평면 위에 정지해 있던 질량이 2 kg인 물체에 수평 방향으로 힘 F를 작용시켰다. 그림 (나)는 이 물체에 작용한 힘 F를 시간 t에 따라 나타낸 것이다.

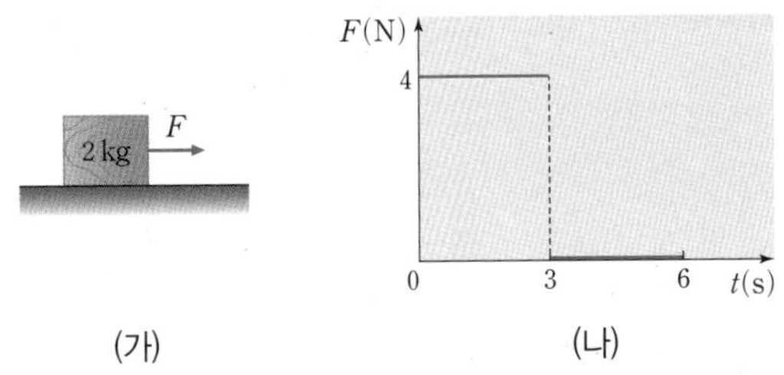

6초일 때 물체의 운동 에너지는?

① 18 J　② 24 J　③ 36 J
④ 48 J　⑤ 92 J

[20700-0150]

04 그림과 같이 마찰이 없는 수평면 위에 정지해 있는 물체 A, B, C를 같은 힘 F로 밀고 있다. 물체의 질량은 A > B > C이다.

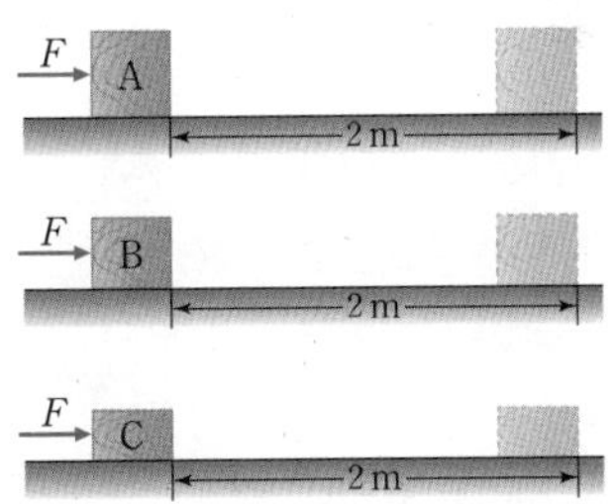

물체가 2 m를 이동하는 동안, A, B, C의 운동에 대한 설명으로 옳은 것만을 〈보기〉에서 있는 대로 고른 것은?

보기
ㄱ. 걸린 시간은 A가 가장 작다.
ㄴ. F가 물체에 한 일은 A, B, C가 모두 같다.
ㄷ. 2 m 이동했을 때 C의 속력이 가장 크다.

① ㄱ　② ㄷ　③ ㄱ, ㄴ
④ ㄴ, ㄷ　⑤ ㄱ, ㄴ, ㄷ

[20700-0151]

05 그림은 A, B, C 3개의 컨베이어 벨트를 이용해 상자 1개를 높은 곳으로 이송하는 모습을 나타낸 것으로 A, B, C가 수평면과 이루는 각도가 각각 20°, 50°, 0°이다. 각 장치에서 상자가 이동하는 거리는 모두 같고 상자의 이동 속력은 같다.

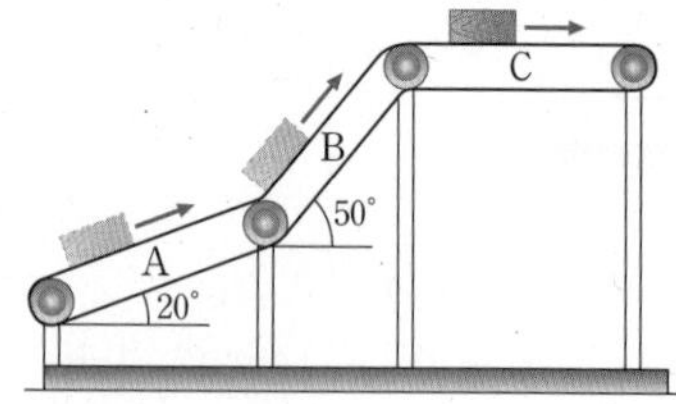

이에 대한 설명으로 옳은 것만을 〈보기〉에서 있는 대로 고른 것은? (단, 상자의 크기는 무시한다.)

보기
ㄱ. 상자가 이동하는 동안 상자에 작용하는 중력의 크기는 B에서 가장 작다.
ㄴ. 같은 시간 동안 A가 상자에 한 일의 양은 B가 한 일의 양보다 크다.
ㄷ. C가 상자를 운반하는 동안 중력이 상자에 하는 일은 0이다.

① ㄱ ② ㄷ ③ ㄱ, ㄴ ④ ㄴ, ㄷ ⑤ ㄱ, ㄴ, ㄷ

[20700-0152]

06 그림과 같이 철수와 영희가 도르래를 이용하여 줄에 연결된 질량이 같은 물체를 등속도로 끌어올린다. 두 물체가 올라가는 속력은 v로 같다.

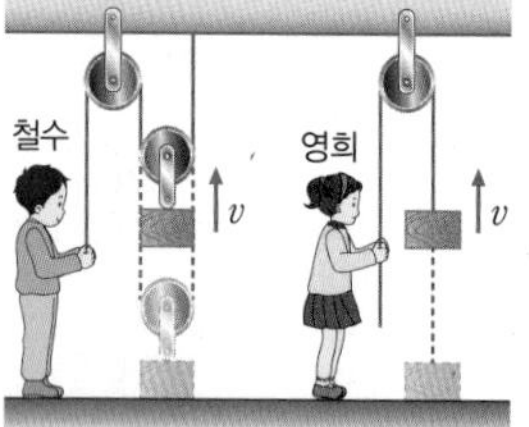

두 물체를 같은 높이만큼 올리는 동안, 이에 대한 설명으로 옳은 것만을 〈보기〉에서 있는 대로 고른 것은? (단, 줄과 도르래의 질량, 도르래의 마찰, 공기 저항은 무시한다.)

보기
ㄱ. 줄을 당기는 힘의 크기는 영희가 철수보다 크다.
ㄴ. 물체가 받은 일은 철수의 경우가 영희의 경우보다 크다.
ㄷ. 물체의 역학적 에너지는 일정하다.

① ㄱ ② ㄴ ③ ㄱ, ㄷ ④ ㄴ, ㄷ ⑤ ㄱ, ㄴ, ㄷ

[20700-0153]

07 그림은 수평면에서 운동하던 물체가 일정한 크기의 마찰력을 받으면서 이동한 후 정지하는 모습이다.

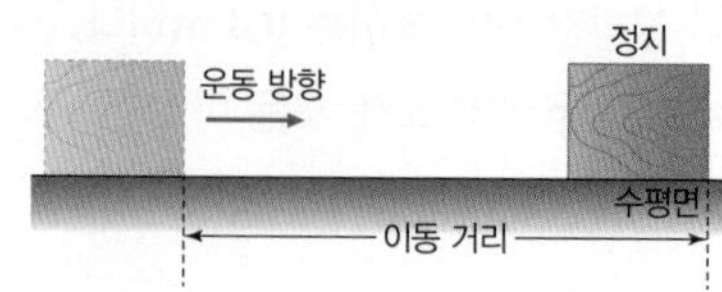

이에 대한 설명으로 옳은 것만을 〈보기〉에서 있는 대로 고른 것은? (단, 공기 저항은 무시한다.)

보기
ㄱ. 물체의 운동 에너지는 증가하였다.
ㄴ. 마찰력의 방향은 물체의 운동 방향과 반대 방향이다.
ㄷ. 마찰력이 물체에 한 일은 물체의 감소한 역학적 에너지와 같다.

① ㄱ ② ㄴ ③ ㄱ, ㄷ
④ ㄴ, ㄷ ⑤ ㄱ, ㄴ, ㄷ

[20700-0154]

08 그림과 같이 지레의 한쪽 끝에 무게가 30 N인 물체를 올려놓고 반대쪽 끝에 힘을 가해 물체를 서서히 들어 올려 지레가 수평을 이루게 하였다. 수평인 상태에서 지레를 수직으로 누르는 힘의 크기는 F이다.

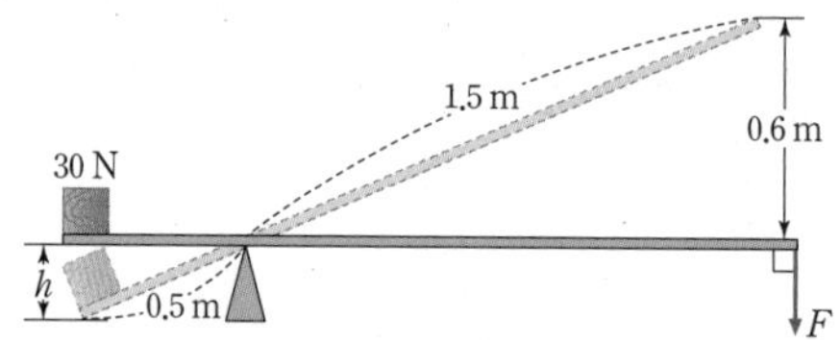

이에 대한 설명으로 옳은 것만을 〈보기〉에서 있는 대로 고른 것은? (단, 물체의 크기와 지레의 무게는 무시한다.)

보기
ㄱ. F는 10 N이다.
ㄴ. h는 0.2 m이다.
ㄷ. 지레가 물체를 h만큼 들어 올리는 데 한 일은 18 J이다.

① ㄱ ② ㄷ ③ ㄱ, ㄴ
④ ㄴ, ㄷ ⑤ ㄱ, ㄴ, ㄷ

[20700-0155]
09 그림과 같이 점 A에 정지해 있는 물체를 가만히 놓았더니 마찰이 없는 곡면을 따라 미끄러져 내려갔다.

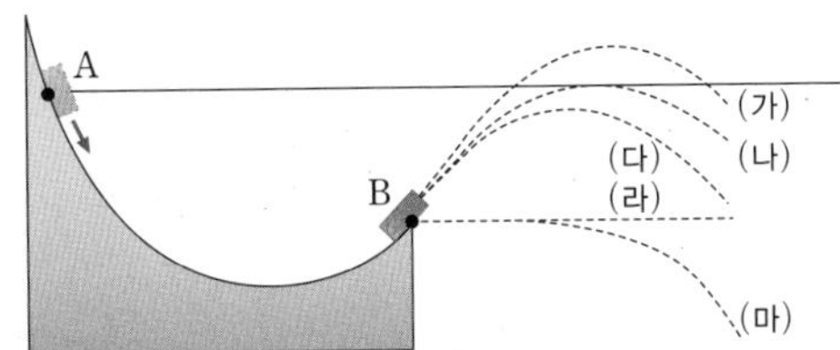

곡면의 끝점인 점 B를 통과한 후의 이동 경로로 옳은 것은?

① (가) ② (나) ③ (다) ④ (라) ⑤ (마)

[20700-0156]
10 그림과 같이 길이가 50 cm인 수평인 줄 끝에 연결된 공이 연직면에 정지해 있다. 공을 가만히 놓았더니 점선을 따라 원운동 하였다.

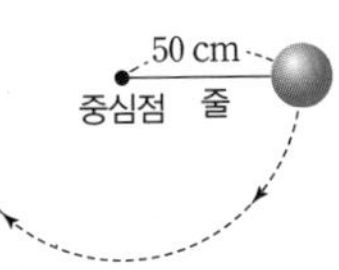

최하점에서 공의 속력은? (단, 중력 가속도는 $10\ m/s^2$이고, 줄의 질량과 공기 저항은 무시한다.)

① 2 m/s ② 4 m/s ③ $\sqrt{10}$ m/s
④ $2\sqrt{5}$ m/s ⑤ 8 m/s

[20700-0157]
11 그림은 운동 선수가 던진 공이 머리 위의 점 A에서 손을 떠난 후 최고점 B를 지나 지면 위의 점 C에 도달할 때까지 운동한 포물선 경로를 나타낸 것이다.

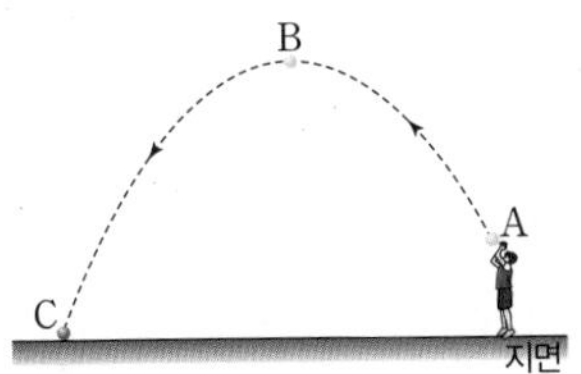

점 A, B, C에서 공의 에너지에 대한 설명으로 옳은 것만을 <보기>에서 있는 대로 고른 것은? (단, 공기 저항은 무시한다.)

보기
ㄱ. 운동 에너지가 최대인 점은 A이다.
ㄴ. A에서 B로 가는 동안 운동 에너지는 감소한다.
ㄷ. A, B, C에서 역학적 에너지는 모두 같다.

① ㄱ ② ㄴ ③ ㄱ, ㄷ ④ ㄴ, ㄷ ⑤ ㄱ, ㄴ, ㄷ

[20700-0158]
12 그림과 같이 길이가 L인 줄의 끝에 매달린 질량 m인 공이 연직면과 나란한 원을 따라 회전한다. 원의 최고점에서 줄이 공에 작용하는 힘은 0이다.

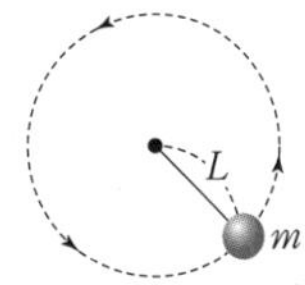

최하점에서의 공의 속력은? (단, 중력 가속도는 g이고, 줄의 질량과 공기 저항은 무시한다.)

① $\sqrt{2gL}$ ② $\sqrt{3gL}$ ③ $\sqrt{4gL}$
④ $\sqrt{5gL}$ ⑤ $\sqrt{6gL}$

[20700-0159]
13 그림과 같이 직사각형 블록이 마찰이 없는 수평인 직선 트랙과 연직인 원형 트랙을 따라 운동하여 점 1, 2, 3, 4를 지나 다시 수평인 직선 트랙을 따라 운동한다.

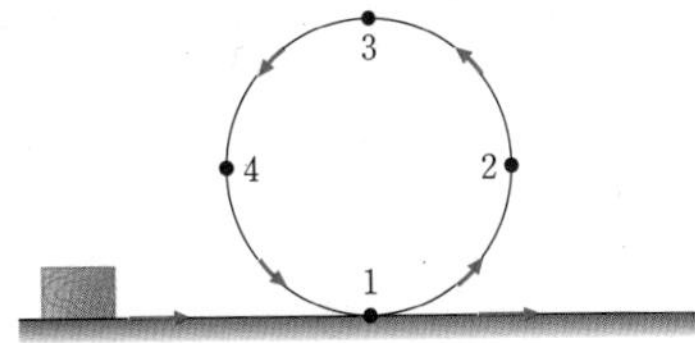

이 블록이 원형 트랙의 최고점인 3을 지날 때, 이에 대한 설명으로 옳은 것은? (단, 공기 저항은 무시한다.)

① 블록의 역학적 에너지는 최소이다.
② 블록에 작용하는 구심력의 크기가 중력의 크기보다 작다.
③ 블록은 가속하지 않는다.
④ 블록의 속력은 최소이다.
⑤ 블록에 작용하는 알짜힘의 방향은 위쪽이다.

[20700-0160]

14 그림은 점 P에서 v_0의 속력으로 수평면에 대해 비스듬히 던진 질량 m인 공이 포물선 운동을 하여 높이 h인 점 R에 도달하는 순간의 모습을 나타낸 것이다.

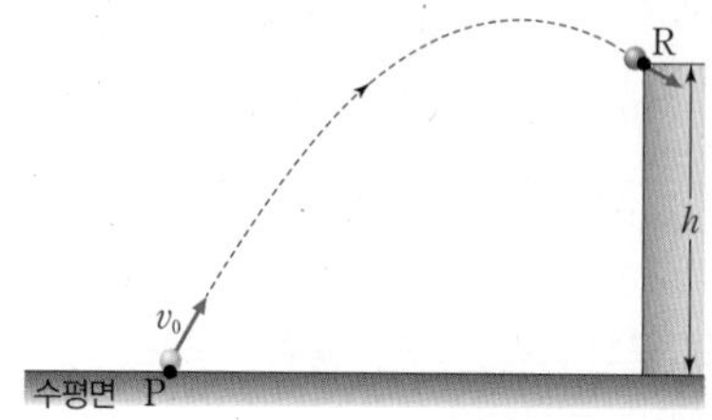

이에 대한 설명으로 옳은 것만을 〈보기〉에서 있는 대로 고른 것은? (단, 중력 가속도는 g이고, 공기 저항은 무시한다.)

보기

ㄱ. 역학적 에너지는 P와 R에서 같다.
ㄴ. 최고점에서 공의 속력은 0이 된다.
ㄷ. R에서 공의 운동 에너지는 $\frac{1}{2}mv_0^2-mgh$이다.

① ㄱ ② ㄴ ③ ㄱ, ㄷ ④ ㄴ, ㄷ ⑤ ㄱ, ㄴ, ㄷ

[20700-0161]

15 그림은 진자 운동을 나타낸 것으로, 점 A~ E는 진자 중심의 경로상의 점들이고 C는 최하점, A와 E는 최고점이다. 이 진자의 운동에 대해 제시한 내용이 옳은 학생만을 있는 대로 고른 것은? (단, 공기 저항과 모든 마찰은 무시한다.)

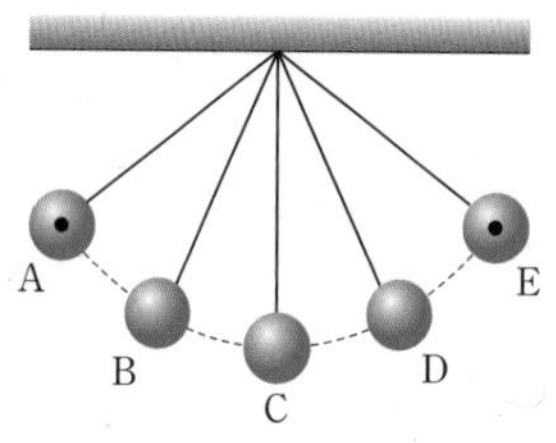

A에서 B를 지날 때 운동 에너지가 중력 퍼텐셜 에너지로 전환돼.
C에서 진자에 작용하는 구심력의 크기가 가장 커.
D에서 E로 갈 때 진자의 역학적 에너지는 감소해.
철수
영희
민수

① 철수 ② 영희 ③ 민수
④ 철수, 영희 ⑤ 영희, 민수

서술형

[20700-0162]

16 그림은 높이 h에서 수평 방향으로 v_0의 속력으로 던져진 물체가 포물선 운동을 하여 지면에 도달하기까지 물체의 수평 방향 운동과 수직 방향 운동의 그림자를 나타낸 것이다.

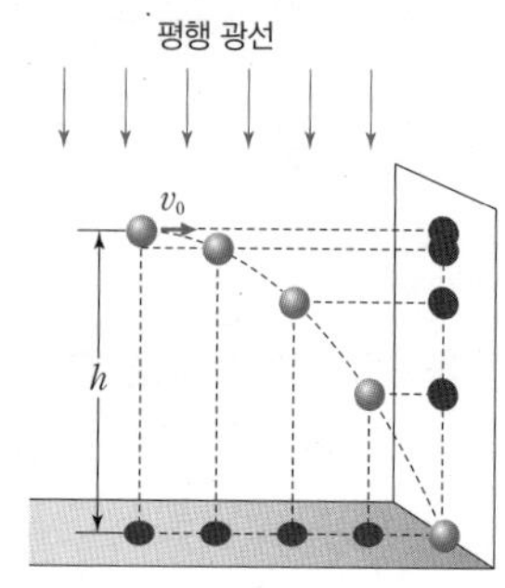

(1) 물체의 역학적 에너지, 운동 에너지, 중력 퍼텐셜 에너지를 낙하 거리에 따라 그래프에 나타내시오.

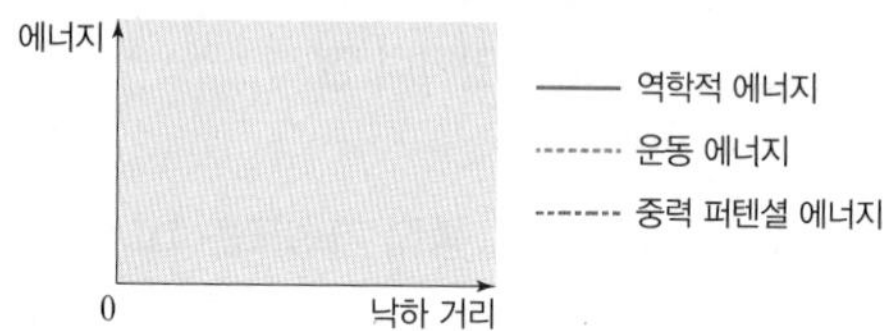

(2) 수평 방향으로 던져진 물체가 지면에 도달할 때까지 걸린 시간이 T이다. 물체의 역학적 에너지, 운동 에너지, 중력 퍼텐셜 에너지를 운동 시간에 따라 그래프에 나타내시오.

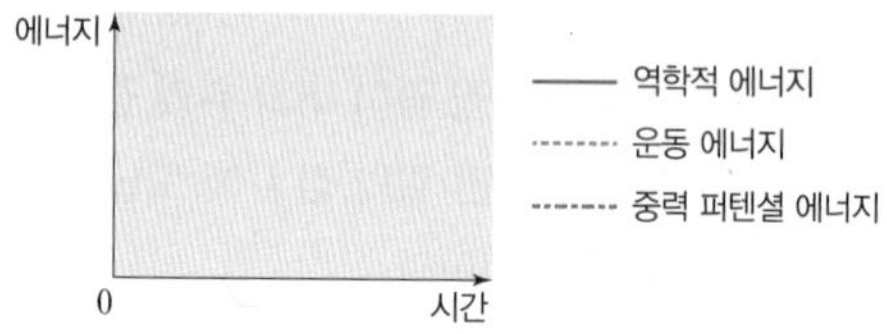

[20700-0163]

17 그림과 같이 높이 10 m인 곳에서 질량이 m인 물체를 수평 방향으로 속력 4 m/s로 발사하였다. 지면 도달 속력 v는? (단, 중력 가속도는 10 m/s^{2}이고, 물체의 크기와 공기 저항은 무시한다.)

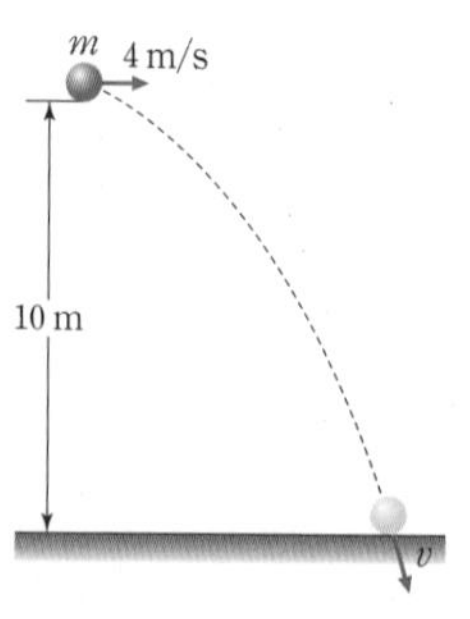

① $2\sqrt{3}$ m/s ② $3\sqrt{2}$ m/s ③ $4\sqrt{3}$ m/s
④ $4\sqrt{6}$ m/s ⑤ $6\sqrt{6}$ m/s

[20700-0164]

18 그림 (가), (나)와 같이 온도와 부피가 동일한 이상 기체가 들어 있는 단열된 실린더에 동일한 열량 Q를 가하였다. (가)의 단열된 피스톤은 자유롭게 움직일 수 있으나 (나)의 단열된 피스톤은 고정되어 있다.

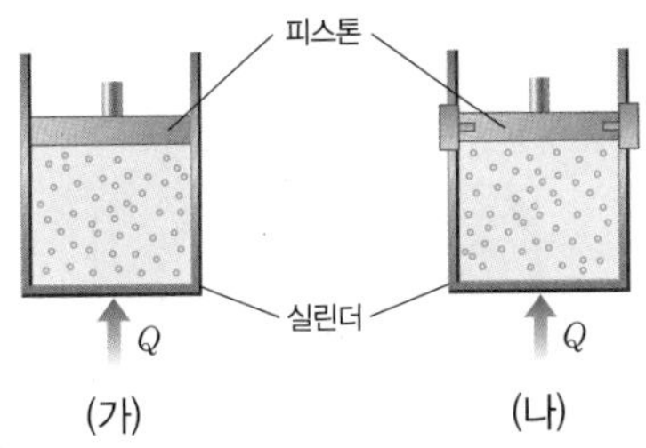

열을 가한 후 (가)의 물리량이 (나)보다 큰 것은? (단, 외부로의 열손실은 없다.)

① 기체의 압력
② 기체의 내부 에너지
③ 기체가 피스톤에 한 일
④ 기체 분자의 평균 운동 에너지
⑤ 기체가 피스톤에 가하는 평균 힘

[20700-0165]

19 그림과 같이 서로 다른 물체 A~E에 같은 양의 열에너지 Q를 가하였다.

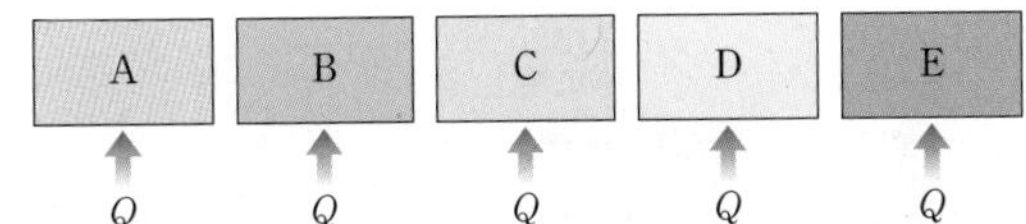

다음에서 비열이 가장 큰 것은? (단, 물체는 Q만 흡수한다.)

① 물체 A 3 g은 온도가 10 K만큼 올라갔다.
② 물체 B 4 g은 온도가 4 K만큼 올라갔다.
③ 물체 C 6 g은 온도가 15 K만큼 올라갔다.
④ 물체 D 8 g은 온도가 6 K만큼 올라갔다.
⑤ 물체 E 10 g은 온도가 10 K만큼 올라갔다.

[20700-0166]

20 그림과 같이 열용량이 C_A, 온도가 T_A인 고온인 물체 A와 열용량이 C_B, 온도가 T_B인 저온인 물체 B가 고립된 상태에서 서로 접촉하여 열평형 상태에 도달하였다.

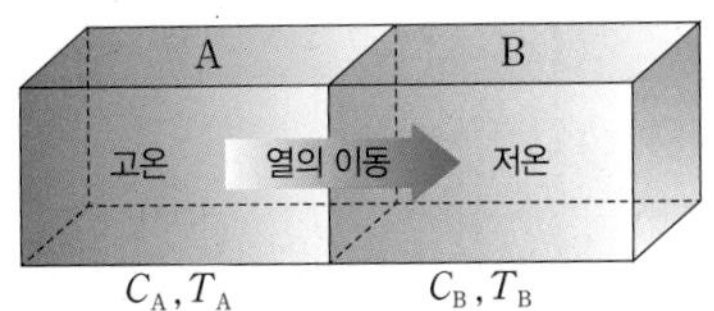

열평형 온도 T_0으로 옳은 것은? (단, 비열은 온도와 무관하며, A, B의 상태 변화는 없다.)

① $T_0=\dfrac{C_AT_A-C_BT_B}{C_A+C_B}$

② $T_0=\dfrac{C_AT_A+C_BT_B}{C_A+C_B}$

③ $T_0=\dfrac{C_AT_A-C_BT_B}{C_A-C_B}$

④ $T_0=(C_A-C_B)|T_A-T_B|$

⑤ $T_0=(C_A+C_B)|T_A+T_B|$

[20700-0167]

21 그림과 같이 모래를 반 정도 넣은 스타이로폼 컵에 온도계를 꽂은 뚜껑을 덮은 후 스타이로폼 컵을 위아래로 각각 50회, 100회, 150회, 200회 흔든 다음 모래의 온도를 측정하였다. 표는 흔든 횟수와 온도를 나타낸 것이다.

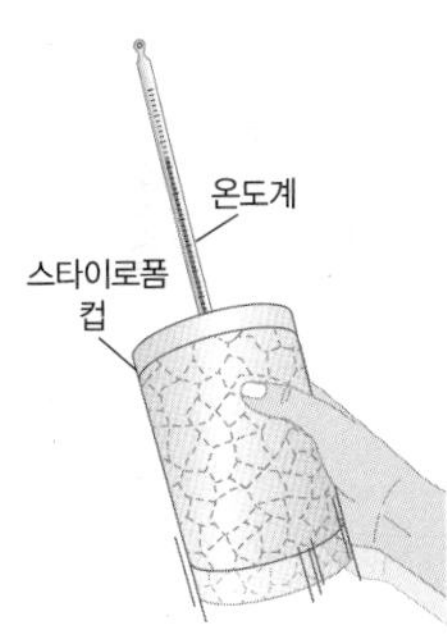

흔든 횟수	0회	50회	100회	150회	200회
온도(°C)	15	18	23	26	28

이에 대한 설명으로 옳은 것만을 <보기>에서 있는 대로 고른 것은?

보기

ㄱ. 모래를 흔드는 과정에서 역학적 에너지가 열에너지로 전환된다.
ㄴ. 흔든 횟수가 2배일 때 섭씨온도도 2배가 된다.
ㄷ. 모래를 흔드는 과정에서 역학적 에너지는 보존된다.

① ㄱ ② ㄴ ③ ㄱ, ㄷ ④ ㄴ, ㄷ ⑤ ㄱ, ㄴ, ㄷ

정답과 해설 26쪽

[20700-0168]

22 그림과 같이 처음 온도가 같은 질량이 m인 액체 A와 질량이 $2m$인 액체 B에 동일한 시간 동안 동일한 열량 Q를 가하였더니, 나중 온도가 B가 A보다 높아졌다.

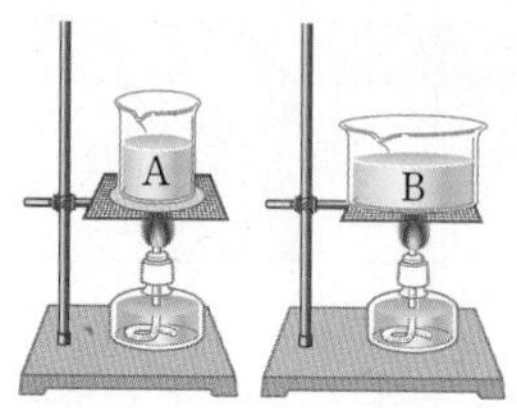

이에 대한 설명으로 옳은 것만을 〈보기〉에서 있는 대로 고른 것은?

보기

ㄱ. 비열은 A가 B보다 작다.

ㄴ. 열용량은 A가 B보다 크다.

ㄷ. A의 질량을 $2m$으로 하여 동일한 시간 동안 동일한 열량 Q를 가하면 나중 온도는 B와 같다.

① ㄱ ② ㄴ ③ ㄱ, ㄷ
④ ㄴ, ㄷ ⑤ ㄱ, ㄴ, ㄷ

[20700-0169]

23 그림과 같이 질량이 m인 추 2개가 일정한 속력으로 높이 h만큼 낙하하는 동안 단열 용기 속에 있는 물의 온도가 올라갔다.

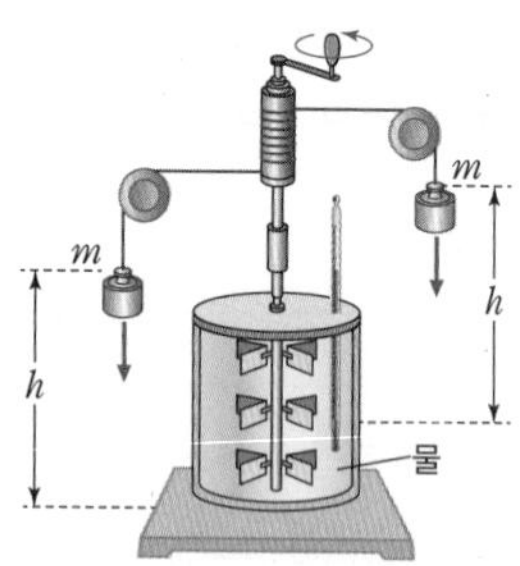

이에 대한 설명으로 옳은 것은?

① 추가 낙하하는 동안 추의 역학적 에너지가 일정하다.
② 1 J의 역학적 에너지가 4.2 cal의 열에너지로 전환된다.
③ 추가 낙하하는 동안 추의 운동 에너지는 감소한다.
④ 추가 낙하하는 동안 추의 중력 퍼텐셜 에너지는 감소한다.
⑤ 열에너지가 추의 역학적 에너지로 전환된다.

서술형 [20700-0170]

24 그림은 양쪽 원반에 연결된 추 2개가 낙하하면서 열량계 속에 들어 있는 회전 날개를 회전시키는 구조로 구성된 줄의 실험 장치를 나타낸 것이다. 모든 마찰 및 공기 저항, 열량계의 온도 변화는 무시한다. (단, 중력 가속도는 $10\ m/s^2$이고, 열의 일당량은 4.2×10^3 J/kcal, 물의 비열은 1 cal/g·℃이다.)

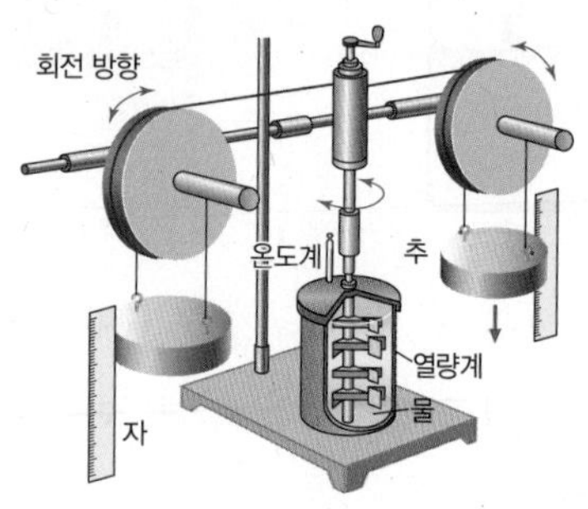

(1) 양쪽 추의 질량이 5 kg, 낙하한 거리는 2.1 m이었다. 이때 회전 날개와 물 사이의 마찰로 발생한 열량(cal)을 풀이 과정과 함께 구하시오.

(2) 열량계 속 물의 양이 50 g일 때, 물의 온도 변화를 풀이 과정과 함께 구하시오.

서술형 [20700-0171]

25 그림 (가)와 같이 부드럽게 움직이는 단열된 피스톤이 있는 단열된 실린더에 일정량의 단원자 분자 이상 기체가 들어 있다. 기체를 서서히 가열하였더니 그림 (나)와 같이 기체의 상태가 압력은 일정하면서 부피가 팽창하여 P에서 Q로 변하였다.

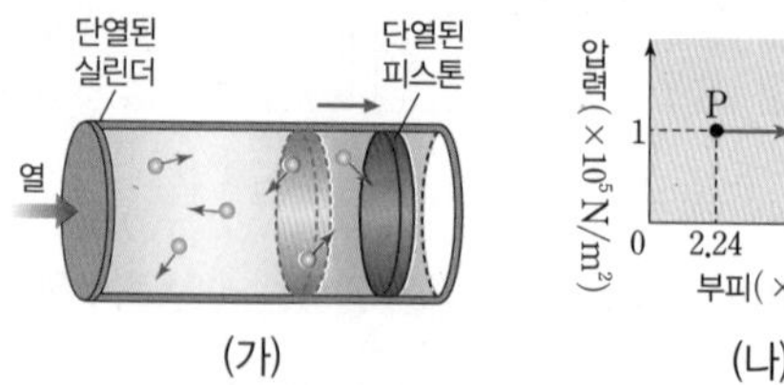

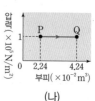

(1) 기체의 상태가 P에서 Q로 변하는 동안 기체가 외부에 한 일의 양을 풀이 과정과 함께 구하시오.

(2) 열역학 제1법칙을 적용해서 기체가 P에서 Q까지 팽창하는 동안 기체의 내부 에너지 변화와 온도 변화를 서술하시오.

실력 향상 문제

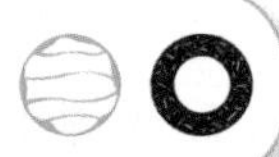

정답과 해설 30쪽

서술형 [20700-0172]

01 그림 (가)와 (나)는 각각 높이 H인 지점에서 가만히 놓은 질량 m인 물체가 지면에 도달할 때까지 물체의 중력 퍼텐셜 에너지 E_p와 운동 에너지 E_k를 낙하 거리와 시간에 따라 나타낸 것이다. 물체가 지면에 도달할 때까지 걸린 시간은 T이고 중력 가속도는 g이다.

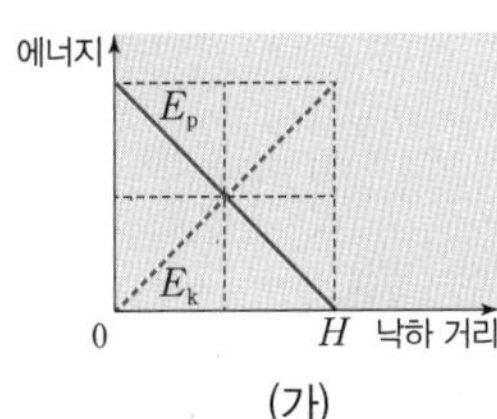

(가)

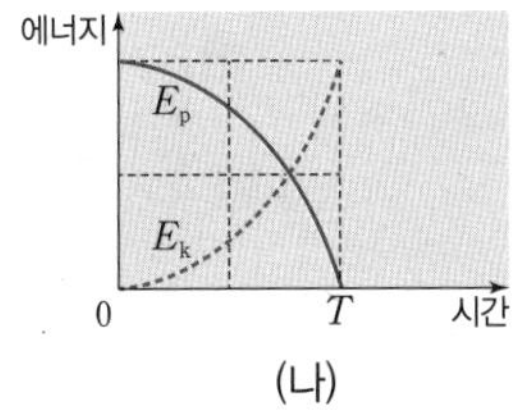

(나)

(1) (가)에서 낙하 거리가 $\frac{H}{4}$일 때, 물체의 속력과 운동 에너지를 각각 구하시오.

(2) (나)에서 $\frac{T}{2}$일 때, 퍼텐셜 에너지 E_p와 운동 에너지 E_k의 비 $E_p : E_k$를 구하시오.

(3) (나)에서 $E_p = E_k$가 되는 시간 t를 T로 나타내시오.

[20700-0173]

02 그림 (가)는 질량 2 kg인 물체가 수평면에서 운동하다가 곡선 경로를 따라 운동하는 것을 나타낸 것이고, (나)는 이 물체의 속력을 시간에 따라 나타낸 것이다. 점 A, B, C, D는 경로상의 점이고 물체는 D까지 올라가서 멈춘다.

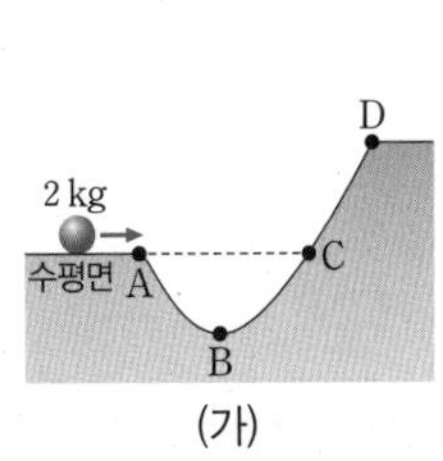

(가)

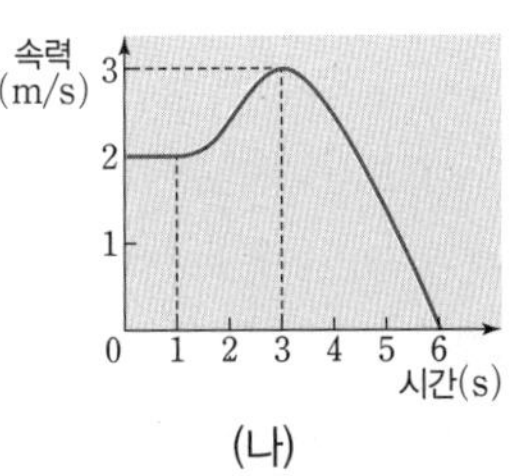

(나)

이에 대한 설명으로 옳은 것만을 ⟨보기⟩에서 있는 대로 고른 것은? (단, 중력 가속도는 10 m/s²이고, 모든 마찰과 공기 저항은 무시한다.)

보기

ㄱ. A는 B보다 25 cm 높다.

ㄴ. 3초와 6초 사이에서 C를 지난다.

ㄷ. 물체의 중력 퍼텐셜 에너지는 D에서가 B에서보다 4 J 크다.

① ㄱ ② ㄴ ③ ㄷ ④ ㄱ, ㄴ ⑤ ㄴ, ㄷ

[20700-0174]

03 그림 (가)는 마찰이 없는 수평면에 정지해 있는 질량 m인 물체에 수평 방향으로 힘이 작용하여 직선 운동하는 모습을 나타낸 것이고, (나)는 물체에 작용한 힘의 크기를 시간에 따라 나타낸 것이다.

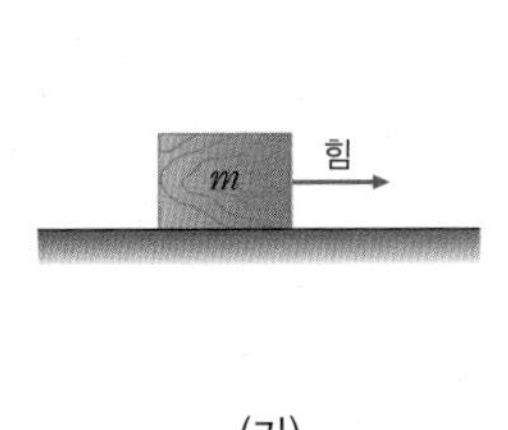

(가)

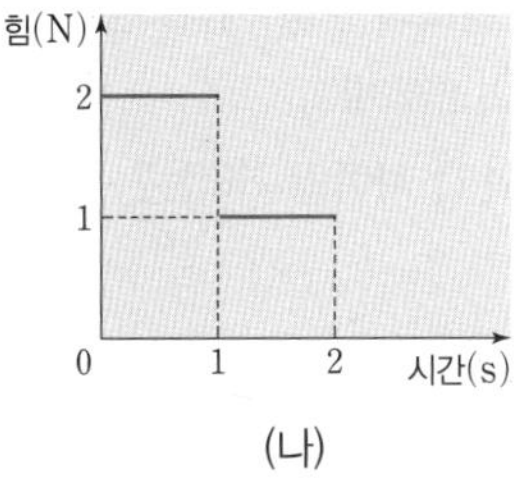

(나)

0초부터 1초까지 힘이 물체에 한 일을 W_1, 1초부터 2초까지 힘이 물체에 한 일을 W_2라 할 때, $W_1 : W_2$는? (단, 공기 저항은 무시한다.)

① 1 : 2 ② 2 : 1 ③ 3 : 2 ④ 4 : 5 ⑤ 5 : 4

[20700-0175]

04 그림과 같이 물체 A와 B가 실로 연결되어 함께 운동하고 있다.

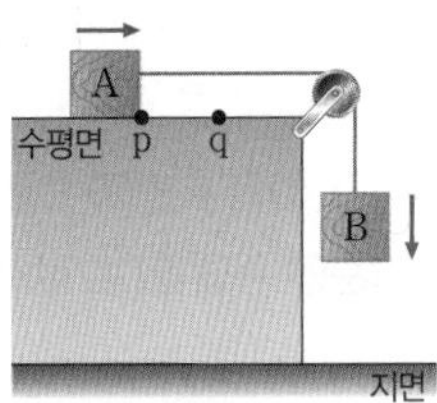

A가 점 p에서 점 q까지 이동하는 동안 물리량이 감소하는 것만을 ⟨보기⟩에서 있는 대로 고른 것은? (단, 실의 질량, 모든 마찰과 공기 저항은 무시한다.)

보기

ㄱ. A의 운동 에너지

ㄴ. A의 역학적 에너지

ㄷ. B의 중력 퍼텐셜 에너지

ㄹ. B의 역학적 에너지

① ㄱ, ㄷ ② ㄴ, ㄹ ③ ㄷ, ㄹ ④ ㄱ, ㄴ, ㄷ ⑤ ㄱ, ㄴ, ㄹ

[20700-0176]

05 그림은 높이 h인 곳에서 가만히 놓은 물체가 점 P, Q를 지나 운동하는 모습을 나타낸 것이다. P에서 물체의 중력 퍼텐셜 에너지는 운동 에너지의 2배이고, Q에서 물체의 운동 에너지는 P에서 운동 에너지의 2배이다.

P와 Q 사이의 거리는?

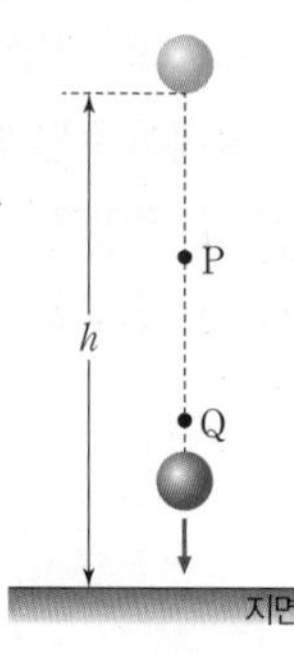

① $\frac{h}{5}$　② $\frac{h}{4}$　③ $\frac{h}{3}$

④ $\frac{2h}{5}$　⑤ $\frac{h}{\sqrt{3}}$

[20700-0177]

06 그림은 질량이 1 kg인 공이 동일한 연직면 상에 있는 궤도를 따라 운동할 때, 궤도상의 점 A, B, C, D에서의 운동 에너지 E_k를 나타낸 것이다. B와 C는 기준면으로부터 각각 높이가 h_1, h_2이고, D는 기준면 위에 있는 점으로, 중력 퍼텐셜 에너지는 0이다.

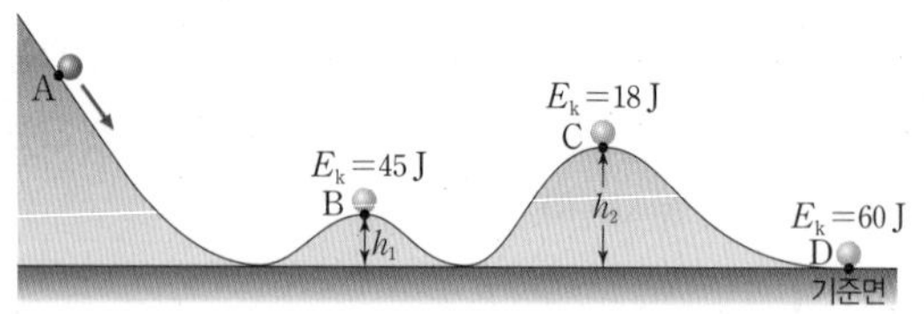

높이 h_1과 h_2로 옳은 것은? (단, 중력 가속도는 10 m/s^{2}이고, 모든 마찰과 공기 저항, 물체의 크기는 무시한다.)

	h_1	h_2		h_1	h_2
①	1.5 m	2.4 m	②	1.5 m	4.2 m
③	3.5 m	4.2 m	④	2.0 m	4.0 m
⑤	2.0 m	3.8 m			

서술형

[20700-0178]

07 그림과 같이 질량이 각각 $2m$, m인 물체 A, B를 실로 연결한 후 A를 정지 상태에서 가만히 놓았더니, A가 $2h$만큼 낙하하는 동안 B는 마찰이 없는 빗면을 따라 높이 h만큼 올라갔다. (단, 중력 가속도는 g이고, 물체의 크기, 실의 질량, 도르래의 마찰, 공기 저항은 무시한다.)

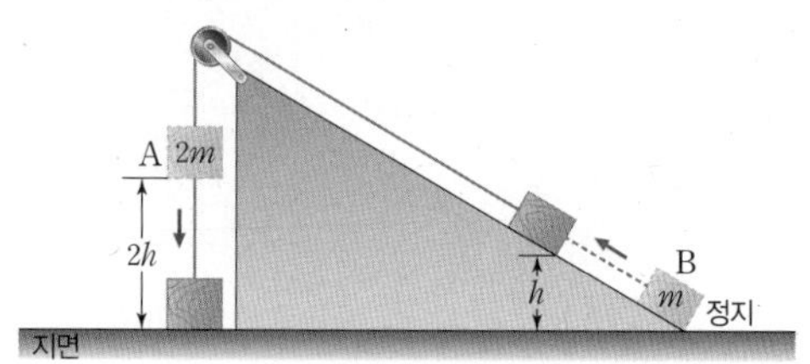

(1) A의 감소한 중력 퍼텐셜 에너지를 구하시오.

(2) B의 증가한 중력 퍼텐셜 에너지를 구하시오.

(3) A가 지면에 닿는 순간, A의 속력을 구하시오.

서술형

[20700-0179]

08 그림과 같이 수평면에 정지해 있던 물체에 크기가 20 N인 힘을 수평으로 작용하였더니 물체가 직선 운동하였다. 운동하는 동안 운동 방향과 반대 방향으로 4 N의 일정한 힘 F가 계속 작용하였다.

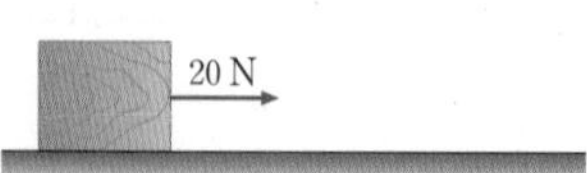

(1) 20 m를 이동하는 동안 20 N의 힘이 한 일을 구하시오.

(2) 20 m를 이동하는 동안 F가 한 일을 구하시오.

(3) 20 m를 이동한 순간 물체의 운동 에너지를 구하시오.

[20700-0180]

09 그림은 수평면에서 수평면과 30°의 각을 이루는 방향으로 속력 v_0으로 던진 물체가 포물선 운동을 하는 것을 나타낸 것이다.

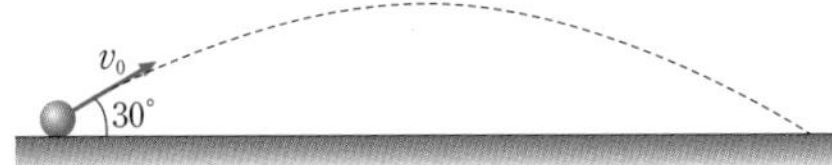

최고점에서 운동 에너지를 E_1, 최고점에서 중력 퍼텐셜 에너지를 E_2라고 할 때, $\frac{E_2}{E_1}$는? (단, 공기 저항은 무시한다.)

① 1 ② $\frac{1}{2}$ ③ $\frac{1}{3}$ ④ $\frac{1}{4}$ ⑤ $\frac{1}{6}$

[20700-0181]

10 그림 (가)는 질량이 m인 물체를 높이 H에서 가만히 놓았을 때 등가속도 직선 운동을 하여 연직으로 낙하하는 모습을 나타낸 것으로, 정지 상태에서 지면에 도달할 때까지 걸린 시간은 T이다. 그림 (나)는 (가)에서 물체의 낙하 거리에 따른 에너지를 나타낸 것이다.

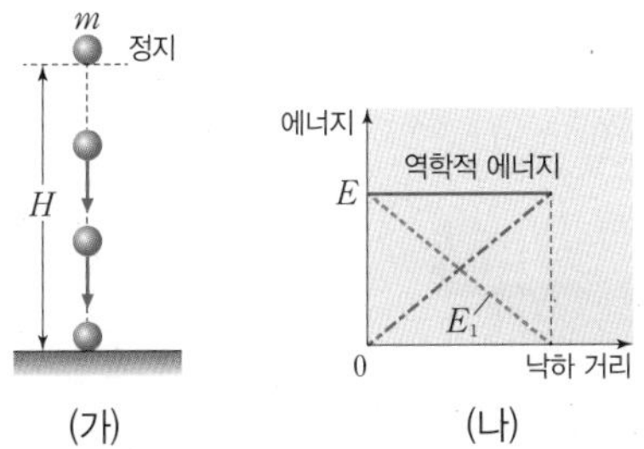

(가) (나)

이에 대한 설명으로 옳은 것만을 〈보기〉에서 있는 대로 고른 것은? (단, 중력 가속도는 g이고, 물체의 크기와 공기 저항은 무시한다.)

보기
ㄱ. E_1은 운동 에너지 그래프이다. ㄴ. 낙하 거리가 $\frac{H}{3}$일 때, 물체의 운동 에너지는 $\frac{2}{3}mgH$이다. ㄷ. 중력 퍼텐셜 에너지와 운동 에너지가 같아질 때까지 걸린 시간은 $\frac{1}{\sqrt{2}}T$이다.

① ㄱ ② ㄷ ③ ㄱ, ㄴ ④ ㄴ, ㄷ ⑤ ㄱ, ㄴ, ㄷ

[20700-0182]

11 그림과 같이 절벽 끝에 가만히 서 있던 질량 80 kg인 타잔이 밧줄을 타고 가다가 절벽으로부터 5 m 낮은 위치인 경로상 최하점에 착지하려고 한다.

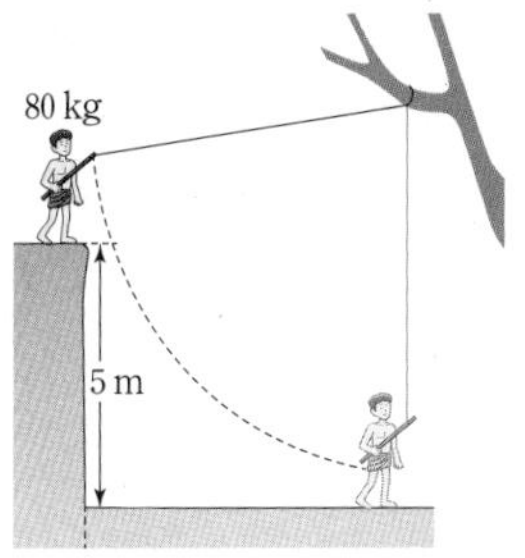

이에 대한 설명으로 옳은 것만을 〈보기〉에서 있는 대로 고른 것은? (단, 중력 가속도는 10 m/s²이고, 타잔의 크기, 밧줄의 질량과 공기 저항은 무시한다.)

보기
ㄱ. 최하점에서 타잔의 속력은 12 m/s이다. ㄴ. 타잔이 5 m를 내려오는 동안 중력이 타잔에게 한 일은 4000 J이다. ㄷ. 타잔이 5 m를 내려오는 동안 밧줄이 타잔을 당기는 힘이 타잔에게 한 일은 4000 J이다.

① ㄱ ② ㄴ ③ ㄱ, ㄷ ④ ㄴ, ㄷ ⑤ ㄱ, ㄴ, ㄷ

서술형

[20700-0183]

12 그림은 무동력차가 궤도를 따라 운동하고 있는 것을 나타낸 것이다. 무동력차는 점 A를 속력 20 m/s로 지난 후 동일 연직면상의 최하점 B와 최고점 C를 차례로 통과한다. A, B, C는 지면으로부터 각각 20 m, 10 m, 30 m 높이에 있다. (단, 중력 가속도는 10 m/s²이고, 모든 마찰과 공기 저항은 무시한다.)

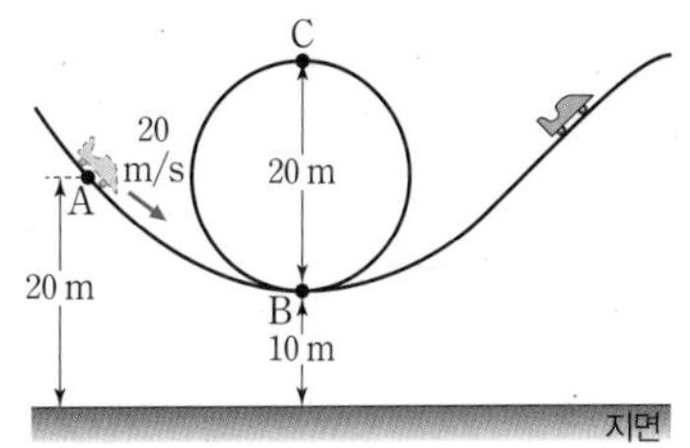

(1) 무동력차가 B를 지날 때 속력을 구하시오.

(2) 무동력차가 C를 지날 때 구심 가속도의 크기를 구하시오.

[20700-0184]

13 그림은 마찰이 없는 놀이 기구에서 높이가 h인 점 A에 정지해 있던 철수가 미끄러져 내려오는 모습을 나타낸 것이다. 철수는 점 B를 지나 수평면을 따라 운동하다가 점 C에서 정지하였다. 수평면은 높이가 $\frac{h}{2}$이고, BC 구간에만 마찰이 있다.

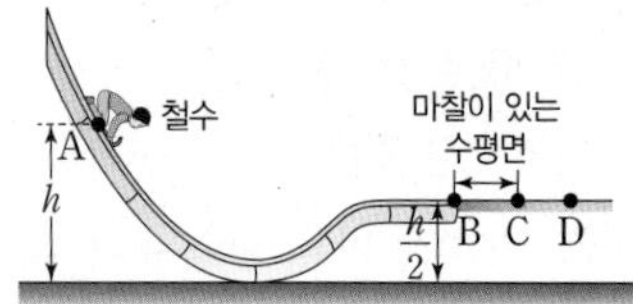

철수의 처음 높이를 $2h$로 할 때 점 D를 지나는 철수의 속력은? (단, 중력 가속도는 g이고, 공기 저항과 철수의 크기는 무시한다.)

① $\frac{\sqrt{2gh}}{5}$ ② $\frac{\sqrt{gh}}{2}$ ③ $\sqrt{2gh}$
④ $\sqrt{3gh}$ ⑤ $2\sqrt{gh}$

서술형

[20700-0185]

14 그림과 같이 질량이 m인 공이 바닥으로부터 높이 h인 곳에서 마찰이 없는 궤도를 따라 내려와 반지름이 R인 원형 궤도를 돌아 수평인 궤도를 따라 빠져나온다.

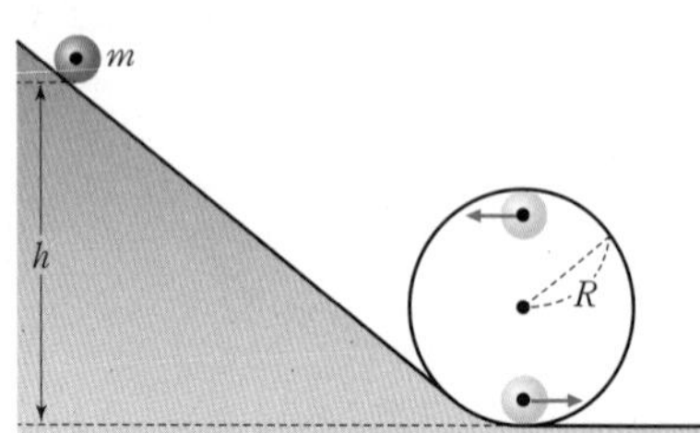

이 공이 원형 궤도를 돌기 위한 h의 최솟값을 R를 활용하여 풀이 과정과 함께 구하시오. (단, 공의 크기와 공기 저항은 무시한다.)

서술형

[20700-0186]

15 그림과 같이 길이가 L인 질량을 무시할 수 있는 줄의 한쪽 끝에 질량이 m인 공이 매달려 다른 한쪽 끝을 회전축으로 하여 자유롭게 회전할 수 있다. 줄이 연직선과 θ의 각을 이룰 때 공의 속력은 v이다. (단, 공의 크기와 공기 저항은 무시한다.)

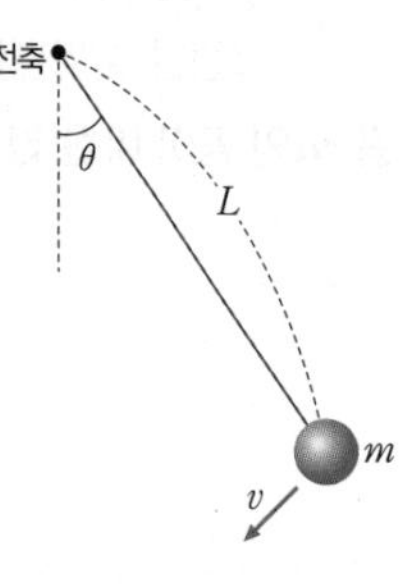

(1) 공이 회전축과 같은 높이까지 오게 하기 위한 v의 최솟값을 구하시오.

(2) 공이 연직으로 최고 높이에 있게 하기 위한 v의 최솟값을 구하시오.

[20700-0187]

16 그림 (가)와 같이 실에 매달린 물체 A를 실험대 윗면으로부터 높이 h인 곳에서 가만히 놓아, 실험대 위의 끝 부분에 정지해 있는 물체 B와 정면 충돌시킨다. 그림 (나)는 충돌 후 A, B의 운동을 나타낸 것이다. A와 B의 질량은 m으로 같고, B의 연직 낙하 거리와 수평 이동 거리는 각각 h이다.

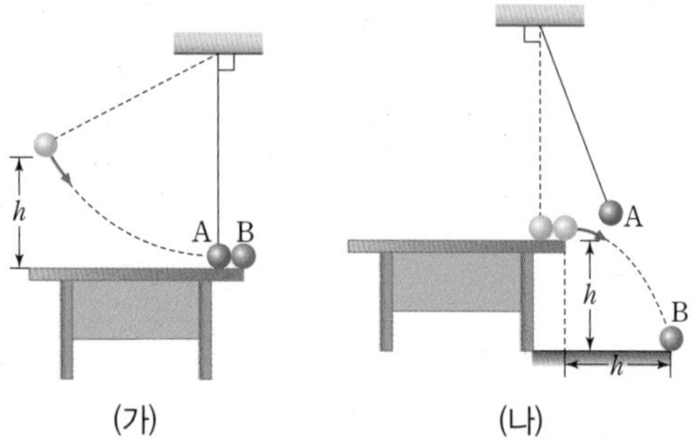

이에 대한 설명으로 옳은 것만을 〈보기〉에서 있는 대로 고른 것은? (단, 중력 가속도는 g이고, 물체의 크기와 실의 질량, 공기 저항은 무시한다.)

보기

ㄱ. B와 충돌 직전 A의 속력은 $\sqrt{2gh}$이다.

ㄴ. 충돌 과정에서 A에서 B로 전달된 역학적 에너지는 $\frac{1}{2}mgh$이다.

ㄷ. 충돌 후 B의 속력은 $\sqrt{\frac{h}{2g}}$이다.

① ㄱ ② ㄷ ③ ㄱ, ㄴ ④ ㄴ, ㄷ ⑤ ㄱ, ㄴ, ㄷ

서술형

[20700-0188]

17 그림과 같이 반지름이 R인 반구의 가장 높은 곳에서 질량 m인 공이 마찰 없는 구면을 따라 내려온다.

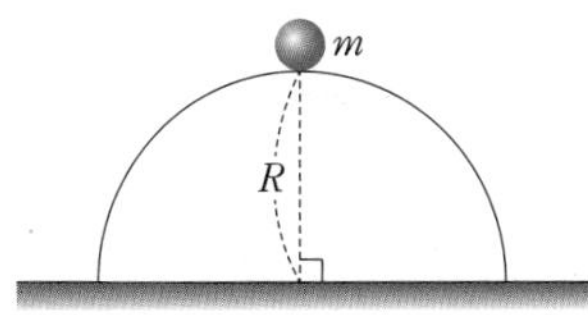

이 공이 반구를 떠나는 지점의 높이를 풀이 과정과 함께 구하시오. (단, 공의 크기와 공기 저항은 무시한다.)

[20700-0189]

18 다음은 영희가 수행한 탐구 활동이다.

[탐구 과정]

(1) 그림 (가)와 같이 질량과 처음 온도가 같은 액체 A, B를 같은 시간 동안 동일한 열을 가한 후 나중 온도를 측정한다.

(2) 그림 (나)와 같이 동일한 시간 동안 가열한 다음 B에 A를 담근 후 두 액체의 온도 변화를 측정한다.

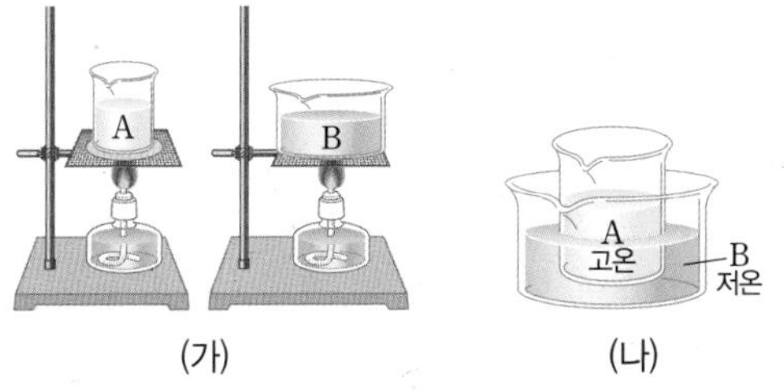

(가) (나)

[탐구 결과]

- (가)에서 나중 온도는 A가 B보다 높다.
- (나)에서 1분 후 A와 B의 온도가 같아졌다.

이에 대한 설명으로 옳은 것만을 〈보기〉에서 있는 대로 고른 것은? (단, 열은 A와 B 사이에서만 이동한다.)

보기

ㄱ. A의 비열은 B의 비열보다 작다.

ㄴ. A의 열용량은 B의 열용량과 같다.

ㄷ. (나)에서 A가 잃은 열에너지와 B가 얻은 열에너지는 같다.

① ㄱ ② ㄴ ③ ㄱ, ㄷ ④ ㄴ, ㄷ ⑤ ㄱ, ㄴ, ㄷ

[20700-0190]

19 다음 표는 세 가지 물체 A, B, C의 비열과 질량을 나타낸 것이다.

물체	A	B	C
비열(kcal/kg·℃)	0.1	0.1	0.2
질량(kg)	2	1	1

같은 온도의 A, B, C를 각각 같은 열원으로 같은 시간 동안 가열한 직후의 온도를 각각 T_A, T_B, T_C라 할 때, T_A, T_B, T_C를 옳게 비교한 것은? (단, 가열하는 동안 상태 변화는 일어나지 않았다.)

① $T_A=T_B>T_C$ ② $T_A=T_C>T_B$
③ $T_B>T_A=T_C$ ④ $T_B=T_C>T_A$
⑤ $T_C>T_A=T_B$

[20700-0191]

20 그림은 두 물체 A, B를 접촉시켰을 때 A, B의 온도를 시간에 따라 나타낸 것이다. t일 때 두 물체의 온도는 같아졌다.

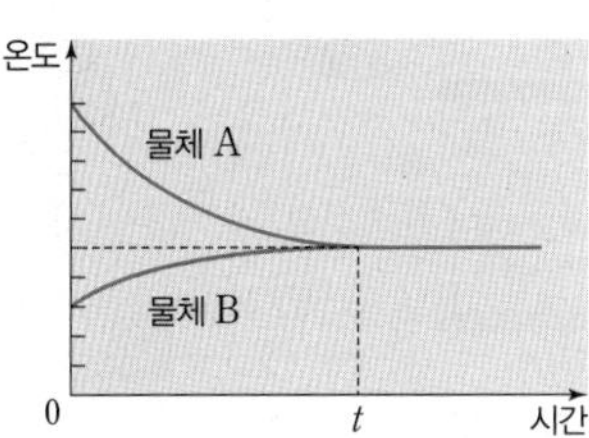

이에 대한 설명으로 옳은 것만을 〈보기〉에서 있는 대로 고른 것은? (단, 열의 이동은 A, B 사이에서만 일어난다.)

보기

ㄱ. 0에서 t까지 열은 A에서 B로 이동한다.

ㄴ. 0에서 t까지 A가 잃은 열량은 B가 얻은 열량과 같다.

ㄷ. A와 B의 질량이 같을 때 비열은 B가 A보다 크다.

① ㄱ ② ㄷ ③ ㄱ, ㄴ ④ ㄴ, ㄷ ⑤ ㄱ, ㄴ, ㄷ

정답과 해설 30쪽

[20700-0192]

21 그림은 A 상태에 있던 일정량의 단원자 분자 이상 기체를 A → B, A → C, A → D 과정으로 각각 변화시켰을 때 부피와 온도 사이의 관계를 나타낸 것이다.

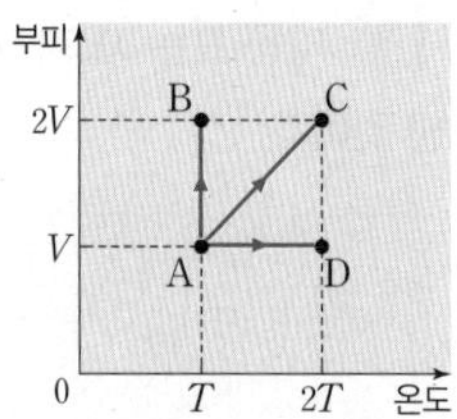

이에 대한 설명으로 옳은 것만을 〈보기〉에서 있는 대로 고른 것은?

보기

ㄱ. A → D 과정에서 기체는 외부에 일을 하지 않는다.
ㄴ. 기체의 내부 에너지 변화량은 A → C 과정과 A → D 과정에서 서로 같다.
ㄷ. 기체가 흡수한 열량은 A → C 과정이 A → D 과정보다 크다.

① ㄱ ② ㄴ ③ ㄷ ④ ㄱ, ㄷ ⑤ ㄱ, ㄴ, ㄷ

[20700-0193]

22 그림 (가)는 중력이 추에 한 일과 열 사이의 관계를 알아보기 위한 줄의 실험 장치를 나타낸 것이다. 그림 (나)는 고열원에서 열 Q_1을 흡수하여 외부에 일을 하고 저열원으로 열 Q_2를 방출하는 열기관을 나타낸 것이다.

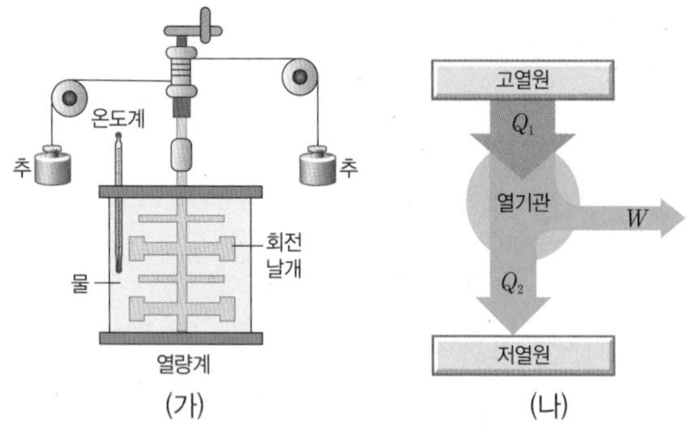

(가) (나)

이에 대한 설명으로 옳은 것만을 〈보기〉에서 있는 대로 고른 것은?

보기

ㄱ. (가)에서 동일한 조건일 경우 추의 무게가 클수록 물의 온도 변화가 크다.
ㄴ. (가)에서 열의 일당량을 구할 수 있다.
ㄷ. (나)에서 열에너지가 역학적 에너지로 전환된다.

① ㄱ ② ㄷ ③ ㄱ, ㄴ ④ ㄴ, ㄷ ⑤ ㄱ, ㄴ, ㄷ

[20700-0194]

23 그림과 같이 어떤 열기관이 3000 J의 열에너지를 공급받아 A → B → C → D → A의 순환 과정을 거친다.

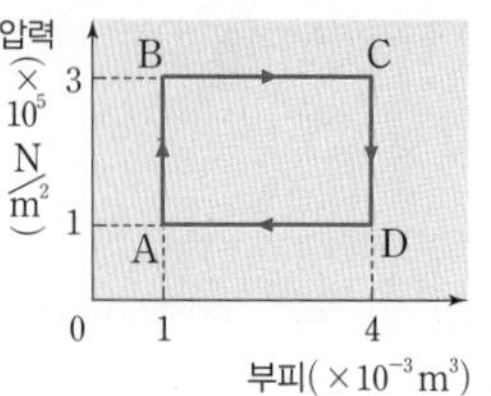

이에 대한 설명으로 옳은 것만을 〈보기〉에서 있는 대로 고른 것은?

보기

ㄱ. D → A 과정에서 기체는 외부에 일을 한다.
ㄴ. 1회 순환 과정에서 외부에 한 일은 600 J이다.
ㄷ. 1회 순환 과정에서 내부 에너지의 증가량은 100 J이다.

① ㄱ ② ㄴ ③ ㄱ, ㄷ ④ ㄴ, ㄷ ⑤ ㄱ, ㄴ, ㄷ

[20700-0195]

24 그림은 상태 A에 있던 일정량의 이상 기체가 (가)와 (나)의 과정을 따라 변화할 때 압력과 부피의 관계를 나타낸 것이다. 순환 과정 (가)는 A → B → C → D → A, (나)는 A → E → F → G → A의 변화를 나타낸 것이다.

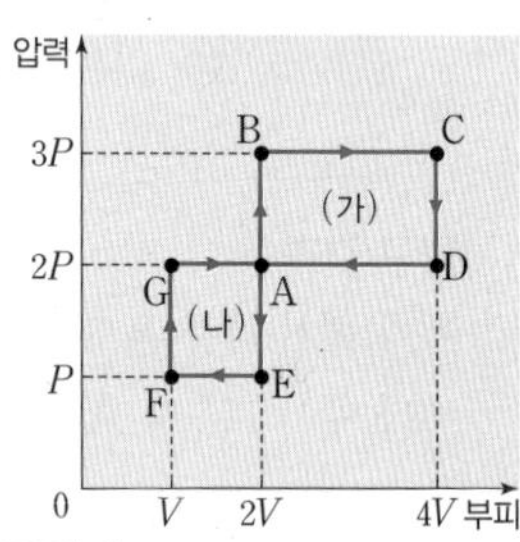

(가)와 (나)를 한 번씩 거쳤을 때, 이에 대한 설명으로 옳은 것만을 〈보기〉에서 있는 대로 고른 것은?

보기

ㄱ. 이상 기체가 하는 일은 (가)가 (나)보다 크다.
ㄴ. 내부 에너지의 변화량은 (가)와 (나)에서 각각 0이다.
ㄷ. 흡수한 열량은 (가)가 (나)보다 작다.

① ㄱ ② ㄷ ③ ㄱ, ㄴ ④ ㄴ, ㄷ ⑤ ㄱ, ㄴ, ㄷ

신유형·수능 열기

정답과 해설 34쪽

[20700-0196]

01 그림은 정지해 있던 질량이 m, $2m$인 물체 A, B에 일정한 힘 F를 수평 방향으로 작용하였을 때 A, B가 각각 동일한 거리 s를 이동하여 기준선을 통과하는 순간의 모습을 나타낸 것이다.

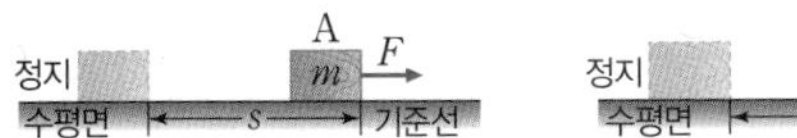

이에 대한 설명으로 옳은 것만을 〈보기〉에서 있는 대로 고른 것은? (단, A, B의 크기, 모든 마찰과 공기 저항은 무시한다.)

> **보기**
> ㄱ. F가 A, B에 한 일의 양은 같다.
> ㄴ. 기준선을 통과할 때 운동 에너지는 A와 B가 같다.
> ㄷ. 정지 상태로부터 기준선을 통과할 때까지 걸린 시간은 A가 B보다 작다.

① ㄱ ② ㄷ ③ ㄱ, ㄴ ④ ㄴ, ㄷ ⑤ ㄱ, ㄴ, ㄷ

[20700-0197]

02 그림 (가)는 지면에 정지해 있던 질량이 10 kg인 물체를 전동기가 줄과 도르래를 이용하여 연직 위로 끌어올리는 모습을 나타낸 것이다. 그림 (나)는 전동기가 물체를 당기기 시작한 순간부터 당기는 힘의 크기를 시간에 따라 나타낸 것이다.

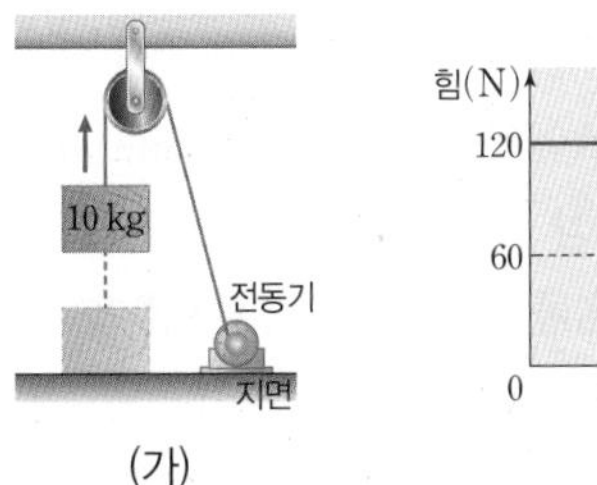

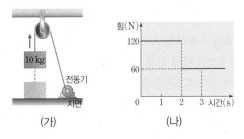

(가) (나)

이에 대한 설명으로 옳은 것만을 〈보기〉에서 있는 대로 고른 것은? (단, 중력 가속도의 크기는 $10\ m/s^2$이고, 줄의 질량, 도르래의 마찰, 공기 저항은 무시한다.)

> **보기**
> ㄱ. 1초일 때 물체의 속력은 10 m/s이다.
> ㄴ. 2초일 때 중력 퍼텐셜 에너지는 400 J이다.
> ㄷ. 2초에서 3초 사이에 중력이 한 일의 양은 100 J이다.

① ㄱ ② ㄴ ③ ㄷ ④ ㄱ, ㄴ ⑤ ㄴ, ㄷ

[20700-0198]

03 그림 (가)와 같이 높이가 1 m이고 경사면의 길이가 2 m인 마찰이 없는 경사면에서 전동기와 도르래를 이용해 질량이 2 kg인 물체에 빗면과 나란한 방향의 힘을 작용하여 끌어올리고 있다. 그림 (나)는 경사면으로 물체를 끌어올리는 동안에 물체의 속력을 시간에 따라 나타낸 것이다.

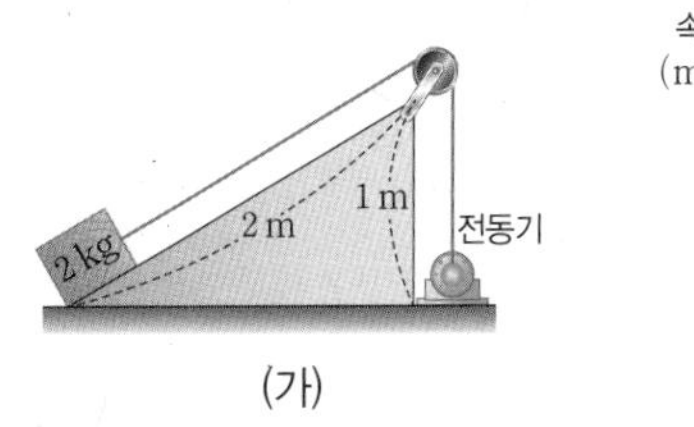

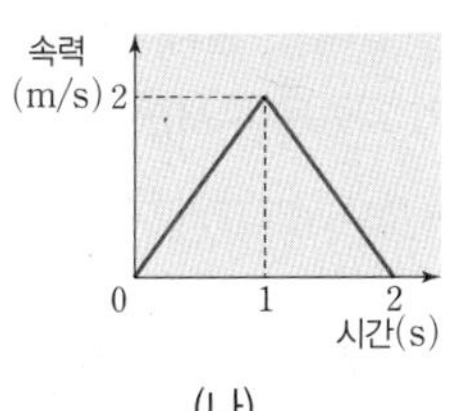

(가) (나)

이에 대한 설명으로 옳은 것만을 〈보기〉에서 있는 대로 고른 것은? (단, 중력 가속도의 크기는 $10\ m/s^2$이고, 물체의 크기, 줄의 질량, 도르래의 마찰, 공기 저항은 무시한다.)

> **보기**
> ㄱ. 0초부터 1초까지 전동기가 물체를 당기는 힘이 한 일은 20 J이다.
> ㄴ. 0초부터 1초까지 물체의 운동 에너지 증가량은 10 J이다.
> ㄷ. 1.5초일 때 줄이 물체를 당기는 힘의 크기는 6 N이다.

① ㄱ ② ㄴ ③ ㄷ ④ ㄱ, ㄴ ⑤ ㄴ, ㄷ

[20700-0199]

04 그림은 질량 M인 철수가 도르래의 줄을 연직 아래 방향으로 당겨 질량 m인 물체를 일정한 속력으로 들어 올리는 것을 나타낸 것이다.

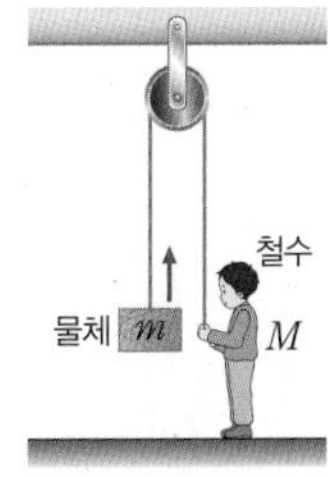

물체가 연직 방향으로 상승하는 동안, 이에 대한 설명으로 옳은 것만을 〈보기〉에서 있는 대로 고른 것은? (단, 중력 가속도는 g이고, 줄의 질량과 마찰 및 공기 저항은 무시한다.)

> **보기**
> ㄱ. 줄이 물체를 당기는 힘의 크기는 mg이다.
> ㄴ. 물체의 역학적 에너지는 일정하다.
> ㄷ. 철수가 바닥을 누르는 힘의 크기는 $Mg+mg$이다.

① ㄱ ② ㄴ ③ ㄷ ④ ㄱ, ㄴ ⑤ ㄴ, ㄷ

[20700-0200]

05 그림과 같이 질량이 m인 원뿔 진자가 연직선과 θ의 각을 이루며 원운동을 하고 있다. 원의 반지름은 r이다. 이에 대한 설명으로 옳은 것만을 〈보기〉에서 있는 대로 고른 것은? (단, 중력 가속도는 g이고, 물체의 크기와 실의 질량, 공기 저항은 무시한다.)

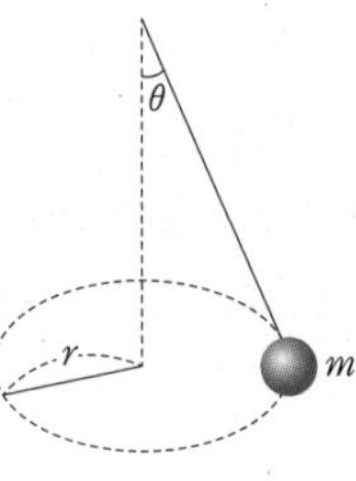

보기

ㄱ. 진자의 회전 각속도는 $\sqrt{\frac{g\tan\theta}{r}}$이다.

ㄴ. 진자의 주기는 $2\pi\sqrt{\frac{r}{g\tan\theta}}$이다.

ㄷ. 진자의 운동 에너지는 $\frac{1}{2}mgr\tan\theta$이다.

① ㄱ ② ㄷ ③ ㄱ, ㄴ ④ ㄴ, ㄷ ⑤ ㄱ, ㄴ, ㄷ

[20700-0201]

06 그림은 수평면에서 질량 0.1 kg인 물체를 수평면과 30°의 각을 이루며 던져 올렸을 때 물체의 위치를 0.1초 간격으로 나타낸 것이고, 표는 시간에 따른 물체의 높이와 속도의 크기를 나타낸 것이다.

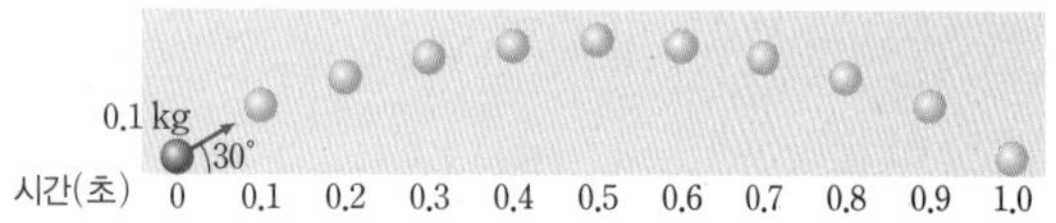

시간(s)	0	0.1	0.2	0.3	0.4	0.5	0.6
높이(m)	0	0.45	0.80	1.05	1.20	1.25	1.20
수평 방향 속도 크기(m/s)	$5\sqrt{3}$	$5\sqrt{3}$	$5\sqrt{3}$	$5\sqrt{3}$	$5\sqrt{3}$	$5\sqrt{3}$	$5\sqrt{3}$
연직 방향 속도 크기(m/s)	5	4	3	2	1	0	1

이에 대한 설명으로 옳은 것만을 〈보기〉에서 있는 대로 고른 것은? (단, 중력 가속도는 10 m/s^{2}이고, 공기 저항은 무시한다.)

보기

ㄱ. 0.1초일 때 물체의 중력 퍼텐셜 에너지는 0.45 J이다.

ㄴ. 0.3초일 때 물체의 속력은 7 m/s이다.

ㄷ. 물체의 역학적 에너지는 0.35 J이다.

① ㄱ ② ㄷ ③ ㄱ, ㄴ ④ ㄴ, ㄷ ⑤ ㄱ, ㄴ, ㄷ

[20700-0202]

07 그림 (가)와 (나)는 높이 H인 지점에서 가만히 놓은 물체가 지면에 도달할 때까지 물체의 중력 퍼텐셜 에너지 E_p와 운동 에너지 E_k를 각각 낙하 거리와 시간에 따라 나타낸 것이다. 물체가 지면에 도달할 때까지 걸린 시간은 T이다.

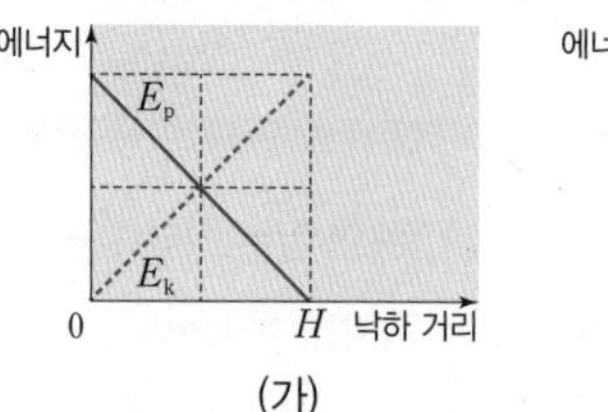

(가)

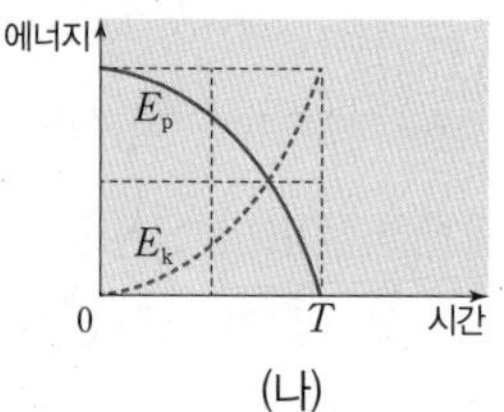

(나)

이에 대한 설명으로 옳은 것만을 〈보기〉에서 있는 대로 고른 것은? (단, 모든 마찰과 공기 저항은 무시한다.)

보기

ㄱ. 물체가 낙하하는 동안 물체의 역학적 에너지는 일정하다.

ㄴ. 물체가 낙하하는 동안 물체의 운동 에너지는 증가한다.

ㄷ. 물체가 정지 상태에서 $\frac{H}{2}$만큼 낙하하는 데 걸린 시간은 $\frac{T}{2}$이다.

① ㄱ ② ㄷ ③ ㄱ, ㄴ ④ ㄴ, ㄷ ⑤ ㄱ, ㄴ, ㄷ

[20700-0203]

08 그림과 같이 질량이 m인 공을 길이가 L인 줄에 매달아 지면과 줄이 수평인 점 A에서 줄이 팽팽한 상태로 가만히 놓았더니 원 궤도를 따라 가장 낮은 지점을 통과하였다. 점 B에는 못이 박혀 있어서 최하점을 지난 공은 못 주위를 한 바퀴 회전한다.

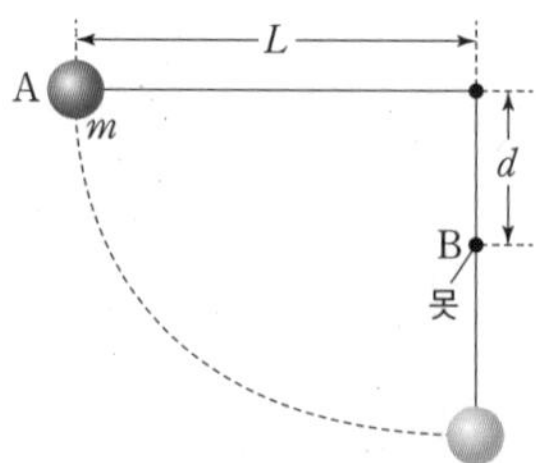

공이 못 주위를 한 바퀴 돌기 위한 d의 최솟값은? (단, 공의 크기와 줄의 질량, 공기 저항은 무시한다.)

① $\frac{1}{10}L$ ② $\frac{2}{5}L$ ③ $\frac{3}{5}L$ ④ $\frac{2}{3}L$ ⑤ $\frac{3}{4}L$

[20700-0204]
09 그림 (가)는 단열되지 않은 두 실린더에 같은 몰수의 단원자 분자 이상 기체 A, B가 각각 들어 있는 모습을 나타낸 것이다. 이때 A, B의 부피는 서로 같고 온도는 각각 T_1, T_2이며 두 피스톤 위에 놓인 추 1, 2의 질량은 서로 다르다. 그림 (나)는 시간이 흐른 후 A, B의 온도는 모두 외부 온도 T_0과 같아졌고 부피는 B가 A보다 더 많이 감소한 모습을 나타낸 것이다.

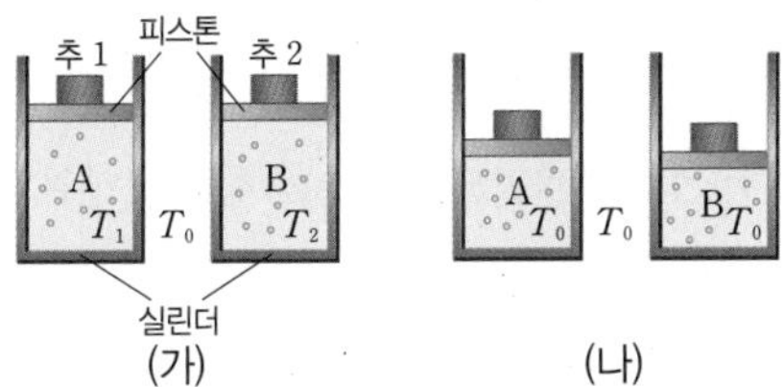

이에 대한 설명으로 옳은 것만을 〈보기〉에서 있는 대로 고른 것은? (단, 실린더와 피스톤 사이의 마찰은 무시한다.)

보기
ㄱ. $T_1 < T_2$이다.
ㄴ. (나)에서 A와 B의 내부 에너지는 서로 같다.
ㄷ. (가)에서 (나)로 변하는 과정에서 외부로 방출한 열량은 B가 A보다 크다.

① ㄱ ② ㄷ ③ ㄱ, ㄴ ④ ㄴ, ㄷ ⑤ ㄱ, ㄴ, ㄷ

[20700-0205]
10 그림은 일정량의 이상 기체의 상태가 A → B → C → A를 따라 변하는 과정을 압력과 부피의 관계로 나타낸 것이다. 다음은 이에 대해 철수, 영희, 민수가 설명한 내용이다.

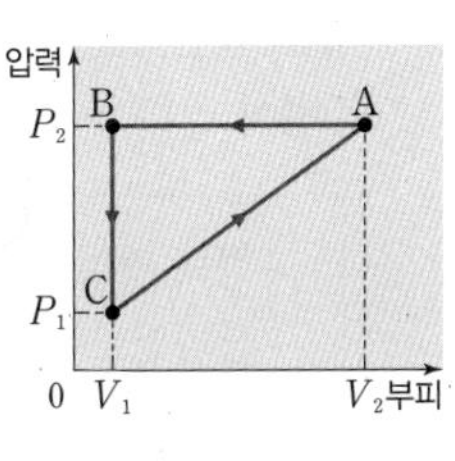

철수: A → B 과정에서 기체의 내부 에너지는 감소하고, 외부로부터 일을 받고, 외부로 열을 방출해.
영희: B → C 과정에서 기체의 내부 에너지는 감소하고, 기체가 한 일은 0이며, 외부로 열을 방출해.
민수: C → A 과정에서 기체의 내부 에너지는 증가하고, 외부에 일을 하며, 외부로부터 열을 흡수해.

각 과정에 대해 옳게 설명한 사람만을 있는 대로 것은?

① 철수 ② 영희 ③ 민수
④ 철수, 영희 ⑤ 철수, 영희, 민수

[20700-0206]
11 다음은 물체의 비열 측정 실험이다.

[실험 과정]
(가) 질량 300 g의 물체 A를 끓는 물에 넣고 충분한 시간이 지난 후에 물의 온도 T_1을 측정한다.

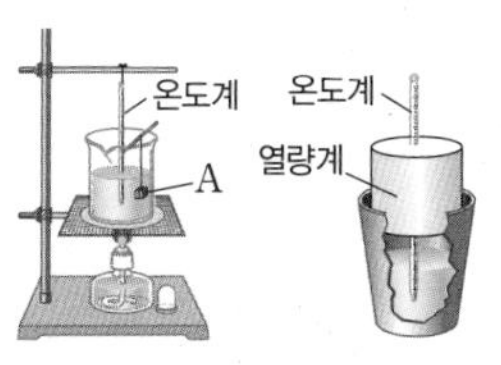

(나) 열량계 속에 찬물 300 g을 넣고 물의 온도 T_2를 측정한다.
(다) 끓는 물에서 A를 꺼내 열량계 속에 넣고 온도 변화가 없을 때 열량계 속의 물의 온도 T_3을 측정한다.

[실험 결과]

측정	T_1	T_2	T_3
온도	100 ℃	16 ℃	30 ℃

이에 대한 설명으로 옳은 것만을 〈보기〉에서 있는 대로 고른 것은?

보기
ㄱ. A의 열용량은 열량계 속의 물의 열용량보다 작다.
ㄴ. 비열은 A가 물보다 작다.
ㄷ. (다)에서 A가 잃은 열량은 열량계 속의 물이 얻은 열량보다 작다.

① ㄱ ② ㄷ ③ ㄱ, ㄴ ④ ㄴ, ㄷ ⑤ ㄱ, ㄴ, ㄷ

[20700-0207]
12 그림은 일정량의 이상 기체의 상태가 A → B → C → D → A를 따라 변화할 때 압력과 부피의 관계를 나타낸 그래프이다. A → B와 C → D는 등온 과정이고, B → C와 D → A는 부피가 일정한 과정이다.

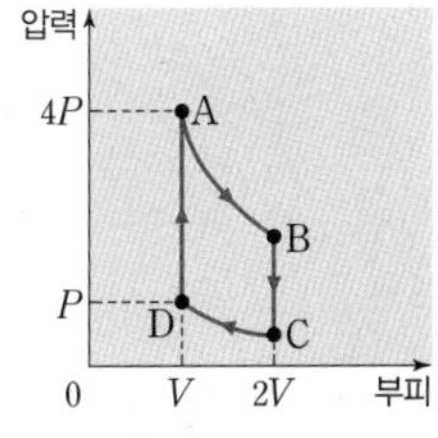

이에 대한 설명으로 옳은 것만을 〈보기〉에서 있는 대로 고른 것은?

보기
ㄱ. A → B 과정에서 기체가 외부에 일을 하지 않는다.
ㄴ. B → C 과정에서 내부 에너지의 감소량은 D → A 과정에서 내부 에너지의 증가량과 같다.
ㄷ. C → D 과정에서 열의 출입이 없다.

① ㄱ ② ㄴ ③ ㄱ, ㄷ ④ ㄴ, ㄷ ⑤ ㄱ, ㄴ, ㄷ

단원 정리

1 힘의 합성과 평형

(1) 힘의 합성과 분해

① 스칼라량과 벡터량

- 스칼라량: 길이, 질량, 속력, 에너지 등과 같이 크기만을 가지는 물리량이다.
- 벡터량: 위치, 변위, 속도, 가속도, 힘 등과 같이 크기와 방향을 함께 가지는 물리량이다.

② 벡터의 합성

- 평행사변형법: 두 벡터 $\vec{A}$와 $\vec{B}$를 이웃한 두 변으로 하는 평행사변형을 그리면 평행사변형의 대각선 $\vec{C}$가 두 벡터의 합이 된다.
- 삼각형법: $\vec{B}$의 시작점을 $\vec{A}$의 끝점으로 평행 이동시키면 $\vec{A}$의 시작점과 $\vec{B}$의 끝점을 연결한 $\vec{C}$가 두 벡터의 합이 된다.

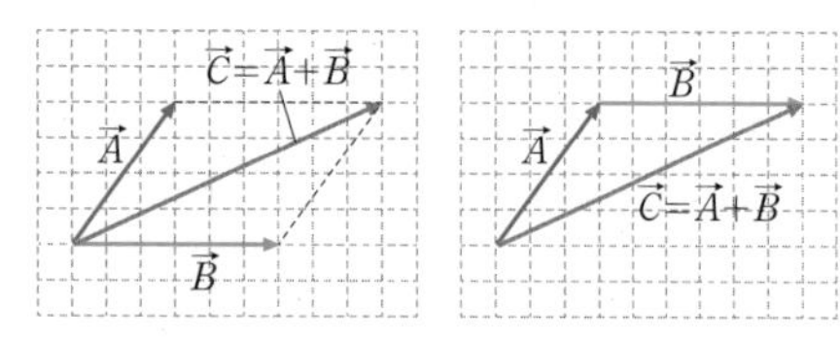

▲ 평행사변형법　　▲ 삼각형법

③ 벡터의 분해: 일반적으로 직교 좌표축을 이용하여 벡터 $\vec{A}$를 서로 수직인 벡터 $\vec{A}_x$와 $\vec{A}_y$로 분해한다.

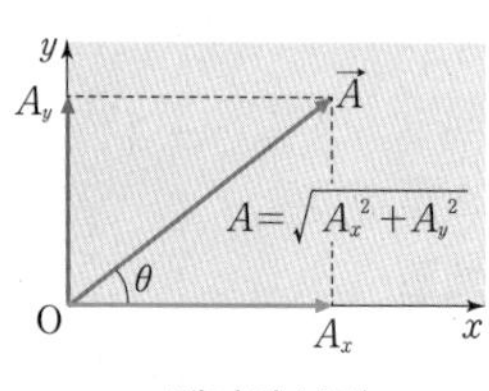

▲ 벡터의 분해

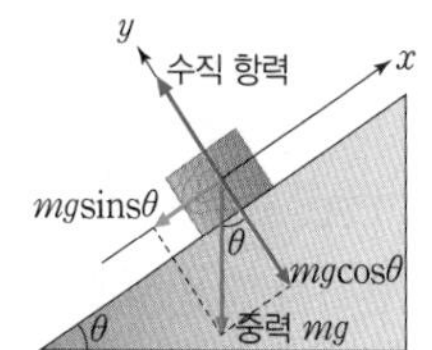

▲ 빗면에서 힘의 분해

(2) 알짜힘(합력): 물체에 여러 힘이 작용할 때 각 힘을 합성하여 하나의 힘으로 나타낸 것이다.

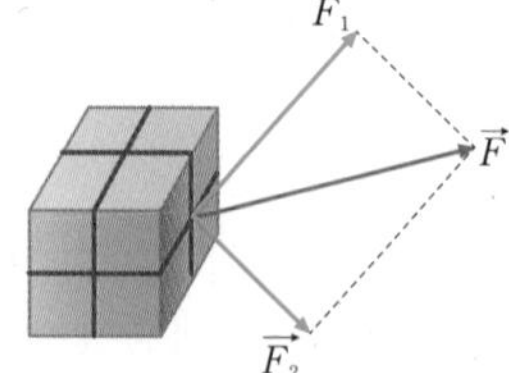

- 힘의 합성: 한 물체에 두 힘 $\vec{F_1}$과 $\vec{F_2}$가 작용할 때 알짜힘(합력) $\vec{F}$는 벡터의 합성으로 구한다.

(3) 평형과 안정성

① 돌림힘: 물체의 회전 운동 상태를 변화시키는 원인이다.

② 돌림힘의 크기: 회전 팔의 길이가 r, 회전 팔에 수직으로 작용하는 힘의 크기가 F일 때, 돌림힘의 크기는 다음과 같다.

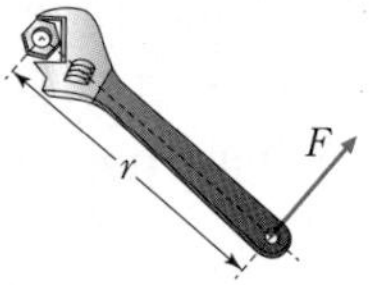

> 돌림힘(τ)=회전 팔의 길이$(r)\times$힘(F) [단위: N·m]

③ 지레와 축바퀴

지레	축바퀴
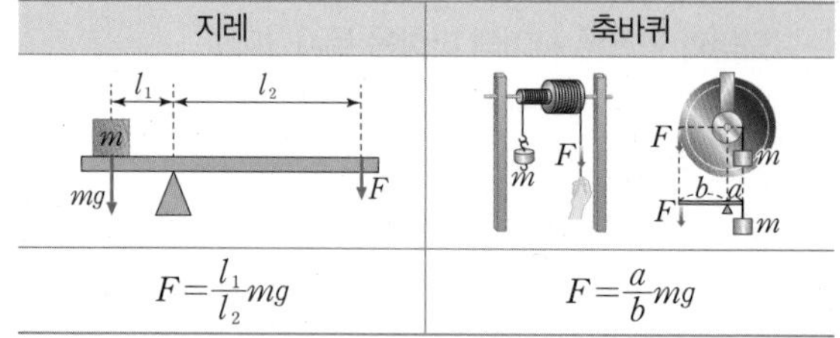	
$F=\frac{l_1}{l_2}mg$	$F=\frac{a}{b}mg$

(4) 물체의 평형과 안정성

① 평형 상태: 물체의 운동 상태가 변하지 않는 안정한 상태를 말한다. 힘의 평형과 돌림힘의 평형을 동시에 만족해야 한다.

> - 힘의 평형: 물체에 작용하는 알짜힘이 0이다.
> - 돌림힘의 평형: 물체에 작용하는 돌림힘의 합이 0이다.

② 무게중심: 물체를 구성하는 입자들의 전체 무게가 물체의 한 곳에 작용한다고 볼 수 있는 점으로, 무게중심을 떠받치면 물체 전체를 떠받칠 수 있다.

③ 구조물의 안정성

- 무게중심에서 내린 수선이 물체의 받침면의 범위 안에 들어 있을 때 안정된 상태를 유지한다.
- 물체의 받침면이 넓고, 무게중심이 낮을수록 구조물의 안정성이 높다.

단원 정리

2 등가속도 운동과 포물선 운동

(1) 속도와 가속도

① 위치 벡터와 변위 벡터

- 위치 벡터: 기준점에서 물체까지의 직선 거리와 방향으로 나타낸다.
- 변위 벡터: 물체의 위치 변화를 나타낸 벡터이다. P에서 Q까지의 변위 벡터는 $\Delta\vec{r}=\vec{r}_2-\vec{r}_1$이다.

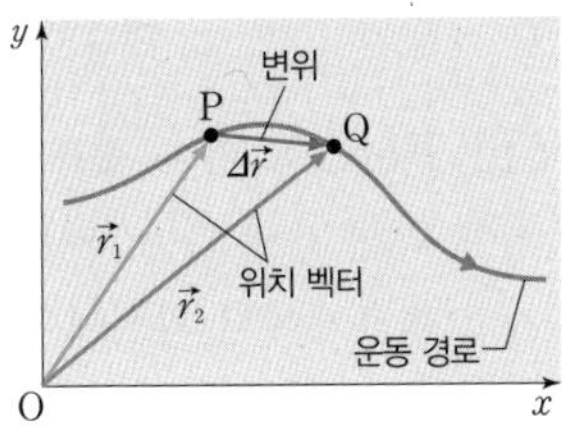

② 속도: 변위를 걸린 시간으로 나눈 값이다.

➡ $\vec{v}=\dfrac{\Delta\vec{r}}{\Delta t}$ (단위: m/s)

③ 가속도: 속도 변화량을 걸린 시간으로 나눈 값이다.

➡ $\vec{a}=\dfrac{\Delta\vec{v}}{\Delta t}$ (단위: m/s^2)

(2) 등가속도 운동

① 등가속도 직선 운동: 직선상에서 가속도 a로 등가속도 운동하는 물체의 처음 속도가 v_0이면 시간 t일 때의 속도 v와 변위 s는 다음과 같은 관계가 있다.

$$v=v_0+at,\ s=v_0t+\frac{1}{2}at^2,\ v^2-v_0{}^2=2as$$

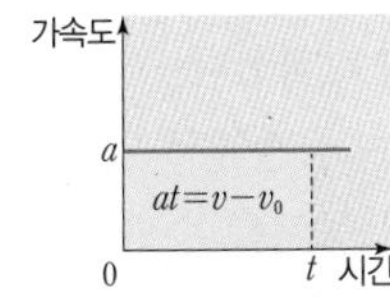

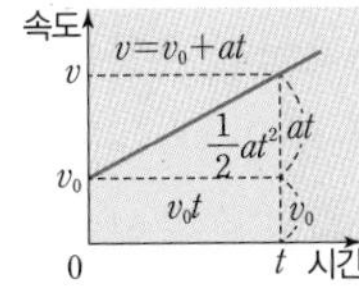

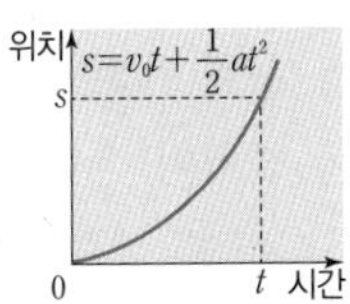

② 평면에서 등가속도 운동: 물체에 작용하는 알짜힘의 크기와 방향이 일정한 운동이다.

- 물체에 작용하는 알짜힘의 방향과 수직인 방향으로는 등속도 운동을 한다.
- 물체에 작용하는 알짜힘의 방향과 나란한 방향으로는 등가속도 운동을 한다.

③ 중력장에서 등가속도 운동

- 자유 낙하 운동

$$v=gt,\ h=\frac{1}{2}gt^2,\ v^2=2gh$$

- 연직 아래로 던진 물체의 운동

$$v=v_0+gt,\ h=v_0t+\frac{1}{2}gt^2,\ v^2-v_0{}^2=2gh$$

- 연직 위로 던진 물체의 운동

$$v=v_0-gt,\ h=v_0t-\frac{1}{2}gt^2,\ v^2-v_0{}^2=-2gh$$

(3) 포물선 운동

① 수평 방향으로 던진 물체의 운동: 수평 방향으로는 등속도 운동을, 연직 방향으로는 등가속도 운동을 한다.

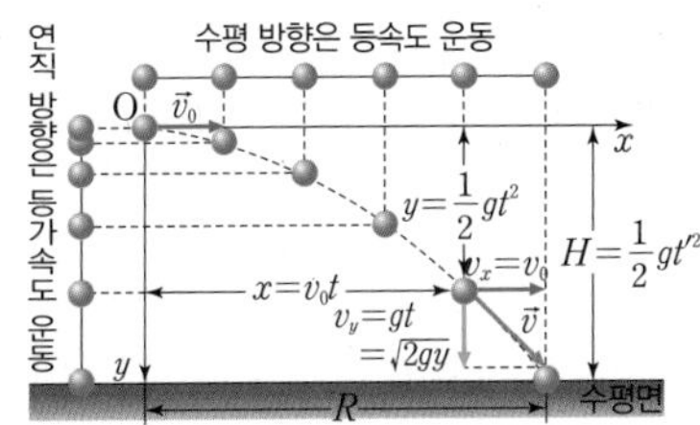

- 수평 방향: $v_x=v_0,\ x=v_0t,\ R=v_0\sqrt{\dfrac{2H}{g}}$
- 연직 방향: $v_y=gt,\ y=\dfrac{1}{2}gt^2$

② 비스듬히 던진 물체의 운동: 수평 방향으로는 등속도 운동을, 연직 방향으로는 등가속도 운동을 한다.

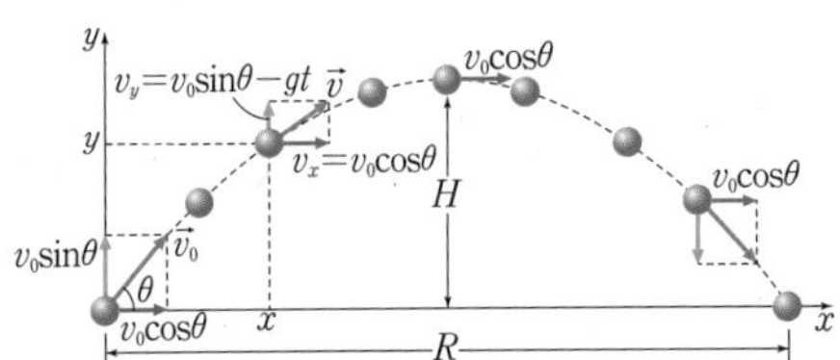

- 수평 방향:

$$v_x=v_0\cos\theta,\ x=v_0\cos\theta t,\ R=\frac{v_0{}^2\sin2\theta}{g}$$

- 연직 방향:

$$v_y=v_0\sin\theta-gt,\ y=v_0\sin\theta t-\frac{1}{2}gt^2,$$

$$H=\frac{v_0{}^2\sin^2\theta}{2g}$$

단원 정리

3 등속 원운동과 케플러 법칙

(1) 등속 원운동: 원 궤도를 따라 일정한 속력으로 회전하는 운동으로, 운동 방향이 계속 변하므로 가속도 운동이다.

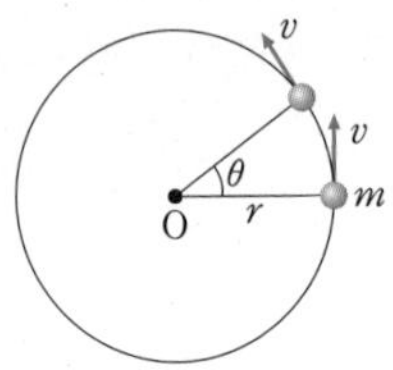

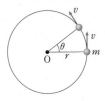

① 구심 가속도의 크기: $a=r\omega^2=\dfrac{v^2}{r}$

② 구심력의 크기: $F=ma=mr\omega^2=\dfrac{mv^2}{r}$

③ 구심력의 방향: 원의 중심 방향

(2) 케플러 법칙

① 케플러 제1법칙(타원 궤도 법칙): 태양계 내의 모든 행성들은 태양을 한 초점으로 하는 타원 궤도를 따라 공전한다.

② 케플러 제2법칙(면적 속도 일정 법칙): 태양과 행성을 연결하는 선분이 같은 시간 동안 쓸고 지나가는 면적은 일정하다.

③ 케플러 제3법칙(조화 법칙): 행성의 공전 주기의 제곱은 긴반지름의 세제곱에 비례한다. 따라서 행성의 공전 주기를 T, 긴반지름을 a라고 하면 다음 관계가 성립한다. ➡ $T^2=ka^3$

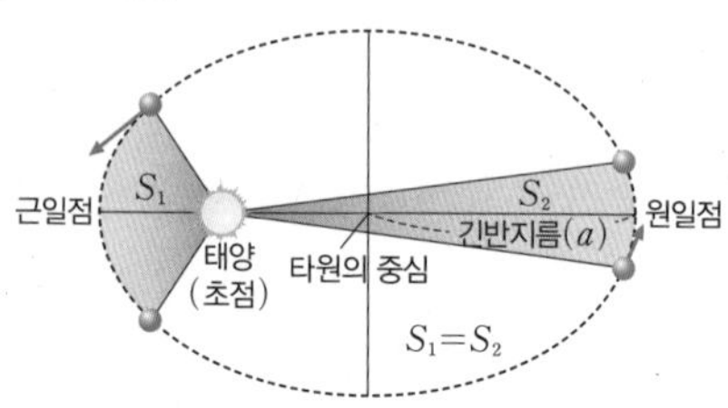

(3) 뉴턴 중력 법칙: 두 물체 사이에 작용하는 중력은 질량의 곱에 비례하고 떨어진 거리의 제곱에 반비례한다.

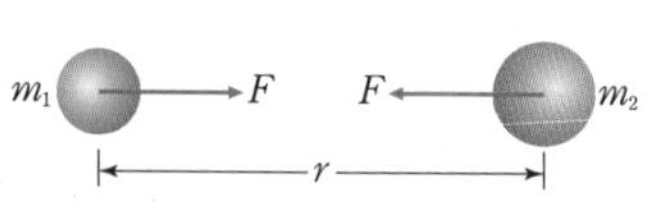

$F=G\dfrac{m_1m_2}{r^2}$
(G: 중력 상수)

(4) 인공위성의 운동

① 회전 속력: $G\dfrac{Mm}{r^2}=\dfrac{mv^2}{r}$에서 $v=\sqrt{\dfrac{GM}{r}}$이다.

② 공전 주기: $v=\dfrac{2\pi r}{T}=\sqrt{\dfrac{GM}{r}}$에서 공전 주기의 제곱은 반지름의 세제곱에 비례한다. ➡ $T^2=kr^3$

4 일반 상대성 이론

(1) 가속 좌표계(비관성 좌표계): 기준틀에 작용하는 알짜힘이 0이 아니기 때문에 가속도(a)가 있는 기준틀

▲ 위로 가속 운동하는 엘리베이터 안

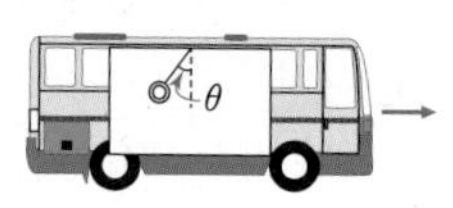

▲ 앞쪽으로 가속 운동하는 버스 안

(2) 관성력(Inertial Force): 가속 좌표계에 있는 사람이나 물체가 관성에 의해 받게 되는 가상의 힘

① 가속도 $\vec{a}$인 가속 좌표계에서 관성력은 $\vec{f}=m(-\vec{a})=-\vec{F}$이다.

② 관성력은 가속 좌표계에서 관찰자가 뉴턴 운동 제2법칙을 적용하여 운동을 기술하기 위해서 도입한 힘이다.
예 엘리베이터 속 몸무게 변화, 원심력, 전향력 등

(3) 등가 원리: 가속 좌표계에서 나타나는 관성력은 중력과 구별할 수 없다.

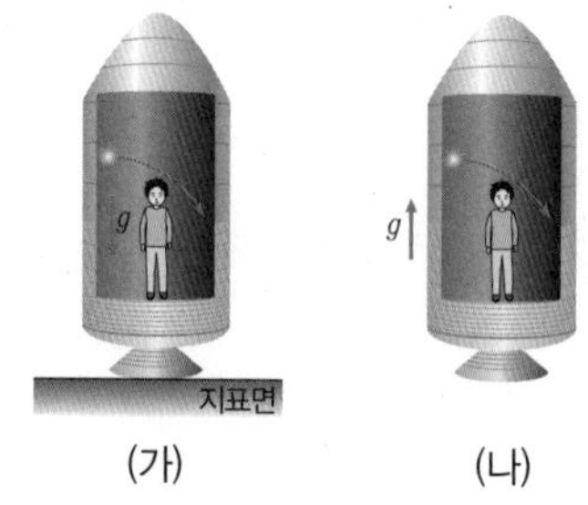

① 중력이 작용할 때 (가): 중력이 작용하는 지표면에 정지해 있는 우주선 안에서 물체를 수평으로 던지면 물체는 중력 가속도 g로 포물선 운동을 하며 낙하한다.

② 중력이 작용하지 않을 때 (나): 우주 공간에서 일정한 가속도 g로 운동하는 우주선 안에서 물체를 수평 방향으로 던지면 우주선 안의 관찰자에게 물체는 가속도 g로 포물선 운동을 하며 낙하하는 것으로 관찰된다.

(4) 중력 렌즈 효과(빛의 휘어짐 현상): 중력이 렌즈와 같이 빛을 굴절시키는 효과

(5) 블랙홀: 엄청난 질량이 작은 공간에 집중된 곳으로 시공간을 극단적으로 휘게 한다.

단원 정리

5 일과 에너지

(1) 일 · 운동 에너지 정리

① 일: 물체가 일직선을 따라 거리 s만큼 움직이는 동안 크기가 F인 일정한 힘이 운동 방향과 θ의 각을 이루며 작용했을 때, 그 힘이 물체에 한 일은 다음과 같다.

$$W=Fs\cos\theta \text{ [단위: J(줄)]}$$

② 일 · 운동 에너지 정리: 질량 m인 물체에 일정한 알짜 힘(합력) F를 작용하여 거리 s만큼 이동시킬 때, 알짜 힘 F가 한 일은 운동 에너지 변화량과 같다.

$$W=Fs=\frac{1}{2}mv^2-\frac{1}{2}mv_0{}^2=\Delta E_\mathrm{k}$$

③ 역학적 에너지 보존: 역학적 에너지는 운동 에너지와 중력 퍼텐셜 에너지의 합이고, 외력이 작용하지 않으면 역학적 에너지는 항상 일정하다.

(2) 2차원 운동과 역학적 에너지

① 포물선 운동에서의 역학적 에너지 보존

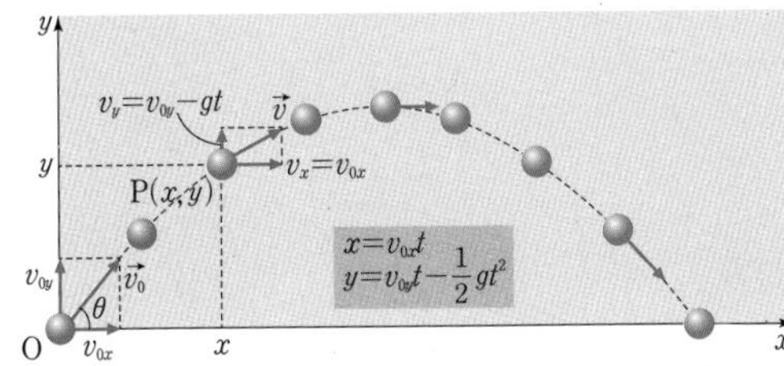

$$E(t)=E_\mathrm{k}+E_\mathrm{p}=\frac{1}{2}mv^2+mgy$$
$$=\frac{1}{2}m\{(v_0\cos\theta)^2+(v_0\sin\theta-gt)^2\}$$
$$+mg\left(v_0\sin\theta t-\frac{1}{2}gt^2\right)=E_0=\text{일정}$$

② 단진자의 역학적 에너지 보존: 공기 저항과 마찰을 무시하면 단진자의 역학적 에너지는 보존되며 최고점에서 중력 퍼텐셜 에너지가 최대이고 최하점에서 운동 에너지가 최대이다.

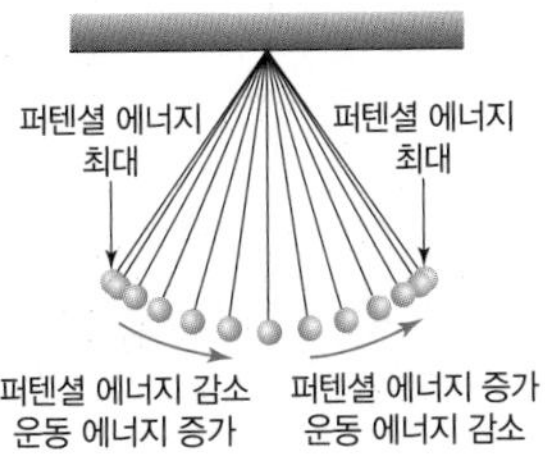

(3) 열과 일의 전환

① 비열과 열용량

- 비열(c): 어떤 물질 1 kg의 온도를 1 K(1 ℃) 높이는 데 필요한 열에너지의 양을 의미한다.
- 동일한 양의 물체일 때, 비열이 클수록 온도 변화가 작다.
- 열용량(C): 어떤 물체의 온도를 1 K 높이는 데 필요한 열에너지의 양을 의미한다.
- 열량 보존 법칙: 열평형 상태에 도달할 때까지 고온의 물체 A가 잃은 열량은 저온의 물체 B가 얻은 열량과 같은데, 이를 열량 보존 법칙이라고 한다. 이때 물체가 서로 주고받은 열량 Q는 다음과 같다.

$$Q=cm\Delta T=C\Delta T$$

② 열역학 제1법칙: 역학적 에너지와 열을 포함하는 에너지 보존 법칙의 또 다른 표현이다.

- 내부 에너지(U): 물체를 구성하는 입자들의 운동 에너지와 퍼텐셜 에너지의 총합
- 열역학 제1법칙: 외부에서 계에 가해 준 열량(Q)은 계의 내부 에너지의 변화량(ΔU)과 계가 외부에 해 준 일 (W)의 합과 같다.

$$Q=\Delta U+W$$

(4) 줄의 실험 장치와 에너지 전환

① 줄의 실험 장치에서 에너지 전환: 추의 중력 퍼텐셜 에너지 → 회전 날개의 운동 에너지 → 회전 날개와 물의 마찰로 인한 열에너지

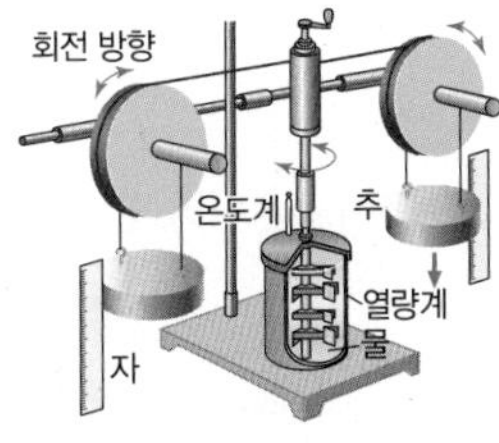

② 열의 일당량 J: 추가 낙하하는 동안 중력이 추에 한 일 W와 열량계 속에서 회전 날개와 물의 마찰로 발생한 열량 Q 사이에는 다음 관계가 성립한다.

$$W=JQ$$

- 비례 상수 J: 열의 일당량으로, J는 4.2×10^3 J/kcal이다.

단원 마무리 문제

[20700-0208]

01 그림은 벡터 $\vec{A}$~$\vec{H}$를 나타낸 것이다. $\vec{A}$, $\vec{C}$, $\vec{E}$, $\vec{G}$의 크기는 1이고, $\vec{B}$, $\vec{D}$, $\vec{F}$, $\vec{H}$의 크기는 $\sqrt{2}$이다.

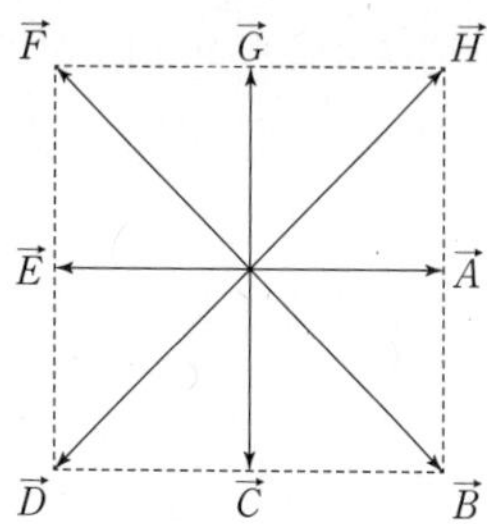

이에 대한 설명으로 옳은 것만을 〈보기〉에서 있는 대로 고른 것은?

보기
ㄱ. $\vec{A}+\vec{E}=0$이다.
ㄴ. $\vec{G}-\vec{E}=-\vec{D}$이다.
ㄷ. $|\vec{B}+\vec{D}|=|2\vec{H}|$이다.

① ㄱ ② ㄷ ③ ㄱ, ㄴ ④ ㄴ, ㄷ ⑤ ㄱ, ㄴ, ㄷ

[20700-0209]

02 그림과 같이 물체 A, B가 실 p, q, r로 연결되어 정지해 있다. A에 연결된 p, q가 수평면과 이루는 각은 60°로 같고, A, B의 질량은 각각 2 kg, 5 kg이다.

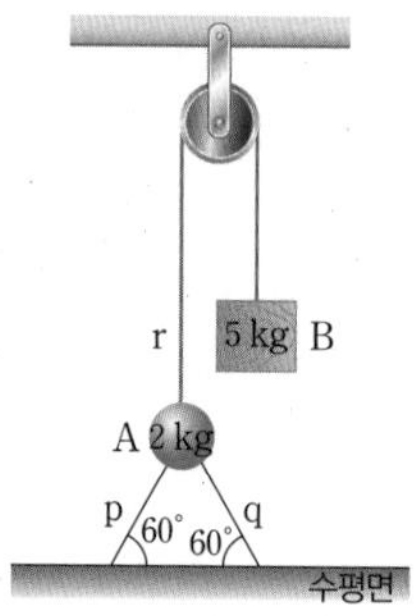

이에 대한 설명으로 옳은 것만을 〈보기〉에서 있는 대로 고른 것은? (단, 중력 가속도는 10 m/s²이고, 실의 질량과 모든 마찰은 무시한다.)

보기
ㄱ. A에 작용하는 합력은 0이다.
ㄴ. p가 A에 작용하는 힘의 크기는 r가 B에 작용하는 힘의 크기보다 크다.
ㄷ. q가 A에 작용하는 힘의 크기는 $10\sqrt{3}$ N이다.

① ㄱ ② ㄴ ③ ㄱ, ㄴ ④ ㄱ, ㄷ ⑤ ㄴ, ㄷ

[20700-0210]

03 그림과 같이 질량이 $2m$이고 길이가 $3L$인 밀도가 균일한 막대에 질량이 $3m$인 물체를 올려놓고 막대의 오른쪽 끝에 연직 위 방향으로 크기가 F인 힘을 작용하여 막대가 수평으로 평형을 유지하고 있다. 물체는 받침대로부터 $2L$만큼 떨어진 지점에 놓여 있다.

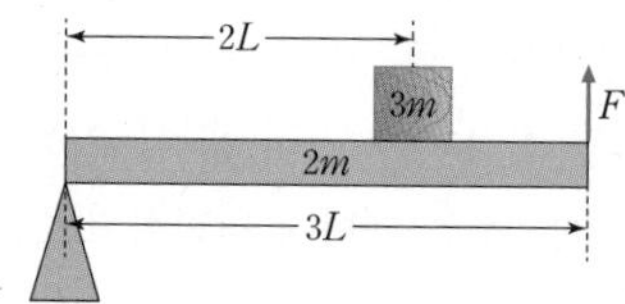

F는? (단, 중력 가속도는 g이고, 물체의 크기, 막대의 두께와 폭은 무시한다.)

① $3mg$ ② $4mg$ ③ $5mg$ ④ $6mg$ ⑤ $9mg$

[20700-0211]

04 그림은 나무판에 병을 끼운 구조물이 수평면에 세워져 정지해 있는 모습을 나타낸 것이다.

이에 대한 설명으로 옳은 것만을 〈보기〉에서 있는 대로 고른 것은?

보기
ㄱ. 병에 작용하는 알짜힘은 0이다.
ㄴ. 구조물은 평형 상태에 있다.
ㄷ. 구조물의 무게중심에서 수평면에 내린 수선은 나무판과 수평면이 접촉하는 면 안에 있다.

① ㄱ ② ㄷ ③ ㄱ, ㄴ ④ ㄴ, ㄷ ⑤ ㄱ, ㄴ, ㄷ

[20700-0212]
05 그림과 같이 수평면 위의 물체 A와 빗면 위의 물체 B가 실로 연결되어 등가속도 운동을 한다. 물체 A, B의 질량은 각각 2 kg, 3 kg이고, 빗면의 경사각은 30°이다. 수평면상의 점 p를 지나는 순간 A의 속력은 2 m/s이고, p와 수평면상의 점 q 사이의 거리는 2 m이다.

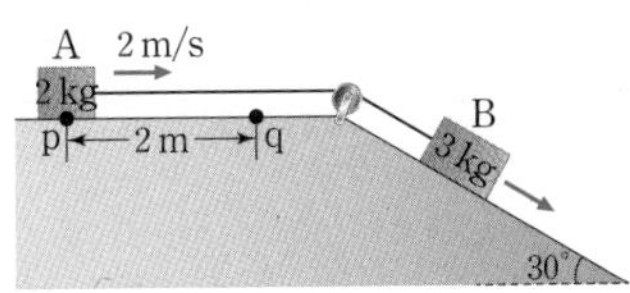

이에 대한 설명으로 옳은 것만을 〈보기〉에서 있는 대로 고른 것은? (단, 중력 가속도는 10 m/s²이고, 물체의 크기와 모든 마찰은 무시한다.)

보기
ㄱ. A의 가속도의 크기는 6 m/s²이다.
ㄴ. B에 작용하는 알짜힘의 크기는 9 N이다.
ㄷ. q를 지나는 순간 A의 속력은 4 m/s이다.

① ㄱ ② ㄷ ③ ㄱ, ㄴ ④ ㄴ, ㄷ ⑤ ㄱ, ㄴ, ㄷ

[20700-0213]
06 그림 (가), (나)는 xy 평면에서 등가속도 운동하는 물체의 위치의 x성분 s_x, 위치의 y성분 s_y를 시간에 따라 나타낸 것이다. 물체의 질량은 1 kg이다.

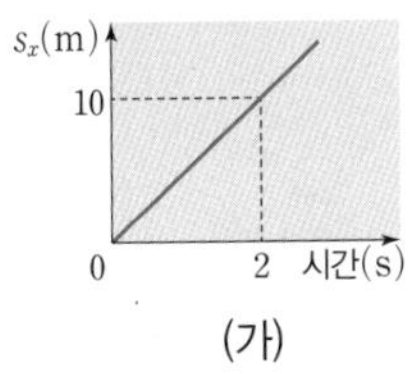

(가)

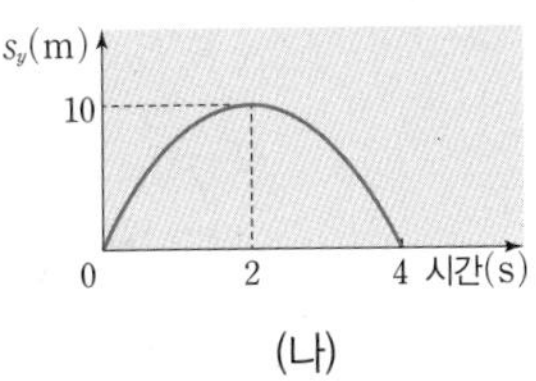

(나)

이 물체의 운동에 대한 설명으로 옳은 것만을 〈보기〉에서 있는 대로 고른 것은?

보기
ㄱ. 가속도의 방향은 x축과 나란하다.
ㄴ. 1초일 때 속력은 10 m/s이다.
ㄷ. 알짜힘의 크기는 5 N이다.

① ㄱ ② ㄴ ③ ㄷ ④ ㄱ, ㄴ ⑤ ㄴ, ㄷ

[20700-0214]
07 그림은 빗면 위의 점 p에 가만히 놓은 물체가 빗면을 따라 등가속도 운동을 한 후, 빗면 끝 점 q에서부터 포물선 운동을 하여 수평면상의 점 r에 도달한 것을 나타낸 것이다. 빗면의 경사각은 30°이고, p와 q의 높이차는 h, q와 r의 높이차는 $2h$이다.

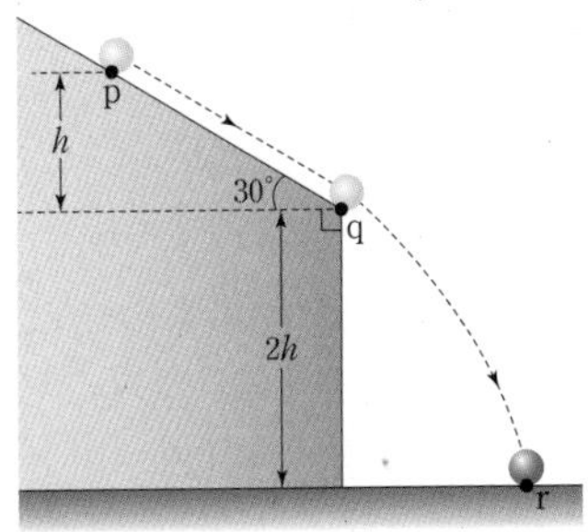

물체가 p에서 q까지 이동하는 데 걸린 시간을 t_1, q에서 r까지 이동하는 데 걸린 시간을 t_2라 할 때, $\frac{t_1}{t_2}$은? (단, 물체의 크기와 마찰은 무시한다.)

① $\sqrt{2}$ ② 2 ③ $\sqrt{5}$ ④ $2\sqrt{2}$ ⑤ 3

[20700-0215]
08 그림과 같이 수평면에서 수평 방향과 각 θ를 이루는 방향으로 던져진 물체가 포물선 운동을 하여 수평면에 도달하였다. 점 p, q는 포물선 경로상의 지점으로 p와 q 사이 거리는 20 m이고, 수평면으로부터 높이는 같다. 물체는 던져진 순간부터 1초 후 p를 지나고, 3초 후 q를 지난다.

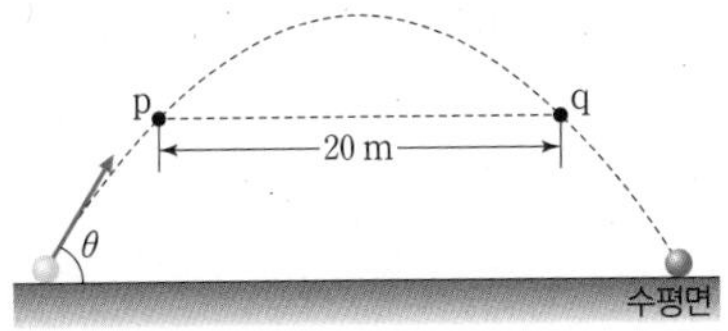

이에 대한 설명으로 옳은 것만을 〈보기〉에서 있는 대로 고른 것은? (단, 중력 가속도는 10 m/s²이고, 물체의 크기는 무시한다.)

보기
ㄱ. 물체의 가속도는 p에서와 q에서가 같다.
ㄴ. $\tan\theta=2$이다.
ㄷ. 수평 도달 거리는 40 m이다.

① ㄱ ② ㄷ ③ ㄱ, ㄴ ④ ㄴ, ㄷ ⑤ ㄱ, ㄴ, ㄷ

[20700-0216]

09 그림은 고무마개가 가늘고 매끄러운 유리관을 통과한 실에 매달린 추에 연결되어 등속 원운동을 하고 있는 것을 나타낸 것이다. 유리관은 연직 방향에 나란하다. 고무마개의 질량만 2배인 것으로 바꾸어 등속 원운동을 시킬 때, 바꾸기 전의 원운동과 비교하여 감소하는 물리량만을 〈보기〉에서 있는 대로 고른 것은? (단, 유리관은 고정되어 있다.)

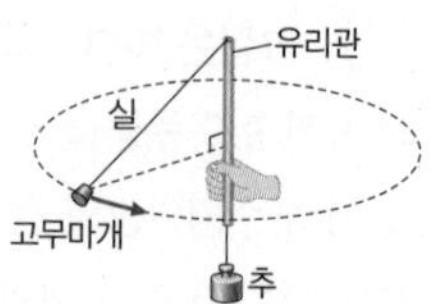

보기

ㄱ. 실이 고무마개를 당기는 힘의 크기

ㄴ. 고무마개에 작용하는 구심력의 크기

ㄷ. 고무마개에 연결된 실과 유리관이 이루는 각

① ㄱ ② ㄴ ③ ㄱ, ㄷ ④ ㄴ, ㄷ ⑤ ㄱ, ㄴ, ㄷ

[20700-0217]

10 다음은 원운동 하는 물체의 회전 주기를 통해 물체에 작용하는 구심력을 알아보는 실험 과정의 일부이다.

[실험 과정]

(가) 그림과 같이 가늘고 매끄러운 유리관을 통과한 실의 한쪽 끝에 질량 10 g인 고무마개를 연결하고 다른 끝에 질량 100 g인 추를 연결한다.

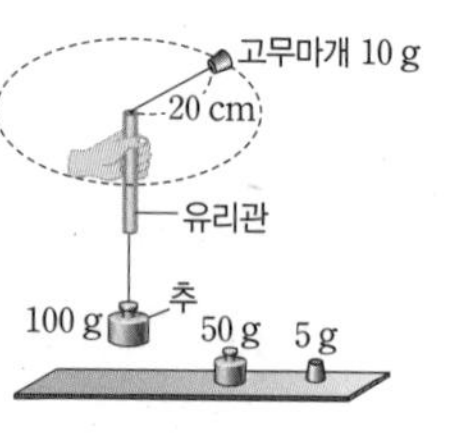

(나) 고무마개에서 유리관 위 끝까지의 실의 길이를 20 cm로 유지하면서 고무마개를 등속 원운동시킨다.

(다) 고무마개가 10회전하는 데 걸리는 시간을 측정한다.

(다)에서 고무마개가 10회전하는 데 걸리는 시간을 증가시키는 방법으로 옳은 것만을 〈보기〉에서 있는 대로 고른 것은?

보기

ㄱ. 고무마개와 추의 질량은 그대로 두고, (나)에서 실의 길이를 10 cm로 유지한다.

ㄴ. 고무마개의 질량과 실의 길이는 그대로 두고, (가)에서 추만 질량이 50 g인 것으로 연결한다.

ㄷ. 추의 질량과 실의 길이는 그대로 두고, (가)에서 고무마개만 질량이 5 g인 것으로 연결한다.

① ㄱ ② ㄴ ③ ㄱ, ㄷ ④ ㄴ, ㄷ ⑤ ㄱ, ㄴ, ㄷ

[20700-0218]

11 그림과 같이 행성이 태양을 한 초점으로 하는 타원 궤도를 따라 운동한다. 행성이 a에서 b까지, b에서 c까지 운동하는 데 걸린 시간은 같고, 행성의 공전 주기는 T이다. 색칠된 부분의 면적은 S_1이 S_2의 2배이고 a는 근일점이다.

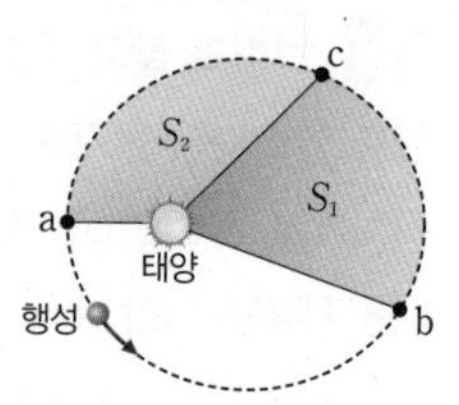

행성의 운동에 대한 설명으로 옳은 것만을 〈보기〉에서 있는 대로 고른 것은?

보기

ㄱ. 가속도의 크기는 a에서가 b에서보다 크다.

ㄴ. a에서 c까지 운동하는 데 걸린 시간은 $\frac{4}{5}T$이다.

ㄷ. c에서 a까지 운동하는 동안 공전 속력은 증가한다.

① ㄱ ② ㄷ ③ ㄱ, ㄴ ④ ㄴ, ㄷ ⑤ ㄱ, ㄴ, ㄷ

[20700-0219]

12 그림은 행성을 중심으로 반지름이 R인 원운동을 하는 위성 A와 같은 행성을 한 초점으로 타원 운동을 하는 위성 B를 나타낸 것이다. A, B의 질량은 각각 m, $2m$이고, 점 p는 A와 B의 궤도상의 점이다. A가 p에 있을 때 A에 작용하는 중력의 크기는 B의 속력이 가장 느린 지점에서 B에 작용하는 중력의 크기의 $\frac{9}{2}$배이다.

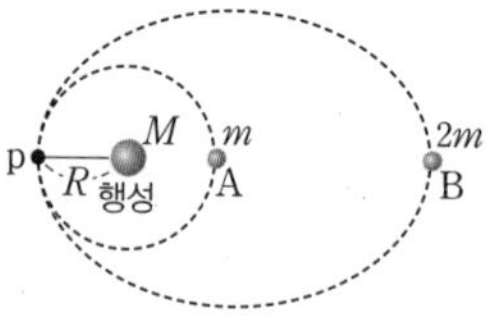

이에 대한 설명으로 옳은 것만을 〈보기〉에서 있는 대로 고른 것은? (단, 위성에는 행성에 의한 중력만 작용한다.)

보기

ㄱ. p를 지나는 순간 A와 B의 가속도의 크기는 같다.

ㄴ. B의 궤도 긴반지름은 $3R$이다.

ㄷ. 공전 주기는 B가 A의 $2\sqrt{2}$배이다.

① ㄱ ② ㄴ ③ ㄱ, ㄷ ④ ㄴ, ㄷ ⑤ ㄱ, ㄴ, ㄷ

[20700-0220]
13 그림은 어느 별을 개기 일식 때 관측한 위치가 이 별의 실제 위치와 다른 현상에 대해 철수, 영희, 민수가 대화하는 모습을 나타낸 것이다.

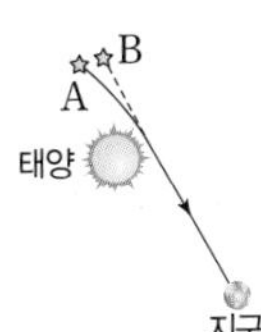

제시한 내용이 옳은 학생만을 있는 대로 고른 것은?

① 철수 ② 민수 ③ 철수, 영희
④ 영희, 민수 ⑤ 철수, 영희, 민수

[20700-0221]
14 그림은 블랙홀 주위의 시공간을 모식적으로 나타낸 것으로 우주선은 점 Q를 지나 점 P까지 이동한다.

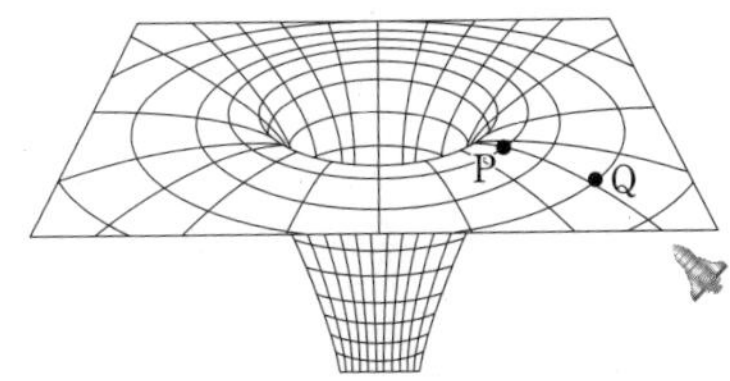

이에 대한 설명으로 옳은 것만을 〈보기〉에서 있는 대로 고른 것은?

보기
ㄱ. 우주선 안의 시간은 Q에서가 P에서보다 빠르게 흐른다.
ㄴ. 우주선 안의 물체가 받는 중력의 크기는 P에서가 Q에서보다 크다.
ㄷ. 블랙홀에서는 큰 중력 때문에 빛조차도 빠져나갈 수 없다.

① ㄱ ② ㄴ ③ ㄱ, ㄷ ④ ㄴ, ㄷ ⑤ ㄱ, ㄴ, ㄷ

[20700-0222]
15 그림과 같이 엘리베이터 안의 30 m 높이에서 공이 자유 낙하 하고 있다.

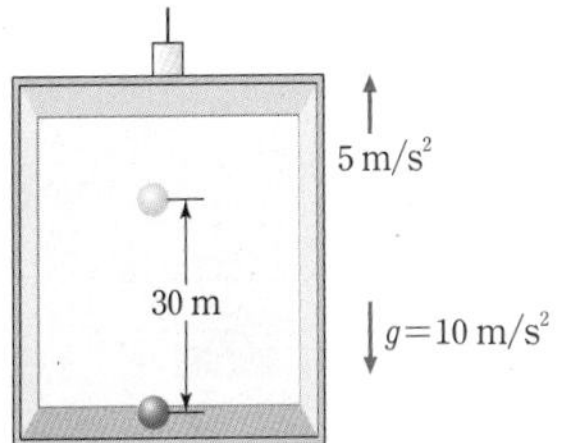

엘리베이터는 연직 위로 $5\ m/s^2$의 일정한 가속도로 운동하고 있다면 이 공이 바닥에 닿을 때까지 걸리는 시간은? (단, 중력 가속도는 $10\ m/s^2$이고, 공의 크기는 무시한다.)

① 1초 ② 2초 ③ 4초
④ $\sqrt{2}$초 ⑤ $\sqrt{3}$초

[20700-0223]
16 그림 (가)는 무중력 상태인 우주 공간에서 중력 가속도 g로 등가속도 운동하는 우주선 바닥에 서 있는 영희가 물체를 놓은 것을 나타낸 것이고, (나)는 지표면에서 영희가 물체를 놓는 것을 나타낸 것이다. (가)에서 영희는 우주선의 운동 상태를 알 수 없다.

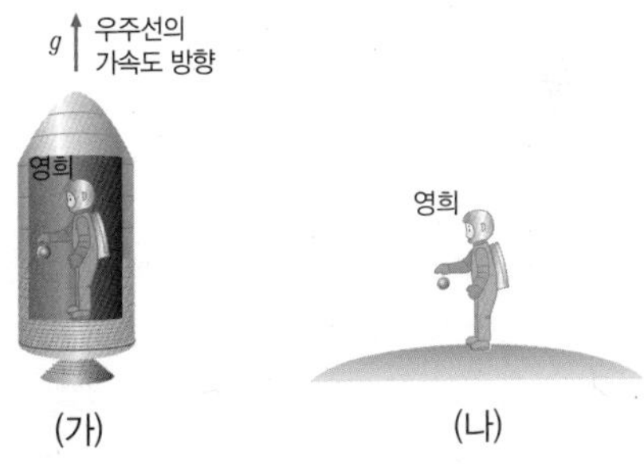

이에 대한 설명으로 옳은 것만을 〈보기〉에서 있는 대로 고른 것은?

보기
ㄱ. (가)에서 영희는 물체에 작용하는 관성력을 중력과 구분할 수 없다.
ㄴ. (가)에서 영희는 물체에 일정한 크기의 힘이 작용하는 것으로 측정한다.
ㄷ. (나)에서 영희가 물체를 관찰할 때, 물체는 등가속도 직선 운동한다.

① ㄱ ② ㄷ ③ ㄱ, ㄴ ④ ㄴ, ㄷ ⑤ ㄱ, ㄴ, ㄷ

[20700-0224]

17 그림은 마찰이 없는 수평면에서 기준선 P에 정지해 있던 질량이 각각 1 kg, 2 kg인 두 물체 A, B에 수평 방향으로 같은 크기의 일정한 힘 F를 각각 작용하여 기준선 Q까지 이동시키는 것을 나타낸 것이다.

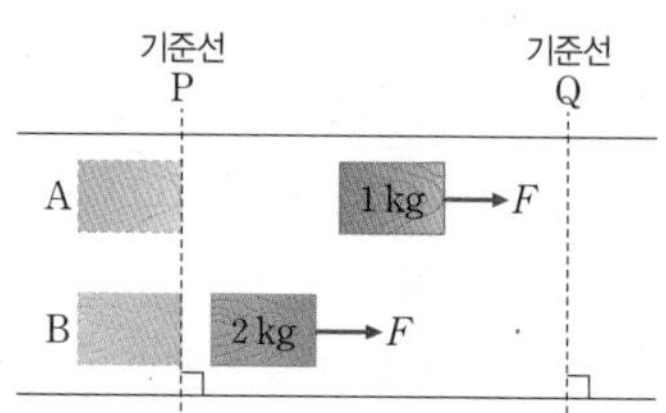

A, B를 P에서 Q까지 같은 거리만큼 각각 이동시켰을 때, 이에 대한 설명으로 옳은 것만을 〈보기〉에서 있는 대로 고른 것은? (단, 물체의 크기는 무시한다.)

보기

ㄱ. F가 A에 한 일과 B에 한 일은 같다.
ㄴ. Q에 도달할 때의 운동 에너지는 A와 B가 같다.
ㄷ. Q에 도달할 때의 속력은 A와 B가 같다.

① ㄱ ② ㄷ ③ ㄱ, ㄴ ④ ㄴ, ㄷ ⑤ ㄱ, ㄴ, ㄷ

[20700-0225]

18 그림과 같이 높이가 $5h$인 수평면에서 두 물체 A와 B 사이에 용수철을 넣어 압축시켰다가 동시에 가만히 놓았더니, A는 빗면을 따라 올라가 최고점 P에 도달하고 B는 높이가 $2h$인 지점을 속력 $2v$로 통과한다. 용수철과 분리된 직후 B의 속력은 v이고 A의 속력은 $2v$이다. A, B의 질량은 각각 m, $2m$이다.

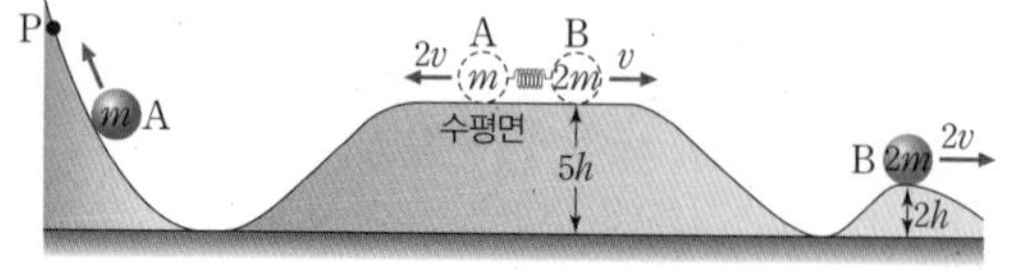

최고점 P의 높이는? (단, 용수철의 질량, 물체의 크기, 모든 마찰은 무시한다.)

① $6h$ ② $7h$ ③ $8h$ ④ $9h$ ⑤ $10h$

[20700-0226]

19 그림은 질량이 5 kg인 물체가 마찰이 없는 수평면 위의 일직선상에서 운동하는 동안 속력을 시간에 따라 나타낸 것이다.

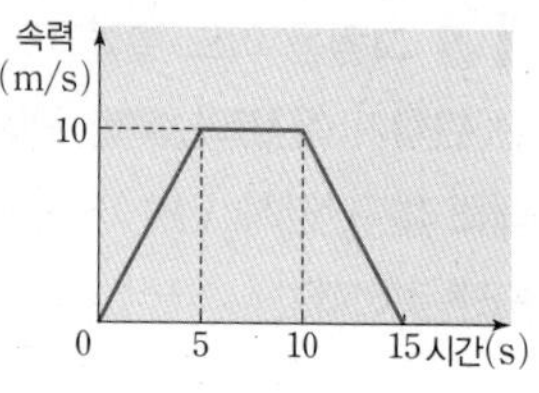

이에 대한 설명으로 옳은 것만을 〈보기〉에서 있는 대로 고른 것은? (단, 공기 저항은 무시한다.)

보기

ㄱ. 0초부터 5초 사이에 물체에 작용한 알짜힘이 한 일은 250 J이다.
ㄴ. 5초부터 10초 사이에 물체에 작용한 알짜힘의 크기는 10 N이다.
ㄷ. 10초부터 15초 사이에 물체에 작용한 알짜힘의 크기는 10 N이다.

① ㄱ ② ㄴ ③ ㄱ, ㄷ ④ ㄴ, ㄷ ⑤ ㄱ, ㄴ, ㄷ

[20700-0227]

20 그림 (가)는 정지해 있던 진자의 추가 중력을 받아 높이 h만큼 내려왔을 때 추의 속력이 v_1인 것을 나타낸다. 그림 (나)는 정지해 있던 물체가 중력을 받아 높이 h만큼 낙하했을 때 물체의 속력이 v_2인 것을 나타낸다. 그림 (다)는 v_3의 속력으로 출발한 물체가 중력을 받으며 빗면을 따라 높이 h만큼 올라가 정지한 순간을 나타낸다.

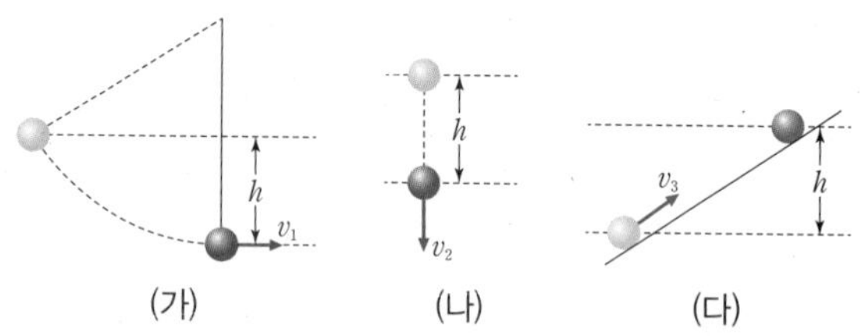

이에 대한 설명으로 옳은 것만을 〈보기〉에서 있는 대로 고른 것은? (단, 중력 가속도는 g이고, 물체의 크기와 공기 저항은 무시한다.)

보기

ㄱ. $v_2 > v_1 > v_3$이다.
ㄴ. v_1은 $\sqrt{2gh}$보다 크다.
ㄷ. (가)의 최하점에서 실이 물체를 당기는 힘의 크기는 중력의 크기보다 크다.

① ㄱ ② ㄷ ③ ㄱ, ㄴ ④ ㄴ, ㄷ ⑤ ㄱ, ㄴ, ㄷ

정답과 해설 36쪽

서술형 [20700-0228]

21 그림 (가)는 수평면에 정지해 있는 질량이 m인 물체에 수평면과 나란한 알짜힘을 계속 작용하여 물체가 운동하는 모습을 나타낸 것이고, (나)는 물체의 이동 거리에 따라 물체에 작용하는 알짜힘의 크기를 나타낸 것이다.

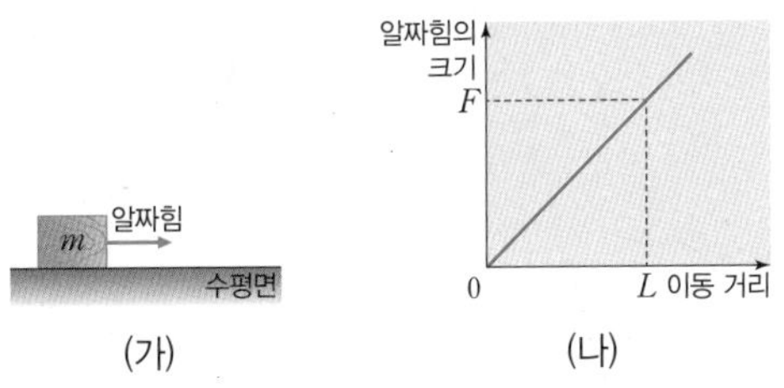

(가) (나)

정지한 물체가 L만큼 이동하였을 때, 물체의 속력을 풀이 과정과 함께 구하시오.

[20700-0229]

22 그림은 높이 h인 점 P에 질량이 m인 물체를 가만히 놓았더니 마찰이 없는 곡선 구간과 원형 구간으로 이루어진 레일을 따라 운동하여 점 Q를 지나는 모습을 나타낸 것이다. 레일은 지면에 수직이고 원형 레일의 반지름은 R이며, Q는 지면으로부터 높이가 R인 지점이다.

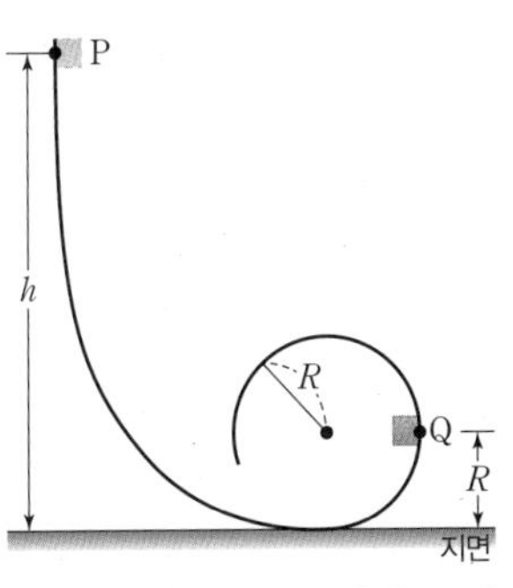

이에 대한 설명으로 옳은 것만을 〈보기〉에서 있는 대로 고른 것은? (단, 중력 가속도는 g이고, 물체의 크기와 공기 저항은 무시한다.)

보기

ㄱ. P에서 물체의 역학적 에너지는 mgh이다.

ㄴ. Q에서 물체의 운동 에너지는 $mg(h-R)$이다.

ㄷ. 원형 구간의 최고점에서 물체에 작용하는 중력의 크기보다 구심력의 크기가 작을 때 원형 구간을 따라 회전할 수 있다.

① ㄱ ② ㄷ ③ ㄱ, ㄴ ④ ㄴ, ㄷ ⑤ ㄱ, ㄴ, ㄷ

[20700-0230]

23 그림은 물체 A를 액체 B에 넣은 후, A와 B의 온도를 시간에 따라 나타낸 것이다. A, B의 처음 온도는 각각 90 ℃와 20 ℃이고, A, B의 질량은 같다.

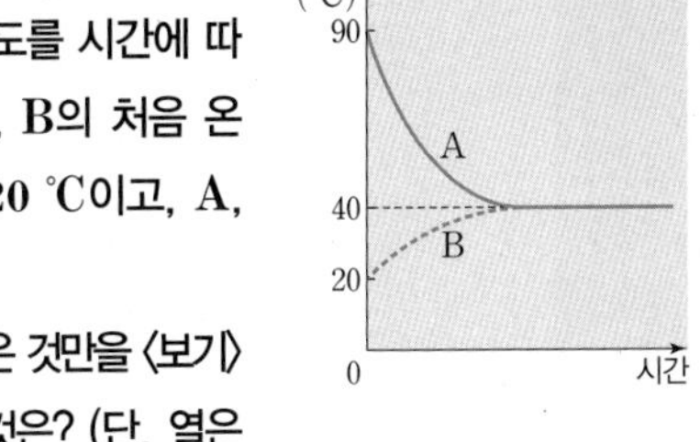

이에 대한 설명으로 옳은 것만을 〈보기〉에서 있는 대로 고른 것은? (단, 열은 A와 B 사이에서만 이동한다.)

보기

ㄱ. 비열은 A가 B보다 크다.

ㄴ. 열용량은 A와 B가 같다.

ㄷ. A의 온도가 변하는 동안 열은 A에서 B로 이동하였다.

① ㄱ ② ㄴ ③ ㄷ ④ ㄱ, ㄴ ⑤ ㄴ, ㄷ

[20700-0231]

24 그림은 줄의 실험 장치를 나타낸 것으로, 질량 m인 추가 일정한 속력으로 h만큼 낙하할 때 추에 연결된 줄에 의해 물이 담긴 단열 용기의 젓개가 회전하여 이때 발생한 열로 물의 온도가 상승하게 된다.

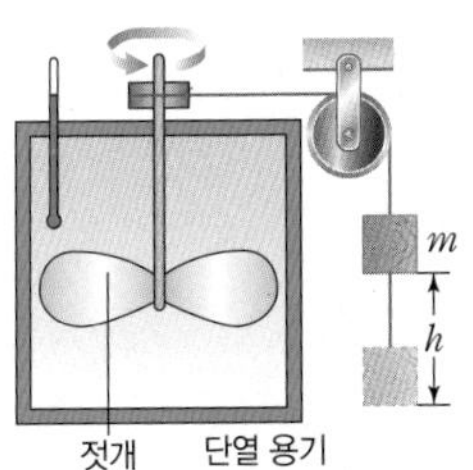

이에 대한 설명으로 옳은 것만을 〈보기〉에서 있는 대로 고른 것은? (단, 중력 가속도는 g이고, 공기 저항 및 줄과 도르래의 마찰은 무시한다.)

보기

ㄱ. 추의 역학적 에너지가 열로 전환된다.

ㄴ. 추가 낙하하는 동안 중력이 추에 한 일은 mgh이다.

ㄷ. 같은 조건에서 물의 양을 더 적게 넣으면 물의 온도 변화는 더 작아진다.

① ㄱ ② ㄴ ③ ㄷ ④ ㄱ, ㄴ ⑤ ㄴ, ㄷ

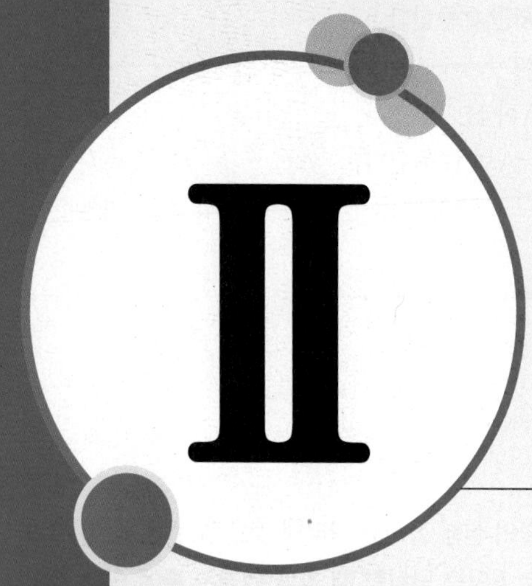

Ⅱ 전자기장

6 전기장과 정전기 유도

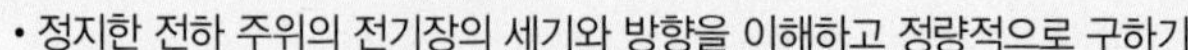

- 정지한 전하 주위의 전기장의 세기와 방향을 이해하고 정량적으로 구하기
- 전기장과 전기력선의 관계를 이해하고 전기장을 전기력선으로 표현하기
- 정전기 유도와 유전 분극 현상을 이해하고, 실생활에 적용되는 예를 찾아 설명하기

한눈에 단원 파악, 이것이 핵심!

전기장과 전기력선 사이에는 어떤 관계가 있을까?

전기장: 전하 주변에 전기력이 작용하는 공간

$$E=\frac{F}{q}=k\frac{Q}{r^2}$$

▲ 양(+)전하 주위의 전기장

전기력선: 전기장에 있는 양(+)전하에 작용하는 전기력의 방향을 공간에 따라 연속적으로 연결한 선

정전기 유도와 유전 분극, 그 이용 예는 무엇일까?

정전기 유도와 유전 분극

대전체 금속 막대 대전체 금속 막대

▲ 정전기 유도

대전체 플라스틱 막대 대전체 플라스틱 막대

▲ 유전 분극

정전기 유도의 이용: 전기 집진기, 복사기, 정전 도장 등

집진 극 (+) 방전 극 (−) 고압 직류 전원 집진 극 (+)

▲ 전기 집진기

페인트 입자

▲ 자동차 정전 도장

전기장과 전기력선

1 전기장

(1) 전기력: 전하 사이에 작용하는 힘으로, 전기력은 크기와 방향을 가지며, 같은 종류의 전하 사이에는 서로 밀어내는 전기력이 작용하고, 다른 종류의 전하 사이에는 서로 잡아당기는 전기력이 작용한다.

① 전하: 모든 전기 현상의 근원으로 양(+)전하와 음(−)전하가 있다.

② 전하량: 물질이 가지고 있는 전하의 양으로, 단위는 C(쿨롬)이다.

③ 기본 전하량(e): 전자나 양성자의 전하량의 크기를 기본 전하량이라고 하며, 전하량은 전자나 양성자 전하량의 정수배가 되는 ❶불연속적인 값만 갖는다.

$$e = 1.602 \times 10^{-19}\ (\mathrm{C})$$

(2) ❷쿨롱 법칙: 전하량이 각각 q_1, q_2인 두 점전하 사이의 거리가 r일 때 두 전하 사이에 작용하는 전기력의 크기 F는 다음과 같다.

$$F = k\frac{q_1q_2}{r^2}\ (k\text{는 쿨롱 상수, } k \fallingdotseq 9\times10^9\ \mathrm{N\cdot m^2/C^2})$$

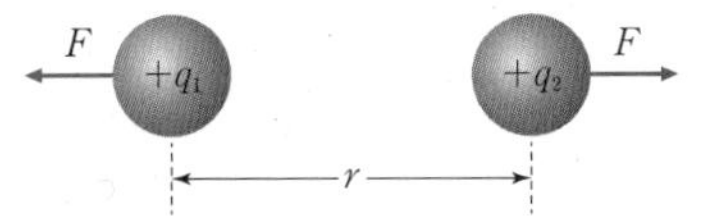

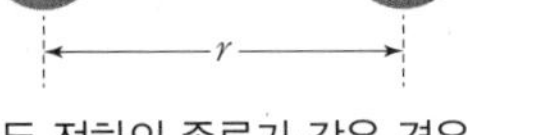

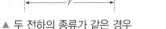

▲ 두 전하의 종류가 같은 경우

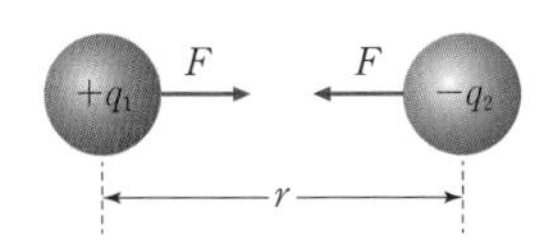

▲ 두 전하의 종류가 다른 경우

① 두 점전하 사이에 작용하는 전기력의 크기는 두 점전하의 전하량의 곱에 비례한다.

② 두 점전하 사이에 작용하는 전기력의 크기는 두 점전하가 떨어진 거리의 제곱에 반비례한다.

③ 두 점전하 사이에 작용하는 전기력의 크기는 항상 같다.(작용 반작용)

(3) ❸전기장: 전하 주변에 전기력이 작용하는 공간을 전기장이라고 한다. 전기장은 전하뿐만 아니라 시간에 따라 변하는 자기장에 의해서도 생성된다. 전하량이 Q인 점전하로부터 떨어진 거리가 r인 곳에서 전하량이 q인 전하에 작용하는 전기력의 크기가 F일 때, 전하량이 Q인 점전하로부터 떨어진 거리가 r인 곳에서 전기장의 세기 E는 다음과 같다.

$$E = \frac{F}{q} = k\frac{Q}{r^2}\ (\text{단위: N/C})$$

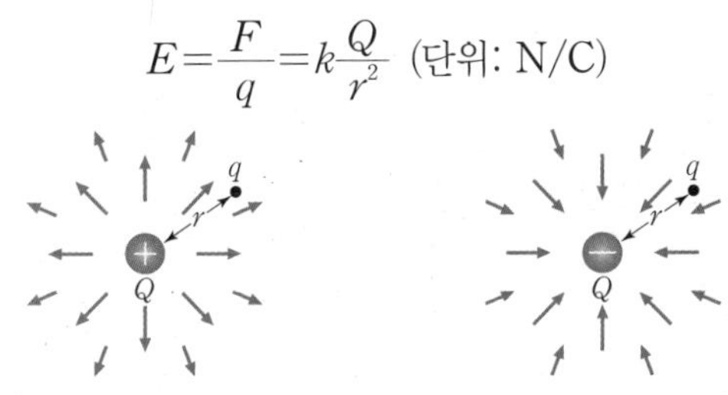

▲ 양(+)전하 주위의 전기장　　▲ 음(−)전하 주위의 전기장

① ❹전기장의 세기: 전기장이 형성된 공간에 놓인 단위 양전하(+1 C)에 작용하는 전기력의 크기와 같다.

② 전기장의 방향: 전기장 내에서 양(+)전하가 받는 전기력의 방향과 같다.

THE 알기

❶ 불연속적인 값
어떤 값이 기본 값의 정수배일 때, 그 값은 양자화되었다고 한다. 이때, 그 값은 불연속적인 값만을 갖는다.

❷ 쿨롱(1736~1806)
프랑스 물리학자로 비틀림 저울을 이용하여 전기력을 측정하고, 두 전하 사이에 작용하는 힘을 쿨롱 법칙으로 정리하였다.

❸ 전기장
점전하 주변의 전기장을 전기력선으로 표현하면 그림과 같이 전하를 중심으로 퍼져 나가는 형태로 나타낼 수 있다. 전하 Q로부터 거리 r인 위치의 같은 면적을 통과하는 전기력선의 개수는 $\frac{1}{r^2}$에 비례한다.

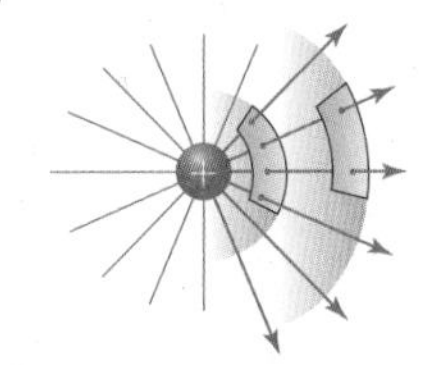

❹ 두 전하에 의한 전기장이 0인 지점
두 전하의 종류가 같을 때 두 전하에 의한 전기장이 0인 지점은 두 전하 사이에 있다. 두 전하의 종류가 다를 때, 두 전하에 의한 전기장이 0인 지점은 두 전하 사이의 바깥쪽에 있다.

THE 알기

❶ 전기력선
마이클 패러데이는 수학을 잘 하지 못한 관계로, 자신의 생각을 수식보다는 그림이나 글로 쉽게 표현하고자 하였다. 전기력선 역시 이러한 표현으로 제안하였고, 이로부터 현재 전기장 개념이 나왔다.

❷ 두 전하 사이에서의 전기력선
• 두 전하의 종류가 다를 때

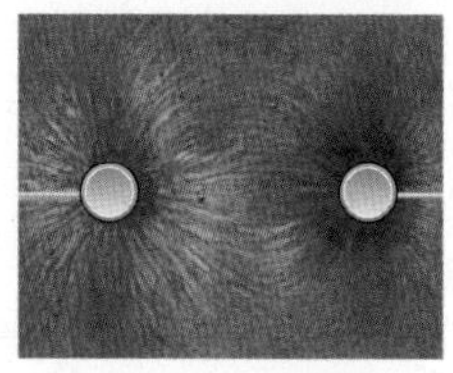

• 두 전하의 종류가 같을 때

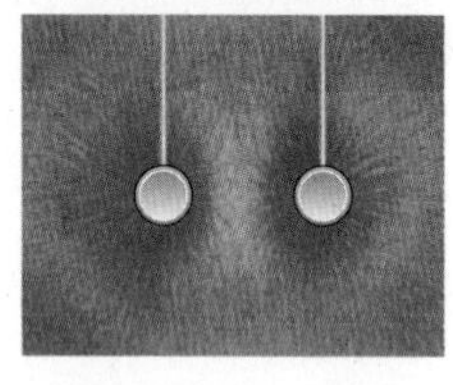

❸ 평행한 도체판 사이에서의 전기력선

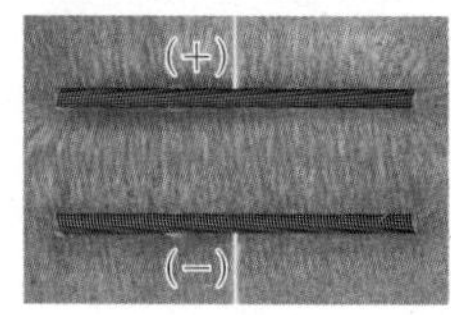

2 ❶전기력선

전기장에 있는 양(+)전하에 작용하는 전기력의 방향을 공간에 따라 연속적으로 연결한 선을 전기력선이라고 한다. 전기력선의 방향은 양(+)전하가 받는 전기력의 방향과 같다.

(1) 전기력선의 특징

① ❷양(+)전하에서는 나오는 방향이고, 음(−)전하에서는 들어가는 방향이다.
② 전하량이 같은 두 전하에 의한 전기력선은 좌우 대칭인 모양이다.
③ 서로 교차하거나 도중에 끊어지거나 갈라지지 않는다.
④ 전기력선 위의 한 점에서 그은 접선의 방향은 그 점에서의 전기장의 방향과 같다.
⑤ 전기장에 수직인 단위 면적을 지나는 전기력선의 수(밀도)는 전기장의 세기에 비례한다.

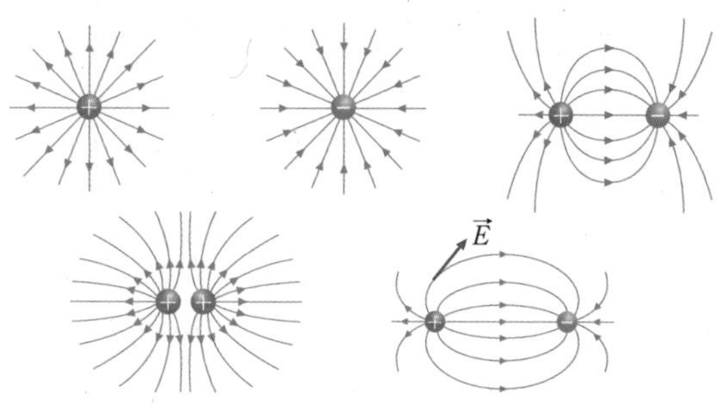

(2) 여러 가지 전기력선

① 전기력선은 ❸도체 표면에 수직으로 들어가거나 수직으로 나온다.
② 도체 안에는 전기력선이 존재하지 않는다.
③ 전하로 들어가거나 전하에서 나가는 전기력선의 개수는 전하량에 비례한다.

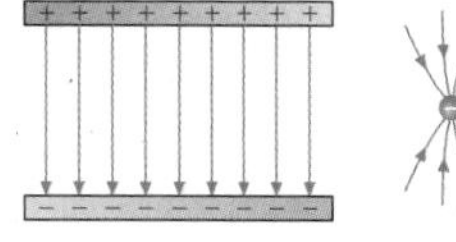

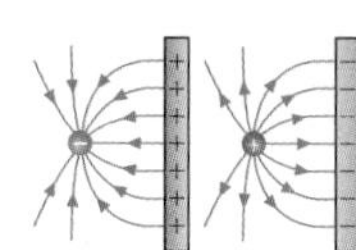

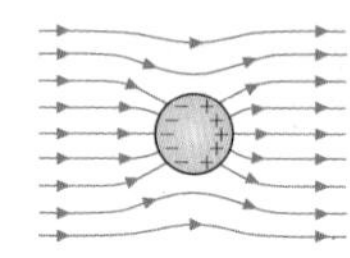

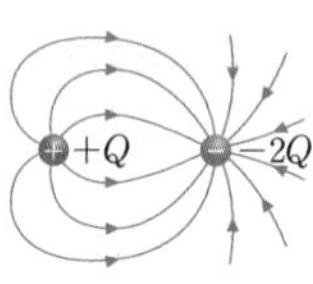

THE 들여다보기 쿨롱 법칙과 비틀림 저울

쿨롱은 그림과 같은 비틀림 저울을 이용하여 두 점전하 사이에 작용하는 전기력의 크기를 측정하였다. 대전된 두 금속구가 갖는 전하 사이의 전기력에 의해 비틀림 저울의 수정 실이 비틀리는 정도를 측정하여 전기력의 크기를 알 수 있었다. 이를 통해 전기력의 크기가 두 점전하의 전하량의 곱에 비례하고 점전하 사이의 거리의 제곱에 반비례한다는 쿨롱 법칙을 발견하였다.

$$F=k\frac{q_1q_2}{r^2}$$

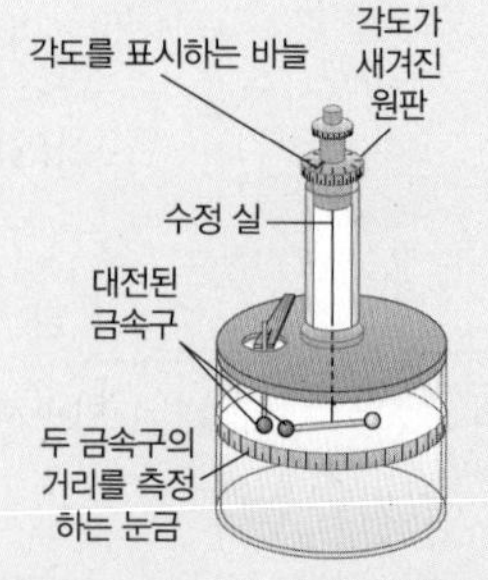

개념체크

빈칸 완성

1. (   )는 모든 전기 현상의 근원이다.

2. 같은 종류의 전하 사이에는 서로 ㉠(   ) 전기력이 작용하고, 다른 종류의 전하 사이에는 서로 ㉡(   ) 전기력이 작용한다.

3. 두 점전하 사이에 작용하는 전기력의 크기는 두 점전하의 전하량의 크기의 곱에 ㉠(   )하고, 두 점전하 사이의 거리의 제곱에 ㉡(   )한다.

4. 전기장의 세기는 전기장이 형성된 공간에 놓인 ㉠(   )에 작용하는 전기력의 크기와 같고, 전기장의 방향은 전기장 내에서 ㉡(   )가 받는 전기력의 방향과 같다.

5. 전기장에 있는 양(+)전하에 작용하는 전기력의 방향을 공간에 따라 연속적으로 연결한 선을 (   )이라고 한다.

○X 문제

6. 그림은 두 전하 A, B 주위의 전기장에 의한 전기력선을 나타낸 것이다. 이에 대한 설명으로 옳은 것은 ○, 옳지 않은 것은 ×로 표시하시오.

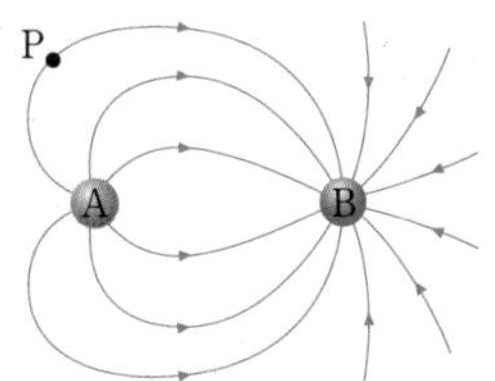

(1) A는 양(+)전하이다. (   )

(2) 전하량의 크기는 A가 B보다 크다. (   )

(3) 전기력선의 한 점 P에서 전기장의 방향은 전기력선과 수직인 방향이다. (   )

(4) A와 B에 의한 전기장이 0인 곳은 A와 B 사이에 위치한다. (   )

정답 1. 전하 2. ㉠ 밀어내는, ㉡ 잡아당기는 3. ㉠ 비례, ㉡ 반비례 4. ㉠ 단위 양(+)전하, ㉡ 양(+)전하 5. 전기력선 6. (1) ○ (2) × (3) × (4) ×

○X 문제

1. 그림과 같이 점전하 A와 B가 2 m만큼 떨어져 고정되어 있다. A, B의 전하량의 크기는 각각 2 C, q이고, B가 A에 작용하는 전기력의 방향은 오른쪽이며, 크기는 4 N이다. (단, 쿨롱 상수는 $9\times10^9\ \mathrm{N\cdot m^2/C^2}$이다.)

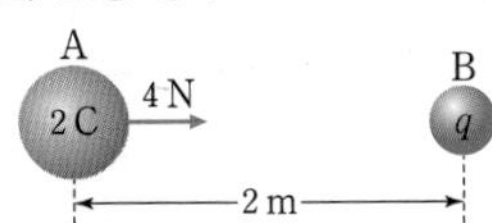

이에 대한 설명으로 옳은 것은 ○, 옳지 않은 것은 ×로 표시하시오.

(1) B는 A와 같은 종류의 전하이다. (   )

(2) $q=\frac{8}{9}\times10^{-9}$ C이다. (   )

(3) A가 B에 작용하는 전기력의 방향은 왼쪽이다. (   )

(4) A가 B에 작용하는 전기력의 크기는 4 N보다 크다. (   )

선다형 문제

2. 그림은 전기장에 의한 전기력선을 나타낸 것으로, a, c, d는 전기장 내의 임의의 지점이고, b와 e는 전기력선 위의 지점이다.

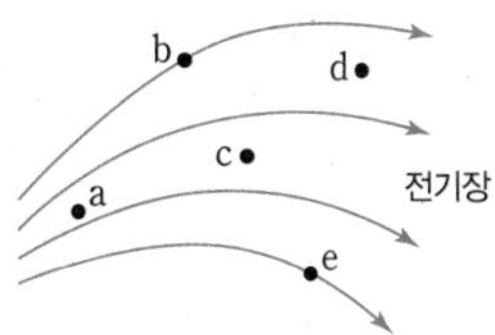

이에 대한 설명으로 옳은 것만을 〈보기〉에서 있는 대로 고르시오.

보기

ㄱ. 전기장의 세기는 a에서가 d에서보다 크다.
ㄴ. 전기장의 방향은 b에서와 e에서가 다르다.
ㄷ. a에서 d를 지나는 전기력선을 그릴 수 있다.
ㄹ. c에 음(−)전하를 놓으면 오른쪽으로 이동한다.

정답 1. (1) × (2) ○ (3) ○ (4) × 2. ㄱ, ㄴ

02 정전기 유도와 유전 분극

1 정전기 유도와 유전 분극

(1) 정전기: 서로 다른 물체를 마찰할 때 발생하는 마찰 전기처럼 이동하지 않고 물체에 정지해 있는 전기로, 한 곳에 머물러 있는 전기이다.

① 대전체: 전자의 이동에 의해 양(+)전하 또는 음(−)전하를 띠게 된 물체

▲ 마찰 전기

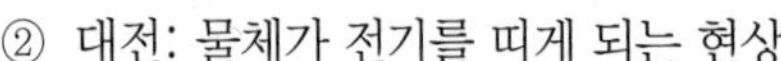

② 대전: 물체가 전기를 띠게 되는 현상

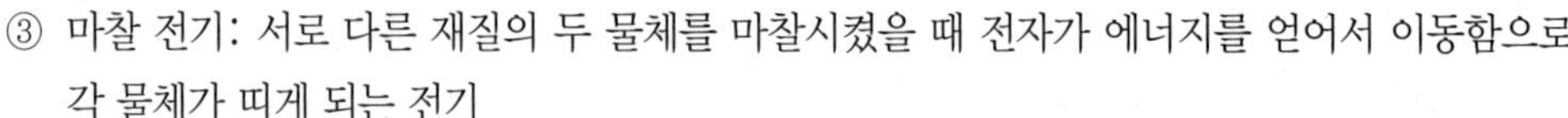

③ 마찰 전기: 서로 다른 재질의 두 물체를 마찰시켰을 때 전자가 에너지를 얻어서 이동함으로 각 물체가 띠게 되는 전기

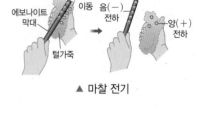

(2) 도체와 절연체

① 도체: 비저항이 작아서 전류가 잘 흐르는 물질
- 도체 내부에서 전기장은 0이다.
- 도체가 대전되면 전하는 표면에만 분포한다.
- 도체에는 여러 원자 사이를 자유롭게 이동할 수 있는 자유 전자가 많다.

예 구리, 알루미늄, 금, 은과 같은 금속, 탄소 막대, 전해질 수용액 등

② [1]절연체(부도체): 비저항이 커서 전류가 잘 흐르지 못하는 물질
- 절연체의 전자들은 대부분 원자에 구속되어 있고, 자유 전자가 거의 없다.
- 절연체에도 열 또는 강한 전기장을 가하거나 불순물을 첨가하면 전류를 흐르게 할 수 있다.

예 유리, 종이, 나무, 고무 등

(3) [2]정전기 유도와 유전 분극

① 도체에서의 정전기 유도: 대전되지 않은 도체에 대전체를 가까이 하면 도체 내의 [3]자유 전자의 이동에 의해 대전체와 가까운 쪽에는 대전체와 다른 종류의 전하가 유도되고, 대전체와 먼 쪽에는 대전체와 같은 종류의 전하가 유도되는 현상이다.

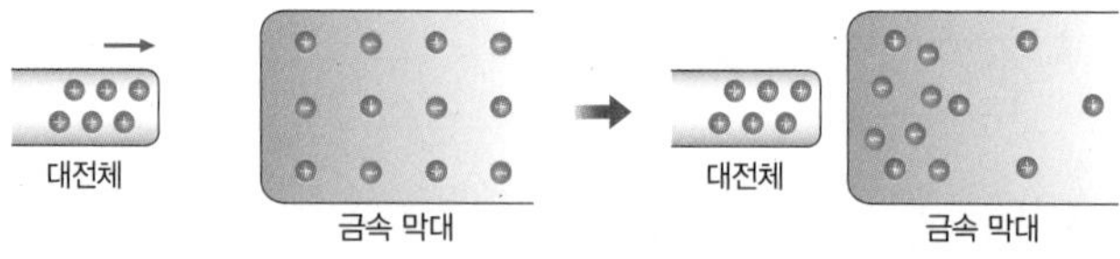

② 절연체에서의 유전 분극: 절연체 내부에는 자유 전자가 없기 때문에 도체와 같은 전자의 이동에 의한 정전기 유도 현상은 일어나지 않지만 분자나 원자 내부에서 전기력에 의하여 분극되는 현상이 일어난다. 따라서 절연체에 대전체를 가까이 하면 절연체와 가까운 쪽에는 절연체와 다른 종류의 전하가, 절연체와 먼 쪽에는 절연체와 같은 종류의 전하가 배열하게 된다.

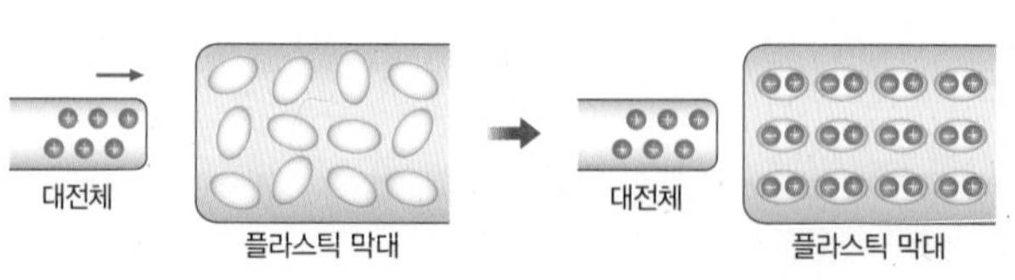

THE 알기

❶ 절연체
절연체를 유전체라고도 하며, 이는 유전 분극이 일어나는 물질이라는 의미를 포함하고 있다.
- 강유전체: 외부 전기장에 의해 정전기 유도가 된 후에 외부 전기장이 사라져도 계속 (+)전기와 (−)전기로 나누어진 상태를 유지하는 물질로, 비휘발성 메모리에 사용된다.

❷ 대전된 풍선과 물 사이의 정전기 유도

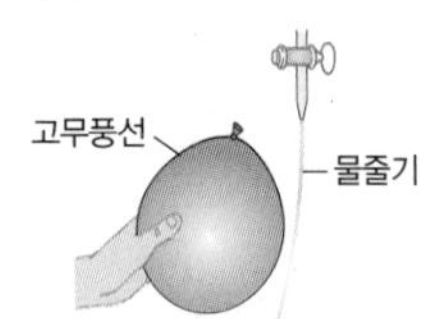

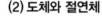

대전된 고무풍선을 약한 물줄기에 가져가면 물줄기가 고무풍선 쪽으로 휘어진다. 그 이유는 물줄기가 고무풍선 근처를 지나면서 정전기 유도 현상이 나타나 고무풍선과 물줄기 사이에 전기적 인력이 작용하기 때문이다. 고무풍선의 대전된 전하의 종류가 달라져도 물줄기는 고무풍선 쪽으로 휘어진다.

❸ 자유 전자
자유 전자는 에너지띠 이론에서 전도띠에 있는 전자로, 도체 내에서 원자핵의 영향을 거의 받지 않고 자유롭게 이동할 수 있는 전자들이다.

2 정전기 유도의 이용

(1) 전기 집진기: 발전소나 보일러에서 연소 후 배출되는 배기 가스 중에서 오염된 먼지를 제거하는 설비로, 집진기 내에 대전된 극판을 배열시키고 방전 극과 집진 극 사이에 높은 전압을 걸어 주면, 방전극에서 발생한 전자에 의해 먼지가 음(−)전하로 대전되어 (+)극인 집진 극으로 끌려가서 모이게 된다.

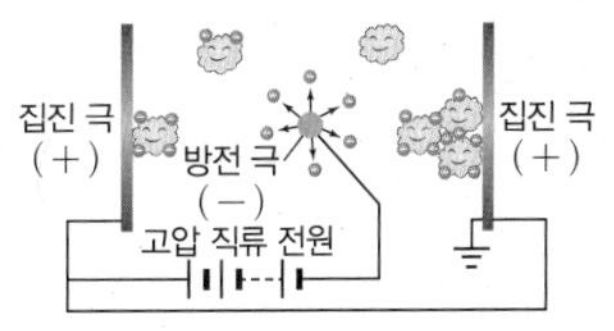

(2) 복사기

① 빛을 비추면 종이의 검은 글자 부분에서는 빛을 흡수하고 흰 여백 부분에서는 빛을 반사한다.

② 종이에서 반사된 빛이 양(+)전하로 대전된 드럼을 비추면 빛이 닿은 부분은 전하를 띠지 않고 빛이 닿지 않는 부분은 그대로 양(+)전하를 띤다.

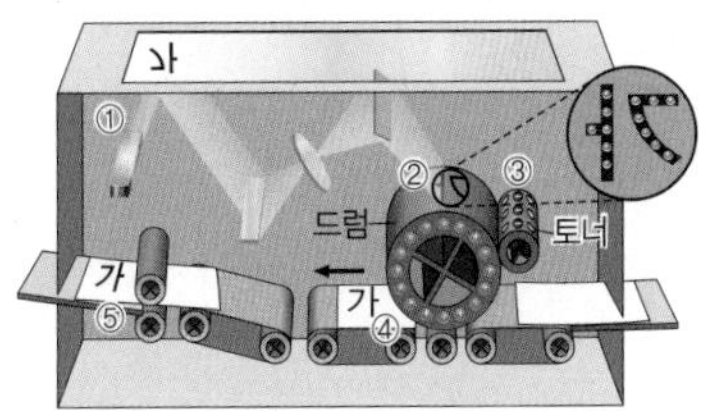

③ 드럼이 회전하면 음(−)전하를 띠는 토너가 드럼의 양(+)전하로 대전된 부분에 달라붙는다.

④ 드럼에 접촉하여 지나가는 종이에 토너가 달라붙는다.

⑤ 종이에 묻은 토너가 뜨거운 롤러를 지나면서 녹는다.

(3) 정전 도장: 자동차 도색 과정에서 음(−)전하를 띤 페인트 입자를 뿌리면 양(+)전하로 대전된 금속성 자동차 표면으로부터 전기력을 받아 자동차 표면에 잘 달라붙는다. 이때 페인트 입자끼리는 같은 전하를 띠고 있어서 뭉치지 않고 고르게 퍼져서 도색이 될 수 있다.

(4) 정전기 피해를 줄이는 예(접지 이용): ❶접지는 전기 기기나 대전체를 지면과 도선으로 연결하여 전자가 자유롭게 이동할 수 있도록 한 것이다.

① 피뢰침: 번개는 마찰에 의해 대전된 구름이 지면에 정전기 유도 현상을 일으켜 방전되는 것이다. ❷피뢰침은 접지해 놓은 금속 막대로, ❸번개가 지면으로 빠져나가도록 하여 건물의 피해를 막는다.

② 주유기 접지: 기름이 주유기의 관을 흐를 때 마찰에 의해 대전되어 발생한 전류가 지면으로 빠져나가도록 하여 화재를 방지한다.

THE 알기

❶ 접지
정전기 유도된 검전기에 손가락을 접촉하면 손가락을 통해 전자가 빠져나간다. 이렇게 전자 기기에 접지를 하면 전하가 축적되는 것을 막아 감전 위험을 방지할 수 있다.

❷ 피뢰침
번개에 의한 피해를 막기 위해 땅에 연결하여 접지해 놓은 금속 막대이다.

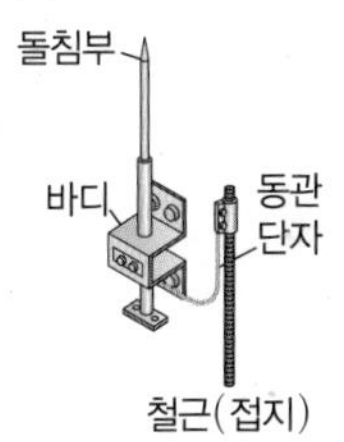

❸ 번개
정전기 유도에 의해 구름 하부와 지표면 사이에 충분한 전위차가 발생하여 일어나는 대규모 방전 현상이다.

THE 들여다보기 밴더그래프 정전기 발생 장치

실리콘은 음(−)전하를 띠려는 성질이 고무벨트보다 더 강하기 때문에 실리콘으로 만든 롤러와 고무벨트가 마찰하여 롤러는 음(−)전하로, 고무벨트는 양(+)전하로 대전된다. 음(−)전하로 대전된 아래쪽 롤러는 접지되어 있는 브러시를 거쳐 방전되는 한편, 양(+)전하로 대전된 고무벨트는 위쪽으로 올라가 금속구와 연결된 브러시를 거쳐 금속구에 전달된다. 이러한 과정을 거쳐서 금속구는 끊임없이 양(+)전하를 공급받아 지면보다 수백만 볼트 정도 더 큰 전압을 생기게 할 수 있다. 밴더그래프 정전기 발생 장치는 매우 높은 전압이 필요한 곳에 이용된다.

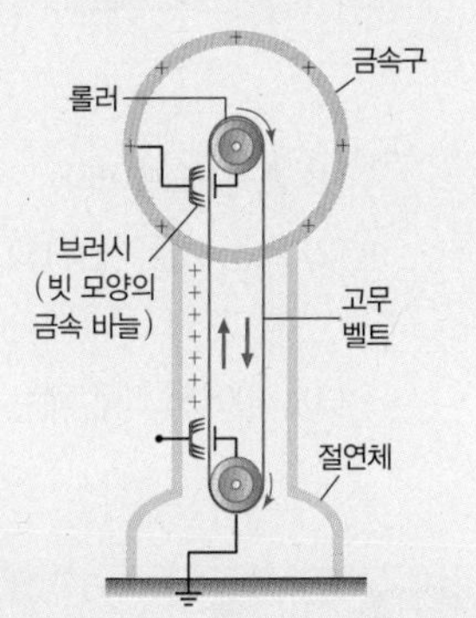

개념체크

빈칸 완성

1. 이동하지 않고 한 곳에 머물러 있는 전기를 (　　　) 라고 한다.

2. 대전되지 않은 에보나이트 막대와 대전되지 않은 털가죽을 마찰시켜 에보나이트 막대가 음(−)전하로 대전되었다면, 털가죽은 (　　　)로 대전되었다.

3. 비저항이 작아서 전류가 잘 흐르는 물질을 ㉠(　　　), 비저항이 커서 전류가 잘 흐르지 못하는 물질을 ㉡(　　　)라고 한다.

4. 대전되지 않은 도체에 대전체를 가까이 하면 대전체와 가까운 쪽에는 대전체와 ㉠(　　　) 종류의 전하가 유도되고, 대전체와 먼 쪽에는 대전체와 ㉡(　　　) 종류의 전하가 유도된다.

순서대로 나열하기

5. 그림 (가)~(라)는 도체구가 정전기 유도되는 과정을 순서 없이 나열한 것이다.

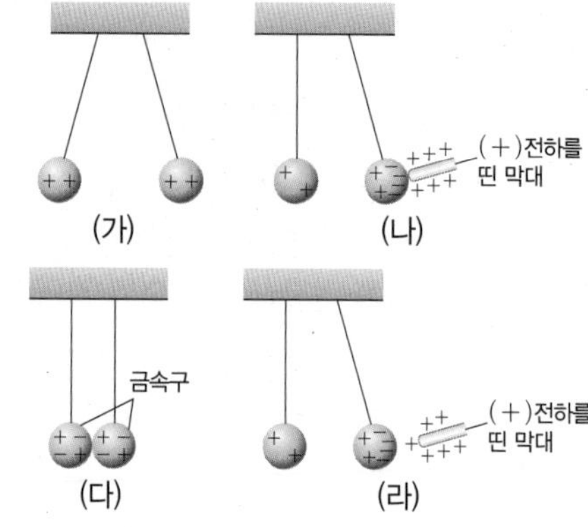

정전기 유도 과정을 순서대로 나열하시오.

정답 1. 정전기 2. 양(+)전하 3. ㉠ 도체, ㉡ 절연체(부도체) 4. ㉠ 다른, ㉡ 같은 5. (다) − (라) − (나) − (가)

○X 문제

1. 그림 (가), (나)는 대전되지 않은 물체 A, B에 각각 대전체를 가까이 하였더니 정전기 유도가 발생한 것을 나타낸 것으로, A와 B는 도체와 절연체 중 하나이다. 이에 대한 설명으로 옳은 것은 ○, 옳지 않은 것은 ×로 표시하시오.

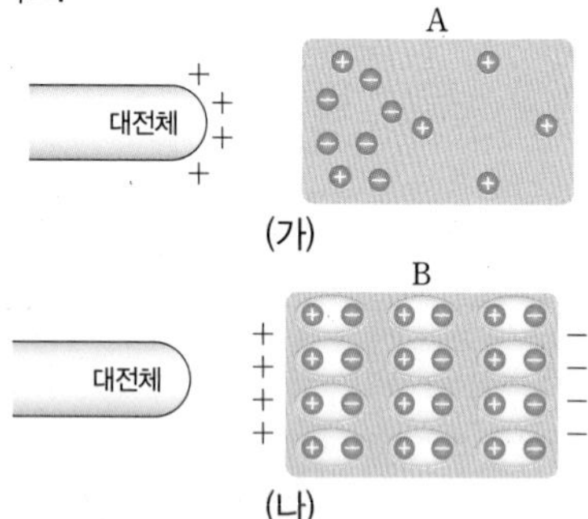

(1) A는 도체이다. (　　)

(2) A는 자유 전자의 이동에 의해 정전기 유도가 발생한다. (　　)

(3) (나)에서 대전체는 음(−)으로 대전되었다. (　　)

선다형 문제

2. 그림은 대전되지 않은 털가죽으로 대전되지 않은 에보나이트 막대를 마찰시켜 털가죽과 에보나이트 막대를 대전시키는 것을 나타낸 것으로, 에보나이트 막대는 음(−)전하로 대전되었다.

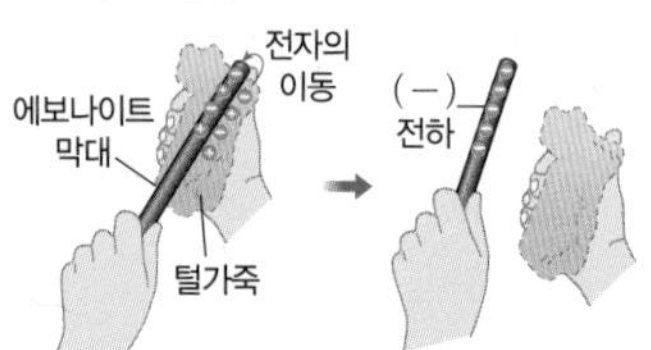

이에 대한 설명으로 옳은 것만을 <보기>에서 있는 대로 고르시오.

보기

ㄱ. 털가죽은 양(+)전하로 대전된다.
ㄴ. 에보나이트 막대에서 털가죽으로 전자가 이동하였다.
ㄷ. 에보나이트 막대와 털가죽의 대전된 전하량의 크기는 같다.
ㄹ. 마찰한 후 에보나이트 막대와 털가죽 사이에는 서로 밀어내는 전기력이 작용한다.

정답 1. (1) ○ (2) ○ (3) ○ 2. ㄱ, ㄷ

검전기를 이용한 정전기 유도

정답과 해설 39쪽

목표

검전기를 이용하여 정전기 유도 현상을 분석할 수 있다.

과정

1. 대전되지 않은 에보나이트 막대를 검전기의 금속판에 가까이 가져간다.
2. 에보나이트 막대를 털가죽에 문질러 대전시킨 후 에보나이트 막대를 검전기의 금속판에 가까이 한다.
3. 에보나이트 막대를 금속판에 가까이 한 상태에서 금속판에 손가락을 접촉시킨다.
4. 금속판에 접촉했던 손가락을 떼고 에보나이트 막대를 금속판에서 멀리한다.
5. 과정 3에서 에보나이트 막대를 금속판에서 멀리한 후, 금속판에서 손가락을 멀리한다.

결과 정리 및 해석

과정 1~5에서 금속박의 모양은 표와 같다.

과정	금속박의 모양
1	벌어지지 않는다.
2	벌어진다.
3	오므라든다.
4	벌어진다.
5	오므라든다.

탐구 분석

1. 과정 2와 3에서 일어나는 현상을 전하의 이동으로 설명하시오.
2. 과정 4와 5의 결과가 다른 이유를 전하의 이동으로 설명하시오.
3. 대전되지 않은 검전기에 양(+)전하로 대전된 물체를 가까이 가져가면 어떤 현상이 일어날지 정전기 유도 현상을 근거하여 예상하시오.

내신 기초 문제

[20700-0232]

01 그림 (가)는 전하량이 $+q$로 같은 점전하 A, B가 거리 r만큼 떨어진 곳에 고정되어 있는 것을, (나)는 전하량이 각각 $+3q$, $+2q$인 점전하 C, D가 거리 $2r$만큼 떨어진 곳에 고정되어 있는 것을 나타낸 것이다.

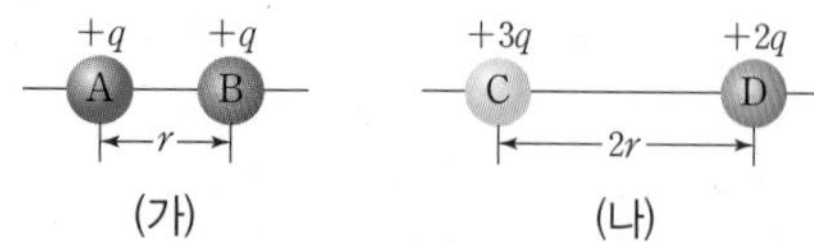

A와 B 사이에 작용하는 전기력의 크기를 F_1, C와 D 사이에 작용하는 전기력의 크기를 F_2라 할 때, $F_1 : F_2$는?

① 1 : 2　② 2 : 1　③ 2 : 3
④ 3 : 1　⑤ 3 : 2

[20700-0233]

02 그림은 $+q_0$, $-q_0$으로 대전된 금속구 A, B가 거리 r만큼 떨어져 고정되어 있는 것을 나타낸 것이다.

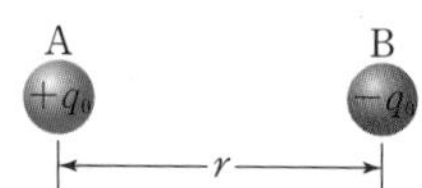

이에 대한 설명으로 옳은 것만을 <보기>에서 있는 대로 고른 것은? (단, A, B의 크기는 무시한다.)

보기
ㄱ. A, B 사이에는 서로 잡아당기는 전기력이 작용한다.
ㄴ. A와 B에 작용하는 전기력의 크기는 같다.
ㄷ. A의 전하량을 $+2q_0$으로 하면 A가 B에 작용하는 전기력의 크기는 B가 A에 작용하는 전기력의 크기보다 커진다.

① ㄱ　② ㄷ　③ ㄱ, ㄴ　④ ㄴ, ㄷ　⑤ ㄱ, ㄴ, ㄷ

[20700-0234]

03 그림은 $x=0$과 $x=2d$에 고정된 점전하 A, B를 나타낸 것으로, $x=d$에 +1 C의 전하를 놓으면 $+x$ 방향으로 이동한다. A의 전하량은 $+2q$이고, A와 B는 서로 밀어내는 전기력이 작용한다.

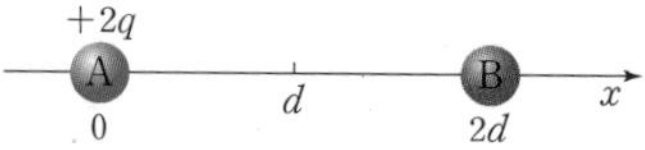

이에 대한 설명으로 옳은 것만을 <보기>에서 있는 대로 고른 것은?

보기
ㄱ. +1 C의 전하는 B로부터 잡아당기는 전기력을 받는다.
ㄴ. B의 전하량의 크기는 $2q$보다 작다.
ㄷ. +1 C의 전하에 작용하는 전기력의 크기가 0인 곳은 $x=d$와 $x=2d$ 사이에 있다.

① ㄱ　② ㄴ　③ ㄱ, ㄷ　④ ㄴ, ㄷ　⑤ ㄱ, ㄴ, ㄷ

[20700-0235]

04 그림은 전기력선 (가), (나)에 대해 학생 A, B, C가 대화하고 있는 모습을 나타낸 것이다.

제시한 의견이 옳은 학생만을 있는 대로 고른 것은?

① A　② B　③ A, C
④ B, C　⑤ A, B, C

[20700-0236]

05 그림은 전하량이 Q인 점전하 주위의 전기장의 모습을 나타낸 것이고, 점 p는 점전하로부터 거리 r만큼 떨어진 지점이다.

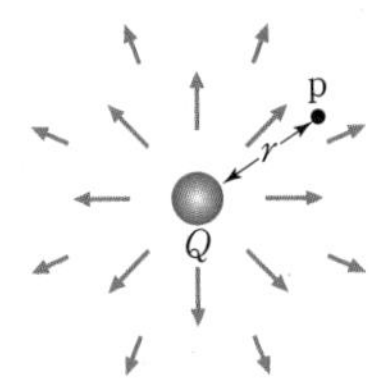

이에 대한 설명으로 옳은 것만을 〈보기〉에서 있는 대로 고른 것은?

보기
ㄱ. 점전하는 양(+)전하이다.
ㄴ. p에 음(−)전하를 놓으면 점전하로부터 멀어진다.
ㄷ. p에서 전기장의 크기는 Q의 크기에 반비례한다.

① ㄱ ② ㄴ ③ ㄱ, ㄷ ④ ㄴ, ㄷ ⑤ ㄱ, ㄴ, ㄷ

[20700-0237]

06 그림은 어떤 평면 위에 형성된 전기장을 전기력선으로 표현한 것이다. a, b, c는 각각 전기력선 위의 점들이고, d는 전기장 내의 점이다.

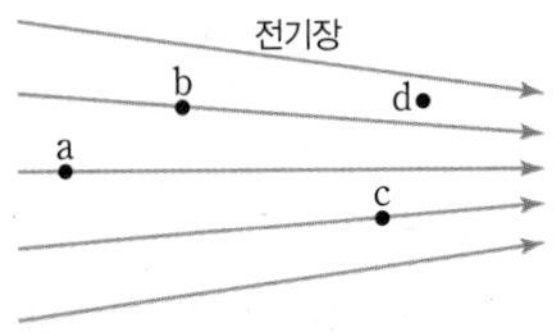

이에 대한 설명으로 옳은 것만을 〈보기〉에서 있는 대로 고른 것은?

보기
ㄱ. 전기장의 세기는 a에서가 d에서보다 작다.
ㄴ. 전기장의 방향은 b와 c에서 같다.
ㄷ. a에서 c를 향하는 전기력선이 존재한다.

① ㄱ ② ㄴ ③ ㄱ, ㄷ ④ ㄴ, ㄷ ⑤ ㄱ, ㄴ, ㄷ

[20700-0238]

07 그림은 x축상에 고정되어 있는 점전하 A, B 주위의 전기장을 방향 표시 없이 전기력선으로 나타낸 것이다.

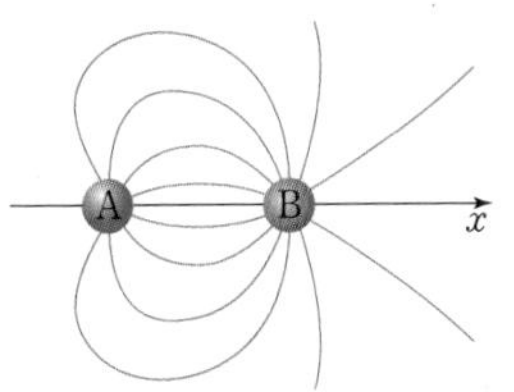

이에 대한 설명으로 옳은 것만을 〈보기〉에서 있는 대로 고른 것은?

보기
ㄱ. 전하량의 크기는 B가 A보다 크다.
ㄴ. A와 B는 서로 다른 종류의 전하이다.
ㄷ. 전기장이 0인 곳은 A의 왼쪽에 있다.

① ㄱ ② ㄷ ③ ㄱ, ㄴ ④ ㄴ, ㄷ ⑤ ㄱ, ㄴ, ㄷ

[20700-0239]

08 그림은 각각 $+Q$, $-Q$로 대전된 무한히 넓은 평행한 금속판에 의한 전기력선을 방향 표시 없이 나타낸 것으로, a는 전기력선 위의 점이고, b, c는 각각 금속판 사이에서 전기장 내의 점이다. 금속판 사이의 전기장의 방향은 y축과 나란하다.

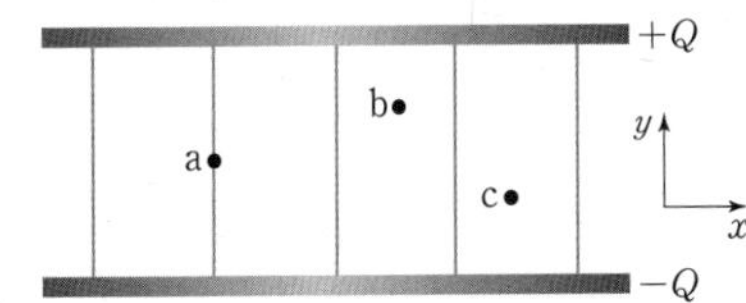

이에 대한 설명으로 옳은 것만을 〈보기〉에서 있는 대로 고른 것은?

보기
ㄱ. a에서 전기장의 방향은 $+y$ 방향이다.
ㄴ. 양(+)전하가 받는 전기력의 크기는 b에서가 c에서보다 크다.
ㄷ. c에 전자를 놓으면 $+y$ 방향으로 이동한다.

① ㄱ ② ㄴ ③ ㄷ ④ ㄱ, ㄴ ⑤ ㄱ, ㄴ, ㄷ

[20700-0240]
09 그림 (가)는 대전되지 않은 에보나이트 막대와 대전되지 않은 털가죽을 마찰시키는 것을, (나)는 마찰시킨 후 털가죽은 양(+)전하로 대전되어 에보나이트 막대와 떨어져 있는 모습을 나타낸 것이다.

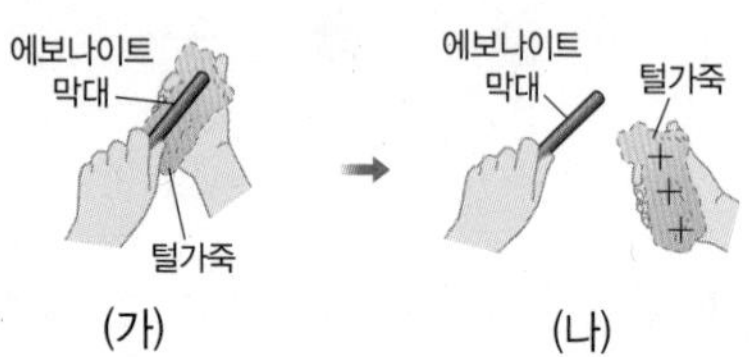

이에 대한 설명으로 옳은 것만을 〈보기〉에서 있는 대로 고른 것은? (단, 전자는 털가죽과 에보나이트 막대 사이에서만 이동한다.)

보기
ㄱ. (가)에서 털가죽의 전자가 에보나이트 막대로 이동한다.
ㄴ. (나)에서 에보나이트 막대는 음(−)전하로 대전된다.
ㄷ. (나)에서 털가죽과 에보나이트 막대의 대전된 전하량의 크기는 같다.

① ㄱ ② ㄷ ③ ㄱ, ㄴ ④ ㄴ, ㄷ ⑤ ㄱ, ㄴ, ㄷ

[20700-0241]
10 다음 중 도체와 절연체에 대한 설명으로 옳지 않은 것은?

① 비저항은 도체가 절연체보다 작다.
② 도체 내부에서 전기장은 0이다.
③ 도체가 대전되면 전하는 내부와 표면에 고르게 분포한다.
④ 절연체의 전자들은 대부분 원자에 구속되어 있다.
⑤ 절연체에 불순물을 첨가하면 전류를 흐르게 할 수 있다.

[20700-0242]
11 그림은 양(+)전하로 대전된 대전체를 대전되지 않은 물체 A에 가까이 하였더니 원자핵에 구속되지 않은 ㉠이 대전체 가까이 이동하는 것을 나타낸 것이다. A는 도체와 절연체 중 하나이다.

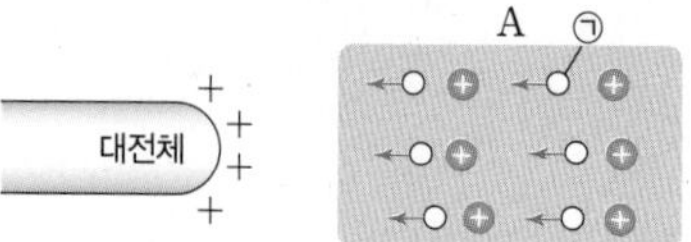

이에 대한 설명으로 옳은 것만을 〈보기〉에서 있는 대로 고른 것은?

보기
ㄱ. ㉠은 자유 전자이다.
ㄴ. A는 도체이다.
ㄷ. A에는 정전기 유도가 일어난다.

① ㄱ ② ㄷ ③ ㄱ, ㄴ ④ ㄴ, ㄷ ⑤ ㄱ, ㄴ, ㄷ

[20700-0243]
12 그림은 대전된 대전체를 대전되지 않은 물체 A에 가까이 하였을 때, A의 전하 배치를 나타낸 것이다. A는 도체와 절연체 중 하나이다.

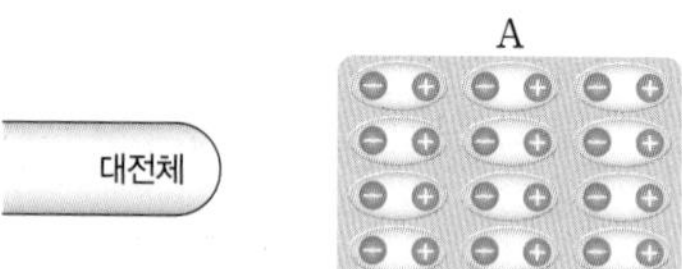

이에 대한 설명으로 옳은 것만을 〈보기〉에서 있는 대로 고른 것은?

보기
ㄱ. A의 내부에는 자유 전자가 많다.
ㄴ. 대전체는 양(+)전하로 대전되어 있다.
ㄷ. 대전체와 A 사이에는 서로 잡아당기는 전기력이 작용한다.

① ㄱ ② ㄷ ③ ㄱ, ㄴ ④ ㄴ, ㄷ ⑤ ㄱ, ㄴ, ㄷ

[20700-0244]
13 그림은 대전체 가까이에 대전되지 않은 물체 A를 가만히 놓았더니 대전체에 접촉하여 정지한 것을 나타낸 것이다. A는 도체와 절연체 중 하나이다.

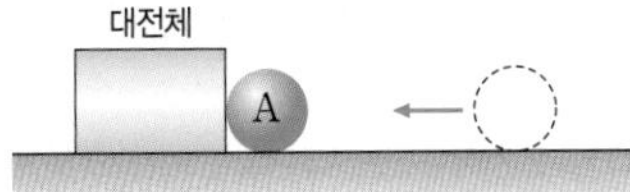

이에 대한 설명으로 옳은 것만을 〈보기〉에서 있는 대로 고른 것은?

보기
ㄱ. A는 절연체이다.
ㄴ. A에는 유전 분극이 일어난다.
ㄷ. A가 대전체로 이동하는 동안 대전체가 A에 작용하는 전기력의 크기는 일정하다.

① ㄱ ② ㄷ ③ ㄱ, ㄴ ④ ㄴ, ㄷ ⑤ ㄱ, ㄴ, ㄷ

[20700-0245]
14 그림은 대전되지 않은 검전기에 음(−)전하로 대전된 금속 막대를 가까이 하였더니 금속박이 벌어진 것을 나타낸 것이다.

이에 대한 설명으로 옳은 것만을 〈보기〉에서 있는 대로 고른 것은?

보기
ㄱ. 금속판과 금속 막대 사이에는 서로 잡아당기는 전기력이 작용한다.
ㄴ. 금속박은 음(−)전하로 대전되었다.
ㄷ. 금속 막대를 금속판에 접촉시키면 금속박은 오므라든다.

① ㄴ ② ㄷ ③ ㄱ, ㄴ ④ ㄱ, ㄷ ⑤ ㄱ, ㄴ, ㄷ

[20700-0246]
15 그림 (가)는 대전된 금속구 A를 대전되지 않고 접촉되어 있는 금속구 B, C에 가까이 한 것을, (나)는 (가)에서 B와 C를 떼어놓은 것을 나타낸 것이다. A, B, C는 동일한 금속구이다.

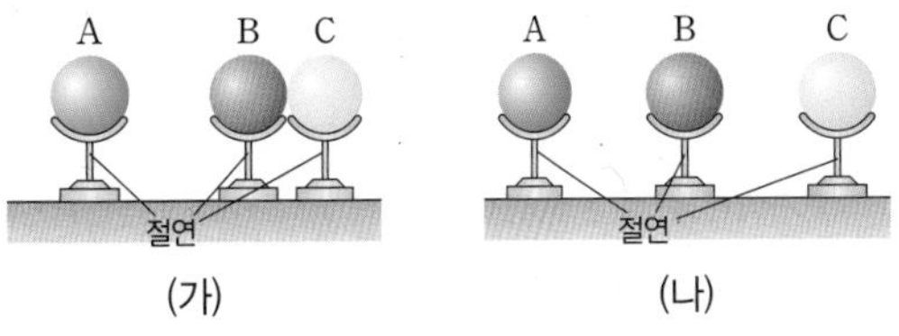

(나)에 대한 설명으로 옳은 것만을 〈보기〉에서 있는 대로 고른 것은?

보기
ㄱ. A와 C 사이에는 서로 밀어내는 전기력이 작용한다.
ㄴ. B와 C는 서로 다른 종류의 전하로 대전되어 있다.
ㄷ. B와 C가 대전된 전하량의 크기는 같다.

① ㄱ ② ㄷ ③ ㄱ, ㄴ ④ ㄴ, ㄷ ⑤ ㄱ, ㄴ, ㄷ

[20700-0247]
16 그림은 분무 장치에 강한 음극을 걸어 페인트 입자를 음(−)전하로 대전시킨 후 접지시킨 금속 물체에 페인트 입자를 뿌려 도색하는 것을 모식적으로 나타낸 것이다.

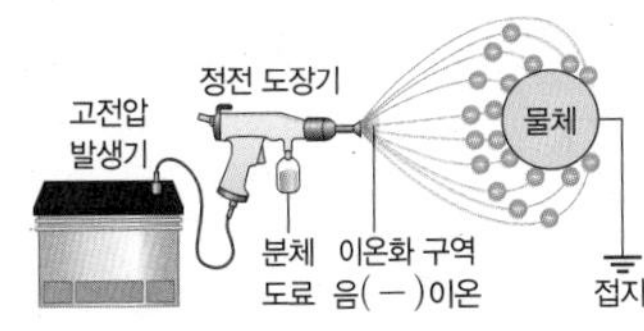

이에 대한 설명으로 옳은 것만을 〈보기〉에서 있는 대로 고른 것은?

보기
ㄱ. 물체는 페인트 입자에 의해 양(+)전하로 대전된다.
ㄴ. 접지를 통해 물체에 음(−)전하가 유입된다.
ㄷ. 페인트 입자 사이의 전기력에 의해 물체를 고르게 도색할 수 있다.

① ㄱ ② ㄷ ③ ㄱ, ㄴ ④ ㄱ, ㄷ ⑤ ㄴ, ㄷ

실력 향상 문제

[20700-0248]

01 그림과 같이 전하량이 각각 $+9q$, $-2q$, $+3q$인 점전하 A, B, C가 x축상의 $x=0$, $x=2d$, $x=3d$인 점에 고정되어 있다.

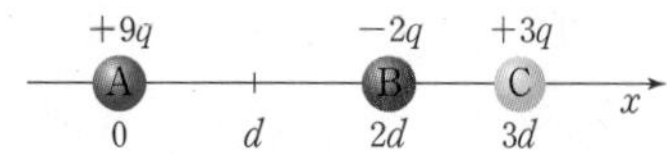

이에 대한 설명으로 옳은 것만을 <보기>에서 있는 대로 고른 것은?

> 보기
> ㄱ. A가 받는 전기력의 방향은 $-x$ 방향이다.
> ㄴ. B와 C가 받는 전기력의 방향은 반대 방향이다.
> ㄷ. C가 받는 전기력의 크기는 B가 받는 전기력의 크기의 $\frac{3}{2}$배이다.

① ㄱ ② ㄴ ③ ㄱ, ㄷ ④ ㄴ, ㄷ ⑤ ㄱ, ㄴ, ㄷ

[20700-0249]

02 그림 (가)는 전하량이 각각 $+2q$, $-8q$인 금속구 A, B가 x축상의 $x=0$과 $x=2d$인 점에 고정되어 있는 것을, (나)는 (가)의 A와 B를 접촉시킨 후 A를 x축상의 $x=0$인 점에 고정하고 전하량이 $-4q$인 금속구 C를 $x=d$인 점에 고정한 것을 나타낸 것이다.

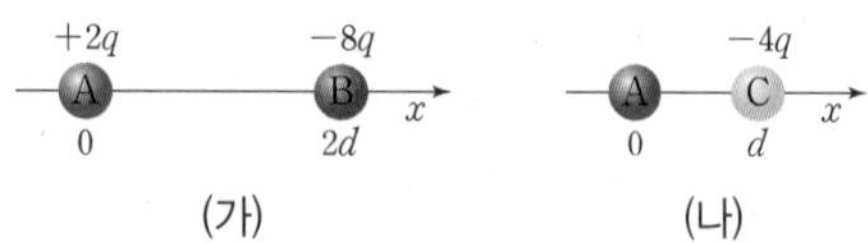

(가)에서 A와 B 사이에 작용하는 전기력의 크기가 F_0일 때, (나)에서 C에 작용하는 전기력의 크기와 방향으로 옳은 것은?

	크기	방향		크기	방향
①	$2F_0$	$+x$	②	$2F_0$	$-x$
③	$3F_0$	$+x$	④	$3F_0$	$-x$
⑤	$4F_0$	$+x$			

[20700-0250]

03 그림은 점전하 A, B, C가 각각 $x=-d$, $x=d$, $y=\frac{1}{2}d$인 점에 고정되어 있는 것을 나타낸 것으로, C의 전하량은 $+q$이고, C가 A와 B로부터 받는 전기력의 방향은 $+y$ 방향이다.

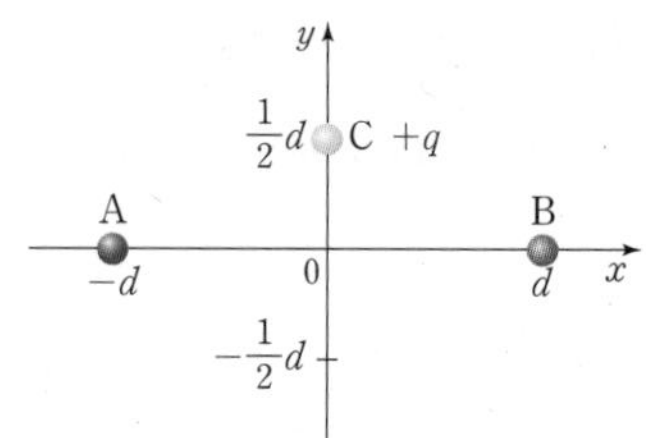

이에 대한 설명으로 옳은 것만을 <보기>에서 있는 대로 고른 것은?

> 보기
> ㄱ. A는 양(+)전하이다.
> ㄴ. C를 원점에 고정할 때 C가 받는 전기력은 0이다.
> ㄷ. $y=-\frac{1}{2}d$에 C를 고정할 때 C가 받는 전기력의 방향은 $-y$ 방향이다.

① ㄱ ② ㄷ ③ ㄱ, ㄴ ④ ㄴ, ㄷ ⑤ ㄱ, ㄴ, ㄷ

[20700-0251]

04 그림과 같이 점전하 A, B, C가 각각 x축상의 $x=0$, $x=d$, $x=4d$인 점에 고정되어 있다. $x=2d$에서 A와 B에 의한 전기장은 0이고, $x=3d$에서 A, B, C에 의한 전기장은 0이다.

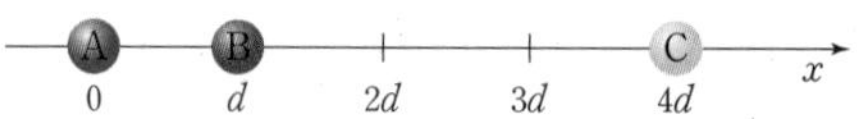

이에 대한 설명으로 옳은 것만을 <보기>에서 있는 대로 고른 것은?

> 보기
> ㄱ. B와 C는 같은 종류의 전하이다.
> ㄴ. 전하량의 크기는 B가 C의 $\frac{36}{5}$배이다.
> ㄷ. A와 C에 의한 전기장이 0인 곳은 $x=2d$에서 $x=4d$ 사이에 있다.

① ㄴ ② ㄷ ③ ㄱ, ㄴ ④ ㄱ, ㄷ ⑤ ㄴ, ㄷ

[20700-0252]

05 그림과 같이 점전하 A, B, C가 각각 $y=3d$, 원점, $x=2d$인 점에 고정되어 있다. $y=2d$에서 A와 B에 의한 전기장은 0이고, $x=3d$와 $x=4d$에서 B와 C에 의한 전기장의 방향은 서로 반대 방향이다. A의 전하량의 크기는 q이다.

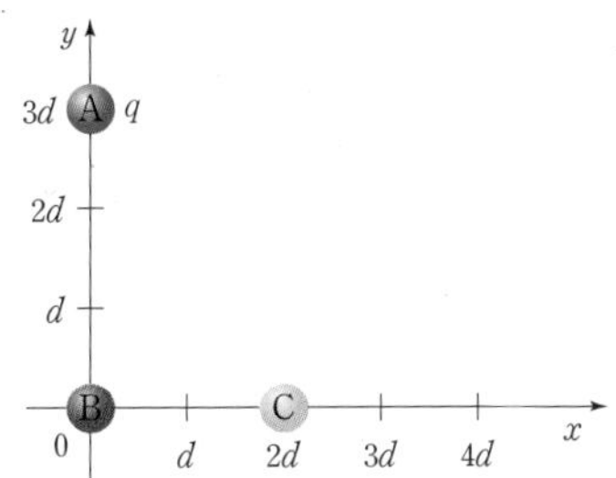

이에 대한 설명으로 옳은 것만을 <보기>에서 있는 대로 고른 것은?

보기
ㄱ. A와 C 사이에는 서로 밀어내는 전기력이 작용한다.
ㄴ. B의 전하량의 크기는 $4q$이다.
ㄷ. C의 전하량의 크기는 $\frac{4}{9}q$보다 크고 q보다 작다.

① ㄱ ② ㄴ ③ ㄱ, ㄷ ④ ㄴ, ㄷ ⑤ ㄱ, ㄴ, ㄷ

[20700-0253]

06 그림은 대전된 도체구 A, B가 절연된 줄에 매달려 $+x$ 방향으로 균일한 전기장에서 연직 방향에 대해 θ의 각을 이루며 정지해 있는 것을 나타낸 것이다. A와 B는 전하량의 크기는 같고 서로 다른 종류의 전하로 대전되어 있다.

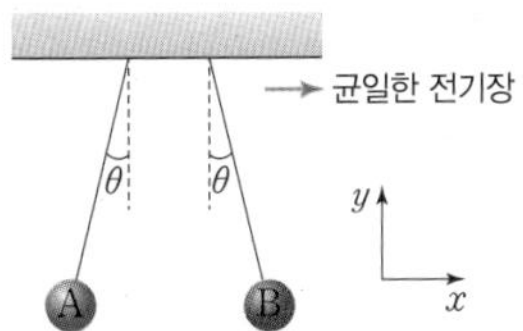

이에 대한 설명으로 옳은 것만을 <보기>에서 있는 대로 고른 것은? (단, 도체구의 크기는 무시한다.)

보기
ㄱ. A와 B에 작용하는 알짜힘은 0이다.
ㄴ. A는 양(+)전하로 대전되었다.
ㄷ. A와 B의 질량은 같다.

① ㄱ ② ㄴ ③ ㄱ, ㄷ ④ ㄴ, ㄷ ⑤ ㄱ, ㄴ, ㄷ

[20700-0254]

07 그림 (가)는 양(+)전하로 대전된 도체구 A를 대전되지 않고 접촉한 도체구 B, C 가까이에 놓은 것을, (나)는 (가)에서 C를 떼어 대전되지 않은 도체구 D를 접촉시킨 것을, (다)는 (가)의 A와 (나)의 D를 가까이 한 것을 나타낸 것이다. A, B, C, D는 동일한 도체구이다.

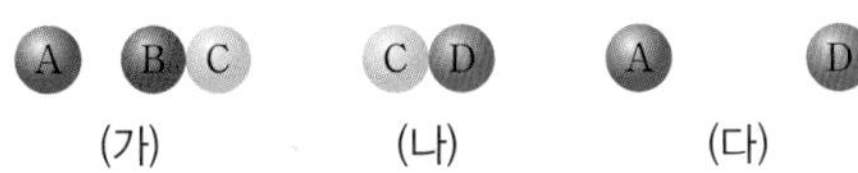

(다)에서 A와 D가 만드는 전기장을 전기력선으로 가장 적절하게 나타낸 것은?

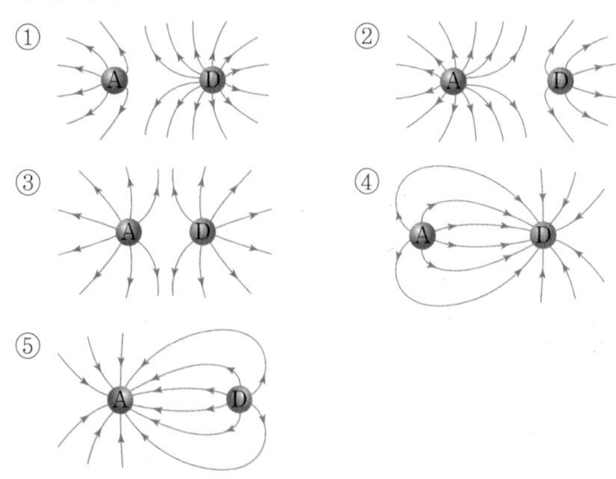

[20700-0255]

08 그림은 점전하 P, Q가 원점 O로부터 같은 거리의 x축 상에 고정되어 있을 때 P, Q에 의한 전기력선을 방향 표시 없이 나타낸 것이다. O에서 전기장의 방향은 $-x$ 방향이고, A는 y축상의 점이다.

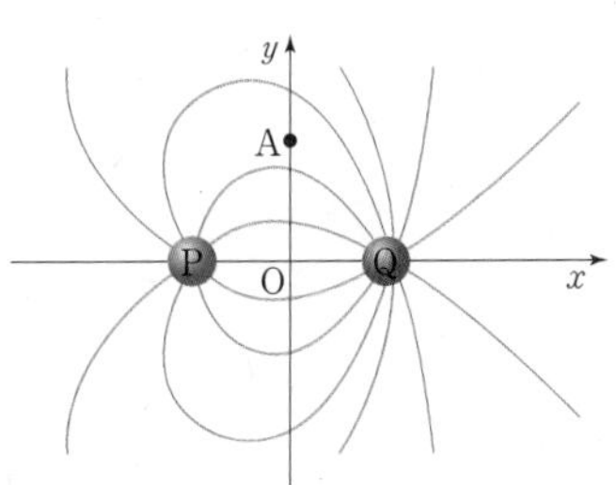

이에 대한 설명으로 옳은 것만을 <보기>에서 있는 대로 고른 것은?

보기
ㄱ. P는 음(−)전하이다.
ㄴ. Q의 오른쪽에 P와 Q에 의한 전기장이 0인 곳이 있다.
ㄷ. A에 음(−)전하를 놓으면 O를 향해 운동한다.

① ㄱ ② ㄴ ③ ㄱ, ㄷ ④ ㄴ, ㄷ ⑤ ㄱ, ㄴ, ㄷ

[20700-0256]

09 그림은 점전하 A, B가 x축상에 고정되어 있을 때, A, B에 의한 전기력선의 일부를 방향 표시 없이 나타낸 것이다. p는 x축상의 점이고, p에서 A와 B에 의한 전기장의 방향은 $-x$ 방향이다.

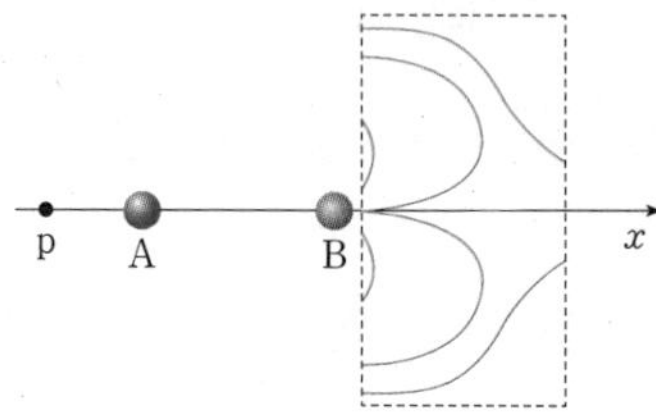

이에 대한 설명으로 옳은 것만을 <보기>에서 있는 대로 고른 것은?

보기
ㄱ. 전하량의 크기는 A가 B보다 크다.
ㄴ. A와 B 사이에는 서로 밀어내는 전기력이 작용한다.
ㄷ. A와 B 사이에 전기장이 0인 곳이 있다.

① ㄱ ② ㄴ ③ ㄷ ④ ㄱ, ㄴ ⑤ ㄱ, ㄷ

[20700-0257]

10 그림은 대전되지 않은 도체가 균일한 전기장 안에 고정되었을 때 도체 주위의 전기력선을 나타낸 것으로, 점 p와 q는 각각 도체 표면의 한 점이다.

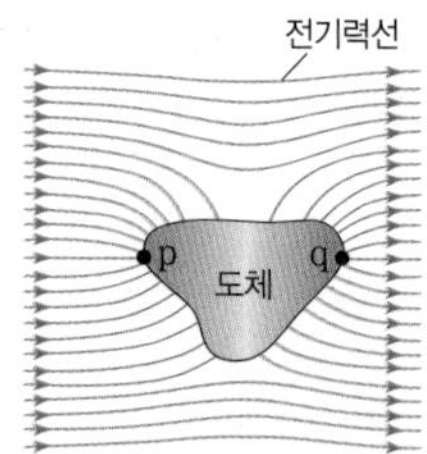

이에 대한 설명으로 옳은 것만을 <보기>에서 있는 대로 고른 것은?

보기
ㄱ. 도체에서는 정전기 유도 현상이 일어난다.
ㄴ. p와 q에서 대전된 전하의 종류는 서로 같다.
ㄷ. 도체 내부의 전기장의 방향은 외부 전기장의 방향과 반대 방향이다.

① ㄱ ② ㄴ ③ ㄱ, ㄷ ④ ㄴ, ㄷ ⑤ ㄱ, ㄴ, ㄷ

서술형

[20700-0258]

11 그림은 고정된 점전하 A와 B의 가운데에 도체 C가 고정되어 있고, A와 B가 만드는 전기장을 전기력선으로 나타낸 것이다.

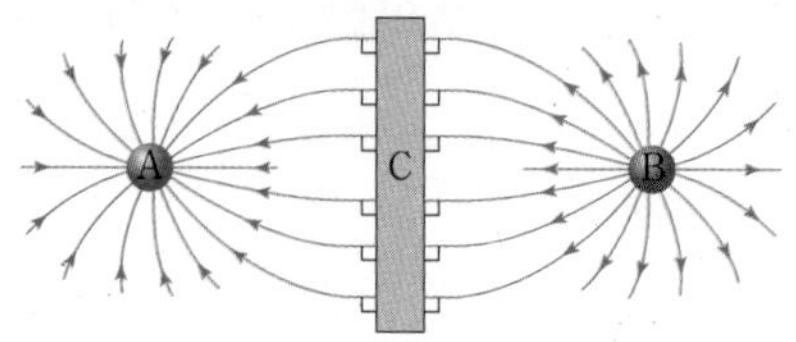

(1) A와 B의 전하의 종류를 쓰시오.

(2) A와 C 사이, B와 C 사이에 작용하는 전기력의 종류와 그 이유를 서술하시오.

[20700-0259]

12 그림 (가)는 대전되지 않은 물체 A, B를 접촉시키고, 양(+)전하로 대전된 금속 막대를 B에 접촉하였더니 A와 B가 접촉한 상태를 유지하는 것을, (나)는 대전되지 않은 물체 B, C를 접촉시키고 양(+)전하로 대전된 금속 막대를 B에 접촉하였더니 C가 B에서 떨어져 정지해 있는 것을 나타낸 것이다.

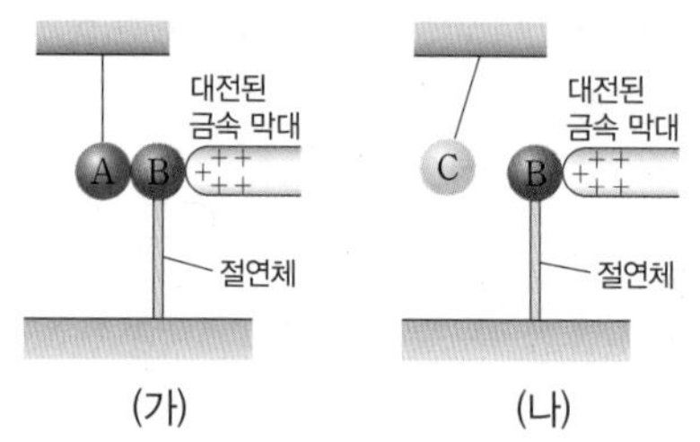

A, B, C가 도체 또는 절연체 중 하나일 때, A, B, C의 종류로 옳은 것은?

	A	B	C
①	도체	도체	절연체
②	도체	절연체	절연체
③	절연체	도체	도체
④	절연체	도체	절연체
⑤	절연체	절연체	도체

[20700-0260]
13 그림 (가)는 대전되지 않은 검전기의 금속판에 음(−)전하로 대전된 대전체를 가까이 하여 정전기 유도가 일어난 것을, (나)는 (가)에서 금속판에 손가락을 접촉하여 금속박이 오므라든 것을, (다)는 (나)에서 손가락을 떼고 대전체를 멀리한 후를 나타낸 것이다.

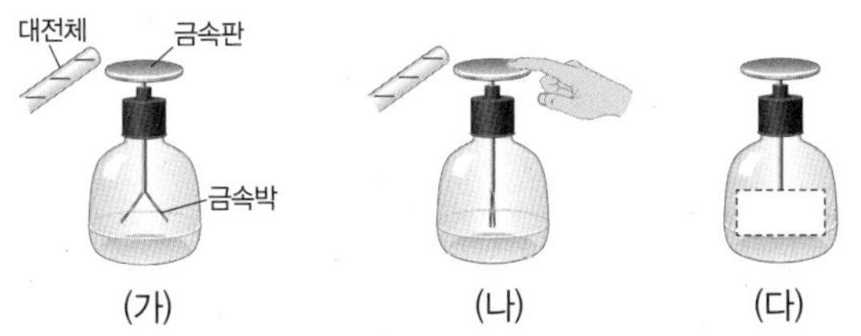

이에 대한 설명으로 옳은 것만을 〈보기〉에서 있는 대로 고른 것은?

보기
ㄱ. (가)에서 금속판의 전자는 금속박 쪽으로 이동한다.
ㄴ. (나)에서 손가락을 통해 전자가 검전기로 들어온다.
ㄷ. (다)에서 금속박은 벌어져 있다.

① ㄱ ② ㄴ ③ ㄷ ④ ㄱ, ㄴ ⑤ ㄱ, ㄷ

[20700-0261]
14 그림 (가)는 대전되지 않은 에보나이트 막대와 대전되지 않은 털가죽을 문질러 마찰시키는 것을, (나)는 (가)에서 대전된 에보나이트 막대를 대전되지 않은 종잇조각에 가까이 하였더니 종잇조각이 에보나이트 막대 쪽으로 이동하여 접촉한 것을 나타낸 것이다.

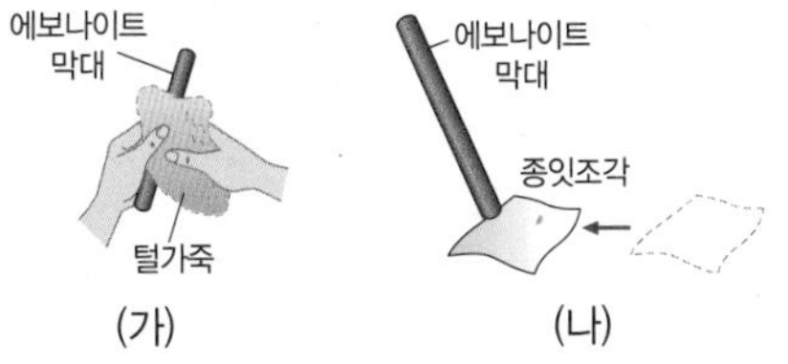

이에 대한 설명으로 옳은 것만을 〈보기〉에서 있는 대로 고른 것은?

보기
ㄱ. (나)에서 종잇조각에서는 유전 분극이 일어난다.
ㄴ. (나)에서 에보나이트 막대와 종잇조각 사이에 전자가 이동한다.
ㄷ. 대전되지 않은 종잇조각에 (가)의 털가죽을 가까이 하면 종잇조각은 털가죽으로부터 멀리 이동한다.

① ㄱ ② ㄴ ③ ㄷ ④ ㄱ, ㄴ ⑤ ㄱ, ㄷ

[20700-0262]
15 그림 (가)는 맑은 날의 모습을, (나)는 대전된 구름이 건물에 접근하는 것을, (다)는 건물에 설치된 피뢰침에 번개가 치는 것을 나타낸 것이다. 피뢰침은 지면에 연결되어 있다.

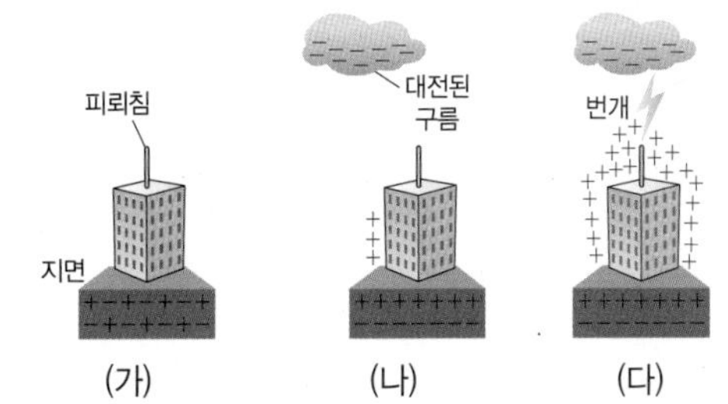

이에 대한 설명으로 옳은 것만을 〈보기〉에서 있는 대로 고른 것은?

보기
ㄱ. (나)에서 피뢰침은 구름에 의해 정전기 유도된다.
ㄴ. (다)에서 구름과 피뢰침 사이에 방전이 일어난다.
ㄷ. (다)에서 건물 전체에 번개에 의한 강한 전류가 흐른다.

① ㄱ ② ㄷ ③ ㄱ, ㄴ ④ ㄴ, ㄷ ⑤ ㄱ, ㄴ, ㄷ

서술형
[20700-0263]
16 그림은 균일한 전기장 안에 있는 물체 A의 전하 분포를 모식적으로 나타낸 것이다. A는 도체와 절연체 중 하나이다.

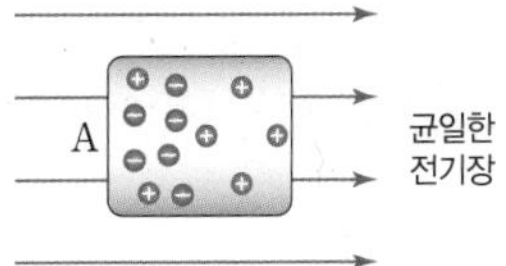

(1) A는 도체와 절연체 중 어떤 것인지 쓰시오.

(2) A가 전기장에 의해 정전기 유도가 되는 원리를 서술하시오.

[20700-0264]

01 그림 (가)는 원점에서 같은 거리 d만큼 떨어져 x축상에 점전하 A, B가 고정되어 있는 것을, (나)는 x축상에서 A, B에 의한 전기장을 위치에 따라 나타낸 것이다. 전기장의 방향은 $+x$ 방향을 양(+)으로 한다.

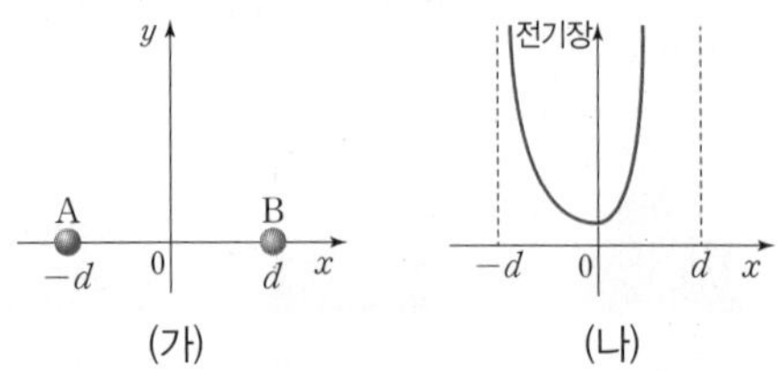

(가) (나)

이에 대한 설명으로 옳은 것만을 <보기>에서 있는 대로 고른 것은?

보기
ㄱ. A에 작용하는 전기력의 방향은 $+x$ 방향이다.
ㄴ. 전기장이 0인 곳은 B의 오른쪽에 있다.
ㄷ. $x=0$인 곳에 양(+)전하를 놓으면 $+x$ 방향으로 운동한다.

① ㄱ ② ㄷ ③ ㄱ, ㄴ ④ ㄱ, ㄷ ⑤ ㄴ, ㄷ

[20700-0265]

02 그림 (가)는 원점에서 거리 d만큼 떨어져 x축상에 전하 A, B가 고정되어 있고, y축상의 점 p에서 양(+)전하가 받는 전기력 F의 방향을 나타낸 것이다. 그림 (나)는 x축상의 $x=0$, $x=1.5d$, $x=3d$인 곳에 각각 A, 음(−)전하 C, B를 고정시킨 것을 나타낸 것이다.

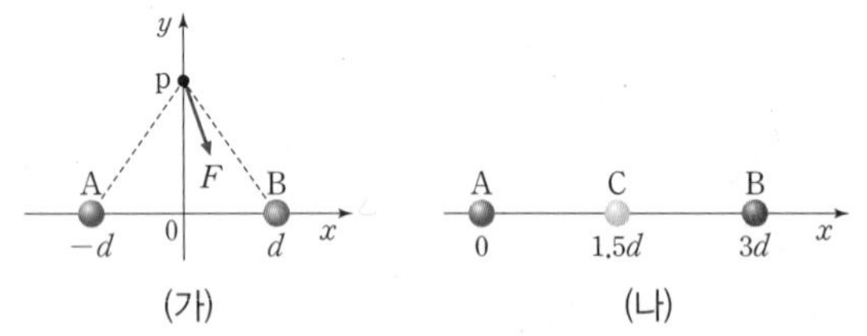

(가) (나)

이에 대한 설명으로 옳은 것만을 <보기>에서 있는 대로 고른 것은?

보기
ㄱ. A와 B는 같은 종류의 전하이다.
ㄴ. 전하량의 크기는 A가 B보다 작다.
ㄷ. (나)에서 C는 $+x$ 방향으로 전기력을 받는다.

① ㄱ ② ㄷ ③ ㄱ, ㄴ ④ ㄴ, ㄷ ⑤ ㄱ, ㄴ, ㄷ

[20700-0266]

03 그림은 질량이 m, 전하량이 q인 도체구가 절연된 실에 매달려 세기가 E_0인 균일한 전기장 내에서 정지한 모습을 나타낸 것이다. 실은 연직 방향과 30°를 이루며, 전기장의 방향은 중력에 수직인 방향이다.

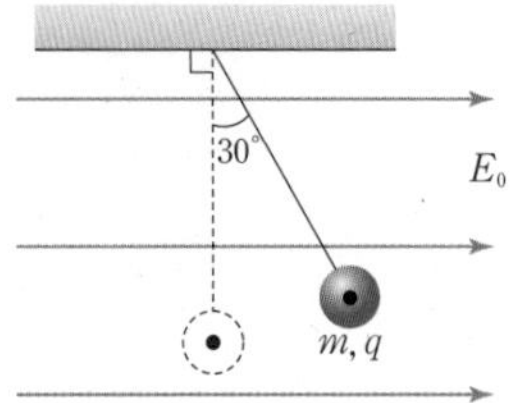

q는? (단, 중력 가속도는 g이다.)

① $\frac{mg}{\sqrt{3}E_0}$ ② $\frac{mg}{\sqrt{2}E_0}$ ③ $\frac{mg}{E_0}$ ④ $\frac{\sqrt{2}mg}{E_0}$ ⑤ $\frac{\sqrt{3}mg}{E_0}$

[20700-0267]

04 그림은 평행한 두 금속판에 전압이 V인 전원을 연결하여 세기가 E_0으로 일정한 전기장 안에서 질량이 m이고 전하량이 q인 입자가 정지해 있는 것을 나타낸 것이다. 두 금속판은 중력 방향과 수직으로 나란하다.

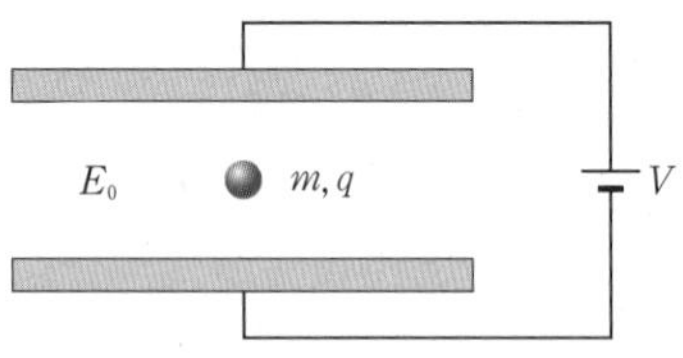

이에 대한 설명으로 옳은 것만을 <보기>에서 있는 대로 고른 것은? (단, 중력 가속도는 g이다.)

보기
ㄱ. 입자는 음(−)전하로 대전되었다.
ㄴ. $q=\frac{mg}{E_0}$이다.
ㄷ. V를 작게 하면 입자는 중력 방향으로 운동한다.

① ㄱ ② ㄷ ③ ㄱ, ㄴ ④ ㄴ, ㄷ ⑤ ㄱ, ㄴ, ㄷ

[20700-0268]
05 그림은 점전하 A, B가 원점 O에서 같은 거리 d만큼 떨어진 x축상에 고정되어 있을 때, A, B에 의한 전기력선을 방향 표시 없이 나타낸 것이다. p, q는 x축상의 점이고, q에서 전기장의 방향은 $-x$ 방향이다.

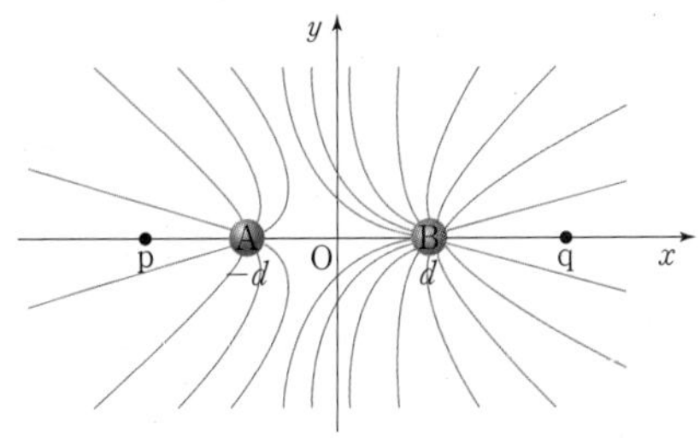

이에 대한 설명으로 옳은 것만을 〈보기〉에서 있는 대로 고른 것은?

보기
ㄱ. A는 양(+)전하이다.
ㄴ. 전하량의 크기는 A가 B보다 작다.
ㄷ. p와 O에서 전기장의 방향은 같다.

① ㄱ ② ㄴ ③ ㄱ, ㄷ ④ ㄴ, ㄷ ⑤ ㄱ, ㄴ, ㄷ

[20700-0269]
06 그림은 $-x$ 방향으로 균일한 전기장 영역에서 대전되지 않은 도체구 A, B가 접촉되어 있는 것과 대전되지 않은 도체구 C가 접지되어 B와 가까이 있는 것을 나타낸 것이다. A, B, C는 동일한 도체구이다.

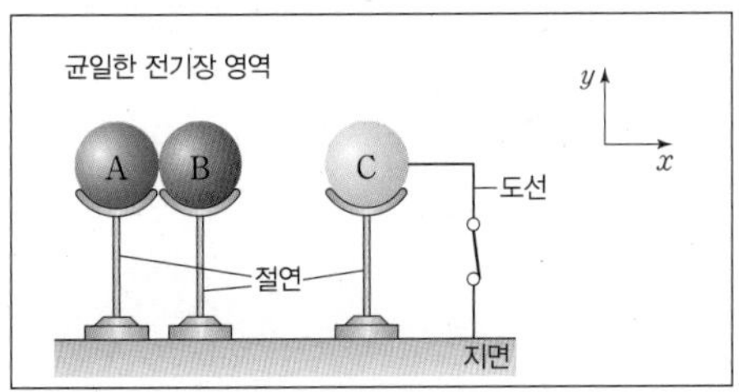

이에 대한 설명으로 옳은 것만을 〈보기〉에서 있는 대로 고른 것은?

보기
ㄱ. A와 B 사이에서 전자는 A에서 B로 이동한다.
ㄴ. C에는 접지를 통해 전자가 지면으로 빠져나간다.
ㄷ. A와 C가 대전된 전하의 종류는 같다.

① ㄱ ② ㄷ ③ ㄱ, ㄴ ④ ㄴ, ㄷ ⑤ ㄱ, ㄴ, ㄷ

[20700-0270]
07 그림 (가)는 대전된 금속구 A에 음(−)전하로 대전된 대전체를 가까이 하였더니 A에 전기적 인력이 작용하는 모습을, (나)는 대전된 검전기의 금속판에 (가)의 A를 가까이 하였더니 금속박이 오므라든 것을, (다)는 (나)에서 A를 금속판에 올려놓았더니 최종적으로 금속박이 오므라든 상태를 유지한 것을 나타낸 것이다.

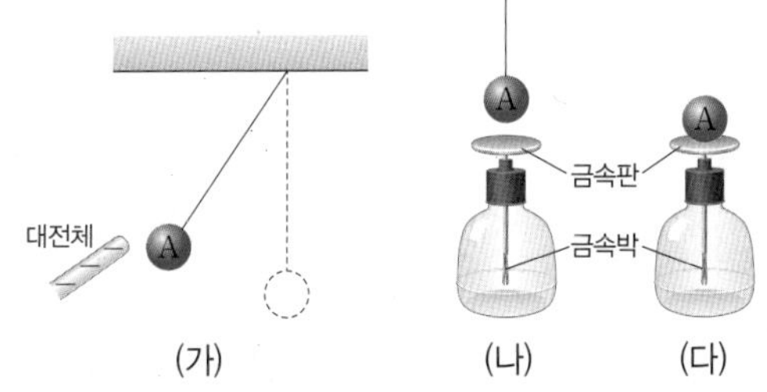

이에 대한 설명으로 옳은 것만을 〈보기〉에서 있는 대로 고른 것은? (단, 전자는 공기 중으로 방전되지 않는다.)

보기
ㄱ. (가)에서 A는 양(+)전하로 대전되었다.
ㄴ. (나)에서 검전기는 음(−)전하로 대전되었다.
ㄷ. (나)에서 A와 검전기가 대전된 전하량의 크기는 같다.

① ㄱ ② ㄷ ③ ㄱ, ㄴ ④ ㄴ, ㄷ ⑤ ㄱ, ㄴ, ㄷ

[20700-0271]
08 그림은 발전소나 보일러에서 오염된 먼지를 제거하는 집진기의 작동 원리를 모식적으로 나타낸 것으로,

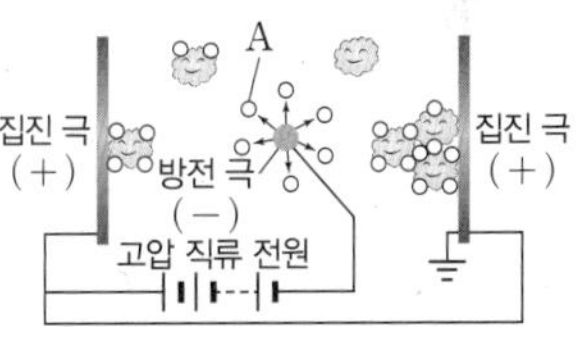

집진기 내에 대전된 극판을 배열시키고 방전 극과 집진 극 사이에 높은 전압을 걸어 주면, 방전 극에서 발생한 A에 의해 먼지가 대전되어 (+)극인 집진 극으로 끌려가서 모이게 된다.
이에 대한 설명으로 옳은 것만을 〈보기〉에서 있는 대로 고른 것은?

보기
ㄱ. A는 전자이다.
ㄴ. 집진 극에 붙기 전 먼지는 양(+)전하로 대전된다.
ㄷ. 집진 극과 방전 극 사이에는 강한 전기장이 형성되어 있다.

① ㄱ ② ㄴ ③ ㄱ, ㄷ ④ ㄴ, ㄷ ⑤ ㄱ, ㄴ, ㄷ

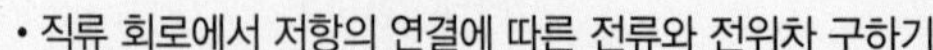

7 전기 에너지

• 직류 회로에서 저항의 연결에 따른 전류와 전위차 구하기
• 저항의 연결에 따라 저항에서 소비되는 전기 에너지 구하기

한눈에 단원 파악, 이것이 핵심!

균일한 전기장(E)에서 전하량이 $+q$인 전하를 거리 d만큼 옮기는 데 필요한 일(W)은?

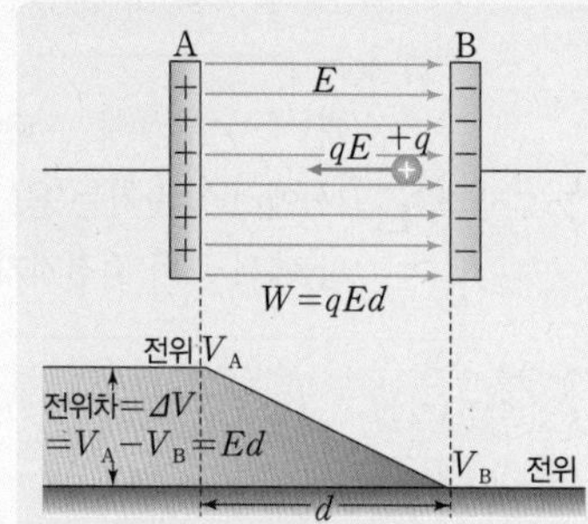

• 전위: 단위 양(+)전하가 가지는 전기력에 의한 퍼텐셜 에너지이다.
• $W=Fd=qEd$
• $qV=qEd$에서 $V=Ed$

전압(V), 전류(I), 저항(R), 비저항(ρ)은 어떤 관계가 있을까?

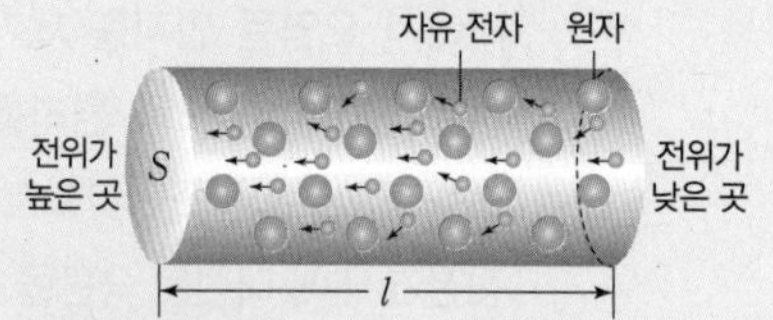

전기 저항이 R인 도선에 전지를 연결하면 전류는 전위가 높은 곳에서 낮은 곳으로 흐르고, 전류의 세기는 전압에 비례한다.

• 옴의 법칙: $I=\dfrac{V}{R}$ • 전기 저항: $R=\rho\dfrac{l}{S}$

저항의 연결에는 어떤 방법이 있을까?

[직렬연결]

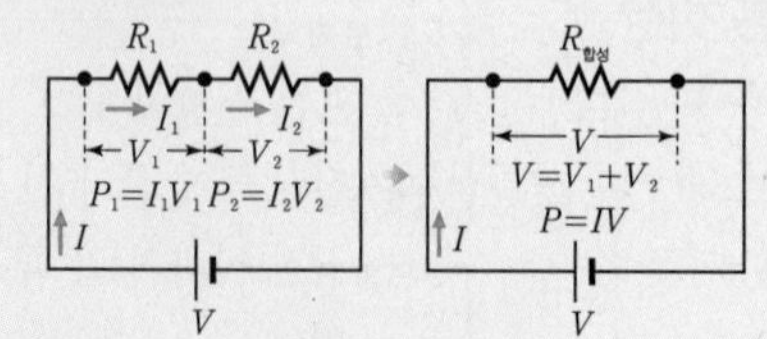

• $I=I_1=I_2$, $R_{합성}=R_1+R_2$
• 전력: $P=I_1V_1+I_2V_2$

[병렬연결]

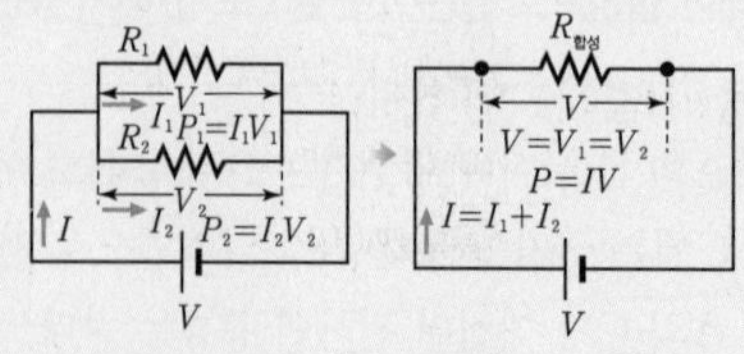

• $V=V_1=V_2$, $\dfrac{1}{R_{합성}}=\dfrac{1}{R_1}+\dfrac{1}{R_2}$
• 전력: $P=I_1V_1+I_2V_2$

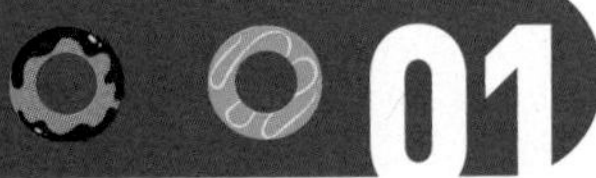

저항의 연결과 전기 에너지

1 전압과 전류

전위차를 전압이라고 하며, 도선에 전지를 연결하면 전류의 세기는 전압에 비례한다.

(1) 전위

① 중력장에서의 퍼텐셜 에너지: 중력장에서 중력에 반대 방향으로 물체를 이동시키는 동안 물체에 해 준 일은 중력에 의한 퍼텐셜 에너지로 전환된다.

$$W=E_P=mgh$$

② 전기장에서의 퍼텐셜 에너지: 전기장에서 전기력에 반대 방향으로 전하를 이동시키는 동안 전하에 해 준 일은 전기력에 의한 퍼텐셜 에너지로 전환된다.

$$W=E_P=qEd$$

③ ❶전위: 단위 양(+)전하가 가지는 전기력에 의한 퍼텐셜 에너지이다.

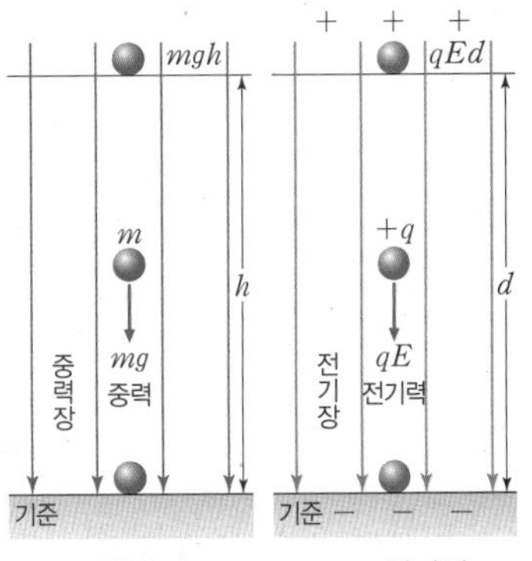

▲ 중력장 ▲ 전기장

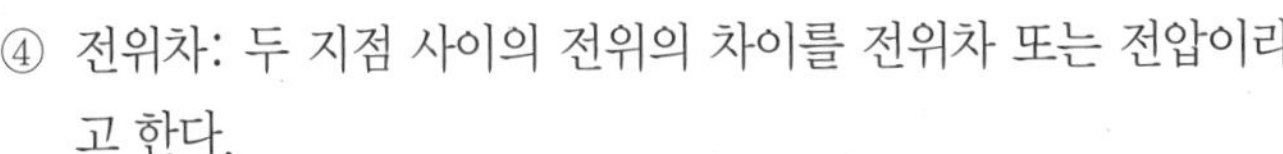

④ 전위차: 두 지점 사이의 전위의 차이를 전위차 또는 전압이라고 한다.

- 전기장 내의 한 점 B에서 다른 점 A까지 전하량이 $+q$인 전하를 이동시키는 데 필요한 일이 W라면, A와 B 사이의 전위차 V는 다음과 같다.

$$V=V_A-V_B=\frac{W}{q}\ (\text{단위: J/C 또는 V})$$

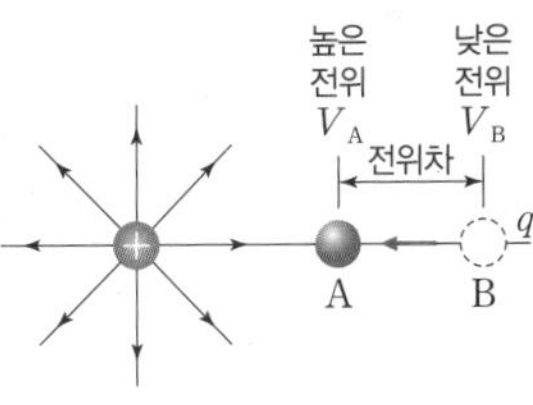

(2) 균일한 전기장에서의 일과 전기장

두 극판 사이의 전위차가 V인 ❷균일한 전기장(E) 내에서 전하량이 $+q$인 전하를 극판 B에서 d만큼 떨어진 A까지 이동시키는 데 필요한 일은 $W=Fd=qEd=qV$에서 $qV=qEd$이므로 다음과 같다.

$$E=\frac{V}{d}\ (\text{단위: V/m})$$

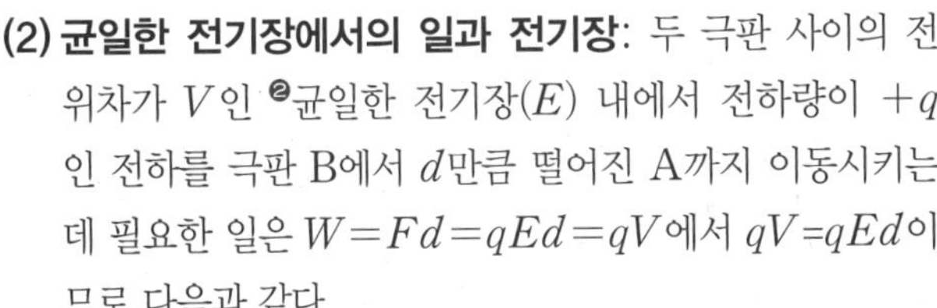

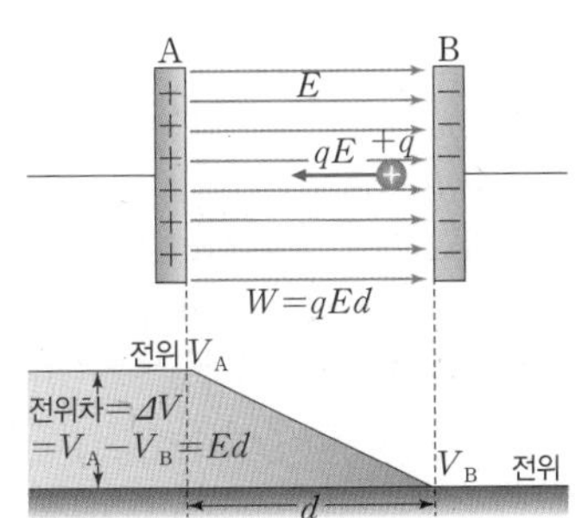

(3) 옴의 법칙

전기 저항이 R인 도선에 전압 V를 걸어 주었을 때 도선에 흐르는 전류의 세기 I와의 관계를 나타낸다.

① ❸옴의 법칙: $I=\frac{V}{R}$

② 전기 저항: $R=\rho\frac{l}{S}$ (ρ: ❹비저항)

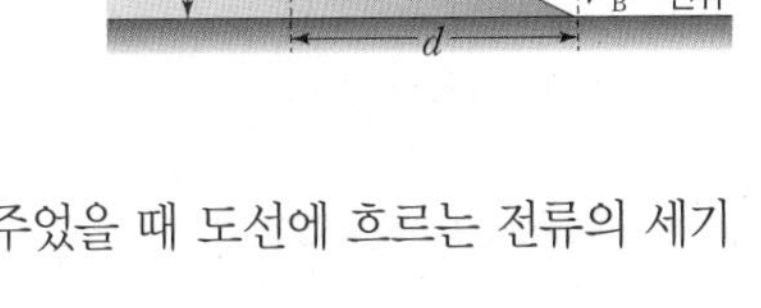

THE 알기

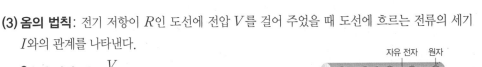

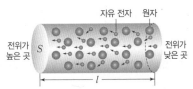

❶ 전위

전위의 기준은 임의로 정할 수 있으며 기준이 되는 지점의 전위를 0 V로 두면 된다.

예를 들어 양(+)전하인 점전하가 있을 때, 무한히 먼 지점을 전위 0 V로 둘 수 있다.

❷ 균일한 전기장

무한히 평행한 두 평행 금속판 사이에서는 세기와 방향이 균일한 전기장이 형성된다. 균일한 전기장 안에 있는 전하는 위치에 상관없이 일정한 전기력을 받는다.

❸ 옴의 법칙

그림 (가)와 같이 옴의 법칙을 측정할 회로를 구성한다.

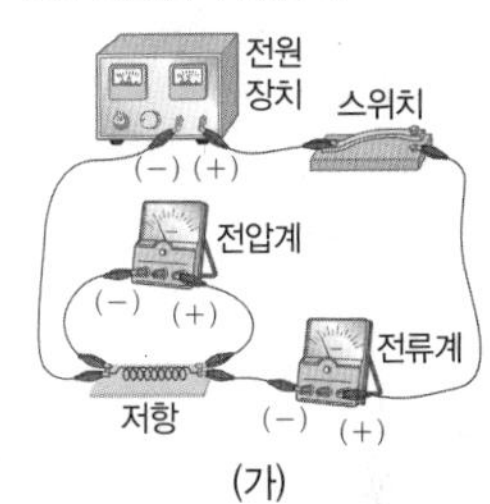

(가)

그림 (나)와 같이 저항에 걸리는 전압과 저항에 흐르는 전류 사이의 관계 그래프를 구할 수 있다.

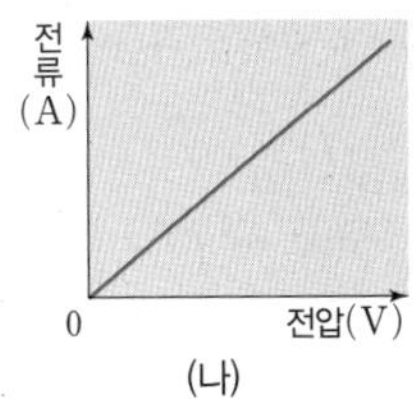

(나)

❹ 비저항(ρ)

각 물체의 고유한 값이며 길이가 1 m, 단면적이 1 m²인 물질의 저항값을 나타낸다. 비저항의 단위는 Ω·m이며, 물질 내에서 전류가 잘 흐르는 정도를 나타내는 물리량인 전기 전도도와 역수 관계에 있다.

THE 알기

2 전기 저항의 연결

여러 개의 저항을 직렬 또는 병렬로 연결하는 것이다.

❶ 직렬연결
그림은 저항을 직렬로 연결된 2개의 물레방아로 비유하고 전류를 물의 흐름으로 비유한 것이다.

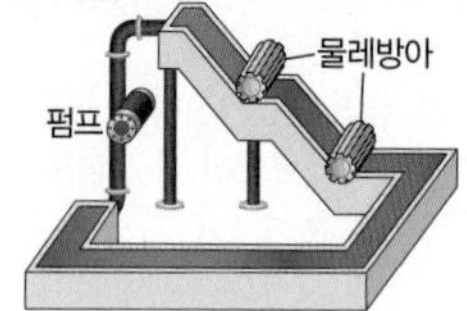

(1) 전기 저항의 ❶직렬연결: 여러 개의 저항을 한 줄로 이어서 연결하는 방법이고, 각 저항에 흐르는 전류의 세기가 같다.

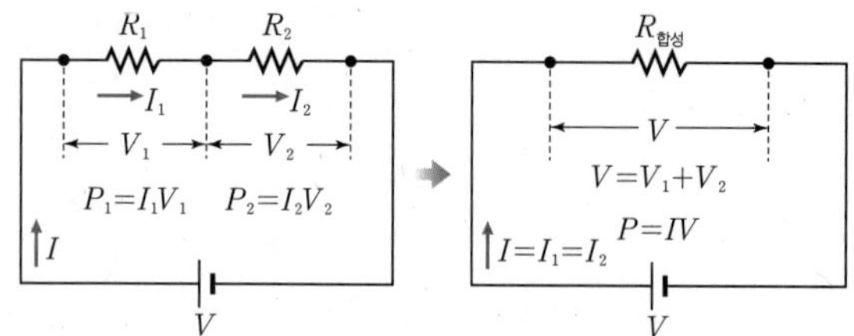

① 전체 전류의 세기 I는 각각의 저항에 흐르는 전류의 세기 I_1, I_2와 같다. ➡ $I=I_1=I_2$

② 전체 전압 V는 각각의 저항에 걸리는 전압의 합과 같다. ➡ $V=V_1+V_2$

③ 합성 저항: $R_{합성}=R_1+R_2$

❷ 병렬연결
그림은 저항을 병렬로 연결된 2개의 물레방아로 비유하고 전류를 물의 흐름으로 비유한 것이다.

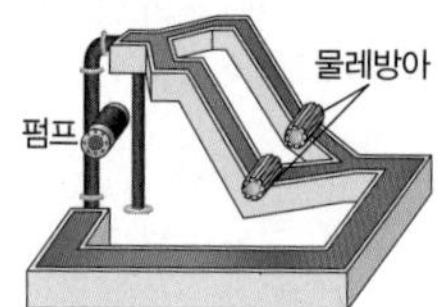

(2) 전기 저항의 ❷병렬연결: 여러 개의 저항을 나란하게 놓고 양 끝을 연결하는 방법이고, 각 저항에 걸리는 전압은 같다.

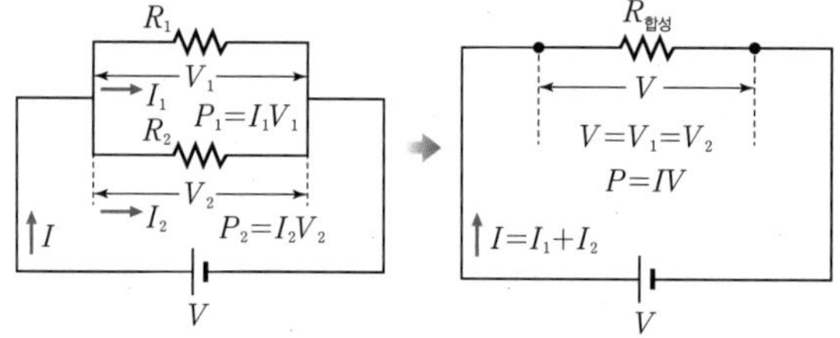

① 각각의 저항에 걸리는 전압 V_1, V_2는 전원의 전압 V와 같다. ➡ $V=V_1=V_2$

② 전체 전류의 세기 I는 각각의 저항에 흐르는 전류의 세기의 합과 같다. ➡ $I=I_1+I_2$

③ 합성 저항: $\frac{1}{R_{합성}}=\frac{1}{R_1}+\frac{1}{R_2}$

(3) 저항에서 소비되는 전기 에너지: 저항값이 R인 저항체에 걸린 전압이 V, 세기가 I인 전류가 1초 동안 흘렀을 때 저항체에서 소비되는 전기 에너지(소비 전력, P)는 다음과 같다.

$$P=IV=I^2R=\frac{V^2}{R} \text{ (단위: J/s, W)}$$

THE 들여다보기 | 크리스마스트리의 전구 연결

크리스마스트리의 전구는 직렬연결과 병렬연결이 혼합되어 있다. 크리스마스트리의 전구를 직렬로만 연결할 경우, 하나의 전구가 끊어지면 직렬로 연결된 모든 전구에 불이 켜지지 않는다. 이것은 끊어진 회로와 같기 때문이다. 또한 직렬로 연결된 전구의 개수가 많아질수록 전구 하나의 밝기가 감소한다. 크리스마스트리의 전구를 병렬로만 연결할 경우, 설치가 어려울 수 있고, 병렬로 연결된 전구에 같은 전압이 걸리므로 전체 전력 소비가 커지게 된다.

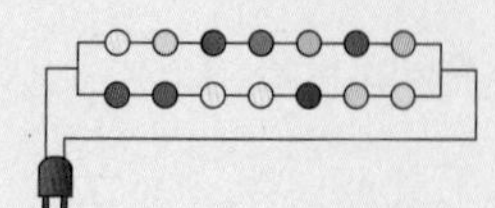

개념체크

단답형 문제

1. 그림 (가), (나)는 각각 중력장과 전기장 내에서 이동하는 물체와 전하를 나타낸 것이다.

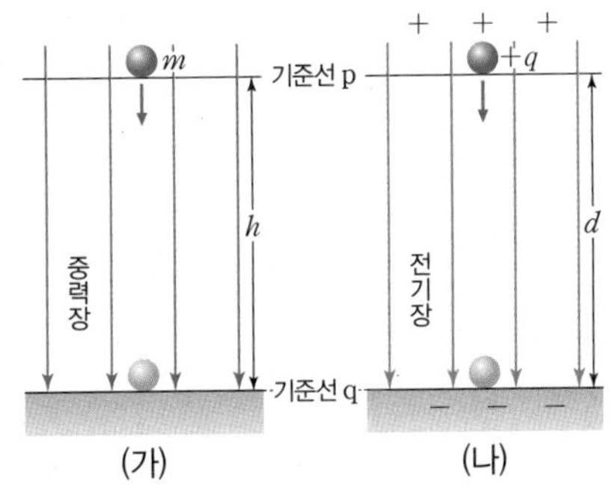

(1) (가)에서 기준선 p에 있던 물체가 기준선 q에 도달할 때까지 중력이 물체에 한 일은?

(2) (나)의 균일한 전기장 E에서 전하량이 $+q$인 전하에 작용하는 전기력은?

(3) (나)에서 기준선 p에 있던 전하량이 $+q$인 전하가 기준선 q에 도달할 때까지 전기력이 전하에 한 일은?

○X 문제

2. 그림은 양전하 주위의 전기장을 전기력선으로 나타낸 것이다. 전기장 내의 점 A와 C에서 전위는 각각 V_A, V_C이다. 이에 대한 설명으로 옳은 것은 ○, 옳지 않은 것은 ×로 표시하시오.

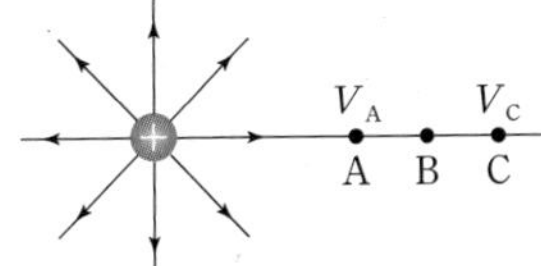

(1) $V_A > V_C$이다. ( )

(2) B에 +1 C의 전하를 놓으면 A쪽으로 이동한다. ( )

(3) +1 C의 전하를 C에서 A까지 이동시키기 위해 필요한 일은 $V_A - V_C$이다. ( )

정답 1. (1) mgh (2) qE (3) qEd 2. (1) ○ (2) × (3) ○

선다형 문제

1. 그림과 같이 전기 저항이 R인 도선에 전압 V를 걸어 주었더니 세기가 I인 전류가 흘렀다. 도선의 길이는 l, 도선의 단면적은 S, 도선의 비저항은 ρ이다.

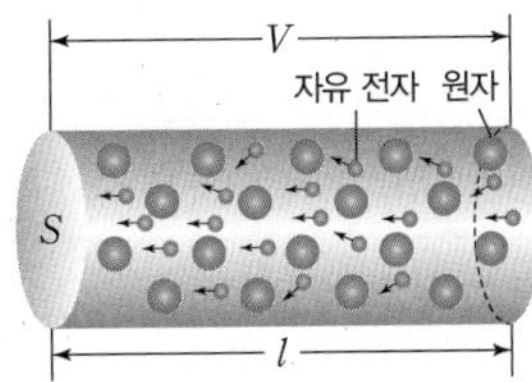

이에 대한 설명으로 옳은 것만을 〈보기〉에서 있는 대로 고르시오.

> **보기**
>
> ㄱ. 전류는 왼쪽에서 오른쪽으로 흐른다.
>
> ㄴ. $I = \frac{V}{R}$이다.
>
> ㄷ. $R = \rho\frac{S}{l}$이다.

고르기 문제

2. 그림은 저항 R_1, R_2를 전원 장치에 각각 직렬과 병렬로 연결한 것을 나타낸 것이다.

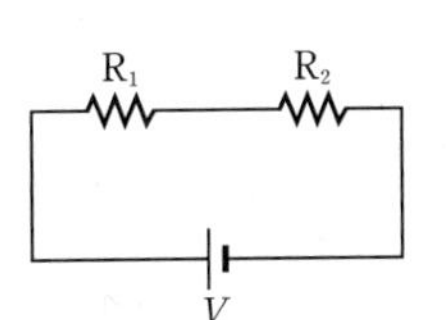

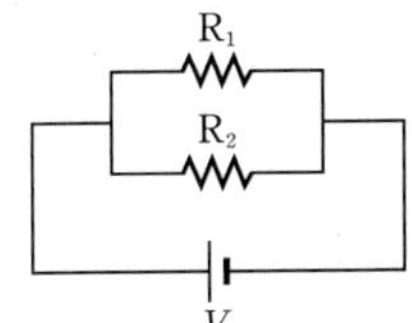

다음 특징이 저항의 직렬연결에 해당하면 '직', 병렬연결에 해당하면 '병'을 쓰시오.

(1) R_1, R_2에 걸리는 전압이 같다. ( )

(2) R_1, R_2에 흐르는 전류의 세기가 같다. ( )

(3) 합성 저항은 R_1+R_2이다. ( )

(4) 회로에 흐르는 전체 전류의 세기는 R_1, R_2에 흐르는 전류의 세기의 합과 같다. ( )

정답 1. ㄱ, ㄴ 2. (1) 병 (2) 직 (3) 직 (4) 병

저항의 직렬연결과 병렬연결에서 전류와 전압

정답과 해설 46쪽

목표

저항의 직렬연결과 병렬연결에서 전류와 전압을 비교할 수 있다.

과정

1. 저항 1개에 건전지를 연결한 후, 전류계와 전압계로 저항에 흐르는 전류의 세기와 각 저항 양단의 전압을 측정한다.
2. 그림 (가)와 같이 저항 2개를 직렬로 연결하고, 각 저항에 흐르는 전류의 세기와 각 저항 양단의 전압을 측정한다. 또 회로 전체의 전압을 측정한다.
3. 그림 (나)와 같이 저항 2개를 병렬로 연결하고, 각 저항에 흐르는 전류의 세기와 각 저항 양단의 전압을 측정한다. 또 회로 전체에 흐르는 전류의 세기를 측정한다.

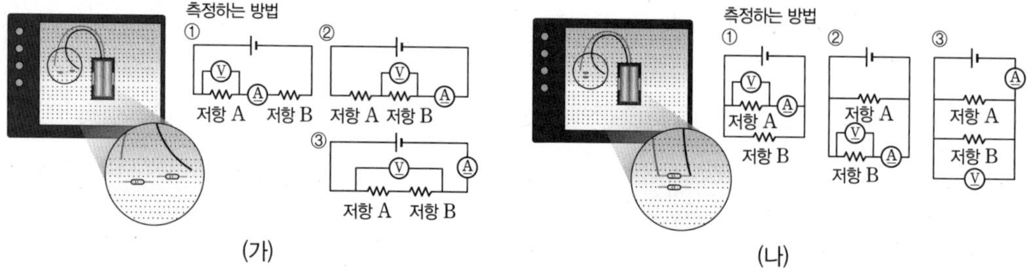

(가) (나)

결과 정리 및 해석

구분	직렬연결		병렬연결	
	전압(V)	전류(A)	전압(V)	전류(A)
저항 A	1.4	0.7	2.8	1.4
저항 B	1.4	0.7	2.8	1.4
회로 전체	2.8	0.7	2.8	2.8

탐구 분석

1. 과정 2에서 각 저항의 양단에 걸리는 전압과 회로 전체의 전압 사이에는 어떤 관계가 있는가?
2. 과정 3에서 각 저항에 흐르는 전류의 세기와 회로 전체에 흐르는 전류의 세기 사이에는 어떤 관계가 있는가?

내신 기초 문제

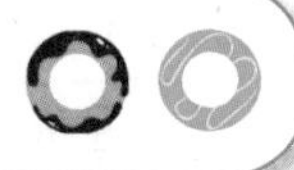

정답과 해설 46쪽

[20700-0272]

01 그림은 전하량이 Q인 점전하 A 주위의 전기장을 전기력선으로 나타낸 것이다. p, q는 전기력선 위의 점이다.

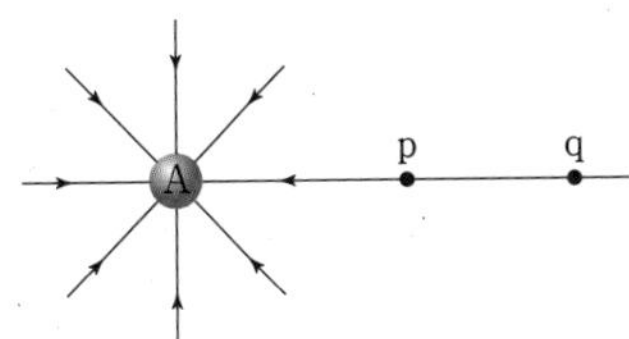

이에 대한 설명으로 옳은 것만을 〈보기〉에서 있는 대로 고른 것은?

보기

ㄱ. A는 음(−)전하이다.
ㄴ. 전위는 p에서가 q에서보다 높다.
ㄷ. p에 전자를 놓으면 A쪽으로 운동한다.

① ㄱ ② ㄴ ③ ㄱ, ㄷ ④ ㄴ, ㄷ ⑤ ㄱ, ㄴ, ㄷ

[20700-0273]

02 그림은 대전된 평행 도체판 사이에 형성된 균일한 전기장 내의 점 a, b, c를 나타낸 것이다. a와 b는 왼쪽 도체판으로부터 거리가 같다.

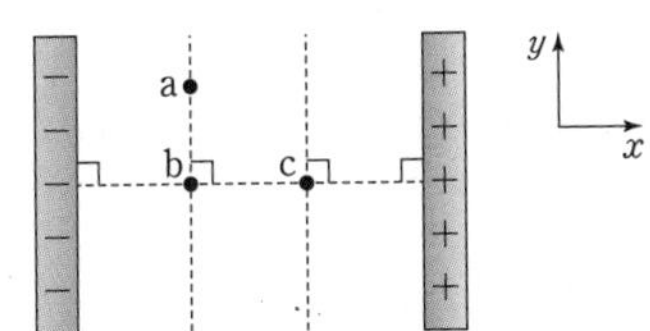

이에 대한 설명으로 옳은 것만을 〈보기〉에서 있는 대로 고른 것은?

보기

ㄱ. 전기장의 방향은 $+x$ 방향이다.
ㄴ. 전위는 a에서와 b에서가 같다.
ㄷ. +1 C의 전하를 b에서 c까지 이동시키려면 전기장의 방향과 같은 방향으로 일을 해 주어야 한다.

① ㄱ ② ㄴ ③ ㄱ, ㄷ ④ ㄴ, ㄷ ⑤ ㄱ, ㄴ, ㄷ

[20700-0274]

03 그림은 세기가 E인 균일한 전기장에서 전하량이 $+q$인 점전하가 기준선 a에서 b로 전기력선을 따라 이동한 것을 나타낸 것이다.

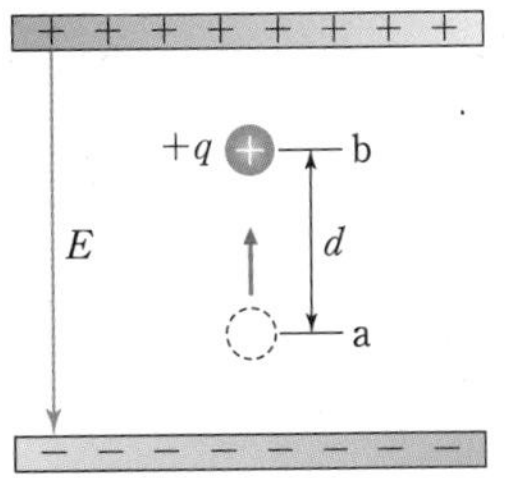

이에 대한 설명으로 옳은 것만을 〈보기〉에서 있는 대로 고른 것은?

보기

ㄱ. 점전하에 작용하는 전기력의 크기는 qE이다.
ㄴ. 전위는 a에서가 b에서보다 낮다.
ㄷ. 점전하가 a에서 b까지 이동하는 동안 점전하의 전기력에 의한 퍼텐셜 에너지 증가량은 qEd이다.

① ㄱ ② ㄷ ③ ㄱ, ㄴ ④ ㄴ, ㄷ ⑤ ㄱ, ㄴ, ㄷ

[20700-0275]

04 그림은 균일한 전기장 E의 내부에 고정된 점 a, b, c, d를 나타낸 것이다. 음(−)전하를 a → b, a → c, a → d로 이동시킬 때 전기력이 전하에 한 일은 각각 W_1, W_2, W_3이다.

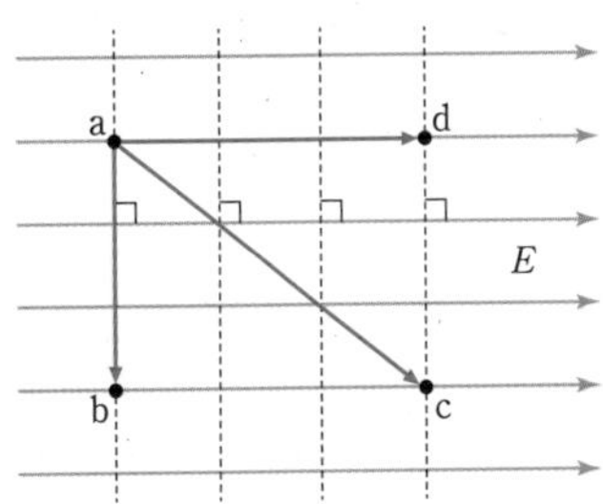

W_1, W_2, W_3을 비교한 것으로 옳은 것은?

① $W_1=W_2>W_3$ ② $W_1>W_2>W_3$
③ $W_2=W_3>W_1$ ④ $W_2>W_3>W_1$
⑤ $W_3>W_1=W_2$

[20700-0276]

05 그림은 어떤 평면 위의 전기장을 전기력선으로 나타낸 것이고, a, b, c는 전기력선상의 지점이며 a, b, c 사이의 거리는 각각 d로 같다.

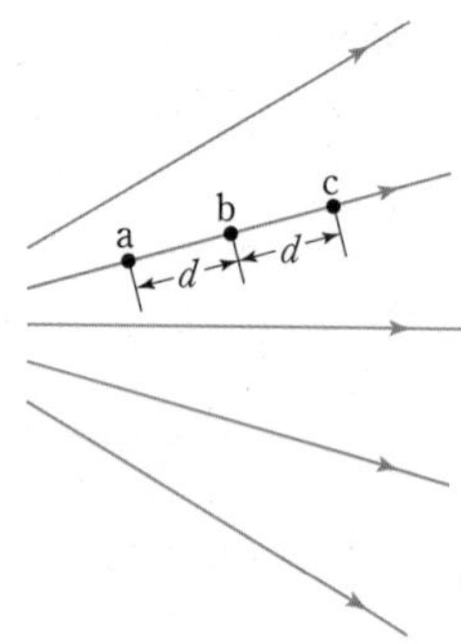

이에 대한 설명으로 옳은 것만을 〈보기〉에서 있는 대로 고른 것은?

보기
ㄱ. 전위는 c에서가 a에서보다 높다.
ㄴ. $+q$의 점전하가 받는 전기력의 크기는 a에서가 b에서보다 크다.
ㄷ. $+q$의 점전하를 옮기는 데 한 일은 c → b에서와 b → a에서가 같다.

① ㄱ ② ㄴ ③ ㄱ, ㄷ ④ ㄴ, ㄷ ⑤ ㄱ, ㄴ, ㄷ

[20700-0277]

06 그림은 세기가 E인 균일한 전기장에서 기준선 a에 정지한 대전 입자가 전기력을 받아 직선 운동하여 d만큼 떨어진 기준선 b를 지나는 순간의 속력이 v인 것을 나타낸 것이다. 대전 입자의 전하량은 +1 C이고, 질량은 m이다.

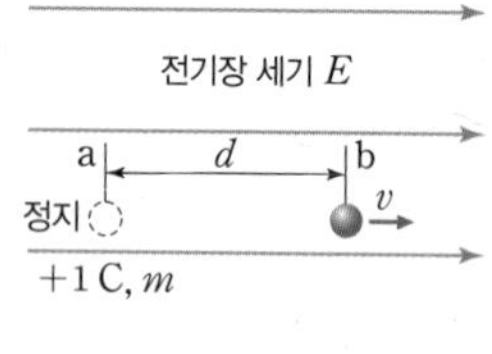

v는? (단, 전하에 의한 전자기파의 발생은 무시한다.)

① $\sqrt{\frac{Ed}{4m}}$ ② $\sqrt{\frac{Ed}{2m}}$ ③ $\sqrt{\frac{Ed}{m}}$
④ $\sqrt{\frac{2Ed}{m}}$ ⑤ $\sqrt{\frac{4Ed}{m}}$

[20700-0278]

07 그림은 점전하 P 주위의 전기장과 P에서의 위치에 따른 전위를 나타낸 것으로, A와 B는 P에 의한 전기력선상의 두 지점이고, 양(+)전하가 A에서 B로 이동하였다. A, B에서의 전위는 각각 V_A, V_B이다.

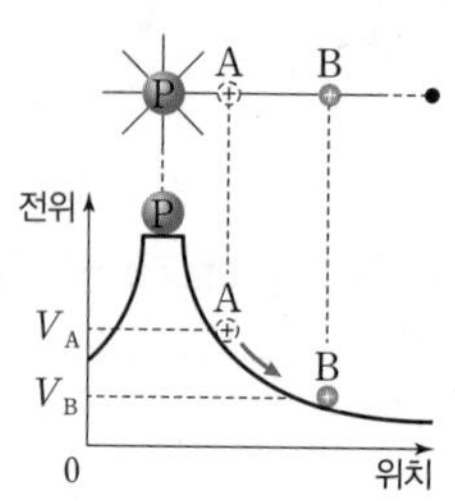

이에 대한 설명으로 옳은 것만을 〈보기〉에서 있는 대로 고른 것은?

보기
ㄱ. A와 B 사이의 전압은 $V_A - V_B$이다.
ㄴ. P는 양(+)전하이다.
ㄷ. 양(+)전하가 A에서 B로 이동하는 동안 양(+)전하의 전기력에 의한 퍼텐셜 에너지는 감소한다.

① ㄱ ② ㄷ ③ ㄱ, ㄴ ④ ㄴ, ㄷ ⑤ ㄱ, ㄴ, ㄷ

[20700-0279]

08 그림은 균일한 전기장 내에서 전하량이 +1 C인 점전하를 a에서 b로 전기력선을 따라 옮기는 것을 나타낸 것이다. a와 b의 전위는 각각 $-4V$, $+4V$이고, a와 b 사이의 거리는 2 m이다.

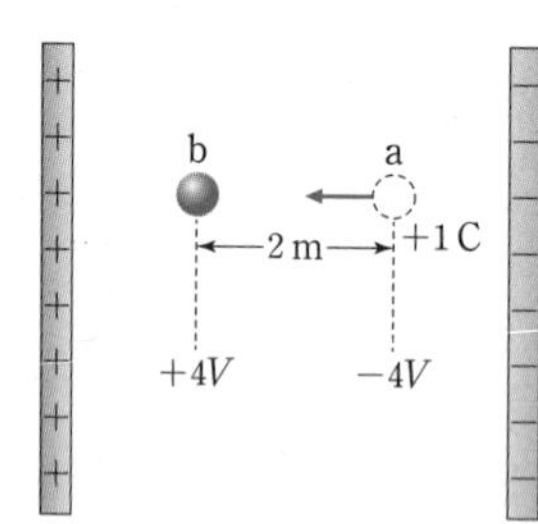

점전하를 a에서 b로 옮기는 동안 외력이 점전하에 한 일 W와 전기장의 세기 E로 옳은 것은?

	W	E		W	E
①	4 J	4 V/m	②	8 J	4 V/m
③	8 J	8 V/m	④	16 J	4 V/m
⑤	16 J	8 V/m			

[20700-0280]

09 그림은 도선 안에서 전자가 이동하는 것에 대해 학생 A, B, C가 대화하는 모습을 나타낸 것이다.

제시한 내용이 옳은 학생만을 있는 대로 고른 것은?

① A ② B ③ A, C
④ B, C ⑤ A, B, C

[20700-0281]

10 그림은 단면적이 S, 길이가 l, 비저항이 ρ인 도선을 나타낸 것이다. 이 도선의 저항값은 R이다.

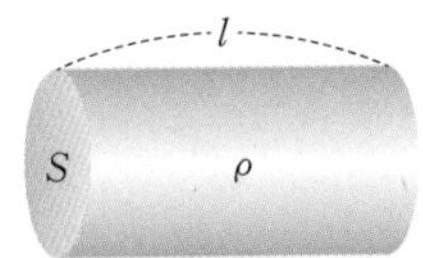

저항값이 $2R$가 되는 경우로 옳은 것만을 <보기>에서 있는 대로 고른 것은?

보기

	단면적	길이	비저항
ㄱ.	S	$2l$	ρ
ㄴ.	$2S$	l	2ρ
ㄷ.	$2S$	$4l$	2ρ

① ㄱ ② ㄴ ③ ㄱ, ㄷ ④ ㄴ, ㄷ ⑤ ㄱ, ㄴ, ㄷ

[20700-0282]

11 그림은 길이가 $3L$이고 굵기가 일정한 도체를 나타낸 것으로 b, c, d는 저항의 왼쪽 끝 a에서 각각 L, $2L$, $3L$만큼 떨어진 저항의 한 점이다. a에서 b, b에서 c, c에서 d까지의 비저항은 각각 ρ, 2ρ, 3ρ이다.

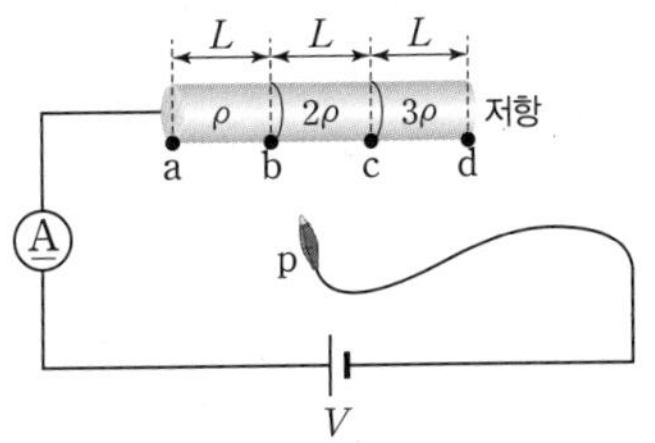

(−)극과 연결된 도선 p를 b, c, d에 연결할 때 전류계에 흐르는 전류의 세기를 I_1, I_2, I_3이라 하면, $I_1 : I_2 : I_3$은?

① 4 : 3 : 1 ② 5 : 2 : 1 ③ 5 : 3 : 2
④ 6 : 2 : 1 ⑤ 6 : 3 : 2

[20700-0283]

12 그림과 같이 저항 A, B, C를 전압이 V로 일정한 전원에 연결하였다. A, B, C의 길이는 각각 l, l, $2l$이고, 단면적은 각각 S, $2S$, S, 비저항은 각각 ρ, 4ρ, ρ이다. A의 저항값은 R이다.

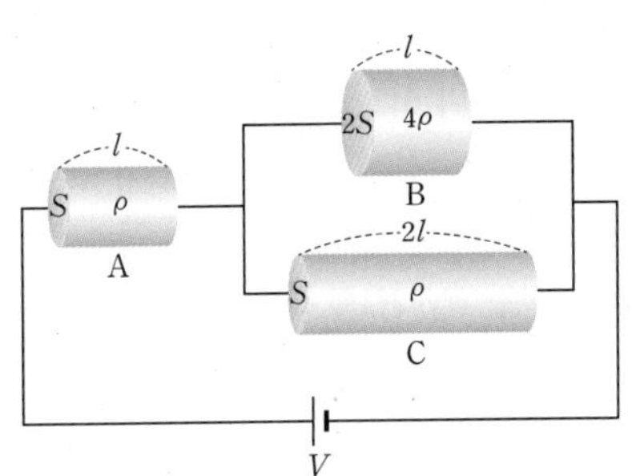

이에 대한 설명으로 옳은 것만을 <보기>에서 있는 대로 고른 것은?

보기

ㄱ. 합성 저항값은 $3R$이다.
ㄴ. A와 C에 걸리는 전압은 같다.
ㄷ. A와 B에 흐르는 전류의 세기는 같다.

① ㄱ ② ㄴ ③ ㄱ, ㄷ ④ ㄴ, ㄷ ⑤ ㄱ, ㄴ, ㄷ

[20700-0284]

13 그림 (가)는 전원에 저항 P, Q가 연결된 것을, (나)는 스위치를 a 또는 b에 연결하였을 때, 전원의 전압에 따라 전류계에 흐르는 전류의 세기를 나타낸 것이다. 두 저항의 단면적과 길이는 같다.

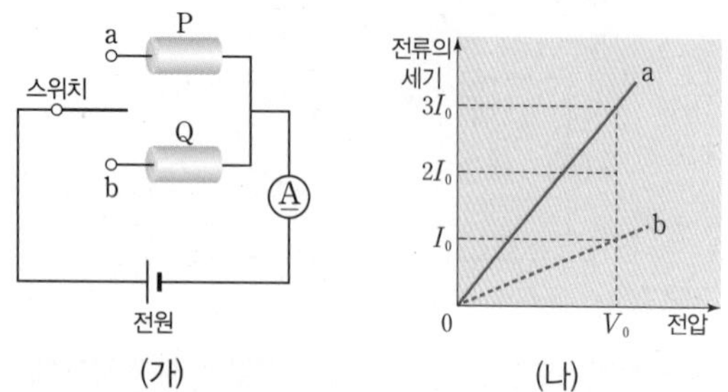

(가) (나)

이에 대한 설명으로 옳은 것만을 <보기>에서 있는 대로 고른 것은?

> **보기**
> ㄱ. 저항값은 P가 Q의 3배이다.
> ㄴ. 비저항은 Q가 P의 3배이다.
> ㄷ. 두 저항에 같은 전압을 걸었을 때, 저항이 소비하는 전력은 P가 Q의 3배이다.

① ㄱ ② ㄷ ③ ㄱ, ㄴ ④ ㄴ, ㄷ ⑤ ㄱ, ㄴ, ㄷ

[20700-0285]

14 그림은 반지름이 $4r$, 길이가 L, 비저항이 ρ인 두 금속 원기둥 A, B를 나타낸 것이고, 표는 A, B의 부피를 일정하게 유지하면서 반지름을 각각 변형시켜 만든 금속 원기둥을 연결했을 때 합성 저항값 R_1, R_2를 나타낸 것이다.

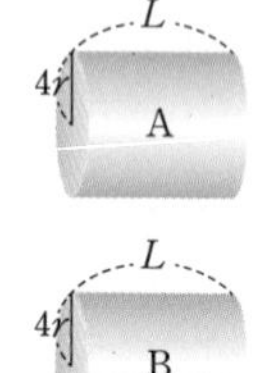

	반지름	저항 연결	합성 저항값
A	r	직렬	R_1
B	$2r$		
A	r	병렬	R_2
B	$2r$		

$R_1 : R_2$는?

① 256 : 13 ② 268 : 15 ③ 289 : 16
④ 293 : 17 ⑤ 302 : 19

[20700-0286]

15 그림과 같이 전압이 7 V인 전원에 저항값이 1 Ω, 4 Ω, 2 Ω인 저항 P, Q, R를 연결하였다.

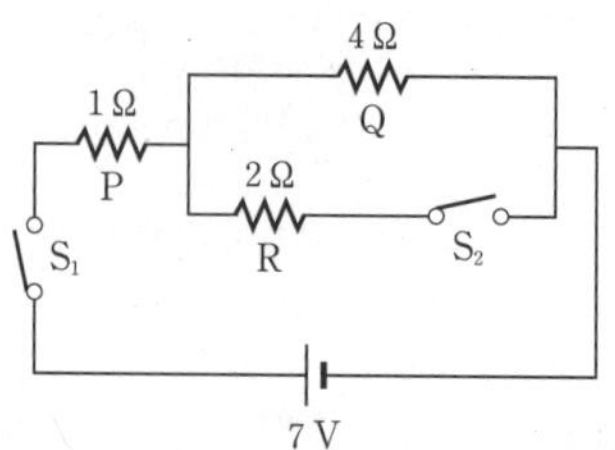

이에 대한 설명으로 옳은 것만을 <보기>에서 있는 대로 고른 것은?

> **보기**
> ㄱ. S_1만 닫을 때, P에 흐르는 전류의 세기는 1.4 A이다.
> ㄴ. Q에 걸리는 전압은 S_1만 닫을 때가 S_1과 S_2를 닫을 때의 $\frac{7}{4}$배이다.
> ㄷ. S_1과 S_2를 닫을 때, 소비되는 전력은 P에서가 R에서의 $\frac{9}{8}$배이다.

① ㄱ ② ㄴ ③ ㄱ, ㄷ ④ ㄴ, ㄷ ⑤ ㄱ, ㄴ, ㄷ

[20700-0287]

16 그림은 저항 A, B의 소비 전력을 전압에 따라 나타낸 것이다.

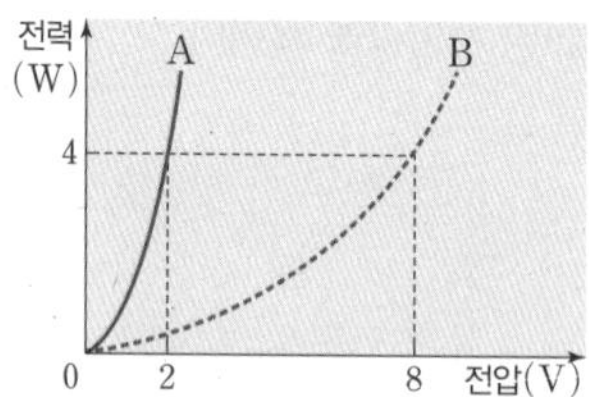

이에 대한 설명으로 옳은 것만을 <보기>에서 있는 대로 고른 것은?

> **보기**
> ㄱ. 저항값은 B가 A의 8배이다.
> ㄴ. A와 B에 같은 전압을 걸어 줄 때, 전류의 세기는 A에서가 B에서의 16배이다.
> ㄷ. 전압이 2 V일 때, B에서 소비되는 전력은 $\frac{1}{2}$ W이다.

① ㄱ ② ㄴ ③ ㄱ, ㄷ ④ ㄴ, ㄷ ⑤ ㄱ, ㄴ, ㄷ

실력 향상 문제

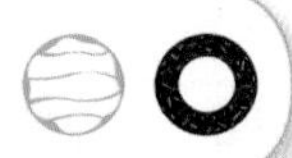

정답과 해설 48쪽

[20700-0288]

01 그림은 균일한 전기장 내에서 전하량이 각각 $+q$, $+2q$인 점전하 A, B를 이동시키는 것을 나타낸 것이다. a, b, c, d, e는 전기장 내의 각 지점이고, A는 a → b → c, B는 d → e로 이동한다. a에서 b와 c까지의 높이 차는 $2h$, d에서 e까지의 높이 차는 h이다. 음극판에서 a와 d까지의 높이는 같다.

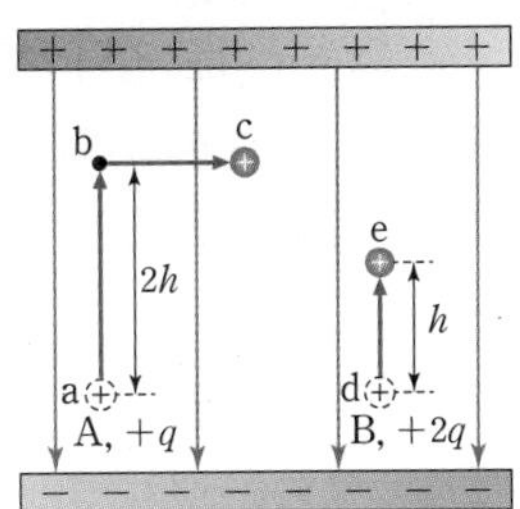

이에 대한 설명으로 옳은 것만을 〈보기〉에서 있는 대로 고른 것은? (단, 점전하의 질량은 무시한다.)

보기
ㄱ. a, b, d, e 중에서 전위가 가장 높은 지점은 b이다.
ㄴ. A에 작용하는 전기력의 크기는 B에 작용하는 전기력의 크기와 같다.
ㄷ. A를 a에서 c까지 이동시키는 데 한 일은 B를 d에서 e까지 이동시키는 데 한 일보다 크다.

① ㄱ ② ㄴ ③ ㄱ, ㄷ ④ ㄴ, ㄷ ⑤ ㄱ, ㄴ, ㄷ

[20700-0289]

02 그림과 같이 xy 평면에서 점전하 A, B가 원점 O에서 같은 거리 d만큼 떨어진 x축상에 고정되어 있다. y축상의 점 p에서 A, B에 의한 전위는 0이다.

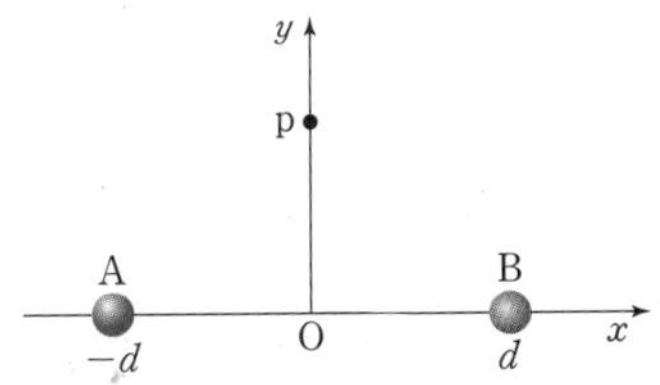

이에 대한 설명으로 옳은 것만을 〈보기〉에서 있는 대로 고른 것은?

보기
ㄱ. A와 B는 같은 종류의 전하이다.
ㄴ. O에서 전기장은 0이다.
ㄷ. p에 양(+)전하를 놓으면 x축과 나란한 방향으로 전기력을 받는다.

① ㄱ ② ㄷ ③ ㄱ, ㄴ ④ ㄴ, ㄷ ⑤ ㄱ, ㄴ, ㄷ

[20700-0290]

03 그림은 x축상에 고정된 점전하 P, Q에 의한 전기장을 화살표 없이 전기력선으로 나타낸 것이다. a, b, c, d는 x축상의 점이고, a와 b에서 전기장의 방향은 반대 방향이며, a에서 전기장의 방향은 $-x$ 방향이다.

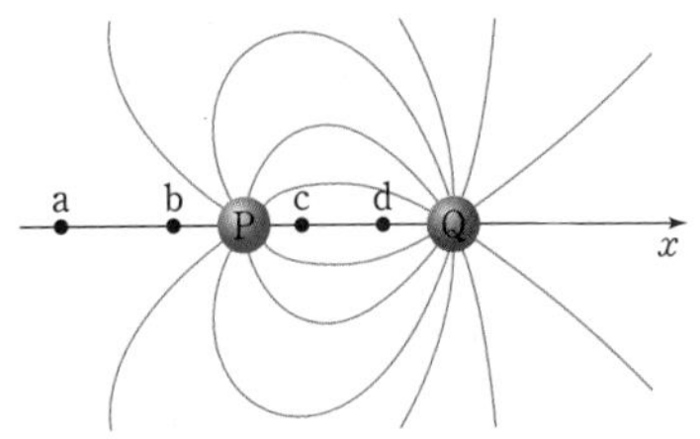

이에 대한 설명으로 옳은 것만을 〈보기〉에서 있는 대로 고른 것은?

보기
ㄱ. P는 음(−)전하이다.
ㄴ. 전위는 c에서가 d에서보다 높다.
ㄷ. 양(+)전하를 d에서 c로 이동시키면 양(+)전하의 전기력에 의한 퍼텐셜 에너지는 증가한다.

① ㄱ ② ㄴ ③ ㄱ, ㄷ ④ ㄴ, ㄷ ⑤ ㄱ, ㄴ, ㄷ

서술형

[20700-0291]

04 그림은 x축상에 고정된 점전하 A와 B에 의한 x축상의 전위를 위치에 따라 나타낸 것이다. A는 양(+)전하, B는 음(−)전하이다.

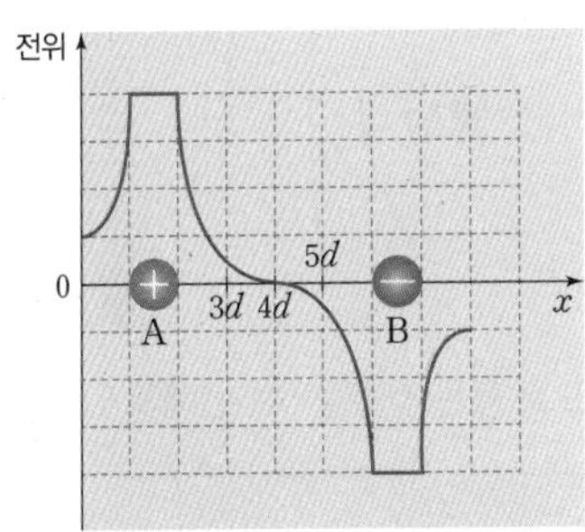

(1) A와 B의 전하량의 크기를 비교하고, 그 이유를 서술하시오.

(2) $x=4d$에서 $x=2d$까지 $+2$ C의 점전하를 이동시키기 위해 점전하에 해 준 일이 4 J이다. 이때, 점전하에 일을 해 주어야 하는 이유를 서술하고, $x=2d$와 $x=4d$ 사이의 전위차를 구하시오.

[20700-0292]

05 그림은 x축상에 고정된 점전하 A와 B에 의한 x축상의 전위를 위치에 따라 나타낸 것이다. A는 양(+)전하이다.

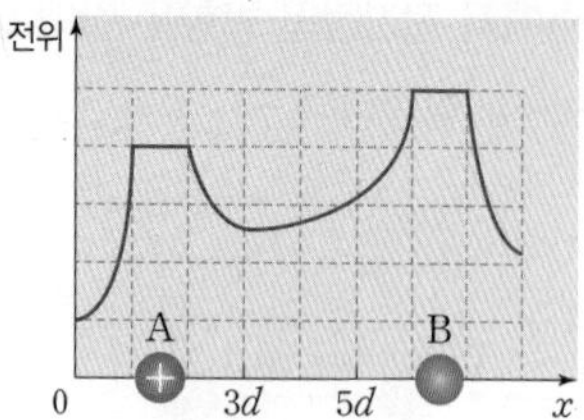

이에 대한 설명으로 옳은 것만을 <보기>에서 있는 대로 고른 것은?

보기
ㄱ. B는 양(+)전하이다.
ㄴ. 전하량의 크기는 B가 A보다 크다.
ㄷ. 양(+)전하를 $x=4d$에서 $x=5d$로 이동시킬 때 전기장의 반대 방향으로 일을 해 주어야 한다.

① ㄱ ② ㄷ ③ ㄱ, ㄴ ④ ㄴ, ㄷ ⑤ ㄱ, ㄴ, ㄷ

[20700-0293]

06 그림은 금속판과 점전하 A 사이에서 전위가 같은 지점을 잇는 선을 1 V 간격으로 그린 모습을 나타낸 것이다. P, Q, R, S는 각각 전위가 같은 지점을 잇는 선 위의 점이다. 금속판의 왼쪽은 음(−)전하로 정전기 유도되었다.

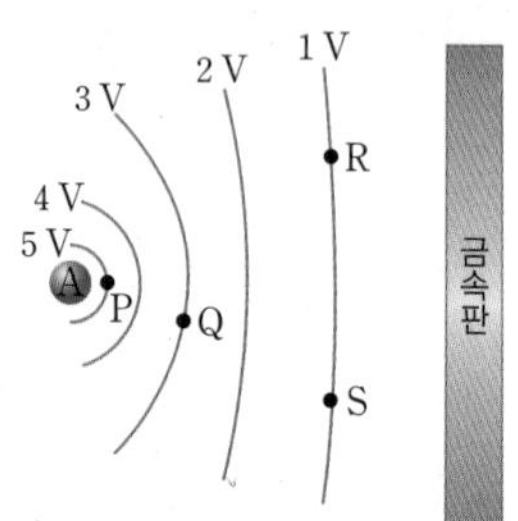

이에 대한 설명으로 옳은 것만을 <보기>에서 있는 대로 고른 것은?

보기
ㄱ. A는 음(−)전하이다.
ㄴ. +1 C의 점전하를 이동시키는 데 필요한 일은 R → P에서가 Q → P에서의 2배이다.
ㄷ. +1 C의 점전하를 R에서 S로 이동시키면 전기력에 의한 퍼텐셜 에너지가 증가한다.

① ㄱ ② ㄴ ③ ㄱ, ㄷ ④ ㄴ, ㄷ ⑤ ㄱ, ㄴ, ㄷ

[20700-0294]

07 그림 (가)는 각각 x축상의 $x=-d$와 $x=d$에 고정된 점전하 A, B와 y축상의 점 P를, (나)는 x축상의 $-d>x>d$에서 두 점전하에 의한 전위를 x에 따라 나타낸 것이다.

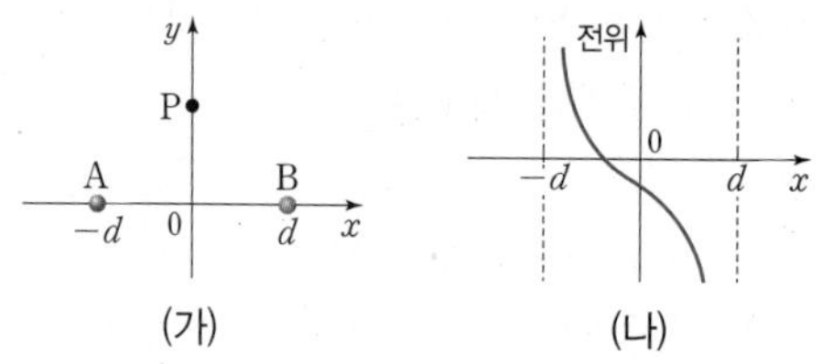

(가)의 P에서 A, B에 의한 전기장의 방향을 나타낸 것으로 가장 적절한 것은? (단, 점전하로부터 무한히 멀리 떨어진 곳의 전위는 0이다.)

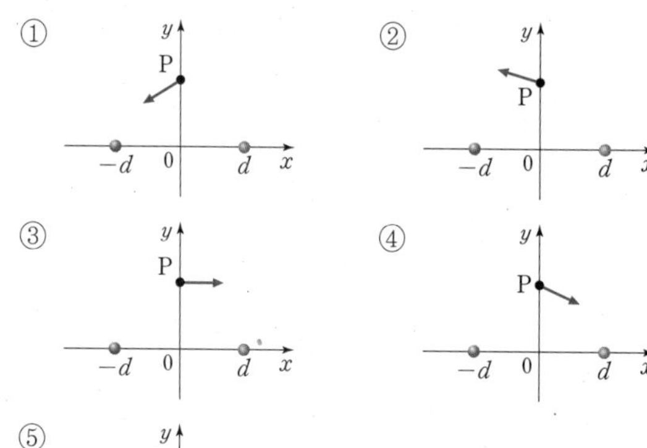

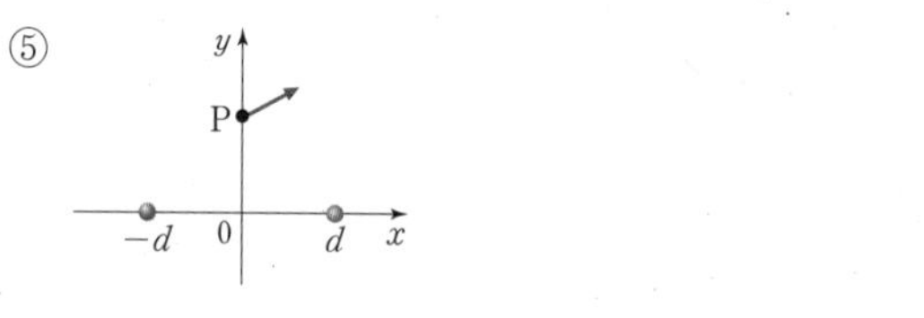

서술형

[20700-0295]

08 그림은 세기가 E이고, 중력 반대 방향으로 균일한 전기장에서 전하량이 $+q$인 대전 입자를 기준선 P에서 Q로 이동시킨 것을 나타낸 것이다. P에서 Q까지의 높이 차는 h이다.

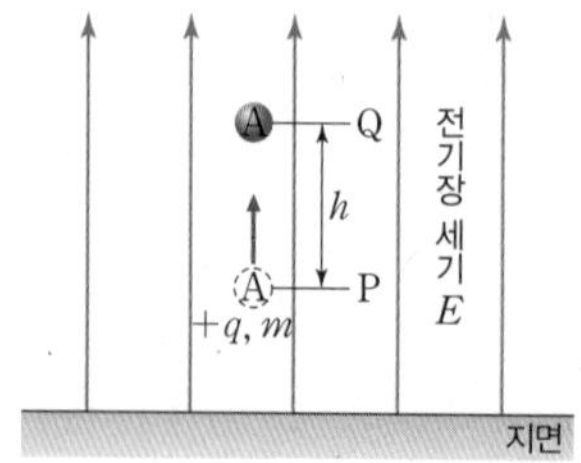

A의 중력에 의한 퍼텐셜 에너지와 전기력에 의한 퍼텐셜 에너지의 변화를 서술하시오. (단, 중력 가속도는 g이다.)

[20700-0296]

09 그림 (가)는 저항값이 각각 R_1, R_2인 저항을 전원 장치에 연결한 것을, (나)는 각각 스위치 S_1, S_2를 닫을 때 전압에 따른 전류의 세기를 나타낸 것이다.

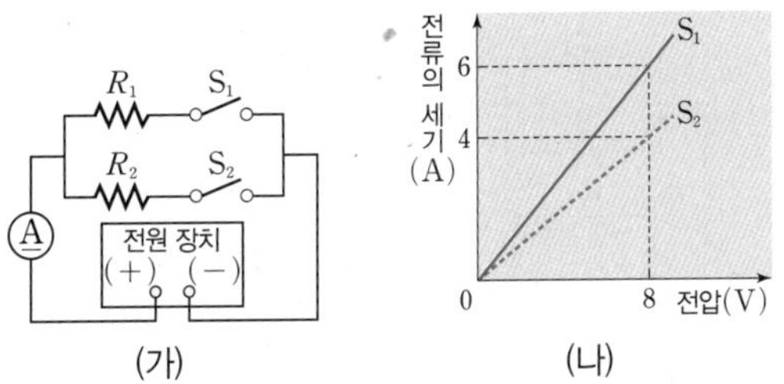

이에 대한 설명으로 옳은 것만을 〈보기〉에서 있는 대로 고른 것은?

> **보기**
>
> ㄱ. $R_1=\frac{3}{4}$ Ω이다.
>
> ㄴ. S_1과 S_2 모두 닫을 때, 합성 저항값은 $\frac{4}{5}$ Ω이다.
>
> ㄷ. S_1과 S_2 모두 닫고 전원 장치의 전압이 4 V일 때, 전류계에 흐르는 전류의 세기는 5 A이다.

① ㄱ ② ㄴ ③ ㄱ, ㄷ ④ ㄴ, ㄷ ⑤ ㄱ, ㄴ, ㄷ

[20700-0297]

10 그림과 같이 저항값이 각각 2 Ω, 2 Ω, 3 Ω, 6 Ω인 저항과 스위치 S_1, S_2를 8 V의 전원 장치에 연결하였다.

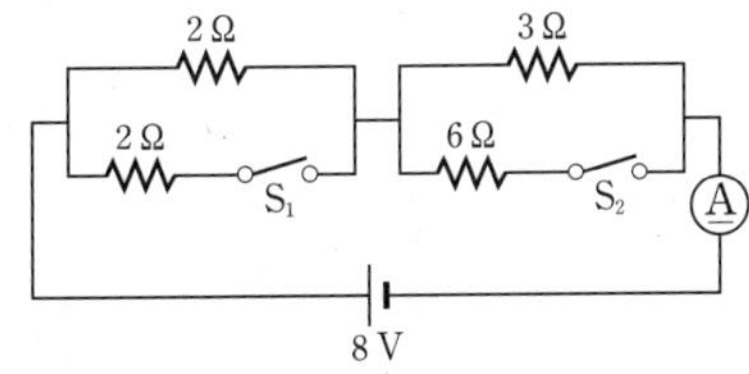

이에 대한 설명으로 옳은 것만을 〈보기〉에서 있는 대로 고른 것은?

> **보기**
>
> ㄱ. S_1만 닫을 때, 2 Ω인 저항에 걸리는 전압은 2 V이다.
>
> ㄴ. S_2만 닫을 때, 3 Ω인 저항에 흐르는 전류의 세기는 $\frac{4}{3}$ A이다.
>
> ㄷ. S_1과 S_2 모두 닫을 때, 전류계에 흐르는 전류의 세기는 $\frac{8}{3}$ A이다.

① ㄱ ② ㄷ ③ ㄱ, ㄴ ④ ㄴ, ㄷ ⑤ ㄱ, ㄴ, ㄷ

[20700-0298]

11 그림은 저항 A, B, C를 일렬로 접촉하여 전압이 V인 전원에 연결한 것을, 표는 A, B, C의 비저항과 단면적을 나타낸 것이다. A, B, C의 길이는 같고, A, B, C의 저항값은 각각 R_0, $2R_0$, $\frac{1}{2}R_0$이다.

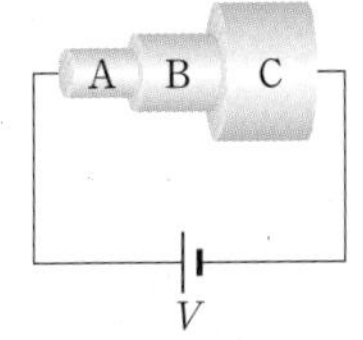

저항	비저항	단면적
A	ρ	S_1
B	4ρ	S_2
C	2ρ	S_3

A와 B에 걸리는 전압을 각각 V_1, V_2라 할 때, $V_1 : V_2$와 $S_2 : S_3$으로 옳은 것은?

	$V_1 : V_2$	$S_2 : S_3$
①	1 : 2	1 : 2
②	1 : 2	2 : 3
③	2 : 3	1 : 2
④	2 : 3	2 : 3
⑤	3 : 2	2 : 3

[20700-0299]

12 그림은 전압이 8 V인 전원에 저항값이 1 Ω인 저항 2개, 2 Ω인 저항 2개, 3 Ω인 저항 1개를 연결한 것을 나타낸 것이다. a, b, c, d, e는 도선 위의 점이고, 전원의 (+)극은 a에 연결되어 있다.

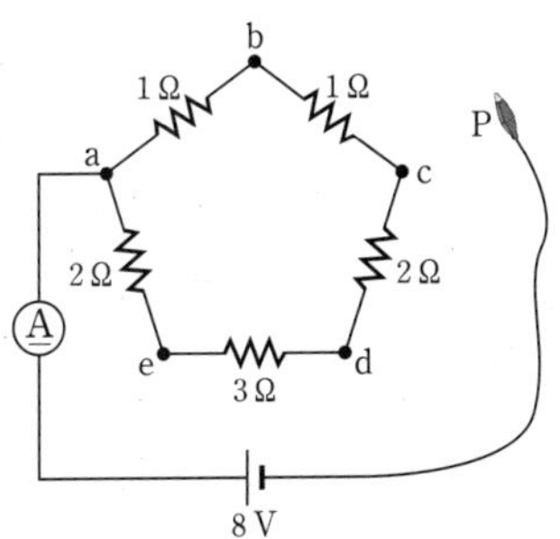

전원의 (−)극에 연결된 P를 b, c, d, e 중 하나에 연결할 때, 전류계에 흐르는 전류의 세기의 최댓값과 최솟값의 합은?

① $\frac{63}{3}$A ② $\frac{63}{4}$A ③ $\frac{63}{5}$A ④ $\frac{63}{6}$A ⑤ $\frac{63}{8}$A

정답과 해설 48쪽

[20700-0300]

13 그림과 같이 전압이 V인 전원에 저항값이 1 Ω인 저항 4개와 2 Ω인 저항 4개, 스위치 S_1, S_2를 연결하였다.

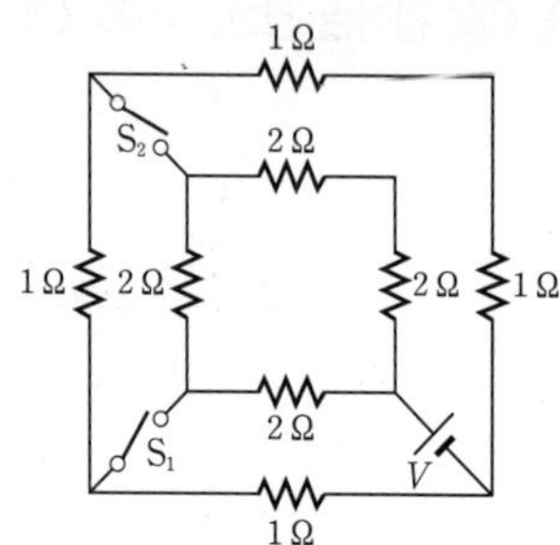

S_1만 닫을 때와 S_2만 닫을 때 회로에 흐르는 전체 전류의 세기가 각각 I_1, I_2일 때, $\frac{I_1}{I_2}$은?

① $\frac{4}{3}$ ② $\frac{5}{4}$ ③ $\frac{6}{5}$ ④ $\frac{7}{6}$ ⑤ $\frac{9}{8}$

[20700-0301]

14 그림과 같이 전압이 14 V로 일정한 전원에 저항값이 1 Ω, 2 Ω, 3 Ω, 4 Ω인 저항을 연결하였다. a, b는 각각 도선상의 점이고, P는 전원의 (−)극에 연결되었다.

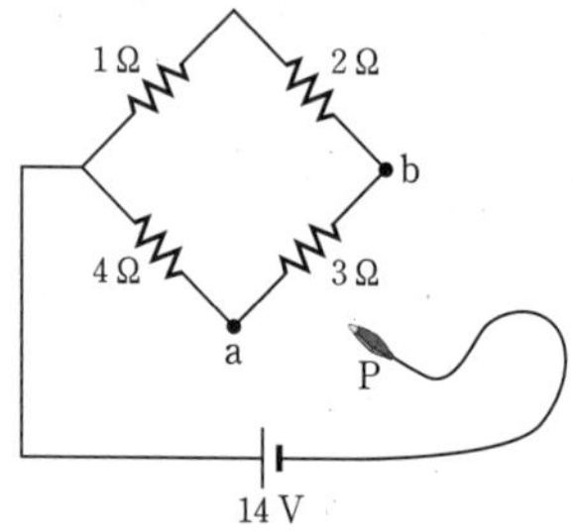

이에 대한 설명으로 옳은 것만을 〈보기〉에서 있는 대로 고른 것은?

보기

ㄱ. P를 a에 연결할 때, 합성 저항값은 $\frac{12}{5}$ Ω이다.

ㄴ. P를 b에 연결할 때, 3 Ω에 걸린 전압은 6 V이다.

ㄷ. P를 b에 연결할 때, 4 Ω의 저항에서 소비되는 전력은 16 W이다.

① ㄱ ② ㄷ ③ ㄱ, ㄴ ④ ㄴ, ㄷ ⑤ ㄱ, ㄴ, ㄷ

[20700-0302]

15 그림 (가)는 전원 장치에 저항 A, B를 연결한 것을, (나)는 A, B에 걸어 준 전압 V에 따라 A, B에서 소비되는 전력 P를 나타낸 것이다.

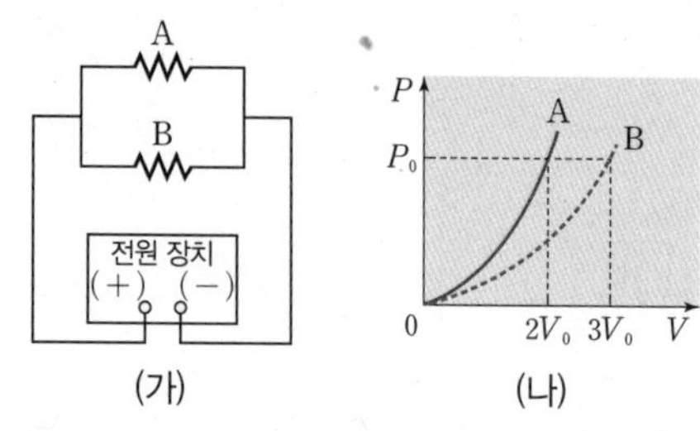

(가) (나)

A와 B에 걸린 전압 V에 따라 A와 B에 흐르는 전류의 세기 I를 나타낸 그래프로 가장 적절한 것은?

① I: $9I_0$(A), $4I_0$(B) at V_0

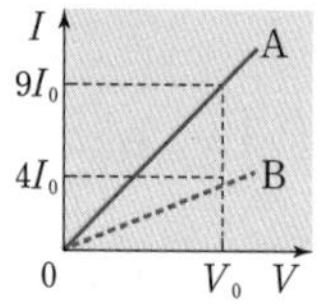

② I: $9I_0$(B), $4I_0$(A) at V_0

③ I: $9I_0$(A), $5I_0$(B) at V_0

④ I: $9I_0$(B), $5I_0$(A) at V_0

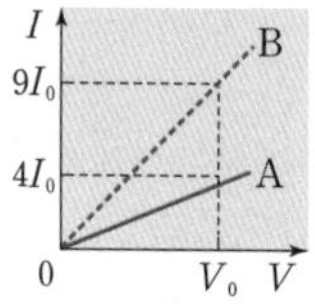

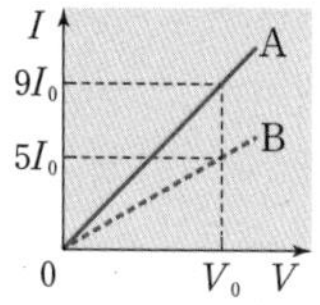

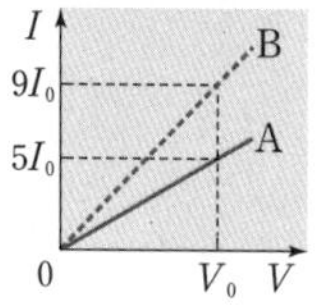

⑤ I: $9I_0$(A), $6I_0$(B) at V_0

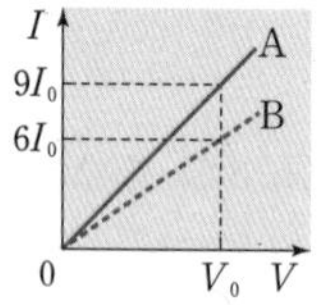

서술형

[20700-0303]

16 그림 (가)는 전압이 일정한 전원에 저항 R_1, R_2를 직렬연결한 것이고, (나)와 (다)는 저항 2개의 연결을 물레방아 2개의 연결에 비유한 것을 나타낸 것이다.

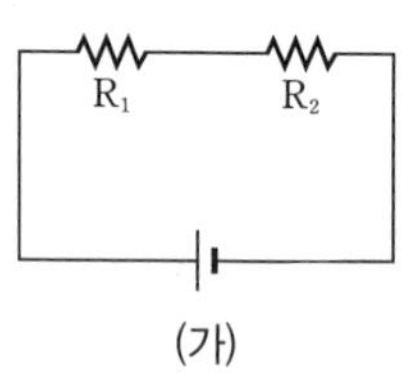

(가)

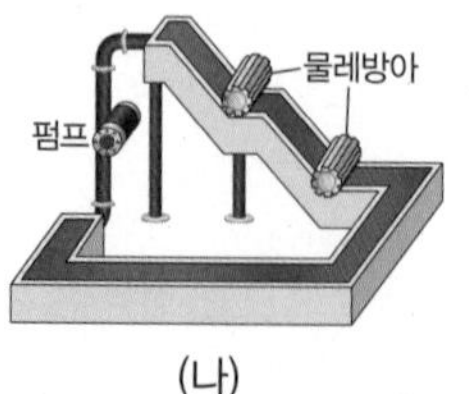

(나)

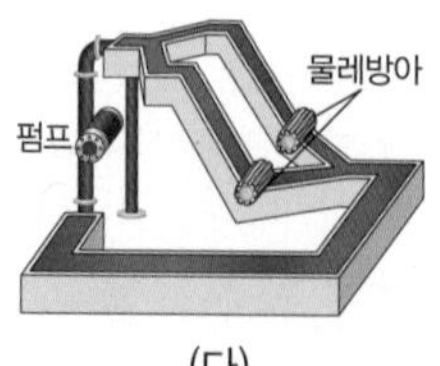

(다)

(나)와 (다) 중에서 (가)에서의 저항의 연결을 비유한 것으로 옳은 것을 고르고, 그 이유를 서술하시오.

정답과 해설 51쪽

[20700-0304]

01 그림은 일직선상에 고정된 두 전하 A, B에 의한 전위를 A와 B를 잇는 일직선상의 위치에 따라 나타낸 것이다.

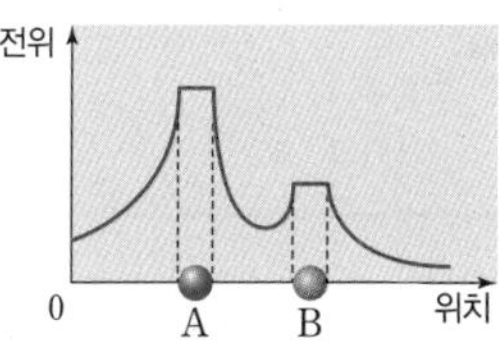

이에 대한 설명으로 옳은 것만을 ⟨보기⟩에서 있는 대로 고른 것은?

보기

ㄱ. A와 B의 전하의 종류는 같다.

ㄴ. 전하량의 크기는 A가 B보다 크다.

ㄷ. B의 오른쪽에 전기장이 0인 지점이 있다.

① ㄱ ② ㄷ ③ ㄱ, ㄴ ④ ㄴ, ㄷ ⑤ ㄱ, ㄴ, ㄷ

[20700-0305]

02 그림 (가)는 평면상의 균일한 전기장에서 양(+)전하 A를 h만큼 이동시켜 정지한 것을, (나)는 세기가 변하는 평면상의 전기장에서 점전하 A를 h만큼 이동시켜 정지한 것을 나타낸 것이다. (가), (나)에서 A의 처음 위치의 전기력선 사이의 간격은 d로 같다.

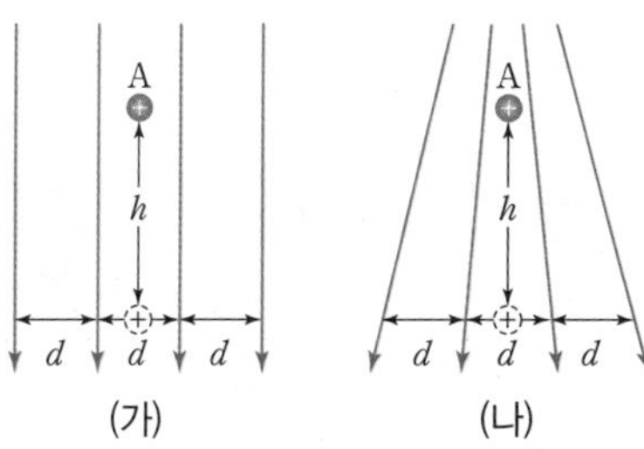

이에 대한 설명으로 옳은 것만을 ⟨보기⟩에서 있는 대로 고른 것은?

보기

ㄱ. A를 h만큼 이동시키는 데 필요한 일은 (나)에서가 (가)에서보다 크다.

ㄴ. A가 h만큼 이동하기 전후의 전기력에 의한 퍼텐셜 에너지 차는 (가)에서와 (나)에서가 같다.

ㄷ. A가 h만큼 이동한 지점에서 A에 작용하는 전기력의 크기는 (가)에서와 (나)에서가 같다.

① ㄱ ② ㄴ ③ ㄱ, ㄷ ④ ㄴ, ㄷ ⑤ ㄱ, ㄴ, ㄷ

[20700-0306]

03 그림과 같이 전압이 55 V인 전원에 저항 A, B와 저항값이 4 Ω인 저항, 스위치를 연결하였다. 스위치를 a, b에 연결할 때 전류계에 흐르는 전류의 세기는 각각 5.5 A, 2.5 A이다.

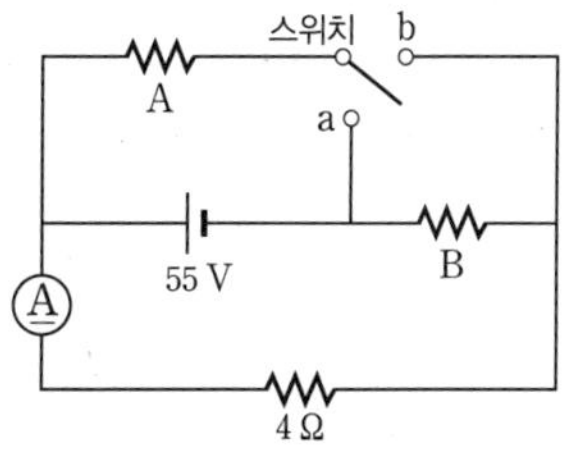

이에 대한 설명으로 옳은 것만을 ⟨보기⟩에서 있는 대로 고른 것은?

보기

ㄱ. A의 저항값은 3 Ω이다.

ㄴ. B의 저항값은 6 Ω이다.

ㄷ. 합성 저항값은 스위치를 a에 연결할 때가 b에 연결할 때의 $\frac{5}{22}$배이다.

① ㄱ ② ㄴ ③ ㄱ, ㄷ ④ ㄴ, ㄷ ⑤ ㄱ, ㄴ, ㄷ

[20700-0307]

04 그림과 같이 전압이 일정한 전원에 저항 A, B와 스위치 S를 연결하였다. S를 a에 연결할 때, A와 B의 소비 전력은 각각 49 W, 147 W이다.

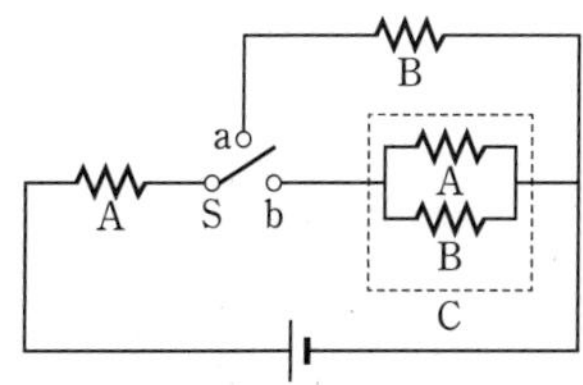

S를 b에 연결할 때, A와 B를 병렬연결한 C에서의 소비 전력은?

① 184 W ② 192 W ③ 200 W
④ 206 W ⑤ 216 W

트랜지스터와 축전기

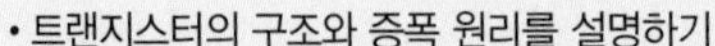

- 트랜지스터의 구조와 증폭 원리를 설명하기
- 저항을 이용하여 트랜지스터에 필요한 바이어스 전압 정하기
- 축전기에 전기 에너지가 저장되는 원리 설명하기

한눈에 단원 파악, 이것이 핵심!

트랜지스터는 무엇이고, 어떤 역할을 할까?

트랜지스터: 반도체를 이용한 전기 소자로, 전기 신호를 증폭하는 작용과 스위칭 작용을 하며 p-n-p형과 n-p-n형이 있다.

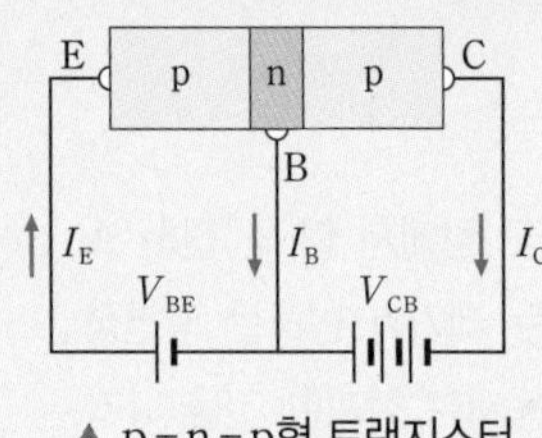

▲ p-n-p형 트랜지스터

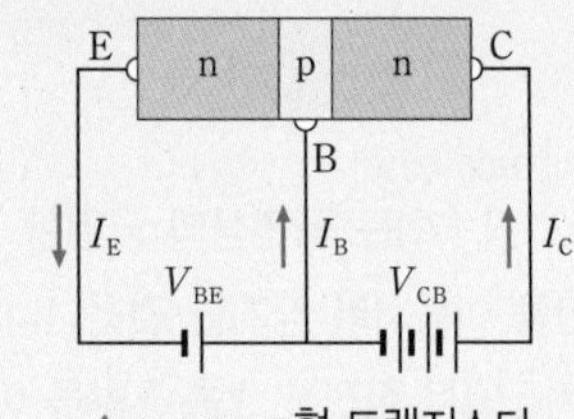

▲ n-p-n형 트랜지스터

- 스위칭 작용: 베이스에 흐르는 전류로 컬렉터에 흐르는 전류를 제어하여 트랜지스터로 회로의 전류 흐름을 조절하는 것 ➡ $I_E = I_B + I_C$
- 증폭 작용: 베이스의 작은 세기의 전류로 컬렉터에 큰 세기의 전류가 흐르는 효과

축전기란 무엇이고, 어디에 이용될까?

축전기: 전기를 저장할 수 있는 장치, 자동심장충격기, 터치스크린, 키보드 등에 이용

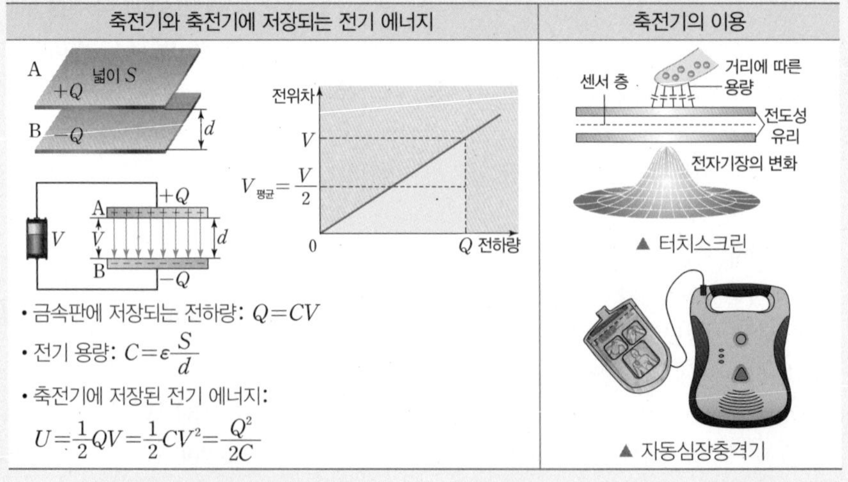

- 금속판에 저장되는 전하량: $Q=CV$
- 전기 용량: $C=\varepsilon\frac{S}{d}$
- 축전기에 저장된 전기 에너지: $U=\frac{1}{2}QV=\frac{1}{2}CV^2=\frac{Q^2}{2C}$

▲ 터치스크린

▲ 자동심장충격기

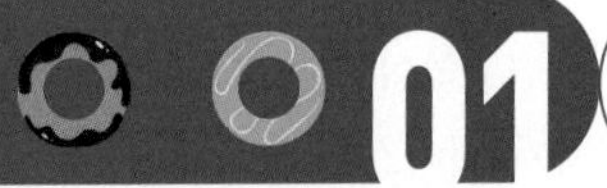

01 트랜지스터와 평행판 축전기

1 트랜지스터

(1) 트랜지스터: 반도체를 이용한 전기 소자

① [❶]종류: p－n 접합에 p형 반도체 또는 n형 반도체를 추가하여 만든 전기 소자로, p－n－p형과 n－p－n형이 있다.

② 구조: 이미터(E), 베이스(B), 컬렉터(C)라는 3개의 단자가 있다.

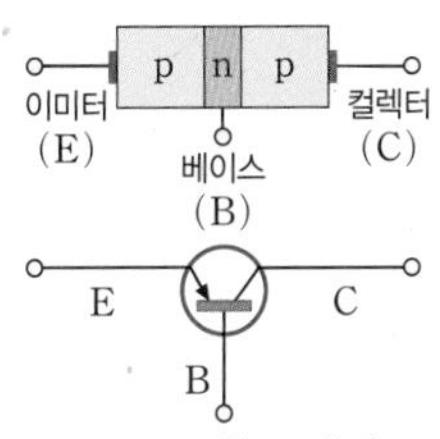

▲ p－n－p형 트랜지스터

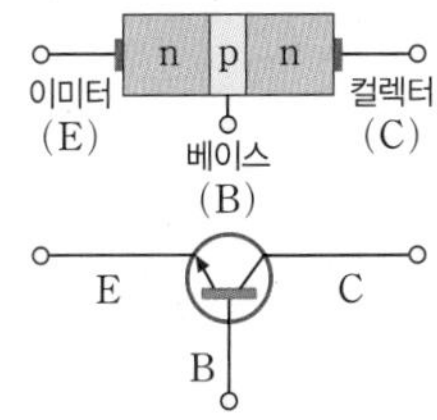

▲ n－p－n형 트랜지스터

(2) 트랜지스터의 작용

① 스위칭 작용: 트랜지스터가 작동하기 위해서는 이미터(E)와 베이스(B) 사이에 순방향 전압을 걸어 베이스에 전류가 흐르면 컬렉터(C)에도 전류가 흐르고, 베이스에 전류가 흐르지 않으면 컬렉터에도 전류가 흐르지 않기 때문에 트랜지스터로 회로에 전류가 흐르는 것을 조절할 수 있다. 이렇게 전류의 흐름을 조정하는 작용을 스위칭 작용이라고 한다.

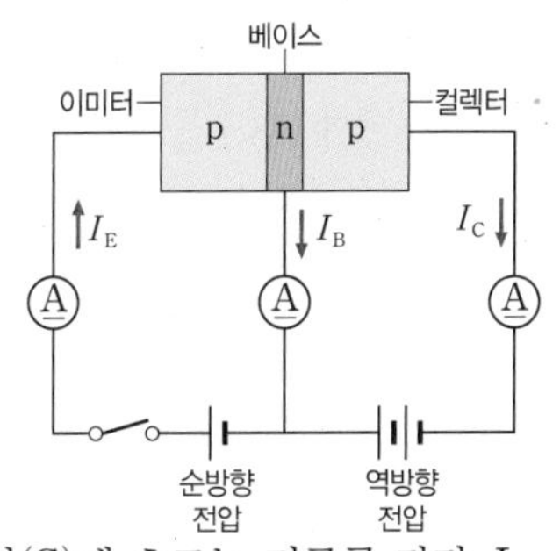
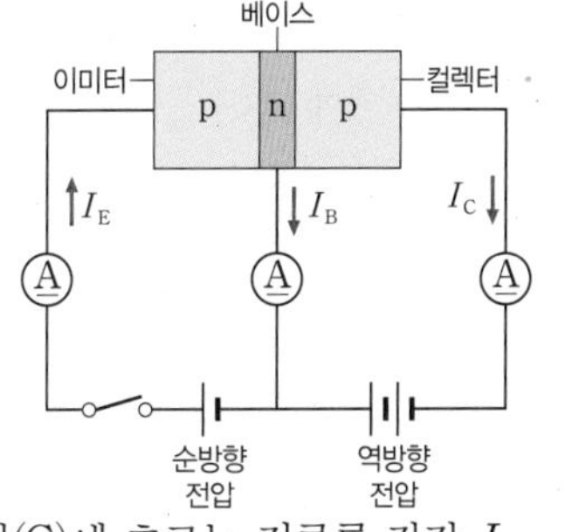

② 트랜지스터에 전류가 흐를 때 이미터(E), 베이스(B), 컬렉터(C)에 흐르는 전류를 각각 I_E, I_B, I_C라고 하면 항상 $I_E=I_B+I_C$이다.

③ [❷]증폭 작용: 트랜지스터에서 베이스 쪽으로 약간의 전류가 흐르게 하면 컬렉터 쪽에는 베이스의 전류보다 큰 전류가 흐르게 되는데, 이를 이용하여 트랜지스터는 신호의 파형은 그대로 유지하면서 작은 신호를 큰 신호로 바꾸는 증폭 작용을 한다.

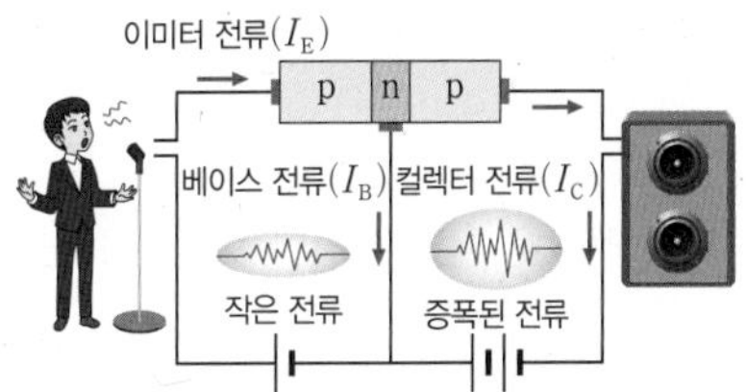

④ 전류 증폭률: 베이스 전류(I_B)에 대한 컬렉터 전류(I_C)의 비 ➡ $\dfrac{I_C}{I_B}$

⑤ 증폭이 일어나는 원리

㉠ 그림과 같이 p형 반도체 쪽에 (－)극을, n형 반도체 쪽에 (＋)극을 연결하여 컬렉터와 베이스 사이에만 역방향 전압 V_{CB}를 걸어 준다. 이때, 베이스와 컬렉터 사이에는 전류가 흐르지 않는다.

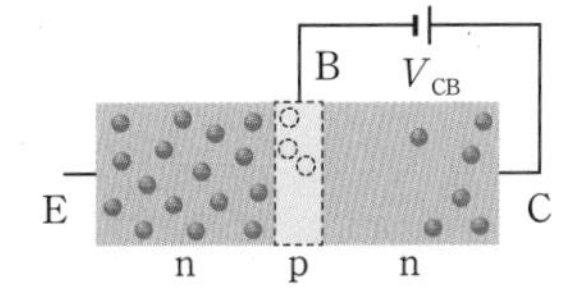

THE 알기

❶ 트랜지스터 종류
초기에는 신호를 강하게 하여 큰 소리로 만드는 증폭기로 진공관을 사용하였다. 진공관은 쉽게 뜨거워져 수명이 짧다.

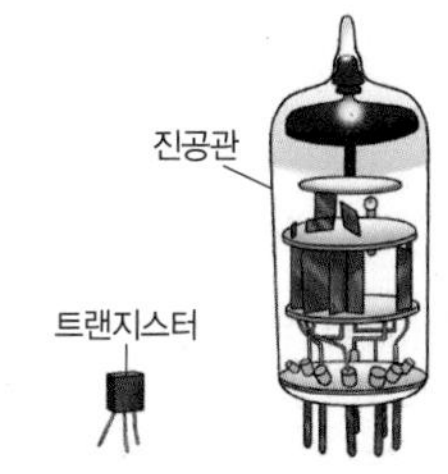

현재는 그림과 같이 여러 가지 트랜지스터가 개발되어 있다.

❷ 증폭 작용
베이스에 흐르는 작은 입력 전류(I_B)를 이용하여 컬렉터에 흐르는 전류(I_C)의 세기를 증가시키는 작용이다.

THE 알기

㉡ 그림과 같이 p형 반도체 쪽에 (+)극을, n형 반도체 쪽에 (−)극을 연결하여 이미터와 베이스 사이에 순방향 전압 V_{BE}를 걸어 주면 이미터의 수많은 전자가 베이스로 확산되어 일부는 양공과 만나 소멸되고 대부분의 전자는 V_{CB}에 의해 컬렉터 쪽으로 끌려 넘어가게 된다. 따라서 베이스의 작은 세기의 전류로 컬렉터에 큰 세기의 전류가 흐르는 증폭 효과가 나타난다.

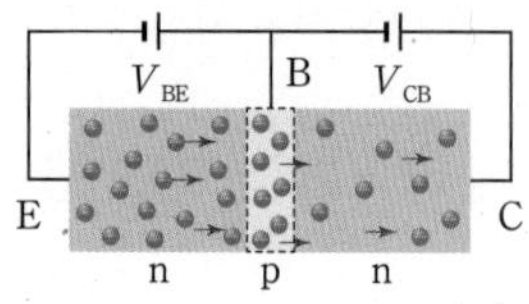

(3) 바이오스 전압: 트랜지스터의 동작을 원활하게 하기 위해 이미터와 베이스, 베이스와 컬렉터 사이에 적절하게 걸어 주는 전압을 ❶바이어스 전압이라고 한다.

① 트랜지스터의 각 단자에 적절한 저항을 추가하여 전압 분할로 바이어스 전압을 결정할 수 있다.

② 증폭할 때 바이어스 전압의 역할

㉠ 바이어스 전압을 걸지 않았을 때: 이미터(E)와 베이스(B) 단자에 전압이 걸려 있지 않은 상태에서 (+), (−)가 교대로 되어 있는 교류 형태의 신호가 입력되면 스위칭 작용 때문에 (−) 부분에서는 컬렉터 쪽으로 전류가 흐르지 않아 신호가 출력되지 않으므로 (+)쪽 신호에만 반응하여 출력된다.

㉡ 바이어스 전압을 걸었을 때: 이미터(E)와 베이스(B) 단자에 적절한 바이어스 전압을 걸어주면 신호를 제대로 증폭할 수 있다.

❶ 바이어스 전압의 왜곡
적절하지 않은 바이어스 전압은 출력의 왜곡 또는 신호의 찌그러짐을 발생시킨다. 바이어스 전압이 너무 큰 경우, 신호의 (+)영역이 제대로 증폭되지 않아 출력 신호가 왜곡된다.

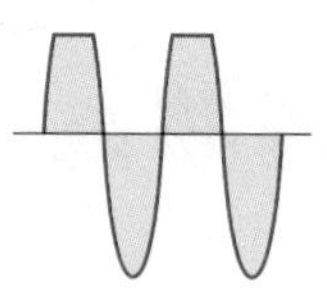

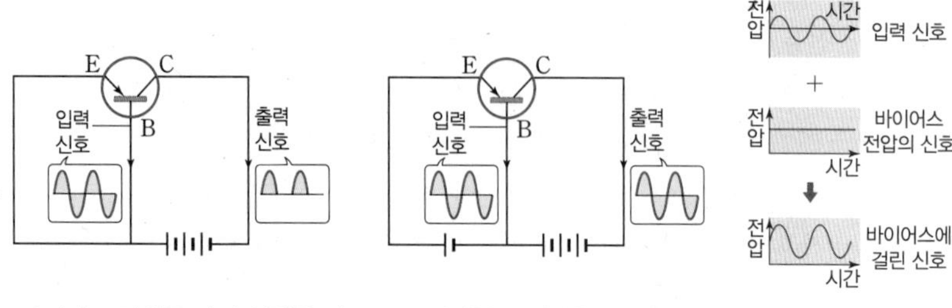

▲ 바이어스 전압을 걸지 않았을 때 ▲ 바이어스 전압을 걸었을 때

③ 바이어스 ❷전압 분할

㉠ 저항을 이용한 전압 분할: 저항 R_1, R_2를 전압 V_0에 직렬로 연결하면 R_2에 걸리는 전압은 $V_2=\frac{R_2}{R_1+R_2}V_0$이다. 따라서 R_1과 R_2의 크기를 조절하면 원하는 V_2를 얻을 수 있는데, 이와 같이 저항을 이용하여 입력 전압을 나누는 것을 전압 분할이라고 한다.

❷ 전압 분할
옴의 법칙에서 회로에 흐르는 전류의 세기 $I=\frac{V_0}{R_1+R_2}$이고, R_1과 R_2는 직렬연결되어 있으므로 R_1, R_2에 흐르는 전류의 세기는 회로 전체에 흐르는 전류의 세기와 같다. R_2에 흐르는 전류의 세기 $I=\frac{V_2}{R_2}$이다. 따라서 $I=\frac{V_0}{R_1+R_2}=\frac{V_2}{R_2}$에서 R_2에 걸리는 분할된 전압은 $V_2=\frac{R_2}{R_1+R_2}V_0$이다.

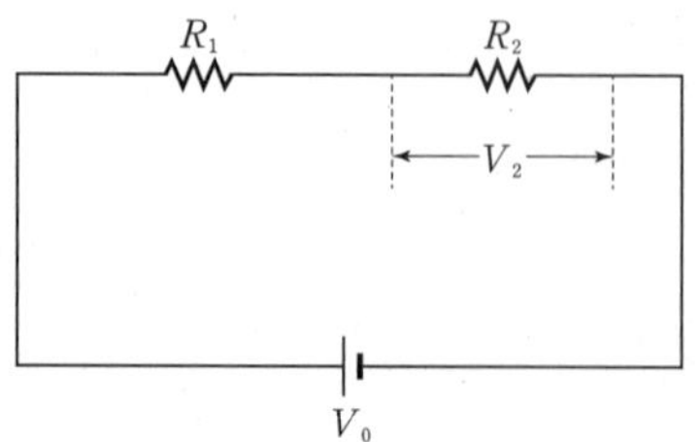

㉡ 공통 이미터 회로에서 저항의 연결을 이용한 전압 분할

- 트랜지스터를 이용한 증폭 회로에서 V_B와 V_C를 위한 직류 전원을 따로 사용하지 않고 1개의 직류 전원을 이용해 필요한 바이어스 전압을 얻을 수 있다.
- 베이스와 이미터 사이에 걸리는 바이어스 전압 V_B는 베이스 전류가 R_2에 흐르는 전류보다 훨씬 적을 때 직류 전원의 전압 V_C를 저항 R_1, R_2로 분할한 전압이다. 따라서 바이어스 전압 V_B는 다음과 같이 정할 수 있다. ➡ $V_B=\frac{R_2}{R_1+R_2}V_C$

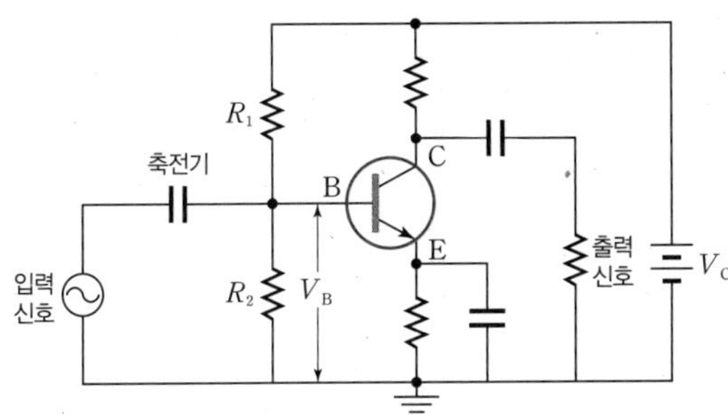

THE 알기

2 축전기

(1) 축전기

① 전하를 저장할 수 있는 장치를 축전기, 축전기에 전하를 저장하는 과정을 충전이라고 한다.

② 축전기에 충전되는 전하량 Q는 두 극판 사이의 전위차 V에 비례한다. 이때 비례상수 C를 전기 용량이라고 한다.

$$Q=CV \Rightarrow C=\frac{Q}{V}$$

(2) 전기 용량

① 전기 용량: 축전기에 걸리는 전압이 1 V일 때, 충전되는 전하량이다.

② 축전기에 전압이 V인 전지를 연결하면, 축전기에 걸리는 전압이 V가 될 때까지 전하가 충전된다.

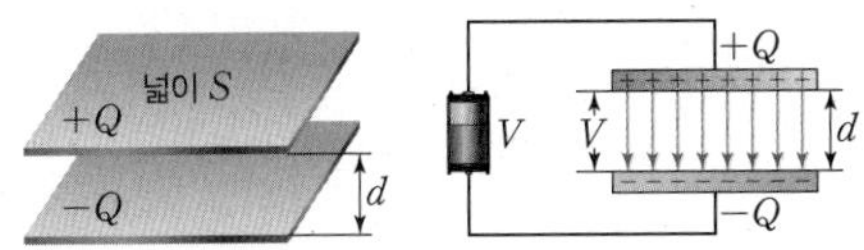

③ 전기 용량의 단위: F(패럿)

④ 평행판 축전기의 전기 용량 C는 극판의 면적 S에 비례하고, 극판 사이의 간격 d에 반비례한다.

$$C=\varepsilon\frac{S}{d}\ (\varepsilon\text{: 유전율})$$

⑤ ❶유전 상수가 κ인 ❷유전체를 축전기 속에 넣으면 전기 용량은 진공 상태일 때의 κ배가 된다. ➡ $\varepsilon=\kappa\varepsilon_0$ (ε: 유전체의 유전율, ε_0: 진공의 유전율)

(3) 축전기의 연결

① ❸직렬연결: 각 축전기에 충전되는 전하량이 같고, 각 축전기에 걸린 전압의 합은 전원의 전압과 같다

❶ 유전 상수(κ)

진공일 때 유전율 ε_0에 대하여 극판 사이에 넣은 물질의 유전율 ε의 비

$$\kappa=\frac{\varepsilon}{\varepsilon_0}$$

❷ 유전체

유리, 종이, 나무, 플라스틱과 같은 부도체이다.

❸ 축전기의 직렬연결

축전기를 직렬연결하면 두 극판 사이의 간격이 멀어지는 효과가 나므로 축전기의 전기 용량이 감소한다.

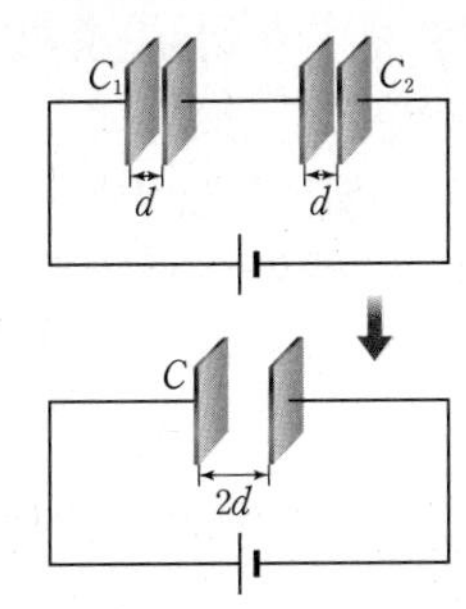

THE 알기

❶ 축전기의 병렬연결
축전기를 병렬연결하면 두 극판의 면적이 넓어지는 효과가 나므로 축전기의 전기 용량이 증가한다.

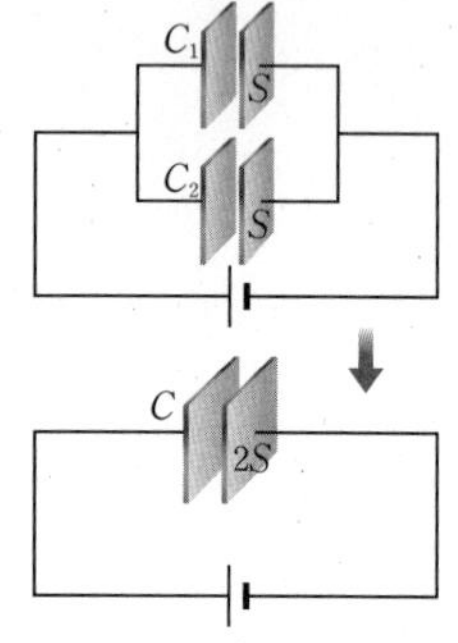

㉠ 각 축전기에 걸리는 전압

$$V_1=\frac{Q}{C_1},\ V_2=\frac{Q}{C_2},\ V_3=\frac{Q}{C_3}$$

㉡ 전원의 전압은 각 축전기에 걸린 전압의 합과 같다.

$$V=V_1+V_2+V_3=\frac{Q}{C_1}+\frac{Q}{C_2}+\frac{Q}{C_3}=\frac{Q}{C}$$

㉢ 합성 전기 용량: $\frac{1}{C}=\frac{1}{C_1}+\frac{1}{C_2}+\frac{1}{C_3}$

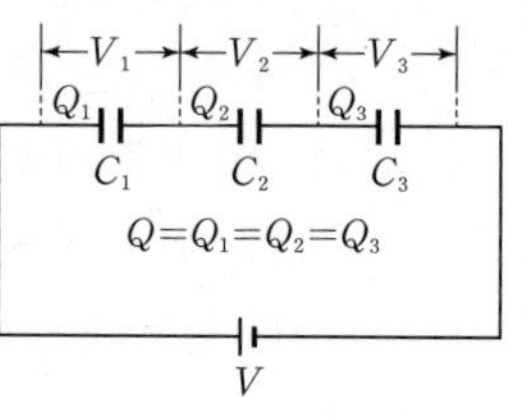

② ❶병렬연결: 각 축전기에 걸리는 전압은 전원의 전압과 같고, 각 축전기에 충전된 전하량의 합은 전체 전하량과 같다.

㉠ 각 축전기에 충전되는 전하량

$$Q_1=C_1V,\ Q_2=C_2V,\ Q_3=C_3V$$

㉡ 전체 전하량은 각 축전기에 충전되는 전하량의 합과 같다.

$$Q=Q_1+Q_2+Q_3=C_1V+C_2V+C_3V=CV$$

㉢ 합성 전기 용량: $C=C_1+C_2+C_3$

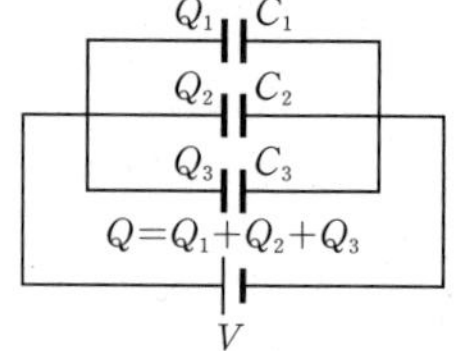

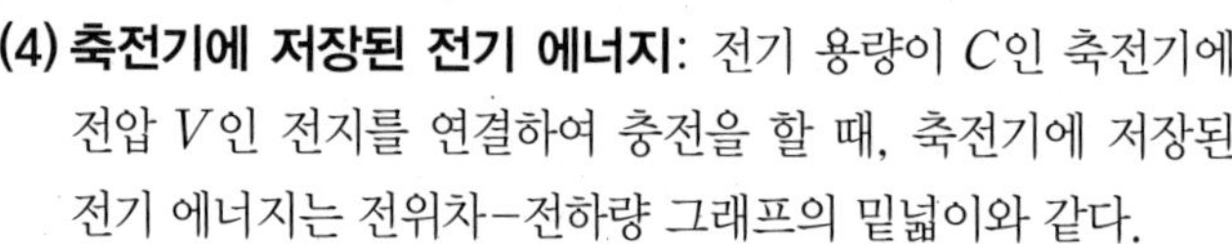

(4) 축전기에 저장된 전기 에너지: 전기 용량이 C인 축전기에 전압 V인 전지를 연결하여 충전을 할 때, 축전기에 저장된 전기 에너지는 전위차-전하량 그래프의 밑넓이와 같다.

$$U=\frac{1}{2}QV=\frac{1}{2}CV^2=\frac{Q^2}{2C}$$

전위차
V
$V_{평균}=\frac{V}{2}$
0
Q 전하량

❷ 축전기의 이용
축전기의 이용은 에너지 저장 장치로 활용되는 카메라 플래시, 자동심장충격기 등이 있고, 전기 용량의 차로 활용되는 키보드, 콘덴서마이크, 터치스크린, 가변 축전기 등이 있다.

(5) ❷축전기의 이용

자동심장충격기	키보드	터치스크린
	글자판 금속판 유전체	센서 층 거리에 따른 용량 전도성 유리 전자기장의 변화
축전기에 저장된 전기 에너지를 한꺼번에 방전시키면서 순간적으로 강한 전류를 심장에 가해 심장이 원래 기능을 하도록 돕는다.	글자판을 누르면 두 금속판 사이의 간격이 줄어 전기 용량이 증가하고 컴퓨터가 이 변화를 인식하여 글자를 입력한다.	손가락이 전도성 유리에 가까이 오면 유리 표면의 전하량이 변하고 센서가 전기장의 변화를 감지하여 손가락의 위치를 인식한다.

THE 들여다보기 축전기의 시초 레이던 병

- 레이던 병은 전기를 담는 병으로, 유리병의 안쪽과 바깥쪽에 금속판을 두르고 있다. 일종의 축전기 역할을 하므로 내부와 외부를 구분지어 전하를 가할 수 있어서 전하에 따라 변하는 모습을 볼 수 있다.
- 레이던 병을 통해 기본적인 정전기 현상을 이해할 수 있게 되었고, 양(+)전하와 음(−)전하의 구분, 전기 에너지의 저장이 가능하게 되었다.

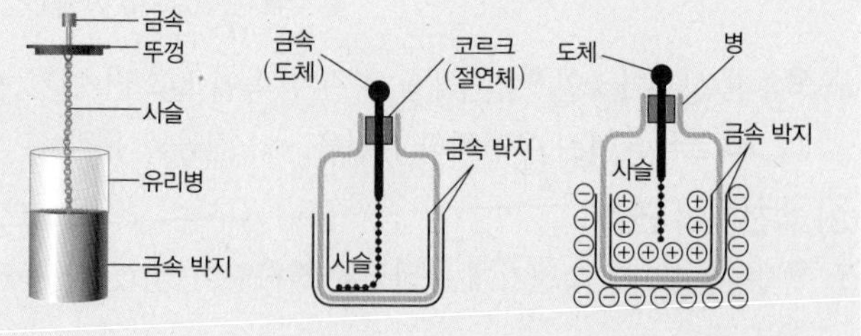

개념체크

빈칸 완성

1. 트랜지스터는 p-n 접합에 ㉠(　　　) 반도체나 ㉡(　　　) 반도체를 추가하여 만든 전기 소자이다.

2. 트랜지스터의 세 가지 단자는 이미터, (　　　), 컬렉터이다.

3. 트랜지스터가 작동되기 위해서는 이미터와 베이스 사이에는 ㉠(　　　)방향 전압을 걸어 주고, 컬렉터와 베이스 사이에는 ㉡(　　　)방향 전압을 걸어 주어야 한다.

4. 트랜지스터의 두 가지 작용에는 ㉠(　　　) 작용과 ㉡(　　　) 작용이 있다.

5. 트랜지스터의 동작을 원활하게 하기 위해 이미터와 베이스, 베이스와 컬렉터 사이에 걸어 주는 전압을 (　　　) 전압이라고 한다.

○X 문제

6. 축전기에 대한 설명으로 옳은 것은 ○, 옳지 않은 것은 ×로 표시하시오.

(1) 전압이 V인 전원 장치에 전기 용량이 C인 축전기를 연결하였을 때, 축전기에 충전되는 전하량 $Q=\frac{V}{C}$이다. (　　)

(2) 축전기를 직렬로 연결하면 축전기의 전기 용량의 합은 증가한다. (　　)

(3) 두 극판 사이의 거리가 동일한 축전기를 병렬로 연결하면 축전기의 면적이 넓어지는 효과가 난다. (　　)

정답 1. ㉠ p형, ㉡ n형 2. 베이스 3. ㉠ 순, ㉡ 역 4. ㉠ 스위칭, ㉡ 증폭 5. 바이어스 6. (1) × (2) × (3) ○

바르게 연결하기

1. 에너지 저장 장치로서의 축전기 활용 예와 전기 용량의 변화를 이용한 축전기 활용 예를 옳게 연결하시오.

(1) 에너지 저장 장치로서의 축전기 활용 •

(2) 전기 용량의 변화를 이용한 축전기 활용 •

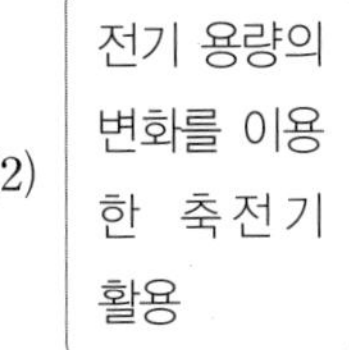

• ㉠

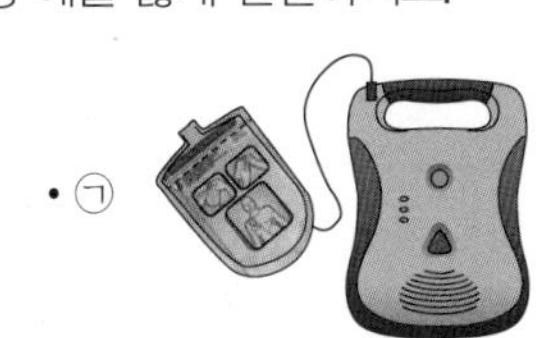

▲ 자동심장충격기

• ㉡

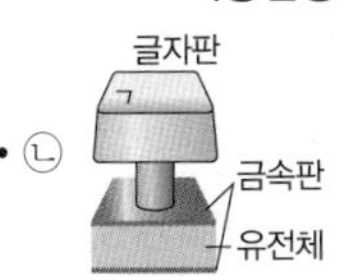

▲ 키보드

• ㉢

▲ 터치스크린

선다형 문제

2. 그림은 전압이 V인 전원에 면적이 S이고 두 극판 사이의 거리가 d인 축전기를 연결하였을 때, 전하량 Q가 완전히 충전된 것을 나타낸 것이다. 두 극판 사이는 진공 상태이다.

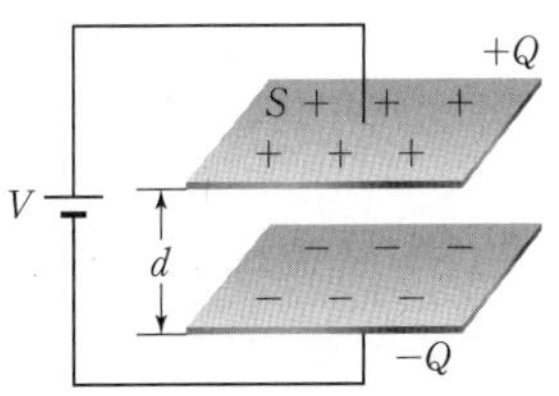

이에 대한 설명으로 옳은 것만을 〈보기〉에서 있는 대로 고르시오.

> **보기**
> ㄱ. 두 극판 사이의 전압은 V보다 작다.
> ㄴ. S를 크게 하면 Q가 증가한다.
> ㄷ. d를 크게 하면 Q가 증가한다.
> ㄹ. 두 극판 사이에 유전체를 넣으면 Q가 증가한다.

정답 1. (1) ㉠ (2) ㉡, ㉢ 2. ㄴ, ㄹ

탐구 활동 축전기의 충전과 방전

정답과 해설 52쪽

목표

축전기가 일상 생활에서 사용하는 건전지나 충전용 전지와 어떤 차이가 있는지 알아본다.

과정

1. 그림 (가)와 같은 회로도를 (나)와 같이 연결시키고 축전기 양단에 전압계를 병렬로 연결한다.
2. 오른쪽과 왼쪽 스위치를 닫은 후 LED의 변화를 관찰해 본다.
3. 100 μF 축전기를 연결하고 왼쪽 스위치만 닫아 축전기 양단의 전압이 건전지의 전압(9 V)과 같아지는 데 걸리는 시간을 측정한다.
4. 잠시 후 왼쪽 스위치는 열고, 오른쪽 스위치를 닫고 LED의 변화를 관찰해 본다.
5. 1000 μF 축전기를 연결하고 왼쪽 스위치만 닫아 축전기 양단의 전압이 건전지의 전압(9 V)과 같아지는 데 걸리는 시간을 측정한다.
6. 잠시 후 왼쪽 스위치는 열고, 오른쪽 스위치를 닫고 LED의 변화를 관찰해 본다.

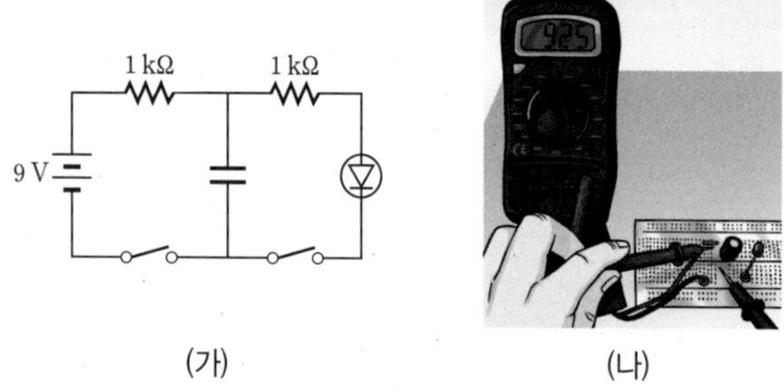

(가) (나)

결과 정리 및 해석

1. 스위치를 둘 다 닫았을 때 LED에서는 계속 빛이 방출되었다.
2. 축전기가 충전되는 데 걸리는 시간은 1000 μF의 축전기가 100 μF의 축전기보다 길다.
3. 충전 후 LED에서 빛이 켜지는 시간은 1000 μF의 축전기가 100 μF의 축전기보다 길다.

탐구 분석

1. 건전지와 축전기로 LED를 켤 때 빛이 방출되는 시간의 차가 발생하는 원인은 무엇인가?
2. 2개의 축전기를 충전하는 데 걸리는 시간의 차가 발생하는 원인은 무엇인가?
3. 축전기를 달리 했을 때, LED에서 불이 켜지는 시간의 차가 발생하는 원인은 무엇인가?

내신 기초 문제

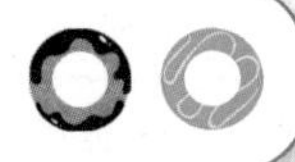

정답과 해설 52쪽

[20700-0308]

01 그림은 (가), (나)와 같이 p형 반도체 2개와 n형 반도체 1개를 접합하여 만든 전기 소자에 대해 학생 A, B, C가 대화하는 모습을 나타낸 것이다.

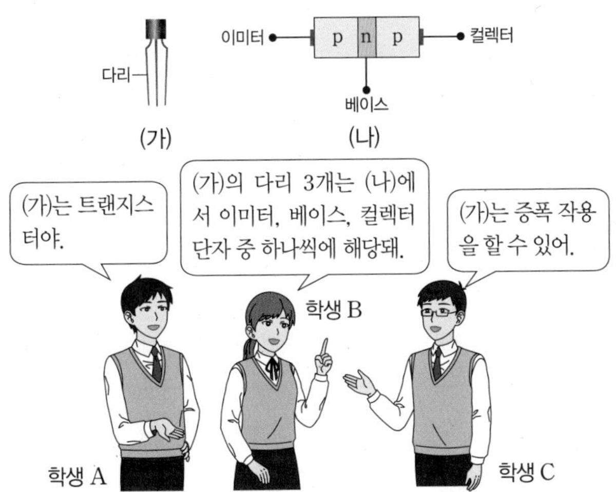

제시한 내용이 옳은 학생만을 있는 대로 고른 것은?

① A ② C ③ A, B
④ B, C ⑤ A, B, C

[20700-0309]

02 그림은 트랜지스터가 연결된 회로를 나타낸 것으로, 트랜지스터의 이미터, 베이스, 컬렉터에 각각 I_1, I_2, I_3의 전류가 화살표 방향으로 흐르고 있다. 전류의 세기는 I_3이 I_2보다 매우 크다.

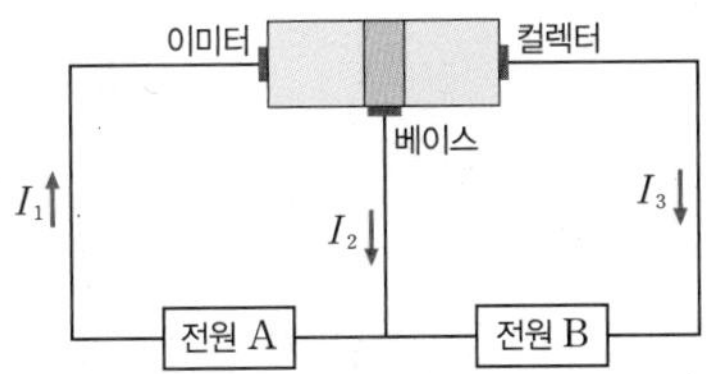

전원 A, B에 걸린 전압과 회로에 흐르는 전류의 관계로 옳은 것은?

	전원 A	전원 B	전류 관계
①	순방향	역방향	$I_3=I_1+I_2$
②	순방향	역방향	$I_2=I_1+I_3$
③	순방향	역방향	$I_1=I_2+I_3$
④	역방향	순방향	$I_3=I_1+I_2$
⑤	역방향	순방향	$I_1=I_2+I_3$

[20700-0310]

03 그림은 트랜지스터를 연결한 회로를 나타낸 것으로, 이미터(E), 베이스(B), 컬렉터(C)에 각각 전원 V_{BE}, V_{CB}가 연결되어 각각 I_E, I_B, I_C가 흐르며 트랜지스터가 증폭 작용을 하고 있다.

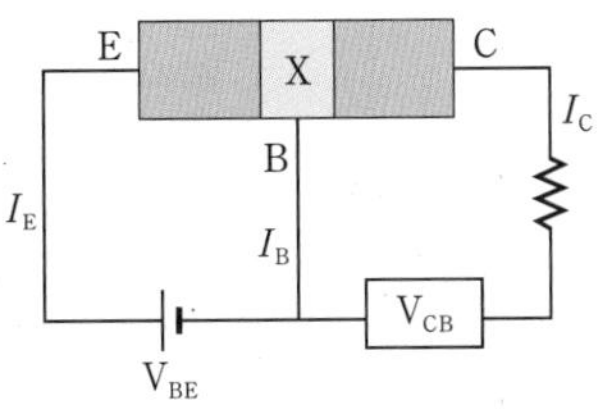

이에 대한 설명으로 옳은 것만을 <보기>에서 있는 대로 고른 것은?

보기

ㄱ. X는 n형 반도체이다.
ㄴ. C에는 V_{CB}의 (−)극이 연결되어 있다.
ㄷ. I_B의 세기로 I_C의 세기를 조절할 수 있다.

① ㄱ ② ㄷ ③ ㄱ, ㄴ ④ ㄴ, ㄷ ⑤ ㄱ, ㄴ, ㄷ

[20700-0311]

04 그림 (가)는 n−p−n형 트랜지스터의 컬렉터(C)와 베이스(B)에만 전압 V_{CB}을 걸어 준 것을, (나)는 (가)에서 이미터(E)와 베이스(B)에 전압 V_{BE}를 걸어 준 것을 나타낸 것이다. (나)에서 C에 흐르는 전류의 세기는 B에 흐르는 전류의 세기보다 매우 크다.

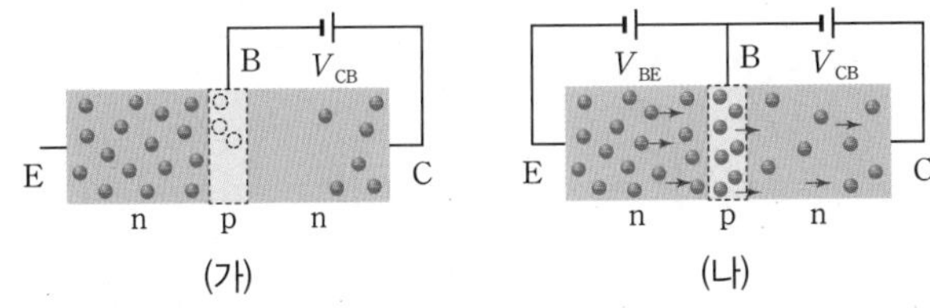

이에 대한 설명으로 옳은 것만을 <보기>에서 있는 대로 고른 것은?

보기

ㄱ. (가)에서 V_{CB}를 걸어 준 p형 반도체와 n형 반도체 사이에 전류가 흐른다.
ㄴ. (나)에서 트랜지스터는 증폭 작용을 한다.
ㄷ. (나)에서 이미터에 있는 전자의 대부분이 p형 반도체의 양공과 결합한다.

① ㄱ ② ㄴ ③ ㄱ, ㄷ ④ ㄴ, ㄷ ⑤ ㄱ, ㄴ, ㄷ

정답과 해설 52쪽

[20700-0312]

05 그림은 전압이 V로 일정한 전원에 충분한 시간 동안 연결된 축전기에 대해 학생 A, B, C가 대화하는 모습을 나타낸 것이다. S는 두 극판의 넓이, d는 두 극판 사이의 거리, Q는 축전기에 저장된 전하량이다.

제시한 내용이 옳은 학생만을 있는 대로 고른 것은?

① A ② C ③ A, B
④ B, C ⑤ A, B, C

[20700-0313]

06 그림 (가)는 축전기 A를 전압이 V로 일정한 전원에 연결한 것을, (나)는 축전기 B, C를 (가)와 같은 전원에 직렬연결한 것을 나타낸 것이다. A, B, C는 동일한 축전기이다.

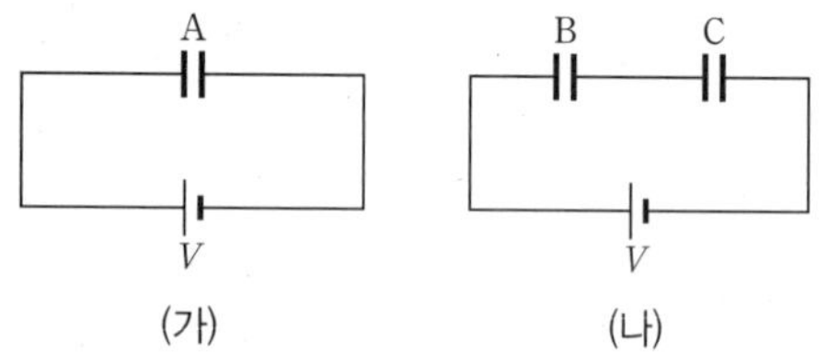

이에 대한 설명으로 옳은 것만을 <보기>에서 있는 대로 고른 것은?

보기
ㄱ. 총 전기 용량은 (가)에서가 (나)에서보다 크다.
ㄴ. 축전기에 충전되는 전하량은 A와 B가 같다.
ㄷ. 축전기에 걸린 전압은 A와 C가 같다.

① ㄱ ② ㄴ ③ ㄱ, ㄷ ④ ㄴ, ㄷ ⑤ ㄱ, ㄴ, ㄷ

[20700-0314]

07 그림 (가)는 전압이 V로 일정한 전원에 축전기 A, B를 병렬로 연결하고 스위치 S를 연결한 것을, (나)는 축전기 C를 전압이 V로 일정한 전원에 연결하여 S를 닫아 C가 완전히 충전된 것을 나타낸 것이다.

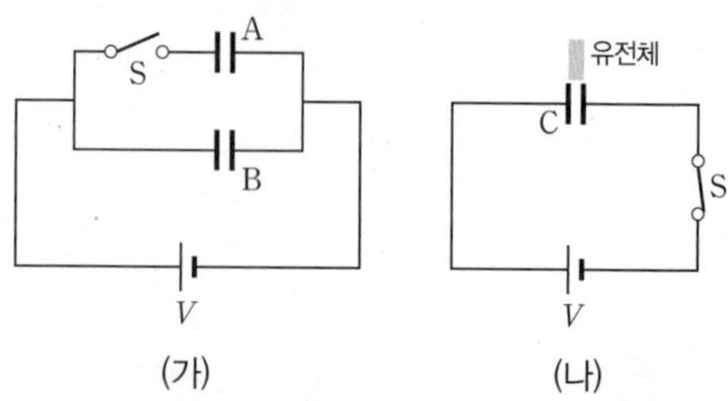

이에 대한 설명으로 옳은 것만을 <보기>에서 있는 대로 고른 것은?

보기
ㄱ. (가)에서 S를 닫으면 합성 전기 용량이 증가한다.
ㄴ. (나)에서 유전체를 넣으면 C에 충전되는 전하량이 증가한다.
ㄷ. (나)에서 S를 열고 유전체를 넣으면 C의 내부 전기장의 세기가 증가한다.

① ㄱ ② ㄷ ③ ㄱ, ㄴ ④ ㄴ, ㄷ ⑤ ㄱ, ㄴ, ㄷ

[20700-0315]

08 그림은 축전기를 이용한 것으로, 각각 자동심장충격기와 키보드의 구조를 모식적으로 나타낸 것이다.

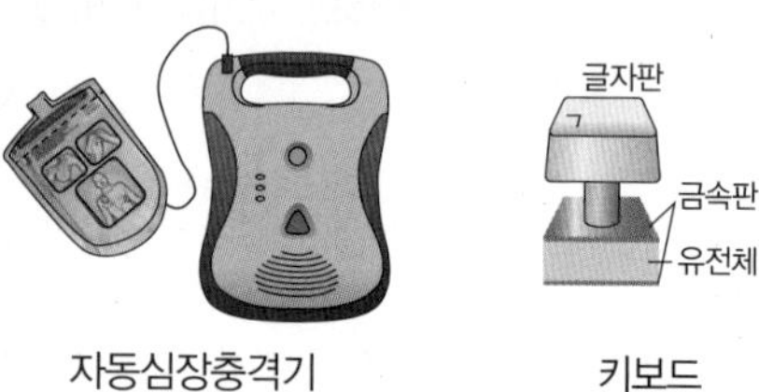

이에 대한 설명으로 옳은 것만을 <보기>에서 있는 대로 고른 것은?

보기
ㄱ. 자동심장충격기의 축전기는 전기 에너지를 저장하는 역할을 한다.
ㄴ. 키보드는 전기 용량의 변화를 이용한 것이다.
ㄷ. 키보드의 글자판을 누르면 축전기 내부에 있는 유전체에는 자유 전자의 이동에 의한 정전기 유도가 발생한다.

① ㄱ ② ㄴ ③ ㄷ ④ ㄱ, ㄴ ⑤ ㄴ, ㄷ

실력 향상 문제

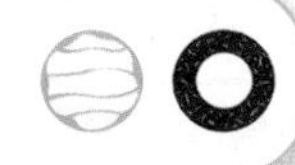

정답과 해설 53쪽

[20700-0316]

01 그림은 p형 반도체와 n형 반도체로 만든 트랜지스터를 나타낸 것으로, 이미터(E) 단자, 베이스(B) 단자, 컬렉터(C) 단자에 각각 전압 V_{BE}, V_{CB}를 걸어 각각 I_E, I_B, I_C가 흐르며 전류의 세기는 I_C가 I_B에 비해 매우 크다. X는 p형 반도체와 n형 반도체 중 하나이다.

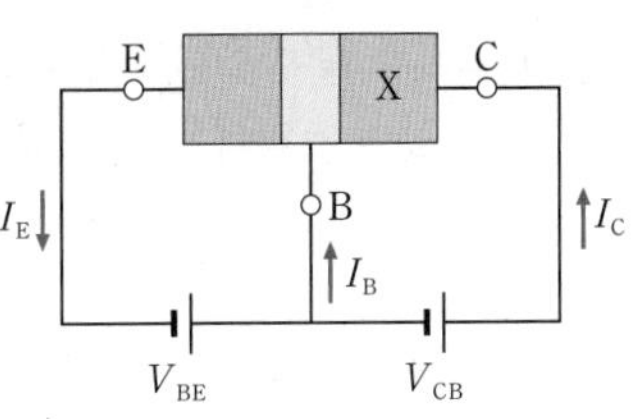

이에 대한 설명으로 옳은 것만을 〈보기〉에서 있는 대로 고른 것은?

보기

ㄱ. X는 p형 반도체이다.
ㄴ. 이미터의 전자는 대부분 컬렉터로 이동한다.
ㄷ. $I_C = I_E + I_B$이다.

① ㄱ ② ㄴ ③ ㄱ, ㄷ ④ ㄴ, ㄷ ⑤ ㄱ, ㄴ, ㄷ

[20700-0317]

02 그림은 전기 기타의 신호가 트랜지스터를 거쳐 증폭되어 스피커로 출력되는 모습을 나타낸 것이다. 전류계 2에서의 전류의 세기 I_2는 전류계 1에서의 전류의 세기 I_1보다 매우 크다. a는 이미터와 베이스 사이에 연결된 전원의 한 쪽 극이고, X와 Y는 각각 p형 반도체와 n형 반도체 중 하나이다.

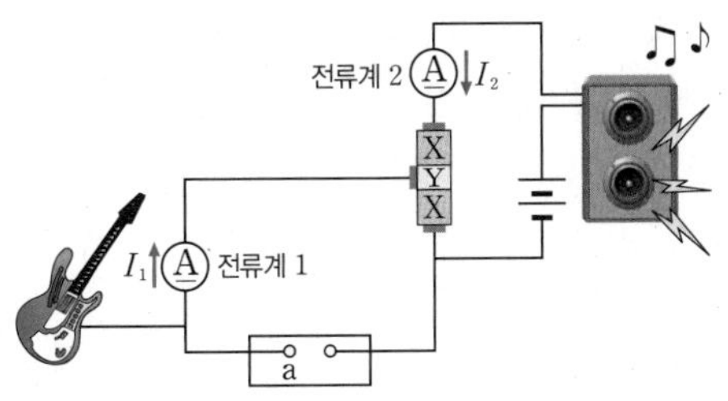

이에 대한 설명으로 옳은 것만을 〈보기〉에서 있는 대로 고른 것은?

보기

ㄱ. p－n－p형 트랜지스터이다.
ㄴ. a는 (－)극이다.
ㄷ. 전류 증폭률은 $\frac{I_2}{I_1}$이다.

① ㄱ ② ㄴ ③ ㄷ ④ ㄱ, ㄷ ⑤ ㄴ, ㄷ

서술형

[20700-0318]

03 그림 (가)는 이미터와 베이스 사이에 바이어스 전압이 걸려 있지 않을 때를, (나)는 이미터와 베이스 사이에 바이어스 전압이 적절하게 걸려 있을 때를 나타낸 것이다.

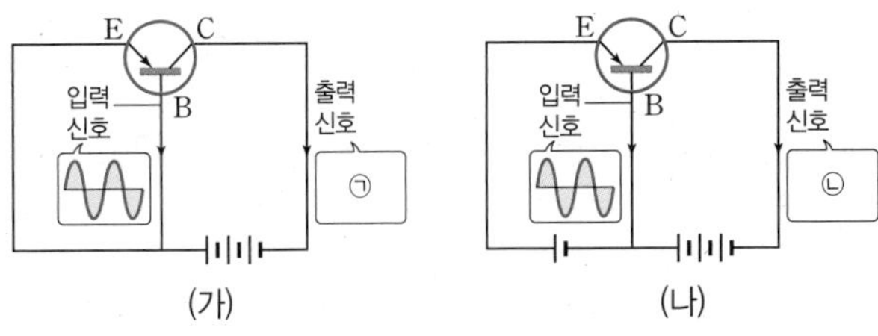

(1) (가)에서 베이스 단자에 입력된 교류 신호에 대한 출력 신호 ㉠의 개형을 그리고, 그 이유를 서술하시오.

(2) (나)에서 베이스 단자에 입력된 교류 신호에 대한 출력 신호 ㉡의 개형을 그리고, 그 이유를 서술하시오.

[20700-0319]

04 그림 (가), (나), (다)는 각각 동일한 축전기를 직렬과 병렬로 연결한 것을 나타낸 것이다. (나)와 (다)에서 축전기 사이에 넣은 유전체의 유전 상수는 2이다.

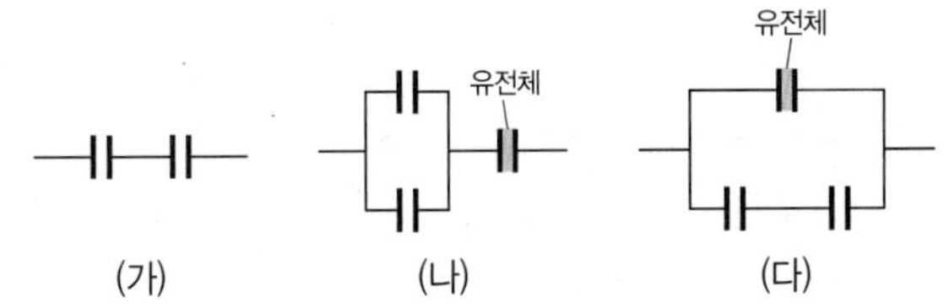

(가), (나), (다)의 합성 전기 용량을 각각 C_1, C_2, C_3이라 할 때, $C_1 : C_2 : C_3$은? (단, 유전체 이외의 공간은 진공이다.)

① 1 : 2 : 5 ② 2 : 5 : 12 ③ 3 : 2 : 8
④ 3 : 4 : 15 ⑤ 4 : 12 : 15

정답과 해설 53쪽

[20700-0320]

05 그림과 같이 전압이 $3V_0$으로 일정한 전원에 전기 용량이 각각 $2C_0$, C_0인 축전기 A, B를 병렬로 연결하였다. 스위치 S_1, S_2는 모두 열려 있다.

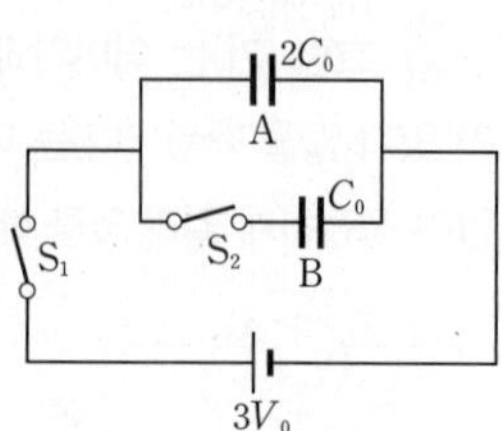

이에 대한 설명으로 옳은 것만을 <보기>에서 있는 대로 고른 것은?

보기

ㄱ. S_1만 닫고 완전히 충전된 A에 저장된 전하량은 $6C_0V_0$이다.

ㄴ. A가 완전히 충전된 상태에서 S_1은 열고 S_2를 닫은 후 완전히 충전된 B에 저장된 전하량은 $3C_0V_0$이다.

ㄷ. A가 완전히 충전된 상태에서 S_1은 열고 S_2를 닫은 후 완전히 충전된 B에 걸린 전압은 $\frac{3}{2}V_0$이다.

① ㄱ ② ㄴ ③ ㄱ, ㄷ ④ ㄴ, ㄷ ⑤ ㄱ, ㄴ, ㄷ

[20700-0321]

06 그림 (가)는 극판 사이의 간격은 같고 전기 용량이 각각 C_1, C_2인 축전기 A, B를 전압이 일정한 전원 장치에 병렬연결한 것을, (나)는 (가)에서 A, B의 양단에 걸리는 전압에 따른 축전기에 충전된 전하량을 나타낸 것이다.

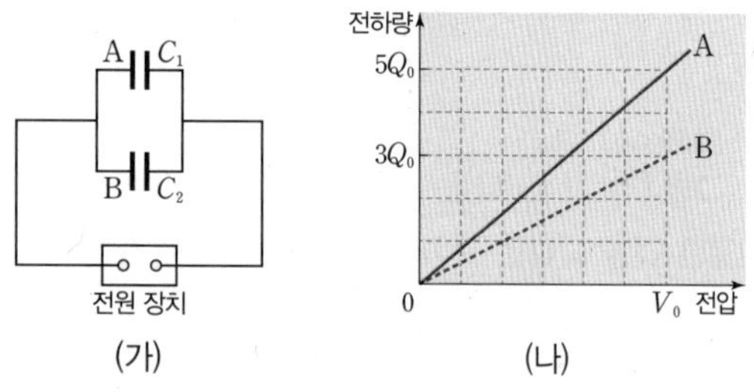

(가) (나)

이에 대한 설명으로 옳은 것만을 <보기>에서 있는 대로 고른 것은?

보기

ㄱ. $C_1 : C_2 = 3 : 5$이다.

ㄴ. 축전기 내부의 전기장의 세기는 A가 B보다 크다.

ㄷ. 전압이 V_0일 때, 축전기에 저장된 전기 에너지는 A가 B의 $\frac{5}{3}$배이다.

① ㄱ ② ㄷ ③ ㄱ, ㄴ ④ ㄴ, ㄷ ⑤ ㄱ, ㄴ, ㄷ

[20700-0322]

07 그림과 같이 전압이 V로 일정한 전원에 동일한 축전기 A, B, C, D와 스위치 S를 연결하였다.

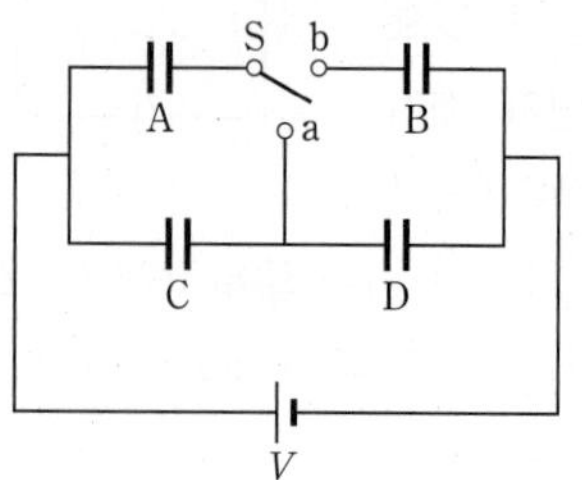

이에 대한 설명으로 옳은 것만을 <보기>에서 있는 대로 고른 것은?

보기

ㄱ. 축전기의 합성 전기 용량은 S를 a에 연결할 때가 b에 연결할 때의 $\frac{2}{3}$배이다.

ㄴ. C에 걸리는 전압은 S를 a에 연결할 때가 b에 연결할 때의 $\frac{2}{3}$배이다.

ㄷ. D에 저장된 전기 에너지는 S를 a에 연결할 때가 b에 연결할 때의 $\frac{16}{9}$배이다.

① ㄱ ② ㄷ ③ ㄱ, ㄴ ④ ㄴ, ㄷ ⑤ ㄱ, ㄴ, ㄷ

서술형

[20700-0323]

08 그림은 전압이 V로 일정한 전원에 연결하여 충분한 시간이 지난 후 전하량 Q가 충전된 축전기를, (나)는 (가)의 축전기를 전원에서 분리한 것을, (다)는 (나)의 축전기 사이에 유전체를 넣은 것을 나타낸 것이다.

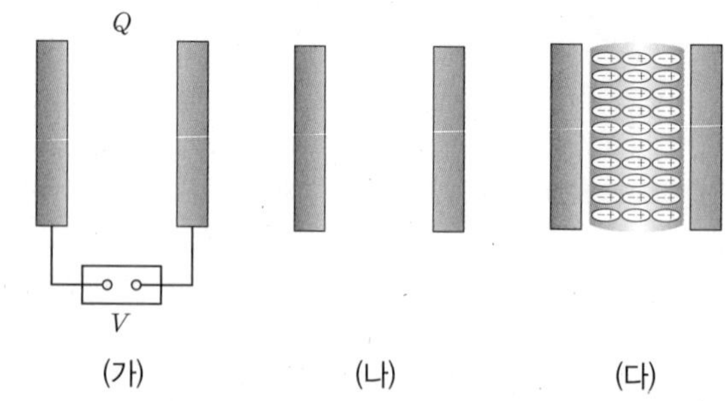

(가) (나) (다)

(나) → (다) 과정에서 축전기 극판 사이의 전기장의 크기, 전압, 전기 용량, 저장된 전하량의 변화를 서술하시오. (단, 유전체 이외의 공간은 진공이다.)

신유형·수능 열기

정답과 해설 55쪽

[20700-0324]

01 그림과 같이 p-n-p형 트랜지스터, 조명, 전원 장치를 연결했더니 조명에서 빛이 방출되었다.

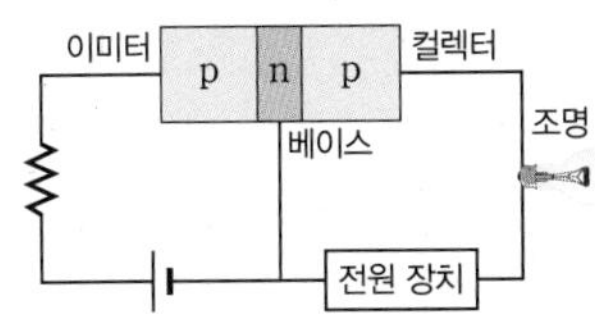

이에 대한 설명으로 옳은 것만을 〈보기〉에서 있는 대로 고른 것은?

> 보기
> ㄱ. 베이스와 컬렉터 사이에는 순방향 전압이 걸려 있다.
> ㄴ. 베이스에 흐르는 전류로 조명의 밝기를 조절할 수 있다.
> ㄷ. 이미터에 있는 양공의 대부분이 베이스를 통과하여 컬렉터에 도달한다.

① ㄱ ② ㄴ ③ ㄱ, ㄷ ④ ㄴ, ㄷ ⑤ ㄱ, ㄴ, ㄷ

[20700-0325]

02 표는 축전기 A, B, C의 두 극판 사이의 간격 d, 극판의 면적 S, 유전체의 유전 상수 κ, 축전기의 전기 용량 C, 축전기에 걸린 전압 V를 나타낸 것이다. 유전체는 각 축전기 안에 채워져 있다.

	d	S	κ	C	V
A	d_0	S_0	4	C_1	$2V_0$
B	$3d_0$	$2S_0$	3	C_2	$3V_0$
C	$2d_0$	S_0	2	C_3	V_0

이에 대한 설명으로 옳은 것만을 〈보기〉에서 있는 대로 고른 것은? (단, 진공의 유전율은 1이다.)

> 보기
> ㄱ. $C_1 : C_2 : C_3 = 4 : 2 : 1$이다.
> ㄴ. 충전된 전하량은 A가 B의 $\frac{4}{3}$배이다.
> ㄷ. 저장된 전기 에너지는 A가 C의 8배이다.

① ㄱ ② ㄷ ③ ㄱ, ㄴ ④ ㄴ, ㄷ ⑤ ㄱ, ㄴ, ㄷ

[20700-0326]

03 그림 (가)는 전압이 V로 일정한 전원에 축전기를 연결시켜 완전히 충전한 것을, (나)는 (가)에서 축전기 사이에 유전 상수가 κ인 유전체를 넣은 것을, (다)는 (가)에서 스위치 S를 열고 유전 상수가 κ인 유전체를 넣은 것을 나타낸 것이다.

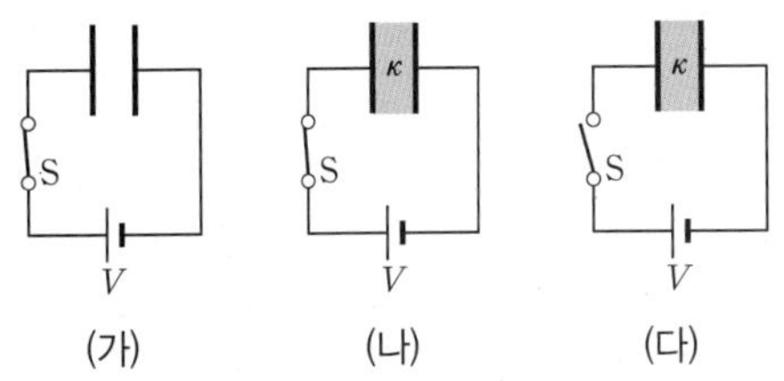

이에 대한 설명으로 옳은 것만을 〈보기〉에서 있는 대로 고른 것은? (단, 유전체 이외의 공간은 진공이다.)

> 보기
> ㄱ. 축전기에 충전된 전하량은 (가)와 (다)에서 같다.
> ㄴ. 축전기의 전기 용량은 (나)에서가 (다)에서보다 크다.
> ㄷ. 두 극판 사이의 전압은 (나)와 (다)에서 같다.

① ㄱ ② ㄴ ③ ㄱ, ㄷ ④ ㄴ, ㄷ ⑤ ㄱ, ㄴ, ㄷ

[20700-0327]

04 그림과 같이 전압이 V로 일정한 전원에 전기 용량이 각각 C_1, C_2인 축전기 A, B와 저항 R, 스위치 S_1, S_2를 연결하였다. 각 스위치를 닫고 충분한 시간이 지난 후에 대한 설명으로 옳은 것만을 〈보기〉에서 있는 대로 고른 것은?

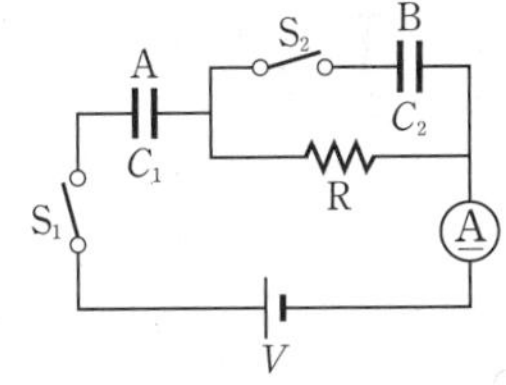

> 보기
> ㄱ. S_1만 닫을 때, A에 충전된 전하량은 C_1V이다.
> ㄴ. S_1, S_2를 모두 닫을 때, B에 걸린 전압은 $\frac{C_1}{C_1+C_2}V$이다.
> ㄷ. S_1, S_2를 모두 닫을 때, A에 저장된 전기 에너지는 $\frac{1}{2}C_1V^2$이다.

① ㄱ ② ㄴ ③ ㄱ, ㄷ ④ ㄴ, ㄷ ⑤ ㄱ, ㄴ, ㄷ

9 자기장

- 자기력선의 특징 이해하기
- 직선 도선에 흐르는 전류에 의한 자기장 이해하기
- 원형 도선에 흐르는 전류에 의한 자기장 이해하기
- 솔레노이드에 흐르는 전류에 의한 자기장 이해하기

한눈에 단원 파악, 이것이 핵심!

자기력선은 어떻게 표현할까?

자기력선은 자기장 내에서 자침의 N극이 가리키는 방향을 연속적으로 연결한 선이다.

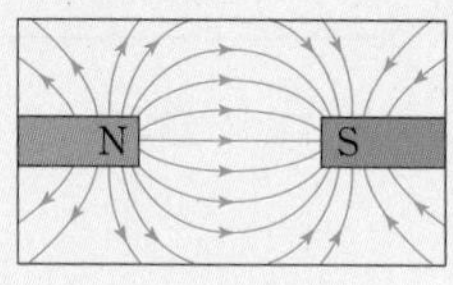

▲ N극과 S극

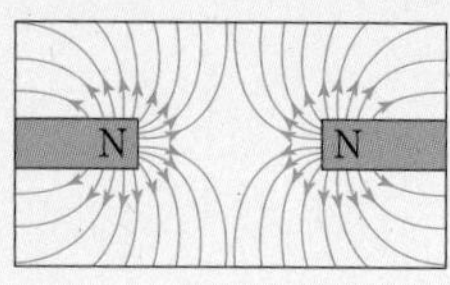

▲ N극과 N극

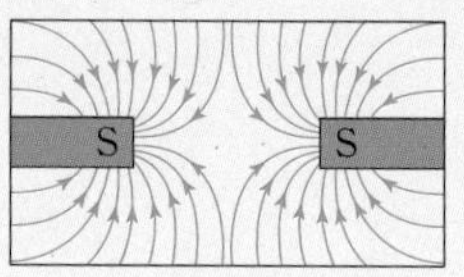

▲ S극과 S극

전류가 흐르는 도선 주위의 자기장은 어떻게 될까?

전류가 흐르는 도선 주위에는 자기장이 형성된다.

직선 도선

전류의 방향
자기장의 방향
자기장의 방향
S N
전류

$$B=k\frac{I}{r}$$

$$k=2\times10^{-7}\ \mathrm{T\cdot m/A}$$

원형 도선

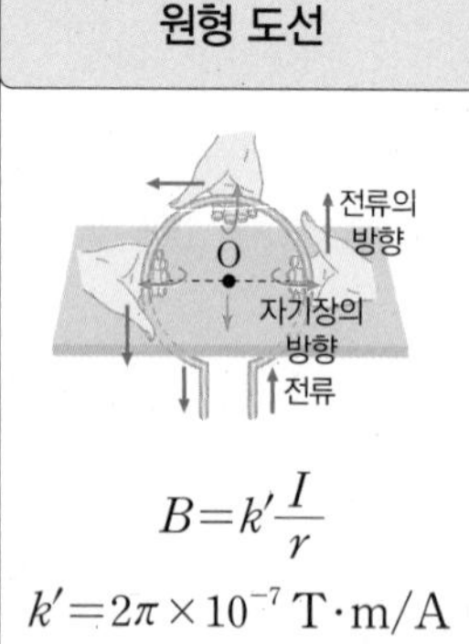

$$B=k'\frac{I}{r}$$

$$k'=2\pi\times10^{-7}\ \mathrm{T\cdot m/A}$$

솔레노이드

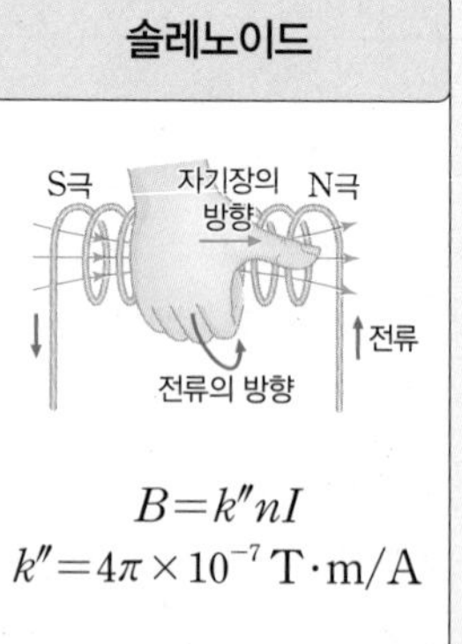

$$B=k''nI$$

$$k''=4\pi\times10^{-7}\ \mathrm{T\cdot m/A}$$

전류에 의한 자기장

1 자기장

(1) 자기장: 자석이나 전류가 흐르는 도선 주위에 자기력이 작용하는 공간을 자기장이라고 한다.

① 자기장의 방향: 자기장 내의 한 점에 있는 자침의 N극이 가리키는 방향이 자침이 놓인 지점에서 자기장의 방향이다.

② ❶자기장의 세기: 자석 주위에서 자기장의 세기는 자석의 양 끝(자극) 주위에서 가장 세고, 자석에서 멀어질수록 약해진다.

▲ 막대자석 주위의 자기장

(2) ❷자기력선: 자기장 내에서 자침의 N극이 가리키는 방향을 연속적으로 연결한 선이다. 막대자석 주위에 철가루를 뿌렸을 때, 자석 주위에 배열된 철가루의 모양으로 자기력선을 관찰할 수 있다.

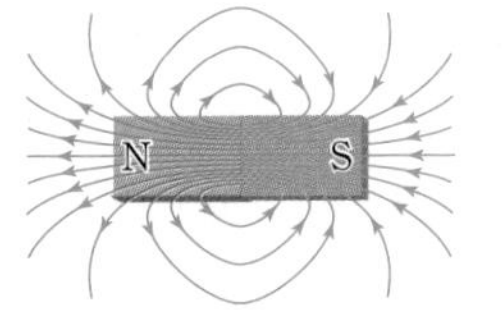

▲ 막대자석 주위의 자기력선

① 자기력선의 특징

- N극에서 나와서 S극으로 들어가는 폐곡선이다.
- 서로 교차하거나 도중에 갈라지거나 끊어지지 않는다.
- 자기력선 위의 한 점에서 그은 접선 방향이 그 점에서 자기장의 방향이다.
- 자기장에 수직인 단위 면적을 지나는 자기력선의 수(밀도)는 자기장의 세기에 비례한다.

② 자석 주위의 자기력선

- 같은 극 사이에는 서로 밀어내는 방향으로 자기력선이 분포하고, 다른 극 사이에는 서로 이어지는 자기력선이 분포한다.
- 자석의 끝부분에서 자기력선의 밀도가 크다.

THE 알기

❶ 자기장의 세기

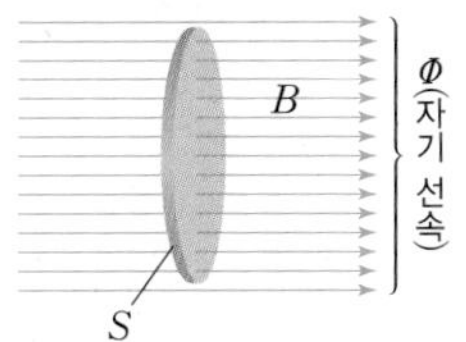

자기장의 세기(B)는 자기장에 수직인 단위 면적(S)을 지나는 자기 선속(Φ)이다.

$$B=\frac{\Phi}{S}$$

❷ 자기력선

자기장은 눈에 보이지 않으므로 자기력선이라는 가상의 선으로 나타낸다.

2 전류에 의한 자기장

(1) 직선 도선에 흐르는 전류에 의한 자기장: 무한이 긴 직선 도선에 전류가 흐르면 도선 주위에 동심원 형태의 자기장이 형성된다.

① 자기장의 세기: 전류의 세기(I)에 비례하고, 직선 도선으로부터의 수직 거리(r)에 반비례한다.

$$B=k\frac{I}{r}\ (\text{단위: T, N/A}\cdot\text{m},\ k=2\times10^{-7}\ \text{T}\cdot\text{m/A})$$

THE 알기

❶ 오른나사 법칙
오른나사를 돌렸을 때 나사의 진행 방향이 전류의 방향이고, 나사의 회전 방향이 자기장의 방향이다.

② 자기장의 방향: 오른손 엄지손가락으로 전류의 방향을 향하게 할 때, 나머지 네 손가락이 직선 도선을 감아쥐는 방향이다. ➡ ❶오른나사 법칙

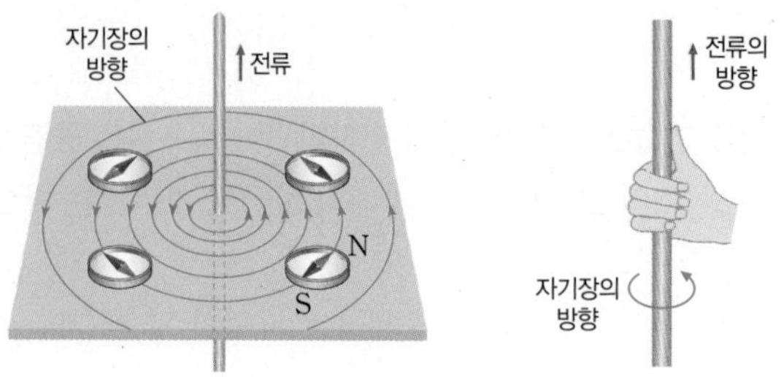

(2) 원형 도선에 흐르는 전류에 의한 자기장: 원형 도선은 직선 도선을 구부려서 만들어지므로 직선 도선에 흐르는 전류에 의한 자기장이 원형으로 휜 모양이다.

① 원형 도선 중심에서 자기장의 세기: 전류의 세기(I)에 비례하고, 도선이 만드는 원의 반지름(r)에 반비례한다.

$$B=k'\frac{I}{r} \text{ (단위: T, N/A·m, } k'=2\pi\times10^{-7}\text{ T·m/A)}$$

❷ 원형 도선에 흐르는 전류에 의한 자기력선
원형 도선의 중심에서는 직선 모양이고, 도선에 가까울수록 도선을 중심으로 하는 원에 가까운 모양이 된다.

② ❷원형 도선 중심에서 자기장의 방향: 오른손 엄지손가락으로 전류의 방향을 향하게 할 때, 나머지 네 손가락이 원형 도선을 감아쥐는 방향이다.

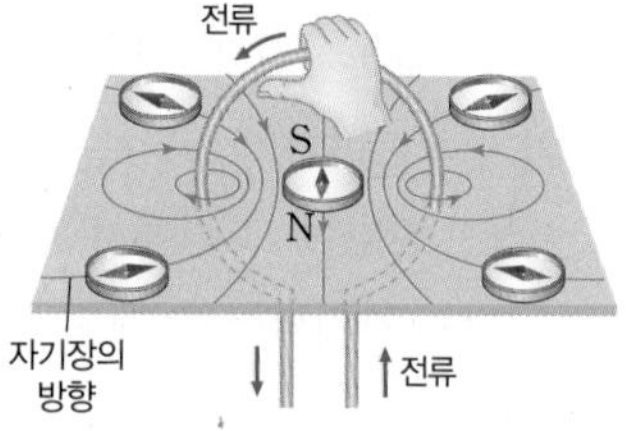

❸ 솔레노이드 내부에서의 자기장
솔레노이드 내부에서의 자기장은 균일하므로 자기력선의 간격은 일정하다

(3) ❸솔레노이드에 흐르는 전류에 의한 자기장: 긴 원통에 도선을 촘촘하게 감은 것을 솔레노이드라고 하며, 원형 도선을 여러 개 겹쳐 놓은 것과 같다.

① 솔레노이드 내부에서 자기장의 세기: 전류의 세기(I)에 비례하고, 단위 길이당 감긴 코일의 수(n)에 비례한다.

$$B=k''nI \text{ (단위: T, N/A·m, } k''=4\pi\times10^{-7}\text{ T·m/A)}$$

② 솔레노이드 내부에서 자기장의 방향: 오른손 네 손가락을 전류의 방향으로 감아쥐고 엄지손가락을 세울 때, 엄지손가락이 가리키는 방향이다.

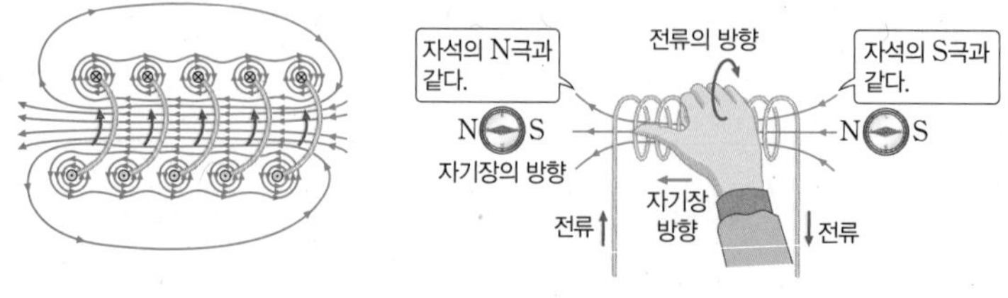

개념체크

빈칸 완성

1. 자기력이 작용하는 공간을 (　　　)이라고 한다.

2. 자기장 내에서 자침의 N극이 가리키는 방향을 연속적으로 이은 선을 (　　　)이라고 한다.

3. 자기장을 자기력선으로 나타낼 때, 자기력선의 한 점에서 그은 (　　　) 방향이 자기장의 방향이다.

4. 직선 도선에 흐르는 전류에 의한 자기장의 세기는 전류의 세기에 ㉠(　　　)하고, 직선 도선으로부터의 수직 거리에 ㉡(　　　)한다.

5. 원형 도선에 흐르는 전류에 의해 원형 도선 중심에 만들어지는 자기장의 세기는 전류의 세기에 ㉠(　　　)하고, 원형 도선이 만드는 원의 반지름에 ㉡(　　　)한다.

6. 직선 도선에 흐르는 전류에 의해 만들어지는 자기장의 방향은 직선 도선을 중심으로 한 (　　　) 모양이다.

7. 직선 도선에 흐르는 전류에 의한 자기장의 방향은 오른손 엄지손가락으로 (　　　)의 방향을 가리킬 때 나머지 네 손가락이 도선을 감아쥐는 방향이다.

8. 원형 도선에 흐르는 전류에 의해 원형 도선 중심에 만들어지는 자기장의 방향은 오른손 엄지손가락으로 (　　　)의 방향을 가리킬 때 나머지 네 손가락이 도선을 감아쥐는 방향이다.

9. 솔레노이드에 흐르는 전류에 의해 만들어지는 솔레노이드 내부에서 자기장의 세기는 전류의 세기에 ㉠(　　　)하고, 단위 길이당 코일의 감은 수에 ㉡(　　　)한다.

정답 **1.** 자기장 **2.** 자기력선 **3.** 접선 **4.** ㉠ 비례, ㉡ 반비례 **5.** ㉠ 비례, ㉡ 반비례 **6.** 동심원 **7.** 전류 **8.** 전류 **9.** ㉠ 비례, ㉡ 비례

○X 문제

1. 자기력선의 특징에 대한 설명으로 옳은 것은 ○, 옳지 <u>않은</u> 것은 ×로 표시하시오.

(1) 자석의 S극에서 나와서 N극으로 들어가는 폐곡선이다. (　　)

(2) 서로 교차하거나 도중에 갈라지거나 끊어지지 않는다. (　　)

(3) 자기력선이 조밀할수록 자기장의 세기가 크다. (　　)

2. 직선 도선에 흐르는 전류에 의한 자기장에 대한 설명으로 옳은 것은 ○, 옳지 <u>않은</u> 것은 ×로 표시하시오.

(1) 직선 도선 주위에 만들어지는 자기장은 균일하다. (　　)

(2) 전류의 세기가 2배가 되면 처음과 같은 위치에서 자기장의 세기는 $\frac{1}{2}$배가 된다. (　　)

3. 원형 도선에 흐르는 전류에 의한 자기장의 세기에 대한 설명으로 옳은 것은 ○, 옳지 <u>않은</u> 것은 ×로 표시하시오.

(1) 원형 도선이 만드는 원의 내부에서 자기장은 균일하다. (　　)

(2) 종이면에 고정된 원형 도선에 흐르는 전류의 방향이 시계 방향이면 원형 도선이 만드는 원의 중심에서 자기장의 방향은 종이면에 수직으로 들어가는 방향이다. (　　)

4. 솔레노이드에 흐르는 전류에 의해 솔레노이드 내부에 만들어지는 자기장에 대한 설명으로 옳은 것은 ○, 옳지 <u>않은</u> 것은 ×로 표시하시오.

(1) 자기장은 균일하다. (　　)

(2) 자기장의 세기는 단위 길이당 코일의 감은 수에 비례한다. (　　)

정답 **1.** (1) × (2) ○ (3) ○ **2.** (1) × (2) × **3.** (1) × (2) ○ **4.** (1) ○ (2) ○

탐구 활동 직선 도선에 흐르는 전류에 의한 자기장 관찰

정답과 해설 56쪽

목표

직선 도선에 흐르는 전류에 의한 자기장의 방향을 알고, 도선에 흐르는 전류의 세기와 전류에 의한 자기장 세기의 관계를 설명할 수 있다.

과정

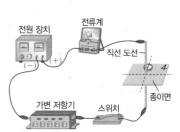

1. 종이면에 수직으로 고정된 직선 도선 주위에 나침반을 놓는다.
2. 스위치를 닫았을 때, 나침반 자침의 N극이 회전하는 방향을 관찰한다.
3. 가변 저항기의 저항값을 서서히 감소시키며 나침반 자침의 N극이 회전하는 정도를 관찰한다.
4. 도선으로부터 떨어진 거리를 증가시키며 나침반 자침의 N극이 회전하는 정도를 관찰한다.
5. 전원 장치의 극을 반대로 연결하고 스위치를 닫았을 때, 나침반 자침의 N극이 회전하는 방향을 관찰한다.

결과 정리 및 해석

1. 과정 2에서 직선 도선에 흐르는 전류의 방향은 종이면에 수직으로 들어가는 방향이므로 스위치를 닫으면 나침반 자침의 N극은 위에서 볼 때 시계 방향으로 회전한다.
2. 과정 3에서 저항이 감소하면 전류의 세기가 증가하므로 나침반 자침의 N극이 회전하는 정도는 증가한다.
3. 과정 4에서 직선 도선으로부터 멀리 떨어질수록 나침반 자침의 N극이 회전하는 정도는 감소한다.
4. 과정 5에서 직선 도선에 흐르는 전류의 방향은 종이면에서 수직으로 나오는 방향이므로 나침반 자침의 N극은 위에서 볼 때 시계 반대 방향으로 회전한다.

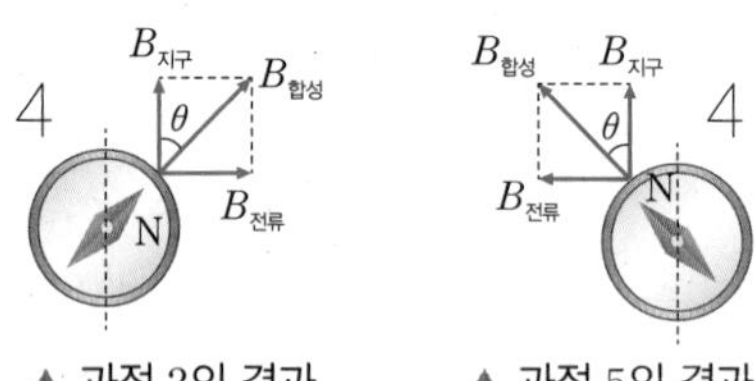

▲ 과정 2의 결과 ▲ 과정 5의 결과

탐구 분석

1. 가변 저항기의 저항값을 서서히 줄이면 나침반 자침의 N극의 회전하는 정도가 증가하는 이유는 무엇인가?
2. 직선 도선으로부터 떨어진 거리를 증가시키면 나침반 자침의 N극의 회전하는 정도가 감소하는 이유는 무엇인가?

내신 기초 문제

정답과 해설 56쪽

[20700-0328]

01 **자기력선에 대한 설명으로 옳은 것은?**

① 중간에 나누어지거나 교차할 수 있다.
② 자기력선 위의 한 점에서 그은 접선에 수직인 방향이 그 점에서의 자기장의 방향이다.
③ 자기력선의 간격이 넓을수록 자기장의 세기가 세다.
④ 자석의 N극에서 나와 S극으로 들어간다.
⑤ 막대자석의 가장자리에서 자기장의 세기는 N극이 S극보다 세다.

[20700-0329]

02 **도선에 흐르는 전류에 의한 자기장에 대한 설명으로 옳은 것만을 〈보기〉에서 있는 대로 고른 것은?**

보기
ㄱ. 자기장의 세기는 전류의 세기에 반비례한다.
ㄴ. 전류가 흐르는 원형 도선 중심에서의 자기장의 세기는 도선이 만드는 반지름에 반비례한다.
ㄷ. 솔레노이드 내부에서 자기장의 세기는 균일하다.

① ㄱ ② ㄴ ③ ㄷ ④ ㄱ, ㄷ ⑤ ㄴ, ㄷ

[20700-0330]

03 **그림은 종이면에 고정된 두 자석의 중간 지점에 전류가 흐르는 무한히 긴 직선 도선이 종이면에 수직으로 고정되어 있을 때 직선 도선 주위의 자기장을 자기력선으로 나타낸 것이다. A, B는 N극, S극을 순서 없이 나타낸 것이고, p, q는 종이면 상의 점이다.**

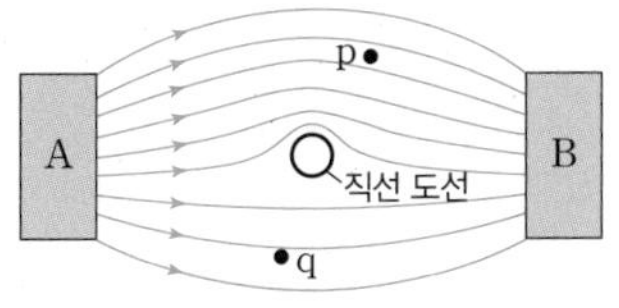

이에 대한 설명으로 옳은 것만을 〈보기〉에서 있는 대로 고른 것은?

보기
ㄱ. A는 S극이다.
ㄴ. 자기장의 세기는 p에서가 q에서보다 크다.
ㄷ. 직선 도선에 흐르는 전류의 방향은 종이면에서 수직으로 나오는 방향이다.

① ㄱ ② ㄴ ③ ㄷ ④ ㄱ, ㄴ ⑤ ㄴ, ㄷ

[20700-0331]

04 **그림은 종이면에 일정한 전류가 흐르는 무한히 긴 직선 도선이 고정되어 있는 것을 나타낸 것이다. 점 p, q는 직선 도선으로부터 각각 r, $\frac{3}{2}r$만큼 떨어진 종이면 위의 점이다.**

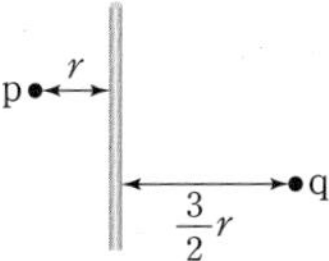

p, q에서 직선 도선에 흐르는 전류에 의한 자기장의 세기가 각각 B_p, B_q일 때, $B_p : B_q$는?

① 1 : 3 ② 2 : 3 ③ 3 : 1
④ 3 : 2 ⑤ 9 : 4

[20700-0332]

05 **그림 (가)는 무한히 긴 직선 도선 A가 종이면에 고정되어 있는 것을 나타낸 것이다. 점 p는 A로부터 거리 r만큼 떨어져 있고, p에서 전류에 의한 자기장의 세기는 B이다. 그림 (나)는 (가)에서 전류가 흐르는 무한히 긴 직선 도선 B를 p로부터 $\frac{1}{2}r$만큼 떨어진 지점의 종이면에 고정한 것을 나타낸 것으로, A와 B에 흐르는 전류의 세기는 같다.**

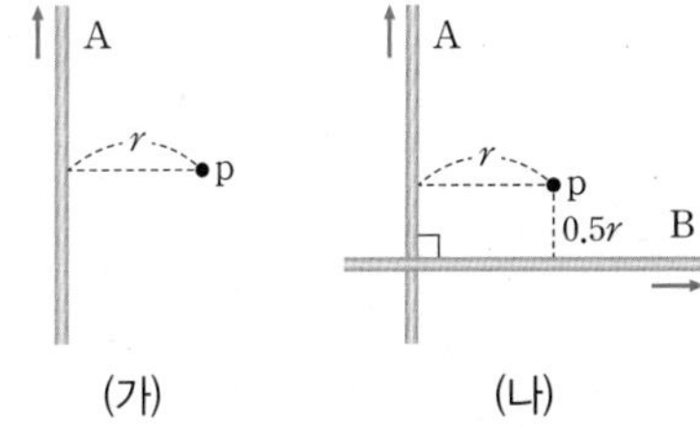

(나)의 p에서 A, B에 흐르는 전류에 의한 자기장의 방향과 세기로 옳은 것은?

	방향	세기
①	종이면에 수직으로 들어가는 방향	$\frac{1}{2}B$
②	종이면에 수직으로 들어가는 방향	B
③	종이면에 수직으로 들어가는 방향	$2B$
④	종이면에서 수직으로 나오는 방향	$\frac{1}{2}B$
⑤	종이면에서 수직으로 나오는 방향	B

[20700-0333]

06 그림과 같이 xy 평면에 수직으로 일정한 세기의 전류가 흐르는 무한히 긴 직선 도선 A, B가 고정되어 있다. B에 흐르는 전류의 방향은 xy 평면에 수직으로 들어가는 방향이고 점 p, q는 x축상의 점이다. q에서 A, B에 흐르는 전류에 의한 자기장은 0이다.

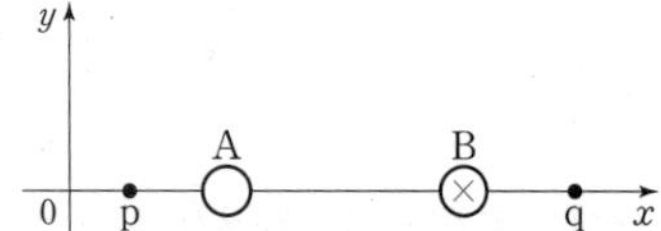

이에 대한 설명으로 옳은 것만을 <보기>에서 있는 대로 고른 것은?

보기

ㄱ. A에 흐르는 전류의 방향은 xy 평면에서 수직으로 나오는 방향이다.

ㄴ. 전류의 세기는 A에서가 B에서보다 작다.

ㄷ. p에서 A, B에 흐르는 전류에 의한 자기장의 방향은 $-y$ 방향이다.

① ㄱ ② ㄴ ③ ㄷ ④ ㄱ, ㄷ ⑤ ㄴ, ㄷ

[20700-0334]

07 그림 (가)는 일정한 세기의 전류가 흐르는 무한히 긴 직선 도선 위에 놓인 나침반 A를 나타낸 것이고, (나)는 일정한 세기의 전류가 흐르는 무한히 긴 직선 도선 아래에 놓인 나침반 B를 나타낸 것이다. A, B의 자침의 N극이 북쪽과 이루는 각은 각각 30°, 45°이다.

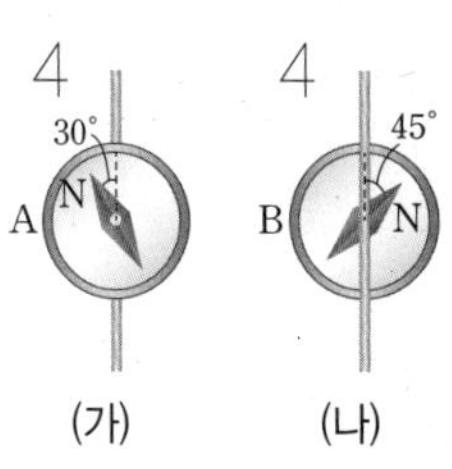

(가) (나)

이에 대한 설명으로 옳은 것만을 <보기>에서 있는 대로 고른 것은?

보기

ㄱ. (가)에서 A가 놓인 곳에서 지구 자기장의 세기는 전류에 의한 자기장의 세기보다 작다.

ㄴ. (나)에서 B가 놓인 곳에서 전류에 의한 자기장의 방향은 B의 자침의 N극이 가리키는 방향이다.

ㄷ. 도선에 흐르는 전류의 방향은 (가)에서와 (나)에서가 같다.

① ㄱ ② ㄴ ③ ㄷ ④ ㄱ, ㄴ ⑤ ㄴ, ㄷ

[20700-0335]

08 표는 xy 평면의 원점 O에서 직선 도선 A, B, C에 흐르는 전류에 의한 자기장의 x성분과 y성분을 나타낸 것이다. A, B, C는 xy 평면상에 고정되어 있다.

	x성분	y성분
A	$+B_0$	0
B	$+B_0$	$+B_0$
C	0	$+B_0$

O에서 전류에 의한 자기장의 세기는?

① B_0 ② $\sqrt{2}B_0$ ③ $2B_0$ ④ $2\sqrt{2}B_0$ ⑤ $4B_0$

[20700-0336]

09 그림은 시계 반대 방향으로 일정한 전류가 흐르는 원형 도선이 종이면에 고정되어 있는 것을 나타낸 것이다. 종이면 위의 점 A, B, C, D는 원형 도선의 중심 O로부터 같은 거리만큼 떨어진 지점이다.

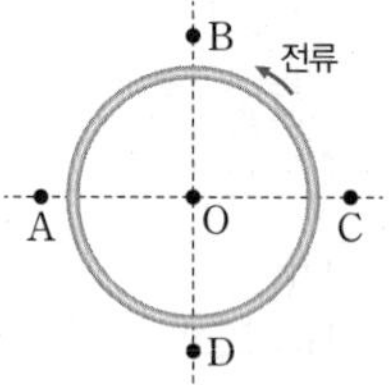

위치에 따른 전류에 의한 자기장의 방향으로 옳은 것은?

	위치	자기장의 방향
①	A	종이면에서 수직으로 나오는 방향
②	B	종이면에서 수직으로 나오는 방향
③	C	종이면에서 수직으로 나오는 방향
④	D	종이면에 수직으로 들어가는 방향
⑤	O	종이면에 수직으로 들어가는 방향

[20700-0337]

10 그림은 종이면에 고정된 원형 도선에 시계 방향으로 세기가 I인 전류가 흐르는 것을 나타낸 것이다. 반지름이 R인 원형 도선의 중심 O에서 전류에 의한 자기장의 세기는 B이다.

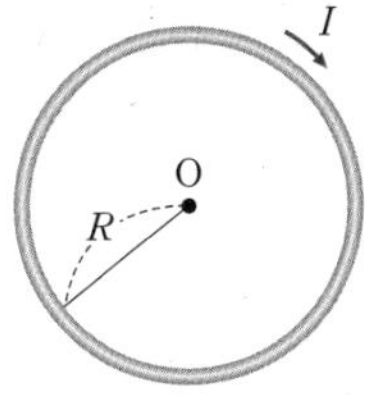

이에 대한 설명으로 옳은 것만을 <보기>에서 있는 대로 고른 것은?

보기

ㄱ. O에서 전류에 의한 자기장의 방향은 종이면에 수직으로 들어가는 방향이다.

ㄴ. 원형 도선에 흐르는 전류의 세기가 $2I$이면, O에서 전류에 의한 자기장의 세기는 $\frac{1}{2}B$이다.

ㄷ. 원형 도선의 반지름이 $\frac{1}{2}R$이면, O에서 전류에 의한 자기장의 세기는 $2B$이다.

① ㄱ ② ㄴ ③ ㄷ ④ ㄱ, ㄴ ⑤ ㄱ, ㄷ

[20700-0338]

11 그림 (가)는 종이면에 고정된 반지름이 $2r$인 원형 도선 P에 세기가 I인 전류가 시계 반대 방향으로 흐르는 것을 나타낸 것이다. 그림 (나)는 (가)에서 일정한 전류가 흐르는 반지름이 r인 원형 도선 Q를 추가하여 종이면에 고정시킨 것을 나타낸 것이다. 원형 도선의 중심 O에서 전류에 의한 자기장의 세기는 (가)에서와 (나)에서가 같다.

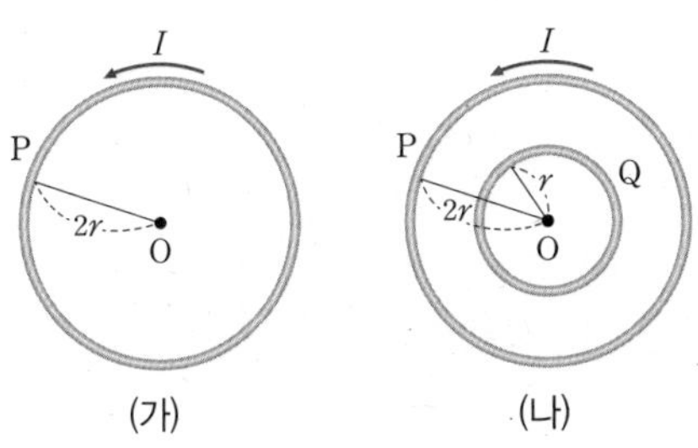

(가) (나)

(나)에 대한 설명으로 옳은 것만을 <보기>에서 있는 대로 고른 것은?

보기

ㄱ. O에서 P, Q에 흐르는 전류에 의한 자기장의 방향은 종이면에 수직으로 들어가는 방향이다.

ㄴ. Q에 흐르는 전류의 방향은 시계 방향이다.

ㄷ. Q에 흐르는 전류의 세기는 $2I$이다.

① ㄱ ② ㄷ ③ ㄱ, ㄴ ④ ㄴ, ㄷ ⑤ ㄱ, ㄴ, ㄷ

[20700-0339]

12 그림은 전류가 흐르는 원형 도선 A, B가 종이면에 고정된 것을 나타낸 것이다. 종이면의 점 O는 A와 B의 중심이며, A에는 시계 방향으로 세기가 일정한 전류가 흐른다. B에 흐르는 전류의 세기를 증가시키면 O에서 전류에 의한 자기장의 세기는 감소하다가 증가한다.

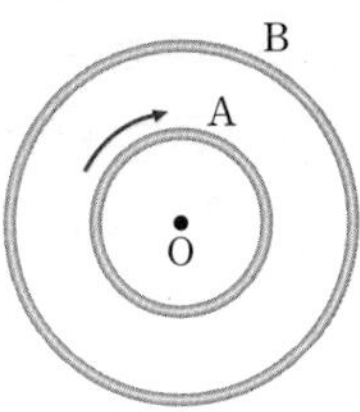

이에 대한 설명으로 옳은 것만을 <보기>에서 있는 대로 고른 것은?

보기

ㄱ. O에서 A에 흐르는 전류에 의한 자기장의 방향은 종이면에 수직으로 들어가는 방향이다.

ㄴ. B에 흐르는 전류의 방향은 시계 반대 방향이다.

ㄷ. O에서 A, B에 흐르는 전류에 의한 자기장이 0일 때 원형 도선에 흐르는 전류의 세기는 A가 B보다 작다.

① ㄱ ② ㄷ ③ ㄱ, ㄴ ④ ㄴ, ㄷ ⑤ ㄱ, ㄴ, ㄷ

[20700-0340]

13 그림 (가)는 종이면에 고정된 원형 도선 A와 무한히 긴 직선 도선 B를 나타낸 것이다. A에는 일정한 세기의 전류가 시계 반대 방향으로 흐른다. 그림 (나)는 B에 흐르는 전류를 시간에 따라 나타낸 것이다. t_2일 때 A의 중심 p에서 전류에 의한 자기장은 0이다.

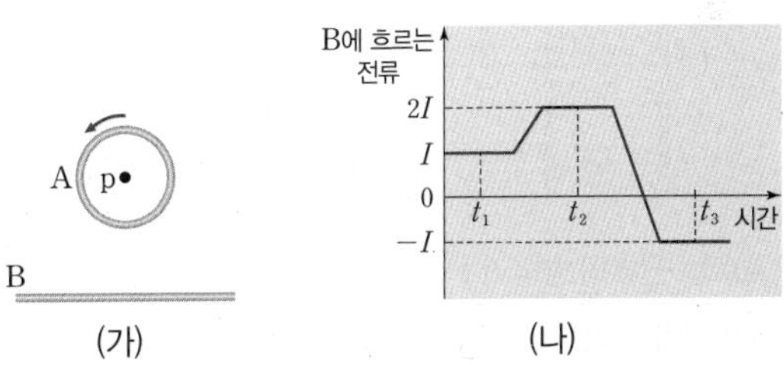

(가) (나)

이에 대한 설명으로 옳은 것만을 <보기>에서 있는 대로 고른 것은?

보기

ㄱ. t_1일 때 B에 흐르는 전류의 방향은 왼쪽 방향이다.

ㄴ. t_1일 때 p에서 A, B에 흐르는 전류에 의한 자기장의 방향은 종이면에서 수직으로 나오는 방향이다.

ㄷ. p에서 A, B에 흐르는 전류에 의한 자기장의 세기는 t_1일 때가 t_3일 때보다 크다.

① ㄱ ② ㄷ ③ ㄱ, ㄴ ④ ㄴ, ㄷ ⑤ ㄱ, ㄴ, ㄷ

정답과 해설 56쪽

[20700-0341]
14 그림은 일정한 전류가 흐르는 솔레노이드에 자석이 코일 쪽으로 끌려와 정지해 있는 모습을 나타낸 것이다.

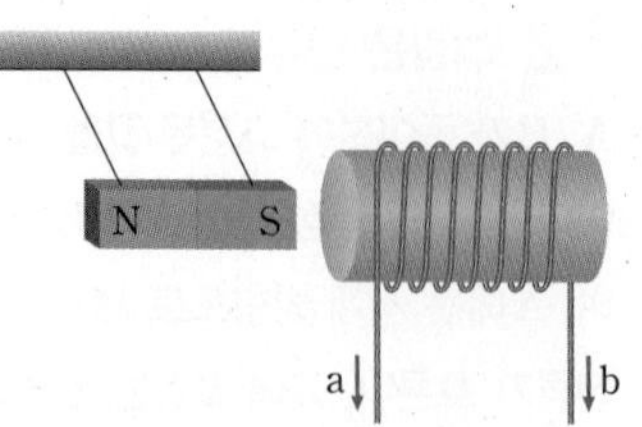

이에 대한 설명으로 옳은 것만을 ⟨보기⟩에서 있는 대로 고른 것은?

> 보기
> ㄱ. 자석에 작용하는 알짜힘은 0이다.
> ㄴ. 솔레노이드에 흐르는 전류의 방향은 b이다.
> ㄷ. 솔레노이드 내부에서 자기장의 방향은 오른쪽이다.

① ㄱ ② ㄷ ③ ㄱ, ㄴ ④ ㄴ, ㄷ ⑤ ㄱ, ㄴ, ㄷ

[20700-0342]
15 그림은 xy 평면에 무한히 긴 직선 도선 A, B와 원형 도선 C가 고정되어 있는 것을 나타낸 것이다. A와 B 사이의 거리는 r이고, A, B에는 $+y$ 방향으로 각각 세기가 $2I$, I인 전류가 흐르고 있다. 반지름이 r인 C의 중심 P점에서 A, B, C에 흐르는 전류에 의한 자기장은 0이다. P에서 C에 흐르는 전류에 의한 자기장의 세기는 B_0이다.

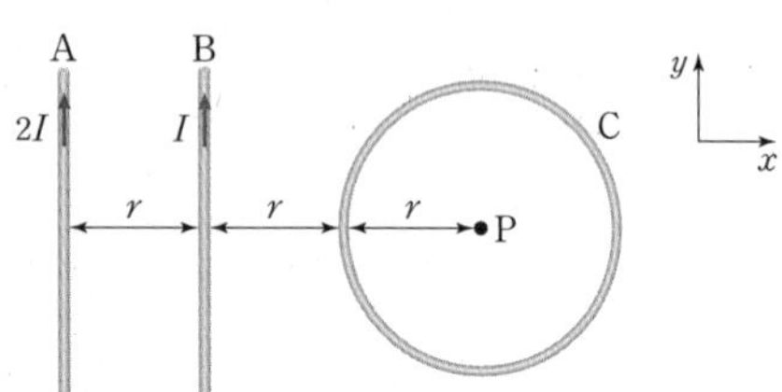

C에 흐르는 전류의 방향과 P에서 A에 흐르는 전류에 의한 자기장의 세기로 옳은 것은?

	전류의 방향	자기장의 세기
①	시계 방향	$\frac{3}{7}B_0$
②	시계 방향	$\frac{4}{7}B_0$
③	시계 반대 방향	$\frac{2}{7}B_0$
④	시계 반대 방향	$\frac{3}{7}B_0$
⑤	시계 반대 방향	$\frac{4}{7}B_0$

[20700-0343]
16 그림은 솔레노이드 내부에 나침반을 고정시키고 회로를 구성한 것을 나타낸 것이다.

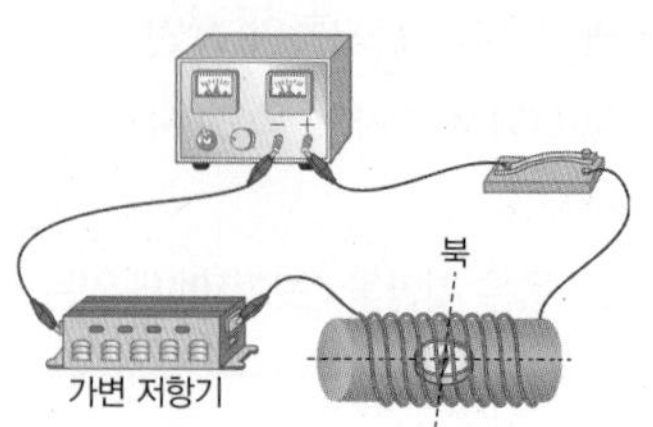

스위치를 닫았을 때 나침반의 자침이 가리키는 방향으로 가장 적절한 것은?

① ② ③ ④ ⑤

[20700-0344]
17 그림과 같이 길이가 같고 도선의 감은 횟수가 각각 N, $2N$인 솔레노이드 A, B가 동일한 중심축에 고정되어 있다. A와 B에는 화살표 방향으로 전류가 흐르고, 전류의 세기는 같다.

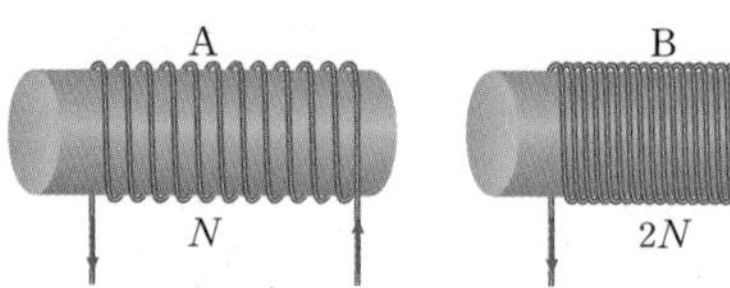

이에 대한 설명으로 옳은 것만을 ⟨보기⟩에서 있는 대로 고른 것은?

> 보기
> ㄱ. 솔레노이드 내부에서 전류에 의한 자기장의 세기는 A에서가 B에서보다 작다.
> ㄴ. 솔레노이드 내부에서 전류에 의한 자기장의 방향은 A에서와 B에서가 반대이다.
> ㄷ. A와 B 사이에는 서로 밀어내는 자기력이 작용한다.

① ㄱ ② ㄴ ③ ㄷ ④ ㄱ, ㄴ ⑤ ㄴ, ㄷ

실력 향상 문제

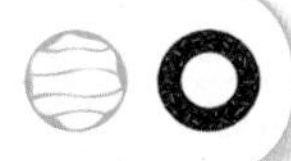

정답과 해설 59쪽

[20700-0345]

01 그림은 xy 평면에 일정한 세기의 전류가 흐르는 무한히 긴 직선 도선 P, Q가 수직으로 고정되어 있는 것을 나타낸 것이다. 원점 O로부터 P, Q까지의 거리는 같다. O에서 P, Q에 흐르는 전류에 의한 자기장의 세기는 B_0이고, 방향은 y축과 30°의 각을 이룬다.

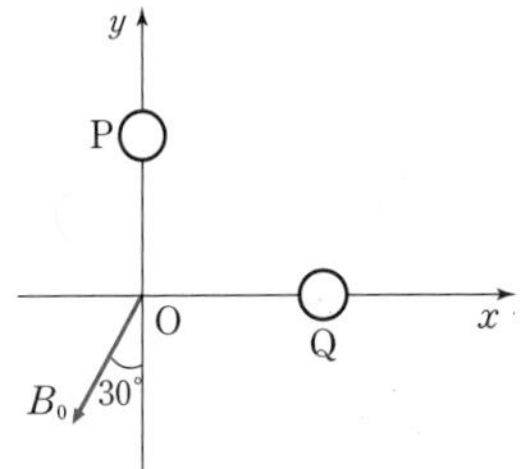

이에 대한 설명으로 옳은 것만을 〈보기〉에서 있는 대로 고른 것은?

보기
ㄱ. 전류의 방향은 P에서와 Q에서가 반대이다.
ㄴ. O에서 Q에 흐르는 전류에 의한 자기장의 세기는 $\frac{\sqrt{3}}{2}B_0$이다.
ㄷ. 전류의 세기는 P에서가 Q에서의 $\sqrt{3}$배이다.

① ㄱ ② ㄷ ③ ㄱ, ㄴ ④ ㄴ, ㄷ ⑤ ㄱ, ㄴ, ㄷ

[20700-0346]

02 그림은 막대자석 주위의 자기력선을 나타낸 것이다. A, B는 각각 자석의 N극 또는 S극이다.

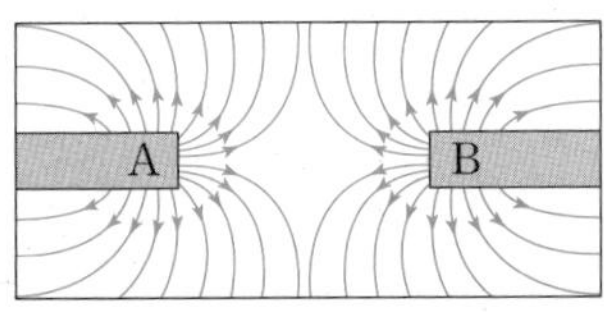

A와 B의 자석의 극을 쓰시오.

[20700-0347]

03 그림과 같이 전류가 흐르는 무한히 긴 직선 도선 A, B, C가 종이면에 고정되어 있다. A, B, C에 흐르는 전류의 세기는 각각 I, $2I$, I이다. 점 p, q, r는 종이면상의 점이다.

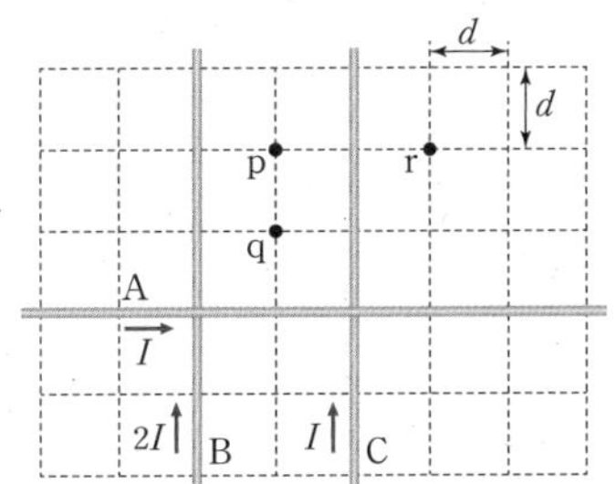

A, B, C에 흐르는 전류에 의한 자기장에 대한 설명으로 옳은 것만을 〈보기〉에서 있는 대로 고른 것은?

보기
ㄱ. p에서 자기장의 방향은 종이면에서 수직으로 나오는 방향이다.
ㄴ. q에서 자기장은 0이다.
ㄷ. 자기장의 세기는 p에서가 r에서보다 작다.

① ㄱ ② ㄴ ③ ㄷ ④ ㄱ, ㄴ ⑤ ㄴ, ㄷ

[20700-0348]

04 그림은 xy 평면에 일정한 세기의 전류가 흐르는 무한히 긴 직선 도선 A, B, C가 수직으로 고정되어 있고, xy 평면의 점 O에서 A, B, C에 흐르는 전류에 의한 자기장의 방향을 화살표로 나타낸 것이다. C에 흐르는 전류의 방향은 xy 평면에 수직으로 들어가는 방향이다.

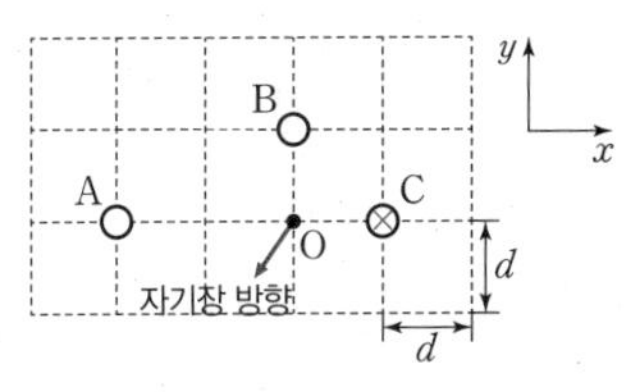

이에 대한 설명으로 옳은 것만을 〈보기〉에서 있는 대로 고른 것은?

보기
ㄱ. O에서 C에 흐르는 전류에 의한 자기장의 방향은 $-y$ 방향이다.
ㄴ. 전류의 방향은 A에서와 B에서가 같다.
ㄷ. 전류의 세기는 A에서가 C에서보다 크다.

① ㄱ ② ㄴ ③ ㄷ ④ ㄱ, ㄴ ⑤ ㄴ, ㄷ

[20700-0349]

05 그림은 일정한 세기의 전류가 흐르는 무한히 긴 직선 도선 A, B가 종이면에 수직으로 고정된 것을 나타낸 것이다. A와 B 사이에 나침반 P, Q가 고정되어 있고, A, B, P, Q는 같은 거리만큼 떨어져 있다.

이에 대한 설명으로 옳은 것만을 〈보기〉에서 있는 대로 고른 것은?

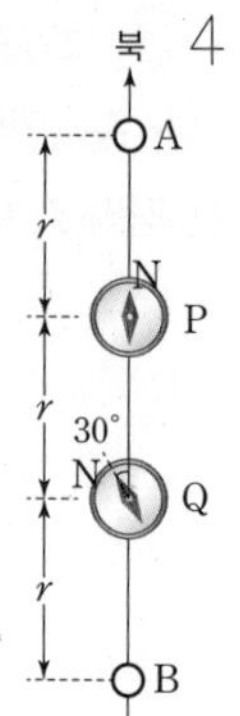

보기

ㄱ. 전류의 방향은 A에서와 B에서가 반대이다.

ㄴ. 전류의 세기는 B에서가 A에서의 2배이다.

ㄷ. Q에서 A에 흐르는 전류에 의한 자기장의 세기는 지구 자기장의 $\frac{\sqrt{3}}{9}$배이다.

① ㄱ ② ㄴ ③ ㄷ ④ ㄱ, ㄴ ⑤ ㄴ, ㄷ

[20700-0350]

06 그림 (가)는 화살표 방향으로 전류가 흐르는 무한히 긴 평행한 직선 도선 A, B와 점 p, q가 같은 간격 d만큼 떨어져 종이면에 고정되어 있는 것을 나타낸 것이다. 그림 (나)는 A, B에 흐르는 전류의 세기를 시간에 따라 나타낸 것이다.

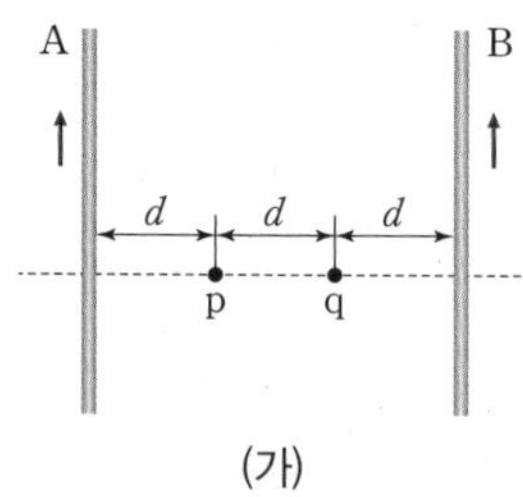

(가)

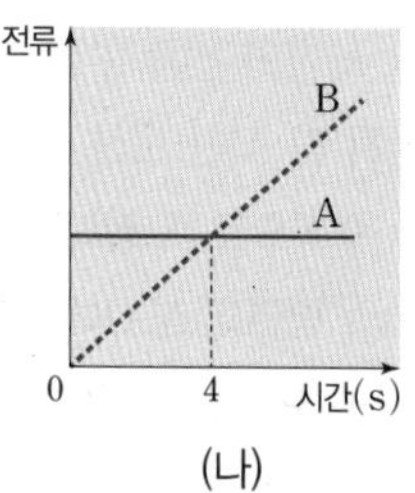

(나)

A, B에 흐르는 전류에 의한 자기장에 대한 설명으로 옳은 것만을 〈보기〉에서 있는 대로 고른 것은?

보기

ㄱ. 2초일 때, q에서 자기장은 0이다.

ㄴ. 4초일 때, q에서 자기장은 종이면에서 수직으로 나오는 방향이다.

ㄷ. 4초일 때, 자기장의 세기는 p와 q에서가 같다.

① ㄱ ② ㄷ ③ ㄱ, ㄴ ④ ㄴ, ㄷ ⑤ ㄱ, ㄴ, ㄷ

[20700-0351]

07 그림은 xy 평면에서 일정한 세기의 전류가 흐르는 무한히 긴 직선 도선 A, B가 원점 O로부터 같은 거리만큼 떨어져 x축 상에 수직으로 고정되어 있는 것을 나타낸 것이다. 점 p, q는 xy 평면 위의 점이고, O로부터 A, B, p, q의 거리는 모두 같다. O에서 A, B에 흐르는 전류에 의한 자기장은 0이다.

이에 대한 설명으로 옳은 것만을 〈보기〉에서 있는 대로 고른 것은? (단, 모눈의 간격은 동일하다.)

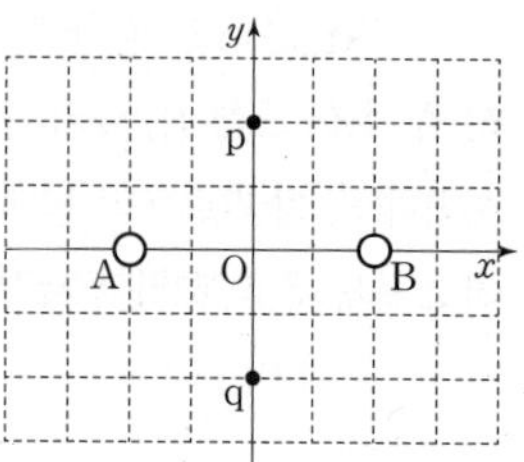

보기

ㄱ. 전류의 방향은 A와 B에서가 같다.

ㄴ. A, B에 흐르는 전류에 의한 자기장의 방향은 p에서와 q에서가 같다.

ㄷ. p에서 A, B에 흐르는 전류에 의한 자기장의 세기는 A에 흐르는 전류에 의한 자기장 세기의 2배이다.

① ㄱ ② ㄷ ③ ㄱ, ㄴ ④ ㄴ, ㄷ ⑤ ㄱ, ㄴ, ㄷ

[20700-0352]

08 그림은 일정한 세기의 전류가 흐르는 무한히 긴 직선 도선 A, B, C가 xy 평면에 고정된 것을 나타낸 것이다. 점 p, q는 xy 평면 위의 점이다. B, C에는 세기가 I인 전류가 화살표 방향으로 흐르고 있고, p에서 A, B, C에 흐르는 전류에 의한 자기장은 0이다. p에서 C에 흐르는 전류에 의한 자기장의 세기는 B_0이다.

이에 대한 설명으로 옳은 것만을 〈보기〉에서 있는 대로 고른 것은?

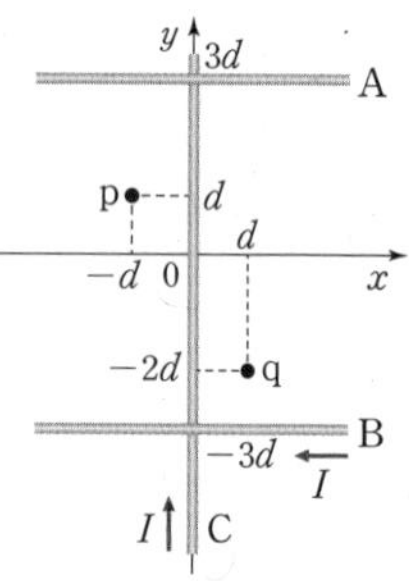

보기

ㄱ. A에 흐르는 전류의 방향은 $-x$ 방향이다.

ㄴ. p에서 A에 흐르는 전류에 의한 자기장의 세기는 B에 흐르는 전류에 의한 자기장 세기의 3배이다.

ㄷ. q에서 A, B, C에 흐르는 전류에 의한 자기장의 세기는 $\frac{23}{10}B_0$이다.

① ㄱ ② ㄴ ③ ㄷ ④ ㄱ, ㄴ ⑤ ㄴ, ㄷ

[20700-0353]

09 그림은 일정한 세기의 전류가 흐르는 무한히 긴 직선 도선 A, B가 xy 평면에 고정된 것을 나타낸 것이다. A에 흐르는 전류의 방향은 $+x$ 방향이다. 점 p, q, r는 xy 평면상의 점이고, p에서 A, B에 흐르는 전류에 의한 자기장은 0이다.

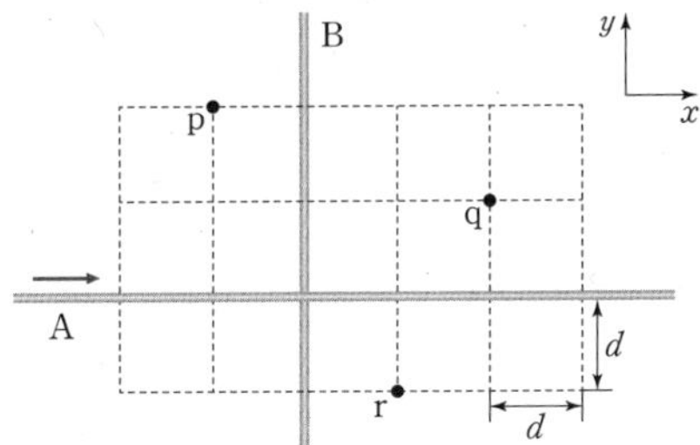

이에 대한 설명으로 옳은 것만을 〈보기〉에서 있는 대로 고른 것은?

보기

ㄱ. B에 흐르는 전류의 방향은 $+y$ 방향이다.

ㄴ. q에서 A, B에 흐르는 전류에 의한 자기장의 방향은 xy 평면에서 수직으로 나오는 방향이다.

ㄷ. A, B에 흐르는 전류에 의한 자기장의 세기는 q에서와 r에서가 같다.

① ㄱ ② ㄴ ③ ㄷ ④ ㄱ, ㄴ ⑤ ㄴ, ㄷ

[20700-0354]

10 그림은 수평한 판에 고정된 원형 도선을 이용해서 구성한 회로에서 스위치를 닫았을 때 원형 도선의 중심에 놓인 나침반을 나타낸 것이다.

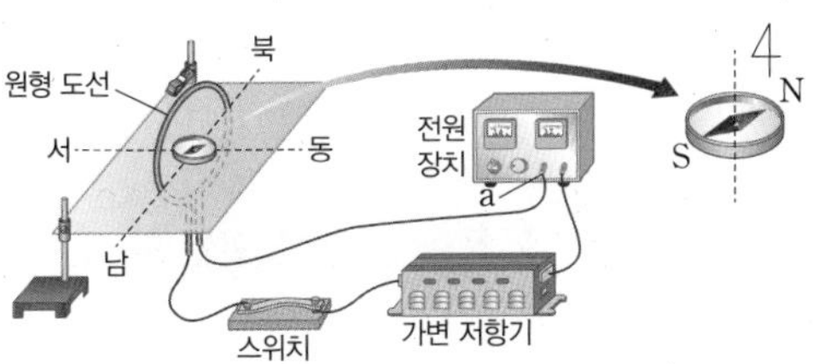

이에 대한 설명으로 옳은 것만을 〈보기〉에서 있는 대로 고른 것은?

보기

ㄱ. 원형 도선 중심에서 전류에 의한 자기장의 방향은 동쪽이다.

ㄴ. 전원 장치의 단자 a는 (+)극이다.

ㄷ. 가변 저항기의 저항값을 증가시키면 원형 도선의 중심에서 전류에 의한 자기장의 세기는 감소한다.

① ㄱ ② ㄷ ③ ㄱ, ㄴ ④ ㄴ, ㄷ ⑤ ㄱ, ㄴ, ㄷ

[20700-0355]

11 그림 (가)는 xy 평면에 고정된 원형 도선 A와 무한히 긴 직선 도선 B를 나타낸 것이다. B에는 $+y$ 방향으로 일정한 전류가 흐르고 있고, A의 중심인 점 p에서 A와 B에 흐르는 전류에 의한 자기장은 0이다. p에서 A에 흐르는 전류에 의한 자기장의 세기는 B_0이다. 그림 (나)는 (가)에서 A의 중심을 점 q로 이동시킨 것을 나타낸 것이다. p, q는 각각 B로부터 d, $2d$만큼 떨어진 지점이다.

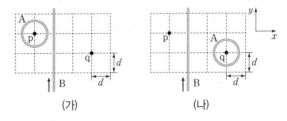

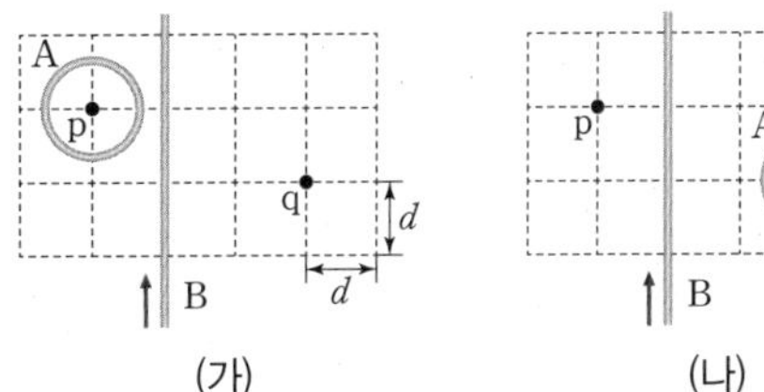

이에 대한 설명으로 옳은 것만을 〈보기〉에서 있는 대로 고른 것은?

보기

ㄱ. A에 흐르는 전류의 방향은 시계 방향이다.

ㄴ. (나)의 q에서 A, B에 흐르는 전류에 의한 자기장의 방향은 xy 평면에서 수직으로 나오는 방향이다.

ㄷ. (나)의 q에서 A, B에 흐르는 전류에 의한 자기장의 세기는 $\frac{1}{2}B_0$이다.

① ㄱ ② ㄴ ③ ㄷ ④ ㄱ, ㄴ ⑤ ㄱ, ㄷ

서술형 [20700-0356]

12 그림 (가)는 종이면에 고정된 반지름이 r인 원형 도선 P에 세기가 I인 전류가 시계 방향으로 흐르는 것을 나타낸 것이다. 원형 도선의 중심 O에서 전류에 의한 자기장의 세기는 B이다. 그림 (나)는 (가)에서 중심이 O이고 반지름이 $2r$인 원형 도선 Q를 추가하여 종이면에 고정시킨 것을 나타낸 것이다.

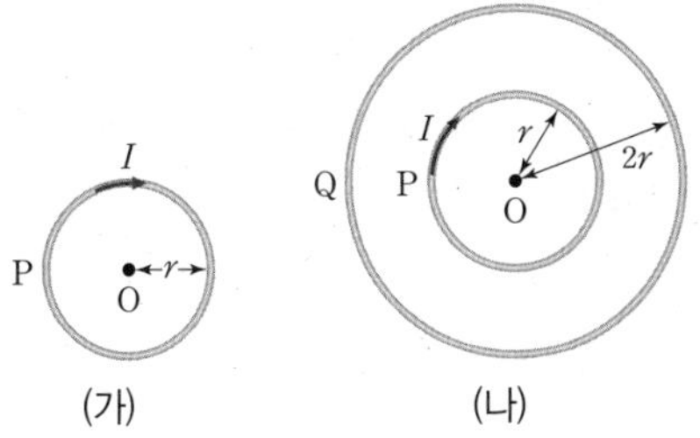

(나)의 O에서 P, Q에 흐르는 전류에 의한 자기장의 세기가 $2B$가 되도록 할 때, Q에 흐르는 전류의 세기와 방향을 2가지 서술하시오.

[20700-0357]

13 그림 (가)는 전류가 흐르는 원형 도선 P와 무한히 긴 직선 도선 Q가 xy 평면에 고정되어 있는 것을 나타낸 것이다. P의 반지름은 r이고, Q는 P의 중심 O로부터 r만큼 떨어진 곳에 xy 평면에 대해 수직으로 고정되어 있다. P와 Q에 흐르는 전류의 세기는 같고, O에서 Q에 흐르는 전류에 의한 자기장의 세기는 B이다. 그림 (나)는 (가)의 O에서 P, Q에 흐르는 전류에 의한 자기장의 방향이 y축에 대해 각 θ를 이루고 있는 것을 나타낸 것이다. $\tan\theta=\pi$이다.

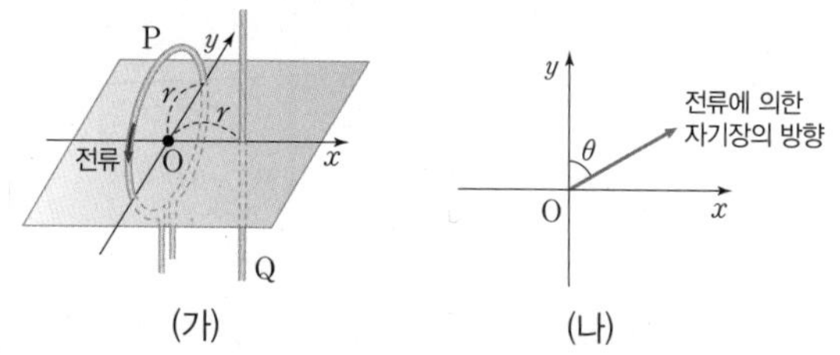

(가) (나)

Q에 흐르는 전류의 방향과 O에서 P, Q에 흐르는 전류에 의한 자기장의 세기로 옳은 것은? (단, xy 평면에 수직으로 들어가는 방향은 ⊗, xy 평면에서 수직으로 나오는 방향은 ◉이다.)

	전류의 방향	자기장의 세기
①	⊗	πB
②	⊗	$B(\pi+1)$
③	⊗	$B\sqrt{\pi^2+1}$
④	◉	$B(\pi+1)$
⑤	◉	$B\sqrt{\pi^2+1}$

서술형 [20700-0358]

14 그림은 솔레노이드를 전원 장치와 연결하고 스위치를 닫았더니 정지해 있던 막대자석이 솔레노이드를 향해 운동하는 것을 나타낸 것이다.

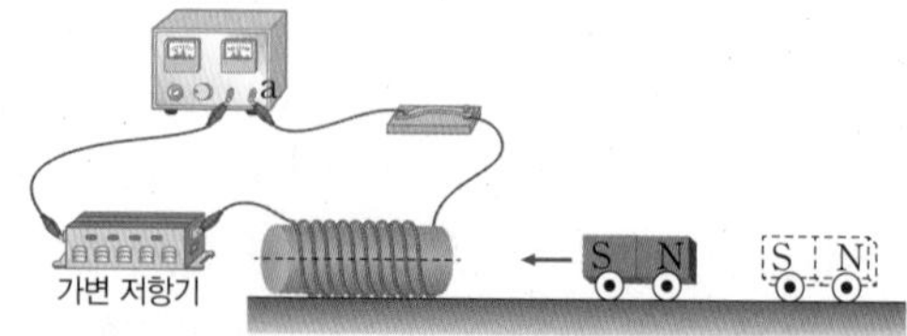

전원 장치의 a는 무슨 극인지 쓰고, 그 이유를 서술하시오.

[20700-0359]

15 그림은 xy 평면에 고정된 무한히 긴 직선 도선 A와 원형 도선 B를 나타낸 것이다. B에는 시계 방향으로 일정한 세기의 전류가 흐르며, 점 O는 원형 도선의 중심이다. 표는 A에 흐르는 전류의 세기와 방향에 따라 O에서 A, B에 흐르는 전류에 의한 자기장의 세기를 나타낸 것이다.

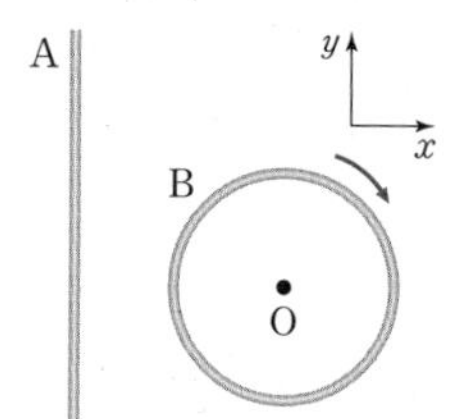

A에 흐르는 전류		O에서의 자기장	
방향	세기	방향	세기
$+y$	I	⊗	$2B_0$
$-y$	$2I$	◉	$3B_0$

⊗: 종이면에 수직으로 들어가는 방향
◉: 종이면에서 수직으로 나오는 방향

O에서 B에 흐르는 전류에 의한 자기장의 세기는?

① $\frac{1}{3}B_0$ ② $\frac{2}{3}B_0$ ③ B_0 ④ $\frac{4}{3}B_0$ ⑤ $\frac{5}{3}B_0$

[20700-0360]

16 그림은 일정한 전류가 흐르는 솔레노이드의 중심축에 막대 자석이 고정되어 있는 것을 나타낸 것이다. 중심축상의 점 p, q는 솔레노이드로부터 같은 거리만큼 떨어져 있고, 자석과 솔레노이드에 흐르는 전류에 의한 자기장의 세기는 p에서가 q에서보다 작다.

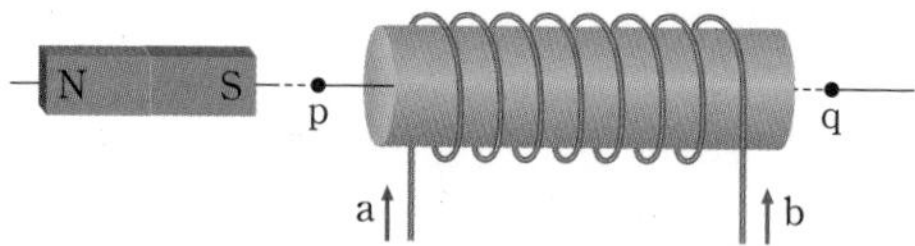

이에 대한 설명으로 옳은 것만을 <보기>에서 있는 대로 고른 것은?

보기
ㄱ. 막대자석과 솔레노이드 사이에는 서로 당기는 자기력이 작용한다.
ㄴ. 솔레노이드에 흐르는 전류의 방향은 a이다.
ㄷ. 솔레노이드 내부에서 전류에 의한 자기장의 방향은 p → q이다.

① ㄱ ② ㄴ ③ ㄷ ④ ㄱ, ㄷ ⑤ ㄴ, ㄷ

신유형·수능 열기

정답과 해설 64쪽

[20700-0361]

01 그림은 세기가 B_0이고 xy 평면에 수직으로 들어가는 방향의 균일한 자기장 영역에 무한히 긴 직선 도선이 x축과 나란하게 고정되어 있는 것을 나타낸 것이다. 직선 도선에는 일정한 세기의 전류가 흐른다. xy 평면 위의 점 p, q는 직선 도선으로부터 각각 d, $2d$만큼 떨어져 있는 점이고, p에서 자기장은 0이다.

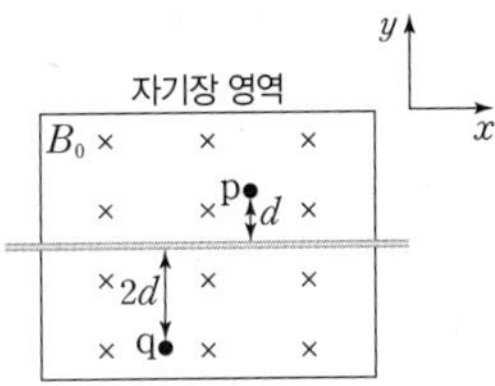

이에 대한 설명으로 옳은 것만을 <보기>에서 있는 대로 고른 것은? (단, 지구 자기장은 무시한다.)

보기

ㄱ. 직선 도선에 흐르는 전류의 방향은 $+x$ 방향이다.

ㄴ. 직선 도선에 흐르는 전류에 의한 자기장의 세기는 p에서가 q에서보다 작다.

ㄷ. q에서 자기장의 세기는 $\frac{3}{2}B_0$이다.

① ㄱ ② ㄴ ③ ㄷ ④ ㄱ, ㄴ ⑤ ㄱ, ㄷ

[20700-0362]

02 그림과 같이 일정한 세기의 전류가 흐르는 무한히 긴 직선 도선 P, Q, R가 xy 평면에 수직으로 고정되어 있고, 원점 O로부터 P, Q, R까지의 거리는 같다. 전류의 세기는 Q에서와 R에서가 같고, Q에 흐르는 전류의 방향은 xy 평면에 수직으로 들어가는 방향이다. O에서 P, Q, R에 흐르는 전류에 의한 자기장의 세기는 B_0이고, 자기장의 방향은 x축과 45°의 각을 이룬다.

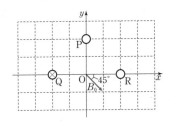

이에 대한 설명으로 옳은 것만을 <보기>에서 있는 대로 고른 것은?

보기

ㄱ. 전류의 방향은 Q에서와 R에서가 같다.

ㄴ. 전류의 세기는 P에서가 R에서의 2배이다.

ㄷ. O에서 P에 흐르는 전류에 의한 자기장의 세기는 $\sqrt{2}B_0$이다.

① ㄱ ② ㄴ ③ ㄷ ④ ㄱ, ㄴ ⑤ ㄴ, ㄷ

[20700-0363]

03 그림은 일정한 전류가 흐르는 무한히 긴 직선 도선이 xy 평면에 고정된 것을 나타낸 것이다. 표는 xy 평면에 있는 점 p, q, r에서 전류에 의한 자기장의 세기를 나타낸 것이다. p에서 전류에 의한 자기장의 방향은 xy 평면에 수직으로 들어가는 방향이다.

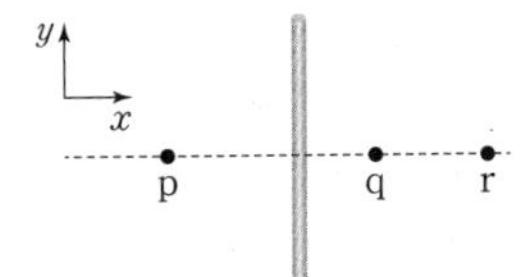

위치	자기장의 세기
p	B_0
q	$2B_0$
r	㉠

이에 대한 설명으로 옳은 것만을 <보기>에서 있는 대로 고른 것은?

보기

ㄱ. 직선 도선에 흐르는 전류의 방향은 $+y$ 방향이다.

ㄴ. 전류에 의한 자기장의 방향은 q에서와 r에서가 같다.

ㄷ. ㉠은 $2B_0$보다 크다.

① ㄱ ② ㄴ ③ ㄷ ④ ㄱ, ㄴ ⑤ ㄴ, ㄷ

[20700-0364]

04 그림과 같이 무한히 긴 직선 도선 A, B가 xy 평면에 고정되어 있다. A에는 세기가 I인 전류가 화살표 방향으로 흐르고 있다. 점 p, O, q는 x축상의 점이다. 표는 B에 흐르는 전류가 각각 I_1, I_2일 때 A와 B에 흐르는 전류에 의한 자기장이 0이 되는 지점을 나타낸 것이다.

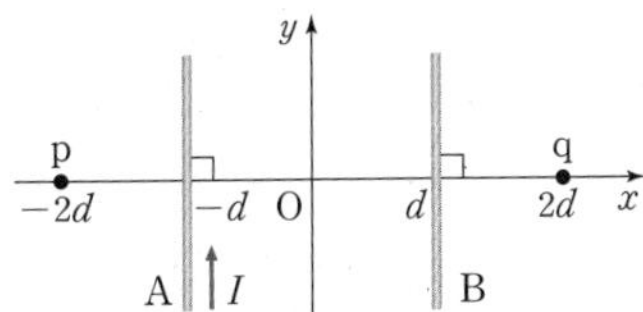

	B에 흐르는 전류	자기장이 0이 되는 지점
(가)	I_1	p
(나)	I_2	O

이에 대한 설명으로 옳은 것만을 <보기>에서 있는 대로 고른 것은?

보기

ㄱ. B에 흐르는 전류의 방향은 (가)에서와 (나)에서가 같다.

ㄴ. $I_1=3I_2$이다.

ㄷ. (나)의 q에서 A, B에 흐르는 전류에 의한 자기장의 방향은 xy 평면에 수직으로 들어가는 방향이다.

① ㄱ ② ㄴ ③ ㄷ ④ ㄱ, ㄴ ⑤ ㄴ, ㄷ

[20700-0365]

05 그림 (가)는 반지름이 a인 원형 도선 A에 세기가 I인 전류가 시계 방향으로 흐르는 것을 나타낸 것이다. 그림 (나)는 반지름이 $2a$인 원형 도선 B에 세기가 I인 전류가 시계 반대 방향으로 흐르는 것을 나타낸 것이다. A, B와 점 P, Q, R는 종이면에 있고, P, Q는 각각 A, B의 중심이다.

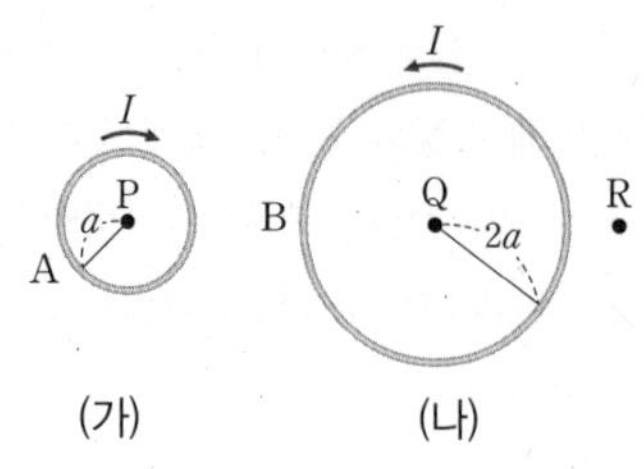

이에 대한 설명으로 옳은 것만을 〈보기〉에서 있는 대로 고른 것은?

보기

ㄱ. P에서 전류에 의한 자기장의 방향은 종이면에서 수직으로 나오는 방향이다.

ㄴ. 전류에 의한 자기장의 세기는 Q에서가 P에서의 2배이다.

ㄷ. 전류에 의한 자기장의 방향은 Q에서와 R에서가 반대이다.

① ㄱ ② ㄴ ③ ㄷ ④ ㄱ, ㄴ ⑤ ㄴ, ㄷ

[20700-0366]

06 그림은 종이면에 고정된 원형 도선 A, B를 나타낸 것이다. 점 O는 A, B의 중심이다. 표는 A, B에 흐르는 전류의 세기와 방향을 나타낸 것이다. Ⅰ의 O에서 A, B에 흐르는 전류에 의한 자기장은 0이다.

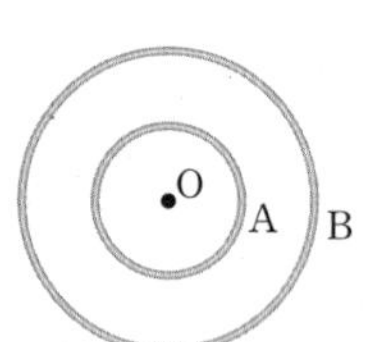

	A		B	
	세기	방향	세기	방향
Ⅰ	I	시계	$2I$	시계 반대
Ⅱ	I	시계	I	시계 반대
Ⅲ	$3I$	시계 반대	I	시계

이에 대한 설명으로 옳은 것만을 〈보기〉에서 있는 대로 고른 것은?

보기

ㄱ. 원형 도선의 반지름은 B가 A의 2배이다.

ㄴ. Ⅱ의 O에서 A, B에 흐르는 전류에 의한 자기장의 방향은 종이면에 수직으로 들어가는 방향이다.

ㄷ. O에서 A, B에 흐르는 전류에 의한 자기장의 세기는 Ⅱ에서가 Ⅲ에서의 3배이다.

① ㄱ ② ㄷ ③ ㄱ, ㄴ ④ ㄴ, ㄷ ⑤ ㄱ, ㄴ, ㄷ

[20700-0367]

07 그림은 종이면에 고정된 원형 도선 A, B를 나타낸 것이다. A에는 시계 반대 방향으로 세기가 I인 전류가 흐른다. 표는 B에 흐르는 전류에 따라 A, B의 중심 O에서 전류에 의한 자기장을 나타낸 것이다.

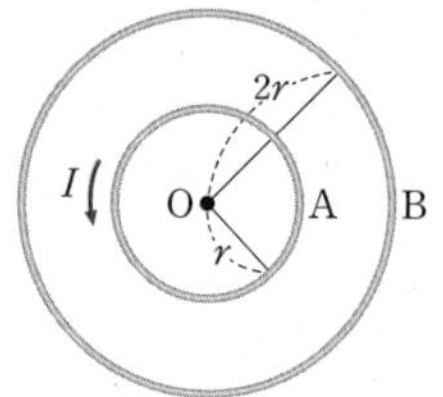

B에 흐르는 전류		O에서 자기장의 세기
세기	방향	
I	시계 반대	B_0
I_1	시계	B_0

I_1은?

① $3I$ ② $\frac{7}{2}I$ ③ $3I$ ④ $\frac{9}{2}I$ ⑤ $5I$

[20700-0368]

08 그림 (가)는 종이면에 고정된 원형 도선 A, B를 나타낸 것이다. A, B의 반지름은 각각 r, $3r$이고 A, B에는 화살표 방향으로 전류가 흐르며, A에 흐르는 전류의 세기는 I이다. 점 O는 A, B의 중심이다. 그림 (나)는 B에 흐르는 전류의 세기를 시간에 따라 나타낸 것이다.

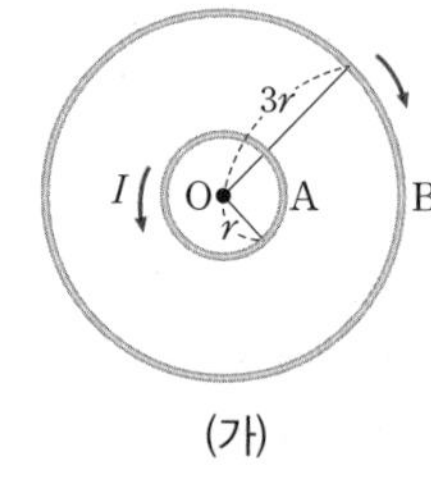

(가)

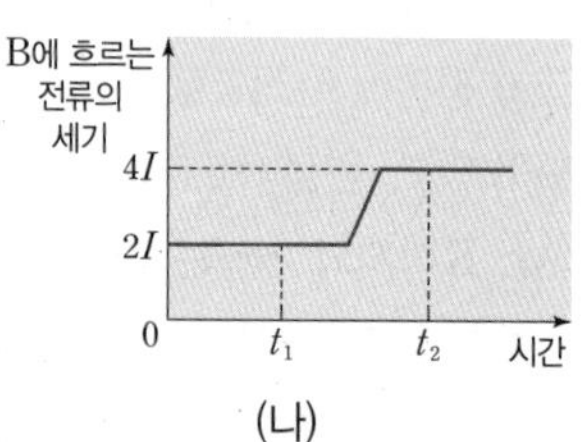

(나)

이에 대한 설명으로 옳은 것만을 〈보기〉에서 있는 대로 고른 것은?

보기

ㄱ. t_1일 때 O에서 A, B에 흐르는 전류에 의한 자기장의 방향은 종이면에 수직으로 들어가는 방향이다.

ㄴ. t_2일 때 O에서 A에 흐르는 전류에 의한 자기장의 세기는 B에 흐르는 전류에 의한 자기장의 세기보다 작다.

ㄷ. O에서 A, B에 흐르는 전류에 의한 자기장의 세기는 t_2일 때가 t_1일 때의 2배이다.

① ㄱ ② ㄴ ③ ㄷ ④ ㄱ, ㄴ ⑤ ㄴ, ㄷ

[20700-0369]

09 그림 (가)는 일정한 전류가 흐르는 무한히 긴 직선 도선 A, B가 xy 평면에 수직으로 고정되어 있는 것을 나타낸 것이다. 점 p에서 A, B에 흐르는 전류에 의한 자기장의 방향은 $-y$ 방향이다. 그림 (나)는 (가)에서 B를 $x=4d$인 지점으로 이동하여 고정시킨 것을 나타낸 것이다. p에서 A, B에 흐르는 전류에 의한 자기장의 세기는 (가)에서와 (나)에서가 같다.

(가) (나)

이에 대한 설명으로 옳은 것만을 〈보기〉에서 있는 대로 고른 것은?

보기

ㄱ. A에 흐르는 전류의 방향은 xy 평면에 수직으로 들어가는 방향이다.

ㄴ. (가)의 $x=4d$인 지점에서 A에 흐르는 전류에 의한 자기장의 방향과 B에 흐르는 전류에 의한 자기장의 방향은 같다.

ㄷ. 전류의 세기는 A가 B의 $\frac{4}{3}$배이다.

① ㄱ ② ㄴ ③ ㄷ ④ ㄱ, ㄴ ⑤ ㄴ, ㄷ

[20700-0370]

10 그림은 xy 평면에 일정한 세기의 전류가 흐르는 원형 도선 A와 무한히 긴 직선 도선 B가 고정되어 있는 것을 나타낸 것이다. A에는 시계 반대 방향으로 전류가 흐르며, 원형 도선의 중심 O에서 A, B에 흐르는 전류에 의한 자기장은 0이다. 점 P는 x축상의 점이다.

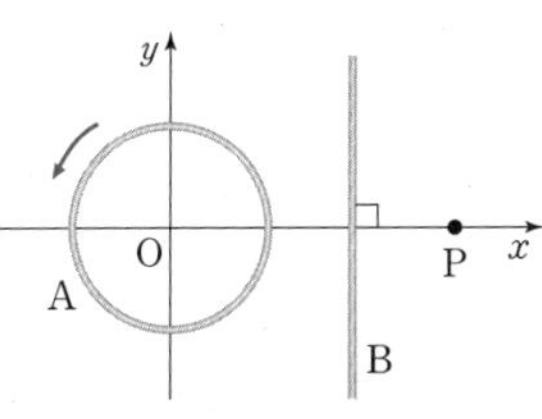

이에 대한 설명으로 옳은 것만을 〈보기〉에서 있는 대로 고른 것은?

보기

ㄱ. O에서 A에 흐르는 전류에 의한 자기장의 방향은 xy 평면에서 수직으로 나오는 방향이다.

ㄴ. B에 흐르는 전류의 방향은 $+y$ 방향이다.

ㄷ. B를 P로 평행 이동시키면 O에서 A, B에 흐르는 전류에 의한 자기장의 방향은 xy 평면에 수직으로 들어가는 방향이다.

① ㄱ ② ㄴ ③ ㄷ ④ ㄱ, ㄴ ⑤ ㄱ, ㄷ

[20700-0371]

11 그림 (가)는 세기가 I인 전류가 흐르는 직선으로부터 거리가 r만큼 떨어진 지점 o에서 전류에 의한 자기장의 세기가 B_0인 것을 나타낸 것이다. 그림 (나)는 반지름이 r인 원형 도선에 세기가 I인 전류가 흐르는 것을 나타낸 것이다. 원형 도선의 중심 p에서 전류에 의한 자기장의 세기는 πB_0이다. 그림 (다)는 서로 반대 방향으로 세기가 I인 전류가 흐르는 무한히 긴 직선 도선 2개와 반지름이 r인 원형 도선이 종이면에 고정되어 있는 것을 나타낸 것이다.

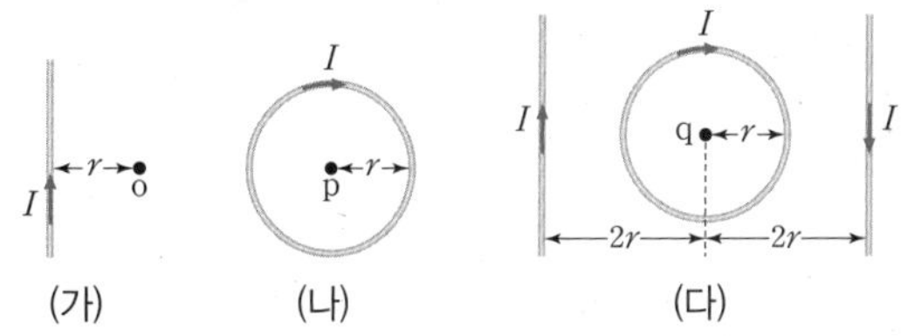

원형 도선의 중심 q에서 전류에 의한 자기장의 방향과 세기로 옳은 것은? (단, 종이면에 수직으로 들어가는 방향은 ⊗, 종이면에서 수직으로 나오는 방향은 ◉이다.)

	방향	세기		방향	세기		방향	세기
①	⊗	B_0	②	⊗	$\frac{B_0}{\pi}$	③	⊗	$B_0(1+\pi)$
④	◉	$\frac{B_0}{\pi}$	⑤	◉	$B_0(1+\pi)$			

[20700-0372]

12 그림은 고정된 솔레노이드 위에 용수철저울에 연결한 막대자석을 매달아 놓고 회로를 구성한 것을 나타낸 것이다. 스위치를 닫았더니 용수철저울에 나타난 측정값이 증가하였다.

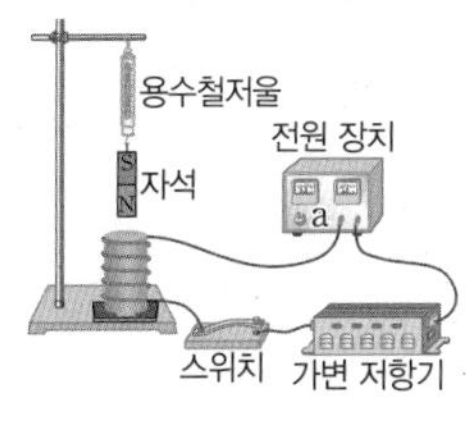

이에 대한 설명으로 옳은 것만을 〈보기〉에서 있는 대로 고른 것은?

보기

ㄱ. 전원 장치의 a는 (+)극이다.

ㄴ. 스위치를 닫은 상태에서 전원 장치의 전압을 증가시키면 용수철저울의 측정값은 감소한다.

ㄷ. 스위치를 닫은 상태에서 가변 저항기의 저항값을 증가시키면 용수철저울의 측정값은 감소한다.

① ㄱ ② ㄴ ③ ㄷ ④ ㄱ, ㄷ ⑤ ㄴ, ㄷ

10 유도 기전력과 상호유도

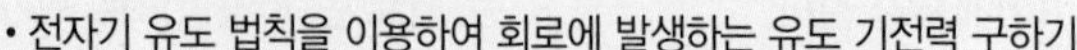

- 전자기 유도 법칙을 이용하여 회로에 발생하는 유도 기전력 구하기
- 전자기 유도 법칙이 활용되는 다양한 적용 사례 설명하기
- 코일에 흐르는 전류가 변할 때 상호유도에 대해 설명하기

한눈에 단원 파악, 이것이 핵심!

전자기 유도 법칙은 무엇일까?

유도 전류는 코일을 통과하는 자기 선속의 변화를 방해하는 방향으로 흐른다.

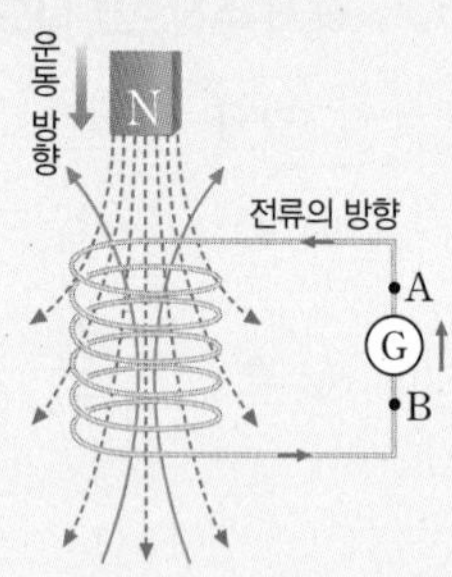

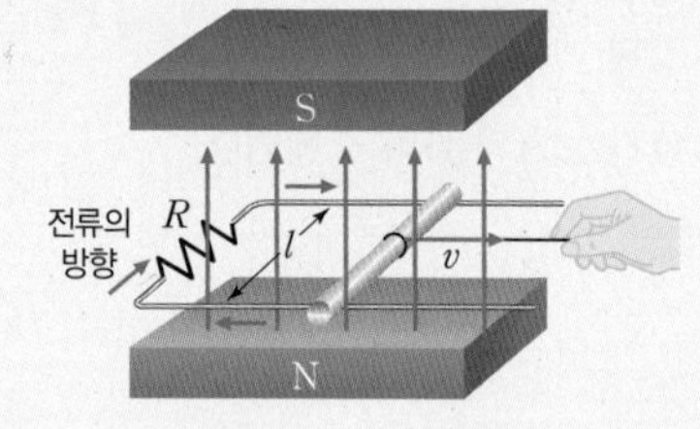

$$V = -N\frac{\Delta\Phi}{\Delta t} = -\frac{\Delta(BA)}{\Delta t} = -Blv$$

상호유도는 어떻게 나타날까?

1차 코일에 흐르는 전류에 의해 발생하는 자기 선속의 변화를 방해하는 방향으로 2차 코일에 상호유도 기전력이 발생한다.

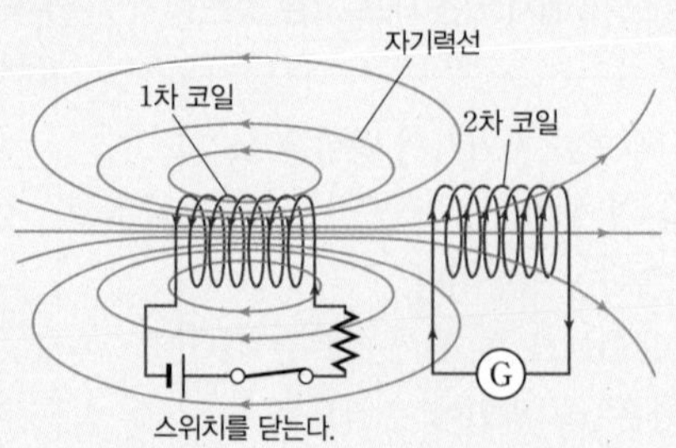

유도 기전력

1 전자기 유도

(1) 전자기 유도: 코일을 통과하는 자기 선속이 변할 때 코일에 유도 전류가 흐르는 현상이다.

(2) ❶자기 선속(Φ): 자기장에 수직인 단면을 통과하는 자기력선의 총 개수이다. 면의 법선과 자기장 방향이 이루는 각을 θ, 면의 면적이 A, 자기장의 세기가 B일 때 자기 선속 Φ는 다음과 같다.

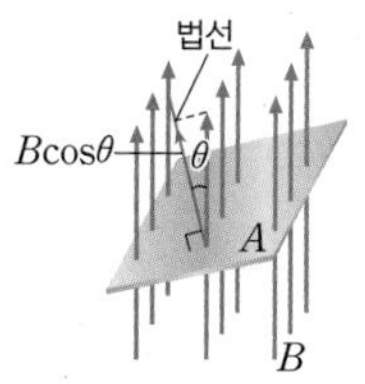

$$\Phi = BA\cos\theta \text{ [단위: Wb(웨버)]}$$

2 유도 기전력

(1) 유도 전류와 유도 기전력

① 유도 전류: 전자기 유도에 의해 코일에 흐르는 전류이다.

② 유도 기전력: 전자기 유도에 의해 유도 전류를 흐르게 하는 기전력이다.

(2) 패러데이 전자기 유도 법칙: 유도 기전력의 크기는 자기 선속의 시간적 변화율에 비례하고, 코일의 감은 수에 비례한다.

① 유도 기전력: 코일의 감은 수를 N, ❷자기 선속의 시간적 변화율이 $\frac{\Delta\Phi}{\Delta t}$일 때 유도 기전력 V는 다음과 같다.

$$V = -N\frac{\Delta\Phi}{\Delta t} \text{ [단위: V(볼트)]}$$

(−)부호는 유도 기전력의 방향을 의미하며, 유도 기전력의 방향은 자기 선속의 변화를 방해하는 방향이다.

② ❸유도 전류의 세기: 유도 기전력에 비례한다.

(3) 렌츠 법칙: 유도 전류는 코일을 통과하는 자기 선속의 변화를 방해하는 방향으로 흐른다.

코일에 자석의 N극을 가까이 할 때		코일에서 자석의 N극을 멀리할 때	
코일을 통과하는 자기 선속 증가 ➡ 자기 선속의 증가를 방해하도록 코일 위쪽에 N극이 유도 ➡ 유도 전류의 방향: B → Ⓖ → A 방향	N, N, S, A, B, G, 유도 전류	코일을 통과하는 자기 선속 감소 ➡ 자기 선속의 증가를 방해하도록 코일 위쪽에 S극이 유도 ➡ 유도 전류의 방향: A → Ⓖ → B 방향	N, S, N, A, B, G, 유도 전류
코일에 자석의 S극을 가까이 할 때		**코일에서 자석의 S극을 멀리할 때**	
코일을 통과하는 자기 선속 증가 ➡ 자기 선속의 증가를 방해하도록 코일 위쪽에 S극이 유도 ➡ 유도 전류의 방향: A → Ⓖ → B 방향	S, S, N, A, B, G, 유도 전류	코일을 통과하는 자기 선속 감소 ➡ 자기 선속의 감소를 방해하도록 코일 위쪽에 N극이 유도 ➡ 유도 전류의 방향: B → Ⓖ → A 방향	S, N, S, A, B, G, 유도 전류

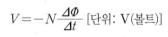

THE 알기

❶ **자기 선속**
자기장의 방향과 면의 법선이 나란할 때 자기 선속은 그림과 같다.

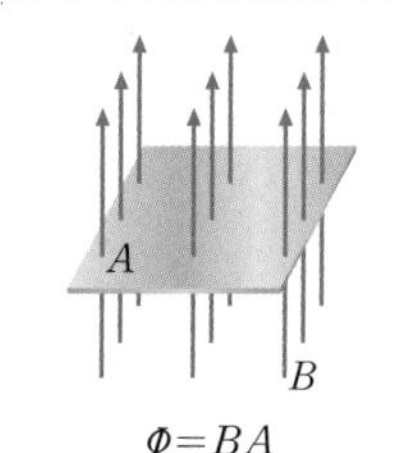

$\Phi = BA$

❷ **자기 선속의 변화량($\Delta\Phi$)**
자기장의 세기가 변하거나 자기장이 통과하는 코일의 단면적이 변하면 자기 선속이 변한다.

❸ **유도 전류의 세기 증가**
자석 또는 코일을 빠르게 움직일수록, 코일의 감은 수가 많을수록, 자기장의 세기가 셀수록 유도 전류의 세기는 크다.

THE 알기

❶ ㄷ자형 도선에서 유도 전류의 방향
오른손 엄지손가락을 자기 선속의 변화를 방해하는 방향으로 가리켰을 때 네 손가락이 감아쥐는 방향이 유도 전류의 방향이다.

3 전자기 유도 법칙의 적용

(1) [1]**ㄷ자형 도선에서 전자기 유도**: 세기가 B인 균일한 자기장 영역에 놓인 ㄷ자형 도선 위에서 길이가 l인 도체 막대를 v의 일정한 속력으로 운동시키면 ㄷ자형 도선에 유도 기전력이 발생한다.

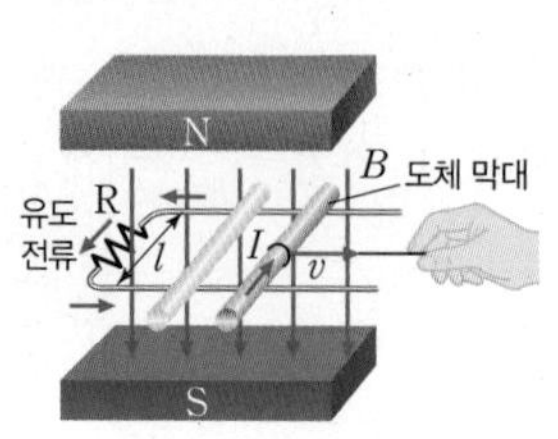

구분	구리 막대가 오른쪽으로 움직일 때
면적 변화	ㄷ자형 도선, 균일한 자기장, 저항, 넓어진다., 구리 막대
유도 전류	종이면에 수직으로 들어가는 자기 선속 증가 ➡ 유도 전류에 의한 자기 선속은 종이면에서 수직으로 나오는 방향: 시계 반대 방향

(2) 유도 기전력과 유도 전류의 세기

① 유도 기전력

$$V=-N\frac{\Delta\Phi}{\Delta t}=-\frac{\Delta(BA)}{\Delta t}=-B\frac{(lv\Delta t)}{\Delta t}=-Blv$$

② 유도 전류의 세기

$$I=\frac{V}{R}=\frac{Blv}{R}$$

(3) 발전기: 역학적 에너지를 전기 에너지로 변환하는 장치이다.

① 발전기의 구조: 자석 사이에 코일을 넣고 외부의 에너지를 이용하여 코일을 회전시키면 코일면을 통과하는 자기 선속이 변한다.

② 기본 원리

회전각 0° → 90°	회전각 90° → 180°	회전각 180° → 270°	회전각 270° → 360°
N, S, a, b	N, S, a, b	N, S, a, b	N, S, a, b
• 자기 선속: 증가 • 유도 전류의 방향: a → b	• 자기 선속: 감소 • 유도 전류의 방향: b → a	• 자기 선속: 증가 • 유도 전류의 방향: b → a	• 자기 선속: 감소 • 유도 전류의 방향: a → b

(4) 전기 기타: 줄의 진동을 전기 신호로 변화시키는 픽업 장치의 자석에 의해 자기화가 된 기타 줄이 진동하면 코일 속을 통과하는 자기 선속이 변하여 코일에 전류가 흘러 전기 신호가 발생한다.

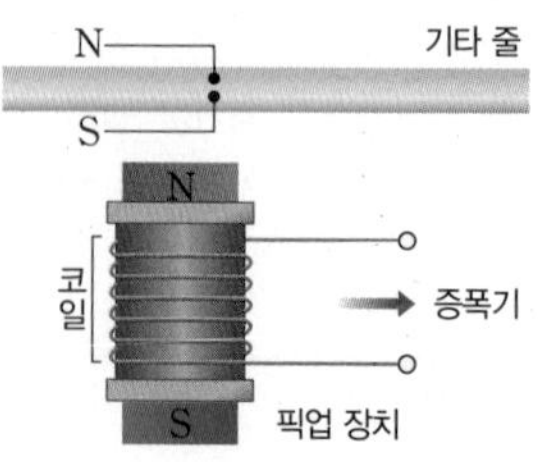

개념체크

빈칸 완성

1. 자기장에 수직인 단면을 통과하는 자기력선의 수를 (　　　)이라고 한다.

2. 유도 기전력의 크기는 단위 시간당 코일을 통과하는 (　　　)의 변화율에 비례한다.

3. 코일에 흐르는 유도 전류의 방향은 자기 선속의 변화를 (　　　)하는 방향으로 흐른다.

4. 유도 전류의 세기는 자기장의 세기가 ㉠(　　　)수록, 자석을 ㉡(　　　) 움직일수록, 코일의 감은 수가 ㉢(　　　)을수록 세다.

5. 자석의 N극을 코일에 가까이 움직이면 코일과 자석 사이에는 서로 ㉠(　　　) 자기력이 작용하고, 자석의 N극을 코일로부터 멀어지는 방향으로 움직이면 코일과 자석 사이에는 서로 ㉡(　　　) 자기력이 작용한다.

6. 자석의 S극을 코일에 가까이 움직이면 코일과 자석 사이에는 서로 ㉠(　　　) 자기력이 작용하고, 자석의 S극을 코일로부터 멀어지는 방향으로 움직이면 코일과 자석 사이에는 서로 ㉡(　　　) 자기력이 작용한다.

7. 전자기 유도에 의해 코일에 유도 전류를 흐르게 하는 원인이 되는 전압을 (　　　)이라고 한다.

8. 발전기는 전자기 유도를 이용하여 역학적 에너지를 (　　　) 에너지로 전환하는 장치이다.

정답 **1.** 자기 선속 **2.** 자기 선속 **3.** 방해 **4.** ㉠ 셀, ㉡ 빠르게, ㉢ 많 **5.** ㉠ 밀어내는, ㉡ 당기는 **6.** ㉠ 밀어내는, ㉡ 당기는 **7.** 유도 기전력 **8.** 전기

○X 문제

1. 그림은 코일 위에 막대자석을 정지시킨 채로 잡고 있는 모습을 나타낸 것이다. 코일에 유도 전류가 흐르는 경우에는 ○, 유도 전류가 흐르지 <u>않는</u> 경우에는 ×로 표시하시오.

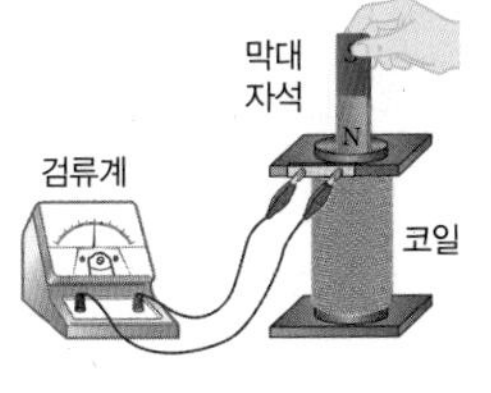

(1) 막대자석을 코일에서 멀어지는 방향으로 움직일 때 (　　)

(2) 막대자석을 코일에 가까워지는 방향으로 움직일 때 (　　)

(3) 막대자석을 코일 내부에 넣고 정지시켜 놓을 때 (　　)

2. 막대자석을 코일 근처에서 움직일 때 검류계에 흐르는 전류의 방향으로 옳은 경우에는 ○, 옳지 <u>않은</u> 경우에는 ×로 표시하시오.

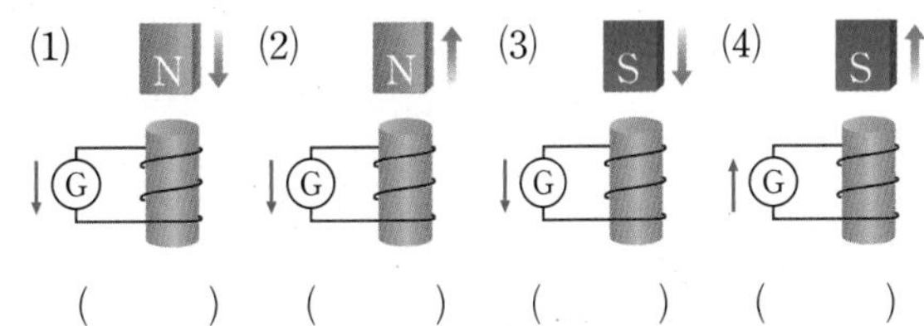

(　　)　(　　)　(　　)　(　　)

3. 그림 (가)는 종이면에 수직으로 들어가는 방향의 균일한 자기장 영역에 고정된 도선을 나타낸 것이다. 그림 (나)는 자기장 영역의 자기장 세기를 시간에 따라 나타낸 것이다. (나)의 A, B, C 구간에서 도선에 유도 전류가 흐르는 경우에는 ○, 유도 전류가 흐르지 <u>않는</u> 경우에는 ×로 표시하시오.

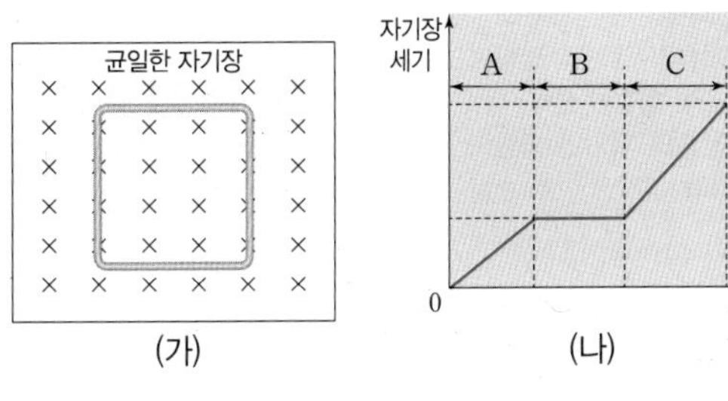

(가)　(나)

A: (　　), B: (　　), C: (　　)

정답 **1.** (1) ○ (2) ○ (3) × **2.** (1) ○ (2) × (3) × (4) × **3.** A: ○, B: ×, C: ○

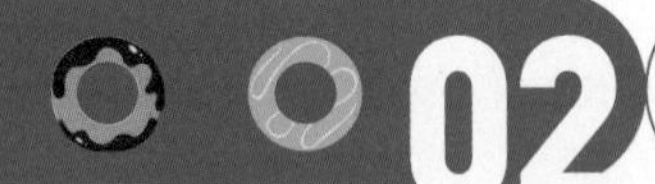

02 상호유도

THE 알기

❶ 1차 코일과 2차 코일
전원 장치에 연결된 코일을 1차 코일이라 하고, 유도 기전력이 발생하는 코일을 2차 코일이라고 한다.

❷ 1차 코일에 연결된 스위치의 작동
1차 코일에 연결된 스위치를 닫으면 1차 코일이 2차 코일에 접근하는 것과 같고, 스위치를 열면 1차 코일이 2차 코일에서 멀어지는 것과 같다.

❸ 상호 인덕턴스
상호 유도 계수라고도 한다.

❹ 상호유도 전류의 방향
1차 코일과 2차 코일의 감은 방향을 고려한다. 1차 코일에 흐르는 전류가 변할 때 1차 코일에 흐르는 전류에 의한 자기장의 방향과 반대 방향으로 오른손 엄지손가락을 가리켰을 때 네 손가락으로 2차 코일을 감아쥐는 방향이 유도 전류의 방향이다.

❺ 직류와 교류
- 직류: 전류의 세기와 방향이 시간에 따라 일정한 전류
- 교류: 전류의 세기와 방향이 시간에 따라 주기적으로 변하는 전류

❻ 변압기의 1차 코일과 2차 코일
변압기에서도 전원 장치에 연결한 코일을 1차 코일이라 하고, 유도 기전력이 발생하는 코일을 2차 코일이라고 한다.

1 상호유도

❶1차 코일에 흐르는 전류가 변할 때, 근처에 있는 2차 코일에 유도 기전력이 발생하는 현상

(1) 상호유도의 발생

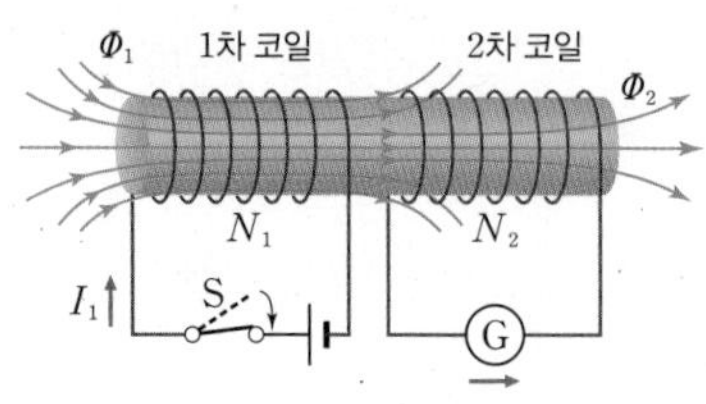

❷1차 코일의 스위치를 닫음 ➡ 1차 코일에 흐르는 전류의 세기 증가

➡ 1차 코일을 통과하는 자기 선속 증가 ➡ 2차 코일을 통과하는 자기 선속 증가

➡ 2차 코일을 통과하는 자기 선속의 변화를 방해하는 방향으로 유도 기전력 발생

(2) ❸상호 인덕턴스(M): 상호유도에 의한 기전력이 얼마나 크게 발생하는지를 나타내는 물리량으로 코일의 모양, 감은 수, 위치, 코일 주위의 물질 등에 따라 달라진다. [단위: H(헨리)]

(3) 상호유도 기전력: 1차 코일에 생기는 자기장의 변화를 방해하는 방향으로 2차 코일에 상호유도 기전력이 발생한다. ❹상호유도 전류의 방향은 상호유도 기전력의 방향과 같다.

$$V_2=-N_2\frac{\Delta\Phi_2}{\Delta t}=-M\frac{\Delta I_1}{\Delta t}\ \text{[단위: V (볼트)]}$$

(N_2: 2차 코일의 감은 수, ΔI_1: 1차 코일에 흐르는 전류의 변화량
$\Delta\Phi_2$: 2차 코일을 통과하는 자기 선속 변화량)

2 상호유도의 이용

(1) 변압기: 상호유도를 이용하여 ❺교류 전압을 변화시키는 장치이다.

① 구조: 얇은 금속판 여러 장을 붙인 ▣ 모양의 철심 양쪽에 ❻코일을 감은 구조이다.

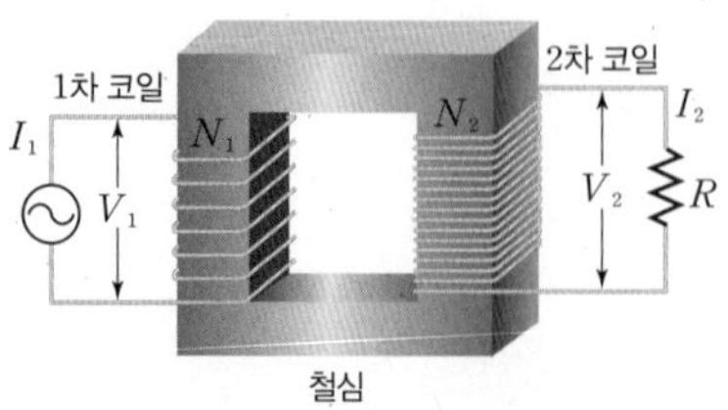

② 원리: 1차 코일에 흐르는 전류의 변화에 의해 생기는 자기장의 변화가 철심을 통해 2차 코일에 영향을 주어 2차 코일을 통과하는 자기 선속이 변하여 2차 코일에 유도 기전력이 발생한다.

③ 코일의 감은 수와 전압의 관계

- 1차 코일과 2차 코일을 통과하는 자기 선속은 같다. ➡ $\Phi_1=\Phi_2$
- N_1번 감은 1차 코일에서 발생하는 기전력은 $V_1=-N_1\frac{\Delta\Phi_1}{\Delta t}$ … ㉠이고, N_2번 감은 2차 코일에서 발생하는 기전력은 $V_2=-N_2\frac{\Delta\Phi_2}{\Delta t}$ … ㉡이다. $\Phi_1=\Phi_2$이므로 $\Delta\Phi_1=\Delta\Phi_2$ … ㉢이다. ㉠, ㉡, ㉢을 정리하면 $\frac{V_1}{N_1}=\frac{V_2}{N_2}$이다.

④ 전압과 전류의 관계: ❶변압기에서 에너지 손실이 없다면 1차 코일에 공급되는 전력과 2차 코일에 유도되는 전력은 같다. ➡ $P_1=P_2$이므로 $V_1I_1=V_2I_2$이다.

$$\frac{V_1}{V_2}=\frac{I_2}{I_1}=\frac{N_1}{N_2}$$

⑤ 변압기의 이용: 발전소에서 생산된 전력을 송전하는 과정에서 전압을 높이거나 낮추는 데 이용된다.

THE 알기

❶ 변압기에서의 에너지 손실
교육 과정에서 다루는 변압기는 에너지 손실이 없는 이상적인 변압기이다.

(2) 무선 충전기

충전 패드의 1차 코일에 흐르는 전류의 변화에 의해 변하는 자기장이 발생하면 휴대 전화의 전력 수신기의 2차 코일에 유도 전류가 흘러 배터리가 충전된다.

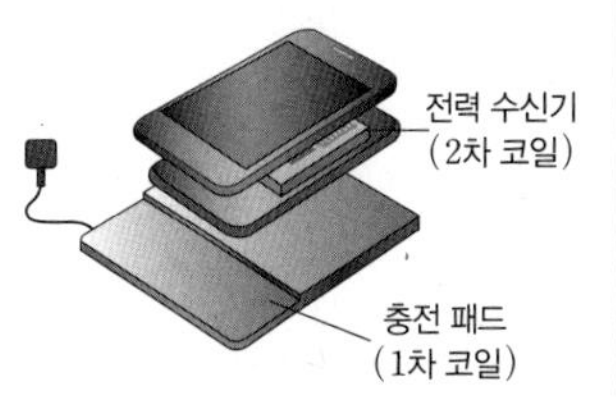

(3) 인덕션 레인지

인덕션 레인지 내부의 코일에 전류가 흐르면 조리 기구가 2차 코일의 역할을 하여 조리 기구에 유도 전류가 발생하여 조리 기구가 가열된다.

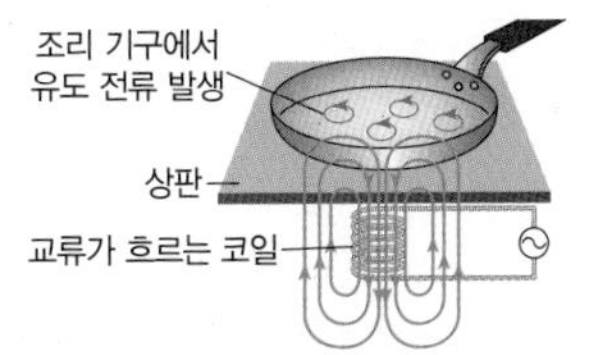

(4) 교통 카드 단말기

교통 카드를 전류가 흐르는 단말기에 접촉시키면 교통 카드 내부의 코일을 통과하는 자기 선속이 변하여 교통 카드에 유도 전류가 흘러 정보를 인식한다.

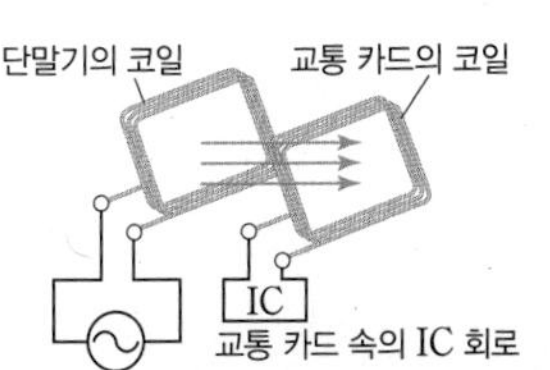

개념체크

빈칸 완성

1. 한쪽 코일의 전류의 세기가 변할 때 근처에 있는 코일에 유도 기전력이 발생하는 현상을 (　　　)유도라고 한다.

2. 전원 장치에 연결된 코일을 ㉠(　　　)차 코일이라 하고, 유도 기전력이 발생하는 코일을 ㉡(　　　)차 코일이라고 한다.

3. 2차 코일에서 상호유도에 의해 생기는 유도 기전력의 방향은 1차 코일에 의한 자기 선속의 변화를 (　　　)하는 방향이다.

4. 상호유도를 이용하여 교류 전압을 변화시키는 장치는 (　　　)이다.

5. 변압기에서 코일에 걸리는 전압은 코일의 감은 수에 (　　　)한다.

6. 이상적인 변압기에서 1차 코일에 공급하는 전력은 2차 코일에 유도되는 전력과/보다 (　　　).

7. 전류의 세기가 시간에 따라 일정한 전류를 ㉠(　　　)라 하고, 전류의 세기가 시간에 따라 변하는 전류를 ㉡(　　　)라고 한다.

8. 변압기에서 1차 코일을 통과하는 자기 선속은 2차 코일을 통과하는 자기 선속과/보다 (　　　).

정답 1. 상호 2. ㉠ 1, ㉡ 2 3. 방해 4. 변압기 5. 비례 6. 같다 7. ㉠ 직류, ㉡ 교류 8. 같다

○X 문제

1. 상호유도에 대한 설명으로 옳은 경우에는 ○, 옳지 않은 경우에는 ×로 표시하시오.

(1) 일정한 세기의 전류가 흐르는 1차 코일을 2차 코일에서 멀리 떨어지게 하면 2차 코일에는 유도 기전력이 발생하지 않는다. (　　)

(2) 1차 코일과 2차 코일을 고정시키고, 1차 코일에 흐르는 전류를 변화시키면 2차 코일에는 유도 기전력이 발생한다. (　　)

(3) 2차 코일에 흐르는 유도 전류의 방향은 2차 코일을 통과하는 자기 선속의 변화를 방해하는 방향이다. (　　)

2. 그림은 전원과 스위치가 연결된 1차 코일과 검류계가 연결된 2차 코일을 나타낸 것이다.

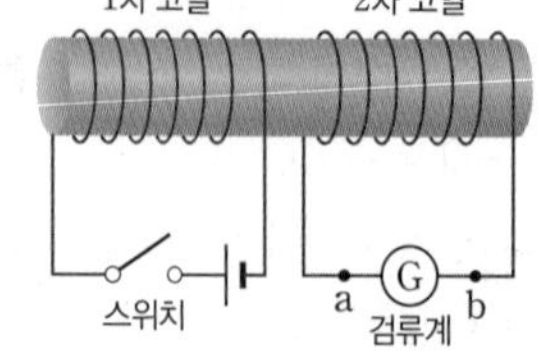

2차 코일에 흐르는 전류의 방향으로 옳은 경우에는 ○, 옳지 않은 경우에는 ×로 표시하시오.

(1) 스위치를 닫는 순간 2차 코일에 흐르는 전류의 방향은 a → 검류계 → b이다. (　　)

(2) 닫혀있던 스위치를 여는 순간 2차 코일에 흐르는 전류의 방향은 a → 검류계 → b이다. (　　)

3. 그림은 1차 코일과 2차 코일의 감은 수가 각각 20회, 10회인 변압기를 나타낸 것이다. 2차 코일에 연결된 저항의 저항값은 10 Ω이고, 저항에 흐르는 전류의 세기는 5 A이다.

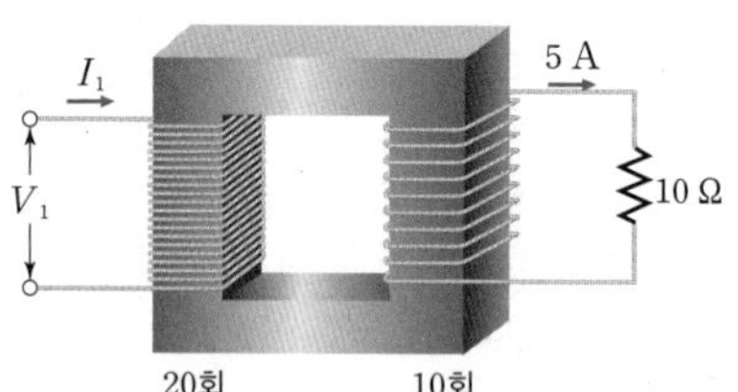

이에 대한 설명으로 옳은 경우에는 ○, 옳지 않은 경우에는 ×로 표시하시오. (단, 변압기에서의 에너지 손실은 무시한다.)

(1) 1차 코일에 걸리는 전압 V_1은 100 V이다. (　　)

(2) 1차 코일에 흐르는 전류 I_1은 10 A이다. (　　)

(3) 저항에서 소모하는 전력은 250 W이다. (　　)

정답 1. (1) × (2) ○ (3) ○ 2. (1) ○ (2) × 3. (1) ○ (2) × (3) ○

관을 통과하는 자석의 낙하 운동 관찰

정답과 해설 67쪽

목표

자기 선속의 변화에 의해 유도 전류가 흐르는 현상을 설명할 수 있다.

과정

1. 길이가 같은 플라스틱관 A와 B를 스탠드에 고정하고, A에만 발광 다이오드가 연결된 코일을 끼워 고정시킨다.
2. 동일한 네오디뮴 자석 P, Q를 각각 A, B 위에서 동시에 놓아 자석이 관 속을 따라 떨어지게 한다.
3. 코일에 연결된 발광 다이오드에서 빛이 방출되는지 확인한다.
4. P, Q를 놓은 순간부터 바닥에 닿는 순간까지 자석의 낙하 시간을 측정한다.

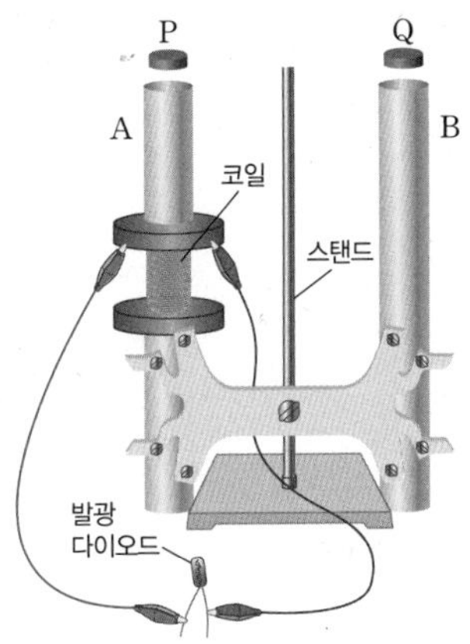

결과 정리 및 해석

1. 자석이 코일을 통과하는 순간 발광 다이오드에서 빛이 방출된다.
2. 자석의 낙하 시간

자석	낙하 시간(s)
P	0.51
Q	0.45

탐구 분석

1. 발광 다이오드에서 빛이 방출되는 현상을 에너지 전환의 관점에서 설명하시오.
2. P와 Q의 낙하 시간이 차이가 나는 이유는 무엇인가?

내신 기초 문제

[20700-0373]

01 그림은 빗면을 내려온 자석이 수평인 직선 레일에 고정된 원형 코일 내부를 통과하여 운동하는 것을 나타낸 것이다. 점 p, q는 수평 레일상의 점이고, 코일로부터 같은 거리만큼 떨어져 있다.

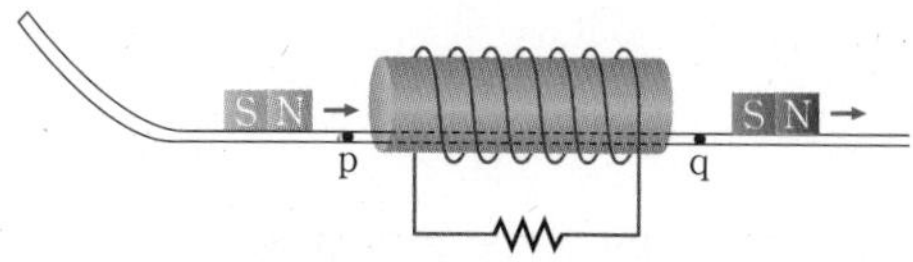

이에 대한 설명으로 옳은 것만을 〈보기〉에서 있는 대로 고른 것은? (단, 공기 저항과 모든 마찰은 무시한다.)

> 보기
> ㄱ. 저항에 흐르는 유도 전류의 방향은 자석이 p를 지날 때와 q를 지날 때가 서로 반대이다.
> ㄴ. 저항에 흐르는 유도 전류의 세기는 자석이 p를 지날 때와 q를 지날 때가 같다.
> ㄷ. 자석의 가속도의 크기는 p에서가 q에서보다 크다.

① ㄱ ② ㄴ ③ ㄷ ④ ㄱ, ㄴ ⑤ ㄱ, ㄷ

[20700-0374]

02 그림과 같이 원형 도선이 중심축을 따라 일정한 속력으로 중심축상에 고정된 막대자석을 통과한다.

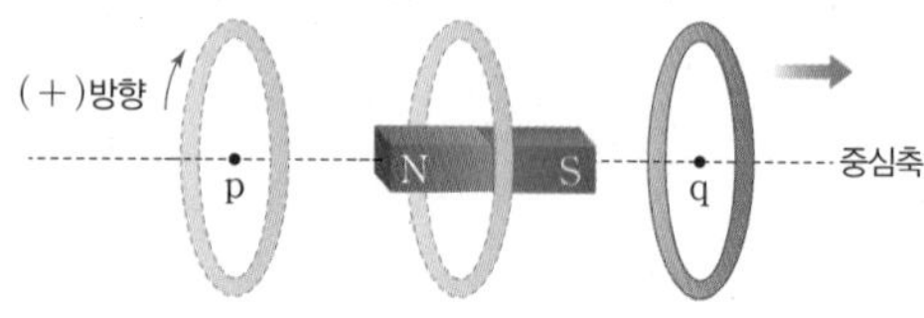

원형 도선이 중심축상의 점 p에서 q까지 운동하는 동안, 원형 도선에 흐르는 전류를 시간에 따라 가장 적절하게 나타낸 것은? (단, 원형 도선의 화살표 방향으로 전류가 흐를 때가 (+)이다.)

①
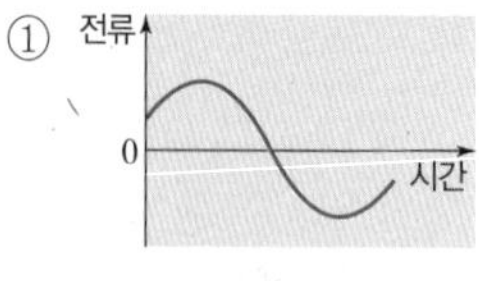

②
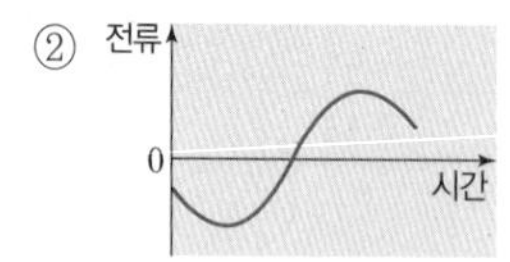

③
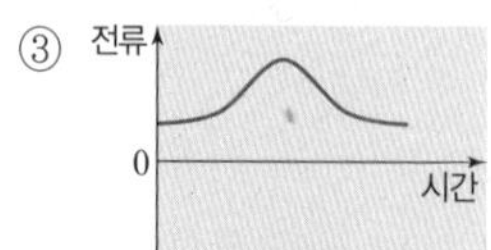

④
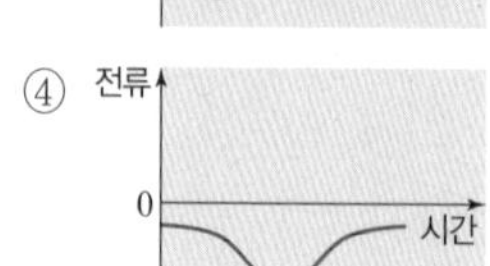

⑤
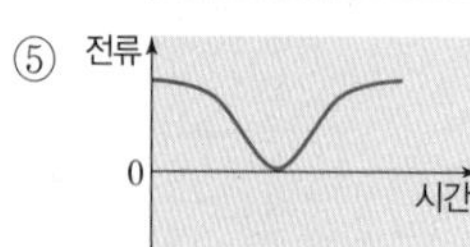

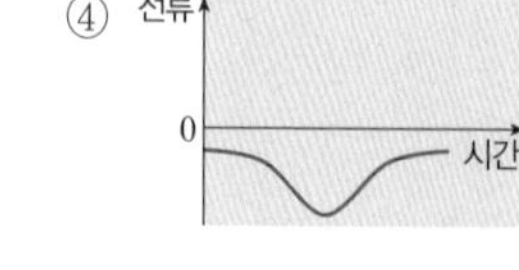

[20700-0375]

03 그림은 경사면에 가만히 놓은 자석이 경사면과 나란하게 고정된 원형 코일을 통과하는 것을 나타낸 것이다. 경사면은 코일의 중심축을 지나며, 점 p, q는 경사면 위의 점이다.

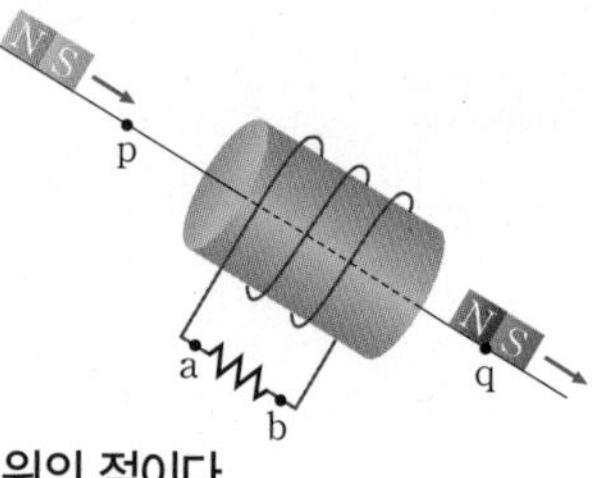

이에 대한 설명으로 옳은 것만을 〈보기〉에서 있는 대로 고른 것은? (단, 공기 저항과 모든 마찰은 무시한다.)

> 보기
> ㄱ. 자석이 p를 지날 때 저항에 흐르는 전류의 방향은 a → 저항 → b이다.
> ㄴ. p에서 q까지 자석의 중력 퍼텐셜 에너지 감소량은 코일에서 발생한 전기 에너지와 같다.
> ㄷ. 자석이 코일로부터 받는 자기력의 방향은 p에서와 q에서가 서로 반대 방향이다.

① ㄱ ② ㄴ ③ ㄷ ④ ㄱ, ㄴ ⑤ ㄱ, ㄷ

[20700-0376]

04 그림 (가)는 종이면에 수직인 방향의 균일한 자기장 영역에 원형 도선이 고정되어 있는 것을 나타낸 것이다. 그림 (나)는 자기장 영역의 자기장을 시간에 따라 나타낸 것이다. t_1일 때 자기장의 방향은 종이면에 수직으로 들어가는 방향이다.

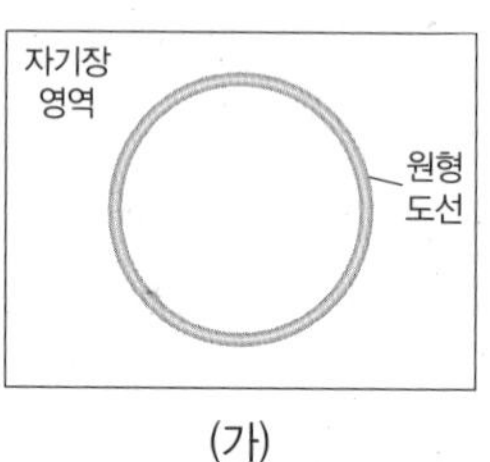

(가)

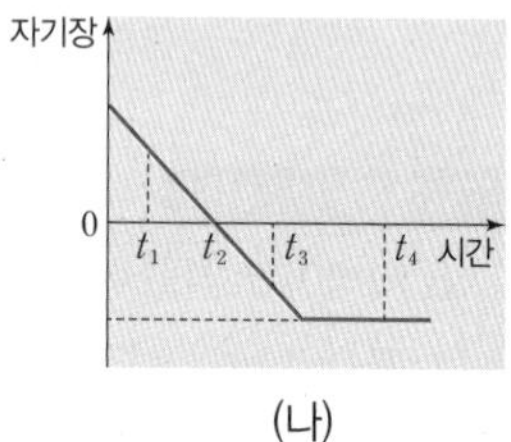

(나)

이에 대한 설명으로 옳은 것만을 〈보기〉에서 있는 대로 고른 것은?

> 보기
> ㄱ. 원형 도선에 흐르는 전류의 방향은 t_1일 때와 t_3일 때가 같다.
> ㄴ. 원형 도선에 흐르는 전류의 세기는 t_2일 때와 t_4일 때가 같다.
> ㄷ. 원형 도선을 통과하는 자기 선속은 t_3일 때가 t_4일 때보다 크다.

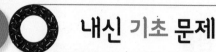

① ㄱ ② ㄴ ③ ㄷ ④ ㄱ, ㄴ ⑤ ㄱ, ㄷ

[20700-0377]

05 그림은 세기가 B이고 종이면에 수직인 방향의 균일한 자기장 영역에 고정된 폭이 L인 ㄷ자형 도선 위에서 구리 막대가 v의 속력으로 등속도 운동하는 것을 나타낸 것이다. ㄷ자형 도선에 연결된 저항에서 소모하는 전력은 P이다.

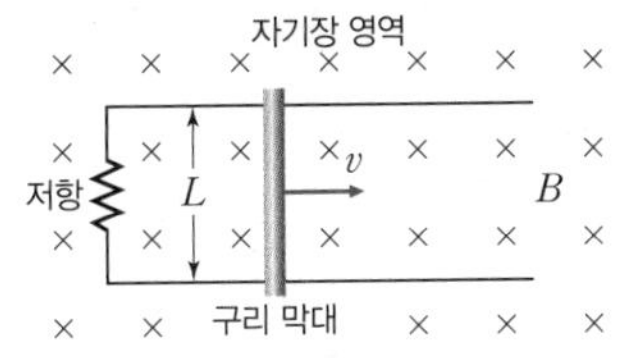

이에 대한 설명으로 옳은 것만을 〈보기〉에서 있는 대로 고른 것은?

보기

ㄱ. 구리 막대에 작용하는 알짜힘은 0이다.

ㄴ. 저항에 흐르는 유도 전류의 세기는 $\frac{P}{BLv}$이다.

ㄷ. 구리 막대가 속력 $2v$로 등속도 운동을 하면 저항에서 소모하는 전력은 $2P$이다.

① ㄱ ② ㄷ ③ ㄱ, ㄴ ④ ㄴ, ㄷ ⑤ ㄱ, ㄴ, ㄷ

[20700-0378]

06 그림은 종이면에 수직으로 들어가는 방향의 균일한 자기장 영역을 등속도 운동하는 사각형 도선을 나타낸 것이다.

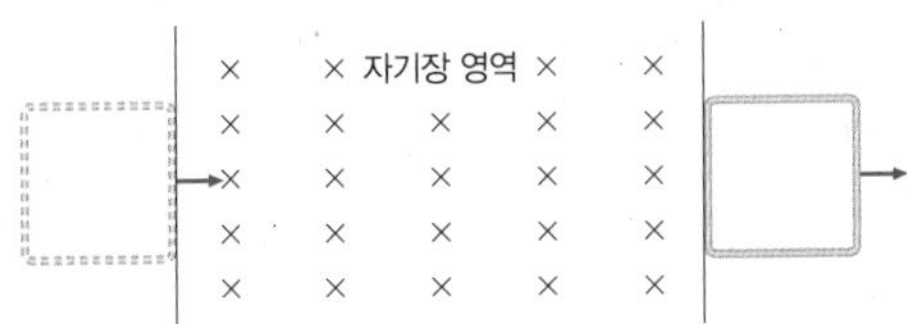

사각형 도선이 자기장 영역에 들어가는 순간부터 완전히 빠져나오는 순간까지 도선에 흐르는 유도 전류를 시간에 따라 나타낸 것으로 가장 적절한 것은? (단, 도선에 시계 방향으로 유도 전류가 흐를 때가 (+)이다.)

①
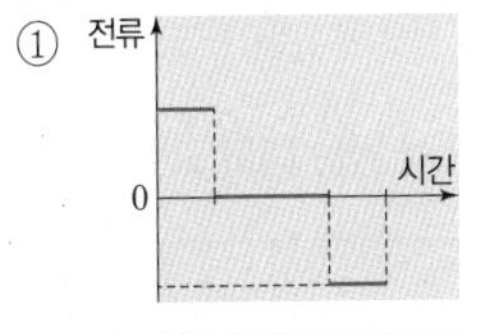

②
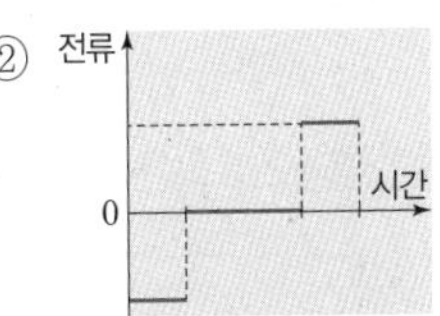

③
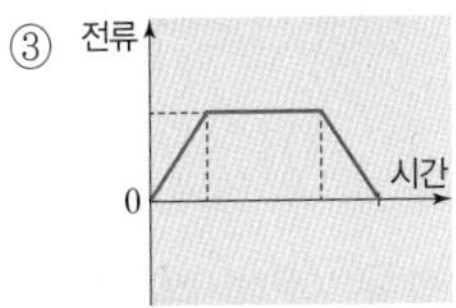

④
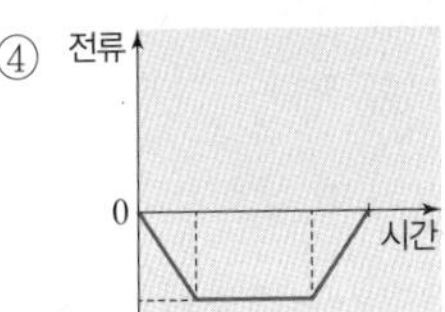

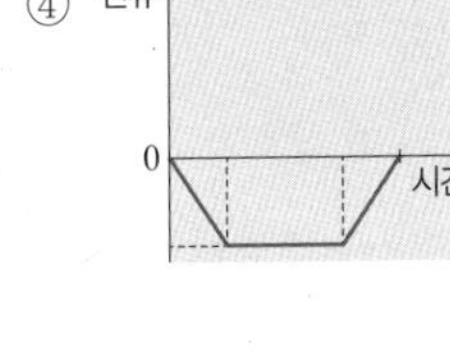

⑤
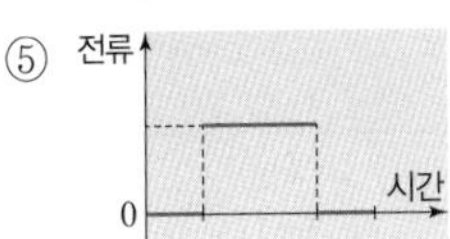

[20700-0379]

07 그림 (가)는 종이면에 수직으로 들어가는 방향의 균일한 자기장 영역에서 저항이 연결된 ㄷ자형 도선 위에서 금속 막대가 운동하는 것을 나타낸 것이다. 그림 (나)는 금속 막대의 위치를 시간에 따라 나타낸 것이다.

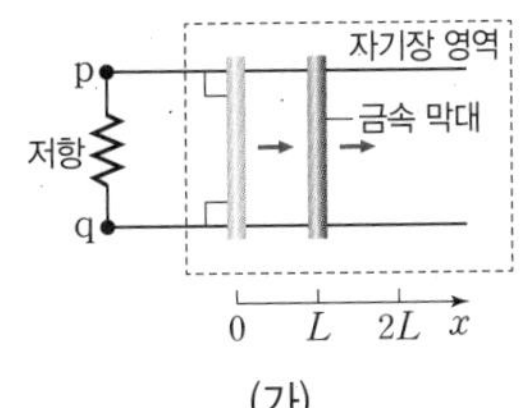

(가)

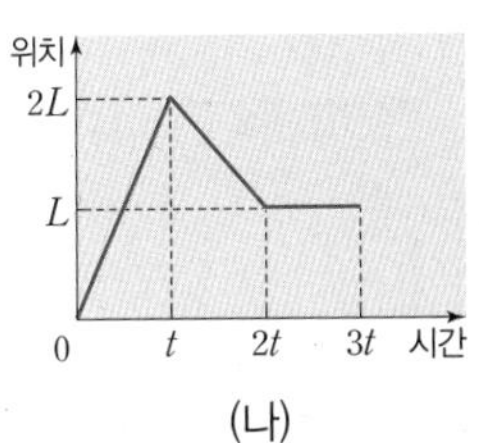

(나)

p → 저항 → q로 흐르는 유도 전류의 방향을 (+)로 할 때, 저항에 흐르는 유도 전류를 시간에 따라 나타낸 것으로 가장 적절한 것은?

①
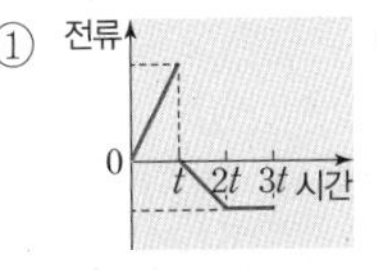

②
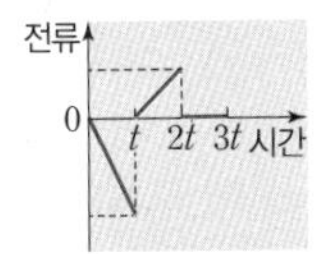

③
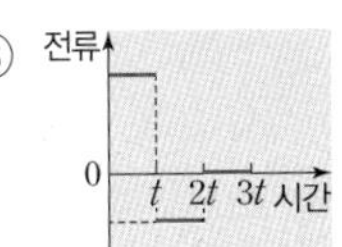

④
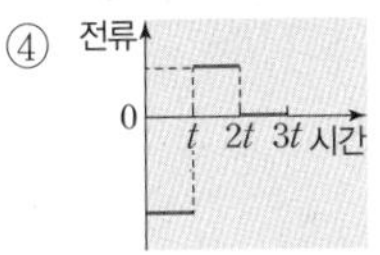

⑤
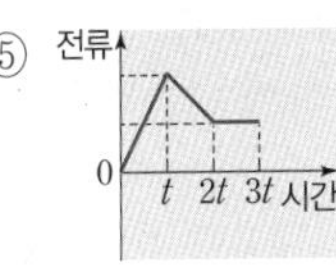

[20700-0380]

08 그림은 xy 평면에서 $+y$ 방향으로 일정한 전류가 흐르는 직선 도선의 오른쪽에 사각형 도선의 중심이 xy 평면의 점 p에 정지해 있는 것을 나타낸 것이다. 표는 p에 정지해 있던 도선의 운동 방향과 속력을 나타낸 것이다.

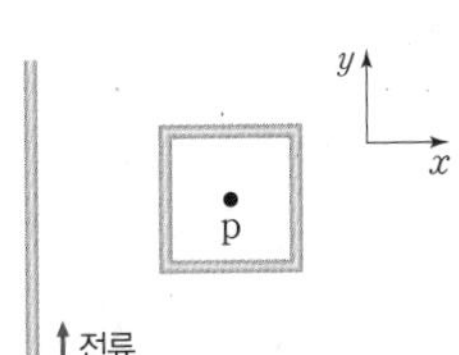

	운동 방향	속력
(가)	$+x$	v
(나)	$-x$	v
(다)	$+y$	v
(라)	$-y$	$2v$

이에 대한 설명으로 옳은 것만을 〈보기〉에서 있는 대로 고른 것은?

보기

ㄱ. (가)에서 사각형 도선에 흐르는 유도 전류의 방향은 시계 반대 방향이다.

ㄴ. 사각형 도선에 흐르는 유도 전류의 세기는 (가)에서가 (나)에서보다 작다.

ㄷ. 사각형 도선을 통과하는 자기 선속은 (다)에서가 (라)에서보다 작다.

① ㄱ ② ㄴ ③ ㄷ ④ ㄱ, ㄴ ⑤ ㄴ, ㄷ

서술형

[20700-0381]

09 그림 (가)는 균일한 자기장 영역에 원형 도선이 고정되어 있는 것을 나타낸 것이다. 그림 (나)는 원형 도선을 통과하는 자기 선속을 시간에 따라 나타낸 것이다. 2초일 때 원형 도선에 흐르는 유도 전류의 방향은 시계 방향이다.

(가)

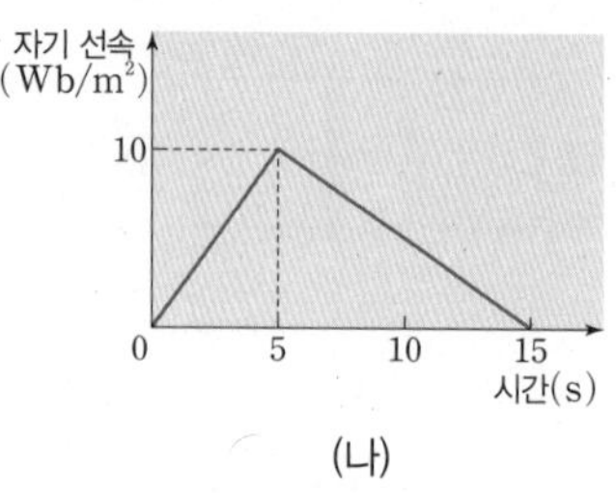

(나)

(1) 자기장 영역에서 자기장의 방향을 이유와 함께 서술하시오.

(2) 3초일 때 원형 도선에 흐르는 전류의 세기를 I_1, 10초일 때 원형 도선에 흐르는 전류의 세기를 I_2라고 할 때, $I_1 : I_2$를 이유와 함께 서술하시오.

서술형

[20700-0382]

10 그림은 종이면에 수직으로 들어가는 방향의 균일한 자기장 영역에 고정된 폭이 0.5 m인 ㄷ자형 도선 위에서 구리 막대가 1 m/s의 속력으로 등속도 운동하는 것을 나타낸 것이다. 자기장 영역에서 자기장의 세기는 2 T이고, ㄷ자형 도선에 연결된 저항의 저항값은 10 Ω이다.

2 T
10 Ω
0.5 m
1 m/s
구리 막대

(1) 저항에 흐르는 전류의 세기를 풀이 과정과 함께 구하시오.

(2) 저항에서 소모하는 전력을 풀이 과정과 함께 구하시오.

[20700-0383]

11 그림은 중심축이 동일한 원형 도선 A, B를 서로 마주 보도록 고정시킨 것을 나타낸 것이다. A에는 검류계가 연결되어 있고, B에는 전원 장치와 스위치가 연결되어 있다.

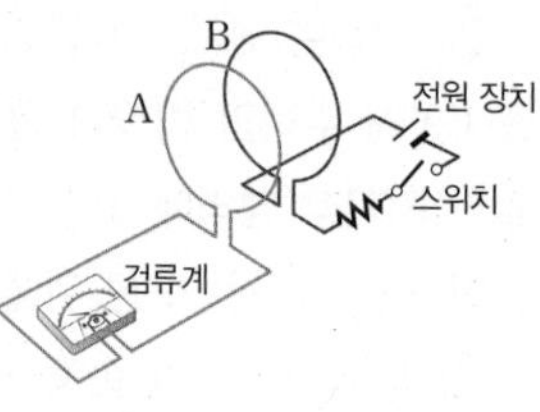

이에 대한 설명으로 옳은 것만을 〈보기〉에서 있는 대로 고른 것은?

보기

ㄱ. 스위치를 닫는 순간 A와 B 사이에는 서로 밀어내는 자기력이 작용한다.

ㄴ. 스위치를 닫은 채로 가만히 두면 A와 B 사이에는 서로 당기는 자기력이 작용한다.

ㄷ. A에 흐르는 전류의 방향은 스위치를 닫을 때와 스위치를 열 때가 서로 반대이다.

① ㄱ ② ㄴ ③ ㄷ ④ ㄱ, ㄷ ⑤ ㄴ, ㄷ

[20700-0384]

12 그림 (가)는 철심에 코일 A, B가 감겨 있는 것을 나타낸 것이다. A에는 저항 P와 전원 장치가 연결되어 있고, B에는 저항 Q가 연결되어 있다. 그림 (나)는 A에 연결된 P에 흐르는 전류의 세기를 시간에 따라 나타낸 것이다. A와 B의 상호유도 계수는 M이다.

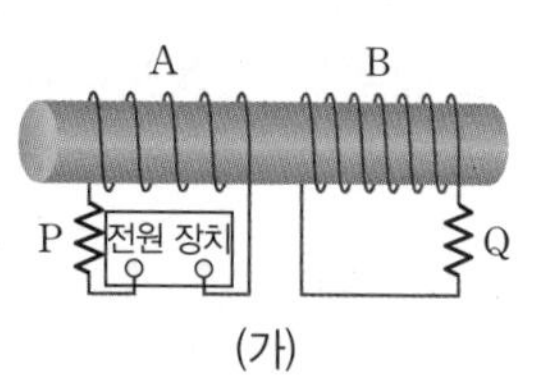

(가)

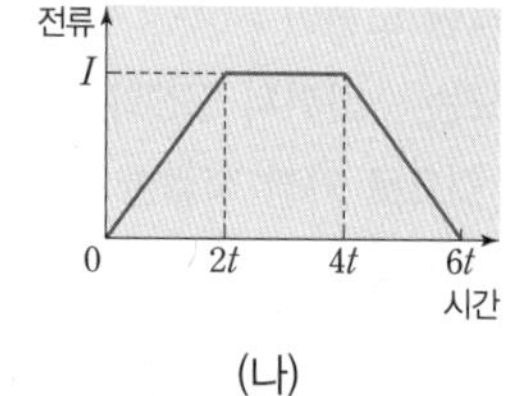

(나)

이에 대한 설명으로 옳은 것만을 〈보기〉에서 있는 대로 고른 것은?

보기

ㄱ. B의 단면을 통과하는 자기 선속은 t일 때가 $3t$일 때보다 작다.

ㄴ. $3t$일 때 상호유도 기전력의 크기는 $M\frac{I}{2t}$이다.

ㄷ. $5t$일 때 저항에 흐르는 전류의 방향은 P에서와 Q에서가 서로 반대이다.

① ㄱ ② ㄴ ③ ㄷ ④ ㄱ, ㄴ ⑤ ㄱ, ㄷ

서술형 [20700-0385]

13 그림은 1차 코일과 2차 코일을 동일한 철심에 감은 것을 나타낸 것이다. 1차 코일에 연결된 가변 저항의 저항값을 조절하여 0초부터 0.2초까지 전류의 세기를 0.2 A에서 0.4 A로 일정하게 증가시켰다. 1차 코일과 2차 코일의 상호 인덕턴스는 5 H이다.

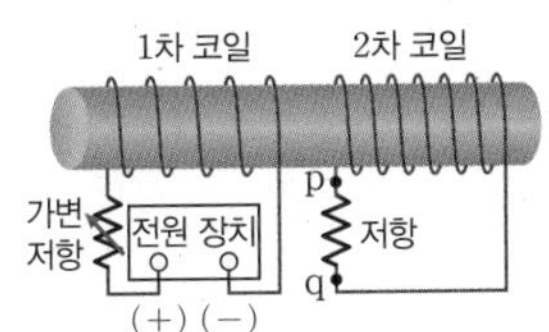

(1) 0초부터 0.2초까지 2차 코일에 연결된 저항에 흐르는 전류의 방향을 쓰고, 그 이유를 서술하시오.

(2) 0.1초일 때 2차 코일에 발생한 유도 기전력의 크기를 풀이 과정과 함께 구하시오.

[20700-0386]

14 그림은 1차 코일과 2차 코일의 감은 수가 각각 N, $4N$인 변압기를 나타낸 것이다. 1차 코일에 연결된 교류 전원의 전압은 100 V이고, 2차 코일에는 저항값이 50 Ω인 저항이 연결되어 있다.

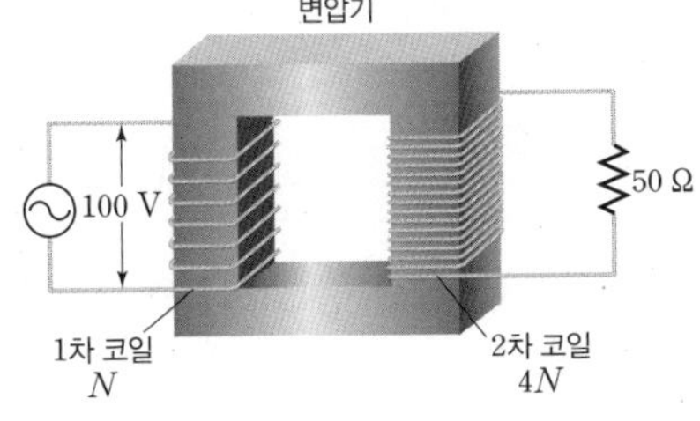

저항에 흐르는 전류의 세기는? (단, 변압기에서의 에너지 손실은 무시한다.)

① 2 A ② 4 A ③ 6 A ④ 8 A ⑤ 10 A

[20700-0387]

15 그림은 변압기의 구조를 나타낸 것이다. 1차 코일에 연결된 교류 전원 장치의 전압은 200 V이다. 1차 코일과 2차 코일의 감은 수는 각각 100회와 400회이다. 2차 코일에 연결된 저항에 흐르는 전류는 2 A이다.

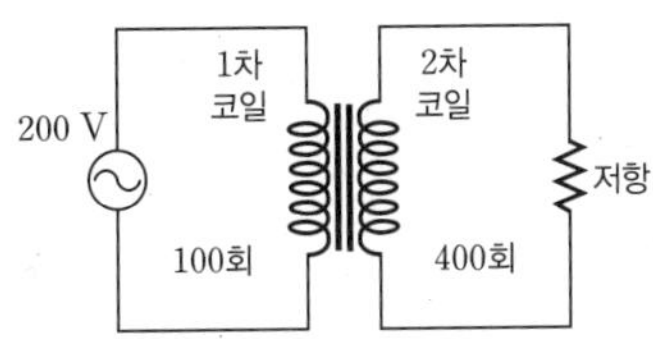

이에 대한 설명으로 옳은 것만을 <보기>에서 있는 대로 고른 것은? (단, 변압기에서의 에너지 손실은 무시한다.)

보기

ㄱ. 1차 코일에 흐르는 전류의 세기는 8 A이다.
ㄴ. 2차 코일에 걸린 전압은 50 V이다.
ㄷ. 저항에서 소모하는 전력은 1600 W이다.

① ㄱ ② ㄴ ③ ㄷ ④ ㄱ, ㄷ ⑤ ㄴ, ㄷ

[20700-0388]

16 그림은 교류 전원이 연결된 1차 코일과 저항이 연결된 2차 코일로 구성된 변압기를 나타낸 것이다. 표는 1차 코일과 2차 코일의 감은 수, 전압, 전류의 세기를 나타낸 것이다.

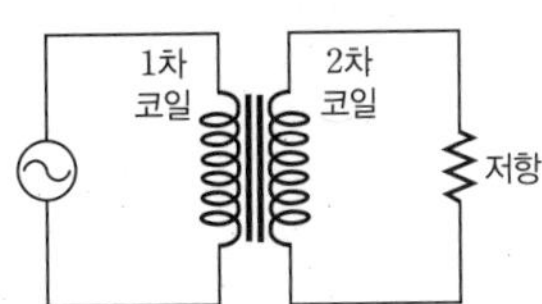

	1차 코일	2차 코일
감은 수	N	㉠
전압	100 V	200 V
전류	㉡	2 A

㉠, ㉡으로 옳은 것은? (단, 변압기에서의 에너지 손실은 무시한다.)

	㉠	㉡
①	$\frac{1}{2}N$	$\frac{1}{4}$ A
②	$\frac{1}{2}N$	4 A
③	$2N$	$\frac{1}{4}$ A
④	$2N$	4 A
⑤	$2N$	8 A

실력 향상 문제

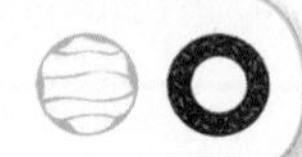

[20700-0389]

01 그림 (가)는 종이면에 수직으로 들어가는 방향의 균일한 자기장 영역에 사각형 도선이 고정되어 있는 것을, (나)는 자기장 영역의 자기장 세기를 시간에 따라 나타낸 것이다.

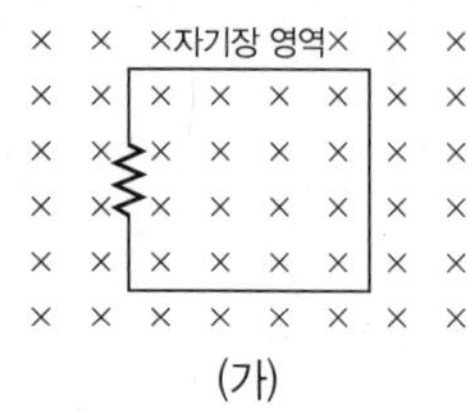

(가)

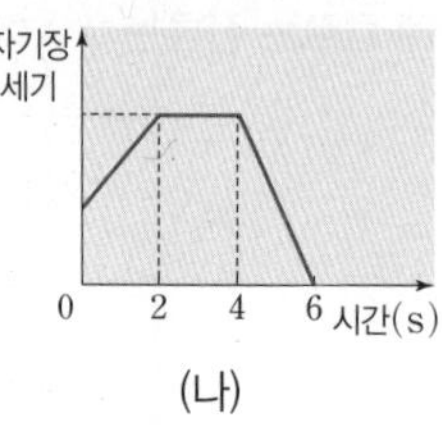

(나)

도선에 흐르는 유도 전류에 대한 설명으로 옳은 것만을 〈보기〉에서 있는 대로 고른 것은?

> 보기
>
> ㄱ. 유도 전류의 방향은 1초일 때와 5초일 때가 같다.
>
> ㄴ. 유도 전류의 세기는 1초일 때가 5초일 때보다 작다.
>
> ㄷ. 3초일 때 도선에는 유도 전류가 흐르지 않는다.

① ㄱ ② ㄴ ③ ㄷ ④ ㄱ, ㄴ ⑤ ㄴ, ㄷ

[20700-0390]

02 그림 (가)는 종이면에 수직으로 들어가는 방향의 균일한 자기장 영역에 저항이 연결된 사각형 도선의 일부가 걸쳐서 고정되어 있는 것을 나타낸 것이다. 그림 (나)는 (가)에서 자기장 영역의 자기장 세기를 시간에 따라 나타낸 것이다.

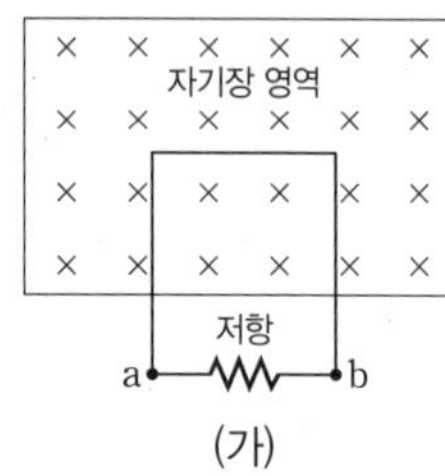

(가)

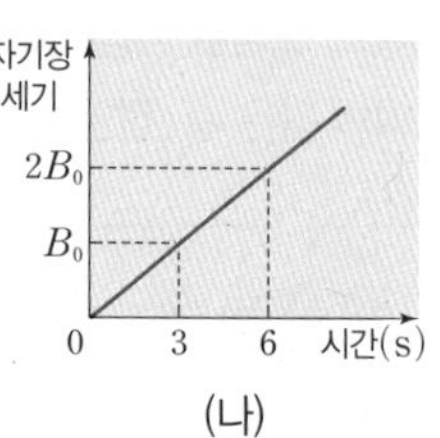

(나)

이에 대한 설명으로 옳은 것만을 〈보기〉에서 있는 대로 고른 것은?

> 보기
>
> ㄱ. 사각형 도선을 통과하는 자기 선속은 2초일 때가 5초일 때보다 작다.
>
> ㄴ. 3초일 때 저항에 흐르는 유도 전류의 방향은 b → 저항 → a이다.
>
> ㄷ. 저항에서 소비되는 전력은 2초일 때가 5초일 때보다 작다.

① ㄱ ② ㄴ ③ ㄷ ④ ㄱ, ㄴ ⑤ ㄱ, ㄷ

[20700-0391]

03 그림 (가)는 한 변의 길이가 d인 정사각형 금속 도선이 균일한 자기장 영역 Ⅰ, Ⅱ를 지나가는 것을 나타낸 것이다. 자기장의 세기는 Ⅰ에서와 Ⅱ에서가 같다. 자기장 영역에서 자기장의 방향은 Ⅰ에서가 종이면에 수직으로 들어가는 방향이고 Ⅱ에서가 종이면에서 수직으로 나오는 방향이다. 그림 (나)는 사각형 도선상의 한 점 p의 위치를 시간에 따라 나타낸 것이다.

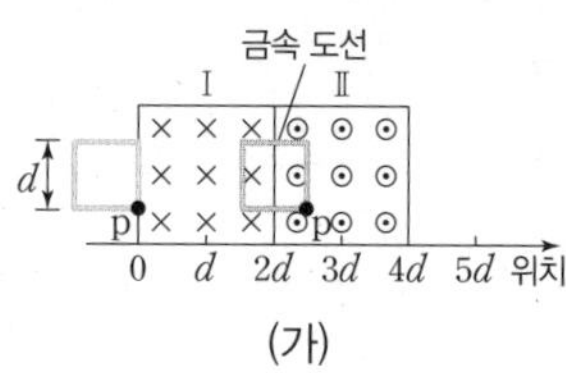

(가)

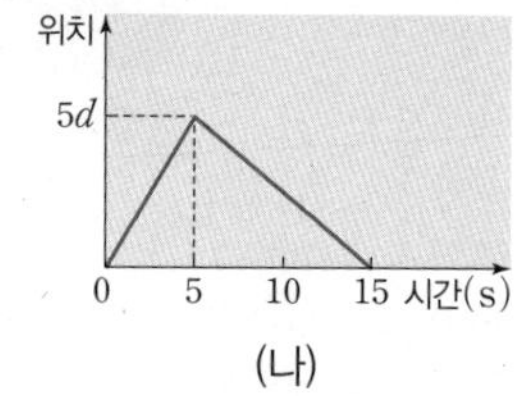

(나)

이에 대한 설명으로 옳은 것만을 〈보기〉에서 있는 대로 고른 것은?

> 보기
>
> ㄱ. 1.5초일 때 도선에 흐르는 유도 전류는 0이다.
>
> ㄴ. 도선에 흐르는 유도 전류의 세기는 0.5초일 때가 10초일 때의 2배이다.
>
> ㄷ. 도선에 흐르는 유도 전류의 방향은 2.5초일 때와 10초일 때가 같다.

① ㄱ ② ㄴ ③ ㄷ ④ ㄱ, ㄴ ⑤ ㄴ, ㄷ

[20700-0392]

04 그림은 xy 평면에 무한히 긴 직선 도선 P가 고정되어 있고, ㄷ자형 도선 위에서 금속 막대 Q가 $-x$ 방향으로 등속도 운동하는 것을 나타낸 것이다. P에는 $+y$ 방향으로 일정한 전류가 흐른다.

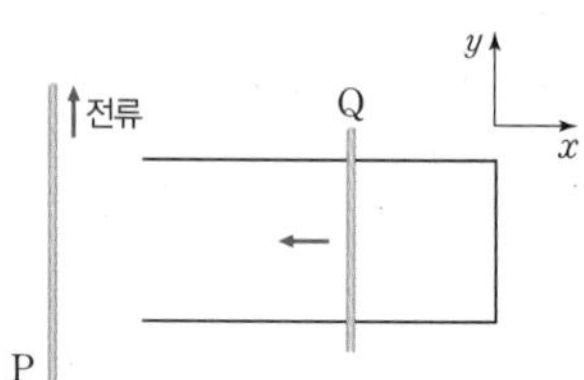

Q가 운동하는 동안, 이에 대한 설명으로 옳은 것만을 〈보기〉에서 있는 대로 고른 것은?

> 보기
>
> ㄱ. ㄷ자형 도선과 Q가 이루는 단면적을 통과하는 자기 선속은 증가한다.
>
> ㄴ. Q에 흐르는 유도 전류의 방향과 P에 흐르는 전류의 방향은 서로 반대이다.
>
> ㄷ. Q에 흐르는 전류의 세기는 일정하다.

① ㄱ ② ㄷ ③ ㄱ, ㄴ ④ ㄴ, ㄷ ⑤ ㄱ, ㄴ, ㄷ

[20700-0393]

05 그림 (가)는 종이면에 수직으로 들어가는 방향의 균일한 자기장 영역에 저항 A가 연결된 ㄷ자형 도선을 고정시키고 금속 막대를 속력 v로 등속도 운동시키는 것을 나타낸 것이다. 그림 (나)는 (가)에서 저항 B를 추가로 연결하고 금속 막대를 속력 v로 등속도 운동시키는 것을 나타낸 것이다. 저항값은 A가 B보다 작다.

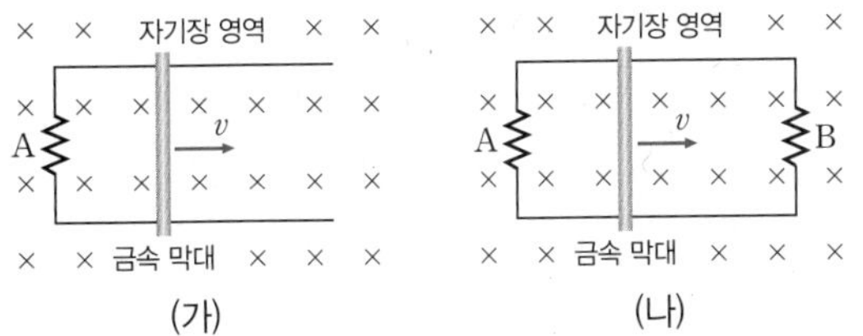

이에 대한 설명으로 옳은 것만을 <보기>에서 있는 대로 고른 것은?

> 보기
> ㄱ. A에 흐르는 전류의 세기는 (가)에서와 (나)에서가 같다.
> ㄴ. (나)에서 저항에 흐르는 전류의 방향은 A에서와 B에서가 서로 반대이다.
> ㄷ. (나)에서 저항에 흐르는 전류의 세기는 A에서가 B에서보다 크다.

① ㄴ ② ㄷ ③ ㄱ, ㄴ ④ ㄱ, ㄷ ⑤ ㄱ, ㄴ, ㄷ

[20700-0394]

06 그림은 종이면에 수직인 방향의 균일한 자기장 영역 Ⅰ, Ⅱ를 등속도 운동을 하며 통과하는 정사각형 도선을 나타낸 것이다. 정사각형 도선 한 변의 길이는 0.1 m이다. $t=0$일 때 도선은 Ⅰ에 들어가기 시작하고, $t=2$초일 때 도선은 Ⅱ를 완전히 빠져나왔다. Ⅰ, Ⅱ에서 자기장의 세기는 각각 2 T, 4 T이고, 자기장의 방향은 Ⅰ에서와 Ⅱ에서가 서로 반대이다.

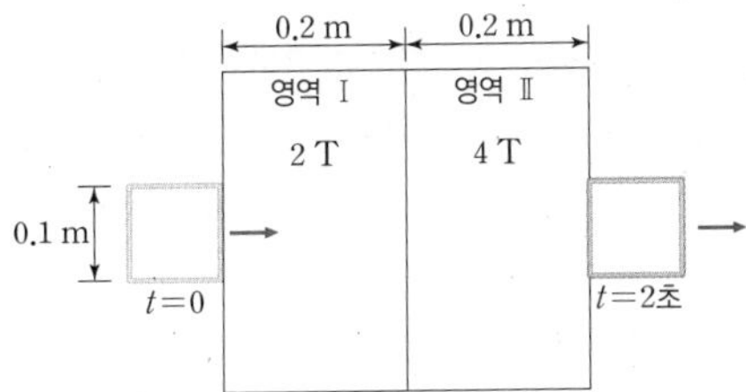

$t=1$초일 때 정사각형 도선에 발생하는 유도 기전력의 크기는?

① 0.1 V ② 0.15 V ③ 0.2 V
④ 0.25 V ⑤ 0.3 V

[20700-0395]

07 그림은 종이면에 수직인 방향으로 각각 균일한 자기장 영역 Ⅰ, Ⅱ, Ⅲ에 저항이 연결된 도체 레일을 고정시키고 금속 막대가 도체 레일 위에서 등속도 운동하는 것을 나타낸 것이다. Ⅰ, Ⅱ, Ⅲ에서 자기장의 세기는 각각 B, $2B$, $3B$이고, 자기장의 방향은 모두 같다. 금속 막대가 Ⅰ에서 운동할 때 저항에 흐르는 전류의 방향은 ⓐ이고, 금속 막대가 Ⅱ에서 운동할 때 저항에 흐르는 유도 전류의 세기는 I이다.

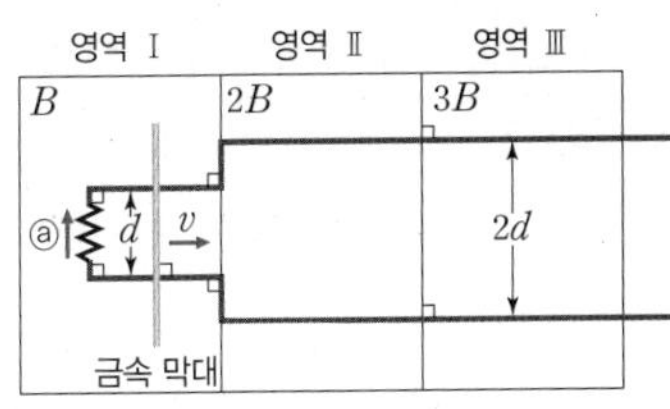

자기장 영역의 자기장의 방향과 금속 막대가 Ⅲ에서 운동할 때 저항에 흐르는 유도 전류의 세기는? (단, ⊗는 종이면에 수직으로 들어가는 방향, ◉는 종이면에서 수직으로 나오는 방향이다.)

	방향	전류
①	⊗	I
②	⊗	$\frac{3}{2}I$
③	◉	$\frac{1}{4}I$
④	◉	I
⑤	◉	$\frac{3}{2}I$

[20700-0396]

08 그림 (가)는 한 변의 길이가 L인 정사각형 도선이 $+x$ 방향의 일정한 속력으로 균일한 자기장 영역 Ⅰ, Ⅱ를 지나는 것을 나타낸 것이다. 점 p는 정사각형 도선의 한 점이다. 그림 (나)는 정사각형 도선에 흐르는 유도 전류의 세기를 p의 위치 x에 따라 나타낸 것이다.

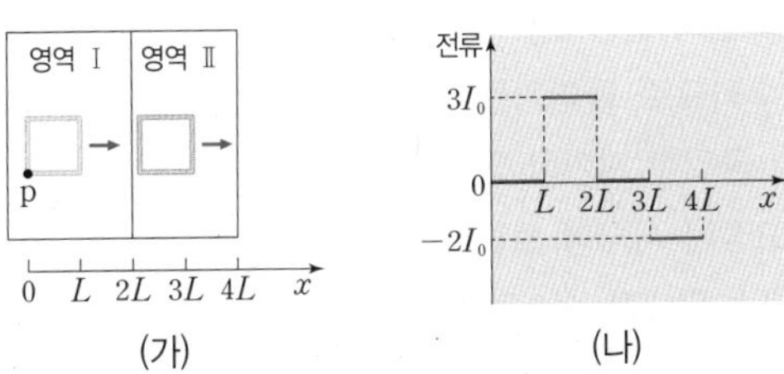

이에 대한 설명으로 옳은 것만을 <보기>에서 있는 대로 고른 것은?

> 보기
> ㄱ. 자기장의 방향은 Ⅰ에서와 Ⅱ에서가 반대 방향이다.
> ㄴ. 자기장의 세기는 Ⅰ에서가 Ⅱ에서의 $\frac{3}{2}$배이다.
> ㄷ. 도선을 통과하는 자기 선속은 p가 $x=2.5L$일 때가 $x=0.5L$일 때의 2배이다.

① ㄱ ② ㄴ ③ ㄷ ④ ㄱ, ㄷ ⑤ ㄴ, ㄷ

[20700-0397]

09 그림과 같이 $+x$ 방향으로 이동하는 한 변의 길이가 a인 정사각형 도선이 자기장의 세기가 균일한 자기장 영역 Ⅰ, Ⅱ를 통과한다. Ⅰ, Ⅱ에서 자기장의 방향은 종이면에 수직으로 들어가는 방향이며, 자기장의 세기는 각각 B, $2B$이다. 점 p는 사각형 도선의 한 점이다. 표는 사각형 도선의 속력을 p의 위치 x에 따라 나타낸 것이다.

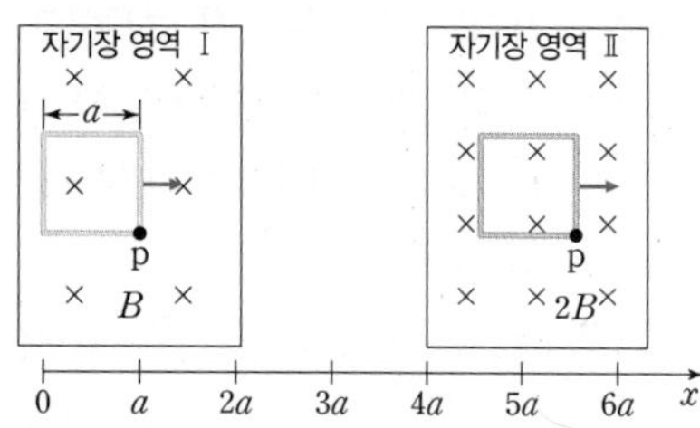

p의 위치	속력
$0 \le x < 3a$	v
$3a \le x$	$2v$

이에 대한 설명으로 옳은 것만을 〈보기〉에서 있는 대로 고른 것은?

보기
ㄱ. p가 $x=2.5a$를 지날 때, 도선에 흐르는 유도 전류의 방향은 시계 방향이다.
ㄴ. p가 $x=a$부터 $x=1.5a$를 지날 때까지 도선에 흐르는 유도 전류의 세기는 증가한다.
ㄷ. 도선에 흐르는 유도 전류의 세기는 p가 $x=4.5a$를 지날 때가 $x=2.5a$를 지날 때의 4배이다.

① ㄱ ② ㄴ ③ ㄷ ④ ㄱ, ㄴ ⑤ ㄱ, ㄷ

서술형 [20700-0398]

10 그림과 같이 xy 평면에 수직으로 들어가는 방향의 균일한 자기장 영역에 고정된 사각형 도선 위에 금속 막대가 $-x$ 방향으로 등속도 운동하는 것을 나타낸 것이다. 점 A, B, C, D는 사각형 도선 모서리의 한 점이고, 사각형 도선에는 저항값이 같은 저항 R_1, R_2가 연결되어 있다. R_1, R_2에 흐르는 유도 전류의 세기는 각각 I_1, I_2이다.

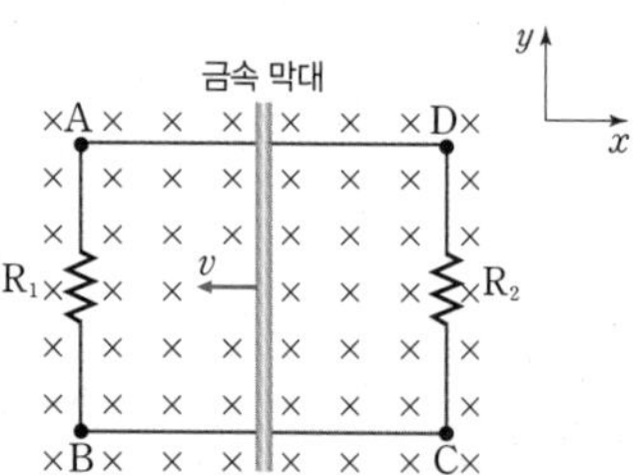

(1) I_1과 I_2의 세기를 비교하시오.

(2) R_1, R_2에 흐르는 전류의 방향을 각각 쓰고, 그 이유를 서술하시오.

[20700-0399]

11 그림은 xy 평면에 수직으로 들어가는 방향의 균일한 자기장 영역으로 면적이 동일한 사각형 도선 A, B, C가 각각 $2v$, v, v의 속력으로 등속도 운동하는 것을 나타낸 것이다. A, B, C의 운동 방향은 각각 $+x$ 방향, $+y$ 방향, $+y$ 방향이다.

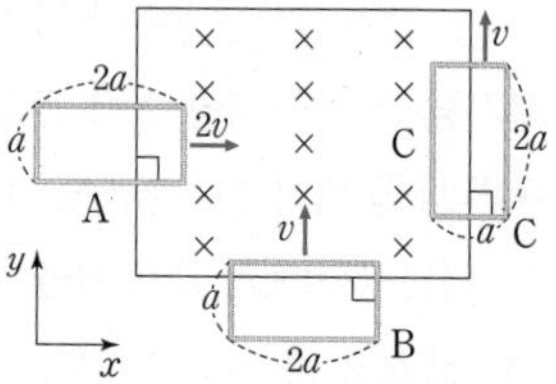

이 순간에 대한 설명으로 옳은 것만을 〈보기〉에서 있는 대로 고른 것은?

보기
ㄱ. 도선에 흐르는 유도 전류의 방향은 A에서와 B에서가 같다.
ㄴ. 도선에 흐르는 유도 전류의 세기는 B에서가 C에서보다 크다.
ㄷ. 도선에 발생하는 유도 기전력은 A에서가 B에서의 2배이다.

① ㄱ ② ㄷ ③ ㄱ, ㄴ ④ ㄴ, ㄷ ⑤ ㄱ, ㄴ, ㄷ

[20700-0400]

12 그림 (가)는 전원 장치에 연결된 코일 A와 전구가 연결된 코일 B가 철심에 감겨져 있는 것을 나타낸 것이다. 점 p는 A의 내부에서 중심축상의 점이다. 그림 (나)는 A에 흐르는 전류의 세기를 시간에 따라 나타낸 것이다.

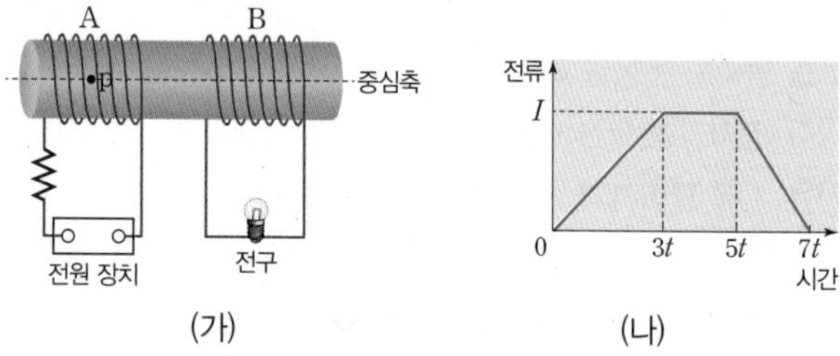

이에 대한 설명으로 옳은 것만을 〈보기〉에서 있는 대로 고른 것은?

보기
ㄱ. p에서 A에 흐르는 전류에 의한 자기장의 세기는 $4t$일 때가 $2t$일 때보다 크다.
ㄴ. A와 B 사이에 작용하는 자기력의 크기는 $4t$일 때가 $2t$일 때보다 작다.
ㄷ. 전구에서 방출되는 빛은 $6t$일 때가 $2t$일 때보다 밝다.

① ㄱ ② ㄷ ③ ㄱ, ㄴ ④ ㄴ, ㄷ ⑤ ㄱ, ㄴ, ㄷ

[20700-0401]

13 그림 (가)는 전원 장치가 연결된 1차 코일과 저항이 연결된 2차 코일이 철심에 감겨 있는 것을 나타낸 것이다. 전원 장치에 연결된 스위치는 닫혀 있고 점 p는 1차 코일과 2차 코일의 중심축상의 점이다. 1차 코일과 2차 코일의 상호 인덕턴스는 0.5 H이다. 그림 (나)는 1차 코일에 흐르는 전류의 세기를 시간에 따라 나타낸 것이다.

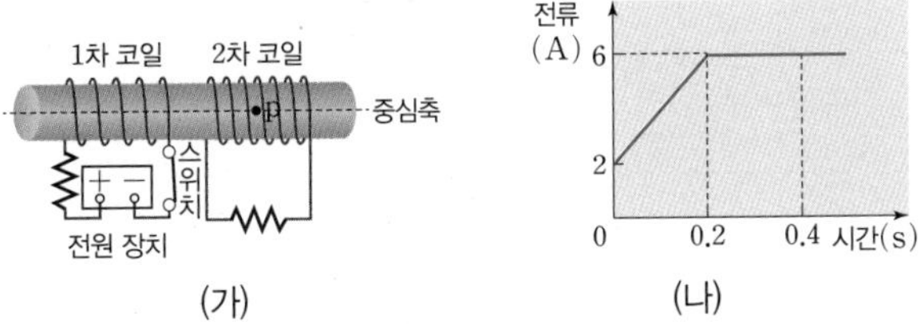

이에 대한 설명으로 옳은 것만을 〈보기〉에서 있는 대로 고른 것은?

보기

ㄱ. 0.1초일 때 2차 코일에 유도되는 상호유도 기전력은 5 V이다.

ㄴ. 0.3초부터 0.4초까지 2차 코일에는 일정한 세기의 유도 전류가 흐른다.

ㄷ. 전원 장치에 연결된 스위치를 여는 순간 p에서 2차 코일에 흐르는 유도 전류에 의한 자기장의 방향은 $+x$ 방향이다.

① ㄱ ② ㄴ ③ ㄷ ④ ㄱ, ㄴ ⑤ ㄱ, ㄷ

[20700-0402]

14 그림은 변압기의 구조를 나타낸 것이다. 1차 코일과 2차 코일에 걸리는 전압은 각각 100 V, 20 V이고 감은 수는 각각 N_1, N_2이다. 1차 코일에서 공급하는 전력은 100 W로 일정하다.

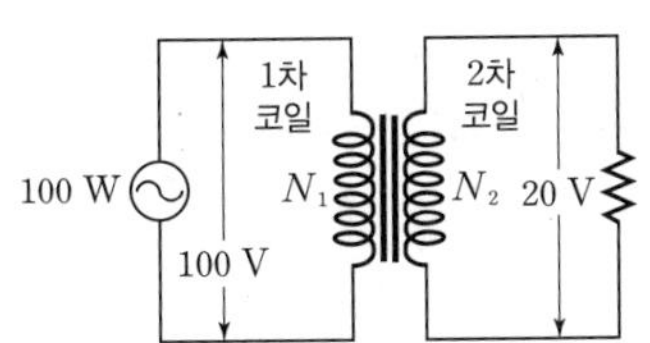

이에 대한 설명으로 옳은 것만을 〈보기〉에서 있는 대로 고른 것은? (단, 변압기에서의 에너지 손실은 무시한다.)

보기

ㄱ. 1차 코일에 흐르는 전류의 세기는 1 A이다.

ㄴ. $\frac{N_2}{N_1}=5$이다.

ㄷ. 2차 코일에 연결된 저항의 저항값은 2 Ω이다.

① ㄱ ② ㄴ ③ ㄷ ④ ㄱ, ㄷ ⑤ ㄴ, ㄷ

[20700-0403]

15 그림 (가)는 전원 장치에 연결된 1차 코일과 전압계가 연결된 2차 코일이 철심에 감겨진 것을 나타낸 것이다. 그림 (나)는 전압계에 걸리는 전압을 시간에 따라 나타낸 것이다. 1차 코일과 2차 코일의 상호 인덕턴스는 10 H이다. 2차 코일에 화살표 방향으로 전류가 흐를 때, 전압계의 전압을 (+)로 한다.

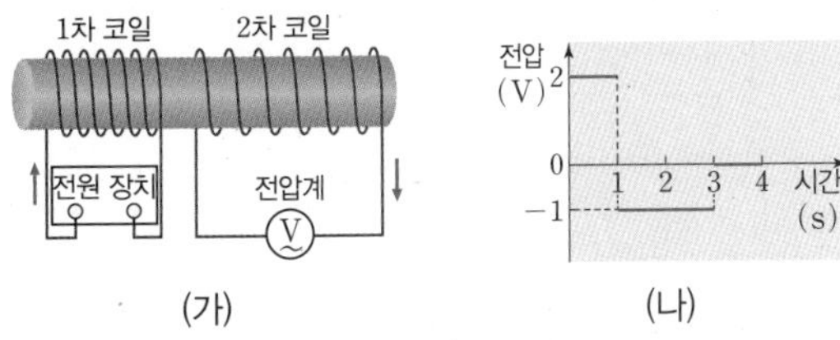

1차 코일에 흐르는 전류를 시간에 따라 나타낸 것으로 가장 적절한 것은? (단, 1차 코일에 화살표 방향으로 전류가 흐를 때를 (+)로 한다.)

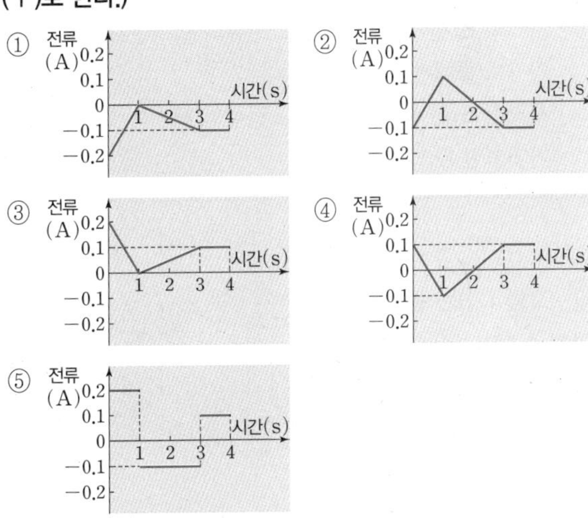

[20700-0404]

16 그림은 변압기의 구조를 나타낸 것이다. 1차 코일의 감은 수는 2차 코일의 감은 수보다 적다. (단, 변압기에서의 에너지 손실은 무시한다.)

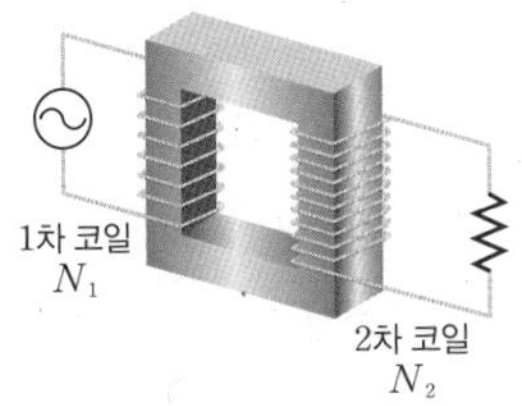

(1) 1차 코일에 걸리는 전압과 2차 코일에 걸리는 전압을 각각 V_1, V_2라고 할 때, V_1, V_2를 비교하시오.

(2) 1차 코일과 2차 코일에 흐르는 전류의 세기를 각각 I_1, I_2라고 할 때, I_1, I_2를 비교하고 그 이유를 서술하시오.

신유형·수능 열기

[20700-0405]

01 그림 (가)는 평행한 무한히 긴 직선 도선 P, Q 사이에 정사각형 도선이 고정되어 있는 것을 나타낸 것이다. P, Q에는 화살표 방향으로 전류가 흐른다. 그림 (나)는 P, Q에 흐르는 전류의 세기를 시간에 따라 나타낸 것이다.

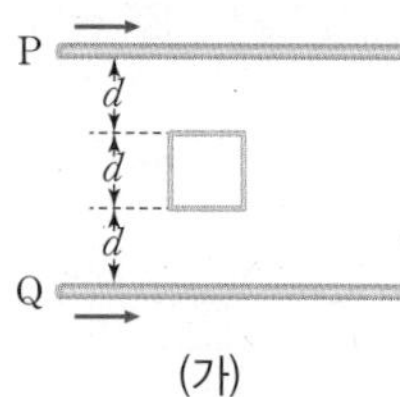

(가)

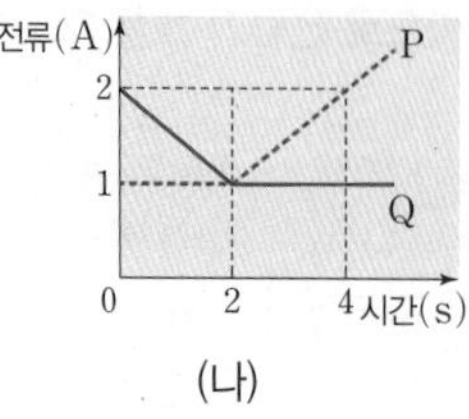

(나)

이에 대한 설명으로 옳은 것만을 〈보기〉에서 있는 대로 고른 것은?

보기

ㄱ. 1초일 때 사각형 도선에 흐르는 유도 전류의 방향은 시계 반대 방향이다.

ㄴ. 사각형 도선에 흐르는 유도 전류의 방향은 1초일 때와 3초일 때가 서로 반대이다.

ㄷ. 사각형 도선에 흐르는 유도 전류의 세기는 1초일 때가 3초일 때보다 크다.

① ㄱ ② ㄴ ③ ㄷ ④ ㄱ, ㄴ ⑤ ㄱ, ㄷ

[20700-0406]

02 그림 (가)는 종이면에 수직인 방향의 균일한 자기장 영역에 고정된 원형 도선을 나타낸 것이다. 원형 도선의 면적은 S이다. 그림 (나)는 자기장 영역의 자기장을 시간에 따라 나타낸 것이다. $t=\frac{1}{4}T_0$일 때 자기장의 방향은 종이면에서 수직으로 나오는 방향이다.

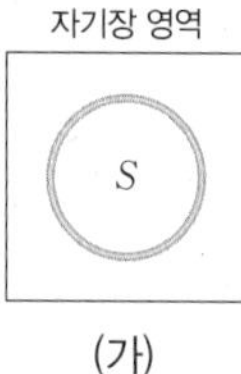

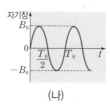

(가)

(나)

이에 대한 설명으로 옳은 것만을 〈보기〉에서 있는 대로 고른 것은?

보기

ㄱ. 원형 도선을 통과하는 자기 선속의 최댓값은 B_0S이다.

ㄴ. 원형 도선에 흐르는 유도 전류의 방향은 $t=\frac{1}{2}T_0$일 때와 $t=T_0$일 때가 같다.

ㄷ. 원형 도선에 흐르는 유도 전류의 세기는 $t=\frac{1}{2}T_0$일 때가 $t=\frac{3}{4}T_0$일 때보다 크다.

① ㄱ ② ㄴ ③ ㄷ ④ ㄱ, ㄷ ⑤ ㄴ, ㄷ

[20700-0407]

03 그림은 균일한 자기장 영역 Ⅰ, Ⅱ를 $+x$ 방향의 속력 v로 등속도 운동을 하며 지나는 도선의 한 점인 p가 $x=0$인 곳을 지나는 순간을 나타낸 것이다. Ⅰ, Ⅱ에서 자기장의 세기는 각각 $2B$, B이다.

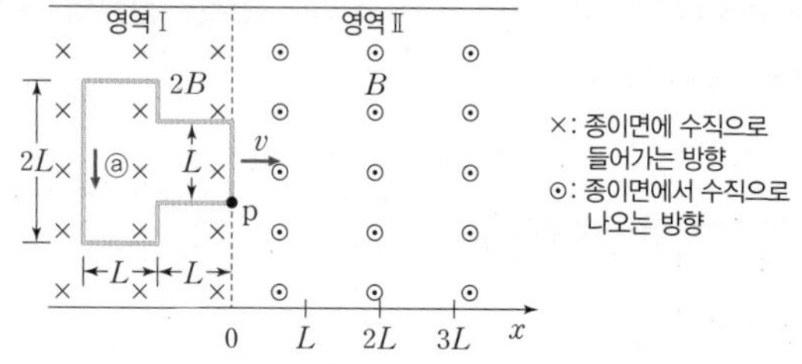

이에 대한 설명으로 옳은 것만을 〈보기〉에서 있는 대로 고른 것은?

보기

ㄱ. p가 $x=0.5L$을 지날 때 도선에 흐르는 전류의 방향은 ⓐ 방향이다.

ㄴ. p가 $x=1.5L$을 지날 때 도선에 발생하는 유도 기전력은 $6BLv$이다.

ㄷ. 도선을 통과하는 자기 선속의 크기는 p가 $x=L$을 지날 때와 $x=3L$을 지날 때가 같다.

① ㄱ ② ㄴ ③ ㄷ ④ ㄱ, ㄴ ⑤ ㄴ, ㄷ

[20700-0408]

04 그림은 종이면에 수직으로 들어가는 방향의 균일한 자기장 영역에 등속도 운동하는 정사각형 도선의 한 점 p가 자기장 영역에 들어가는 순간의 모습을 나타낸 것이다.

이에 대한 설명으로 옳은 것만을 〈보기〉에서 있는 대로 고른 것은? (단, 사각형 도선은 회전하지 않는다.)

보기

ㄱ. 사각형 도선에 흐르는 유도 전류의 방향은 p가 $x=\frac{1}{2}L$을 지날 때와 $x=\frac{3}{2}L$을 지날 때가 같다.

ㄴ. 사각형 도선에 흐르는 유도 전류의 세기는 p가 $x=\frac{1}{2}L$을 지날 때와 $x=\frac{3}{2}L$을 지날 때가 같다.

ㄷ. p가 $x=0$부터 $x=2L$까지 운동하는 동안 사각형 도선에 발생하는 유도 기전력은 일정하다.

① ㄱ ② ㄷ ③ ㄱ, ㄴ ④ ㄴ, ㄷ ⑤ ㄱ, ㄴ, ㄷ

[20700-0409]

05 그림은 한 변의 길이가 $2a$인 정사각형의 균일한 자기장 영역에 반지름이 a인 반원형 도선이 일정한 각속도 ω로 회전하는 $t=0$일 때의 모습을 나타낸 것이다. 자기장 영역의 자기장의 세기는 B이고, $t=0$일 때 도선이 이루는 면을 통과하는 자기 선속은 최대이다. $t=\frac{3\pi}{4\omega}$일 때 저항에 흐르는 유도 전류의 방향과 도선이 회전하는 동안 도선에서 발생하는 유도 기전력의 최댓값으로 옳은 것은?

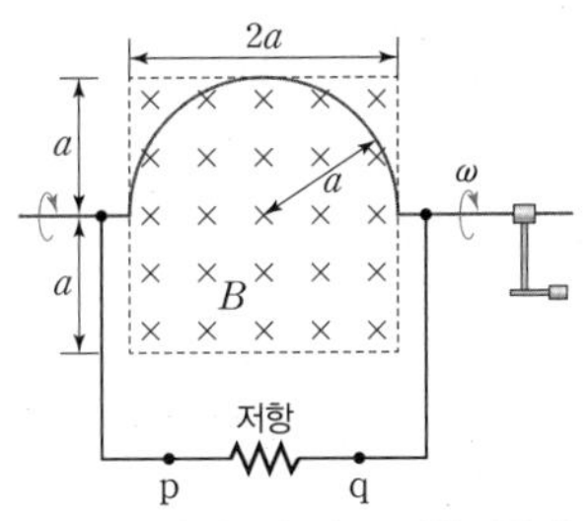

	유도 전류의 방향	유도 기전력의 최댓값
①	p → 저항 → q	$\frac{\pi\omega Ba^2}{2}$
②	p → 저항 → q	$\pi\omega Ba^2$
③	p → 저항 → q	$\frac{3\pi\omega Ba^2}{2}$
④	q → 저항 → p	$\frac{\pi\omega Ba^2}{2}$
⑤	q → 저항 → p	$\pi\omega Ba^2$

[20700-0410]

06 그림 (가)는 전원 장치가 연결된 1차 코일과 검류계가 연결된 2차 코일을 철심에 감은 것을 나타낸 것이다. 그림 (나)는 1차 코일에 흐르는 전류를 시간에 따라 나타낸 것이다. 검류계에 화살표 방향으로 흐르는 전류를 (+)로 한다.

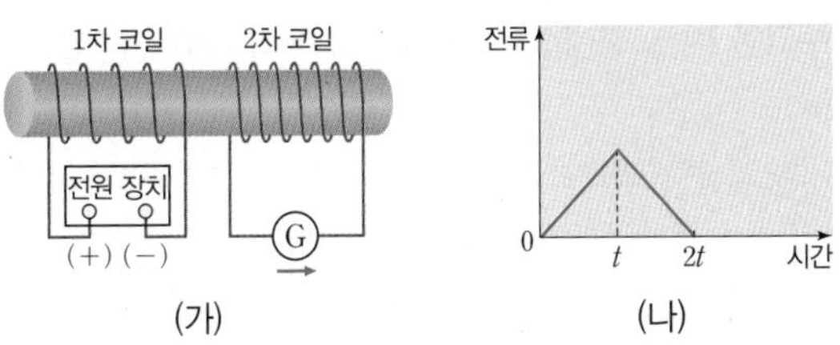

(가) (나)

검류계에 흐르는 유도 전류를 시간에 따라 나타낸 것으로 가장 적절한 것은?

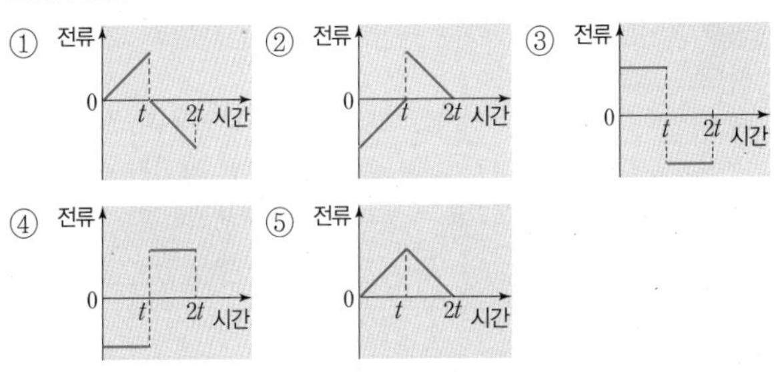

[20700-0411]

07 그림 (가)는 전원 장치가 연결된 1차 코일과 검류계가 연결된 2차 코일을 철심에 감은 것을 나타낸 것이다. 그림 (나)는 1차 코일에 흐르는 전류를 시간에 따라 나타낸 것이다. $2t$일 때 1차 코일에는 화살표 방향으로 전류가 흐른다.

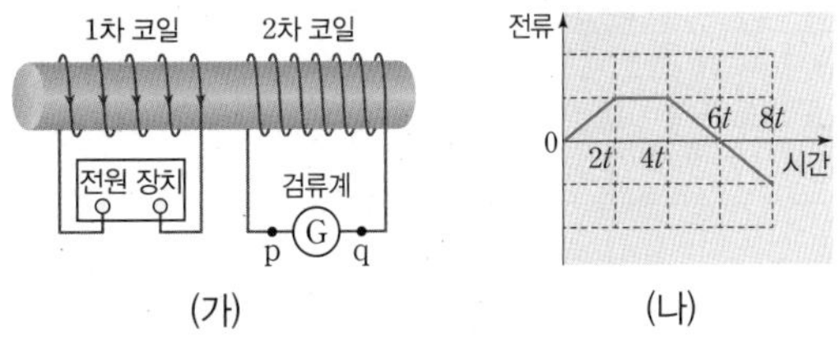

(가) (나)

이에 대한 설명으로 옳은 것만을 〈보기〉에서 있는 대로 고른 것은?

> 보기
> ㄱ. t일 때 검류계에 흐르는 유도 전류의 방향은 p → 검류계 → q이다.
> ㄴ. 검류계에 흐르는 유도 전류의 세기는 $3t$일 때와 $6t$일 때가 같다.
> ㄷ. 검류계에 흐르는 유도 전류의 방향은 $5t$일 때와 $7t$일 때가 서로 반대이다.

① ㄱ ② ㄴ ③ ㄷ ④ ㄱ, ㄴ ⑤ ㄱ, ㄷ

[20700-0412]

08 그림은 교류 전원이 연결된 1차 코일과 저항이 연결된 2차 코일을 나타낸 것이다. 1차 코일의 감은 수와 2차 코일의 감은 수는 각각 N_1, N_2이다. 저항 A, B, C의 저항값은 각각 $2r$, r, R이다 교류 전원에서 공급하는 전력은 $8P_0$이고 A, B에서 소비되는 전력은 각각 $4P_0$, P_0이다.

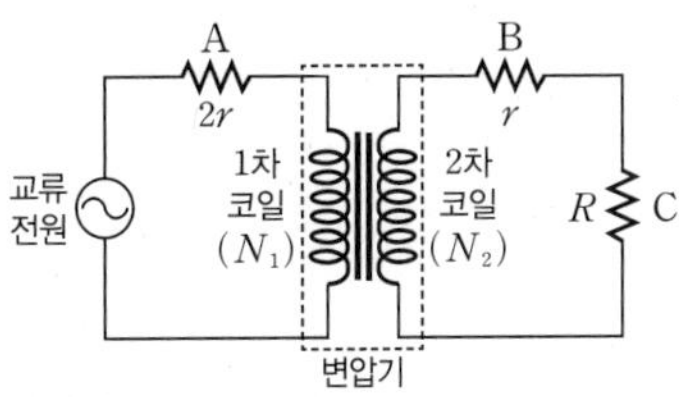

$\frac{R}{r}$와 $\frac{N_2}{N_1}$로 옳은 것은? (단, 변압기에서의 에너지 손실은 무시한다.)

	$\frac{R}{r}$	$\frac{N_2}{N_1}$
①	$\sqrt{3}$	$\frac{1}{\sqrt{2}}$
②	$\sqrt{3}$	$\sqrt{2}$
③	3	$\frac{1}{\sqrt{2}}$
④	3	$\sqrt{2}$
⑤	3	2

단원 정리

1 전기장과 정전기 유도

(1) 전기장

① 전기력(쿨롱 법칙): 전하량이 각각 q_1, q_2인 두 점전하 사이의 거리가 r일 때 두 전하 사이에 작용하는 전기력의 크기 F는 다음과 같다.

$$F=k\frac{q_1q_2}{r^2}\ (k\text{는 쿨롱 상수, } k\fallingdotseq 9\times10^9\ \mathrm{N\cdot m^2/C^2})$$

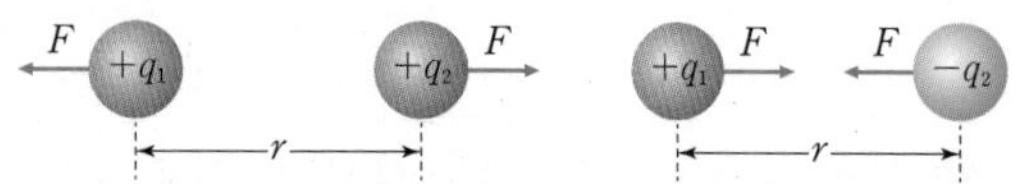

② 전기장: 전하량이 Q인 점전하로부터 떨어진 거리가 r인 곳에서 전하량이 q인 전하에 작용하는 전기력의 크기가 F일 때, 전하량이 Q인 점전하로부터 떨어진 거리가 r인 곳에서 전기장의 세기 E는 다음과 같다.

$$E=\frac{F}{q}=k\frac{Q}{r^2}\ (\text{단위 : N/C})$$

③ 전기력선의 특징

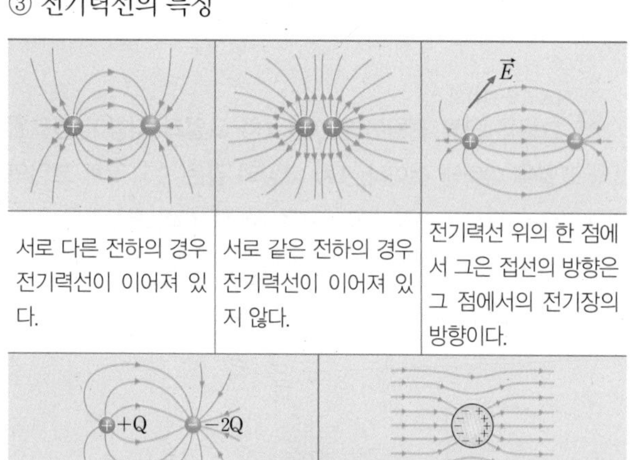

서로 다른 전하의 경우 전기력선이 이어져 있다.	서로 같은 전하의 경우 전기력선이 이어져 있지 않다.	전기력선 위의 한 점에서 그은 접선의 방향은 그 점에서의 전기장의 방향이다.

전하로 들어가거나 전하에서 나가는 전기력선의 개수는 전하량에 비례한다.	전기력선은 도체 표면에 수직으로 들어가거나 나오며, 도체 안에는 전기력선이 존재하지 않는다.

(2) 정전기 유도

① 도체에서의 정전기 유도: 자유 전자의 이동에 의해 대전체와 가까운 쪽에는 대전체와 다른 종류의 전하가 유도되고, 대전체와 먼 쪽에는 대전체와 같은 종류의 전하가 유도되는 현상이다.

② 절연체에서의 정전기 유도(유전 분극): 절연체에 대전체를 가까이 하면 절연체와 가까운 쪽에는 절연체와 다른 종류의 전하가, 절연체와 먼 쪽에는 절연체와 같은 종류의 전하가 배열하게 되는 현상이다.

2 전기 에너지

(1) 전압과 전류

① 전위와 전기력에 의한 퍼텐셜 에너지

특징	
• 양(+)전하에 가까울수록 전위가 높다. • 높은 전위와 낮은 전위의 차이를 전위차라고 한다. • 낮은 전위에서 높은 전위로 양(+)전하를 이동시키기 위해서는 양(+)전하에 일을 해 주어야 한다.	높은 전위 V_A, 낮은 전위 V_B, 전위차, q, A, B

② 균일한 전기장에서의 일

특징	
• 두 극판 사이의 전위차가 V인 균일한 전기장(E) 내에서 전하량이 $+q$인 전하를 극판 B에서 d만큼 떨어진 A까지 이동시키는 데 필요한 일 $W=Fd=qEd=qV$ • 전기장의 세기: $E=\frac{V}{d}$	A, B, E, qE, $+q$, d

(2) 전기 저항의 연결과 전기 에너지

① 옴의 법칙: 전기 저항값이 R인 도선에 전압 V를 걸어 주었을 때 도선에 흐르는 전류의 세기 I와의 관계
➡ $V=IR$

② 저항의 연결과 전기 에너지

구분	특징
직렬 연결	• 전체 전류의 세기는 각 저항에 흐르는 전류의 세기와 같다. • 전체 전압은 각 저항에 걸리는 전압의 합과 같다. • 합성 저항값: 각 저항값을 더한 것과 같다.
병렬 연결	• 각 저항에 걸리는 전압은 전체 전압과 같다. • 전체 전류의 세기는 각 저항에 흐르는 전류의 세기의 합과 같다. • 합성 저항값: 각 저항값의 역수를 더한 것의 역수와 같다.
전기 에너지	저항값이 R인 저항체에 걸린 전압이 V, 세기가 I인 전류가 1초 동안 흘렀을 때 저항체에서 소비되는 전기 에너지(소비 전력, P): $P=IV=I^2R=\frac{V^2}{R}$ (단위: J/s, W)

3 트랜지스터와 축전기

(1) 트랜지스터: p-n 접합에 p형 반도체, n형 반도체를 추가하여 만든 전기 소자로, 증폭 작용과 스위칭 작용을 할 수 있고, 이미터(E), 베이스(B), 컬렉터(C)라는 세 개의 단자가 있다.

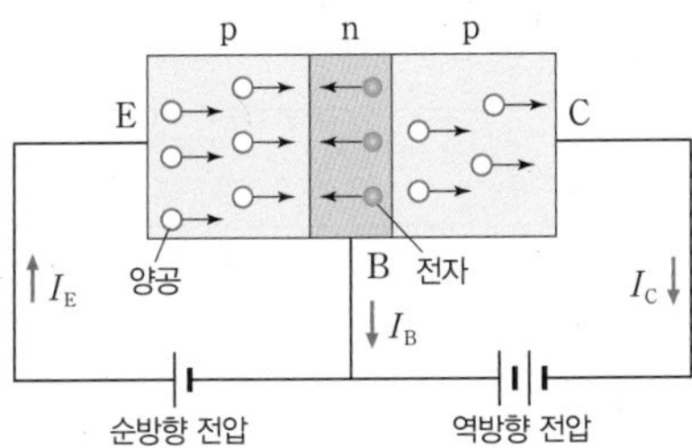

구분	특징
스위칭 작용	베이스에 전류를 흐르거나 흐르지 않게 하여 컬렉터에 전류를 흐르거나 흐르지 않게 조절하는 작용
증폭 작용	컬렉터에 전류가 흐를 때, 베이스에 흐르는 전류를 조금만 크게 하면 컬렉터에 흐르는 전류는 이보다 매우 큰 전류가 흐르게 되는 작용

(2) 축전기

① 축전기의 연결

구분	특징
직렬 연결	• $Q=Q_1=Q_2=Q_3$ • $V=V_1+V_2+V_3$ • $\frac{1}{C}=\frac{1}{C_1}+\frac{1}{C_2}+\frac{1}{C_3}$
병렬 연결	• $Q=Q_1+Q_2+Q_3$ • $V=V_1=V_2=V_3$ • $C=C_1+C_2+C_3$

② 축전기에 저장된 전기 에너지: 축전기에 저장된 에너지는 전위차-전하량 그래프 아래의 넓이와 같다.

$$U=\frac{1}{2}QV=\frac{1}{2}CV^2=\frac{Q^2}{2C}$$

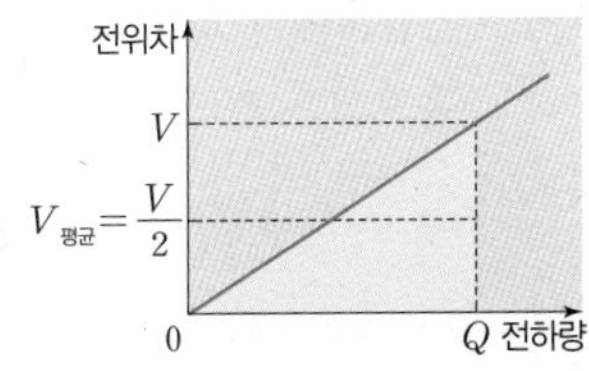

4 자기장

(1) 자기장: 자기력이 작용하는 공간

자기장의 방향	자기장 내의 한 점에 있는 나침반 자침의 N극이 가리키는 방향
자기장의 세기	자석의 양 끝(자극) 주위에서 가장 세고, 자석에서 멀어질수록 약하다.

(2) 자기력선: 자기장 내에서 자침의 N극이 가리키는 방향을 연속적으로 연결한 선

- 자석의 N극에서 나와서 S극으로 들어가는 폐곡선이다.
- 서로 교차하거나 도중에 갈라지거나 끊어지지 않는다.
- 자기력선 위의 한 점에서 그은 접선 방향이 그 점에서 자기장의 방향이다.
- 자기장에 수직인 단위 면적을 지나는 자기력선의 수(밀도)는 자기장의 세기에 비례한다.

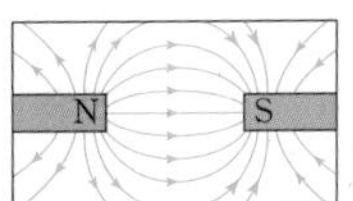

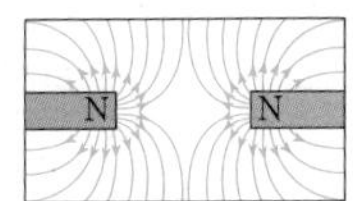

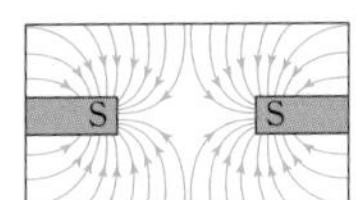

(3) 전류에 의한 자기장

① 직선 도선에 흐르는 전류에 의한 자기장

자기장의 방향	오른손 엄지손가락을 전류의 방향으로 향하게 하고 네 손가락으로 도선을 감아쥘 때, 네 손가락이 가리키는 방향
자기장의 세기(B)	전류의 세기(I)에 비례하고 도선으로부터의 수직 거리(r)에 반비례 ➡ $B=k\frac{I}{r}$

② 원형 도선 중심에서 원형 도선에 흐르는 전류에 의한 자기장

자기장의 방향	오른손의 엄지손가락을 전류의 방향으로 향하게 하고 네 손가락으로 도선을 감아쥘 때, 네 손가락이 가리키는 방향
자기장의 세기(B)	전류의 세기(I)에 비례하고, 도선으로부터의 수직 거리(r)에 반비례 ➡ $B=k'\frac{I}{r}$

③ 솔레노이드에 흐르는 전류에 의한 솔레노이드 내부에서의 자기장

자기장의 방향	오른손 네 손가락을 전류의 방향으로 감아쥘 때, 엄지손가락이 가리키는 방향	S극 자기장의 방향 N극 전류의 방향 전류
자기장의 세기(B)	전류의 세기(I), 단위 길이당 감긴 코일의 수($n=\frac{N}{l}$)에 비례 ➡ $B=k''nI$	

5 유도 기전력과 상호유도

(1) 전자기 유도: 코일과 자석 사이의 상대적인 운동으로 코일을 통과하는 자기 선속이 변할 때 코일에 전류가 흐른다.

(2) 유도 기전력: 코일을 통과하는 자기 선속이 변할 때 전자기 유도에 의해 코일에 유도되는 기전력

① 렌츠 법칙: 유도 기전력은 자기 선속의 변화를 방해하는 방향으로 발생한다.

② 패러데이 전자기 유도 법칙: 유도 기전력은 코일을 지나는 자기 선속의 시간적 변화율과 코일의 감은 수에 비례한다.

$$V=-N\frac{\Delta\Phi}{\Delta t}\ [\text{단위: V(볼트)}]$$

(3) 유도 전류: 전자기 유도에 의해 코일에 흐르는 전류이며 유도 기전력에 비례

자석과 코일이 가까워질 때	코일에는 자석에 가까운 쪽이 자석과 같은 극이 되도록 유도 전류가 흐르며, 자석과 코일 사이에는 서로 밀어내는 자기력이 작용
자석과 코일이 멀어질 때	코일에는 자석에 가까운 쪽이 자석과 반대 극이 되도록 유도 전류가 흐르며, 자석과 코일 사이에는 서로 당기는 자기력이 작용

➡ 자석과 코일의 상대적인 운동 속력이 클수록, 코일의 감은 수가 많을수록, 자기력이 센 자석일수록 유도 전류의 세기가 커진다.

(4) ㄷ자형 도선에서 전자기 유도: 자기장의 세기가 B인 균일한 자기장 영역에 놓인 ㄷ자형 도선 위에서 길이가 l인 도체 막대를 v의 일정한 속력으로 운동시키면 ㄷ자형 도선에 유도 기전력이 발생한다.

도체 막대가 오른쪽으로 이동 → 종이면에 수직으로 들어가는 방향의 자기 선속 증가 → 수직으로 들어가는 방향의 자기 선속이 증가하는 것을 방해하는 방향으로 유도 전류가 흐른다.(c → R → d)

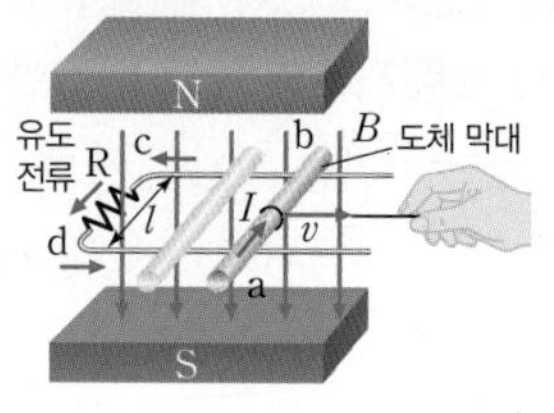

① 유도 기전력

$$V=-N\frac{\Delta\Phi}{\Delta t}=-\frac{\Delta(BA)}{\Delta t}=-B\frac{(lv\Delta t)}{\Delta t}=-Blv$$

② 유도 전류의 세기

$$I=\frac{V}{R}=\frac{Blv}{R}$$

(5) 상호유도: 1차 코일에 흐르는 전류의 세기가 변하면 근처에 있는 2차 코일에 유도 기전력이 발생하는 현상

① 상호 인덕턴스(M): 유도 기전력에 의한 기전력이 얼마나 크게 발생하는지를 나타내는 물리량으로, 코일의 모양, 감은 수, 위치, 코일 주위의 물질 등에 따라 달라진다. [단위: H(헨리)]

② 상호유도 기전력: 2차 코일에 발생하는 유도 기전력

$$V=-N_2\frac{\Delta\Phi_2}{\Delta t}=-M\frac{\Delta I_1}{\Delta t}$$

(6) 상호유도의 이용

① 변압기: 1차 코일과 2차 코일의 감은 수를 조절하여 교류 전압을 변화시키는 장치

- 전압은 코일의 감은 수에 비례한다. ➡ $\frac{V_1}{V_2}=\frac{N_1}{N_2}$
- 변압기에서 1차 코일에 공급되는 전력과 2차 코일에 유도되는 전력은 같다.

➡ $V_1I_1=V_2I_2$, $\frac{V_1}{V_2}=\frac{I_2}{I_1}=\frac{N_1}{N_2}$

② 상호유도의 이용: 변압기, 인덕션 레인지, 금속 탐지기 등

단원 마무리 문제

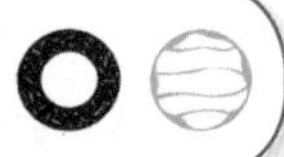

정답과 해설 76쪽

[20700-0413]
01 그림은 xy 평면상의 위치 $(-d,\ d)$, $(d,\ d)$, $(-d,\ -d)$, $(d,\ -d)$에 점전하 A, B, C, D가 고정되어 있는 것으로, A, B, C, D의 전하량은 각각 $+q$, $+q$, $+2q$, $+2q$이다.

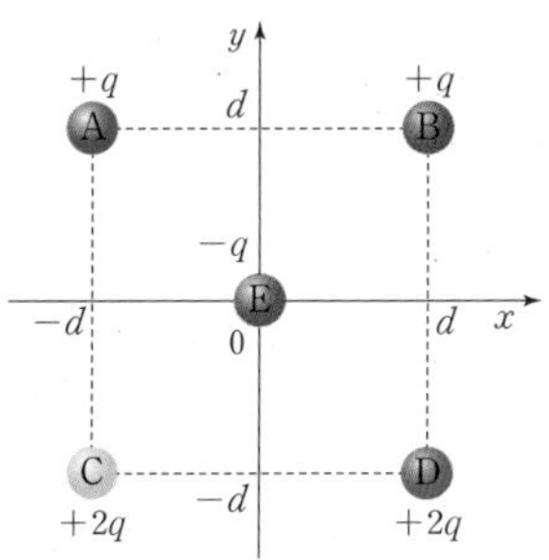

전하량이 $-q$인 점전하 E가 $x=-d$에서 A와 C에 의해 받는 전기력의 크기가 F_0일 때, E가 원점에서 A, B, C, D에 의해 받는 전기력의 크기와 방향으로 옳은 것은?

	크기	방향		크기	방향
①	$\frac{1}{\sqrt{2}}F_0$	$+y$	②	$\frac{1}{\sqrt{2}}F_0$	$-y$
③	$\sqrt{2}F_0$	$+y$	④	$\sqrt{2}F_0$	$-y$
⑤	$\frac{3\sqrt{2}}{2}F_0$	$+y$			

[20700-0414]
02 그림과 같이 원점에서 같은 거리 d만큼 떨어져 x축상에 고정된 두 양(+)전하와 원점을 중심으로 하는 반원이 있고, 반원이 y축과 만나는 지점 p와 양(+)전하를 이은 직선이 y축과 이루는 각은 각각 30°이다. 두 양(+)전하의 전하량은 같다.

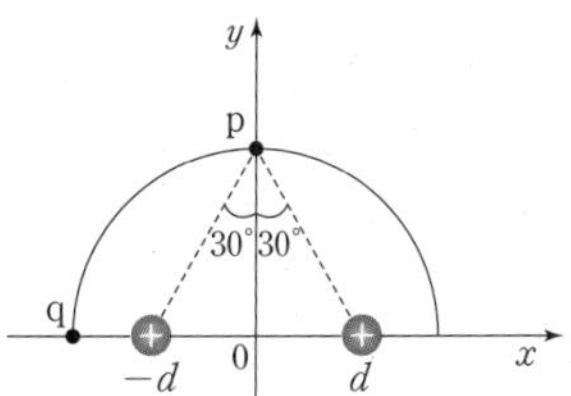

반원이 x축과 만나는 지점 q에서 전기장의 세기가 E_0일 때, p에서 전기장의 세기는?

① $\frac{\sqrt{3}}{8}E_0$ ② $\frac{\sqrt{3}}{6}E_0$ ③ $\frac{\sqrt{3}}{4}E_0$ ④ $\frac{\sqrt{3}}{3}E_0$ ⑤ $\frac{\sqrt{3}}{2}E_0$

[20700-0415]
03 그림은 원점 O에서 같은 거리의 x축상에 고정된 점전하 A, B에 의한 전기장의 모양을 전기력선으로 나타낸 것이다. p, q는 y축상의 점이고, O에서의 거리는 p까지가 q까지보다 크다.

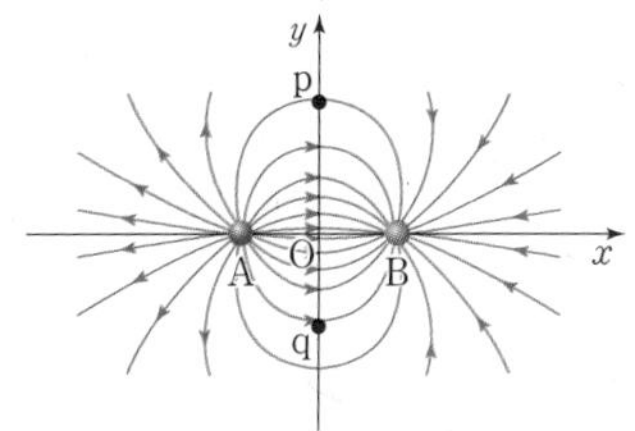

이에 대한 설명으로 옳은 것만을 〈보기〉에서 있는 대로 고른 것은?

보기
ㄱ. A와 B의 전하량의 크기는 같다.
ㄴ. p와 q에서 전기장의 방향은 같다.
ㄷ. p와 q에서 전기장의 세기는 같다.

① ㄱ ② ㄷ ③ ㄱ, ㄴ ④ ㄴ, ㄷ ⑤ ㄱ, ㄴ, ㄷ

[20700-0416]
04 그림 (가)는 대전되지 않은 검전기에 양(+)전하로 대전된 대전체를 가까이 하는 것이고, (나)는 (가)에서 검전기의 금속판에 손가락을 접촉한 모습을 나타낸 것이다.

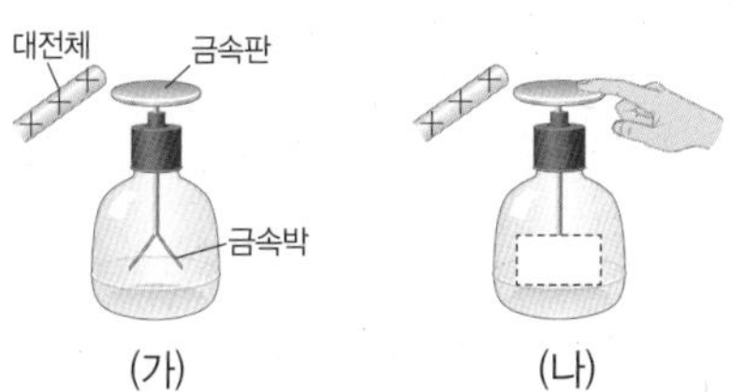

이에 대한 설명으로 옳은 것만을 〈보기〉에서 있는 대로 고른 것은?

보기
ㄱ. (나)에서 전자는 손가락을 통해 금속판으로 들어온다.
ㄴ. (나)에서 대전체를 멀리하고 손가락을 떼면 금속박은 음(−)전하로 대전된다.
ㄷ. (나)에서 손가락을 떼고 대전체를 멀리하면 금속박은 음(−)전하로 대전된다.

① ㄱ ② ㄴ ③ ㄱ, ㄷ ④ ㄴ, ㄷ ⑤ ㄱ, ㄴ, ㄷ

[20700-0417]

05 그림은 세기가 E이고 중력과 나란한 방향으로 균일한 전기장이 형성된 평행한 두 도체판 사이에서 질량이 m, 전하량이 $+q$인 대전 입자가 정지해 있는 것을 나타낸 것이다. a는 전원 장치의 한 쪽 전극이다.

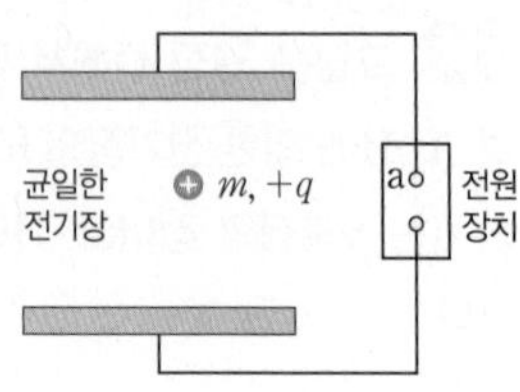

이에 대한 설명으로 옳은 것만을 〈보기〉에서 있는 대로 고른 것은? (단, 중력 가속도는 g이다.)

> 보기
> ㄱ. 대전 입자가 정지해 있을 때, $E=\frac{mg}{q}$이다.
> ㄴ. a는 양(+)극이다.
> ㄷ. 대전 입자가 아래쪽 도체판으로 이동하면 대전 입자의 전기력에 의한 퍼텐셜 에너지는 증가한다.

① ㄱ ② ㄴ ③ ㄱ, ㄷ ④ ㄴ, ㄷ ⑤ ㄱ, ㄴ, ㄷ

[20700-0418]

06 그림 (가)와 같이 균일한 전기장 영역에서 전하량이 $+q$인 양(+)전하가 $x=0$에서 x축을 따라 $x=3d$까지 이동한 것을, (나)는 (가)의 전기장 영역에서 x축의 위치에 따른 전위를 나타낸 것이다.

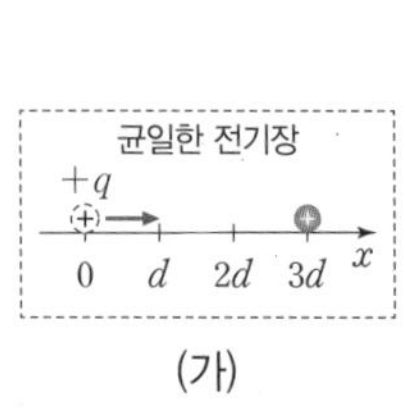

(가)

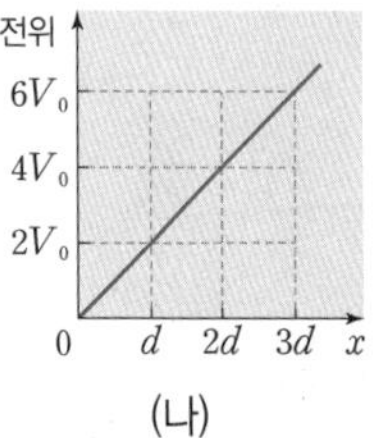

(나)

이에 대한 설명으로 옳은 것만을 〈보기〉에서 있는 대로 고른 것은?

> 보기
> ㄱ. 전기장의 세기는 $\frac{2V_0}{d}$이다.
> ㄴ. 양(+)전하가 받는 전기력의 크기는 $\frac{qV_0}{d}$이다.
> ㄷ. 양(+)전하를 $x=0$에서 $x=3d$까지 이동시키는 데 필요한 일은 $18qV_0$이다.

① ㄱ ② ㄴ ③ ㄱ, ㄷ ④ ㄴ, ㄷ ⑤ ㄱ, ㄴ, ㄷ

[20700-0419]

07 그림 (가)는 전압이 일정한 전원에 단면적이 일정한 금속 고리의 $\frac{3}{4}$지점을 연결하여 A, B로 나눈 것을, (나)는 (가)에서 금속 고리의 부피를 일정하게 하고 단면적을 2배로 하여 금속 고리의 $\frac{1}{2}$지점을 연결하여 C, D로 나눈 것을 나타낸 것이다.

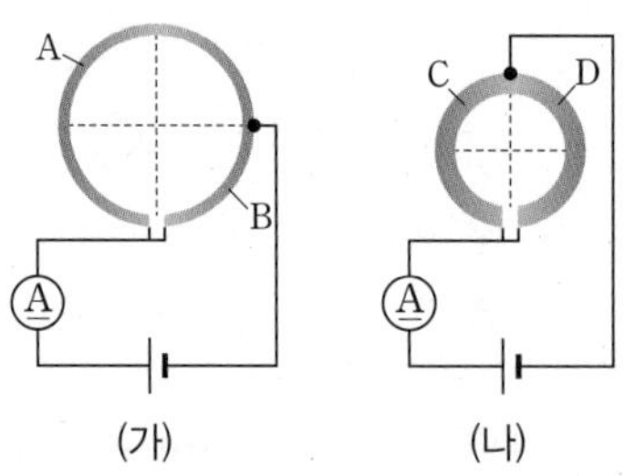

(가) (나)

이에 대한 설명으로 옳은 것만을 〈보기〉에서 있는 대로 고른 것은? (단, 금속 고리의 떨어진 틈은 무시한다.)

> 보기
> ㄱ. 금속 고리의 길이는 (가)에서가 (나)에서의 2배이다.
> ㄴ. 저항값은 A가 C의 6배이다.
> ㄷ. 전류계에 흐르는 전류의 세기는 (나)에서가 (가)에서의 3배이다.

① ㄱ ② ㄷ ③ ㄱ, ㄴ ④ ㄴ, ㄷ ⑤ ㄱ, ㄴ, ㄷ

[20700-0420]

08 그림 (가), (나)는 각각 변전소 A, B에서 송전선 a, b로 공장 X, Y에 전력을 공급하는 것을 나타낸 것이다. A에서 송전 전압은 V_0, 송전 전력은 P_0이고, B에서 송전 전압은 $2V_0$, 송전 전력은 $4P_0$이다. X, Y에서 공급받은 전력은 각각 $0.9P_0$, $3.8P_0$이다.

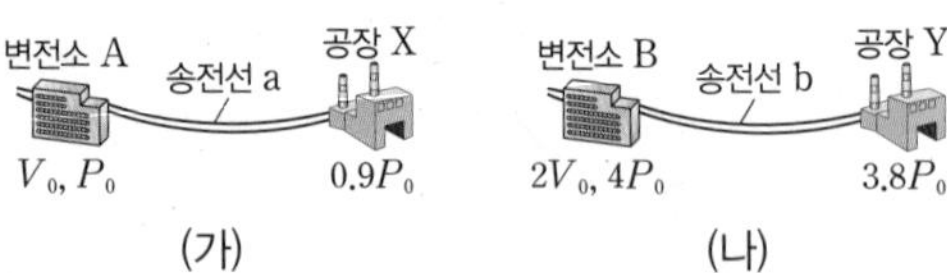

(가) (나)

a, b에서의 저항값이 각각 R_a, R_b이고, a, b에 흐르는 전류의 세기가 각각 I_a, I_b일 때, $I_a : I_b$와 $R_a : R_b$로 옳은 것은?

	$I_a : I_b$	$R_a : R_b$		$I_a : I_b$	$R_a : R_b$
①	1 : 2	1 : 2	②	1 : 2	2 : 1
③	2 : 1	1 : 2	④	2 : 3	2 : 3
⑤	2 : 3	3 : 2			

[20700-0421]

09 그림은 p형 반도체와 n형 반도체를 접합하여 만든 트랜지스터와 저항 R_1, R_2를 이용하여 구성한 회로를 나타낸 것이다. X는 p형 반도체와 n형 반도체 중 하나이고, R_2에는 스위치를 a와 b 중에서 한 곳에 연결할 때만 전류가 흐른다.

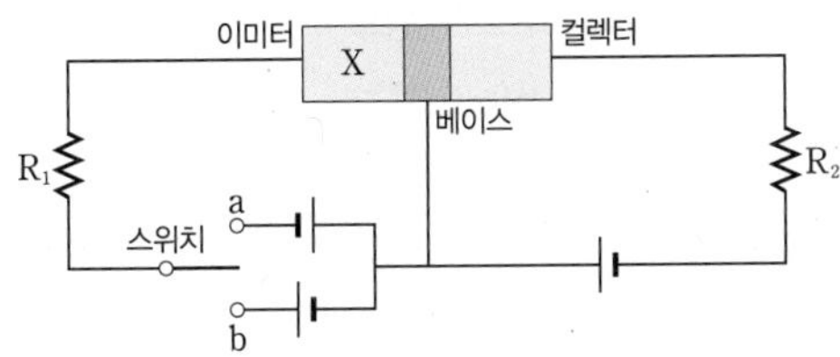

이에 대한 설명으로 옳은 것만을 <보기>에서 있는 대로 고른 것은?

보기

ㄱ. 트랜지스터는 스위칭 작용을 할 수 있다.
ㄴ. X는 p형 반도체이다.
ㄷ. 스위치를 a에 연결할 때 R_1에 전류가 흐른다.

① ㄱ ② ㄷ ③ ㄱ, ㄴ ④ ㄴ, ㄷ ⑤ ㄱ, ㄴ, ㄷ

[20700-0422]

10 그림은 축전기 A, B, C를 나타낸 것으로, A는 극판의 간격이 d, 면적이 S로 같고, B는 극판의 간격이 d, 면적이 $2S$로 같고, C는 극판의 간격이 $2d$, 면적이 $3S$로 같다.

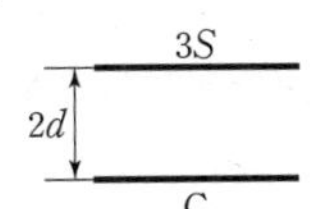

A, B, C를 직렬 또는 병렬 연결하였을 때, 합성 전기 용량이 두 번째로 작은 값을 C_1, 세 번째로 작은 값을 C_2라고 할 때, $\frac{C_1}{C_2}$는?

① $\frac{6}{7}$ ② $\frac{7}{9}$ ③ $\frac{8}{11}$
④ $\frac{9}{13}$ ⑤ $\frac{11}{14}$

[20700-0423]

11 그림 (가)는 전압을 조절할 수 있는 전원, 축전기 A, B, C, 스위치 S를 이용하여 구성한 회로를 나타낸 것이다. A와 C의 전기 용량은 각각 C_0, $2C_0$이다. 그림 (나)는 (가)의 S를 열 때(off)와 닫을 때(on) A, B, C에 저장된 총 전하량을 전압에 따라 나타낸 것이다.

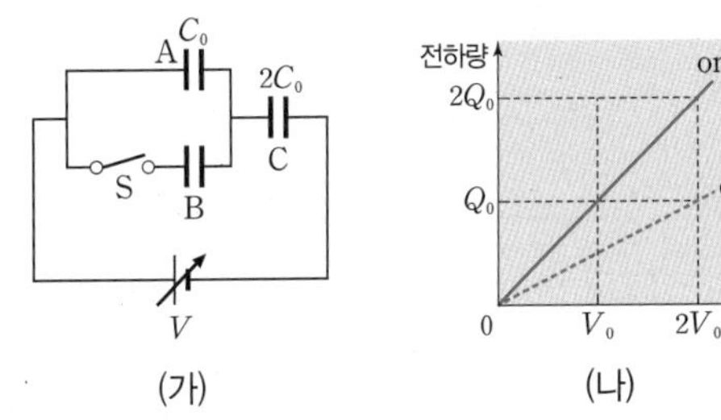

(가) (나)

이에 대한 설명으로 옳은 것만을 <보기>에서 있는 대로 고른 것은?

보기

ㄱ. B의 전기 용량은 $4C_0$이다.
ㄴ. C에 걸린 전압은 S가 on일 때가 off일 때의 2배이다.
ㄷ. A, B, C에 저장된 총 전기 에너지는 S가 on일 때가 off일 때의 2배이다.

① ㄱ ② ㄴ ③ ㄱ, ㄷ ④ ㄴ, ㄷ ⑤ ㄱ, ㄴ, ㄷ

[20700-0424]

12 그림은 전압이 V로 일정한 전원, 평행판 축전기 A, B로 구성된 회로를 나타낸 것이다. A, B의 극판 간격은 d, 면적은 S로 같다. A에는 유전 상수 $\kappa_1=3$, 면적 $\frac{S}{2}$, 두께 d인 유전체가, B에는 유전 상수 $\kappa_2=2$, 면적 S, 두께 $\frac{d}{2}$인 유전체가 각각 채워져 있다.

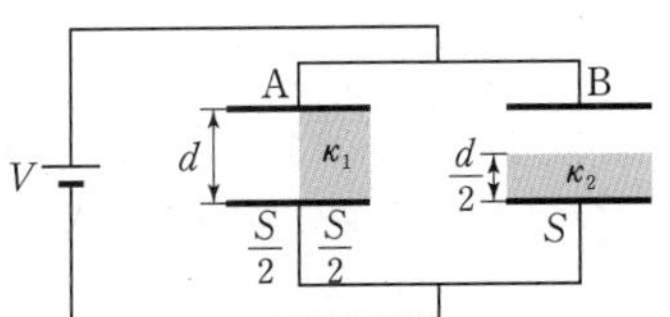

A와 B에 저장된 전기 에너지가 각각 U_A, U_B일 때, $U_A : U_B$는? (단, A와 B의 유전체 이외의 공간은 진공이며, 진공의 유전 상수는 1이다.)

① 3 : 2 ② 4 : 3 ③ 5 : 4
④ 6 : 7 ⑤ 7 : 8

[20700-0425]
13 그림은 같은 세기의 일정한 전류가 흐르는 무한히 긴 직선 도선 A, B가 xy 평면에 고정된 것을 나타낸 것이다. A는 x축과 나란한 방향으로 고정되어 있고, B는 xy 평면에 수직으로 고정되어 있다. 점 p, O는 xy 평면 위의 점으로, O에서 A에 흐르는 전류에 의한 자기장의 세기는 B_0이다.

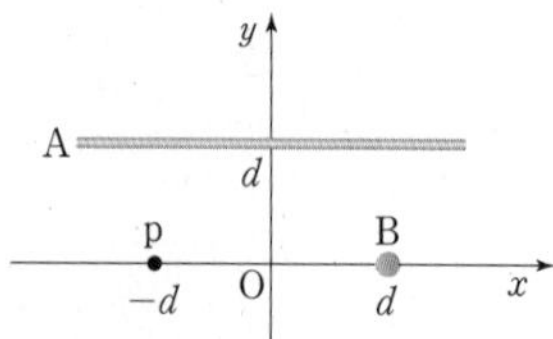

p에서 A, B에 흐르는 전류에 의한 자기장의 세기는?

① $\frac{1}{2}B_0$ ② $\frac{\sqrt{2}}{2}B_0$ ③ B_0 ④ $\frac{\sqrt{5}}{2}B_0$ ⑤ $\frac{3}{2}B_0$

[20700-0426]
14 그림 (가)는 xy 평면에 $+x$ 방향으로 일정한 전류가 흐르는 무한히 긴 직선 도선 A, B가 고정되어 있는 것을 나타낸 것이다. 그림 (나)는 (가)에서 시계 방향으로 일정한 전류가 흐르는 원형 도선 C를 나타낸 것이다. C의 중심인 원점 O에서 A, B, C에 흐르는 전류에 의한 자기장의 방향은 (가)에서와 (나)에서가 반대이다.

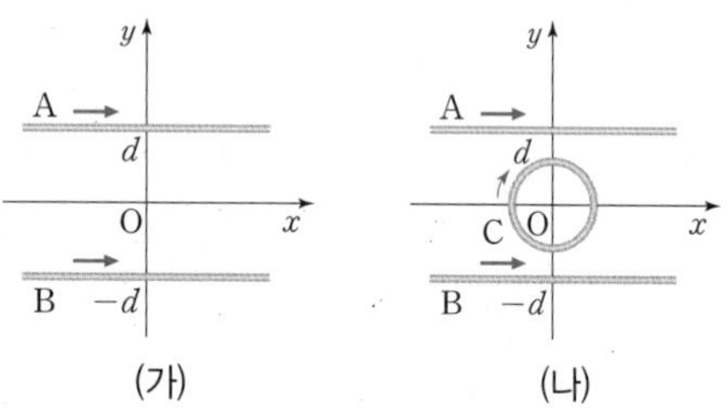

이에 대한 설명으로 옳은 것만을 <보기>에서 있는 대로 고른 것은?

보기

ㄱ. (가)의 O에서 A에 흐르는 전류에 의한 자기장의 방향과 B에 흐르는 전류에 의한 자기장의 방향은 반대이다.

ㄴ. (나)의 O에서 A, B, C에 흐르는 전류에 의한 자기장의 방향은 xy 평면에 수직으로 들어가는 방향이다.

ㄷ. 전류의 세기는 A에서가 B에서보다 작다.

① ㄱ ② ㄷ ③ ㄱ, ㄴ ④ ㄴ, ㄷ ⑤ ㄱ, ㄴ, ㄷ

[20700-0427]
15 그림은 일정한 전류가 흐르는 무한히 긴 직선 도선 A, B, 원형 도선 C가 xy 평면에 고정된 것을 나타낸 것이다. A에는 $+y$ 방향으로 전류가 흐르고, B에는 $+x$ 방향으로 전류가 흐른다. A와 B에 흐르는 전류의 세기는 같고, C의 중심 O에서 A에 흐르는 전류에 의한 자기장의 세기는 B_0이고 A, B, C에 흐르는 전류에 의한 자기장은 0이다.

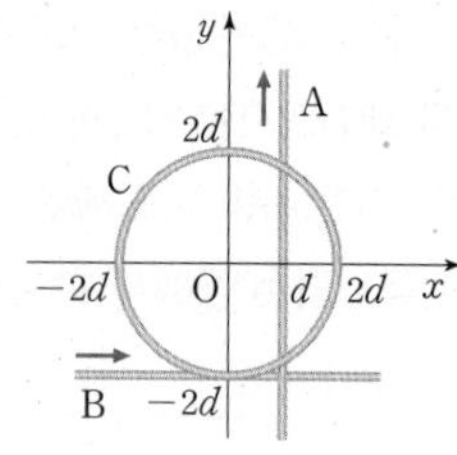

이에 대한 설명으로 옳은 것만을 <보기>에서 있는 대로 고른 것은?

보기

ㄱ. O에서 A에 흐르는 전류에 의한 자기장의 방향은 xy 평면에서 수직으로 나오는 방향이다.

ㄴ. C에 흐르는 전류의 방향은 시계 반대 방향이다.

ㄷ. O에서 C에 흐르는 전류에 의한 자기장의 세기는 $\frac{3}{2}B_0$이다.

① ㄱ ② ㄴ ③ ㄷ ④ ㄱ, ㄷ ⑤ ㄴ, ㄷ

[20700-0428]
16 그림과 같이 전원과 가변 저항에 연결된 솔레노이드에 전류가 흐르고 있다. 점 p, q, r는 솔레노이드의 중심축 상의 점이다. p, r는 솔레노이드 외부의 점이고, q는 솔레노이드 내부의 점이다.

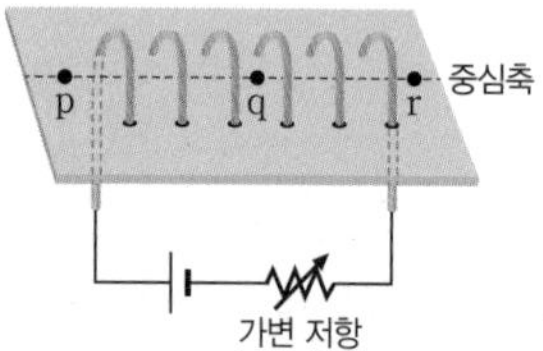

이에 대한 설명으로 옳은 것만을 <보기>에서 있는 대로 고른 것은?

보기

ㄱ. q에서 전류에 의한 자기장의 방향은 p에서 r를 향하는 방향이다.

ㄴ. 전류에 의한 자기장의 방향은 p에서와 r에서가 반대이다.

ㄷ. 가변 저항의 저항값을 감소시키면 q에서 전류에 의한 자기장의 세기는 증가한다.

① ㄱ ② ㄴ ③ ㄷ ④ ㄱ, ㄴ ⑤ ㄱ, ㄷ

[20700-0429]

17 그림은 $+y$ 방향으로 일정한 세기의 전류가 흐르는 직선 도선의 왼쪽에서 $-x$ 방향으로 일정한 속력으로 운동하는 사각형 도선 P를 나타낸 것이다.

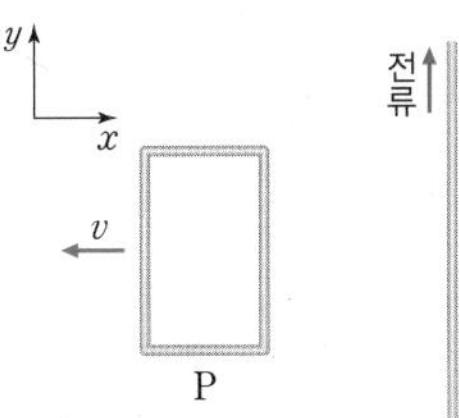

P가 $-x$ 방향으로 운동하는 동안, 이에 대한 설명으로 옳은 것만을 <보기>에서 있는 대로 고른 것은?

보기

ㄱ. P를 통과하는 자기 선속은 감소한다.

ㄴ. P에 흐르는 유도 전류의 방향은 시계 반대 방향이다.

ㄷ. P에 흐르는 유도 전류의 세기는 감소한다.

① ㄱ ② ㄷ ③ ㄱ, ㄴ ④ ㄴ, ㄷ ⑤ ㄱ, ㄴ, ㄷ

[20700-0430]

18 그림 (가), (나)는 각각 변압기 A, B를 나타낸 것이다. 2차 코일에 연결된 저항에서 소모하는 전력은 (가)에서와 (나)에서가 같다.

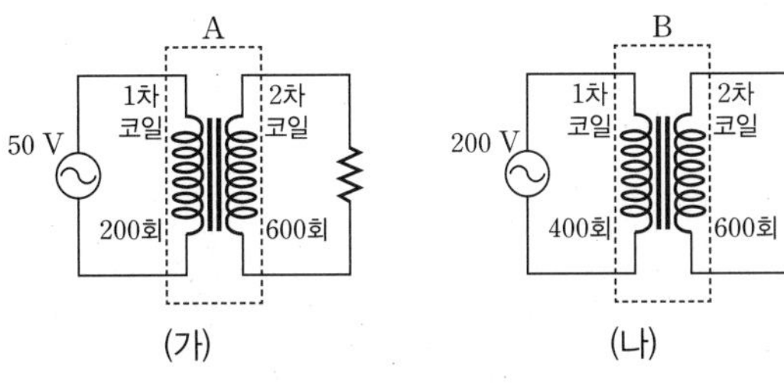

이에 대한 설명으로 옳은 것만을 <보기>에서 있는 대로 고른 것은? (단, 변압기에서의 에너지 손실은 무시한다.)

보기

ㄱ. 1차 코일에 흐르는 전류의 세기는 (가)에서와 (나)에서가 같다.

ㄴ. 2차 코일에 걸리는 전압은 (나)에서가 (가)에서의 2배이다.

ㄷ. 2차 코일을 통과하는 자기 선속의 시간적 변화율은 (가)에서와 (나)에서가 같다.

① ㄱ ② ㄴ ③ ㄷ ④ ㄱ, ㄷ ⑤ ㄴ, ㄷ

[20700-0431]

19 그림은 세기가 각각 B, $2B$인 균일한 자기장 영역 Ⅰ, Ⅱ에 걸쳐져 $+x$ 방향의 일정한 속력 v로 운동하는 직사각형 도선의 어느 한 순간의 모습을 나타낸 것이다. Ⅰ, Ⅱ에서 자기장의 방향은 종이면에서 수직으로 나오는 방향이다.

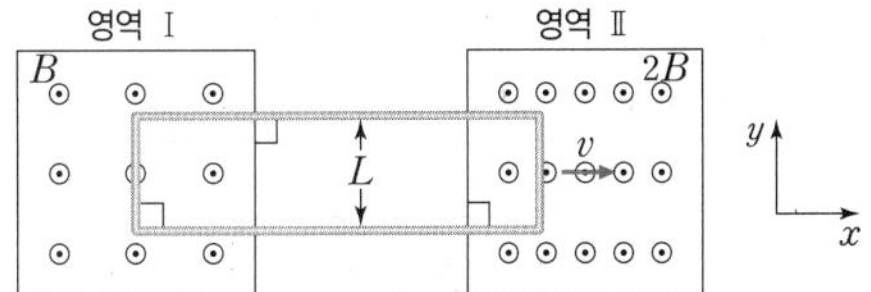

이 순간, 도선에 흐르는 유도 전류의 방향과 도선에 발생한 유도 기전력의 크기로 옳은 것은?

	유도 전류의 방향	유도 기전력의 크기
①	시계 방향	BLv
②	시계 방향	$3BLv$
③	시계 반대 방향	BLv
④	시계 반대 방향	$2BLv$
⑤	시계 반대 방향	$3BLv$

[20700-0432]

20 그림 (가)는 종이면에 교류 전원과 저항이 연결된 원형 도선 A와 반지름이 A보다 작은 원형 도선 B가 고정되어 있는 것을 나타낸 것이다. A와 B의 중심은 같다. 그림 (나)는 A에 흐르는 전류를 시간에 따라 나타낸 것이다.

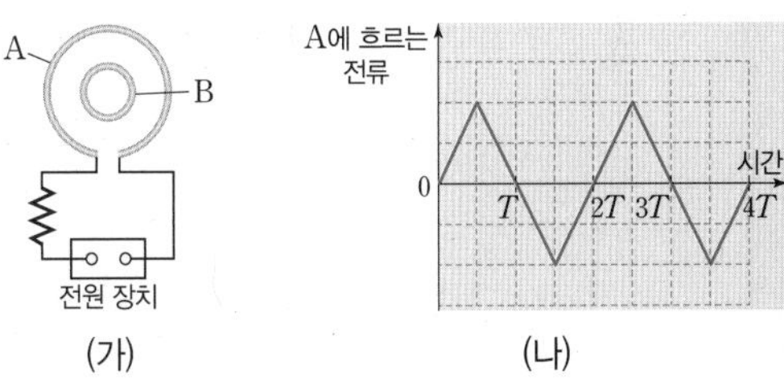

이에 대한 설명으로 옳은 것만을 <보기>에서 있는 대로 고른 것은?

보기

ㄱ. B를 통과하는 자기 선속은 T일 때가 $2.5T$일 때보다 크다.

ㄴ. B에 흐르는 유도 전류의 세기는 T일 때와 $2T$일 때가 같다.

ㄷ. $2.7T$일 때 A에 흐르는 전류의 방향은 B에 흐르는 유도 전류의 방향과 서로 반대이다.

① ㄱ ② ㄴ ③ ㄷ ④ ㄱ, ㄴ ⑤ ㄴ, ㄷ

III 파동과 물질의 성질

11 전자기파의 성질

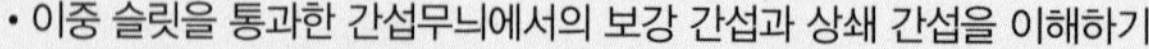

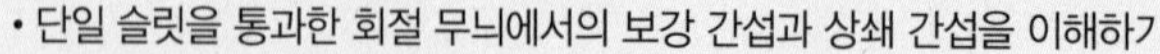

- 이중 슬릿을 통과한 간섭무늬에서의 보강 간섭과 상쇄 간섭을 이해하기
- 단일 슬릿을 통과한 회절 무늬에서의 보강 간섭과 상쇄 간섭을 이해하기
- 파동에서의 도플러 효과를 이해하기

한눈에 단원 파악, 이것이 핵심!

이중 슬릿을 통과한 간섭무늬와 단일 슬릿을 통과한 회절 무늬는 어떻게 나타나는가?

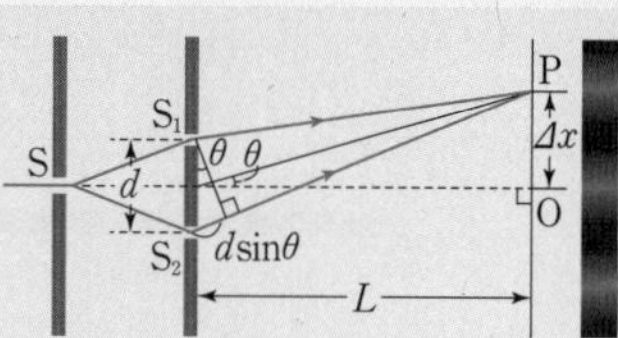

보강 간섭: $d\sin\theta=\frac{\lambda}{2}(2m)$ $(m=0, 1, 2, \cdots)$

상쇄 간섭: $d\sin\theta=\frac{\lambda}{2}(2m+1)$ $(m=0, 1, 2, \cdots)$

$$\Delta x=\frac{L\lambda}{d} \Rightarrow \lambda=\frac{d\Delta x}{L}$$

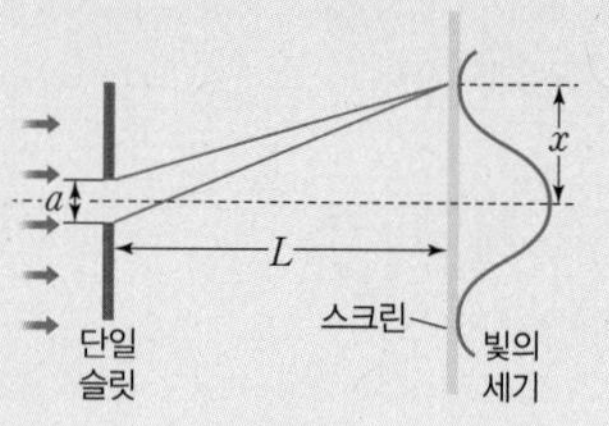

$$x=\frac{L\lambda}{a} \Rightarrow \lambda=\frac{ax}{L}$$

도플러 효과는 무엇인가?

도플러 효과: 파원이나 관찰자가 움직이게 되면 정지해 있을 때와는 다른 진동수의 파동을 관측하게 되는 현상

음원이 관찰자에게 다가오는 경우

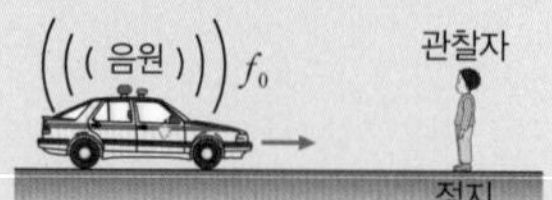

음원의 원래 진동수 f_0보다 큰 진동수의 소리를 듣는다.
➡ 원래 음보다 높은 음을 듣는다.

음원이 관찰자에게서 멀어지는 경우

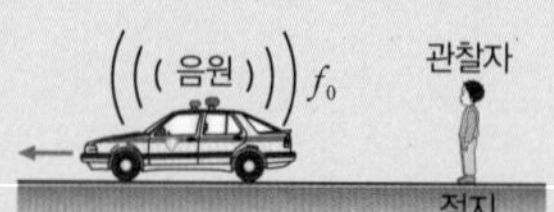

음원의 원래 진동수 f_0보다 작은 진동수의 소리를 듣는다.
➡ 원래 음보다 낮은 음을 듣는다.

간섭과 회절

1 전자기파의 간섭

(1) 파동의 간섭

① 보강 간섭: 두 파동이 같은 위상으로 중첩되어 합성파의 진폭이 커지는 현상

② 상쇄 간섭: 두 파동이 반대 위상으로 중첩되어 합성파의 진폭이 작아지는 현상

(2) 전자기파의 간섭

① 영의 실험: ❶단일 슬릿과 이중 슬릿을 통과한 빛이 간섭을 일으켜 스크린에 밝고 어두운 무늬가 나타난다.

- 보강 간섭: 스크린의 한 점에 같은 위상으로 만나는 두 파동은 보강 간섭을 일으킨다. P 지점에서는 슬릿 S_1과 S_2로부터 ❷경로차가 한 파장만큼 차이가 나므로 보강 간섭이 일어나 O로부터 첫 번째 밝은 무늬가 나타난다.
- 상쇄 간섭: 스크린의 한 점에 반대 위상으로 만나는 두 파동은 상쇄 간섭을 일으킨다. Q 지점에서는 슬릿 S_1과 S_2로부터 경로차가 반 파장만큼 차이가 나므로 상쇄 간섭이 일어나 O로부터 첫 번째 어두운 무늬가 나타난다.

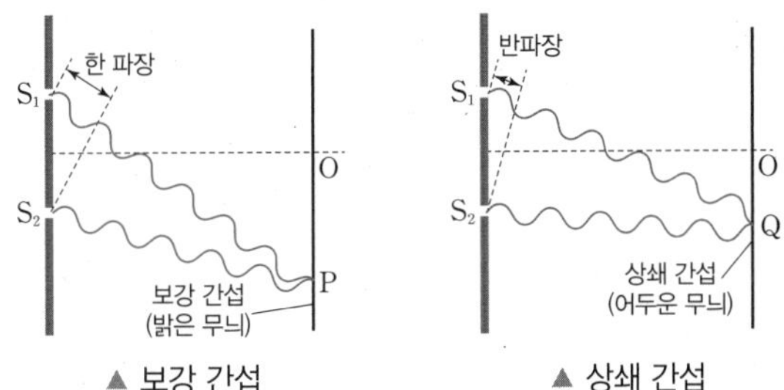

▲ 보강 간섭 ▲ 상쇄 간섭

② 이중 슬릿에 의한 빛의 간섭 조건: 경로차를 Δ, 이중 슬릿 사이의 간격을 d, 이중 슬릿과 스크린 사이의 거리를 ❸$L(L \gg d)$, 스크린의 중앙에서 무늬까지의 거리를 x라고 하자.

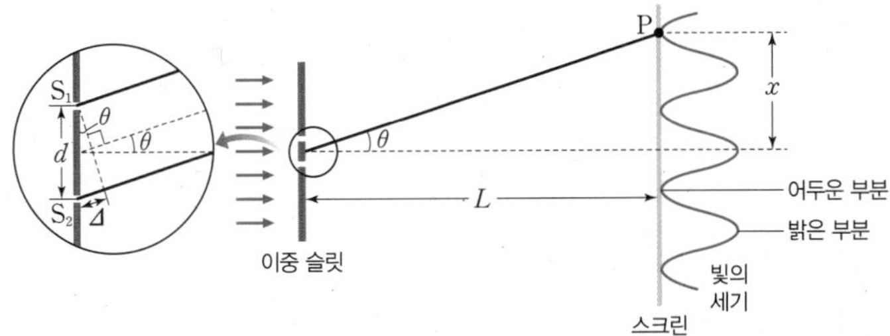

$L \gg d$이므로 슬릿 S_1과 S_2로부터 스크린상의 점 P까지의 경로차는 $\Delta = d\sin\theta$이다. 또한 각 θ가 매우 작을 때 $\sin\theta \fallingdotseq \tan\theta$라 할 수 있으므로 $\Delta = d\sin\theta = d\tan\theta = d\frac{x}{L}$이다. 따라서 보강 간섭과 상쇄 간섭 조건을 나타내면 다음과 같다.

$$d\frac{x}{L} = \begin{cases} \frac{\lambda}{2}(2m) & \text{보강 간섭}(m=0,\ 1,\ 2,\ 3\cdots) \\ \frac{\lambda}{2}(2m+1) & \text{상쇄 간섭}(m=0,\ 1,\ 2,\ 3\cdots) \end{cases}$$

THE 알기

❶ **영의 실험에서 단일 슬릿을 사용하는 이유**
단일 슬릿을 통과한 빛은 동일한 위상을 갖는다.

❷ **경로차**
이중 슬릿의 두 개의 슬릿에서 스크린의 한 지점까지 빛이 진행한 경로의 차이이다.

❸ **$L \gg d$라고 하는 이유**
슬릿에서 스크린까지의 거리(L)가 이중 슬릿 사이의 간격(d)보다 매우 크면 두 슬릿에서 나와 한 지점에 만나는 두 빛은 거의 평행하다고 볼 수 있으므로 경로차는 $d\sin\theta$가 된다.

THE 알기

❶ 물결파에서의 간섭무늬와 이중 슬릿에서의 간섭무늬
물결파에서 보강 간섭은 밝은 무늬와 어두운 무늬가 나타난 지점에서 일어나지만, 이중 슬릿에서는 가장 밝은 무늬만 보강 간섭이 일어난 것이다.

③ 이중 슬릿의 간섭을 이용한 빛의 파장 측정: 인접한 밝은 무늬 사이의 간격 $\Delta x = x_{m+1} - x_m = \frac{L}{d}\left\{\left(\frac{\lambda}{2}\times 2(m+1)\right) - \frac{\lambda}{2}(2m)\right\} = L\frac{\lambda}{d}$이다. ❶간섭무늬 사이의 간격은 슬릿의 간격이 좁을수록, 파장이 길수록, 슬릿과 스크린 사이의 거리가 길수록 커진다.

- 빛의 파장: 간섭무늬 사이의 간격은 $\Delta x = L\frac{\lambda}{d}$이므로 빛의 파장 λ는 다음과 같다.

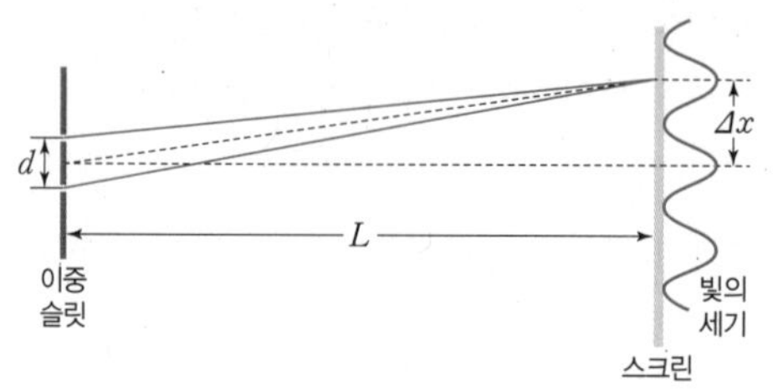

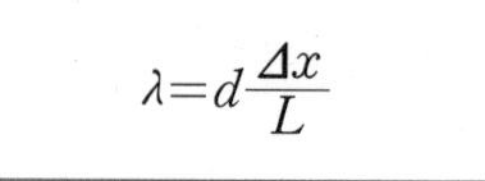

(3) 전자기파의 간섭이 이용되는 예

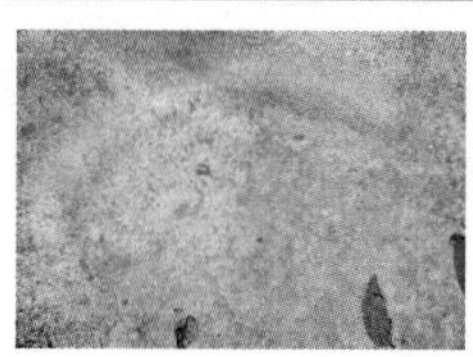 물 위에 떠 있는 ❷기름막의 위쪽에서 반사한 빛과 막의 아래쪽에서 반사한 빛이 서로 간섭하여 여러 가지 색이 보인다.	 작은 전파 망원경을 여러 대 떨어뜨려 설치하여 각 전파 망원경에서 측정한 전파의 간섭 효과를 이용하면 큰 전파 망원경과 같은 효과를 낸다.

❷ 얇은 막에서의 간섭
얇은 막의 윗면에서 반사된 빛과 아랫면에서 반사된 빛이 간섭을 일으킬 때 얇은 막의 두께와 빛을 바라보는 각도에 따라 경로차가 달라지므로 보강 간섭하는 빛의 색깔이 달라진다.

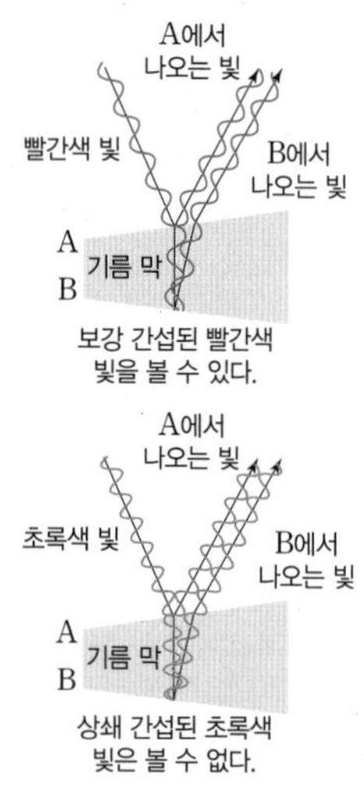

2 전자기파의 회절

(1) 회절: 파동이 진행하다가 장애물을 만났을 때 장애물의 뒤쪽으로 돌아 들어가거나, 좁은 틈을 통과한 후에 퍼져 나가는 현상이다. 파동의 회절은 틈 간격이 좁을수록, 파동의 파장이 길수록 잘 나타난다.

(2) ❸단일 슬릿에 의한 회절: 빛이 단일 슬릿을 통과하면 스크린에 밝은 무늬와 어두운 무늬가 반복적으로 나타난다. 슬릿과 스크린 사이의 거리를 L, 슬릿의 폭을 a, 빛의 파장을 λ라고 할 때 스크린의 중앙에서 첫 번째 어두운 지점까지의 거리 x는 다음과 같다.

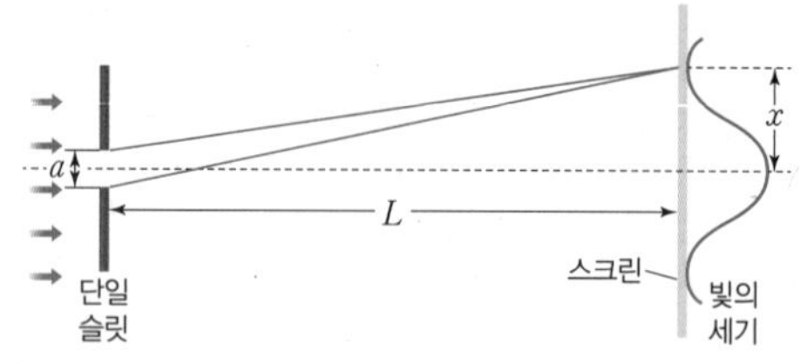

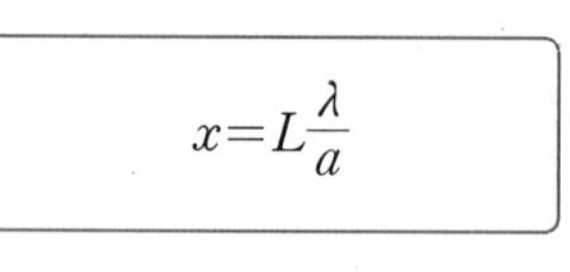

➡ 단일 슬릿의 폭이 좁을수록, 빛의 파장이 길수록 회절 무늬의 폭이 넓게 나타난다.

❸ 간섭무늬와 회절 무늬
이중 슬릿에 의한 간섭무늬에서는 무늬의 간격이 일정하지만, 단일 슬릿에 의한 회절 무늬는 중앙의 밝은 무늬의 폭이 가장 크다.

(3) 전자기파의 회절이 이용되는 예

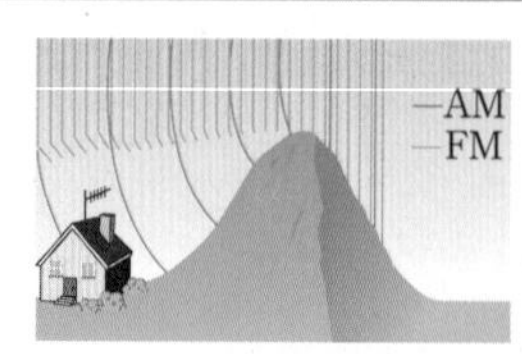 산속에서는 짧은 파장을 이용하는 FM 방송보다 긴 파장을 이용하는 AM 방송이 더 잘 들린다.	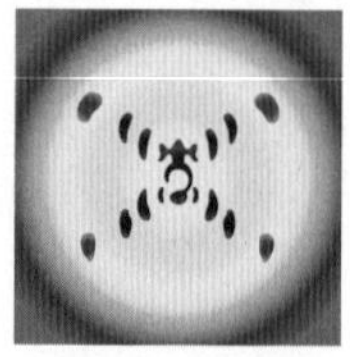 전자기파에 의한 회절 무늬로 분자의 미세 구조를 확인할 수 있고, X선 회절을 이용해 DNA 이중 나선 구조를 확인할 수 있다.

개념체크

빈칸 완성

1. 이중 슬릿의 간섭무늬에서 보강 간섭이 일어나는 지점에서는 ㉠(   ) 무늬가 나타나고, 상쇄 간섭이 일어나는 지점에서는 ㉡(   ) 무늬가 나타난다.

2. 보강 간섭이 일어나는 지점에서 만난 두 슬릿을 통과한 빛의 위상은 ㉠(같고 , 반대이고), 상쇄 간섭이 일어나는 지점에서 만난 두 슬릿을 통과한 빛의 위상은 ㉡(같다, 반대이다).

3. 이중 슬릿 사이의 간격이 넓으면 스크린에 나타난 간섭무늬 사이의 간격이 ㉠(크고 , 작고), 이중 슬릿 사이의 간격이 좁으면 스크린에 나타난 간섭무늬 사이의 간격이 ㉡(크다 , 작다).

4. 빛의 파장이 길수록 스크린에 나타난 간섭무늬 사이의 간격이 ㉠(크고 , 작고), 빛의 파장이 짧을수록 스크린에 나타난 간섭무늬 사이의 간격이 ㉡(크다 , 작다).

5. 이중 슬릿을 통과한 빛의 간섭무늬에서 스크린의 보강 간섭이 일어나는 지점에서 두 슬릿을 통과한 빛의 경로차는 반파장의 ㉠(   ) 배이고, 상쇄 간섭이 일어나는 지점에서 두 슬릿을 통과한 빛의 경로차는 반파장의 ㉡(   ) 배이다.

6. 단일 슬릿의 폭이 좁을수록 단일 슬릿에 의한 회절에 의해 나타난 스크린 중앙의 밝은 무늬의 폭은 (크다 , 작다).

정답 **1.** ㉠ 밝은, ㉡ 어두운 **2.** ㉠ 같고, ㉡ 반대이다 **3.** ㉠ 작고, ㉡ 크다 **4.** ㉠ 크고, ㉡ 작다 **5.** ㉠ 짝수, ㉡ 홀수 **6.** 크다

○X 문제

1. 빛의 이중 슬릿 실험에 대한 설명으로 옳은 것은 ○, 옳지 않은 것은 ×로 표시하시오.

(1) 이중 슬릿 실험에서 나타난 간섭무늬로부터 빛이 파동임을 알 수 있다. (   )

(2) 슬릿 사이의 간격이 좁을수록 스크린에 나타난 간섭무늬 사이의 간격이 작아진다. (   )

(3) 스크린에 밝고 어두운 무늬가 나타나는 것은 빛의 굴절에 의한 현상이다. (   )

2. 그림은 단색광 A가 단일 슬릿과 이중 슬릿의 S_1과 S_2를 통과하여 스크린에 간섭무늬를 만든 모습을 나타낸 것이다. O점은 스크린의 가운데 밝은 무늬이고, P점은 O로부터 첫 번째 밝은 무늬가 나타나는 지점이고, Q점은 O로부터 첫 번째 어두운 무늬가 나타나는 지점이다. Δx는 스크린에 나타난 인접한 밝은 무늬 사이의 간격이다.

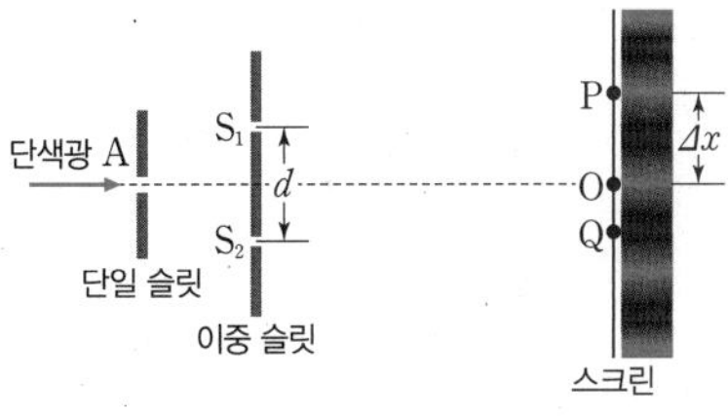

(1) O에서 S_1과 S_2를 통과한 두 빛의 위상은 서로 반대이다. (   )

(2) P에서 S_1과 S_2를 통과한 두 빛의 경로차는 A의 파장의 2배이다. (   )

(3) Q에서 S_1과 S_2를 통과한 두 빛의 경로차는 A의 파장의 $\frac{1}{2}$배이다. (   )

(4) d가 0.1 mm이고, 이중 슬릿과 스크린 사이의 거리가 2 m이고, A를 비출 때 Δx가 10 mm이면, A의 파장은 500 nm이다. (   )

(5) A보다 파장이 긴 단색광을 사용하면 Δx는 감소한다. (   )

정답 **1.** (1) ○ (2) × (3) × **2.** (1) × (2) × (3) ○ (4) ○ (5) ×

02 도플러 효과

THE 알기

❶ 진동수와 음높이
진동수가 클수록 고음이고 진동수가 작을수록 저음이다.

❷ 음원이 움직일 때, 도플러 효과의 관계식에서 부호
분모의 (+)부호는 음원이 관찰자로부터 멀어지는 경우이고 분자의 (−)부호는 음원이 관찰자에게 다가가는 경우이다.

$$f'=\frac{v}{v\pm v_{\mathrm{s}}}f$$

❸ 파면
파동이 진행할 때 위상이 같은 지점을 연결한 선이나 면

❹ 음원이 관찰자를 향해 다가갈 때
파면 사이의 간격이 감소하므로 관찰자가 듣는 소리의 진동수는 음원의 원래 진동수보다 크다.

❺ 음원이 관찰자로부터 멀어질 때
파면 사이의 간격이 증가하므로 관찰자가 듣는 소리의 진동수는 음원의 원래 진동수보다 작다.

1 도플러 효과

(1) 도플러 효과: 파원이나 관찰자가 움직이게 되면 정지해 있을 때와 다른 ❶진동수의 파동을 관측하는 현상

(2) ❷관찰자는 정지해 있고 음원이 운동할 때: 음원의 속력 v_{s}, 정지해 있는 음원에서 발생하는 소리의 파장을 λ, 진동수를 f, 소리의 속력을 v, ❸파면이 만들어지는 시간 간격을 T라 할 때 관찰자가 듣는 소리의 진동수는 다음과 같다.

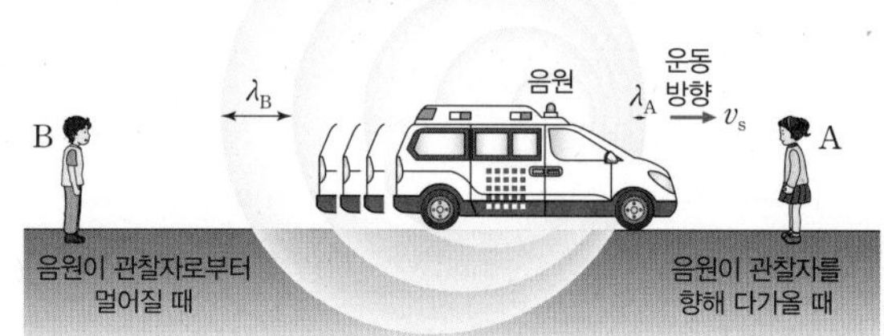

① ❹음원이 관찰자 A를 향해 다가올 때

- A가 듣는 소리의 속력 v_{A}: 원래 소리의 속력 v와 같다. ➡ $v_{\mathrm{A}}=v$
- A가 듣는 소리의 파장 λ_{A}: A에게 도달하는 음파의 파면 간격은 $v_{\mathrm{s}}T$만큼 짧아진다. ➡ $\lambda_{\mathrm{A}}=\lambda-v_{\mathrm{s}}T=\lambda-\frac{v_{\mathrm{s}}}{f}$
- A가 듣는 소리의 진동수 f_{A}는 다음과 같다. ➡ 음원이 관찰자를 향해 다가올 때 관찰자가 듣는 소리의 진동수는 원래 음원에서 발생한 소리의 진동수보다 크다.

$$f_{\mathrm{A}}=\frac{v}{\lambda_{\mathrm{A}}}=\frac{v}{\lambda-\frac{v_{\mathrm{s}}}{f}}=\frac{v}{\frac{v}{f}-\frac{v_{\mathrm{s}}}{f}}=\frac{v}{v-v_{\mathrm{s}}}f$$

② ❺음원이 관찰자 B로부터 멀어질 때

- B가 듣는 소리의 속력 v_{B}: 원래 소리의 속력 v와 같다. ➡ $v_{\mathrm{B}}=v$
- B가 듣는 소리의 파장 λ_{B}: B에게 도달하는 음파의 파면 간격은 $v_{\mathrm{s}}T$만큼 넓어진다. ➡ $\lambda_{\mathrm{B}}=\lambda+v_{\mathrm{s}}T=\lambda+\frac{v_{\mathrm{s}}}{f}$
- B가 듣는 소리의 진동수 f_{B}는 다음과 같다. ➡ 음원이 관찰자로부터 멀어질 때 관찰자가 듣는 소리의 진동수는 원래 음원에서 발생한 소리의 진동수보다 작다.

$$f_{\mathrm{B}}=\frac{v}{\lambda_{\mathrm{B}}}=\frac{v}{\lambda+\frac{v_{\mathrm{s}}}{f}}=\frac{v}{\frac{v}{f}+\frac{v_{\mathrm{s}}}{f}}=\frac{v}{v+v_{\mathrm{s}}}f$$

(3) [1] **음원은 정지해 있고 관찰자가 운동할 때**: 관찰자의 속력을 v_O, 정지해 있는 음원에서 발생하는 소리의 파장을 λ, 진동수를 f, 소리의 속력을 v라 할 때 관찰자가 듣는 소리의 진동수는 다음과 같다.

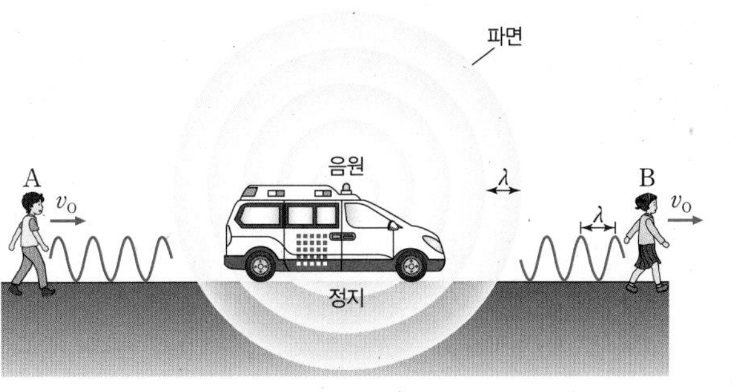

① 관찰자 A가 정지한 음원에 다가갈 때

- A가 듣는 소리의 속력 v_A: A가 음원에서 발생하는 소리의 진행 방향과 반대 방향으로 운동한다. ➡ $v_A = v + v_O$
- A가 듣는 소리의 파장 λ_A: 음원에서 발생하는 소리의 파장과 같다. ➡ $\lambda_A = \lambda$
- A가 듣는 소리의 진동수 f_A는 다음과 같다. ➡ 관찰자가 음원을 향해 다가갈 때 관찰자가 듣는 소리의 진동수는 원래 음원에서 발생한 소리의 진동수보다 크다.

$$f_A = \frac{v_A}{\lambda} = \frac{v + v_O}{\frac{v}{f}} = \frac{v + v_O}{v} f$$

② 관찰자 B가 정지한 음원에서 멀어질 때

- B가 듣는 소리의 속력 v_B: B가 음원에서 발생하는 소리의 진행 방향과 같은 방향으로 운동한다. ➡ $v_B = v - v_O$
- B가 듣는 소리의 파장 λ_B: 음원에서 발생하는 소리의 파장과 같다. ➡ $\lambda_B = \lambda$
- B가 듣는 소리의 진동수 f_B는 다음과 같다. ➡ 관찰자가 음원에서 멀어질 때 관찰자가 듣는 소리의 진동수는 원래 음원에서 발생한 소리의 진동수보다 작다.

$$f_B = \frac{v_B}{\lambda} = \frac{v - v_O}{\frac{v}{f}} = \frac{v - v_O}{v} f$$

THE 알기

❶ 음원은 정지하고 관찰자가 움직일 때, 도플러 효과의 관계식에서 부호

분자의 (+)부호는 관찰자가 음원으로 다가가는 경우이고, 분자의 (−)부호는 관찰자가 음원으로부터 멀어지는 경우이다.

$$f' = \frac{v \pm v_O}{v} f$$

2 도플러 효과의 이용

천체의 관측	속력 측정 장치(스피드건)
• 적색 이동: 빛이 관측자로부터 멀어질 때 파장이 길어져 스펙트럼이 전체적으로 붉은색 쪽으로 이동 • 청색 이동: 빛이 관측자로부터 가까워질 때 파장이 짧아져 스펙트럼이 전체적으로 푸른색 쪽으로 이동 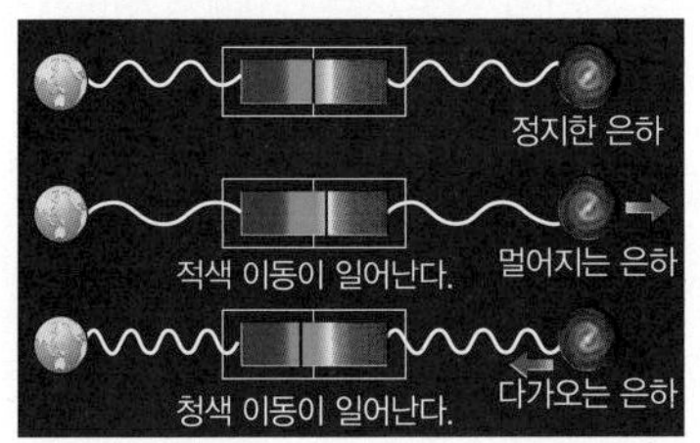	운동하는 물체에 전자기파를 발사하여 되돌아오는 파동을 감지하여 속력을 측정한다. 속력이 빠른 물체일수록 반사되는 전자기파의 진동수가 크다. 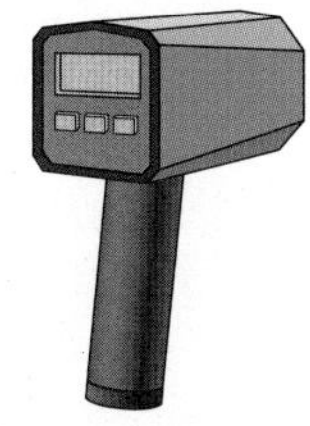

개념체크

빈칸 완성

1. 파원이나 관찰자가 상대적으로 움직일 때 파원의 원래 진동수와는 다른 진동수의 파동을 관측하게 되는 현상을 (   )라고 한다.

2. 관찰자는 정지하고 음원이 움직일 때 음원에서 발생한 소리의 속력은 관찰자가 듣는 소리의 속력보다/과 (   ).

3. 정지한 관찰자를 향해 음원이 다가갈 때 관찰자가 듣는 소리의 파장은 원래 음원에서 발생하는 소리의 파장보다/과 (   ).

4. 정지한 관찰자로부터 음원이 멀어질 때 관찰자가 듣는 소리의 진동수는 음원에서 발생한 소리의 진동수보다/과 (   ).

5. 정지해 있는 음원을 향해 관찰자가 다가갈 때 관찰자가 듣는 소리의 속력은 음원에서 발생한 소리의 속력보다/과 ㉠(작고 , 크고 , 같고), 관찰자가 듣는 소리의 파장은 음원에서 발생한 소리의 파장보다/과 ㉡(작다 , 크다 , 같다).

6. 정지해 있는 음원으로부터 관찰자가 멀어질 때 관찰자가 듣는 소리의 속력은 음원에서 발생한 소리의 속력보다/과 ㉠(작고 , 크고 , 같고), 관찰자가 듣는 소리의 진동수는 음원에서 발생한 소리의 진동수보다/와 ㉡(작다 , 크다 , 같다).

7. 별, 은하 등이 우리 은하로부터 멀어질 때 빛의 파장이 (크게 , 짧게) 측정되는 현상을 적색 이동이라고 한다.

정답 **1.** 도플러 효과 **2.** 같다 **3.** 작다 **4.** 작다 **5.** ㉠ 크고, ㉡ 같다 **6.** ㉠ 작고, ㉡ 작다 **7.** 크게

○X 문제

1. 그림 (가)는 정지한 관찰자에게 음원이 다가가는 것을 나타낸 것이고, (나)는 정지한 관찰자로부터 음원이 멀어지는 것을 나타낸 것이다. 음원의 속력은 (가)에서와 (나)에서가 같고, 음원에서 발생하는 소리의 진동수는 (가)에서와 (나)에서가 f_0으로 같다.

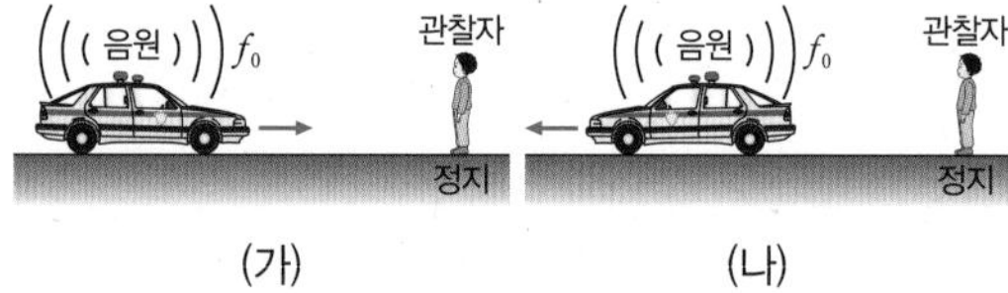

이에 대한 설명으로 옳은 것은 ○, 옳지 않은 것은 ×로 표시하시오.

(1) 진동수가 클수록 낮은 음이다. (   )

(2) (가)에서 관찰자가 듣는 소리의 진동수는 f_0보다 작다. (   )

(3) 관찰자가 듣는 소리의 파장은 (가)에서가 (나)에서보다 작다. (   )

2. 그림 (가)는 정지한 음원에게 관찰자가 다가가는 것을 나타낸 것이고, (나)는 정지한 음원으로부터 관찰자가 멀어지는 것을 나타낸 것이다. 관찰자의 속력은 (가)에서와 (나)에서가 같고, 음원에서 발생하는 소리의 진동수는 (가)에서와 (나)에서가 f_0으로 같다.

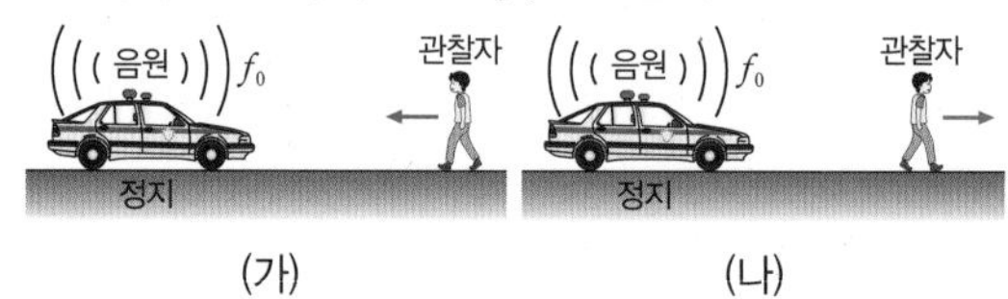

이에 대한 설명으로 옳은 것은 ○, 옳지 않은 것은 ×로 표시하시오.

(1) (가)에서 음원에서 발생한 소리의 속력은 관찰자가 듣는 소리의 속력보다 크다. (   )

(2) 관찰자가 듣는 소리의 진동수는 (가)에서가 (나)에서보다 크다. (   )

(3) 관찰자가 듣는 소리의 파장은 (가)에서가 (나)에서보다 작다. (   )

정답 **1.** (1) × (2) × (3) ○ **2.** (1) × (2) ○ (3) ×

탐구 활동 버저를 돌릴 때 들리는 소리 비교

정답과 해설 80쪽

목표

버저를 돌릴 때 들리는 소리의 변화를 비교할 수 있다.

과정

1. 버저를 작동시켜 정지해 있는 버저에서 발생되는 소리를 듣는다.
2. 버저를 줄에 연결하여 지면과 나란한 방향으로 일정한 속력으로 회전한다.

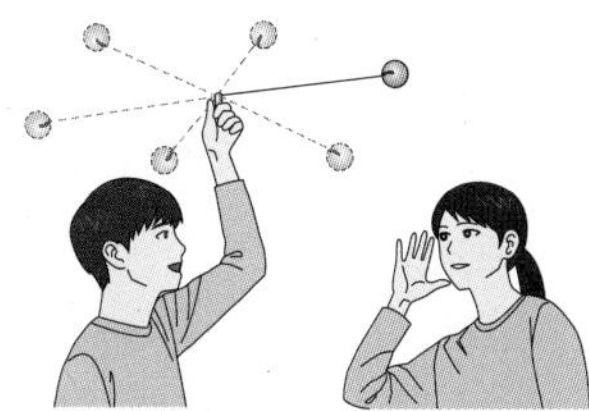

3. 버저가 다가올 때와 멀어질 때 버저에서 발생하는 소리를 듣는다.
4. 버저의 회전 속력을 증가시켜, 버저가 다가올 때와 멀어질 때 버저에서 발생하는 소리를 듣는다.

결과 정리 및 해석

1. 버저가 다가올 때와 멀어질 때 들리는 소리

버저가 다가올 때	원래 음보다 높은 소리(고음)가 들린다.
버저가 멀어질 때	원래 음보다 낮은 소리(저음)가 들린다.

2. 버저의 회전 속력을 증가시켰을 때, 버저가 다가올 때와 멀어질 때 들리는 소리

버저가 다가올 때	결과 1에서 버저가 다가올 때 들린 소리보다 더 높은 소리가 들린다.
버저가 멀어질 때	결과 1에서 버저가 멀어질 때 들린 소리보다 더 낮은 소리가 들린다.

탐구 분석

1. 음원이 관찰자에게 다가갈 때, 관찰자가 듣는 소리의 진동수와 음원에서 발생하는 소리의 진동수를 비교하시오.
2. 음원이 관찰자에게서 멀어질 때, 관찰자가 듣는 소리의 진동수와 음원에서 발생하는 소리의 진동수를 비교하시오.

내신 기초 문제

[20700-0433]

01 그림은 빨간색 레이저 A와 초록색 레이저 B를 동일한 위치에서 각각 이중 슬릿에 비추는 것을 나타낸 것이다. 레이저와 이중 슬릿, 이중 슬릿과 스크린 사이의 거리는 각각 L_1, L_2이다. A, B를 각각 비추었을 때 스크린에 나타난 인접한 밝은 무늬 사이의 간격은 각각 Δx_A, Δx_B이다.

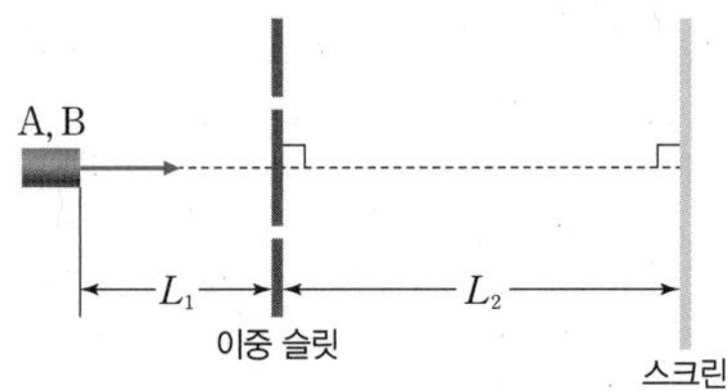

이에 대한 설명으로 옳은 것만을 〈보기〉에서 있는 대로 고른 것은?

> 보기
> ㄱ. A를 비출 때, L_1만을 감소시키면 Δx_A는 감소한다.
> ㄴ. B를 비출 때, L_2만을 증가시키면 Δx_B는 증가한다.
> ㄷ. $L_1=L_2$일 때, $\Delta x_A < \Delta x_B$이다.

① ㄱ ② ㄴ ③ ㄷ ④ ㄱ, ㄴ ⑤ ㄴ, ㄷ

[20700-0434]

02 그림은 파장이 λ인 단색광이 단일 슬릿과 이중 슬릿의 S_1과 S_2를 통과하여 스크린에 간섭무늬를 만든 것을 나타낸 것이다. 점 O는 두 슬릿 S_1과 S_2로부터 같은 거리에 있고, 점 P는 O로부터 두 번째 밝은 무늬의 중심이다. 이중 슬릿의 간격은 0.1 mm, 슬릿과 스크린 사이의 거리는 2 m, O와 P 사이의 거리는 2.4 cm이다.

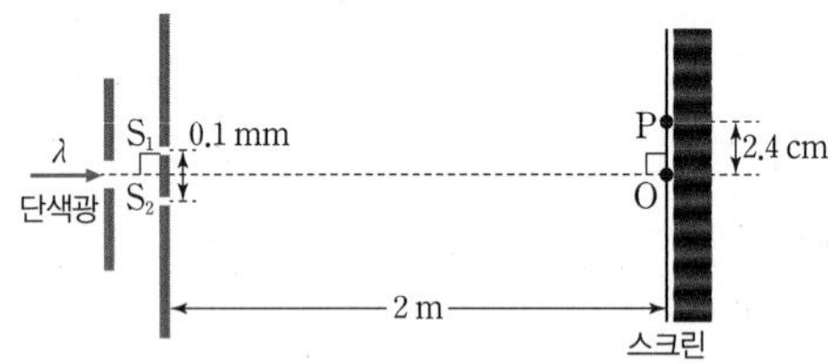

이에 대한 설명으로 옳은 것만을 〈보기〉에서 있는 대로 고른 것은?

> 보기
> ㄱ. λ는 600 nm이다.
> ㄴ. S_1과 S_2로부터 P에 도달한 빛의 위상은 같다.
> ㄷ. S_1과 S_2로부터 P에 도달한 두 빛의 경로차는 900 nm이다.

① ㄱ ② ㄷ ③ ㄱ, ㄴ ④ ㄴ, ㄷ ⑤ ㄱ, ㄴ, ㄷ

[20700-0435]

03 그림 (가)는 단색광 A가 단일 슬릿을 지나 이중 슬릿을 통과하였을 때 스크린에 생긴 간섭무늬를 나타낸 것이다. 그림 (나)는 다른 조건은 그대로 두고 A를 단색광 B로 바꾼 것을 나타낸 것이다. (가), (나)에서 인접한 밝은 무늬 사이의 간격은 각각 $\Delta x_{가}$, $\Delta x_{나}$이며, 단색광의 파장은 A가 B보다 짧다.

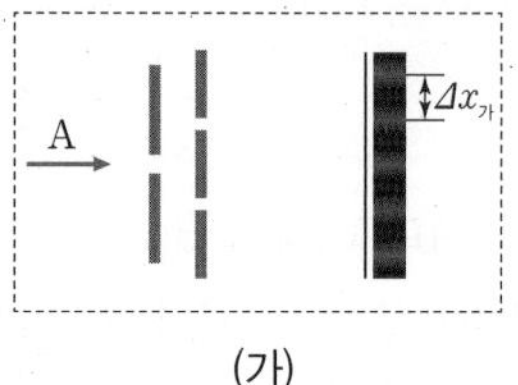

(가)

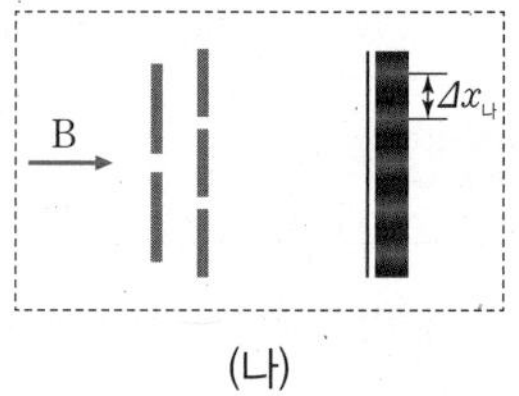

(나)

이에 대한 설명으로 옳은 것만을 〈보기〉에서 있는 대로 고른 것은?

> 보기
> ㄱ. 단색광의 속력은 A가 B보다 크다.
> ㄴ. 단색광의 진동수는 A가 B보다 작다.
> ㄷ. $\Delta x_{가} < \Delta x_{나}$이다.

① ㄴ ② ㄷ ③ ㄱ, ㄴ ④ ㄱ, ㄷ ⑤ ㄴ, ㄷ

[20700-0436]

04 그림 (가)는 레이저 빛이 이중 슬릿을 통과하여 스크린에 간섭무늬를 만드는 것을 나타낸 것이다. 그림 (나)의 P, Q는 (가)에서 파장이 λ_P, λ_Q인 레이저 빛을 각각 비추었을 때 스크린에 만들어진 간섭무늬를 나타낸 것이다.

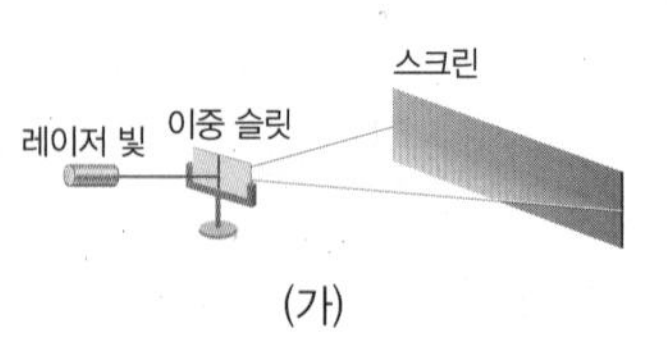

(가)

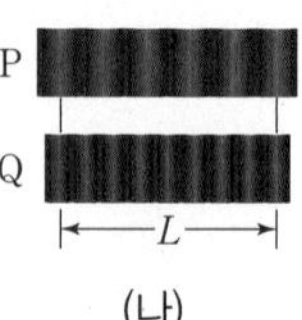

(나)

$\frac{\lambda_P}{\lambda_Q}$는?

① $\frac{4}{5}$ ② $\frac{6}{5}$ ③ $\frac{8}{5}$ ④ 2 ⑤ $\frac{12}{5}$

[20700-0437]
05 **다음은 빛의 간섭 실험이다.**

[실험 과정]
(가) 그림과 같이 레이저, 이중 슬릿, 스크린을 설치하고 이중 슬릿과 스크린 사이의 거리를 L로 고정시킨다.

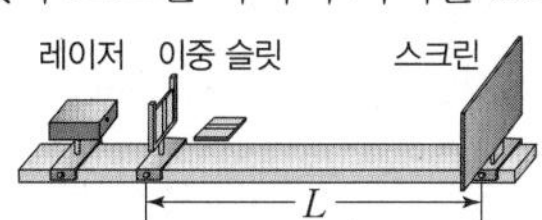

(나) 진동수가 f인 레이저 빛과 슬릿 간격이 d인 이중 슬릿을 사용하여 스크린에 나타난 간섭무늬를 관찰한다.
(다) [㉠]
(라) 스크린에 나타난 간섭무늬를 관찰한다.

[실험 결과]

(나)의 결과	(라)의 결과
x	$2x$

㉠에 해당되는 내용으로 옳은 것만을 〈보기〉에서 있는 대로 고른 것은?

보기
ㄱ. 슬릿 간격이 $\frac{1}{2}d$인 이중 슬릿으로 교체한다.
ㄴ. 이중 슬릿과 스크린 사이의 거리를 $2L$로 변화시킨다.
ㄷ. 진동수가 $\frac{1}{2}f$인 레이저 빛으로 교체한다.

① ㄱ ② ㄷ ③ ㄱ, ㄴ ④ ㄴ, ㄷ ⑤ ㄱ, ㄴ, ㄷ

[20700-0438]
06 **회절 현상과 관련이 있는 것으로 옳은 것만을 〈보기〉에서 있는 대로 고른 것은?**

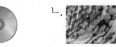

보기
ㄱ.
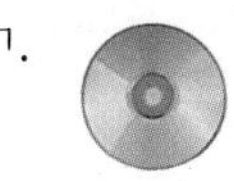
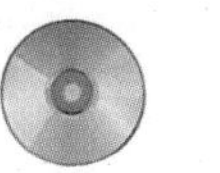
CD 표면에서 여러 가지 색이 나타나는 현상

ㄴ.
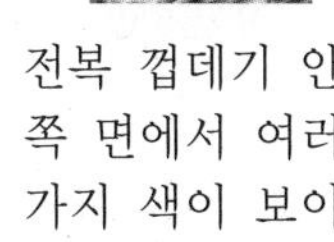
전복 껍데기 안쪽 면에서 여러 가지 색이 보이는 현상

ㄷ.
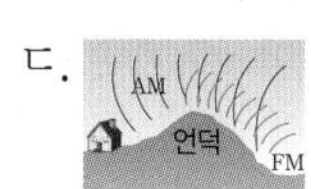

산속에서 FM 방송보다 AM 방송이 더 잘들리는 현상

① ㄱ ② ㄷ ③ ㄱ, ㄴ ④ ㄴ, ㄷ ⑤ ㄱ, ㄴ, ㄷ

[20700-0439]
07 **그림과 같이 백색 광원과 프리즘을 원판에 고정시키고 백색 광원을 비췄더니 스크린에 간섭무늬가 나타났다. 스크린 상의 점 O는 S_1과 S_2로부터 같은 거리에 있고 가장 밝은 무늬의 중심이다. O로부터 첫 번째 밝은 무늬가 나타난 지점까지의 거리는 x이다.**

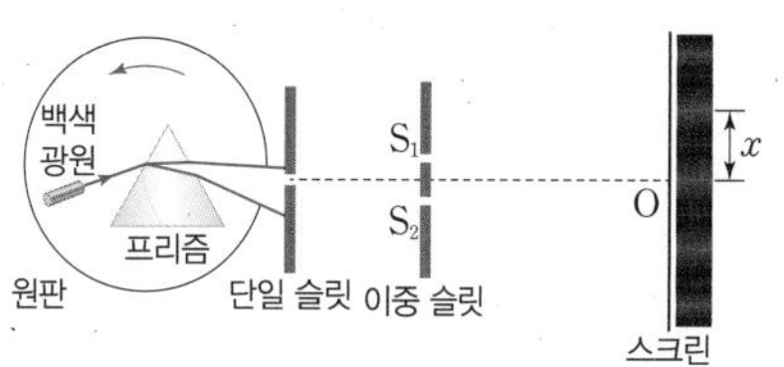

원판을 시계 반대 방향으로 회전시키는 순간, 이에 대한 설명으로 옳은 것만을 〈보기〉에서 있는 대로 고른 것은?

보기
ㄱ. 단일 슬릿에 도달하는 빛의 파장은 짧아진다.
ㄴ. x는 감소한다.
ㄷ. S_1과 S_2로부터 O에 도달한 빛의 위상은 반대이다.

① ㄱ ② ㄷ ③ ㄱ, ㄴ
④ ㄴ, ㄷ ⑤ ㄱ, ㄴ, ㄷ

서술형
[20700-0440]
08 **그림은 파장이 λ인 단색광이 슬릿 간격이 d인 이중 슬릿을 통과하여 스크린에 간섭무늬를 만든 것을 나타낸 것이다. 이중 슬릿과 스크린 사이의 거리는 L이고, 스크린에서 인접한 어두운 무늬 사이의 간격은 x이다.**

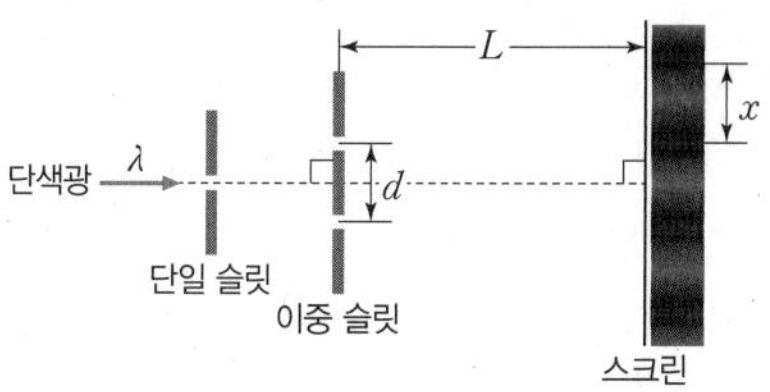

x를 증가시키기 위해 단색광의 파장, 이중 슬릿의 간격, 이중 슬릿과 스크린 사이의 거리를 각각 어떻게 변화시켜야 하는지 서술하시오.

[20700-0441]

09 그림 (가)는 레이저 빛을 좁은 틈에 통과시키는 것을 나타낸 것이다. 그림 (나)의 A, B, C는 (가)에서 사용된 좁은 틈의 모양을 나타낸 것이다.

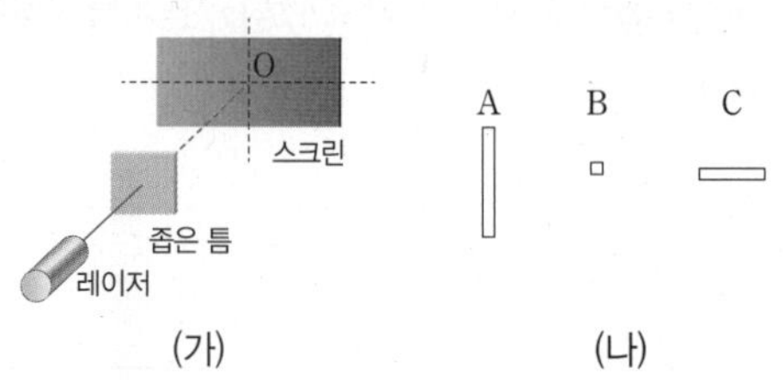

(가) (나)

A, B, C에 의한 회절 무늬로 가장 적절한 것을 〈보기〉에서 골라 옳게 짝 지은 것은?

보기

ㄱ. ㄴ. ㄷ.

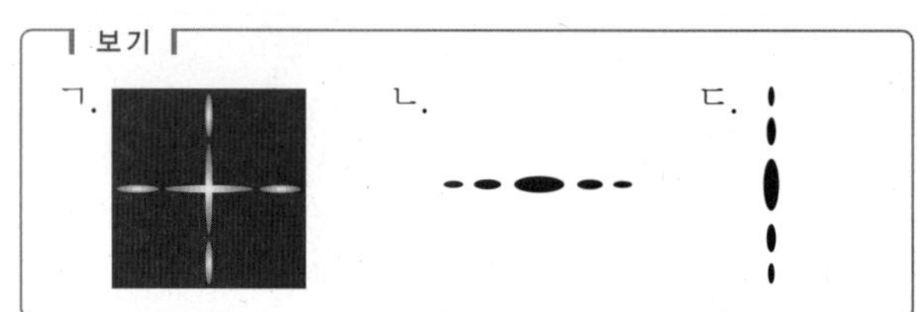

	A	B	C
①	ㄱ	ㄴ	ㄷ
②	ㄱ	ㄷ	ㄴ
③	ㄴ	ㄱ	ㄷ
④	ㄴ	ㄷ	ㄱ
⑤	ㄷ	ㄱ	ㄴ

[20700-0442]

10 소리의 도플러 효과에 대한 설명으로 옳은 것만을 〈보기〉에서 있는 대로 고른 것은?

보기

ㄱ. 음원과 관측자의 움직임과 관계없이 나타나는 현상이다.

ㄴ. 측정기가 정지한 음원에 가까이 다가갈 때, 측정기가 측정한 소리의 진동수는 음원에서 발생하는 소리의 진동수보다 크다.

ㄷ. 음원이 정지한 측정기로부터 멀어질 때, 측정기가 측정한 소리의 진동수는 음원에서 발생하는 소리의 진동수와 같다.

① ㄱ ② ㄴ ③ ㄷ
④ ㄱ, ㄴ ⑤ ㄴ, ㄷ

[20700-0443]

11 그림은 수평면에서 음파 발생기 A가 실에 매달려 등속 원운동 하는 것을 나타낸 것이다. 점 a, b, c, d는 원 궤도상의 점이고, a, c, 음파 측정 장치는 일직선상에 위치한다.

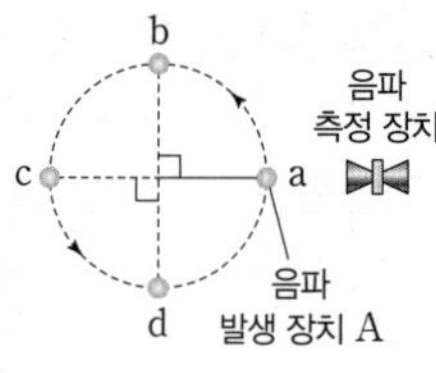

A에서 발생하는 음파의 진동수는 일정하다.

음파 측정 장치에서 측정한 음파에 대한 설명으로 옳은 것만을 〈보기〉에서 있는 대로 고른 것은?

보기

ㄱ. 진동수는 A가 a를 지날 때가 c를 지날 때와 같다.

ㄴ. 진동수는 A가 b를 지날 때가 d를 지날 때보다 작다.

ㄷ. 속력은 A가 b를 지날 때가 d를 지날 때보다 작다.

① ㄱ ② ㄷ ③ ㄱ, ㄴ ④ ㄴ, ㄷ ⑤ ㄱ, ㄴ, ㄷ

[20700-0444]

12 그림 (가)는 수평면에서 $x=0$인 위치에 검출기가 정지해 있고, 진동수가 일정한 소리 A를 발생하는 음파 발생기가 x축을 따라 운동하는 것을 나타낸 것이다. 그림 (나)는 음파 발생기의 위치 x를 시간에 따라 나타낸 것이다.

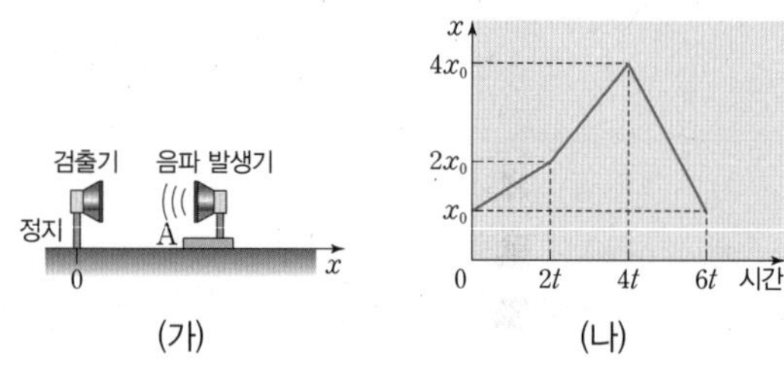

(가) (나)

이에 대한 설명으로 옳은 것만을 〈보기〉에서 있는 대로 고른 것은?

보기

ㄱ. 0부터 t까지 검출기가 측정한 A의 진동수는 증가한다.

ㄴ. 검출기가 측정한 A의 속력은 $3t$일 때와 $5t$일 때가 서로 같다.

ㄷ. 검출기가 측정한 A의 진동수는 t일 때가 $3t$일 때보다 작다.

① ㄱ ② ㄴ ③ ㄷ ④ ㄱ, ㄴ ⑤ ㄴ, ㄷ

[20700-0445]

13 그림은 수평면에서 정지한 음파 측정기 A로부터 음파 송수신기 B가 v의 속력으로 멀어지고 있는 것을 나타낸 것이다. B에서 발생하는 음파의 진동수는 f_0이고, 파장은 λ_0이다. A에서 측정할 때 B에서 발생한 음파의 진동수는 f_1이고, B에서 측정할 때 A에서 반사된 음파의 진동수는 f_2이다. 음파의 속력은 $10v$이다.

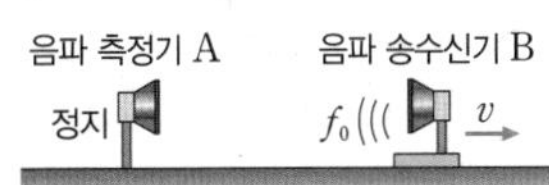

이에 대한 설명으로 옳은 것만을 <보기>에서 있는 대로 고른 것은?

보기
ㄱ. 진동수가 f_1인 음파의 파장은 λ_0보다 크다.
ㄴ. B가 측정할 때 A에서 반사된 음파의 속력은 $9v$이다.
ㄷ. $\frac{f_2}{f_1}=\frac{9}{10}$이다.

① ㄱ ② ㄷ ③ ㄱ, ㄴ ④ ㄴ, ㄷ ⑤ ㄱ, ㄴ, ㄷ

[20700-0446]

14 그림은 관찰자 A는 정지해 있고, 진동수가 f_0인 소리 P를 발생시키는 음파 발생기는 벽면을 향해 $\frac{1}{5}v$의 속력으로 등속도 운동하는 것을 나타낸 것이다. A가 측정한 P의 진동수는 f_A이고, P가 벽면에 반사된 소리를 A가 측정한 진동수는 f_B이다.

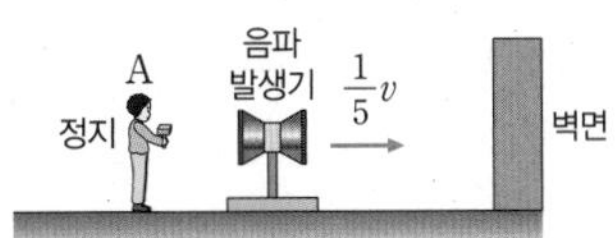

이에 대한 설명으로 옳은 것만을 <보기>에서 있는 대로 고른 것은? (단, 음속은 v이다.)

보기
ㄱ. $f_A<f_0$이다.
ㄴ. 진동수가 f_A인 소리의 속력은 진동수가 f_B인 소리의 속력보다 크다.
ㄷ. f_A는 f_B의 $\frac{4}{5}$배이다.

① ㄱ ② ㄴ ③ ㄷ ④ ㄱ, ㄴ ⑤ ㄱ, ㄷ

서술형

[20700-0447]

15 그림은 우리 은하에서 측정한 외부 은하에서 방출된 스펙트럼이다.

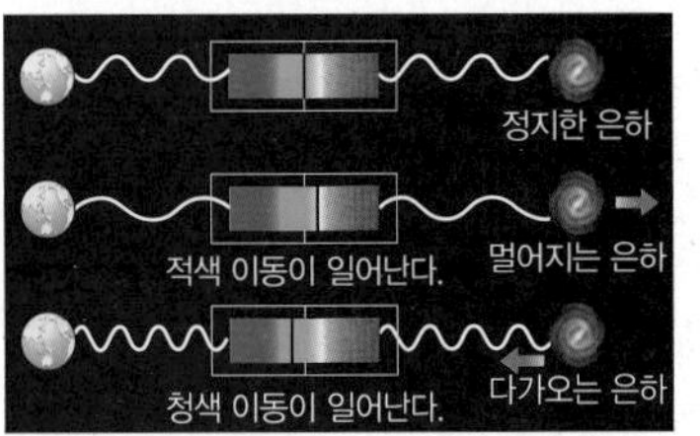

멀어지는 은하와 다가오는 은하에서 방출된 스펙트럼을 정지한 은하에서 방출된 스펙트럼과 비교했을 때 어떻게 달라지는지 각각 도플러 효과를 적용하여 서술하시오.

서술형

[20700-0448]

16 그림은 야구 경기에서 스피드 건을 이용해서 공의 속력을 측정하는 모습을 나타낸 것이다.

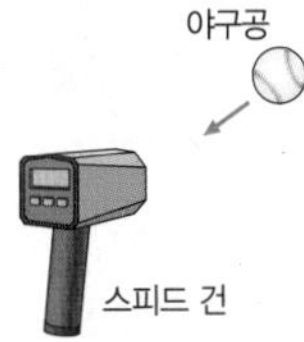

스피드 건에서 방출되는 전자기파의 진동수를 f_1, 공에 반사되어 되돌아오는 전자기파의 진동수를 f_2라고 할 때, f_1과 f_2를 비교하고, 그 이유를 서술하시오.

실력 향상 문제

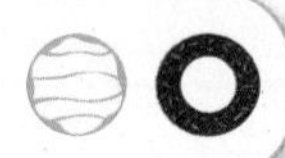

[20700-0449]

01 그림은 파장이 λ인 단색광이 단일 슬릿과 이중 슬릿의 S_1과 S_2를 통과하여 스크린에 간섭무늬를 만든 것을 나타낸 것이다. 점 O는 두 슬릿 S_1과 S_2로부터 같은 거리에 있고, 점 P는 O로부터 첫 번째 밝은 무늬의 중심이다.

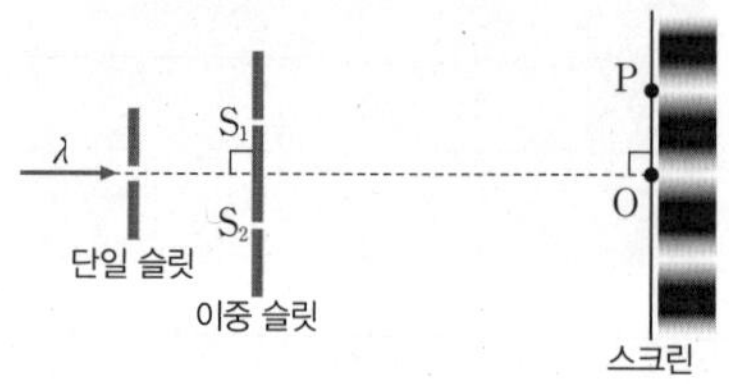

이에 대한 설명으로 옳은 것만을 〈보기〉에서 있는 대로 고른 것은?

보기

ㄱ. 단일 슬릿을 통과한 빛의 위상은 S_1에서와 S_2에서가 같다.

ㄴ. 단색광의 세기를 증가시키면 O와 P 사이의 거리는 증가한다.

ㄷ. S_1과 S_2로부터 P에 도달한 두 빛의 경로차는 λ이다.

① ㄱ ② ㄴ ③ ㄷ ④ ㄱ, ㄷ ⑤ ㄴ, ㄷ

[20700-0450]

02 그림 (가)는 이중 슬릿과 스크린 사이의 거리 x, 이중 슬릿의 간격 y를 변화시키면서 레이저 빛 A, B, C를 이중 슬릿에 비추는 것을 나타낸 것이다. A, B, C의 파장은 각각 λ_A, λ_B, λ_C이다. 그림 (나)는 A, B, C를 비출 때 x, y를 나타낸 것으로, 스크린에서 인접하는 밝은 무늬 사이의 간격은 A, B, C를 비출 때 모두 같았다.

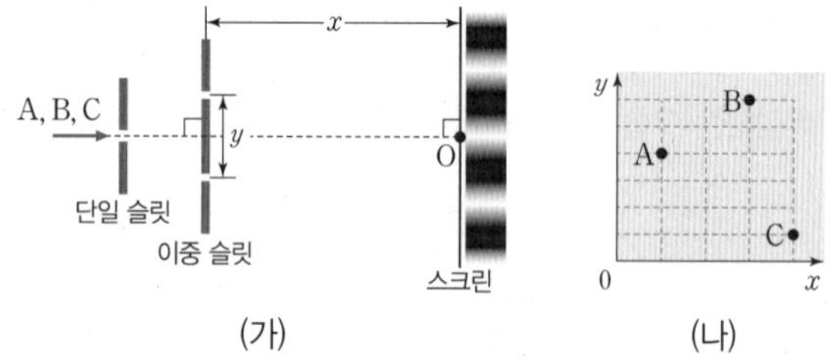

(가) (나)

λ_A, λ_B, λ_C를 옳게 비교한 것은?

① $\lambda_A > \lambda_B > \lambda_C$ ② $\lambda_A > \lambda_C > \lambda_B$ ③ $\lambda_B > \lambda_A > \lambda_C$ ④ $\lambda_B = \lambda_A > \lambda_C$ ⑤ $\lambda_B > \lambda_A = \lambda_C$

[20700-0451]

03 그림은 초록색 단색광이 슬릿 간격이 d인 이중 슬릿을 통과하여 스크린에 간섭무늬를 만든 것을 나타낸 것이다. 이중 슬릿과 스크린 사이의 거리는 L이고, 스크린에서 인접한 어두운 무늬 사이의 간격은 x이다.

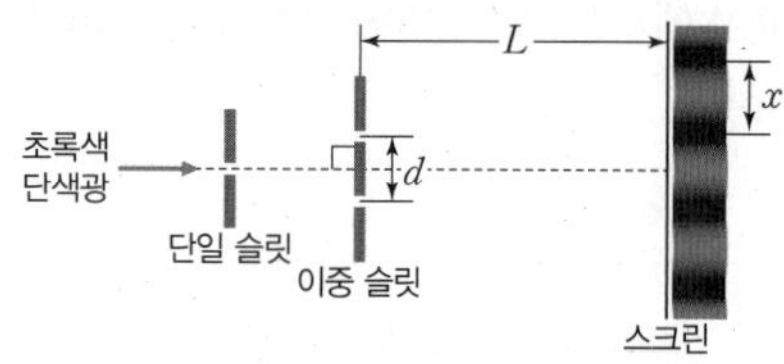

x가 증가하는 경우로 옳은 것만을 〈보기〉에서 있는 대로 고른 것은?

보기

ㄱ. 슬릿 간격이 d보다 큰 이중 슬릿으로 교체한다.

ㄴ. 초록색 단색광을 빨간색 단색광으로 교체한다.

ㄷ. 이중 슬릿과 스크린 사이의 거리를 L보다 작게 한다.

① ㄴ ② ㄷ ③ ㄱ, ㄴ ④ ㄱ, ㄷ ⑤ ㄴ, ㄷ

[20700-0452]

04 그림 (가)는 파장이 각각 λ_p, λ_q인 단색광 p, q를 광축과 나란하게 볼록 렌즈에 비추었을 때 단색광의 경로를 나타낸 것이다. 그림 (나)는 p, q를 각각 이중 슬릿에 비추는 것을 나타낸 것으로 스크린의 점 O는 이중 슬릿의 각 슬릿으로부터 같은 거리에 있는 점이다. p, q를 각각 이중 슬릿에 비추었을 때 O로부터 첫 번째 밝은 무늬가 생기는 지점까지의 거리는 x_p, x_q이다.

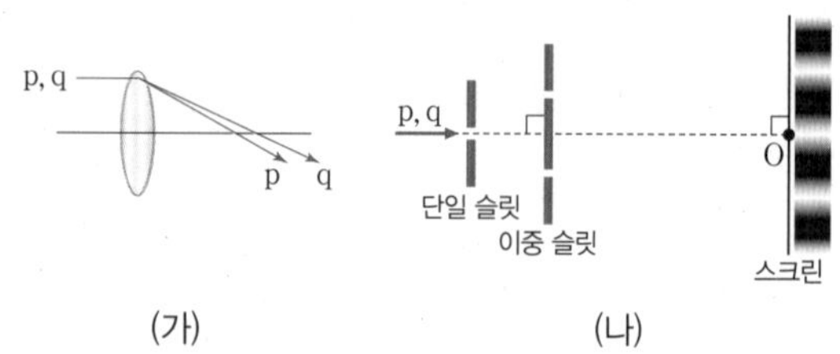

(가) (나)

λ_p, λ_q와 x_p, x_q를 옳게 비교한 것은?

① $\lambda_p > \lambda_q$, $x_p = x_q$ ② $\lambda_p > \lambda_q$, $x_p > x_q$ ③ $\lambda_p > \lambda_q$, $x_p < x_q$ ④ $\lambda_p < \lambda_q$, $x_p > x_q$ ⑤ $\lambda_p < \lambda_q$, $x_p < x_q$

[20700-0453]

05 그림은 단색광 A가 단일 슬릿과 슬릿 간격이 d인 이중 슬릿의 S_1과 S_2를 통과하여 스크린에 간섭무늬를 만든 것을 나타낸 것이다. 점 O는 이중 슬릿의 두 슬릿으로부터 같은 거리에 있고, 점 P에서는 O로부터 첫 번째 어두운 무늬가 나타났다. 이중 슬릿과 스크린 사이의 거리는 L이다.

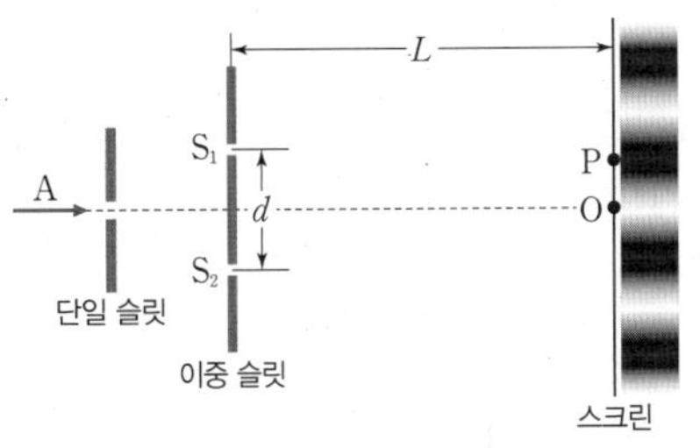

P에서 S_1과 S_2를 통과한 두 빛의 경로차를 x_1, O와 P 사이의 거리를 x_2라고 할 때, $\frac{x_1}{x_2}$을 구하시오.

서술형 [20700-0454]

06 그림과 같이 파장이 λ인 단색광을 단일 슬릿에 입사시켰더니 이중 슬릿 S_1과 S_2를 통과하여 스크린에 밝고 어두운 무늬가 나타났다. S_1과 S_2를 통과하여 점 O에 도달한 두 빛의 경로차는 0이고, 스크린의 점 P에서는 O로부터 두 번째 밝은 무늬가 나타났다.

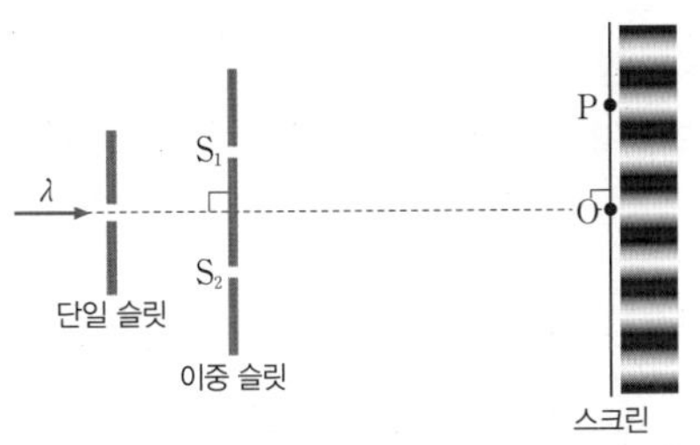

P에서 O로부터 세 번째 어두운 무늬가 나타나게 하기 위한 단색광의 파장을 풀이 과정과 함께 구하시오.

[20700-0455]

07 그림은 파장이 λ인 단색광이 단일 슬릿을 통과하여 스크린에 생긴 회절 무늬의 세기를 검출기가 $+x$ 방향으로 이동하면서 측정하는 것을 나타낸 것이다.

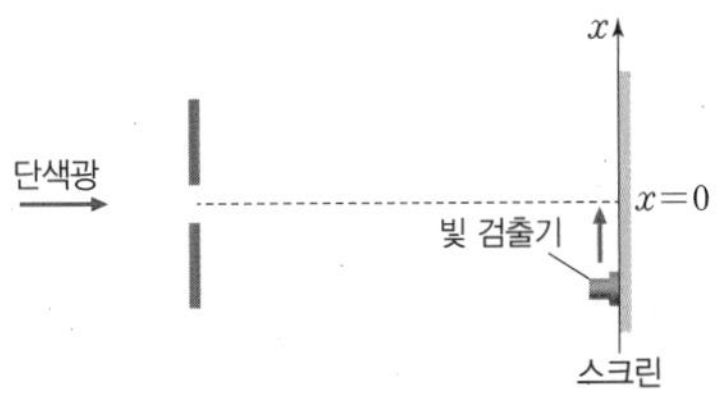

검출기가 측정한 빛의 세기를 나타낸 것으로 가장 적절한 것은?

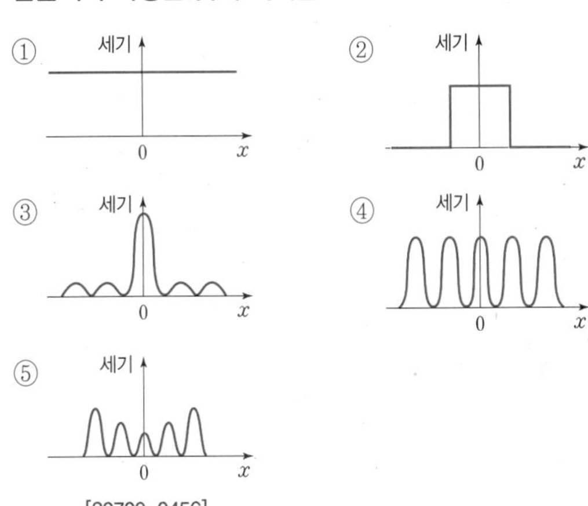

[20700-0456]

08 그림은 직선 도로에서 자동차 A가 진동수가 일정한 소리를 발생시키며 지면에 정지해 있는 측정기 P에서 측정기 Q를 향해 속력 $\frac{1}{3}v$로 등속도 운동하는 것을 나타낸 것이다. P, Q에서 측정한 소리의 진동수는 각각 f_P, f_Q이다.

이에 대한 설명으로 옳은 것만을 〈보기〉에서 있는 대로 고른 것은? (단, 음속은 v이다.)

보기

ㄱ. A에서 발생한 소리의 파장은 P에서 측정할 때가 Q에서 측정할 때보다 크다.

ㄴ. A에서 발생한 소리의 속력은 P에서 측정할 때가 Q에서 측정할 때보다 작다.

ㄷ. $\frac{f_P}{f_Q}=\frac{1}{2}$이다.

① ㄱ ② ㄴ ③ ㄷ ④ ㄱ, ㄴ ⑤ ㄱ, ㄷ

[20700-0457]
09 그림은 자동차가 진동수가 f인 소리를 발생시키며 지면에 정지해 있는 측정기 P에서 측정기 Q를 향해 등속도 운동하는 것을 나타낸 것이다. P, Q에서 측정한 소리의 파장은 각각 λ_P, λ_Q이다. 음속은 v이다.

$\frac{v}{f}$는?

① $\frac{1}{2}\lambda_P$　② $\frac{1}{2}\lambda_Q$　③ $\frac{\lambda_P+\lambda_Q}{2}$
④ $\frac{\lambda_P-\lambda_Q}{2}$　⑤ $2(\lambda_P+\lambda_Q)$

[20700-0458]
10 그림 (가)는 지면에서 주기가 T인 소리를 내며 속력 v로 등속도 운동을 하는 음원 A와 정지해 있는 음파 측정기 B를 나타낸 것이다. 그림 (나)는 B가 측정한 공기의 압력을 시간에 따라 나타낸 것이다.

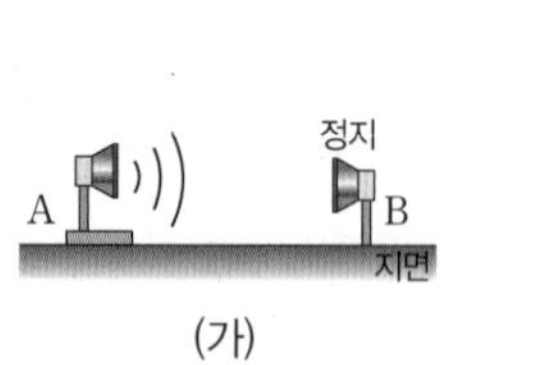

(가)

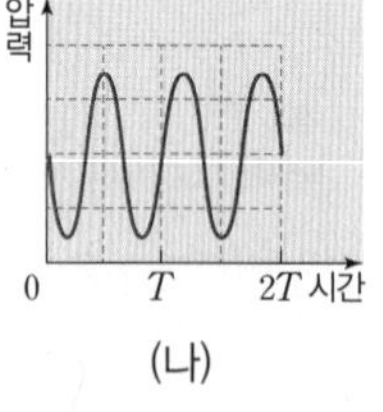

(나)

이에 대한 설명으로 옳은 것만을 〈보기〉에서 있는 대로 고른 것은? (단, 음속은 V이다.)

보기
ㄱ. A는 B로부터 멀어지는 방향으로 운동한다.
ㄴ. B가 측정한 소리의 속력은 V이다.
ㄷ. $v=\frac{1}{4}V$이다.

① ㄱ　② ㄴ　③ ㄷ　④ ㄱ, ㄷ　⑤ ㄴ, ㄷ

[20700-0459]
11 그림은 수평면에 고정된 측정기 A에 대해 등속도 운동하는 음원 B를 나타낸 것이다. A가 측정한 소리의 진동수는 f_A, B에서 발생한 소리의 진동수는 f_B라 할 때, $\frac{f_A}{f_B}=\frac{15}{16}$이다.

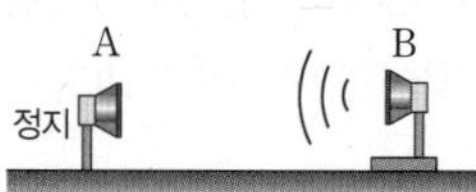

이에 대한 설명으로 옳은 것만을 〈보기〉에서 있는 대로 고른 것은? (단, 음속은 V이다.)

보기
ㄱ. B는 A로부터 멀어지는 방향으로 운동한다.
ㄴ. B의 속력은 $\frac{1}{16}V$이다.
ㄷ. 시간이 지날수록 A가 측정한 소리의 파장은 감소한다.

① ㄱ　② ㄴ　③ ㄷ　④ ㄱ, ㄴ　⑤ ㄱ, ㄷ

[20700-0460]
12 그림은 속력 $\frac{1}{10}v$로 등속도 운동하는 음원 S에서 발생한 음파의 파면을 나타낸 것이다. 음원에서 발생한 음파의 진동수는 일정하다. 정지해 있는 관찰자 A, B가 측정한 음파의 파면 사이의 간격은 각각 λ_A, λ_B이다.

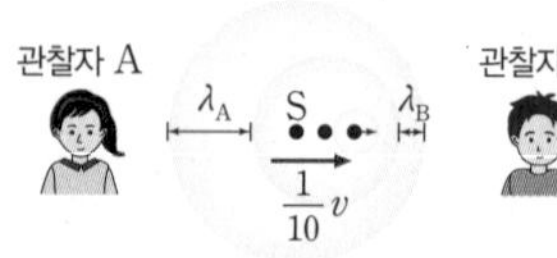

$\frac{\lambda_A}{\lambda_B}$를 구하시오. (단, 음속은 v이다.)

서술형 [20700-0461]

13 그림 (가), (나), (다)는 각각 진동수가 f_0인 소리 P를 발생하는 자동차와 관찰자 A, B, C의 운동을 나타낸 것이다. (가)에서는 정지해 있는 자동차를 향해 A가 v의 속력으로 다가가는 것을, (나)는 자동차와 B가 정지해 있는 것을, (다)는 정지해 있는 C를 향해 자동차가 v의 속력으로 운동하는 것을 나타낸 것이다. (단, 음속은 v보다 크다.)

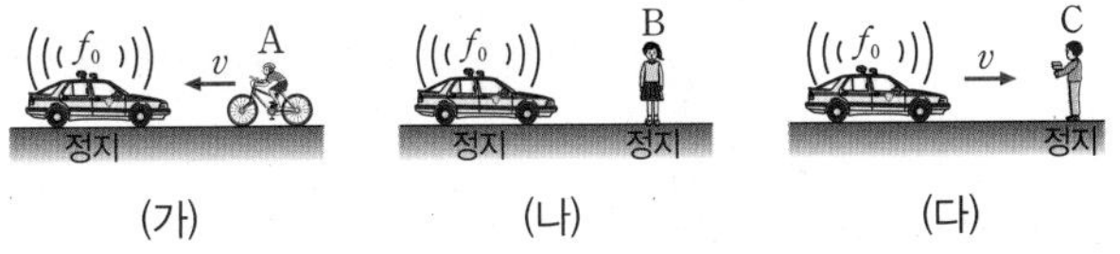

(1) A, B, C가 측정한 P의 속력을 각각 v_A, v_B, v_C라고 할 때, v_A, v_B, v_C를 비교하고, 그 이유를 서술하시오.

(2) A, B, C가 측정한 P의 진동수를 각각 f_A, f_B, f_C라고 할 때, f_A, f_B, f_C를 비교하고, 그 이유를 서술하시오.

[20700-0462]

14 그림은 자동차 A가 진동수가 f인 사이렌을 울리며 정지해 있는 관찰자 B를 향해 v_0의 속력으로 등속도 운동하는 것을 나타낸 것이다. 음속은 v이다.

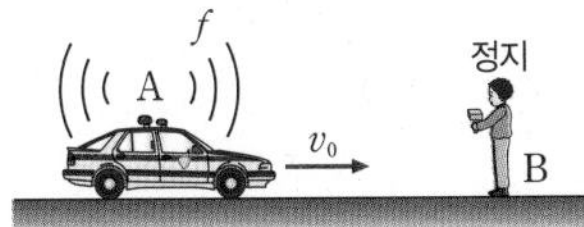

(1) A에서 발생하는 소리의 파장을 λ_A, B가 듣는 소리의 파장을 λ_B라 할 때, λ_A와 λ_B의 길이를 비교하시오.

(2) B가 듣는 소리의 진동수를 f_B라고 할 때, $\frac{f_B}{f}$를 풀이 과정과 함께 구하시오.

[20700-0463]

15 그림은 진동수가 일정한 소리를 발생하는 정지한 자동차 A를 향해 등속도 운동하는 검출기 P와 A로부터 멀어지는 방향으로 등속도 운동하는 검출기 Q를 나타낸 것이다. P와 Q의 속력은 v로 같다. A에서 발생한 소리의 진동수는 P가 측정할 때가 Q가 측정할 때의 3배이다.

이에 대한 설명으로 옳은 것만을 〈보기〉에서 있는 대로 고른 것은? (단, 음속은 V이고, A, P, Q는 항상 동일 직선상에 위치한다.)

보기

ㄱ. A에서 발생한 소리의 속력은 P가 측정할 때와 Q가 측정할 때가 같다.

ㄴ. A에서 발생한 소리의 파장은 P가 측정할 때와 Q가 측정할 때가 같다.

ㄷ. $v=\frac{1}{2}V$이다.

① ㄱ ② ㄷ ③ ㄱ, ㄴ
④ ㄴ, ㄷ ⑤ ㄱ, ㄴ, ㄷ

[20700-0464]

16 그림은 수평면에 진동수가 f인 소리를 발생하는 음원이 정지해 있고, 측정기 A가 음원으로부터 멀어지는 방향으로 속력 v로 등속도 운동하는 것을 나타낸 것이다.

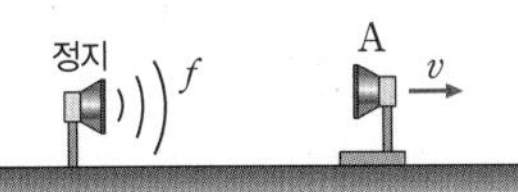

A가 측정한 소리에 대한 설명으로 옳은 것만을 〈보기〉에서 있는 대로 고른 것은? (단, 음속은 V이다.)

보기

ㄱ. 파장은 $\frac{V}{f}$이다.

ㄴ. 속력은 $V+v$이다.

ㄷ. 진동수는 $\frac{V-v}{V}f$이다.

① ㄱ ② ㄴ ③ ㄷ
④ ㄱ, ㄴ ⑤ ㄱ, ㄷ

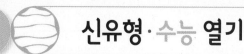

[20700-0465]

01 그림은 파장이 λ인 단색광 A가 단일 슬릿과 이중 슬릿의 S_1과 S_2를 통과하여 스크린에 간섭무늬를 만든 것을 나타낸 것이다. 점 O는 이중 슬릿의 두 슬릿으로부터 같은 거리에 있고, 점 P에서는 O로부터 첫 번째 밝은 무늬가 나타났고, 점 Q에서는 O로부터 두 번째 어두운 무늬가 나타났다. S_1과 S_2로부터 P에 도달한 두 빛의 경로차는 L이다.

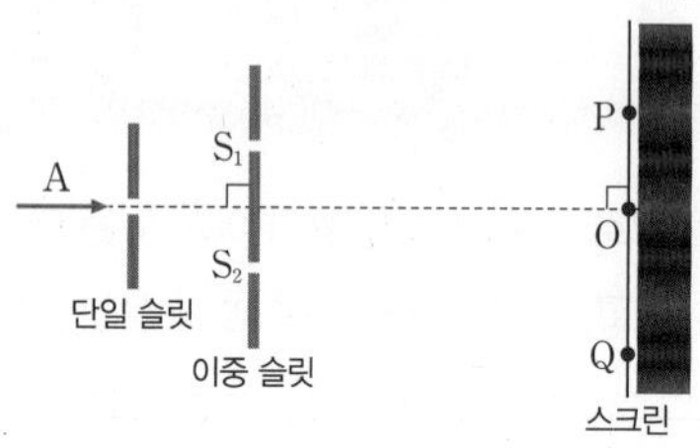

이에 대한 설명으로 옳은 것만을 〈보기〉에서 있는 대로 고른 것은?

보기

ㄱ. S_1과 S_2로부터 P에 도달한 빛의 위상은 서로 같다.

ㄴ. O와 P 사이의 거리는 O와 Q 사이의 거리의 $\frac{2}{3}$배이다.

ㄷ. S_1과 S_2로부터 Q에 도달한 빛의 경로차는 $\frac{3}{2}L$이다.

① ㄱ ② ㄷ ③ ㄱ, ㄴ ④ ㄴ, ㄷ ⑤ ㄱ, ㄴ, ㄷ

[20700-0466]

02 그림은 파장이 λ인 단색광이 단일 슬릿과 슬릿 간격이 d인 이중 슬릿의 S_1과 S_2를 통과하여 스크린에 간섭무늬를 만든 것을 나타낸 것이다. 점 O는 두 슬릿 S_1과 S_2로부터 같은 거리에 있고, 점 P, Q는 각각 O로부터 첫 번째 어두운 무늬의 중심이다. 이중 슬릿과 스크린 사이의 거리는 L이다.

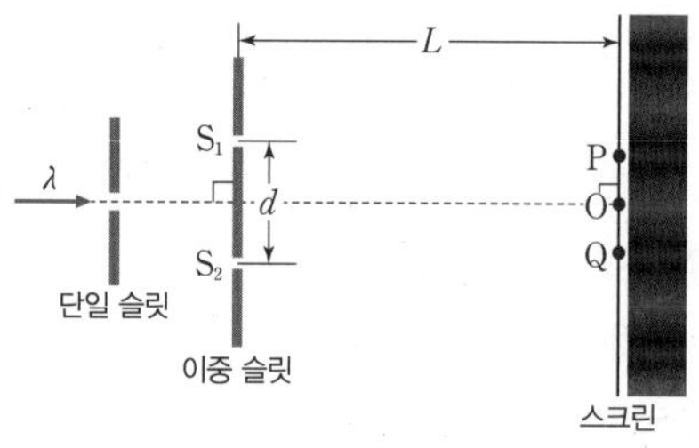

이에 대한 설명으로 옳은 것만을 〈보기〉에서 있는 대로 고른 것은?

보기

ㄱ. S_1과 S_2로부터 P에 도달한 두 빛의 경로차는 $\frac{3}{2}\lambda$이다.

ㄴ. S_1과 S_2로부터 O에 도달한 빛의 위상은 같다.

ㄷ. P와 Q 사이의 거리는 $\frac{L\lambda}{d}$이다.

① ㄱ ② ㄴ ③ ㄷ ④ ㄱ, ㄷ ⑤ ㄴ, ㄷ

[20700-0467]

03 그림은 이중 슬릿의 슬릿 간격이 d이고, 이중 슬릿과 스크린 사이의 거리가 L인 실험 장치를 나타낸 것이다. 단색광 A가 이중 슬릿을 통과한 후 스크린의 점 P에서 점 O로부터 첫 번째 보강 간섭이 일어났다. O는 두 슬릿으로부터 같은 거리에 있다. 표는 다른 조건은 그대로 둔 채 이중 슬릿의 간격, 슬릿과 스크린 사이의 거리를 변화시킨 것을 나타낸 것이다.

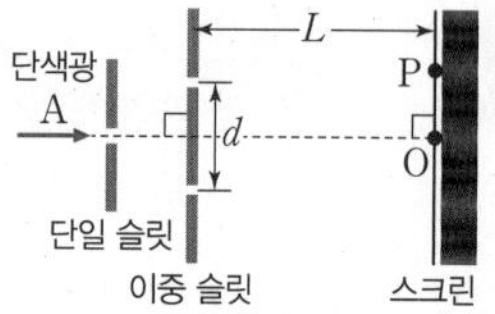

단색광 A, 단일 슬릿, 이중 슬릿, 스크린, L, d, P, O

	슬릿 간격	슬릿과 스크린 사이의 거리
Ⅰ	$\frac{1}{2}d$	L
Ⅱ	d	$\frac{3}{2}L$
Ⅲ	$3d$	$2L$

P에서 상쇄 간섭이 일어나는 경우만을 있는 대로 고른 것은?

① Ⅰ ② Ⅱ ③ Ⅲ ④ Ⅰ, Ⅲ ⑤ Ⅱ, Ⅲ

[20700-0468]

04 그림은 단색광이 단일 슬릿을 통과하여 스크린에 생긴 회절 무늬를 나타낸 것이다. 스크린의 중앙인 점 O로부터 첫 번째 어두운 무늬까지의 거리는 x이다.

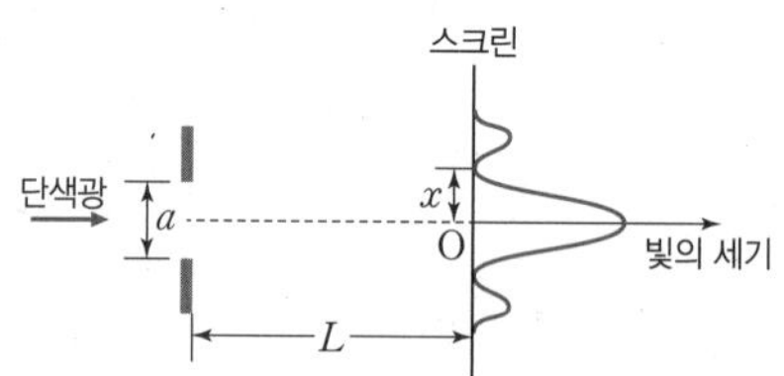

단일 슬릿의 폭을 a, 단일 슬릿과 스크린 사이의 거리를 L이라할 때, a와 L에 따른 x를 나타낸 것으로 가장 적절한 것을 〈보기〉에서 모두 고른 것은?

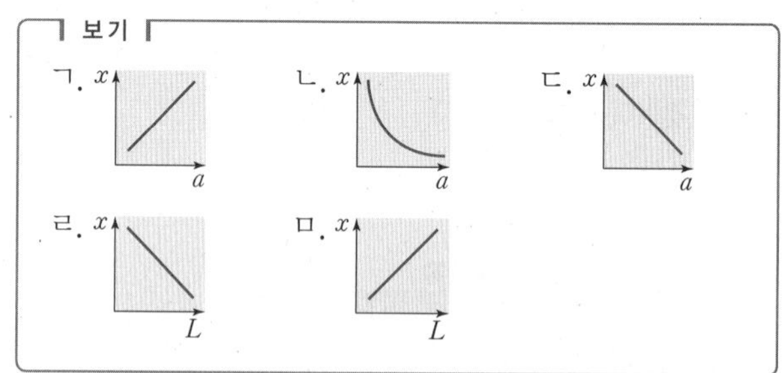

	a에 따른 x	L에 따른 x		a에 따른 x	L에 따른 x
①	ㄱ	ㄹ	②	ㄱ	ㅁ
③	ㄴ	ㅁ	④	ㄷ	ㄹ
⑤	ㄷ	ㅁ			

[20700-0469]

05 그림 (가), (나)는 각각 단색광 A, B가 동일한 단일 슬릿을 통과한 후 스크린에 회절 무늬를 만드는 것을 나타낸 것이다. A, B의 파장은 λ_A, λ_B이다. (가), (나)에서 단일 슬릿과 스크린 사이의 거리는 각각 L, $2L$이고, 스크린의 중앙으로부터 첫 번째 상쇄 간섭이 일어나는 지점까지의 거리는 각각 $2x_0$, $3x_0$이다.

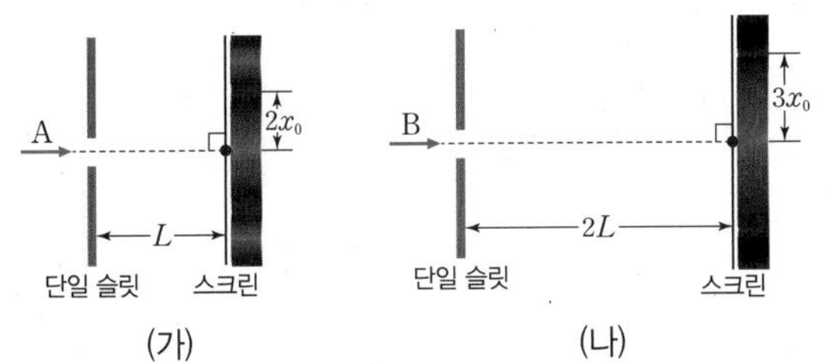

$\frac{\lambda_A}{\lambda_B}$는?

① $\frac{2}{3}$ ② $\frac{3}{4}$ ③ 1 ④ $\frac{4}{3}$ ⑤ $\frac{3}{2}$

[20700-0470]

06 그림과 같이 지면으로부터 높이가 10 m인 수평면에서 고정된 검출기 A로부터 멀어지는 방향으로 음원 장치 P가 5 m/s의 속력으로 등속도 운동을 한다. P에서 발생하는 소리의 진동수는 일정하다. P가 수평면에서 운동할 때 A에서 측정된 소리의 진동수는 f_A이고, 빗면을 내려온 P가 지면에서 운동할 때 B에서 측정된 소리의 진동수는 f_B이다.

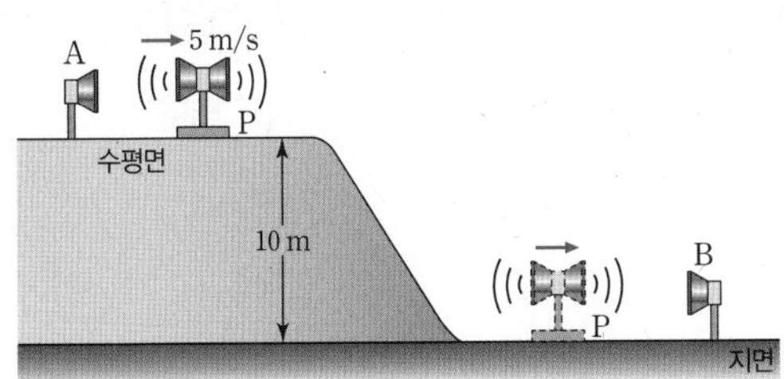

$\frac{f_A}{f_B}$는? (단, 중력 가속도는 10 m/s^2, 소리의 속력은 340 m/s이고, 모든 마찰과 공기 저항은 무시한다.)

① $\frac{64}{69}$ ② $\frac{65}{69}$ ③ $\frac{22}{23}$ ④ $\frac{67}{69}$ ⑤ $\frac{68}{69}$

[20700-0471]

07 그림은 음파 측정기 A와 B 사이에서 속력 $\frac{1}{5}V$로 운동하며 일정한 진동수의 소리를 발생하는 음원 S를 나타낸 것이다. A, B에서 측정한 음파의 진동수는 각각 f_A, f_B이고, $f_A > f_B$이다.

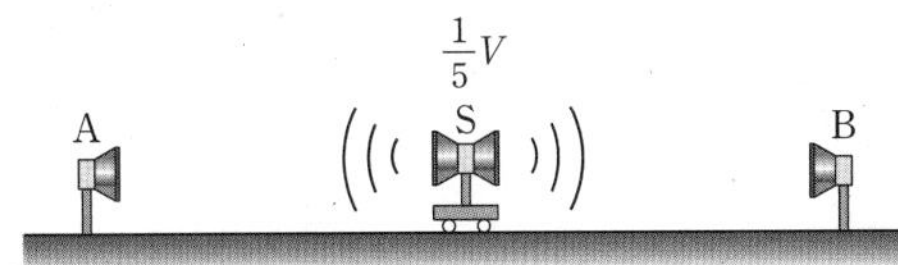

$\frac{f_A}{f_B}$는? (단, 음속은 V이다.)

① $\frac{3}{2}$ ② $\frac{4}{3}$ ③ $\frac{5}{4}$ ④ $\frac{5}{3}$ ⑤ $\frac{7}{5}$

[20700-0472]

08 그림 (가), (나)는 각각 마찰이 없는 수평면에서 일정한 진동수의 소리를 발생하는 음원 A를 용수철 상수가 k, $4k$인 용수철에 접촉시키고, 원래 길이로부터 d만큼 압축시켜 $x=0$인 위치에서 가만히 놓았을 때 A가 검출기를 향해 운동하는 것을 나타낸 것이다. A가 $x=3d$인 지점을 지날 때 정지해 있는 검출기가 측정한 A에서 발생한 소리의 진동수는 (가)에서가 (나)에서의 $\frac{3}{4}$배이다.

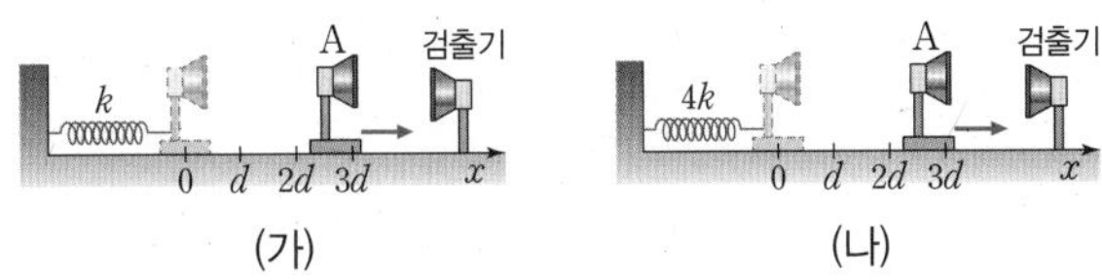

A가 $x=3d$를 지날 때, 이에 대한 설명으로 옳은 것만을 〈보기〉에서 있는 대로 고른 것은? (단, 음속은 V이고, 공기 저항, A의 크기는 무시한다.)

보기

ㄱ. (가)에서 검출기가 측정한 A에서 발생한 소리의 속력은 V보다 크다.

ㄴ. (나)에서 A의 속력은 $\frac{1}{5}V$이다.

ㄷ. 검출기가 측정한 A에서 발생한 소리의 파장은 (가)에서가 (나)에서보다 크다.

① ㄱ ② ㄴ ③ ㄷ ④ ㄱ, ㄴ ⑤ ㄴ, ㄷ

12 전자기파의 활용

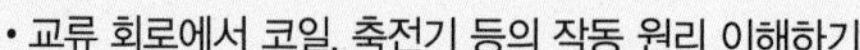

- 교류 회로에서 코일, 축전기 등의 작동 원리 이해하기
- 전자기파의 송신과 수신 과정 이해하기
- 볼록 렌즈에서 상이 맺히는 과정 이해하기

한눈에 단원 파악, 이것이 핵심!

교류 회로에서 축전기와 코일의 저항 역할은 어떻게 될까?

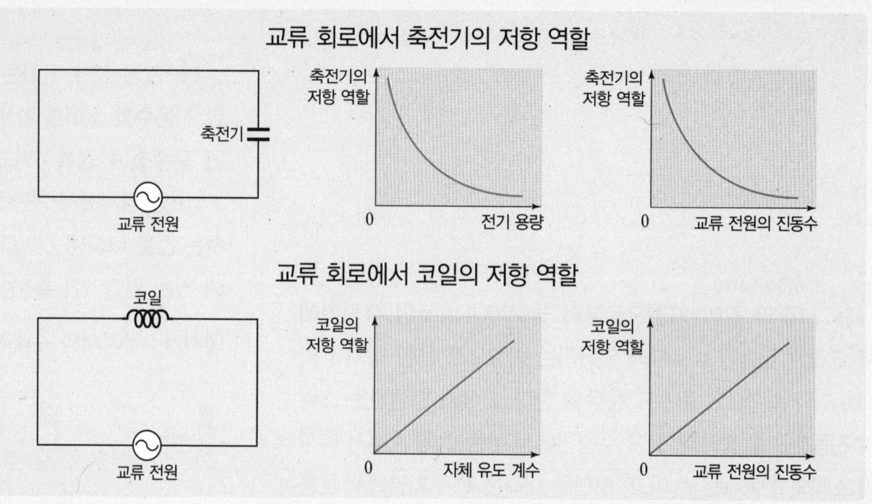

볼록 렌즈에 의해 관찰되는 상은 어떻게 될까?

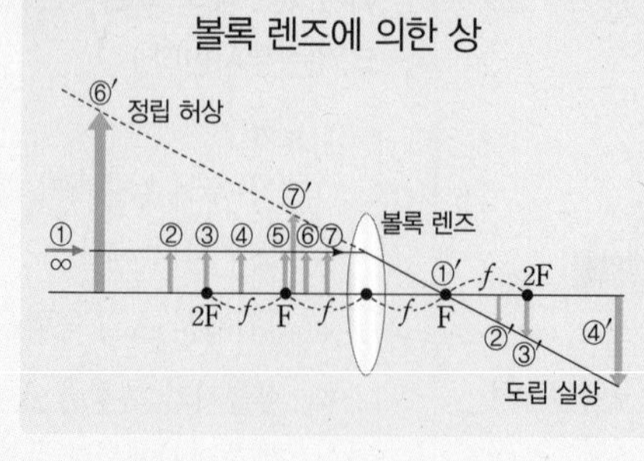

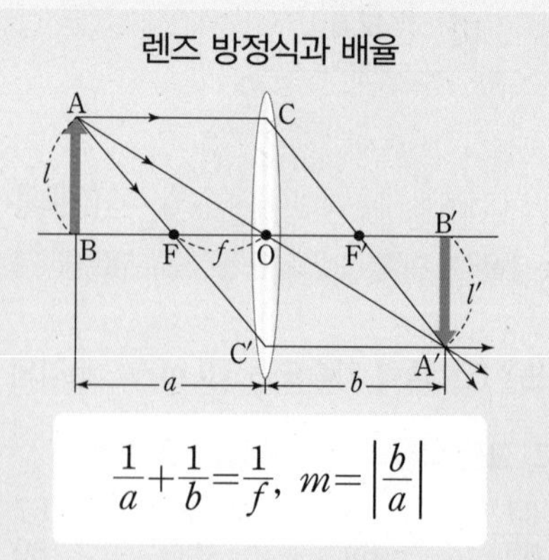

$$\frac{1}{a}+\frac{1}{b}=\frac{1}{f},\ m=\left|\frac{b}{a}\right|$$

01 전자기파의 발생과 수신

1 전자기파의 발생

(1) 전류에 의한 자기장의 변화: 직선 도선의 위아래에 각각 전원의 (+)극과 (−)극이 연결되어 있을 때 전기장의 방향은 위에서 아래 방향을 향하고, 도선 내부에 있는 전자는 전기력을 받아 이동한다. 전자의 이동으로 인한 전류에 의해 도선 주위에 동심원 형태의 자기장이 만들어지고, 직선 도선에 연결한 전원을 교류로 바꾸면 전기장이 계속 변하게 되어 자기장도 계속 변하게 된다.

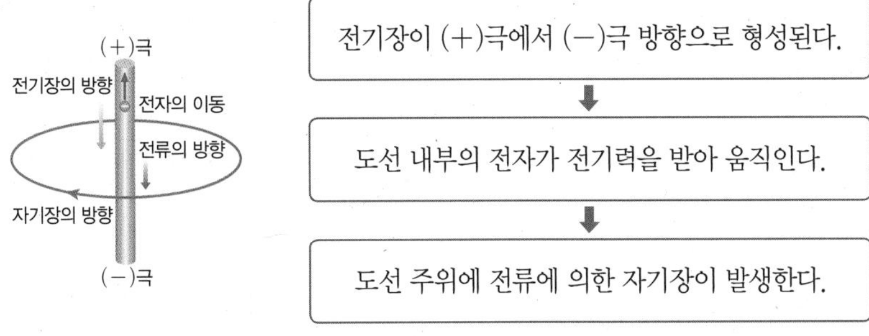

(2) 전자기파의 발생과 진행: 그림과 같이 코일과 축전기가 연결된 회로에 교류가 흐르면 축전기의 양 극판에 충전된 전하량이 계속 변하면서 극판 사이에는 주기적으로 방향이 바뀌며 진동하는 전기장이 발생한다. 진동하는 전기장은 진동하는 자기장을 유도하고, 다시 진동하는 자기장이 진동하는 전기장을 유도하면서 ❶전자기파가 공간으로 퍼져 나간다. 이때 전기장과 자기장은 진행 방향에 대해 서로 수직으로 진동하며 빛의 속력으로 전파된다.

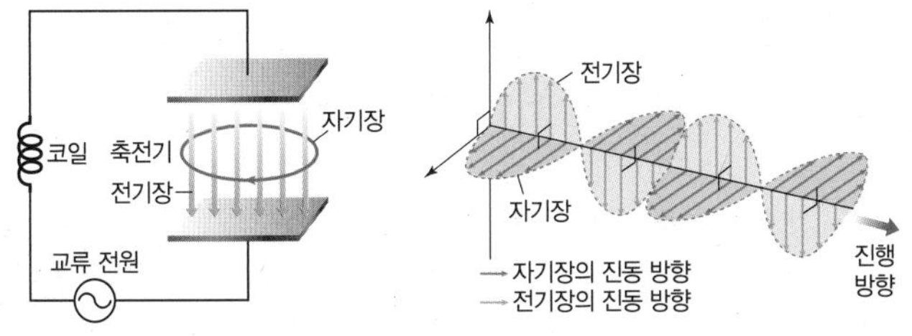

2 교류 회로에서의 축전기와 코일

(1) 축전기가 연결된 교류 회로: ❷축전기에 직류 전원을 연결하면 각각의 판에 양(+)전하와 음(−)전하가 쌓이는 동안에는 전류가 흐르지만 양(+)전하와 음(−)전하가 어느 정도 쌓이면 더 이상 전류가 흐르지 않는다. 하지만 축전기에 교류 전원을 연결하면 축전기의 양 극판에 전하가 모두 채워지기 전에 전류의 방향이 바뀌면서 세기와 방향이 바뀌는 전류가 계속 흐르게 된다. 이때 축전기의 ❸전기 용량이 클수록, 교류 전원의 진동수가 클수록 축전기의 저항 역할이 작아진다.

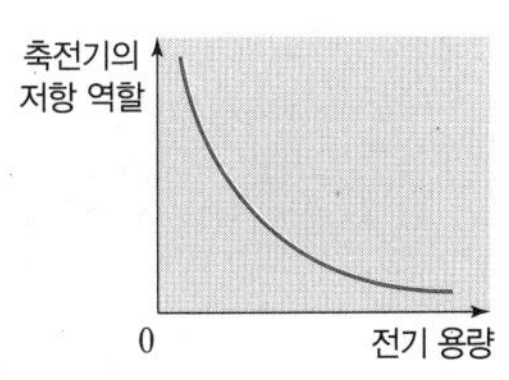

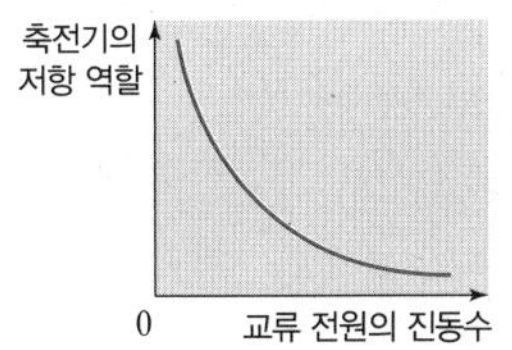

THE 알기

❶ 전자기파
전자의 가속도 운동에 의해 발생하며 전기장과 자기장이 계속해서 서로를 유도하며 주기적으로 진동하는 파동의 형태로 퍼져 나간다. 전기장과 자기장의 진동 방향은 서로 수직이다.

❷ 축전기
전기 에너지를 저장하는 장치로 평행한 금속판에 각각 $+Q$와 $-Q$의 전하가 저장되며, 전기 용량 C는 전하를 저장할 수 있는 정도를 의미한다.

❸ 전기 용량(C)
축전기에 충전된 전하량을 Q, 극판 사이의 전압을 V라고 할 때, $Q=CV$이다. 여기서 비례 상수 C를 축전기의 전기 용량이라고 한다. 축전기의 전기 용량은 극판의 면적에 비례하고, 극판 사이의 간격에 반비례한다.

THE 알기

❶ 자체 유도 계수(L)
코일에 유도 기전력이 생기는 정도를 자체 유도 계수라 하고, 코일의 감은 수, 길이, 단면적 등에 의해 결정된다.

(2) 코일이 연결된 교류 회로: 코일에 교류 전원을 연결하면 교류에 의해 코일에 유도 기전력이 생긴다. 이때 코일의 ❶자체 유도 계수가 클수록 전류의 흐름을 방해하는 유도 기전력이 커지고, 교류 전원의 진동수가 클수록 전류의 방향이 빨리 바뀌므로 코일에 생기는 유도 기전력이 커진다. 따라서 자체 유도 계수가 클수록, 교류 전원의 진동수가 클수록 코일의 저항 역할이 커진다.

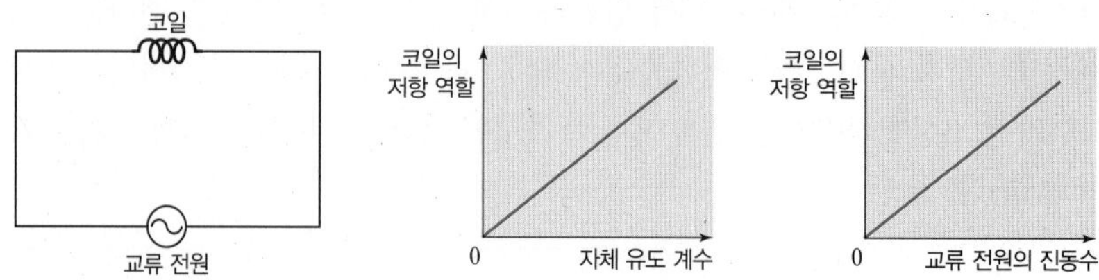

(3) 코일과 축전기가 연결된 회로의 공명 진동수(공진 주파수): 코일과 축전기가 연결된 회로에 교류 전류가 흐를 때 회로에 흐르는 전류의 세기는 코일의 자체 유도 계수 L과 축전기의 전기 용량 C에 의해 결정된다. 특히 특정 진동수에서 전류의 세기가 최대가 되는데, 이 특정 진동수를 공명 진동수(공진 주파수)라 하고 그 크기는 $f_0=\dfrac{1}{2\pi\sqrt{LC}}$이다.

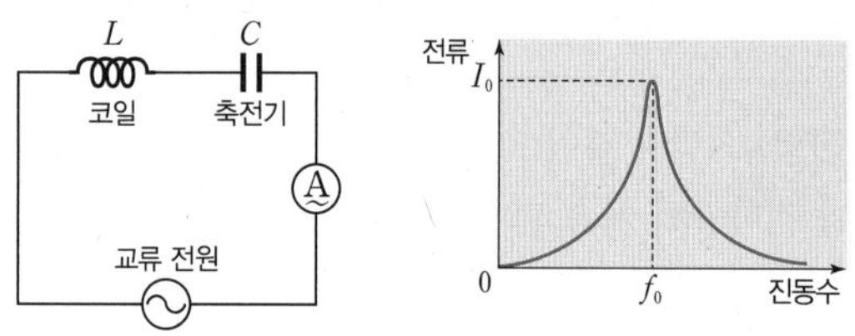

❷ 안테나
전자기파를 송신하거나 수신하는 장치로 주로 자기장의 변화를 이용하는 방식과 전기장의 변화를 이용하는 방식이 있다.

3 안테나를 이용한 전자기파의 수신

❷안테나에 여러 진동수의 전파가 수신이 되면 1차 코일에는 전파에 의한 교류가 흐르게 되고, 이웃한 코일과 축전기가 연결된 회로의 공명 진동수와 같은 전파에 의한 전류가 가장 세게 흐르게 된다. 따라서 자체 유도 계수나 전기 용량을 변화시키면 원하는 진동수의 전파를 수신할 수 있다.

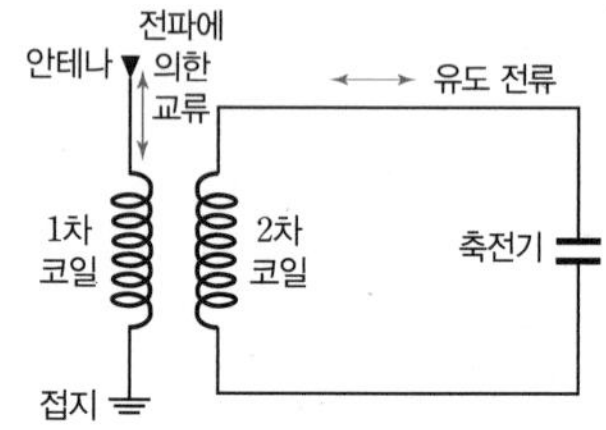

THE 들여다보기 원형 안테나와 직선형 안테나

원형 안테나는 원형 고리를 통과하는 자기장을 이용하여 전자기파를 수신하고, 직선형 안테나는 전기장을 이용하여 전자기파를 수신한다. 안테나의 크기는 파장이 긴 전파를 이용하는 안테나일수록 크다. 따라서 안테나의 크기를 적절히 조절하면 원하는 진동수 영역의 전자기파를 수신할 수 있다.

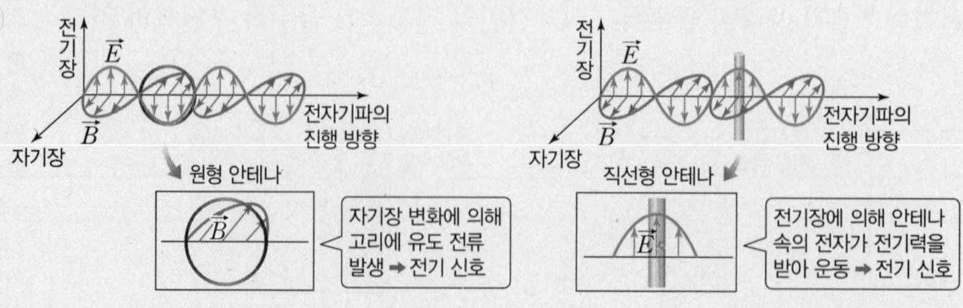

개념체크

빈칸 완성

1. 전자의 가속도 운동에 의해 발생하며 전기장과 자기장이 계속 서로를 유도하며 주기적으로 진동하는 파동을 ㉠(　　　)라고 하고, 전기장과 자기장의 진동 방향은 서로 ㉡(　　　)이다.

2. 시간에 따라 변하는 전기장은 변하는 ㉠(　　　)을 유도하고, 시간에 따라 변하는 자기장은 변하는 ㉡(　　　)을 유도한다.

3. 평행판 축전기를 교류 전원에 연결하면 전자기파가 발생하고, 이때 발생한 전자기파의 진동수는 교류 전원의 진동수와 (　　　).

4. 축전기가 연결된 교류 회로에서 교류 전원의 진동수가 클수록 축전기의 저항 역할은 (　　　)진다.

5. 코일이 연결된 교류 회로에서 교류 전원의 진동수가 클수록 코일의 저항 역할은 (　　　)진다.

6. 전파를 송신하는 회로의 공명 진동수와 수신 회로의 공명 진동수가 같아 전류의 세기가 최대가 되는 것을 (　　　)이라고 한다.

7. 원형 안테나는 원형 고리를 통과하는 ㉠(　　　)을 이용하여 전자기파를 수신하고, 직선형 안테나는 ㉡(　　　)을 이용하여 전자기파를 수신한다.

8. 안테나 속의 전자는 전기장의 진동 방향과 (　　　) 방향으로 진동한다.

9. 전기 용량이 C, 자체 유도 계수가 L인 코일이 연결된 교류 회로에서 전류의 값이 최대가 되는 공명 진동수 f는 (　　　)이다.

정답 1. ㉠ 전자기파, ㉡ 수직 2. ㉠ 자기장, ㉡ 전기장 3. 같다. 4. 작아 5. 커 6. 공명 7. ㉠ 자기장, ㉡ 전기장 8. 반대 9. $\frac{1}{2\pi\sqrt{LC}}$

○X 문제

1. 전자기파의 발생과 수신에 대한 설명으로 옳은 것은 ○, 옳지 않은 것은 ×로 표시하시오.

(1) 전자가 진동하여 전자기파가 발생할 때 전자의 진동 방향은 전자기파의 진행 방향과 같다. (　　)

(2) 축전기에 교류가 흐르면 두 극판 사이에 진동하는 전기장이 자기장을 유도하면서 전자기파가 발생한다. (　　)

(3) 축전기와 코일이 연결된 교류 회로에서 축전기와 코일이 전류의 흐름을 방해하는 정도가 같을 때의 진동수를 공명 진동수라고 한다. (　　)

(4) 축전기가 연결된 회로에 직류 전원을 연결하면 축전기가 충전된 후 전류가 흐르지 않는다. (　　)

(5) 교류 회로에 코일을 연결하면 코일에 발생하는 유도 기전력이 전류의 흐름을 방해한다. 이때 코일의 자체 유도 계수가 클수록 코일의 저항 역할이 작아진다. (　　)

(6) 안테나를 통과하는 전자기파의 전기장은 시간에 따라 진동하고, 안테나 속의 전자도 진동하므로 안테나에 흐르는 전류는 직류이다. (　　)

(7) 안테나는 전자기파를 송신하거나 수신하는 장치로, 전파에 의해 전자가 진동하는 것을 이용한다. (　　)

(8) 전자기파를 송신하고 수신하는 장치는 송신 회로와 수신 회로의 공명 진동수가 같을 때 전류의 세기가 최소가 되는 것을 이용한다. (　　)

(9) 마이크, 증폭기, 발진기를 이용하여 변환시킨 음성 신호를 전자기파에 첨가하는 과정을 변조라고 한다. (　　)

(10) 수신된 전자기파에서 음성과 영상 신호가 담긴 전기 신호를 추출하는 과정을 복조라고 한다. (　　)

정답 1. (1) × (2) ○ (3) ○ (4) ○ (5) × (6) × (7) ○ (8) × (9) ○ (10) ○

02 볼록 렌즈에 의한 상

THE 알기

❶ 볼록 렌즈에서의 굴절
공기 중에 놓인 볼록 렌즈를 지나는 빛은 두께가 더 두꺼운 쪽으로 굴절하는 성질이 있기 때문에 한 점에 모인다.

❷ 볼록 렌즈의 초점
볼록 렌즈의 초점은 2개이며, 렌즈의 중심에서 각 초점 사이의 거리는 같다.

❸ 중심을 지나는 광선
렌즈의 중심을 지나는 광선이 굴절하지 않는 이유는 렌즈에 입사하는 점과 나가는 점에 접하는 접선이 서로 평행하고 렌즈의 두께가 매우 얇기 때문이다.

1 볼록 렌즈에 의한 상

(1) 렌즈의 요소: 렌즈는 ❶굴절을 이용하여 빛을 모으거나 퍼트리는 기구로, 가운데 부분이 가장자리보다 더 두꺼운 렌즈를 볼록 렌즈라고 한다. 볼록 렌즈의 면에 접하는 구를 그릴 때 구의 중심을 C, 곡률 반경을 R, 렌즈의 중심과 구심을 연결한 직선을 광축, 광축에 평행하게 입사한 광선들이 모이는 점을 초점 F라 하고, 렌즈의 중심에서 초점까지의 거리를 ❷초점 거리 f라고 한다.

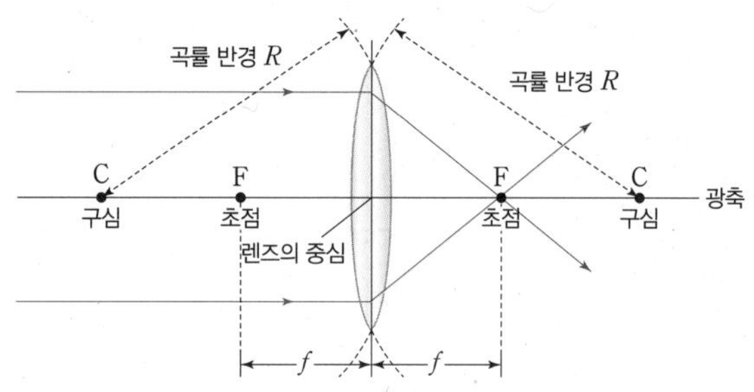

(2) 볼록 렌즈에 의한 광선의 경로: 물체에서 반사된 빛 중 몇 개의 광선은 빛의 경로를 예측할 수 있으며, 이러한 광선들을 추적하면 상이 맺히는 원리를 이해할 수 있다.

① 광축에 나란하게 입사한 광선은 볼록 렌즈에서 굴절한 후 초점을 지난다.

② 초점을 지나 입사한 광선은 볼록 렌즈에서 굴절한 후 광축과 나란하게 진행한다.

③ 볼록 렌즈의 중심을 지나는 광선은 ❸굴절하지 않고 그대로 직진한다.

(3) 볼록 렌즈에 의한 물체의 상

① 물체가 초점 바깥쪽에 있을 때: 물체의 한 점에서 퍼져 나간 빛이 렌즈를 통과한 후 다시 한 점으로 모이므로 거꾸로 선 실상이 생긴다.

② 물체가 초점 안쪽에 있을 때: 렌즈를 통과한 빛이 퍼져 나가므로 렌즈 뒤쪽에 상이 맺히지 않고, 렌즈를 통해 눈으로 물체를 바라볼 때 광선의 연장선의 교점에서 빛이 나오는 것처럼 보이므로 물체보다 크고 바로 서 있는 모양의 허상이 생긴다.

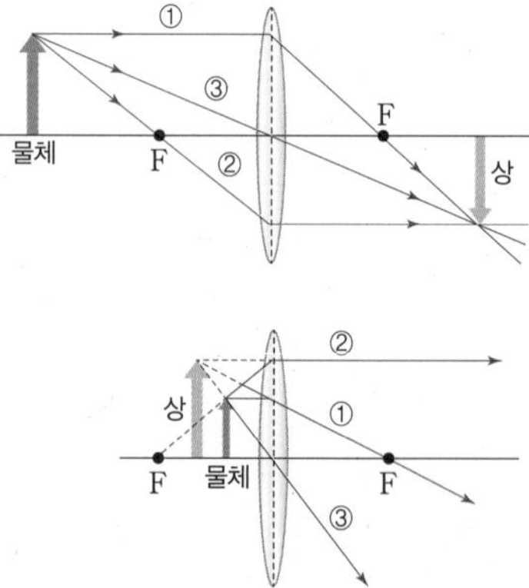

③ 물체의 위치에 따른 볼록 렌즈에 의한 상의 변화: 물체가 볼록 렌즈의 [1]초점 바깥쪽에서 렌즈를 향하여 운동할 때 렌즈에 의한 상은 렌즈를 중심으로 물체 반대편 초점에서부터 점점 멀어지고 크기는 점점 커진다. 물체가 볼록 렌즈의 [2]초점 안쪽에서 렌즈를 향하여 운동할 때 상은 렌즈를 중심으로 물체와 같은 방향에서 렌즈로 가까워지고 상의 크기는 점점 작아진다.

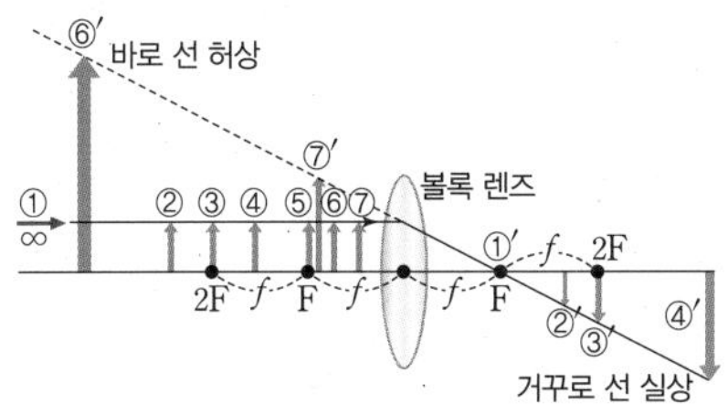

THE 알기

❶ 초점 바깥쪽에서 렌즈를 향해 운동할 때
물체가 초점 바깥쪽에서 초점까지 운동하는 동안 상의 크기는 점점 커지고 거꾸로 선 실상이 생긴다.

❷ 초점 안쪽에서 렌즈를 향해 운동할 때
물체가 초점 안쪽에서 렌즈를 향해 운동하는 동안 상의 크기는 점점 작아지고 바로 서 있는 허상이 생긴다.

2 렌즈 방정식과 배율

(1) 렌즈 방정식: 렌즈와 물체 사이의 거리가 a, 렌즈와 상 사이의 거리가 b, 렌즈의 초점 거리가 f일 때 렌즈 방정식은 다음과 같다.

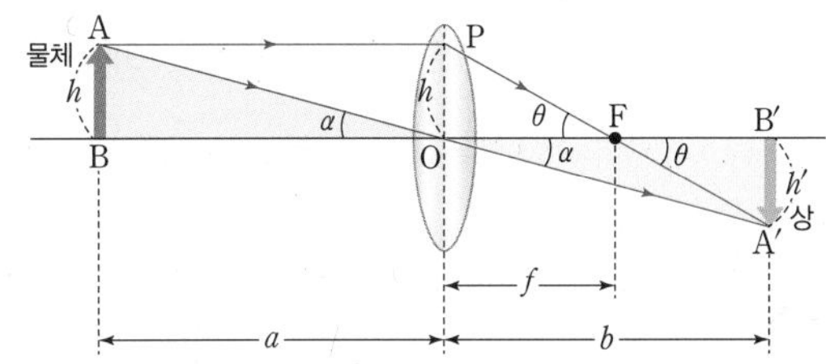

① ΔPOF와 ΔA′B′F가 서로 닮은꼴이므로 $h : h' = f : (b-f)$이다.

② ΔABO와 ΔA′B′O가 서로 닮은꼴이므로 $h : h' = a : b$이다.

$$\frac{1}{a}+\frac{1}{b}=\frac{1}{f}$$

위 방정식에서 물체가 렌즈 앞에 있으면 a는 $(+)$값을, 상이 렌즈 뒤에 생기는 실상의 경우 b는 $(+)$값을, 상이 렌즈 앞에 생기는 허상의 경우 b는 $(-)$값으로 나타낸다.

(2) 배율(M): 물체의 크기와 상의 크기의 비율을 배율이라고 하며, 배율 M은 다음과 같다.

$$M=\frac{h'}{h}=\left|\frac{b}{a}\right|$$

THE 들여다보기 볼록 렌즈의 이용(광학 현미경)

광학 현미경은 2개의 볼록 렌즈를 이용하여 가까운 곳의 작은 물체를 관측하는 장치로, 대물렌즈에 의해 확대된 실상이 접안렌즈에 의해 더욱 확대된 허상으로 보인다. 현미경처럼 렌즈가 2개일 때는 대물렌즈에 의한 상을 접안렌즈의 물체가 되도록 하면 물체와 상의 관계를 이용하여 최종상을 구할 수 있다.

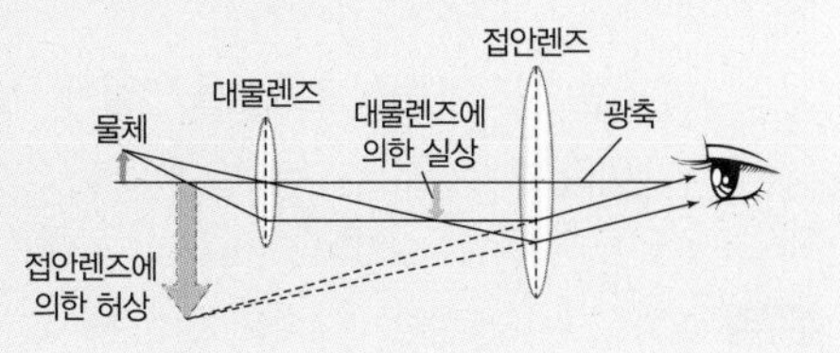

개념체크

○X 문제

1. 다음은 볼록 렌즈에 대한 설명이다. 옳은 것은 ○, 옳지 않은 것은 ×로 표시하시오.

(1) 가장자리보다 가운데 부분이 더 두꺼워 입사 광선을 광축 방향으로 모으는 렌즈를 볼록 렌즈라고 한다. (　　)

(2) 광축에 나란하게 입사한 광선은 볼록 렌즈에서 굴절한 후 초점을 지난다. (　　)

(3) 초점을 지나 입사한 광선은 볼록 렌즈에서 굴절한 후 다른 초점을 지난다. (　　)

(4) 볼록 렌즈의 중심을 지나는 광선은 렌즈에서 굴절한 후 광축과 나란하게 진행한다. (　　)

2. 다음은 볼록 렌즈에 의한 물체의 상에 대한 설명이다. 옳은 것은 ○, 옳지 않은 것은 ×로 표시하시오.

(1) 물체가 렌즈의 초점 바깥쪽에 있을 때에는 실상이 생긴다. (　　)

(2) 물체가 렌즈로부터 초점 거리의 2배보다 멀리 있을 때에는 물체보다 큰 상이 생긴다. (　　)

(3) 물체와 렌즈 사이의 거리가 초점 거리의 2배일 때 물체와 상의 크기는 같다. (　　)

(4) 물체가 렌즈와 초점 사이에 있으면 허상이 생긴다. (　　)

정답 1. (1) ○ (2) ○ (3) × (4) × 2. (1) ○ (2) × (3) ○ (4) ○

빈칸 완성

1. 그림은 광축에 나란하게 입사한 빛이 렌즈에서 굴절된 후 한 점에 모인 것을 나타낸 것이다.

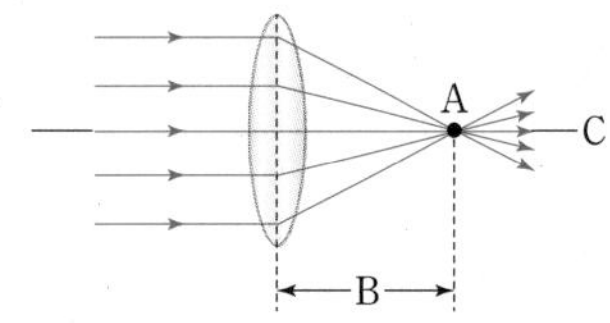

(1) A는 빛이 모이는 곳이므로 (　　　)이다.

(2) B는 렌즈의 중심에서 A까지의 거리로 (　　　)이다.

(3) C는 렌즈의 중심과 초점을 연결한 직선으로 (　　　)이다.

둘 중에 고르기

2. 그림은 볼록 렌즈의 오른쪽에 촛불을 놓은 것으로, 렌즈에 의한 상은 오른쪽에 생겼다.

(1) 촛불은 볼록 렌즈의 초점 거리 (안쪽 , 바깥쪽)에 위치해 있다.

(2) 볼록 렌즈에 의한 상은 (확대 , 축소)되었고, (실상 , 허상)이다.

(3) 촛불이 렌즈에 더 가깝게 이동하면 상의 크기는 더 (커 , 작아)진다.

정답 1. (1) 초점 (2) 초점 거리 (3) 광축 2. (1) 안쪽 (2) 확대, 허상 (3) 작아

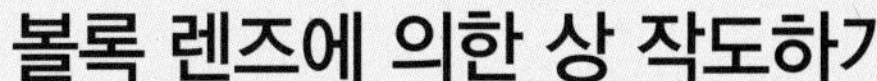

정답과 해설 87쪽

목표

광선 경로를 추적하여 볼록 렌즈에 의한 상의 위치와 크기를 찾을 수 있다.

과정

1. 물체가 볼록 렌즈의 초점 바깥쪽에 있을 때

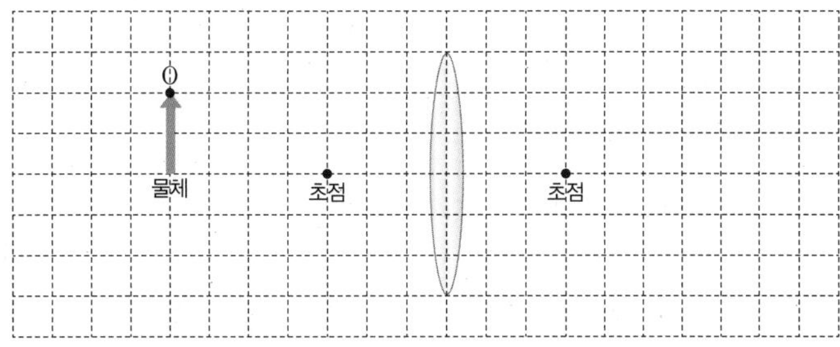

2. 물체가 볼록 렌즈의 초점 안쪽에 있을 때

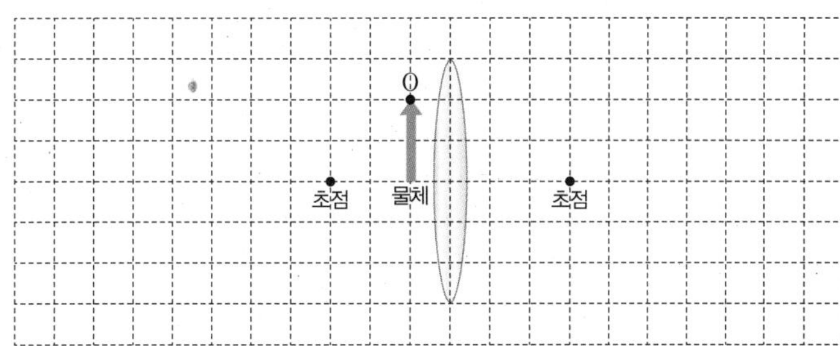

결과 정리 및 해석

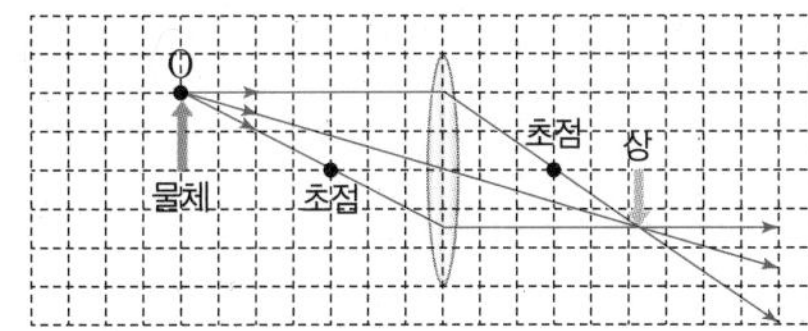

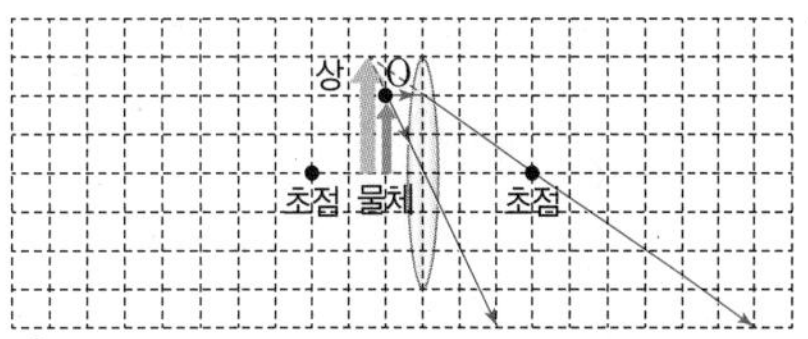

(1) 물체가 볼록 렌즈의 초점 바깥쪽에 있을 때는 렌즈를 통과한 빛이 실제로 모여서 상이 생기므로 거꾸로 선 실상이 생긴다.

(2) 물체가 볼록 렌즈의 초점 안쪽에 있을 때는 렌즈를 통과한 빛이 서로 만나지 않고 퍼져 나가므로 바로 선 허상이 생긴다.

탐구 분석

1. 물체보다 큰 실상이 생기는 물체의 위치는 어디인가?

내신 기초 문제

[20700-0473]

01 다음은 전류에 의한 자기장의 변화에 대한 설명이다.

직선 도선의 위아래에 각각 전원의 (+)극과 (−)극이 연결되어 있을 때 전기장의 방향은 위에서 아래 방향을 향하고, 도선 내부에 있는 전자는 (㉮)을/를 받아 이동한다. 전자의 이동으로 인한 전류에 의해 도선 주위에 동심원 형태의 (㉯)이/가 만들어진다.

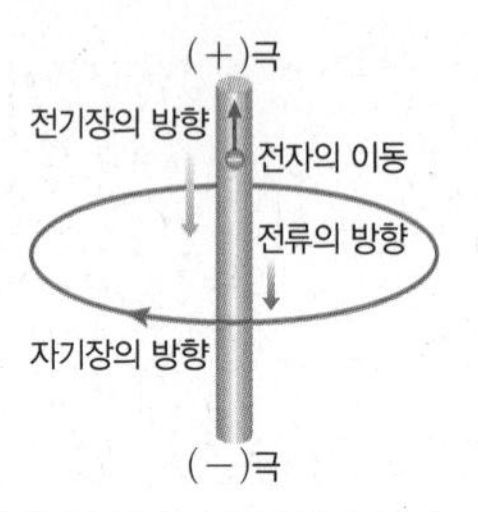

㉮와 ㉯로 옳은 것은?

	㉮	㉯		㉮	㉯
①	전기력	자기장	②	전기력	전기장
③	전기력	전자기파	④	자기력	자기장
⑤	자기력	전기장			

[20700-0474]

02 그림은 교류 전원이 연결된 회로에 화살표 방향으로 전류가 흐를 때 축전기 극판 사이에서 A, B가 발생하는 것을 나타낸 것이다. A, B는 전기장과 자기장을 순서 없이 나타낸 것이다.

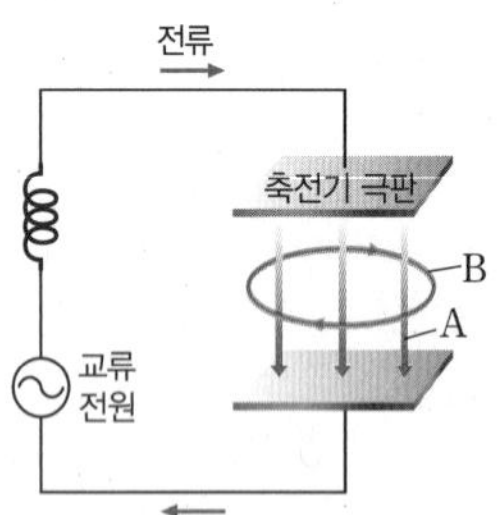

이에 대한 설명으로 옳은 것만을 〈보기〉에서 있는 대로 고른 것은?

보기
ㄱ. A는 전기장이다.
ㄴ. B의 세기는 일정하다.
ㄷ. A와 B가 서로를 유도하면서 전자기파가 발생한다.

① ㄱ ② ㄴ ③ ㄱ, ㄷ ④ ㄴ, ㄷ ⑤ ㄱ, ㄴ, ㄷ

[20700-0475]

03 그림은 투명한 용기 안에 휴대 전화를 두고 용기 안을 진공으로 만들었더니 통화 연결은 되고 벨소리는 들리지 않는 것에 대해 학생 A, B, C가 대화하는 모습을 나타낸 것이다.

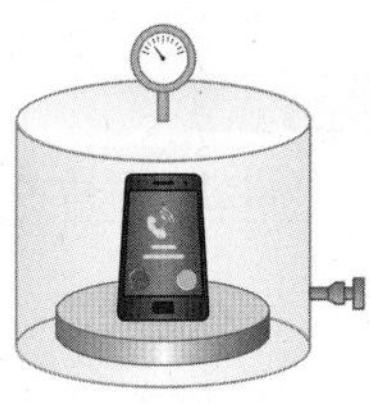

제시한 내용이 옳은 학생만을 있는 대로 고른 것은?

① A ② C ③ A, B
④ B, C ⑤ A, B, C

[20700-0476]

04 그림 (가), (나)는 전압의 최댓값이 일정한 교류 전원에 동일한 전구 A, B와 저항, 코일이 각각 연결된 것을 나타낸 것이다.

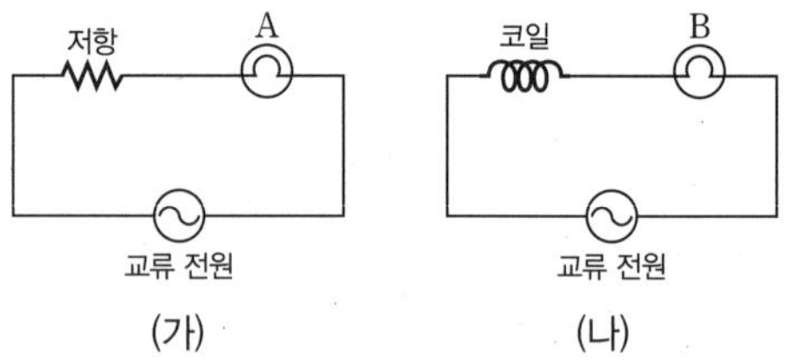

(가), (나)에서 교류 전원의 진동수만 증가시킬 때에 대한 설명으로 옳은 것만을 〈보기〉에서 있는 대로 고른 것은?

보기
ㄱ. (가)에서 A의 최대 밝기는 변화가 없다.
ㄴ. (나)에서 코일의 전류의 흐름을 방해하는 정도는 커진다.
ㄷ. (나)에서 B의 최대 밝기는 증가한다.

① ㄱ ② ㄴ ③ ㄷ ④ ㄱ, ㄴ ⑤ ㄱ, ㄴ, ㄷ

[20700-0477]

05 그림 (가), (나)는 직류 전원과 교류 전원에 동일한 저항과 코일이 각각 연결된 것을 나타낸 것이다. 직류 전원의 전압과 교류 전원 전압의 최댓값은 같다.

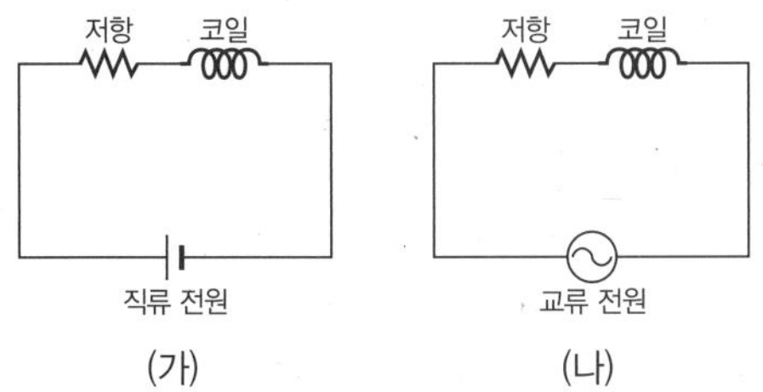

이에 대한 설명으로 옳은 것만을 〈보기〉에서 있는 대로 고른 것은?

보기
ㄱ. (가)에서 코일에 흐르는 전류의 세기는 일정하다.
ㄴ. 저항에 흐르는 전류의 최댓값은 (가)에서가 (나)에서보다 크다.
ㄷ. (나)에서 교류 전원의 진동수가 증가하면 저항에 흐르는 전류의 최댓값은 증가한다.

① ㄱ ② ㄷ ③ ㄱ, ㄴ ④ ㄴ, ㄷ ⑤ ㄱ, ㄴ, ㄷ

[20700-0478]

06 그림은 전압이 일정한 교류 전원에 전기 소자 ㉠과 저항이 연결된 것을 나타낸 것으로, ㉠은 코일이나 축전기 중 하나이다. 그림 (나)는 (가)에서 저항에 흐르는 전류의 세기를 교류 전원의 진동수에 따라 나타낸 것이다.

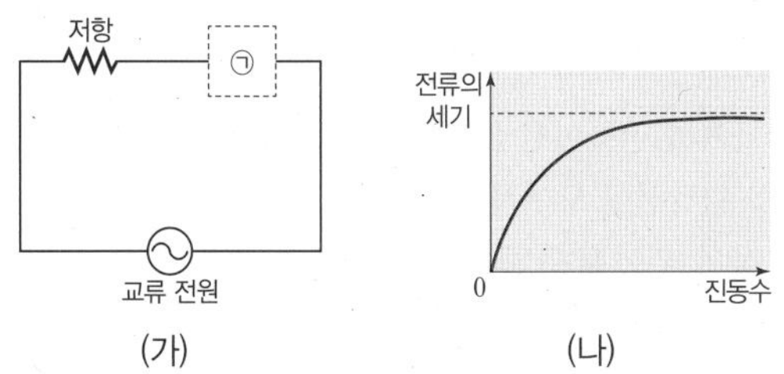

이에 대한 설명으로 옳은 것만을 〈보기〉에서 있는 대로 고른 것은?

보기
ㄱ. ㉠은 코일이다.
ㄴ. ㉠은 진동수가 클수록 저항 역할이 작아진다.
ㄷ. 교류 전원의 진동수가 작아지면 ㉠ 양단에 걸리는 전압은 작아진다.

① ㄱ ② ㄴ ③ ㄷ ④ ㄱ, ㄴ ⑤ ㄴ, ㄷ

[20700-0479]

07 그림 (가)는 전압이 일정한 교류 전원에 저항, 코일, 축전기, 전류계가 연결된 것을 나타낸 것이다. 그림 (나)는 코일과 축전기의 저항 역할을 교류 전원의 진동수에 따라 나타낸 것으로, A, B는 코일과 축전기를 순서 없이 나타낸 것이다.

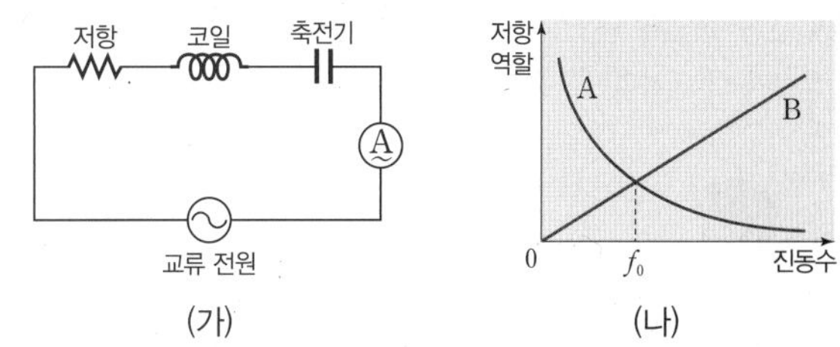

이에 대한 설명으로 옳은 것만을 〈보기〉에서 있는 대로 고른 것은?

보기
ㄱ. A는 축전기이다.
ㄴ. B는 자체 유도 계수가 클수록 저항 역할은 커진다.
ㄷ. 진동수가 f_0일 때 전류계에 흐르는 전류의 세기는 최대이다.

① ㄴ ② ㄷ ③ ㄱ, ㄴ ④ ㄴ, ㄷ ⑤ ㄱ, ㄴ, ㄷ

[20700-0480]

08 그림 (가)는 y축상에 놓인 직선 안테나가 일정한 진동수의 교류 전원에 연결되어 전자기파를 발생시키고 있고, 이를 수신하는 회로의 원형 안테나가 xy 평면에 놓여 있는 것을 나타낸 것이다. 점 P는 원형 안테나의 중심이며 x축상의 점이다. 그림 (나)는 P에서 y축과 나란한 방향으로 진동하는 전기장 E_y를 시간에 따라 나타낸 것이다. 시간 $t=0$일 때와 $t=t_1$일 때 전기장의 세기가 최대이다.

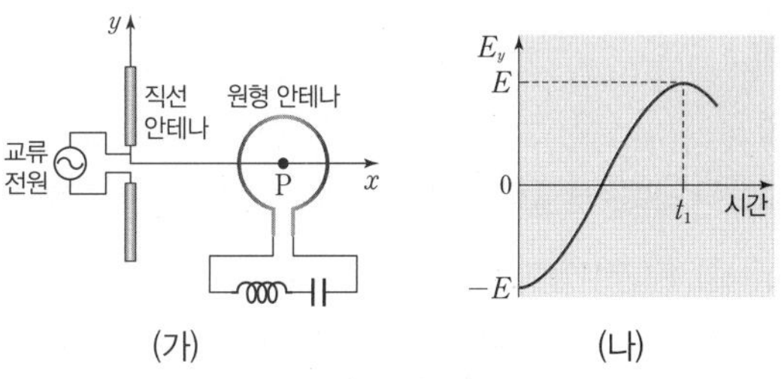

직선 안테나에서 발생하는 전자기파의 주기를 T_0, 원형 안테나가 연결된 수신 회로의 공명 진동수를 f_0이라고 할 때, T_0과 f_0을 구하시오.

[20700-0481]
09 그림은 볼록 렌즈에 대해 학생 A, B, C가 대화하고 있는 모습을 나타낸 것이다.

제시한 내용이 옳은 학생만을 있는 대로 고른 것은?

① A ② C ③ A, B
④ B, C ⑤ A, B, C

[20700-0482]
10 그림은 광축에 나란하게 입사한 빛이 렌즈 A를 통과한 후 F에 모이는 것을 나타낸 것이다. 렌즈의 중심에서 F까지의 거리는 f이다.

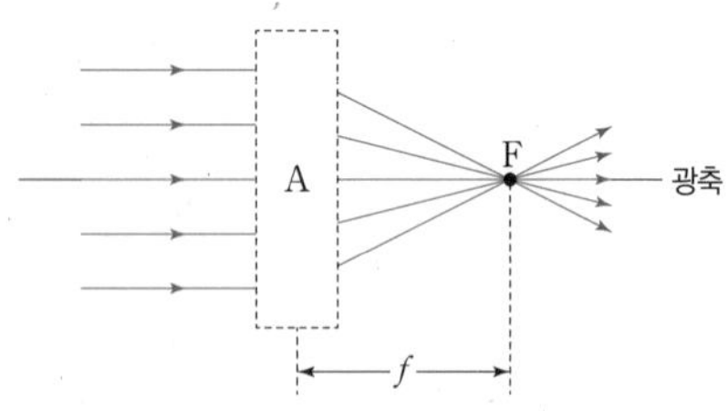

이에 대한 설명으로 옳은 것만을 〈보기〉에서 있는 대로 고른 것은?

보기
ㄱ. A는 볼록 렌즈이다.
ㄴ. F는 초점이다.
ㄷ. f는 초점 거리이다.

① ㄱ ② ㄴ ③ ㄷ ④ ㄱ, ㄴ ⑤ ㄱ, ㄴ, ㄷ

[20700-0483]
11 그림은 렌즈에 의해 생기는 상의 위치를 물체에서 나오거나 반사된 빛들 중 몇 개의 광선이 진행하는 경로를 추적하여 찾는 것을 나타낸 것이다.

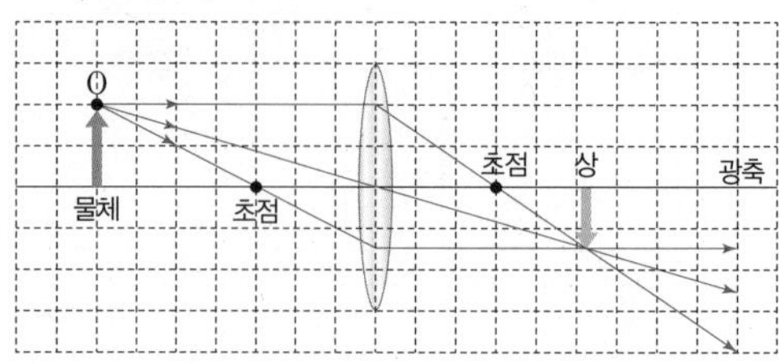

이에 대한 설명으로 옳은 것만을 〈보기〉에서 있는 대로 고른 것은?

보기
ㄱ. 광축에 나란하게 입사한 광선은 초점을 지난다.
ㄴ. 초점을 지나 입사한 광선은 다시 초점을 지난다.
ㄷ. 렌즈의 중심을 지나는 광선은 경로가 변해 광축을 따라 직진한다.

① ㄱ ② ㄷ ③ ㄱ, ㄴ ④ ㄱ, ㄷ ⑤ ㄱ, ㄴ, ㄷ

[20700-0484]
12 다음은 볼록 렌즈에 의한 상에 대한 설명이다.

볼록 렌즈에 의한 상 중에는 렌즈에서 굴절된 빛이 실제로 모여서 만들어진 (A)과/와 렌즈에서 굴절된 광선의 연장선이 모여서 만들어진 (B)이/가 있다. 또한 상의 위아래가 물체의 위아래와 같은 상을 바로 선 상, 상의 위아래가 반대로 뒤집어진 상을 (C)라고 한다.

이에 대한 설명으로 옳은 것만을 〈보기〉에서 있는 대로 고른 것은?

보기
ㄱ. A는 실상이다.
ㄴ. B가 있는 지점에 스크린을 놓으면 상이 맺힌다.
ㄷ. C는 거꾸로 선 상이다.

① ㄱ ② ㄴ ③ ㄱ, ㄷ ④ ㄴ, ㄷ ⑤ ㄱ, ㄴ, ㄷ

[20700-0485]
13 그림은 물체에서 나오거나 반사된 빛이 카메라의 렌즈를 통과한 후 필름 앞에 물체의 상이 생긴 것을 나타낸 것이다.

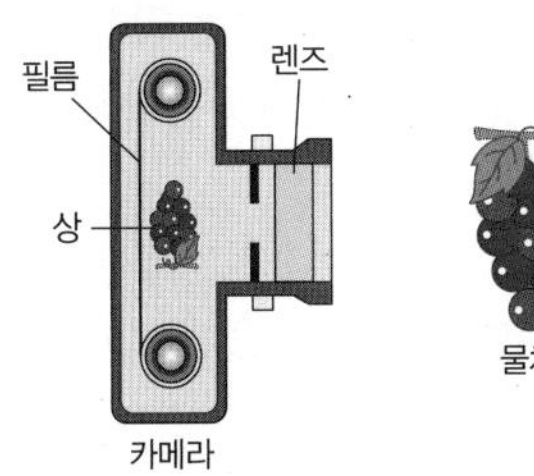

이에 대한 설명으로 옳은 것만을 <보기>에서 있는 대로 고른 것은?

보기
ㄱ. 렌즈는 볼록 렌즈이다.
ㄴ. 카메라 렌즈에 의한 상은 허상이다.
ㄷ. 필름에 상이 맺히게 하기 위해서는 물체를 렌즈에서 멀어지게 이동시켜야 한다.

① ㄱ ② ㄷ ③ ㄱ, ㄴ ④ ㄴ, ㄷ ⑤ ㄱ, ㄴ, ㄷ

[20700-0486]
14 그림은 물체에서 나오거나 반사된 빛이 눈의 수정체를 통과한 후 망막 앞에 상이 생기는 근시안을 나타낸 것이다.

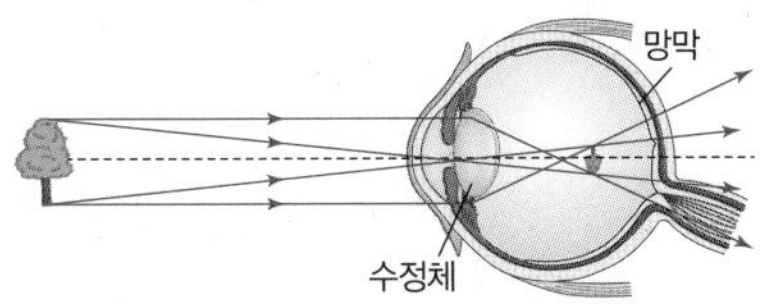

이에 대한 설명으로 옳은 것만을 <보기>에서 있는 대로 고른 것은?

보기
ㄱ. 수정체는 볼록 렌즈 역할을 한다.
ㄴ. 수정체에 의한 상은 허상이다.
ㄷ. 망막에 상이 맺히게 하려면 볼록 렌즈로 된 안경을 써야 한다.

① ㄱ ② ㄴ ③ ㄷ ④ ㄱ, ㄴ ⑤ ㄱ, ㄷ

[20700-0487]
15 그림은 물체가 초점과 볼록 렌즈의 중심 사이에 놓여 있는 것을 나타낸 것이다.

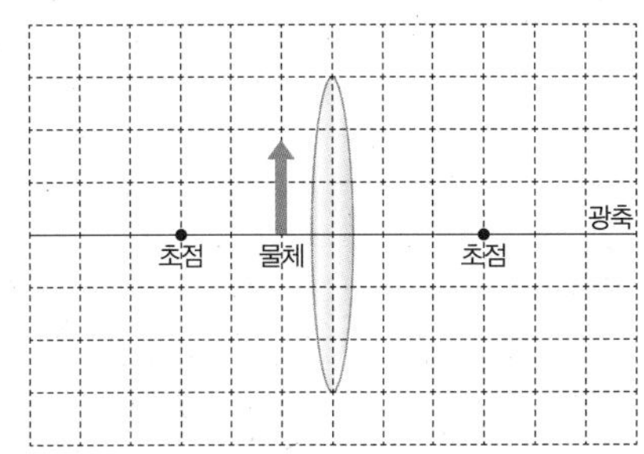

볼록 렌즈에 의한 상에 대한 설명으로 옳은 것만을 <보기>에서 있는 대로 고른 것은?

보기
ㄱ. 볼록 렌즈 왼쪽에 허상이 생긴다.
ㄴ. 바로 선 상이다.
ㄷ. 상의 크기는 물체의 크기보다 작다.

① ㄱ ② ㄷ ③ ㄱ, ㄴ ④ ㄴ, ㄷ ⑤ ㄱ, ㄴ, ㄷ

서술형
[20700-0488]
16 그림과 같이 볼록 렌즈의 중심으로부터 a만큼 떨어진 지점의 광축 위에 크기가 h인 물체를 놓았더니 렌즈의 중심으로부터 $\frac{3f}{2}$만큼 떨어진 지점에 상이 생겼다. 렌즈의 초점 거리는 f이다.

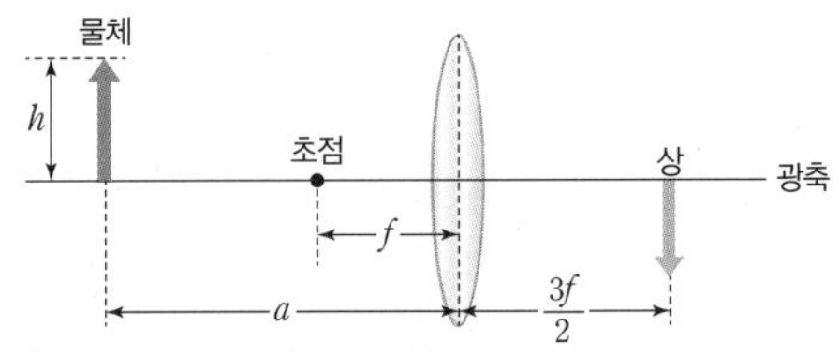

a와 상의 크기를 풀이 과정과 함께 각각 구하시오.

실력 향상 문제

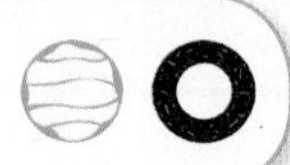

[20700-0489]

01 그림은 직선 도선에 교류 전원 장치를 연결했을 때 화살표 방향으로 전기장이 만들어진 순간 직선 도선 주위에 만들어지는 자기장을 나타낸 것이다. ⓐ, ⓑ는 직선 도선에 교류가 흐를 때 직선 도선에 흐르는 전류에 의한 자기장의 방향이다.

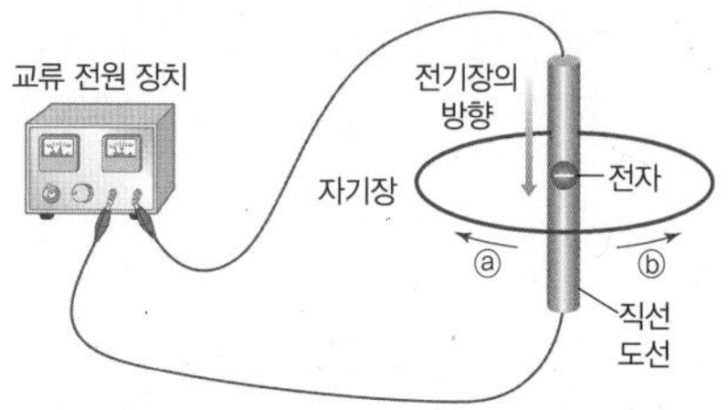

이에 대한 설명으로 옳은 것만을 〈보기〉에서 있는 대로 고른 것은?

보기
ㄱ. 전자에 작용하는 전기력의 방향은 전기장의 방향과 같다.
ㄴ. 자기장의 방향은 ⓐ 방향이다.
ㄷ. 시간이 지나면 직선 도선 주변으로 전기장은 퍼져 나가지 않고, 자기장만 퍼져 나간다.

① ㄱ ② ㄴ ③ ㄷ ④ ㄱ, ㄴ ⑤ ㄱ, ㄴ, ㄷ

[20700-0490]

02 그림 (가), (나)는 직류 전원과 교류 전원에 각각 연결된 두 평행판 축전기의 모습을 나타낸 것이다.

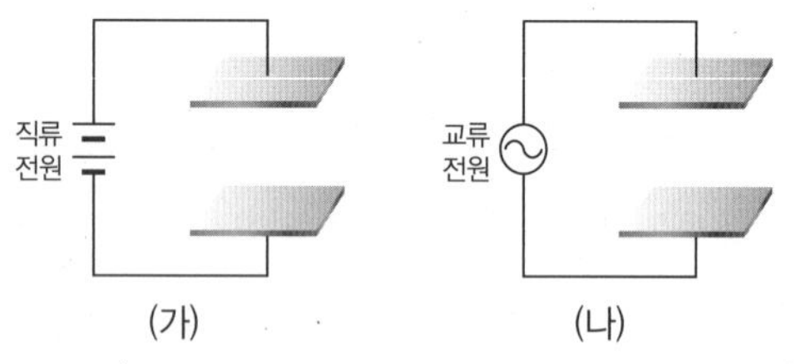

이에 대한 설명으로 옳은 것만을 〈보기〉에서 있는 대로 고른 것은?

보기
ㄱ. (가)에서 충전이 완료되면 전류가 흐르지 않는다.
ㄴ. (나)에서 축전기 사이에서 전기장의 세기는 일정하다.
ㄷ. (나)에서는 전자기파가 퍼져 나간다.

① ㄱ ② ㄴ ③ ㄷ ④ ㄱ, ㄷ ⑤ ㄴ, ㄷ

[20700-0491]

03 그림은 전자기파가 직선형 안테나를 지나가는 것을 나타낸 것으로 안테나에는 전류가 흐른다. A, B는 전기장과 자기장을 순서 없이 나타낸 것으로, A, B는 각각 x축, y축 방향으로 진동한다. 안테나는 x축에 나란하게 놓여 있다.

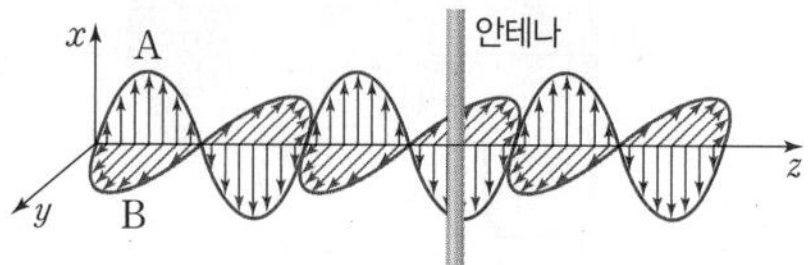

이에 대한 설명으로 옳은 것만을 〈보기〉에서 있는 대로 고른 것은?

보기
ㄱ. A는 전기장이다.
ㄴ. 전자기파의 진행 방향은 $+z$ 방향이다.
ㄷ. 안테나에는 일정한 방향의 전류가 흐른다.

① ㄱ ② ㄷ ③ ㄱ, ㄴ ④ ㄴ, ㄷ ⑤ ㄱ, ㄴ, ㄷ

[20700-0492]

04 그림 (가), (나)는 전압이 일정한 동일한 교류 전원에 저항과 코일, 저항과 축전기가 각각 연결된 것을 나타낸 것으로 저항의 저항값은 같다. 교류 전원의 진동수가 f_0일 때, 저항에 흐르는 전류의 세기는 (가)에서와 (나)에서가 같다.

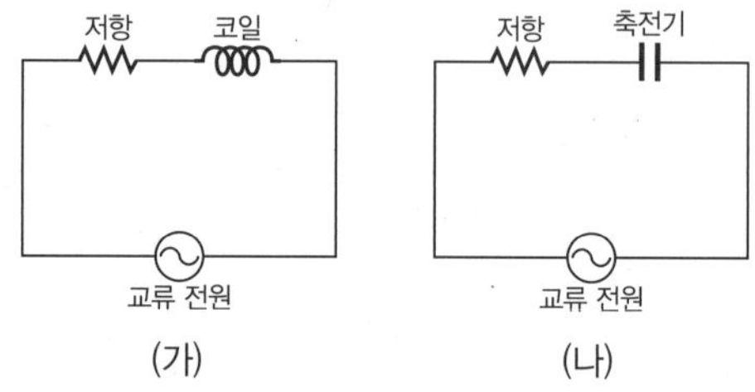

이에 대한 설명으로 옳은 것만을 〈보기〉에서 있는 대로 고른 것은?

보기
ㄱ. (가)에서 코일의 자체 유도 계수가 커지면 저항에 흐르는 전류의 세기는 커진다.
ㄴ. 진동수가 f_0일 때, 전류의 흐름을 방해하는 정도는 코일과 축전기가 같다.
ㄷ. 진동수가 $2f_0$일 때, 저항 양단에 걸리는 전압은 (가)에서가 (나)에서보다 크다.

① ㄴ ② ㄷ ③ ㄱ, ㄴ ④ ㄱ, ㄷ ⑤ ㄴ, ㄷ

정답과 해설 89쪽

[20700-0493]
05 그림 (가)는 저항과 코일을 교류 전원에 연결한 것을 나타낸 것이다. 그림 (나)의 P, Q는 교류 전원의 전압을 시간에 따라 나타낸 것이다.

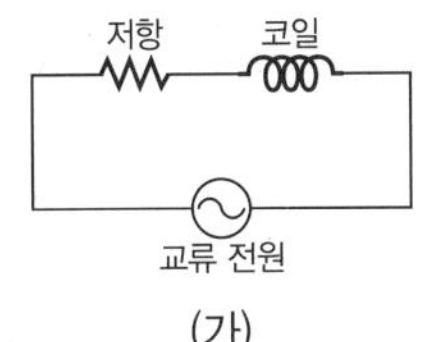

(가)

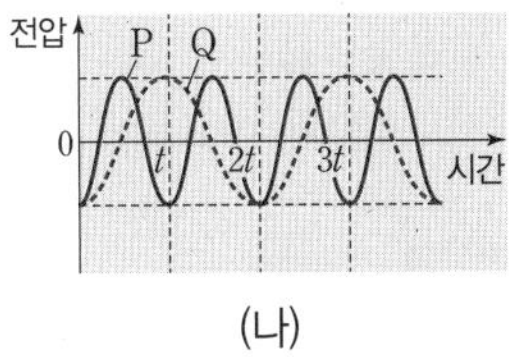

(나)

이에 대한 설명으로 옳은 것만을 〈보기〉에서 있는 대로 고른 것은?

보기
ㄱ. 코일은 진동수가 클수록 전류의 흐름을 방해하는 정도가 크다.
ㄴ. 저항에 흐르는 전류의 세기는 Q일 때가 P일 때보다 크다.
ㄷ. 코일 양단에 걸리는 전압은 P일 때가 Q일 때보다 크다.

① ㄱ ② ㄷ ③ ㄱ, ㄴ ④ ㄴ, ㄷ ⑤ ㄱ, ㄴ, ㄷ

[20700-0494]
06 그림 (가)는 전압이 일정한 교류 전원에 저항, 코일, 축전기, 전류계가 연결된 것을 나타낸 것으로, 코일의 자체 유도 계수는 L, 축전기의 전기 용량은 C이다. 그림 (나)는 전류계에 흐르는 전류의 세기를 교류 전원의 진동수에 따라 나타낸 것이다.

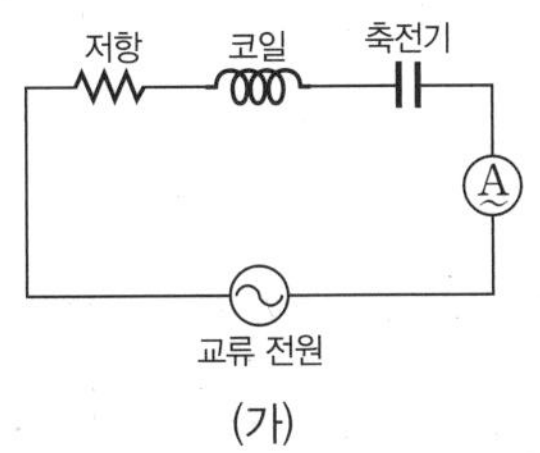

(가)

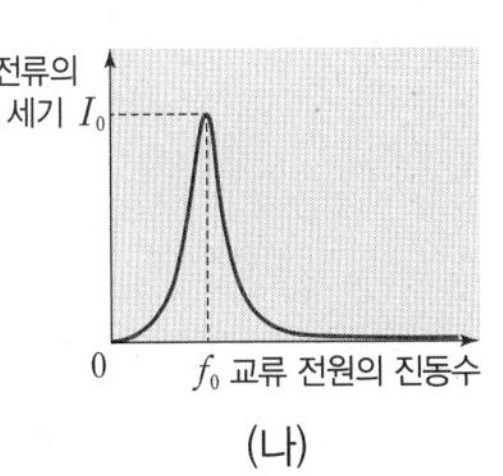

(나)

이에 대한 설명으로 옳은 것만을 〈보기〉에서 있는 대로 고른 것은?

보기
ㄱ. 축전기는 진동수가 작을수록 전류의 흐름을 방해하는 정도가 크다.
ㄴ. $f_0=\frac{1}{2\pi\sqrt{LC}}$이다.
ㄷ. 진동수가 f_0일 때, 저항의 저항값이 작아지면 전류계에 흐르는 전류의 최댓값은 I_0보다 커진다.

① ㄱ ② ㄷ ③ ㄱ, ㄴ ④ ㄴ, ㄷ ⑤ ㄱ, ㄴ, ㄷ

[20700-0495]
07 그림 (가)는 코일과 축전기가 연결된 LC 회로에서 전파 A, B가 안테나에 도달하는 모습을 나타낸 것으로, LC 회로의 공명 진동수는 $\frac{1}{t_0}$이다. 그림 (나)는 LC 회로에서 A 또는 B를 수신할 때 전류계에 흐르는 전류의 세기를 시간에 따라 나타낸 것이다.

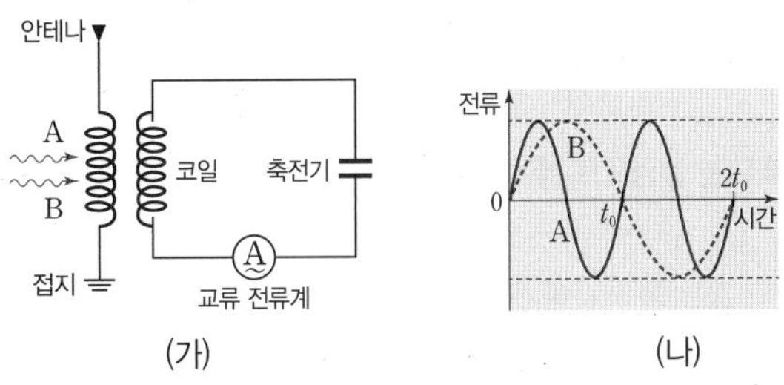

이에 대한 설명으로 옳은 것만을 〈보기〉에서 있는 대로 고른 것은?

보기
ㄱ. LC 회로에서는 A를 수신한다.
ㄴ. 진공에서의 속력은 A가 B보다 크다.
ㄷ. LC 회로에서 B를 수신하기 위해서는 축전기의 전기 용량을 감소시켜야 한다.

① ㄱ ② ㄷ ③ ㄱ, ㄴ ④ ㄴ, ㄷ ⑤ ㄱ, ㄴ, ㄷ

서술형
[20700-0496]
08 그림은 두 장의 알루미늄 박에 붙인 구리선과 압전 소자를 연결하고 압전 소자를 눌렀더니 안테나에 연결된 전구에서 빛이 방출되는 것을 나타낸 것이다.

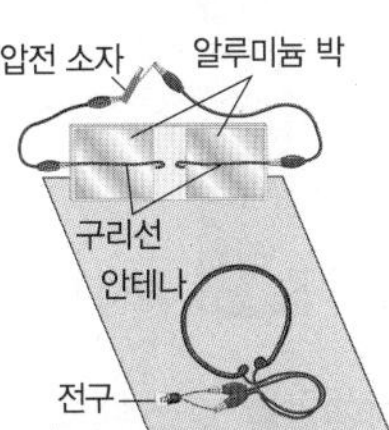

전구에서 빛이 방출되는 이유와 안테나에 흐르는 전류의 세기와 방향을 서술하시오.

[20700-0497]

09 그림 (가), (나)는 종이에 있는 글자를 동일한 렌즈 A를 이용해 관찰하는 것을 나타낸 것이다.

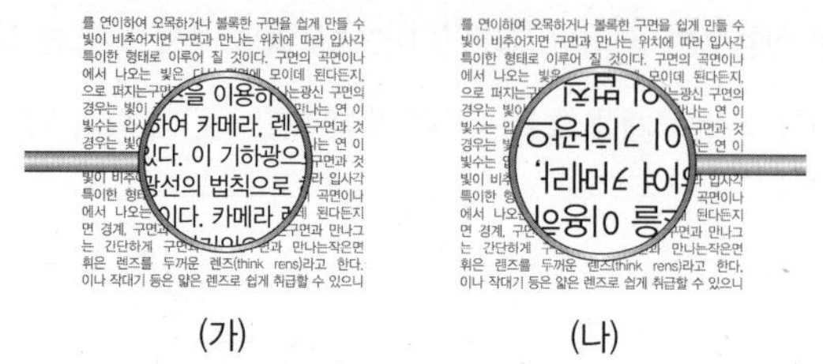

(가) (나)

이에 대한 설명으로 옳은 것만을 〈보기〉에서 있는 대로 고른 것은?

보기

ㄱ. A는 가장자리가 가운데 부분보다 두껍다.

ㄴ. (가)에서 A에 의한 상은 A에서 굴절된 광선의 연장선이 모여서 만들어진 상이다.

ㄷ. (나)에서 A와 종이 사이의 거리는 A의 초점 거리보다 작다.

① ㄱ ② ㄴ ③ ㄷ ④ ㄱ, ㄴ ⑤ ㄴ, ㄷ

[20700-0498]

10 다음은 학생 A, B, C가 광축 위에 있는 물체의 볼록 렌즈에 의한 상에 대해 대화하고 있는 모습을 나타낸 것이다. F_1, F_2는 렌즈의 초점이고, p, q, r는 광축 위의 지점이다.

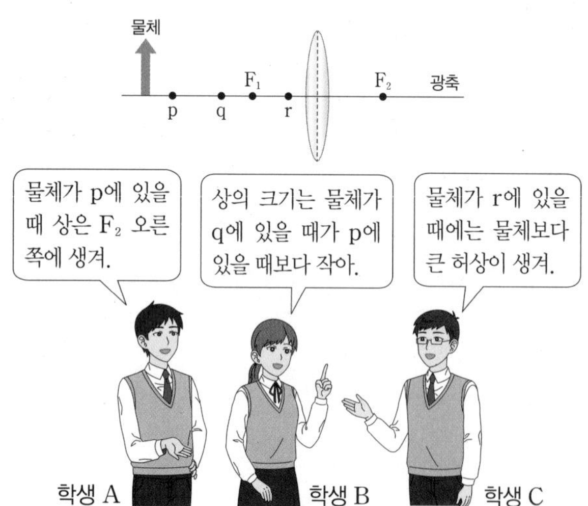

물체
F_1
F_2
광축
p
q
r
물체가 p에 있을 때 상은 F_2 오른쪽에 생겨.
상의 크기는 물체가 q에 있을 때가 p에 있을 때보다 작아.
물체가 r에 있을 때에는 물체보다 큰 허상이 생겨.
학생 A
학생 B
학생 C

제시한 내용이 옳은 학생만을 있는 대로 고른 것은?

① A ② B ③ C ④ A, C ⑤ A, B, C

[11~12] 다음은 렌즈 방정식을 유도하는 과정이다.

렌즈와 물체 사이의 거리가 a, 렌즈와 상 사이의 거리가 b, 렌즈의 초점 거리가 f일 때, ΔPOF와 ΔA′B′F가 서로 닮은꼴이므로 $h : h'$=(가)이고, ΔABO와 ΔA′B′O가 서로 닮은꼴이므로 $h : h'$=(나)이다.

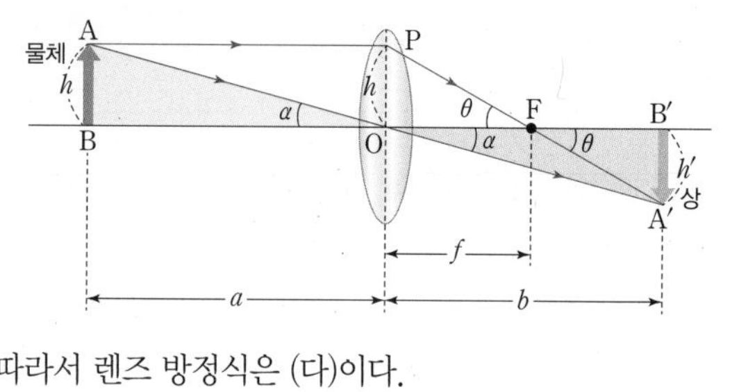

따라서 렌즈 방정식은 (다)이다.

[20700-0499]

11 (가), (나), (다)에 대한 설명으로 옳은 것만을 〈보기〉에서 있는 대로 고른 것은?

보기

ㄱ. (가)는 $f : b$이다.

ㄴ. (나)는 $a : b$이다.

ㄷ. (다)는 $\frac{1}{a}+\frac{1}{b}=\frac{1}{f}$이다.

① ㄱ ② ㄷ ③ ㄱ, ㄴ ④ ㄴ, ㄷ ⑤ ㄱ, ㄴ, ㄷ

[20700-0500]

12 a, b의 부호와 상의 배율 M에 대한 설명으로 옳은 것만을 〈보기〉에서 있는 대로 고른 것은?

보기

ㄱ. 물체가 렌즈 앞쪽에 있을 때 a는 (+)값을 갖는다.

ㄴ. 상이 렌즈 앞쪽에 생길 때 b는 (+)값을 갖는다.

ㄷ. $M=\left|\frac{a}{b}\right|$이다.

① ㄱ ② ㄷ ③ ㄱ, ㄴ ④ ㄴ, ㄷ ⑤ ㄱ, ㄴ, ㄷ

[20700-0501]
13 그림은 크기가 5 cm인 물체가 볼록 렌즈의 중심으로부터 20 cm만큼 떨어진 지점의 광축 위에 놓여 있는 것을 나타낸 것으로, 렌즈로부터 20 cm 떨어진 점 p에 상이 생겼다.

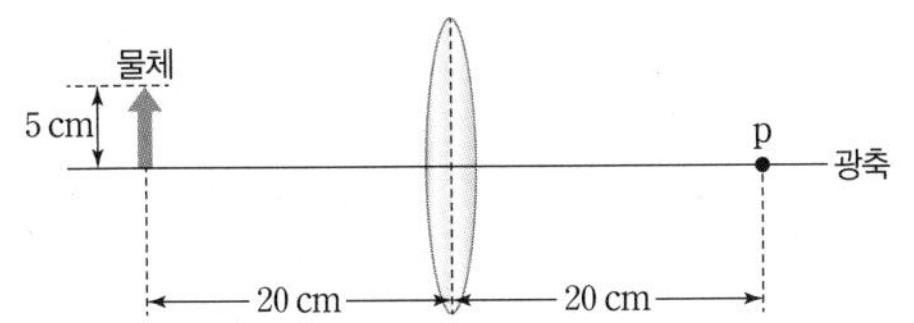

이에 대한 설명으로 옳은 것만을 〈보기〉에서 있는 대로 고른 것은?

보기
ㄱ. 초점 거리는 10 cm이다.
ㄴ. 상의 크기는 5 cm이다.
ㄷ. 상은 허상이다.

① ㄱ ② ㄷ ③ ㄱ, ㄴ ④ ㄴ, ㄷ ⑤ ㄱ, ㄴ, ㄷ

[20700-0502]
14 그림은 대물렌즈와 접안렌즈로 이루어진 망원경을 통해 물체를 보는 원리를 나타낸 것이다. A, B는 각각 대물렌즈와 접안렌즈에 의해 생긴 상이다.

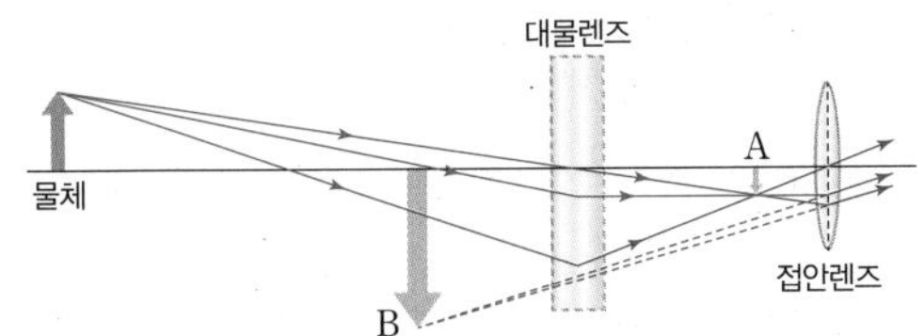

이에 대한 설명으로 옳은 것만을 〈보기〉에서 있는 대로 고른 것은?

보기
ㄱ. 대물렌즈는 볼록 렌즈이다.
ㄴ. A는 실상이다.
ㄷ. B가 생긴 지점에 스크린을 놓으면 스크린에 상이 생긴다.

① ㄱ ② ㄷ ③ ㄱ, ㄴ ④ ㄴ, ㄷ ⑤ ㄱ, ㄴ, ㄷ

[20700-0503]
15 그림 (가), (나)는 시력이 정상인 사람과 원시안을 가진 사람이 멀리 있는 물체를 봤을 때 빛의 진행 경로를 나타낸 것이다. (가)에서는 망막에 상이 생기고, (나)에서는 망막 뒤쪽에 상이 생긴다.

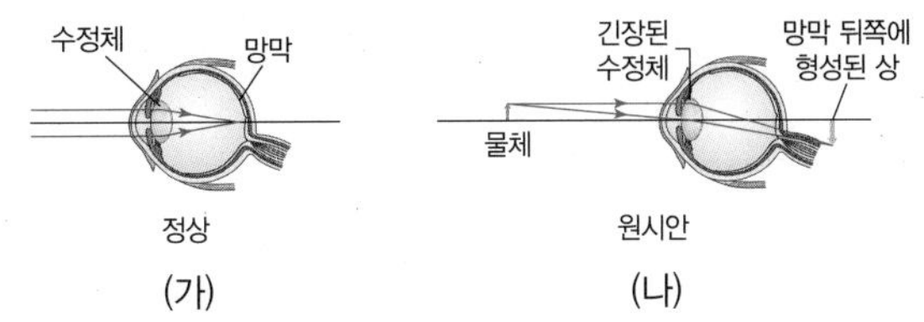

이에 대한 설명으로 옳은 것만을 〈보기〉에서 있는 대로 고른 것은?

보기
ㄱ. (가)에서 물체와 수정체 사이의 거리가 가까워지면 수정체의 초점 거리는 작아진다.
ㄴ. (나)에서 망막 뒤쪽에 형성된 상은 실상이다.
ㄷ. (나)에서 시력 교정을 위해서는 볼록 렌즈 안경을 사용하는 것이 좋다.

① ㄱ ② ㄷ ③ ㄱ, ㄴ ④ ㄴ, ㄷ ⑤ ㄱ, ㄴ, ㄷ

서술형
[20700-0504]
16 그림은 크기가 5 cm인 물체가 볼록 렌즈의 중심으로부터 10 cm만큼 떨어진 지점의 광축 위에 놓여 있는 것을 나타낸 것으로, 렌즈의 초점 거리는 20 cm이다.

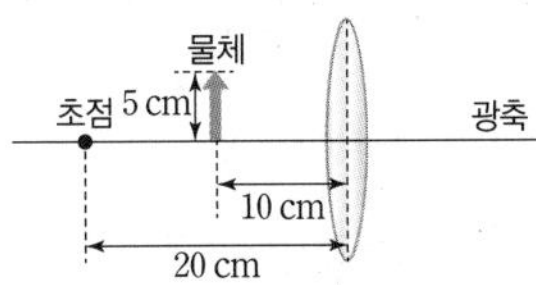

렌즈에서 상까지의 거리와 상의 크기를 풀이 과정과 함께 구하시오.

[20700-0505]

01 그림 (가)는 전압이 V_0으로 일정한 교류 전원, ㉠, ㉡으로 회로를 구성한 것을 나타낸 것으로, ㉠과 ㉡은 저항과 축전기를 순서 없이 나타낸 것이다. 그림 (나)는 ㉠의 양단에 걸리는 전압을 교류 전원의 진동수에 따라 나타낸 것이다.

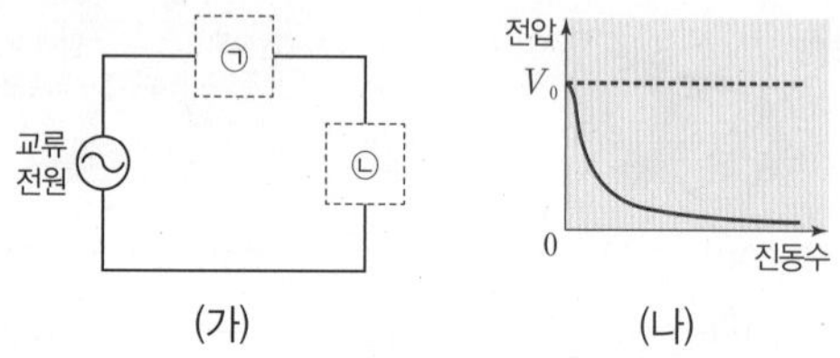

이에 대한 설명으로 옳은 것만을 〈보기〉에서 있는 대로 고른 것은?

보기

ㄱ. ㉠은 축전기이다.
ㄴ. ㉡은 진동수가 클수록 전류의 흐름을 방해하는 정도가 커진다.
ㄷ. ㉡에 흐르는 전류의 세기는 교류 전원의 진동수가 클수록 작다.

① ㄱ ② ㄷ ③ ㄱ, ㄴ ④ ㄴ, ㄷ ⑤ ㄱ, ㄴ, ㄷ

[20700-0506]

02 그림과 같이 무전기 A에서 보낸 진동수가 f_0인 전파가 같은 거리만큼 떨어져 있고 전원이 켜져 있는 무전기 B, C에 도달할 때, B에서는 가장 큰 소리가 들렸지만 C에서는 소리가 들리지 않았다.

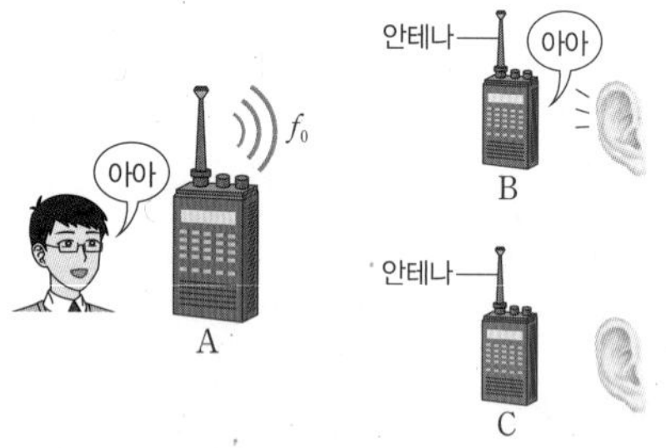

이에 대한 설명으로 옳은 것만을 〈보기〉에서 있는 대로 고른 것은?

보기

ㄱ. A의 진동수를 f_0보다 작게 하면 B의 안테나 내부에서 전자는 진동하지 않는다.
ㄴ. B의 공명 진동수는 f_0이다.
ㄷ. A에서 소리의 크기를 더 크게 하면 C에서 가장 큰 소리가 들린다.

① ㄱ ② ㄴ ③ ㄷ ④ ㄱ, ㄴ ⑤ ㄴ, ㄷ

[20700-0507]

03 그림은 방송국에서 보낸 진동수가 f_1, f_2, f_3인 전파가 안테나에 도달할 때, 진동수가 f_2인 전파의 방송만 스피커에서 나오는 것을 나타낸 것이다. 진동수의 크기는 $f_1>f_2>f_3$이다.

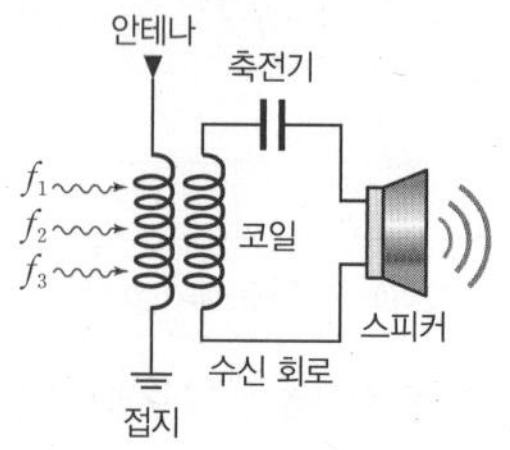

이에 대한 설명으로 옳은 것만을 〈보기〉에서 있는 대로 고른 것은?

보기

ㄱ. 전파는 안테나의 자유 전자를 진동시킨다.
ㄴ. 수신 회로의 공명 진동수는 f_2이다.
ㄷ. 진동수가 f_1인 전파를 수신하려면 축전기의 전기 용량을 증가시켜야 한다.

① ㄱ ② ㄷ ③ ㄱ, ㄴ ④ ㄴ, ㄷ ⑤ ㄱ, ㄴ, ㄷ

[20700-0508]

04 그림은 전압이 일정한 교류 전원에 저항, 코일, 축전기가 연결된 것을 나타낸 것으로, 회로의 공명 진동수는 f_0이고 저항에는 최대 전류가 흐른다.

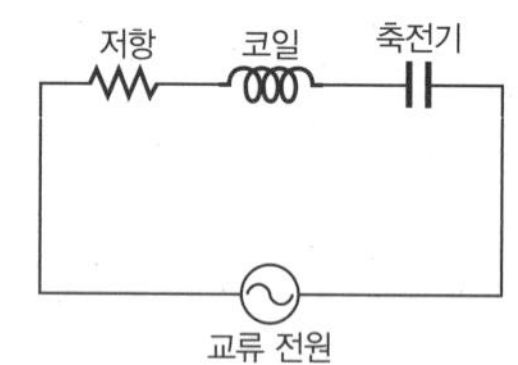

이에 대한 설명으로 옳은 것만을 〈보기〉에서 있는 대로 고른 것은?

보기

ㄱ. 교류 전원의 진동수는 f_0이다.
ㄴ. 축전기와 코일의 전류의 흐름을 방해하는 정도는 같다.
ㄷ. 교류 전원의 진동수가 커지면 저항에 흐르는 전류의 세기는 감소한다.

① ㄱ ② ㄷ ③ ㄱ, ㄴ ④ ㄴ, ㄷ ⑤ ㄱ, ㄴ, ㄷ

[20700-0509]

05 그림은 점 p에 물체가 놓여 있는 것을 나타낸 것으로 렌즈에 의한 상은 점 q에 생긴다. F_1, F_2는 렌즈의 초점이고, 광축 위의 점 p, q, r는 렌즈의 중심으로부터 각각 30 cm, 15 cm, 5 cm만큼 떨어져 있다.

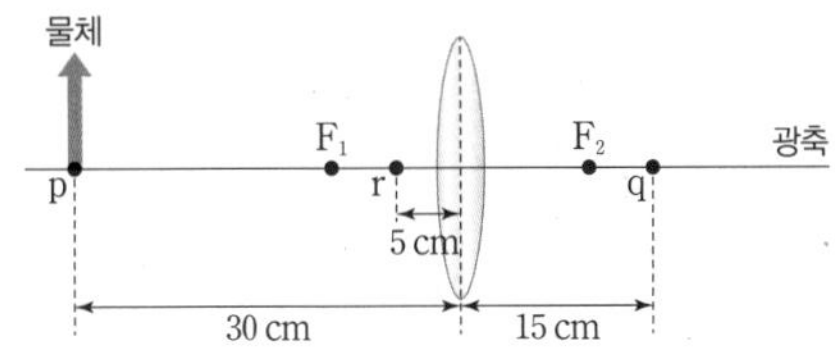

물체가 r에 있을 때, 상의 배율은?

① 2 ② 3 ③ 4 ④ 5 ⑤ 6

[20700-0510]

06 다음은 볼록 렌즈에 의해 스크린에 생기는 상을 관찰하는 실험이다.

[실험 과정]

(가) 그림과 같이 광학대 위에 광원, 물체, 볼록 렌즈, 스크린을 설치한다.

(나) 물체와 볼록 렌즈 사이의 거리 L과 스크린을 움직여 스크린에 물체의 모습이 가장 또렷하게 나타날 때 볼록 렌즈와 스크린 사이의 거리 D를 측정한다.

(다) 물체를 이동한 뒤 (나)를 반복한다.

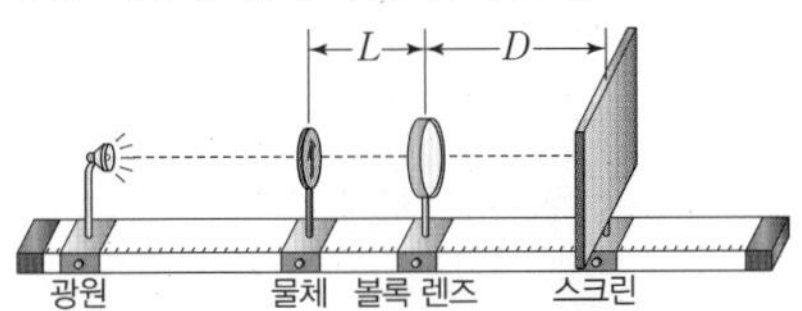

[실험 결과]

	L	D	상의 종류
(나)	15 cm	30 cm	㉮
(다)	㉯	60 cm	실상

이에 대한 설명으로 옳은 것만을 〈보기〉에서 있는 대로 고른 것은?

보기

ㄱ. ㉮는 허상이다.

ㄴ. ㉯는 12 cm이다.

ㄷ. 상의 배율은 (다)에서가 (나)에서의 2배이다.

① ㄱ ② ㄴ ③ ㄱ, ㄷ ④ ㄴ, ㄷ ⑤ ㄱ, ㄴ, ㄷ

[20700-0511]

07 그림은 물체가 x축상에 놓여 있는 것을 나타낸 것으로 두 초점 F_1, F_2는 x축상에 있고, 렌즈의 중심의 위치는 $x=0$이다. 표는 물체의 위치 x_1과 상의 위치 x_2를 나타낸 것이다.

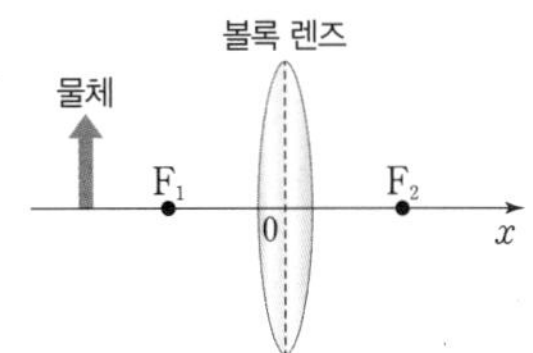

	x_1	x_2
Ⅰ	−40 cm	40 cm
Ⅱ	−10 cm	㉮

이에 대한 설명으로 옳은 것만을 〈보기〉에서 있는 대로 고른 것은?

보기

ㄱ. 렌즈의 초점 거리는 20 cm이다.

ㄴ. ㉮는 −20 cm이다.

ㄷ. 물체가 F_1을 지나 렌즈 중심까지 x축을 따라 이동하는 동안 상의 크기는 점점 커진다.

① ㄱ ② ㄴ ③ ㄷ ④ ㄱ, ㄴ ⑤ ㄱ, ㄴ, ㄷ

[20700-0512]

08 그림은 광축 위에 놓인 크기 h인 물체에서 나온 빛의 일부가 렌즈 A, B를 통과하여 진행하는 경로와 상, I_1, I_2를 나타낸 것이다. A, B의 초점 거리는 각각 12 cm, 6 cm이고 물체와 A 사이의 거리는 30 cm, A와 B 사이의 거리는 25 cm이다.

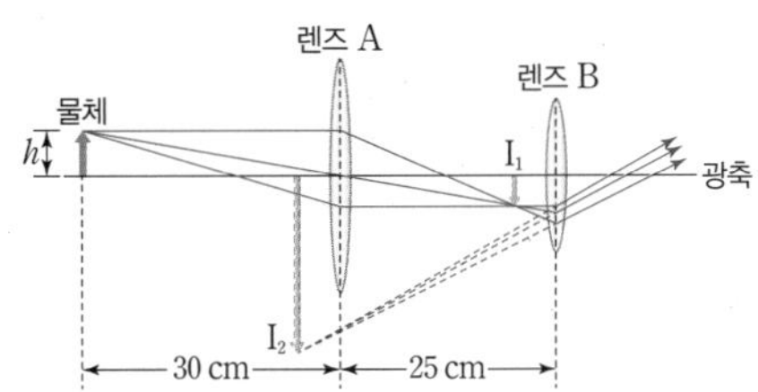

I_2의 크기는?

① $2h$ ② $3h$ ③ $4h$ ④ $5h$ ⑤ $6h$

13

빛의 입자성과 파동성

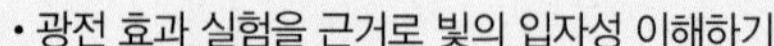

- 광전 효과 실험을 근거로 빛의 입자성 이해하기
- 입자의 파동성을 물질파 이론과 전자 회절 실험을 근거로 이해하기
- 현대의 원자 모형에서는 전자의 위치를 어떻게 나타내는지 설명하기

한눈에 단원 파악, 이것이 핵심!

빛이 입자의 성질을 가질까?

광전 효과: 금속 표면에 빛을 비추었을 때 광전자가 방출되는 현상

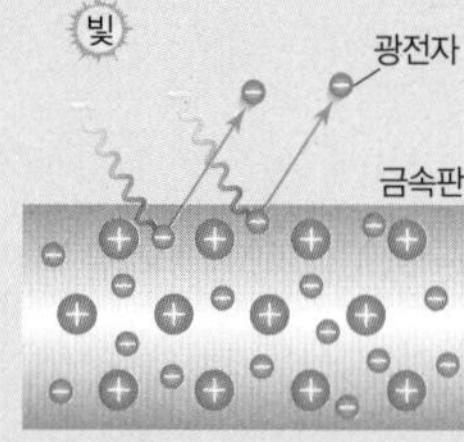

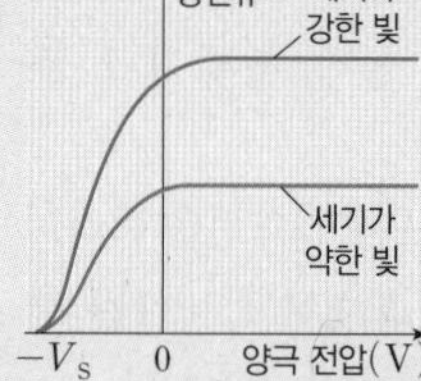

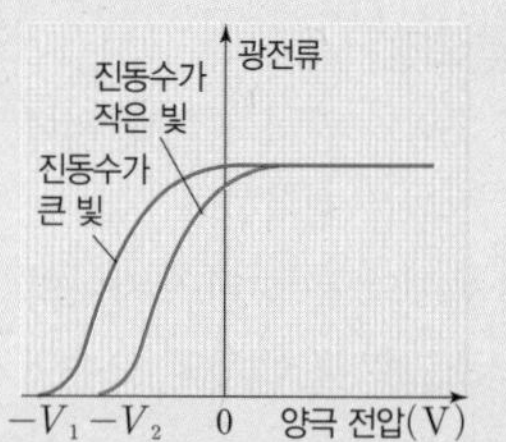

입자도 파동의 성질을 가질까?

X선에 의한 회절 무늬와 전자선의 회절 무늬가 같다는 것을 통해 전자의 물질파 이론이 증명되었다.

▲ X선의 회절 무늬

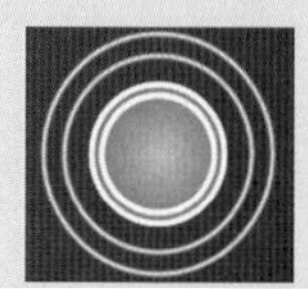
▲ 전자선의 회절 무늬

전자의 정확한 궤도를 구할 수 있을까?

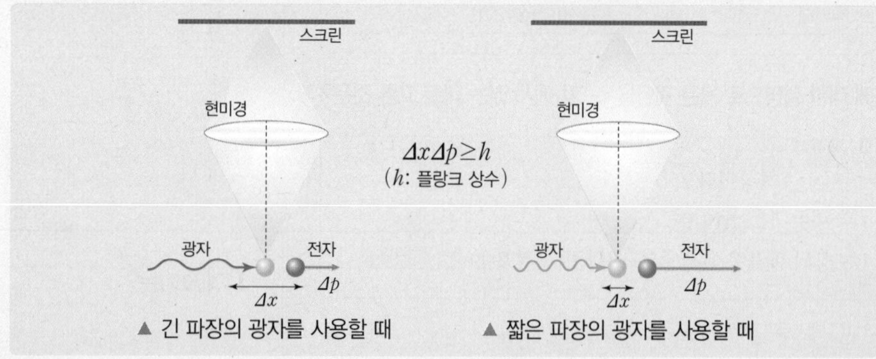

▲ 긴 파장의 광자를 사용할 때　▲ 짧은 파장의 광자를 사용할 때

01 빛의 입자성

1 광전 효과

(1) 광전 효과

① 독일의 물리학자인 헤르츠(Hertz, Heinrich Rudolf: 1859~1894)는 전자기파 검출 실험에서 방전 전극에 자외선을 비추면 방전이 잘 일어나는 것을 발견하였고, 음극선의 본질이 전자의 흐름이라는 것을 밝힌 톰슨(Thomson, Joseph John: 1856~1940)은 빛에 의하여 금속 표면에서 튀어나오는 입자가 전자라는 것을 입증하였다.

② 빛의 간섭 현상이나 맥스웰의 전자기파 이론으로 빛의 파동설이 확립되어 가던 중 빛의 파동설로는 설명이 되지 않는 ❶광전 효과 현상이 발견되었다.

③ 빛에 의해 금속 표면에서 방출된 전자를 광전자라 하고, 이 현상을 광전 효과라고 한다.

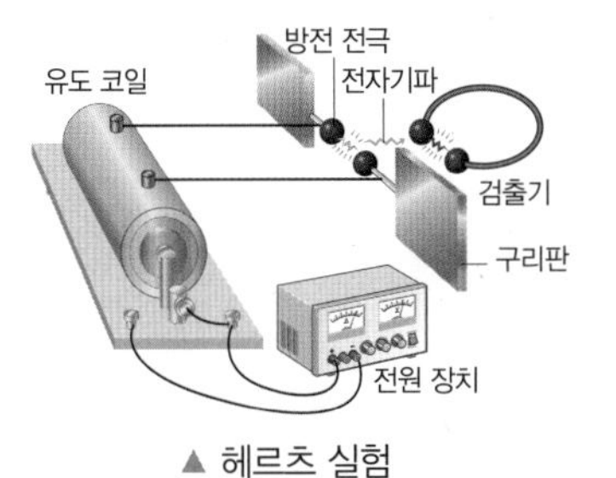

▲ 헤르츠 실험

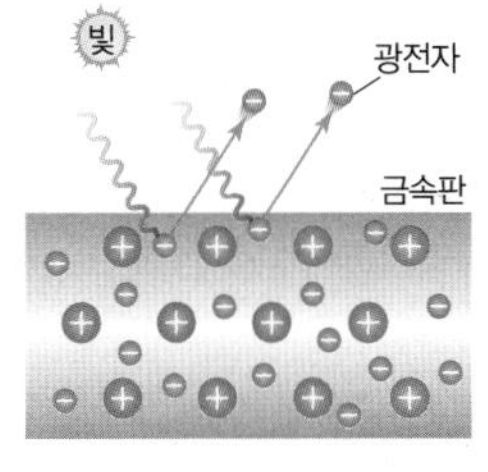

▲ 광전 효과의 원리

THE 알기

❶ **광전 효과**
금속 표면에 빛을 비추면 전자가 방출되는 현상을 광전 효과라 하고, 이때 방출되는 전자를 광전자라고 한다. 광전 효과는 빛의 입자성을 설명하는 대표적인 실험이다.

(2) 광전 효과 실험

① 광전 효과 실험 장치: ❷광전관은 유리로 된 진공 용기 안에 금속판과 금속구가 떨어져 있는 구조로 되어 있고, 광전관의 금속판에는 전원 장치의 (−)극을, 금속구에는 (+)극을 연결한다.

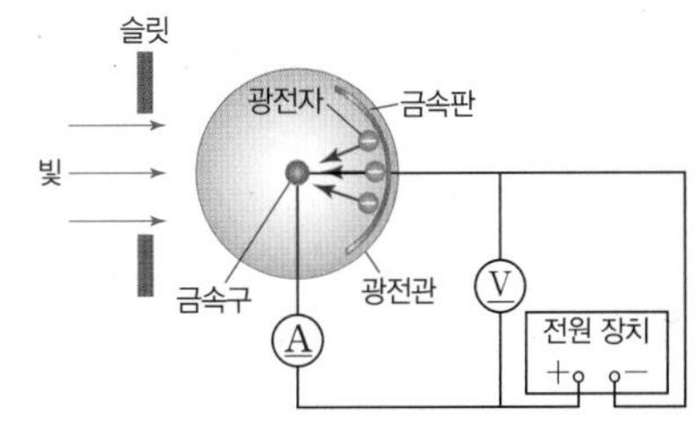

② 광전류와 광전자: 광전관의 금속판에 빛이 차단되면 전원 장치를 연결하여 전원을 공급해도 전류가 흐르지 않지만 금속판에 특정 진동수의 빛을 비추면 금속판에서 전자가 튀어나와 회로에 전류가 흐르게 된다. 이 전류를 ❸광전류라 하고, 빛에 의해 금속판에서 튀어나온 전자를 광전자라고 한다.

❷ **광전관의 구조**

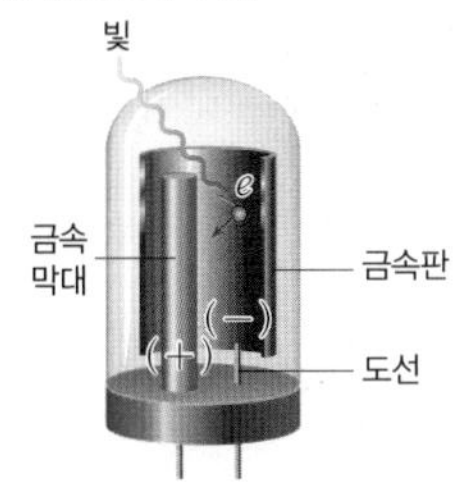

❸ **광전류**
광전관의 금속판에 빛을 비추면 금속판에서 전자가 튀어나와 회로에 전류가 흐르게 되는데, 이 전류를 광전류라고 한다.

THE 알기

❶ 광전자
광전 효과에 의해 방출되는 전자를 광전자라고 한다.

❷ 광전류의 세기
광전류의 세기(I_0)는 단위 시간당 방출된 광전자의 수에 비례한다. $\left(I_0=\dfrac{Ne}{\Delta t}\right)$

❸ 정지 전압
정지 전압이 클수록 금속판에 비춰주는 빛의 진동수가 크다.

③ 순방향 전압과 역방향 전압: 광전관의 금속판에 전원의 (−)극을 연결하여 순방향 전압을 걸어 주면 광전자는 (+)극 쪽으로 전기력을 받고, 금속판에 전원의 (+)극을 연결하여 역방향 전압을 걸어 주면 ❶광전자는 금속판 쪽으로 전기력을 받는다.

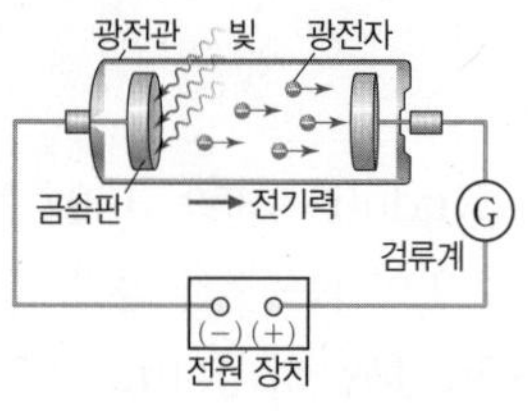

▲ 순방향 전압을 걸어 줄 때

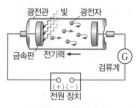

광전관 빛 광전자 금속판 전기력 G 검류계 (+) (−) 전원 장치

▲ 역방향 전압을 걸어 줄 때

④ 광전자의 운동 에너지의 최댓값과 정지 전압: 광전관에 역방향 전압을 걸어 주어 광전자가 금속구에 도달하지 못해 ❷광전류가 0이 되는 순간의 금속판과 금속구 사이의 전압을 ❸정지 전압(V_0)이라고 하며, 정지 전압은 광전자의 운동 에너지의 최댓값(E_k)에 비례한다.

$$E_k=\frac{1}{2}mv_0^2=eV_0 \ (e\text{: 기본 전하량})$$

(3) 광전 효과 실험 결과

① 광전자는 특정한 진동수 이상의 빛을 비출 때만 방출된다. 이 특정한 진동수를 한계(문턱) 진동수라고 한다.

② 빛의 세기가 약해도 한계(문턱) 진동수 이상의 빛을 비추면 광전자는 즉시 방출되며, 빛의 세기가 클수록 광전류의 세기도 커진다.

③ 광전자의 최대 운동 에너지는 빛의 세기에는 관계없으며 빛의 진동수가 클수록 커진다.

④ 한계(문턱) 진동수는 금속의 종류에 따라 다르다.

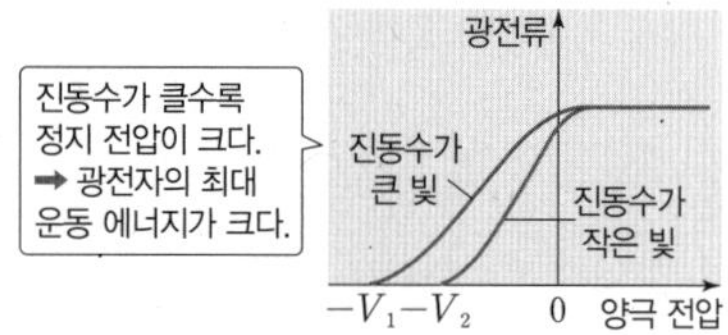

빛의 세기가 같으므로 광전류의 세기는 같고, 빛의 진동수가 다르므로 정지 전압이 다르다.

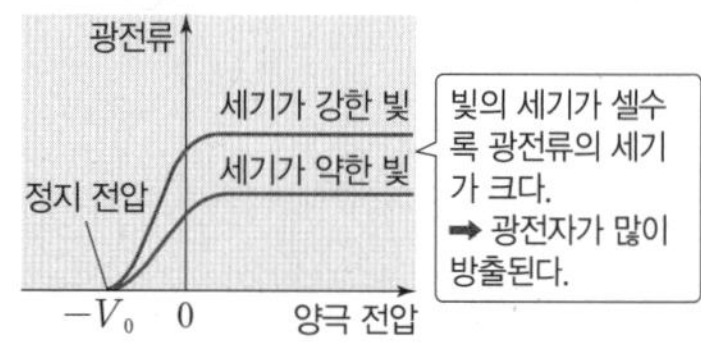

빛의 진동수가 같으므로 정지 전압은 같고, 빛의 세기가 다르므로 광전류의 세기는 다르다.

(4) 파동설로는 설명되지 않는 광전 효과

파동설로 예상	광전 효과 실험 결과
어떤 진동수의 빛이라도 세기를 강하게 하면 충분한 에너지를 전달할 수 있으므로 광전자가 튀어나올 수 있다.	한계(문턱) 진동수 이하의 빛을 비추면 빛의 세기를 아무리 강하게 비춰도 광전자가 튀어나오지 않는다.
한계 진동수 이상의 진동수의 빛이라도 빛의 세기가 약하면 광전자는 튀어나갈 수 있는 에너지를 얻기 위해 충분한 시간이 필요하다.	한계(문턱) 진동수보다 큰 진동수의 빛을 비추면 세기가 아무리 약해도 빛을 비추자마자 광전자가 즉시 튀어나온다.
세기가 강한 빛을 비추면 광전자가 얻는 에너지도 커져야 한다.	광전자의 최대 운동 에너지는 빛의 진동수에만 영향을 받는다.

2 [1]아인슈타인의 광양자설

(1) 광양자설

① 아인슈타인은 플랑크의 양자 가설을 받아들여 '빛은 연속적인 파동의 흐름이 아니라 광자(광양자)라고 부르는 불연속적인 에너지를 가진 입자의 흐름이다.'라는 광양자설로 광전 효과를 설명하였다.

② 진동수가 f인 광자 1개의 에너지 E는 다음과 같다.

$$E=hf=\frac{hc}{\lambda} \text{ (플랑크 상수 } h=6.63\times10^{-34}\text{ J}\cdot\text{s)}$$

(2) 광양자설에 의한 광전 효과의 해석

① 광양자설에 의하면 광전 효과란 광자가 금속 내부의 전자에 자신이 가지고 있던 에너지 hf를 전달해 줌으로써 전자가 금속 외부로 튀어나오는 현상이다.

② 금속 내부의 전자가 외부로 튀어나오려면 금속 내부의 양(+)전하에 의한 인력을 거슬러서 일을 해 주어야 한다. 이때 필요한 최소한의 에너지를 일함수라 하고 W로 나타낸다. [2]일함수는 금속의 종류에 따라 다르다.

③ 광자의 에너지가 금속의 일함수 W보다 클 때 광전자가 방출되고, 일함수와 같은 에너지를 가진 광자의 진동수를 한계(문턱) 진동수라 하고 f_0으로 나타낸다. 따라서 일함수 $W=hf_0$이다.

④ [3]한계(문턱) 진동수가 f_0인 금속 표면에 진동수가 f인 빛을 비추면 방출되는 광전자가 가지는 최대 운동 에너지 E_k는 다음과 같다.

$$E_k=hf-W=h(f-f_0)$$

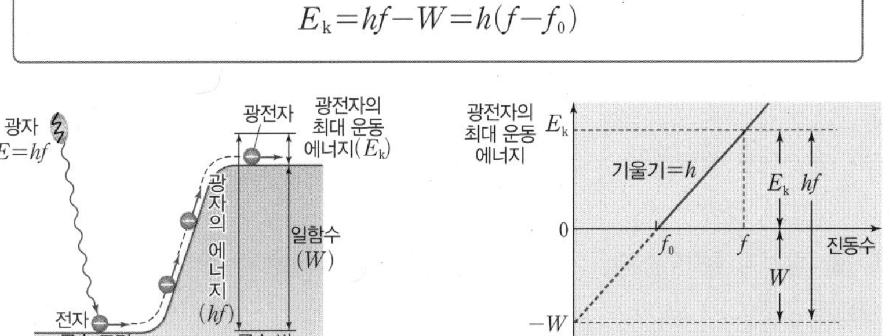

⑤ 광전 효과의 이용: 어두워지면 스스로 불을 켜는 가로등의 자동 점멸기에 사용되는 광전 소자나 빛에너지를 전기 에너지로 변화하는 태양 전지는 광전 효과를 이용한 예이다.

THE 알기

[1] 아인슈타인의 노벨상
아인슈타인의 노벨상은 이론물리학에 기여하고, 특히 광전 효과를 발견한 공로로 주어졌다.

[2] 금속 종류에 따른 일함수의 값

금속	일함수(eV)
세슘	1.95
구리	4.48
나트륨	2.36
아연	3.63

[3] 금속에 따른 한계(문턱) 진동수와 플랑크 상수
금속의 종류에 따라 일함수가 다르므로 한계(문턱) 진동수는 다르다. 하지만 진동수에 따른 광전자의 최대 운동 에너지 그래프에서 기울기는 플랑크 상수를 뜻하므로 플랑크 상수는 금속에 관계없이 일정하다.

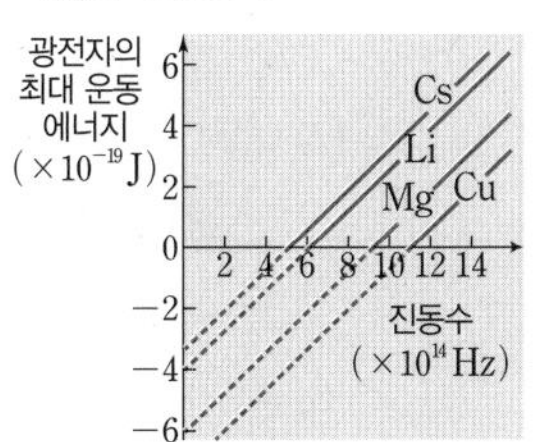

THE 들여다보기 방출되는 광전자가 가질 수 있는 운동 에너지

① 전자가 광자를 흡수하는 순간에 금속의 표면에 있지 않고 안쪽에 있다면 금속 표면까지 이동하는 데에도 에너지가 필요하다.
② 금속 표면에서 떨어져 나온 후에 전자가 가질 수 있는 운동 에너지는 대부분 $hf-W$보다 작고, 일부가 최대 운동 에너지 $hf-W$를 가지게 된다.

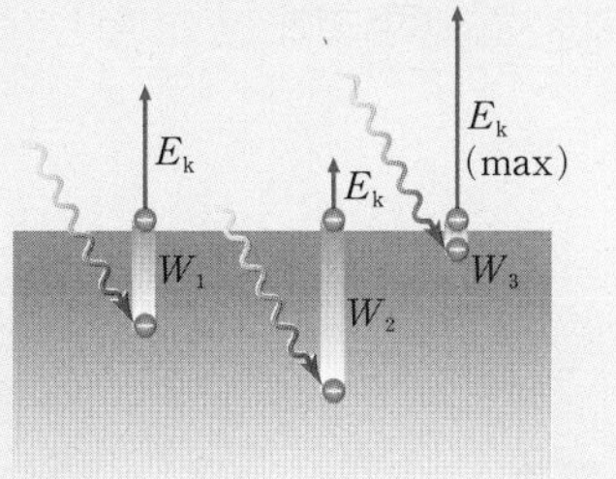

개념체크

빈칸 완성

1. 금속 표면에 빛을 비추면 전자가 방출되는 현상을 ㉠(　　　)라 하고, 이때 방출되는 전자를 ㉡(　　　)라고 한다.

2. 광전 효과가 일어나기 위해서는 빛의 진동수가 금속판의 (　　　)보다 커야 한다.

3. 광전 효과가 일어날 때 광전류의 세기는 빛의 세기가 강할수록 (　　　)진다.

4. 금속 표면에서 전자를 방출시키는 데 필요한 최소한의 에너지를 (　　　)라고 한다.

5. 광전관에 역전압을 걸어 주어 광전자가 반대편 금속판에 도달하지 못해 광전류가 0이 되는 순간의 전압을 (　　　)이라고 한다.

6. 광양자설에 따르면 빛은 연속적인 파동 에너지의 흐름이 아니라 (　　　)라고 부르는 불연속적인 에너지를 가진 입자의 흐름이다.

7. 광양자설에 의하면 진동수가 f인 광자 1개가 가지는 에너지는 (　　　)이다.

8. 금속판에서 전자가 방출될 때, 빛의 진동수를 f, 금속판의 한계(문턱) 진동수를 f_0이라고 하면 광전자의 최대 운동 에너지는 (　　　)이다.

정답 1. ㉠ 광전 효과, ㉡ 광전자 2. 한계(문턱) 진동수 3. 커 4. 일함수 5. 정지 전압 6. 광자(광양자) 7. hf 8. $hf-hf_0$

○X 문제

1. 광전 효과에 대한 설명으로 옳은 것은 ○, 옳지 <u>않은</u> 것은 ×로 표시하시오.

(1) 광전 효과 실험을 통하여 빛의 입자성을 설명할 수 있다. (　　)

(2) 어떤 진동수의 빛이라도 세기를 강하게 하면 충분한 에너지를 전달할 수 있으므로 광전자가 튀어나올 수 있다. (　　)

(3) 금속의 종류에 따라 일함수의 값은 다르다. (　　)

(4) 플랑크 상수는 금속의 종류에 관계없이 일정하다. (　　)

(5) 광전자의 최대 운동 에너지는 빛의 진동수가 클수록 크다. (　　)

2. 그림은 동일한 금속판에 단색광 A, B를 비추었을 때 양극 전압에 따른 광전류의 세기를 나타낸 것이다. 이에 대한 설명으로 옳은 것은 ○, 옳지 <u>않은</u> 것은 ×로 표시하시오.

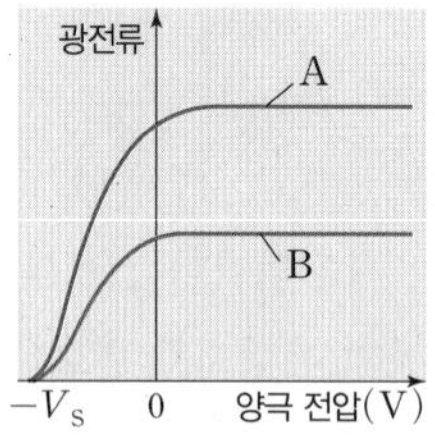

(1) 단색광의 세기는 A가 B보다 크다. (　　)

(2) 단색광의 진동수는 A가 B보다 크다. (　　)

(3) 양극 전압이 0일 때 방출되는 광전자의 수는 A를 비출 때가 B를 비출 때보다 많다. (　　)

(4) 광전자의 최대 운동 에너지는 A를 비출 때가 B를 비출 때보다 크다. (　　)

정답 1. (1) ○ (2) × (3) ○ (4) ○ (5) ○ 2. (1) ○ (2) × (3) ○ (4) ×

입자의 파동성

1 물질파

(1) 전자의 간섭무늬

① 1920년대 물리학자들은 광전 효과를 통해 파동의 성질을 갖는 빛이 입자의 성질도 갖는다는 사실을 받아들이기 시작했고, 입자도 파동의 성질을 가질 수 있다는 의문을 가졌다.

② 전자총을 이중 슬릿을 향해 쏘면 이중 슬릿을 통과한 전자는 스크린에 ❶간섭무늬를 만든다. 이를 통해 전자가 파동의 성질을 갖는다는 것을 알 수 있다.

빛의 간섭무늬

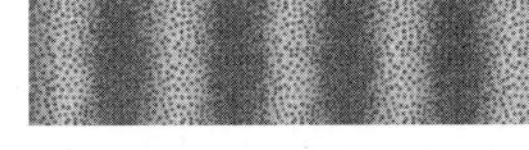

전자선의 간섭무늬

(2) 드브로이의 물질파

① 1924년 ❷드브로이는 「양자론의 연구」라는 제목의 논문을 통해 파동인 빛이 입자의 성질을 갖는 것처럼 전자와 같은 입자도 파동의 성질을 갖는다는 입자의 파동설을 주장하였다.

② 물질인 입자가 파동의 성질인 파장을 가질 때 물질의 파동을 물질파 또는 드브로이파라 하고, 이때의 파장을 드브로이 파장이라고 한다.

③ 질량이 m인 입자가 속력 v로 운동할 때 운동량이 p인 물질파 파장 λ는 다음과 같다.

$$\lambda=\frac{h}{p}=\frac{h}{mv} \ (h\text{: 플랑크 상수})$$

④ 총알이나 야구공과 같은 거시적 세계의 입자들은 전자와 같은 미시적 세계의 입자에 비해 질량이 너무 커서 물질파 파장이 너무 짧아 파동성을 확인하는 것이 사실상 불가능하다.

2 물질파의 확인

(1) ❸데이비슨 · 거머 실험

① 데이비슨과 거머는 니켈 결정에 느리게 움직이는 전자를 입사시킨 후 입사한 전자선과 튀어나온 전자가 이루는 각에 따른 분포를 알아보기 위해 검출기의 각을 변화시키면서 각에 따라 검출되는 전자의 수를 측정하였다.

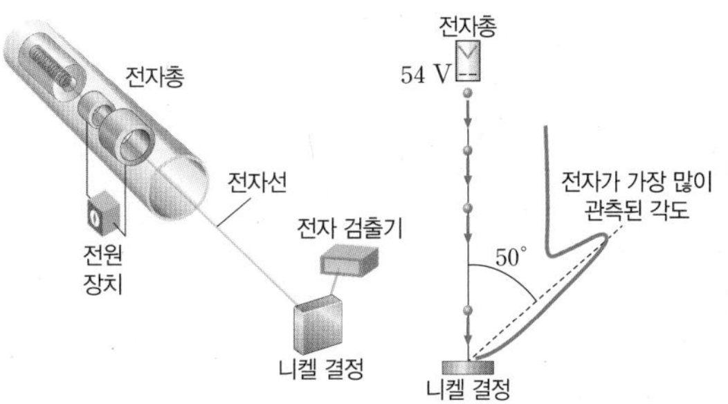

② 실험 결과 54 V의 전위차로 전자를 가속한 경우 입사한 전자선과 50°의 각을 이루는 곳에서 튕겨 나오는 전자의 수가 가장 많았다. 이는 파동인 X선을 사용할 때와 동일한 결과였다.

③ 이것은 전자들이 니켈 결정 안의 원자에서 회절한 것으로, 마치 빛이 회절되어 특정 각도에서 보강 간섭하여 나타나는 현상으로 해석할 수 있다.

THE 알기

❶ **간섭무늬**
빛이 이중 슬릿을 통과하면 스크린에 간섭무늬가 나타난다. 이때 밝은 곳은 보강 간섭이 일어난 곳이고, 어두운 곳은 상쇄 간섭이 일어난 곳이다.

❷ **드브로이(1892~1987)**
프랑스의 물리학자로 1920년 '드브로이 물질파'의 개념을 주창하였고, 양자 역학의 입자-파동 이중성 개념에 결정적인 영향을 주었다.

❸ **데이비슨(1881~1958), 거머(1896~1971)**
미국의 물리학자들로 1927년 니켈 결정면을 이용한 전자선의 회절을 발견하여 전자와 같은 입자들이 파동의 성질을 가지고 있음을 증명하였다.

THE 알기

❶ **톰슨(1892~1975)**
영국의 원자 물리학자로 전자를 발견한 Joshep John Thomson의 아들이며, 전자 카메라로 전자의 파동성을 실증하여 1937년에 노벨 물리학상을 받았다.

❷ **전자의 운동 에너지**
정지한 전자에 전압 V를 걸어 줄 때 전자의 운동 에너지 $E_k=\frac{1}{2}mv^2=eV$이고, 운동량 $p=mv=\sqrt{2meV}$이므로 $\lambda=\frac{h}{\sqrt{2meV}}$이다.

❸ **러더퍼드 원자 모형의 한계**
러더퍼드의 원자 모형에 따르면 전자는 원자핵 주위를 회전한다. 하지만 전자가 가속도 운동하면 전자기파를 방출하므로 전자는 원자핵 주위를 계속 회전할 수 없게 된다.

(2) 톰슨의 전자 회절 실험

① 1927년 ❶톰슨은 알루미늄 박막에 X선과 같은 파장을 갖는 전자를 입사시켜 X선으로 실험한 것과 같은 형태의 회절 무늬를 관찰하며 전자의 물질파 이론을 증명하였다.

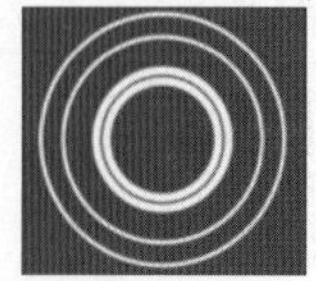
▲ X선의 회절 무늬

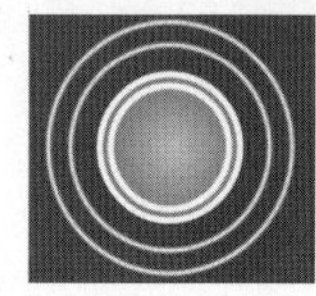
▲ 전자선의 회절 무늬

② ❷가속되는 전자에 걸어 준 전압이 V일 때 전자의 운동 에너지는 $\frac{p^2}{2m}=eV$이므로 물질파 파장과 전압 사이의 관계는 다음과 같다.

$$\lambda=\frac{h}{p}=\frac{h}{\sqrt{2meV}}$$

3 보어 원자 모형과 물질파

(1) 보어 원자 모형

① 러더퍼드의 원자 모형에 따르면 원자의 중심에는 원자 질량의 대부분을 차지하고 양(+)전하를 띠는 원자핵이 존재하고, 음(−)전하를 띠는 전자들이 원자핵 주위를 회전한다.

② 보어는 러더퍼드의 원자 모형에서 ❸원자의 안정성 문제, 선 스펙트럼 문제 등의 한계점을 해결하기 위해 두 가지 가설을 적용하여 새로운 원자 모형을 제시하였다.

제1가설(양자 조건)	제2가설(진동수 조건)
원자 내의 전자는 특정한 조건을 만족하는 원 궤도를 회전할 때에는 전자기파를 방출하지 않고 안정된 궤도 운동을 계속 한다. $2\pi rmv=nh$ (양자수 $n=1, 2, 3, \cdots$)	전자가 양자 조건을 만족하는 원 궤도 사이에서 전이할 때는 두 궤도의 에너지 차에 해당하는 에너지를 갖는 전자기파를 방출하거나 흡수한다. $hf=E_n-E_m(n>m)$

(2) 보어 원자 모형에 드브로이 물질파 이론의 적용

① 보어의 제1가설을 드브로이 파장으로 표현하면 다음과 같다.

$$2\pi r=n\frac{h}{mv}=n\lambda\ (n=1,\ 2,\ 3,\cdots)$$

② 전자가 궤도 운동하는 원의 둘레가 드브로이 파장의 정수 배가 되어 정상파를 이룰 때만 안정한 궤도를 이룬다.

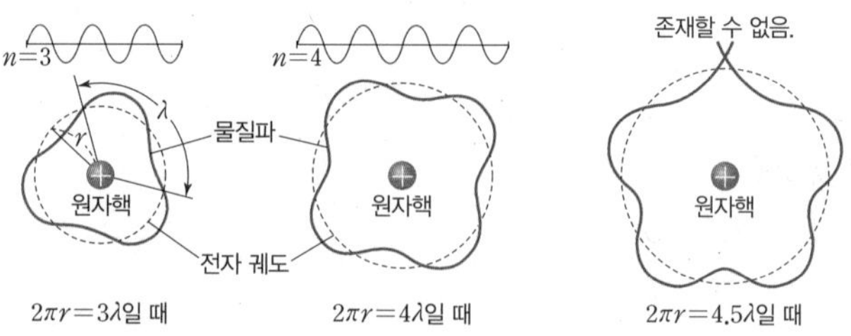

③ 보어의 양자 가설을 수소 원자에 적용하여 양자수 n인 전자 궤도의 반지름 r_n을 이론적으로 유도하면 다음과 같다.

$$r_n=a_0n^2\ (\text{보어 반지름 } a_0=0.53\times10^{-10}\text{ m})$$

개념체크

빈칸 완성

1. 파동인 빛이 입자의 성질을 갖는 것처럼 전자와 같은 입자도 (　　　)의 성질을 갖는 것을 입자의 파동성이라고 한다.

2. 물질인 입자가 파동의 성질인 파장을 가질 때 물질의 파동을 ㉠(　　　) 또는 ㉡(　　　)라고 한다.

3. 질량이 m인 입자가 속력 v로 움직일 때, 드브로이 파장은 (　　　)이다.

4. 니켈 결정 표면에 입사한 전자선이 가장 많이 튕겨 나오는 방향은 파동 이론에서 결정면에서 반사한 파동이 (　　　)되는 조건과 같다.

5. 전자 회절 실험에서 정지한 질량이 m인 전자를 가속시키는 전압이 V일 때, 전자의 물질파 파장 λ=(　　　)이다.

6. 보어 원자 모형에서 양자 조건은 원 궤도의 둘레가 전자의 물질파 파장의 (　　　)인 것으로 해석되었다.

7. 보어 원자 모형에서 정상 상태에서의 전자의 드브로이 파장은 양자수가 $n=3$일 때가 $n=1$일 때의 (　　　)배이다.

8. 보어의 양자 가설을 수소 원자에 적용하여 이론적으로 얻은 양자수 n인 전자의 궤도 반지름은 (　　　)에 비례한다.

정답 1. 파동 2. ㉠ 물질파, ㉡ 드브로이파 3. $\frac{h}{mv}$ 4. 보강 간섭 5. $\frac{h}{\sqrt{2meV}}$ 6. 정수 배 7. 3 8. n^2

○X 문제

1. 물질파에 대한 설명으로 옳은 것은 ○, 옳지 않은 것은 ×로 표시하시오.

(1) 움직이는 물질 입자는 입자성뿐만 아니라 파동성도 가지고 있다. (　　　)

(2) 전자의 속력이 2배가 되면 전자의 드브로이 파장도 2배가 된다. (　　　)

(3) 총알이나 야구공과 같은 거시적 세계의 입자들은 물질파 파장이 너무 짧아 파동성을 확인하는 것이 사실상 불가능하다. (　　　)

(4) 데이비슨과 거머는 전자선의 회절을 발견하여 전자의 파동성을 증명하였다. (　　　)

(5) 전자가 양자수가 큰 궤도에서 작은 궤도로 전이할 때, 두 궤도의 에너지 차에 해당하는 에너지를 가진 전자기파를 흡수한다. (　　　)

2. 그림은 X선을 금속박에 입사시킬 때와 전압 V로 가속된 질량 m인 전자선을 금속박에 입사시킬 때의 회절 무늬를 나타낸 것이다. 이에 대한 설명으로 옳은 것은 ○, 옳지 않은 것은 ×로 표시하시오.

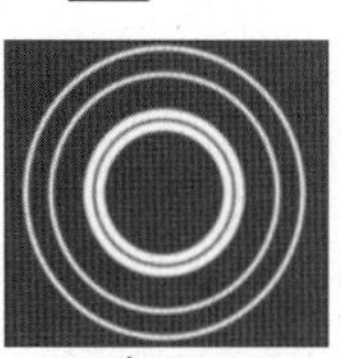

X선의 회절 무늬

전자선의 회절 무늬

(1) 전자가 파동의 성질을 가짐을 알 수 있다. (　　　)

(2) 전자의 드브로이 파장은 전압이 $2V$일 때가 V일 때의 $\frac{1}{2}$배이다. (　　　)

(3) X선과 전자선의 회절 무늬 간격이 같을 때, X선의 파장과 전자의 드브로이 파장은 같다. (　　　)

정답 1. (1) ○ (2) × (3) ○ (4) ○ (5) × 2. (1) ○ (2) × (3) ○

03 불확정성 원리와 현대적 원자 모형

THE 알기

❶ 양자 역학에서의 측정
측정 도구와 대상의 상호 작용에 의해 무한히 정밀하게 측정하는 것은 불가능하다.

❷ 하이젠베르크(1901~1976)
독일의 물리학자로 불확정성 원리를 제안하여 양자 역학을 이론적으로 정립하는 데 크게 기여하였다.

❸ 위치 불확정성
어떤 입자의 위치가 불확실한 정도, 또는 위치의 대략적인 범위를 위치 불확정성이라고 한다.

❹ 운동량 불확정성
어떤 입자의 운동량이 불확실한 정도, 또는 운동량의 대략적인 범위를 운동량 불확정성이라고 한다.

1 불확정성 원리

(1) ❶측정의 정밀성

고전 역학	양자 역학
야구공과 같은 물체의 위치, 속력, 운동량 등을 정확하게 측정할 수 있다.	입자의 위치나 운동량을 동시에 정확하게 측정할 수 없다.

(2) ❷하이젠베르크의 불확정성 원리

① 전자의 위치를 알기 위해서는 빛을 전자에 비춰 빛이 산란되는 위치를 현미경을 통해 보아야 한다. 이때 빛의 회절에 의해 상이 흐려지므로 전자의 위치를 정확하게 측정하기 어렵다.

② 전자의 위치를 정확하게 측정하기 위해서는 빛의 파장이 짧아야 하고, 빛의 파장이 λ라면 전자의 위치는 최소 λ만큼의 오차를 가진다. 따라서 전자의 ❸위치 불확정성은 $\Delta x \geq \lambda$이고, 빛의 파장이 짧을수록 위치의 불확정성 Δx는 감소한다.

③ 전자의 운동량 변화 정도를 정확하게 측정할 수는 없지만 대략 전자와 충돌한 광자의 운동량 정도로 볼 때, 파장 λ인 빛의 운동량은 $\frac{h}{\lambda}$이다. 따라서 전자의 ❹운동량 불확정성은 $\Delta p \approx \frac{h}{\lambda}$이고, 광자의 파장이 짧을수록 운동량의 불확정성 Δp는 증가한다.

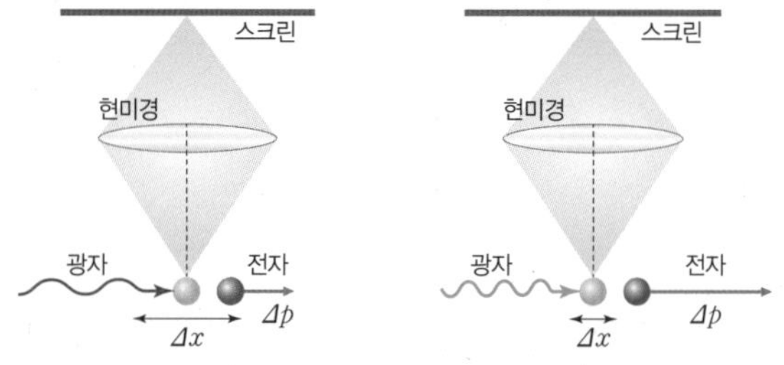

▲ 파장이 긴 광자 사용 ▲ 파장이 짧은 광자 사용

④ 입자성과 파동성을 모두 띠고 있는 물체의 위치와 운동량을 동시에 정확하게 측정하는 것은 불가능하다. 위치와 운동량의 측정에 대한 불확정성 원리를 식으로 표현하면 다음과 같다.

$$\Delta x \Delta p \geq h \ (h\text{: 플랑크 상수})$$

(3) 전자의 회절과 불확정성 원리

① 그림과 같이 전자가 폭이 a인 단일 슬릿을 통과하면 전자는 형광 스크린에 밝고 어두운 무늬를 만든다. 이때 a가 작아지면 회절 무늬의 폭 D가 커지고, a가 커지면 D가 작아진다.

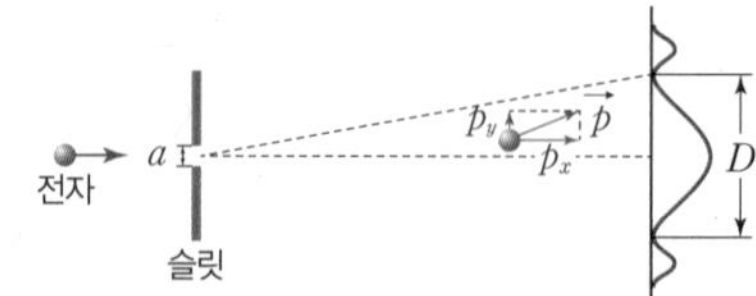

② 전자의 위치 불확정성 Δy는 a와 같다고 할 수 있고, D가 크다는 것은 운동량의 y성분 불확정성 Δp_y가 크다는 것을 의미하므로 a가 작아지면 전자의 위치에 대한 정보는 정확해지지만 운동량에 대한 정보는 더 부정확해진다.

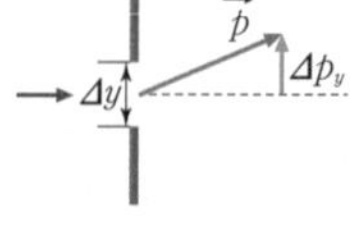

(4) 불확정성 원리와 보어 모형의 한계

THE 알기

① 보어는 고전 역학과 자신의 양자 가설을 이용하여 양자수 n인 상태의 궤도 반지름을 유도하였다. 이 식으로 전자의 궤도 반지름을 정확하게 구할 수 있지만, 이것은 불확정성 원리에 위배된다.

② 보어 원자 모형에 따른 전자가 원자핵으로부터 떨어진 거리의 불확정성 $\Delta r=0$이고, 중심 방향의 운동량의 불확정성 $\Delta p_r=0$이므로 $\Delta r \Delta p_r=0$이 되어 불확정성 원리에 위배된다. 따라서 원자 내에서 전자의 운동 궤도를 설명하기 위해서는 좀 더 정밀한 이론이 필요하게 되었다.

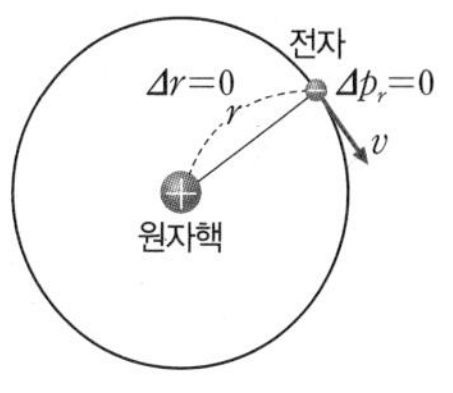

2 현대적 원자 모형

(1) 원자의 양자수

① 슈뢰딩거 방정식으로 전자의 ❶파동 함수를 결정하는 3개의 양자수를 n, l, m으로 나타낸다.

양자수	명칭	허용된 값
n	❷주 양자수	1, 2, 3, ⋯, ∞
l	❸궤도 양자수	0, 1, 2, ⋯, $n-1$
m	❹자기 양자수	$-l$, $-l+1$, ⋯, 0, ⋯, $l-1$, l

② 3개의 양자수는 짝을 이루어 하나의 상태를 결정하며 이를 (n, l, m)과 같이 나타낸다. $n=1$일 때 궤도 양자수와 자기 양자수는 0이므로 전자의 상태는 (1, 0, 0)과 같이 나타내고, $n=2$일 때는 (2, 0, 0), (2, 1, 1), (2, 1, 0), (2, 1, -1)의 4가지 상태가 가능하다.

③ 양자수가 (n, l, m)인 전자의 파동 함수는 $\psi_{n,l,m}(x, y, z)$로 나타내고, 파동 함수의 절댓값 제곱 $|\psi|^2$은 전자가 어떤 시간에 특정 위치에서 발견될 확률 정보로 확률 밀도 함수라고 한다. 실험적으로 어떤 시간에 특정한 영역에서 전자를 발견할 확률은 유한하고, 그 값은 0과 1 사이이다.

(2) 현대적 원자 모형

① 파동 함수는 전자를 발견할 확률을 알려주는데, 수소 원자에서 전자를 발견할 확률은 보어 모형에서 기술한 것과 다르게 3차원으로 분포된 전자 구름의 형태를 보인다.

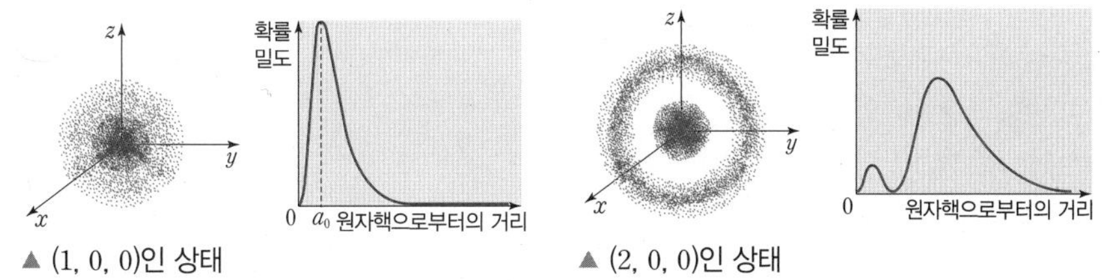

▲ (1, 0, 0)인 상태 ▲ (2, 0, 0)인 상태

② 전자는 공간에 반드시 존재해야 하므로 전 공간에서 전자를 발견할 확률을 더하면 그 값은 1이 되어야 한다. 따라서 확률 밀도 그래프 아래의 전체 넓이는 1이다.

③ 보어 원자 모형은 전자의 개수가 1개인 수소 원자에만 적용될 수 있는 반면, 현대적 원자 모형은 전자의 개수가 많은 다전자 원자일 때에도 모두 적용될 수 있다.

❶ **파동 함수와 양자수**
양자 역학에서 전자의 상태를 나타내는 함수를 파동 함수라 하고, 현대적 원자 모형에서는 스핀 양자수를 포함하여 4개의 양자수가 필요하다.

❷ **주 양자수**
전자의 에너지를 결정하는 양자수이다.

❸ **궤도 양자수**
전자의 각운동량을 결정하는 양자수이다.

❹ **자기 양자수**
전자의 각운동량의 한 성분을 결정하는 양자수이다.

개념체크

빈칸 완성

1. 전자와 같은 매우 작은 입자의 위치와 ㉠(　　　)을 동시에 정확하게 측정하는 것은 불가능하다. 이러한 원리를 하이젠베르크의 ㉡(　　　) 원리라고 한다.

2. 입자를 관측하기 위해 사용하는 빛의 파장을 감소시키면 입자의 위치 불확정성은 (　　　)한다.

3. 어떤 입자의 운동량이 불확실한 정도, 또는 운동량의 대략적인 범위를 (　　　)이라고 한다.

4. 전자의 회절 실험을 불확정성 원리에 의해 해석하면 ㉠(　　　)은 위치 불확정성, ㉡(　　　)은 운동량 불확정성을 의미한다.

5. 슈뢰딩거는 미시 세계에 대한 입자의 물질파에 대한 파동 방정식을 제시했고, 이 해를 (　　　)라고 한다.

6. (　　　)는 파동 함수의 절댓값의 제곱으로 전자가 어떤 시간에 특정 위치에서 발견될 확률 정보를 알려 준다.

7. 전자를 발견할 수 있는 전 구간에 대한 확률 밀도 함수의 합은 (　　　)이다.

8. 주 양자수가 2일 때 가능한 양자수 조합 (n, l, m)은 모두 (　　　)개이다.

정답 **1.** ㉠ 운동량, ㉡ 불확정성 **2.** 감소 **3.** 운동량 불확정성 **4.** ㉠ 슬릿의 폭, ㉡ 회절 무늬의 폭 **5.** 파동 함수 **6.** 확률 밀도 함수 **7.** 1 **8.** 4

○X 문제

1. 불확정성 원리와 현대적 원자 모형에 대한 설명으로 옳은 것은 ○, 옳지 않은 것은 ×로 표시하시오.

(1) 고전 역학에서는 야구공과 같은 물체의 위치, 속력, 운동량 등을 정확하게 측정하는 것을 불가능하다. (　　　)

(2) 양자 역학에 따르면 측정 도구와 대상의 상호 작용에 의해 무한히 정밀하게 측정하는 것은 불가능하다. (　　　)

(3) 어떤 입자의 위치가 불확실한 정도, 또는 위치의 대략적인 범위를 위치 불확정성이라고 한다. (　　　)

(4) 광자의 파장이 짧을수록 운동량 불확정성은 감소한다. (　　　)

(5) 보어 원자 모형에 따른 전자의 원자핵으로부터 떨어진 거리의 불확정성과 중심 방향의 운동량의 불확정성은 0이 되어 불확정성 원리에 위배된다. (　　　)

(6) 주 양자수는 전자의 각운동량을 결정하는 양자수이다. (　　　)

(7) 주 양자수가 2일 때 가능한 궤도 양자수는 0과 1이다. (　　　)

2. 그림은 수소 원자의 주 양자수가 $n=1$인 상태에서 원자핵으로부터 떨어진 거리에 따른 전자의 확률 밀도를 나타낸 것이다. 이에 대한 설명으로 옳은 것은 ○, 옳지 않은 것은 ×로 표시하시오.

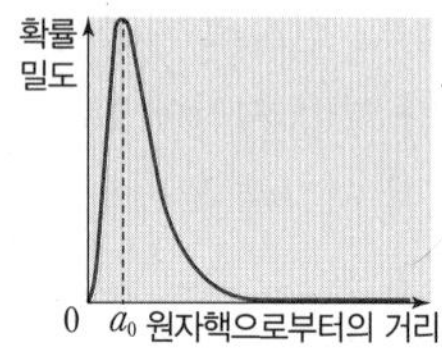

(1) 전자를 발견할 확률은 a_0에서 가장 크다. (　　　)

(2) 확률 밀도 그래프 아래의 전체 넓이는 1보다 크다. (　　　)

정답 **1.** (1) × (2) ○ (3) ○ (4) × (5) ○ (6) × (7) ○ **2.** (1) ○ (2) ×

광전 효과 실험

정답과 해설 93쪽

목표

광전 효과 실험을 통하여 빛의 진동수, 일함수, 광전류의 세기, 광전자의 최대 운동 에너지 사이의 관계를 알 수 있다.

과정

1. https://phet.colorado.edu/ko/ 사이트에 접속하여 물리학–광전 효과 프로그램을 작동시킨다.
2. 빛의 파장(진동수)을 변화시켜 광전자를 방출시킨다.
3. 과정 2에서 Ⓐ를 클릭하고, 광전류와 극판 사이의 전압(정지 전압) 사이의 관계를 알아본다.
4. 과정 2에서 Ⓑ를 클릭하고, 광전류와 빛의 세기 사이의 관계를 알아본다.
5. 과정 2에서 Ⓒ를 클릭하고, 광전자의 최대 운동 에너지와 빛의 진동수 사이의 관계를 알아본다.
6. 금속판을 바꾸어 과정 3~5를 반복한다.

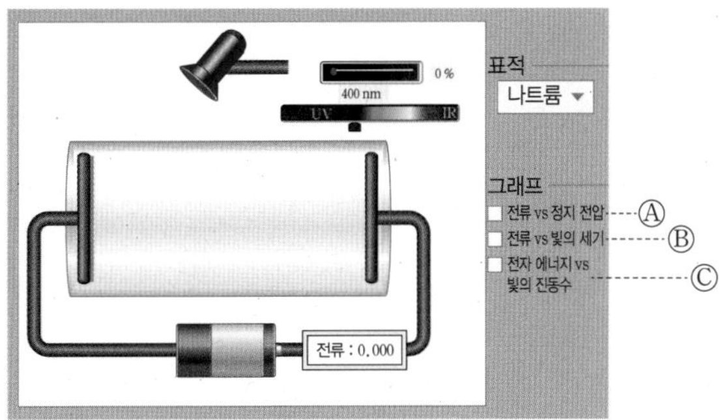

결과 정리 및 해석

• 전류와 정지 전압 사이의 관계

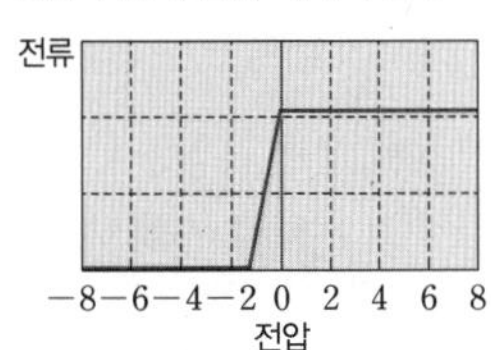

• 전류와 빛의 세기 사이의 관계

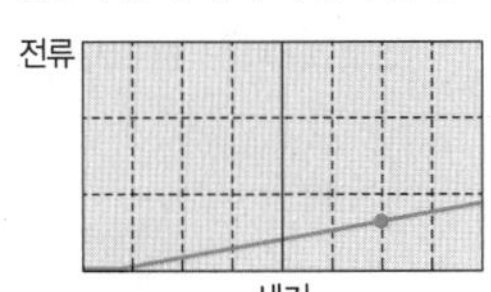

• 최대 운동 에너지와 빛의 진동수 사이의 관계

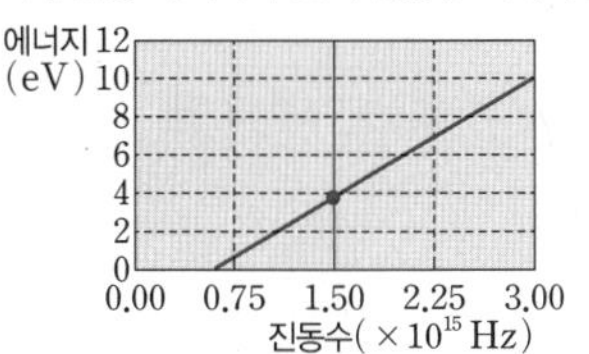

탐구 분석

1. 전류의 세기는 극판 사이의 전압에 따라 어떻게 변하는지 설명하시오.
2. 전류의 세기는 빛의 세기에 따라 어떻게 변하는지 설명하시오.
3. 광전자의 최대 운동 에너지는 빛의 진동수에 따라 어떻게 변하는지 설명하시오.
4. 광전자가 방출되지 않는 빛의 진동수는 금속에 따라 어떻게 변하는지 설명하시오.

내신 기초 문제

[20700-0513]

01 그림은 학생 A, B, C가 광전 효과에 대해 대화하는 모습을 나타낸 것이다.

금속 표면에 빛을 비추면 금속에서 전자가 방출되는 현상을 광전 효과라고 해.
광전자가 방출될 때, 빛의 진동수가 클수록 광전자의 최대 운동 에너지가 커.
광전 효과는 빛의 파동성을 증명하는 현상이야.
학생 A
학생 B
학생 C

제시한 내용이 옳은 학생만을 있는 대로 고른 것은?

① A ② C ③ A, B
④ B, C ⑤ A, B, C

[20700-0514]

02 다음은 광전 효과 실험 결과에 대한 설명이다.

- 광전자는 [A]보다 큰 진동수의 빛을 비출 때 방출된다.
- [A]보다 작은 진동수의 빛은 아무리 센 빛을 비춰도 [B].
- 광전자의 최대 운동 에너지는 빛의 [C]가 클수록 크다.

이에 대한 설명으로 옳은 것만을 〈보기〉에서 있는 대로 고른 것은?

보기

ㄱ. A는 한계(문턱) 진동수이다.
ㄴ. '광전자가 방출되지 않는다.'는 B로 적절하다.
ㄷ. C는 진동수이다.

① ㄱ ② ㄷ ③ ㄱ, ㄴ ④ ㄴ, ㄷ ⑤ ㄱ, ㄴ, ㄷ

[20700-0515]

03 그림은 대전되지 않은 검전기 위에 놓인 금속판에 단색광을 비추었더니 광전 효과에 의해 전자가 방출되어 금속박이 벌어진 것을 나타낸 것이다.

이에 대한 설명으로 옳은 것만을 〈보기〉에서 있는 대로 고른 것은?

보기

ㄱ. 단색광의 진동수는 금속판의 한계(문턱) 진동수보다 크다.
ㄴ. 벌어진 금속박은 음(−)전하로 대전되어 있다.
ㄷ. 세기만을 약한 빛으로 바꾸면 금속박은 벌어지지 않는다.

① ㄱ ② ㄴ ③ ㄷ ④ ㄱ, ㄴ ⑤ ㄱ, ㄴ, ㄷ

[20700-0516]

04 그림 (가), (나)는 진동수가 f인 빛을 금속판 A, B에 비추는 것을 나타낸 것으로, 광전자는 A에서는 방출되고 B에서는 방출되지 않는다.

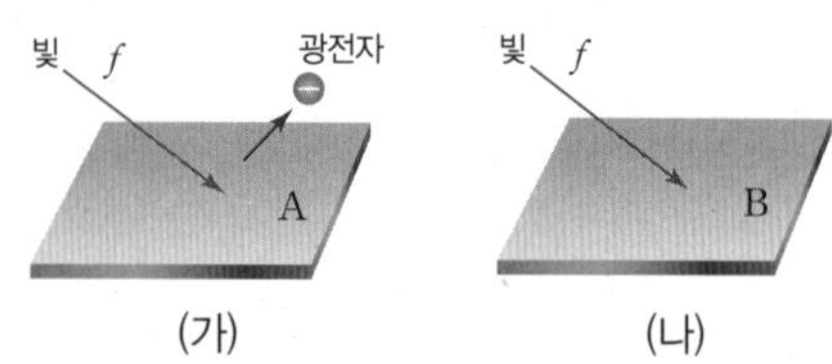

(가) (나)

이에 대한 설명으로 옳은 것만을 〈보기〉에서 있는 대로 고른 것은?

보기

ㄱ. 금속판의 일함수는 A가 B보다 크다.
ㄴ. (가)에서 f는 A의 한계(문턱) 진동수보다 크다.
ㄷ. (나)에서 빛의 세기를 증가시키면 광전자가 방출된다.

① ㄱ ② ㄴ ③ ㄷ ④ ㄱ, ㄴ ⑤ ㄱ, ㄴ, ㄷ

[20700-0517]

05 그림은 단색광 A, B를 광전관의 동일한 금속판에 비추었을 때 전압에 따른 광전류의 세기를 나타낸 것이다. A, B를 비출 때 정지 전압은 V_0으로 같다.

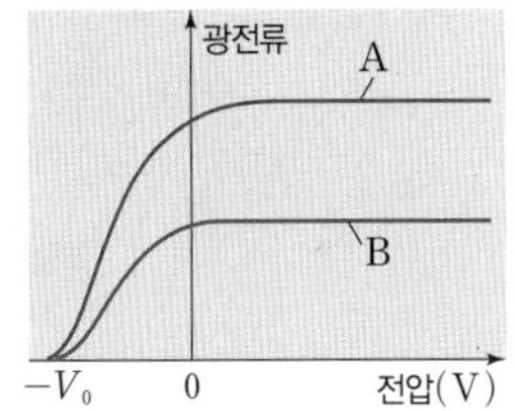

이에 대한 설명으로 옳은 것만을 〈보기〉에서 있는 대로 고른 것은?

보기
ㄱ. 단색광의 세기는 A가 B보다 크다.
ㄴ. 단색광의 진동수는 A와 B가 같다.
ㄷ. 광전자의 최대 운동 에너지는 A를 비출 때가 B를 비출 때보다 크다.

① ㄱ ② ㄴ ③ ㄷ ④ ㄱ, ㄴ ⑤ ㄱ, ㄴ, ㄷ

[20700-0518]

06 그림은 광전관의 금속판 A에 단색광을 비추었을 때, 방출된 광전자의 최대 운동 에너지 E_k를 단색광의 진동수에 따라 나타낸 것이다.

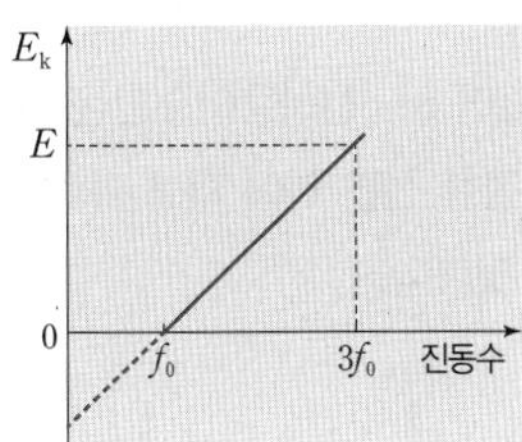

A의 일함수는?

① $\frac{1}{4}E$ ② $\frac{1}{2}E$ ③ $\frac{2}{3}E$
④ $\frac{3}{4}E$ ⑤ $\frac{4}{5}E$

[20700-0519]

07 그림은 두 광전관의 금속판 P, Q에 단색광 A, B, C를 하나씩 비추는 모습을 나타낸 것이다. 표는 A, B, C를 하나씩 비추었을 때 P, Q에서의 광전자 방출 여부를 나타낸 것이다.

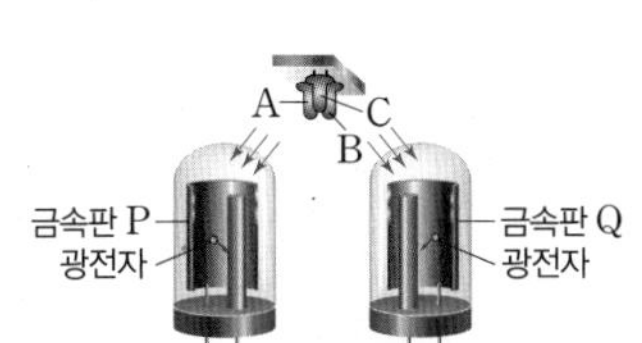

단색광	광전자 방출 여부	
	P	Q
A	×	○
B	○	○
C	×	×

(○: 방출됨, ×: 방출 안 됨.)

이에 대한 설명으로 옳은 것만을 〈보기〉에서 있는 대로 고른 것은?

보기
ㄱ. 금속판의 일함수는 P가 Q보다 크다.
ㄴ. 진동수는 B가 A보다 크다.
ㄷ. C의 세기를 증가시키면 P에서 광전자가 방출된다.

① ㄱ ② ㄷ ③ ㄱ, ㄴ ④ ㄴ, ㄷ ⑤ ㄱ, ㄴ, ㄷ

[20700-0520]

08 그림은 일함수가 2 eV인 금속판에 단색광 A를 비추었을 때 단위 시간당 방출되는 광전자의 개수를 광전자의 운동 에너지에 따라 나타낸 것이다.

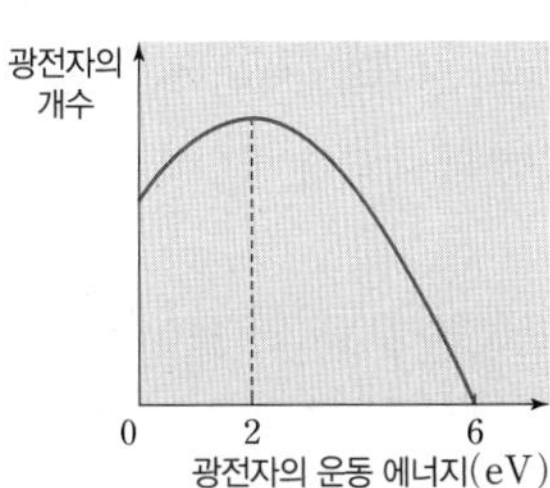

A의 광자 1개의 에너지를 구하시오.

[20700-0521]

09 그림은 빛과 물질의 이중성에 대해 학생 A, B, C가 대화하는 모습을 나타낸 것이다.

빛의 간섭 현상을 통해 빛이 파동임을 알 수 있어.
드브로이는 입자도 파동의 성질을 갖는다고 주장했어.
축구공 같은 거시적 세계의 물질들은 파동성을 확인하는 것이 사실상 불가능해.
학생 A
학생 B
학생 C

제시한 내용이 옳은 학생만을 있는 대로 고른 것은?

① A ② C ③ A, B
④ B, C ⑤ A, B, C

[20700-0522]

10 그림 (가)는 이중 슬릿을 통과한 빛의 간섭무늬를, (나)는 이중 슬릿을 통과한 전자선이 형광판에 만든 무늬를 나타낸 것이다.

(가)

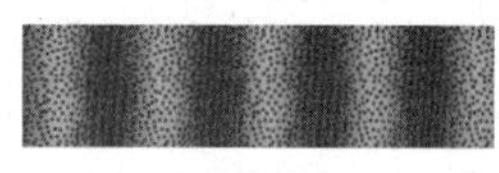
(나)

이에 대한 설명으로 옳은 것만을 〈보기〉에서 있는 대로 고른 것은?

보기

ㄱ. 전자가 파동의 성질을 갖는다는 것을 알 수 있다.
ㄴ. (나)에서 전자의 속력이 클수록 밝은 무늬 사이의 간격은 넓다.
ㄷ. (나)에서 전자의 운동량이 작을수록 밝은 무늬 사이의 간격은 좁다.

① ㄱ ② ㄷ ③ ㄱ, ㄴ ④ ㄴ, ㄷ ⑤ ㄱ, ㄴ, ㄷ

[20700-0523]

11 그림은 전자의 드브로이 파장을 전자의 운동 에너지에 따라 나타낸 것이다.

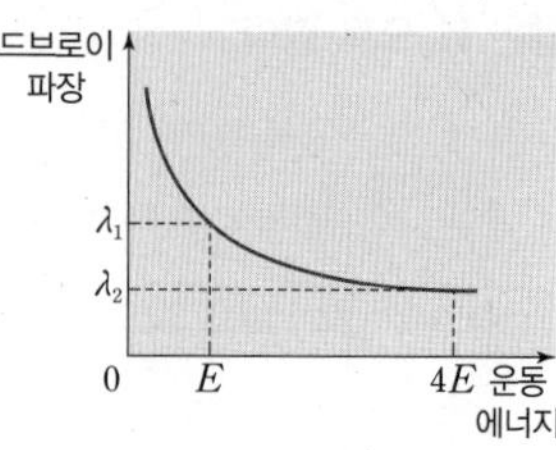

$\lambda_1 : \lambda_2$는?

① $\sqrt{3} : \sqrt{2}$ ② $\sqrt{2} : 1$ ③ 3 : 2
④ 2 : 1 ⑤ 5 : 2

[20700-0524]

12 그림은 질량이 m, 전하량이 e인 전자가 음극판에서 정지한 상태에서 일정한 전압 V에 의해 가속되어 양극판을 통과하는 것을 나타낸 것이다.

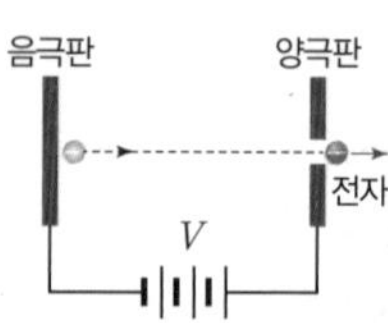

양극판을 통과할 때 전자의 드브로이 파장을 구하시오. (단, 플랑크 상수는 h이다.)

[20700-0525]

13 그림 (가)는 데이비슨 · 거머 실험 장치를, (나)는 산란된 전자 수를 산란각 ϕ에 따라 나타낸 것으로 전자를 54 V의 전압으로 가속한 경우 입사한 전자선과 $50°$의 각을 이루는 곳에서 튕겨 나오는 전자의 수가 가장 많았다.

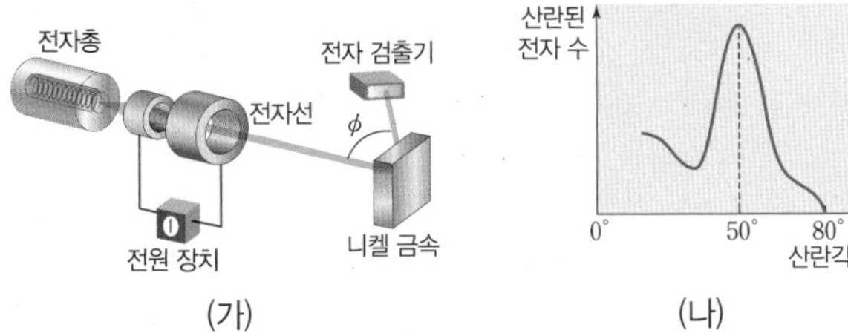

이에 대한 설명으로 옳은 것만을 〈보기〉에서 있는 대로 고른 것은?

보기
ㄱ. 이 실험을 통해 드브로이의 물질파 이론이 증명되었다.
ㄴ. X선이 결정면에서 반사하여 회절하는 것과 같이 전자도 회절한다.
ㄷ. 54 V의 전압으로 가속시킨 전자의 물질파 파장은 같은 각도에서 보강 간섭이 일어나는 X선의 파장과 일치한다.

① ㄱ ② ㄷ ③ ㄱ, ㄴ ④ ㄴ, ㄷ ⑤ ㄱ, ㄴ, ㄷ

[20700-0526]

14 그림은 보어의 수소 원자 모형에서 전자의 원운동 궤도와 드브로이파가 만든 정상파를 모식적으로 나타낸 것이다. 실선과 점선은 각각 원운동 궤도와 정상파를 나타낸다. 보어 반지름은 a_0이다.

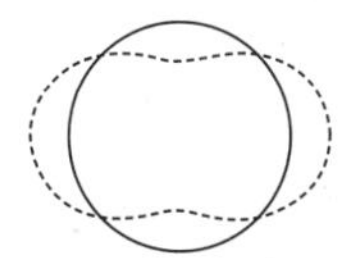

이에 대한 설명으로 옳은 것만을 〈보기〉에서 있는 대로 고른 것은?

보기
ㄱ. 양자수 n은 2이다.
ㄴ. 전자의 궤도 반지름은 $2a_0$이다.
ㄷ. 전자의 드브로이 파장은 $2\pi a_0$이다.

① ㄱ ② ㄷ ③ ㄱ, ㄴ ④ ㄴ, ㄷ ⑤ ㄱ, ㄴ, ㄷ

[20700-0527]

15 그림은 속도가 같은 전자들이 슬릿의 간격이 d인 이중 슬릿을 통과한 후 형광 물질이 있는 스크린에 도달하여 나타난 무늬의 밝기를 나타낸 것이다. Δx는 이웃한 밝은 무늬의 간격이다.

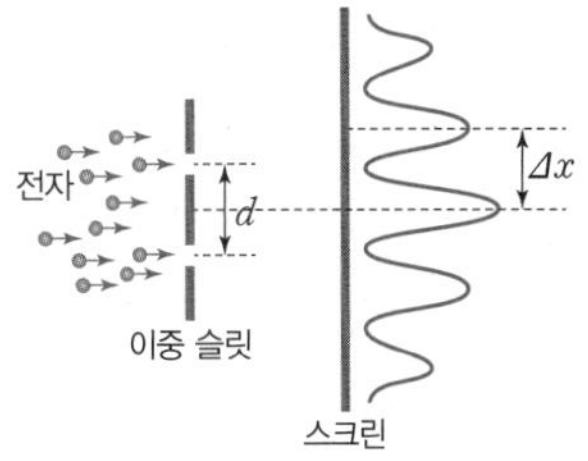

이에 대한 설명으로 옳은 것만을 〈보기〉에서 있는 대로 고른 것은?

보기
ㄱ. 전자가 파동의 성질을 갖는다는 것을 알 수 있다.
ㄴ. d가 더 작은 슬릿을 사용하면 Δx는 증가한다.
ㄷ. 전자의 속력을 증가시키면 Δx는 증가한다.

① ㄱ ② ㄷ ③ ㄱ, ㄴ ④ ㄴ, ㄷ ⑤ ㄱ, ㄴ, ㄷ

[20700-0528]

16 다음은 하이젠베르크의 불확정성 원리에 대한 설명이다.

불확정성 원리는 미시적 세계에서 어떤 입자의 물리량을 측정하는 행위 자체가 입자의 상태에 영향을 미치기 때문에 어느 한계 이상으로는 물리량을 정확하게 측정할 수 없다는 뜻으로, 위치의 불확정성을 Δx, 운동량의 불확정성을 Δp라고 할 때 불확정성 원리는 다음과 같다.

$$\Delta x \Delta p \geq h \ (h\text{: 플랑크 상수})$$

이에 대한 설명으로 옳은 것만을 〈보기〉에서 있는 대로 고른 것은?

보기
ㄱ. Δx가 클수록 Δp는 커진다.
ㄴ. 입자의 위치를 측정하기 위한 빛의 파장이 짧을수록 Δp는 커진다.
ㄷ. 입자의 위치와 운동량을 동시에 정확하게 측정할 수 있다.

① ㄱ ② ㄴ ③ ㄷ ④ ㄱ, ㄴ ⑤ ㄴ, ㄷ

정답과 해설 93쪽

[20700-0529]
17 다음은 전자가 슬릿을 통과하면서 회절하는 현상을 불확정성 원리로 설명한 것이다.

슬릿의 폭이 좁아져 슬릿을 지나는 전자의 ㉠ 의 불확정성이 작아지면 불확정성 원리에 따라 ㉡ 의 불확정성이 커지게 된다. 따라서 슬릿의 폭이 좁을수록 슬릿을 지난 전자가 진행하는 범위가 ㉢ .

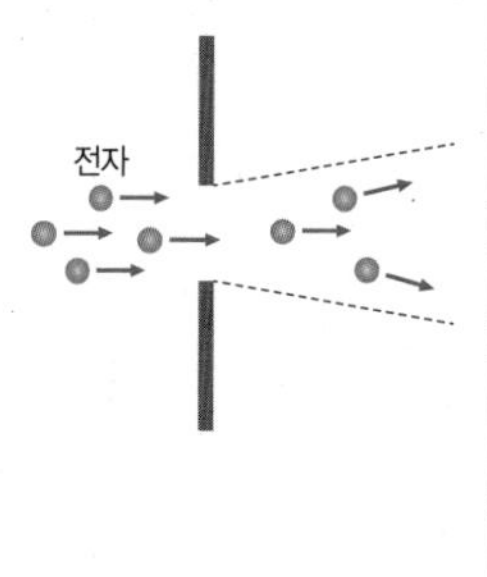

이에 대한 설명으로 옳은 것만을 <보기>에서 있는 대로 고른 것은?

보기
ㄱ. ㉠은 '위치'이다.
ㄴ. ㉡은 '운동량'이다.
ㄷ. ㉢은 '좁아진다'가 적절하다.

① ㄱ ② ㄷ ③ ㄱ, ㄴ ④ ㄴ, ㄷ ⑤ ㄱ, ㄴ, ㄷ

[20700-0530]
18 그림은 수소 원자에서 주 양자수 $n=1$인 상태에서 전자가 발견될 확률 밀도를 원자핵으로부터의 거리에 따라 나타낸 것이다. a_0에서 확률 밀도가 가장 크다.

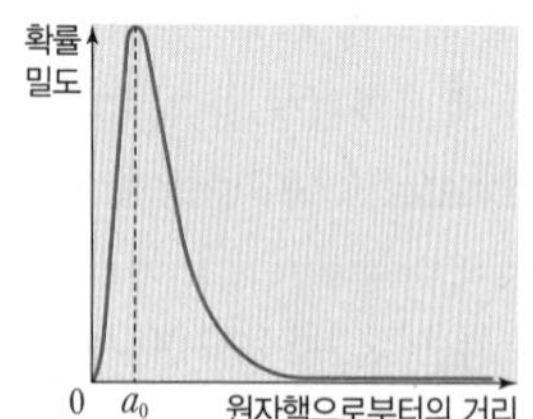

이에 대한 설명으로 옳은 것만을 <보기>에서 있는 대로 고른 것은?

보기
ㄱ. 궤도 양자수 $l=0$이다.
ㄴ. 전자를 발견할 확률은 a_0에서 가장 크다.
ㄷ. 확률 밀도 그래프 아래의 전체 넓이는 1이다.

① ㄱ ② ㄷ ③ ㄱ, ㄴ ④ ㄴ, ㄷ ⑤ ㄱ, ㄴ, ㄷ

[20700-0531]
19 그림 (가)는 보어의 수소 원자 모형을 나타낸 것이고, (나)는 현대의 수소 원자 모형을 나타낸 것이다. (가), (나)에서 주 양자수 n은 1로 같다.

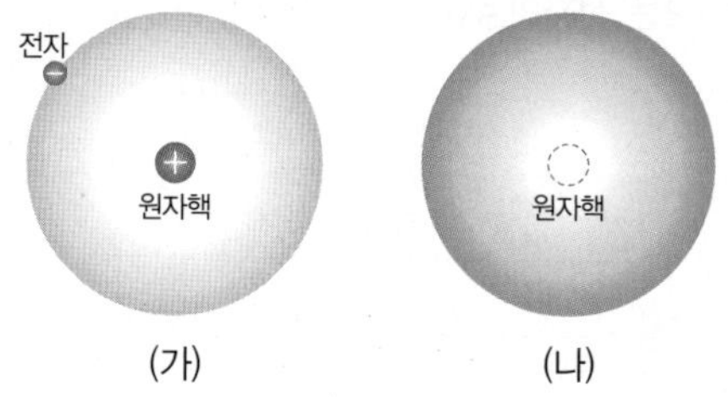

(가) (나)

이에 대한 설명으로 옳은 것만을 <보기>에서 있는 대로 고른 것은?

보기
ㄱ. (가), (나)에서 전자의 에너지는 같다.
ㄴ. (가)는 모든 원자에 적용된다.
ㄷ. (나)에서는 전자의 정확한 위치를 알 수 있다.

① ㄱ ② ㄷ ③ ㄱ, ㄴ ④ ㄴ, ㄷ ⑤ ㄱ, ㄴ, ㄷ

서술형
[20700-0532]
20 다음은 수소 원자의 세 가지 양자수에 대한 설명이다.

- 주 양자수는 n으로 표기하고 전자의 에너지를 결정한다.
- 궤도 양자수는 l로 표기하고 전자의 각운동량을 결정한다.
- 자기 양자수는 m으로 표기하고 각운동량의 한 성분을 결정한다.

$n=2$일 때 가능한 양자수(n, l, m)를 그 이유와 함께 서술하시오.

실력 향상 문제

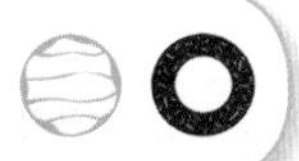

정답과 해설 95쪽

[20700-0533]

01 그림 (가)는 금속판 P에 진동수가 f인 단색광을 비추었을 때 광전자가 방출되는 모습을 나타낸 것이고, (나)는 (가)에서 방출되는 광전자의 최대 운동 에너지 E_k를 빛의 진동수에 따라 나타낸 것이다.

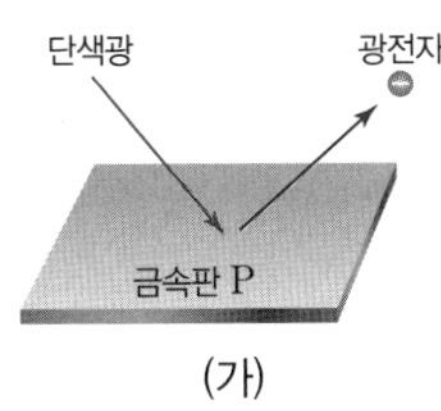

(가)

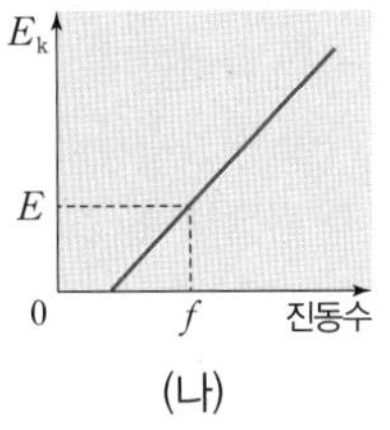

(나)

이에 대한 설명으로 옳은 것만을 <보기>에서 있는 대로 고른 것은?

보기

ㄱ. (가)에서 단색광의 진동수는 P의 한계(문턱) 진동수보다 크다.

ㄴ. 세기만 더 큰 단색광으로 바꾸면 E_k는 증가한다.

ㄷ. 진동수만 $2f$인 빛으로 바꾸면 E_k는 $2E$이다.

① ㄱ ② ㄷ ③ ㄱ, ㄴ ④ ㄴ, ㄷ ⑤ ㄱ, ㄴ, ㄷ

[20700-0534]

02 그림은 금속판 A, B에 각각 단색광을 비추었을 때, 방출된 광전자의 최대 운동 에너지를 단색광의 진동수에 따라 나타낸 것이다.

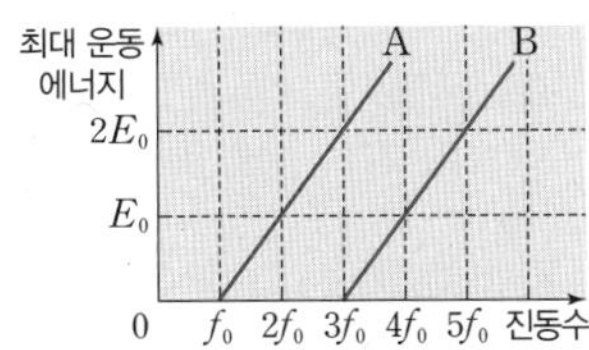

이에 대한 설명으로 옳은 것만을 <보기>에서 있는 대로 고른 것은?

보기

ㄱ. A에 진동수가 $2f_0$인 단색광을 비출 때, 광전자의 최대 운동 에너지는 E_0이다.

ㄴ. 일함수는 B가 A의 3배이다.

ㄷ. 플랑크 상수는 $\frac{E_0}{f_0}$이다.

① ㄱ ② ㄷ ③ ㄱ, ㄴ ④ ㄴ, ㄷ ⑤ ㄱ, ㄴ, ㄷ

[20700-0535]

03 그림 (가)는 광전 효과 실험 장치를 나타낸 것이고, (나)는 동일한 금속판에 단색광 A, B를 비추었을 때 측정한 전압 V에 따른 광전류의 세기 I를 나타낸 것이다. A, B를 비추었을 때의 정지 전압은 각각 V_0, $2V_0$이다.

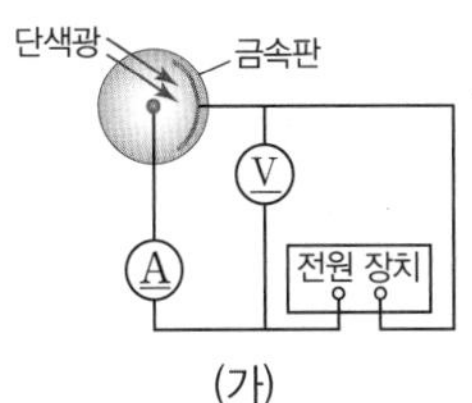

(가)

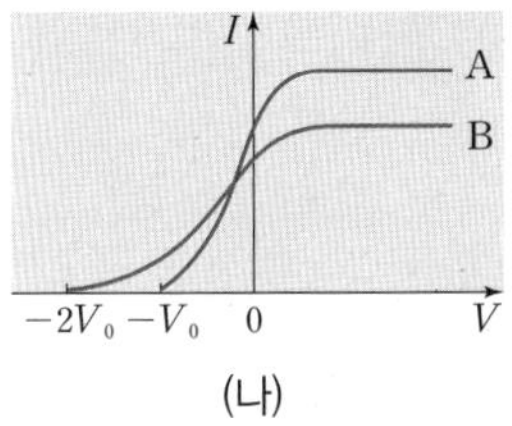

(나)

이에 대한 설명으로 옳은 것만을 <보기>에서 있는 대로 고른 것은?

보기

ㄱ. 단위 시간당 방출되는 광전자의 개수는 A가 B보다 많다.

ㄴ. 단색광의 진동수는 B가 A의 2배이다.

ㄷ. 광전자의 최대 운동 에너지는 B를 비출 때가 A를 비출 때의 2배이다.

① ㄱ ② ㄴ ③ ㄱ, ㄷ ④ ㄴ, ㄷ ⑤ ㄱ, ㄴ, ㄷ

[20700-0536]

04 그림은 금속판 P에 비추는 단색광 A, B, C의 진동수와 상대적 세기를 나타낸 것이다. P에 A를 비추었을 때 방출되는 광전자의 최대 운동 에너지는 hf_0이다.

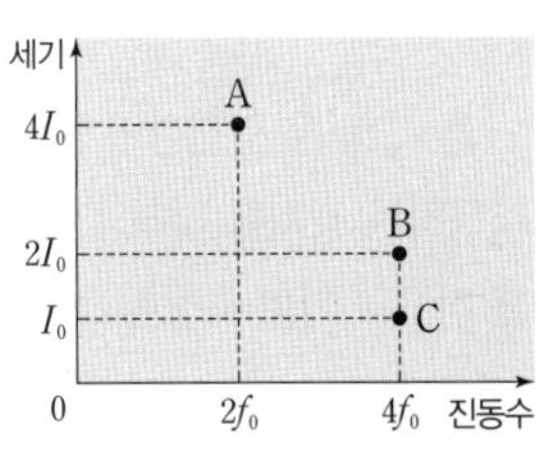

이에 대한 설명으로 옳은 것만을 <보기>에서 있는 대로 고른 것은? (단, h는 플랑크 상수이다.)

보기

ㄱ. 광전자의 최대 운동 에너지는 A를 비출 때가 B를 비출 때보다 크다.

ㄴ. 단위 시간당 방출되는 광전자 수는 B를 비출 때가 C를 비출 때보다 많다.

ㄷ. P에 C를 비추었을 때 방출되는 광전자의 최대 운동 에너지는 $3hf_0$이다.

① ㄱ ② ㄷ ③ ㄱ, ㄴ ④ ㄴ, ㄷ ⑤ ㄱ, ㄴ, ㄷ

[20700-0537]

05 그림 (가)는 단색광 A, B, C의 세기와 파장을 나타낸 것이고, (나)는 광전관의 금속판에 단색광을 각각 비추는 것을 나타낸 것이다. 광전관에 B를 비출 때는 광전자가 방출되고, C를 비출 때는 광전자가 방출되지 않는다.

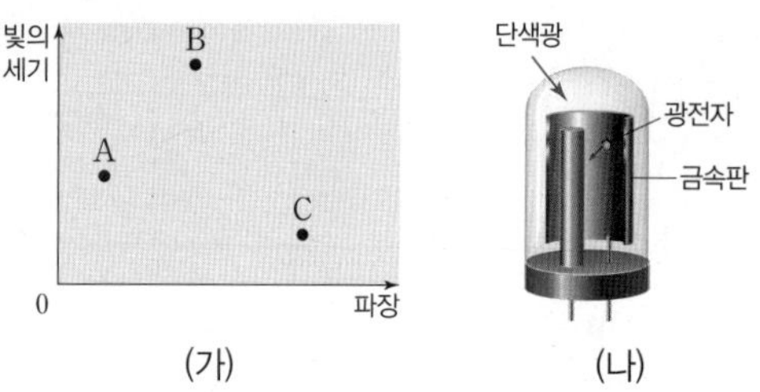

(가) (나)

이에 대한 설명으로 옳은 것만을 〈보기〉에서 있는 대로 고른 것은?

보기

ㄱ. A를 비추면 광전자가 방출된다.

ㄴ. 광전자의 최대 운동 에너지는 B를 비출 때가 A를 비출 때보다 크다.

ㄷ. 광전류의 세기는 B, C를 동시에 비출 때가 B만 비출 때보다 크다.

① ㄱ ② ㄷ ③ ㄱ, ㄴ ④ ㄴ, ㄷ ⑤ ㄱ, ㄴ, ㄷ

[20700-0538]

06 그림은 광전관의 금속판에 단색광을 비추며 정지 전압을 측정하는 장치를 나타낸 것이다. 표는 단색광의 진동수와 세기를 바꾸어 가며 측정한 정지 전압을 나타낸 것이다.

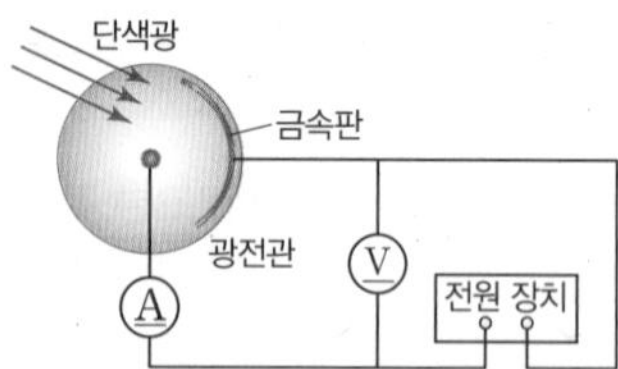

진동수	세기	정지 전압
f_1	I	V_0
f_1	$2I$	(가)
f_2	$2I$	$2V_0$

이에 대한 설명으로 옳은 것만을 〈보기〉에서 있는 대로 고른 것은?

보기

ㄱ. 진동수는 f_1이 f_2보다 크다.

ㄴ. (가)는 V_0이다.

ㄷ. 광전자의 최대 운동 에너지는 f_1일 때가 f_2일 때보다 크다.

① ㄱ ② ㄴ ③ ㄷ ④ ㄱ, ㄴ ⑤ ㄴ, ㄷ

[20700-0539]

07 다음은 광전 효과 실험이다.

[실험 과정]

(가) 금속판 X에 진동수가 f인 단색광 A를 비추었을 때 방출되는 광전류의 세기와 광전자의 최대 운동 에너지를 측정한다.

(나) A를 진동수가 $2f$인 단색광 B로 교체하고 과정 (가)를 반복한다.

(다) A, B를 동시에 비추면서 과정 (가)를 반복한다.

[실험 결과]

과정	빛	광전류 세기	광전자 최대 운동 에너지
(가)	A	I	E_0
(나)	B	I	$3E_0$
(다)	A+B	㉠	㉡

이에 대한 설명으로 옳은 것만을 〈보기〉에서 있는 대로 고른 것은?

보기

ㄱ. ㉠은 $2I$이다.

ㄴ. ㉡은 $3E_0$이다.

ㄷ. X의 한계(문턱) 진동수는 $\frac{f}{2}$이다.

① ㄱ ② ㄷ ③ ㄱ, ㄴ ④ ㄴ, ㄷ ⑤ ㄱ, ㄴ, ㄷ

서술형

[20700-0540]

08 그림은 광전 효과 실험 장치를 나타낸 것이고, 표는 동일한 금속판에 진동수가 $2f_0$, $3f_0$, $5f_0$인 단색광을 각각 비추었을 때 방출되는 광전자의 최대 운동 에너지를 나타낸 것이다.

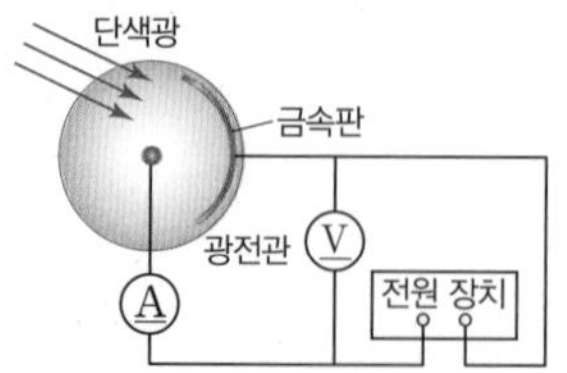

진동수	최대 운동 에너지
$2f_0$	E_0
$3f_0$	$2E_0$
$5f_0$	㉮

㉮를 풀이 과정과 함께 구하시오.

[20700-0541]
09 그림은 질량이 m, 전하량이 e인 전자가 음극판에서 정지 상태에서 일정한 전압 V에 의해 가속되어 양극판을 통과하는 것을 나타낸 것이다.

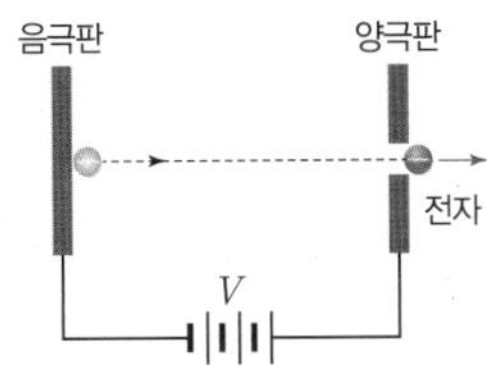

이에 대한 설명으로 옳은 것만을 〈보기〉에서 있는 대로 고른 것은? (단, 플랑크 상수는 h이다.)

보기
ㄱ. 양극판을 통과할 때 전자의 운동 에너지는 eV이다.
ㄴ. 양극판을 통과할 때 전자의 드브로이 파장은 $\frac{h}{\sqrt{2meV}}$이다.
ㄷ. 전압만을 $2V$로 증가시키면, 양극판을 통과할 때 전자의 드브로이 파장은 $\frac{h}{2\sqrt{2meV}}$이다.

① ㄱ ② ㄴ ③ ㄷ ④ ㄱ, ㄴ ⑤ ㄱ, ㄴ, ㄷ

[20700-0542]
10 그림 (가)는 전자선을 금속박에 입사시켰을 때의 회절 무늬를, (나)는 X선을 같은 금속박에 입사시켰을 때의 회절 무늬를 나타낸 것이다. (가), (나)에서 회절 무늬 간격은 같다.

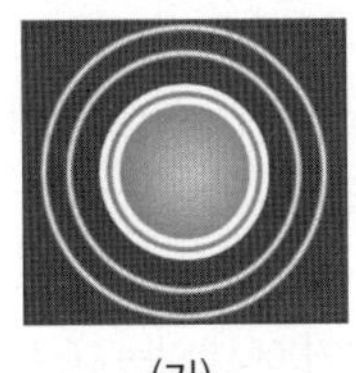
(가)

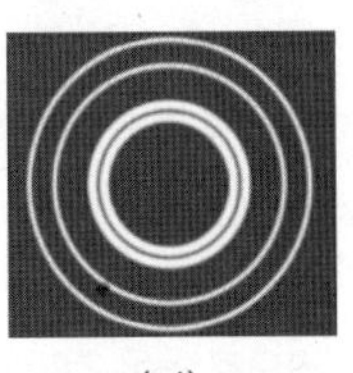
(나)

이에 대한 설명으로 옳은 것만을 〈보기〉에서 있는 대로 고른 것은?

보기
ㄱ. 전자의 파동성을 설명할 수 있다.
ㄴ. 전자의 드브로이 파장과 X선의 파장은 같다.
ㄷ. (가)에서 전자의 운동 에너지가 클수록 회절 무늬 간격은 넓어진다.

① ㄱ ② ㄷ ③ ㄱ, ㄴ ④ ㄴ, ㄷ ⑤ ㄱ, ㄴ, ㄷ

[20700-0543]
11 다음은 보어 원자 모형에서 전자 궤도의 반지름을 유도하는 것을 나타낸 것이다.

그림과 같이 수소 원자에서 원자핵과 전자 사이의 전기력이 구심력으로 작용하면 전자가 원자핵 주위를 반지름이 r인 원 궤도를 그리며 속력 v로 운동한다. 원자핵의 전하량을 $+e$, 전자의 질량과 전하량을 각각 m, $-e$라고 하면 [㉠]$=k\frac{e^2}{r^2}$이 성립한다. 양자수가 n, 궤도 반지름을 r라고 하면 보어의 양자 가설은 $2\pi r=n\frac{h}{mv}$이고, 전자의 궤도 반지름 r는 [㉡]에 비례한다.

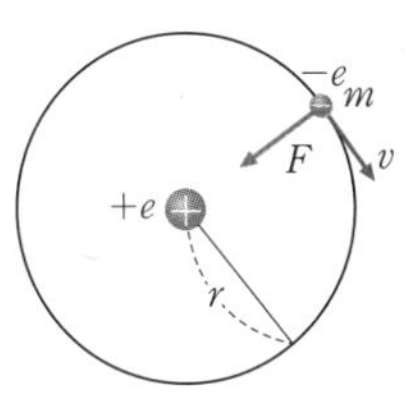

㉠과 ㉡으로 가장 적절한 것은?

	㉠	㉡		㉠	㉡
①	$m\frac{v^2}{r}$	n^2	②	$m\frac{v^2}{r}$	n
③	$m\frac{v^2}{r}$	n^4	④	$m\frac{v}{r}$	n^2
⑤	$m\frac{v}{r}$	n			

[20700-0544]
12 그림 (가), (나)는 보어의 수소 원자 모형에서 양자수 n이 서로 다른 전자의 원운동 궤도와 드브로이파가 만든 정상파를 모식적으로 나타낸 것이다. 실선과 점선은 각각 원운동 궤도와 정상파를 나타낸 것이다.

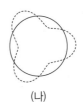

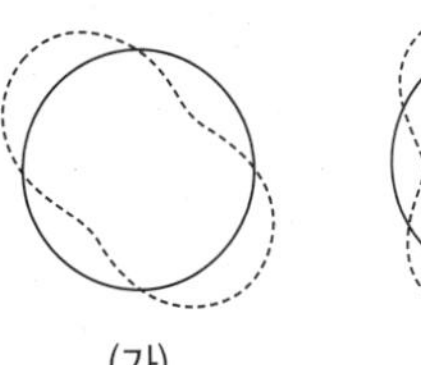
(가) (나)

이에 대한 설명으로 옳은 것만을 〈보기〉에서 있는 대로 고른 것은?

보기
ㄱ. 전자의 궤도 반지름은 (가)에서가 (나)에서보다 크다.
ㄴ. 전자의 운동량은 (가)에서가 (나)에서의 $\frac{3}{2}$배이다.
ㄷ. 전자가 (가)에서 (나)로 전이할 때 에너지를 방출한다.

① ㄱ ② ㄴ ③ ㄷ ④ ㄱ, ㄴ ⑤ ㄴ, ㄷ

[20700-0545]

13 그림은 입자 A, B, C의 속력과 질량을 나타낸 것으로 A의 드브로이 파장은 λ이다.

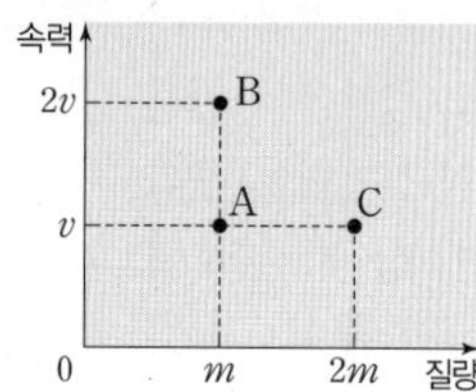

이에 대한 설명으로 옳은 것만을 〈보기〉에서 있는 대로 고른 것은? (단, 플랑크 상수는 h이다.)

보기

ㄱ. $\lambda=\dfrac{h}{mv}$이다.

ㄴ. B의 드브로이 파장은 2λ이다.

ㄷ. 회절 현상은 C가 A보다 잘 일어난다.

① ㄱ ② ㄴ ③ ㄷ ④ ㄱ, ㄴ ⑤ ㄱ, ㄴ, ㄷ

[20700-0546]

14 그림은 마찰이 없는 수평면에 정지해 있는 질량이 m인 입자 A와 질량이 $2m$인 입자 B에 수평면과 나란한 같은 크기의 일정한 힘 F가 작용하는 것을 나타낸 것이다.

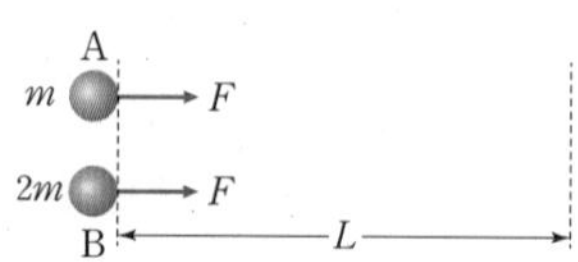

A, B가 L만큼 떨어진 지점을 통과하는 순간 A, B의 드브로이 파장을 λ_A, λ_B라고 할 때, $\lambda_A : \lambda_B$는? (단, 공기의 저항은 무시한다.)

① 2 : 1 ② $\sqrt{2}$: 1 ③ 1 : 1
④ 1 : $\sqrt{2}$ ⑤ 1 : 2

서술형

[20700-0547]

15 그림은 각각 질량이 m_A, m_B인 입자 A, B의 드브로이 파장을 운동 에너지에 따라 나타낸 것이다.

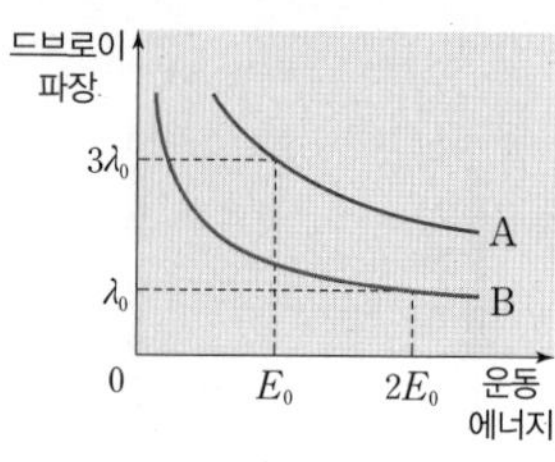

$m_A : m_B$를 풀이 과정과 함께 구하시오.

[20700-0548]

16 다음은 파장이 λ인 빛을 이용하여 전자의 위치와 운동량을 측정하는 하이젠베르크의 사고 실험 내용의 일부이다.

> 파장이 λ인 빛으로 전자의 위치를 측정하면 전자의 위치는 최소 λ만큼의 오차를 가지므로 전자의 위치 불확정성 Δx는 [㉠]이다. 파장이 λ인 빛의 운동량은 $\dfrac{h}{\lambda}$이고 전자의 운동량 변화 정도를 광자의 운동량 정도라고 하면 [㉡]이다. 따라서 위치와 운동량 사이의 불확정성 원리는 $\Delta x \Delta p \geq h$로 표현할 수 있다.

이에 대한 설명으로 옳은 것만을 〈보기〉에서 있는 대로 고른 것은? (단, 플랑크 상수는 h이다.)

보기

ㄱ. ㉠은 $\Delta x \geq \lambda$이다.

ㄴ. ㉡은 $\Delta p \approx \dfrac{h}{\lambda}$이다.

ㄷ. 전자의 위치와 운동량을 동시에 정확하게 측정할 수 있다.

① ㄱ ② ㄴ ③ ㄷ ④ ㄱ, ㄴ ⑤ ㄱ, ㄴ, ㄷ

[20700-0549]
17 그림은 현미경을 이용하여 전자의 위치를 측정하는 사고 실험을 나타낸 것이다.

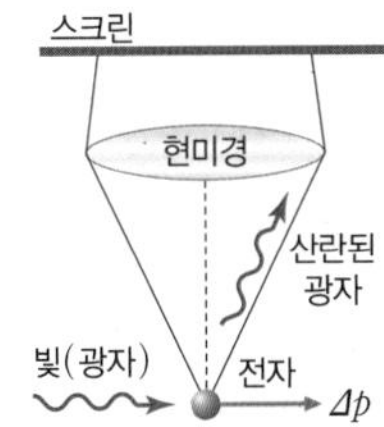

이에 대한 설명으로 옳은 것만을 〈보기〉에서 있는 대로 고른 것은?

보기
ㄱ. 스크린에 도달하는 빛의 회절에 의해 상이 흐려지므로 위치를 정확하게 측정하기 어렵다.
ㄴ. 빛의 파장이 길수록 전자의 위치 불확정성은 크다.
ㄷ. 빛의 파장이 짧을수록 전자의 운동량 불확정성은 작다.

① ㄱ ② ㄷ ③ ㄱ, ㄴ ④ ㄴ, ㄷ ⑤ ㄱ, ㄴ, ㄷ

[20700-0550]
18 그림은 파동 함수가 ψ인 전자의 $|\psi|^2$을 원자핵으로부터의 거리 r에 따라 나타낸 것으로 전자의 주 양자수 $n=2$, 궤도 양자수 $l=0$이다.

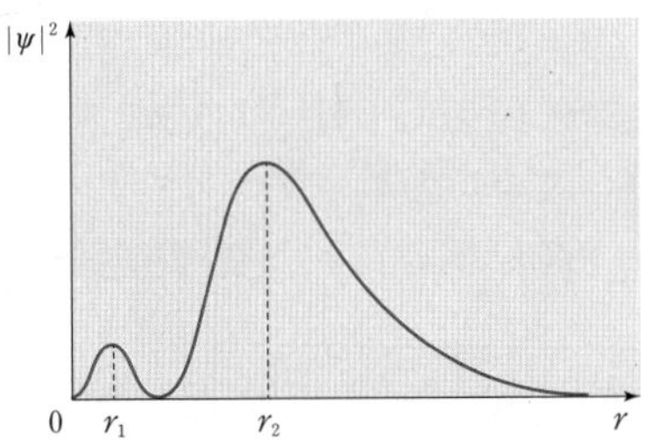

이에 대한 설명으로 옳은 것만을 〈보기〉에서 있는 대로 고른 것은?

보기
ㄱ. 자기 양자수 $m=0$이다.
ㄴ. $|\psi|^2$은 전자가 어떤 시간에 특정 구간에서 발견될 확률 밀도이다.
ㄷ. 전자의 에너지는 r_2에서가 r_1에서보다 크다.

① ㄱ ② ㄴ ③ ㄷ ④ ㄱ, ㄴ ⑤ ㄱ, ㄴ, ㄷ

[20700-0551]
19 그림 (가), (나)는 주 양자수가 각각 $n=1$, $n=2$인 상태의 현대의 수소 원자 모형을 순서 없이 나타낸 것이다. 점 p, q는 전자가 존재할 수 있는 공간의 한 지점이다.

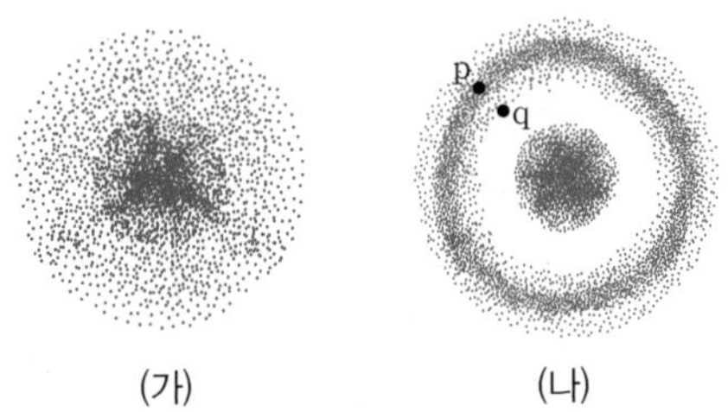

이에 대한 설명으로 옳은 것만을 〈보기〉에서 있는 대로 고른 것은?

보기
ㄱ. (가)는 $n=2$인 상태이다.
ㄴ. 전자의 에너지 준위는 (나)에서가 (가)에서보다 크다.
ㄷ. (나)에서 전자를 발견할 확률은 q에서가 p에서보다 크다.

① ㄱ ② ㄴ ③ ㄱ, ㄷ ④ ㄴ, ㄷ ⑤ ㄱ, ㄴ, ㄷ

서술형
[20700-0552]
20 그림은 입자의 드브로이파가 슬릿을 통과하여 회절하는 것을 나타낸 것이고, 표는 입자 A, B, C의 운동량, 슬릿의 폭, y 방향 운동량의 불확정성 Δp를 나타낸 것이다.

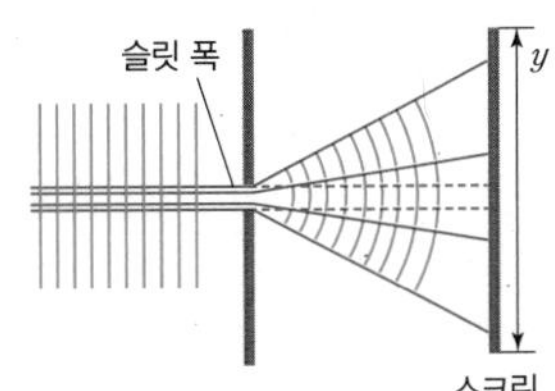

입자	A	B	C
운동량	p	$2p$	p
폭	d	$2d$	$2d$
Δp	Δp_A	Δp_B	Δp_C

Δp_A, Δp_B, Δp_C를 비교하고, 그 이유를 서술하시오.

[20700-0553]

01 그림 (가)는 광전 효과 실험 장치를 나타낸 것이고, (나)는 금속판 A, B, C에 세기가 일정한 단색광을 각각 비추었을 때 전압 V에 따른 광전류의 세기 I를 나타낸 것이다.

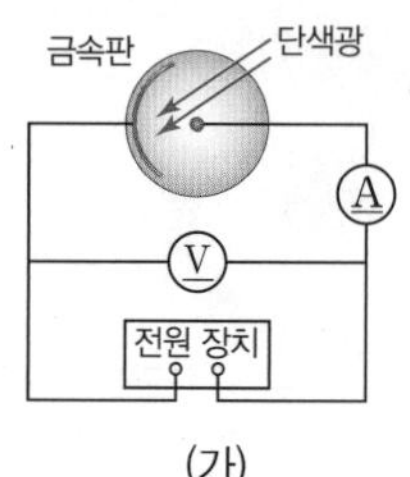

(가)

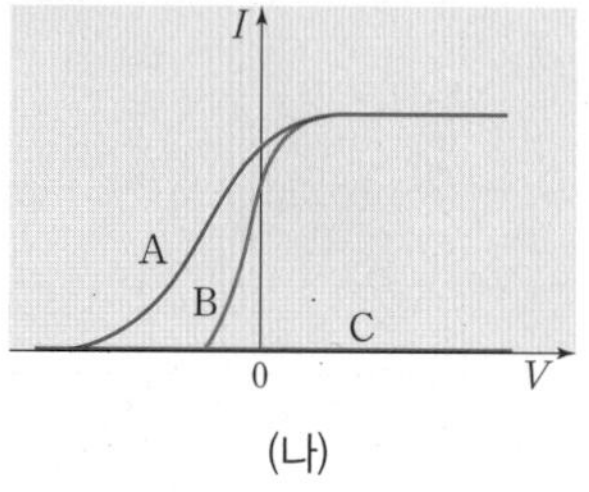

(나)

이에 대한 설명으로 옳은 것만을 〈보기〉에서 있는 대로 고른 것은?

보기

ㄱ. 일함수는 A가 B보다 작다.
ㄴ. 광전자의 최대 운동 에너지는 단색광을 A에 비출 때가 B에 비출 때보다 크다.
ㄷ. 단색광 광자 1개의 에너지는 C의 일함수보다 작다.

① ㄱ ② ㄷ ③ ㄱ, ㄴ ④ ㄴ, ㄷ ⑤ ㄱ, ㄴ, ㄷ

[20700-0554]

02 그림은 금속판 A, B에 단색광을 비추었을 때 방출되는 광전자의 최대 운동 에너지 E_k를 단색광의 파장에 따라 나타낸 것이다. 단색광의 파장이 λ일 때 A, B에서 방출되는 광전자의 E_k는 각각 E_1, E_2이다.

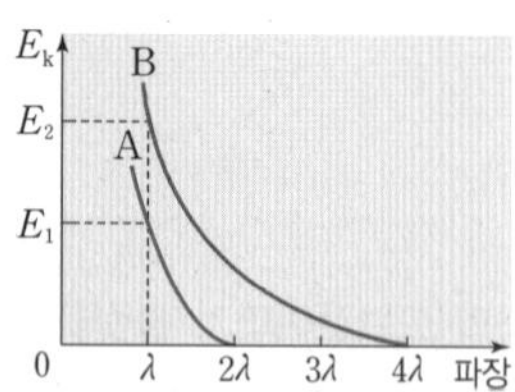

이에 대한 설명으로 옳은 것만을 〈보기〉에서 있는 대로 고른 것은?

보기

ㄱ. 일함수는 B가 A의 2배이다.
ㄴ. 파장이 3λ인 단색광을 비추었을 때 A에서는 광전자가 방출되지 않는다.
ㄷ. $E_1 : E_2 = 2 : 3$이다.

① ㄱ ② ㄷ ③ ㄱ, ㄴ ④ ㄴ, ㄷ ⑤ ㄱ, ㄴ, ㄷ

[20700-0555]

03 그림 (가)는 단색광 A, B가 공기에서 물로 진행할 때 굴절하는 것을 나타낸 것이다. 그림 (나)는 A, B를 각각 광전관에 비추는 것을 나타낸 것으로 B를 비출 때 광전자가 방출된다.

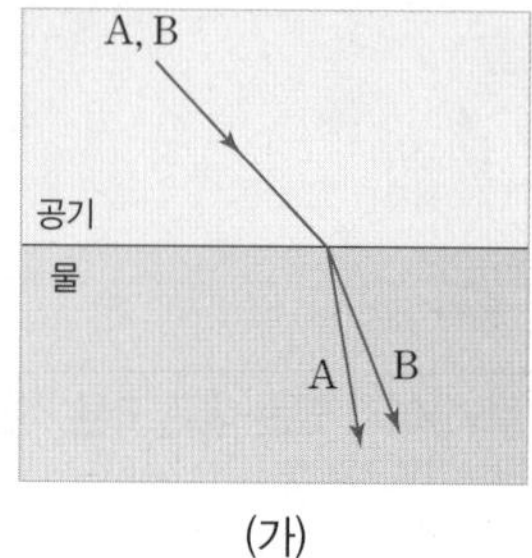

(가)

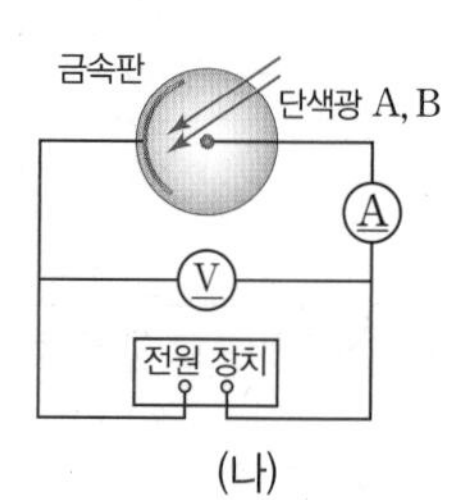

(나)

이에 대한 설명으로 옳은 것만을 〈보기〉에서 있는 대로 고른 것은?

보기

ㄱ. A를 비출 때 광전자가 방출되지 않는다.
ㄴ. 광자 1개의 에너지는 A가 B보다 크다.
ㄷ. 광전자의 최대 운동 에너지는 A, B를 동시에 비출 때가 A만 비출 때보다 크다.

① ㄱ ② ㄴ ③ ㄷ ④ ㄱ, ㄴ ⑤ ㄴ, ㄷ

[20700-0556]

04 그림은 광전 효과 실험 장치를 나타낸 것이고, 표는 금속판 A, B에 진동수가 $2f_0$, $3f_0$인 단색광을 각각 비추었을 때 방출되는 단색광의 최대 운동 에너지를 나타낸 것이다.

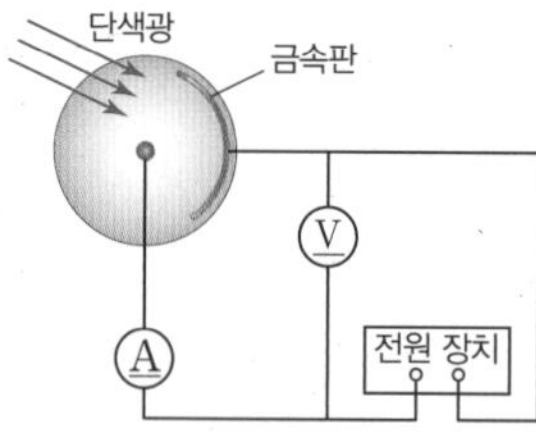

	$2f_0$	$3f_0$
A	E	$2E$
B	$\frac{1}{2}E$	㉮

A의 일함수를 W_A, B의 일함수를 W_B라고 할 때, ㉮와 $W_A : W_B$로 옳은 것은?

	㉮	$W_A : W_B$
①	$\frac{3}{2}E$	2 : 3
②	$\frac{3}{2}E$	1 : 2
③	$\frac{3}{2}E$	2 : 5
④	$\frac{5}{2}E$	2 : 3
⑤	$\frac{5}{2}E$	1 : 2

[20700-0557]

05 그림은 입자가 음극판에서 정지 상태에서 일정한 전압 V에 의해 가속되어 양극판을 통과하는 것을 나타낸 것이다. 표는 입자 A, B의 전하량과 질량을 나타낸 것이다.

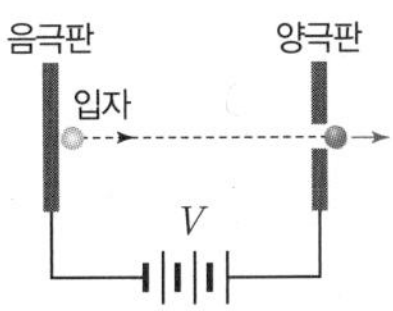

	전하량	질량
A	e	m
B	$2e$	$4m$

이에 대한 설명으로 옳은 것만을 〈보기〉에서 있는 대로 고른 것은?

보기
ㄱ. 양극판에 도달하는 데 걸리는 시간은 A가 B보다 크다.
ㄴ. 양극판을 통과할 때 입자의 운동 에너지는 B가 A의 2배이다.
ㄷ. 양극판을 통과할 때 입자의 드브로이 파장은 A가 B의 2배이다.

① ㄱ ② ㄴ ③ ㄱ, ㄷ ④ ㄴ, ㄷ ⑤ ㄱ, ㄴ, ㄷ

[20700-0558]

06 그림 (가)는 입자의 종류와 운동 에너지를 바꿔가며 물질파의 이중 슬릿에 의해 형광판에 나타난 간섭무늬를 관찰하는 실험을 모식적으로 나타낸 것이다. 이웃한 밝은 무늬 사이의 간격은 Δx이다. 그림 (나)의 A, B, C는 (가)에서 사용된 입자의 질량과 운동 에너지를 나타낸 것이다.

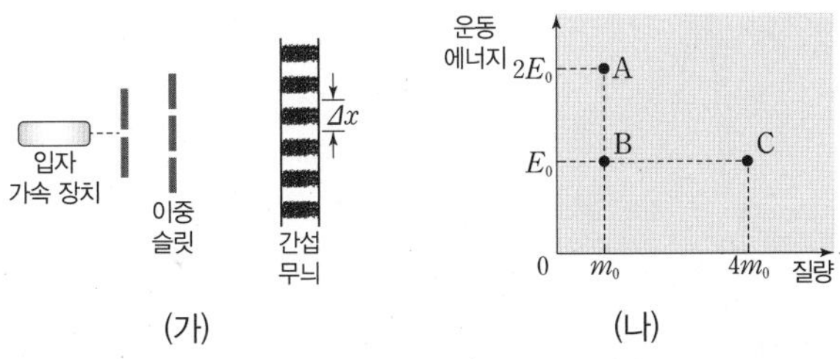

이에 대한 설명으로 옳은 것만을 〈보기〉에서 있는 대로 고른 것은?

보기
ㄱ. 드브로이 파장은 A가 B의 $\sqrt{2}$배이다.
ㄴ. 운동량의 크기는 C가 B의 2배이다.
ㄷ. Δx는 A로 실험할 때가 B로 실험할 때보다 크다.

① ㄱ ② ㄴ ③ ㄷ ④ ㄱ, ㄴ ⑤ ㄴ, ㄷ

[20700-0559]

07 그림은 질량이 m인 입자 A와 질량이 $2m$인 입자 B의 드브로이 파장을 운동 에너지에 따라 나타낸 것이다.

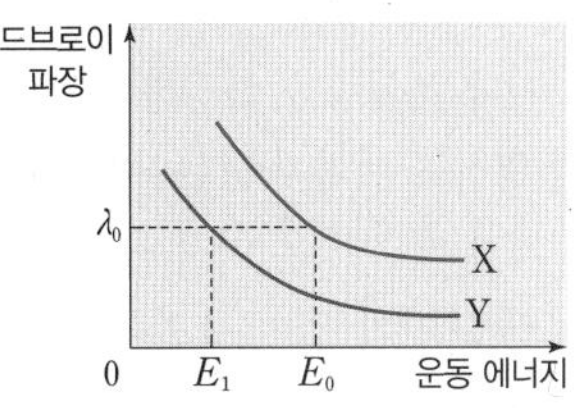

이에 대한 설명으로 옳은 것만을 〈보기〉에서 있는 대로 고른 것은? (단, 플랑크 상수는 h이다.)

보기
ㄱ. A에 해당하는 것은 X이다.
ㄴ. $\lambda_0=\dfrac{h}{\sqrt{2mE_0}}$이다.
ㄷ. $E_1=\dfrac{E_0}{\sqrt{2}}$이다.

① ㄱ ② ㄷ ③ ㄱ, ㄴ ④ ㄴ, ㄷ ⑤ ㄱ, ㄴ, ㄷ

[20700-0560]

08 그림은 보어 수소 원자 모형에서 양자수 n이 서로 다른 전자의 원운동 궤도와 드브로이파가 만든 정상파 A, B를 모식적으로 나타낸 것이다. E는 전자가 B인 상태에서 A인 상태로 전이할 때 방출하는 에너지이고, 바닥상태에서 전자의 에너지는 $-E_0$이다.

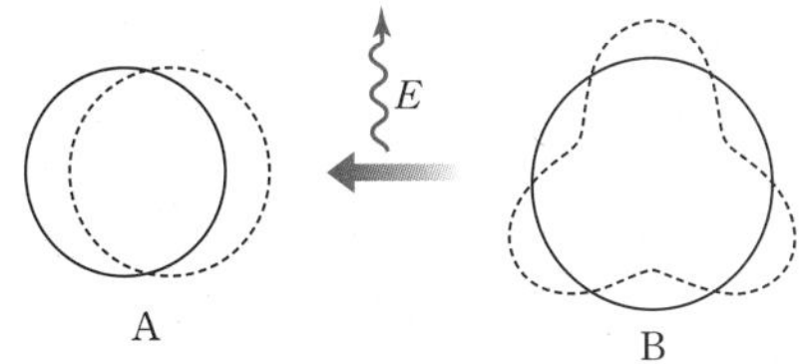

이에 대한 설명으로 옳은 것만을 〈보기〉에서 있는 대로 고른 것은? (단, 플랑크 상수는 h이다.)

보기
ㄱ. 전자의 원운동 궤도 반지름은 B가 A의 9배이다.
ㄴ. 전자의 드브로이 파장은 A가 B의 3배이다.
ㄷ. E는 $\dfrac{2E_0}{3}$이다.

① ㄱ ② ㄷ ③ ㄱ, ㄴ ④ ㄴ, ㄷ ⑤ ㄱ, ㄴ, ㄷ

정답과 해설 98쪽

[20700-0561]

09 다음은 고전 역학과 양자 역학에서의 측정의 정밀성에 대한 내용이다.

(가) 입자의 위치나 운동량을 측정하는 것이 입자의 운동에 어떠한 영향도 미치지 않는다.
(나) 입자의 크기가 매우 작은 미시 세계에서는 입자의 위치나 운동량을 알기 위한 측정이 입자의 운동 상태를 변화시킬 수 있다.

이에 대한 설명으로 옳은 것만을 <보기>에서 있는 대로 고른 것은?

보기
ㄱ. (가)는 고전 역학적 관점이다.
ㄴ. (가)의 관점에서는 입자의 위치를 정확하게 측정할 수 있다.
ㄷ. (나)의 관점에서는 입자의 위치와 운동량을 동시에 정확하게 측정할 수 있다.

① ㄱ ② ㄴ ③ ㄷ ④ ㄱ, ㄴ ⑤ ㄱ, ㄴ, ㄷ

[20700-0562]

10 그림은 운동량이 p인 전자가 폭이 Δx인 슬릿을 통과하는 것을 모식적으로 나타낸 것이다. 슬릿을 통과한 전자의 운동량 불확정성은 Δp이다.

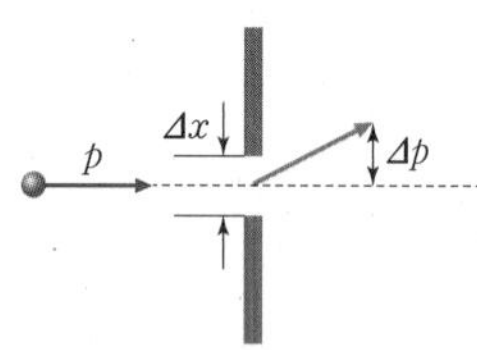

이에 대한 설명으로 옳은 것만을 <보기>에서 있는 대로 고른 것은?

보기
ㄱ. Δx가 증가하면 전자의 위치 불확정성이 증가한다.
ㄴ. Δx가 증가하면 전자의 물질파가 회절하는 정도가 감소한다.
ㄷ. Δx가 감소하면 Δp는 감소한다.

① ㄱ ② ㄷ ③ ㄱ, ㄴ ④ ㄴ, ㄷ ⑤ ㄱ, ㄴ, ㄷ

[20700-0563]

11 그림 (가)는 정지해 있는 전자가 광자와 충돌한 후 운동하는 것을, (나)는 전자가 결정 격자를 통과한 후 만드는 회절 무늬를 나타낸 것이다.

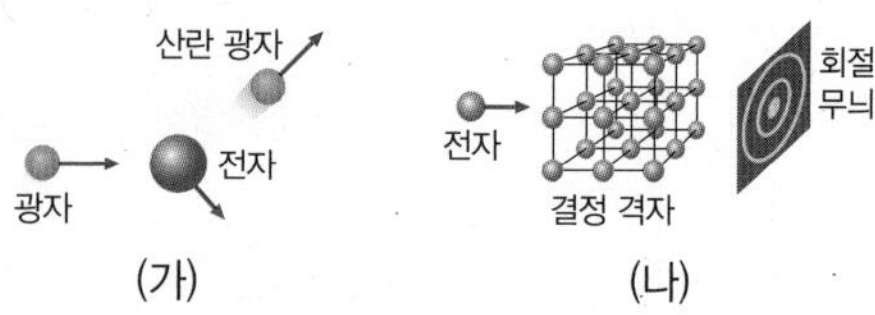

이에 대한 설명으로 옳은 것만을 <보기>에서 있는 대로 고른 것은?

보기
ㄱ. (가)에서 전자는 입자의 성질을 갖는다.
ㄴ. (나)에서 전자는 파동의 성질을 갖는다.
ㄷ. 전자는 한 가지 실험에서 입자와 파동의 성질이 동시에 나타나지 않는다.

① ㄱ ② ㄷ ③ ㄱ, ㄴ ④ ㄴ, ㄷ ⑤ ㄱ, ㄴ, ㄷ

[20700-0564]

12 그림 (가), (나)는 수소 원자에서 주 양자수 n과 궤도 양자수 l이 각각 $n=1$, $l=0$과 $n=2$, $l=0$인 상태에서 전자가 발견될 확률 밀도를 원자핵으로부터의 거리에 따라 순서 없이 나타낸 것이다.

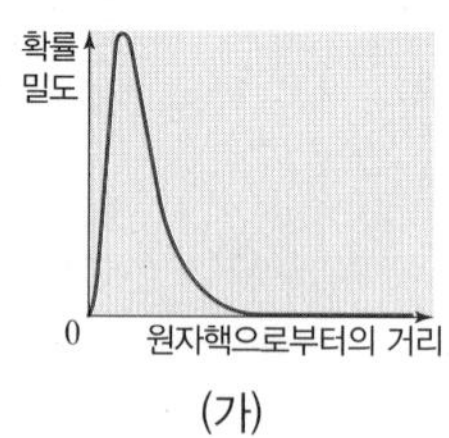

(가)

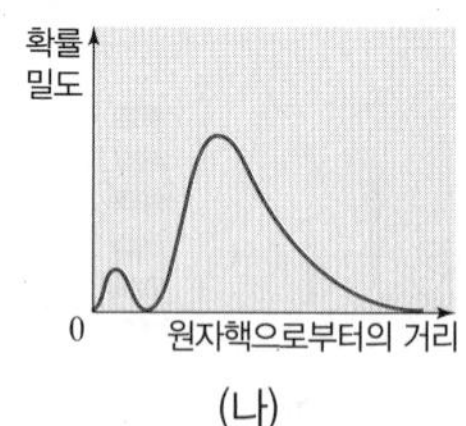

(나)

이에 대한 설명으로 옳은 것만을 <보기>에서 있는 대로 고른 것은?

보기
ㄱ. 전자의 에너지는 (나)에서가 (가)에서보다 크다.
ㄴ. (나)에서 자기 양자수는 0이다.
ㄷ. 확률 밀도 그래프 아래의 전체 넓이는 (가)에서와 (나)에서가 같다.

① ㄱ ② ㄷ ③ ㄱ, ㄴ ④ ㄴ, ㄷ ⑤ ㄱ, ㄴ, ㄷ

1 간섭과 회절

(1) 전자기파의 간섭

① 이중 슬릿에서의 간섭: 슬릿 S_1과 S_2로부터 스크린상의 점 P까지의 경로차는 $\Delta = d\sin\theta = d\dfrac{x}{L}$이다.

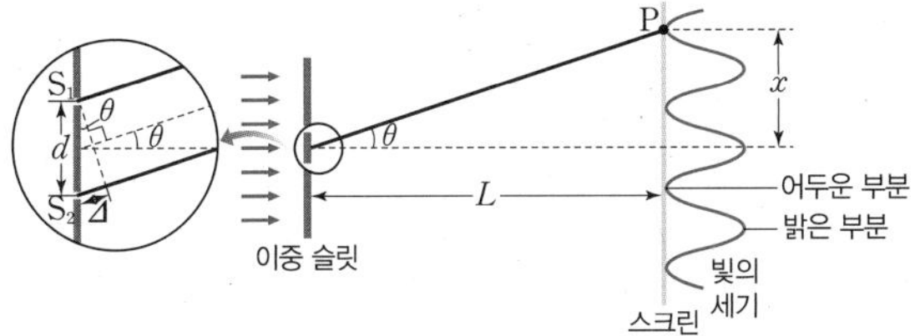

② 보강 간섭과 상쇄 간섭

- 보강 간섭: 스크린의 한 점에서 이중 슬릿을 통과한 빛이 같은 위상으로 만나며, 밝은 무늬가 나타난다.
- 상쇄 간섭: 스크린의 한 점에서 이중 슬릿을 통과한 빛이 반대 위상으로 만나며, 어두운 무늬가 나타난다.

$$\text{경로차 } d\frac{x}{L} = \begin{cases} \dfrac{\lambda}{2}(2m) & \text{보강 간섭}(m=0,\ 1,\ 2,\ 3\cdots) \\ \dfrac{\lambda}{2}(2m+1) & \text{상쇄 간섭}(m=0,\ 1,\ 2,\ 3\cdots) \end{cases}$$

③ 인접한 같은 종류의 무늬 사이의 간격은 $\Delta x = L\dfrac{\lambda}{d}$이다.

(2) 전자기파의 회절: 파동이 좁은 틈을 지나면서 퍼져 나가는 것을 회절이라고 한다. 회절은 슬릿의 폭이 좁을수록, 파동의 파장이 길수록 잘 일어난다.

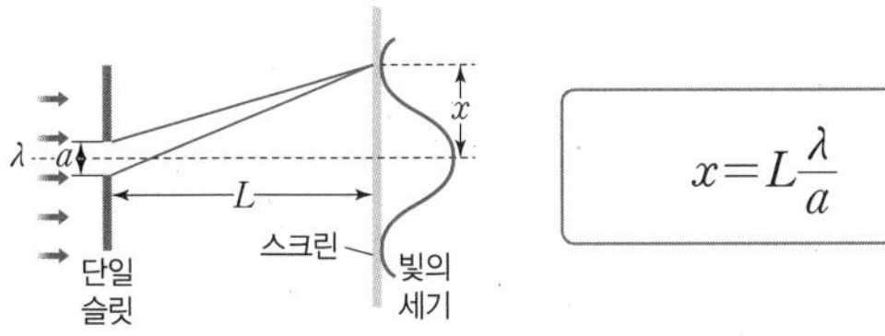

$$x = L\frac{\lambda}{a}$$

2 도플러 효과

(1) 도플러 효과: 파원이나 관찰자가 움직이게 되면 정지해 있을 때와 다른 진동수의 파동을 관측하는 현상

(2) 관찰자는 정지해 있고 음원이 운동할 때

① 음원이 관찰자 A에게 다가가는 경우: 음원에서 발생하는 음파의 진동수보다 큰 진동수의 소리를 듣는다.

$$f_A = \frac{v}{\lambda_A} = \frac{v}{\lambda - \dfrac{v_s}{f}} = \frac{v}{\dfrac{v}{f} - \dfrac{v_s}{f}} = \frac{v}{v - v_s}f > f$$

② 음원이 관찰자 B로부터 멀어지는 경우: 음원에서 발생하는 음파의 진동수보다 작은 진동수의 소리를 듣는다.

$$f_B = \frac{v}{\lambda_B} = \frac{v}{\lambda + \dfrac{v_s}{f}} = \frac{v}{\dfrac{v}{f} + \dfrac{v_s}{f}} = \frac{v}{v + v_s}f < f$$

3 전자기파의 발생과 수신

(1) 교류 회로에서 축전기와 코일

① 축전기가 연결된 교류 회로: 축전기가 연결된 교류 회로에서는 교류 전원의 진동수가 클수록, 축전기의 전기 용량이 클수록 축전기의 저항 역할은 작아지고, 회로에 흐르는 전류의 세기는 커진다.

② 코일이 연결된 교류 회로: 코일이 연결된 교류 회로에서는 교류 전원의 진동수가 작을수록, 코일의 자체 유도 계수가 작을수록 코일의 저항 역할은 작아지고, 회로에 흐르는 전류의 세기는 커진다.

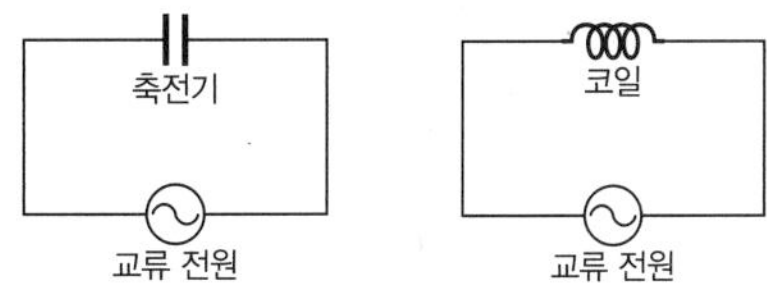

(2) 볼록 렌즈에 의한 상

① 볼록 렌즈에 의한 물체의 상: 물체가 초점 바깥쪽에 있을 때에는 렌즈를 통과한 빛이 한 점으로 모이므로 거꾸로 선 실상이 생기고, 물체가 초점 안쪽에 있을 때에는 렌즈를 통과한 빛이 모이지 않고 퍼져 나가므로 물체보다 크고 바로 서 있는 모양의 허상이 생긴다.

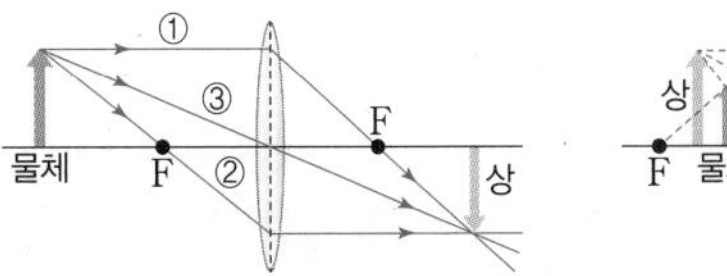

② 렌즈 방정식과 배율: 렌즈와 물체 사이의 거리가 a, 렌즈와 상 사이의 거리가 b, 렌즈의 초점 거리가 f일 때 렌즈 방정식과 배율은 다음과 같다.

$$\frac{1}{a} + \frac{1}{b} = \frac{1}{f},\ \text{배율 } M = \left|\frac{b}{a}\right|$$

단원 정리

4 빛의 입자성

(1) 광전 효과

① 빛에 의해 금속 표면에서 전자가 방출되는 현상을 광전 효과라 하고, 이때 방출된 전자를 광전자라고 한다.

② 정지 전압을 V_0이라고 하며, 정지 전압은 광전자의 운동 에너지의 최댓값 E_k에 비례한다.

$$E_k=\frac{1}{2}mv_0^2=eV_0 \ (e\text{: 기본 전하량})$$

(2) 광전 효과 실험 결과

① 광전자는 특정한 진동수 이상의 빛을 비출 때만 방출된다. 이 특정한 진동수를 한계(문턱) 진동수라고 한다.

② 빛의 세기가 약해도 한계 진동수 이상의 빛을 비추면 광전자는 즉시 방출되며 빛의 세기가 클수록 광전류의 세기도 커진다.

③ 광전자의 최대 운동 에너지는 빛의 세기에는 관계없으며, 빛의 진동수가 클수록 커진다.

(3) 광양자설

① 진동수가 f인 광자 1개의 에너지 E는 다음과 같다.

$$E=hf=\frac{hc}{\lambda} \ (\text{플랑크 상수 } h=6.63\times10^{-34}\ \text{J}\cdot\text{s})$$

② 한계(문턱) 진동수가 f_0인 금속 표면에 진동수가 f인 빛을 비추면 방출되는 광전자가 가지는 최대 운동 에너지 E_k는 다음과 같다. ➡ $E_k=hf-W=h(f-f_0)$

5 입자의 파동성

(1) 물질파

① 이중 슬릿을 통과한 전자는 스크린에 간섭무늬를 만든다. 이를 통해 전자가 파동의 성질을 갖는다는 것을 알 수 있다.

빛의 간섭무늬

전자선의 간섭무늬

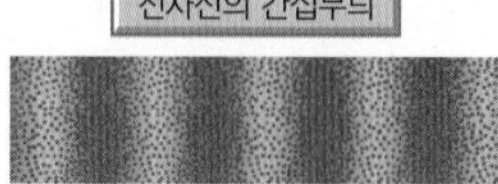

② 물질인 입자가 파동의 성질인 파장을 가질 때 물질의 파동을 물질파 또는 드브로이파라 하고, 이때의 파장을 드브로이 파장이라고 한다.

③ 질량이 m인 입자가 속력 v로 운동할 때 운동량이 p인 물질파 파장 λ는 다음과 같다. ➡ $\lambda=\frac{h}{p}=\frac{h}{mv}$

④ 가속되는 전자에 걸어 준 전압이 V일 때 전자의 운동 에너지는 $\frac{p^2}{2m}=eV$이므로 물질파의 파장과 전압 사이의 관계는 다음과 같다. ➡ $\lambda=\frac{h}{p}=\frac{h}{\sqrt{2meV}}$

(2) 보어의 원자 모형과 물질파

① 보어의 제1가설을 드브로이 파장으로 표현하면 다음과 같다. ➡ $2\pi r=n\frac{h}{mv}=n\lambda \ (n=1,\ 2,\ 3,\cdots)$

② 보어의 양자 가설을 수소 원자에 적용하여 양자수 n인 전자 궤도의 반지름 r_n을 이론적으로 유도하면 다음과 같다. ➡ $r_n=a_0n^2$ (보어 반지름 $a_0=0.53\times10^{-10}$ m)

6 불확정성의 원리와 현대적 원자 모형

(1) 불확정성 원리

① 양자 역학에서의 측정은 측정 도구와 대상의 상호 작용에 의해 무한히 정밀하게 측정하는 것은 불가능하다.

② 위치와 운동량의 측정에 대한 불확정성 원리를 식으로 표현하면 다음과 같다.

$$\Delta x\Delta p\geq h$$

(2) 현대적 원자 모형

① 슈뢰딩거 방정식으로 전자의 파동 함수를 결정하는 3개의 양자수를 n, l, m으로 나타낸다.

양자수	명칭	허용된 값
n	주 양자수	$1, 2, 3, \cdots, \infty$
l	궤도 양자수	$0, 1, 2, \cdots, n-1$
m	자기 양자수	$-l,\ -l+1,\ \cdots,\ 0,\ \cdots,\ l-1,\ l$

② 파동 함수는 전자를 발견할 확률을 알려주는데, 수소 원자에서 전자를 발견할 확률은 보어 모형에서 기술한 것과 다르게 3차원으로 분포된 전자 구름의 형태를 보인다.

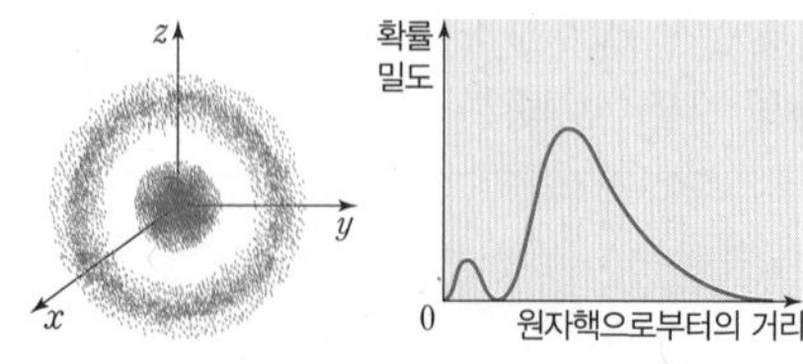

▲ (2, 0, 0)인 상태

단원 마무리 문제

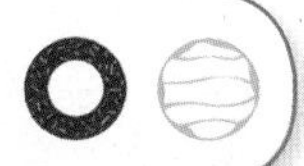

정답과 해설 99쪽

[20700-0565]

01 그림 (가)는 파장이 λ인 단색광 A가 단일 슬릿과 이중 슬릿을 통과하여 스크린에 간섭무늬가 생긴 것을 나타낸 것이다. 점 O는 이중 슬릿의 두 슬릿으로부터 같은 거리에 있고, 점 P에서는 O로부터 첫 번째 어두운 무늬가 나타났다. 그림 (나)는 (가)에서 단색광 B가 단일 슬릿과 이중 슬릿을 통과하여 스크린에 간섭무늬가 생긴 것을 나타낸 것이다. P에서는 O로부터 두 번째 밝은 무늬가 나타났다. O, P는 스크린상의 점이다.

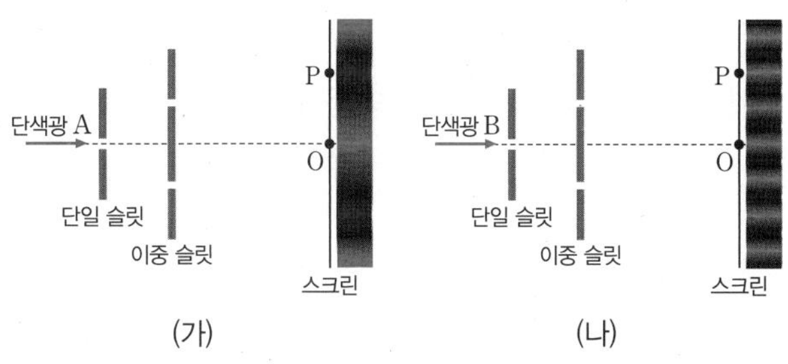

B의 파장은?

① $\frac{1}{6}\lambda$ ② $\frac{1}{5}\lambda$ ③ $\frac{1}{4}\lambda$ ④ $\frac{1}{3}\lambda$ ⑤ $\frac{1}{2}\lambda$

[20700-0566]

02 그림은 세기가 동일한 단색광 A, B가 각각 단일 슬릿을 통과하여 스크린에 회절 무늬를 만든 것을 나타낸 것이다. 표는 A, B를 비추었을 때 스크린 중앙의 밝은 무늬의 폭 Δx와 스크린 중앙에서의 빛의 세기 I를 나타낸 것이다. 단색광의 파장은 A가 B보다 작다.

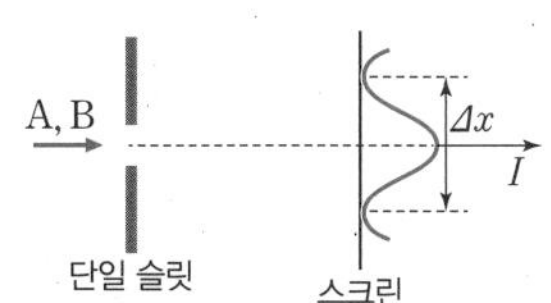

	Δx	I
A	㉠	I_0
B	x_0	㉡

이에 대한 설명으로 옳은 것만을 <보기>에서 있는 대로 고른 것은?

보기

ㄱ. 단일 슬릿을 통과한 후 단색광의 속력은 A가 B보다 크다.

ㄴ. ㉠은 x_0보다 작다.

ㄷ. ㉡은 I_0이다.

① ㄱ ② ㄴ ③ ㄷ ④ ㄱ, ㄴ ⑤ ㄴ, ㄷ

[20700-0567]

03 그림 (가)는 정지한 관찰자가 직선 운동하는 자동차를 향해 진동수가 f_0인 음파를 발사했을 때 자동차에서 반사되어 돌아오는 음파의 진동수를 측정하는 것을 나타낸 것이다. 그림 (나)는 자동차에서 반사된 음파의 진동수를 시간에 따라 나타낸 것이다.

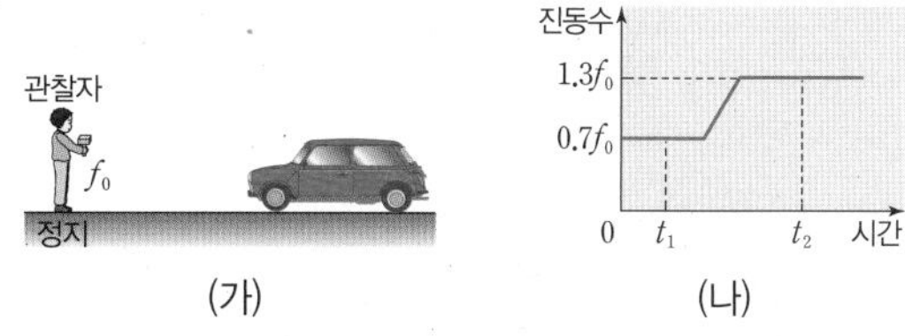

이에 대한 설명으로 옳은 것만을 <보기>에서 있는 대로 고른 것은?

보기

ㄱ. 자동차의 운동 방향은 t_1일 때와 t_2일 때가 서로 반대이다.

ㄴ. t_1일 때 자동차가 측정한 음파의 진동수는 $0.7f_0$보다 크다.

ㄷ. 자동차의 속력은 t_1일 때가 t_2일 때의 $\frac{23}{17}$배이다.

① ㄱ ② ㄷ ③ ㄱ, ㄴ ④ ㄴ, ㄷ ⑤ ㄱ, ㄴ, ㄷ

[20700-0568]

04 그림 (가)는 정지해 있는 측정기 A를 향해 음원 B가 v의 속력으로 등속도 운동하는 것을 나타낸 것이고, (나)는 A가 정지해 있는 B를 향해 v의 속력으로 등속도 운동하는 것을 나타낸 것이다. B에서 발생하는 소리의 진동수는 (가)에서와 (나)에서가 같다.

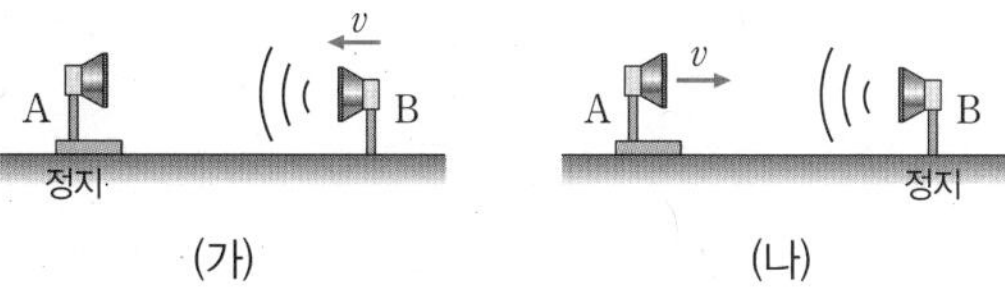

A가 측정한 소리에 대한 설명으로 옳은 것만을 <보기>에서 있는 대로 고른 것은? (단, 음속은 V이다.)

보기

ㄱ. 파장은 (가)에서와 (나)에서가 같다.

ㄴ. 속력은 (가)에서가 (나)에서의 $\frac{V}{V-v}$배이다.

ㄷ. 진동수는 (가)에서가 (나)에서의 $\frac{V^2}{V^2-v^2}$배이다.

① ㄱ ② ㄴ ③ ㄷ ④ ㄱ, ㄴ ⑤ ㄴ, ㄷ

[20700-0569]

05 그림은 진폭이 같은 여러 진동수의 전기 신호를 발생시킬 수 있는 장치에 저항, 전기 소자 P, 전압계, 스피커가 연결된 것을 나타낸 것이다. P는 축전기나 코일 중 하나이다. 표는 전압계의 눈금 값을 진동수에 따라 나타낸 것이다.

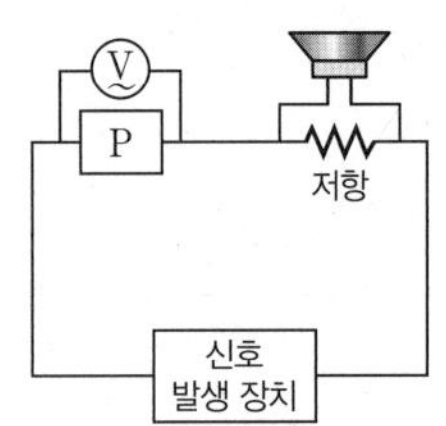

진동수	전압
f_0	V_0
$2f_0$	$\frac{2V_0}{3}$

이에 대한 설명으로 옳은 것만을 <보기>에서 있는 대로 고른 것은?

보기

ㄱ. P는 축전기이다.
ㄴ. 진동수가 클수록 저항에 흐르는 전류의 세기가 크다.
ㄷ. 스피커에서는 고음이 저음보다 더 크게 출력된다.

① ㄱ ② ㄷ ③ ㄱ, ㄴ ④ ㄴ, ㄷ ⑤ ㄱ, ㄴ, ㄷ

[20700-0570]

06 그림은 방송국에서 소리가 마이크에 입력되어 전기 신호 A로 전환된 후 교류 신호 B로 실려 송신되는 과정과 라디오에서 방송이 수신되는 과정을 나타낸 것이다.

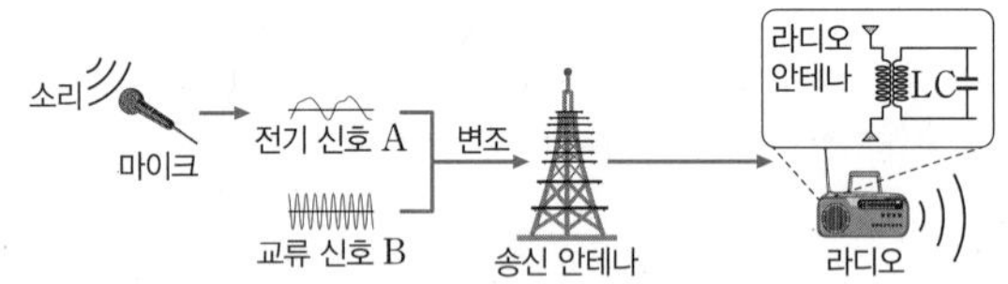

이에 대한 설명으로 옳은 것만을 <보기>에서 있는 대로 고른 것은?

보기

ㄱ. 마이크는 음성 신호를 전기 신호로 바꿔주는 장치이다.
ㄴ. A를 B에 첨가하는 과정을 변조라고 한다.
ㄷ. 라디오에서는 LC 회로의 공명 진동수를 A의 진동수에 맞추어 방송을 수신한다.

① ㄱ ② ㄷ ③ ㄱ, ㄴ ④ ㄴ, ㄷ ⑤ ㄱ, ㄴ, ㄷ

[20700-0571]

07 그림 (가)는 광축 위에 물체를 놓았더니 볼록 렌즈 뒤쪽에 상이 생긴 것을 나타낸 것이고, (나)는 (가)에서 렌즈만 아랫부분이 없는 동일한 볼록 렌즈로 바꾼 것을 나타낸 것이다.

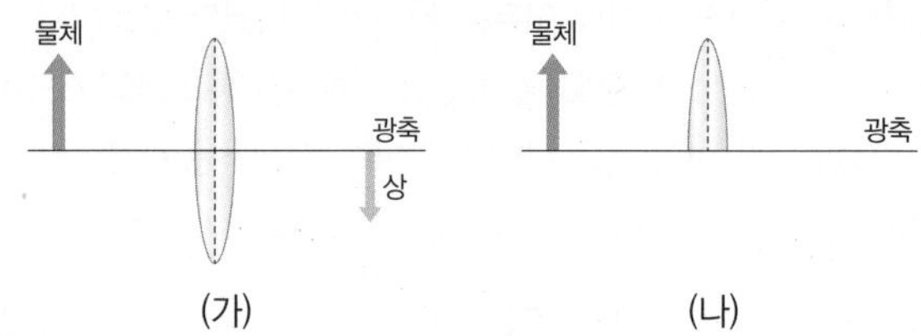

(가) (나)

이에 대한 설명으로 옳은 것만을 <보기>에서 있는 대로 고른 것은?

보기

ㄱ. (가)에서 물체는 초점과 렌즈 사이에 있다.
ㄴ. 상은 (가)에서가 (나)에서보다 밝다.
ㄷ. 상의 크기는 (가)에서가 (나)에서보다 크다.

① ㄱ ② ㄴ ③ ㄷ ④ ㄱ, ㄴ ⑤ ㄴ, ㄷ

[20700-0572]

08 그림은 광축 위에 물체를 놓은 것을 나타낸 것으로 p, q, r는 광축 위의 점이고, 모눈 한 칸의 간격은 5 cm이다.

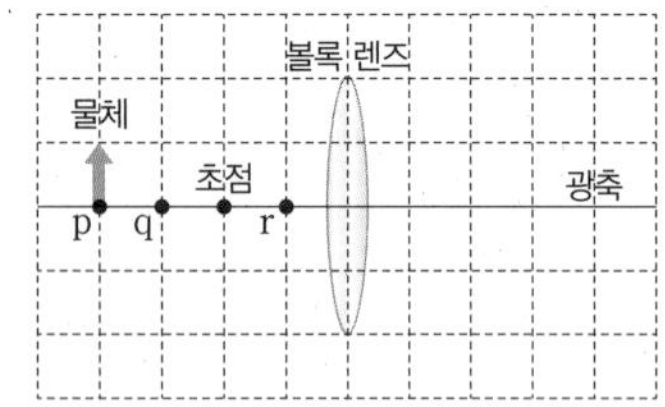

이에 대한 설명으로 옳은 것만을 <보기>에서 있는 대로 고른 것은?

보기

ㄱ. 물체가 p에 있을 때 렌즈와 상 사이의 거리는 20 cm이다.
ㄴ. 물체가 q에 있을 때 상의 크기는 10 cm이다.
ㄷ. 물체가 r에 있을 때, 렌즈 오른쪽에 허상이 생긴다.

① ㄱ ② ㄷ ③ ㄱ, ㄴ ④ ㄴ, ㄷ ⑤ ㄱ, ㄴ, ㄷ

[20700-0573]
09 그림 (가), (나)는 진동수가 f_A, f_B인 빛을 동일한 금속판에 비추는 것을 나타낸 것으로, 광전자는 (가)에서는 방출되고 (나)에서는 방출되지 않는다.

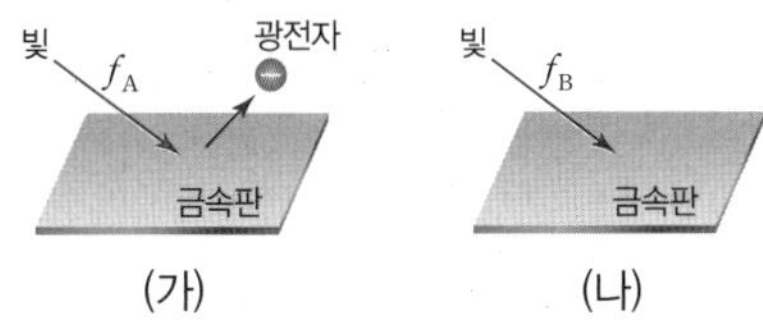

(가) (나)

이에 대한 설명으로 옳은 것만을 ⟨보기⟩에서 있는 대로 고른 것은?

보기
ㄱ. $f_A > f_B$이다.
ㄴ. (가)에서 진동수만 더 큰 빛으로 바꾸면 광전자의 최대 운동 에너지는 증가한다.
ㄷ. (나)에서 f_B는 금속판의 한계(문턱) 진동수보다 크다.

① ㄱ ② ㄷ ③ ㄱ, ㄴ ④ ㄴ, ㄷ ⑤ ㄱ, ㄴ, ㄷ

[20700-0574]
10 그림 (가)는 동일한 금속판에 세기가 각각 I_A, I_B인 단색광 A, B를 비추었을 때 광전류의 세기를 전압에 따라 나타낸 것이다. 그림 (나)는 동일한 금속판에 진동수가 각각 f_C, f_D인 단색광 C, D를 비추었을 때 광전류의 세기를 양극 전압에 따라 나타낸 것이다.

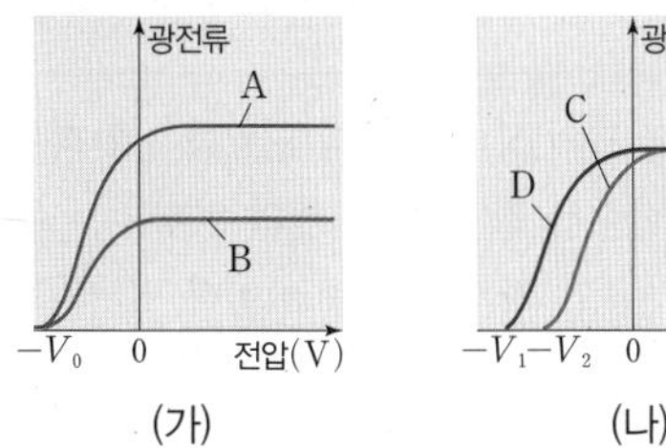

(가) (나)

이에 대한 설명으로 옳은 것만을 ⟨보기⟩에서 있는 대로 고른 것은?

보기
ㄱ. I_A는 I_B보다 크다.
ㄴ. (가)에서 광전자의 최대 운동 에너지는 A를 비출 때가 B를 비출 때보다 크다.
ㄷ. f_C는 f_D보다 크다.

① ㄱ ② ㄷ ③ ㄱ, ㄴ ④ ㄴ, ㄷ ⑤ ㄱ, ㄴ, ㄷ

[20700-0575]
11 그림 (가)는 광전 효과 실험 장치를 나타낸 것이고, (나)는 금속판 P, Q에 단색광을 비추었을 때 방출되는 광전자의 최대 운동 에너지와 단색광의 진동수를 점 a, b, c, d로 나타낸 것이다. a는 P에 단색광을 비춘 결과이고, 모눈 간격은 일정하다.

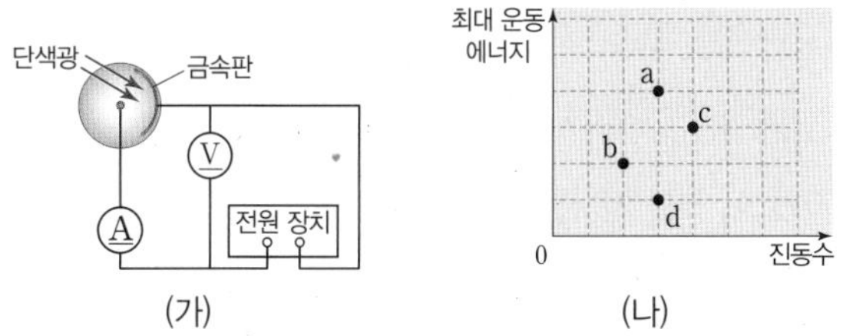

(가) (나)

이에 대한 설명으로 옳은 것만을 ⟨보기⟩에서 있는 대로 고른 것은?

보기
ㄱ. b는 P에 단색광을 비춘 결과이다.
ㄴ. a와 b, c와 d를 이은 직선의 기울기는 같다.
ㄷ. 일함수는 P가 Q보다 크다.

① ㄱ ② ㄴ ③ ㄷ ④ ㄱ, ㄴ ⑤ ㄱ, ㄴ, ㄷ

[20700-0576]
12 그림 (가)는 원자들이 서로 반대 방향으로 운동하는 것을 모식적으로 나타낸 것이다. 그림 (나)는 이 원자들이 겹쳤을 때 원자의 분포를 찍은 사진이고, 물질파의 중첩에 의해 정상파가 생성된 것을 보여 주고 있다. d는 이웃한 어두운 무늬 사이의 간격이다.

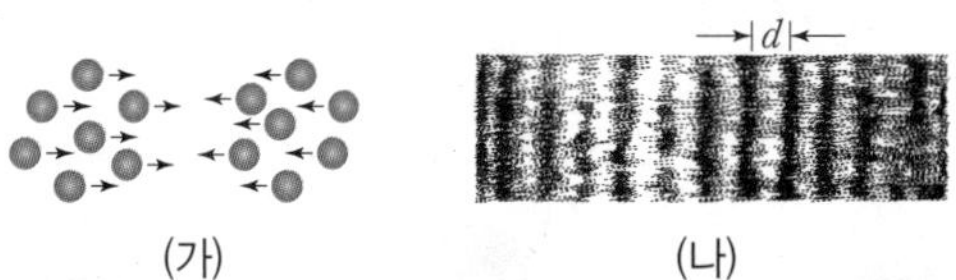

(가) (나)

이에 대한 설명으로 옳은 것만을 ⟨보기⟩에서 있는 대로 고른 것은?

보기
ㄱ. (나)의 무늬는 원자의 파동성으로 설명할 수 있다.
ㄴ. 원자의 속력이 작아지면 물질파 파장이 커진다.
ㄷ. 운동 에너지가 더 큰 원자들이 겹쳐지면 d는 작아진다.

① ㄱ ② ㄷ ③ ㄱ, ㄴ ④ ㄴ, ㄷ ⑤ ㄱ, ㄴ, ㄷ

[20700-0577]
13 그림은 입자가 연직 아래로 운동하는 것을 나타낸 것으로, 기준선 A, B를 지날 때 입자의 속력은 각각 v, $2v$이다.

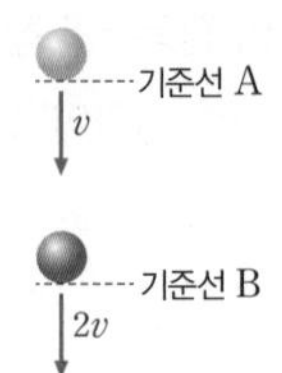

입자가 A, B를 지나는 순간 입자의 드브로이 파장을 각각 λ_A, λ_B라고 할 때, $\lambda_A : \lambda_B$는?

① $\sqrt{2} : 1$ ② $2 : 1$ ③ $2\sqrt{2} : 1$
④ $4 : 1$ ⑤ $4\sqrt{2} : 1$

[20700-0578]
14 그림은 보어의 원자 모형과 물질파에 대해 학생 A, B, C가 대화하는 모습을 나타낸 것이다.

제시한 내용이 옳은 학생만을 있는 대로 고른 것은?

① A ② C ③ A, B
④ B, C ⑤ A, B, C

[20700-0579]
15 그림은 전자가 폭이 a인 단일 슬릿을 통과한 후 형광 스크린에 밝고 어두운 무늬를 만드는 것을 나타낸 것이다. D는 회절 무늬의 폭이다.

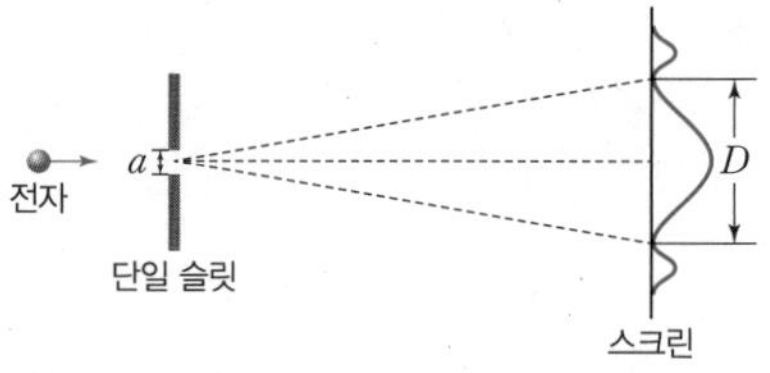

이에 대한 설명으로 옳은 것만을 <보기>에서 있는 대로 고른 것은?

보기

ㄱ. a가 감소하면 D는 증가한다.
ㄴ. a는 불확정성 원리의 위치의 불확정성에 해당한다.
ㄷ. D는 불확정성 원리에서 운동량의 불확정성에 해당한다.

① ㄱ ② ㄷ ③ ㄱ, ㄴ ④ ㄴ, ㄷ ⑤ ㄱ, ㄴ, ㄷ

[20700-0580]
16 다음은 수소 원자의 세 가지 양자수에 대한 설명이다.

양자 역학에서 전자의 상태를 나타내는 함수를 파동 함수라 하고, 파동 함수를 결정하는 3개의 양자수는 주 양자수 n, 궤도 양자수 l, 자기 양자수 m이다. 3개의 양자수는 짝을 이루어 하나의 상태를 결정하며 이를 (n, l, m)과 같이 나타낸다.

이에 대한 설명으로 옳은 것만을 <보기>에서 있는 대로 고른 것은?

보기

ㄱ. 파동 함수는 직접 관측하거나 측정할 수 없다.
ㄴ. 주 양자수는 전자의 각운동량을 결정한다.
ㄷ. $n=1$일 때 가능한 양자수 (n, l, m)은 $(1, 1, 0)$이다.

① ㄱ ② ㄷ ③ ㄱ, ㄴ ④ ㄴ, ㄷ ⑤ ㄱ, ㄴ, ㄷ

기본 개념부터 실전 연습, 수능 + 내신까지
한 번에 다 끝낼 수 있는 **탐구영역 기본서**

물리학 Ⅱ

EBS 개념완성

물리학 II

정답과 해설

Ⅰ. 역학적 상호 작용

1 힘의 합성과 평형

탐구 활동 본문 015쪽

1 해설 참조　　2 해설 참조

1

모범 답안 (가)와 (나)에서 고무줄이 늘어난 길이가 같기 때문이다.

2

모범 답안 크기가 같은 두 힘이 이루는 사잇각이 클수록 평행사변형에서 대각선의 길이가 짧아지므로 두 힘의 합력의 크기는 작아진다.

내신 기초 문제 본문 016~019쪽

01 ⑤	02 ③	03 ④	04 ①	05 ④
06 ②	07 ⑤	08 ④	09 ②	10 ①
11 ②	12 ②	13 ③	14 ⑤	15 ①
16 ①				

01

정답 맞히기 ㄱ. 벡터 $\vec{A}$와 $\vec{B}$를 나타낸 화살표의 방향이 반대 방향이므로 $\vec{A}$와 $\vec{B}$의 방향은 서로 반대 방향이다.
ㄴ. 벡터 $\vec{B}$와 $\vec{C}$를 나타낸 화살표의 길이가 $\vec{B}$가 $\vec{C}$의 2배므로 $\vec{B}$의 크기는 $\vec{C}$의 크기의 2배이다.
ㄷ. 벡터 $-\vec{B}$는 $\vec{B}$와 크기는 같고 방향이 반대인 벡터이다. 따라서 $\vec{C}-\vec{B}$의 길이는 $\vec{A}$의 크기와 같고 방향도 같으므로 $\vec{A}=\vec{C}-\vec{B}$이다.

02

두 힘의 합력은 평행사변형법으로 구할 수 있다. 그림과 같이 두 힘을 두 변으로 하는 평행사변형을 그리면 대각선이 두 힘의 합력이 된다. 따라서 물체에 작용하는 알짜힘의 크기는 $\sqrt{5}F$이다.

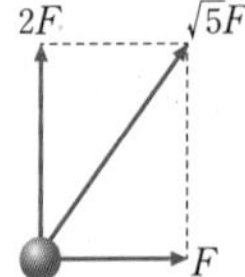

03

벡터 $-\vec{C}$는 $\vec{C}$와 크기는 같고 방향은 반대이며, 벡터 $\frac{1}{2}\vec{D}$는 $\vec{D}$와 방향은 같고 크기는 $\frac{1}{2}$배이다. 여러 벡터를 합성할 때는 한 벡터의 끝점으로 다른 벡터의 시작점을 평행 이동시키는 것을 반복한 후, 처음 벡터의 시작점과 마지막 벡터의 끝점을 이으면 합성 벡터를 구할 수 있다.

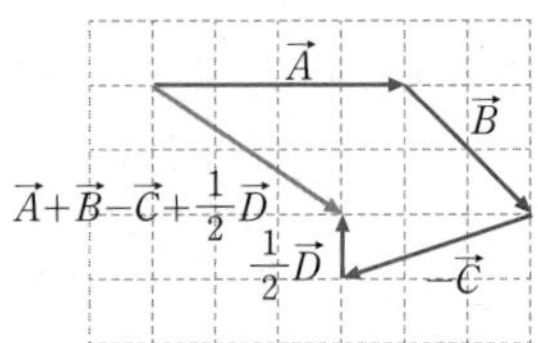

따라서 $\vec{A}+\vec{B}-\vec{C}+\frac{1}{2}\vec{D}$의 크기는 $\sqrt{3^2+2^2}=\sqrt{13}$이다.

04

그림과 같이 크기가 $20\sqrt{2}$ N인 힘 벡터를 분해하면 x, y성분의 크기는 20 N으로 같다. 따라서 y축과 나란한 힘의 합은 0이므로 물체에 작용하는 알짜힘의 방향은 $+x$ 방향이고, 알짜힘의 크기는 20 N이다.

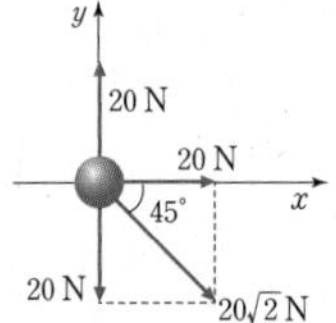

05

물체에 작용하는 중력을 빗면에 나란한 성분과 빗면에 수직인 성분으로 분해하면 그림과 같다.

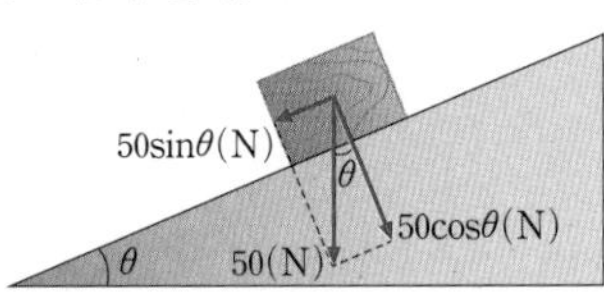

따라서 물체가 정지해 있기 위해서는 빗면과 나란한 성분의 크기가 $50\sin\theta$(N)$=30$ N이어야 하므로 $\sin\theta=\frac{3}{5}$이다.

06

벡터를 x, y성분으로 분해하면 그림과 같다.

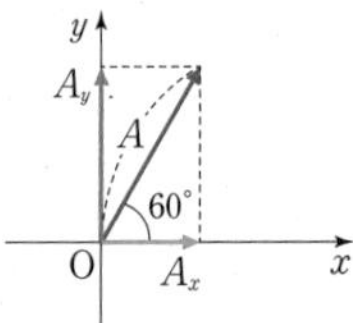

따라서 x성분의 크기는 $A_x=A\cos60°=\frac{1}{2}A$이고, y성분의 크기는 $A_y=A\sin60°=\frac{\sqrt{3}}{2}A$이다.

07

정답 맞히기 ㄱ. (가)와 (나)에서 물체는 정지해 있으므로 물체에 작용하는 알짜힘은 0이다.
ㄴ. (가)에서 a, b가 천장과 이루는 각이 θ_1로 같으므로 a가 천장에 작용하는 힘의 크기와 b가 천장에 작용하는 힘의 크기는 같다.
ㄷ. (가)와 (나)에서 실에 연결되어 매달려 있는 물체에 작용하는 중력의 크기는 같다. 두 실이 물체에 작용하는 힘의 합의 크기는 물체에 작용하는 중력의 크기와 같다. 두 실의 사잇각이 (가)에서가 (나)에서보다 크므로 a가 천장에 작용하는 힘의 크기는 c가 천장에 작용하는 힘의 크기보다 크다.

08

정답 맞히기 ㄴ. F_2와 F_3이 이루는 각은 90°이고, 크기는 F_0으로 같으므로 F_2와 F_3의 합력의 크기는 $\sqrt{2}F_0$이다.
ㄷ. F_2와 F_3의 합력의 크기는 $\sqrt{2}F_0$이므로 F_1의 크기는 $\sqrt{2}F_0$이다.
오답 피하기 ㄱ. 물체가 등속도로 운동하므로 물체에 작용하는 알짜힘은 0이다.

09

돌림힘의 크기는 회전 팔의 길이가 길수록 크므로 O를 회전축으로 할 때 F_2에 의한 돌림힘의 크기가 F_1에 의한 돌림힘의 크기보다 크다. 회전 팔의 길이 방향과 나란한 방향으로 작용하는 힘에 의한 돌림힘은 0이므로 F_3에 의한 돌림힘은 0이다. 따라서 $\tau_2>\tau_1>\tau_3$이다.

10

회전축으로부터 힘이 작용하는 지점까지의 수직 거리는 0.2 m이고, 작용하는 힘의 크기는 80 N이므로 돌림힘의 크기는 $\tau=0.2\ \text{m}\times80\ \text{N}=16\ \text{N}\cdot\text{m}$이다.

11

정답 맞히기 ㄷ. 막대에 작용하는 돌림힘의 합은 0이므로 B에 작용하는 중력에 의한 돌림힘의 크기는 15 N·m이다. 받침점에서 B까지의 거리는 0.5 m이므로 B에 작용하는 중력의 크기는 30 N이다. 따라서 B의 질량은 3 kg이다.
오답 피하기 ㄱ. 막대는 수평으로 평형을 유지하고 있으므로 막대에 작용하는 돌림힘의 합은 0이다.
ㄴ. 받침점으로부터 A까지의 거리는 0.3 m이고, A에 작용하는 중력의 크기는 50 N이므로 A에 작용하는 중력에 의한 돌림힘의 크기는 $0.3\ \text{m}\times50\ \text{N}=15\ \text{N}\cdot\text{m}$이다.

12

저울 P, Q가 막대의 양쪽 끝을 떠받치고 있으므로 막대의 무게 60 N은 P와 Q에 각각 30 N씩 작용하게 된다. P에서 물체까지의 거리는 0.2 m, 물체에서 Q까지의 거리는 0.8 m이므로 P에 작용하는 물체의 무게는 $\frac{4}{5}w$이고, Q에 작용하는 물체의 무게는 $\frac{1}{5}w$이다. P에 측정되는 힘의 크기 $150\ \text{N}=\left(30\ \text{N}+\frac{4}{5}w\right)$이므로 $w=150$ N이다. Q에 작용하는 물체의 무게는 30 N이므로 Q에 측정되는 힘의 크기는 $F_0=60$ N이다. 따라서 $\frac{w}{F_0}=\frac{5}{2}$이다.

13

정답 맞히기 ㄱ. 막대가 수평으로 평형을 유지하고 있으므로 막대에 작용하는 돌림힘의 합은 0이다.
ㄴ. 막대의 왼쪽 끝에서 무게가 $2w$인 추가 연결된 O까지의 거리는 r이므로 추의 무게에 의한 돌림힘의 크기는 $2rw$이다.
오답 피하기 ㄷ. 막대의 왼쪽 끝을 축으로 할 때, 막대와 추의 무게에 의한 돌림힘과 힘 F에 의한 돌림힘의 합은 0이므로 $3rw=2r\times F$이다. 따라서 $F=\frac{3}{2}w$이다.

14

정답 맞히기 ㄱ. 물체는 축바퀴에 연결되어 정지해 있으므로 물체에 작용하는 알짜힘은 0이다.
ㄴ. 물체가 정지해 있으므로 축바퀴의 돌림힘의 합은 0이다. 즉, 작은 바퀴에 연결된 물체의 무게에 의한 돌림힘의 크기와 큰 바퀴에 연결된 실을 당기는 힘 F에 의한 돌림힘의 크기는 같다.
ㄷ. 물체는 반지름이 작은 바퀴에 연결되어 있고, 힘 F는 반지름이 큰 바퀴에 연결된 실을 당기므로 F는 w보다 작다.

15

정답 맞히기 ㄱ. (가)에서 막대는 평형을 유지하고 있으므로 막대에 작용하는 알짜힘은 0이고, 돌림힘의 합도 0이다.
오답 피하기 ㄴ. P, Q가 막대를 떠받치는 힘의 합은 막대의 무게와 같으므로 (가)와 (나)에서 P, Q가 막대를 떠받치는 힘의 크기는 같다.
ㄷ. 막대의 무게중심에서 Q까지의 거리는 (나)에서가 (가)에서보다 크므로 Q가 막대를 떠받치는 힘의 크기는 (가)에서가 (나)에서보다 크다.

16

그림과 같이 A의 무게가 mg이므로 A에 연결된 실이 막대에 작용하는 힘의 크기는 mg이다. 막대의 길이는 L이므로 막대의 무게중심은 막대의 왼쪽 끝에서 $0.5L$만큼 떨어진 지점이다.

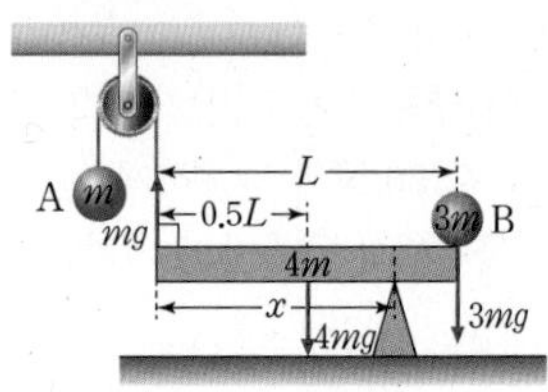

받침대가 막대를 받치는 지점을 회전축으로 하여 돌림힘의 평형을 적용하면,

$x \times mg + (L-x) \times 3mg = (x-0.5L) \times 4mg$이다. 따라서

$x = \frac{5}{6}L$이다.

실력 향상 문제

본문 020~023쪽

01 ④	**02** 해설 참조		**03** ①
04 ⑤	**05** ②	**06** ④	**07** 해설 참조
08 ⑤	**09** ④	**10** ④	**11** ③
12 ④	**13** 해설 참조	**14** ⑤	**15** ⑤
16 ③	**17** 해설 참조	**18** ③	

01 벡터의 합성

정답 맞히기 ㄱ. 그림과 같이 삼각형법을 이용하면 $\vec{A}+\vec{B}$의 크기는 $\sqrt{4^2+3^2}=5$이다.

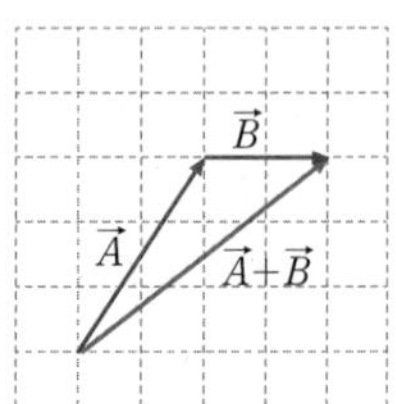

ㄷ. $\vec{A}+\vec{C}$의 크기는 2이고, 방향은 $+x$ 방향이므로 $\vec{A}+\vec{C}=\vec{B}$이다. 따라서 $\vec{C}-\vec{B}=-\vec{A}$이다.

오답 피하기 ㄴ. 그림과 같이 $\vec{A}+\vec{C}$의 방향은 $+x$ 방향이다.

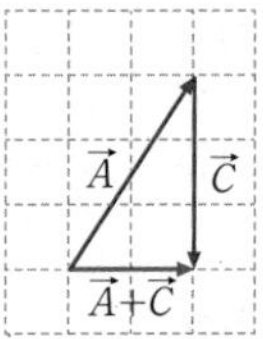

02 두 힘의 합성

물체에 두 힘이 작용할 때, 두 힘의 합력이 가장 큰 경우는 두 힘의 방향이 같을 때이므로 최댓값은 F_1+F_2이다. 두 힘의 합력이 가장 작은 경우는 두 힘의 방향이 서로 반대인 경우이므로 최솟값은 $|F_1-F_2|$이다.

모범 답안 최댓값은 F_1+F_2, 최솟값은 $|F_1-F_2|$이다.

03 힘의 분해와 알짜힘

물체가 수평면을 따라 일정한 속도로 운동하므로 물체에 작용하는 알짜힘은 0이다. $\vec{F_1}$을 수평 성분과 연직 성분으로 분해하면 그림과 같다.

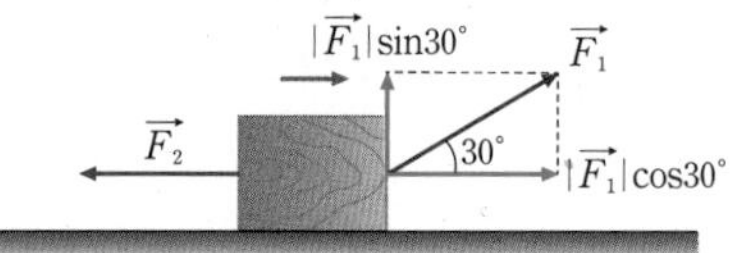

물체에 작용하는 힘의 수평 성분의 합은 0이므로

$|\vec{F_2}| = |\vec{F_1}|\cos 30°$이다. 따라서 $\frac{|\vec{F_1}|}{|\vec{F_2}|} = \frac{2\sqrt{3}}{3}$이다.

04 빗면에서 힘의 분해

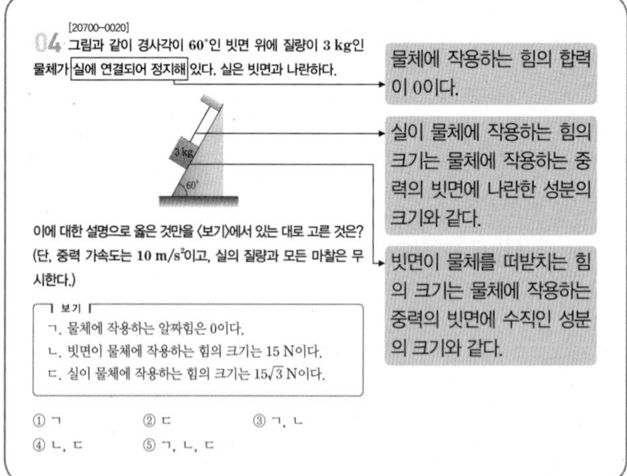
[20700-0020]

04 그림과 같이 경사각이 60°인 빗면 위에 질량이 3 kg인 물체가 실에 연결되어 정지해 있다. 실은 빗면과 나란하다.

이에 대한 설명으로 옳은 것만을 〈보기〉에서 있는 대로 고른 것은? (단, 중력 가속도는 10 m/s²이고, 실의 질량과 모든 마찰은 무시한다.)

보기
ㄱ. 물체에 작용하는 알짜힘은 0이다.
ㄴ. 빗면이 물체에 작용하는 힘의 크기는 15 N이다.
ㄷ. 실이 물체에 작용하는 힘의 크기는 15√3 N이다.

① ㄱ ② ㄷ ③ ㄱ, ㄴ ④ ㄴ, ㄷ ⑤ ㄱ, ㄴ, ㄷ

정답 맞히기 ㄱ. 빗면에 놓인 물체가 실에 연결되어 정지해 있으므로 물체에 작용하는 알짜힘은 0이다.

ㄴ. 물체에 작용하는 중력을 빗면에 나란한 성분과 수직인 성분으로 분해하면 그림과 같다.

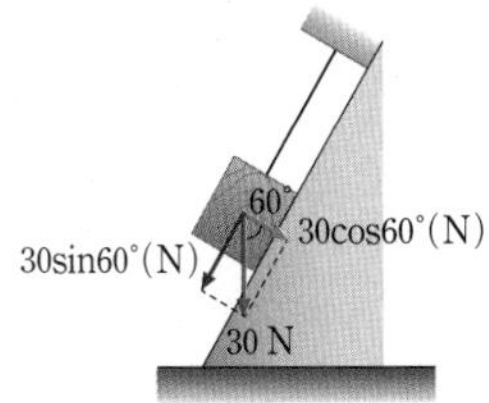

물체가 빗면을 수직으로 누르는 힘의 크기가 30cos60°(N)=15(N)이므로 빗면이 물체에 작용하는 힘의 크기는 15 N이다.
ㄷ. 물체에 빗면과 나란하게 아래 방향으로 작용하는 힘의 크기가 $30\sin60°(\text{N})=15\sqrt{3}(\text{N})$이므로 실이 물체에 작용하는 힘의 크기는 $15\sqrt{3}$ N이다.

05 힘의 분해

q가 연직선과 이루는 각이 45°이므로 q가 물체를 당기는 힘을 수평 성분과 연직 성분으로 분해하면 수평 성분의 크기와 연직 성분의 크기는 $\frac{1}{\sqrt{2}}T_q$로 같다. 물체는 정지해 있으므로 $T_p=\frac{1}{\sqrt{2}}T_q$이다. 따라서 $\frac{T_q}{T_p}=\sqrt{2}$이다.

06 힘의 합성과 가속도

물체에 수직으로 작용하는 두 힘 6 N와 8 N을 합성하면 합력의 크기는 $\sqrt{(6\text{ N})^2+(8\text{ N})^2}=10$ N이다. 따라서 가속도의 크기는 $a=\frac{F}{m}=\frac{10\text{ N}}{2\text{ kg}}=5\text{ m/s}^2$이다.

07 두 힘의 합성

사람이 줄을 아래로 당기면 물체는 연직 위로 올라간다. 물체가 올라갈수록 움직도르래에 걸쳐진 두 줄이 이루는 사잇각은 점점 증가하게 된다. 그림과 같이 물체에 작용하는 중력의 크기는 일정하므로 물체가 올라갈수록 실에 작용하는 힘의 크기는 점점 커지게 되고, 사람이 줄을 당기는 힘의 크기는 점점 커진다. 즉, $T_1<T_2$이다.

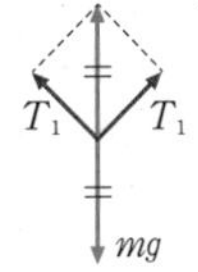

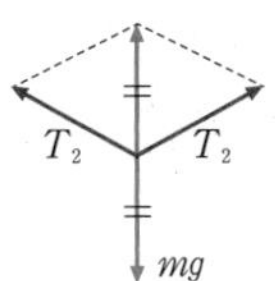

두 줄의 사잇각이 작을 때　　두 줄의 사잇각이 클 때

모범 답안 물체가 위로 올라갈수록 움직도르래에 걸쳐진 줄이 이루는 각은 점점 커지므로 사람이 줄을 당기는 힘의 크기는 점점 커진다.

08 빗면에서 힘의 분해

정답 맞히기 ㄱ. A에 작용하는 중력의 크기는 20 N이고, 경사각이 30°이므로 A에 작용하는 알짜힘의 크기는 20sin30°(N)=10 N이다.
ㄴ. 물체의 질량이 B가 A보다 크므로 빗면이 B에 작용하는 힘의 크기가 빗면이 A에 작용하는 힘의 크기보다 크다.
ㄷ. B에 작용하는 알짜힘의 크기는 30sin30°(N)=15 N이므로 B의 가속도의 크기는 $a=\frac{15\text{ N}}{3\text{ kg}}=5\text{ m/s}^2$이다.

09 힘의 합성과 알짜힘

물체에 수평 방향으로 크기가 F인 힘이 작용할 때 물체는 정지해 있으므로 물체에 작용하는 알짜힘은 0이다.
그림과 같이 실이 물체에 작용하는 힘의 크기를 T라고 하고 T를 수평 성분과 연직 성분으로 분해하면, 수평 성분의 크기는 $T\sin60°$, 연직 성분의 크기는 $T\cos60°$이다. $T\cos60°=50(\text{N})$이고, $T\sin60°=F$이다. 따라서 $T=100$ N이므로 $F=50\sqrt{3}$ N이다.

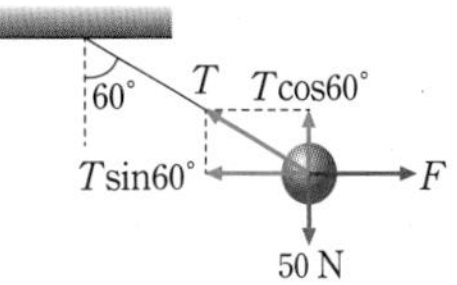

10 힘의 평형과 돌림힘

정답 맞히기 ㄱ. A, B에 작용하는 두 힘의 크기가 같고 방향은 반대이므로 알짜힘은 모두 0이다.
ㄷ. A에 작용하는 두 힘의 작용선은 모두 A의 무게중심을 지나고 있으므로 A에 작용하는 돌림힘의 합은 0이다. 따라서 A는 힘의 평형과 돌림힘의 평형을 모두 이루고 있으므로 평형 상태에 있다.
오답 피하기 ㄴ. B에 작용하는 두 힘의 작용선은 B의 무게중심을 지나지 않으므로 두 힘에 의한 돌림힘은 0이 아니다. B에 작용하는 두 힘에 의해 B는 시계 반대 방향으로 회전하게 된다.

11 돌림힘

정답 맞히기 ㄱ. 막대는 회전하지 않고 정지해 있으므로 막대에 작용하는 돌림힘의 합은 0이다.
ㄷ. 회전축을 축으로 할 때, F_1에 의한 돌림힘의 크기는 $2rF_1$이고, F_3에 의한 돌림힘의 크기는 rF_3이다. 따라서 F_1과 F_3에 의한 돌림힘의 합은 0이므로 $2rF_1=rF_3$에서 $F_3=2F_1$이다.
오답 피하기 ㄴ. F_2는 회전 팔의 길이 방향으로 작용하므로 F_2에 의한 돌림힘은 0이다.

12 돌림힘의 평형

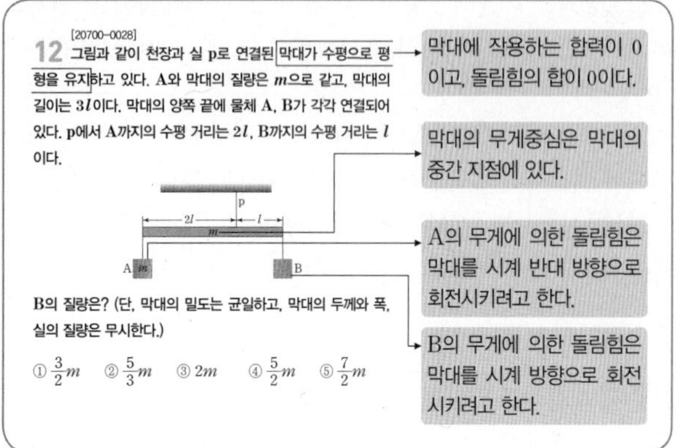
[20700-0028]

12 그림과 같이 천장과 실 p로 연결된 막대가 수평으로 평형을 유지하고 있다. A와 막대의 질량은 m으로 같고, 막대의 길이는 $3l$이다. 막대의 양쪽 끝에 물체 A, B가 각각 연결되어 있다. p에서 A까지의 수평 거리는 $2l$, B까지의 수평 거리는 l이다.

B의 질량은? (단, 막대의 밀도는 균일하고, 막대의 두께와 폭, 실의 질량은 무시한다.)

① $\frac{3}{2}m$ ② $\frac{5}{3}m$ ③ $2m$ ④ $\frac{5}{2}m$ ⑤ $\frac{7}{2}m$

B의 질량을 m_B라 하고, 막대에 작용하는 힘을 나타내면 그림과 같다.

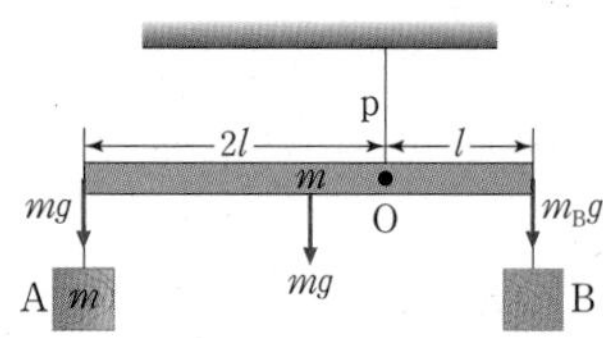

막대는 수평으로 평형을 유지하고 있으므로 막대에 작용하는 돌림힘의 합은 0이다. 실에 연결된 점 O를 회전축으로 하여 돌림힘의 평형을 적용하면,

$2l \times mg + 0.5l \times mg = l \times m_B g$이므로 $m_B = \frac{5}{2}m$이다.

13 힘의 평형과 돌림힘의 평형

p, q가 막대에 작용하는 힘의 크기를 각각 T_p, T_q라 하고 막대에 작용하는 힘을 표시하면 그림과 같다.

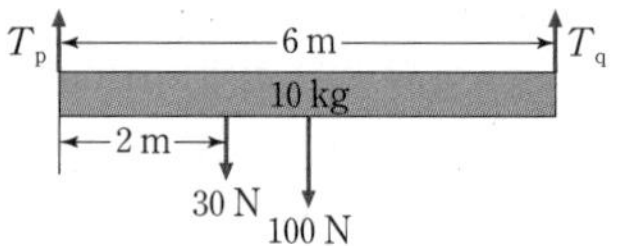

모범 답안 힘의 평형에서 $T_p + T_q = 130$ N이다.
막대의 왼쪽 끝 지점을 회전축으로 하여 돌림힘의 평형을 적용하면, 2 m × 30 N + 3 m × 100 N = 6 m × T_q이다. 따라서 T_q = 60 N이고, T_p = 70 N이다. 따라서 p가 막대에 작용하는 힘의 크기는 70 N이고, q가 막대에 작용하는 힘의 크기는 60 N이다.

14 축바퀴

정답 맞히기 ㄱ. B의 무게는 20 N이고, B는 반지름이 0.3 m인 바퀴에 연결되어 있으므로 B의 무게에 의한 돌림힘의 크기는 0.3 m × 20 N = 6 N·m이다.
ㄴ. B의 무게에 의한 돌림힘의 크기가 6 N·m이고 작은 바퀴의 반지름은 0.1 m이므로 작은 바퀴에 연결된 실이 바퀴에 작용하는 힘(T)의 크기는 6 N·m = 0.1 m × T에서 T = 60 N이다. 따라서 실이 A를 연직 위로 당기는 힘의 크기가 60 N이다.
ㄷ. 실이 A를 연직 위로 당기는 힘의 크기가 60 N이고 A의 무게는 80 N이므로 수평면이 A를 떠받치는 힘의 크기는 20 N이다.

15 평형 상태

막대는 수평으로 평형을 유지하며 정지해 있으므로 막대에 작용하는 알짜힘은 0이고, 돌림힘의 합도 0이다. 받침대 P, Q가 막대를 떠받치는 힘의 합의 크기는 막대 위에 올려놓은 물체의 무게와 같다. 즉, $F_P + F_Q = w$이다. 물체를 올려놓은 지점을 회전축으로 하여 돌림힘의 평형을 적용하면, $2l \times F_P = 3l \times F_Q$이다. 따라서 $F_P = \frac{3}{2}F_Q$이므로 $F_P = \frac{3}{5}w$, $F_Q = \frac{2}{5}w$이다.

16 구조물의 안정성

정답 맞히기 ㄱ. (가)에서 오뚝이의 무게중심에서 수평면에 내린 수선이 접촉점을 지나므로 접촉점을 회전축으로 할 때, 오뚝이의 무게에 의한 돌림힘은 0이다. (나)에서 오뚝이의 무게중심에서 수평면에 내린 수선은 접촉점을 지나지 않으므로 오뚝이의 무게에 의한 돌림힘은 0이 아니다.
ㄴ. (가)에서 오뚝이는 수평면에 정지해 있으므로 오뚝이의 무게중심에서 수평면에 내린 수선은 접촉점을 지난다.

오답 피하기 ㄷ. (나)에서 오뚝이의 무게에 의한 돌림힘은 오뚝이를 시계 반대 방향으로 회전시키려고 하는 방향이므로 오뚝이는 a 방향으로 회전한다.

17 구조물의 안정성

물체의 무게중심의 위치가 낮고, 물체가 수평면과 접촉하는 면이 넓을수록 물체는 안정적이다. 물체의 무게중심의 위치는 (가)에서가 (나)에서보다 낮고, 수평면과 접촉하는 면의 넓이도 (가)에서가 (나)에서보다 넓으므로 물체는 (가)에서가 (나)에서보다 더 안정적이다.

모범 답안 물체의 무게중심의 위치가 낮고 수평면과 접촉하는 면적이 넓을수록 안정하므로 물체는 (가)에서가 (나)에서보다 더 안정적이다.

18 구조물의 안정성

구조물이 넘어지지 않으려면 구조물의 무게중심이 떠받치는 바닥면 안에 있어야 한다.

A와 B가 쓰러지지 않고 정지해 있기 위해서는 B의 무게중심이 A 위에 있어야 하고, A, B의 무게중심도 수평면 위에 있어야 한다. B가 A 위에서 넘어지지 않으려면 B의 무게중심이 A 위에 있어야 하므로 x는 $\frac{3L}{2}$보다는 작아야 한다. 또한 A와 B의 무게중심이 수평면 위에 있어야 한다.

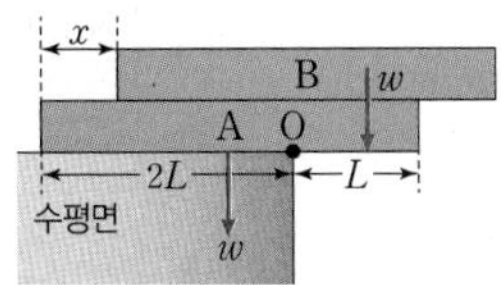

A, B의 무게를 w라 하고, 수평면의 오른쪽 끝 점 O를 회전축으로 하여 돌림힘의 평형을 적용하면,
$0.5L \times w = (x+1.5L-2L) \times w$이므로 $x=L$이다. 따라서 B만을 오른쪽으로 이동시켜 A, B가 수평으로 평형을 유지할 수 있는 x의 최댓값은 L이다.

신유형·수능 열기

본문 024~025쪽

01 ② **02** ③ **03** ② **04** ④ **05** ⑤
06 ① **07** ④ **08** ②

01

(가), (나), (다)에 평행사변형법을 적용하면 두 힘의 합력은 그림과 같다.

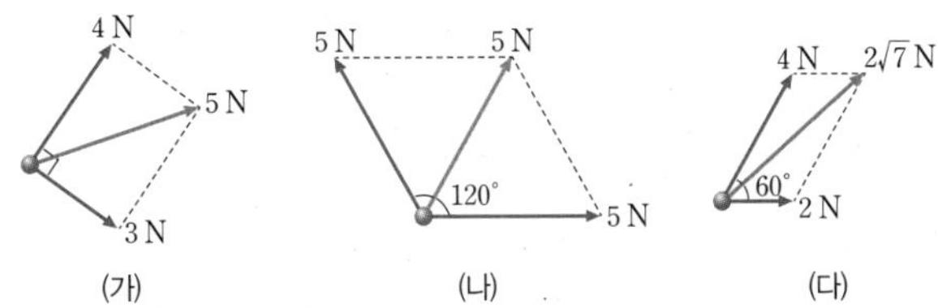

(가)와 (나)에서 두 힘의 합력의 크기는 5 N으로 같고, (다)에서 두 힘의 합력의 크기는 $2\sqrt{7}$ N이므로 $F_{(가)}=F_{(나)}<F_{(다)}$이다.

02

정답 맞히기 ㄱ. 물체는 실에 연결되어 정지해 있으므로 물체에 작용하는 알짜힘은 0이다.
ㄷ. 실 p, q가 물체에 작용하는 힘의 크기를 각각 T_p, T_q라 하고 힘의 분해를 이용하면 $T_p\cos30° + T_q\cos60° = mg$이고, $T_p\sin30° = T_q\sin60°$이다. 따라서 $T_q = \frac{1}{\sqrt{3}}T_p$이므로 p가 물체에 작용하는 힘의 크기는 $T_p = \frac{\sqrt{3}}{2}mg$이다.

오답 피하기 ㄴ. 물체에 작용하는 알짜힘이 0이므로 실 p, q가 물체에 작용하는 합력의 크기는 물체의 작용하는 중력의 크기와 같다.

03

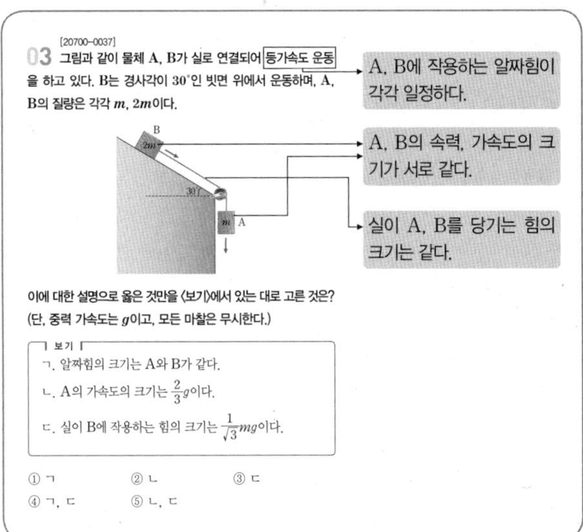
[20700-0037]
03 그림과 같이 물체 A, B가 실로 연결되어 등가속도 운동을 하고 있다. B는 경사각이 30°인 빗면 위에서 운동하며, A, B의 질량은 각각 m, $2m$이다.

이에 대한 설명으로 옳은 것만을 〈보기〉에서 있는 대로 고른 것은? (단, 중력 가속도는 g이고, 모든 마찰은 무시한다.)

보기
ㄱ. 알짜힘의 크기는 A와 B가 같다.
ㄴ. A의 가속도의 크기는 $\frac{2}{3}g$이다.
ㄷ. 실이 B에 작용하는 힘의 크기는 $\frac{1}{\sqrt{3}}mg$이다.

① ㄱ ② ㄴ ③ ㄷ
④ ㄱ, ㄷ ⑤ ㄴ, ㄷ

정답 맞히기 ㄴ. 빗면 위에서 운동하는 B에 작용하는 중력의 빗면에 나란한 성분의 크기는 $2mg\sin30° = mg$이다. 따라서 가속도의 크기는 $a = \frac{mg+mg}{m+2m} = \frac{2}{3}g$이다.

오답 피하기 ㄱ. A와 B의 가속도의 크기는 같고, 질량은 B가 A의 2배이므로 알짜힘의 크기는 B가 A의 2배이다.
ㄷ. 실이 B에 작용하는 힘의 크기를 T라 하면, B에 작용하는 알짜힘의 크기는 $2ma = \frac{4}{3}mg$이고, B에 작용하는 중력의 빗면에 나란한 성분의 크기는 mg이므로 $\frac{4}{3}mg = mg + T$에서 $T = \frac{1}{3}mg$이다.

04

B에 작용하는 힘 F를 빗면에 나란한 성분과 빗면에 수직인 성분으로 분해하면 그림과 같다.

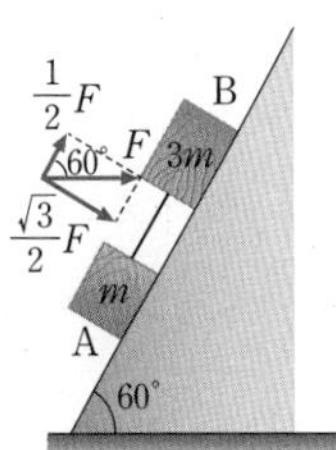

빗면에 나란한 성분의 크기는 $\frac{1}{2}F$이고, 빗면에 수직인 성분의 크기는 $\frac{\sqrt{3}}{2}F$이다. 물체는 정지해 있으므로 A, B에 작용하는 중력의 빗면에 나란한 성분의 합의 크기는

$mg\sin60^\circ+3mg\sin60^\circ=\frac{1}{2}F$이다. 따라서 $F=4\sqrt{3}mg$이다.

05

정답 맞히기 ㄱ. 이웃한 지점 사이의 간격을 l이라 하고 b를 회전축으로 할 때, A의 무게에 의한 돌림힘의 크기는 $9wl$이고, B의 무게에 의한 돌림힘의 크기는 $2wl$이다.

ㄴ. 막대는 수평으로 평형을 유지하고 있으므로 막대에 작용하는 돌림힘의 합은 0이다. C의 무게를 w_C라 하고 b를 회전축으로 하여 돌림힘의 평형을 적용하면, $l\times9w=l\times w+2l\times w+3l\times w_C$이다. 따라서 C의 무게는 $w_C=2w$이다.

ㄷ. 막대에 작용하는 알짜힘은 0이다. A, B, C의 무게의 합은 $12w$이고, 막대의 무게는 w이므로 막대에 연결된 실이 손을 당기는 힘의 크기는 $13w$이다.

06

실이 막대에 작용하는 힘 F_1과 받침대가 막대를 떠받치는 힘 F_2를 표시하면 그림과 같다. 막대의 길이는 $8l$이므로 받침대가 떠받치는 지점이 막대의 무게중심이다.

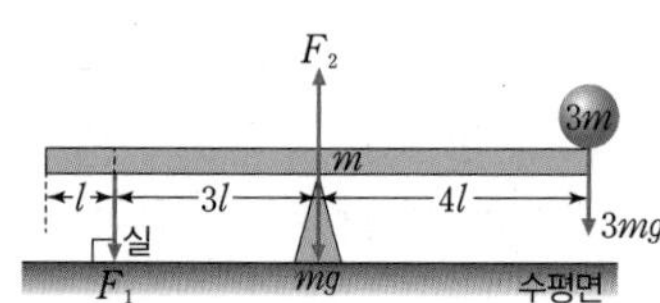

받침대가 막대를 떠받치는 지점을 회전축으로 하여 돌림힘의 평형을 적용하면, $3l\times F_1=4l\times3mg$이므로 $F_1=4mg$이다. 막대에 작용하는 알짜힘은 0이므로 $F_1+mg+3mg=F_2$에서

$F_2=8mg$이다. 따라서 $\frac{F_1}{F_2}=\frac{4mg}{8mg}=\frac{1}{2}$이다.

07

x가 최소일 때 Q가 막대를 떠받치는 힘은 0이므로 P가 막대를 떠받치는 지점을 회전축으로 하여 돌림힘의 평형을 적용하면,

$(L-x_1)\times4mg=\frac{1}{2}L\times mg+2L\times mg$에서 $x_1=\frac{3}{8}L$이다.

x가 최대일 때 P가 막대를 떠받치는 힘은 0이므로 Q가 막대를 떠받치는 지점을 회전축으로 하여 돌림힘의 평형을 적용하면,

$(2L-x_2)\times4mg+\frac{1}{2}L\times mg=L\times mg$에서 $x_2=\frac{15}{8}L$이다.

따라서 $\frac{x_2}{x_1}=5$이다.

08

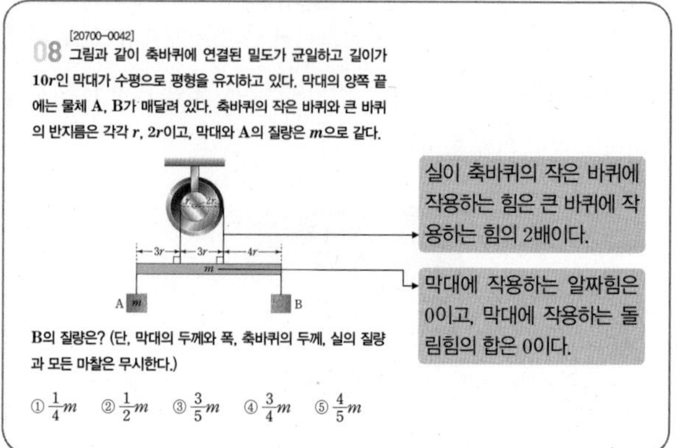
[20700-0042]

08 그림과 같이 축바퀴에 연결된 밀도가 균일하고 길이가 $10r$인 막대가 수평으로 평형을 유지하고 있다. 막대의 양쪽 끝에는 물체 A, B가 매달려 있다. 축바퀴의 작은 바퀴와 큰 바퀴의 반지름은 각각 r, $2r$이고, 막대와 A의 질량은 m으로 같다.

B의 질량은? (단, 막대의 두께와 폭, 축바퀴의 두께, 실의 질량과 모든 마찰은 무시한다.)

① $\frac{1}{4}m$ ② $\frac{1}{2}m$ ③ $\frac{3}{5}m$ ④ $\frac{3}{4}m$ ⑤ $\frac{4}{5}m$

축바퀴의 작은 바퀴와 큰 바퀴의 반지름이 1 : 2이므로 작은 바퀴에 연결된 실이 막대에 작용하는 힘의 크기를 T라 하면, 큰 바퀴에 연결된 실이 막대에 작용하는 힘의 크기는 $\frac{1}{2}T$이다. B의 질량을 m_B라 하고 막대에 작용하는 힘을 나타내면 그림과 같다.

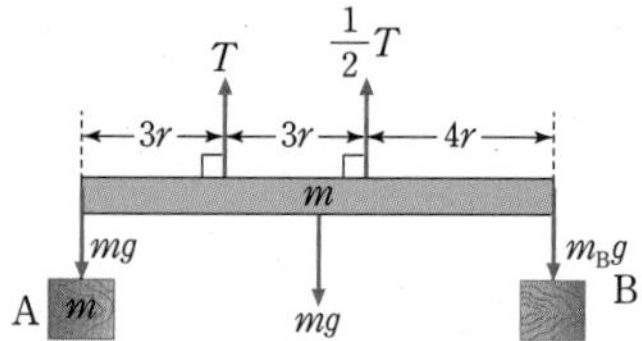

막대는 수평으로 평형을 유지하고 있으므로 힘의 평형을 적용하면 $\frac{3}{2}T=2mg+m_Bg$이고, B가 연결된 지점을 회전축으로 하여 돌림힘의 평형을 적용하면,

$4r\times\left(\frac{1}{2}T\right)+7r\times T=5r\times mg+10r\times mg$이다. 따라서

$T=\frac{5}{3}mg$이므로 $m_B=\frac{1}{2}m$이다.

2 등가속도 운동과 포물선 운동

탐구 활동

본문 033쪽

1 해설 참조 **2** 해설 참조

1

모범 답안 공의 속도의 수평 성분의 크기는 5 m/s로 일정하다. 속도의 수평 성분이 일정한 것은 공에는 수평 방향으로 힘이 작용하지 않기 때문이다.

2

모범 답안 연직 방향으로는 매초마다 속도가 일정한 값만큼씩 감소하므로 등가속도 운동을 한다. 공에는 연직 아래 방향으로 크기가 일정한 힘이 작용한다.

내신 기초 문제

본문 034~037쪽

01 ⑤	**02** ⑤	**03** ③	**04** ①	**05** ③
06 ③	**07** ③	**08** ②	**09** ⑤	**10** ⑤
11 ③	**12** ②	**13** ②	**14** ③	**15** ⑤
16 ③				

01

정답 맞히기 ㄱ. 비행기가 P에서 Q까지 운동하는 경로가 곡선이다. 비행기의 속도가 변하므로 가속도 운동을 한다.

ㄴ. 비행기의 경로가 곡선이므로 이동 거리는 변위의 크기보다 크다.

ㄷ. 변위의 크기가 이동 거리보다 작으므로 평균 속도의 크기는 평균 속력보다 작다.

02

정답 맞히기 ㄴ. p에서 q까지 이동하는 데 걸린 시간은 2초이고, 속도 변화량의 크기는 5 m/s이므로 가속도의 크기는 2.5 m/s^{2}이다.

ㄷ. 물체의 질량이 2 kg이고, 가속도의 크기가 2.5 m/s^{2}이므로 물체에 작용하는 알짜힘의 크기는 $F=2\text{ kg}\times2.5\text{ m/s}^2=5\text{ N}$이다.

오답 피하기 ㄱ. p에서 q까지 평균 속력은 $\frac{5}{2}$ m/s이고, 이동 거리는 5 m이므로 p에서 q까지 이동하는 데 걸린 시간은 2초이다.

03

정답 맞히기 ㄱ. 빗면의 경사각이 $\theta_1<\theta_2$이므로 P에서 Q까지 이동 거리는 A가 B보다 크다. 따라서 P에서 Q까지 이동하는 데 걸리는 시간은 A가 B보다 크다.

ㄴ. 빗면의 경사각이 θ일 때 물체의 가속도의 크기는 $a=g\sin\theta$이다. 빗면의 경사각이 $\theta_1<\theta_2$이므로 가속도의 크기는 A가 B보다 작다.

오답 피하기 ㄷ. A, B가 같은 높이만큼 아래로 운동하므로 Q를 지나는 속력은 A와 B가 같다.

04

정답 맞히기 ㄱ. 2초일 때 물체의 가속도의 크기가 4 m/s^{2}이고, 질량이 2 kg이므로 물체에 작용하는 알짜힘의 크기는 8 N이다.

오답 피하기 ㄴ. 0초부터 4초까지 물체의 속도 증가량은 16 m/s이고, 4초부터 6초까지 속도 감소량은 6 m/s이다. 따라서 0초부터 6초까지 속도 증가량은 16 m/s−6 m/s=10 m/s이므로 6초일 때 물체의 속력은 14 m/s이다.

ㄷ. 0초부터 4초까지 물체의 변위는

$s_1=4\text{ m/s}\times4\text{ s}+\frac{1}{2}\times4\text{ m/s}^2\times(4\text{ s})^2=48\text{ m}$이고, 4초일 때 물체의 속도는 20 m/s이고, 4초부터 6초까지 가속도는 −3 m/s^{2}이므로 4초부터 6초까지 변위의 크기는

$s_2=20\text{ m/s}\times2\text{ s}+\frac{1}{2}\times(-3\text{ m/s}^2)\times(2\text{ s})^2=34\text{ m}$이다. 따라서 0초부터 6초까지 물체의 변위의 크기는 $s_1+s_2=82\text{ m}$이다.

05

정답 맞히기 ㄱ. 빗면의 경사각이 30°이므로 빗면에서 물체의 가속도의 크기는 $a=g\sin30°=5\text{ m/s}^2$이다. 따라서 물체에 작용하는 알짜힘의 크기는 $2\text{ kg}\times5\text{ m/s}^2=10\text{ N}$이다.

ㄴ. 물체의 가속도의 크기는 5 m/s^{2}이고, p에서 q까지 이동하는 동안 속도 변화량은 v_0, 걸린 시간은 3초이므로 $5\text{ m/s}^2=\frac{v_0}{3\text{ s}}$이다. 따라서 $v_0=15\text{ m/s}$이다.

오답 피하기 ㄷ. p에서 q까지 이동하는 데 걸린 시간은 3초이고, p에서 물체의 속력은 15 m/s이므로 p와 q 사이의 거리는

$s=15\text{ m/s}\times3\text{ s}+\frac{1}{2}\times5\text{ m/s}^2\times(3\text{ s})^2=67.5\text{ m}$이다.

06

정답 맞히기 ㄱ. 물체의 속도의 x성분은 일정하지만 속도의 y성분은 일정하게 증가하므로 물체는 등가속도 운동을 한다.

ㄴ. 속도-시간 그래프에서 그래프가 시간 축과 이루는 면적은 변위이다. 0초부터 4초까지 변위의 x성분의 크기는 $s_x=2\ \mathrm{m/s}\times4\ \mathrm{s}=8\ \mathrm{m}$이고, 변위의 y성분은 0이므로 0초부터 4초까지 물체의 변위의 크기는 8 m이다.

오답 피하기 ㄷ. 속도-시간 그래프에서 그래프의 기울기는 가속도이다. 물체의 가속도의 x성분은 0이고, 가속도의 y성분은 $a_y=1\ \mathrm{m/s^2}$이다. 따라서 물체의 가속도의 크기는 $1\ \mathrm{m/s^2}$이므로 물체에 작용하는 알짜힘의 크기는 $2\ \mathrm{kg}\times1\ \mathrm{m/s^2}=2\ \mathrm{N}$이다.

07

정답 맞히기 ㄱ. 연직 위로 던진 물체의 가속도는 중력 가속도이다. 즉, $\dfrac{0-20\ \mathrm{m/s}}{t_0}=-10\ \mathrm{m/s^2}$에서 $t_0=2$초이다.

ㄷ. 물체가 최고점에 도달한 시간은 2초이고, 던진 순간부터 최고점에 도달하는 순간까지 평균 속도의 크기는 10 m/s이므로 최고점 높이는 20 m이다.

오답 피하기 ㄴ. 물체에 작용하는 중력은 일정하다. 최고점에 도달한 순간에도 물체에는 연직 아래 방향으로 중력이 작용하므로 알짜힘은 0이 아니다.

08

물체를 던진 순간부터 수평면에 도달할 때까지 걸린 시간은 $h=\dfrac{1}{2}gt^2$에서 $t=\sqrt{\dfrac{2h}{g}}$이다. 물체는 수평 방향으로는 등속도 운동을 하므로 수평 도달 거리는 $2h=v\times t=v\times\sqrt{\dfrac{2h}{g}}$이므로 $v=\sqrt{2gh}$이다.

09

정답 맞히기 ㄴ. A, B의 가속도는 같고 수평으로 던진 지점의 높이는 A가 B보다 낮으므로 수평면에 도달할 때까지 걸린 시간은 A가 B보다 작다.

ㄷ. A, B의 수평 도달 거리는 같고, 수평면에 도달할 때까지 걸린 시간은 A가 B보다 작으므로 수평 방향으로 던진 속력은 A가 B보다 크다. 즉, $v_\mathrm{A}>v_\mathrm{B}$이다.

오답 피하기 ㄱ. A, B에 작용하는 중력이 물체에 작용하는 알짜힘이므로 A, B의 가속도는 중력 가속도로 같다.

10

정답 맞히기 ㄱ. 비스듬히 던진 물체의 가속도는 중력 가속도로 일정하다. 물체의 가속도는 p, q, r에서 모두 같다.

ㄴ. 물체에 작용하는 중력은 연직 아래 방향이므로 물체는 수평 방향으로는 등속도 운동을 한다. 즉, p, q, r에서 물체의 속도의 수평 성분의 크기는 같다.

ㄷ. p와 r의 높이가 같고, q는 최고점이므로 p에서 q까지 이동하는 데 걸린 시간과 q에서 r까지 이동하는 데 걸린 시간은 같다.

11

물체를 던진 순간 속도의 수평 성분의 크기는 $20\cos60°=10(\mathrm{m/s})$이고, 속도의 연직 성분의 크기는 $20\sin60°=10\sqrt{3}(\mathrm{m/s})$이다. 최고점에서 물체의 속도의 연직 성분은 0이므로 최고점 높이는 $0^2=(10\sqrt{3}\ \mathrm{m/s})^2+2\times(-10\ \mathrm{m/s^2})\times H$에서 $H=15\ \mathrm{m}$이다.

12

정답 맞히기 ㄴ. A, B의 수평 도달 거리는 같고 P에서 Q까지 이동하는 데 걸린 시간은 B가 A보다 크므로 속도의 수평 성분의 크기는 A가 B보다 크다. 따라서 최고점 높이에서 속력은 A가 B보다 크다.

오답 피하기 ㄱ. 최고점 높이는 B가 A보다 크므로 P에서 Q까지 이동하는 데 걸린 시간은 B가 A보다 크다.

ㄷ. 던지는 순간 속력이 같을 때 던지는 방향이 수평면과 45°를 이룰 때 수평 도달 거리는 가장 크다. P에서 A의 운동 방향은 수평면과 45°의 각을 이루고, B의 운동 방향은 수평면과 45°보다 더 큰 각을 이룬다. A, B의 수평 도달 거리는 같으므로 던지는 순간 속력은 B가 A보다 크다. 즉, $v_\mathrm{A}<v_\mathrm{B}$이다.

13

정답 맞히기 ㄷ. 0초부터 2초까지 변위의 y성분의 크기는 0.4 m이므로 0초부터 2초까지 평균 속도의 y성분의 크기는 0.2 m/s이다. 따라서 1초일 때 속도의 y성분의 크기는 0.2 m/s이다. 1초부터 3초까지 변위의 y성분의 크기는 0.8 m이므로 1초부터 3초까지 평균 속도의 y성분의 크기는 0.4 m/s이다. 따라서 2초일 때 속도의 y성분의 크기는 0.4 m/s이다. 1초부터 2초까지 속도의 y성분의 증가량은 0.2 m/s이므로 가속도의 크기는 $0.2\ \mathrm{m/s^2}$이다.

오답 피하기 ㄱ. 0초부터 2초까지 변위의 크기는 1초부터 3초까지 변위의 크기보다 작다. 따라서 0초부터 2초까지 평균 속도의 크기는 1초부터 3초까지 평균 속도의 크기보다 작다.

ㄴ. 1초 동안 $+x$ 방향으로 이동한 거리는 0.5 m로 일정하므로 물체의 속도의 x성분은 일정하다. 물체의 속도의 y성분은 점점 증가하므로 물체에 작용하는 알짜힘의 방향은 $+y$ 방향이다.

14

정답 맞히기 ㄱ. 던지는 순간 속도의 연직 성분의 크기는 B가 A보다 크므로 최고점에 도달하는 데 걸리는 시간은 B가 A보다 크다.
ㄷ. 던지는 순간 속도의 연직 성분의 크기가 B가 A보다 크므로 최고점 높이는 B가 A보다 크다.

오답 피하기 ㄴ. 물체를 던지는 순간 속력이 v_0이고, 수평 방향과 θ를 이루는 각으로 던졌을 때 수평 도달 거리는 $R=\frac{v_0^2\sin(2\theta)}{g}$이다. A, B를 던진 속력은 v_0으로 같고, $\sin(2\times25°)=\sin(2\times65°)$이므로 A, B의 수평 도달 거리는 같다.

15

정답 맞히기 ㄱ. 0초부터 2초까지 변위의 x성분의 크기는 4 m이고, 변위의 y성분의 크기는 4 m이다. 따라서 0초부터 2초까지 변위의 크기는 $\sqrt{(4\text{ m})^2+(4\text{ m})^2}=4\sqrt{2}$ m이다.
ㄴ. 2초일 때 속도의 x성분의 크기는 2 m/s이고, 속도의 y성분의 크기는 4 m/s이므로 2초일 때 속도의 크기는 $\sqrt{(2\text{ m/s})^2+(4\text{ m/s})^2}=2\sqrt{5}$ m/s이다.
ㄷ. 속도-시간 그래프에서 그래프의 기울기는 가속도이다. (나)에서 물체의 가속도의 크기는 2 m/s^{2}이다. 따라서 물체에 작용하는 알짜힘의 크기는 5 kg$\times$2 m/s^2=10 N이다.

16

정답 맞히기 ㄱ. p와 q의 높이차는 20 m이므로 $20=\frac{1}{2}\times1\times t^2$에서 이동하는 데 걸린 시간은 $t=2$초이다.
ㄴ. p에서 q까지 이동하는 데 걸린 시간은 2초이고, 수평 이동 거리는 20 m이므로 20 m$=v_0\times2$ s에서 $v_0=10$ m/s이다.

오답 피하기 ㄷ. q에서 속도의 수평 성분의 크기는 10 m/s이고, 속도의 연직 성분의 크기는 $v_y=10$ m/s$^2\times2$ s$=20$ m/s이다. 따라서 q에서 물체의 속력은 $\sqrt{(10\text{ m/s})^2+(20\text{ m/s})^2}=10\sqrt{5}$ m/s이다.

실력 향상 문제

본문 038~041쪽

01 ⑤	02 ⑤	03 해설 참조	04 ⑤
05 ③	06 해설 참조	07 ①	08 ④
09 ①	10 해설 참조	11 ②	12 ④
13 ④	14 $\frac{4\sqrt{3}}{3}$	15 ②	16 ④

01 평면에서 등가속도 운동

물체에 작용하는 알짜힘의 방향이 $+y$ 방향이므로 속도의 x성분은 10 m/s로 일정하다. 물체의 질량이 2 kg이고 작용하는 알짜힘의 크기가 10 N이므로 물체의 가속도의 크기는 5 m/s^{2}이다. 따라서 3초인 순간 속도의 x성분의 크기는 $v_x=10$ m/s이고, 속도의 y성분의 크기는 $v_y=5$ m/s$^2\times3$ s$=15$ m/s이므로 $v=\sqrt{v_x^2+v_y^2}=5\sqrt{13}$ m/s이다.

02 포물선 운동

정답 맞히기 ㄱ. 비스듬히 던진 물체는 수평 방향으로는 등속도 운동을 하고 연직 방향으로는 등가속도 운동을 하므로 (나)에서 P는 속도의 수평 성분을 나타낸 것이고, Q는 속도의 연직 성분을 나타낸 것이다. 던지는 순간 속도의 수평 성분의 크기는 $v_x=6$ m/s이고, 속도의 연직 성분의 크기는 $v_y=10$ m/s이므로 $\tan\theta=\frac{v_y}{v_x}=\frac{5}{3}$이다.
ㄴ. 물체의 가속도는 -10 m/s^{2}이므로 시간 t_0은 1초이다.
ㄷ. 던진 순간부터 최고점에 도달하는 데 걸리는 시간이 1초이므로 수평면에 도달하는 데 걸리는 시간은 2초이다. 따라서 속도의 수평 성분의 크기는 6 m/s이고 시간은 2초이므로 수평 도달 거리는 6 m/s$\times$2 s$=12$ m이다.

03 등가속도 직선 운동

모범 답안 물체의 질량을 m이라 하면, 빗면의 경사각이 45°이므로 물체에 작용하는 중력(mg)의 빗면에 나란한 성분의 크기는 $mg\sin45°=\frac{\sqrt{2}}{2}mg$이므로 물체의 가속도의 크기는 $a=\frac{\sqrt{2}}{2}g$이다. p와 q 사이의 거리와 q와 r 사이의 거리를 각각 l, q에서 속력을 v_q라 하면, $v_q^2-v_0^2=2al$이고, $(3v_0)^2-v_q^2=2al$이므로 $v_q=\sqrt{5}v_0$이다. 따라서 물체의 가속도의 크기는 $\frac{\sqrt{2}}{2}g$이고, q에서 속력은 $\sqrt{5}v_0$이다.

04 등가속도 운동

정답 맞히기 ㄱ. ㉠은 $\frac{22.5\text{ cm}}{0.1\text{ s}}=225\text{ cm/s}$이다.

ㄴ. 0.1초 동안 속도 증가량은 0.55 m/s로 일정하므로 쇠구슬의 가속도는 $a=\frac{0.55\text{ m/s}}{0.1\text{ s}}=5.5\text{ m/s}^2$으로 일정하다.

ㄷ. 빗면의 경사각이 클수록 물체에 작용하는 중력의 빗면에 나란한 성분의 크기가 크므로 물체의 가속도의 크기가 더 크다.

05 등가속도 운동

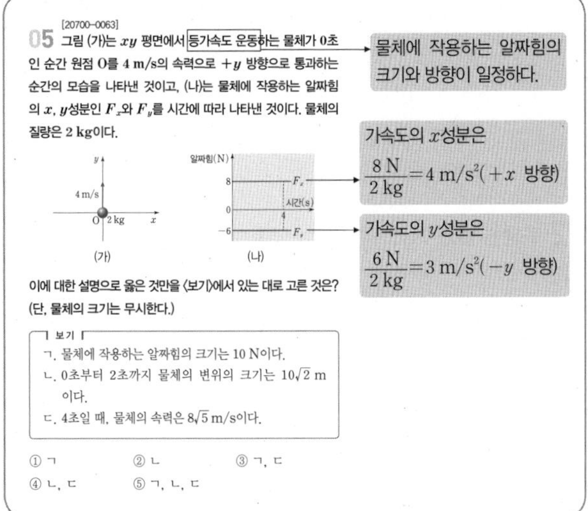

정답 맞히기 ㄱ. 물체에 작용하는 알짜힘의 크기는
$F=\sqrt{F_x^2+F_y^2}=\sqrt{(8\text{ N})^2+(6\text{ N})^2}=10\text{ N}$이다.

ㄷ. 4초일 때 속도의 x성분은 $v_x=4\text{ m/s}^2\times4\text{ s}=16\text{ m/s}$이고, 속도의 y성분은 $v_y=4\text{ m/s}+(-3\text{ m/s}^2)\times4\text{ s}=-8\text{ m/s}$이다. 따라서 4초일 때 물체의 속력은 $\sqrt{(16\text{ m/s})^2+(-8\text{ m/s})^2}=8\sqrt{5}\text{ m/s}$이다.

오답 피하기 ㄴ. 물체의 가속도의 x성분은 $a_x=\frac{8\text{ N}}{2\text{ kg}}=4\text{ m/s}^2$이고, 0초인 순간 속도의 x성분은 0이므로 0초부터 2초까지 변위의 x성분의 크기는 $s_x=\frac{1}{2}\times4\text{ m/s}^2\times(2\text{ s})^2=8\text{ m}$이다. 물체의 가속도의 y성분은 $a_y=\frac{-6\text{ N}}{2\text{ kg}}=-3\text{ m/s}^2$이고, 0초인 순간 속도의 y성분은 4 m/s이므로 0초부터 2초까지 변위의 y성분의 크기는 $s_y=4\text{ m/s}\times2\text{ s}+\frac{1}{2}\times(-3\text{ m/s}^2)\times(2\text{ s})^2=2\text{ m}$이다. 따라서 0초부터 2초까지 변위의 크기는 $s=\sqrt{(8\text{ m})^2+(2\text{ m})^2}=2\sqrt{17}\text{ m}$이다.

06 등가속도 운동

모범 답안 충돌할 때까지 걸린 시간을 t라 하면, 충돌할 때까지 A의 변위는 $S_A=\frac{1}{2}\times10\times t^2$이고, B의 변위는 $S_B=15t-\frac{1}{2}\times10\times t^2$이다. 따라서 $S_A+S_B=30$(m)이므로 $15t=30$에서 충돌할 때까지 걸린 시간은 $t=2$초이다.

2초 동안 B의 변위는 $S_B=15\times2-\frac{1}{2}\times10\times2^2=10$(m)이다. 따라서 충돌한 높이는 10 m이다.

07 비스듬히 던진 물체의 운동

정답 맞히기 ㄱ. 던진 순간부터 수평면에 도달하는 데 걸린 시간은 던진 순간 속도의 연직 성분이 클수록 크다. 던진 순간 A, B의 속도의 연직 성분은 같으므로 수평면에 도달하는 데 걸린 시간은 A와 B가 같다.

오답 피하기 ㄴ. 수평면으로부터 올라간 최고점 높이는 던지는 순간 속도의 연직 성분의 크기가 클수록 크다. 따라서 최고점 높이는 C가 B보다 크다.

ㄷ. 책상면과 같은 높이일 때까지 수평 방향으로 이동한 거리는 B와 C가 같지만, 수평면에 도달할 때까지 수평 방향으로 이동한 거리는 B가 C보다 크다.

08 포물선 운동

정답 맞히기 ㄴ. p에서 속도의 연직 성분은 0이고, q에서 속도의 연직 성분의 크기는 $\sqrt{3}v\times\sin30^\circ=\frac{\sqrt{3}}{2}v$이다. 따라서 $\frac{\sqrt{3}}{2}v=gt$에서 p에서 q까지 이동하는 데 걸린 시간은 $t=\frac{\sqrt{3}v}{2g}$이다.

ㄷ. 수평면에서 물체를 던지는 순간 속도의 수평 성분의 크기는 $\frac{3}{2}v$이므로 속도의 연직 성분의 크기는 $\frac{\sqrt{7}}{2}v$이다. 따라서 $\left(\frac{\sqrt{7}}{2}v\right)^2=2gH$에서 최고점 높이 $H=\frac{7v^2}{8g}$이다.

오답 피하기 ㄱ. 물체는 수평 방향으로는 등속도 운동을 하므로 p와 q에서 속도의 수평 성분의 크기는 같다. q에서 속도의 수평 성분의 크기는 $\sqrt{3}v\times\cos30^\circ=\frac{3}{2}v$이다. 따라서 최고점 p에서 물체의 속력은 $\frac{3}{2}v$이다.

09 포물선 운동

정답 맞히기 ㄴ. A, B를 던지는 순간 속도의 수평 성분의 크기는 각각 $v\cos\theta$, $2v\cos\theta$이므로 최고점에서 속력은 B가 A의 2배이다.

오답 피하기 ㄱ. 물체에 작용하는 중력의 크기는 질량에 비례하므로 물체에 작용하는 알짜힘의 크기는 A가 B보다 작다.
ㄷ. A의 수평 도달 거리는 $R_A=\frac{v^2\sin(2\theta)}{g}$이고, B의 수평 도달 거리는 $R_B=\frac{4v^2\sin(2\theta)}{g}$이므로 B가 A의 4배이다.

10 포물선 운동과 등가속도 직선 운동

모범 답안 A가 던져진 순간부터 수평면상의 점 P에 도달할 때까지 걸린 시간은 $20\text{ m}=\frac{1}{2}\times10\text{ m/s}^2\times t^2$에서 $t=2$초이므로 A가 수평 방향으로 이동한 거리는 $R_A=5\text{ m/s}\times2\text{ s}=10\text{ m}$이다. 따라서 B의 가속도를 a라 하면, $10\text{ m}=\frac{1}{2}\times a\times(2\text{ s})^2$에서 $a=5\text{ m/s}^2$이므로 B의 가속도의 크기는 5 m/s^2이다.

11 포물선 운동

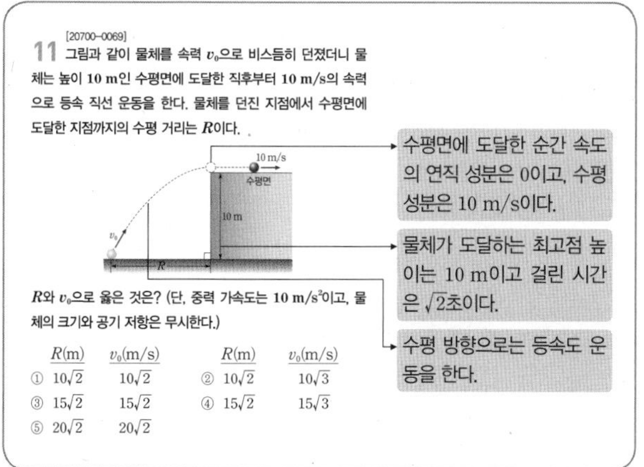
[20700-0069]
11 그림과 같이 물체를 속력 v_0으로 비스듬히 던졌더니 물체는 높이 10 m인 수평면에 도달한 직후부터 10 m/s의 속력으로 등속 직선 운동을 한다. 물체를 던진 지점에서 수평면에 도달한 지점까지의 수평 거리는 R이다.

R와 v_0으로 옳은 것은? (단, 중력 가속도는 10 m/s^2이고, 물체의 크기와 공기 저항은 무시한다.)

	R(m)	v_0(m/s)
①	$10\sqrt{2}$	$10\sqrt{2}$
②	$10\sqrt{2}$	$10\sqrt{3}$
③	$15\sqrt{2}$	$15\sqrt{2}$
④	$15\sqrt{2}$	$15\sqrt{3}$
⑤	$20\sqrt{2}$	$20\sqrt{2}$

10 m/s
수평면
10 m
v_0
R
수평면에 도달한 순간 속도의 연직 성분은 0이고, 수평 성분은 10 m/s이다.
물체가 도달하는 최고점 높이는 10 m이고 걸린 시간은 $\sqrt{2}$초이다.
수평 방향으로는 등속도 운동을 한다.

물체를 던진 순간 속도의 수평 성분의 크기는 10 m/s이고, 연직 위로 10 m 올라갔을 때 물체는 최고점에 도달하므로 던진 순간부터 수평면에 도달할 때까지 걸린 시간은
$10\text{ m}=\frac{1}{2}\times10\text{ m/s}^2\times t^2$에서 $t=\sqrt{2}$초이다. 따라서 $\sqrt{2}$초 동안 수평 방향으로 이동한 거리는 $R=10\sqrt{2}\text{ m}$이다. 최고점 높이가 10 m이므로 던지는 순간 속도의 연직 성분의 크기는
$v_y^2=2\times10\text{ m/s}^2\times10\text{ m}$에서 $v_y=10\sqrt{2}\text{ m/s}$이다. 따라서 던지는 순간 속력은 $v_0=\sqrt{(10\text{ m/s})^2+(10\sqrt{2}\text{ m/s})^2}=10\sqrt{3}\text{ m/s}$이다.

12 등가속도 운동

정답 맞히기 ㄱ. A, B는 같은 빗면에서 운동하므로 A, B의 가속도의 크기는 같다.
ㄷ. A는 가만히 놓았고, B는 수평 방향으로 던졌으므로 Q를 통과하는 속력은 B가 A보다 크다.

오답 피하기 ㄴ. A, B는 같은 가속도로 운동하므로 P에서 Q까지 이동하는 데 걸린 시간은 A와 B가 같다.

13 포물선 운동

던지는 순간 속도의 수평 성분의 크기는 $20\cos30°=10\sqrt{3}$(m/s)이고, 속도의 연직 성분의 크기는 $20\sin30°=10$(m/s)이다. 수평면에 도달할 때까지 물체의 변위의 연직 성분은 -15 m이므로 $-15=10t-\frac{1}{2}\times10\times t^2$에서 $t=3$초이다. 따라서 수평면에 도달할 때까지 변위의 수평 성분의 크기는 $R=10\sqrt{3}\text{ m/s}\times3\text{ s}=30\sqrt{3}\text{ m}$이다.

14 포물선 운동

수평면에서 던지는 순간 속력을 v라 하면, 던지는 순간 속도의 수평 성분의 크기는 $v\cos60°=\frac{1}{2}v$이고, 속도의 연직 성분의 크기는 $v\sin60°=\frac{\sqrt{3}}{2}v$이다. 최고점 높이에서 속도의 연직 성분은 0이므로 $0^2=\left(\frac{\sqrt{3}}{2}v\right)^2-2gH$에서 최고점 높이 $H=\frac{3v^2}{8g}$이다. 던진 순간부터 수평면에 도달할 때까지 걸린 시간은 $-\frac{\sqrt{3}}{2}v=\frac{\sqrt{3}}{2}v-gt$에서 $t=\frac{\sqrt{3}v}{g}$이다. 따라서 수평 도달 거리는 $R=\left(\frac{1}{2}v\right)\left(\frac{\sqrt{3}}{g}v\right)=\frac{\sqrt{3}v^2}{2g}$이므로 $\frac{R}{H}=\frac{4\sqrt{3}}{3}$이다.

15 포물선 운동

수평면에서 물체를 던지는 순간 속도의 수평 성분과 연직 성분의 크기는 각각 $\frac{1}{2}v$, $\frac{\sqrt{3}}{2}v$이다. 벽에 충돌할 때까지 걸린 시간을 t라 하면, $2\sqrt{3}L=\frac{1}{2}vt$이므로 $t=\frac{4\sqrt{3}L}{v}$이다. 충돌한 지점의 높이는 $L=\frac{\sqrt{3}}{2}vt-\frac{1}{2}gt^2$이므로 $t=\frac{4\sqrt{3}L}{v}$을 대입하면, $v=\sqrt{\frac{24gL}{5}}$이다. 던지는 순간 속도의 연직 성분의 크기가 $\frac{\sqrt{3}}{2}v$이므로 최고점 높이는 $H=\frac{1}{2g}\left(\frac{\sqrt{3}}{2}v\right)^2=\frac{9}{5}L$이다.

16 수평으로 던진 물체의 운동

정답 맞히기 ㄱ. P에 충돌하는 순간 운동 방향은 수평면과 45°를 이루고, 속도의 수평 성분의 크기는 v_0이므로 물체의 속력은 $\sqrt{2}v_0$이다.

ㄷ. 던진 순간부터 P까지 수평 방향으로 이동한 거리는 $v_0t=\frac{v_0^2}{g}$이고, 빗면의 경사각은 45°이므로 수평 방향으로 이동한 거리와 수평면으로부터 P까지의 높이는 $\frac{v_0^2}{g}$으로 같다.

오답 피하기 ㄴ. P에서 물체의 속도의 연직 성분의 크기는 v_0이므로 던진 순간부터 P에 충돌할 때까지 걸린 시간은 $v_0=gt$에서 $t=\frac{v_0}{g}$이다.

신유형·수능 열기

본문 042~043쪽

01 ③	02 ②	03 ④	04 ⑤	05 ⑤
06 ③	07 ③	08 ②		

01

정답 맞히기 ㄱ. 물체가 곡선 경로를 따라 운동하므로 물체는 가속도 운동을 한다.

ㄷ. 속도 변화량은 $\Delta\vec{v}=\vec{v}_{나중}-\vec{v}_{처음}$이다. 즉, q에서의 속도에서 p에서의 속도를 뺀 벡터가 속도 변화량이다. 따라서 그림과 같이 속도 변화량은 5 m/s이므로 평균 가속도의 크기는 $\frac{5}{2}$ m/s²이다.

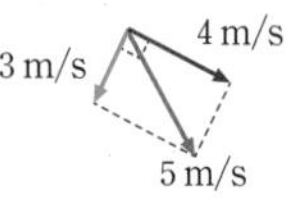

오답 피하기 ㄴ. p에서 속도의 x성분의 크기는 $3\text{ m/s}\times\cos60°=\frac{3}{2}\text{ m/s}$이고, q에서 속도의 x성분의 크기는 $4\text{ m/s}\times\cos30°=2\sqrt{3}\text{ m/s}$이다.

02

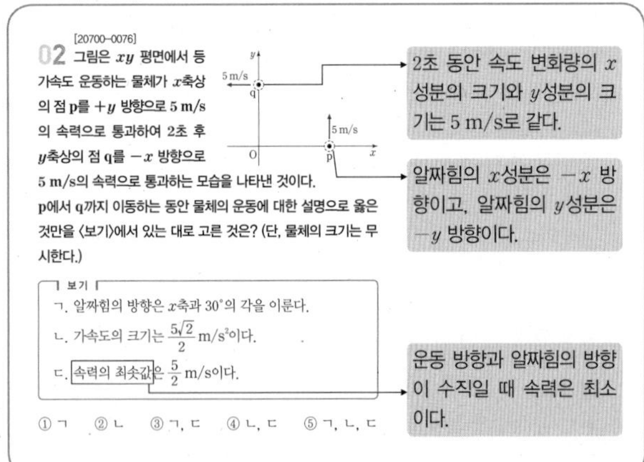

[20700-0076]
02 그림은 xy 평면에서 등가속도 운동하는 물체가 x축상의 점 p를 $+y$ 방향으로 5 m/s의 속력으로 통과하여 2초 후 y축상의 점 q를 $-x$ 방향으로 5 m/s의 속력으로 통과하는 모습을 나타낸 것이다.
p에서 q까지 이동하는 동안 물체의 운동에 대한 설명으로 옳은 것만을 〈보기〉에서 있는 대로 고른 것은? (단, 물체의 크기는 무시한다.)

보기
ㄱ. 알짜힘의 방향은 x축과 30°의 각을 이룬다.
ㄴ. 가속도의 크기는 $\frac{5\sqrt{2}}{2}$ m/s²이다.
ㄷ. 속력의 최솟값은 $\frac{5}{2}$ m/s이다.

① ㄱ ② ㄴ ③ ㄱ, ㄷ ④ ㄴ, ㄷ ⑤ ㄱ, ㄴ, ㄷ

5 m/s
q
5 m/s
O
p
x
y
2초 동안 속도 변화량의 x성분의 크기와 y성분의 크기는 5 m/s로 같다.
알짜힘의 x성분은 $-x$ 방향이고, 알짜힘의 y성분은 $-y$ 방향이다.
운동 방향과 알짜힘의 방향이 수직일 때 속력은 최소이다.

정답 맞히기 ㄴ. p에서 q까지 속도 변화량의 크기는 $\Delta v=\sqrt{(5\text{ m/s})^2+(5\text{ m/s})^2}=5\sqrt{2}\text{ m/s}$이다. 따라서 가속도의 크기는 $a=\frac{\Delta v}{t}=\frac{5\sqrt{2}}{2}\text{ m/s}^2$이다.

오답 피하기 ㄱ. p에서 q까지 운동하는 동안 속도 변화량의 x성분의 크기는 5 m/s이고, 속도 변화량의 y성분의 크기도 5 m/s이므로 가속도의 방향은 x축과 45°의 각을 이룬다. 따라서 알짜힘의 방향은 x축과 45°의 각을 이룬다.

ㄷ. 물체의 운동 방향과 알짜힘의 방향이 서로 수직일 때 물체의 속력이 최소가 된다. 알짜힘의 방향이 x축과 45°의 각을 이루므로 속력이 최소일 때 운동 방향은 x축과 45°의 각을 이룬다.

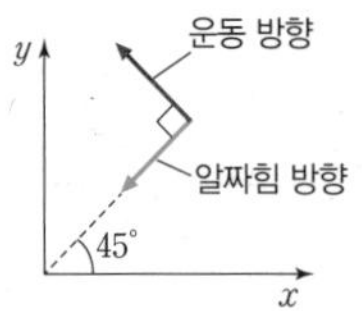

따라서 속력이 최소일 때 속도의 x성분의 크기와 y성분의 크기는 $\frac{5}{2}$ m/s로 같으므로 속력의 최솟값은 $\frac{5\sqrt{2}}{2}$ m/s이다.

03

정답 맞히기 ㄴ. 물체에 작용하는 알짜힘의 크기는 $F=\sqrt{(6\text{ N})^2+(8\text{ N})^2}=10\text{ N}$이다. 따라서 물체의 가속도의 크기는 $a=\frac{10\text{ N}}{5\text{ kg}}=2\text{ m/s}^2$이다.

ㄷ. 가속도의 x성분은 $a_x=-\frac{6}{5}\text{ m/s}^2$이고, 가속도의 y성분은 $a_y=\frac{8}{5}\text{ m/s}^2$이다. 0부터 5초까지 변위의 x성분은 $s_x=5\text{ m/s}\times5\text{ s}+\frac{1}{2}\times\left(-\frac{6}{5}\text{ m/s}^2\right)\times(5\text{ s})^2=10\text{ m}$이고, 변위의 y성분은 $s_y=\frac{1}{2}\times\frac{8}{5}\text{ m/s}^2\times(5\text{ s})^2=20\text{ m}$이다. 따라서 0부터 5초까지 변위는 $s=\sqrt{(10\text{ m})^2+(20\text{ m})^2}=10\sqrt{5}\text{ m}$이므로 평균 속도의 크기는 $2\sqrt{5}$ m/s이다.

오답 피하기 ㄱ. 물체의 운동 방향과 물체에 작용하는 알짜힘의 방향이 나란하지 않으므로 물체는 직선 운동을 하지 않는다. 물체에 작용하는 알짜힘이 일정하므로 물체는 포물선 경로를 따라 운동한다.

04

정답 맞히기 ㄱ. 물체의 가속도의 x성분은 일정하고 가속도의 y성분은 0이므로 물체에는 x축과 나란한 방향으로 일정한 힘이 작용하는 등가속도 운동을 한다.

ㄴ. 4초일 때 물체의 운동 방향이 $+y$ 방향이므로 4초일 때 속도

의 x성분은 0이다. 속도의 y성분은 $v_y=2$ m/s로 일정하므로 4초일 때 물체의 속력은 2 m/s이다.

ㄷ. 0초부터 4초까지 속도 변화량의 x성분의 크기가 4 m/s이고, 4초일 때 속도의 x성분은 0이므로 0초일 때 속도의 x성분은 -4 m/s이다. 따라서 0초부터 4초까지 평균 속도의 x성분의 크기는 2 m/s이고, 평균 속도의 y성분의 크기는 2 m/s이므로 평균 속도의 크기는 $2\sqrt{2}$ m/s이다.

05

정답 맞히기 ㄱ. 던진 순간부터 P에서 충돌할 때까지 A, B의 수평 도달 거리는 같다. A의 속도의 수평 성분의 크기는 $\frac{1}{2}v_A$이고, B의 속도의 수평 성분의 크기는 v_B이므로 $\frac{1}{2}v_A=v_B$이다. 즉, $v_A=2v_B$이다.

ㄴ. 던진 순간부터 P에서 충돌할 때까지 A, B의 변위의 연직 성분의 합은 h이다. $h=\frac{1}{2}gt^2+\frac{\sqrt{3}}{2}v_At-\frac{1}{2}gt^2$에서 충돌할 때까지 걸린 시간은 $t=\frac{2h}{\sqrt{3}v_A}$이다. A를 던지는 순간 속도의 연직 성분의 크기는 $\frac{\sqrt{3}}{2}v_A$이므로 A가 최고점에 도달할 때까지 걸린 시간은 $0=\frac{\sqrt{3}}{2}v_A-gt'$에서 $t'=\frac{\sqrt{3}v_A}{2g}$이다. 따라서 $v_A=\sqrt{\frac{4gh}{3}}$이므로 던진 순간부터 P에서 충돌할 때까지 걸린 시간은 $t=\sqrt{\frac{h}{g}}$이다.

ㄷ. 수평면으로부터 최고점 P까지의 높이는 $H=\frac{1}{2g}\left(\frac{\sqrt{3}}{2}v_A\right)^2$에서 $v_A=\sqrt{\frac{4gh}{3}}$이므로 $H=\frac{1}{2}h$이다.

06

물체의 속도의 수평 성분의 크기는 $\frac{1}{2}v_0$으로 일정하고 P와 Q 사이의 수평 거리는 $\sqrt{3}h$이므로 P에서 Q까지 걸린 시간은 $\sqrt{3}h=\frac{1}{2}v_0t$에서 $t=\frac{2\sqrt{3}h}{v_0}$이다. P에서 속도의 연직 성분은 $\frac{\sqrt{3}}{2}v_0$이고, P와 Q의 높이차는 h이므로 $-h=\frac{\sqrt{3}}{2}v_0t-\frac{1}{2}gt^2$에서 $t=\frac{2\sqrt{3}h}{v_0}$를 대입하면 $v_0=\sqrt{\frac{3gh}{2}}$이다.

07

물체는 수평 방향으로는 등속도 운동을 하므로 P, Q, R에서 물체의 속도의 수평 성분의 크기는 v_0이다. 따라서 Q에서 속도의 연직 성분의 크기는 $\sqrt{2}v_0$이고, R에서 속도의 연직 성분의 크기는 $2\sqrt{2}v_0$이다. 연직 방향으로는 중력 가속도로 등가속도 운동을 하므로 $(\sqrt{2}v_0)^2=2gh_1$, $(2\sqrt{2}v_0)^2-(\sqrt{2}v_0)^2=2gh_2$이다. 따라서 $\frac{h_2}{h_1}=3$이다.

08

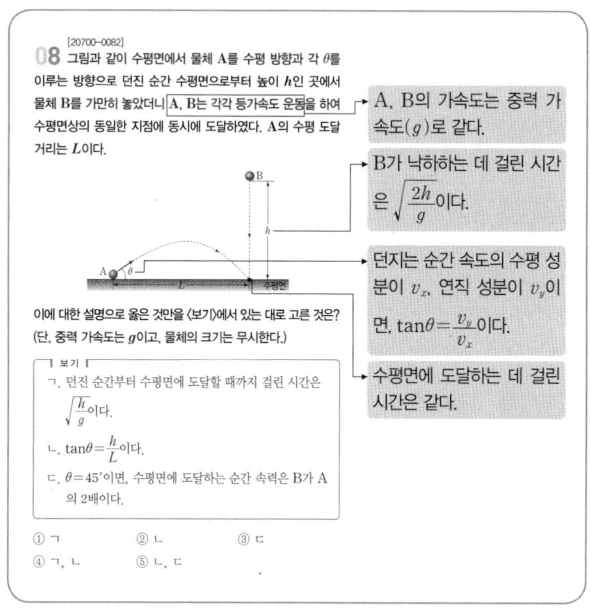
[20700-0082]

08 그림과 같이 수평면에서 물체 A를 수평 방향과 각 θ를 이루는 방향으로 던진 순간 수평면으로부터 높이 h인 곳에서 물체 B를 가만히 놓았더니 A, B는 각각 등가속도 운동을 하여 수평면상의 동일한 지점에 동시에 도달하였다. A의 수평 도달 거리는 L이다.

이에 대한 설명으로 옳은 것만을 <보기>에서 있는 대로 고른 것은? (단, 중력 가속도는 g이고, 물체의 크기는 무시한다.)

보기

ㄱ. 던진 순간부터 수평면에 도달할 때까지 걸린 시간은 $\sqrt{\frac{h}{g}}$이다.

ㄴ. $\tan\theta=\frac{h}{L}$이다.

ㄷ. $\theta=45^\circ$이면, 수평면에 도달하는 순간 속력은 B가 A의 2배이다.

① ㄱ ② ㄴ ③ ㄷ ④ ㄱ, ㄴ ⑤ ㄴ, ㄷ

정답 맞히기 ㄴ. A를 던진 순간 속력을 v라 하면, A를 던지는 순간 속도의 수평 성분의 크기는 $v\cos\theta$, 연직 성분의 크기는 $v\sin\theta$이다. A의 수평 도달 거리는 $L=v\cos\theta t$이므로 $v\cos\theta=\sqrt{\frac{g}{2h}}L$이다. A가 최고점에 도달하는 데 걸린 시간은 $t'=\frac{1}{2}t=\sqrt{\frac{h}{2g}}$이므로 $0=v\sin\theta-gt'$에서 $v\sin\theta=\sqrt{\frac{gh}{2}}$이다. 따라서 $\tan\theta=\frac{v\sin\theta}{v\cos\theta}=\frac{h}{L}$이다.

오답 피하기 ㄱ. A, B가 수평면에 도달하는 데 걸린 시간은 같으므로 $h=\frac{1}{2}gt^2$에서 $t=\sqrt{\frac{2h}{g}}$이다.

ㄷ. A가 수평면에 도달한 순간 속력은 v이다. $\tan\theta=\frac{h}{L}$이므로 $v=\sqrt{\left(\frac{g}{2h}\right)(L^2+h^2)}$이다. B가 수평면에 도달하는 순간 속력은 $v'=\sqrt{2gh}$이다. 따라서 $\theta=45^\circ$이면 $L=h$이므로 수평면에 도달하는 순간 속력은 B가 A의 $\sqrt{2}$배이다.

3 등속 원운동과 케플러 법칙

탐구 활동 본문 051쪽

1 해설 참조 **2** 해설 참조
3 해설 참조

1

모범 답안 쇠고리의 무게가 커지면 고무마개와 연결된 줄이 고무마개를 당기는 힘, 즉 장력이 커진다. 장력은 구심력에 비례하므로 쇠고리의 무게는 구심력과 비례 관계에 있다.

2

모범 답안 고무마개의 질량이 m, 회전 반지름이 r, 각속도가 ω일 때, 구심력의 크기는 $F=mr\omega^2$이고 $\omega=\frac{2\pi}{T}$에서 $F=mr\frac{4\pi^2}{T^2}$이다. 즉, 구심력은 주기의 제곱에 반비례한다.

3

모범 답안 고무마개의 질량을 m, 중력 가속도를 g, 줄의 장력을 T라고 하자.
$T=Mg$이고 $T\sin\theta=mg$이므로 고무마개에 작용하는 중력의 크기는 $mg=Mg\sin\theta$이다.

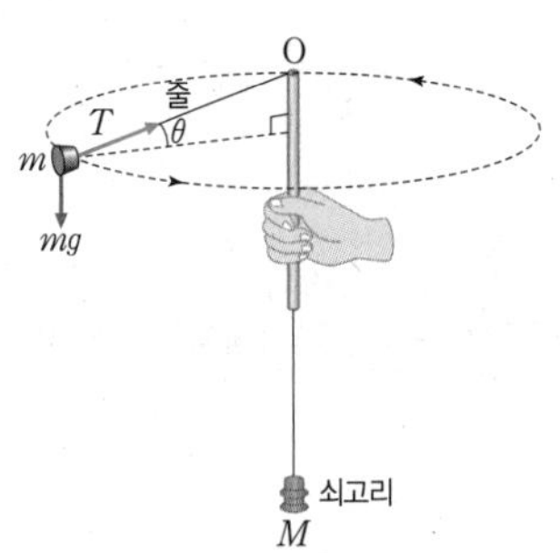

내신 기초 문제 본문 052~055쪽

01 ④ **02** ④ **03** ④ **04** ③ **05** ②
06 ③ **07** ⑤ **08** ④ **09** 해설 참조
10 해설 참조 **11** ③ **12** ⑤
13 ㉠ 태양, ㉡ 크다, ㉢ 제곱 **14** ①
15 해설 참조 **16** ② **17** ⑤ **18** ②
19 ①

01

정답 맞히기 ④ 속력은 $\frac{\text{이동 거리}}{\text{걸린 시간}}$이다. 1회 회전하는 데 걸린 시간은 주기이고, 한 주기 동안 이동한 거리는 원둘레인 $2\pi r$이다. 따라서 속력은 $\frac{2\pi r}{\left(\frac{T_0}{N}\right)}=\frac{2\pi rN}{T_0}$이다.

오답 피하기 ① 주기는 1회 회전하는 데 걸린 시간이다. 따라서 주기는 $\frac{T_0}{N}$이다.
② 1회 회전하는 데 이동한 거리는 원둘레인 $2\pi r$이다.
③ 진동수는 주기와 반비례$\left(f=\frac{1}{T}\right)$ 관계이다. 따라서 진동수는 $\frac{N}{T_0}$이다.
⑤ 등속 원운동 하는 물체의 가속도의 방향은 원의 중심 방향으로, 물체가 운동하는 동안 계속 변한다.

02

정답 맞히기 ㄱ, ㄷ. $v=r\omega$에서 반지름이 큰 B가 반지름이 작은 A보다 각속도가 작다. 또, $v=r(2\pi f)$이므로 반지름이 큰 B가 반지름이 작은 A보다 진동수가 작다. 따라서 A의 물리량이 B의 물리량보다 큰 것은 진동수와 각속도이다.

오답 피하기 ㄴ. 진동수는 주기의 역수$\left(f=\frac{1}{T}\right)$이다. 주기는 B가 A보다 크다.

03

정답 맞히기 ㄴ. 구심 가속도의 크기는 $a=r\omega^2$이다. A, B, C의 각속도는 모두 같으므로 회전 반지름이 큰 C가 회전 반지름이 작은 B보다 구심 가속도의 크기가 크다.
ㄷ. 일정한 주기로 회전하는 날개이므로 A, B, C의 각속도는 모두 같다.

오답 피하기 ㄱ. 일정한 주기로 회전하는 날개이므로 A, B, C의 각속도는 모두 같다. 하지만 $v=r\omega$이므로 반지름이 작으면 속력이 작다. A가 B보다 회전 반지름이 작으므로 속력은 A가 B보다 작다.

04

정답 맞히기 ㄱ. 각속도 $\omega=\frac{v}{r}=\frac{8\text{ m/s}}{4\text{ m}}$이다. 따라서 각속도는 2 rad/s이다.
ㄴ. 주기 $T=\frac{2\pi}{\omega}$이다. 각속도가 2 rad/s이므로 주기는 π초이다.

오답 피하기 ㄷ. 구심 가속도의 크기 $a=\frac{v^2}{r}=r\omega^2$이다. 따라서 구심 가속도의 크기는 16 m/s^{2}이다.

05

정답 맞히기 ② A의 구심 가속도의 크기는 $a=r\omega^2=r\left(\frac{2\pi}{T}\right)^2=\frac{4\pi^2r}{T^2}$이다. B의 구심 가속도 크기를 a'라고 하면 $a'=2r\left(\frac{2\pi}{2T}\right)^2=\frac{2\pi^2r}{T^2}=\frac{a}{2}$이다.

06

정답 맞히기 ㄱ. 주기 T와 각속도 ω 사이에는 $\omega=\frac{2\pi}{T}$의 관계가 있다. 따라서 A의 주기는 $\frac{2\pi}{\omega}$이다.

ㄴ. 추의 무게 Mg가 실이 A를 당기는 힘의 크기, 즉 구심력의 크기와 같다.

오답 피하기 ㄷ. A의 질량을 m이라고 하면 A에 작용하는 구심력의 크기는 $mr\omega^2$이고 구심력의 크기는 추의 무게와 같으므로 $mr\omega^2=Mg$가 성립한다. 즉, $m=\frac{Mg}{r\omega^2}$이다.

07

정답 맞히기 ㄱ. 선풍기가 1회전할 때 이동 거리는 $2\pi r$이다. 회전 반지름이 A가 B보다 크므로 1회전할 때 이동 거리도 A가 B보다 크다.

ㄴ. 선풍기 날개가 일정한 주기로 회전하므로 각속도는 $\omega=\frac{2\pi}{T}$에서 A, B, C가 모두 같다.

ㄷ. 구심 가속도의 크기는 $a=r\omega^2$이므로 회전 반지름이 작은 C가 회전 반지름이 큰 A보다 구심 가속도의 크기가 작다.

08

정답 맞히기 (가) 단진동하는 물체의 가속도의 크기는 $a=-A\omega^2\sin\omega t$로 시간에 따라 크기와 방향이 모두 변한다.

(나) 등속 원운동 하는 물체의 가속도는 구심 가속도이므로 그 크기는 $r\omega^2$으로 일정하다. 하지만 방향이 매 순간 중심 방향을 향하므로 가속도가 변하는 운동이다.

오답 피하기 (다) 포물선 운동에서 가속도는 중력 가속도만 있으므로 가속도의 크기와 방향이 모두 일정하고 변하지 않는다.

09

모범 답안 (1) 최고점에서 자동차가 떨어지지 않고 레일을 따라 원운동하려면 최고점에서 자동차에 작용하는 원심력(구심력의 관성력$=\frac{mv^2}{r}$)이 자동차에 작용하는 중력($=mg$)보다 크거나 최소한 같아야 한다.

(2) 최고점에서 $\frac{mv^2}{r}\geq mg$를 만족해야 한다. $v\geq\sqrt{rg}$이므로 원형 궤도의 최고점에서 자동차가 가질 수 있는 최소 속력은 $\sqrt{rg}$이다.

10

모범 답안 실이 물체를 당기는 힘의 크기를 T라고 하면 T의 $\sin\theta$ 성분이 구심력 역할을 하고 T의 $\cos\theta$ 성분이 물체의 중력과 같다.

$T\cos\theta=mg$, $T\sin\theta=mr\omega^2$에서 반지름은 $r=\frac{g\tan\theta}{\omega^2}$이다.

11

정답 맞히기 ㄱ. 태양계의 행성들은 태양을 한 초점으로 하는 타원 궤도를 따라 태양 주위를 공전한다.

ㄴ. 태양으로부터 거리가 멀수록 공전 주기가 커지는데, 공전 주기가 T, 타원 궤도 긴반지름이 a일 때 $T^2=ka^3$의 관계가 성립한다.

오답 피하기 ㄷ. 소행성의 긴반지름이 지구의 10배이면 소행성의 공전 주기는 지구 공전 주기의 $10\sqrt{10}$배가 된다.

12

정답 맞히기 ㄱ. (가)는 태양을 중심으로 행성들이 공전하는 지동설을 나타낸 것으로, 코페르니쿠스가 주장하였다.

ㄴ. (나)는 천동설을 나타낸 그림으로, 프톨레마이오스가 주장하였다. 지구 중심설이라고도 한다.

ㄷ. 케플러는 티코 브라헤의 천문 자료를 바탕으로 지구가 우주의 중심이 아니라 태양 주변을 도는 행성임을 알고 지동설을 주장한 천문학자이다.

▲ 지동설 – 코페르니쿠스

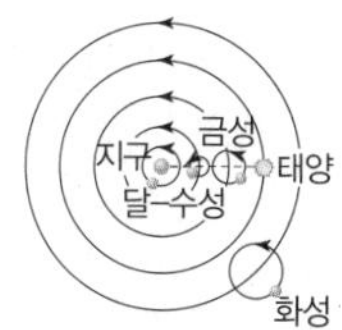

▲ 천동설 – 프톨레마이오스

13

- 태양계의 모든 행성은 (태양)을/를 한 초점으로 하는 타원 운동을 한다.
- 태양에 가까운 행성일수록 행성의 속력은 (크다).
- 각 행성의 공전 주기의 (제곱)은 행성 궤도의 긴반지름의 세제곱에 비례한다.

14

정답 맞히기 ㄱ. 중력은 $F=G\frac{m_1m_2}{r^2}$로 두 물체 사이 거리(r)의

제곱에 반비례하고 두 물체의 질량(m_1, m_2)의 곱에 비례한다. p가 q보다 거리가 멀기 때문에 행성이 p에 위치할 때 중력의 크기가 가장 작다.

오답 피하기 ㄴ. 행성의 운동 에너지는 속력이 클수록 크다. 태양과 가장 가까운 q를 지날 때 속력이 가장 크므로 운동 에너지도 q에서가 p에서보다 크다.

ㄷ. 공전 궤도의 긴반지름은 $\frac{r_1+r_2}{2}$이다.

15

태양과 행성의 질량을 각각 M, m이라 하고, 행성이 반지름 r인 궤도를 따라 속력 v로 등속 원운동 한다면, 행성이 태양으로부터 받는 중력이 곧 구심력이므로 $G\frac{Mm}{r^2}=\frac{mv^2}{r}$, $v^2=\frac{GM}{r}$임을 알 수 있다.

속력$=\frac{\text{이동 거리}}{\text{시간}}$이므로 행성의 주기를 T라 하면 속력 $v=\frac{2\pi r}{T}$이다. $v^2=\frac{4\pi^2r^2}{T^2}=\frac{GM}{r}$이므로 정리하면 $T^2=\frac{4\pi^2}{GM}r^3$이다.

모범 답안 (가) $\frac{GM}{r}$, (나) $\frac{2\pi r}{T}$, (다) $\frac{4\pi^2}{GM}$이다.

16

정답 맞히기 ㄴ. 위성의 가속도의 크기는 행성의 중력에 의한 가속도의 크기인 $a=\frac{GM}{r^2}$이다. 즉, 거리의 제곱에 반비례하는데 p에서가 q에서보다 중심까지의 거리가 크다. 따라서 위성의 가속도의 크기는 p에서가 q에서보다 작다.

오답 피하기 ㄱ. 면적 속도 일정 법칙에서 같은 시간 동안 행성과 위성을 연결한 선분이 쓸고 지난 면적은 같아야 한다.

ㄷ. 위성에는 행성의 중심에서 위성의 중심까지의 거리의 제곱에 반비례하는 중력이 작용하고 있다.

17

정답 맞히기 ㄱ. 행성의 가속도의 크기는 태양의 중력에 의한 가속도의 크기인 $a=\frac{GM}{r^2}$이다. a는 근일점으로, 태양으로부터 거리가 가장 가까운 점이므로 가속도의 크기도 가장 크다.

ㄴ. 면적 속도 일정 법칙에서 같은 시간 동안 행성과 태양을 연결한 선분이 쓸고 지나간 면적은 같다. 그런데 c에서 d까지 직선이 쓸고 지나간 면적이 a에서 b까지 직선이 쓸고 지나간 면적의 2배이므로 이동하는 데 걸린 시간도 2배가 된다.

ㄷ. 태양이 행성에 작용하는 중력의 크기는 행성과 태양 중심 사이 거리의 제곱에 반비례하므로 원일점인 c에서의 중력의 크기가 가장 작다.

18

정답 맞히기 ㄴ. 인공위성에 작용하는 구심력은 중력이므로 $F=G\frac{Mm}{r^2}$이 구심력의 크기이다.

오답 피하기 ㄱ. 인공위성은 매 순간 지구 중심 방향으로 잡아당겨지고 있기 때문에 원운동을 하게 된다. 따라서 합력은 0이 아니다.

ㄷ. 인공위성의 공전 주기가 T이므로 속력은 $\frac{2\pi r}{T}$이다.

19

정답 맞히기 A: 케플러는 티코 브라헤의 천문 자료를 분석하여 행성들의 공전 궤도가 원이 아닌 타원 궤도임을 밝혀냈다.

오답 피하기 B: 중력이 구심력이므로 $G\frac{Mm}{r^2}=\frac{mv^2}{r}$, $v^2=\frac{GM}{r}$임을 알 수 있다. 따라서 지구 중심에서 멀수록 인공 위성의 속력은 작아진다.

C: 사과의 질량이 2배이면 중력의 크기는 2배가 된다. 하지만 중력 가속도의 크기는 지구의 질량, 지구 중심과의 거리가 변하지 않는 한 일정한 값이다. $\left(g=\frac{GM}{R^2}\right)$

실력 향상 문제

본문 056~059쪽

01 ③	**02** ④	**03** ③	**04** ⑤	
05 해설 참조		**06** 해설 참조		**07** ③
08 해설 참조		**09** ③	**10** ⑤	**11** ③
12 ②	**13** 해설 참조		**14** ③	**15** ④
16 ②				

01 각속도

정답 맞히기 ㄱ, ㄷ. A와 B는 각속도가 같다. 따라서 $v=r\omega$와 $a=r\omega^2$의 관계에서 회전 반지름이 더 큰 B가 A보다 속력과 구심 가속도의 크기가 크다.

오답 피하기 ㄴ. 같은 직선 막대에서 각속도는 A와 B가 같다.

02 구심력

정답 맞히기 ㄴ. 철수에게 작용하는 알짜힘은 구심력이다. 구심력의 방향은 원의 중심 방향이다. 철수의 운동 방향은 구심력에 수직인 원의 접선 방향이다.

ㄷ. 구심 가속도의 크기는 $a=r\omega^2$이다. 영희가 철수보다 회전 반지름이 크다. 따라서 구심 가속도의 크기도 영희가 철수보다 크다.

오답 피하기 ㄱ. 속력은 $v=r\omega$에서 영희가 철수보다 크다.

03 구심 가속도와 주기

정답 맞히기 ㄱ. 구심 가속도의 크기는 $a=r\omega^2=r\left(\frac{2\pi}{T}\right)^2$이다. 주기가 같으므로 구심 가속도의 크기는 반지름에 비례한다. 따라서 반지름이 B의 2배인 A의 구심 가속도의 크기는 B의 2배이다.

ㄷ. 속력은 $v=r\omega$이고 $\omega=\frac{2\pi}{T}$이다. 주기가 같고 반지름이 A가 B의 2배이므로 속력도 A가 B의 2배이다.

오답 피하기 ㄴ. 구심력의 크기는 $F=mr\omega^2$으로 구할 수 있는데, 주기가 같으므로 구심력의 크기는 질량과 반지름의 곱에 비례한다. A와 B는 각각 질량이 m, $2m$이지만 반지름은 각각 $2r$, r이므로 구심력의 크기는 A와 B가 같다.

04 구심력

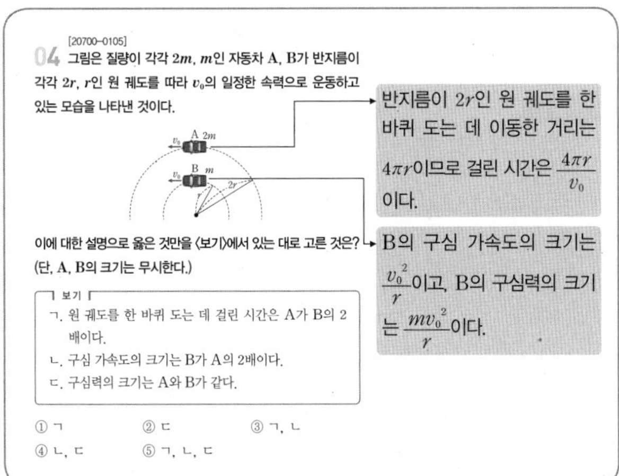
[20700-0105]

04 그림은 질량이 각각 $2m$, m인 자동차 A, B가 반지름이 각각 $2r$, r인 원 궤도를 따라 v_0의 일정한 속력으로 운동하고 있는 모습을 나타낸 것이다.

반지름이 $2r$인 원 궤도를 한 바퀴 도는 데 이동한 거리는 $4\pi r$이므로 걸린 시간은 $\frac{4\pi r}{v_0}$이다.

B의 구심 가속도의 크기는 $\frac{{v_0}^2}{r}$이고, B의 구심력의 크기는 $\frac{m{v_0}^2}{r}$이다.

이에 대한 설명으로 옳은 것만을 〈보기〉에서 있는 대로 고른 것은? (단, A, B의 크기는 무시한다.)

보기
ㄱ. 원 궤도를 한 바퀴 도는 데 걸린 시간은 A가 B의 2배이다.
ㄴ. 구심 가속도의 크기는 B가 A의 2배이다.
ㄷ. 구심력의 크기는 A와 B가 같다.

① ㄱ ② ㄷ ③ ㄱ, ㄴ ④ ㄴ, ㄷ ⑤ ㄱ, ㄴ, ㄷ

정답 맞히기 ㄱ. A가 원 궤도를 한 바퀴 도는 데 걸린 시간은 $T_A=\frac{4\pi r}{v_0}$, B가 원 궤도를 한 바퀴 도는 데 걸린 시간은 $T_B=\frac{2\pi r}{v_0}$이다. 즉, 원 궤도를 한 바퀴 도는 데 걸린 시간은 A가 B의 2배이다.

ㄴ. 구심 가속도의 크기(a)는 반지름이 r이고 속력이 v일 때 $a=\frac{v^2}{r}$이다. A와 B의 구심 가속도의 크기는 각각 $\frac{{v_0}^2}{2r}$, $\frac{{v_0}^2}{r}$이다. 그러므로 구심 가속도의 크기는 B가 A의 2배이다.

ㄷ. 구심력의 크기는 구심 가속도의 크기에 질량을 곱해($F=ma$) 구할 수 있는데, A의 질량이 B의 2배이므로 구심력의 크기는 A와 B가 같다.

05 각속도와 구심력

모범 답안 (1) 속력 v는 $\frac{\text{이동 거리}}{\text{걸린 시간}}$이므로 $v=\frac{2\pi r}{T}$이다. 즉 $T=\frac{2\pi r}{v}$이다.

(2) 각속도 $\omega=\frac{\theta}{t}=\frac{2\pi}{T}$이다. $T=\frac{1}{f}$이므로 $\omega=2\pi f$이다.

(3) $F=ma$이므로 $a=\frac{v^2}{r}$과 $a=r\omega^2$을 대입하여 구할 수 있다.

즉, $F=\frac{mv^2}{r}$, $F=mr\omega^2$이다.

06 원뿔 진자 운동

모범 답안 그림과 같이 장력 T의 연직 성분과 수평 성분이 각각 중력, 구심력과 같다. 구심 가속도의 크기를 a라고 할 때 $T\cos\theta=20(\text{N})$이고, $T\sin\theta=2(\text{kg})\times a$이다. $\cos\theta=\frac{4}{5}$, $\sin\theta=\frac{3}{5}$이므로 정리하면 $a=\frac{15}{2}\ \text{m/s}^2$이다.

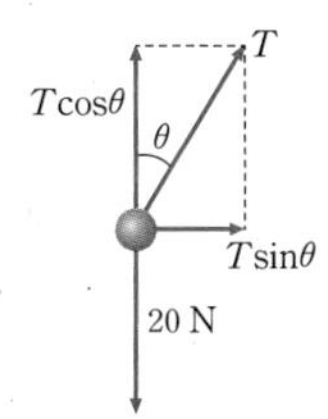

07 원뿔 진자 운동

정답 맞히기 ㄱ. 가속도의 방향은 원의 중심 방향이고 물체의 운동 방향은 항상 원의 중심 방향과 수직인 접선 방향이다.

ㄴ. 실이 물체를 당기는 힘의 크기를 T라고 하면 $T\sin\theta=$구심력의 크기(F)가 성립한다. 구심력의 크기는 $F=mr\omega^2$에서 $F=m(L\sin\theta)\omega^2$이므로 $T\sin\theta=m(L\sin\theta)\omega^2$이다. 즉, $T=mL\omega^2$이다.

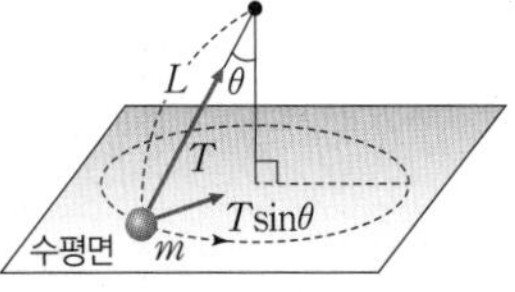

오답 피하기 ㄷ. 구심력의 크기는 실이 물체를 당기는 힘의 sin성분이므로 $F=mL\omega^2\sin\theta$이다.

08 구심력

모범 답안 (가)와 (나)에서 각속도를 각각 ω_1, ω_2라고 하면 $\omega_1=2\pi f_1$, $\omega_2=2\pi f_2$이다. (가)에서 실이 물체를 당기는 힘의 크기는 Mg이고, (나)에서 실이 물체를 당기는 힘의 크기는 $2Mg$이다. 구심력은 실이 물체를 당기는 힘의 sin성분이므로 이를 적용하면 $Mg=mL(2\pi f_1)^2$, $2Mg=2mL(2\pi f_2)^2$이다. 즉, $f_1 : f_2=1 : 1$이다.

09 중력 법칙

정답 맞히기 ㄱ. 두 인공위성은 행성에 의한 중력이 작용하여 타원 운동을 한다.

ㄷ. A, B가 점 P를 지날 때 행성으로부터의 거리가 같다. 가속도의 크기는 $a=\frac{GM}{r^2}$으로 점 P를 지날 때 A, B의 가속도의 크기는 같다.

오답 피하기 ㄴ. A와 B는 같은 궤도를 운동한다. 즉, 공전 주기가 같다.

10 케플러 법칙

정답 맞히기 ㄱ. 원운동에서 공전 주기의 제곱은 반지름의 세제곱에 비례($T^2 \propto r^3$)하고, 타원 운동에서 공전 주기의 제곱은 긴반지름의 세제곱에 비례($T^2 \propto a^3$)한다. A의 반지름이 B의 긴반지름보다 크므로 공전 주기는 A가 B보다 크다.

ㄴ. Q는 지구로부터 거리가 같은 지점이므로 중력의 크기가 B가 A의 2배이려면 B의 질량이 A의 2배이어야 한다.

ㄷ. B는 P를 지날 때 속력이 가장 크고 Q를 지날 때 속력이 가장 작다. 따라서 B의 운동 에너지는 P에서가 Q에서보다 크다.

11 케플러 제2법칙(면적 속도 일정 법칙)

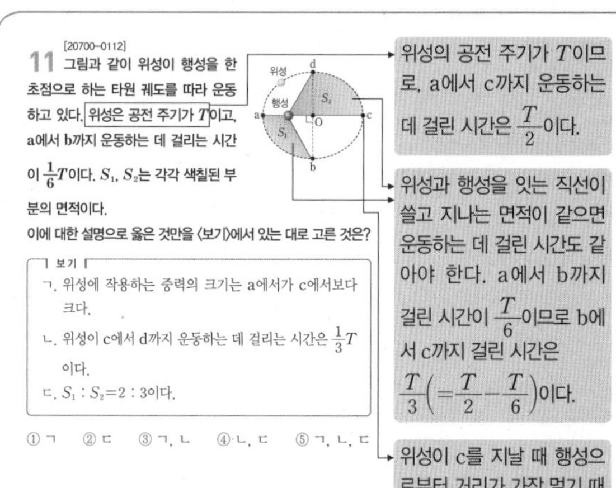
[20700-0112]

11 그림과 같이 위성이 행성을 한 초점으로 하는 타원 궤도를 따라 운동하고 있다. 위성은 공전 주기가 T이고, a에서 b까지 운동하는 데 걸리는 시간이 $\frac{1}{6}T$이다. S_1, S_2는 각각 색칠된 부분의 면적이다.

이에 대한 설명으로 옳은 것만을 〈보기〉에서 있는 대로 고른 것은?

보기

ㄱ. 위성에 작용하는 중력의 크기는 a에서가 c에서보다 크다.

ㄴ. 위성이 c에서 d까지 운동하는 데 걸리는 시간은 $\frac{1}{3}T$이다.

ㄷ. $S_1 : S_2=2 : 3$이다.

① ㄱ ② ㄷ ③ ㄱ, ㄴ ④ ㄴ, ㄷ ⑤ ㄱ, ㄴ, ㄷ

위성의 공전 주기가 T이므로, a에서 c까지 운동하는 데 걸린 시간은 $\frac{T}{2}$이다.

위성과 행성을 잇는 직선이 쓸고 지나는 면적이 같으면 운동하는 데 걸린 시간도 같아야 한다. a에서 b까지 걸린 시간이 $\frac{T}{6}$이므로 b에서 c까지 걸린 시간은 $\frac{T}{3}\left(=\frac{T}{2}-\frac{T}{6}\right)$이다.

위성이 c를 지날 때 행성으로부터 거리가 가장 멀기 때문에 가속도의 크기와 중력의 크기가 가장 작다.

정답 맞히기 ㄱ. 중력의 크기는 행성으로부터 떨어진 거리의 제곱에 반비례한다. a는 c보다 행성로부터의 거리가 가까우므로 중력의 크기는 a에서가 c에서보다 크다.

ㄴ. 위성이 a에서 c까지 운동하는 데 걸린 시간은 공전 주기의 반인 $\frac{1}{2}T$이다. a에서 b까지 운동하는 데 걸린 시간이 $\frac{1}{6}T$이므로 b에서 c까지 (또는 c에서 d까지) 운동하는 데 걸린 시간은 $\frac{1}{3}T$이다.

오답 피하기 ㄷ. 면적 속도 일정 법칙에서 같은 시간 동안 행성과 위성을 잇는 직선이 쓸고 지나간 면적은 같다. a에서 b까지 운동하는 데 걸린 시간은 $\frac{1}{6}T$이고 c에서 d까지 운동하는 데 걸린 시간은 $\frac{1}{3}T$이므로 $S_1 : S_2=1 : 2$이다.

12 케플러 제3법칙(조화 법칙)

정답 맞히기 ㄷ. Q는 지구로부터 가장 가까운 a를 지날 때가 속력이 가장 크고, 지구로부터 가장 먼 c를 지날 때가 속력이 가장 작다.

오답 피하기 ㄱ. P의 공전 궤도 긴반지름은 $2r$이고, Q의 공전 궤도 긴반지름은 $4.5r$이다. 긴반지름이 2배 차이가 날 때 공전 주기가 $2\sqrt{2}$배 차이가 나는데, Q의 공전 궤도 긴반지름은 P의 공전 궤도 긴반지름의 2배보다 크므로 공전 주기도 $2\sqrt{2}$배보다 커야 한다.

ㄴ. 중력에 의한 가속도의 크기는 $\frac{GM}{r^2}$이다. 즉 P의 가속도의 크기는 a에서가 b에서의 9배이다.

13 중력 법칙

모범 답안 A를 도는 인공위성의 속력을 v_1, B를 도는 인공위성의 속력을 v_2라고 하면 주기가 T일 때 $v_1=\frac{2\pi R}{T}$, $v_2=\frac{3\pi R}{T}$이다. 등속 원운동에서 중력=구심력이므로 구심 가속도는 $a=\frac{GM}{r^2}=\frac{v^2}{r}$이다. A의 질량을 m_1, B의 질량을 m_2라고 하면 $m_1=\frac{4\pi^2R^3}{GT^2}$, $m_2=\frac{(1.5\times 9)\pi^2R^3}{GT^2}$이다. 즉, $m_1 : m_2=8 : 27$이므로 A와 B의 질량을 $8m$, $27m$이라고 하면 $\rho_0=\frac{8m}{\left(\frac{4}{3}\pi R^3\right)}$이고, B의 밀도를 ρ라고 하면 $\rho=\frac{27m}{\frac{4}{3}\pi\left(\frac{3}{2}\right)^3R^3}=\frac{8m}{\frac{4}{3}\pi R^3}$이므로 $\rho=\rho_0$이다.

14 중력 법칙과 케플러 법칙

정답 맞히기 ㄱ. 중력의 크기는 행성 중심으로부터 거리의 제곱에 반비례한다. 거리가 R일 때 $16F_0$이었으므로 거리가 4배 떨어진 곳에서 중력은 F_0이 된다. 즉, ㉠은 $4R$이다.

ㄷ. 한 주기 동안 중력에 의한 가속도의 크기가 가장 클 때는 위성이 행성에서 가장 가까운 지점에 있을 때이다. 이때, 가속도의 크기는 $\frac{16F_0}{m}$과 같다.

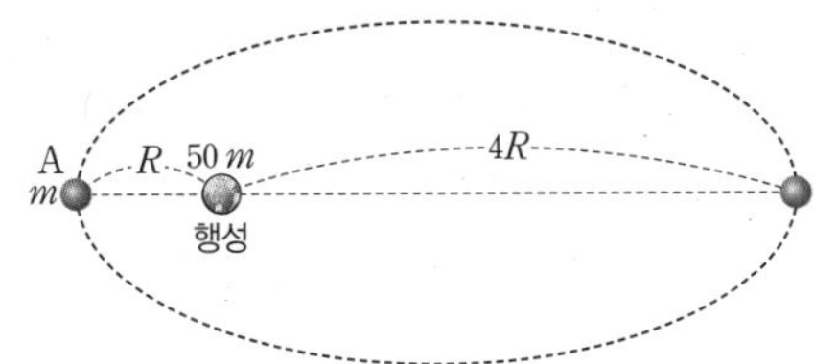

오답 피하기 ㄴ. $F=G\frac{m_1m_2}{r^2}$이므로 거리가 $4R$인 곳에서는 $F_0=G\frac{50m^2}{16R^2}$이다.

15 구심력과 중력

정답 맞히기 ㄱ. A와 B에 작용하는 구심력은 중력이다. 지구의 질량을 M이라고 할 때 A에 작용하는 중력의 크기는 $G\frac{Mm}{r^2}$이고, B에 작용하는 중력의 크기는 $G\frac{M(2m)}{(2r)^2}$이다. 즉, 구심력의 크기는 A가 B의 2배이다.

ㄴ. B의 공전 반지름은 A의 공전 반지름의 2배이다. 따라서 $T^2 \propto r^3$의 관계에서 $T \propto \sqrt{(2r)^3}$가 되므로 주기는 $2\sqrt{2}$배가 된다.

오답 피하기 ㄷ. A의 주기를 T라고 하면 $v_A=\frac{2\pi r}{T}$, B는 $v_B=\frac{4\pi r}{2\sqrt{2}T}$이다. A와 B의 운동 에너지는 $E_A=\frac{1}{2}m\left(\frac{2\pi r}{T}\right)^2$, $E_B=\frac{1}{2}(2m)\left(\frac{4\pi r}{2\sqrt{2}T}\right)^2$이다. 따라서 운동 에너지는 서로 같다.

16 케플러 제3법칙(조화 법칙)

정답 맞히기 ㄴ. 공전 주기의 제곱은 궤도 반지름의 세제곱에 비례한다. B의 궤도 반지름이 A의 궤도 반지름의 2배이므로 공전 주기는 $T^2 \propto r^3$의 관계에서 B가 A의 $2\sqrt{2}$배이다.

오답 피하기 ㄱ. 행성(질량 M)에 의한 중력의 크기는 A의 경우 $G\frac{2Mm}{r_0^2}$이고, B의 경우 $G\frac{Mm}{4r_0^2}$이다. 따라서 A가 B보다 8배 크다.

ㄷ. 운동 에너지는 A가 B의 4배이다. 질량이 A가 B의 2배이므로 속력은 A가 B의 $\sqrt{2}$배이다.

신유형·수능 열기

본문 060~061쪽

01 ③ 02 ⑤ 03 ② 04 ③ 05 ④
06 ① 07 ① 08 ③

01

정답 맞히기 ㄱ. 그림자의 속도가 0이 될 때 물체의 위치는 (가)의 최고점과 최하점을 지나는 순간이다. 따라서 (나)에서 A가 한 바퀴 회전하는 데 걸린 시간(주기)은 $\frac{\pi}{5}$이다.

ㄴ. 주기는 $T=\frac{2\pi}{\omega}$이므로 A의 각속도는 $\frac{2\pi}{\left(\frac{\pi}{5}\right)}=10\ \mathrm{rad/s}$이다.

오답 피하기 ㄷ. $v=r\omega$이다. $v=10\ \mathrm{m/s}$이고 $\omega=10\ \mathrm{rad/s}$이므로 $R=1\ \mathrm{m}$이다.

02

(가)와 (나)에서 각각 실험대 아래 매달린 물체의 무게가 구심력의 크기와 같다. 즉, (가)에서 $2mg=\frac{mv_A^2}{r}$, (나)에서 $mg=\frac{2mv_B^2}{r}$이라고 놓을 수 있다. 정리하면 $v_A=\sqrt{2gr}$, $v_B=\sqrt{\frac{1}{2}gr}$이므로 $\frac{v_A}{v_B}=2$이다.

03

$t=0$일 때 v_x가 최대인 지점은 점 P와 점 R인데, $t=0$일 때 v_y가 0에서 $+y$ 방향으로 속력이 커지려면 $t=0$일 때 물체의 위치가 P이어야 한다. 따라서 $t=t_0$일 때 물체는 R에 있고, 이때 가속도의 방향은 원의 중심 방향이어야 하므로 $-y$ 방향이 된다.

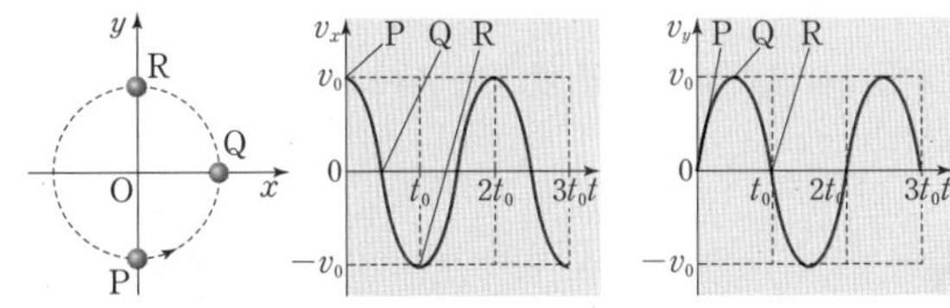

$v_0=r\left(\frac{2\pi}{2t_0}\right)$에서 $r=\frac{v_0t_0}{\pi}$이고, $a=r\omega^2$이므로 $a=\left(\frac{v_0t_0}{\pi}\right)\times\left(\frac{2\pi}{2t_0}\right)^2=\frac{\pi v_0}{t_0}$이다.

04

정답 맞히기 ㄱ. 물체에 작용하는 알짜힘은 구심력이다. 구심력의 크기는 $F=\frac{mv^2}{r}=\frac{2\times3^2}{1.2}$이다. 즉, $F=15\ \mathrm{N}$이다.

ㄴ. 구심 가속도의 크기는 $F=ma$에서 $a=\frac{15\text{ N}}{2\text{ kg}}=7.5\text{ m/s}^2$이다.

오답 피하기 ㄷ. 실이 물체를 당기는 힘의 크기를 T라고 하면 $T\cos\theta=20\text{ N}$, $T\sin\theta=15\text{ N}$이다. 두 식을 나누면 $\tan\theta=\frac{3}{4}$이므로 삼각비례에 의해 T는 25 N임을 알 수 있다.

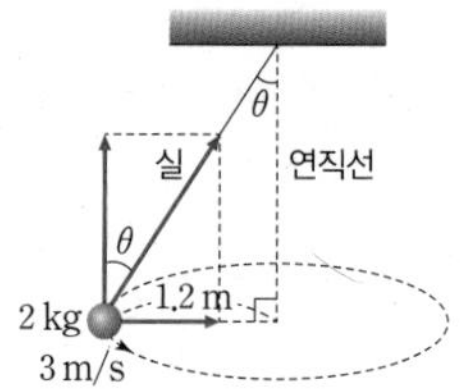

05

A의 속력이 v이므로 $\frac{GM}{r^2}=\frac{v^2}{r}$에서 $v^2=\frac{GM}{r_A}$이다. B의 속력을 v_B라고 하면 $v_B{}^2=\frac{8GM}{r_B}$이다. 공전 주기가 같으므로 $\frac{2\pi r_A}{v}=\frac{2\pi r_B}{v_B}$이므로 정리하면 $v_B=2v$이다.

06

정답 맞히기 ㄱ. X가 A에 작용하는 중력의 크기가 가장 작을 때는 A가 q를 지날 때이다. 따라서 $F=G\frac{M(2m)}{(3d)^2}$이다. Y가 B에 작용하는 중력의 크기가 가장 작을 때는 B가 s를 지날 때이므로 $F'=G\frac{(2M)m}{(6d)^2}$이라고 하면 $F'=\frac{1}{4}F$이다.

오답 피하기 ㄴ. A가 p를 지날 때 가속도의 크기는 $G\frac{M}{d^2}$이고, B가 r를 지날 때 가속도의 크기는 $G\frac{2M}{4d^2}=G\frac{M}{2d^2}$이다.

ㄷ. (가)에서 A가 p를 지날 때 X가 A에 작용하는 중력의 크기는 $9F$이다.

07

정답 맞히기 ㄱ. 행성으로부터 b까지 거리는 d, 행성으로부터 d까지 거리는 $3d$이다. 즉, Q가 b에서 d까지 운동하는 동안 변위의 크기는 $4d$이다.

오답 피하기 ㄴ. P의 가속도의 크기는 $\frac{GM}{4d^2}$이다(행성의 질량 M). Q가 d를 지날 때 가속도의 크기는 $\frac{GM}{9d^2}$이므로 P의 가속도의 크기는 Q가 d를 지날 때 가속도의 크기의 $\frac{9}{4}$배이다.

ㄷ. P와 Q의 공전 주기는 서로 같다. P는 등속 원운동을 하지만 Q는 타원 궤도를 따라 운동하므로 Q가 b를 지날 때 속력이 P의 공전 속력보다 크다. 즉, P의 운동 에너지는 Q가 b를 지날 때 Q의 운동 에너지보다 작다.

08

정답 맞히기 ㄱ. A는 행성 주위를 원운동을 한다. 중력에 의한 가속도의 크기가 $4a$이므로 $F=ma$에서 A에 작용하는 중력의 크기는 $8ma$이다.

ㄷ. B는 행성과 가장 가까울 때 행성으로부터 거리가 $\frac{R}{2}$이고, 행성으로부터 가장 먼 거리는 $2R$이므로 타원 궤도의 긴반지름은 $\frac{\left(2+\frac{1}{2}\right)}{2}R=\frac{5}{4}R$이다.

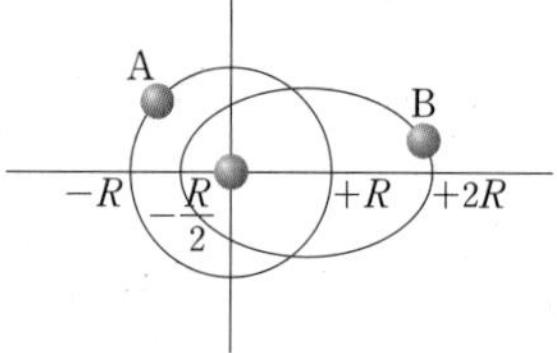

$T^2=\left(\frac{5}{4}\right)^3T_0{}^2$, $T=\sqrt{\frac{5\times5\times5}{4\times4\times4}}T_0$이므로 $T=\frac{5\sqrt{5}}{8}T_0$이다.

오답 피하기 ㄴ. 중력에 의한 가속도의 크기는 $a=\frac{GM}{r^2}$이다. B가 행성으로부터 가장 먼 곳을 지날 때 가속도의 크기가 A의 $\frac{1}{4}$배이므로 이때 행성으로부터 B까지 거리는 $2R$이다.

4 일반 상대성 이론

탐구 활동 본문 066쪽

1 해설 참조 **2** 해설 참조

1

모범 답안 실험에서 볼록 렌즈는 지구와 먼 은하 사이에서 질량이 큰 천체(은하, 태양)의 역할을 한다.

2

모범 답안 지구와 먼 은하 사이의 천체의 질량이 클수록 중력 렌즈 효과가 크게 나타난다.

내신 기초 문제 본문 067~068쪽

01 ⑤ **02** ⑤ **03** ⑤ **04** ③ **05** ⑤
06 ④ **07** ⑤ **08** 해설 참조 **09** ④

01

정답 맞히기 ㄷ. 하강하면서 느려지는 경우 가속도의 방향은 위쪽이고, 관성력의 방향은 하강하는 방향인 지면 방향이므로 몸무게가 증가하게 된다.

ㄹ. 상승하면서 빨라지는 경우 가속도의 방향은 위쪽이고 관성력의 방향은 운동 방향과 반대인 아래쪽 지면 방향이 되므로 몸무게가 증가한다.

오답 피하기 ㄱ. 자유 낙하 할 때 몸무게는 0이 된다.

ㄴ. 등속도로 운동하는 경우 몸무게는 정지 상태에서 측정한 몸무게와 동일하다.

02

정답 맞히기 ㄱ. (가)는 지면에 정지해 있는 엘리베이터이다. 추는 정지해 있으므로 추에 작용하는 탄성력과 추에 작용하는 중력은 힘의 평형을 이룬다.

ㄴ. (나)에서 추는 관성력에 의해 늘어나 정지해 있다. 관성력의 방향은 가속도 방향과 반대 방향이다.

ㄷ. 등가 원리에 의하여 중력에 의한 현상과 관성력에 의한 현상은 구분할 수 없다.

03

정답 맞히기 ㄱ. 철수가 관찰할 때 물체에는 버스 뒤쪽 방향으로 일정한 크기의 관성력이 작용하므로 물체는 충돌 전까지 등가속도 운동을 한다.

ㄴ. 철수는 가속 좌표계에 있다. 가속 좌표계에 있는 철수에게도 관성력이 작용하므로 철수는 버스 뒤쪽에서 잡아당기는 듯한 관성력을 경험한다.

ㄷ. 철수가 관찰할 때 충돌 후 튀어나온 물체는 점점 속력이 감소하여 다시 버스 뒤쪽으로 가속도 운동을 한다.

04

정답 맞히기 ㄷ. (나)에서 영희는 속력이 점점 증가하며 내려가는 상황이다. 엘리베이터의 가속도가 지면 방향으로 $+a$의 가속도 운동을 하므로 관성력에 의한 가속도의 방향은 $-a$로 운동 방향과 반대이다. 영희의 몸무게는 $F=mg-ma$로 정지 상태에서의 몸무게보다 감소하게 된다.

오답 피하기 ㄱ. 영희는 가속도 운동을 하고 있다. 따라서 영희가 본 철수는 가속도 운동을 하고 있는 것으로 관찰된다.

ㄴ. (가)에서 철수는 일정한 속력으로 운동하는 관성 좌표계에 있다. 즉, 관성력이 작용하지 않으므로 엘리베이터 바닥이 철수를 떠 받치는 힘의 크기는 정지 상태에서 측정한 철수의 몸무게와 동일하다.

05

정답 맞히기 ㄴ. 중력 렌즈 현상은 질량이 큰 거대 은하 주변을 지나는 별빛이 휘어진 시공간을 따라 진행하여 나타난다.

ㄷ. 지구와 준성(퀘이사) 사이에 거대 질량의 은하가 존재한다. 따라서 지구로부터의 거리는 은하까지의 거리가 준성까지의 거리보다 가깝다.

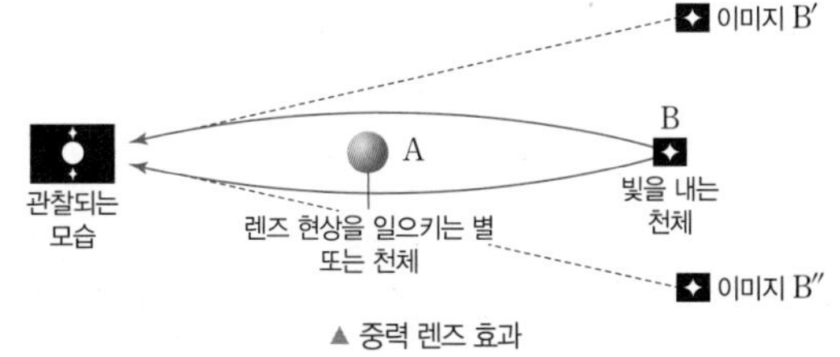

▲ 중력 렌즈 효과

오답 피하기 ㄱ. 중력 렌즈 현상은 일반 상대성 이론으로 설명 가능하다.

06

정답 맞히기 ㄱ. 시공간의 휘어짐이 큰 곳인 A의 질량이 B의 질량보다 크다.

ㄷ. 질량이 큰 곳은 중력이 크다. 중력이 큰 곳은 빛의 진행 경로가 더 많이 휘어진다. 따라서 A 근처의 P에서가 B 근처의 Q에서보다 빛의 휘어짐이 뚜렷하다.

오답 피하기 ㄴ. 중력이 큰 A 근처의 P에서가 시간의 흐름이 더 느리게 측정된다.

07

정답 맞히기 A: 일반 상대성 이론에서 등가 원리는 중력에 의한 현상과 관성력에 의한 현상을 구분할 수 없다는 원리이다.

B: 일반 상대성 이론에서 중력이 큰 곳은 시공간의 휘어짐이 나타나는데 이는 질량이 클수록 크게 나타난다.

C: 일반 상대성 이론에서 중력이 큰 곳은 시간이 느리게 흐르고, 중력이 작은 곳은 시간이 상대적으로 빠르게 흐른다.

08

모범 답안 일식이 나타날 때에도 태양에 의해 가려져 있는 별빛을 관찰할 수 있다. 이때, 휘어진 경로를 따라 진행한 별빛을 지구에서는 그 연장선에 위치한 것으로 보이기 때문에 별의 겉보기 위치가 원래 위치와 다르게 측정된다.

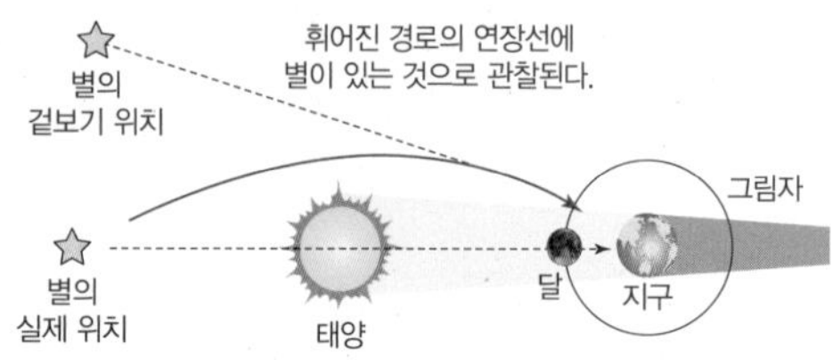

09

정답 맞히기 ㄱ. 블랙홀은 강력한 밀도와 중력으로 인해 입자나 전자기 복사, 빛을 포함한 그 무엇도 빠져나올 수 없는 시공간 영역이다.

ㄷ. 블랙홀에 가까울수록 중력이 크다. 일반 상대성 이론에 따르면 중력이 큰 곳은 시간이 느리게 흐르는데 Q는 P보다 블랙홀로부터 먼 곳에 위치하므로 Q에서의 시간은 P에서의 시간보다 빠르게 흐른다.

오답 피하기 ㄴ. P가 Q보다 블랙홀과 가까운 곳에 위치한다. 즉, P에서의 시공간 왜곡이 Q에서보다 크게 나타난다.

실력 향상 문제

본문 069~070쪽

01 ③	**02** 해설 참조	**03** ②	**04** ③
05 ⑤	**06** ②	**07** ③	**08** ④

01 관성력과 원심력

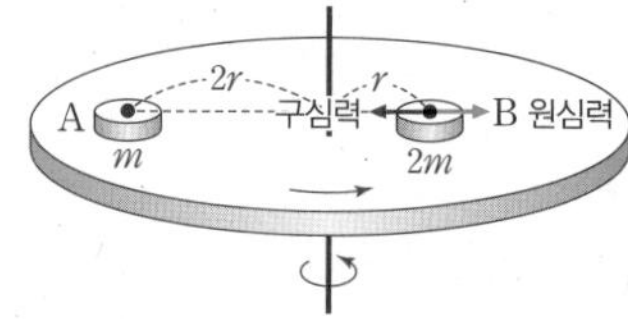

정답 맞히기 ㄷ. B에 작용하는 마찰력이 곧 구심력이다. 따라서 마찰력의 방향은 원의 중심 방향이고, 관성력은 원심력이므로 두 힘은 서로 반대 방향이다.

오답 피하기 ㄱ. A는 등속 원운동 하고 있으므로 구심력이 알짜 힘이다.

ㄴ. 관성력의 크기는 구심력의 크기와 같고, A, B의 각속도는 같다. A의 구심력은 $m(2r)\omega^2$, B의 구심력은 $(2m)r\omega^2$이므로 관성력의 크기는 A와 B가 같다.

02 관성력

모범 답안 (1) 관성력의 크기는 원심력의 크기이다. 원심력은 구심력과 크기가 같고 방향만 반대이다. 탄성력이 곧 구심력이므로 관성력의 크기는 kL이다.

(2) 구심력=탄성력이다. $kL=\frac{mv^2}{r}$이므로 $v=\sqrt{\frac{krL}{m}}$이다.

(3)

	탄성력	구심력	관성력
힘의 방향	원의 중심 방향	원의 중심 방향	원의 중심으로부터 밖으로 멀어지는 방향

03 중력과 관성력

[20700-0137]

03 그림 (가)는 지표면 근처에서 연직 위로 일정한 가속도 g로 운동하는 우주선을, (나)는 무중력 상태의 우주에서 일정한 가속도 a로 운동하는 우주선을 나타낸 것이다. 두 우주선의 바닥으로부터 높이 h인 지점에서 물체를 가만히 놓았을 때, 물체가 바닥에 닿을 때까지 걸린 시간은 같았다.

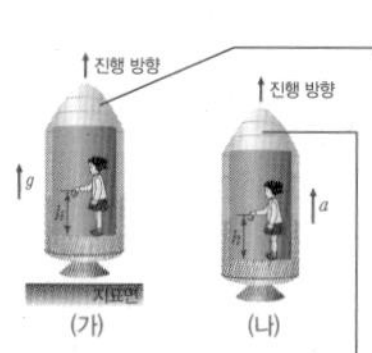

이에 대한 설명으로 옳은 것만을 〈보기〉에서 있는 대로 고른 것은? (단, 지표 근처에서 중력 가속도는 g이고, 공기 저항은 무시한다.)

보기

ㄱ. (가)의 우주선 안에서 관찰할 때, 물체에 작용하는 관성력의 방향은 우주선의 가속도 방향과 같다.

ㄴ. (나)에서 a의 크기는 $2g$이다.

ㄷ. 우주선의 진행 방향에 수직으로 지나가는 빛을 우주선 안에서 관찰할 때, 빛의 휘는 정도는 (나)에서가 (가)에서보다 크다.

① ㄱ ② ㄴ ③ ㄷ ④ ㄱ, ㄷ ⑤ ㄴ, ㄷ

지표면에 정지해 있는 우주선에서 물체는 지구 중심 방향으로 가속도 g로 운동하지만, 우주선이 가속도 g로 운동하고 있으므로 우주선 안에서 관찰되는 물체의 가속도 크기는 $2g$이다.

(가)와 (나)는 일반 상대성 이론의 등가 원리에 따르면 구분할 수 없다. 즉, (나)에서 우주선의 가속도의 크기는 $2g$이다.

높이 h에서 낙하한 물체가 바닥에 도달할 때까지 걸린 시간은 $\sqrt{\frac{2h}{a}}$이다.

정답 맞히기 ㄴ. (가)에서는 중력과 관성력이 방향이 같다. 따라서 우주선 속에서 가만히 놓은 물체의 가속도의 크기는 $g+g=2g$가 된다. 그런데 문제에서 (나)에서 가만히 놓은 물체가 바닥에 닿을 때까지 걸린 시간이 (가)와 같다고 하였으므로 (나)의 물체의 가속도 크기도 $2g$이어야 한다. 따라서 우주선의 가속도의 크기는 $2g$이다.

오답 피하기 ㄱ. (가)의 우주선은 연직 위로 가속도 크기 g로 상승하고 있다. 관성력의 방향은 우주선의 가속도의 방향과 반대 방향이다.

ㄷ. 등가 원리에 따르면 (가)와 (나)는 구분할 수 없는 동일한 현상이다. 따라서 빛이 휘는 정도도 (가)에서와 (나)에서가 같게 측정된다.

04 일반 상대성 이론

정답 맞히기 ㄷ. 일반 상대성 이론에서 질량이 큰 천체 주변의 시공간 휘어짐이 더 뚜렷하다. B가 A보다 중력이 크므로 천체 표면에서 중력 가속도의 크기는 B가 A보다 크다.

오답 피하기 ㄱ. 빛의 속력은 광속 불변의 원리에 따라 언제 누가 측정하여도 일정해야 한다. 즉, (가)에서 빛의 속력은 일정하고 변하지 않는다.

ㄴ. 시공간의 휘어짐이 B가 A보다 뚜렷하므로 질량은 B가 A보다 크다.

05 중력 렌즈 효과

정답 맞히기 ㄱ. 중력 렌즈 효과는 일반 상대성 이론으로 설명할 수 있다.

ㄴ, ㄷ. 중력 렌즈 효과는 질량이 큰 천체 주변을 지나는 빛의 경로가 굴절되어 나타나는 현상으로 질량이 클수록 중력이 커서 주변의 공간이 더 많이 휘어지게 된다.

06 등가 원리

정답 맞히기 ㄷ. 등가 원리는 중력에 의한 현상과 관성력에 의한 현상은 구분할 수 없다는 원리이다. 즉, 철수와 영희가 각각 자신의 좌표계에서 측정하였을 때 물체의 가속도의 크기는 같다.

오답 피하기 ㄱ. 철수가 측정할 때 물체에는 중력이 작용하므로 물체의 속력은 시간에 대해 일정하게 증가한다.

ㄴ. 영희가 측정할 때 물체는 관성력에 의해 바닥으로 가속도의 크기가 g인 운동을 한다.

07 가속 좌표계

정답 맞히기 ㄱ. (가)에서 상자 안은 관성 기준계이므로 관성력이 작용하지 않는다. 하지만 (나)에서 상자 안은 가속 좌표계로 관성력이 운동 방향과 반대 방향으로 작용하므로 (나)의 상자 안 물체는 바닥을 누르는 힘이 0이다. 즉, 물체가 상자를 누르는 힘의 크기는 (가)에서가 (나)에서보다 크다.

ㄷ. (나)의 상자 안 좌표계에서 관측하면 물체에 작용하는 알짜힘이 0이다. 즉, 물체에 작용하는 중력과 관성력이 힘의 평형을 이룬다.

오답 피하기 ㄴ. 지표면에 정지한 관찰자가 관찰할 때 (가)와 (나)에서 상자 안 물체에는 동일한 중력이 작용하고 있지만 물체에 작용하는 알짜힘은 (가)에서는 0이고, (나)에서는 물체에 작용하는 중력이다.

08 블랙홀

정답 맞히기 B: 블랙홀 주변은 강한 중력으로 인하여 시공간의 휘어짐이 크게 나타난다.

C: 블랙홀 주변은 강한 중력으로 인하여 시간이 느리게 흐르는 시간 지연 현상이 나타난다.

오답 피하기 A: 블랙홀은 질량이 매우 큰 천체가 적색 거성을 거쳐 초신성이 되었다가 진화된 형태이다.

신유형·수능 열기

본문 071쪽

01 ③ 02 ③ 03 ③ 04 ⑤

01

정답 맞히기 ㄱ. 정지 상태에서 철수의 몸무게는 800 N이므로, A일 때 관성력의 크기는 200 N이다.

ㄴ. B에서 관성력의 크기는 200 N이다. 관성력은 엘리베이터의 가속도 a와 방향은 반대이고 그 크기는 $F=ma$이다.

$200\text{ N}=80\text{ kg}\times a$에서 엘리베이터 가속도의 크기는 $\frac{5}{2}\text{ m/s}^2$이다.

오답 피하기 ㄷ. B는 엘리베이터가 하강하면서 속력이 증가하거나, 엘리베이터가 상승하면서 속력이 감소하는 경우에 가능하다.

02

정답 맞히기 ㄱ. 영희가 관찰할 때에는 물체에 작용하는 알짜힘의 방향이 장력과 중력의 합력 방향이다. 즉, 버스의 가속도의 방향은 버스의 운동 방향과 반대이다.

ㄴ. 철수가 관찰할 때에는 장력과 중력, 관성력이 합력으로 작용해 물체의 알짜힘은 0이 되어 정지한 것으로 관찰한다.

오답 피하기 ㄷ. 영희가 관찰할 때, 철수에게는 버스의 가속도 방향인 $-x$ 방향의 알짜힘이 작용한다.

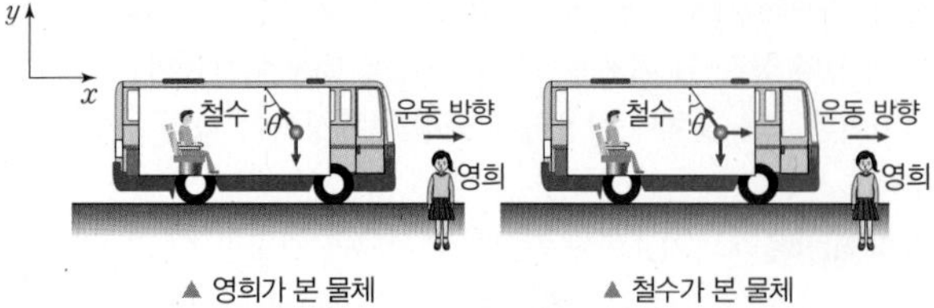

▲ 영희가 본 물체 ▲ 철수가 본 물체

03

정답 맞히기 ㄱ. 구간 A는 엘리베이터가 연직 위로 가속도가 a인 운동을 하는 구간으로 속력이 점점 증가하고 있으므로 물체에 작용하는 관성력의 방향이 연직 아래 방향이다. 즉, 실이 물체를 잡아당기는 힘의 크기가 $m(g+a)$가 된다.

ㄷ. 구간 B는 등속 운동하는 구간으로 철수와 영희 모두 관성 기준계이므로 철수와 영희가 관찰할 때, 물체에 작용하는 알짜힘은 0이다.

오답 피하기 ㄴ. 구간 C는 엘리베이터가 상승하다가 속력이 감소해 정지하는 구간이다. 즉, 가속도의 방향이 운동 방향과 반대가 되므로 영희가 관찰할 때 물체에 작용하는 알짜힘의 방향은 연직 아래 방향이다.

04

정답 맞히기 ㄱ. 그림과 같이 실제 별빛이 휘어져 진행하려면 우주선의 가속도의 방향은 연직 위쪽이고 우주선의 가속도의 방향과 A가 느끼는 관성력의 방향이 서로 반대이어야 한다.

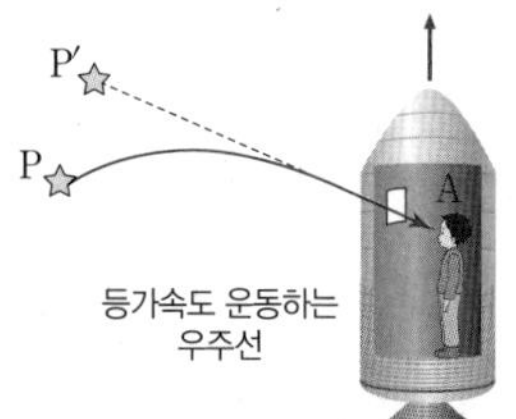

ㄴ. 우주선이 등속 직선 운동을 하면 빛의 휘어짐이 없으므로 P와 P′는 일치하게 된다.

ㄷ. 가속 운동을 하는 우주선 속에서 빛의 휘어짐은 일반 상대성 이론으로 설명할 수 있다.

5 일과 에너지

탐구 활동

본문 082쪽

1 해설 참조 **2** 해설 참조

1

모범 답안 물의 양을 더 많이 넣으면 $Q=cm\Delta T$에서 Q가 일정할 때 온도 변화가 작다. 따라서 나중 온도는 더 낮아진다.

2

모범 답안 추의 질량을 더 큰 것으로 교체하면 추의 역학적 에너지가 증가하여 물의 온도 변화가 더 커지므로 나중 온도가 더 높아진다.

내신 기초 문제

본문 083~088쪽

01 해설 참조		**02** ④	**03** ③	**04** ④
05 ②	**06** ①	**07** ④	**08** ③	**09** ③
10 ③	**11** ④	**12** ④	**13** ④	**14** ③
15 ②	**16** 해설 참조		**17** ⑤	**18** ③
19 ②	**20** ②	**21** ①	**22** ②	**23** ④
24 해설 참조		**25** 해설 참조		

01

모범 답안 (1) 높이 0.4 m에서 물체의 중력 퍼텐셜 에너지는 $E_p=3\text{ kg}\times10\text{ m/s}^2\times0.4\text{ m}=12\text{ J}$이다.

(2) 경사면을 따라 이동한 거리 d는 $\sin30^\circ=\frac{0.4\text{ m}}{d}=\frac{1}{2}$에서 $d=0.8\text{ m}$이다.

(3) 경사면을 따라 밀어올리는 힘 F의 크기는 $F=mg\sin30^\circ=3\text{ kg}\times10\text{ m/s}^2\times\frac{1}{2}=15\text{ N}$이다.

(4) (2)와 (3)의 결과로 힘이 물체에 한 일을 구하면 $W=Fs=15\text{ N}\times0.8\text{ m}=12\text{ J}$이다.

02

각 힘이 한 일은 다음과 같다.

힘	이동 거리	각도	한 일
F	$2s$	$0°$	$W_1=F(2s)\cos 0°=2Fs$
$2F$	s	$60°$	$W_2=(2F)s\cos 60°=Fs$
$2F$	$2s$	$0°$	$W_3=4Fs\cos 0°=4Fs$

따라서 $W_3>W_1>W_2$이다.

03

0초에서 3초까지 물체는 등가속도 운동을 하고 3초에서 6초까지는 등속도 운동을 한다. $F=ma$에서 가속도의 크기는 $2\ \mathrm{m/s^2}$이므로 3초 후 속력은 $6\ \mathrm{m/s}$이다. 힘이 물체에 한 일은 모두 운동 에너지 증가로 전환되므로 $E_k=\frac{1}{2}mv^2$에서 6초일 때 운동 에너지는 36 J이다.

04

정답 맞히기 ㄴ. F가 한 일은 $W=Fs$이다. 즉, A, B, C 모두 힘의 크기와 이동한 거리가 같으므로 F가 한 일은 A, B, C가 모두 같다.

ㄷ. $W=Fs=\frac{1}{2}mv^2$에서 한 일이 모두 같다면 $v=\sqrt{\frac{2Fs}{m}}$에서 질량이 작을수록 속력이 크다. 즉, 2 m를 이동했을 때 속력은 C가 가장 크다.

오답 피하기 ㄱ. 2 m를 이동했을 때 속력은 C가 가장 크므로 걸린 시간은 C가 가장 작다.

05

정답 맞히기 ㄷ. C가 상자를 운반하는 동안 중력의 방향은 이동 방향과 수직이다. $W=Fs\cos\theta$이므로 이 과정에서 중력이 한 일은 0이다.

오답 피하기 ㄱ. 상자가 이동하는 동안 중력의 크기는 언제나 mg이다. 즉, A, B, C에서 중력의 크기는 같다.

ㄴ. 빗면 이동 거리가 같으면 수직 방향의 이동 거리는 B가 A보다 크다. 즉, 같은 시간 동안 A와 B가 상자에 한 일은 모두 중력 퍼텐셜 에너지로 전환이 되므로 상자에 한 일은 B가 A보다 크다.

06

정답 맞히기

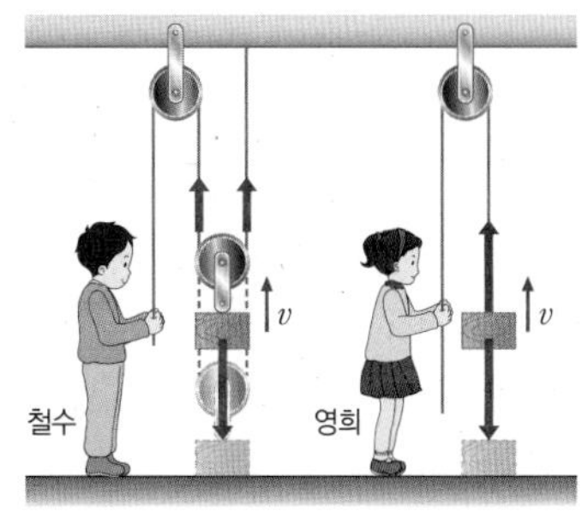

ㄱ. 철수는 움직도르래를 이용하므로 2개의 줄에 의해 물체를 들어 올리게 되어 물체의 중력이 각각의 줄에 나누어 작용한다. 하지만 영희는 1개의 줄로 물체를 방향만 바꾸어 당기고 있으므로 줄을 당기는 힘의 크기는 영희가 철수보다 크다.

오답 피하기 ㄴ. 물체가 받은 일은 철수와 영희의 경우가 동일하다.

ㄷ. 물체의 역학적 에너지는 중력 퍼텐셜 에너지가 증가하므로 커지고 있다.

07

정답 맞히기 ㄴ. 마찰력은 운동을 방해하는 힘이므로 운동 방향과 반대 방향으로 작용한다.

ㄷ. 마찰력이 물체에 한 일은 $W=Fs\cos 180°=-Fs$이므로 음(−)의 일을 하게 된다. 즉 마찰력이 한 일은 정지할 때까지 감소한 운동 에너지(=수평면에서는 역학적 에너지)와 같다.

오답 피하기 ㄱ. 물체는 정지하였으므로 운동 에너지는 감소한다.

08

정답 맞히기 ㄱ. 지레의 원리에서 수평 상태일 때 돌림힘의 평형을 계산해 보면 $r_1F_1=r_2F_2$이므로 $0.5\times30=1.5\times F$가 성립한다. 따라서 $F=10\ \mathrm{N}$이다.

ㄴ. 30 N의 물체가 h만큼 상승하는 동안 증가한 중력 퍼텐셜 에너지는 힘 F가 0.6 m 이동시키는 동안 한 일의 양과 같아야 한다. 따라서 $10\times0.6=30\times h$가 성립하므로 $h=0.2\ \mathrm{m}$이다.

오답 피하기 ㄷ. 지레가 물체를 들어 올리는 데 한 일은 물체의 증가한 중력 퍼텐셜 에너지와 같으므로 $30\ \mathrm{N}\times0.2\ \mathrm{m}=6\ \mathrm{J}$이다.

09

A에 정지해 있던 물체는 곡면을 따라 이동하여 B를 지나 경로 (다)를 따라 이동한다. B를 지난 후 포물선 운동을 하므로 (라) 또는 (마)의 경로 운동은 불가능하다. 또 역학적 에너지는 보존되어야 하는데 최고점에서도 물체의 운동 에너지는 0이 될 수 없고 수

평 방향 성분의 속력이 남아 있게 된다. 따라서 (가), (나)는 답이 될 수 없다.

10

공의 역학적 에너지는 보존된다. 최하점까지 운동하는 동안 감소한 중력 퍼텐셜 에너지=증가한 운동 에너지이므로 $mgh=\frac{1}{2}mv^2$이다. 따라서 최하점에서 공의 속력은 $v=\sqrt{2gh}=\sqrt{2\times10\times0.5}=\sqrt{10}$ (m/s)이다.

11

정답 맞히기 ㄴ. A에서 B로 가는 동안 공의 높이는 증가하므로 운동 에너지는 감소하고 중력 퍼텐셜 에너지는 증가한다.
ㄷ. A, B, C에서 역학적 에너지는 보존되므로 모두 같다.

오답 피하기 ㄱ. 운동 에너지가 최대인 점은 지면에 도달할 때인 C이다.

12

최고점에서 공에 작용하는 힘은 장력 T와 중력 mg이다. 이 두 힘이 합쳐져 구심력이 되므로 $\frac{mv^2}{L}=T+mg$이다. 이때 $T=0$이면 줄이 느슨하지 않을 정도의 최소 속력을 구하는 조건을 만족하므로 $v=\sqrt{gL}$이다.
역학적 에너지 보존에서 감소한 중력 퍼텐셜 에너지가 곧 증가한 운동 에너지와 같다. 최하점에서의 속력을 v'라고 하면
$\frac{1}{2}mv^2+2mgL=\frac{1}{2}mv'^2$에서 $v=\sqrt{gL}$이므로 $v'=\sqrt{5gL}$이다.

13

정답 맞히기 ④ 최고점인 3에서 운동 에너지가 최소이므로 물체의 속력은 최소이다.

오답 피하기 ① 블럭의 역학적 에너지는 일정하다.
② 구심력의 크기가 중력의 크기보다 커야 한다. 수직 항력+중력=구심력이므로 구심력이 중력보다 수직 항력만큼 더 크거나 최소한 같아야 한다.
③ 속도의 크기가 변하는 가속도 운동이다.
⑤ 알짜힘은 구심력이므로 원의 중심을 향한다.

14

정답 맞히기 ㄱ. 역학적 에너지(E_0)는 보존되므로 P와 R에서 같다.
ㄷ. 공의 역학적 에너지(E_0)는 수평면에서 던져 올려질 때 운동 에너지이다. 즉, $\frac{1}{2}mv_0{}^2=E_0$이며 R에서 중력 퍼텐셜 에너지는 mgh이므로 R에서 운동 에너지는 E_0-mgh이다.

오답 피하기 ㄴ. 최고점에서 공의 속도의 수평 방향 성분이 있기 때문에 운동 에너지는 0이 아니다.

15

정답 맞히기 영희: C는 속력이 최대인 지점이다. 구심력의 크기는 $\frac{mv^2}{r}$이므로 속력이 최대인 C에서 구심력의 크기도 최대이다.

오답 피하기 철수: A에서 B로 운동할 때 중력 퍼텐셜 에너지가 운동 에너지로 전환된다.
민수: 역학적 에너지는 보존되므로 D와 E에서 역학적 에너지는 같다.

16

모범 답안

(1)

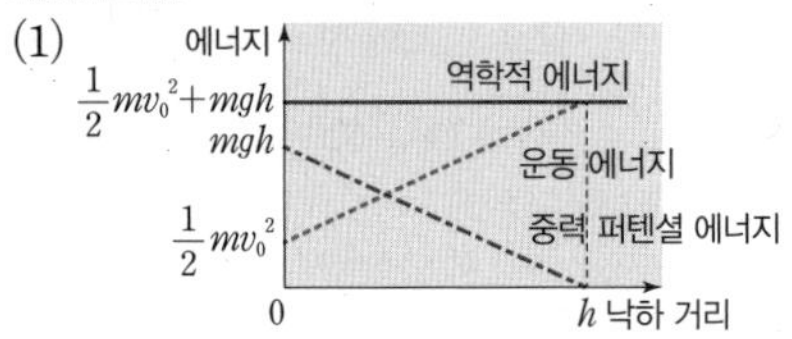

(2)

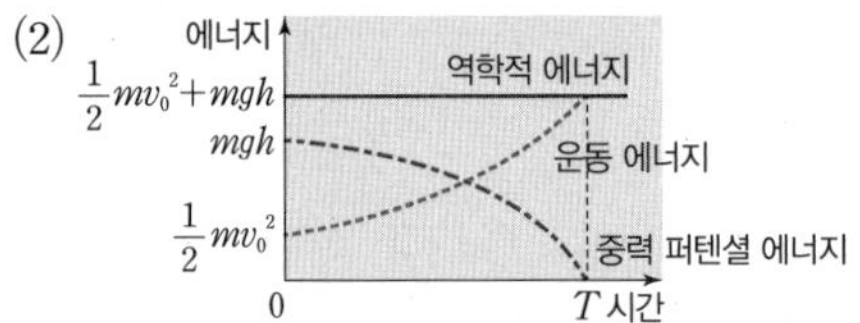

17

최고점에서 역학적 에너지는 지면 도달시 역학적 에너지와 같다.
$\frac{1}{2}\times m\times4^2+m\times10\times10=\frac{1}{2}mv^2$에서 $v=6\sqrt{6}$ m/s이다.

18

정답 맞히기 ③ (가)는 피스톤이 상승하므로 이상 기체가 외부에 일을 하게 되고, (나)는 피스톤이 고정되어 있으므로 이상 기체의 내부 에너지만 상승하게 된다. 열역학 제1법칙에 따르면 기체가 받은 열(Q)은 내부 에너지 증가(ΔU)와 외부에 한 일(W)로 전환되므로 $Q=\Delta U+W$의 관계가 성립한다. 따라서 (가)의 물리량 중 (나)보다 큰 것은 기체가 피스톤에 한 일이다.

오답 피하기 ① 기체의 압력은 피스톤이 고정된 (나)가 더 크다. 부피가 일정할 때 기체가 열을 흡수하면 기체 분자의 운동이 활발해지고 실린더 안쪽 벽에 충돌하는 횟수가 증가하게 되어 압력이 증가한다.
② 기체의 내부 에너지는 실린더 안에 들어 있는 이상 기체들의 평균 운동 에너지의 총합이므로 (나)가 더 크다.

④ 기체 분자의 평균 운동 에너지는 기체의 절대 온도에 비례한다. (나)의 절대 온도가 (가)보다 크므로, 기체 분자의 평균 운동 에너지도 (나)가 더 크다.
⑤ 온도가 높으면 기체 분자들의 평균 운동 에너지가 증가하고 단위 면적당 기체 분자가 가하는 평균 힘도 커진다.

19

비열은 질량 1 kg을 1 ℃(또는 K)만큼 높이는 데 필요한 열량이다. $Q=cm\Delta T$에서 $c=\frac{Q}{m\Delta T}$이므로 동일한 Q를 흡수하였을 때 $m\Delta T$가 작을수록 비열이 큰 물체임을 알 수 있다.

20

A와 B 사이에서 이동한 열량은 같다. 즉, $C_A\Delta T_A=C_B\Delta T_B$이므로 $C_A(T_A-T_0)=C_B(T_0-T_B)$이다. 따라서
$T_0=\frac{C_AT_A+C_BT_B}{C_A+C_B}$이다.

21

정답 맞히기 ㄱ. 이 실험에서 모래를 많이 흔들수록 온도가 상승하고 있는 것을 알 수 있다. 그 이유는 모래를 흔드는 과정에서 역학적 에너지가 열에너지로 전환되어 스타이로폼 컵 안의 온도가 상승하였기 때문이다.
오답 피하기 ㄴ. 모래를 흔든 횟수가 증가할수록 온도는 증가한다. 하지만 비례 관계는 아니다.
ㄷ. 모래를 흔드는 과정에서 역학적 에너지는 보존되지 않는다. 역학적 에너지가 열에너지로 전환되기 때문이다.

22

정답 맞히기 ㄴ. A의 비열을 c_A, B의 비열을 c_B라고 하면 $Q=c_Am\Delta T_A$와 $Q=c_B(2m)\Delta T_B$이므로 $C_A\Delta T_A=C_B\Delta T_B$이다. B의 온도 변화가 더 크므로 열용량은 A가 B보다 크다.
오답 피하기 ㄱ. $c_A\Delta T_A=2c_B\Delta T_B$에서 B의 온도 변화가 더 크므로 비열은 A가 B보다 크다.
ㄷ. A의 질량을 2배로 하여 동일한 시간 동안 동일한 열량 Q를 가하면 $Q=cm\Delta T$의 관계에서 온도 변화가 더 작게 된다.

23

정답 맞히기 ④ 추가 낙하하는 동안 추의 중력 퍼텐셜 에너지가 감소한다. 역학적 에너지가 보존된다면 감소한 중력 퍼텐셜 에너지만큼 운동 에너지가 증가해야 하지만 이 실험에서 감소한 중력 퍼텐셜 에너지는 물의 흡수한 열에너지로 전환되었다.
오답 피하기 ① 추가 낙하하는 동안 추의 역학적 에너지는 감소한다.
② 1 J의 역학적 에너지가 4.2 cal의 열에너지로 전환되는 것이 아니라 1 cal의 열량이 약 4.2 J의 역학적 에너지에 해당한다.
③ 추는 일정한 속력으로 낙하하므로 운동 에너지는 일정하다.
⑤ 추의 역학적 에너지가 열에너지로 전환된다.

24

모범 답안 (1) 감소한 추의 역학적 에너지는 $mgh=2\times5\ \mathrm{kg}\times10\ \mathrm{m/s^2}\times2.1\ \mathrm{m}=210\ \mathrm{J}$이다. 열의 일당량은 1 cal의 열량이 4.2 J에 해당하므로 210 J은 50 cal이다.
(2) 50 cal의 열은 물의 온도를 높이는 데 사용되므로 $Q=cm\Delta T$에서 $50\ \mathrm{cal}=1\ \mathrm{cal/g\cdot ℃}\times50\ \mathrm{g}\times\Delta T$이므로 물의 온도는 1 ℃ 상승한다.

25

모범 답안 (1) $W=Fs$에서 $P=\frac{F}{A}$이고, $\Delta V=As$이므로 $W=P\Delta V$이다. $W=(1\times10^5\ \mathrm{N/m^2})\times(2\times10^{-2}\ \mathrm{m^3})=2000\ \mathrm{J}$이다.
(2) 열역학 제1법칙에서 기체가 받은 열(Q)은 내부 에너지 증가(ΔU)와 외부에 한 일(W)로 전환되므로 $Q=\Delta U+W$의 관계가 성립한다. 즉, 기체가 열을 받으면 외부에 일을 하고 내부 에너지 증가로 전환되므로 P에서 Q까지 팽창하는 동안 기체는 외부에 일을 하며 기체의 온도는 증가하므로 내부 에너지도 증가한다.

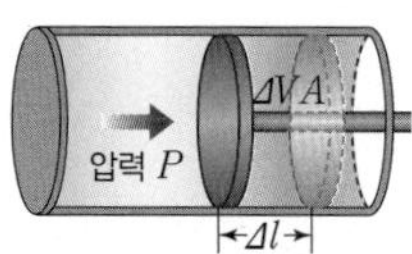

기체가 한 일 $W=P\Delta V$

실력 향상 문제 본문 089~094쪽

01 해설 참조	02 ④	03 ④	04 ③
05 ③	06 ②	07 해설 참조	
08 해설 참조	09 ③	10 ②	11 ②
12 해설 참조	13 ③	14 해설 참조	
15 해설 참조	16 ①	17 해설 참조	
18 ③	19 ③	20 ⑤	21 ⑤
22 ⑤	23 ②	24 ③	

01 중력 퍼텐셜 에너지

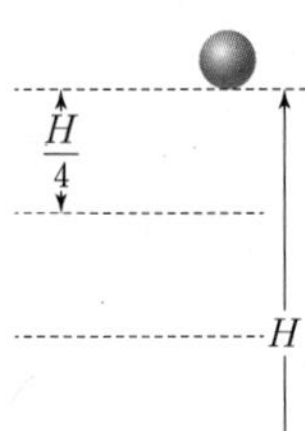

모범 답안 (1) 그림과 같이 낙하 거리가 $\frac{H}{4}$일 때, 감소한 중력 퍼텐셜 에너지는 증가한 운동 에너지와 같다. 따라서 $\frac{1}{2}mv^2=\frac{1}{4}mgH$이므로 $v=\sqrt{\frac{gH}{2}}$이다.

(가)에서 낙하 거리가 $\frac{H}{4}$일 때, 감소한 중력 퍼텐셜 에너지는 증가한 운동 에너지와 같다. 즉, $\frac{1}{4}mgH$이다.

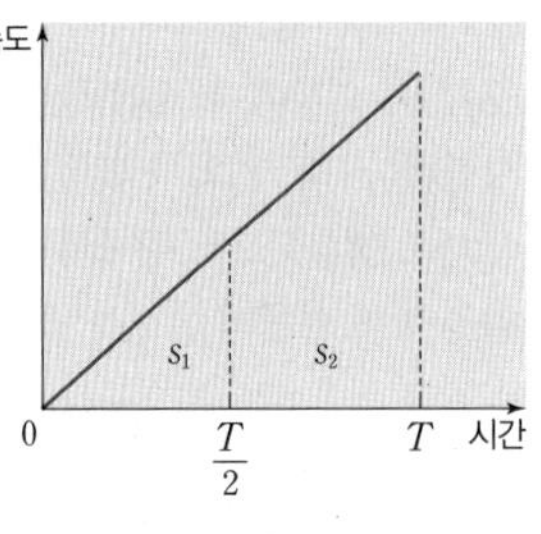

(2) 자유 낙하 하는 물체의 운동은 등가속도 직선 운동이므로 속도-시간 그래프를 그려 분석할 수 있다. $s=\frac{1}{2}at^2$에서 $\frac{T}{2}$까지 이동 거리를 s_1, $\frac{T}{2}$에서 T까지 이동 거리를 s_2라고 하면 $s_1:s_2=1:3$이 된다. 즉, (나)에서 $\frac{T}{2}$일 때, 중력 퍼텐셜 에너지 $E_p=\frac{3}{4}mgH$이고, 운동 에너지 $E_k=\frac{1}{4}mgH$이므로 $E_p:E_k=3:1$이다.

(3) (나)에서 $E_p=E_k$가 될 때 낙하 거리는 $\frac{H}{2}$이다. $H=\frac{1}{2}gT^2$이고 $\frac{H}{2}=\frac{1}{2}gt^2$이라고 하면 $\frac{1}{4}gT^2=\frac{1}{2}gt^2$이므로 $t=\frac{1}{\sqrt{2}}T$이다.

02 운동 에너지

정답 맞히기 ㄱ. A에서 B까지 증가한 운동 에너지는 감소한 중력 퍼텐셜 에너지이다.

$\left(\frac{1}{2}\times2\times3^2\right)-\left(\frac{1}{2}\times2\times2^2\right)=5(\text{J})=mgh$이므로 $h=\frac{5}{20}=0.25(\text{m})=25(\text{cm})$이다.

ㄴ. B에서 속력이 가장 빠르고 D에서 정지하므로 C는 3초와 6초 사이에 지나는 점이다.

오답 피하기 ㄷ. B와 D의 중력 퍼텐셜 에너지 차이는 운동 에너지 차이와 같다. 즉, $\frac{1}{2}mv^2=\frac{1}{2}\times2\times3^2=9(\text{J})$이다.

03 힘이 물체에 한 일

그림과 같이 힘-시간 그래프로부터 속도-시간 그래프를 그릴 수 있다.

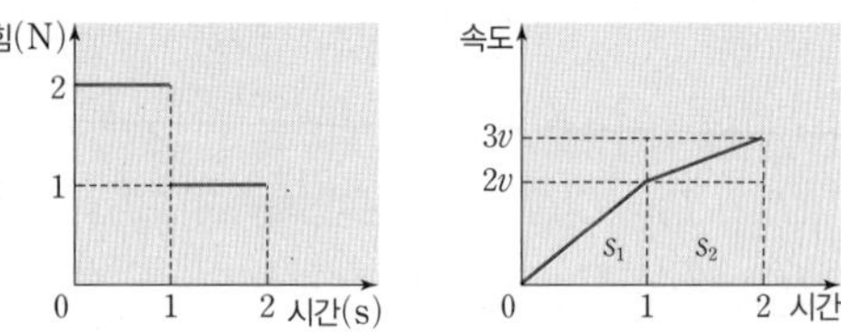

0초부터 1초까지 힘이 물체에 한 일은 $W_1=2\times s_1$, 1초부터 2초까지 물체에 한 일은 $W_2=1\times s_2$이다. $s_1:s_2=2:5$이므로 $W_1:W_2=4:5$이다.

04 역학적 에너지 보존

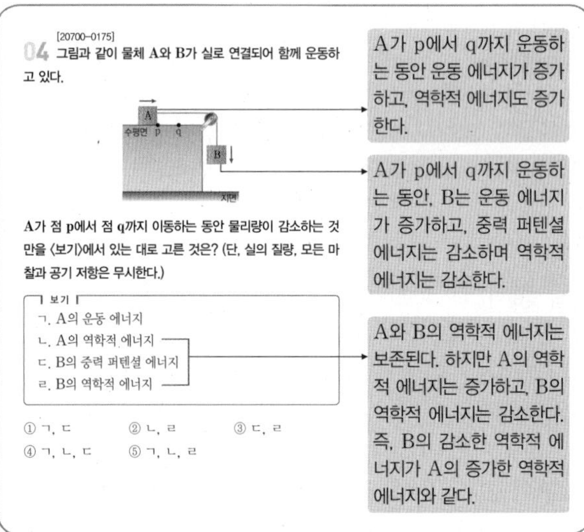

정답 맞히기 ㄷ. B는 등가속도 운동을 하며 지면을 향해 내려간다. 따라서 B의 중력 퍼텐셜 에너지($E_p=mgh$)는 감소한다.

ㄹ. A와 B의 전체 역학적 에너지는 보존된다($E_A+E_B=$일정). A의 역학적 에너지가 증가하므로 B의 역학적 에너지는 감소한다. 이때 B의 감소한 중력 퍼텐셜 에너지는 A의 운동 에너지 증가량과 B의 운동 에너지 증가량의 합과 같다.

오답 피하기 ㄱ. A는 등가속도 운동을 하여 속력이 증가하므로 운동 에너지는 증가한다.
ㄴ. A의 중력 퍼텐셜 에너지는 일정하고 운동 에너지는 증가하므로 A의 역학적 에너지는 증가한다.

05 역학적 에너지

P에서 운동 에너지는 감소한 중력 퍼텐셜 에너지와 같다. 전체 높이를 3등분하고 $\frac{1}{3}$만큼 낙하하였을 때 P에서 물체의 중력 퍼텐셜 에너지는 운동 에너지의 2배가 된다. Q에서 물체의 운동 에너지는 P에서 운동 에너지의 2배이므로 그 값이 2배가 되어야 하므로 그림과 같이 P와 Q에서 중력 퍼텐셜 에너지 E_p와 운동 에너지 E_k로 나타낼 수 있다. 따라서 P와 Q 사이의 거리는 $\frac{h}{3}$이다.

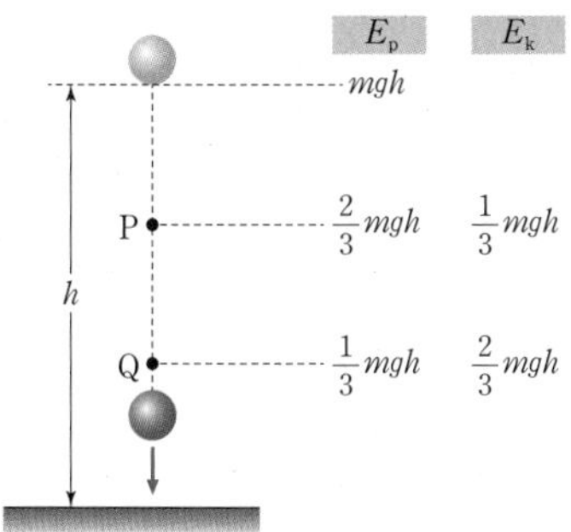

06 역학적 에너지 보존

기준면 D에서 운동 에너지가 역학적 에너지와 같다. 즉, 60 J이 이 물체의 역학적 에너지이다. B와 C에서 운동 에너지를 역학적 에너지에서 빼면 중력 퍼텐셜 에너지이므로 B에서 $E_p=15$ J이고 C에서 $E_p=42$ J이다. 따라서 h_1, h_2는 각각 1.5 m, 4.2 m이다.

07 역학적 에너지 보존

모범 답안 (1) A의 감소한 중력 퍼텐셜 에너지는 $E_{pA}=2m\times g\times(2h)=4mgh$이다.
(2) B의 증가한 중력 퍼텐셜 에너지는 $E_{pB}=mgh$이다.
(3) 감소한 A의 중력 퍼텐셜 에너지=B의 증가한 중력 퍼텐셜 에너지+A의 증가한 운동 에너지+B의 증가한 운동 에너지이다. 따라서 역학적 에너지 보존을 적용하면

$4mgh-mgh=\frac{1}{2}(2m)v^2+\frac{1}{2}mv^2$에서 A가 지면에 닿는 순간 A의 속력은 $\sqrt{2gh}$이다.

08 힘이 물체에 한 일

모범 답안
(1) 20 m를 이동하는 동안 20 N의 힘이 한 일은 $W=Fs=20\times20=400$(J)이다.
(2) 20 m를 이동하는 동안 F의 방향이 운동 방향과 반대이므로 F가 한 일은 $W=-Fs=-4\times20=-80$(J)이다.
(3) 20 m를 이동한 순간 물체의 운동 에너지는 알짜힘이 한 일과 같다. 즉, $W=Fs=16\times20=320$(J)이다.

09 2차원 역학적 에너지 보존

포물선 운동을 하는 물체의 경우, 역학적 에너지가 보존되며 최고점에서도 운동 에너지는 0이 아니다. 최고점에서 운동 에너지는 수평면에서 쏘아올릴 때 속도의 수평 성분에 의한 운동 에너지와 같고, 최고점에서 중력 퍼텐셜 에너지는 수평면에서 쏘아올릴 때 속도의 수직 성분에 의한 운동 에너지와 같다. 즉,

$E_1=\frac{1}{2}mv_{0x}^{\ 2}$, $E_2=\frac{1}{2}mv_{0y}^{\ 2}$이고 $v_{0x}=v_0\cos30°$, $v_{0y}=v_0\sin30°$이므로

$$\frac{E_2}{E_1}=\frac{\left(\frac{1}{2}\right)^2}{\left(\frac{\sqrt{3}}{2}\right)^2}=\frac{1}{3}\text{이다.}$$

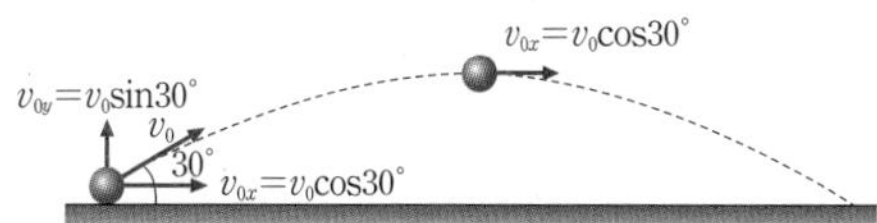

10 에너지와 운동 시간

정답 맞히기 ㄷ. 중력 퍼텐셜 에너지와 운동 에너지가 같아질 때까지 걸린 시간을 t라고 하면 $mgH=\frac{1}{2}m(aT)^2$이고,

$mg\left(\frac{H}{2}\right)=\frac{1}{2}m(at)^2$이다. 따라서 $t=\frac{1}{\sqrt{2}}T$이다.

오답 피하기 ㄱ. E_1은 낙하 거리에 따라 에너지가 일정하게 감소하고 있으므로 중력 퍼텐셜 에너지 그래프이다.
ㄴ. 낙하 거리가 $\frac{H}{3}$일 때, 감소한 중력 퍼텐셜 에너지가 증가한 운동 에너지와 같으므로 $\frac{1}{3}mgH$이다.

11 2차원 역학적 에너지 보존

정답 맞히기 ㄴ. 타잔이 5 m를 내려오는 동안 중력이 타잔에게 한 일은 $W=Fs=mgh$이므로 $W=80\times10\times5=4000$(J)이다.
오답 피하기 ㄱ. 최하점에서 타잔의 속력은 역학적 에너지 보존으로 구할 수 있다. 절벽과 최하점의 높이차를 H, 최하점에서 속력

을 v라고 하면 $mgH=\frac{1}{2}mv^2$이므로 $v=\sqrt{2gH}=\sqrt{2\times10\ \mathrm{m/s^2}\times5\ \mathrm{m}}=10\ \mathrm{m/s}$이다.

ㄷ. 타잔이 내려오는 동안 밧줄에 의한 장력은 운동 방향에 수직이므로 한 일이 0이다.

12 원운동에서 역학적 에너지 보존

모범 답안 (1) A에서 역학적 에너지는 B에서 역학적 에너지와 같다.

$\frac{1}{2}mv_\mathrm{A}{}^2+mgh_\mathrm{A}=\frac{1}{2}mv_\mathrm{B}{}^2+mgh_\mathrm{B}$이므로 $v_\mathrm{B}=10\sqrt{6}\ \mathrm{m/s}$이다.

(2) 구심 가속도의 크기는 $a=\frac{v_\mathrm{C}{}^2}{r}$으로 구할 수 있다. 반지름인 $r=10\ \mathrm{m}$이고 v_C는 A와 C에서 역학적 에너지가 같음을 이용하여 구할 수 있다.

$\frac{1}{2}mv_\mathrm{A}{}^2+mgh_\mathrm{A}=\frac{1}{2}mv_\mathrm{C}{}^2+mgh_\mathrm{C}$이므로 $v_\mathrm{C}{}^2=200$이다. 즉, C에서 구심 가속도의 크기는 $a=\frac{v_\mathrm{C}{}^2}{r}=\frac{200}{10}=20(\mathrm{m/s^2})$이다.

13 마찰력이 한 일

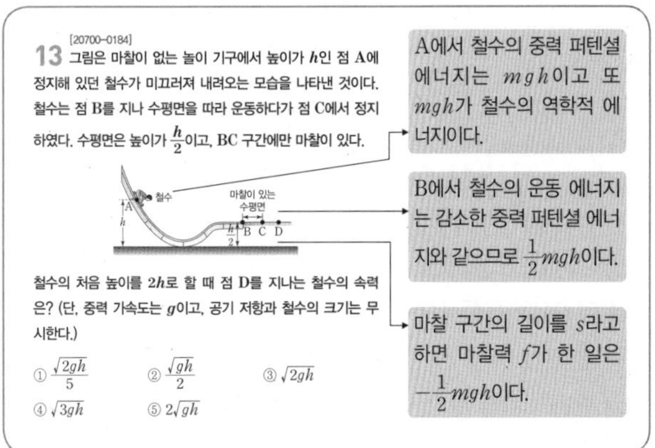

[20700-0184]

13 그림은 마찰이 없는 놀이 기구에서 높이가 h인 점 A에 정지해 있던 철수가 미끄러져 내려오는 모습을 나타낸 것이다. 철수는 점 B를 지나 수평면을 따라 운동하다가 점 C에서 정지하였다. 수평면은 높이가 $\frac{h}{2}$이고, BC 구간에만 마찰이 있다.

철수의 처음 높이를 $2h$로 할 때 점 D를 지나는 철수의 속력은? (단, 중력 가속도는 g이고, 공기 저항과 철수의 크기는 무시한다.)

① $\frac{\sqrt{2gh}}{5}$ ② $\frac{\sqrt{gh}}{2}$ ③ $\sqrt{2gh}$ ④ $\sqrt{3gh}$ ⑤ $2\sqrt{gh}$

A에서 철수의 중력 퍼텐셜 에너지는 mgh이고 또 mgh가 철수의 역학적 에너지이다.

B에서 철수의 운동 에너지는 감소한 중력 퍼텐셜 에너지와 같으므로 $\frac{1}{2}mgh$이다.

마찰 구간의 길이를 s라고 하면 마찰력 f가 한 일은 $-\frac{1}{2}mgh$이다.

마찰이 있는 구간에서는 역학적 에너지가 마찰력이 한 일로 모두 손실된다. 마찰력을 f라고 할 때, 마찰력이 한 일은 $W=fs$이다. 따라서 $mgh-\frac{1}{2}mgh=fs$가 성립한다.

철수의 처음 높이를 $2h$로 할 때, 수평면에서 운동 에너지는 $2mgh-\frac{1}{2}mgh=\frac{3}{2}mgh$인데 이 중 마찰력이 일을 한 만큼 손실되므로 D에서 철수의 속력을 v_D라고 하면 $\frac{1}{2}mv_\mathrm{D}{}^2=mgh$이므로 $v_\mathrm{D}=\sqrt{2gh}$이다.

14 회전 운동에서 역학적 에너지 보존

모범 답안 최하점에서의 속력을 v_1이라고 하고, 최고점에서의 속력을 v_2라고 할 때, 역학적 에너지 보존 법칙과 최고점에서의 합력을 분석해 볼 수 있다.

$mgh=\frac{1}{2}mv_1{}^2$이므로 $v_1=\sqrt{2gh}$이고,

$\frac{1}{2}mv_2{}^2+mg(2R)=\frac{1}{2}mv_1{}^2$이므로 $v_2{}^2=2g(h-2R)$이다.

최고점에서는 레일이 공을 떠 받치는 힘과 중력이 구심력의 역할을 하므로 $N+mg=\frac{mv_2{}^2}{R}$이다. $N=0$일 때 h가 최소가 되므로 $2g(h-2R)\geq gR$이어야 한다. 즉, $h\geq\frac{5}{2}R$이다.

15 진자 운동에서 역학적 에너지 보존

모범 답안 (1) 공이 v의 속력으로 운동하는 지점을 중력 퍼텐셜 에너지가 0인 기준 위치로 정하고 역학적 에너지 보존 법칙을 적용할 수 있다. 수평인 높이에서의 속력을 v_1이라고 하면

$mgL\cos\theta+\frac{1}{2}mv_1{}^2=\frac{1}{2}mv^2$이다. $v_1=0$일 때 v가 최소가 되므로 $v=\sqrt{2gL\cos\theta}$이다.

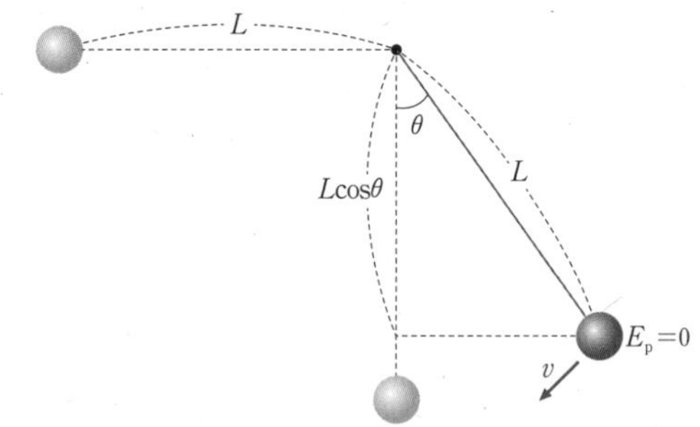

(2) 공이 연직으로 최고 높이에 있을 때 속력을 v_2라고 하고 그때 줄의 장력을 T라고 하면 $T+mg$가 구심력이 된다.

$T+mg=\frac{mv_2{}^2}{L}$이고 $T=\frac{mv_2{}^2}{L}-mg$이다. $T\geq0$이어야 하므로 $T=\frac{mv_2{}^2}{L}-mg\geq0$이다. $v_2\geq\sqrt{gL}$이므로 v_2의 최소값은 $\sqrt{gL}$이다. 역학적 에너지 보존 법칙에 따라

$\frac{1}{2}mv^2=\frac{1}{2}mv_2{}^2+mgL(1+\cos\theta)$이므로

$v=\sqrt{gL(3+2\cos\theta)}$이다.

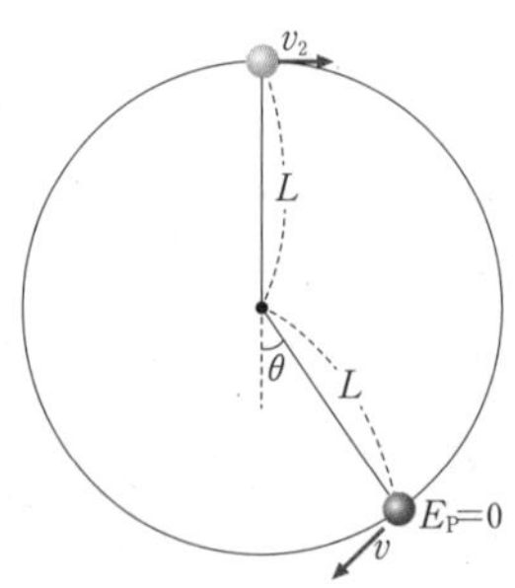

16 역학적 에너지 보존

정답 맞히기 ㄱ. A가 최고점에서 최하점까지 내려오는 동안 역학적 에너지가 보존되므로 $mgh=\frac{1}{2}mv^2$에서 $v=\sqrt{2gh}$이다.

오답 피하기 ㄴ. 충돌 과정에서 A에서 B로 전달된 역학적 에너지는 책상면에서 B가 수평 방향으로 날아가는 순간의 운동 에너지이다. B의 수평 방향 속력은

$v=\frac{h}{\sqrt{\frac{2h}{g}}}=\sqrt{\frac{gh}{2}}$이다. 따라서 B의 낙하 전 운동 에너지는

$\frac{1}{2}m\left(\frac{gh}{2}\right)=\frac{1}{4}mgh$이다.

ㄷ. 충돌 후 B의 속력은 $v=\frac{h}{\sqrt{\frac{2h}{g}}}=\sqrt{\frac{gh}{2}}$이다.

17 회전 운동 에너지 분석

모범 답안 공은 정지 상태에서 미끄러져 내려오다가 반구가 떠받치는 힘(수직 항력 N)이 0이 되는 순간 반구를 떠나게 된다. 이 과정에서 역학적 에너지가 보존되며 반구를 회전하는 공은 구심력에 의해 운동한다. 구심력은 중력의 구심 방향 성분에서 수직 항력을 뺀 것과 같으므로 $mg\cos\theta-N=\frac{mv^2}{R}$이고, 공이 구를 떠나는 순간 $N=0$이 되므로 그 순간 속력을 v라고 하면 $mg\cos\theta=\frac{mv^2}{R}$이다. 따라서 $v^2=Rg\cos\theta$이다. 공이 반구를 떠나는 지점의 높이를 h라고 하면 역학적 에너지 보존에서 $mgR=\frac{1}{2}mv^2+mgR\cos\theta$이므로 두 식을 정리하면 $\cos\theta=\frac{2}{3}=\frac{h}{R}$이다. 따라서 공이 반구를 떠나는 높이는 $h=\frac{2}{3}R$이다.

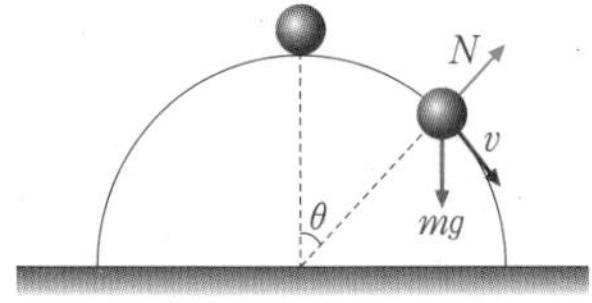

18 비열과 열용량

정답 맞히기 ㄱ. 비열은 질량 1 kg을 1 ℃(또는 K)만큼 높이는 데 필요한 열량이다. 같은 질량의 A와 B에 동일한 양의 열량을 가하였을 때 온도 변화가 클수록 비열이 작은 물체이므로 A의 비열은 B의 비열보다 작다.

ㄷ. (나)에서 고온의 물체가 잃은 열량은 저온의 물체가 얻은 열량과 같다. 즉 A가 잃은 열에너지와 B가 얻은 열에너지는 같다.

오답 피하기 ㄴ. 열용량은 비열과 질량을 곱한 값으로 질량과 관계없이 물체의 온도를 1 ℃ 높이는 데 필요한 열량이다. A와 B의 질량은 같고 비열은 A가 B보다 작으므로 A의 열용량은 B의 열용량보다 작다.

19 비열과 열용량

물체	A	B	C
비열(kcal/kg·℃)	0.1	0.1	0.2
질량(kg)	2	1	1

$Q=cm\Delta T$이다. 동일한 열에너지 Q를 공급하였다면 비열과 질량을 곱한 값(열용량)이 작을수록 온도 변화가 크다. A와 C는 열용량이 같으며 B가 열용량이 가장 작다. 즉, 열을 가한 후 A, B, C의 온도는 $T_B>T_A=T_C$이다.

20 열과 비열

정답 맞히기 ㄱ. 열은 고온의 물체에서 저온의 물체로 이동한다. 따라서 0에서 t까지 열은 A에서 B로 이동한다.

ㄴ. 열의 이동이 A와 B 사이에서만 일어나므로 0에서 t까지 A가 잃은 열량은 B가 얻은 열량과 같다.

ㄷ. 비열이 작으면 온도 변화가 크다. 동일한 열을 서로 주고받았지만 온도 변화는 A가 더 크다. 따라서 A와 B의 질량이 같을 때 비열은 B가 A보다 크다.

21 기체가 한 일과 열역학 제1법칙

정답 맞히기 ㄱ. A → D 과정에서 기체의 부피가 변하지 않았으므로 기체는 외부에 일을 하지 않는다.

ㄴ. 기체의 내부 에너지 변화량은 온도 변화량에 비례한다. A → C 과정과 A → D 과정에서 온도 변화량이 같으므로 내부 에너지 변화량도 같다.

ㄷ. 열역학 제1법칙에 따라 기체가 흡수한 열량은 내부 에너지 증가와 외부에 한 일로 전환된다. A → C 과정에서는 외부에 일을 하고 내부 에너지도 증가하였지만 A → D 과정은 내부 에너지만 증가하고 외부에 일은 하지 않았다. 즉, 기체가 흡수한 열량은 A → C 과정이 A → D 과정보다 크다.

22 열과 일

정답 맞히기 ㄱ. (가)에서 동일한 조건일 경우 추의 무게가 클수록 역학적 에너지가 크다. 따라서 열에너지로 전환되는 에너지도 커지므로 물의 온도 변화가 크다.

ㄴ. (가)의 실험 장치에서 추의 역학적 에너지가 열에너지로 전환되며 이때 열의 일당량을 계산할 수 있다.

ㄷ. (나)에서 고열원의 기체가 저열원으로 이동하면서 외부에 일을 하게 된다.

23 기체가 한 일

정답 맞히기 ㄴ. $W=P\Delta V$에서 기체가 외부에 일을 하는 과정은 B → C 과정이고 기체가 외부로부터 일을 받는 구간은 D → A 구간이다. 즉, 기체가 외부에 한 일은 압력-부피 그래프에서 그래프로 둘러싸인 면적과 같으므로 $(2\times10^5)\times(3\times10^{-3})=600(\text{J})$이다.

오답 피하기 ㄱ. D → A 과정에서 기체는 외부로부터 일을 받아 부피가 감소하고 있다.

ㄷ. 한 번의 순환 과정에서 내부 에너지 변화량은 0이다.

24 기체가 한 일과 열역학 제1법칙

정답 맞히기 ㄱ. 이상 기체가 하는 일은 압력-부피 그래프에서 그래프로 둘러싸인 면적과 같다. 즉, 이상 기체가 하는 일은 (가)가 (나)보다 크다.

ㄴ. 내부 에너지 변화량은 온도 변화량에 비례한다. 그런데 (가)와 (나) 모두 원래 상태로 돌아오게 되므로 한 순환 과정에서 내부 에너지의 변화는 없다. 따라서 내부 에너지 변화량은 (가)와 (나)에서 각각 0이다.

오답 피하기 ㄷ. 열기관이 1회 순환하는 동안 이상 기체가 하는 일은 이상 기체에 흡수된 열량과 이상 기체에서 방출된 열량의 차와 같다. 따라서 흡수한 열량은 기체가 외부에 한 일과 기체에서 방출된 열량의 합이 더 큰 (가)가 (나)보다 크다.

신유형·수능 열기

본문 095~097쪽

01 ⑤	02 ②	03 ③	04 ①	05 ⑤
06 ①	07 ③	08 ③	09 ⑤	10 ⑤
11 ③	12 ②			

01

정답 맞히기 ㄱ. F가 한 일은 A와 B에서 모두 $W=Fs$이므로 한 일의 양이 같다.

ㄴ. 기준선을 통과할 때까지 F가 한 일은 모두 운동 에너지로 전환된다(일·운동 에너지 정리). 따라서 기준선을 통과할 때 A와 B의 운동 에너지는 같다.

ㄷ. 기준선을 통과할 때 A와 B의 운동 에너지는 같다고 해도 질량이 크면 속력이 작아서 정지 상태로부터 기준선을 통과하기까지 걸린 시간은 길어진다. 따라서 질량이 작은 A가 B보다 속력이 크므로 기준선을 통과할 때까지 걸린 시간은 A가 B보다 작다.

02

정답 맞히기 ㄴ. $h=\frac{1}{2}at^2$에서 0초부터 2초까지 물체가 연직 방향으로 상승한 높이는 4 m이다. 즉, 2초일 때 중력 퍼텐셜 에너지는 $E_p=mgh=10\times10\times4=400(\text{J})$이다.

오답 피하기 ㄱ. 물체에 작용하는 중력의 크기가 100 N이므로 0초부터 1초까지 물체에 작용한 알짜힘의 크기는 20 N이고 $F=ma$에서 가속도의 크기는 2 m/s²이다. 즉, 1초일 때 물체의 속력은 2 m/s이다.

ㄷ. 2초부터 3초까지 물체에 작용하는 알짜힘의 방향은 운동 방향과 반대 방향으로 40 N이므로 $F=ma$에서 가속도의 크기는 4 m/s²이다. 3초일 때 속력이 0이 될 때까지 2초부터 3초까지 물체는 2 m를 더 상승한다. 따라서 2초부터 3초까지 중력이 한 일의 양은 $W=Fs=-100\times2=-200(\text{J})$이다.

03

정답 맞히기 ㄷ. 1.5초일 때 물체의 가속도는 -2 m/s²이고 $F=ma$에서 알짜힘의 크기는 운동 방향과 반대 방향으로 4 N이다. 따라서 줄이 물체를 당기는 힘의 크기는 6 N이다.

오답 피하기 ㄱ. 물체에 작용하는 중력이 20 N이므로 빗면 방향의 중력 성분은 10 N이다. (나)에서 0초부터 1초까지 가속도의 크기는 2 m/s²이므로 알짜힘의 크기는 4 N이다. 즉, 0초부터 1초까지 전동기가 물체를 당기는 힘의 크기는 14 N이며 14 N으로 1 m를 이동하였으므로 전동기가 물체를 당기는 힘(14 N)이 물체에 한 일은 14 J이다.

ㄴ. 1초일 때 물체의 속력은 2 m/s이다. 따라서 0초부터 1초까지 물체의 증가한 운동 에너지는 $\frac{1}{2}mv^2=\frac{1}{2}\times2\text{ kg}\times(2\text{ m/s})^2=4\text{ J}$이다.

04

정답 맞히기 ㄱ. 물체는 등속도로 운동하고 있으므로 알짜힘이 0이다. 따라서 줄이 물체를 당기는 힘의 크기는 mg이다.

오답 피하기 ㄴ. 물체의 운동 에너지는 변하지 않지만 위치가 높아지고 있으므로 중력 퍼텐셜 에너지는 증가한다. 즉, 역학적 에너지는 증가한다.

ㄷ. 작용·반작용에 의하여 철수가 mg로 줄을 당기면 줄도 철수를 mg의 크기로 당기게 되므로 지면이 철수를 떠받치는 힘의 크기도 mg만큼 줄어들게 되어 철수가 바닥을 누르는 힘의 크기는 $Mg-mg$이다.

05

정답 맞히기 ㄱ. 진자의 회전 각속도를 ω라고 할 때, 구심력은 $mr\omega^2=mg\tan\theta$이다. 따라서 $\omega=\sqrt{\frac{g\tan\theta}{r}}$가 된다.
ㄴ. 회전 주기는 $T=\frac{2\pi}{\omega}$이므로 $T=2\pi\sqrt{\frac{r}{g\tan\theta}}$이다.
ㄷ. 진자의 속력은 $v=r\omega$이므로 운동 에너지는 $\frac{1}{2}mgr\tan\theta$이다.

06

정답 맞히기 ㄱ. 0.1초일 때 물체의 높이는 0.45 m이므로 중력 퍼텐셜 에너지는 $mgh=0.1\text{ kg}\times10\text{ m/s}^2\times0.45\text{ m}=0.45\text{ J}$이다.
오답 피하기 ㄴ. 0.3초일 때 물체의 속력은 $v=\sqrt{v_x^2+v_y^2}$이다. 따라서 $v=\sqrt{75+4}=\sqrt{79}\text{ m/s}$이다.
ㄷ. 물체의 역학적 에너지는 최고점에서 운동 에너지와 중력 퍼텐셜 에너지의 합과 같다. 즉, $mgh+\frac{1}{2}mv^2=1.25+3.75=5(\text{J})$이다.

07

정답 맞히기 ㄱ. 높이 H인 지점에서 가만히 놓은 물체의 역학적 에너지는 mgh이다. 물체가 낙하하는 동안 운동 에너지와 중력 퍼테셜 에너지의 합인 역학적 에너지는 변하지 않고 일정하다.
ㄴ. 물체가 낙하하는 동안 역학적 에너지는 일정하더라도 감소한 중력 퍼텐셜 에너지만큼 운동 에너지로 전환되기 때문에 물체가 낙하하는 동안에 물체의 운동 에너지는 증가하게 된다.
오답 피하기 ㄷ. $\frac{H}{2}$만큼 낙하하는 데 걸린 시간을 t라고 하면, $mgH=\frac{1}{2}m(aT)^2$이고 $mg\left(\frac{H}{2}\right)=\frac{1}{2}m(at)^2$이다. 따라서 $t=\frac{1}{\sqrt{2}}T$이다. 즉, 물체가 정지 상태에서 $\frac{H}{2}$만큼 낙하하는 데 걸린 시간은 $\frac{T}{\sqrt{2}}$이다.

08

공이 최하점에 왔을 때 속력을 v_0이라고 하고 최하점을 중력 퍼텐셜 에너지가 0인 기준점이라고 할 때, $mgL=\frac{1}{2}mv_0^2$이다.
공이 못에 걸려 회전할 때 회전 반지름은 $L-d$이므로 못에 걸려 회전할 때 최고점에서는 장력+중력이 구심력의 역할을 한다. 최고점에서 속력을 v라고 하면, $T+mg=\frac{mv^2}{(L-d)}$이 성립한다. 또 역학적 에너지 보존 법칙을 적용하면 $mgL=\frac{1}{2}mv^2+mg\times2(L-d)$이다. 두 식을 연립하고 $T\geq0$인 조건을 적용하면 $d\geq\frac{3}{5}L$이다.

09

정답 맞히기 ㄱ. 동일한 양의 이상 기체가 동일한 온도와 압력에서 동일한 부피를 갖는다. 하지만 (나)에서 B의 부피가 더 적은 이유는 B에 올려진 추의 무게가 더 무겁기 때문이다. 따라서 (가)에서 $T_1<T_2$이어야 A와 B의 부피가 같을 수 있다.
ㄴ. (나)에서 A와 B의 온도는 같다. 즉, 내부 에너지는 같다.
ㄷ. (가)에서 (나)로 변하는 과정에서 온도 변화가 더 큰 것은 B이고, 외부로부터 받은 일의 양도 B가 더 크다. 하지만 (나)에서 내부 에너지가 같으므로 외부로 방출한 열량은 B가 A보다 크다.

10

정답 맞히기 철수: A → B 과정에서 외부로부터 일을 받지만 외부로 열을 방출하기 때문에 온도가 감소하고 기체의 내부 에너지는 감소한다.
영희: B → C 과정은 기체의 압력이 감소하는 과정으로, 부피가 일정하면서 압력이 감소하면 기체의 온도도 감소하게 된다. 이 과정에서는 외부로 열을 방출하게 되고 부피의 변화가 없으므로 기체가 한 일은 0이다.
민수: C → A 과정은 기체의 압력과 부피가 모두 증가하는 과정이기 때문에 기체가 열을 흡수하여 기체의 온도가 상승하는 과정이다. 기체의 온도가 증가하면 기체의 내부 에너지도 증가하며, 기체의 부피가 증가하였으므로 기체는 외부에 일을 하였다.

11

정답 맞히기 ㄱ. A의 온도 변화는 70 ℃이고 물의 온도 변화는 14 ℃이다. A와 물의 질량은 같으므로 비열이 큰 물의 열용량이 A의 열용량보다 크다.
ㄴ. $c=\frac{Q}{m\Delta T}$이다. 질량이 같은 경우 온도 변화가 작을수록 비열은 크다 즉, A가 물보다 비열이 작다.
오답 피하기 ㄷ. (다)에서 A가 잃은 열량은 열량계 속의 물이 얻은 열량보다 크거나(열량계 자체가 열을 흡수한 경우) 같아야 한다.

12

정답 맞히기 ㄴ. A → B와 C → D는 등온 과정이므로 B → C 과정에서 내부 에너지의 감소량은 D → A 과정에서 내부 에너지의 증가량과 같다.
오답 피하기 ㄱ. A → B 과정에서 기체의 부피는 증가한다. 따라서 기체가 외부에 일을 한다.
ㄷ. C → D 과정에서 외부로부터 일을 받았는데 온도 변화가 없으므로 열을 방출해야 한다.

단원 마무리 문제

본문 102~107쪽

01 ③	02 ④	03 ①	04 ⑤	05 ④
06 ③	07 ②	08 ⑤	09 ④	10 ②
11 ⑤	12 ③	13 ③	14 ⑤	15 ②
16 ⑤	17 ③	18 ④	19 ③	20 ②
21 해설 참조		22 ③	23 ③	24 ④

01

정답 맞히기 ㄱ. $\vec{A}$와 $\vec{E}$의 방향은 반대 방향이고 크기는 같으므로 $\vec{A}+\vec{E}=0$이다.

ㄴ. $\vec{A}=-\vec{E}$이므로 $\vec{G}-\vec{E}=\vec{G}+\vec{A}$이다. 평행사변형법을 이용하면 $\vec{G}+\vec{A}=\vec{H}$이다. $\vec{H}$와 $\vec{D}$의 방향은 반대 방향이고 크기는 같으므로 $\vec{H}=-\vec{D}$이다. 따라서 $\vec{G}-\vec{E}=-\vec{D}$이다.

오답 피하기 ㄷ. $\vec{B}$와 $\vec{D}$의 크기는 $\sqrt{2}$로 같고 방향은 서로 수직이므로 $|\vec{B}+\vec{D}|=2$이다. $|2\vec{H}|=2\sqrt{2}$이다.

02

정답 맞히기 ㄱ. A가 실 p, q, r에 연결되어 정지해 있으므로 A에 작용하는 합력은 0이다.

ㄷ. p, q가 수평면과 이루는 각이 같으므로 p, q가 A에 작용하는 힘의 크기는 같다. r가 A에 작용하는 힘의 크기는 50 N이므로 p, q가 A에 작용하는 힘의 합의 크기는 30 N이다. q가 A에 작용하는 힘의 크기를 T_q라 하면, $T_q\cos30°=15$ N이므로 $T_q=10\sqrt{3}$ N이다.

오답 피하기 ㄴ.p가 A에 작용하는 힘의 크기와 q가 A에 작용하는 힘의 크기는 $10\sqrt{3}$ N으로 같다. r가 B에 작용하는 힘의 크기는 50 N이다.

03

막대는 수평으로 평형을 유지하고 있으므로 막대에 작용하는 돌림힘의 합은 0이다. 받침대가 막대를 떠받치는 지점을 회전축으로 하여 돌림힘의 평형을 적용하면,

$\frac{3}{2}L\times 2mg+2L\times 3mg=3L\times F$이다. 따라서 $F=3mg$이다.

04

정답 맞히기 ㄱ. 병이 정지해 있으므로 병에 작용하는 알짜힘은 0이다.

ㄴ. 구조물이 넘어지지 않고 정지해 있으므로 구조물은 평형 상태에 있다.

ㄷ. 구조물이 넘어지지 않는 것은 구조물의 무게중심에서 수평면에 내린 수선이 나무판과 수평면이 접촉하는 면 안에 있기 때문이다.

05

정답 맞히기 ㄴ. B의 가속도의 크기는 3 m/s^{2}이므로 B에 작용하는 알짜힘의 크기는 9 N이다.

ㄷ. p에서 A의 속력이 2 m/s이고, A의 가속도의 크기가 3 m/s^{2}이므로 q에서 A의 속력은

$v=\sqrt{(2\text{ m/s})^2+2(3\text{ m/s}^2)(2\text{ m})}=4$ m/s이다.

오답 피하기 ㄱ. B는 경사각이 30°인 빗면에서 운동하므로 B에 작용하는 중력의 빗면에 나란한 성분의 크기는 30sin30° =15(N)이고 A, B의 질량의 합은 5 kg이므로 가속도의 크기는 3 m/s^{2}이다.

06

정답 맞히기 ㄷ. 1초인 순간 속도의 y성분은 5 m/s이고, 2초인 순간 속도의 y성분은 0이므로 물체의 가속도의 크기는 5 m/s^{2}이다. 따라서 물체에 작용하는 알짜힘의 크기는 1 kg×5 m/s^2 =5 N이다.

오답 피하기 ㄱ. 물체의 속도의 x성분은 일정하므로 물체의 가속도의 방향은 y축과 나란하다.

ㄴ. 1초일 때 속도의 x성분의 크기는 5 m/s이다. (나)에서 0초부터 2초까지 평균 속도의 y성분은 5 m/s이므로 1초일 때 속도의 y성분은 5 m/s이다. 따라서 1초일 때 속력은 $5\sqrt{2}$ m/s이다.

07

p에서 q까지 물체는 경사각이 30°인 빗면에서 등가속도 운동하므로 가속도의 크기는 $\frac{1}{2}g$(g: 중력 가속도)이다. p에서 q까지의 거리는 $2h$이므로 p에서 q까지 이동하는 데 걸린 시간은 $2h=\frac{1}{2}\left(\frac{1}{2}g\right)t_1^{\,2}$에서 $t_1=\sqrt{\frac{8h}{g}}$이다. q에서 물체의 속력은 $\sqrt{2gh}$이므로 q에서 속도의 연직 성분의 크기는 $\sqrt{\frac{gh}{2}}$이다. q에서 r까지 물체의 가속도의 크기는 g이므로 r에서 도달한 순간 속도의 연직 성분의 크기는 $v_y^{\,2}=\left(\sqrt{\frac{gh}{2}}\right)^2+2g(2h)$에서 $v_y=\sqrt{\frac{9gh}{2}}$이다. 따라서 q에서 r까지 평균 속도의 y성분의 크기는 $\sqrt{2gh}$이므로 q에서 r까지 이동하는 데 걸린 시간은 $2h=\sqrt{2gh}\times t_2$에서 $t_2=\sqrt{\frac{2h}{g}}$이다. 따라서 $\frac{t_1}{t_2}=2$이다.

08

정답 맞히기 ㄱ. 물체에 작용하는 중력은 p에서와 q에서가 같으므로 물체의 가속도는 p에서와 q에서가 같다.

ㄴ. p에서 q까지 이동하는 데 걸린 시간은 2초이고 p와 q 사이의 수평 거리는 20 m이므로 물체의 속도의 수평 성분의 크기는 $v_x=10$ m/s이다. 던진 순간부터 2초 후에 최고점에 도달하므로 던지는 순간 속도의 연직 성분의 크기는 $v_y=20$ m/s이다. 따라서 $\tan\theta=\frac{v_y}{v_x}=2$이다.

ㄷ. 던진 순간부터 수평면에 도달할 때까지 걸린 시간은 4초이고, 속도의 수평 성분의 크기는 10 m/s이므로 수평 도달 거리는 10 m/s×4 s=40 m이다.

09

정답 맞히기 ㄴ, ㄷ. 고무마개의 질량이 2배가 되면 실과 유리관이 이루는 각(θ)이 작아진다. 이때 구심력의 크기, 즉 장력 T의 $\sin\theta$ 성분은 감소하게 된다. 따라서 고무마개에 작용하는 구심력의 크기는 감소한다.

오답 피하기 ㄱ. 고무마개의 질량만 바꾸면 추의 질량은 변하지 않으므로 실이 고무마개를 당기는 힘의 크기는 변하지 않는다.

10

정답 맞히기 ㄴ. 추의 질량을 줄이면 구심력이 감소한다. 구심력이 감소하면 주기가 길어져 10회전하는 데 걸리는 시간이 증가하게 된다.

오답 피하기 ㄱ. (나)에서 실의 길이를 줄이면 구심력은 일정한데 회전 반지름이 작아지므로 주기가 짧아지게 된다. ➡ $F=mr\left(\frac{2\pi}{T}\right)^2$

ㄷ. 구심력이 일정한 상태에서 고무 마개의 질량을 줄이면 주기가 짧아지게 된다.

11

정답 맞히기 ㄱ. 중력에 의한 가속도의 크기는 $\frac{GM}{r^2}$이므로 태양으로부터 거리가 가까운 a에서가 b에서보다 가속도의 크기가 크다.

ㄴ. 태양과 행성 사이를 잇는 직선이 a에서 b까지 쓸고 지나간 면적은 $S_1=2S_2$이다. 즉, 전체 타원 궤도의 면적은 $5S_2$이므로 a에서 c까지 행성이 운동하는 데 걸린 시간은 $\frac{4}{5}T$이다.

ㄷ. c에서 a로 이동하는 동안 행성의 공전 속력은 점점 증가한다.

12

정답 맞히기 ㄱ. p는 A와 B가 모두 지나는 행성으로부터 가장 가까운 지점이다. 가속도의 크기는 $\frac{GM}{r^2}$이므로 p에서 A와 B의 가속도의 크기는 같다.

ㄷ. B의 타원 궤도 긴반지름은 $2R$이고 조화 법칙에서 $T^2\propto a^3$이다. A의 공전 반지름이 R이므로 공전 주기는 B가 A의 $2\sqrt{2}$배이다.

오답 피하기 ㄴ. A가 p에 있을 때 중력의 크기는 $\frac{GMm}{R^2}$이다. B의 속력이 가장 느린 지점에서 중력의 크기는 $\frac{GM(2m)}{9R^2}$이므로 행성으로부터 B가 가장 멀리 있는 지점까지 거리는 $3R$이다. 따라서 B의 궤도 긴반지름은 $\frac{R+3R}{2}=2R$이다.

13

정답 맞히기 철수: A가 휘어진 경로를 따라 진행한 별빛의 원래 출발점이고, B는 중력 렌즈 현상으로 휘어진 경로의 연장선에서 오는 것처럼 보이는 허상에 해당한다.

영희: 태양의 중력이 크기 때문에 태양 주변을 지나는 별빛이 휘어진다.

오답 피하기 민수: 중력 렌즈 현상은 뉴턴 역학으로 설명하지 못하고 일반 상대성 이론으로 설명할 수 있는 현상이다.

14

정답 맞히기 ㄱ. P가 Q보다 블랙홀에 가까우므로 우주선 안 시간은 Q에서가 P에서보다 빠르게 흐른다.

ㄴ. 중력이 큰 곳의 시공간 휘어짐이 더 크다. 즉, 우주선 안 물체가 받는 중력의 크기는 P에서가 Q에서보다 크다.

ㄷ. 블랙홀에서는 큰 중력 때문에 빛조차도 빠져나갈 수 없다.

15

$s=\frac{1}{2}at^2$에서 관성력에 의한 가속도 $a'=g+a$를 대입하면 $30(\text{m})=\frac{1}{2}\times15(\text{m/s}^2)\times t^2$에서 $t=2$초이다.

16

정답 맞히기 ㄱ. 등가 원리에 의해 (가)에서 영희는 물체에 작용하는 관성력을 중력과 구분할 수 없다.

ㄴ. 가속 좌표계에 있는 영희는 물체에 일정한 크기의 힘(관성력)이 작용하는 것으로 측정한다. 이 관성력은 중력과 구분할 수 없다는 원리가 등가 원리이다.

ㄷ. 지표면에서는 일정한 중력이 작용하므로 (나)에서 영희가 물체를 관찰할 때, 물체는 등가속도 직선 운동한다.

17

정답 맞히기 ㄱ. $W=Fs$에서 같은 크기의 힘을 같은 거리만큼 작용하였을 때 힘이 물체에 한 일은 같다.

ㄴ. 일 · 운동 에너지 정리에서 Q에 도달할 때 A와 B의 운동 에너지는 서로 같다.

오답 피하기 ㄷ. A와 B에 F로부터 받은 일의 양은 같지만 질량이 B가 A보다 크므로 $W=\frac{1}{2}mv^2$에서 속력은 A가 B보다 크다.

18

B의 역학적 에너지는 $\frac{1}{2}(2m)v^2+10mgh$이고, A의 역학적 에너지는 $\frac{1}{2}m(4v^2)+5mgh$이다. 그런데 B가 $2h$를 $2v$의 속력으로 지나가므로 $\frac{1}{2}(2m)v^2+10mgh=\frac{1}{2}(2m)(4v^2)+4mgh$이다. 즉, $3mv^2=6mgh$이므로 A는 $\frac{1}{2}m(4v^2)+5mgh=9mgh$이다. 즉, 최고점 P의 높이는 $9h$이다.

19

정답 맞히기 ㄱ. 0초부터 5초 사이에 가속도의 크기는 2 m/s²이므로 힘의 크기는 10 N이다. 이 힘으로 25 m를 이동하였다면 알짜힘이 한 일은 250 J이다.

ㄷ. 10초부터 15초 사이에 알짜힘의 크기는 가속도의 크기가 2 m/s²이므로 10 N이 된다.

오답 피하기 ㄴ. 5초부터 10초 사이에는 물체에 작용하는 알짜힘은 0이다.

20

정답 맞히기 ㄷ. (가)의 최하점에서 구심력의 크기는 중력과 실이 물체를 당기는 힘의 합력과 같으므로 중력보다 크다.

오답 피하기 ㄱ. 역학적 에너지 보존 법칙에 따라 $v_1=v_2=v_3$이다.

ㄴ. $\frac{1}{2}mv_1{}^2=mgh$이므로 $v_1=\sqrt{2gh}$이다.

21

모범 답안 힘-거리 그래프 아랫부분의 면적은 물체가 받은 일과 같다. 정지한 물체가 L만큼 이동했을 때 물체의 속력을 v라고 하면 $\frac{1}{2}FL=\frac{1}{2}mv^2$이므로 $v=\sqrt{\frac{FL}{m}}$이다.

22

정답 맞히기 ㄱ. 역학적 에너지는 운동 에너지와 중력 퍼텐셜 에너지의 합과 같다. P에 정지해 있는 물체의 역학적 에너지는 P에서의 중력 퍼텐셜 에너지인 mgh와 같다.

ㄴ. P에서 운동하여 곡선 구간을 내려온 물체가 Q까지 운동하는 동안 역학적 에너지는 보존된다. 이 과정에서 감소한 중력 퍼텐셜 에너지는 운동 에너지로 전환된다. P와 Q의 높이 차는 $(h-R)$이고, P에서 Q까지 감소한 중력 퍼텐셜 에너지는 $mg(h-R)$이므로 Q에서 물체의 운동 에너지도 $mg(h-R)$와 같다.

오답 피하기 ㄷ. 원형 구간의 최고점에서 레일이 물체를 떠받치는 힘인 수직 항력과 중력의 합이 구심력이 된다. 원형 구간을 따라 물체가 회전하기 위해서는 최소한 $N\geq0$이어야 하므로 '$N+mg=$구심력'이라는 관계에서 물체에 작용하는 중력의 크기보다 구심력의 크기가 클 때 원형 구간을 따라 회전할 수 있다.

23

정답 맞히기 ㄷ. A는 90 ℃에서 40 ℃로 온도가 감소하였고 B는 20 ℃에서 40 ℃로 온도가 증가하였다. 열은 고온에서 저온으로 이동하므로 A의 온도가 변하는 동안 열은 A에서 B로 이동하였다.

오답 피하기 ㄱ. 비열은 어떤 물체 1 kg의 온도를 1 ℃만큼 높이는 데 필요한 열에너지의 양을 의미한다. 또 A가 잃은 열량은 B가 얻은 열량과 같으므로 $c_A m\Delta T_A=c_B m\Delta T_B$가 성립한다. 고온의 A에서 저온의 B로 동일한 열이 이동하였을 때 $\Delta T_A=$ 50 ℃, $\Delta T_B=$20 ℃이므로 비열은 B가 A보다 크다.

ㄴ. 열용량은 어떤 물체의 온도를 1 ℃만큼 높이는 데 필요한 열에너지의 양을 의미한다. 열용량 C와 비열 c 사이에는 $C=cm$의 관계가 성립하므로 A와 B의 질량이 동일한 경우 비열이 큰 B가 열용량도 크다.

24

정답 맞히기 ㄱ. 역학적 에너지가 열로 전환된다.

ㄴ. 추가 낙하하는 동안 중력이 추에 한 일은 mgh이다.

오답 피하기 ㄷ. $Q=cm\Delta T$이다. 즉, 같은 조건에서 물의 양을 더 적게 넣으면 물의 온도 변화는 더 커진다.

Ⅱ. 전자기장

6 전기장과 정전기 유도

탐구 활동

본문 117쪽

1 해설 참고 **2** 해설 참고 **3** 해설 참고

1

모범 답안 과정 2에서는 금속판의 전자가 금속박으로 이동하여 금속박이 벌어지고, 과정 3에서는 손가락을 통해 전자가 빠져나가므로 금속박이 오므라든다.

2

모범 답안 과정 4에서는 금속박이 양(+)전하로 대전되므로 벌어지고, 과정 5에서는 에보나이트 막대를 멀리하여 정전기 유도가 일어나지 않으므로 금속박이 대전되지 않고 오므라든다.

3

모범 답안 정전기 유도 현상에 의해 금속판은 음(−)전하로 대전되고 금속박은 양(+)전하로 대전되어 금속박이 벌어진다.

내신 기초 문제

본문 118~121쪽

01 ③	**02** ③	**03** ④	**04** ②	**05** ①
06 ①	**07** ⑤	**08** ③	**09** ⑤	**10** ③
11 ⑤	**12** ④	**13** ③	**14** ③	**15** ⑤
16 ④				

01

쿨롱 법칙을 적용하면 (가)에서 A와 B 사이에 작용하는 전기력의 크기는 $F_1=k\frac{q^2}{r^2}$이고, (나)에서 C와 D 사이에 작용하는 전기력의 크기 $F_2=k\frac{6q^2}{4r^2}$이므로 $F_1:F_2=2:3$이다.

02

정답 맞히기 ㄱ. A와 B는 서로 다른 종류의 전하이므로 서로 잡아당기는 전기력이 작용한다.

ㄴ. A가 B를 당기는 전기력과 B가 A를 당기는 전기력은 작용 반작용 관계이므로 A와 B에 작용하는 전기력의 크기는 같다.

오답 피하기 ㄷ. A와 B에 작용하는 전기력의 크기는 두 전하의 전하량의 곱에 비례하는데, A와 B에 작용하는 전기력은 작용 반작용 관계이므로 한 쪽의 전하량이 증가하더라도 A와 B에 작용하는 전기력의 크기는 서로 같다.

03

정답 맞히기 ㄴ. A와 B는 같은 종류의 전하이고, A와 B의 가운데 지점인 $x=d$에 $+1$ C의 전하를 놓을 때 $+x$ 방향으로 알짜 힘이 작용하므로 B의 전하량의 크기는 A의 전하량의 크기 $2q$보다 작다.

ㄷ. 전하량이 A가 B보다 크고, A와 B는 같은 종류의 전하이므로 $+1$ C의 전하에 작용하는 전기력의 크기가 0인 곳은 $x=d$와 $x=2d$ 사이에 있다.

오답 피하기 ㄱ. A와 B 사이에 서로 밀어내는 전기력이 작용하므로 B는 양(+)전하이다. 따라서 $+1$ C의 전하는 B로부터 밀어내는 전기력을 받는다.

04

정답 맞히기 B: 전기력선은 서로 교차하지 않으므로 P와 Q 사이에 (나)와 같은 전기력선은 존재할 수 없다.

오답 피하기 A: P와 Q 사이의 전기력선이 P에서 Q로 이어져 있으므로 P와 Q는 서로 다른 종류의 전하이다.

C: P와 Q 사이의 전기력선이 방향과 밀도가 균일하지 않으므로 전기장은 균일하지 않다.

05

정답 맞히기 ㄱ. 점전하 주위의 전기장의 방향이 점전하로부터 나가는 방향이므로 점전하는 양(+)전하이다.

오답 피하기 ㄴ. 점전하는 양(+)전하이므로 p에 음(−)전하를 놓으면 잡아당기는 전기력에 의해 점전하 쪽으로 이동하여 점전하와 가까워진다.

ㄷ. p에서 전기장의 크기는 쿨롱 법칙에 의해 Q의 크기에 비례한다.

06

정답 맞히기 ㄱ. 전기장의 세기는 전기력선의 밀도에 비례한다. 전기력선의 밀도는 a에서가 d에서보다 작으므로 전기장의 세기도 a에서가 d에서보다 작다.

오답 피하기 ㄴ. 전기력선 위의 한 지점에서 전기장의 방향은 그 지점에서 그은 접선의 방향과 같다. 접선의 방향이 b에서와 c에서가 다르므로 전기장의 방향은 b에서와 c에서가 다르다.
ㄷ. 전기력선은 서로 교차할 수 없으므로 a에서 c를 향하는 전기력선은 없다.

07

정답 맞히기 ㄱ. 전기력선의 개수는 전하량의 크기에 비례하므로 전기력선의 개수가 많은 B가 A보다 전하량의 크기가 크다.
ㄴ. 전기력선의 모양이 서로 이어져 있으므로 A와 B는 서로 다른 종류의 전하이다.
ㄷ. A와 B가 서로 다른 종류의 전하이고 전하량의 크기는 B가 A보다 크므로 A와 B에 의한 전기장이 0인 지점은 A의 왼쪽에 있다.

08

정답 맞히기 ㄷ. 전자는 전기장의 방향과 반대 방향으로 전기력을 받으므로 c에 전자를 놓으면 $+y$ 방향으로 이동한다.
오답 피하기 ㄱ. 전기장의 방향은 양(+)전하가 받는 전기력의 방향이므로 a에서 전기장의 방향은 $-y$ 방향이다.
ㄴ. 세기가 E인 전기장 내에서 전하량의 크기가 q인 양(+)전하가 받는 전기력의 크기는 qE이다. 평행한 금속판 사이의 전기장은 균일하므로 양(+)전하가 받는 전기력의 크기는 b에서와 c에서가 같다.

09

정답 맞히기 ㄱ. 에보나이트 막대와 털가죽을 마찰시킨 후 털가죽이 양(+)전하로 대전되었으므로 마찰시키는 과정에서 털가죽의 전자가 에보나이트 막대로 이동하였다.
ㄴ. (가)에서 털가죽의 전자가 에보나이트 막대로 이동하였으므로 (나)에서 에보나이트 막대는 음(−)전하로 대전된다.
ㄷ. 마찰 과정에서 털가죽이 전자를 잃은 만큼 에보나이트 막대는 전자를 얻었으므로 (나)에서 대전된 털가죽과 에보나이트 막대의 전하량의 크기는 같다.

10

정답 맞히기 ③ 도체가 대전되면 전하는 표면에만 분포한다.
오답 피하기 ① 비저항은 물질의 저항을 결정하는 요소로, 비저항이 클수록 저항이 커서 전류가 잘 흐르지 못한다.
② 도체가 대전되어도 내부에서 전기장은 0이다.
④ 절연체에는 전자들이 대부분 원자에 구속되어 있기 때문에 자유 전자가 거의 없다.
⑤ 절연체에도 열 또는 강한 전기장을 가하거나 불순물을 첨가하면 전류를 흐르게 할 수 있다.

11

정답 맞히기 ㄱ. A의 내부에서 원자핵에 구속되지 않고 양(+)전하로 대전된 대전체 방향으로 이동하는 ㉠은 자유 전자이다.
ㄴ. 자유 전자의 이동이 있으므로 A는 도체이다.
ㄷ. A는 자유 전자의 이동에 의해 대전되므로 정전기 유도가 일어난 것이다.

12

정답 맞히기 ㄴ. 대전체와 가까운 A의 왼쪽 끝에 음(−)전하가 있으므로 대전체는 양(+)전하로 대전된다.
ㄷ. A의 대전체 가까이는 음(−)전하로 대전되어 있으므로 대전체와 A는 서로 잡아당기는 전기력이 작용한다.
오답 피하기 ㄱ. A의 전자들은 대부분 원자핵에 구속되어 있으므로 자유 전자가 거의 없다.

13

정답 맞히기 ㄱ. A가 대전체에 접촉하여 정지하였으므로 대전체와 A 사이에는 전자가 이동하지 않았다. 따라서 A는 절연체이다.
ㄴ. A는 절연체이므로 대전체 가까이에서 유전 분극이 일어난다.
오답 피하기 ㄷ. A가 대전체로 이동하는 동안 A의 대전체 쪽에 대전체와 반대 종류의 전하가 더 많아지고, 대전체와 A의 거리도 가까워지므로 대전체가 A에 작용하는 전기력의 크기는 커진다.

14

정답 맞히기 ㄱ. 정전기 유도에 의해 금속판은 양(+)전하로 대전되므로 금속판과 금속 막대 사이에는 서로 잡아당기는 전기력이 작용한다.
ㄴ. 정전기 유도에 의해 금속 막대와 먼 쪽에 있는 금속박은 음(−)전하로 대전되어 척력에 의해 벌어진다.
오답 피하기 ㄷ. 금속 막대를 금속판에 접촉시키면 금속 막대, 금속판, 금속박은 모두 음(−)전하로 대전되어 금속박은 여전히 벌어지게 된다.

15

정답 맞히기 ㄱ. 정전기 유도에 의해 C는 A와 같은 종류의 전하로 대전되므로 A와 C 사이에는 서로 밀어내는 전기력이 작용한다.
ㄴ. B는 A와 다른 종류의 전하로, C는 A와 같은 종류의 전하로 대전되므로 B와 C는 서로 다른 종류의 전하로 대전된다.

ㄷ. 전자가 이동한 만큼 양(+)전하와 음(−)전하로 대전되므로 B와 C의 대전된 전하량의 크기는 같다.

16

정답 맞히기 ㄱ. 물체를 접지시켰기 때문에 음(−)전하로 대전된 페인트 입자들에 의해 물체에 정전기 유도 현상이 일어나 물체는 양(+)전하로 대전된다.
ㄷ. 페인트 입자는 음(−)전하로 대전되어 서로 척력이 작용하므로 뭉치지 않고 물체에 고르게 분포되게 도색할 수 있다.

오답 피하기 ㄴ. 음(−)전하로 대전된 페인트 입자에 의해 물체의 전자는 척력을 받아 접지로 빠져나간다.

실력 향상 문제

본문 122~125쪽

01 ②	02 ③	03 ⑤	04 ②	05 ④
06 ③	07 ②	08 ①	09 ①	10 ①
11 해설 참조		12 ③	13 ⑤	14 ①
15 ③	16 해설 참조			

01 전기력

정답 맞히기 ㄴ. B에 작용하는 전기력을 구하면 $-k\frac{18q^2}{4d^2}+k\frac{6q^2}{d^2}=k\frac{3q^2}{2d^2}$이고, C에 작용하는 전기력을 구하면 $k\frac{27q^2}{9d^2}-k\frac{6q^2}{d^2}=-k\frac{3q^2}{d^2}$이므로 B와 C가 받는 전기력의 방향은 반대 방향이다.

오답 피하기 ㄱ. A에 작용하는 전기력을 구하면, $k\frac{18q^2}{4d^2}-k\frac{27q^2}{9d^2}=k\frac{3q^2}{2d^2}$이므로 A가 받는 전기력의 방향은 $+x$ 방향이다.

ㄷ. B에 작용하는 전기력의 크기는 $k\frac{3q^2}{2d^2}$이고, C에 작용하는 전기력의 크기는 $k\frac{3q^2}{d^2}$이므로 C가 받는 전기력의 크기는 B가 받는 전기력의 크기의 2배이다.

02 전기력

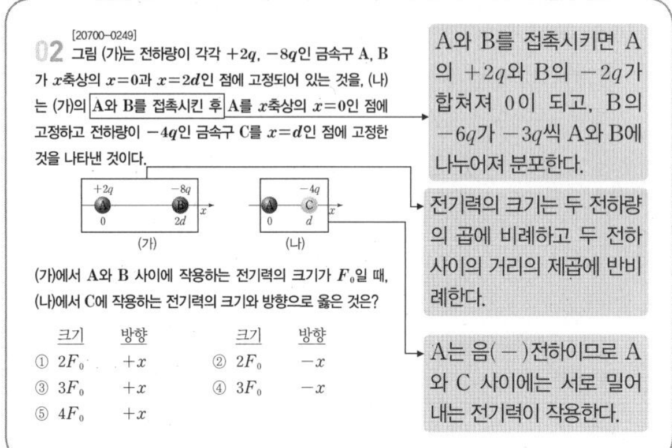

(가)에서 A와 B 사이에 작용하는 전기력의 크기 $F_0=k\frac{4q^2}{d^2}$이고, A와 B를 접촉하면 A와 B의 전하는 $-3q$로 같아진다. (나)에서 A와 C 사이에 작용하는 전기력의 크기는 $k\frac{12q^2}{d^2}=3F_0$이고, A와 C는 같은 종류의 전하이므로 C에 작용하는 전기력의 방향은 $+x$ 방향이다.

03 전기력

정답 맞히기 ㄱ. $y=\frac{1}{2}d$에 고정된 C가 A와 B로부터 받는 전기력의 방향이 $+y$ 방향이므로 A와 B는 양(+)전하이고 전하량은 같다.
ㄴ. A와 B의 종류가 같고, 전하량이 같다. A와 B는 원점으로부터 같은 거리에 있으므로 C가 원점에 있을 때 A와 B로부터 받는 전기력은 0이다.
ㄷ. A와 C 사이, B와 C 사이에는 척력이 작용하고 A와 B의 전하량이 같으므로 C를 $y=-\frac{1}{2}d$에 고정할 때 A와 B로부터 받는 전기력의 방향은 $-y$ 방향이다.

04 전기장과 전기력

정답 맞히기 ㄷ. A와 C는 같은 종류이고, 전하량의 크기는 A가 C보다 크므로 A와 C에 의한 전기장이 0인 곳은 A와 C 사이에서 C에 가깝다. 따라서 A와 C에 의한 전기장이 0인 곳은 $x=2d$에서 $x=4d$ 사이에 있다.

오답 피하기 ㄱ. A와 B에 의한 전기장이 0인 곳이 두 전하 사이의 밖에 있으므로 A와 B는 서로 다른 종류의 전하이다. A와 B에 의한 전기장이 $x=2d$에서 0이므로 $x=3d$에서 A와 B에 의한 전기장의 방향은 A에 의한 전기장의 방향과 같고, C에 의한 전기장의 방향은 A에 의한 전기장의 방향과 반대 방향이어야 하므로 A와 C는 서로 같은 종류의 전하이다. 따라서 B와 C는 서로 다른 종류의 전하이다.

ㄴ. A와 B에 의한 전기장이 $x=2d$에서 0이므로 전하량의 크기는 A가 B의 4배이다. A, B, C의 전하량의 크기를 각각 $4q$, q, q_C라고 하면 $x=3d$에서 A, B, C에 의한 전기장이 0이므로 $k\frac{4q}{9d^2}-k\frac{q}{4d^2}=k\frac{q_C}{d^2}$에서 $q_C=\frac{7}{36}q$이다. 따라서 전하량의 크기는 B가 C의 $\frac{36}{7}$배이다.

05 전기력

정답 맞히기 ㄴ. $y=2d$에서 A와 B에 의한 전기장이 0이므로 B의 전하량이 q_B일 때, $k\frac{q}{d^2}=k\frac{q_B}{4d^2}$에서 $q_B=4q$이다.

ㄷ. $x=3d$와 $x=4d$에서 B와 C에 의한 전기장의 방향은 서로 반대 방향이므로 B와 C에 의한 전기장이 0인 지점은 $x=3d$와 $x=4d$ 사이에 있다. 만일 $x=3d$에서 B와 C에 의한 전기장이 0일 때, C의 전하량을 q_C라고 하면 $k\frac{4q}{9d^2}=k\frac{q_C}{d^2}$에서 $q_C=\frac{4}{9}q$이므로 q_C는 $\frac{4}{9}q$보다는 커야 한다. 만일 $x=4d$에서 B와 C에 의한 전기장이 0일 때, $k\frac{4q}{16d^2}=k\frac{q_C}{4d^2}$에서 $q_C=q$이므로 q_C는 q보다는 작아야 한다. 따라서 C의 전하량의 크기는 $\frac{4}{9}q$보다는 크고 q보다는 작다.

오답 피하기 ㄱ. A와 B에 의한 전기장이 0인 지점이 A와 B 사이에 있으므로 A와 B는 같은 종류의 전하이고, B와 C에 의한 전기장이 0인 지점이 B와 C 사이의 밖에 있으므로 B와 C는 서로 다른 종류의 전하이다. 따라서 A와 C는 서로 다른 종류의 전하이고, 서로 잡아당기는 전기력이 작용한다.

06 전기장과 전기력

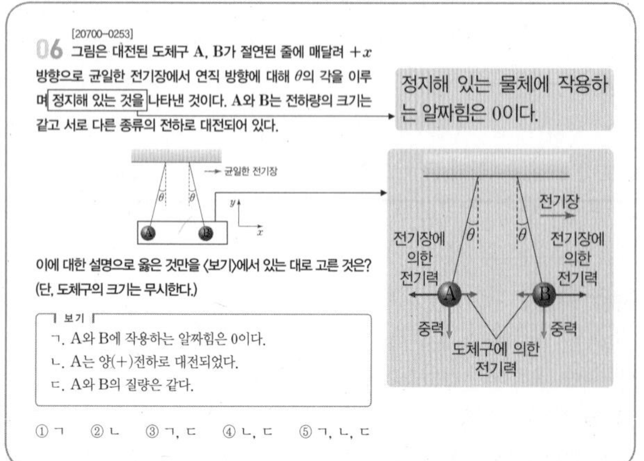
[20700-0253]

06 그림은 대전된 도체구 A, B가 절연된 줄에 매달려 $+x$ 방향으로 균일한 전기장에서 연직 방향에 대해 θ의 각을 이루며 정지해 있는 것을 나타낸 것이다. A와 B는 전하량의 크기는 같고 서로 다른 종류의 전하로 대전되어 있다.

이에 대한 설명으로 옳은 것만을 〈보기〉에서 있는 대로 고른 것은? (단, 도체구의 크기는 무시한다.)

보기

ㄱ. A와 B에 작용하는 알짜힘은 0이다.

ㄴ. A는 양(+)전하로 대전되었다.

ㄷ. A와 B의 질량은 같다.

① ㄱ ② ㄴ ③ ㄱ, ㄷ ④ ㄴ, ㄷ ⑤ ㄱ, ㄴ, ㄷ

정답 맞히기 ㄱ. A와 B는 정지해 있으므로 A와 B에 작용하는 알짜힘은 0이다.

ㄷ. A와 B는 전기장에 의해 같은 크기의 전기력을 받고, A와 B가 서로 작용하는 전기력의 크기는 같다. A와 B가 연직 방향에 대해 같은 크기의 각으로 기울어져 정지해 있으므로 A와 B의 질량은 같다.

오답 피하기 ㄴ. A와 B는 서로 같은 크기의 전기력으로 잡아당기고, 전기장의 방향이 $+x$ 방향이므로 A는 $-x$ 방향으로, B는 $+x$ 방향으로 전기력을 받아야 한다. 따라서 A는 음(−)전하, B는 양(+)전하로 대전되었다.

07 정전기 유도와 전기력선

A가 양(+)전하이므로 (가)에서 정전기 유도에 의해 B는 음(−)전하로, C는 양(+)전하로 대전된다. (가)에서 C는 양(+)전하로 대전된 상태로 분리되어 (나)에서 D와 접촉하였으므로 C와 D는 같은 전하량의 양(+)전하로 대전된다. (다)에서 A와 D는 양(+)전하이고, 전하량은 A가 D보다 크므로 A와 D가 만드는 전기력선으로 가장 적절한 것은 ②번이다.

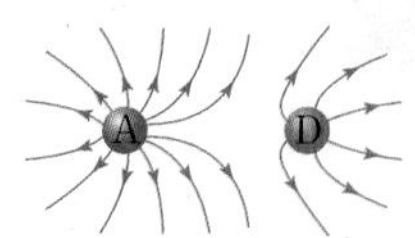

08 전기력선

정답 맞히기 ㄱ. 전하 주위의 전기력선의 수는 전하량에 비례한다. 전기력선은 Q 주위에서가 P 주위에서보다 많으므로 전하량은 Q가 P보다 크고, P와 Q 사이에 전기력선이 이어져 있으므로 P와 Q는 서로 다른 종류의 전하이다. O에서 전기장의 방향은 Q에 의한 전기력의 방향과 같으므로 Q는 양(+)전하이고 P는 음(−)전하이다.

오답 피하기 ㄴ. P와 Q는 서로 다른 종류의 전하이고 전하량의 크기는 Q가 P보다 크므로 P와 Q에 의한 전기장이 0인 지점은 P의 왼쪽에 있다.

ㄷ. A에 음(−)전하를 놓으면 P로부터는 척력을, Q로부터는 인력을 받고, 전기력의 크기는 P보다 Q가 더 크게 받으므로 A에 음(−)전하를 놓으면 O를 향해 운동할 수 없다.

09 전기력선

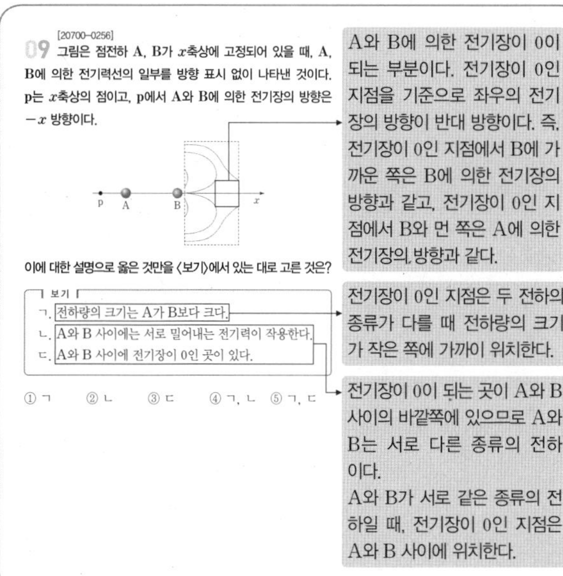

[20700-0256]
09 그림은 점전하 A, B가 x축상에 고정되어 있을 때, A, B에 의한 전기력선의 일부를 방향 표시 없이 나타낸 것이다. p는 x축상의 점이고, p에서 A와 B에 의한 전기장의 방향은 −x 방향이다.
이에 대한 설명으로 옳은 것만을 〈보기〉에서 있는 대로 고른 것은?
ㄱ. 전하량의 크기는 A가 B보다 크다.
ㄴ. A와 B 사이에는 서로 밀어내는 전기력이 작용한다.
ㄷ. A와 B 사이에 전기장이 0인 곳이 있다.
① ㄱ ② ㄴ ③ ㄷ ④ ㄱ, ㄴ ⑤ ㄱ, ㄷ
A와 B에 의한 전기장이 0이 되는 부분이다. 전기장이 0인 지점을 기준으로 좌우의 전기장의 방향이 반대 방향이다. 즉, 전기장이 0인 지점에서 B에 가까운 쪽은 B에 의한 전기장의 방향과 같고, 전기장이 0인 지점에서 B와 먼 쪽은 A에 의한 전기장의 방향과 같다.
전기장이 0인 지점은 두 전하의 종류가 다를 때 전하량의 크기가 작은 쪽에 가까이 위치한다.
전기장이 0이 되는 곳이 A와 B 사이의 바깥쪽에 있으므로 A와 B는 서로 다른 종류의 전하이다.
A와 B가 서로 같은 종류의 전하일 때, 전기장이 0인 지점은 A와 B 사이에 위치한다.

정답 맞히기 ㄱ. A와 B가 만드는 전기장을 나타낸 전기력선을 살펴보면 B의 오른쪽에 A와 B에 의한 전기장이 0인 부분이 있다는 것을 알 수 있다. 따라서 전하량의 크기는 A가 B보다 크다. A와 B에 의한 전기장을 나타낸 전기력선을 완성하면 그림과 같다.

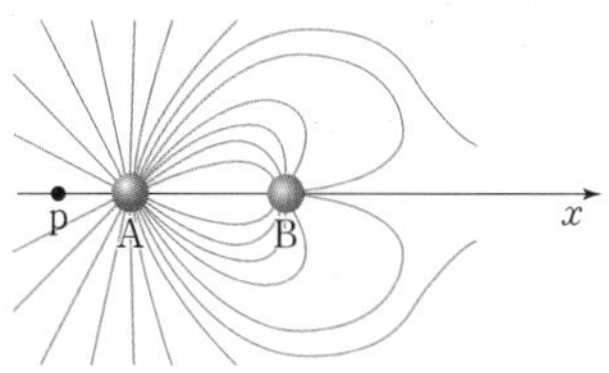

오답 피하기 ㄴ. A와 B는 서로 다른 종류의 전하이므로 서로 잡아당기는 전기력이 작용한다.

ㄷ. 전기력선의 모양으로 볼 때 A와 B에 의한 전기장이 0인 곳은 B의 오른쪽에 있다.

10 도체와 전기력선

정답 맞히기 ㄱ. 도체의 전자는 외부 전기장의 방향과 반대 방향으로 전기력을 받아 이동하므로 전기장에 의해 정전기 유도가 일어난다.

오답 피하기 ㄴ. 외부 전기장에 의해 도체의 전자는 p쪽으로 이동하므로 p는 음(−)전하로, q는 양(+)전하로 대전된다.

ㄷ. 도체 내부의 전기장은 0이므로 방향을 갖지 않는다.

11 도체와 전기력선

모범 답안 (1) A는 음(−)전하, B는 양(+)전하이다.

(2) C는 정전기 유도에 의해 A쪽은 양(+)전하로, B쪽은 음(−)전하로 대전되므로 A와 C 사이, B와 C 사이에서는 서로 잡아당기는 전기력이 작용한다.

12 정전기 유도

(나)에서 대전되지 않았던 B와 C가 대전된 금속 막대와 접촉한 후 B와 C가 대전되어 척력에 의해 떨어졌으므로 자유 전자의 이동에 의해 대전됨을 알 수 있다. 따라서 B와 C는 도체이다. (가)에서 도체인 B와 접촉해 있는 A는 정전기 유도가 일어나지만 B와 떨어지지 않았으므로 자유 전자의 이동에 의한 정전기 유도가 아님을 알 수 있다. 따라서 A는 절연체이다.

13 정전기 유도

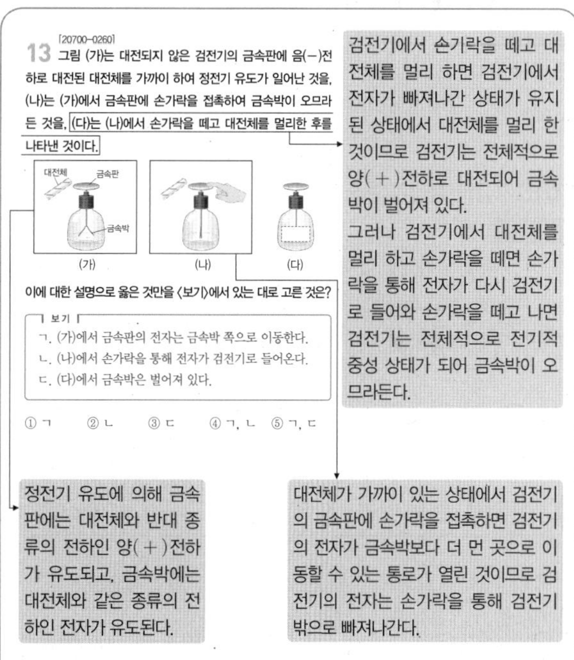

[20700-0260]
13 그림 (가)는 대전되지 않은 검전기의 금속판에 음(−)전하로 대전된 대전체를 가까이 하여 정전기 유도가 일어난 것을, (나)는 (가)에서 금속판에 손가락을 접촉하여 금속박이 오므라든 것을, (다)는 (나)에서 손가락을 떼고 대전체를 멀리한 후를 나타낸 것이다.
대전체
금속판
금속박
(가)
(나)
(다)
이에 대한 설명으로 옳은 것만을 〈보기〉에서 있는 대로 고른 것은?
ㄱ. (가)에서 금속판의 전자는 금속박 쪽으로 이동한다.
ㄴ. (나)에서 손가락을 통해 전자가 검전기로 들어온다.
ㄷ. (다)에서 금속박은 벌어져 있다.
① ㄱ ② ㄴ ③ ㄷ ④ ㄱ, ㄴ ⑤ ㄱ, ㄷ
검전기에서 손가락을 떼고 대전체를 멀리 하면 검전기에서 전자가 빠져나간 상태가 유지된 상태에서 대전체를 멀리 한 것이므로 검전기는 전체적으로 양(+)전하로 대전되어 금속박이 벌어져 있다.
그러나 검전기에서 대전체를 멀리 하고 손가락을 떼면 손가락을 통해 전자가 다시 검전기로 들어와 손가락을 떼고 나면 검전기는 전체적으로 전기적 중성 상태가 되어 금속박이 오므라든다.
정전기 유도에 의해 금속판에는 대전체와 반대 종류의 전하인 양(+)전하가 유도되고, 금속박에는 대전체와 같은 종류의 전하인 전자가 유도된다.
대전체가 가까이 있는 상태에서 검전기의 금속판에 손가락을 접촉하면 검전기의 전자가 금속박보다 더 먼 곳으로 이동할 수 있는 통로가 열린 것이므로 검전기의 전자는 손가락을 통해 검전기 밖으로 빠져나간다.

정답 맞히기 ㄱ. (가)에서 검전기는 정전기 유도에 의해 금속판의 전자가 금속박 쪽으로 이동한다.

ㄷ. (다)에서 손가락을 먼저 떼었으므로 검전기에서 손가락을 통해 전자가 빠져나간 상태가 유지되었다. 따라서 손가락을 떼서 대전체를 멀리 하면 검전기는 전체적으로 양(+)전하로 대전되어 금속박은 벌어져 있다.

오답 피하기 ㄴ. (나)에서 손가락은 접지와 같은 역할을 하므로 검전기의 전자가 손가락을 통해 외부로 나가게 된다.

14 정전기 유도

정답 맞히기 ㄱ. 에보나이트 막대가 대전되어 있으므로 절연체인 종잇조각에서는 유전 분극이 일어난다.

오답 피하기 ㄴ. 에보나이트 막대와 종잇조각 모두 절연체이므로 둘 사이에는 전자가 이동하지 않는다.

ㄷ. 에보나이트 막대와 마찰시킨 털가죽은 마찰에 의해 에보나이트 막대와 반대 종류의 전하로 대전되었으므로 대전되지 않은 종잇조각에 가까이 하면 종잇조각에 유전 분극 현상이 나타나 종잇조각은 털가죽과 전기적 인력에 의해 털가죽 방향으로 이동한다.

15 정전기 유도와 접지

정답 맞히기 ㄱ. 구름이 음(−)전하로 대전되어 있으므로 피뢰침에는 정전기 유도가 나타난다.

ㄴ. 피뢰침은 정전기 유도가 되어 전자가 지면으로 빠져나가 양(+)전하로 대전된다. 이때, 강한 전기장에 의해 구름과 피뢰침 사이에는 번개라는 방전이 일어난다.

오답 피하기 ㄷ. 피뢰침은 지면과의 연결(접지)을 통해 번개에 의한 전류를 대지로 흐르게 하여 건물에 번개에 의한 전류가 흐르지 않도록 하는 안전장치이다.

16 전기장과 정전기 유도

모범 답안 (1) 도체

(2) 전기장에 의해 A 내부의 전자가 전기장의 방향과 반대 방향으로 이동하여 A의 왼쪽은 음(−)전하로, A의 오른쪽은 양(+)전하로 대전되도록 정전기 유도가 일어난다.

신유형·수능 열기

본문 126~127쪽

01 ④ **02** ③ **03** ① **04** ⑤ **05** ④
06 ⑤ **07** ⑤ **08** ③

01

정답 맞히기 ㄱ. A와 B 사이에서 전기장이 0인 곳이 없으므로 A와 B는 서로 다른 종류의 전하이고 A와 B는 서로 잡아당기는 전기력이 작용한다. 따라서 A는 $+x$ 방향으로, B는 $-x$ 방향으로 전기력을 받는다.

ㄷ. A와 B 사이에서 전기장의 방향은 (+)방향이고, 양(+)전하는 전기장의 방향으로 전기력을 받으므로 $x=0$인 곳에 양(+)전하를 놓으면 $+x$ 방향으로 운동한다.

오답 피하기 ㄴ. 전하량의 크기는 B가 A보다 크므로 전기장이 0인 곳은 A의 왼쪽에 있다.

02

[20700-0265]

02 그림 (가)는 원점에서 거리 d만큼 떨어져 x축상에 전하 A, B가 고정되어 있고, y축상의 점 p에서 양(+)전하가 받는 전기력 F의 방향을 나타낸 것이다. 그림 (나)는 x축상의 $x=0$, $x=1.5d$, $x=3d$인 곳에 각각 A, 음(−)전하 C, B를 고정시킨 것을 나타낸 것이다.

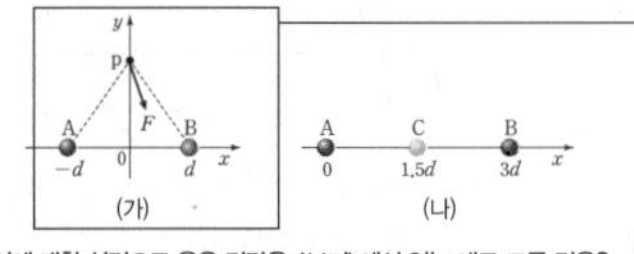

이에 대한 설명으로 옳은 것만을 <보기>에서 있는 대로 고른 것은?

보기
ㄱ. A와 B는 같은 종류의 전하이다.
ㄴ. 전하량의 크기는 A가 B보다 작다.
ㄷ. (나)에서 C는 $+x$ 방향으로 전기력을 받는다.

① ㄱ ② ㄷ ③ ㄱ, ㄴ ④ ㄴ, ㄷ ⑤ ㄱ, ㄴ, ㄷ

p에 놓인 양(+)전하가 A와 B에 의해 받는 전기력의 방향이 A와 B 사이를 향하므로 A와 B는 모두 음(−)전하이고, 전기력의 방향이 B쪽에 치우쳐져 있으므로 전하량의 크기는 B가 A보다 크다.

A와 C 사이의 거리와 C와 B 사이의 거리가 같으므로 C에 작용하는 전기력의 크기는 A와 C의 전하량의 곱과 C와 B의 전하량의 곱의 합에 의해 결정된다. A, B, C 모두 음(−)전하이므로 C는 A에 의해 $+x$ 방향으로, B에 의해 $-x$ 방향으로 전기력을 받는다.

정답 맞히기 ㄱ. (가)에서 p에 놓인 양(+)전하가 받는 전기력의 방향이 B를 향하는 방향이므로 B는 음(−)전하이고, A와 B 사이를 향하고 있으므로 A도 음(−)전하이다. 따라서 A와 B는 같은 종류의 전하이다.

ㄴ. (가)에서 A와 B의 전하량이 같다면 p에서 양(+)전하가 받는 전기력의 방향은 $-y$ 방향이다. 그러나 양(+)전하가 받는 전기력의 방향이 B쪽으로 기울었으므로 전하량의 크기는 B가 A보다 크다.

오답 피하기 ㄷ. A와 B는 음(−)전하이고, 전하량의 크기는 A가 B보다 작으므로 $x=1.5d$에 음(−)전하인 C를 놓으면 $-x$ 방향으로 전기력을 받는다.

03

전기장의 방향으로 전기력의 크기는 qE_0, 중력은 mg이므로 실이 도체구를 당기는 힘의 크기가 T일 때, $T\cos60^\circ=qE_0$, $T\sin60^\circ=mg$이므로 두 식을 연립하면 $q=\dfrac{mg}{\sqrt{3}E_0}$이다.

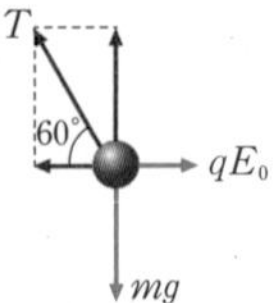

04

정답 맞히기 ㄱ. 두 금속판 사이에는 중력 방향으로 전기장이 형성되고, 입자에는 중력이 작용하므로 입자가 받는 전기력이 중력 반대 방향이 되기 위해서 입자는 음(−)전하로 대전되어야 한다.
ㄴ. 입자는 정지해 있으므로 전기력과 중력이 평형을 이루고 있다. $mg=qE_0$에서 $q=\frac{mg}{E_0}$이다.
ㄷ. V를 작게 하면 두 금속판 사이의 전기장의 세기가 E_0보다 작아지므로 중력의 크기가 전기력의 크기보다 커진다. 따라서 입자는 중력 방향으로 운동한다.

05

정답 맞히기 ㄴ. 전기력선의 수가 많을수록 전하량이 큰 것이므로 전하량의 크기는 B가 A보다 크다.
ㄷ. A와 B가 모두 음(−)전하이므로 p에서 A와 B에 의한 전기장의 방향은 $+x$ 방향이다. O에서 A에 의한 전기장의 방향은 $-x$ 방향이고, B에 의한 전기장의 방향은 $+x$ 방향이다. 전하량의 크기는 B가 A보다 크므로 O에서 A와 B에 의한 전기장의 방향은 $+x$ 방향이다. 따라서 p와 O에서 전기장의 방향은 같다.

오답 피하기 ㄱ. q에서 전기장의 방향이 $-x$ 방향이고, A와 B가 같은 전하이므로 A와 B는 모두 음(−)전하이다.

06

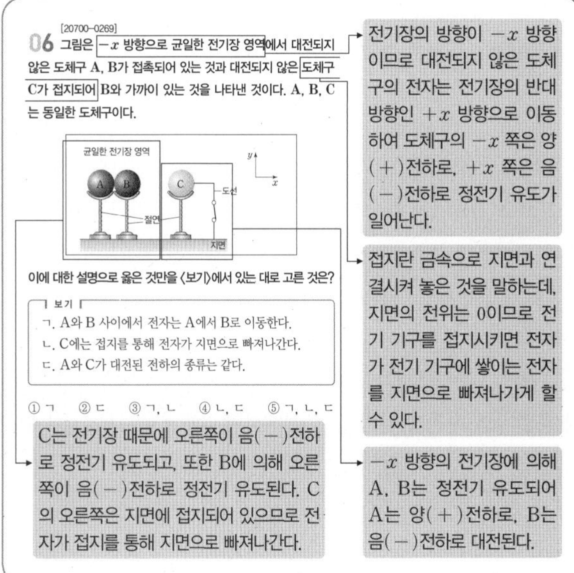
[20700-0269]

06 그림은 $-x$ 방향으로 균일한 전기장 영역에서 대전되지 않은 도체구 A, B가 접촉되어 있는 것과 대전되지 않은 도체구 C가 접지되어 B와 가까이 있는 것을 나타낸 것이다. A, B, C는 동일한 도체구이다.

이에 대한 설명으로 옳은 것만을 〈보기〉에서 있는 대로 고른 것은?

보기
ㄱ. A와 B 사이에서 전자는 A에서 B로 이동한다.
ㄴ. C에는 접지를 통해 전자가 지면으로 빠져나간다.
ㄷ. A와 C가 대전된 전하의 종류는 같다.

① ㄱ ② ㄷ ③ ㄱ, ㄴ ④ ㄴ, ㄷ ⑤ ㄱ, ㄴ, ㄷ

C는 전기장 때문에 오른쪽이 음(−)전하로 정전기 유도되고, 또한 B에 의해 오른쪽이 음(−)전하로 정전기 유도된다. C의 오른쪽은 지면에 접지되어 있으므로 전자가 접지를 통해 지면으로 빠져나간다.

전기장의 방향이 $-x$ 방향이므로 대전되지 않은 도체구의 전자는 전기장의 반대 방향인 $+x$ 방향으로 이동하여 도체구의 $-x$ 쪽은 양(+)전하로, $+x$ 쪽은 음(−)전하로 정전기 유도가 일어난다.

접지란 금속으로 지면과 연결시켜 놓은 것을 말하는데, 지면의 전위는 0이므로 전기 기구를 접지시키면 전자가 전기 기구에 쌓이는 전자를 지면으로 빠져나가게 할 수 있다.

$-x$ 방향의 전기장에 의해 A, B는 정전기 유도되어 A는 양(+)전하로, B는 음(−)전하로 대전된다.

정답 맞히기 ㄱ. 전기장의 방향이 $-x$ 방향이므로 A는 양(+)전하로, B는 음(−)전하로 대전된다. 따라서 A와 B 사이에서 전자는 A에서 B로 이동한다.
ㄴ. B는 음(−)전하로 대전되므로 C의 왼쪽은 양(+)전하로, C의 오른쪽은 음(−)전하로 정전기 유도되는데, 접지되어 있으므로 전자가 접지를 통해 지면으로 빠져나간다.
ㄷ. C는 전체적으로 양(+)전하로 대전된다. 따라서 A와 C가 대전된 전하의 종류는 같다.

07

정답 맞히기 ㄱ. (가)에서 A가 음(−)전하로 대전된 대전체와 전기적 인력이 작용하므로 A는 양(+)전하로 대전되었다.
ㄴ. (나)에서 A가 금속판에 가까이 하였더니 금속박이 오므라든 것은 금속박의 전자가 금속판으로 이동하였기 때문이다. 따라서 검전기는 음(−)전하로 대전되었다.
ㄷ. A와 접촉 후 금속박이 벌어지지 않은 것은 A와 접촉한 검전기가 전기적으로 중성이 되었기 때문이다. 따라서 (나)에서 A와 검전기가 대전된 전하량의 크기는 같다.

08

정답 맞히기 ㄱ. 방전 극에서 방전되는 A는 전자이다.
ㄷ. 집진 극은 강하게 (+)전압이 걸리고, 방전 극은 강하게 (−)전압이 걸리므로 집진 극과 방전 극 사이에는 강한 전기장이 형성되어 있다.

오답 피하기 ㄴ. 먼지는 전자(A)에 의해 음(−)전하로 대전된다.

7 전기 에너지

탐구 활동 본문 132쪽

1 해설 참조　**2** 해설 참조

탐구 분석

1

모범 답안 각 저항의 양단에 걸리는 전압의 합은 회로 전체의 전압과 같다.

2

모범 답안 각 저항에 흐르는 전류의 세기의 합은 회로 전체의 전류의 세기와 같다.

내신 기초 문제 본문 133~136쪽

01 ①	02 ②	03 ⑤	04 ③	05 ②
06 ④	07 ⑤	08 ②	09 ③	10 ①
11 ④	12 ②	13 ④	14 ③	15 ③
16 ②				

01

정답 맞히기 ㄱ. 전기력선의 방향이 A로 들어가고 있으므로 A는 음(−)전하이다.

오답 피하기 ㄴ. 음(−)전하에 가까울수록 전위가 낮으므로 전위는 p에서가 q에서보다 낮다.

ㄷ. 전자는 음(−)전하이므로 p에 전자를 놓으면 q쪽으로 운동한다.

02

정답 맞히기 ㄴ. a, b는 음(−)극판으로부터 같은 거리에 있는 지점이므로 전위가 같다.

오답 피하기 ㄱ. 전기장의 방향은 도체판의 양(+)극판에서 음(−)극판으로 형성되므로 $-x$ 방향이다.

ㄷ. $+1\,\mathrm{C}$인 전하의 전기력에 의한 퍼텐셜 에너지는 양(+)극판에 가까울수록 크므로 $+1\,\mathrm{C}$의 전하를 b에서 c까지 이동시키려면 전기장의 방향과 반대 방향으로 일을 해 주어야 한다.

03

정답 맞히기 ㄱ. 전기장의 세기가 E이고 점전하의 전하량이 $+q$이므로 점전하에 작용하는 전기력의 크기는 qE이다.

ㄴ. 양(+)전하에 가까울수록 전위가 높으므로 전위는 b에서가 a에서보다 높다.

ㄷ. 전하량이 $+q$인 점전하가 전기력을 받아 d만큼 전위가 높은 쪽으로 이동하였으므로 점전하의 전기력에 의한 퍼텐셜 에너지 증가량은 qEd이다.

04

음(−)전하는 전기장 안에서 전기장의 방향과 반대 방향으로 전기력을 받는다. 따라서 음(−)전하를 전기장의 방향으로 이동시키기 위해서는 일을 해 주어야 하는데, a → c와 a → d는 전기장의 방향에 대해 이동한 거리가 같으므로 전기력이 음(−)전하에 해 준 일이 같고, a → b는 전기장의 방향으로 이동 거리가 없으므로 전기력이 음(−)전하에 한 일이 0이다. 따라서 $W_2=W_3>W_1$이다.

05

정답 맞히기 ㄴ. 전기장의 세기는 전기력선의 밀도가 클수록 크므로 전기력선의 밀도가 가장 큰 a에서 전기장의 세기가 가장 크다. 전기장의 세기가 큰 곳에서 $+q$의 점전하에 작용하는 전기력의 크기도 크므로 전기력의 크기는 a에서가 b에서보다 크다.

오답 피하기 ㄱ. 전기장의 방향과 반대 방향으로 이동할수록 전위가 높으므로 전위는 a에서가 c에서보다 높다.

ㄷ. $+q$인 점전하를 c → b와 b → a로 이동시키는 거리는 같으나 점전하에 작용하는 전기력의 크기는 c에서 a로 갈수록 증가하므로 $+q$의 점전하를 옮기는 데 한 일은 b → a에서가 c → b에서보다 크다.

06

대전 입자에 작용하는 전기력이 한 일은 qEd이고, 이는 b를 지나는 순간의 대전 입자의 운동 에너지와 같으므로 $qEd=\frac{1}{2}mv^2$이다. 따라서 $v=\sqrt{\frac{2Ed}{m}}$이다.

07

정답 맞히기 ㄱ. A와 B 사이의 전압은 전위차와 같으므로 높은 전위에서 낮은 전위를 뺀 V_A-V_B이다.

ㄴ. P의 위치에서 전위가 가장 높으므로 P는 양(+)전하이다.

ㄷ. 양(+)전하가 P(양(+)전하)로부터 멀어지는 방향으로 이동하였으므로 양(+)전하의 전기력에 의한 퍼텐셜 에너지는 감소하였다.

08

$W=qV$이고, a와 b 사이의 전위차는 8 V이므로 $W=+1\,\mathrm{C}\times 8\,\mathrm{V}=8\,\mathrm{J}$이다. $E=\frac{V}{d}$이므로 $E=\frac{8\,\mathrm{V}}{2\,\mathrm{m}}=4\mathrm{V/m}$이다.

09

정답 맞히기 A: 전자의 이동 방향과 전류의 방향은 서로 반대 방향이므로 전류의 방향은 P에서 Q를 향하는 방향이다.
C: 전자는 전기장의 방향과 반대 방향으로 이동하므로 전기장의 방향은 P에서 Q를 향하는 방향이다.

오답 피하기 B: 전류는 전위가 높은 쪽에서 낮은 쪽으로 흐르므로 P쪽이 Q쪽보다 전위가 높다.

10

정답 맞히기 ㄱ. 도선의 저항값 $R=\rho\frac{l}{S}$이므로 $\rho\frac{2l}{S}=2R$이다.

오답 피하기 ㄴ. $(2\rho)\frac{l}{2S}=R$이다.

ㄷ. $(2\rho)\frac{4l}{2S}=4R$이다.

11

$R=\rho\frac{l}{S}$이므로 저항의 단면적을 S라고 하면, p를 b에 연결할 때 저항값 $R_0=\rho\frac{L}{S}$, p를 c에 연결할 때 저항값 $\rho\frac{L}{S}+(2\rho)\frac{L}{S}=3R_0$, p를 d에 연결할 때 저항값 $\rho\frac{L}{S}+(2\rho)\frac{L}{S}+(3\rho)\frac{L}{S}=6R_0$이다. 옴의 법칙에 의해 $I_1:I_2:I_3=\frac{V}{R_0}:\frac{V}{3R_0}:\frac{V}{6R_0}=6:2:1$이다.

12

정답 맞히기 ㄴ. B와 C는 병렬연결되어 있으므로 같은 전압이 걸리고, 합성 저항값은 R이다. A의 저항값이 R이고 병렬연결된 B, C와 직렬연결되어 있으므로 A, B, C에는 모두 같은 전압이 걸린다.

오답 피하기 ㄱ. A의 저항값 $R=\rho\frac{l}{S}$이므로 B의 저항값은 $(4\rho)\frac{l}{2S}=2R$이고, C의 저항값은 $\rho\frac{2l}{S}=2R$이다. 따라서 A, B, C의 합성 저항값은 $2R$이다.
ㄷ. A와 B에 걸리는 전압은 같고, 저항값은 A가 B보다 작으므로 저항에 흐르는 전류의 세기는 A가 B보다 크다.

13

정답 맞히기 ㄴ. 저항의 저항값과 비저항은 서로 비례하므로 비저항은 Q가 P의 3배이다.
ㄷ. 두 저항에 같은 전압을 걸었을 때 저항에 흐르는 전류의 세기는 P에서가 Q에서의 3배이다. 저항에서 소비되는 전력 $P=IV$이므로 두 저항에 같은 전압을 걸었을 때, 저항이 소비하는 전력은 P가 Q의 3배이다.

오답 피하기 ㄱ. 전압에 따른 전류의 세기 그래프에서 직선의 기울기는 저항값의 역수이다. 따라서 스위치를 a에 연결하면 P의 저항값은 $\frac{1}{R_1}=\frac{3I_0}{V_0}$에서 $R_1=\frac{V_0}{3I_0}$이고, 스위치를 b에 연결하면 Q의 저항값은 $\frac{1}{R_2}=\frac{I_0}{V_0}$에서 $R_2=\frac{V_0}{I_0}$이므로 R_1은 R_2의 $\frac{1}{3}$배이다.

14

A와 B가 변형되기 전 저항값은 $R_0=\rho\frac{L}{16\pi r^2}$이고, 변형 전후에 A, B의 부피는 $16\pi r^2L$로 같아야 한다. A의 반지름이 r일 때 길이를 L_1이라고 하면 $16\pi r^2L=\pi r^2L_1$에서 $L_1=16L$이므로 이때의 A의 저항값은 $\rho\frac{16L}{\pi r^2}=256R_0$이다. B의 반지름이 $2r$일 때 길이를 L_2라고 하면 $16\pi r^2L=\pi(2r)^2L_2$에서 $L_2=4L$이므로 이때의 B의 저항값은 $\rho\frac{4L}{4\pi r^2}=16R_0$이다. 변형된 A와 B를 직렬로 연결하면 그림 (가)와 같고, 이때 합성 저항 $R_1=272R_0$이다. 변형된 A와 B를 병렬로 연결하면 그림 (나)와 같고, 이때 합성 저항 $R_2=\frac{256}{17}R_0$이다. 따라서 $R_1:R_2=289:16$이다.

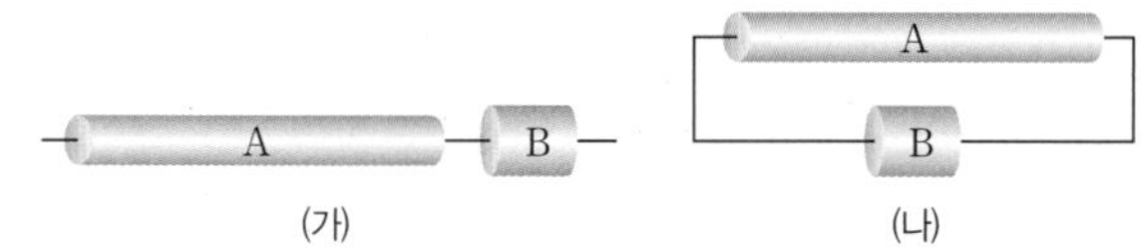

15

정답 맞히기 ㄱ. S_1만 닫으면 P와 Q가 직렬연결되므로 합성 저항은 5 Ω이 되어 옴의 법칙에 의해 P에 흐르는 전류의 세기는 1.4 A이다.
ㄷ. S_1과 S_2를 닫으면 P에 걸리는 전압은 3 V이고 Q와 R에 걸리

는 전압은 4 V이다. 소비 전력 $P=\frac{V^2}{R}$에서 P에서 소비되는 전력은 9 W이고, R에서 소비되는 전력은 $\frac{16}{2}=8(\text{W})$이다. 따라서 P에서 소비되는 전력은 R에서 소비되는 전력의 $\frac{9}{8}$배이다.

오답 피하기 ㄴ. S_1과 S_2를 닫으면 Q와 R가 병렬연결되어 합성 저항값은 $\frac{4}{3}$ Ω이고, 이때 Q에 걸리는 전압은 $\frac{28}{7}=4(\text{V})$이다. S_1만 닫으면 P와 Q는 직렬연결이므로 Q에 걸리는 전압은 $\frac{28}{5}$ V이다. 따라서 Q에 걸리는 전압은 S_1만 닫을 때가 S_1과 S_2를 닫을 때의 $\frac{7}{5}$배이다.

16

정답 맞히기 ㄴ. 저항값은 B가 A의 16배이고, 같은 전압을 걸어 주었을 때 전류의 세기는 저항값에 반비례하므로 A에서가 B에서의 16배이다.

오답 피하기 ㄱ. 소비 전력 $P=\frac{V^2}{R}$에서 A의 저항값 $R_A=\frac{4}{4}=1(\Omega)$이고, B의 저항값 $R_B=\frac{8^2}{4}=16(\Omega)$이므로 저항값은 B가 A의 16배이다.

ㄷ. B의 저항값이 16 Ω이므로 전압이 2 V일 때 B에서 소비되는 전력은 $\frac{4}{16}=\frac{1}{4}(\text{W})$이다.

실력 향상 문제

본문 137~140쪽

01 ① 02 ② 03 ① 04 해설 참조
05 ⑤ 06 ② 07 ④ 08 해설 참조
09 ④ 10 ⑤ 11 ① 12 ③ 13 ①
14 ⑤ 15 ① 16 해설 참조

01 전위와 전기장에서의 일

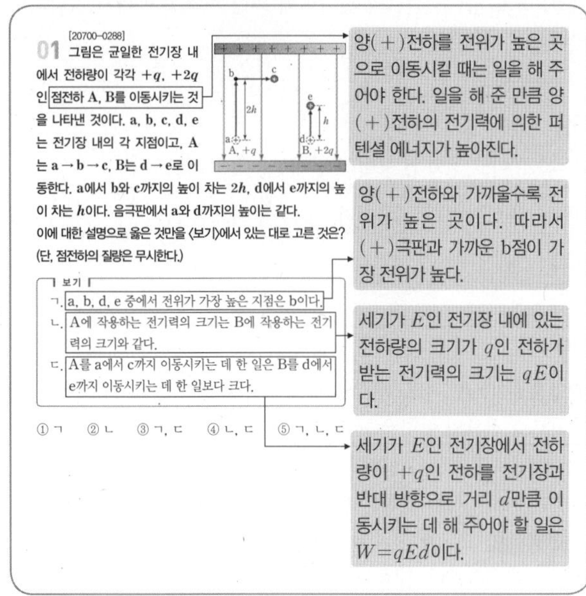
[20700-0288]
01 그림은 균일한 전기장 내에서 전하량이 각각 $+q$, $+2q$인 점전하 A, B를 이동시키는 것을 나타낸 것이다. a, b, c, d, e는 전기장 내의 각 지점이고, A는 a → b → c, B는 d → e로 이동한다. a에서 b와 c까지의 높이 차는 $2h$, d에서 e까지의 높이 차는 h이다. 음극판에서 a와 d까지의 높이는 같다.
이에 대한 설명으로 옳은 것만을 〈보기〉에서 있는 대로 고른 것은? (단, 점전하의 질량은 무시한다.)

보기
ㄱ. a, b, d, e 중에서 전위가 가장 높은 지점은 b이다.
ㄴ. A에 작용하는 전기력의 크기는 B에 작용하는 전기력의 크기와 같다.
ㄷ. A를 a에서 c까지 이동시키는 데 한 일은 B를 d에서 e까지 이동시키는 데 한 일보다 크다.

① ㄱ ② ㄴ ③ ㄱ, ㄷ ④ ㄴ, ㄷ ⑤ ㄱ, ㄴ, ㄷ

정답 맞히기 ㄱ. 양(+)전하로 대전된 극판에 가까울수록 전위가 높으므로 a, b, d, e에서 전위가 가장 높은 지점은 b이다.

오답 피하기 ㄴ. 전기력의 크기 $F=qE$이다. 전기장의 세기가 E일 때, A에 작용하는 전기력의 크기는 qE이고, B에 작용하는 전기력의 크기는 $2qE$이다. 따라서 A에 작용하는 전기력의 크기는 B에 작용하는 전기력의 크기의 $\frac{1}{2}$배이다.

ㄷ. 세기가 E로 균일한 전기장 내에서 전기장의 방향에 반대 방향으로 전하량이 q인 양(+)전하를 d만큼 이동시키는 데 필요한 일은 $W=qEd$이다. A를 a에서 높이가 $2h$인 b까지 옮기는 데 필요한 일은 $W_A=qE(2h)$이고, 이 높이에서 전기장에 대해 수직인 방향으로 c까지 옮기는 과정에서는 일이 0이다. B를 d에서 e까지 옮기는 데 필요한 일은 $W_B=(2q)Eh$이다. 따라서 $W_A=W_B$이다.

02 전위와 전기장

정답 맞히기 ㄷ. p에서 A와 B가 양(+)전하에 작용하는 전기력의 크기는 같고, 방향은 아래 그림과 같이 ①번 방향 또는 ②번 방향이다. 따라서 p에 양(+)전하를 놓으면 x축에 나란한 방향으로 전기력을 받는다.

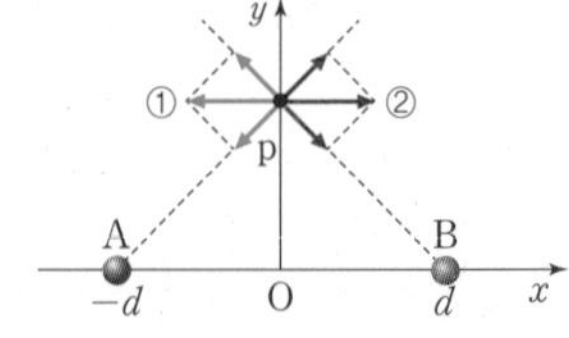

오답 피하기 ㄱ. 전하량이 q인 전하로부터 거리 r만큼 떨어진 지점에서 전하에 의한 전위는 $k\frac{q}{r}$이고, 전하의 부호는 전하의 종류를 따른다. A와 B에서 p까지의 거리는 같고, p에서 A와 B에 의한 전위가 0이므로 A와 B의 전하의 종류는 서로 반대이고, 전하량의 크기는 같다.
ㄴ. A와 B의 전하의 종류가 다르므로 O에서 전기장은 0이 아니다.

03 전위

정답 맞히기 ㄱ. a와 b 사이에 전기장이 0인 지점이 있으므로 a에서 전기장의 방향은 Q에 의한 전기장의 방향과 같다. 따라서 Q가 양(+)전하이므로 P는 음(−)전하이다.
오답 피하기 ㄴ. P는 음(−)전하이고, Q는 양(+)전하이므로 전위는 양(+)전하에 가까운 d에서가 c에서보다 높다.
ㄷ. P와 Q 사이에서 전기장의 방향은 Q에서 P를 향하는 방향이다. 양(+)전하를 d에서 c로 이동시키는 것은 전기장의 방향으로 이동시키는 것이므로 양(+)전하의 전기력에 의한 퍼텐셜 에너지는 감소한다.

04 전위

모범 답안 (1) A와 B 사이의 가운데 지점인 $x=4d$에서 전위가 0이므로 A와 B의 전하량의 크기는 같다.
(2) 전위가 낮은 곳에서 전위가 높은 곳으로 양(+)전하를 이동시킬 때에는 양(+)전하에 일을 해 주어야 한다. 전위차 $V=\frac{W}{q}$이므로 $V=\frac{4\text{ J}}{2\text{ C}}=2\text{ J/C}=2\text{ V}$이다.

05 전위

정답 맞히기 ㄱ. A가 양(+)전하일 때, A에 의한 전위는 (+)이고, B에 의한 전위도 (+)이며 B도 양(+)전하이다.
ㄴ. B의 전위가 A의 전위보다 높으므로 전하량의 크기는 B가 A보다 크다.
ㄷ. A와 B에 의한 전위는 $x=4d$에서가 $x=5d$에서보다 낮으므로 양(+)전하를 낮은 전위에서 높은 전위로 이동시키기 위해서는 양(+)전하에 전기장의 반대 방향으로 일을 해 주어야 한다.

06 전위

정답 맞히기 ㄴ. $W=qV$이다. +1C의 전하를 옮기는 데 필요한 일은 R → P에서 4 J이고, Q → P에서 2 J이므로 R → P에서가 Q → P에서의 2배이다.
오답 피하기 ㄱ. A에 가까워질수록 전위가 높아지므로 A는 양(+)전하이다.
ㄷ. R과 S의 전위가 같으므로 +1 C의 전하를 R에서 S로 이동시켜도 전하의 전기력에 의한 퍼텐셜 에너지는 변하지 않는다.

07 전위

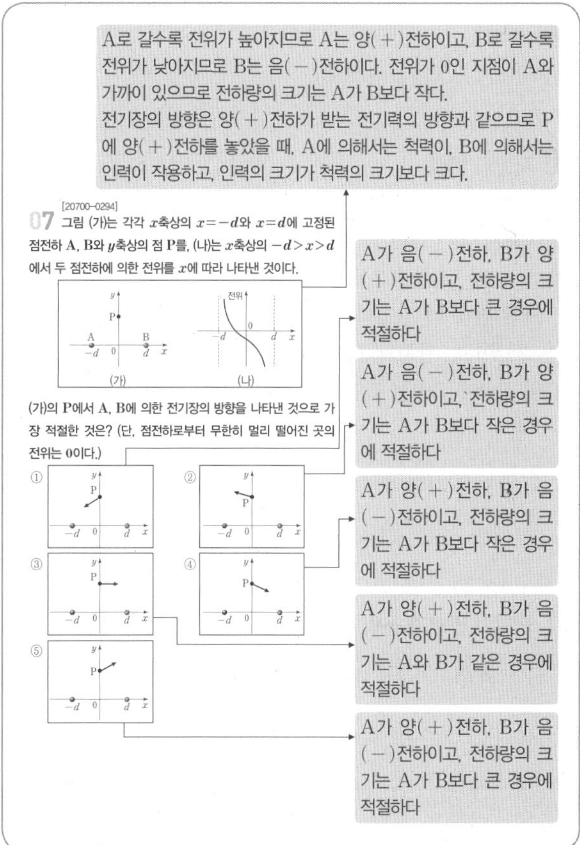

(나)에서 A의 전위는 양(+)이고 B의 전위는 음(−)이므로 A는 양(+)전하이고 B는 음(−)전하이다. 전위가 0인 곳이 A쪽에 가까우므로 전하량의 크기는 B가 A보다 크다. 전기장의 방향은 양(+)전하가 받는 전기력의 방향과 같으므로 P에 양(+)전하를 놓으면 A로부터는 전기적 척력을, B로부터는 전기적 인력을 받는다. 따라서 가장 적절한 전기장의 방향은 ④번과 같다.

08 중력에 의한 퍼텐셜 에너지와 전기력에 의한 퍼텐셜 에너지

모범 답안 A가 중력과 반대 방향으로 이동하였으므로 중력에 의한 퍼텐셜 에너지는 mgh만큼 증가하고, 양(+)전하가 전기장의 방향으로 이동하였으므로 A의 전기력에 의한 퍼텐셜 에너지는 qEh만큼 감소한다.

09 저항의 연결

정답 맞히기 ㄴ. $R_1=\frac{4}{3}\ \Omega$, $R_2=2\ \Omega$이고, S_1과 S_2를 모두 닫으면 병렬연결되므로 합성 저항의 저항값은 $\frac{4}{5}\ \Omega$이다.

ㄷ. 합성 저항값이 $\frac{4}{5}\ \Omega$이므로 4 V의 전압을 걸어 주면 옴의 법칙에 의해 전류계에 흐르는 전류의 세기는 5 A이다.

오답 피하기 ㄱ. 그래프의 기울기의 역수가 저항의 저항값이므로 $R_1=\frac{4}{3}\ \Omega$, $R_2=2\ \Omega$이다.

10 저항의 연결

정답 맞히기 ㄱ. S_1만 닫을 때, 2 Ω의 저항 2개가 병렬연결되어 합성 저항값은 1 Ω이 되고 3 Ω의 저항과 직렬연결되어 있으므로 2 Ω에 걸리는 전압은 2 V이다.

ㄴ. S_2만 닫을 때, 3 Ω과 6 Ω의 저항이 병렬연결되어 합성 저항값은 2 Ω이고, 왼쪽의 2 Ω의 저항 1개와 직렬연결된다. 따라서 3 Ω의 저항에 걸리는 전압은 4 V이므로 3 Ω에 흐르는 전류의 세기는 $\frac{4}{3}$ A이다.

ㄷ. S_1과 S_2를 모두 닫으면 회로의 합성 저항값은 3 Ω이다. 따라서 전류계에 흐르는 전류의 세기는 $\frac{8}{3}$ A이다.

11 저항의 연결과 옴의 법칙

A, B, C의 길이가 l일 때, A의 저항값은 $R_0=\rho\frac{l}{S_1}$이고, B의 저항값은 $(4\rho)\frac{l}{S_2}=2R_0$에서 $S_2=2S_1$이고, C의 저항값은 $(2\rho)\frac{l}{S_3}=\frac{1}{2}R_0$에서 $S_3=4S_1$이다. 저항이 직렬연결되어 있을 때 저항에 걸리는 전압의 비는 저항값의 비와 같으므로 $V_1 : V_2=1 : 2$이다. 또한 단면적의 비 $S_2 : S_3=2S_1 : 4S_1=1 : 2$이다.

12 저항의 연결

P를 b, c, d, e에 연결할 때 저항의 연결은 각각 그림 (가), (나), (다), (라)와 같다.

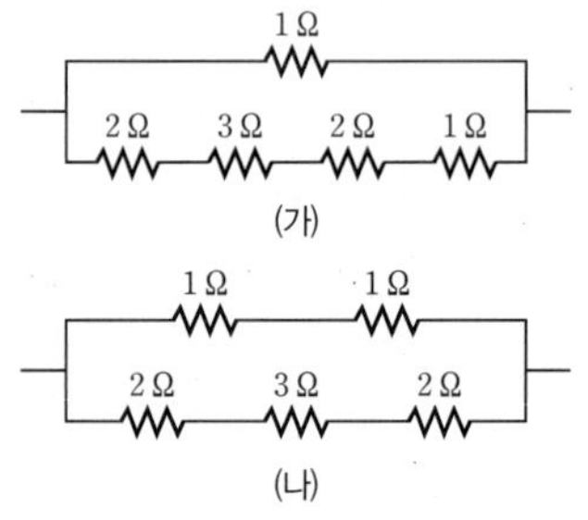

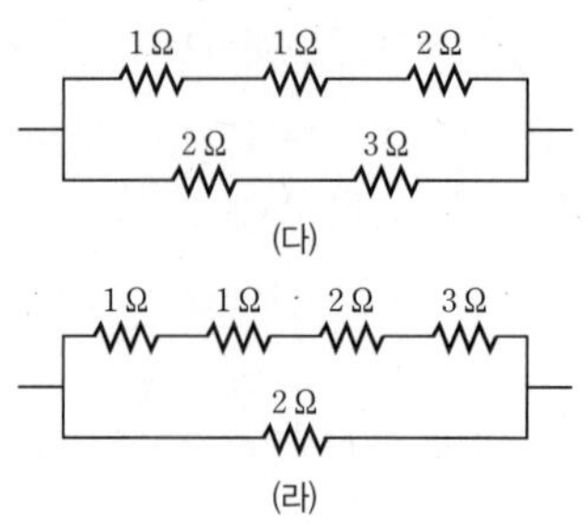

(가)의 합성 저항값은 $\frac{8}{9}\ \Omega$, (나)와 (라)의 합성 저항값은 $\frac{14}{9}\Omega$, (다)의 합성 저항값은 $\frac{20}{9}\ \Omega$이다. 따라서 전류계에 흐르는 전류의 세기의 최댓값은 저항값이 $\frac{8}{9}\ \Omega$일 때 9 A이고, 전류의 세기의 최솟값은 저항값이 $\frac{20}{9}\ \Omega$일 때 $\frac{18}{5}$ A이다. 따라서 전류계에 흐르는 전류의 세기의 최댓값과 최솟값의 합은 $9+\frac{18}{5}=\frac{63}{5}$(A)이다.

13 저항의 연결과 옴의 법칙

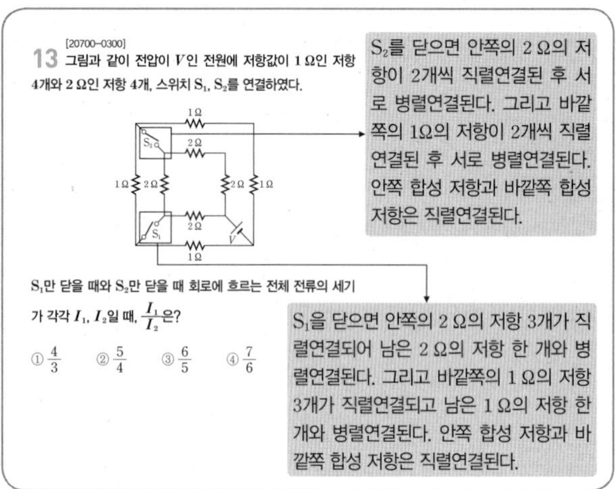

S_1만 닫은 경우와 S_2만 닫은 경우 저항의 연결은 각각 그림 (가), (나)와 같다.

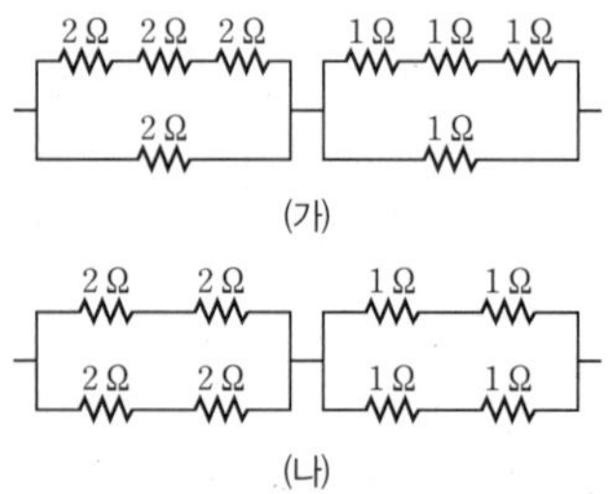

S_1만 닫은 경우 합성 저항값은 $R_1=\frac{9}{4}\ \Omega$이고, S_2만 닫은 경우 합성 저항값은 $R_2=3\ \Omega$이다. 따라서 $\frac{I_1}{I_2}=\frac{R_2}{R_1}=\frac{4}{3}$이다.

14 옴의 법칙과 전력

정답 맞히기 ㄱ. P를 a에 연결하면 1 Ω, 2 Ω, 3 Ω인 저항이 직렬연결되어 4 Ω인 저항과 병렬연결된다. 따라서 이때 합성 저항값은 $\frac{12}{5}$ Ω이다.

ㄴ. P를 b에 연결하면 3 Ω인 저항과 4 Ω인 저항이 직렬연결되어 14 V의 전압이 걸리므로 3 Ω에 걸린 전압은 6 V이다.

ㄷ. P를 b에 연결하면 4 Ω인 저항에 걸리는 전압이 8 V이므로 4 Ω인 저항에서 소비하는 전력 $P=\frac{8^2}{4}=16$(W)이다.

15 전력

전력 $P=\frac{V^2}{R}$이므로 저항에서 소비하는 전력이 같을 때 저항값은 전압의 제곱에 비례한다. 따라서 저항값은 A가 $4R$일 때 B는 $9R$이다. 전압에 따른 전류의 그래프에서 기울기의 역수가 저항값이므로 가장 적절한 그래프는 ①번이다.

16 저항의 연결

모범 답안 (가)에서의 저항의 연결을 비유한 것으로 옳은 것은 (나)이다. 저항을 직렬로 연결할 경우 전체 전압이 저항값의 비와 같은 비로 나누어져 걸린다. (나)에서 물레방아를 돌리는 물의 수압은 전체 수압을 적절한 비율로 나누어 물레방아를 돌리고 있다. 따라서 (가)에서 저항의 연결을 잘 비유한 것이라고 할 수 있다.

신유형·수능 열기

본문 141쪽

01 ③ 02 ① 03 ④ 04 ②

01

정답 맞히기 ㄱ. A와 B에 의한 전위의 부호가 같으므로 A와 B는 같은 종류의 전하이다.

ㄴ. A에 의한 전위가 B에 의한 전위보다 높으므로 전하량의 크기는 A가 B보다 크다.

오답 피하기 ㄷ. A와 B는 같은 종류의 전하이므로 A와 B에 의한 전기장이 0인 지점은 A와 B 사이에 있다.

02

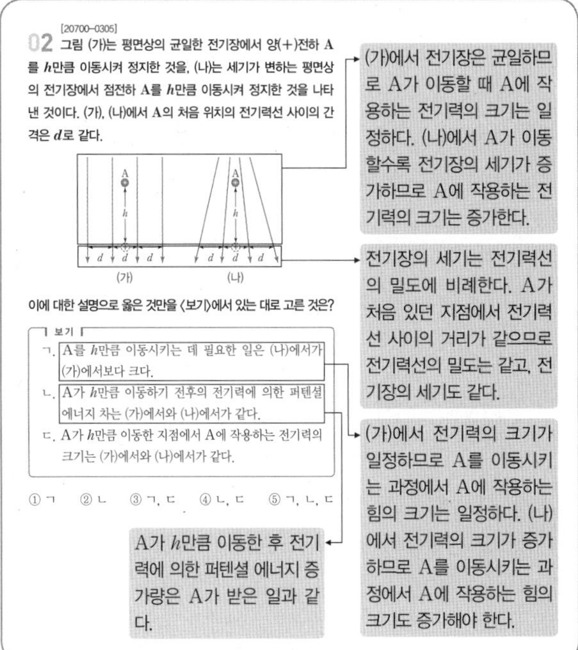

[20700-0305]
02 그림 (가)는 평면상의 균일한 전기장에서 양(+)전하 A를 h만큼 이동시켜 정지한 것을, (나)는 세기가 변하는 평면상의 전기장에서 점전하 A를 h만큼 이동시켜 정지한 것을 나타낸 것이다. (가), (나)에서 A의 처음 위치의 전기력선 사이의 간격은 d로 같다.
(가)
(나)
이에 대한 설명으로 옳은 것만을 <보기>에서 있는 대로 고른 것은?
보기
ㄱ. A를 h만큼 이동시키는 데 필요한 일은 (나)에서가 (가)에서보다 크다.
ㄴ. A가 h만큼 이동하기 전후의 전기력에 의한 퍼텐셜 에너지 차는 (가)에서와 (나)에서가 같다.
ㄷ. A가 h만큼 이동한 지점에서 A에 작용하는 전기력의 크기는 (가)에서와 (나)에서가 같다.
① ㄱ ② ㄴ ③ ㄱ, ㄷ ④ ㄴ, ㄷ ⑤ ㄱ, ㄴ, ㄷ
(가)에서 전기장은 균일하므로 A가 이동할 때 A에 작용하는 전기력의 크기는 일정하다. (나)에서 A가 이동할수록 전기장의 세기가 증가하므로 A에 작용하는 전기력의 크기는 증가한다.
전기장의 세기는 전기력선의 밀도에 비례한다. A가 처음 있던 지점에서 전기력선 사이의 거리가 같으므로 전기력선의 밀도는 같고, 전기장의 세기도 같다.
(가)에서 전기력의 크기가 일정하므로 A를 이동시키는 과정에서 A에 작용하는 힘의 크기는 일정하다. (나)에서 전기력의 크기가 증가하므로 A를 이동시키는 과정에서 A에 작용하는 힘의 크기도 증가해야 한다.
A가 h만큼 이동한 후 전기력에 의한 퍼텐셜 에너지 증가량은 A가 받은 일과 같다.

정답 맞히기 ㄱ. (가)에서 A의 전하량이 $+q$, 전기장의 세기가 E일 때, A를 h만큼 이동시키는 데 해 준 일은 qEh이다. (나)에서 A를 h만큼 이동시킬 때 A가 이동하면서 전기장의 세기가 E보다 커지므로 A를 h만큼 이동시키는 데 필요한 일은 qEh보다 크다.

오답 피하기 ㄴ. A가 h만큼 이동하는 동안 해 준 일은 (나)에서가 (가)에서보다 크므로 h만큼 이동하기 전후의 전기력에 의한 퍼텐셜 에너지 차는 (나)에서가 (가)에서보다 크다.

ㄷ. A가 h만큼 이동한 지점에서 전기장의 세기는 (나)에서가 (가)에서보다 크므로 A에 작용하는 전기력의 크기도 (나)에서가 (가)에서보다 크다.

03

정답 맞히기 ㄴ. B의 저항값은 $R_B=6$ Ω이다.

ㄷ. 스위치를 a에 연결할 때 합성 저항값은 $\frac{5}{3}$ Ω이고, b에 연결할 때 합성 저항값은 $\frac{22}{3}$ Ω이다. 따라서 합성 저항값은 스위치를 a에 연결할 때가 b에 연결할 때의 $\frac{5}{22}$배이다.

오답 피하기 ㄱ. 스위치를 a, b에 연결하면 저항의 연결은 각각 그림 (가), (나)와 같다.

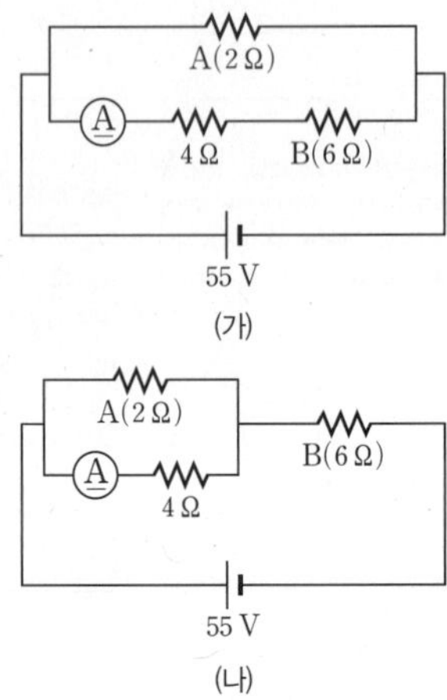

A, B의 저항값을 각각 R_A, R_B라 할 때, 스위치를 a에 연결하면 4 Ω의 저항에 흐르는 전류의 세기가 5.5 A이므로 $\frac{11}{2}=\frac{55}{4+R_B}$에서 $R_B=6$ Ω이다. 스위치를 b에 연결하면 4 Ω의 저항에 흐르는 전류의 세기가 2.5 A이므로 4 Ω의 저항에 걸리는 전압이 V_0일 때, $\frac{5}{2}=\frac{V_0}{4}$이므로 $V_0=10$ V이고, B에 걸리는 전압은 45 V이다. $\frac{45}{6}=\frac{5}{2}+\frac{10}{R_A}$에서 $R_A=2$ Ω이다.

04

S를 a에 연결하면 A, B에 흐르는 전류의 세기가 같으므로 저항의 소비 전력은 저항값에 비례한다. 소비 전력은 B가 A의 3배이므로 A의 저항값이 R_0이면 B의 저항값은 $3R_0$이다. 전원의 전압이 $4V$일때, A에 흐르는 전류의 세기는 $I_1=\frac{4V}{4R_0}=\frac{V}{R_0}$이고, A의 소비 전력은 $I_1^2R_0=49$(W)이다. S를 b에 연결하면 C의 저항값은 $R_C=\frac{3}{4}R_0$이고, 합성 저항값은 $\frac{7}{4}R_0$이므로 A에 흐르는 전류의 세기 $I_2=\frac{4V}{\frac{7}{4}R_0}=\frac{16}{7}I_1$이다. 따라서 C의 소비 전력은 $P_C=I_2^2R_C=\left(\frac{16}{7}I_1\right)^2\times\left(\frac{3}{4}R_0\right)=192$(W)이다.

8 트랜지스터와 축전기

탐구 활동

본문 148쪽

1 해설 참조 **2** 해설 참조 **3** 해설 참조

1

모범 답안 건전지는 LED에 전류를 계속 공급할 수 있으므로 LED에서 지속적으로 빛이 방출되지만, 축전기는 방전이 된 후에는 전류를 공급하지 못하기 때문에 LED에서 빛이 방출되는 시간이 짧다.

2

모범 답안 축전기의 전기 용량이 클수록 전하를 더 많이 저장할 수 있기 때문이다.

3

모범 답안 축전기의 전기 용량에 따라 축전기에 저장된 전기 에너지의 차가 있기 때문이다.

내신 기초 문제

본문 149~150쪽

01 ⑤ **02** ③ **03** ⑤ **04** ② **05** ③
06 ① **07** ③ **08** ④

01

정답 맞히기 A: p형 반도체 2개와 n형 반도체 1개를 접합하여 만든 전기 소자는 트랜지스터이다.
B: 트랜지스터는 이미터, 베이스, 컬렉터 단자를 가지고 있으므로 (가)의 다리 3개는 이미터, 베이스, 컬렉터 단자 중 하나씩에 해당된다.
C: 트랜지스터는 증폭 작용과 스위칭 작용을 할 수 있다.

02

이미터와 베이스 사이에 전류가 흐르고 있으므로 이미터와 베이스는 전원 A와 순방향으로 연결되어 있다. 베이스와 컬렉터 사이의 전원 B는 역방향으로 연결되어 있어야 컬렉터 쪽으로 전류가

흐른다. 이미터로 흘러 들어간 전류는 베이스와 컬렉터로 흘러나온 전류의 합과 같아야 하므로 $I_1=I_2+I_3$이다.

03

정답 맞히기 ㄱ. 이미터와 베이스 사이에 순방향 전압이 걸려야 전류가 흐르므로 V_{BE}의 (−)극과 연결된 X는 n형 반도체이다.
ㄴ. 베이스와 컬렉터 사이에는 역방향 전압이 걸려야 트랜지스터가 증폭 작용을 한다. 컬렉터는 p형 반도체이므로 V_{CB}의 (−)극이 연결되어 있다.
ㄷ. 트랜지스터가 증폭 작용을 할 때 베이스에 흐르는 전류(I_B)의 세기로 컬렉터로 출력되는 전류(I_C)를 조절할 수 있다.

04

정답 맞히기 ㄴ. (나)에서 컬렉터에 흐르는 전류의 세기는 베이스에 흐르는 전류의 세기보다 매우 크므로 트랜지스터는 증폭 작용을 한다.
오답 피하기 ㄱ. (가)에서 p형 반도체인 베이스에 V_{CB}의 (−)극이 연결되어 있고, n형 반도체인 컬렉터에 V_{CB}의 (+)극이 연결되어 있으므로 베이스와 컬렉터 사이에 역방향 전압이 걸려 있는 것이다. 따라서 p형 반도체와 n형 반도체 사이에는 전류가 흐르지 않는다.
ㄷ. (나)에서 이미터와 베이스 사이에 순방향 전압 V_{BE}를 걸어 주면 이미터 전자들의 일부는 베이스의 양공과 결합하지만 대부분의 전자는 베이스를 지나 V_{CB}의 (+)극이 연결된 컬렉터로 넘어간다.

05

정답 맞히기 A: 전압이 V로 일정한 직류 전원에 충분한 시간 동안 연결된 축전기의 두 극판 사이의 전압은 V이다.
B: 축전기의 두 극판의 넓이를 증가시키면 전기 용량이 증가하여 축전기에 저장된 전하량 Q가 증가한다.
오답 피하기 C: 축전기의 두 극판 사이의 거리가 증가하면 전기 용량이 감소하여 축전기에 저장된 전하량 Q가 감소한다.

06

정답 맞히기 ㄱ. A, B, C의 전기 용량이 C일 때 (가)에서 총 전기 용량은 C이고, (나)에서 총 전기 용량은 $\frac{1}{2}C$이다. 따라서 총 전기 용량은 (가)에서가 (나)에서보다 크다.
오답 피하기 ㄴ. A에 충전된 전하량이 Q일 때 $Q=CV$이고, (나)에서 B와 C는 전원에 직렬로 연결되어 있으므로 B와 C에 저장되는 전하량은 $Q'=\frac{1}{2}CV$로 같다. 따라서 충전되는 전하량은 A가 B보다 크다.
ㄷ. A에 걸리는 전압은 V이고, B와 C는 같은 축전기이므로 각각 걸리는 전압은 $\frac{1}{2}V$이다.

07

정답 맞히기 ㄱ. (가)에서 S를 닫으면 축전기 A, B가 병렬로 연결되어 전기 용량이 증가한다.
ㄴ. (나)에서 유전체를 넣으면 C의 전기 용량이 증가하므로 C에 충전되는 전하량도 증가한다.
오답 피하기 ㄷ. (나)에서 S를 열고 C에 유전체를 넣으면 유전체 내부의 전기장의 방향이 유전체 외부의 전기장의 방향과 반대가 되어 C의 내부 전기장의 세기가 감소한다.

08

정답 맞히기 ㄱ. 자동심장충격기는 축전기에 저장된 전기 에너지를 한꺼번에 방전시키면서 강한 전류를 심장 부근에 가하는 데 이용된다. 따라서 자동심장충격기의 축전기는 전기 에너지를 저장하고 방출하는 용도로 사용된다.
ㄴ. 키보드를 누를 때 움직이는 금속판과 고정된 금속판 사이의 간격이 줄어들면서 전기 용량이 증가하는데, 컴퓨터는 이 변화를 인식하여 글자를 입력한다.
오답 피하기 ㄷ. 유전체는 절연체이므로 자유 전자의 이동에 의한 정전기 유도가 아닌 유전 분극이 발생한다.

실력 향상 문제

본문 151~152쪽

01 ② **02** ③ **03** 해설 참조 **04** ①
05 ① **06** ② **07** ⑤ **08** 해설 참조

01 트랜지스터

정답 맞히기 ㄴ. 컬렉터에 흐르는 전류 I_C가 컬렉터로 들어가므로 전자는 이미터에서 컬렉터 쪽으로 이동해야 한다. 따라서 이미터의 전자는 대부분 컬렉터로 이동한다.
오답 피하기 ㄱ. 이미터(E)와 베이스(B)는 V_{BE}와 순방향으로 연결되어 있으므로 이미터는 n형 반도체, 베이스는 p형 반도체이다. 따라서 트랜지스터는 n−p−n형 트랜지스터이므로 X는 n형 반도체이다.

ㄷ. 베이스와 컬렉터에 흐르는 전류의 합은 이미터에 흐르는 전류와 같으므로 $I_E=I_B+I_C$이다.

02 트랜지스터

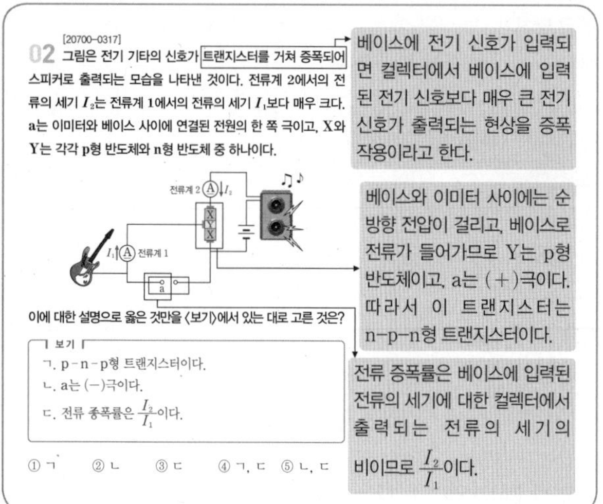

[20700-0317]
02 그림은 전기 기타의 신호가 트랜지스터를 거쳐 증폭되어 스피커로 출력되는 모습을 나타낸 것이다. 전류계 2에서의 전류의 세기 I_2는 전류계 1에서의 전류의 세기 I_1보다 매우 크다. a는 이미터와 베이스 사이에 연결된 전원의 한 쪽 극이고, X와 Y는 각각 p형 반도체와 n형 반도체 중 하나이다.
전류계 2
전류계 1
이에 대한 설명으로 옳은 것만을 <보기>에서 있는 대로 고른 것은?
보기
ㄱ. p-n-p형 트랜지스터이다.
ㄴ. a는 (−)극이다.
ㄷ. 전류 증폭률은 $\frac{I_2}{I_1}$이다.
① ㄱ ② ㄴ ③ ㄷ ④ ㄱ, ㄷ ⑤ ㄴ, ㄷ
베이스에 전기 신호가 입력되면 컬렉터에서 베이스에 입력된 전기 신호보다 매우 큰 전기 신호가 출력되는 현상을 증폭 작용이라고 한다.
베이스와 이미터 사이에는 순방향 전압이 걸리고, 베이스로 전류가 들어가므로 Y는 p형 반도체이고, a는 (+)극이다. 따라서 이 트랜지스터는 n-p-n형 트랜지스터이다.
전류 증폭률은 베이스에 입력된 전류의 세기에 대한 컬렉터에서 출력되는 전류의 세기의 비이므로 $\frac{I_2}{I_1}$이다.

정답 맞히기 ㄷ. 트랜지스터에서 전류 증폭률은 베이스 전류의 세기에 대한 컬렉터 전류의 세기의 비이므로 $\frac{I_2}{I_1}$이다.

오답 피하기 ㄱ. I_1이 베이스로 들어가 컬렉터에서 들어오는 전류 I_2와 합하여 이미터에서 나오고 있으므로 X는 n형 반도체, Y는 p형 반도체이다. 따라서 트랜지스터는 n-p-n형 트랜지스터이다.

ㄴ. 이미터와 베이스 사이에는 전압이 순방향으로 걸려 있어야 한다. I_1이 베이스로 들어가고 있으므로 a는 (+)극이다.

03 트랜지스터

모범 답안 (1) (가)에서의 출력 신호 개형은 ㉠ ⋀⋀ 과 같다. (+), (−)가 교대로 되어 있는 교류 형태의 신호에서 트랜지스터의 스위칭 작용 때문에 입력 신호의 (−) 부분에서는 컬렉터 쪽으로 전류가 흐르지 않아 신호가 출력되지 않기 때문이다.

(2) (나)에서 출력 신호의 개형은 ㉡ ∿∿ 과 같다. 베이스 단자에 적절한 전압을 걸어 주면 입력 신호의 (−) 부분에서도 컬렉터 쪽으로 전류가 흐를 수 있으므로 모든 입력 신호에 대해 출력이 가능하기 때문이다.

04 축전기 연결

유전체를 넣지 않은 축전기의 전기 용량을 C_0이라고 하면, (가)에서 축전기 2개가 직렬연결되어 있으므로 합성 전기 용량의 역수 $\frac{1}{C_1}=\frac{1}{C_0}+\frac{1}{C_0}=\frac{2}{C_0}$에서 $C_1=\frac{1}{2}C_0$이다. (나)에서 병렬연결된 축전기 2개의 합성 전기 용량은 $C_0+C_0=2C_0$이고, 유전율이 2인 축전기 1개와 직렬연결되어 있으므로 합성 전기 용량의 역수 $\frac{1}{C_2}=\frac{1}{2C_0}+\frac{1}{2C_0}=\frac{1}{C_0}$에서 $C_2=C_0$이다. (다)에서 직렬연결된 축전기 2개의 합성 전기 용량은 $\frac{1}{2}C_0$이고, 유전율이 2인 축전기 1개와 병렬연결되어 있으므로 합성 전기 용량은 $C_3=\frac{1}{2}C_0+2C_0=\frac{5}{2}C_0$이다. 따라서 $C_1:C_2:C_3=1:2:5$이다.

05 축전기

정답 맞히기 ㄱ. S_1만 닫고 완전히 충전되었을 때 A의 극판 사이의 전압은 $3V_0$이므로 충전된 전하량은 $2C_0\times3V_0=6C_0V_0$이다.

오답 피하기 ㄴ. A가 완전히 충전된 상태에서 S_1은 열고 S_2만 닫으면 A와 B는 병렬연결되므로 두 극판 사이의 전압이 같다. 따라서 A와 B에 완전히 충전된 상태에서 저장된 전하량은 전기 용량에 비례하므로 A에 $4C_0V_0$, B에 $2C_0V_0$이다.

ㄷ. 완전히 충전된 B에 저장된 전하량이 $2C_0V_0$이므로 B에 걸린 전압은 $2V_0$이다.

06 축전기에 저장되는 전기 에너지

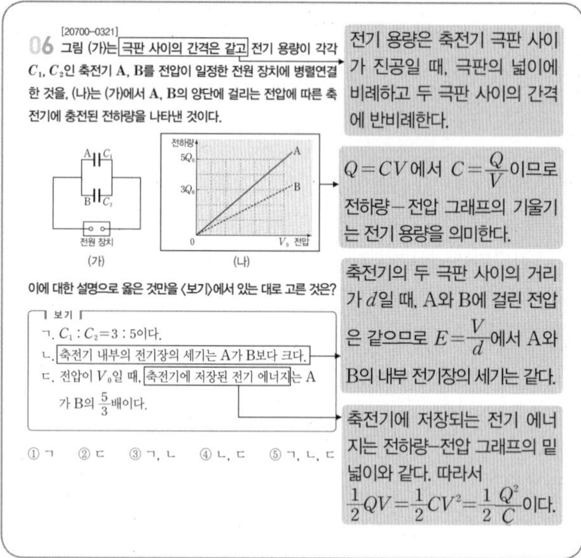

[20700-0321]
06 그림 (가)는 극판 사이의 간격은 같고 전기 용량이 각각 C_1, C_2인 축전기 A, B를 전압이 일정한 전원 장치에 병렬연결한 것을, (나)는 (가)에서 A, B의 양단에 걸리는 전압에 따른 축전기에 충전된 전하량을 나타낸 것이다.
전하량
$5Q_0$
$3Q_0$
A
B
0
V_0 전압
전원 장치
(가)
(나)
이에 대한 설명으로 옳은 것만을 <보기>에서 있는 대로 고른 것은?
보기
ㄱ. $C_1:C_2=3:5$이다.
ㄴ. 축전기 내부의 전기장의 세기는 A가 B보다 크다.
ㄷ. 전압이 V_0일 때, 축전기에 저장된 전기 에너지는 A가 B의 $\frac{5}{3}$배이다.
① ㄱ ② ㄷ ③ ㄱ, ㄴ ④ ㄴ, ㄷ ⑤ ㄱ, ㄴ, ㄷ
전기 용량은 축전기 극판 사이가 진공일 때, 극판의 넓이에 비례하고 두 극판 사이의 간격에 반비례한다.
$Q=CV$에서 $C=\frac{Q}{V}$이므로 전하량-전압 그래프의 기울기는 전기 용량을 의미한다.
축전기의 두 극판 사이의 거리가 d일 때, A와 B에 걸린 전압은 같으므로 $E=\frac{V}{d}$에서 A와 B의 내부 전기장의 세기는 같다.
축전기에 저장되는 전기 에너지는 전하량-전압 그래프의 밑넓이와 같다. 따라서 $\frac{1}{2}QV=\frac{1}{2}CV^2=\frac{1}{2}\frac{Q^2}{C}$이다.

정답 맞히기 ㄷ. 축전기에 저장되는 전기 에너지 $U=\frac{1}{2}QV$이므로 전압이 V_0일 때 저장된 전기 에너지는 전하량에 비례한다. 따라서 전압이 V_0일 때 축전기에 저장된 전기 에너지는 A가 B의 $\frac{5}{3}$배이다.

오답 피하기 ㄱ. (나) 그래프의 기울기가 전기 용량이므로 C_1 : $C_2=5:3$이다.

ㄴ. A와 B는 병렬연결되어 있으므로 A와 B에 걸리는 전압은 같다. $V=Ed$인데 A와 B의 극판 사이의 거리가 같으므로 축전기 내부의 전기장의 세기는 A와 B가 같다.

07 축전기의 연결

정답 맞히기 ㄱ. S를 a에 연결할 때와 b에 연결할 때 축전기의 연결은 그림과 같다.

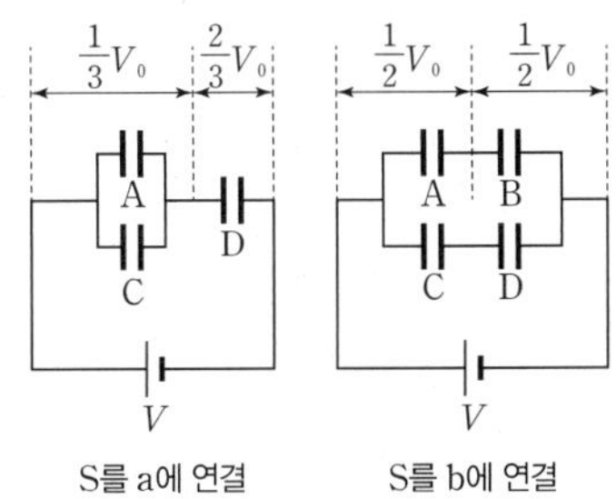

S를 a에 연결　　　S를 b에 연결

축전기의 전기 용량이 C_0일 때, S를 a에 연결하면 A와 C가 병렬연결되어 합성 전기 용량은 $2C_0$이고 D와 직렬연결되므로 합성 전기 용량은 $\frac{1}{2C_0}+\frac{1}{C_0}=\frac{3}{2C_0}$에서 $\frac{2}{3}C_0$이다. S를 b에 연결하면 A와 B, C와 D가 각각 직렬연결된다. 따라서 합성 전기 용량은 $\frac{1}{2}C_0+\frac{1}{2}C_0=C_0$이다.

ㄴ. S를 a에 연결하면 A와 C가 병렬연결되어 전기 용량이 $2C_0$인 축전기 하나와 같고, 이 축전기와 D가 직렬연결되어 있는 것으로 간주할 수 있다. 두 축전기에 저장되는 전하량이 같으므로 축전기에 걸리는 전압은 전기 용량에 반비례한다. 따라서 C에는 $\frac{1}{3}V_0$의 전압이 걸린다. S를 b에 연결하면 A, B 전체에 걸린 전압과 C, D 전체에 걸린 전압이 V로 같고, 모두 같은 축전기이므로 C에 걸린 전압은 $\frac{1}{2}V_0$이다. 따라서 C에 걸린 전압은 S를 a에 연결할 때가 b에 연결할 때의 $\frac{2}{3}$배이다.

ㄷ. S를 a에 연결하면 D에 걸린 전압이 $\frac{2}{3}V_0$이므로 D에 저장되는 전기 에너지는 $\frac{1}{2}C_0\left(\frac{2}{3}V_0\right)^2=\frac{2}{9}C_0V_0^2$이고, S를 b에 연결하면 D에 걸린 전압이 $\frac{1}{2}V_0$이므로 D에 저장되는 전기 에너지는 $\frac{1}{2}C_0\left(\frac{1}{2}V_0\right)^2=\frac{1}{8}C_0V_0^2$이다. 따라서 D에 저장된 전기 에너지는 S를 a에 연결할 때가 b에 연결할 때의 $\frac{16}{9}$배이다.

08 유전체

모범 답안 (나) → (다) 과정에서 축전기 극판 사이의 전기장의 크기는 감소하고, 극판 사이의 전압은 감소하며, 전기 용량은 증가하지만 축전기가 전원과 분리되었으므로 저장된 전하량에는 변화가 없다.

신유형·수능 열기

본문 153쪽

01 ④　**02** ③　**03** ①　**04** ③

01

정답 맞히기 ㄴ. 베이스에 흐르는 전류로 컬렉터에 흐르는 전류의 세기를 조절할 수 있으므로 조명의 밝기를 조절할 수 있다.

ㄷ. 이미터와 베이스 사이의 전압은 순방향으로 연결되어 있고 베이스와 컬렉터 사이의 전압은 역방향으로 연결되어 있으므로 이미터에 있는 양공의 대부분이 베이스를 거쳐 컬렉터에 도달한다.

오답 피하기 ㄱ. 컬렉터에 전류가 흐르기 위해서는 베이스와 컬렉터 사이에 역방향 전압이 걸려 있어야 한다.

02

정답 맞히기 ㄱ. 축전기의 전기 용량 $C=\varepsilon\frac{S}{d}=\kappa\varepsilon_0\frac{S}{d}$이므로 $C_1=4\varepsilon_0\frac{S_0}{d_0}$, $C_2=3\varepsilon_0\frac{2S_0}{3d_0}=\varepsilon_0\frac{2S_0}{d_0}$, $C_3=2\varepsilon_0\frac{S_0}{2d_0}=\varepsilon_0\frac{S_0}{d_0}$이다. 따라서 $C_1:C_2:C_3=4:2:1$이다.

ㄴ. $Q=CV$이므로 진공일 때의 전기 용량 $C_0=\varepsilon_0\frac{S_0}{d_0}$이라 할 때, A에 충전된 전하량 $Q_A=(4C_0)(2V_0)=8C_0V_0$이고, B에 충전된 전하량 $Q_B=(2C_0)(3V_0)=6C_0V_0$이다. 따라서 A에 충전된 전하량은 B에 충전된 전하량의 $\frac{4}{3}$배이다.

오답 피하기 ㄷ. $U=\frac{1}{2}CV^2$이므로 A에 저장된 전기 에너지 $U_A=\frac{1}{2}(4C_0)(2V_0)^2=8C_0V_0^2$이고, C에 저장된 전기 에너지 $U_C=\frac{1}{2}(C_0)(V_0)^2=\frac{1}{2}C_0V_0^2$이다. 따라서 저장된 전기 에너지는 A가 C의 16배이다.

03

[20700-0326]

03 그림 (가)는 전압이 V로 일정한 전원에 축전기를 연결시켜 완전히 충전한 것을, (나)는 (가)에서 축전기 사이에 유전 상수가 κ인 유전체를 넣은 것을, (다)는 (가)에서 스위치 S를 열고 유전 상수가 κ인 유전체를 넣은 것을 나타낸 것이다.

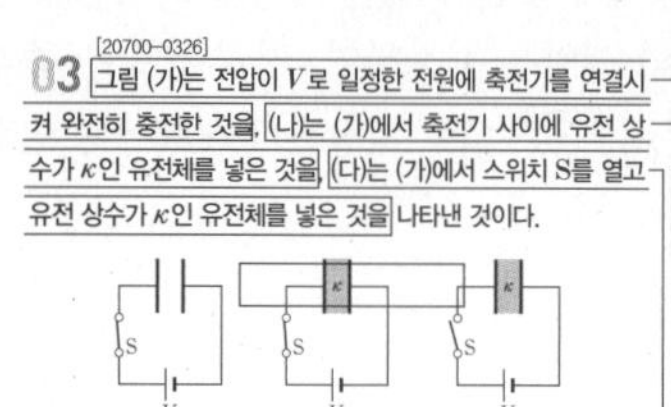

이에 대한 설명으로 옳은 것만을 <보기>에서 있는 대로 고른 것은? (단, 유전체 이외의 공간은 진공이다.)

보기
ㄱ. 축전기에 충전된 전하량은 (가)와 (다)에서 같다.
ㄴ. 축전기의 전기 용량은 (나)에서가 (다)에서보다 크다.
ㄷ. 두 극판 사이의 전압은 (나)와 (다)에서 같다.

① ㄱ ② ㄴ ③ ㄱ, ㄷ ④ ㄴ, ㄷ ⑤ ㄱ, ㄴ, ㄷ

전압이 V인 전원에 연결되어 완전히 충전된 축전기 사이의 전압은 V가 된다.

전압이 V인 전원에 연결되어 있는 축전기에 유전 상수가 κ인 유전체를 넣으면 축전기의 전기 용량이 증가하고, 전원에 연결되어 있으므로 전기 용량이 증가한 만큼 축전기에 충전되는 전하량도 증가한다.

전압이 V인 전원에 연결되어 완전히 충전된 후 스위치를 열고 축전기 사이에 유전 상수가 κ인 유전체를 넣으면 전기 용량은 증가하지만 전원에 연결되어 있지 않으므로 축전기에 저장되어 있는 전하량은 변하지 않는다. 따라서 축전기 사이의 전압은 감소한다. 유전체 내부의 전기장의 방향은 두 극판에 의한 전기장의 방향과 반대 방향이므로 축전기 사이의 전기장의 크기는 감소한다.

정답 맞히기 ㄱ. (가)에서 축전기에 전하가 충전된 후 스위치를 열고 (다)에서 유전체를 넣었으므로 축전기에 충전된 전하량은 (가)와 (다)에서 같다.

오답 피하기 ㄴ. 축전기에 유전 상수가 κ인 유전체를 넣으면 전원과 상관없이 축전기의 전기 용량은 κ배가 된다. 따라서 전기 용량은 (나)와 (다)에서 같다.

ㄷ. (나)에서 S가 닫혀 있으므로 충전된 전하량은 (가)에서보다 크고, 두 극판 사이의 전압은 전원의 전압 V와 같다. (다)에서 S가 열려 있으므로 두 극판 사이에 충전된 전하량은 (가)에서와 같고, 유전체에 의해 두 극판 사이의 전기장이 감소하여 두 극판 사이의 전압은 (가)에서보다 작다. 따라서 두 극판 사이의 전압은 (나)에서가 (다)에서보다 크다.

04

정답 맞히기 ㄱ. S_1만 닫고 충분한 시간이 지난 후 전원의 전압이 A에 모두 걸리므로 A에 충전된 전하량은 C_1V이다.

ㄷ. S_1, S_2를 모두 닫고 충분한 시간이 지나도 전원의 전압이 A에만 걸리므로 A에 저장된 전기 에너지는 $\frac{1}{2}C_1V^2$이다.

오답 피하기 ㄴ. S_1, S_2를 모두 닫고 충분한 시간이 지난 후 회로에 흐르는 전류는 0이다. 즉, R에 전류가 흐르지 않으므로 R에 전압이 걸리지 않고, R와 병렬연결된 B에도 전압이 걸리지 않으므로 B에 걸리는 전압은 0이다.

9 자기장

탐구 활동 본문 158쪽

1 해설 참조 **2** 해설 참조

1

가변 저항기의 저항값을 감소시키면 전류의 세기가 증가하므로 전류에 의한 자기장의 세기가 증가한다.

모범 답안 전류에 의한 자기장의 세기가 증가하기 때문이다.

2

직선 도선으로부터 멀리 떨어질수록 전류에 의한 자기장의 세기가 감소한다.

모범 답안 전류에 의한 자기장의 세기가 감소하기 때문이다.

내신 기초 문제 본문 159~162쪽

01 ④	**02** ⑤	**03** ②	**04** ④	**05** ⑤
06 ④	**07** ③	**08** ④	**09** ④	**10** ⑤
11 ③	**12** ⑤	**13** ③	**14** ③	**15** ⑤
16 ⑤	**17** ①			

01

정답 맞히기 ④ 자석의 자기력선은 N극에서 나와 S극으로 들어간다.

오답 피하기 ① 자기력선은 중간에 나누어지거나 교차하지 않는다.

② 자기력선 위의 한 점에서 그은 접선 방향이 그 점에서의 자기장의 방향이다.

③ 자기력선의 간격이 넓을수록 자기장의 세기는 약하다.

⑤ 막대자석의 가장자리에서 자기장의 세기는 N극에서와 S극에서가 같다.

02

정답 맞히기 ㄴ. 원형 도선의 중심에서 원형 도선에 흐르는 전류에 의한 자기장의 세기는 원형 도선의 반지름에 반비례한다.

ㄷ. 솔레노이드 내부에서 자기장의 세기는 균일하다.

오답 피하기 ㄱ. 자기장의 세기는 전류의 세기에 비례한다.

03

정답 맞히기 ㄴ. 자기력선의 밀도가 클수록 자기장의 세기는 크다. 따라서 자기장의 세기는 p에서가 q에서보다 크다.

오답 피하기 ㄱ. 자기력선은 N극에서 나와서 S극으로 들어가는 방향이다. 따라서 A는 N극이고, B는 S극이다.

ㄷ. 직선 도선 위쪽에서는 자기력선의 밀도가 크고 직선 도선 아래쪽에서는 자기력선의 밀도가 작으므로 직선 도선에 흐르는 전류에 의한 자기장의 방향은 시계 방향임을 알 수 있다. 따라서 직선 도선에 흐르는 전류의 방향은 종이면에 수직으로 들어가는 방향이다.

04

직선 도선에 흐르는 전류에 의한 자기장의 세기는 직선 도선으로부터의 수직 거리에 반비례한다. 따라서 $B_p : B_q = 1 : \frac{2}{3} = 3 : 2$이다.

05

(가)에서 A에 흐르는 전류의 방향은 위쪽이므로 p에서 전류에 의한 자기장의 방향은 종이면에 수직으로 들어가는 방향이다. (나)의 p에서 B에 흐르는 전류에 의한 자기장의 방향은 종이면에서 수직으로 나오는 방향이고 세기는 $2B$이다. (나)의 p에서 A, B에 흐르는 전류에 의한 자기장의 방향은 서로 반대 방향이므로 p에서 전류에 의한 자기장의 세기는 $2B-B=B$이고, 자기장의 방향은 종이면에서 수직으로 나오는 방향이다.

06

정답 맞히기 ㄱ. q에서 B에 흐르는 전류에 의한 자기장의 방향은 $-y$ 방향이다. q에서 전류에 의한 자기장은 0이므로 q에서 A에 흐르는 전류에 의한 자기장의 방향은 $+y$ 방향이다. 따라서 A에 흐르는 전류의 방향은 xy 평면에서 수직으로 나오는 방향이다.

ㄷ. 전류의 세기는 A에서가 B에서보다 크고, p로부터의 거리는 A가 B보다 작다. 따라서 p에서 A에 흐르는 전류에 의한 자기장의 세기는 B에 흐르는 전류에 의한 자기장의 세기보다 크다. A에 흐르는 전류의 방향은 xy 평면에서 수직으로 나오는 방향이므로 p에서 전류에 의한 자기장의 방향은 $-y$ 방향이다.

오답 피하기 ㄴ. q로부터의 거리는 A가 B보다 크고, q에서 전류에 의한 자기장은 0이므로 전류의 세기는 A에서가 B에서보다 크다.

07

정답 맞히기 ㄷ. A 자침의 N극은 북서쪽을 가리키고 있으므로 전류에 의한 자기장의 방향은 서쪽이다. (가)에서 A는 도선 위에 놓여있으므로 직선 도선에 흐르는 전류의 방향은 아래 방향이다. (나)에서 B가 놓인 곳에서 전류에 의한 자기장의 방향은 동쪽이고 B는 직선 도선 아래에 놓여있으므로 직선 도선에 흐르는 전류의 방향은 아래 방향이다. 따라서 직선 도선에 흐르는 전류의 방향은 (가)에서와 (나)에서가 같다.

오답 피하기 ㄱ. A가 놓인 곳에서 전류에 의한 자기장의 세기를 $B_{전}$, 지구 자기장의 세기를 $B_{지}$라고 하면 $\tan 30° = \frac{B_{전}}{B_{지}}$이므로 $B_{전} = \frac{B_{지}}{\sqrt{3}}$이다. 따라서 A가 놓인 곳에서 지구 자기장의 세기는 전류에 의한 자기장의 세기보다 크다.

ㄴ. 지구 자기장의 방향은 북쪽이고, B 자침의 N극이 북동쪽을 가리키고 있으므로 전류에 의한 자기장의 방향은 동쪽이다.

08

O에서 전류에 의한 자기장의 x성분은 $B_0+B_0+0=2B_0$이고, y성분은 $0+B_0+B_0=2B_0$이다. 따라서 O에서 전류에 의한 자기장의 세기는 $\sqrt{(2B_0)^2+(2B_0)^2}=2\sqrt{2}B_0$이다.

09

원형 도선에 흐르는 전류에 의한 자기장의 방향은 엄지손가락을 전류의 방향으로 향하게 할 때 나머지 네 손가락이 도선을 감아쥐는 방향이다. 따라서 전류에 의한 자기장의 방향은 A, B, C, D에서는 종이면에 수직으로 들어가는 방향이고, O에서는 종이면에서 수직으로 나오는 방향이다.

10

정답 맞히기 ㄱ. 오른손 엄지손가락으로 원형 도선에 흐르는 전류의 방향을 가리켰을 때, 나머지 네 손가락이 원형 도선을 감아쥐는 방향이 원형 도선의 중심에서 전류에 의한 자기장의 방향이다. 따라서 O에서 전류에 의한 자기장의 방향은 종이면에 수직으로 들어가는 방향이다.

ㄷ. 원형 도선 중심에서 전류에 의한 자기장의 세기는 원형 도선의 반지름에 반비례한다. 따라서 원형 도선의 반지름이 $\frac{1}{2}R$이면 O에서 전류에 의한 자기장의 세기는 $2B$이다.

오답 피하기 ㄴ. 원형 도선 중심에서 전류에 의한 자기장의 세기는 전류의 세기에 비례한다. 따라서 원형 도선에 흐르는 전류의 세기가 $2I$이면, O에서 전류에 의한 자기장의 세기는 $2B$이다.

11

정답 맞히기 ㄱ. (나)는 (가)에서 전류가 흐르는 원형 도선 Q가 추가된 것이고, O에서 전류에 의한 자기장의 세기는 같다고 하였으므로 전류에 의한 자기장의 방향은 (가)에서와 (나)에서가 반대이다. 따라서 (나)의 O에서 P, Q에 흐르는 전류에 의한 자기장의 방향은 종이면에 수직으로 들어가는 방향이다.

ㄴ. (가)의 O에서 전류에 의한 자기장의 방향은 종이면에서 수직으로 나오는 방향이다. 따라서 (나)의 O에서 전류에 의한 자기장의 방향은 종이면에 수직으로 들어가는 방향이어야 하므로 Q에 흐르는 전류의 방향은 시계 방향이다.

오답 피하기 ㄷ. (가)의 O에서 전류에 의한 자기장의 세기를 B라고 하면, (나)의 O에서 Q에 흐르는 전류에 의한 자기장의 세기는 $2B$이어야 한다. (나)에서 원형 도선의 반지름은 P가 Q의 2배이므로 Q에 흐르는 전류의 세기는 I이다.

12

정답 맞히기 ㄱ. A에 흐르는 전류의 방향은 시계 방향이므로 O에서 A에 흐르는 전류에 의한 자기장의 방향은 종이면에 수직으로 들어가는 방향이다.

ㄴ. B에 흐르는 전류의 세기를 증가시켰을 때 O에서 전류에 의한 자기장의 세기는 감소하다가 증가했으므로 B에 흐르는 전류의 세기를 증가시키기 전에 O에서 A에 흐르는 전류에 의한 자기장의 방향과 B에 흐르는 전류에 의한 자기장의 방향은 반대이다. 따라서 B에 흐르는 전류의 방향은 A에 흐르는 전류의 방향과 반대인 시계 반대 방향이다.

ㄷ. 원형 도선의 반지름은 A가 B보다 작으므로 O에서 전류에 의한 자기장이 0일 때 원형 도선에 흐르는 전류의 세기는 A가 B보다 작다.

13

정답 맞히기 ㄱ. p에서 A에 흐르는 전류에 의한 자기장의 방향은 종이면에서 수직으로 나오는 방향이다. t_2일 때 p에서 전류에 의한 자기장은 0이라고 했으므로 t_2일 때 B에 흐르는 전류의 방향은 왼쪽 방향이다. B에 흐르는 전류의 방향은 t_1일 때와 t_2일 때가 같으므로 t_1일 때 B에 흐르는 전류의 방향은 왼쪽 방향이다.

ㄴ. B에 흐르는 전류의 세기는 t_1일 때가 t_2일 때보다 작으므로 t_1일 때 p에서는 A에 흐르는 전류에 의한 자기장의 세기가 B에 흐르는 전류에 의한 자기장의 세기보다 크다. 따라서 t_1일 때 p에서 전류에 의한 자기장의 방향은 종이면에서 수직으로 나오는 방향이다.

오답 피하기 ㄷ. t_3일 때 B에 흐르는 전류의 방향은 오른쪽 방향이다. p에서 B에 흐르는 전류에 의한 자기장의 세기는 t_1일 때와 t_3일 때가 같다. t_1일 때 p에서 A에 흐르는 전류에 의한 자기장의 방향과 B에 흐르는 전류에 의한 자기장의 방향은 반대이고, t_3일 때 p에서 A에 흐르는 전류에 의한 자기장의 방향과 B에 흐르는 전류에 의한 자기장의 방향은 같다. 따라서 p에서 전류에 의한 자기장의 세기는 t_1일 때가 t_3일 때보다 작다.

14

정답 맞히기 ㄱ. 자석은 정지해 있으므로 자석에 작용하는 알짜 힘은 0이다.

ㄴ. 솔레노이드와 자석 사이에는 서로 당기는 자기력이 작용하므로 솔레노이드의 왼쪽 부분은 N극이다. 따라서 솔레노이드에 흐르는 전류의 방향은 b이다.

오답 피하기 ㄷ. 솔레노이드에 흐르는 전류의 방향으로 오른손 네 손가락을 감아쥐었을 때 엄지손가락이 가리키는 방향이 솔레노이드 내부에서 전류에 의한 자기장의 방향이다. 따라서 솔레노이드 내부에서 전류에 의한 자기장의 방향은 왼쪽이다.

15

A, B에 흐르는 전류의 방향은 $+y$ 방향이므로 P에서 A, B에 흐르는 전류에 의한 자기장의 방향은 xy 평면에 수직으로 들어가는 방향이다. P에서 A, B, C에 흐르는 전류에 의한 자기장은 0이라고 했으므로 P에서 C에 흐르는 전류에 의한 자기장의 방향은 xy 평면에서 수직으로 나오는 방향이어야 한다. 따라서 C에 흐르는 전류의 방향은 시계 반대 방향이다.

P에서 A, B, C에 흐르는 전류에 의한 자기장은 0이고, P에서 C에 흐르는 전류에 의한 자기장의 세기는 B_0이다. 따라서 P에서 A, B에 흐르는 전류에 의한 자기장의 세기는 $k\frac{2I}{3r}+k\frac{I}{2r}=B_0$이다. 이를 정리하면 $k\frac{7I}{6r}=B_0$이다. P에서 A에 흐르는 전류에 의한 자기장의 세기는 $k\frac{2I}{3r}=\frac{4}{7}B_0$이다.

16

솔레노이드 내부에서 전류에 의한 자기장의 방향은 전류의 방향으로 오른손 네 손가락을 감아쥐었을 때 엄지손가락이 가리키는 방향이다. 따라서 솔레노이드 내부에서 전류에 의한 자기장의 방향은 서쪽이다. 지구 자기장의 방향은 북쪽이므로 나침반 자침의 N극이 가리키는 방향은 북서쪽이다. 따라서 가장 적절한 것은 ⑤이다.

17

정답 맞히기 ㄱ. 솔레노이드 내부에서 전류에 의한 자기장의 세기는 전류의 세기와 단위 길이당 감은 수에 비례한다. 전류의 세기는 A와 B가 같고, 단위 길이당 도선의 감은 수는 B가 A의 2배이므로 솔레노이드 내부에서 전류에 의한 자기장의 세기는 A에서가 B에서보다 작다.

오답 피하기 ㄴ. 솔레노이드 내부에서 자기장의 방향은 전류의 방향으로 오른손 네 손가락을 감아쥐었을 때 엄지손가락이 가리키는 방향이다. 따라서 솔레노이드 내부에서 전류에 의한 자기장의 방향은 A에서와 B에서가 같다.

ㄷ. A의 오른쪽 끝은 S극이고, B의 왼쪽 끝은 N극이다. 따라서 A와 B 사이에는 서로 당기는 자기력이 작용한다.

실력 향상 문제

본문 163~166쪽

01 ③	**02** A−N극, B−N극	**03** ⑤	**04** ⑤
05 ⑤	**06** ⑤	**07** ①	**08** ⑤
09 ②	**10** ⑤	**11** ①	**12** 해설 참조
13 ③	**14** 해설 참조	**15** ①	**16** ⑤

01 직선 도선에 흐르는 전류에 의한 자기장

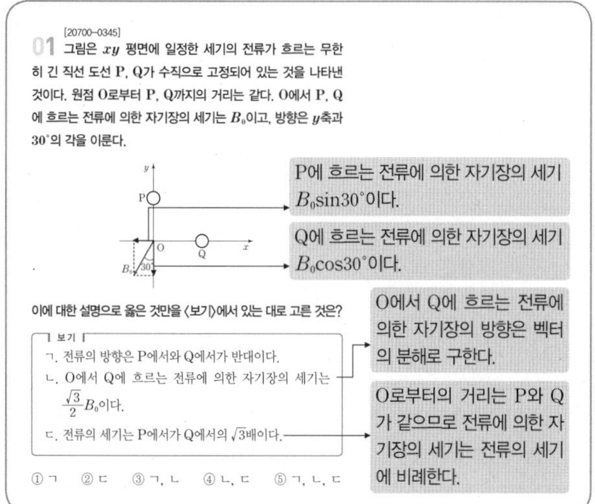

정답 맞히기 ㄱ. O에서 P에 흐르는 전류에 의한 자기장의 방향은 x축에 나란하고 Q에 흐르는 전류에 의한 자기장의 방향은 y축에 나란하다. O에서 P, Q에 흐르는 전류에 의한 자기장의 방향은 y축과 30°를 이루고 있으므로 O에서 P에 흐르는 전류에 의한 자기장의 방향은 $-x$ 방향이고 Q에 흐르는 전류에 의한 자기장의 방향은 $-y$ 방향이다. 따라서 P에 흐르는 전류의 방향은 xy 평면에 수직으로 들어가는 방향이고 Q에 흐르는 전류의 방향은 xy 평면에서 수직으로 나오는 방향이다. 따라서 전류의 방향은 P에서와 Q에서가 반대이다.

ㄴ. O에서 Q에 흐르는 전류에 의한 자기장의 방향은 $-y$ 방향이므로 O에서 Q에 흐르는 전류에 의한 자기장의 세기는 $B_0\cos30°=\frac{\sqrt{3}}{2}B_0$이다.

오답 피하기 ㄷ. O에서 P에 흐르는 전류에 의한 자기장의 세기는 $B_0\sin30°=\frac{1}{2}B_0$이다. O에서 Q에 흐르는 전류에 의한 자기장의 세기는 P에 흐르는 전류에 의한 자기장의 세기의 $\sqrt{3}$배이다. O로부터의 거리는 P에서와 Q에서가 같으므로 전류의 세기는 Q에서가 P에서의 $\sqrt{3}$배이다.

02 자기력선

자기력선은 N극에서 나와 S극으로 들어간다. 자기력선이 모두 자석에서 나오는 방향이므로 A, B는 모두 N극이다.

03 직선 도선에 흐르는 전류에 의한 자기장

p, q, r에서 A, B, C에 흐르는 전류에 의한 자기장의 방향은 다음과 같다.

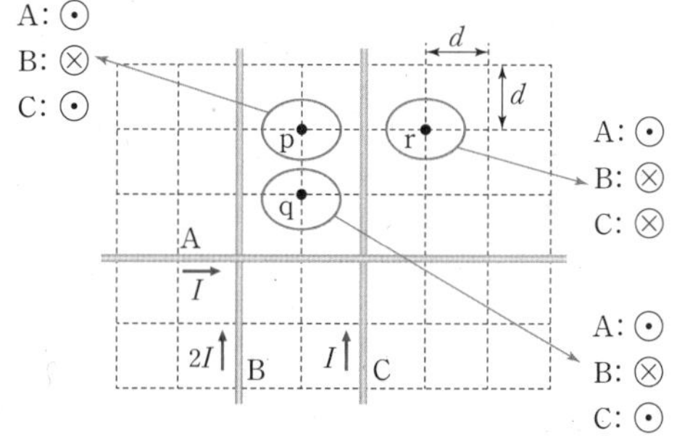

정답 맞히기 ㄴ. q에서 A, C에 흐르는 전류에 의한 자기장의 방향은 종이면에서 수직으로 나오는 방향이고, B에 흐르는 전류에 의한 자기장의 방향은 종이면에 수직으로 들어가는 방향이다. q에서 A, B, C에 흐르는 전류에 의한 자기장의 세기는 B, $2B$, B이다. 따라서 q에서 전류에 의한 자기장은 $B-2B+B=0$이다.

ㄷ. r에서 A에 흐르는 전류에 의한 자기장의 방향은 종이면에서 수직으로 나오는 방향이고, B, C에 흐르는 전류에 의한 자기장의 방향은 종이면에 수직으로 들어가는 방향이다. r에서 A, B, C에 흐르는 전류에 의한 자기장의 세기는 각각 $\frac{1}{2}B$, $\frac{2}{3}B$, B이므로 r에서 전류에 의한 자기장은 $\left|\frac{1}{2}B-\frac{2}{3}B-B\right|=\frac{7}{6}B$이다. 따라서 전류에 의한 자기장의 세기는 p에서가 r에서보다 작다.

오답 피하기 ㄱ. p에서 C에 흐르는 전류에 의한 자기장의 세기를 B라고 하면, p에서 A에 흐르는 전류에 의한 자기장의 세기는 $\frac{1}{2}B$이고 B에 흐르는 전류에 의한 자기장의 세기는 $2B$이다. p에서 A, C에 흐르는 전류에 의한 자기장의 방향은 종이면에서 수직으로 나오는 방향이고, B에 흐르는 전류에 의한 자기장의 방향은 종이면에 수직으로 들어가는 방향이다. 종이면에서 수직으로 나오는 방향을 (+)라고 하면, p에서 전류에 의한 자기장은 $\frac{1}{2}B-2B+B=-\frac{1}{2}B$이다. 따라서 p에서 자기장의 방향은 종이면에 수직으로 들어가는 방향이다.

04 직선 도선에 흐르는 전류에 의한 자기장

정답 맞히기 ㄴ. O에서 A, B, C에 흐르는 전류에 의한 자기장의 x성분의 방향은 $-x$ 방향이고 y성분의 방향은 $-y$ 방향이다. 따라서 B에 흐르는 전류의 방향은 xy 평면에 수직으로 들어가는 방향이다. O에서 C에 흐르는 전류에 의한 자기장의 방향은 $+y$ 방향이므로 O에서 A에 흐르는 전류에 의한 자기장의 방향은 $-y$ 방향이어야 한다. 따라서 A에 흐르는 전류의 방향은 xy 평면에 수직으로 들어가는 방향이므로 전류의 방향은 A에서와 B에서가 같다.

ㄷ. O에서 A, B, C에 흐르는 전류에 의한 자기장의 y성분의 방향은 $-y$ 방향이고, O에서 C에 흐르는 전류에 의한 자기장의 방향은 $+y$ 방향이므로 O에서 A에 흐르는 전류에 의한 자기장의 세기는 C에 흐르는 전류에 의한 자기장의 세기보다 크다. O로부터의 거리는 A가 C보다 크므로 전류의 세기는 A에서가 C에서보다 크다.

오답 피하기 ㄱ. C에 흐르는 전류의 방향은 xy 평면에 수직으로 들어가는 방향이므로 O에서 C에 흐르는 전류에 의한 자기장의 방향은 $+y$ 방향이다.

05 직선 도선에 흐르는 전류에 의한 자기장

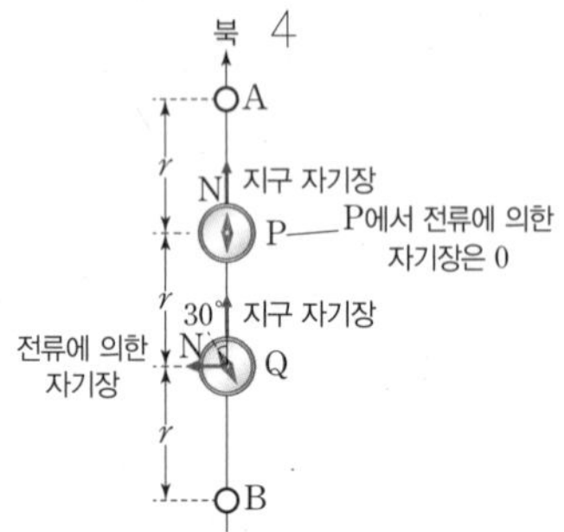

정답 맞히기 ㄴ. P로부터의 거리는 B가 A의 2배이므로 전류의 세기는 B에서가 A에서의 2배이다.

ㄷ. Q에서 A에 흐르는 전류에 의한 자기장의 세기를 B_0이라고 하면, Q에서 B에 흐르는 전류에 의한 자기장의 세기는 $4B_0$이다. Q에서 A, B에 흐르는 전류에 의한 자기장의 방향은 서로 반대이므로 Q에서 A, B에 흐르는 전류에 의한 자기장의 세기는 $3B_0$이다. 지구 자기장의 세기를 $B_{지}$라고 하면 $\tan 30° = \frac{3B_0}{B_{지}} = \frac{\sqrt{3}}{3}$에서 $B_0 = \frac{\sqrt{3}}{9}B_{지}$이다.

오답 피하기 ㄱ. P의 자침의 N극은 북쪽을 가리키고 있으므로 P에서 A와 B에 흐르는 전류에 의한 자기장은 0이다. 따라서 전류의 방향은 A에서와 B에서가 같다.

06 직선 도선에 흐르는 전류에 의한 자기장

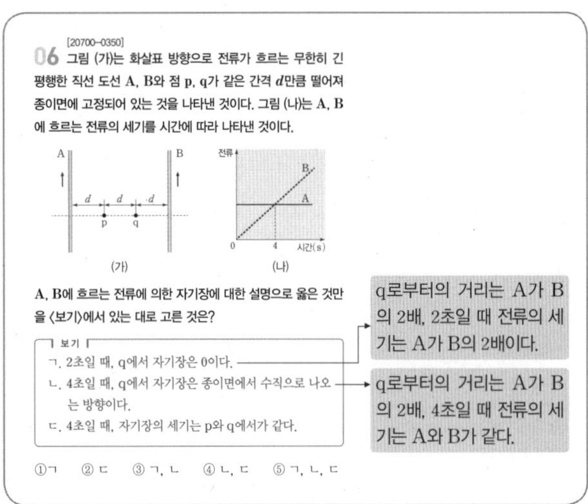
[20700-0350]

06 그림 (가)는 화살표 방향으로 전류가 흐르는 무한히 긴 평행한 직선 도선 A, B와 점 p, q가 같은 간격 d만큼 떨어져 종이면에 고정되어 있는 것을 나타낸 것이다. 그림 (나)는 A, B에 흐르는 전류의 세기를 시간에 따라 나타낸 것이다.

A, B에 흐르는 전류에 의한 자기장에 대한 설명으로 옳은 것만을 <보기>에서 있는 대로 고른 것은?

보기
ㄱ. 2초일 때, q에서 자기장은 0이다.
ㄴ. 4초일 때, q에서 자기장은 종이면에서 수직으로 나오는 방향이다.
ㄷ. 4초일 때, 자기장의 세기는 p와 q에서가 같다.

① ㄱ ② ㄷ ③ ㄱ, ㄴ ④ ㄴ, ㄷ ⑤ ㄱ, ㄴ, ㄷ

정답 맞히기 ㄱ. 전류의 방향은 A와 B가 같으므로 A와 B 사이에서 A에 흐르는 전류에 의한 자기장의 방향과 B에 흐르는 전류에 의한 자기장의 방향은 서로 반대이다. 2초일 때 도선에 흐르는 전류의 세기는 A가 B의 2배이고, q로부터의 거리는 A가 B의 2배이므로 q에서 전류에 의한 자기장은 0이다.

ㄴ. 4초일 때 A, B에 흐르는 전류의 세기는 같고, q로부터의 거리는 A가 B보다 크므로 q에서 전류에 의한 자기장의 방향은 B에 흐르는 전류에 의한 자기장의 방향과 같다. 따라서 4초일 때 q에서 전류에 의한 자기장의 방향은 종이면에서 수직으로 나오는 방향이다.

ㄷ. 4초일 때 p에서 A에 흐르는 전류에 의한 자기장의 세기를 B_0이라고 하면, B에 흐르는 전류에 의한 자기장의 세기는 $\frac{1}{2}B_0$이다. 4초일 때 전류의 세기는 A에서와 B에서가 같으므로 q에서 B에 흐르는 전류에 의한 자기장의 세기를 B_0이라고 하면, A에

흐르는 전류에 의한 자기장의 세기는 $\frac{1}{2}B_0$이다. 따라서 4초일 때 p와 q에서 전류에 의한 자기장의 세기는 $\frac{1}{2}B_0$으로 같다.

07 직선 도선에 흐르는 전류에 의한 자기장

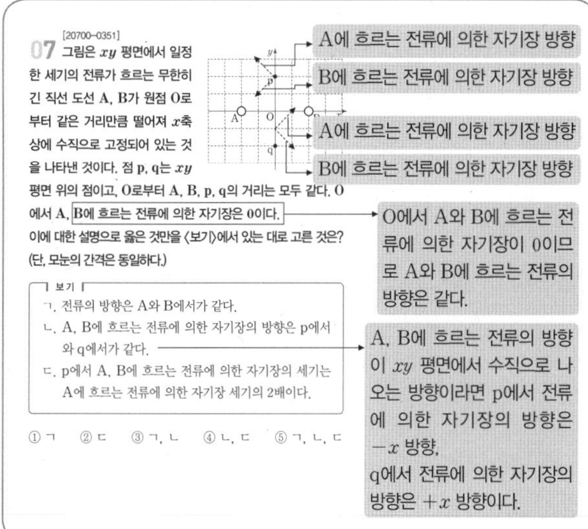

정답 맞히기 ㄱ. O로부터의 거리는 A와 B가 같고, O에서 A와 B에 흐르는 전류에 의한 자기장은 0이라고 했으므로 A, B에 흐르는 전류의 세기와 방향은 같다.

오답 피하기 ㄴ. A, B에 흐르는 전류의 방향이 xy 평면에서 수직으로 나오는 방향이라면 p에서 A에 흐르는 전류에 의한 자기장의 y성분과 B에 흐르는 전류에 의한 자기장의 y성분은 크기가 같고 방향이 반대이므로 상쇄된다. 따라서 p에서 A, B에 흐르는 전류에 의한 자기장의 방향은 $-x$ 방향이다. 마찬가지로 q에서 A에 흐르는 전류에 의한 자기장의 y성분과 B에 흐르는 전류에 의한 자기장의 y성분은 크기가 같고 방향이 반대이므로 상쇄된다. 따라서 q에서 A, B에 흐르는 전류에 의한 자기장의 방향은 $+x$ 방향이다. A, B에 흐르는 전류에 의한 자기장의 방향은 p에서와 q에서가 반대이다.

ㄷ. p에서 A에 흐르는 전류에 의한 자기장의 세기를 B_0이라고 하면, p에서 A, B에 흐르는 전류에 의한 자기장의 세기는 $2\times B_0\cos45^\circ=\sqrt{2}B_0$이다. 따라서 p에서 A, B에 흐르는 전류에 의한 자기장의 세기는 A에 흐르는 전류에 의한 자기장 세기의 $\sqrt{2}$배이다.

08 직선 도선에 흐르는 전류에 의한 자기장

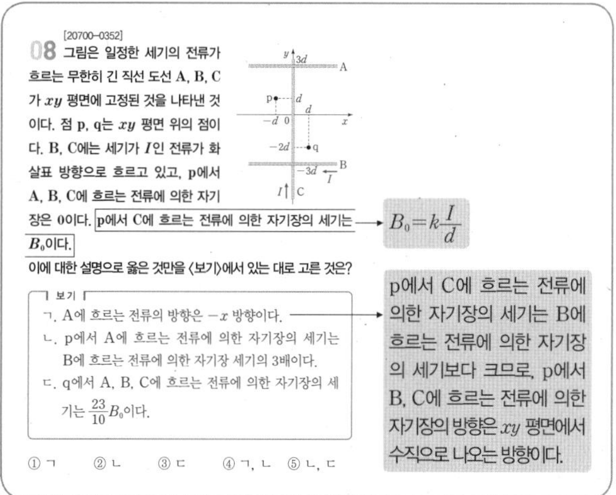

정답 맞히기 ㄴ. xy 평면에서 수직으로 나오는 방향을 (+)라 하고 p에서 A에 흐르는 전류에 의한 자기장의 세기를 B_A라고 하면, p에서 A, B, C에 흐르는 전류에 의한 자기장은 $-B_A-\frac{1}{4}B_0+B_0=0$에서 $B_A=\frac{3}{4}B_0$이다. p에서 B에 흐르는 전류에 의한 자기장의 세기는 $\frac{1}{4}B_0$이다. 이를 정리하면 p에서 A에 흐르는 전류에 의한 자기장의 세기는 B에 흐르는 전류에 의한 자기장 세기의 3배이다.

ㄷ. A로부터 떨어진 거리는 q가 p의 $\frac{5}{2}$배이다. 따라서 A에 흐르는 전류에 의한 자기장의 세기는 q에서가 p에서의 $\frac{2}{5}$배이다. p에서 A에 흐르는 전류에 의한 자기장의 세기는 $\frac{3}{4}B_0$이므로 q에서 A에 흐르는 전류에 의한 자기장의 세기는 $\frac{3}{4}B_0\times\frac{2}{5}=\frac{3}{10}B_0$이다. 따라서 q에서 A, B, C에 흐르는 전류에 의한 자기장의 세기는 $\left|-\frac{3}{10}B_0-B_0-B_0\right|=\frac{23}{10}B_0$이다.

오답 피하기 ㄱ. B와 C에 흐르는 전류의 세기는 같고, p로부터의 거리는 C가 B보다 작다. p에서 C에 흐르는 전류에 의한 자기장의 세기는 B에 흐르는 전류에 의한 자기장의 세기보다 크므로 p에서 B, C에 흐르는 전류에 의한 자기장의 방향은 xy 평면에서 수직으로 나오는 방향이다. p에서 전류에 의한 자기장은 0이므로 A에 흐르는 전류의 방향은 $+x$ 방향이다.

09 직선 도선에 흐르는 전류에 의한 자기장

정답 맞히기 ㄴ. q에서 A, B에 흐르는 전류에 의한 자기장의 방향은 xy 평면에서 나오는 방향으로 같다. 따라서 q에서 A, B에 흐르는 전류에 의한 자기장의 방향은 xy 평면에서 수직으로 나오는 방향이다.

오답 피하기 ㄱ. p에서 A에 흐르는 전류에 의한 자기장의 방향은 xy 평면에서 수직으로 나오는 방향이다. p에서 A, B에 흐르는 전류에 의한 자기장은 0이므로 B에 흐르는 전류의 방향은 $-y$ 방향이다.

ㄷ. p로부터의 거리는 A가 B의 2배이므로 전류의 세기는 A에서가 B에서의 2배이다. B에 흐르는 전류의 세기가 I이면 A에 흐르는 전류의 세기는 $2I$이다. q에서 A, B에 흐르는 전류에 의한 자기장의 세기는 $k\frac{2I}{d}+k\frac{I}{2d}=k\frac{5I}{2d}$이다. r에서 A에 흐르는 전류에 의한 자기장의 방향과 B에 흐르는 전류에 의한 자기장의 방향은 서로 반대 방향이므로 r에서 전류에 의한 자기장의 세기는 $\left|k\frac{2I}{d}-k\frac{I}{d}\right|=k\frac{I}{d}$이다. 따라서 전류에 의한 자기장의 세기는 q에서가 r에서의 $\frac{5}{2}$배이다.

10 원형 도선에 흐르는 전류에 의한 자기장

정답 맞히기 ㄱ. 나침반 자침의 N극이 가리키는 방향이 북동쪽이므로 원형 도선 중심에서 전류에 의한 자기장의 방향은 동쪽이다.

ㄴ. 원형 도선의 중심에서 전류에 의한 자기장의 방향이 동쪽이므로 a는 (+)극이다.

ㄷ. 가변 저항기의 저항값을 증가시키면 원형 도선에 흐르는 전류의 세기는 감소하므로 원형 도선의 중심에서 전류에 의한 자기장의 세기는 감소한다.

11 도선에 흐르는 전류에 의한 자기장

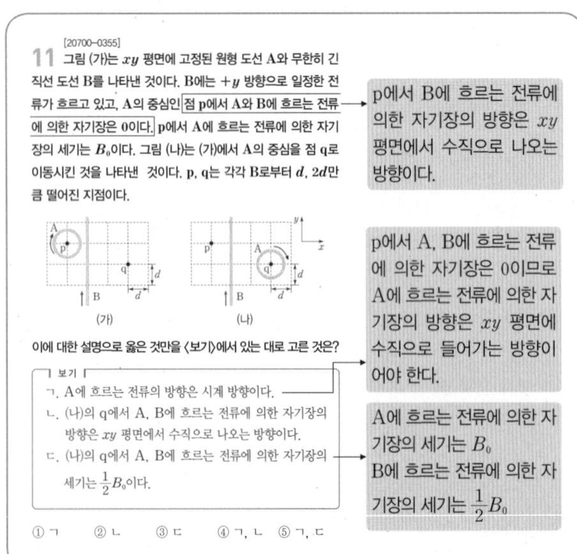

[20700-0355]
11 그림 (가)는 xy 평면에 고정된 원형 도선 A와 무한히 긴 직선 도선 B를 나타낸 것이다. B에는 $+y$ 방향으로 일정한 전류가 흐르고 있고, A의 중심인 점 p에서 A와 B에 흐르는 전류에 의한 자기장은 0이다. p에서 A에 흐르는 전류에 의한 자기장의 세기는 B_0이다. 그림 (나)는 (가)에서 A의 중심을 점 q로 이동시킨 것을 나타낸 것이다. p, q는 각각 B로부터 d, $2d$만큼 떨어진 지점이다.
A
p
q
B
d
(가)
(나)
y
x
이에 대한 설명으로 옳은 것만을 〈보기〉에서 있는 대로 고른 것은?
보기
ㄱ. A에 흐르는 전류의 방향은 시계 방향이다.
ㄴ. (나)의 q에서 A, B에 흐르는 전류에 의한 자기장의 방향은 xy 평면에서 수직으로 나오는 방향이다.
ㄷ. (나)의 q에서 A, B에 흐르는 전류에 의한 자기장의 세기는 $\frac{1}{2}B_0$이다.
① ㄱ ② ㄴ ③ ㄷ ④ ㄱ, ㄴ ⑤ ㄱ, ㄷ
p에서 B에 흐르는 전류에 의한 자기장의 방향은 xy 평면에서 수직으로 나오는 방향이다.
p에서 A, B에 흐르는 전류에 의한 자기장은 0이므로 A에 흐르는 전류에 의한 자기장의 방향은 xy 평면에 수직으로 들어가는 방향이어야 한다.
A에 흐르는 전류에 의한 자기장의 세기는 B_0
B에 흐르는 전류에 의한 자기장의 세기는 $\frac{1}{2}B_0$

정답 맞히기 ㄱ. B에 흐르는 전류의 방향은 $+y$ 방향이므로 p에서 B에 흐르는 전류에 의한 자기장의 방향은 xy 평면에서 수직으로 나오는 방향이다. p에서 A와 B에 흐르는 전류에 의한 자기장은 0이므로 p에서 A에 흐르는 전류에 의한 자기장의 방향은 xy 평면에 수직으로 들어가는 방향이어야 한다. 따라서 A에 흐르는 전류의 방향은 시계 방향이다.

오답 피하기 ㄴ. (나)의 q에서 A와 B에 흐르는 전류에 의한 자기장의 방향은 xy 평면에 수직으로 들어가는 방향으로 같다.

ㄷ. (가)의 p에서 전류에 의한 자기장은 0이고 p에서 A에 흐르는 전류에 의한 자기장의 세기는 B_0이므로 p에서 B에 흐르는 전류에 의한 자기장의 세기는 B_0이다. (나)의 q에서 B에 흐르는 전류에 의한 자기장의 세기는 $\frac{1}{2}B_0$이므로 q에서 A, B에 흐르는 전류에 의한 자기장의 세기는 $\frac{1}{2}B_0+B_0=\frac{3}{2}B_0$이다.

12 원형 도선에 흐르는 전류에 의한 자기장

(가)에서 $k'\frac{I}{r}=B$이다. (나)에서 전류에 의한 자기장의 세기가 $2B$이므로 O에서 Q에 흐르는 전류에 의한 자기장이 종이면에 수직으로 들어가는 방향으로 B이거나, 종이면에서 수직으로 나오는 방향으로 $3B$이어야 한다.

모범 답안 (나)의 O에서 P와 Q에 흐르는 전류에 의한 자기장이 방향이 같을 때 O에서 Q에 흐르는 전류에 의한 자기장은 B이다. Q의 반지름은 $2r$이므로 이때 Q에 흐르는 전류의 방향은 시계 방향이고, 세기는 $2I$이다.

(나)의 O에서 P와 Q에 흐르는 전류에 의한 자기장이 방향이 반대일 때 O에서 Q에 흐르는 전류에 의한 자기장은 $3B$이다. Q의 반지름은 $2r$이므로 이때 Q에 흐르는 전류의 방향은 시계 반대 방향이고, 세기는 $6I$이다.

13 도선에 흐르는 전류에 의한 자기장

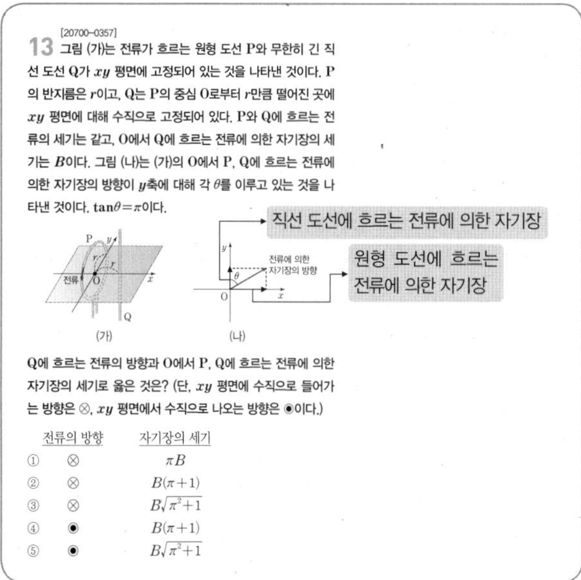

[20700-0357]
13 그림 (가)는 전류가 흐르는 원형 도선 P와 무한히 긴 직선 도선 Q가 xy 평면에 고정되어 있는 것을 나타낸 것이다. P의 반지름은 r이고, Q는 P의 중심 O로부터 r만큼 떨어진 곳에 xy 평면에 대해 수직으로 고정되어 있다. P와 Q에 흐르는 전류의 세기는 같고, O에서 Q에 흐르는 전류에 의한 자기장의 세기는 B이다. 그림 (나)는 (가)의 O에서 P, Q에 흐르는 전류에 의한 자기장의 방향이 y축에 대해 각 θ를 이루고 있는 것을 나타낸 것이다. tanθ=π이다.
직선 도선에 흐르는 전류에 의한 자기장
원형 도선에 흐르는 전류에 의한 자기장
(가)
(나)
Q에 흐르는 전류의 방향과 O에서 P, Q에 흐르는 전류에 의한 자기장의 세기로 옳은 것은? (단, xy 평면에 수직으로 들어가는 방향은 ⊗, xy 평면에서 수직으로 나오는 방향은 ⊙이다.)
전류의 방향 자기장의 세기
① ⊗ πB
② ⊗ B(π+1)
③ ⊗ B√(π²+1)
④ ⊙ B(π+1)
⑤ ⊙ B√(π²+1)

정답 맞히기 O에서 P에 흐르는 전류에 의한 자기장의 방향은 $+x$ 방향이다. 따라서 O에서 Q에 흐르는 전류에 의한 자기장의 방향은 $+y$ 방향이 되어야 하므로 Q에 흐르는 전류의 방향은 xy 평면에 수직으로 들어가는 방향이다. O에서 Q에 흐르는 전류에 의한 자기장의 세기는 B이다. 전류의 세기는 P에서와 Q에서가 같고 P의 반지름과 O로부터 Q까지의 거리가 같다. O에서 P, Q에 흐르는 전류에 의한 자기장의 세기를 각각 B_P, B_Q라고 하면 $\tan\theta=\frac{B_P}{B_Q}=\pi$이므로 O에서 P에 흐르는 전류에 의한 자기장의 세기는 πB이다. O에서 Q에 흐르는 전류에 의한 자기장은 세기가 B이고, 방향은 $+y$ 방향이다. O에서 P에 흐르는 전류에 의한 자기장은 세기가 πB이고, 방향은 $+x$ 방향이다. 따라서 O에서 P, Q에 흐르는 전류에 의한 자기장의 세기는 $\sqrt{(\pi B)^2+B^2}=B\sqrt{\pi^2+1}$이다.

14 솔레노이드에 흐르는 전류에 의한 자기장

모범 답안 (−)극, 정지해 있던 자석이 솔레노이드를 향해 움직이므로 솔레노이드의 오른쪽 끝은 N극이다. 따라서 전원 장치의 a는 (−)극이 되어야 한다.

15 도선에 흐르는 전류에 의한 자기장

A에 흐르는 전류의 세기가 I일 때 O에서 A에 흐르는 전류에 의한 자기장의 세기를 B_A라 하고, B에 흐르는 전류에 의한 자기장의 세기를 B_B라 하자. O에서 B에 흐르는 전류에 의한 자기장의 방향은 종이면에 수직으로 들어가는 방향이다. 종이면에 수직으로 들어가는 자기장의 방향을 (+)라 하면, A에 $+y$ 방향으로 세기가 I인 전류가 흐를 때 O에서 A, B에 흐르는 전류에 의한 자기장은 $B_A+B_B=2B_0$ … ①이다. A에 $-y$ 방향으로 세기가 $2I$인 전류가 흐를 때 O에서 A, B에 흐르는 전류에 의한 자기장은 $-2B_A+B_B=-3B_0$ … ②이다. ①, ②를 정리하면 $B_A=\frac{5}{3}B_0$이므로 $B_B=\frac{1}{3}B_0$이다. 따라서 O에서 B에 흐르는 전류에 의한 자기장의 세기는 $\frac{1}{3}B_0$이다.

16 솔레노이드에 흐르는 전류에 의한 자기장

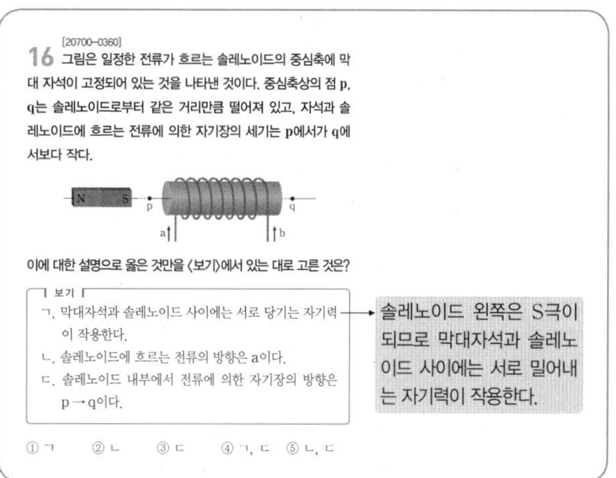

[20700-0360]
16 그림은 일정한 전류가 흐르는 솔레노이드의 중심축에 막대 자석이 고정되어 있는 것을 나타낸 것이다. 중심축상의 점 p, q는 솔레노이드로부터 같은 거리만큼 떨어져 있고, 자석과 솔레노이드에 흐르는 전류에 의한 자기장의 세기는 p에서가 q에서보다 작다.
N S p q a b
이에 대한 설명으로 옳은 것만을 <보기>에서 있는 대로 고른 것은?
보기
ㄱ. 막대자석과 솔레노이드 사이에는 서로 당기는 자기력이 작용한다.
ㄴ. 솔레노이드에 흐르는 전류의 방향은 a이다.
ㄷ. 솔레노이드 내부에서 전류에 의한 자기장의 방향은 p→q이다.
솔레노이드 왼쪽은 S극이 되므로 막대자석과 솔레노이드 사이에는 서로 밀어내는 자기력이 작용한다.
① ㄱ ② ㄴ ③ ㄷ ④ ㄱ, ㄷ ⑤ ㄴ, ㄷ

정답 맞히기 ㄴ. 막대자석과 솔레노이드 사이에는 서로 밀어내는 자기력이 작용하므로 솔레노이드의 왼쪽은 S극이다. 따라서 솔레노이드에 흐르는 전류의 방향은 a이다.

ㄷ. 오른손 네 손가락을 전류의 방향으로 감아쥐었을 때 엄지손가락이 가리키는 방향이 솔레노이드 내부에서 전류에 의한 자기장의 방향이다. 솔레노이드에 흐르는 전류의 방향은 a이므로 솔레노이드 내부에서 전류에 의한 자기장의 방향은 p → q이다.

오답 피하기 ㄱ. 막대자석으로부터의 거리는 p에서가 q에서보다 작다. 자기장의 세기는 p에서가 q에서보다 작다고 하였으므로 p에서 막대자석에 의한 자기장의 방향과 솔레노이드에 흐르는 전류에 의한 자기장의 방향은 반대이다. 따라서 막대자석과 솔레노이드 사이에는 서로 밀어내는 자기력이 작용한다.

신유형·수능 열기

본문 167~169쪽

01 ⑤	**02** ②	**03** ②	**04** ⑤	**05** ③
06 ③	**07** ⑤	**08** ②	**09** ⑤	**10** ①
11 ③	**12** ③			

01

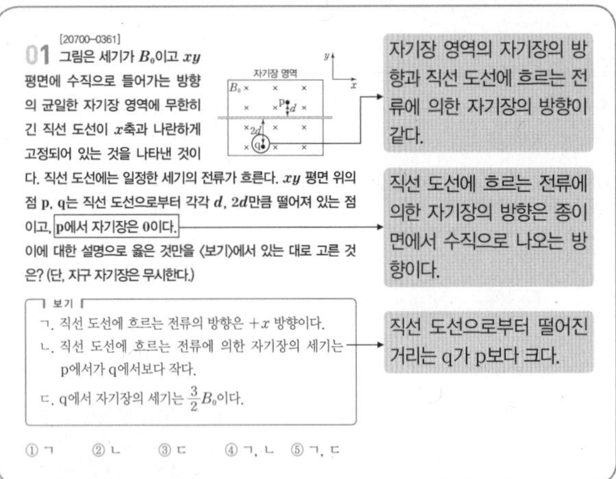

[20700-0361]

01 그림은 세기가 B_0이고 xy 평면에 수직으로 들어가는 방향의 균일한 자기장 영역에 무한히 긴 직선 도선이 x축과 나란하게 고정되어 있는 것을 나타낸 것이다. 직선 도선에는 일정한 세기의 전류가 흐른다. xy 평면 위의 점 p, q는 직선 도선으로부터 각각 d, $2d$만큼 떨어져 있는 점이고, p에서 자기장은 0이다.

이에 대한 설명으로 옳은 것만을 〈보기〉에서 있는 대로 고른 것은? (단, 지구 자기장은 무시한다.)

보기

ㄱ. 직선 도선에 흐르는 전류의 방향은 $+x$ 방향이다.

ㄴ. 직선 도선에 흐르는 전류에 의한 자기장의 세기는 p에서가 q에서보다 작다.

ㄷ. q에서 자기장의 세기는 $\frac{3}{2}B_0$이다.

① ㄱ ② ㄴ ③ ㄷ ④ ㄱ, ㄴ ⑤ ㄱ, ㄷ

자기장 영역
B_0
p
d
$2d$
q
y
x
자기장 영역의 자기장의 방향과 직선 도선에 흐르는 전류에 의한 자기장의 방향이 같다.
직선 도선에 흐르는 전류에 의한 자기장의 방향은 종이면에서 수직으로 나오는 방향이다.
직선 도선으로부터 떨어진 거리는 q가 p보다 크다.

정답 맞히기 ㄱ. 자기장 영역에서 자기장의 방향은 xy 평면에 수직으로 들어가는 방향이고, p에서 자기장은 0이라고 했으므로 전류에 의한 자기장의 방향은 xy 평면에서 수직으로 나오는 방향이어야 한다. 따라서 직선 도선에 흐르는 전류의 방향은 $+x$ 방향이다.

ㄷ. p에서 전류에 의한 자기장의 세기는 B_0이므로 q에서 전류에 의한 자기장의 세기는 $\frac{1}{2}B_0$이다. q에서 전류에 의한 자기장의 방향은 xy 평면에 수직으로 들어가는 방향이므로 q에서 자기장의 세기는 $B_0+\frac{1}{2}B_0=\frac{3}{2}B_0$이다.

오답 피하기 ㄴ. 직선 도선으로부터의 거리가 가까울수록 전류에 의한 자기장의 세기가 크다. 따라서 전류에 의한 자기장의 세기는 p에서가 q에서보다 크다.

02

정답 맞히기 ㄴ. O에서 P, Q, R에 흐르는 전류에 의한 자기장의 x성분과 y성분은 같다. O에서 Q와 R에 흐르는 전류에 의한 자기장의 세기는 O에서 P에 흐르는 전류에 의한 자기장의 세기와 같다. O에서 P, Q, R에 흐르는 전류에 의한 자기장의 x성분은 $+x$ 방향이므로 P에 흐르는 전류의 방향은 xy 평면에서 수직으로 나오는 방향이고, 세기는 R에서의 2배이다.

오답 피하기 ㄱ. O에서 Q에 흐르는 전류에 의한 자기장의 방향은 $-y$ 방향이다. O에서 P, Q, R에 흐르는 전류에 의한 자기장이 x축과 이루는 각은 45°이므로 O에서 P, Q, R에 흐르는 전류에 의한 자기장의 x성분과 y성분은 같다. O에서 y성분의 자기장은 Q와 R에 흐르는 전류에 의해 만들어지고, 전류의 세기는 Q에서와 R에서가 같으므로 R에 흐르는 전류의 방향은 xy 평면에서 수직으로 나오는 방향이다.

ㄷ. O에서 P, Q, R에 흐르는 전류에 의한 자기장의 x, y성분을 각각 B_x, B_y라고 하면 $B_0=\sqrt{B_x^2+B_y^2}$이고, $B_x=B_y$이다. 이를 정리하면 $B_x=\frac{1}{\sqrt{2}}B_0=\frac{\sqrt{2}}{2}B_0$이다. O에서 전류에 의한 자기장의 x성분은 P에 흐르는 전류에 의한 것이므로 O에서 P에 흐르는 전류에 의한 자기장의 세기는 $\frac{\sqrt{2}}{2}B_0$이다.

03

정답 맞히기 ㄴ. 직선 도선에 흐르는 전류의 방향은 $-y$ 방향이므로 q에서와 r에서 전류에 의한 자기장의 방향은 xy 평면에서 수직으로 나오는 방향이다. 따라서 직선 도선에 흐르는 전류에 의한 자기장의 방향은 q에서와 r에서가 같다.

오답 피하기 ㄱ. p에서 전류에 의한 자기장의 방향은 xy 평면에 수직으로 들어가는 방향이므로 직선 도선에 흐르는 전류의 방향은 $-y$ 방향이다.

ㄷ. 직선 도선으로부터의 거리는 r가 q보다 크므로 전류에 의한 자기장의 세기는 q에서가 r에서보다 크다. 따라서 ㉠은 $2B_0$보다 작다.

04

정답 맞히기 ㄴ. p로부터의 거리는 B가 A의 3배이므로 $I_1=3I$이다. O로부터의 거리는 A와 B가 같으므로 $I_2=I$이다. 따라서 $I_1=3I_2$이다.

ㄷ. (나)에서 I_2의 방향은 $+y$ 방향이므로 q에서 A, B에 흐르는 전류에 의한 자기장의 방향은 xy 평면에 수직으로 들어가는 방향이다.

오답 피하기 ㄱ. p에서 A에 흐르는 전류에 의한 자기장의 방향은 xy 평면에서 수직으로 나오는 방향이다. (가)에서 Q에 흐르는 전류가 I_1일 때 p에서 A, B에 흐르는 전류에 의한 자기장이 0이므로 I_1의 방향은 $-y$ 방향이다. O에서 A에 흐르는 전류에 의한 자기장의 방향은 xy 평면에 수직으로 들어가는 방향이다. (나)에서 Q에 흐르는 전류가 I_2일 때 A, B에 흐르는 전류에 의한 자기장이 0이므로 I_2의 방향은 $+y$ 방향이다. 이를 정리하면 B에 흐르는 전류의 방향은 (가)에서와 (나)에서가 서로 반대이다.

05

정답 맞히기 ㄷ. R는 원형 도선의 외부에 있고, B에 흐르는 전류의 방향은 시계 반대 방향이므로 R에서 전류에 의한 자기장의 방향은 종이면에 수직으로 들어가는 방향이다. Q에서 전류에 의한 자기장의 방향은 종이면에서 수직으로 나오는 방향이므로 전류에 의한 자기장의 방향은 Q에서와 R에서가 반대이다.

오답 피하기 ㄱ. A에 흐르는 전류의 방향은 시계 방향이므로 P에서 전류에 의한 자기장의 방향은 종이면에 수직으로 들어가는 방향이다.

ㄴ. A와 B에 흐르는 전류의 세기는 같고, 원형 도선의 반지름은 B가 A의 2배이므로 전류에 의한 자기장의 세기는 P에서가 Q에서의 2배이다.

06

정답 맞히기 ㄱ. Ⅰ의 O에서 A에 흐르는 전류에 의한 자기장의 방향은 종이면에 수직으로 들어가는 방향이고, B에 흐르는 전류에 의한 자기장의 방향은 종이면에서 수직으로 나오는 방향이다. O에서 전류에 의한 자기장은 0이고 전류의 세기는 B가 A의 2배이므로 반지름은 B가 A의 2배이다.

ㄴ. Ⅱ의 O에서 A에 흐르는 전류에 의한 자기장의 세기는 B에 흐르는 전류에 의한 자기장의 세기보다 크다. A에 흐르는 전류의 방향은 시계 방향이므로 O에서 A, B에 흐르는 전류에 의한 자기장의 방향은 종이면에 수직으로 들어가는 방향이다.

오답 피하기 ㄷ. A의 반지름을 r라고 하면 B의 반지름은 $2r$이다. Ⅱ의 O에서 전류에 의한 자기장의 세기는 $k'\frac{I}{r}-k'\frac{I}{2r}=k'\frac{I}{2r}$이다. Ⅲ의 O에서 전류에 의한 자기장의 세기는 $k'\frac{3I}{r}-k'\frac{I}{2r}=k'\frac{5I}{2r}$이다. 따라서 O에서 전류에 의한 자기장의 세기는 Ⅱ에서가 Ⅲ에서의 $\frac{1}{5}$배이다.

07

B에 시계 반대 방향으로 세기가 I인 전류가 흐를 때 O에서 A에 흐르는 전류에 의한 자기장의 방향과 B에 흐르는 전류에 의한 자기장의 방향은 같다. 따라서 O에서 A, B에 흐르는 전류에 의한 자기장의 세기는 $k\frac{I}{r}+k\frac{I}{2r}=k\frac{3I}{2r}=B_0$ … ①이다. B에 시계 방향으로 전류가 흐를 때 O에서 A에 흐르는 전류에 의한 자기장의 방향과 B에 흐르는 전류에 의한 자기장의 방향은 반대이다. B에 흐르는 전류의 세기와 방향이 바뀌어도 O에서 전류에 의한 자기장의 세기가 같다면 방향이 반대이다. 따라서 O에서 전류에 의한 자기장은 $k\frac{I}{r}-k\frac{I_1}{2r}=-B_0$ … ②이다. ①, ②에 의해 $I_1=5I$이다.

08

정답 맞히기 ㄴ. t_2일 때 O에서 B에 흐르는 전류에 의한 자기장은 종이면에 수직으로 들어가는 방향으로 세기가 $k'\frac{4I}{3r}$이다. 따라서 t_2일 때 O에서 A에 흐르는 전류에 의한 자기장의 세기는 B에 흐르는 전류에 의한 자기장의 세기보다 작다.

오답 피하기 ㄱ. O에서 A에 흐르는 전류에 의한 자기장은 종이면에서 수직으로 나오는 방향으로 세기가 $k'\frac{I}{r}$이다. t_1일 때 B에 흐르는 전류에 의한 자기장은 종이면에 수직으로 들어가는 방향으로 세기가 $k'\frac{2I}{3r}$이다. 따라서 t_1일 때 O에서 A, B에 흐르는 전류에 의한 자기장의 방향은 종이면에서 수직으로 나오는 방향이다.

ㄷ. O에서 A에 흐르는 전류에 의한 자기장의 방향과 B에 흐르는 전류에 의한 자기장의 방향은 서로 반대이다. t_1일 때 O에서 A, B에 흐르는 전류에 의한 자기장의 세기는 $k'\frac{I}{r}-k'\frac{2I}{3r}=k'\frac{I}{3r}$이고, t_2일 때 O에서 A, B에 흐르는 전류에 의한 자기장의 세기는 $\left|k'\frac{I}{r}-k'\frac{4I}{3r}\right|=k'\frac{I}{3r}$이다. 따라서 O에서 A, B에 흐르는 전류에 의한 자기장의 세기는 t_1일 때와 t_2일 때가 같다.

09

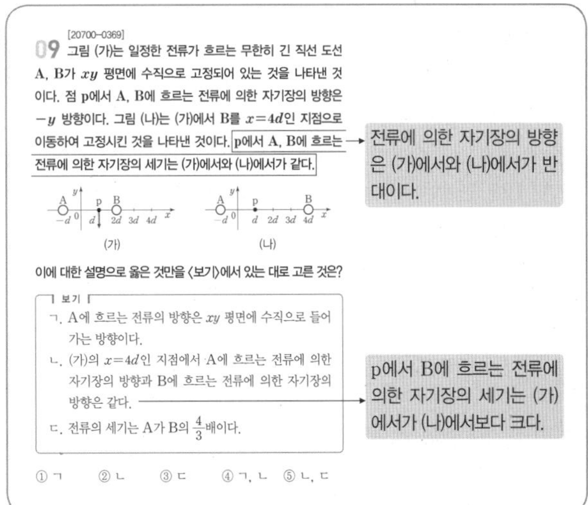
[20700-0369]

09 그림 (가)는 일정한 전류가 흐르는 무한히 긴 직선 도선 A, B가 xy 평면에 수직으로 고정되어 있는 것을 나타낸 것이다. 점 p에서 A, B에 흐르는 전류에 의한 자기장의 방향은 $-y$ 방향이다. 그림 (나)는 (가)에서 B를 $x=4d$인 지점으로 이동하여 고정시킨 것을 나타낸 것이다. p에서 A, B에 흐르는 전류에 의한 자기장의 세기는 (가)에서와 (나)에서가 같다.

이에 대한 설명으로 옳은 것만을 <보기>에서 있는 대로 고른 것은?

보기

ㄱ. A에 흐르는 전류의 방향은 xy 평면에 수직으로 들어가는 방향이다.

ㄴ. (가)의 $x=4d$인 지점에서 A에 흐르는 전류에 의한 자기장의 방향과 B에 흐르는 전류에 의한 자기장의 방향은 같다.

ㄷ. 전류의 세기는 A가 B의 $\frac{4}{3}$배이다.

① ㄱ ② ㄴ ③ ㄷ ④ ㄱ, ㄴ ⑤ ㄴ, ㄷ

정답 맞히기 ㄴ. A에 흐르는 전류의 방향은 xy 평면에서 수직으로 나오는 방향이다. B의 위치가 $x=4d$인 지점으로 이동하면 p에서 B에 흐르는 전류에 의한 자기장의 세기는 감소하고, 전류에 의한 자기장의 방향이 반대 방향으로 바뀌었으므로 B에 흐르는 전류의 방향은 xy 평면에서 수직으로 나오는 방향이다. 따라서

(가)의 $x=4d$인 지점에서 A에 흐르는 전류에 의한 자기장의 방향과 B에 흐르는 전류에 의한 자기장의 방향은 같다.

ㄷ. A, B에 흐르는 전류의 세기를 각각 I_A, I_B라고 하면 p에서 전류에 의한 자기장의 세기는 (가)에서 $k\frac{I_A}{2d}-k\frac{I_B}{d}$이고, (나)에서 $k\frac{I_A}{2d}-k\frac{I_B}{3d}$이다. p에서 전류에 의한 자기장의 방향은 (가)에서와 (나)에서가 반대 방향이므로 $k\frac{I_A}{2d}-k\frac{I_B}{d}=-\left(k\frac{I_A}{2d}-k\frac{I_B}{3d}\right)$에서 $I_A=\frac{4}{3}I_B$이다. 따라서 전류의 세기는 A가 B의 $\frac{4}{3}$배이다.

오답 피하기 ㄱ. B를 $x=4d$인 지점으로 이동시켜도 p에서 A와 B에 흐르는 전류에 의한 자기장의 세기는 같다고 하였으므로 p에서 전류에 의한 자기장의 방향은 (가)에서와 (나)에서가 반대임을 알 수 있다. 따라서 (나)의 p에서 A, B에 흐르는 전류에 의한 자기장의 방향은 $+y$ 방향이다. p에서 B에 흐르는 전류에 의한 자기장의 세기는 (가)에서가 (나)에서보다 크므로 A에 흐르는 전류의 방향은 xy 평면에서 수직으로 나오는 방향이다.

10

정답 맞히기 ㄱ. A에 흐르는 전류의 방향은 시계 반대 방향이므로 O에서 A에 흐르는 전류에 의한 자기장의 방향은 xy 평면에서 수직으로 나오는 방향이다.

오답 피하기 ㄴ. O에서 A, B에 흐르는 전류에 의한 자기장은 0이므로 B에 흐르는 전류의 방향은 $-y$ 방향이다.

ㄷ. B를 P로 평행 이동시키면 O에서 B에 흐르는 전류에 의한 자기장의 세기는 감소한다. 따라서 B를 P로 평행 이동시키면 O에서 A, B에 흐르는 전류에 의한 자기장의 방향은 xy 평면에서 수직으로 나오는 방향이다.

11

q에서 2개의 직선 도선에 흐르는 전류에 의한 자기장의 방향은 종이면에 수직으로 들어가는 방향이고 원형 도선에 흐르는 전류에 의한 자기장의 방향은 종이면에 수직으로 들어가는 방향이다. q에서 직선 도선 1개에 흐르는 전류에 의한 자기장의 세기는 $\frac{1}{2}B_0$이다. 따라서 q에서 전류에 의한 자기장의 방향은 종이면에 수직으로 들어가는 방향이고, 세기는 $\frac{1}{2}B_0+\frac{1}{2}B_0+\pi B_0=B_0(1+\pi)$이다.

12

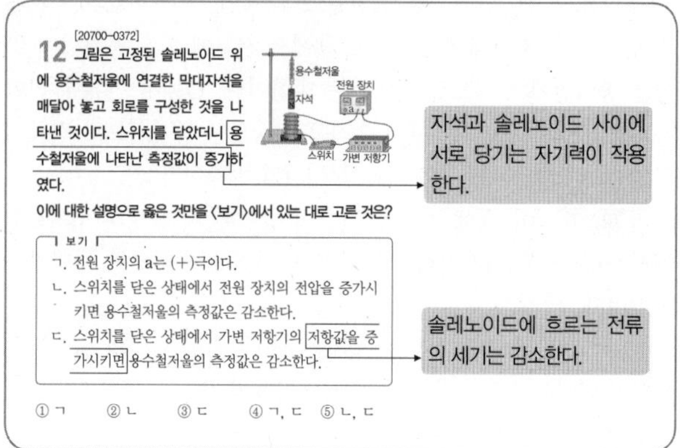
[20700-0372]

12 그림은 고정된 솔레노이드 위에 용수철저울에 연결한 막대자석을 매달아 놓고 회로를 구성한 것을 나타낸 것이다. 스위치를 닫았더니 용수철저울에 나타난 측정값이 증가하였다.

이에 대한 설명으로 옳은 것만을 <보기>에서 있는 대로 고른 것은?

보기

ㄱ. 전원 장치의 a는 (+)극이다.

ㄴ. 스위치를 닫은 상태에서 전원 장치의 전압을 증가시키면 용수철저울의 측정값은 감소한다.

ㄷ. 스위치를 닫은 상태에서 가변 저항기의 저항값을 증가시키면 용수철저울의 측정값은 감소한다.

① ㄱ ② ㄴ ③ ㄷ ④ ㄱ, ㄷ ⑤ ㄴ, ㄷ

정답 맞히기 ㄷ. 스위치를 닫은 상태에서 가변 저항기의 저항값을 증가시키면 솔레노이드에 흐르는 전류의 세기는 감소한다. 따라서 솔레노이드와 자석 사이에 작용하는 자기력의 크기는 감소하므로 용수철저울의 측정값은 감소한다.

오답 피하기 ㄱ. 스위치를 닫았을 때 용수철저울의 측정값이 증가하였으므로 자석과 솔레노이드 사이에는 서로 당기는 자기력이 작용하였다. 솔레노이드 위쪽은 S극이므로 전원 장치의 a는 (−)극이다.

ㄴ. 스위치를 닫은 상태에서 전원 장치의 전압을 증가시키면 솔레노이드에 흐르는 전류의 세기는 증가한다. 따라서 솔레노이드와 자석 사이에 작용하는 자기력의 크기는 증가하므로 용수철저울의 측정값은 증가한다.

10 유도 기전력과 상호유도

탐구 활동

본문 177쪽

1 해설 참조　　**2** 해설 참조

1

P가 낙하하면서 발광 다이오드에서 빛이 방출되었으므로 자석의 역학적 에너지의 일부가 전기 에너지로 전환된다.

모범 답안 자석의 역학적 에너지의 일부가 전기 에너지로 전환된다.

2

P는 코일을 통과할 때 운동 방향과 반대 방향으로 자기력을 받지만 Q는 중력만 받는다.

모범 답안 A에서는 P가 코일을 통과할 때 P의 운동을 방해하는 방향으로 유도 전류가 흐르고, B에서는 유도 전류가 흐르지 않아 Q의 운동을 방해하지 않기 때문이다.

내신 기초 문제

본문 178~181쪽

01 ⑤　**02** ①　**03** ①　**04** ①　**05** ③
06 ②　**07** ③　**08** ②　**09** 해설 참조
10 해설 참조　**11** ④　**12** ⑤
13 해설 참조　**14** ④　**15** ④　**16** ④

01

정답 맞히기 ㄱ. 자석이 p를 지날 때 코일을 오른쪽으로 통과하는 자기 선속이 증가하므로 저항에 흐르는 전류의 방향은 오른쪽 방향이고, 자석이 q를 지날 때 코일을 오른쪽으로 통과하는 자기 선속이 감소하므로 저항에 흐르는 전류의 방향은 왼쪽 방향이다. 따라서 저항에 흐르는 유도 전류의 방향은 자석이 p를 지날 때와 q를 지날 때가 서로 반대이다.

ㄷ. 자석의 가속도의 크기는 자석에 작용하는 알짜힘의 크기에 비례한다. 수평면에서 자석에 작용하는 알짜힘은 코일로부터 받는 자기력이다. 자석의 속력이 빠를수록 자석이 코일로부터 받는 자기력의 크기가 커지므로 자석의 가속도의 크기는 p에서가 q에서보다 크다.

오답 피하기 ㄴ. 자석이 코일을 통과하면서 자석의 역학적 에너지의 일부는 전기 에너지로 전환된다. 자석의 속력은 p에서가 q에서보다 빠르므로 저항에 흐르는 유도 전류의 세기는 자석이 p를 지날 때가 q를 지날 때보다 크다.

02

원형 도선이 p를 통과할 때 원형 도선을 왼쪽 방향으로 통과하는 자기 선속이 증가하므로 원형 도선에 흐르는 유도 전류의 방향은 (+)방향이다. 원형 도선이 자석을 통과하는 순간 원형 도선에 흐르는 전류의 방향이 반대 방향으로 바뀌고, 원형 도선이 q를 통과할 때 원형 도선을 왼쪽 방향으로 통과하는 자기 선속이 감소하므로 원형 도선에 흐르는 유도 전류의 방향은 (−)방향이다. 따라서 원형 도선에 흐르는 전류를 시간에 따라 나타낸 것으로 가장 적절한 것은 ①이다.

03

정답 맞히기 ㄱ. 자석이 p를 지날 때 코일에서 경사면 위쪽 방향으로 나가는 방향의 자기 선속이 증가하므로 저항에 흐르는 전류의 방향은 a → 저항 → b이다.

오답 피하기 ㄴ. 자석이 p에서 q까지 운동하는 동안 감소한 자석의 중력 퍼텐셜 에너지는 자석의 운동 에너지의 증가량과 코일에서 발생한 전기 에너지의 합과 같다. 따라서 p에서 q까지 자석의 중력 퍼텐셜 에너지 감소량은 코일에서 발생한 전기 에너지보다 크다.

ㄷ. 자석이 p를 지날 때 자석과 코일 사이에는 서로 밀어내는 자기력이 작용하고, 자석이 q를 지날 때 자석과 코일 사이에는 서로 당기는 자기력이 작용한다. 따라서 자석이 코일로부터 받는 자기력의 방향은 p에서와 q에서가 같다.

04

정답 맞히기 ㄱ. 시간이 0부터 t_2까지 종이면에 수직으로 들어가는 방향의 자기장의 세기가 일정하게 감소하므로 t_1일 때 원형 도선에 흐르는 전류의 방향은 시계 방향이다. t_3일 때 종이면에서 나오는 방향으로 자기장의 세기가 증가하므로 t_3일 때 원형 도선에 흐르는 유도 전류의 방향은 시계 방향이다. 따라서 원형 도선에 흐르는 유도 전류의 방향은 t_1일 때와 t_3일 때가 같다.

오답 피하기 ㄴ. t_2일 때 원형 도선을 통과하는 자기장은 일정하게 변하고 있으므로 원형 도선에는 유도 전류가 흐른다. t_4일 때 종이면에서 나오는 방향의 자기장의 세기가 일정하므로 원형 도선에 흐르는 유도 전류는 0이다. 따라서 원형 도선에 흐르는 유도 전류의 세기는 t_2일 때가 t_4일 때보다 크다.

ㄷ. 원형 도선을 통과하는 자기 선속은 자기장의 세기에 비례한다. 자기장 영역의 자기장 세기는 t_3일 때가 t_4일 때보다 작으므로 원형 도선을 통과하는 자기 선속은 t_3일 때가 t_4일 때보다 작다.

05

정답 맞히기 ㄱ. 구리 막대는 등속도 운동을 하므로 구리 막대에 작용하는 알짜힘은 0이다.
ㄴ. 저항에서 소모하는 전력은 저항에 걸리는 전압과 저항에 흐르는 전류의 곱이다. 회로에 발생하는 유도 기전력은 저항에 걸리는 전압과 같으므로 유도 기전력을 V라고 하면 $V=BLv$이다. 저항에서 소모하는 전력이 P이므로 회로에 흐르는 전류는 $I=\frac{P}{V}=\frac{P}{BLv}$이다.

오답 피하기 ㄷ. 저항의 저항값을 R라고 하면, 구리 막대의 속력이 v일 때 저항에서 소모하는 전력은 $P=\frac{(BLv)^2}{R}$이다. 구리 막대의 속력이 $2v$이면 회로에서 발생하는 유도 기전력은 $2BLv$이므로 저항에서 소모하는 전력은 $P'=\frac{(2BLv)^2}{R}$이다. 구리 막대가 속력 $2v$로 등속도 운동을 하면 저항에서 소모하는 전력은 $4P$이다.

06

사각형 도선이 자기장 영역에 들어가는 동안 종이면에 들어가는 방향으로 도선을 통과하는 자기 선속이 일정하게 증가하므로 도선에는 시계 반대 방향으로 일정한 전류가 흐른다. 사각형 도선 전체가 자기장 영역에서 운동하는 동안 종이면에 들어가는 방향으로 도선을 통과하는 자기 선속은 일정하므로 유도 전류가 흐르지 않는다. 사각형 도선이 자기장 영역을 빠져나오는 동안 종이면에 들어가는 방향으로 도선을 통과하는 자기 선속은 일정하게 감소하므로 도선에는 시계 방향으로 일정한 전류가 흐른다. 따라서 도선에 흐르는 전류를 시간에 따라 나타낸 것으로 가장 적절한 것은 ②이다.

07

0부터 t까지 금속 막대의 운동 방향은 $+x$ 방향이고 t부터 $2t$까지 금속 막대의 운동 방향은 $-x$ 방향이다. $2t$부터 $3t$까지 금속 막대는 정지해 있다. 따라서 0부터 t까지 저항에 흐르는 전류의 방향은 (+)방향이고, t부터 $2t$까지 저항에 흐르는 전류의 방향은 (−)방향이며 $2t$부터 $3t$까지 유도 전류는 0이다. 그리고 0부터 t까지 금속 막대의 속력을 $2v$라고 하면, t부터 $2t$까지 금속 막대의 속력은 v이다. 따라서 유도 전류의 세기는 0부터 t까지가 t부터 $2t$까지의 2배이다. 저항에 흐르는 유도 전류의 세기를 시간에 따라 나타낸 것으로 가장 적절한 것은 ③이다.

08

정답 맞히기 ㄴ. 직선 도선에 흐르는 전류에 의한 자기장의 세기는 직선 도선으로부터 떨어진 거리에 반비례하므로 사각형 도선의 속력이 같을 때 사각형 도선을 통과하는 자기 선속의 시간적 변화율은 p에서 $+x$ 방향으로 운동할 때가 $-x$ 방향으로 운동할 때보다 작다. 따라서 사각형 도선에 흐르는 유도 전류의 세기는 (가)에서가 (나)에서보다 작다.

오답 피하기 ㄱ. 직선 도선의 오른쪽에서 직선 도선에 흐르는 전류에 의한 자기장의 방향은 xy 평면에 수직으로 들어가는 방향이다. 직선 도선으로부터 멀어질수록 전류에 의한 자기장의 세기는 감소하므로 (가)에서 사각형 도선을 통과하는 xy 평면에 수직으로 들어가는 방향의 자기 선속은 감소한다. 따라서 사각형 도선에 흐르는 유도 전류의 방향은 시계 방향이다.
ㄷ. 사각형 도선을 통과하는 자기 선속은 자기장의 세기와 도선의 면적의 곱이다. 따라서 사각형 도선을 통과하는 자기 선속은 (다)에서와 (라)에서가 같다.

09

모범 답안 (1) 유도 전류의 방향은 자기 선속의 변화를 방해하는 방향이다. 0초부터 5초까지 원형 도선을 통과하는 자기 선속이 증가할 때 원형 도선에 흐르는 전류의 방향은 시계 방향이므로 자기장의 방향은 종이면에서 수직으로 나오는 방향이다.
(2) 유도 전류의 세기는 자기 선속의 시간적 변화율에 비례하므로 원형 도선에 흐르는 유도 전류의 세기는 (나)에서 그래프의 기울기에 비례한다. 따라서 $I_1 : I_2=\frac{10}{5} : \frac{10}{10}=2 : 1$이다.

10

모범 답안 (1) 회로에서 발생하는 유도 기전력의 크기는 $V=BLv=2\times0.5\times1=1(\mathrm{V})$이다. 따라서 저항에 흐르는 전류의 세기 $I=\frac{V}{R}=\frac{1}{10}=0.1(\mathrm{A})$이다.
(2) 저항에서 소모하는 전력은 $I^2R=(0.1)^2\times10=0.1(\mathrm{W})$이다.

11

정답 맞히기 ㄱ. 스위치를 닫는 순간 B에 흐르는 전류에 의해 A를 통과하는 자기 선속이 증가하므로 A에는 자기 선속의 변화를 방해하는 방향으로 유도 전류가 흐른다. 따라서 스위치를 닫는 순간 A와 B 사이에는 서로 밀어내는 자기력이 작용한다.
ㄷ. 스위치를 닫을 때에는 자석의 S극이 A에 다가가는 것과 같

고, 스위치를 열 때에는 자석의 S극이 A로부터 멀어지는 것과 같다. 따라서 A에 흐르는 전류의 방향은 스위치를 닫을 때와 스위치를 열 때가 서로 반대이다.

오답 피하기 ㄴ. 스위치를 닫은 채로 가만히 두면 A를 통과하는 자기 선속의 변화가 없으므로 A에는 유도 전류가 흐르지 않는다. 따라서 A와 B 사이에는 자기력이 작용하지 않는다.

12

정답 맞히기 ㄱ. A에 흐르는 전류의 세기가 클수록 B의 단면을 통과하는 자기 선속이 크다. 따라서 B의 단면을 통과하는 자기 선속은 t일 때가 $3t$일 때보다 작다.

ㄷ. $4t$부터 $6t$까지 A에 흐르는 전류의 세기는 감소한다. $5t$일 때 P에 흐르는 전류가 위 방향이라고 하면, B를 오른쪽 방향으로 통과하는 자기 선속이 감소하므로 Q에 흐르는 전류의 방향은 아래 방향이다. 만일 $5t$일 때 P에 흐르는 전류가 아래 방향이라고 하면, B를 왼쪽 방향으로 통과하는 자기 선속이 감소하므로 Q에 흐르는 전류의 방향은 위 방향이다. 따라서 $5t$일 때 저항에 흐르는 전류의 방향은 P에서와 Q에서가 서로 반대이다.

오답 피하기 ㄴ. $3t$일 때 A에 흐르는 전류의 세기가 일정하므로 B에는 유도 기전력이 발생하지 않는다.

13

모범 답안 (1) p → 저항 → q 방향, 0초부터 0.2초까지 1차 코일에 흐르는 전류의 세기가 증가하는 동안 2차 코일을 오른쪽 방향으로 통과하는 자기 선속은 증가한다. 유도 전류의 방향은 자기 선속의 변화를 방해하는 방향으로 흐르므로 저항에 흐르는 전류의 방향은 p → 저항 → q이다.

(2) 2차 코일에 발생한 유도 기전력은 $V=-M\frac{\Delta I}{\Delta t}=-5\times\frac{0.4-0.2}{0.2-0}=-5(\text{V})$이므로 유도 기전력의 크기는 5 V이다.

14

변압기에서 코일에 걸리는 전압은 코일의 감은 수에 비례하므로 2차 코일에 걸리는 전압은 400 V이다. 따라서 저항에 흐르는 전류의 세기는 $\frac{400}{50}=8(\text{A})$이다.

15

정답 맞히기 ㄱ. 코일에 흐르는 전류의 세기는 감은 수에 반비례한다. 2차 코일의 감은 수는 1차 코일의 감은 수의 4배이므로 1차 코일에 흐르는 전류의 세기는 2차 코일에 흐르는 전류의 세기의 4배이다. 따라서 1차 코일에 흐르는 전류의 세기는 8 A이다.

ㄷ. 교류 전원이 공급한 전력은 저항에서 소모하는 전력과 같다. 전력은 전압과 전류의 곱이므로 저항에서 소모하는 전력은 800 V×2 A=1600 W이다.

오답 피하기 ㄴ. 코일에 걸리는 전압은 코일의 감은 수에 비례한다. 따라서 2차 코일에 걸리는 전압은 1차 코일에 걸리는 전압의 4배이므로 2차 코일에 걸리는 전압은 800 V이다.

16

변압기에서 코일에 걸리는 전압은 코일의 감은 수에 비례한다. 2차 코일에 걸린 전압은 1차 코일에 걸린 전압의 2배이므로 코일의 감은 수는 2차 코일이 1차 코일의 2배이다. 따라서 ㉠은 $2N$이다. 코일에 흐르는 전류의 세기는 코일의 감은 수에 반비례하므로 코일에 흐르는 전류의 세기는 1차 코일이 2차 코일의 2배이다. 따라서 ㉡은 4 A이다.

실력 향상 문제

본문 182~185쪽

01 ⑤ **02** ① **03** ① **04** ③ **05** ④
06 ② **07** ⑤ **08** ④ **09** ⑤
10 (1) $I_1=I_2$ (2) 해설 참조 **11** ③ **12** ⑤
13 ③ **14** ① **15** ④ **16** (1) $V_1<V_2$ (2) 해설 참조

01 전자기 유도

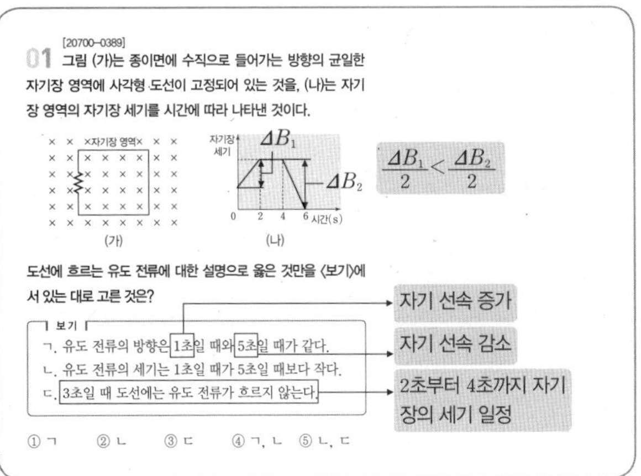

정답 맞히기 ㄴ. 유도 전류의 세기는 자기장 세기의 시간적 변화율에 비례한다. 따라서 유도 전류의 세기는 1초일 때가 5초일 때보다 작다.

ㄷ. 2초부터 4초까지 자기장의 세기는 일정하므로 도선을 통과하는 자기 선속은 일정하다. 따라서 3초일 때 유도 전류는 흐르지 않는다.

오답 피하기 ㄱ. 0초부터 2초까지 자기장의 세기는 증가하므로 1초일 때 유도 전류의 방향은 시계 반대 방향이다. 4초부터 6초까지 자기장의 세기는 감소하므로 5초일 때 유도 전류의 방향은 시계 방향이다. 따라서 유도 전류의 방향은 1초일 때와 5초일 때가 서로 반대이다.

02 전자기 유도

정답 맞히기 ㄱ. 자기장이 통과하는 도선의 면적은 2초일 때와 5초일 때가 같고, 자기장 영역의 자기장 세기는 2초일 때가 5초일 때보다 작다. 따라서 사각형 도선을 통과하는 자기 선속은 2초일 때가 5초일 때보다 작다.

오답 피하기 ㄴ. 0초부터 6초까지 종이면에 수직으로 들어가는 방향의 자기 선속이 일정하게 증가한다. 따라서 3초일 때 저항에 흐르는 유도 전류의 방향은 a → 저항 → b이다.

ㄷ. 저항에서 소비되는 전력은 전류의 제곱에 비례한다. 0초부터 6초까지 저항에 흐르는 전류의 세기는 일정하므로 저항에서 소비되는 전력은 2초일 때와 5초일 때가 같다.

03 전자기 유도

정답 맞히기 ㄱ. 1초부터 2초까지 도선을 종이면에 들어가는 방향으로 통과하는 자기 선속은 일정하므로 도선에 흐르는 유도 전류는 0이다.

오답 피하기 ㄴ. 0초부터 5초까지 도선의 속력을 $2v$라고 하면, 5초부터 10초까지 도선의 속력은 v이다. 0.5초일 때 p는 오른쪽 방향으로 $0.5d$인 곳을 지나고, 10초일 때 p는 왼쪽 방향으로 $2.5d$인 곳을 지난다. 도선의 속력은 0.5초일 때가 10초일 때의 2배이므로 도선을 통과하는 자기 선속의 시간적 변화율은 0.5초일 때와 10초일 때가 같다. 따라서 도선에 흐르는 유도 전류의 세기는 0.5초일 때와 10초일 때가 같다.

ㄷ. 2.5초일 때 p는 오른쪽 방향으로 운동하고 $2.5d$인 곳을 지나므로 도선을 종이면에서 나오는 방향으로 통과하는 자기 선속이 증가한다. 이때 도선에 흐르는 유도 전류의 방향은 시계 방향이다. 10초일 때 p는 왼쪽 방향으로 운동하고 $2.5d$인 곳을 지나므로 도선을 종이면으로 들어가는 방향으로 통과하는 자기 선속이 증가한다. 이때 도선에 흐르는 유도 전류의 방향은 시계 반대 방향이다. 따라서 도선에 흐르는 유도 전류의 방향은 2.5초일 때와 10초일 때가 서로 반대이다.

04 ㄷ자형 도선에서 전자기 유도

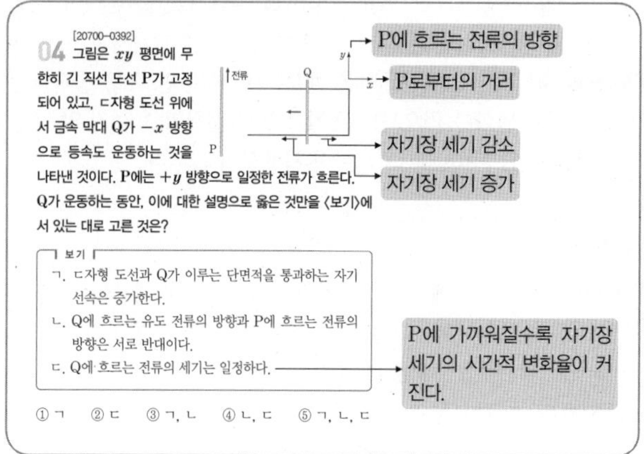

정답 맞히기 ㄱ. Q는 $-x$ 방향으로 운동하므로 ㄷ자형 도선과 금속 막대가 이루는 단면적은 증가한다. 따라서 ㄷ자형 도선과 금속 막대가 이루는 단면적을 통과하는 자기 선속은 증가한다.

ㄴ. Q가 $-x$ 방향으로 운동하는 동안 ㄷ자형 도선과 금속 막대가 이루는 단면적을 xy 평면에 수직으로 들어가는 방향으로 통과하는 자기 선속이 증가하므로 Q에 흐르는 유도 전류의 방향은 $-y$ 방향이다. 따라서 Q에 흐르는 유도 전류의 방향과 P에 흐르는 전류의 방향은 서로 반대이다.

오답 피하기 ㄷ. Q가 P에 가까워짐에 따라 자기 선속의 시간적 증가율은 증가한다. 따라서 Q에 흐르는 유도 전류의 세기는 증가한다.

05 ㄷ자형 도선에서 전자기 유도

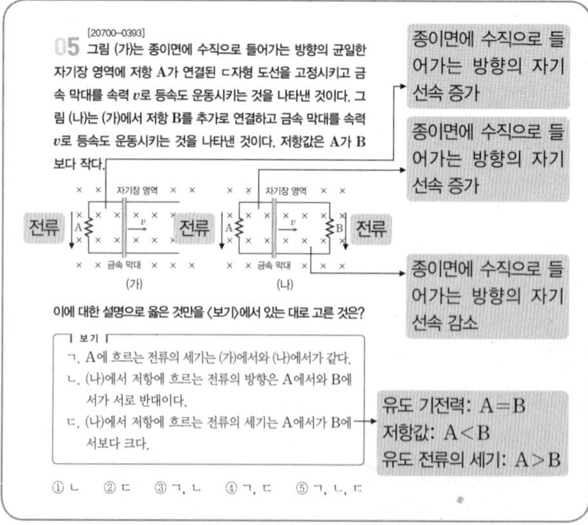

정답 맞히기 ㄱ. 금속 막대의 속력은 (가)에서와 (나)에서가 같으므로 A에 흐르는 전류의 세기는 (가)에서와 (나)에서가 같다.
ㄷ. (나)에서 A에 걸리는 유도 기전력의 크기와 B에 걸리는 유도 기전력의 크기는 같다. 저항값은 A가 B보다 작으므로 저항에 흐르는 유도 전류의 세기는 A에서가 B에서보다 크다.

오답 피하기 ㄴ. (나)에서 금속 막대가 오른쪽 방향으로 운동하면 금속 막대를 기준으로 왼쪽 폐곡선을 종이면에 수직으로 들어가는 방향으로 통과하는 자기 선속이 증가하므로 A에는 아래 방향으로 유도 전류가 흐른다. 마찬가지로 금속 막대를 기준으로 오른쪽 폐곡선을 종이면에 수직으로 들어가는 방향으로 통과하는 자기 선속은 감소하므로 B에는 아래 방향으로 유도 전류가 흐른다. 따라서 저항에 흐르는 전류의 방향은 A에서와 B에서가 같다.

06 전자기 유도

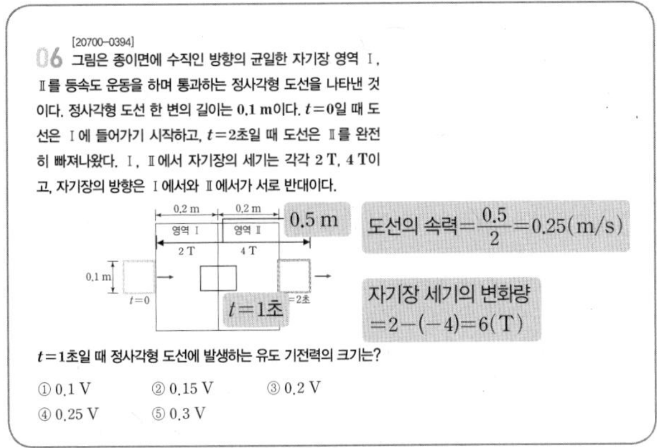
[20700-0394]
06 그림은 종이면에 수직인 방향의 균일한 자기장 영역 Ⅰ, Ⅱ를 등속도 운동을 하며 통과하는 정사각형 도선을 나타낸 것이다. 정사각형 도선 한 변의 길이는 0.1 m이다. $t=0$일 때 도선은 Ⅰ에 들어가기 시작하고, $t=2$초일 때 도선은 Ⅱ를 완전히 빠져나왔다. Ⅰ, Ⅱ에서 자기장의 세기는 각각 2 T, 4 T이고, 자기장의 방향은 Ⅰ에서와 Ⅱ에서가 서로 반대이다.

$t=1$초일 때 정사각형 도선에 발생하는 유도 기전력의 크기는?
① 0.1 V ② 0.15 V ③ 0.2 V
④ 0.25 V ⑤ 0.3 V

정사각형 도선이 Ⅰ영역에 들어서는 순간부터 Ⅱ영역을 완전히 빠져나오는 데 걸린 시간은 2초이고, 2초 동안 정사각형 도선의 이동 거리는 0.5 m이다. 따라서 정사각형 도선의 속력은 0.25 m/s이다. 0.1초는 정사각형 도선이 Ⅰ과 Ⅱ에 걸치는 순간이고, 자기장 영역에서 자기장의 방향은 Ⅰ에서와 Ⅱ에서가 서로 반대 방향이므로 자기장의 변화량은 6 T이다. 따라서 사각형 도선에 발생하는 유도 기전력은 6 T×0.1 m×0.25 m/s =0.15 V이다.

07 등속도 운동하는 도선에서 전자기 유도

저항에 흐르는 유도 전류는 자기 선속의 변화를 방해하는 방향으로 흐른다. 금속 막대가 Ⅰ에서 운동할 때 저항에 흐르는 유도 전류의 방향은 ⓐ이므로 자기 선속은 종이면에서 나오는 방향으로 증가한다는 것을 알 수 있다. 따라서 자기장의 방향은 종이면에서 수직으로 나오는 방향이다.
Ⅰ에서 유도 기전력은 Bdv이고, Ⅱ에서 유도 기전력은 $(2B)(2d)v=4Bdv$이고 Ⅲ에서 유도 기전력은 $(3B)(2d)v=6Bdv$이다. 유도 전류의 세기는 유도 기전력에 비례하므로 Ⅲ에서 유도 전류의 세기는 $\frac{3}{2}I$이다.

08 전자기 유도

정답 맞히기 ㄱ. 도선에 흐르는 유도 전류의 방향은 p의 위치가 $L<x<2L$일 때와 $3L<x<4L$일 때가 서로 반대 방향이므로 자기장의 방향은 Ⅰ에서와 Ⅱ에서가 반대 방향이다.
ㄷ. 자기장의 세기는 Ⅱ에서가 Ⅰ에서의 2배이므로 도선을 통과하는 자기 선속은 p가 $x=2.5L$일 때가 $x=0.5L$일 때의 2배이다.

오답 피하기 ㄴ. 도선은 등속도 운동을 하므로 유도 전류의 세기는 자기장의 변화율에 비례한다. 유도 전류의 세기는 p의 위치가 $L<x<2L$에서 $3I_0$이고, $3L<x<4L$에서 $2I_0$이며, 자기장의 방향은 Ⅰ에서와 Ⅱ에서가 반대 방향이다. 따라서 Ⅰ에서 자기장의 세기를 B라고 하면, Ⅱ에서 자기장의 세기는 $2B$이다. 자기장의 세기는 Ⅰ에서가 Ⅱ에서의 $\frac{1}{2}$배이다.

09 전자기 유도

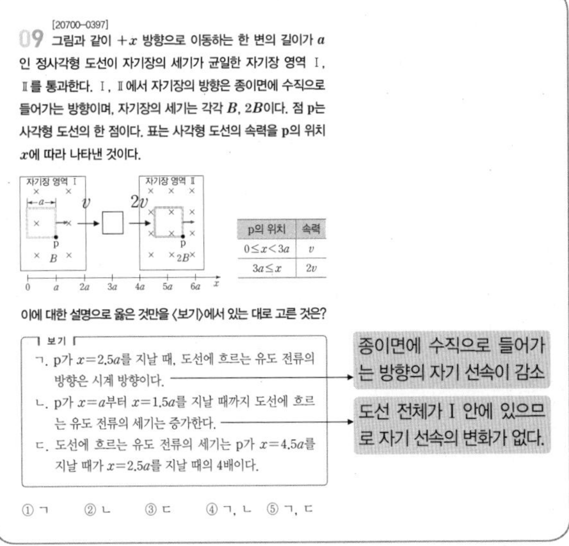
[20700-0397]
09 그림과 같이 $+x$ 방향으로 이동하는 한 변의 길이가 a인 정사각형 도선이 자기장의 세기가 균일한 자기장 영역 Ⅰ, Ⅱ를 통과한다. Ⅰ, Ⅱ에서 자기장의 방향은 종이면에 수직으로 들어가는 방향이며, 자기장의 세기는 각각 B, $2B$이다. 점 p는 사각형 도선의 한 점이다. 표는 사각형 도선의 속력을 p의 위치 x에 따라 나타낸 것이다.

p의 위치	속력
$0\le x<3a$	v
$3a\le x$	$2v$

이에 대한 설명으로 옳은 것만을 <보기>에서 있는 대로 고른 것은?
보기
ㄱ. p가 $x=2.5a$를 지날 때, 도선에 흐르는 유도 전류의 방향은 시계 방향이다.
ㄴ. p가 $x=a$부터 $x=1.5a$를 지날 때까지 도선에 흐르는 유도 전류의 세기는 증가한다.
ㄷ. 도선에 흐르는 유도 전류의 세기는 p가 $x=4.5a$를 지날 때가 $x=2.5a$를 지날 때의 4배이다.
① ㄱ ② ㄴ ③ ㄷ ④ ㄱ, ㄴ ⑤ ㄱ, ㄷ

정답 맞히기 ㄱ. p의 위치가 $2a<x<3a$일 때 종이면에 수직으로 들어가는 방향의 자기 선속이 감소하므로 도선에 흐르는 유도 전류의 방향은 시계 방향이다.

ㄷ. 도선에 발생하는 유도 기전력은 자기장의 세기와 속력의 곱에 비례하고, 도선에 흐르는 유도 전류의 세기는 유도 기전력에 비례한다. p가 $x=2.5a$를 지날 때 도선에 발생하는 유도 기전력은 Bva이고, p가 $x=4.5a$를 지날 때 도선에 발생하는 유도 기전력은 $(2B)(2v)a=4Bva$이다. 따라서 도선에 흐르는 유도 전류의 세기는 p가 $x=4.5a$를 지날 때가 $x=2.5a$를 지날 때의 4배이다.

오답 피하기 ㄴ. p가 $x=a$부터 $x=1.5a$를 지날 때까지 도선을 통과하는 자기 선속은 일정하다. 따라서 도선에는 유도 전류가 흐르지 않는다.

10 전자기 유도

(1) 금속 막대가 등속도 운동할 때, 사각형 도선과 금속 막대가 이루는 왼쪽 폐회로를 통과하는 자기 선속의 시간적 변화율과 오른쪽 폐회로를 통과하는 자기 선속의 시간적 변화율은 같으므로 저항에 흐르는 전류의 세기는 I_1과 I_2가 같다.

(2) **모범 답안** R_1에 흐르는 전류의 방향: $+y$ 방향, R_2에 흐르는 전류의 방향: $+y$ 방향, 금속 막대가 $-x$ 방향으로 운동할 때, 왼쪽 폐곡선에서 xy 평면에 수직으로 들어가는 방향의 자기 선속이 감소하므로 R_1에 흐르는 전류의 방향은 $+y$ 방향이고, 오른쪽 폐곡선에서 xy 평면에 수직으로 들어가는 방향의 자기 선속이 증가하므로 R_2에 흐르는 전류의 방향은 $+y$ 방향이다.

11 전자기 유도

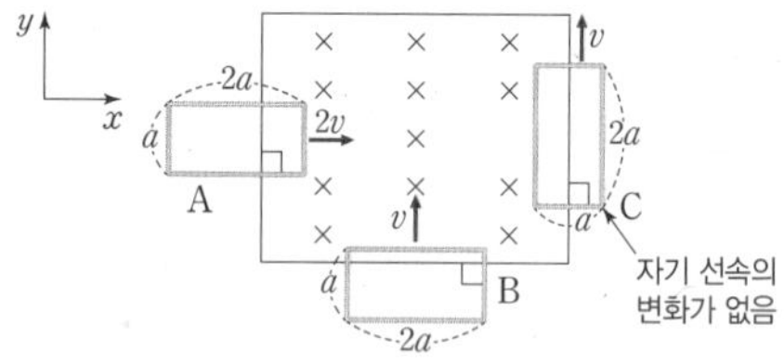

정답 맞히기 ㄱ. A와 B는 xy 평면에 수직으로 들어가는 방향의 자기 선속이 증가하므로 A, B에 흐르는 유도 전류의 방향은 시계 반대 방향으로 같다.

ㄴ. C를 통과하는 자기 선속은 xy 평면에 수직으로 들어가는 방향으로 일정하므로 C에 흐르는 유도 전류는 0이다. 따라서 도선에 흐르는 유도 전류의 세기는 B에서가 C에서보다 크다.

오답 피하기 ㄷ. 자기장 영역에서 자기장의 세기를 B라고 하면, A에서 발생하는 유도 기전력은 $2Bav$이고, B에서 발생하는 유도 기전력은 $2Bav$이다. 따라서 도선에 발생하는 유도 기전력은 A에서와 B에서가 같다.

12 상호유도

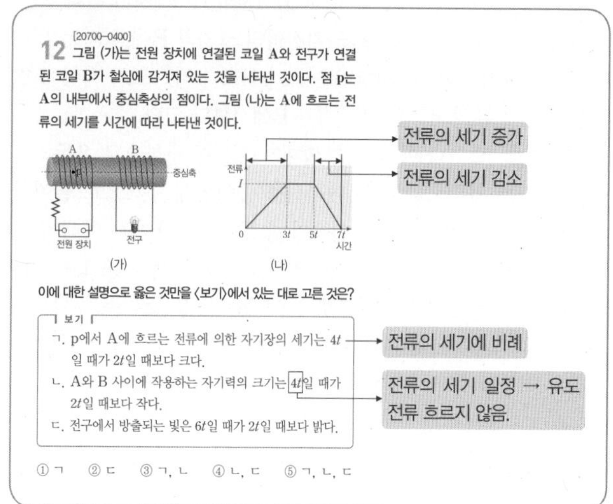

정답 맞히기 ㄱ. p에서 A에 흐르는 전류에 의한 자기장의 세기는 A에 흐르는 전류의 세기에 비례한다. 따라서 p에서 A에 흐르는 전류에 의한 자기장의 세기는 $4t$일 때가 $2t$일 때보다 크다.

ㄴ. 0부터 $3t$까지 A에 흐르는 전류의 세기가 증가하므로 B를 통과하는 A에 흐르는 전류에 의한 자기 선속은 증가한다. 따라서 A와 B 사이에는 서로 밀어내는 자기력이 작용한다. $3t$부터 $5t$까지 A에 흐르는 전류의 세기는 일정하므로 B를 통과하는 A에 흐르는 전류에 의한 자기 선속은 일정하다. B에는 유도 전류가 흐르지 않으므로 A와 B 사이에는 자기력이 작용하지 않는다. A와 B 사이에 작용하는 자기력의 크기는 $4t$일 때가 $2t$일 때보다 작다.

ㄷ. 전구에 흐르는 유도 전류의 세기는 $6t$일 때가 $2t$일 때보다 크므로 전구에서 방출되는 빛은 $6t$일 때가 $2t$일 때보다 밝다.

13 상호유도

정답 맞히기 ㄷ. 전원 장치에 연결된 스위치를 여는 순간 2차 코일을 $+x$ 방향으로 통과하는 자기 선속이 감소한다. 유도 전류는 자기 선속의 변화를 방해하는 방향으로 흐르므로 스위치를 여는 순간 2차 코일에 흐르는 유도 전류에 의한 자기장의 방향은 $+x$ 방향이다.

오답 피하기 ㄱ. 0초부터 0.2초까지 전류의 시간적 변화율은 $\frac{6-2}{0.2}=20(\text{A/s})$이다. 1차 코일과 2차 코일의 상호유도 계수는 0.5 H이므로 0.1초일 때 2차 코일에 유도되는 상호유도 기전력은 $M\frac{\Delta I}{\Delta t}=0.5\times 20=10(\text{V})$이다.

ㄴ. 0.3초부터 0.4초까지 1차 코일에 흐르는 전류의 세기는 일정하므로 2차 코일에는 유도 전류가 흐르지 않는다.

14 변압기

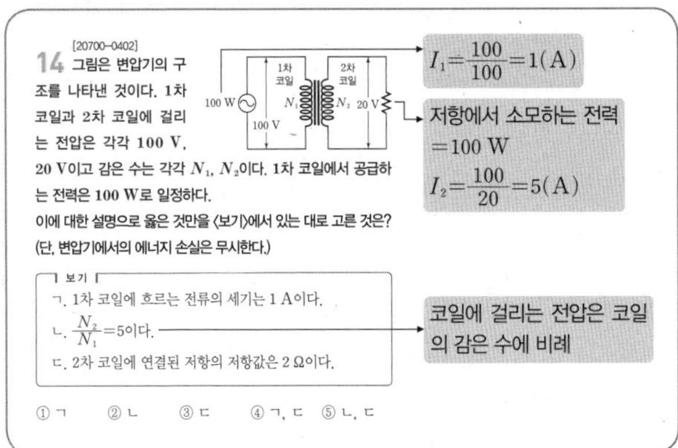

정답 맞히기 ㄱ. 교류 전원에서 공급하는 전력이 100 W이고 1차 코일에 걸리는 전압이 100 V이므로 1차 코일에 흐르는 전류의 세기는 $\frac{100}{100}=1(\mathrm{A})$이다.

오답 피하기 ㄴ. 코일에 걸리는 전압은 코일의 감은 수에 비례하므로 $\frac{N_2}{N_1}=\frac{20}{100}=\frac{1}{5}$이다.

ㄷ. 교류 전원에서 공급한 전력은 2차 코일에 연결된 저항에서 소모하는 전력과 같다. 2차 코일에 연결된 전기 저항의 저항값을 R라고 하면, $\frac{(20)^2}{R}=100$에서 $R=4\ \Omega$이다.

15 상호유도

0초부터 1초까지 2차 코일에 걸리는 전압은 (+)로 일정하므로 1차 코일에는 (+)방향으로 전류가 감소하거나 (−)방향으로 전류가 증가한다. 2차 코일에 걸리는 전압은 +2 V로 일정하고 상호 인덕턴스는 10 H이므로 1차 코일에 흐르는 전류의 시간적 변화율은 0.2 A/s이다.

1초부터 3초까지 2차 코일에 걸리는 전압은 (−)로 일정하므로 1차 코일에는 (+)방향으로 전류가 증가하거나 (−)방향으로 전류가 감소한다. 2차 코일에 걸리는 전압은 −1 V로 일정하므로 1차 코일에 흐르는 전류의 시간적 변화율은 0.1 A/s이다.

3초부터 4초까지 2차 코일에 걸리는 전압은 0이므로 1차 코일에 흐르는 전류의 세기는 일정하다. 따라서 1차 코일에 흐르는 전류를 시간에 따라 나타낸 것으로 가장 적절한 것은 ④이다.

16 변압기

(1) 코일에 걸리는 전압은 감은 수에 비례하므로 $V_1<V_2$이다.

(2) **모범 답안** $I_1>I_2$, 1차 코일에서 공급하는 전력은 저항에서 소모하는 전력과 같으므로 $V_1I_1=V_2I_2$이고, $V_1<V_2$이므로 $I_1>I_2$이다.

신유형·수능 열기

본문 186~187쪽

01 ①	02 ④	03 ⑤	04 ③	05 ④
06 ③	07 ①	08 ④		

01

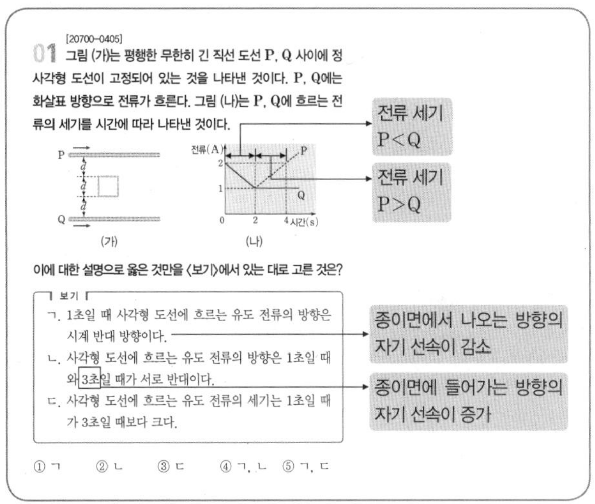

정답 맞히기 ㄱ. 0초부터 2초까지 P에 흐르는 전류의 세기는 일정하고 Q에 흐르는 전류의 세기는 감소하므로 사각형 도선을 종이면에서 수직으로 나오는 방향으로 통과하는 자기 선속이 감소한다. 따라서 1초일 때 사각형 도선에 흐르는 유도 전류의 방향은 시계 반대 방향이다.

오답 피하기 ㄴ. 2초부터 4초까지 P에 흐르는 전류의 세기는 증가하고 Q에 흐르는 전류의 세기는 일정하므로 사각형 도선을 통과하는 종이면에 수직으로 들어가는 방향의 자기 선속은 증가한다. 따라서 3초일 때 사각형 도선에 흐르는 유도 전류의 방향은 시계 반대 방향이다. 따라서 사각형 도선에 흐르는 전류의 방향은 1초일 때와 3초일 때가 같다.

ㄷ. 단위 시간당 전류의 증가율은 1초일 때와 3초일 때가 같으므로 사각형 도선에 흐르는 유도 전류의 세기는 1초일 때와 3초일 때가 같다.

02

정답 맞히기 ㄱ. 자기 선속은 자기장의 세기와 도선의 면적의 곱이다. 원형 도선의 면적은 S이고, 자기장 영역에서 자기장의 최댓값은 B_0이므로 자기 선속의 최댓값은 B_0S이다.

ㄷ. 원형 도선의 면적은 일정하므로 원형 도선에 흐르는 유도 전류의 세기는 자기장의 시간적 변화율에 비례한다. 이는 자기장을

시간에 따라 나타낸 그래프에서 기울기$\left(\frac{\Delta B}{\Delta t}\right)$의 값에 비례한다. 따라서 원형 도선에 흐르는 유도 전류의 세기는 $t=\frac{1}{2}T_0$일 때가 $t=\frac{3}{4}T_0$일 때보다 크다.

오답 피하기 ㄴ. 유도 전류의 방향은 자기 선속의 변화를 방해하는 방향이다. 자기장을 시간에 따라 나타낸 그래프에서 기울기$\left(\frac{\Delta B}{\Delta t}\right)$의 부호는 유도 전류의 방향을 나타낸다. 따라서 원형 도선에 흐르는 유도 전류의 방향은 $t=\frac{1}{2}T_0$일 때와 $t=T_0$일 때가 서로 반대이다.

03

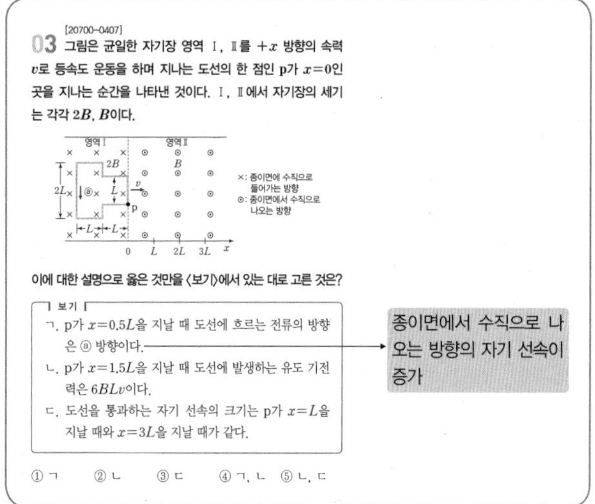
[20700-0407]

03 그림은 균일한 자기장 영역 Ⅰ, Ⅱ를 $+x$ 방향의 속력 v로 등속도 운동을 하며 지나는 도선의 한 점인 p가 $x=0$인 곳을 지나는 순간을 나타낸 것이다. Ⅰ, Ⅱ에서 자기장의 세기는 각각 $2B$, B이다.

이에 대한 설명으로 옳은 것만을 〈보기〉에서 있는 대로 고른 것은?

보기

ㄱ. p가 $x=0.5L$을 지날 때 도선에 흐르는 전류의 방향은 ⓐ 방향이다.

ㄴ. p가 $x=1.5L$을 지날 때 도선에 발생하는 유도 기전력은 $6BLv$이다.

ㄷ. 도선을 통과하는 자기 선속의 크기는 p가 $x=L$을 지날 때와 $x=3L$을 지날 때가 같다.

① ㄱ ② ㄴ ③ ㄷ ④ ㄱ, ㄴ ⑤ ㄴ, ㄷ

종이면에서 수직으로 나오는 방향의 자기 선속이 증가

정답 맞히기 ㄴ. 도선에 발생하는 유도 기전력의 크기를 V라고 하면 $V=\frac{\Delta \Phi}{\Delta t}=\frac{3B(2L\Delta x)}{\Delta t}$이고, $\frac{\Delta x}{\Delta t}=v$이므로 $V=6BLv$이다.

ㄷ. 종이면에서 나오는 방향을 (+)라고 하자. p가 $x=L$을 지날 때 도선을 통과하는 자기 선속은 $-2B(2L^2)+BL^2=-3BL^2$이고, p가 $x=3L$을 지날 때 도선을 통과하는 자기 선속은 $3BL^2$이다. 따라서 도선을 통과하는 자기 선속의 크기는 p가 $x=L$을 지날 때와 $x=3L$을 지날 때가 같다.

오답 피하기 ㄱ. 도선이 $+x$ 방향으로 운동하는 동안 도선을 통과하는 종이면에서 나오는 방향의 자기 선속이 증가하므로 사각형 도선에 흐르는 전류의 방향은 ⓐ와 반대 방향이다.

04

정답 맞히기 ㄱ. 사각형 도선이 자기장 영역에 들어가는 동안 사각형 도선을 종이면에 들어가는 방향으로 통과하는 자기 선속이 증가하므로 사각형 도선에 흐르는 유도 전류의 방향은 시계 반대 방향으로 일정하다.

ㄴ. 사각형 도선에 흐르는 유도 전류의 세기는 자기장 영역의 경계면에 나란한 도선의 길이에 비례한다. 자기장 영역의 경계면에 나란한 도선의 길이는 p가 $x=\frac{1}{2}L$을 지날 때와 $x=\frac{3}{2}L$을 지날 때가 같으므로 사각형 도선에 흐르는 유도 전류의 세기는 p가 $x=\frac{1}{2}L$을 지날 때와 $x=\frac{3}{2}L$을 지날 때가 같다.

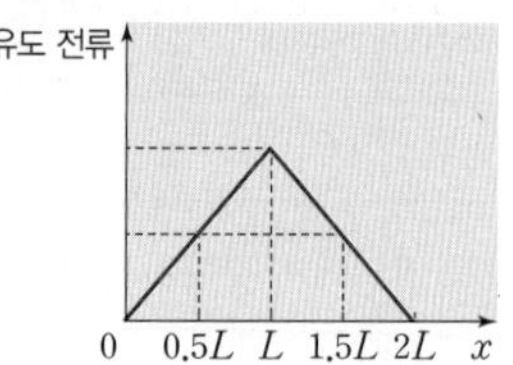

오답 피하기 ㄷ. 사각형 도선에 흐르는 유도 전류의 세기는 도선에 발생하는 유도 기전력에 비례한다. 따라서 도선에 발생하는 유도 기전력은 p가 $x=0$부터 $x=\frac{1}{2}L$까지 운동하는 동안 증가하다가 p가 $x=\frac{1}{2}L$부터 $x=L$까지 운동하는 동안 감소한다.

05

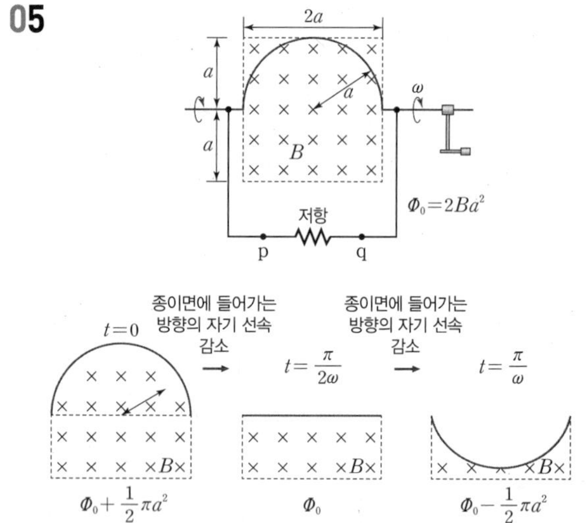

원형 도선의 각속도는 ω이므로 원형 도선의 회전 주기는 $\frac{2\pi}{\omega}$이다. $t=0$에서부터 $t=\frac{\pi}{\omega}$까지 원형 도선이 이루는 면을 종이면에 수직으로 들어가는 방향으로 통과하는 자기 선속은 감소한다. 따라서 $t=\frac{3\pi}{4\omega}$일 때 저항에 흐르는 유도 전류의 방향은 q → 저항 → p이다.

원형 도선과 자기장 영역이 이루는 자기 선속(Φ)을 시간 t에 따라 나타내면 $\Phi(t)=\Phi_0+\frac{\pi Ba^2}{2}\cos\omega t$이다. 유도 기전력은 자기 선속의 시간적 변화율과 같으므로 $\frac{\Delta\Phi(t)}{\Delta t}=-\frac{\pi\omega Ba^2}{2}\sin\omega t$이다. 따라서 도선에서 발생하는 유도 기전력의 최댓값은 $\frac{\pi\omega Ba^2}{2}$이다.

06

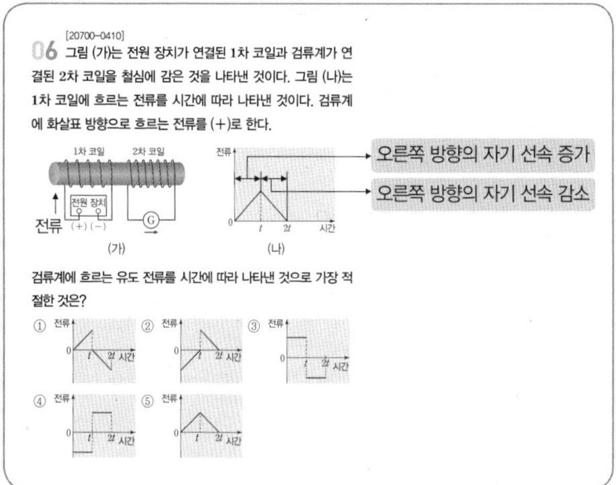

1차 코일에 전류가 흐르면 2차 코일을 오른쪽 방향으로 통과하는 자기 선속이 증가한다. 2차 코일에 흐르는 유도 전류의 세기는 1차 코일에 흐르는 전류의 시간적 변화율에 비례한다. 0부터 t까지 1차 코일에 흐르는 전류의 세기가 증가하므로 2차 코일에 자석의 N극이 다가가는 것과 같은 효과이다. 이때 검류계에는 화살표 방향으로 일정한 전류가 흐른다.

t부터 $2t$까지 1차 코일에 흐르는 전류에 세기는 감소하므로 2차 코일에 자석의 N극이 멀어지는 것과 같은 효과이다. 따라서 검류계에는 화살표와 반대 방향으로 일정한 전류가 흐른다. 2차 코일에 흐르는 유도 전류를 시간에 따라 나타낸 것으로 가장 적절한 것은 ③이다.

07

정답 맞히기 ㄱ. t일 때 1차 코일에 화살표 방향으로 흐르는 전류의 세기가 증가하므로 2차 코일을 오른쪽 방향으로 통과하는 자기 선속이 증가한다. 따라서 t일 때 검류계에 흐르는 유도 전류의 방향은 p → 검류계 → q이다.

오답 피하기 ㄴ. $2t$부터 $3t$까지 1차 코일에 흐르는 전류의 세기는 일정하므로 2차 코일에는 유도 전류가 흐르지 않고, $4t$부터 $6t$까지 1차 코일에 흐르는 전류는 변하므로 2차 코일에는 유도 전류가 흐른다. 따라서 검류계에 흐르는 유도 전류의 세기는 $3t$일 때가 $6t$일 때보다 작다.

ㄷ. 1차 코일에 흐르는 전류를 시간에 따라 나타낸 그래프에서 기울기의 부호는 2차 코일에 흐르는 유도 전류의 방향을 의미한다. 따라서 검류계에 흐르는 유도 전류의 방향은 $5t$일 때와 $7t$일 때가 같다.

별해 | $4t$부터 $6t$까지 1차 코일에는 화살표 방향으로 흐르는 전류의 세기가 감소하므로 2차 코일을 오른쪽 방향으로 통과하는 자기 선속은 감소한다. 따라서 $5t$일 때 검류계에 흐르는 유도 전류의 방향은 q → 검류계 → p이다. $6t$부터 $8t$까지 1차 코일에는 화살표와 반대 방향으로 흐르는 전류의 세기가 증가하므로 2차 코일을 왼쪽 방향으로 통과하는 자기 선속은 증가한다. 따라서 $7t$일 때 검류계에 흐르는 유도 전류의 방향은 q → 검류계 → p이다. 이를 정리하면 검류계에 흐르는 유도 전류의 방향은 $5t$일 때와 $7t$일 때가 같다.

08

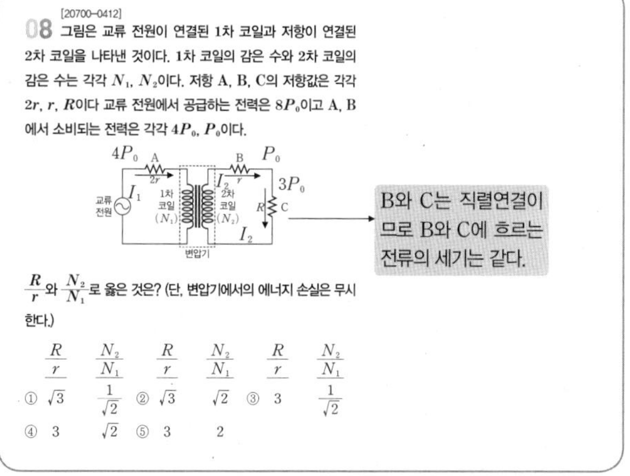

교류 전원에서 공급하는 전력이 $8P_0$이고 A에서 소모하는 전력이 $4P_0$이므로 1차 코일에서 2차 코일로 공급하는 전력은 $8P_0-4P_0=4P_0$이다. 따라서 B와 C에서 소모하는 전력의 합은 $4P_0$이다. B에서 소모하는 전력은 P_0이므로 C에서 소모하는 전력은 $3P_0$이다. B와 C에 흐르는 전류는 같으므로 저항은 C가 B의 3배이다. 따라서 $\frac{R}{r}=3$이다.

1차 코일과 2차 코일에 흐르는 전류의 세기를 각각 I_1, I_2라고 하면 $I_1^2(2r)=4P_0$이고 $I_2^2r=P_0$이다. 따라서 $\frac{N_2}{N_1}=\frac{I_1}{I_2}=\sqrt{2}$이다.

단원 마무리 문제

본문 191~195쪽

01 ②	02 ①	03 ③	04 ③	05 ③
06 ①	07 ⑤	08 ②	09 ③	10 ②
11 ④	12 ①	13 ④	14 ⑤	15 ④
16 ⑤	17 ⑤	18 ②	19 ①	20 ②

01

그림 (가)에서 E가 $x=-d$에 고정될 때 A와 C가 E에 작용하는 전기력의 크기 $F_0=k\frac{2q^2}{d^2}-k\frac{q^2}{d^2}=k\frac{q^2}{d^2}$이다.

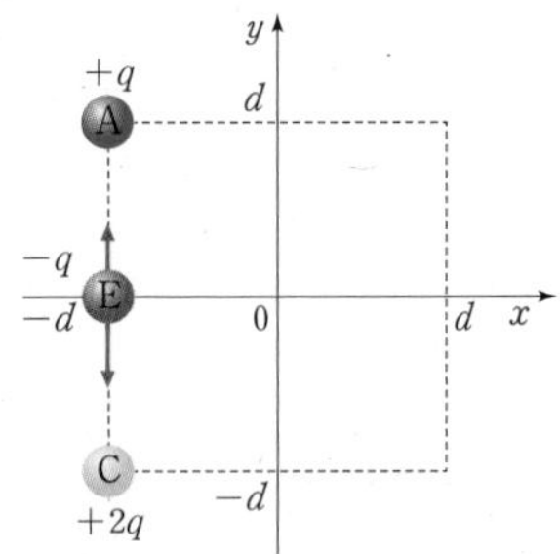

그림 (나)와 같이 E가 원점에 있을 때, A와 D에 의한 전기력의 크기는 $F=k\frac{2q^2}{(\sqrt{2}d)^2}-k\frac{q^2}{(\sqrt{2}d)^2}=k\frac{q^2}{2d^2}$이다. 이 힘과 y축이 45°를 이루므로 $-y$축 방향으로 A와 D에 의한 전기력의 크기는 $F\cos45°$이고, B와 C에 의한 전기력의 크기도 F이므로 E에 작용하는 전기력의 크기는 $2F\cos45°=\frac{1}{\sqrt{2}}F_0$이다. A, B, C, D가 E에 작용하는 전기력의 x축 방향의 성분은 서로 상쇄되므로 E에 작용하는 전기력의 방향은 $-y$ 방향이다.

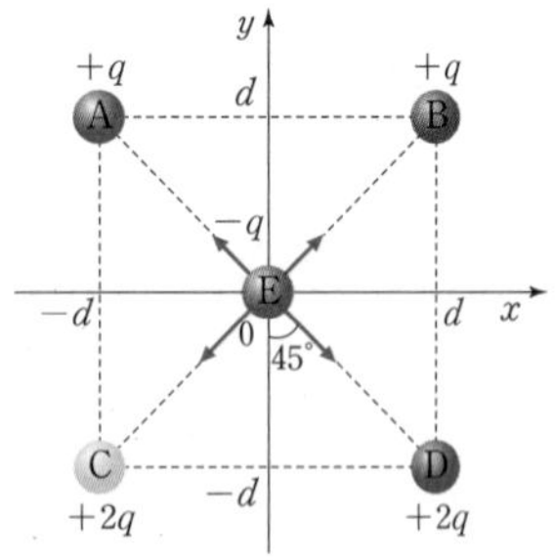

02

두 양(+)전하의 전하량을 +1 C이라 할 때, q에서 전기장의 세기를 E_0이라면 $E_0=k\frac{1}{\{(\sqrt{3}-1)d\}^2}+k\frac{1}{\{(\sqrt{3}+1)d\}^2}=k\frac{2}{d^2}$이다. 양(+)전하에서 p까지의 거리는 $2d$이므로 양(+)전하 1개가 p에 작용하는 전기력의 크기 $E_p=k\frac{1}{(2d)^2}=\frac{1}{8}E_0$이다. E_p의 y축 방향의 성분은 $E_p\cos30°=\frac{\sqrt{3}}{2}E_p$이고, x축상에 고정된 양(+)전하가 두 개이므로 p에서 전기장의 세기는 $2\times\frac{\sqrt{3}}{2}E_p=\frac{\sqrt{3}}{8}E_0$이다.

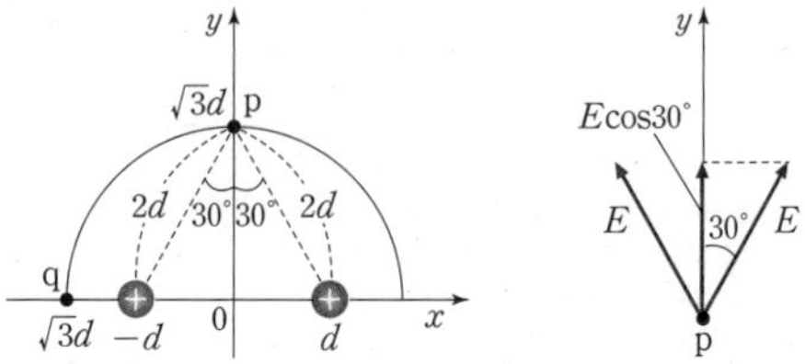

03

정답 맞히기 ㄱ. 전기력선의 모양이 y축을 기준으로 대칭이므로 A와 B의 전하량의 크기는 같다.

ㄴ. p와 q에서 전기장의 방향은 $+x$ 방향으로 같다.

오답 피하기 ㄷ. 전기장의 세기는 전기력선의 밀도가 클수록 크다. 전기력선의 밀도는 q에서가 p에서보다 크므로 전기장의 세기도 q에서가 p에서보다 크다.

04

정답 맞히기 ㄱ. 대전체는 양(+)전하로 대전되어 있고, 손가락은 접지의 역할을 하므로 대전체와 전기적 인력에 의해 손가락을 통해 전자가 금속판으로 들어온다.

ㄷ. (나)에서 손가락을 떼어도 대전체에 의해 검전기에는 정전기 유도가 발생하고, 손가락을 통해 들어온 전자가 빠져나가지 못한 상태이므로 손가락을 떼고 대전체를 멀리하면 검전기는 전체적으로 음(−)전하로 대전된다.

오답 피하기 ㄴ. (나)에서 대전체를 멀리하면 검전기에 정전기 유도가 발생하지 않고, 손가락을 통해 들어왔던 전자도 다시 빠져나가므로 검전기는 대전되지 않은 상태가 된다. 따라서 대전체를 멀리 하고 손가락을 떼면 금속박은 대전되지 않는다.

05

정답 맞히기 ㄱ. 대전 입자가 정지해 있을 때 대전 입자에 작용하는 알짜힘의 크기가 0이므로 $qE=mg$에서 $E=\frac{mg}{q}$이다.

ㄷ. 아래쪽 도체판은 양(+)전하로 대전되어 있으므로 아래쪽 도체판에 가까울수록 전위가 높다. 따라서 대전 입자를 아래쪽 도체판으로 이동시키면 대전 입자의 전기력에 의한 퍼텐셜 에너지는 증가한다.

오답 피하기 ㄴ. 양(+)전하는 전기장의 방향과 반대 방향으로 전기력을 받으므로 대전 입자가 받는 전기력의 방향은 중력 반대 방향이다. 따라서 위쪽 극판은 음(−)전하로 대전되어야 하므로 a는 음(−)극이다.

06

정답 맞히기 ㄱ. 전기장의 세기 $E=\frac{V}{d}$이므로 $\frac{2V_0}{d}$이다.

오답 피하기 ㄴ. 양(+)전하가 받는 전기력의 크기는 $qE=\frac{2qV_0}{d}$이다.

ㄷ. 양(+)전하를 $x=0$에서 $x=3d$까지 이동시키는 데 필요한 일은 $W=q\Delta V=6qV_0$이다.

07

정답 맞히기 ㄱ. 금속 고리의 부피는 일정해야 하므로 단면적이 2배가 되면 길이는 $\frac{1}{2}$배가 된다. 따라서 금속 고리의 길이는 (가)에서가 (나)에서의 2배이다.

ㄴ. (가)에서 금속 고리의 길이가 l, 단면적이 S일 때, 저항값 $R_1=\rho\frac{l}{S}$이다. A는 $\frac{3}{4}l$이므로 A의 저항값은 $\frac{3}{4}R_1$이고, B의 저항값은 $\frac{1}{4}R_1$이다. (나)에서 금속 고리의 저항값 $R_2=\rho\frac{\frac{1}{2}l}{2S}=\frac{1}{4}R_1$이므로 C와 D의 저항값은 각각 $\frac{1}{8}R_1$이다. 따라서 저항값은 A가 C의 6배이다.

ㄷ. (가)에서 A와 B의 합성 저항값은 $\frac{3}{16}R_1$, (나)에서 C와 D의 합성 저항값은 $\frac{1}{16}R_1$이다. (가)와 (나)에서 합성 저항에 걸리는 전압은 같으므로 전류계에 흐르는 전류의 세기는 (나)에서가 (가)에서의 3배이다.

08

a에 흐르는 전류의 세기가 I_a이므로 $P_0=I_aV_0$이고, b에 흐르는 전류의 세기가 I_b이므로 $4P_0=I_b(2V_0)$이다. 따라서 $I_a : I_b=1 : 2$이다. a의 저항값이 R_a이므로 a에서의 손실 전력 $0.1P_0=I_a^2R_a$이고, b의 저항값이 R_b이므로 b에서의 손실 전력 $0.2P_0=I_b^2R_b$이다. I_b가 I_a의 2배이므로 $R_a : R_b=2 : 1$이다.

09

정답 맞히기 ㄱ. 이미터와 베이스 사이에 연결된 스위치를 통해 R_2에 전류를 흐르거나 흐르지 않게 할 수 있으므로 트랜지스터는 스위칭 작용을 할 수 있다.

ㄴ. 이미터와 베이스 사이에는 순방향 전압이 연결되고 베이스와 컬렉터 사이에는 역방향 전압이 연결되어야 하므로 베이스는 n형 반도체, 컬렉터는 p형 반도체이다. 따라서 X는 p형 반도체이다.

오답 피하기 ㄷ. 트랜지스터는 p−n−p형이고, 스위치가 a와 b 중에서 한 곳에 연결될 때 R_2에 전류가 흐르기 위해서는 이미터와 베이스 사이에는 순방향 전압이 연결되어야 한다. 따라서 스위치를 b에 연결할 때 R_1, R_2에 모두 전류가 흐른다.

10

A, B, C를 연결하여 합성 전기 용량이 가장 큰 경우는 A, B, C를 병렬연결하는 것이고, 가장 작은 경우는 A, B, C를 직렬연결하는 것이다. A의 전기 용량이 C_0일 때, B의 전기 용량은 $2C_0$, C의 전기 용량은 $\frac{3}{2}C_0$이다. 합성 전기 용량이 두 번째로 작은 값은 그림 (가)와 같이 B와 C를 병렬로, A를 직렬로 연결하는 것이고, 이때 합성 전기 용량은 $C_1=\frac{7}{9}C_0$이다. 합성 전기 용량이 세 번째로 작은 값은 그림 (나)와 같이 A와 B를 병렬로, C를 직렬로 연결하는 것이고, 이때 합성 전기 용량은 $C_2=C_0$이다. 따라서 $\frac{C_1}{C_2}=\frac{7}{9}$이다.

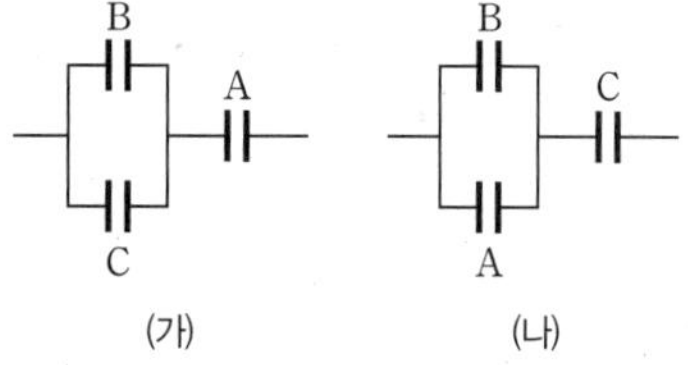

11

정답 맞히기 ㄴ. S가 off일 때 A와 C가 직렬연결되고 충전된 전하량은 같으므로 C에 걸린 전압은 $\frac{1}{3}V_0$이다. S가 on일 때 A와 B가 병렬연결되어 합성 전기 용량은 $4C_0$이고 C와 직렬연결되어 있으므로 C에 걸린 전압은 $\frac{2}{3}V_0$이다. 따라서 C에 걸린 전압은 S가 on일 때가 off일 때의 2배이다.

ㄷ. S가 off일 때 합성 전기 용량은 $\frac{2}{3}C_0$이고, S가 on일 때 합성 전기 용량은 $\frac{4}{3}C_0$이다. 축전기에 걸린 전압이 같을 때 축전기에 저장되는 전기 에너지는 전기 용량에 비례하므로 축전기에 저장된 총 전기 에너지는 S가 on일 때가 off일 때의 2배이다.

오답 피하기 ㄱ. S가 off일 때 축전기는 A와 C가 직렬로 연결되어 있으므로 합성 전기 용량은 $\frac{2}{3}C_0$이다. B의 전기 용량을 C_B라고 하면, S가 on일 때 합성 전기 용량은 $\frac{2C_0(C_0+C_B)}{C_B+3C_0}$이다. S가 off인 상태에서 전압이 $2V_0$일 때 A, B, C에 저장된 총 전하량은 Q_0이므로 $Q_0=\frac{4}{3}C_0V_0$이고, S가 on인 상태에서 전압이 $2V_0$일 때 A, B, C에 저장된 총 전하량은 $2Q_0$이므로 $2Q_0=\frac{2C_0(C_0+C_B)}{C_B+3C_0}\times 2V_0$이다. 따라서 $\frac{C_0(C_0+C_B)}{C_B+3C_0}\times 2V_0=\frac{4}{3}C_0V_0$에서 $C_B=3C_0$이다.

12

면적이 S로 같고, 극판 간격이 d인 축전기의 전기 용량이 C_0일 때, A는 극판 간격이 d이고 면적이 $\frac{S}{2}$로 같은 축전기 두 개 중 하나에 유전 상수가 3인 유전체를 넣고 병렬로 연결한 것과 같으므로 A의 전기 용량은 $\frac{1}{2}C_0+\frac{3}{2}C_0=2C_0$이다. B는 극판 간격이 $\frac{d}{2}$이고 면적이 S로 같은 축전기 두 개 중 하나에 유전 상수가 2인 유전체를 넣고 직렬로 연결한 것과 같으므로 B의 전기 용량은 $\frac{1}{2C_0}+\frac{1}{4C_0}=\frac{3}{4C_0}$에서 $\frac{4}{3}C_0$이다. A와 B는 병렬 연결되어 있으므로 전압은 V로 같다. 따라서 A와 B에 각각 저장되는 전기 에너지는 전기 용량에 비례하므로 $U_A : U_B=2C_0 : \frac{4}{3}C_0=3 : 2$이다.

13

A와 B에 흐르는 전류의 세기는 같고, p로부터의 거리는 B가 A의 2배이다. 따라서 p에서 A에 흐르는 전류에 의한 자기장의 방향은 xy 평면에 수직 방향이고, 세기는 B_0이다. B에 흐르는 전류에 의한 자기장의 방향은 y축에 나란한 방향이고, 세기는 $\frac{1}{2}B_0$이다. 따라서 p에서 A, B에 흐르는 전류에 의한 자기장의 세기는 $\sqrt{B_0^2+\left(\frac{1}{2}B_0\right)^2}=\frac{\sqrt{5}}{2}B_0$이다.

14

정답 맞히기 ㄱ. (가)의 O에서 A에 흐르는 전류에 의한 자기장의 방향은 xy 평면에 수직으로 들어가는 방향이고, B에 흐르는 전류에 의한 자기장의 방향은 xy 평면에서 수직으로 나오는 방향이다.
ㄴ. (나)에서 C에는 시계 방향으로 전류가 흐르므로 C에 흐르는 전류에 의한 자기장의 방향은 xy 평면에 수직으로 들어가는 방향이다. (나)에서는 (가)의 O에서 xy 평면에 수직으로 들어가는 방향의 자기장이 추가된 것이다. O에서 전류에 의한 자기장의 방향은 (가)에서와 (나)에서가 반대이므로 (가)의 O에서 전류에 의한 자기장의 방향은 xy 평면에서 나오는 방향이고, (나)의 O에서 전류에 의한 자기장의 방향은 xy 평면에 수직으로 들어가는 방향이다.
ㄷ. (가)에서 O로부터의 거리는 A와 B가 같고, (가)의 O에서 전류에 의한 자기장의 방향은 xy 평면에서 수직으로 나오는 방향이므로 전류의 세기는 A에서가 B에서보다 작다.

15

정답 맞히기 ㄱ. A에 흐르는 전류의 방향은 $+y$ 방향이므로 O에서 A에 흐르는 전류에 의한 자기장의 방향은 xy 평면에서 수직으로 나오는 방향이다.
ㄷ. O에서 A에 흐르는 전류에 의한 자기장의 세기가 B_0이므로 O에서 B에 흐르는 전류에 의한 자기장의 세기는 $\frac{1}{2}B_0$이다. 따라서 O에서 C에 흐르는 전류에 의한 자기장의 세기는 $B_0+\frac{1}{2}B_0=\frac{3}{2}B_0$이다.

오답 피하기 ㄴ. O에서 A, B에 흐르는 전류에 의한 자기장의 방향은 xy 평면에서 수직으로 나오는 방향이고, p에서 A, B, C에 흐르는 전류에 의한 자기장은 0이므로 O에서 C에 흐르는 전류에 의한 자기장의 방향은 xy 평면에 수직으로 들어가는 방향이다. 따라서 C에 흐르는 전류의 방향은 시계 방향이다.

16

정답 맞히기 ㄱ. q에서 전류에 의한 자기장의 방향은 p에서 r를 향하는 방향이다. 솔레노이드에 흐르는 전류의 방향으로 오른손 네 손가락을 감아쥐었을 때 엄지손가락이 가리키는 방향이 전류에 의한 자기장의 방향이다.
ㄷ. 가변 저항의 저항값을 감소시키면 솔레노이드에 흐르는 전류의 세기는 증가한다. 따라서 q에서 전류에 의한 자기장의 세기는 증가한다.

오답 피하기 ㄴ. 전류에 의한 자기장의 방향은 p에서와 r에서가 같다.

17

정답 맞히기 ㄱ. 직선 도선에서 멀어질수록 전류에 의한 자기장의 세기는 감소한다. 따라서 P를 통과하는 자기 선속의 크기는 감소한다.
ㄴ. 직선 도선의 왼쪽 영역에서 전류에 의한 자기장의 방향은 종이면에서 수직으로 나오는 방향이고, P가 $-x$ 방향으로 운동하는 동안 전류에 의한 자기장의 세기는 감소하므로 P에 흐르는 유도 전류의 방향은 시계 반대 방향이다.
ㄷ. 전류에 의한 자기장의 세기는 직선 도선으로부터 떨어진 거리에 반비례한다. 직선 도선으로부터 멀어질수록 자기 선속의 시간적 변화율은 감소하므로 P에 흐르는 유도 전류의 세기는 감소한다.

18

정답 맞히기 ㄴ. 코일에 걸리는 전압은 코일의 감은 수에 비례한다. (가)에서 2차 코일에 걸리는 전압은 150 V이고, (나)에서 2차 코일에 걸리는 전압은 300 V이다. 따라서 2차 코일에 걸리는 전압은 (나)에서가 (가)에서의 2배이다.

오답 피하기 ㄱ. 저항에서 소모되는 전력은 (가)에서와 (나)에서가 같으므로 교류 전원에서 공급하는 전력도 (가)에서와 (나)에서가 같다. 교류 전원의 전압은 (나)에서가 (가)에서의 4배이므로 1차 코일에 흐르는 전류의 세기는 (가)에서가 (나)에서의 4배이다.

ㄷ. 패러데이 전자기 유도 법칙에서 $V=-N\frac{\varDelta\Phi}{\varDelta t}$이다. (가), (나)에서 2차 코일을 통과하는 단위 시간당 자기 선속의 시간적 변화율을 각각 $\frac{\varDelta\Phi_{가}}{\varDelta t}$, $\frac{\varDelta\Phi_{나}}{\varDelta t}$라고 하자. 2차 코일에 걸리는 전압은 (가)에서는 150 V이고 (나)에서는 300 V이다. 2차 코일의 감은 수는 (가)에서와 (나)에서가 600회로 같으므로 $150:300=600\frac{\varDelta\Phi_{가}}{\varDelta t}:600\frac{\varDelta\Phi_{나}}{\varDelta t}$에서 $\frac{\varDelta\Phi_{나}}{\varDelta t}=2\frac{\varDelta\Phi_{가}}{\varDelta t}$이다. 따라서 2차 코일을 통과하는 자기 선속의 시간적 변화율은 (나)에서가 (가)에서의 2배이다.

19

사각형 도선이 $+x$ 방향으로 운동하는 동안 Ⅰ에서는 종이면에서 수직으로 나오는 방향으로 사각형 도선을 통과하는 자기 선속이 감소하고, Ⅱ에서는 종이면에서 수직으로 나오는 방향으로 사각형 도선을 통과하는 자기 선속이 증가한다. 하지만 자기장의 세기는 Ⅱ에서가 Ⅰ에서보다 크므로 Ⅰ에서 종이면에서 수직으로 나오는 방향으로 사각형 도선을 통과하는 자기 선속의 감소량보다 Ⅱ에서 종이면에서 나오는 방향으로 사각형 도선을 통과하는 자기 선속의 증가량이 더 크다. 따라서 사각형 도선에 흐르는 전류의 방향은 시계 방향이다.

Ⅰ에서 자기 선속의 변화에 의한 유도 기전력의 방향과 Ⅱ에서 자기 선속의 변화에 의한 유도 기전력의 방향이 서로 반대 방향이므로 사각형 도선에 발생하는 유도 기전력은 $2BLv-BLv=BLv$이다.

20

정답 맞히기 ㄴ. B에 흐르는 유도 전류의 세기는 B를 통과하는 자기 선속의 시간적 변화율에 비례하고, B를 통과하는 자기 선속의 시간적 변화율은 A에 흐르는 전류의 시간적 변화율에 비례한다. 따라서 B에 흐르는 유도 전류의 세기는 T일 때와 $2T$일 때가 같다.

오답 피하기 ㄱ. B를 통과하는 자기 선속은 A에 흐르는 전류의 세기에 비례하므로 B를 통과하는 자기 선속은 T일 때가 $2.5T$일 때보다 작다.

ㄷ. $2.5T$부터 $3T$까지 A에 흐르는 전류의 세기는 감소하므로 B를 통과하는 자기 선속은 감소한다. B에 흐르는 유도 전류의 방향은 B를 통과하는 자기 선속의 변화를 방해하는 방향이므로 $2.7T$일 때 A에 흐르는 전류의 방향은 B에 흐르는 유도 전류의 방향과 같다.

Ⅲ. 파동과 물질의 성질

11 전자기파의 성질

탐구 활동 본문 205쪽

1 해설 참조 2 해설 참조

1

음원이 관찰자에게 다가가면 관찰자에게 도달하는 음파의 파면 간격은 정지한 음원에서 발생한 음파의 파면 간격보다 짧아진다.

모범 답안 음원이 관찰자에게 다가갈 때, 관찰자가 듣는 소리의 진동수는 음원의 진동수보다 크다.

2

음원이 관찰자에게서 멀어지면 관찰자에게 도달하는 음파의 파면 간격은 정지한 음원에서 발생한 음파의 파면 간격보다 길어진다.

모범 답안 음원이 관찰자에게서 멀어질 때, 관찰자가 듣는 소리의 진동수는 음원의 진동수보다 작다.

내신 기초 문제 본문 206~209쪽

01 ② 02 ③ 03 ② 04 ③ 05 ⑤
06 ⑤ 07 ③ 08 해설 참조 09 ③
10 ② 11 ③ 12 ② 13 ⑤ 14 ①
15 해설 참조 16 해설 참조

01

정답 맞히기 ㄴ. 이중 슬릿과 스크린 사이의 거리가 클수록 인접하는 밝은 무늬 사이의 간격은 증가한다. 따라서 B를 비출 때 L_2만을 증가시키면 $\varDelta x_B$는 증가한다.

오답 피하기 ㄱ. 레이저와 이중 슬릿 사이의 거리는 스크린에 나타난 간섭무늬 사이의 간격과 관계없다. 따라서 A를 비출 때 L_1만을 감소시켜도 $\varDelta x_A$는 달라지지 않는다.

ㄷ. 단색광의 파장이 길수록 인접한 밝은 무늬 사이 간격은 크다. 단색광의 파장은 빨간색이 초록색보다 길므로 $\varDelta x_A > \varDelta x_B$이다.

02

정답 맞히기 ㄱ. O에서 P까지의 거리가 2.4 cm이므로 인접한 밝은 무늬 사이의 간격은 1.2 cm이다. $\varDelta x = \frac{L\lambda}{d}$이므로 $1.2\text{ cm} = 2\text{ m} \times \frac{\lambda}{0.1\text{ mm}}$에서 $\lambda = 600 \times 10^{-9}\text{ m} = 600\text{ nm}$이다.

ㄴ. P에서는 밝은 무늬가 나타났으므로 S_1과 S_2로부터 P에 도달한 빛은 보강 간섭을 한다. 따라서 S_1과 S_2로부터 P에 도달한 빛의 위상은 같다.

오답 피하기 ㄷ. P에서는 O로부터 2번째 보강 간섭무늬가 나타났으므로 $\varDelta = \frac{\lambda}{2}(2m) = \frac{600\text{ nm}}{2}(2 \times 2) = 1200\text{ nm}$이다.

03

정답 맞히기 ㄷ. 인접한 밝은 무늬 사이의 간격은 단색광의 파장에 비례한다. 단색광의 파장은 A가 B보다 짧으므로 $\varDelta x_{가} < \varDelta x_{나}$이다.

오답 피하기 ㄱ. A와 B는 동일한 매질에서 진행하므로 단색광의 속력은 A와 B가 같다.

ㄴ. 속력은 A와 B가 같고, 파장은 A가 B보다 짧으므로 진동수는 A가 B보다 크다.

04

인접한 밝은 무늬 사이의 간격은 레이저 빛의 파장에 비례한다. 인접한 밝은 무늬 사이의 간격은 P에서가 $\frac{L}{5}$이고 Q에서가 $\frac{L}{8}$이다. 따라서 $\frac{\lambda_P}{\lambda_Q} = \frac{\frac{L}{5}}{\frac{L}{8}} = \frac{8}{5}$이다.

05

(나)에서 레이저 빛의 파장을 λ라고 하면 인접한 밝은 무늬 사이의 간격 $x = \frac{L\lambda}{d}$이다. 인접한 밝은 무늬 사이의 간격은 (라)에서가 (나)에서의 2배이다.

정답 맞히기 ㄱ. 슬릿 간격이 $\frac{1}{2}d$인 이중 슬릿을 사용하면 인접한 밝은 무늬 사이의 간격은 $\frac{L\lambda}{\frac{1}{2}d} = \frac{2L\lambda}{d} = 2x$이다.

ㄴ. 이중 슬릿과 스크린 사이의 거리를 $2L$로 변화시키면 인접한 밝은 무늬 사이의 간격은 $\frac{2L\lambda}{d}=2x$이다.

ㄷ. 진동수가 $\frac{1}{2}f$인 레이저 빛을 사용하면 파장은 (나)에서의 2배이다. 따라서 인접한 밝은 무늬 사이의 간격은 $\frac{L(2\lambda)}{d}=2x$이다.

06

정답 맞히기 ㄱ. CD 표면에 있는 홈에서 회절된 빛에 의해 여러 가지 색이 보인다.

ㄴ. 전복 껍데기 안층에서 빛이 회절하여 여러 가지 색이 보인다.

ㄷ. FM 방송보다 AM 방송이 더 긴 파장을 사용한다. 장애물이 있는 먼 지역으로 전파를 보낼 때는 장애물에 막히지 않고 회절이 잘 될 수 있도록 긴 파장을 사용하는 AM 방송을 이용한다.

07

정답 맞히기 ㄱ. 원판을 시계 반대 방향으로 회전시키면 단일 슬릿에 도달하는 빛의 파장은 짧아진다.

ㄴ. 빛의 파장이 길수록 x는 커진다. 원판을 시계 반대 방향으로 회전시키면 프리즘에서 나온 빛의 파장은 짧아지므로 x는 감소한다.

오답 피하기 ㄷ. O는 S_1과 S_2로부터 같은 거리에 있으므로 S_1과 S_2로부터 O에 도달한 빛의 위상은 같고 항상 밝은 무늬가 나타난다.

08

스크린에서 인접한 무늬 사이의 간격은 $x=\frac{L\lambda}{d}$이다. x를 증가시키려면 단색광의 파장이 λ보다 큰 빛을 사용하거나 이중 슬릿의 간격을 d보다 작은 이중 슬릿을 사용하거나 이중 슬릿과 스크린 사이의 거리를 L보다 크게 한다.

모범 답안 λ보다 파장이 긴 단색광, 이중 슬릿의 간격을 d보다 작게, 이중 슬릿과 스크린 사이의 거리를 L보다 크게 변화시킨다.

09

A는 틈의 형태가 세로 방향이므로 회절은 가로 방향으로 나타난다. 따라서 A를 사용했을 때 나타나는 회절 무늬는 ㄴ이다.

B는 틈의 형태가 정사각형이므로 회절은 가로 방향과 세로 방향으로 나타난다. 따라서 B를 사용했을 때 나타나는 회절 무늬는 ㄱ이다.

C는 틈의 형태가 가로 방향이므로 회절은 세로 방향으로 나타난다. 따라서 C를 사용했을 때 나타나는 회절 무늬는 ㄷ이다.

10

정답 맞히기 ㄴ. 측정기가 정지한 음원에 가까이 다가가면, 측정된 소리의 파장은 음원에서 발생한 소리의 파장과 같고, 측정된 소리의 속력은 음속보다 커진다. 따라서 측정기가 측정한 소리의 진동수는 음원에서 발생하는 소리의 진동수보다 크다.

오답 피하기 ㄱ. 소리의 도플러 효과는 음원과 관측자의 상대적인 움직임에 의해 나타나는 현상이다.

ㄷ. 음원이 정지한 측정기로부터 멀어지면 측정기가 측정한 소리의 파장은 음원에서 발생한 소리의 파장보다 길고, 측정기가 측정한 소리의 속력은 음속과 같다. 따라서 측정기가 측정한 소리의 진동수는 음원에서 발생하는 소리의 진동수보다 작다.

11

정답 맞히기 ㄱ. a와 c에서 A는 음파 측정기로부터 멀어지거나 가까워지는 지점이 아니므로 A에서 발생한 음파의 진동수와 음파 측정 장치가 측정한 진동수가 같다.

ㄴ. A는 b를 지날 때 음파 측정 장치로부터 멀어지므로 음파 측정 장치가 측정한 음파의 진동수는 A에서 발생한 음파의 진동수보다 작다. A는 d를 지날 때 음파 측정 장치에 가까워지므로 음파 측정 장치가 측정한 음파의 진동수는 A에서 발생한 음파의 진동수보다 크다. 따라서 음파 측정 장치에서 측정한 음파의 진동수는 b를 지날 때가 d를 지날 때보다 작다.

오답 피하기 ㄷ. 음파 측정 장치는 계속 정지해 있으므로, 음파 측정기가 측정할 때 A에서 발생한 음파의 속력은 항상 일정하다.

12

정답 맞히기 ㄴ. 검출기는 정지해 있으므로 검출기가 측정한 A의 속력은 일정하다.

오답 피하기 ㄱ. 0부터 t까지 음파 발생기는 검출기로부터 멀어지는 방향으로 등속도 운동을 한다. 따라서 0부터 t까지 검출기가 측정한 A의 진동수는 일정하다.

ㄷ. t일 때 음파 발생기의 속력을 v라고 하면, $3t$일 때 음파 발생기의 속력은 $2v$이다. 음파 발생기가 검출기로부터 멀어지는 속력이 클수록 검출기가 측정한 A의 진동수는 작아진다. 검출기가 측정한 A의 진동수는 t일 때가 $3t$일 때보다 크다.

13

정답 맞히기 ㄱ. B는 A로부터 멀어지고 있으므로 A가 측정할 때 B에서 발생한 음파의 파장은 λ_0보다 크다.

ㄴ. A에서 반사되어 B로 돌아오는 소리의 진행 방향과 B의 진행 방향은 같다. 따라서 B가 측정할 때 A에서 반사된 음파의 속력은 $10v-v=9v$이다.

ㄷ. A에서 반사된 음파를 B가 측정할 때, B는 A로부터 멀어지고 있으므로 $f_2=\frac{10v-v}{10v}f_1$이다. 이를 정리하면 $\frac{f_2}{f_1}=\frac{9}{10}$이다.

14

정답 맞히기 ㄱ. 음파 발생기는 A로부터 멀어지고 있으므로 $f_A=\frac{v}{v+\frac{1}{5}v}f_0=\frac{5}{6}f_0$이다. 따라서 $f_A<f_0$이다.

오답 피하기 ㄴ. A는 정지해 있으므로 A가 듣는 소리의 속력은 진동수가 f_A인 소리와 진동수가 f_B인 소리와 같다.

ㄷ. 음파 발생기는 벽면을 향해 운동하고 있으므로 벽면에서 측정된 소리의 진동수는 $\frac{v}{v-\frac{1}{5}v}f_0=\frac{5}{4}f_0$이다. A는 벽면에 대해 정지해 있으므로 벽면에서 측정한 소리의 진동수와 f_B는 같다. 따라서 $f_B=\frac{5}{4}f_0$이다. 이를 정리하면 f_A는 f_B의 $\frac{2}{3}$배이다.

15

- 멀어지는 은하: 우리 은하로부터 멀어지는 은하에서 방출되는 빛의 진동수는 감소하므로 파장은 길어진다. 따라서 스펙트럼이 전체적으로 붉은색 쪽으로 이동하여 적색 이동이 나타난다.
- 다가오는 은하: 우리 은하에 가까워지는 은하에서 방출되는 빛의 진동수는 증가하므로 파장은 짧아진다. 따라서 스펙트럼이 전체적으로 푸른색 쪽으로 이동하여 청색 이동이 나타난다.

모범 답안 우리 은하로부터 멀어지는 은하에서 방출되는 빛의 진동수는 감소하므로 파장은 길어진다. 우리 은하에 가까워지는 은하에서 방출되는 빛의 진동수는 증가하므로 파장은 짧아진다.

16

모범 답안 $f_1<f_2$, 야구공이 스피드 건에 가까워지는 방향으로 운동하므로 야구공에서 반사된 전자기파의 진동수는 f_1보다 크다.

실력 향상 문제

본문 210~213쪽

01 ④ 02 ① 03 ① 04 ⑤ 05 $\frac{d}{L}$
06 해설 참조 07 ③ 08 ⑤ 09 ③
10 ② 11 ① 12 $\frac{11}{9}$ 13 해설 참조
14 (1) $\lambda_A>\lambda_B$ (2) 해설 참조 15 ④ 16 ⑤

01 이중 슬릿에 의한 간섭무늬

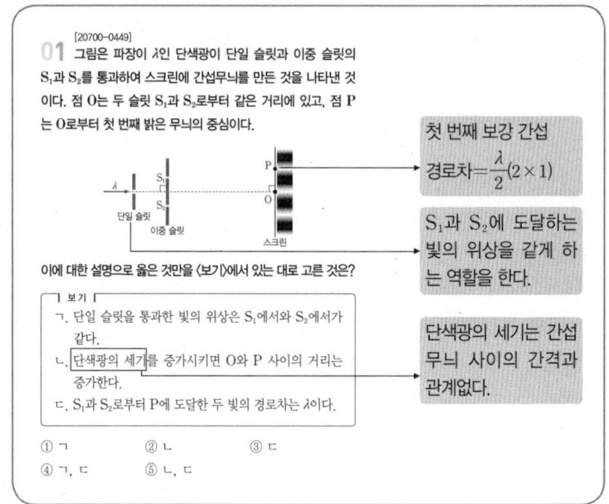
[20700-0449]

01 그림은 파장이 λ인 단색광이 단일 슬릿과 이중 슬릿의 S_1과 S_2를 통과하여 스크린에 간섭무늬를 만든 것을 나타낸 것이다. 점 O는 두 슬릿 S_1과 S_2로부터 같은 거리에 있고, 점 P는 O로부터 첫 번째 밝은 무늬의 중심이다.

이에 대한 설명으로 옳은 것만을 〈보기〉에서 있는 대로 고른 것은?

보기
ㄱ. 단일 슬릿을 통과한 빛의 위상은 S_1에서와 S_2에서가 같다.
ㄴ. 단색광의 세기를 증가시키면 O와 P 사이의 거리는 증가한다.
ㄷ. S_1과 S_2로부터 P에 도달한 두 빛의 경로차는 λ이다.

① ㄱ ② ㄴ ③ ㄷ
④ ㄱ, ㄷ ⑤ ㄴ, ㄷ

정답 맞히기 ㄱ. 단일 슬릿을 사용하는 이유는 이중 슬릿에서의 위상을 같게 하기 위함이다. 따라서 단일 슬릿을 통과한 빛의 위상은 S_1에서와 S_2에서가 같다.

ㄷ. P에서는 O로부터 첫 번째 보강 간섭이 일어났으므로 S_1과 S_2로부터 P에 도달한 두 빛의 경로차는 $\frac{\lambda}{2}(2\times1)=\lambda$이다.

오답 피하기 ㄴ. 단색광의 세기는 간섭무늬 사이의 간격 변화와 관계없다.

02 이중 슬릿에 의한 간섭무늬

(가)에서 단색광의 파장을 λ라고 하면, 인접하는 밝은 무늬 사이의 간격은 $\frac{x\lambda}{y}$이다. A를 비출 때 x를 x_0이라 하고, C를 비출 때 y를 y_0이라고 하면 A, B, C를 비출 때 인접한 밝은 무늬 사이의 간격은 모두 같으므로 $\frac{x_0}{4y_0}\lambda_A=\frac{3x_0}{6y_0}\lambda_B=\frac{4x_0}{y_0}\lambda_C$이다. 따라서 $\lambda_A>\lambda_B>\lambda_C$이다.

03 이중 슬릿에 의한 간섭무늬

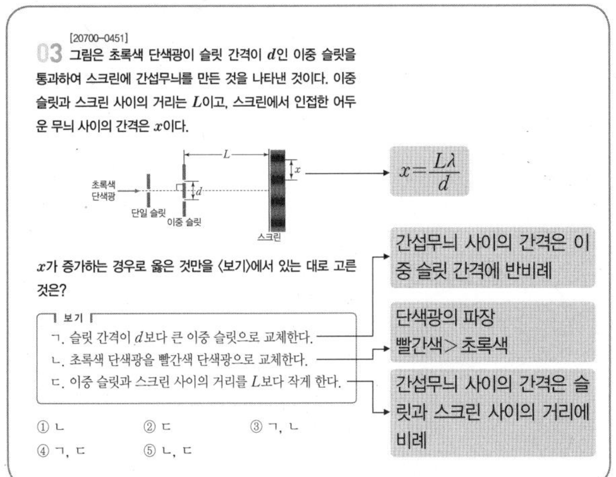

[20700-0451]
03 그림은 초록색 단색광이 슬릿 간격이 d인 이중 슬릿을 통과하여 스크린에 간섭무늬를 만든 것을 나타낸 것이다. 이중 슬릿과 스크린 사이의 거리는 L이고, 스크린에서 인접한 어두운 무늬 사이의 간격은 x이다.
초록색 단색광
단일 슬릿
이중 슬릿
스크린
$x=\frac{L\lambda}{d}$
간섭무늬 사이의 간격은 이중 슬릿 간격에 반비례
x가 증가하는 경우로 옳은 것만을 <보기>에서 있는 대로 고른 것은?
보기
ㄱ. 슬릿 간격이 d보다 큰 이중 슬릿으로 교체한다.
ㄴ. 초록색 단색광을 빨간색 단색광으로 교체한다.
ㄷ. 이중 슬릿과 스크린 사이의 거리를 L보다 작게 한다.
단색광의 파장 빨간색>초록색
간섭무늬 사이의 간격은 슬릿과 스크린 사이의 거리에 비례
① ㄴ ② ㄷ ③ ㄱ, ㄴ
④ ㄱ, ㄷ ⑤ ㄴ, ㄷ

정답 맞히기 ㄴ. 단색광의 파장이 길수록 인접하는 어두운 무늬 사이의 간격은 커진다. 단색광의 파장은 빨간색일 때가 초록색일 때보다 길다. 따라서 x를 증가시키기 위해서는 초록색 단색광보다 파장이 긴 빨간색 단색광으로 교체한다.

오답 피하기 ㄱ. 슬릿 간격이 클수록 인접하는 어두운 무늬 사이의 간격은 작아진다. 따라서 x를 증가시키기 위해서는 슬릿 간격이 d보다 작은 이중 슬릿으로 교체한다.

ㄷ. 이중 슬릿과 스크린 사이가 클수록 인접한 어두운 무늬 사이의 간격은 커진다. 따라서 x를 증가시키기 위해서는 이중 슬릿과 스크린 사이의 거리를 L보다 크게 한다.

04 단색광의 파장에 따른 간섭무늬 사이의 간격

볼록 렌즈를 통과한 후 p가 q보다 더 많이 굴절되었으므로 파장은 p가 q보다 짧다.($\lambda_p < \lambda_q$) 단색광의 파장이 길수록 스크린에서 인접한 밝은 무늬 사이의 간격이 크다. 따라서 x_p는 x_q보다 작다.($x_p < x_q$)

05 이중 슬릿에 의한 간섭무늬

상쇄 간섭이 일어나는 지점에서 S_1과 S_2를 통과한 두 빛의 위상은 서로 반대이다. 따라서 상쇄 간섭이 일어나는 지점에서 S_1과 S_2를 통과한 두 빛의 경로차는 반파장의 홀수 배이다.

단색광의 파장을 λ라고 하면 P에서는 O로부터 첫 번째 상쇄 간섭이 일어났으므로 $x_1=\frac{\lambda}{2}(2\times0+1)=\frac{\lambda}{2}$이고, $x_2=\frac{L\lambda}{d}\times\frac{1}{2}$이다. 따라서 $\frac{x_1}{x_2}=\frac{\frac{\lambda}{2}}{\frac{L\lambda}{2d}}=\frac{d}{L}$이다.

06 이중 슬릿에 의한 간섭무늬

모범 답안 파장이 λ인 단색광을 비출 때 P에서는 두 번째 보강 간섭이 일어났으므로 O와 P 사이의 거리는 $\frac{2L\lambda}{d}$이고, 이중 슬릿으로부터 P에 도달한 빛의 경로차는 $\varDelta=\frac{\lambda}{2}(2\times2)=2\lambda$이다.

P에서 O로부터 세 번째 어두운 무늬가 나타나게 하기 위한 단색광의 파장을 λ'이라고 하면, P에서 이중 슬릿을 통과한 두 빛의 경로차는 $\varDelta'=\frac{\lambda'}{2}(2\times2+1)=\frac{d}{L}\left(\frac{2L\lambda}{d}\right)$이다. 이를 정리하면 $\lambda'=\frac{4}{5}\lambda$이다.

07 단일 슬릿에 의한 회절

단일 슬릿을 통과하여 스크린에 생긴 회절 무늬는 스크린 중앙의 밝은 무늬가 가장 밝고 중앙으로부터 멀어질수록 밝기가 감소한다. 이중 슬릿을 통과하여 스크린에 생긴 간섭무늬는 무늬 사이의 간격이 일정하다. 따라서 검출기가 측정한 결과는 ③이 가장 적절하다.

08 도플러 효과

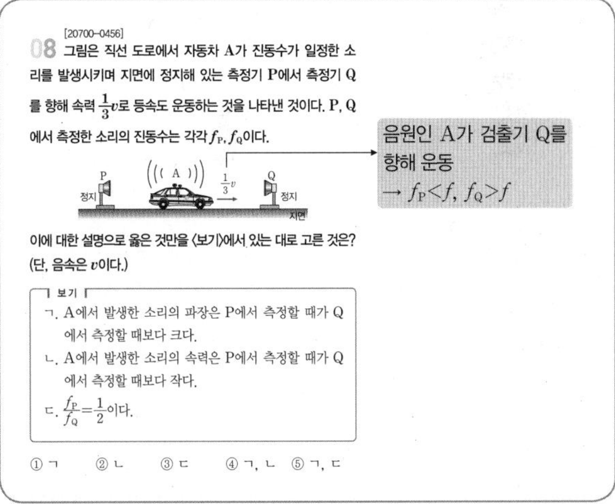

[20700-0456]
08 그림은 직선 도로에서 자동차 A가 진동수가 일정한 소리를 발생시키며 지면에 정지해 있는 측정기 P에서 측정기 Q를 향해 속력 $\frac{1}{3}v$로 등속도 운동하는 것을 나타낸 것이다. P, Q에서 측정한 소리의 진동수는 각각 f_P, f_Q이다.
P
정지
A
$\frac{1}{3}v$
Q
정지
지면
음원인 A가 검출기 Q를 향해 운동 → $f_P<f$, $f_Q>f$
이에 대한 설명으로 옳은 것만을 <보기>에서 있는 대로 고른 것은? (단, 음속은 v이다.)
보기
ㄱ. A에서 발생한 소리의 파장은 P에서 측정할 때가 Q에서 측정할 때보다 크다.
ㄴ. A에서 발생한 소리의 속력은 P에서 측정할 때가 Q에서 측정할 때보다 작다.
ㄷ. $\frac{f_P}{f_Q}=\frac{1}{2}$이다.
① ㄱ ② ㄴ ③ ㄷ ④ ㄱ, ㄴ ⑤ ㄱ, ㄷ

정답 맞히기 ㄱ. A는 P에서 멀어지는 방향으로 운동하고 있으므로 A에서 발생한 소리의 파면 사이의 간격은 증가한다. 그리고 A는 Q에 가까워지는 방향으로 운동하고 있으므로 A에서 발생한 소리의 파면 사이의 간격은 감소한다. 따라서 A에서 발생한 소리의 파장은 P에서 측정할 때가 Q에서 측정할 때보다 크다.

ㄷ. A에서 발생하는 소리의 진동수를 f라고 하면, P에서 측정할 때 소리의 진동수는 $f_P=\frac{v}{v+\frac{1}{3}v}f=\frac{3}{4}f$이고, Q에서 측정할

때 소리의 진동수는 $f_Q=\dfrac{v}{v-\frac{1}{3}v}f=\dfrac{3}{2}f$이다. 따라서 $\dfrac{f_P}{f_Q}=\dfrac{1}{2}$이다.

오답 피하기 ㄴ. 측정기는 지면에 정지해 있으므로 소리의 속력은 P에서 측정할 때와 Q에서 측정할 때가 음속 v로 같다.

09 도플러 효과

자동차에서 발생한 소리의 파장을 λ, 자동차의 속력을 $v_{차}$라고 하면, $\lambda_P=\lambda+\dfrac{v_{차}}{f}$이고 $\lambda_Q=\lambda-\dfrac{v_{차}}{f}$이다. $\lambda_P+\lambda_Q=2\lambda$이다. $\dfrac{v}{f}=\lambda=\dfrac{\lambda_P+\lambda_Q}{2}$이다.

10 도플러 효과

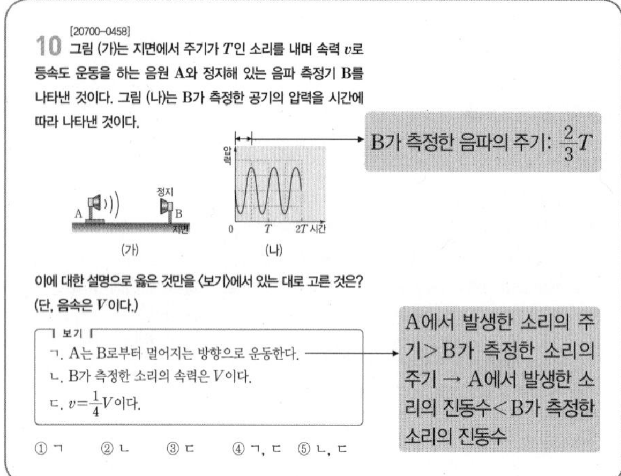
[20700-0458]
10 그림 (가)는 지면에서 주기가 T인 소리를 내며 속력 v로 등속도 운동을 하는 음원 A와 정지해 있는 음파 측정기 B를 나타낸 것이다. 그림 (나)는 B가 측정한 공기의 압력을 시간에 따라 나타낸 것이다.

이에 대한 설명으로 옳은 것만을 <보기>에서 있는 대로 고른 것은? (단, 음속은 V이다.)

보기
ㄱ. A는 B로부터 멀어지는 방향으로 운동한다.
ㄴ. B가 측정한 소리의 속력은 V이다.
ㄷ. $v=\frac{1}{4}V$이다.

① ㄱ ② ㄴ ③ ㄷ ④ ㄱ, ㄷ ⑤ ㄴ, ㄷ

정답 맞히기 ㄴ. 검출기가 측정한 소리의 속력은 소리에 대한 검출기의 상대 속도의 크기이다. B는 정지해 있으므로 B가 측정한 음파의 속력은 V이다.

오답 피하기 ㄱ. A에서 발생한 음파의 주기는 T이고, B에서 측정한 음파의 주기는 $\dfrac{2}{3}T$이므로 A에서 발생한 음파의 진동수를 f라고 하면 B가 측정한 음파의 진동수는 $\dfrac{3}{2}f$이다. A에서 발생한 소리의 진동수보다 B가 측정한 진동수가 더 크므로 A는 B에 가까워지는 방향으로 운동한다.

ㄷ. B가 측정한 음파의 진동수는 $\dfrac{3}{2}f$이므로 $\dfrac{3}{2}f=\dfrac{V}{V-v}f$에서 $v=\dfrac{1}{3}V$이다.

11 도플러 효과

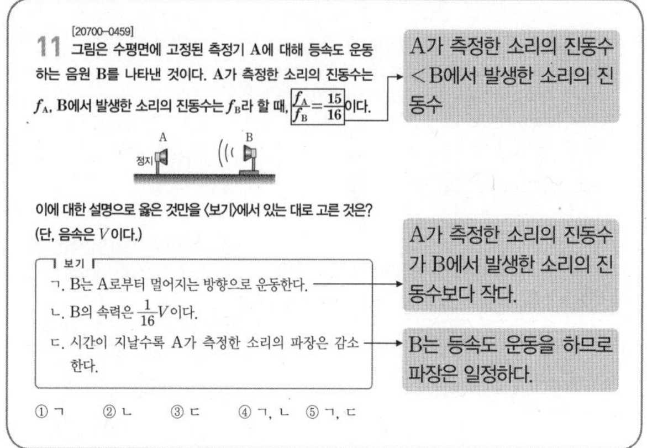
[20700-0459]
11 그림은 수평면에 고정된 측정기 A에 대해 등속도 운동하는 음원 B를 나타낸 것이다. A가 측정한 소리의 진동수는 f_A, B에서 발생한 소리의 진동수는 f_B라 할 때, $\frac{f_A}{f_B}=\frac{15}{16}$이다.

이에 대한 설명으로 옳은 것만을 <보기>에서 있는 대로 고른 것은? (단, 음속은 V이다.)

보기
ㄱ. B는 A로부터 멀어지는 방향으로 운동한다.
ㄴ. B의 속력은 $\frac{1}{16}V$이다.
ㄷ. 시간이 지날수록 A가 측정한 소리의 파장은 감소한다.

① ㄱ ② ㄴ ③ ㄷ ④ ㄱ, ㄴ ⑤ ㄱ, ㄷ

정답 맞히기 ㄱ. B에서 발생한 소리의 진동수보다 A가 측정한 소리의 진동수가 더 작으므로 B는 A로부터 멀어지는 방향으로 운동한다.

오답 피하기 ㄴ. B의 속력을 v라고 하면, B는 A로부터 멀어지는 방향으로 운동하므로 A가 측정한 소리의 진동수는 $f_A=\dfrac{V}{V+v}f_B$이다. $\dfrac{f_A}{f_B}=\dfrac{15}{16}$이므로 $\dfrac{V}{V+v}=\dfrac{15}{16}$에서 $v=\dfrac{1}{15}V$이다.

ㄷ. B는 등속도 운동을 하므로 A가 측정한 소리의 진동수는 $\dfrac{15}{16}f_B$로 일정하다. 따라서 시간이 지나도 A가 측정한 소리의 파장은 일정하다.

12 도플러 효과

$\lambda_A=\dfrac{v}{f_A}$이고 $\lambda_B=\dfrac{v}{f_B}$이다. S에서 발생하는 음파의 진동수를 f라고 하면, $f_A=\dfrac{v}{v+\frac{1}{10}v}f=\dfrac{10}{11}f$이고, $f_B=\dfrac{v}{v-\frac{1}{10}v}f=\dfrac{10}{9}f$이다. A, B가 측정한 음파의 속력은 같으므로

$$\frac{\lambda_A}{\lambda_B}=\frac{f_B}{f_A}=\frac{\frac{10}{9}f}{\frac{10}{11}f}=\frac{11}{9}$$이다.

13 도플러 효과

모범 답안 (1) 관찰자가 측정한 소리의 속력은 소리에 대한 관찰자의 상대 속도의 크기이다. 음속을 V라고 하면, A는 자동차를 향해 운동하고 있으므로 $v_A=V+v$이다. B와 C는 정지해 있으므로 $v_B=v_C=V$이다. 이를 정리하면 $v_A>v_B=v_C$이다.

(2) (가)에서 A는 자동차를 향해 운동하고 있으므로 $f_A=\dfrac{V+v}{V}f_0$이고, (나)에서 자동차와 B는 정지해 있으므로

$f_B = f_0$이고, (다)에서 자동차가 C를 향해 운동하고 있으므로 $f_C = \frac{V}{V-v}f_0$이다. $\frac{f_A - f_C}{f_0} = \frac{V+v}{V} - \frac{V}{V-v} = -\frac{v^2}{V(V-v)}$ < 0이므로 $f_A < f_C$이다. $f_A - f_B = \frac{V+v}{V}f_0 - f_0 = \frac{v}{V}f_0 > 0$이므로 $f_A > f_B$이다. 이를 정리하면 $f_C > f_A > f_B$이다.

14 도플러 효과

(1) 소리를 발생시키는 A가 움직이고 있으므로 B가 듣는 소리의 파장은 A에서 발생한 소리의 파장보다 짧다. 따라서 $\lambda_A > \lambda_B$이다.

(2) **모범 답안** A에서 음파가 만들어지는 시간 간격을 T라고 하면, B가 듣는 소리의 파장은 $\lambda_B = \lambda_A - v_0T = \lambda_A - \frac{v_0}{f}$이다. 따라서 B가 듣는 소리의 진동수는

$$f_B = \frac{v}{\lambda_B} = \frac{v}{\lambda_A - \frac{v_0}{f}} = \frac{v}{\frac{v}{f} - \frac{v_0}{f}} = \frac{v}{v - v_0}f$$이다. 이를 정리하면

$$\frac{f_B}{f} = \frac{v}{v - v_0}$$이다.

15 도플러 효과

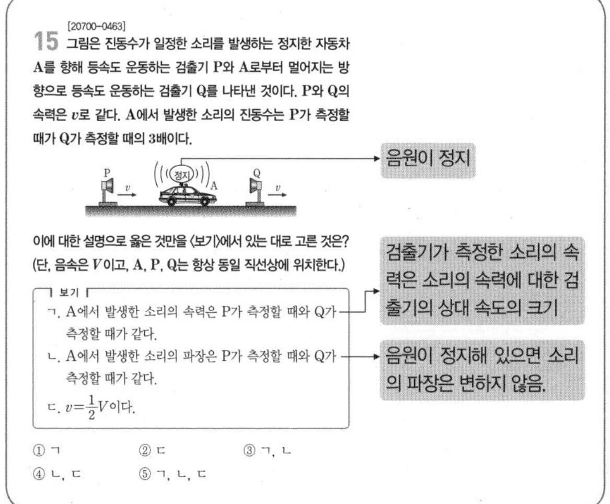
[20700-0463]

15 그림은 진동수가 일정한 소리를 발생하는 정지한 자동차 A를 향해 등속도 운동하는 검출기 P와 A로부터 멀어지는 방향으로 등속도 운동하는 검출기 Q를 나타낸 것이다. P와 Q의 속력은 v로 같다. A에서 발생한 소리의 진동수는 P가 측정할 때가 Q가 측정할 때의 3배이다.

이에 대한 설명으로 옳은 것만을 〈보기〉에서 있는 대로 고른 것은? (단, 음속은 V이고, A, P, Q는 항상 동일 직선상에 위치한다.)

보기

ㄱ. A에서 발생한 소리의 속력은 P가 측정할 때와 Q가 측정할 때가 같다.

ㄴ. A에서 발생한 소리의 파장은 P가 측정할 때와 Q가 측정할 때가 같다.

ㄷ. $v = \frac{1}{2}V$이다.

① ㄱ ② ㄷ ③ ㄱ, ㄴ ④ ㄴ, ㄷ ⑤ ㄱ, ㄴ, ㄷ

정답 맞히기 ㄴ. 소리를 발생하는 자동차는 정지해 있으므로 소리의 파장은 P가 측정할 때와 Q가 측정할 때가 같다.

ㄷ. P, Q가 측정한 소리의 진동수를 각각 f_P, f_Q라고 하고 A에서 발생한 소리의 진동수를 f라고 하면 $f_P = \frac{V+v}{V}f$이고 $f_Q = \frac{V-v}{V}f$이다. $f_P = 3f_Q$이므로 $\frac{V+v}{V} = \frac{3(V-v)}{V}$이다. 따라서 $v = \frac{1}{2}V$이다.

오답 피하기 ㄱ. 음원이 정지해 있고 검출기가 운동하고 있으므로 검출기가 측정한 소리의 속력과 음원에서 발생한 소리의 속력은 다르다. P는 자동차를 향해 운동하고 있으므로 P가 측정한 소리의 속력은 $V+v$이고, Q는 자동차에서 멀어지는 방향으로 운동하고 있으므로 Q가 측정한 속력은 $V-v$이다. 따라서 자동차에서 발생한 소리의 속력은 P가 측정할 때가 Q가 측정할 때보다 크다.

16 도플러 효과

정답 맞히기 ㄱ. 음원에서 발생하는 소리의 진동수가 f이고, 음속이 V이므로 소리의 파장은 $\frac{V}{f}$이다. 음원은 정지해 있으므로 A가 측정한 파장은 음원에서 발생한 소리의 파장과 같다.

ㄷ. A는 음원으로부터 멀어지고 있으므로 A가 측정한 소리의 진동수는 f보다 작다. 따라서 A가 측정한 소리의 파장이 $\frac{V}{f}$이고, 소리의 속력은 $V-v$이므로 A가 측정한 소리의 진동수는 $\frac{V-v}{\frac{V}{f}} = \frac{V-v}{V}f$이다.

오답 피하기 ㄴ. A는 음원으로부터 v의 속력으로 멀어지고 있으므로 A가 측정한 소리의 속력은 $V-v$이다.

신유형·수능 열기

본문 214~215쪽

01 ⑤ 02 ⑤ 03 ④ 04 ③ 05 ④
06 ② 07 ① 08 ③

01

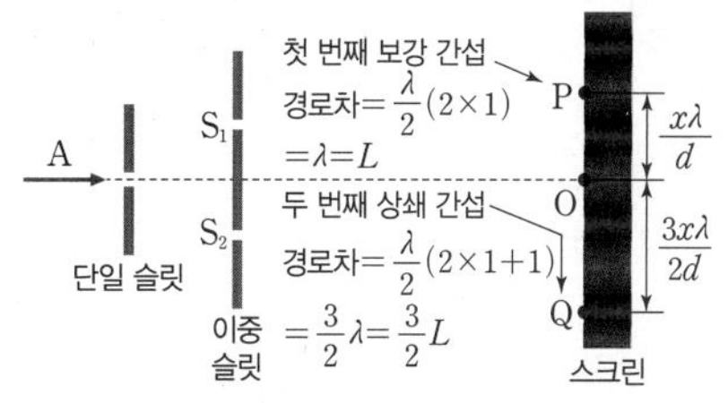

정답 맞히기 ㄱ. P에서는 보강 간섭이 일어났으므로 S_1과 S_2로부터 P에 도달한 빛의 위상은 서로 같다.

ㄴ. 이중 슬릿의 간격을 d, 이중 슬릿과 스크린 사이의 거리를 x라고 하면, P에서는 O로부터 첫 번째 보강 간섭이 일어났으므로 O와 P 사이의 거리는 $\frac{x\lambda}{d}$이고 Q에서 두 번째 상쇄 간섭이 일어났으므로 O와 Q 사이의 거리는 $\frac{x\lambda}{d}+\frac{x\lambda}{2d}=\frac{3x\lambda}{2d}$이다. 따라서 O와 P 사이의 거리는 O와 Q 사이의 거리의 $\frac{2}{3}$배이다.

ㄷ. P에서는 O로부터 첫 번째 보강 간섭이 일어났으므로 P에 도달하는 두 빛의 경로차는 $\Delta_1=\frac{\lambda}{2}(2\times1)=\lambda=L$이다. Q는 O로부터 두 번째 상쇄 간섭이 일어났으므로 Q에 도달하는 두 빛의 경로차는 $\Delta_2=\frac{\lambda}{2}(2\times1+1)=\frac{3}{2}\lambda=\frac{3}{2}L$이다. 따라서 S_1과 S_2로부터 Q에 도달한 두 빛의 경로차는 $\frac{3}{2}L$이다.

02

정답 맞히기 ㄴ. O에서는 보강 간섭이 일어나므로 S_1과 S_2로부터 O에 도달한 빛의 위상은 같다.

ㄷ. P와 Q 사이의 거리는 인접한 어두운 무늬 사이의 거리이다. 따라서 P와 Q 사이의 거리는 $\frac{L\lambda}{d}$이다.

오답 피하기 ㄱ. P는 O로부터 첫 번째 상쇄 간섭이 일어나는 지점이므로 S_1과 S_2로부터 P에 도달한 두 빛의 경로차는 $\frac{1}{2}\lambda$이다.

03

P에서는 O로부터 첫 번째 보강 간섭이 일어났으므로 A의 파장을 λ라고 하면 O에서 P까지의 거리는 $\frac{L\lambda}{d}$이다. Ⅰ에서 두 슬릿을 통과한 단색광의 P에서 경로차는 $\Delta=\frac{\frac{1}{2}d}{L}\left(\frac{L\lambda}{d}\right)=\frac{1}{2}\lambda$이다. P에서 경로차는 반파장의 홀수 배이므로 상쇄 간섭이 일어난다.

Ⅱ에서 두 슬릿을 통과한 단색광의 P에서 경로차는 $\Delta=\frac{d}{\frac{3}{2}L}\left(\frac{L\lambda}{d}\right)=\frac{2}{3}\lambda$이다. P에서 경로차는 반파장의 홀수 배가 아니므로 상쇄 간섭이 일어나지 않는다.

O에서 P까지의 거리는 $\frac{L\lambda}{d}$이므로 Ⅲ에서 두 슬릿을 통과한 단색광의 P에서 경로차는 $\Delta=\frac{3d}{2L}\left(\frac{L\lambda}{d}\right)=\frac{3}{2}\lambda$이다. P에서 두 슬릿을 통과한 단색광의 경로차는 반파장의 홀수 배이므로 P에서는 상쇄 간섭이 일어난다.

04

파장이 λ인 단색광이 단일 슬릿을 통과하여 만들어진 회절 무늬에서 $x=\frac{L\lambda}{a}$이다. 따라서 가장 적절한 것은 ③이다.

05

슬릿 폭이 a인 단일 슬릿을 통과한 파장이 λ인 단색광이 단일 슬릿으로부터 L만큼 떨어진 스크린에 만든 회절 무늬에서 스크린의 중앙으로부터 첫 번째 상쇄 간섭이 일어나는 지점까지의 거리는 $x=\frac{L\lambda}{a}$이다. 단일 슬릿의 폭은 (가)에서와 (나)에서가 같으므로 단일 슬릿의 폭을 a라고 하면, (가)에서는 $2x_0=\frac{L\lambda_A}{a}$이고 (나)에서는 $3x_0=\frac{2L\lambda_B}{a}$이다. 따라서 $\frac{\lambda_A}{\lambda_B}=\frac{\frac{2ax_0}{L}}{\frac{3ax_0}{2L}}=\frac{4}{3}$이다.

06

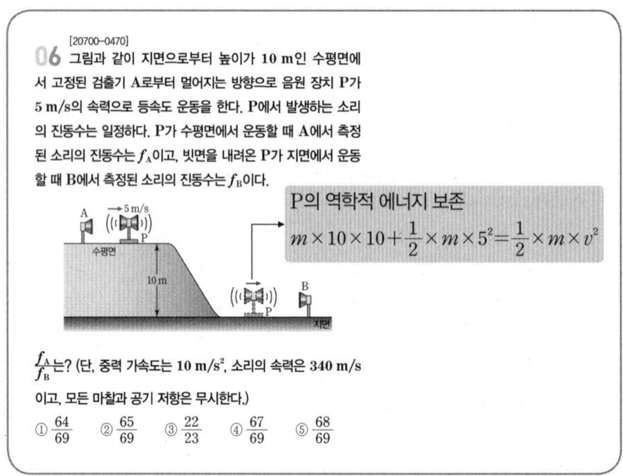
[20700-0470]
06 그림과 같이 지면으로부터 높이가 10 m인 수평면에서 고정된 검출기 A로부터 멀어지는 방향으로 음원 장치 P가 5 m/s의 속력으로 등속도 운동을 한다. P에서 발생하는 소리의 진동수는 일정하다. P가 수평면에서 운동할 때 A에서 측정된 소리의 진동수는 f_A이고, 빗면을 내려온 P가 지면에서 운동할 때 B에서 측정된 소리의 진동수는 f_B이다.
P의 역학적 에너지 보존
$m\times10\times10+\frac{1}{2}\times m\times5^2=\frac{1}{2}\times m\times v^2$
A
5 m/s
P
수평면
10 m
B
지면
$\frac{f_A}{f_B}$는? (단, 중력 가속도는 10 m/s², 소리의 속력은 340 m/s이고, 모든 마찰과 공기 저항은 무시한다.)
① $\frac{64}{69}$ ② $\frac{65}{69}$ ③ $\frac{22}{23}$ ④ $\frac{67}{69}$ ⑤ $\frac{68}{69}$

P의 질량을 m, 지면에서 P의 속력을 v라고 하면, P가 수평면에서 지면으로 내려올 때 역학적 에너지는 보존되므로 $m\times10\times10+\frac{1}{2}\times m\times5^2=\frac{1}{2}\times m\times v^2$이다. 따라서 $v=15$ m/s이다.

P에서 발생하는 소리의 진동수를 f_0이라고 하면, 수평면에서 P는 A로부터 멀어지고 있으므로 $f_A=\frac{340}{340+5}f_0$이고 지면에서 P는 B를 향해 운동하므로 $f_B=\frac{340}{340-15}f_0$이다. 이를 정리하면 $\frac{f_A}{f_B}=\frac{325}{345}=\frac{65}{69}$이다.

07

S에서 발생하는 음파의 진동수를 f라고 하자.

$f_A > f_B$이므로 S는 A를 향해 운동한다. 따라서 $f_A = \frac{V}{V-\frac{1}{5}V}f$ $= \frac{5}{4}f$이고 $f_B = \frac{V}{V+\frac{1}{5}V}f = \frac{5}{6}f$이다. 따라서 $\frac{f_A}{f_B} = \frac{\frac{5}{4}f}{\frac{5}{6}f} = \frac{3}{2}$이다.

08

정답 맞히기 ㄷ. A에서 발생한 소리의 파장과 진동수를 각각 λ, f라고 하면, A가 $x=3d$를 지날 때 A에서 발생한 소리를 검출기가 측정한 파장은 (가)에서가 $\lambda - \frac{v}{f}$이고, (나)에서가 $\lambda - \frac{2v}{f}$이다. 따라서 A가 $x=3d$를 지날 때, 검출기가 측정한 A에서 발생한 소리의 파장은 (가)에서가 (나)에서보다 크다.

오답 피하기 ㄱ. 검출기는 정지해 있고 음원이 운동하고 있으므로 (가)에서 검출기가 측정한 A에서 발생한 소리의 속력은 V이다.

ㄴ. (가)에서 A의 역학적 에너지는 보존되므로 $\frac{1}{2}kd^2 = \frac{1}{2}mv_{가}^2$에서 $v_{가} = d\sqrt{\frac{k}{m}}$이다. 용수철의 용수철 상수는 (나)에서가 (가)에서의 4배이므로 $x=3d$에서 A의 속력은 (나)에서가 (가)에서의 2배이다. A가 $x=3d$를 지날 때, (가)에서 A의 속력을 v라고 하면, (나)에서 A가 $x=3d$를 지날 때 A의 속력은 $2v$이다. A에서 발생하는 소리의 진동수를 f라고 하면 A가 $x=3d$를 지날 때 A에서 발생한 소리를 검출기가 측정한 진동수는 (가)에서가 $\frac{V}{V-v}f$이고 (나)에서가 $\frac{V}{V-2v}f$이다. A가 $x=3d$인 지점을 지날 때 정지해 있는 검출기가 측정한 A에서 발생한 소리의 진동수는 (가)에서가 (나)에서의 $\frac{3}{4}$배이므로 $\frac{V}{V-v} = \frac{3}{4}\left(\frac{V}{V-2v}\right)$에서 $v = \frac{1}{5}V$이다. 따라서 (나)에서 A가 $x=3d$를 지날 때 A의 속력은 $2v = \frac{2}{5}V$이다.

12 전자기파의 활용

탐구 활동 본문 223쪽

1 해설 참조

1

모범 답안 물체가 초점 거리의 2배인 곳과 초점 사이에 있을 때 상의 크기는 물체보다 크다.

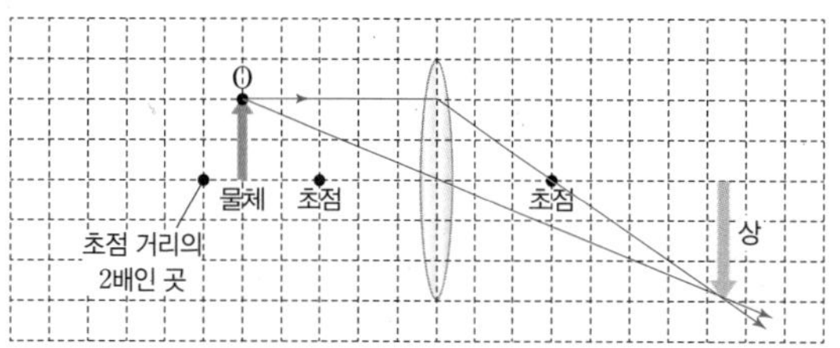

내신 기초 문제 본문 224~227쪽

01 ① **02** ③ **03** ⑤ **04** ④ **05** ③
06 ② **07** ⑤ **08** $T_0 = 2t_1$, $f_0 = \frac{1}{2t_1}$ **09** ④
10 ⑤ **11** ① **12** ③ **13** ① **14** ①
15 ③ **16** 해설 참조

01

㉮ 도선 내부에 있는 전자는 전기력을 받아 움직인다. 이때 전자에는 전기장의 반대 방향으로 전기력이 작용한다.

㉯ 직선 도선에 흐르는 전류에 의해 도선 주위에는 동심원 형태의 자기장이 만들어진다. 이때 자기장의 방향은 오른손 엄지손가락을 전류의 방향으로 놓았을 때 나머지 네 손가락이 도선을 감아쥐는 방향이다.

02

정답 맞히기 ㄱ. 축전기에 교류 전원이 연결되면 축전기의 양 극판에 전하가 충전되면서 극판 사이에 주기적으로 세기와 방향이 바뀌는 전기장이 발생한다.

ㄷ. 진동하는 전기장은 진동하는 자기장을 유도하고, 진동하는 자기장은 전기장을 유도하면서 전자기파가 공간으로 퍼져 나간다.

오답 피하기 ㄴ. B는 자기장이고, 세기와 방향은 주기적으로 변한다.

03

정답 맞히기 A: 진공인 용기 안에서도 통화 연결이 되었으므로 전자기파는 진공에서도 전달된다.
B: 공기 중에서 전자기파의 속력은 음파의 속력보다 크다.
C: 휴대 전화는 특정한 진동수의 전파만 수신하는 전자기파 공명을 이용하여 통화 연결이 된다.

04

정답 맞히기 ㄱ. 저항의 저항값은 교류 전원의 진동수에 관계없이 일정하다. 따라서 (가)에서 교류 전원의 진동수가 커져도 A의 밝기는 변화가 없다.
ㄴ. 코일은 진동수가 클수록 코일의 전류의 흐름을 방해하는 정도가 커지고, 전구에 흐르는 전류의 세기는 감소한다.
오답 피하기 ㄷ. (나)에서 코일의 저항 역할이 더 커지므로 B에 흐르는 전류의 세기는 더 작아진다. 따라서 B는 더 어두워진다.

05

정답 맞히기 ㄱ. 코일에 직류 전원이 연결되었을 때 코일에 흐르는 전류의 세기는 일정하다.
ㄴ. 코일은 진동수가 클수록 전류의 흐름을 방해하는 정도가 크다. 따라서 저항에 흐르는 전류의 최댓값은 (가)에서가 (나)에서보다 크다.
오답 피하기 ㄷ. (나)에서 교류 전원의 진동수가 증가하면 코일의 전류의 흐름을 방해하는 정도는 커진다. 따라서 저항에 흐르는 전류의 최댓값은 감소한다.

06

정답 맞히기 ㄴ. 축전기는 진동수가 클수록 저항 역할이 작아진다.
오답 피하기 ㄱ. (나)에서 진동수가 클수록 저항에 흐르는 전류의 세기는 증가하므로 ㉠은 축전기이다.
ㄷ. 교류 전원의 진동수가 작아지면 저항에 흐르는 전류의 세기가 작아지므로 ㉠ 양단에 걸리는 전압은 커진다.

07

정답 맞히기 ㄱ. 축전기는 진동수가 클수록 저항 역할이 작아지고, 코일은 진동수가 클수록 저항 역할이 커진다. 따라서 A는 축전기, B는 코일이다.
ㄴ. B는 코일이므로 자체 유도 계수가 클수록 저항 역할은 커진다.
ㄷ. 진동수가 f_0일 때, 코일의 저항 역할과 축전기의 저항 역할은 같다. 따라서 전류계에 최대 전류가 흐른다.

08

P에서 y축과 나란한 방향으로 진동하는 전기장이 $t=0$일 때와 $t=t_1$일 때 세기가 최대이므로 전자기파의 주기는 $2t_1$이고, 진동수는 $\frac{1}{2t_1}$이다. 교류 전원의 진동수는 전자기파의 진동수와 같고, 수신 회로의 진동수와 같다. 또한 진동수$=\frac{1}{\text{주기}}$이다. 따라서 $T_0=2t_1$이고, $f_0=\frac{1}{2t_1}$이다.

09

정답 맞히기 B: 볼록 렌즈의 곡률 중심(c_1, c_2), 즉 구심은 2개이며 두 구심과 렌즈의 중심을 연결한 선을 광축이라고 한다.

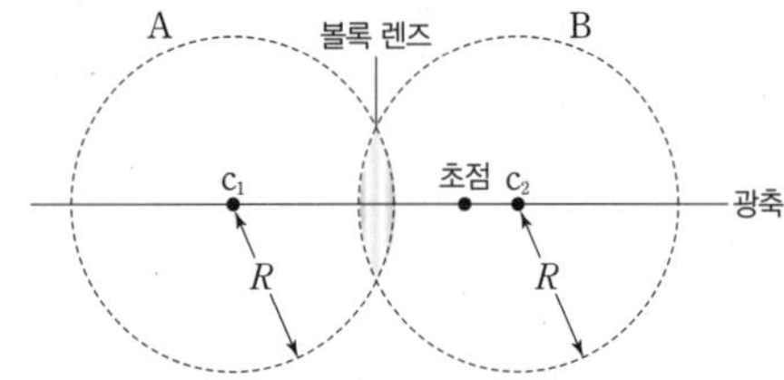

C: 광축에 나란하게 입사한 빛이 렌즈에서 굴절된 후 모이는 점을 초점이라고 한다.
오답 피하기 A: 볼록 렌즈는 가장자리보다 가운데 부분이 더 두꺼운 렌즈로, 입사한 광선을 광축 방향으로 모으는 역할을 한다.

10

정답 맞히기 ㄱ. 광축에 나란하게 입사한 빛이 렌즈에서 굴절한 후 한 점에서 모이므로 A는 볼록 렌즈이다.
ㄴ. 광축에 평행하게 입사한 광선들이 모이는 점을 초점이라고 하므로 F는 초점이다.
ㄷ. 렌즈의 중심에서 초점까지의 거리를 초점 거리라고 한다. 따라서 f는 초점 거리이다.

11

정답 맞히기 ㄱ. 광축에 나란하게 입사한 광선은 볼록 렌즈에서 굴절한 후 초점을 지난다.
오답 피하기 ㄴ. 초점을 지나 입사한 광선은 볼록 렌즈에서 굴절한 후 광축과 나란하게 진행한다.
ㄷ. 볼록 렌즈의 중심을 지나는 광선은 굴절하지 않고 직진한다.

12

정답 맞히기 ㄱ. 실상은 렌즈에서 굴절된 빛이 실제로 모여서 만들어진 상으로 실상이 있는 지점에 스크린을 놓으면 상이 맺힌다.
ㄷ. 상의 방향이 물체의 방향과 반대인 상은 거꾸로 선 상이다.

오답 피하기 ㄴ. B는 허상으로, 허상이 있는 지점에 스크린을 놓으면 아무런 상도 맺히지 않는다.

13

정답 맞히기 ㄱ. 렌즈에 의한 물체의 상이 렌즈 뒤쪽에 거꾸로 선 모양이므로 렌즈는 볼록 렌즈이다.

오답 피하기 ㄴ. 볼록 렌즈 뒤쪽에 생기는 볼록 렌즈에 의한 물체의 상은 실상이다.
ㄷ. 필름에 상이 맺히게 하기 위해서는 물체를 렌즈 쪽으로 이동시켜야 한다.

14

정답 맞히기 ㄱ. 수정체를 통과한 빛이 광축 방향으로 모이므로 수정체는 볼록 렌즈 역할을 한다.

오답 피하기 ㄴ. 수정체에서 굴절된 빛이 실제로 모여서 상이 만들어지므로 상은 실상이다.
ㄷ. 볼록 렌즈로 된 안경을 쓰면 상은 더 앞쪽에 생기게 된다. 따라서 오목 렌즈로 된 안경을 써야 한다.

15

정답 맞히기 ㄱ. 물체가 초점과 볼록 렌즈 사이에 있으면 볼록 렌즈의 왼쪽에 확대된 허상이 생긴다.
ㄴ. 초점과 볼록 렌즈 사이에 있는 물체의 상은 바로 선 상이다.

오답 피하기 ㄷ. 상의 크기는 물체의 크기보다 크다.

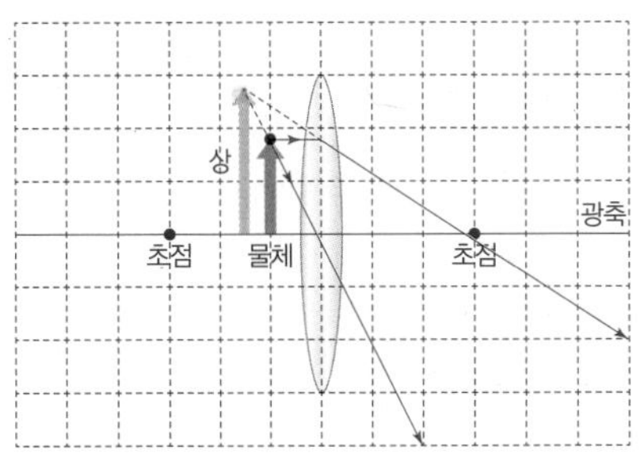

16

모범 답안 a: $3f$, 상의 크기: $\frac{h}{2}$

렌즈 중심에서 물체까지의 거리를 a, 상까지의 거리를 b, 초점 거리를 f라고 하면 렌즈 방정식은 $\frac{1}{a}+\frac{1}{b}=\frac{1}{f}$이고, 배율은 $M=\left|\frac{b}{a}\right|$이다. 따라서 $\frac{1}{a}+\frac{2}{3f}=\frac{1}{f}$이므로 $a=3f$이고 상의 크기는 $\frac{h}{2}$이다.

실력 향상 문제

본문 228~231쪽

01 ②	02 ④	03 ③	04 ①	05 ⑤
06 ⑤	07 ①	08 해설 참조		09 ②
10 ④	11 ④	12 ①	13 ③	14 ③
15 ⑤	16 해설 참조			

01 전류에 의한 자기장

정답 맞히기 ㄴ. 직선 도선에 흐르는 전류에 의한 자기장의 방향은 오른손 엄지손가락을 전류의 방향으로 놓았을 때 나머지 네 손가락이 도선을 감아쥐는 방향이다. 따라서 자기장의 방향은 ⓐ 방향이다.

오답 피하기 ㄱ. 양(+)전하에는 전기장의 방향으로 전기력이 작용하고, 음(−)전하에는 전기장의 반대 방향으로 전기력이 작용한다. 따라서 전자에 작용하는 전기력의 방향은 전기장의 방향과 반대이다.
ㄷ. 변하는 전기장이 변하는 자기장을 만들고, 변하는 자기장이 변하는 전기장을 만들게 되므로 시간이 지나면 직선 도선 주변으로 전자기파가 퍼져 나간다.

02 직류와 교류가 연결된 축전기

정답 맞히기 ㄱ. 축전기에 직류 전원이 연결되었을 때 충분한 시간이 지나 축전기에 충전이 완료되면 회로에는 전류가 흐르지 않는다.
ㄷ. 축전기에 교류 전원이 연결된 (나)에서는 전기장과 자기장이 서로를 유도하면서 전자기파가 퍼져 나간다.

오답 피하기 ㄴ. (나)에서 축전기에는 교류 전원이 연결되어 있으므로 축전기 사이에서 전기장의 세기는 주기적으로 변한다.

03 전자기파의 발생

정답 맞히기 ㄱ. 직선형 안테나의 전자가 전기장에 의해 진동하면서 안테나에 전류가 흐른다. 따라서 x축에 나란한 직선형 안테나에 전류가 흐르므로 A는 전기장이다.
ㄴ. 전자기파의 진행 방향은 네 손가락을 전기장에서 자기장 방향으로 향하게 할 때 엄지손가락이 가리키는 방향이다. 따라서 전자기파의 진행 방향은 $+z$ 방향이다.

오답 피하기 ㄷ. 전기장은 주기적으로 세기와 방향이 바뀌므로 안테나에 흐르는 전류는 주기적으로 세기와 방향이 바뀐다.

04 RL 회로와 RC 회로

정답 맞히기 ㄴ. 교류 전원의 진동수가 f_0일 때, 저항에 흐르는 전류의 세기는 (가)에서와 (나)에서가 같으므로 전류의 흐름을 방해하는 정도는 코일과 축전기가 같다.

오답 피하기 ㄱ. 자체 유도 계수가 커지면 코일의 저항 역할은 커진다. 따라서 (가)에서 코일의 자체 유도 계수가 커지면 저항에 흐르는 전류의 세기는 작아진다.

ㄷ. 진동수가 $2f_0$일 때 코일의 저항 역할은 축전기의 저항 역할보다 크다. 따라서 저항 양단에 걸리는 전압은 (가)에서가 (나)에서보다 작다.

05 저항과 코일이 연결된 교류 회로

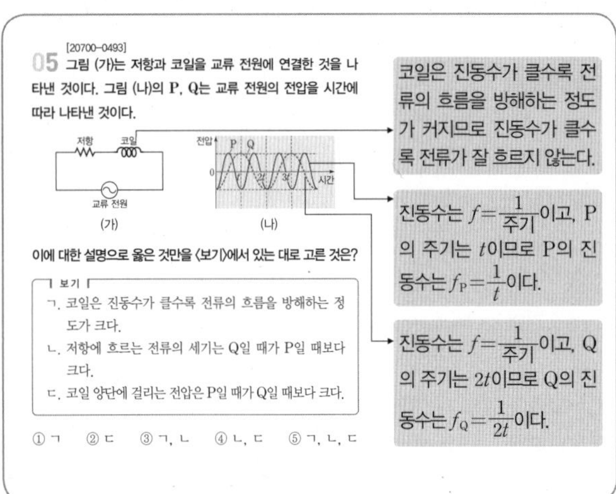

정답 맞히기 ㄱ. 코일은 진동수가 클수록 전류의 흐름을 방해하는 정도가 커서 전류가 잘 흐르지 않는다.

ㄴ. 코일이 연결된 교류 회로에서 진동수가 작을수록 저항에 흐르는 전류의 세기는 크다. 따라서 저항에 흐르는 전류의 세기는 Q일 때가 P일 때보다 크다.

ㄷ. 저항에 흐르는 전류의 세기는 Q일 때가 P일 때보다 크므로 코일 양단에 걸리는 전압은 P일 때가 Q일 때보다 크다.

06 RLC 교류 회로

정답 맞히기 ㄱ. 축전기는 진동수가 작을수록 전류의 흐름을 방해하는 정도가 크고, 코일은 진동수가 클수록 전류가 흐름을 방해하는 정도가 크다.

ㄴ. 저항, 코일, 축전기가 연결된 회로에서 코일이 전류의 흐름을 방해하는 정도와 축전기가 전류의 흐름을 방해하는 정도가 같을 때 회로에 최대 전류가 흐른다. 이때 교류 전원의 진동수는 $f_0=\frac{1}{2\pi\sqrt{LC}}$이다.

ㄷ. 저항의 저항값이 작아지면 회로에 흐르는 전류의 세기는 커진다. 따라서 진동수가 f_0일 때, 저항의 저항값이 작아지면 전류계에 흐르는 전류의 최댓값은 I_0보다 커진다.

07 전자기파의 수신

정답 맞히기 ㄱ. A의 진동수는 $\frac{1}{t_0}$, B의 진동수는 $\frac{1}{2t_0}$, LC 회로의 공명 진동수는 $\frac{1}{t_0}$이므로 LC 회로에서는 A를 수신한다.

오답 피하기 ㄴ. 진공에서의 전자기파의 속력은 진동수에 관계없이 같다. 따라서 A와 B가 같다.

ㄷ. LC 회로의 공명 진동수는 $f_0=\frac{1}{2\pi\sqrt{LC}}$이므로 진동수가 $\frac{1}{2t_0}$인 B를 수신하기 위해서는 축전기의 전기 용량을 증가시켜야 한다.

08 전자기파의 송신과 수신

모범 답안 압전 소자를 누르면 구리선 사이에서 고전압에 의해 불꽃 방전이 일어나면서 전자기파가 발생하고, 안테나에서 전자기파를 수신하면서 유도 전류가 흘러 전구에서 빛이 방출된다. 안테나에 흐르는 전류의 세기와 방향은 주기적으로 변한다.

09 볼록 렌즈에 의한 상

정답 맞히기 ㄴ. (가)에서 렌즈 A에 의한 상은 확대된 바로 선 상이므로 허상이다. 따라서 A에서 굴절된 광선의 연장선이 모여서 만들어진 상이다.

오답 피하기 ㄱ. 볼록 렌즈에 의한 상은 거꾸로 선 실상과 바로 선 허상이 모두 가능하다. 따라서 A는 볼록 렌즈이고, 볼록 렌즈는 가장자리보다 가운데 부분이 더 두껍다.

ㄷ. 볼록 렌즈에 의한 상은 물체가 초점 거리 밖에 있으면 거꾸로 선 실상이 생기고, 물체가 초점 거리 안에 있으면 바로 선 허상이 생긴다. 따라서 (나)에서 A와 종이 사이의 거리는 A의 초점 거리보다 크다.

10 볼록 렌즈에 의한 상

정답 맞히기 A: 물체가 F_1 왼쪽에 있을 때 렌즈에 의한 상은 F_2의 오른쪽에 거꾸로 선 실상이 생긴다.

C: 물체가 렌즈와 초점 사이에 있으면 렌즈의 왼쪽에 확대된 허상이 생긴다. 따라서 물체가 r에 있을 때에는 물체보다 큰 허상이 생긴다.

오답 피하기 B: 상의 크기는 F_1에 가까이 갈수록 커진다. 따라서 상의 크기는 q에 있을 때가 p에 있을 때보다 크다.

11 렌즈 방정식

정답 맞히기 ㄴ. ΔABO와 ΔA′B′O가 서로 닮은꼴이므로 $h : h'=a : b$이다. 따라서 (나)는 $a : b$이다.

ㄷ. $h : h'=f : (b-f)$와 $h : h'=a : b$를 정리하면 렌즈 방정식은 $\frac{1}{a}+\frac{1}{b}=\frac{1}{f}$이다.

오답 피하기 ㄱ. ΔPOF와 ΔA′B′F가 서로 닮은꼴이므로 $h : h'=f : (b-f)$이다. 따라서 (가)는 $f : (b-f)$이다.

12 렌즈 방정식에서 a, b, f의 부호와 배율

정답 맞히기 ㄱ. 물체가 렌즈 앞쪽에 있을 때 a는 (+)값을 갖는다.

오답 피하기 ㄴ. 상이 렌즈 뒤쪽에 생길 때 b는 (+)값을, 상이 렌즈 앞쪽에 생길 때 b는 (−)값을 갖는다.

ㄷ. 물체와 상의 크기 비율을 배율이라고 하고, 배율 $M=\left|\frac{b}{a}\right|$이다.

13 물체가 초점 거리보다 멀리 있을 때의 상

정답 맞히기 ㄱ. 렌즈 중심에서 물체까지의 거리를 a, 상까지의 거리를 b, 초점 거리를 f라고 하면 렌즈 방정식은 $\frac{1}{a}+\frac{1}{b}=\frac{1}{f}$이므로 초점 거리는 10 cm이다.

ㄴ. 렌즈로부터 물체까지의 거리와 상까지의 거리가 같으므로 상의 크기는 물체의 크기와 같은 5 cm이다.

오답 피하기 ㄷ. 볼록 렌즈의 오른쪽에 상이 생기므로 렌즈에서 굴절된 빛이 실제로 모여서 만들어지는 실상이다.

14 굴절 망원경(케플러 망원경)의 원리

정답 맞히기 ㄱ. 대물렌즈를 통과한 빛이 모여서 A가 생겼으므로 대물렌즈는 볼록 렌즈이다.

ㄴ. A는 대물렌즈를 통과한 빛이 실제로 모여서 만들어진 상이므로 실상이다.

오답 피하기 ㄷ. B는 접안렌즈에서 굴절된 광선의 연장선이 모여서 만들어진 상이므로 허상이다. 따라서 B가 생긴 지점에 스크린을 놓으면 아무런 상도 맺히지 않는다.

15 수정체에 의한 상

정답 맞히기 ㄱ. 우리 눈은 망막에 상이 맺혀야 물체를 선명하게 볼 수 있다. (가)에서 물체와 수정체 사이의 거리가 가까워지면 수정체에 의한 상은 망막 뒤쪽에 생긴다. 따라서 수정체는 두꺼워지고 초점 거리가 작아져 망막에 상이 맺히게 된다.

ㄴ. (나)에서 망막 뒤쪽에 형성된 상은 수정체에서 굴절된 빛이 실제로 모여서 만들어진 상이므로 실상이다.

ㄷ. (나)에서 시력 교정을 위해서는 망막에 상이 형성되도록 해야 한다. 따라서 볼록 렌즈 안경을 사용하는 것이 좋다.

16 볼록 렌즈에 의한 상

모범 답안 렌즈 중심에서 물체까지의 거리를 a, 상까지의 거리를 b, 초점 거리를 f라고 하면 렌즈 방정식은 $\frac{1}{a}+\frac{1}{b}=\frac{1}{f}$이고, 볼록 렌즈에서 f는 (+), b는 렌즈 뒤에 있는 실상이면 (+), 렌즈 앞쪽에 있는 허상이면 (−)이다. 따라서 $\frac{1}{10}+\frac{1}{b}=\frac{1}{20}$이고, $\frac{1}{b}=-\frac{1}{20}$이므로 상은 렌즈 앞쪽 20 cm 거리에 있다. 물체의 크기와 상의 크기의 비율인 배율 $M=\left|\frac{b}{a}\right|$이므로 $M=2$이다. 따라서 상의 크기는 10 cm이다.

신유형·수능 열기

본문 232~233쪽

01 ① 02 ② 03 ③ 04 ⑤ 05 ①
06 ② 07 ④ 08 ③

01

정답 맞히기 ㄱ. 진동수가 클수록 ㉠에 낮은 전압이 걸리므로 저항에는 높은 전압이 걸린다. 따라서 ㉠은 진동수가 클수록 전류의 흐름을 방해하는 정도가 작아지고, 전류가 잘 흐르는 축전기이다.

오답 피하기 ㄴ. ㉡은 저항이므로 저항값은 진동수에 관계없이 일정하다.

ㄷ. ㉡은 저항이고, 축전기와 저항이 연결된 교류 회로에서 교류 전원의 진동수가 클수록 저항에 흐르는 전류의 세기는 크다.

02

정답 맞히기 ㄴ. B에서는 가장 큰 소리가 들렸으므로 B의 공명 진동수는 A와 같은 f_0이다.

오답 피하기 ㄱ. A의 진동수를 f_0보다 작게 해도 B의 안테나 내부에서 전자는 진동한다.
ㄷ. A에서 소리의 크기를 더 크게 해도 C에서 소리는 들리지 않는다. C에서 소리를 듣기 위해서는 C의 공명 진동수를 f_0으로 맞춰야 한다.

03

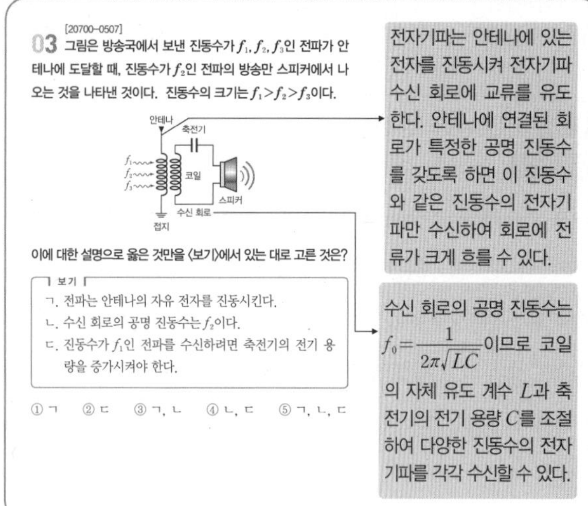

[20700-0507]
03 그림은 방송국에서 보낸 진동수가 f_1, f_2, f_3인 전파가 안테나에 도달할 때, 진동수가 f_2인 전파의 방송만 스피커에서 나오는 것을 나타낸 것이다. 진동수의 크기는 $f_1>f_2>f_3$이다.

이에 대한 설명으로 옳은 것만을 〈보기〉에서 있는 대로 고른 것은?

보기
ㄱ. 전파는 안테나의 자유 전자를 진동시킨다.
ㄴ. 수신 회로의 공명 진동수는 f_2이다.
ㄷ. 진동수가 f_1인 전파를 수신하려면 축전기의 전기 용량을 증가시켜야 한다.

① ㄱ ② ㄷ ③ ㄱ, ㄴ ④ ㄴ, ㄷ ⑤ ㄱ, ㄴ, ㄷ

전자기파는 안테나에 있는 전자를 진동시켜 전자기파 수신 회로에 교류를 유도한다. 안테나에 연결된 회로가 특정한 공명 진동수를 갖도록 하면 이 진동수와 같은 진동수의 전자기파만 수신하여 회로에 전류가 크게 흐를 수 있다.

수신 회로의 공명 진동수는 $f_0=\frac{1}{2\pi\sqrt{LC}}$이므로 코일의 자체 유도 계수 L과 축전기의 전기 용량 C를 조절하여 다양한 진동수의 전자기파를 각각 수신할 수 있다.

정답 맞히기 ㄱ. 전파는 안테나의 자유 전자를 진동시켜 안테나에 전류를 흐르게 한다.
ㄴ. 진동수가 f_2인 전파의 방송만 스피커에서 나오므로 수신 회로의 공명 진동수는 f_2이다.
오답 피하기 ㄷ. 코일의 자체 유도 계수를 L, 축전기의 전기 용량을 C라고 할 때, 수신 회로의 공명 진동수는 $f_0=\frac{1}{2\pi\sqrt{LC}}$이므로 축전기의 전기 용량이 감소하면 수신 회로의 공명 진동수는 커진다. 따라서 진동수가 f_1인 전파를 수신하려면 축전기의 전기 용량을 감소시켜야 한다.

04

정답 맞히기 ㄱ. 저항, 코일, 축전기가 연결된 회로의 공명 진동수는 f_0이고, 저항에는 최대 전류가 흐르므로 교류 전원의 진동수는 f_0이다.
ㄴ. 교류 전원의 진동수가 회로의 공명 진동수와 같을 때 저항에 최대 전류가 흐르고, 이때 축전기와 코일의 전류의 흐름을 방해하는 정도는 같다.
ㄷ. 저항에 흐르는 전류의 세기는 교류 전원의 진동수와 회로의 공명 진동수가 같을 때 최대가 된다. 따라서 교류 전원의 진동수가 커지면 저항에 흐르는 전류의 세기는 감소한다.

05

렌즈 방정식은 $\frac{1}{a}+\frac{1}{b}=\frac{1}{f}$이고, $a=30$ cm, $b=15$ cm이므로 $\frac{1}{30}+\frac{1}{15}=\frac{1}{f}$에서 초점 거리 $f=10$ cm이다. 물체가 r에 있을 때 렌즈 방정식은 $\frac{1}{5}+\frac{1}{b'}=\frac{1}{10}$이고, 물체가 r에 있을 때 렌즈에 의한 상까지의 거리는 -10 cm이므로 F_1에 바로 선 허상이 생긴다. 따라서 상의 배율은 $M=\left|-\frac{10}{5}\right|$이므로 2이다.

06

정답 맞히기 ㄴ. 렌즈 방정식은 $\frac{1}{a}+\frac{1}{b}=\frac{1}{f}$이고, (나)에서 $a=15$ cm, $b=30$ cm이므로 $\frac{1}{15}+\frac{1}{30}=\frac{1}{f}$에서 초점 거리는 $f=10$ cm이다. 따라서 $\frac{1}{a}+\frac{1}{60}=\frac{1}{10}$이므로 ㉯는 12 cm이다.
오답 피하기 ㄱ. 렌즈에 의한 상이 렌즈 뒤쪽에 생겼으므로 ㉮는 실상이다.
ㄷ. 상의 배율은 (나)에서는 2, (다)에서는 5이다. 따라서 상의 배율은 (다)에서가 (나)에서의 $\frac{5}{2}$배이다.

07

정답 맞히기 ㄱ. x_1은 렌즈의 중심에서 물체까지의 거리, x_2는 렌즈의 중심에서 상까지의 거리이다. 따라서 $\frac{1}{40}+\frac{1}{40}=\frac{1}{f}$이므로 렌즈의 초점 거리 $f=20$ cm이다.
ㄴ. Ⅱ에서 렌즈 방정식 $\frac{1}{10}+\frac{1}{b}=\frac{1}{20}$이므로 상은 렌즈의 왼쪽 20 cm 지점에 생긴다. 따라서 ㉮는 -20 cm이다.
오답 피하기 ㄷ. 물체가 F_1을 지나 렌즈 중심까지 x축을 따라 이동하는 동안 상의 크기는 F_1 근처에서 가장 크고, 렌즈 중심에 가까울수록 점점 작아진다.

08

A에서 렌즈 방정식은 $\frac{1}{a}+\frac{1}{b}=\frac{1}{f}$이고, $a=30$ cm, $f=12$ cm이므로 $\frac{1}{30}+\frac{1}{b}=\frac{1}{12}$에서 $b=20$ cm이다. 따라서 I_1의 크기는 물체 크기의 $\frac{2}{3}$배인 $\frac{2}{3}h$이다. B에서 렌즈 방정식은 $\frac{1}{5}+\frac{1}{b'}=\frac{1}{6}$이고, $b'=-30$ cm이므로 I_2의 크기는 I_1의 6배인 $4h$이다.

13 빛의 입자성과 파동성

탐구 활동 본문 245쪽

1 해설 참조 **2** 해설 참조 **3** 해설 참조
4 해설 참조

1

모범 답안 역방향 전압이 걸렸을 때 전압이 클수록 전류의 세기는 작아지고, 정지 전압일 때 전류의 세기는 0이 된다.

2

모범 답안 빛의 세기가 강할수록 광전류의 세기가 크다.

3

모범 답안 빛의 진동수가 클수록 광전자의 최대 운동 에너지는 크다.

4

모범 답안 금속의 종류에 따라 일함수가 다르고, 일함수가 클수록 광전자가 방출되지 않는 빛의 진동수가 크다.

내신 기초 문제 본문 246~250쪽

01 ③ **02** ⑤ **03** ① **04** ② **05** ④
06 ② **07** ③ **08** 8 eV **09** ⑤ **10** ①
11 ④ **12** $\frac{h}{\sqrt{2meV}}$ **13** ⑤ **14** ①
15 ③ **16** ② **17** ③ **18** ⑤ **19** ①
20 해설 참조

01

정답 맞히기 A: 광전 효과는 금속 표면에 특정한 진동수보다 큰 진동수의 빛을 비출 때 금속에서 전자가 방출되는 현상을 말하고, 이때 방출되는 전자는 광전자라고 한다.
B: 광전자가 방출될 때, 빛의 진동수가 클수록 광전자의 최대 운동 에너지는 크다.

오답 피하기 C: 광전 효과는 빛의 입자성을 증명하는 대표적인 실험이다.

02

정답 맞히기 ㄱ. 광전자는 특정한 진동수보다 큰 진동수의 빛을 비출 때 방출되고, 이 특정한 진동수를 한계(문턱) 진동수라고 한다.
ㄴ. 한계(문턱) 진동수보다 작은 진동수의 빛은 아무리 센 빛을 비춰도 광전자가 방출되지 않는다. 따라서 '광전자가 방출되지 않는다.'는 B로 적절하다.
ㄷ. 금속 표면에서 방출되는 광전자의 최대 운동 에너지는 비춰진 빛의 세기에는 관계없고, 빛의 진동수가 클수록 크다.

03

정답 맞히기 ㄱ. 금속판에 단색광을 비추었을 때 광전 효과에 의해 전자가 방출되었으므로 단색광의 진동수는 금속판의 한계(문턱) 진동수보다 크다.

오답 피하기 ㄴ. 전자가 방출되어 금속박이 벌어졌으므로 금속박은 양(+)전하로 대전되어 있다.
ㄷ. 빛의 진동수가 금속판의 한계(문턱) 진동수보다 크면 빛의 세기가 약해도 광전자가 방출된다. 따라서 세기만을 약한 빛으로 바꿔도 금속박은 벌어진다.

04

정답 맞히기 ㄴ. (가)에서 진동수가 f인 빛을 비추었을 때 광전자가 방출되었으므로 f는 A의 한계(문턱) 진동수보다 크다.

오답 피하기 ㄱ. 동일한 진동수의 빛을 비추었을 때 A에서는 광전자가 방출되고, B에서는 광전자가 방출되지 않았으므로 일함수는 B가 A보다 크다.
ㄷ. (나)에서 f는 B의 한계(문턱) 진동수보다 작으므로 빛의 세기를 증가시켜도 광전자는 방출되지 않는다.

05

정답 맞히기 ㄱ. 단색광의 세기가 클수록 광전류의 세기가 크다. 따라서 단색광의 세기는 A가 B보다 크다.
ㄴ. A, B를 비출 때 정지 전압은 V_0으로 같으므로 단색광의 진동수는 A와 B가 같다.

오답 피하기 ㄷ. 광전자의 최대 운동 에너지 $E_k = eV_0$이다. 따라서 광전자의 최대 운동 에너지는 A를 비출 때와 B를 비출 때가 같다.

06

한계(문턱) 진동수가 f_0이므로 일함수 $W=hf_0$이고, 플랑크 상수는 $h=\frac{E}{3f_0-f_0}=\frac{E}{2f_0}$이다. 따라서 A의 일함수는 $\frac{1}{2}E$이다.

07

정답 맞히기 ㄱ. A를 비추었을 때 광전자가 Q에서는 방출되고, P에서는 방출되지 않았으므로 금속판의 일함수는 P가 Q보다 크다.

ㄴ. B를 P에 비추었을 때에는 광전자가 방출되었고, A를 P에 비추었을 때에는 광전자가 방출되지 않았다. 따라서 진동수는 B가 A보다 크다.

오답 피하기 ㄷ. C를 P에 비추었을 때 광전자가 방출되지 않았으므로 C의 진동수는 한계(문턱) 진동수보다 작다. 따라서 C의 세기를 증가시켜도 P에서 광전자가 방출되지 않는다.

08

A의 광자 1개의 에너지를 E라고 하면, 광전자의 최대 운동 에너지는 6 eV이고, 금속판의 일함수가 2 eV이므로 $6\text{ eV}=E-2\text{ eV}$이다. 따라서 A의 광자 1개의 에너지는 $E=8\text{ eV}$이다.

09

정답 맞히기 A: 빛의 간섭, 회절 현상은 빛이 파동임을 알 수 있는 대표적인 현상이다.

B: 드브로이는 「양자론의 연구」라는 제목의 논문을 통해 파동인 빛이 입자의 성질을 갖는 것처럼 전자와 같은 입자도 파동의 성질을 갖는다는 입자의 파동설을 주장하였다.

C: 총알이나 축구공과 같은 거시적 세계의 물질들은 전자와 같은 미시적 세계의 입자에 비해 질량이 너무 커서 물질파 파장이 매우 짧다. 따라서 거시적 세계의 물질들은 파동성을 확인하는 것이 사실상 불가능하다.

10

정답 맞히기 ㄱ. 이중 슬릿을 통과한 전자선이 형광판에 만드는 무늬가 이중 슬릿을 통과한 빛의 간섭무늬와 같으므로 전자가 파동의 성질을 갖는다는 것을 알 수 있다.

오답 피하기 ㄴ. 질량 m인 입자가 속력 v로 운동할 때 운동량이 p인 물질파 파장 $\lambda=\frac{h}{p}=\frac{h}{mv}$이다. 따라서 (나)에서 전자의 속력이 클수록 파장은 짧아지고 밝은 무늬 사이의 간격은 좁다.

ㄷ. 운동량이 p인 물질파 파장 $\lambda=\frac{h}{p}$이므로 (나)에서 전자의 운동량이 작을수록 밝은 무늬 사이의 간격은 넓다.

11

전자의 질량을 m이라고 하면 $\lambda=\frac{h}{p}$이고, 전자의 운동 에너지 $E_{\text{k}}=\frac{1}{2}mv^2=\frac{p^2}{2m}$이므로 $p=\sqrt{2mE_{\text{k}}}$이다. 따라서

$\lambda_1 : \lambda_2=\frac{h}{\sqrt{2mE}} : \frac{h}{\sqrt{2m(4E)}}=2 : 1$이다.

12

전자의 드브로이 파장은 $\lambda=\frac{h}{p}$이고, 전자의 운동 에너지 $E_{\text{k}}=eV=\frac{p^2}{2m}$이므로 $p=\sqrt{2meV}$이다. 따라서 양극판을 통과할 때 전자의 드브로이 파장은 $\lambda=\frac{h}{\sqrt{2meV}}$이다.

13

정답 맞히기 ㄱ. 데이비슨 · 거머 실험으로 전자가 X선과 같은 파동의 성질을 나타낸다는 것이 입증되었다.

ㄴ. 데이비슨과 거머는 X선이 결정면에서 반사하여 회절하는 것과 같이 전자도 회절한다고 생각하였다.

ㄷ. 전자도 X선과 같은 파동의 성질을 가지고 있으므로 54 V의 전압으로 가속시킨 전자의 물질파 파장은 같은 각도에서 보강 간섭이 일어나는 X선의 파장과 일치한다.

14

정답 맞히기 ㄱ. 그림은 양자수 $n=2$인 상태를 나타낸 것이다.

오답 피하기 ㄴ. 전자의 궤도 반지름은 $r_n=a_0n^2$이므로 $4a_0$이다.

ㄷ. 드브로이 파장은 $2\pi r=n\lambda$이고, $n=2$이므로 전자의 드브로이 파장은 $4\pi a_0$이다.

15

정답 맞히기 ㄱ. 이중 슬릿을 통과한 전자가 간섭무늬를 만든다는 것은 전자가 파동의 성질을 가지고 있기 때문이다.

ㄴ. 밝은 무늬 사이의 간격 $\Delta x\propto\frac{\lambda}{d}$이므로 d가 작을수록 Δx는 증가한다.

오답 피하기 ㄷ. $\lambda=\frac{h}{mv}$이다. 전자의 속력을 증가시키면 전자의 물질파 파장이 짧아지므로 Δx는 감소한다.

16

정답 맞히기 ㄴ. 입자의 위치를 측정하기 위한 빛의 파장이 짧을수록 위치의 불확정성은 작아지므로 운동량의 불확정성 Δp는 커진다.

오답 피하기 ㄱ. 입자의 위치의 불확정성 Δx가 클수록 운동량의 불확정성 Δp는 작아진다.

ㄷ. 입자성과 파동성을 모두 띠고 있는 입자의 위치와 운동량을 동시에 정확하게 측정하는 것은 불가능하다.

17

정답 맞히기 ㄱ. 슬릿의 폭은 전자의 위치의 불확정성에 해당하므로 ㉠은 '위치'이다.

ㄴ. 전자의 위치의 불확정성이 작아지면 운동량의 불확정성이 커지므로 ㉡은 '운동량'이다.

오답 피하기 ㄷ. 위치의 불확정성이 작을수록 운동량의 불확정성이 커지므로 슬릿의 폭이 좁을수록 슬릿을 지난 전자가 진행하는 범위가 넓어진다. 따라서 ㉢은 '넓어진다'가 적절하다.

18

정답 맞히기 ㄱ. 주 양자수가 n인 경우 궤도 양자수 $l=0, 1, 2, \cdots, n-1$이다. 따라서 주 양자수 $n=1$이므로 궤도 양자수 $l=0$이다.

ㄴ. 확률 밀도가 클수록 전자를 발견할 확률이 크다. 따라서 전자를 발견할 확률은 a_0에서 가장 크다.

ㄷ. 전자는 공간에 반드시 존재해야 하므로 전 공간에서 전자를 발견할 확률을 더하면 그 값은 1이어야 한다. 따라서 확률 밀도 그래프 아래 부분의 전체 넓이는 1이다.

19

정답 맞히기 ㄱ. 양자수 n이 1로 같으므로 (가), (나)에서 전자의 에너지는 같다.

오답 피하기 ㄴ. (가)는 수소 원자에만 적용되고, (나)는 모든 원자에 적용된다.

ㄷ. (나)에서는 전자의 정확한 위치는 알 수 없고, 전자가 존재할 확률만 알 수 있다.

20

모범 답안 주 양자수 $n=2$일 때에는 $l=0$, 1만 가능하므로 (2, 0, 0), (2, 1, 1), (2, 1, 0), (2, 1, -1)의 4가지 상태가 가능하다.

실력 향상 문제

본문 251~255쪽

01 ①	02 ⑤	03 ③	04 ④	05 ①
06 ②	07 ⑤	08 해설 참조		09 ④
10 ③	11 ①	12 ②	13 ①	14 ②
15 해설 참조		16 ④	17 ③	18 ④
19 ②	20 해설 참조			

01 광전 효과

정답 맞히기 ㄱ. (가)에서 P에 단색광을 비추었을 때 광전자가 방출되었으므로 단색광의 진동수는 P의 한계(문턱) 진동수보다 크다.

오답 피하기 ㄴ. 광전자의 최대 운동 에너지는 빛의 세기와는 관계없고, 빛의 진동수가 클수록 크다. 따라서 (가)에서 세기만 더 큰 단색광으로 바꾸어도 광전자의 최대 운동 에너지 E_k는 변하지 않는다.

ㄷ. 진동수만 $2f$인 빛으로 바꾸어도 광전자의 최대 운동 에너지 E_k는 $2E$가 되지 않는다.

02 광전자의 최대 운동 에너지

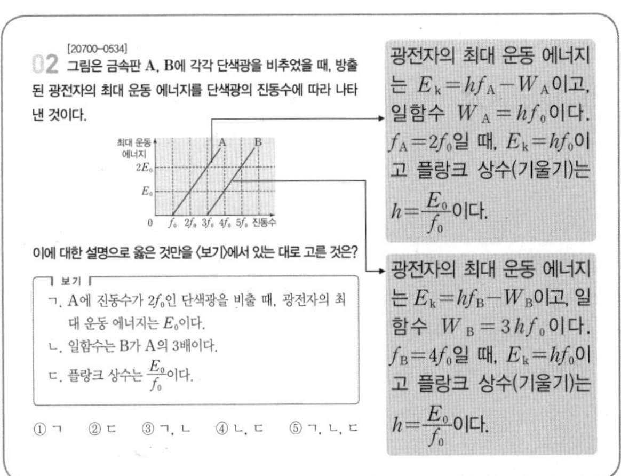

정답 맞히기 ㄱ. 그림에서 A에 진동수가 $2f_0$인 단색광을 비출 때, 광전자의 최대 운동 에너지는 E_0이다.

ㄴ. 한계(문턱) 진동수가 f_0일 때, 일함수 $W=hf_0$이므로 A는 hf_0, B는 $3hf_0$이다. 따라서 일함수는 B가 A의 3배이다.

ㄷ. 광전자의 최대 운동 에너지를 진동수에 따라 나타낸 그래프에서 그래프의 기울기는 플랑크 상수이다. 따라서 플랑크 상수는 $\frac{E_0}{f_0}$이다.

03 광전 효과

정답 맞히기 ㄱ. 순방향 전압이 걸렸을 때 광전류의 세기는 A가 B보다 크므로 단위 시간당 방출되는 광전자의 개수는 A가 B보다 많다.

ㄷ. 광전자의 최대 운동 에너지는 정지 전압에 비례하므로 ($E_k=eV_0$) 광전자의 최대 운동 에너지는 B를 비출 때가 A를 비출 때의 2배이다.

오답 피하기 ㄴ. 광전자의 최대 운동 에너지는 $E_k=hf-W$이므로 광전자의 최대 운동 에너지는 B를 비출 때가 A를 비출 때의 2배이더라도 단색광의 진동수는 B가 A의 2배는 아니다.

04 광전 효과

정답 맞히기 ㄴ. 단위 시간당 방출되는 광전자 수는 빛의 단색광의 세기가 클수록 많다. 따라서 단위 시간당 방출되는 광전자 수는 B를 비출 때가 C를 비출 때보다 많다.

ㄷ. P에 A를 비추었을 때 방출되는 광전자의 최대 운동 에너지가 hf_0이므로 $hf_0=2hf_0-W$에서 P의 일함수 $W=hf_0$이다. 따라서 P에 C를 비추었을 때 방출되는 광전자의 최대 운동 에너지는 $E_C=4hf_0-hf_0=3hf_0$이다.

오답 피하기 ㄱ. 광전자의 최대 운동 에너지는 $E_k=hf-W$이므로 단색광의 진동수가 클수록 크다. 따라서 광전자의 최대 운동 에너지는 A를 비출 때가 B를 비출 때보다 작다.

05 광전 효과

정답 맞히기 ㄱ. 파장이 짧을수록 진동수는 크므로 진동수는 A가 B보다 크다. 따라서 B를 비출 때는 광전자가 방출되므로 진동수가 B보다 큰 A를 비추면 광전자가 방출된다.

오답 피하기 ㄴ. 파장이 짧을수록 방출되는 광전자의 최대 운동 에너지가 크므로 광전자의 최대 운동 에너지는 B를 비출 때가 A를 비출 때보다 작다.

ㄷ. C를 비출 때는 광전자가 방출되지 않으므로 광전류의 세기는 B, C를 동시에 비출 때와 B만 비출 때가 같다.

06 광전 효과

정답 맞히기 ㄴ. 정지 전압은 빛의 세기와는 관계가 없고, 진동수와 관계가 있으므로 (가)는 V_0이다.

오답 피하기 ㄱ. 정지 전압은 빛의 진동수가 클수록 크다. 정지 전압은 f_2를 비출 때가 f_1을 비출 때보다 크므로 진동수는 f_1이 f_2보다 작다.

ㄷ. 광전자의 최대 운동 에너지는 $E_k=eV_{정지}$이므로 f_1일 때가 f_2일 때보다 작다.

07 광전 효과 실험

정답 맞히기 ㄱ. 광전류의 세기는 단색광의 세기에 비례하고, A, B를 비추었을 때 광전류의 세기는 I로 같으므로 ㉠은 $2I$이다.

ㄴ. 광전자의 최대 운동 에너지는 단색광의 진동수가 클수록 크다. 따라서 단색광의 진동수는 B가 A보다 크므로 ㉡은 $3E_0$이다.

ㄷ. (가)에서 $E_0=hf-W$이고, (나)에서 $3E_0=2hf-W$이므로 정리하면 $hf=2W$이고, 일함수 $W=hf_0$이므로 X의 한계(문턱) 진동수는 $f_0=\frac{f}{2}$이다.

08 광양자설에 의한 광전 효과 해석

모범 답안 금속판의 일함수를 W라고 하면 $E_0=2hf_0-W$, $2E_0=3hf_0-W$이므로 $W=hf_0$이다. 따라서 $E_{가}=5hf_0-hf_0=4hf_0$이므로 ㉮$=4hf_0=4E_0$이다.

09 전자의 파동성

정답 맞히기 ㄱ. 전기력이 전자에 한 일은 전자의 운동 에너지 변화량과 같으므로 양극판을 통과할 때 전자의 운동 에너지는 eV이다.

ㄴ. 전자의 드브로이 파장은 $\lambda=\frac{h}{p}$이고, 전자의 운동 에너지 $E_k=eV=\frac{p^2}{2m}$이므로 $p=\sqrt{2meV}$이다. 따라서 양극판을 통과할 때 전자의 드브로이 파장은 $\lambda=\frac{h}{\sqrt{2meV}}$이다.

오답 피하기 ㄷ. 전압을 $2V$로 증가시키면 양극판을 통과할 때 전자의 드브로이 파장은 $\frac{h}{2\sqrt{meV}}$이다.

10 입자의 파동성 실험

정답 맞히기 ㄱ. 전자선의 회절 무늬와 X선의 회절 무늬가 같은 모양이므로 전자가 파동의 성질을 갖는다는 것을 알 수 있다.

ㄴ. (가), (나)에서 회절 무늬 간격은 같으므로 전자의 드브로이 파장과 X선의 파장은 같다.

오답 피하기 ㄷ. 전자의 질량을 m이라고 하면 $\lambda=\frac{h}{p}$이고, 전자의 운동 에너지 $E_k=\frac{1}{2}mv^2=\frac{p^2}{2m}$이므로 $p=\sqrt{2mE_k}$이다. 따라서 $\lambda=\frac{h}{\sqrt{2mE_k}}$이므로 (가)에서 전자의 운동 에너지가 클수록 파장이 짧아지므로 회절 무늬 간격은 좁아진다.

11 보어의 원자 모형과 물질파

전기력이 구심력으로 작용하므로 $m\frac{v^2}{r}=k\frac{e^2}{r^2}$이다. 보어의 양자

가설은 $2\pi r=n\frac{h}{mv}$이고, $v=\frac{2\pi ke^2}{nh}$이므로 $r=\frac{n^2h^2}{4\pi^2kme^2}$이다. 따라서 전자의 궤도 반지름 r는 n^2에 비례한다.

12 수소 원자 모형과 드브로이 파장

정답 맞히기 ㄴ. 전자의 드브로이 파장은 $\lambda=\frac{h}{p}$이고, $2\pi r_n=n\lambda$에서 전자의 드브로이 파장은 n에 비례하므로 드브로이 파장은 (가)에서가 (나)에서의 $\frac{2}{3}$배이다. 따라서 전자의 운동량은 (가)에서가 (나)에서의 $\frac{3}{2}$배이다.

오답 피하기 ㄱ. (가), (나)에서 양자수 n은 각각 2, 3이고, 전자의 궤도 반지름은 $r_n=a_0n^2$ (a_0: 보어 반지름)이므로 전자의 궤도 반지름은 (나)에서가 (가)에서의 $\frac{9}{4}$배이다.

ㄷ. 전자가 낮은 에너지 준위에서 높은 에너지 준위로 전이할 때 에너지를 흡수하므로 전자가 (가)에서 (나)로 전이할 때 에너지를 흡수한다.

13 입자의 드브로이 파장

정답 맞히기 ㄱ. A의 질량과 속력은 각각 m, v이므로 $\lambda=\frac{h}{mv}$이다.

오답 피하기 ㄴ. B의 드브로이 파장은 $\lambda_B=\frac{h}{2mv}=\frac{\lambda}{2}$이다.

ㄷ. 파장이 길수록 회절이 잘 일어나고, 파장은 A가 C의 2배이다. 따라서 회절 현상은 A가 C보다 잘 일어난다.

14 입자의 운동 에너지와 드브로이 파장

힘이 한 일은 운동 에너지의 변화량과 같으므로 A, B가 L만큼 떨어진 지점을 통과하는 순간 A, B의 운동 에너지는 같고, 입자의 드브로이 파장은 $\lambda=\frac{h}{\sqrt{2mE_k}}$이므로 $\lambda_A=\frac{h}{\sqrt{2mE_k}}$, $\lambda_B=\frac{h}{\sqrt{4mE_k}}$이다. 따라서 $\lambda_A:\lambda_B=\sqrt{2}:1$이다.

15 드브로이 파장

모범 답안 입자의 운동량 $p=\frac{h}{\lambda}$이고, 입자의 운동 에너지는 $E_k=\frac{p^2}{2m}$이므로 $m=\frac{h^2}{2E_k\lambda^2}$이다. 따라서 $m_A=\frac{h^2}{2E_0(3\lambda_0)^2}$이고, $m_B=\frac{h^2}{2(2E_0)\lambda_0^2}$이므로 $m_A:m_B=2:9$이다.

16 하이젠베르크의 사고 실험

정답 맞히기 ㄱ. 전자의 위치는 최소 λ만큼의 오차를 가지므로 전자의 위치 불확정성 Δx는 $\Delta x\geq\lambda$ 이다.

ㄴ. 파장이 λ인 빛의 운동량은 $\frac{h}{\lambda}$이고 전자의 운동량 변화 정도를 광자의 운동량 정도라고 하면 $\Delta p\approx\frac{h}{\lambda}$이다. 따라서 ㉠은 $\Delta x\geq\lambda$, ㉡은 $\Delta p\approx\frac{h}{\lambda}$이다.

오답 피하기 ㄷ. 전자의 위치와 운동량을 동시에 정확하게 측정할 수는 없다.

17 하이젠베르크 양자 현미경

정답 맞히기 ㄱ. 빛의 파장이 길수록 빛의 회절 정도가 크고, 파장이 짧을수록 회절 정도가 작다. 따라서 스크린에 도달하는 빛의 회절에 의해 상이 흐려지므로 위치를 정확하게 측정하기 어렵다.

ㄴ. 빛의 파장이 길수록 회절 정도가 크므로 전자의 위치 불확정성은 크다.

오답 피하기 ㄷ. 빛의 파장이 짧을수록 전자의 위치 불확정성이 작고, 운동량 불확정성은 크다.

18 수소 원자의 확률 분포

정답 맞히기 ㄱ. 궤도 양자수가 l인 경우 자기 양자수 $m=-l$, $-l+1$, …, 0, $l-1$, l이다. 따라서 궤도 양자수 $l=0$이므로 자기 양자수 $m=0$이다.

ㄴ. 파동 함수 ψ는 전자와 같은 매우 작은 입자의 운동을 설명할 수 있는 슈뢰딩거 파동 방정식의 해이고, 확률 밀도 함수 $|\psi|^2$은 전자가 어떤 시간에 특정 구간에서 발견될 확률을 알려준다.

오답 피하기 ㄷ. 전자의 에너지를 결정하는 것은 주 양자수이다. 따라서 주 양자수가 같으므로 전자의 에너지는 r_2에서와 r_1에서가 같다.

19 현대적 원자 모형

정답 맞히기 ㄴ. 전자의 에너지를 결정하는 것은 주 양자수이고, 주 양자수는 (나)에서가 (가)에서보다 크다. 따라서 전자의 에너지 준위는 (나)에서가 (가)에서보다 크다.

오답 피하기 ㄱ. (가)는 $n=1$, (나)는 $n=2$인 상태의 현대의 수소 원자 모형이다.

ㄷ. (나)에서 전자를 발견할 확률은 진하게 표시된 곳이 크다. 따라서 전자를 발견할 확률은 p에서가 q에서보다 크다.

20 전자의 회절과 불확정성 원리

모범 답안 슬릿의 폭을 Δx라고 하면 운동량의 불확정성 $\Delta p \propto \frac{\lambda}{\Delta x}$이고, $\lambda=\frac{h}{p}$이므로 $\Delta p \propto \frac{h}{p\Delta x}$이다. 따라서 $\Delta p_{\mathrm{A}} \propto \frac{h}{pd}$, $\Delta p_{\mathrm{B}} \propto \frac{h}{4pd}$, $\Delta p_{\mathrm{C}} \propto \frac{h}{2pd}$이므로 $\Delta p_{\mathrm{A}} > \Delta p_{\mathrm{C}} > \Delta p_{\mathrm{B}}$이다.

신유형·수능 열기

본문 256~258쪽

01 ⑤	02 ④	03 ②	04 ①	05 ②
06 ②	07 ③	08 ①	09 ④	10 ③
11 ⑤	12 ⑤			

01

정답 맞히기 ㄱ. 광전자의 최대 운동 에너지는 $E_{\mathrm{k}}=eV_0=hf-W$이므로 정지 전압이 클수록 일함수가 작다. 따라서 일함수는 A가 B보다 작다.

ㄴ. 광전자의 최대 운동 에너지는 정지 전압에 비례하므로 단색광을 A에 비출 때가 B에 비출 때보다 크다.

ㄷ. 단색광을 C에 비추었을 때는 광전류가 흐르지 않으므로 단색광 광자 1개의 에너지는 C의 일함수보다 작다.

02

정답 맞히기 ㄴ. 단색광의 파장이 짧을수록 진동수는 크다. 파장이 3λ인 단색광을 비추었을 때 A에서는 광전자가 방출되지 않는다.

ㄷ. 단색광의 속력을 c, 플랑크 상수를 h라고 하면 $E_1=\frac{hc}{\lambda}-\frac{hc}{2\lambda}=\frac{hc}{2\lambda}$이고, $E_2=\frac{hc}{\lambda}-\frac{hc}{4\lambda}=\frac{3hc}{4\lambda}$이다. 따라서 $E_1 : E_2 = 2 : 3$이다.

오답 피하기 ㄱ. 광전자가 방출되기 시작할 때의 파장이 A에서는 2λ, B에서는 4λ이므로 금속판의 한계(문턱) 진동수는 A가 B의 2배이다. 따라서 일함수는 A가 B의 2배이다.

03

정답 맞히기 ㄴ. 광자 1개의 에너지는 $E=hf$이므로 진동수가 더 큰 A가 B보다 크다.

오답 피하기 ㄱ. B를 비출 때 광전자가 방출되고, 진동수는 A가 B보다 크므로 A를 비출 때도 광전자는 방출된다.

ㄷ. 광전자의 최대 운동 에너지는 진동수에 따라 변하므로 A, B를 동시에 비출 때와 A만 비출 때가 같다.

04

빛을 금속판 A에 비출 때, $E=2hf_0-W_{\mathrm{A}}$, $2E=3hf_0-W_{\mathrm{A}}$이므로 $E=hf_0$이고, $W_{\mathrm{A}}=hf_0$이다. 빛을 금속판 B에 비출 때, $\frac{1}{2}E=2hf_0-W_{\mathrm{B}}$이므로 $W_{\mathrm{B}}=\frac{3}{2}hf_0$이고, ㉮$=3hf_0-\frac{3}{2}hf_0=\frac{3}{2}hf_0=\frac{3}{2}E$이다. 따라서 $W_{\mathrm{A}} : W_{\mathrm{B}}=2:3$이다.

별해 | 플랑크 상수는 금속판에 관계없이 일정하고, $h=\frac{\Delta E_{\mathrm{k}}}{\Delta f}$이므로 ㉮는 $\frac{3}{2}E$이다.

05

정답 맞히기 ㄴ. 전기력이 A, B에 한 일은 A, B의 운동 에너지와 같으므로 양극판을 통과할 때 A, B의 운동 에너지는 각각 eV, $2eV$이다. 따라서 운동 에너지는 B가 A의 2배이다.

오답 피하기 ㄱ. 극판 사이의 간격을 d라고 하면, A, B에 작용하는 전기력의 크기는 각각 $\frac{eV}{d}$, $\frac{2eV}{d}$이므로 가속도는 각각 $\frac{eV}{md}$, $\frac{eV}{2md}$이다. 따라서 양극판에 도달하는 데 걸리는 시간은 A가 B보다 작다.

ㄷ. 양극판을 통과할 때 입자의 드브로이 파장은 A는 $\lambda_{\mathrm{A}}=\frac{h}{\sqrt{2meV}}$, B는 $\lambda_{\mathrm{B}}=\frac{h}{\sqrt{2(4m)(2e)V}}$이다. 따라서 A가 B의 $2\sqrt{2}$배이다.

06

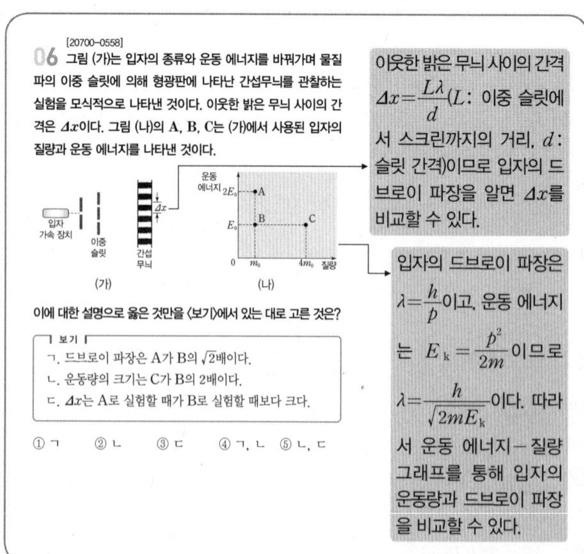

[20700-0558]

06 그림 (가)는 입자의 종류와 운동 에너지를 바꿔가며 물질파의 이중 슬릿에 의해 형광판에 나타난 간섭무늬를 관찰하는 실험을 모식적으로 나타낸 것이다. 이웃한 밝은 무늬 사이의 간격은 Δx이다. 그림 (나)의 A, B, C는 (가)에서 사용된 입자의 질량과 운동 에너지를 나타낸 것이다.

이에 대한 설명으로 옳은 것만을 〈보기〉에서 있는 대로 고른 것은?

보기

ㄱ. 드브로이 파장은 A가 B의 $\sqrt{2}$배이다.

ㄴ. 운동량의 크기는 C가 B의 2배이다.

ㄷ. Δx는 A로 실험할 때가 B로 실험할 때보다 크다.

① ㄱ ② ㄴ ③ ㄷ ④ ㄱ, ㄴ ⑤ ㄴ, ㄷ

이웃한 밝은 무늬 사이의 간격 $\Delta x=\frac{L\lambda}{d}$($L$: 이중 슬릿에서 스크린까지의 거리, d: 슬릿 간격)이므로 입자의 드브로이 파장을 알면 Δx를 비교할 수 있다.

입자의 드브로이 파장은 $\lambda=\frac{h}{p}$이고, 운동 에너지는 $E_{\mathrm{k}}=\frac{p^2}{2m}$이므로 $\lambda=\frac{h}{\sqrt{2mE_{\mathrm{k}}}}$이다. 따라서 운동 에너지-질량 그래프를 통해 입자의 운동량과 드브로이 파장을 비교할 수 있다.

정답 맞히기 ㄴ. 운동 에너지는 $E_k=\frac{p^2}{2m}$이므로 $p=\sqrt{2mE_k}$이다. 따라서 운동량의 크기는 C가 B의 2배이다.

오답 피하기 ㄱ. 입자의 드브로이 파장은 $\lambda=\frac{h}{mv}=\frac{h}{\sqrt{2mE_k}}$이므로 A, B의 드브로이 파장은 각각 $\lambda_A=\frac{h}{\sqrt{2m_0(2E_0)}}$, $\lambda_B=\frac{h}{\sqrt{2m_0E_0}}$이다. 따라서 드브로이 파장은 B가 A의 $\sqrt{2}$배이다.

ㄷ. 이웃한 밝은 무늬 사이의 간격은 Δx는 파장이 길수록 크므로 B로 실험할 때가 A로 실험할 때보다 크다.

07

정답 맞히기 ㄱ. 물질파 파장은 $\lambda=\frac{h}{mv}=\frac{h}{\sqrt{2mE_k}}$이므로 운동 에너지가 E_0으로 같을 때 질량이 작은 A의 파장이 더 길다. 따라서 X는 A, Y는 B에 해당한다.

ㄴ. X는 A이므로 질량이 m이다. 따라서 $\lambda_0=\frac{h}{\sqrt{2mE_0}}$이다.

오답 피하기 ㄷ. $\lambda=\frac{h}{\sqrt{2mE_k}}$이고, X, Y의 운동 에너지가 각각 E_0, E_1일 때 파장이 같으므로 $\frac{h}{\sqrt{2mE_0}}=\frac{h}{\sqrt{2(2m)E_1}}$이다. 따라서 $E_1=\frac{E_0}{2}$이다.

08

정답 맞히기 ㄱ. 전자의 원운동 궤도 반지름은 $r\propto n^2$이므로 B가 A의 9배이다.

오답 피하기 ㄴ. 전자의 드브로이 파장은 $\lambda\propto n$이므로 B가 A의 3배이다.

ㄷ. 바닥상태에서 전자의 에너지는 $-E_0$이므로 A 상태에서 전자의 에너지는 $-E_0$이고, B 상태에서 전자의 에너지는 $-\frac{E_0}{9}$이다. 따라서 $E=-\frac{E_0}{9}+E_0=\frac{8E_0}{9}$이다.

09

정답 맞히기 ㄱ. 고전 역학적 관점에서는 입자의 위치나 운동량을 측정하는 것이 입자의 운동에 어떠한 영향도 미치지 않는다. 따라서 (가)는 고전 역학적 관점이다.

ㄴ. 고전 역학적 관점에서는 입자의 위치와 운동량을 모두 정확하게 측정할 수 있다.

오답 피하기 ㄷ. (나)는 양자 역학적 관점이므로 입자의 측정이 입자의 운동 상태를 변화시킬 수 있으므로 입자의 위치와 운동량을 동시에 정확하게 측정할 수 없다.

10

정답 맞히기 ㄱ. 전자의 위치 불확정성은 슬릿의 폭인 Δx와 같다고 할 수 있으므로 Δx가 증가하면 전자의 위치 불확정성이 증가한다.

ㄴ. Δx가 증가하면 전자의 회절 무늬의 폭이 작아지므로 전자의 물질파가 회절하는 정도가 감소한다.

오답 피하기 ㄷ. Δx가 감소하면 전자의 회절 무늬의 폭이 증가하므로 전자의 운동량 불확정성 Δp는 증가한다.

11

정답 맞히기 ㄱ. 전자가 광자와 충돌 후 운동하므로 전자가 입자의 성질을 갖는다는 것을 알 수 있다.

ㄴ. 전자가 결정 격자를 통과한 후 회절 무늬가 관찰되므로 전자는 파동의 성질을 갖는다.

ㄷ. 전자는 한 가지 실험에서 두 가지 성질이 동시에 나타나지는 않는다. 즉, 동시에 입자이며 파동일 수 없다는 점에서 상호 보완성 또는 상보성이라고 부른다.

12

정답 맞히기 ㄱ. (가), (나)에서 주 양자수는 각각 $n=1$, $n=2$이다. 따라서 전자의 에너지는 (나)에서가 (가)에서보다 크다.

ㄴ. (나)에서 궤도 양자수가 0이므로 자기 양자수는 0이다.

ㄷ. 확률 밀도 그래프 아래 부분의 전체 넓이는 (가)와 (나)에서 모두 1이므로 서로 같다.

단원 마무리 문제

본문 261~264쪽

01 ③	02 ②	03 ⑤	04 ③	05 ⑤
06 ③	07 ②	08 ③	09 ③	10 ①
11 ④	12 ⑤	13 ②	14 ③	15 ⑤
16 ①				

01

(가)와 (나)에서 O와 P 사이의 거리를 Δy, 이중 슬릿의 간격을 d, 이중 슬릿과 스크린 사이의 거리를 L이라고 하자. (가)의 P에서는 O로부터 첫 번째 상쇄 간섭이 일어났으므로 이중 슬릿의 각 슬릿에서부터 P까지 경로차는 $\Delta_{가}=\frac{\lambda}{2}(1)=\frac{d}{L}\Delta y$이다. (나)의 P에서는 O로부터 두 번째 보강 간섭이 일어났으므로 B의 파장

을 λ_B라고 하면, 이중 슬릿의 각 슬릿에서부터 P까지 경로차는 $\Delta_{나}=\frac{\lambda_B}{2}(2\times2)=\frac{d}{L}\Delta y$이다. 이를 정리하면 $\lambda_B=\frac{\lambda}{4}$이다.

02

정답 맞히기 ㄴ. 단색광의 파장이 길수록 단일 슬릿을 통과하여 스크린 중앙에 생긴 밝은 무늬의 폭은 크다. 파장은 A가 B보다 작으므로 ㉠은 x_0보다 작다.

오답 피하기 ㄱ. 동일한 매질에서 단색광의 속력은 같다.
ㄷ. 스크린의 중앙에서 밝은 무늬의 폭이 감소하면 스크린 중앙에서 밝은 무늬의 빛의 세기는 커진다. 따라서 ㉡은 I_0보다 크다.

03

정답 맞히기 ㄱ. t_1일 때 자동차에서 반사되어 되돌아오는 음파의 진동수는 f_0보다 작으므로 자동차는 관찰자로부터 멀어지는 방향으로 운동하고, t_2일 때 자동차에서 반사되어 되돌아오는 음파의 진동수는 f_0보다 크므로 자동차는 관찰자에게 다가오는 방향으로 운동한다. 따라서 자동차의 운동 방향은 t_1일 때와 t_2일 때가 서로 반대이다.
ㄴ. 음속을 V라 하고, t_1일 때 자동차의 속력을 v_1이라고 하자. t_1일 때 자동차가 측정한 음파의 진동수를 f_1이라고 하면, 자동차는 관찰자로부터 멀어지는 방향으로 운동하므로 $f_1=\frac{V-v_1}{V}f_0$이다. t_1일 때 자동차에서 반사되어 돌아오는 음파의 진동수는 $0.7f_0=\frac{V}{V+v_1}f_1=\frac{V-v_1}{V+v_1}f_0$이다. 이를 정리하면 $f_1>0.7f_0$이다.
ㄷ. t_2일 때 자동차의 속력을 각각 v_2라고 하자. t_2일 때 자동차가 측정한 음파의 진동수를 f_2라고 하면, 자동차는 관찰자에게 다가가는 방향으로 운동하므로 $f_2=\frac{V+v_2}{V}f_0$이다. t_2일 때 자동차에서 반사되어 돌아오는 음파의 진동수는 $1.3f_0=\frac{V}{V-v_2}f_2=\frac{V+v_2}{V-v_2}f_0$이다. $1.3(V-v_2)=V+v_2$에서 $v_2=\frac{3}{23}V$이다. t_1일 때 $0.7f_0=\frac{V-v_1}{V+v_1}f_0$에서 $0.7(V+v_1)=V-v_1$이므로 $v_1=\frac{3}{17}V$이다. 이를 정리하면 $\frac{v_1}{v_2}=\frac{23}{17}$이므로 자동차의 속력은 t_1일 때가 t_2일 때의 $\frac{23}{17}$배이다.

04

정답 맞히기 ㄷ. B에서 발생한 소리의 파장을 λ, 진동수를 f라고 하자. (가)에서 A가 측정한 소리의 속력은 V이고, A가 측정한 소리의 파장은 $\lambda-\frac{V}{f}$이므로 A가 측정한 소리의 진동수를 f_1이라고 하면 $f_1=\frac{V}{\lambda-\frac{v}{f}}=\frac{V}{\frac{V}{f}-\frac{v}{f}}=\frac{V}{V-v}f$이다. (나)에서 A가 측정한 소리의 속력은 $V+v$이므로 A가 측정한 소리의 진동수를 f_2라고 하면 $f_2=\frac{V+v}{\lambda}=\frac{V+v}{\frac{V}{f}}=\frac{V+v}{V}f$이다. 이를 정리하면 $f_1=\frac{V^2}{V^2-v^2}f_2$이다.

오답 피하기 ㄱ. (가)에서는 음원이 측정기를 향해 움직이고 있으므로 A가 측정한 파장은 B에서 발생한 소리의 파장보다 짧고, (나)에서는 측정기가 음원을 향해 움직이므로 A가 측정한 파장은 B에서 발생한 소리의 파장과 같다. 따라서 파장은 (가)에서가 (나)에서보다 짧다.
ㄴ. A가 측정한 소리의 속력은 음속에 대한 측정기의 상대 속도이므로 (가)에서 A가 측정한 소리의 속력은 V이고, (나)에서 A가 측정한 소리의 속력은 $V+v$이다. 따라서 A가 측정한 속력은 (가)에서가 (나)에서의 $\frac{V}{V+v}$배이다.

05

정답 맞히기 ㄱ. 진동수가 클수록 P에 낮은 전압이 걸리므로 저항에는 높은 전압이 걸린다. 따라서 P는 진동수가 클수록 저항 역할이 작아지는 축전기이다.
ㄴ. 진동수가 클수록 P 양단에 걸리는 전압이 작으므로 저항 양단에 걸리는 전압은 크다. 따라서 회로에 흐르는 전류의 세기는 크다.
ㄷ. 저항 양단에 걸리는 전압이 클수록 스피커에서 나오는 소리의 세기가 크다. 따라서 저항 양단에 걸리는 전압은 $2f_0$일 때가 f_0일 때보다 크므로 스피커에서는 고음이 저음보다 더 크게 출력된다.

06

정답 맞히기 ㄱ. 마이크는 음성 신호를 전기 신호로 바꿔주는 장치로, 일반적으로 사용하는 다이나믹 마이크는 전자기 유도를 이용하여 음성 신호를 전기 신호로 바꿔준다.
ㄴ. 음성 신호를 교류 신호에 첨가하는 과정을 변조라고 하고, 교류 신호의 주파수를 바꾸는 주파수 변조(FM) 방식과 교류 신호의 진폭을 변화시키는 진폭 변조(AM) 방식이 있다.

오답 피하기 ㄷ. 라디오에서는 LC 회로의 공명 진동수를 B의 진동수에 맞추어 방송을 수신한다.

07

정답 맞히기 ㄴ. 빛이 통과하는 렌즈의 크기가 (가)에서가 (나)에서보다 크므로 상은 (가)에서가 (나)에서보다 밝다.

오답 피하기 ㄱ. (가)에서 렌즈에 의한 상은 거꾸로 선 실상이다.

따라서 물체는 초점 바깥쪽에 있다.
ㄷ. 상의 밝기만 다를 뿐 (가)와 (나)에서 상의 모양이나 크기는 같다.

08

정답 맞히기 ㄱ. 초점 거리는 10 cm이고, 물체는 초점 거리의 2배인 20 cm 지점에 있다. 따라서 물체가 p에 있을 때 렌즈와 상 사이의 거리는 20 cm이다.
ㄴ. 렌즈 중심에서 q까지의 거리는 15 cm이므로 렌즈 방정식 $\frac{1}{15}+\frac{1}{b}=\frac{1}{10}$에서 렌즈 중심에서 상까지의 거리는 $b=30$ cm이다. 따라서 상의 배율은 2이고, 상의 크기는 10 cm이다.
오답 피하기 ㄷ. r는 렌즈와 초점 사이이므로 물체가 r에 있을 때, 렌즈 왼쪽에 허상이 생긴다.

09

정답 맞히기 ㄱ. 진동수가 f_A인 빛을 비추면 광전자가 방출되고, f_B인 빛을 비추면 광전자가 방출되지 않으므로 $f_A>f_B$이다.
ㄴ. 광전자의 최대 운동 에너지는 빛의 진동수가 클수록 크다. 따라서 (가)에서 진동수만 더 큰 빛으로 바꾸면 광전자의 최대 운동 에너지는 증가한다.
오답 피하기 ㄷ. (나)에서는 광전자가 방출되지 않았으므로 f_B는 금속판의 한계(문턱) 진동수보다 작다.

10

정답 맞히기 ㄱ. (가)에서 광전류의 세기는 A를 비출 때가 B를 비출 때보다 크므로 I_A는 I_B보다 크다.
오답 피하기 ㄴ. 광전자의 최대 운동 에너지는 정지 전압에 비례한다. 따라서 (가)에서 광전자의 최대 운동 에너지는 A를 비출 때와 B를 비출 때가 같다.
ㄷ. 동일한 금속판에 단색광을 비출 때, 정지 전압은 단색광의 진동수가 클수록 크다. 따라서 f_C는 f_D보다 작다.

11

정답 맞히기 ㄱ. a, b, c, d는 P, Q에 단색광을 비추었을 때 방출되는 광전자의 최대 운동 에너지와 비추어진 단색광의 진동수를 표시한 것이므로 a와 b, c와 d를 이은 직선의 기울기는 플랑크 상수로 같다. 따라서 b는 P에 단색광을 비춘 결과이다.
ㄴ. a와 b, c와 d를 이은 직선의 기울기는 플랑크 상수이므로 기울기는 같다.
오답 피하기 ㄷ. a는 P에 단색광을 비춘 결과이므로 d는 Q에 단색광을 비춘 결과이다. a와 d에서 빛의 진동수는 같고, 최대 운동 에너지는 a가 d보다 크므로 일함수는 Q가 P보다 크다.

12

정답 맞히기 ㄱ. (나)의 무늬는 물질파의 중첩에 의해 생기는 것이므로 원자의 파동성으로 설명할 수 있다.
ㄴ. 물질파 파장은 $\lambda=\frac{h}{mv}$이므로 원자의 속력이 작아지면 물질파 파장이 커진다.
ㄷ. d는 이웃한 어두운 무늬 사이의 간격이므로 파장이 클수록 d가 크다. 원자의 물질파 파장은 $\lambda=\frac{h}{\sqrt{2mE_k}}$이므로 운동 에너지가 클수록 파장은 작아지고, d도 작아진다.

13

질량이 m, 속력이 v인 입자의 드브로이 파장은 $\lambda=\frac{h}{mv}$이다. 따라서 $\lambda_A=\frac{h}{mv}$, $\lambda_B=\frac{h}{2mv}$이므로 $\lambda_A : \lambda_B=2 : 1$이다.

14

정답 맞히기 A: 보어의 제1가설을 드브로이 파장으로 표현하면 $2\pi r_n=n\frac{h}{mv}=n\lambda$이고, $r_n \propto n^2$이므로 전자의 드브로이 파장은 양자수 n에 비례한다.
B: 전자의 물질파가 원궤도에서 정상파를 이룰 때만 전자가 에너지를 방출하지 않고 정상 상태를 유지하게 된다.
오답 피하기 C: 전자의 궤도 반지름은 양자수 n의 제곱에 비례하므로 양자수 $n=2$일 때가 $n=1$일 때의 4배이다.

15

정답 맞히기 ㄱ. 슬릿의 폭 a가 감소하면 회절 무늬의 폭 D는 증가한다.
ㄴ. 슬릿의 폭 a는 불확정성 원리의 위치의 불확정성에 해당한다.
ㄷ. 회절 무늬의 폭 D는 불확정성 원리에서 운동량의 불확정성에 해당한다.

16

정답 맞히기 ㄱ. 파동 함수는 슈뢰딩거 파동 방정식의 해로 직접 관측하거나 측정할 수 없다.
오답 피하기 ㄴ. 주 양자수는 전자의 에너지를 결정하고, 궤도 양자수는 전자의 각운동량을 결정한다.
ㄷ. $n=1$일 때, l의 허용된 값은 0이므로 m의 허용된 값도 0이다. 따라서 가능한 양자수 (n, l, m)은 $(1, 0, 0)$이다.

MEMO

MEMO

본문 인용 사진 출처

NASA Image Collection / Alamy Stock Photo / booknfoto
68, 70쪽(아인슈타인의 십자가)
NASA Image Collection / Alamy Stock Photo / booknfoto
70쪽(아인슈타인의 고리)
㈜아이엠스톡 200쪽(기름막), 200쪽(전파 망원경), 207쪽(전복 껍데기)

당신이 원하는 한국사영역, 탐구영역의 교재가 바로 이것이다.

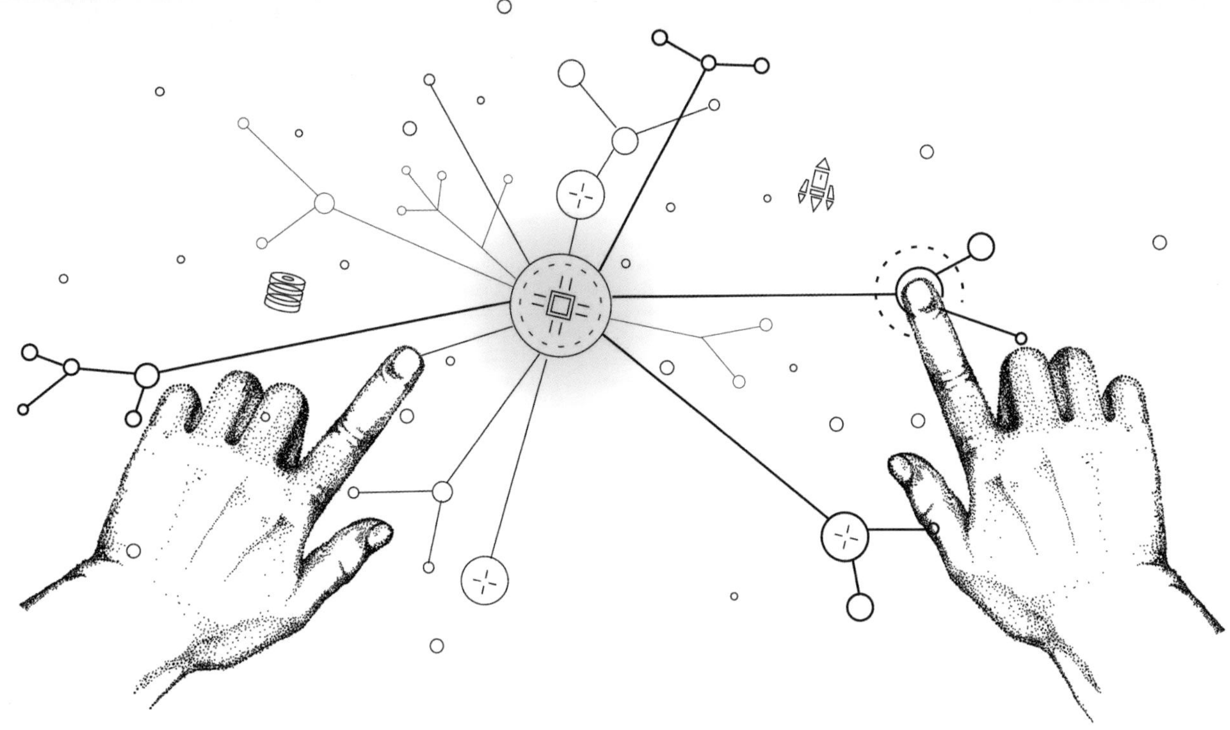

한국사, 사회, 과학의 최강자가 탄생했다!

「개념완성, 개념완성 문항편」

완벽한 이해를 위한 꼼꼼하고 체계적인 내용 정리

내신 대비 최적화된 교과서 핵심 분석

내신/수능 적중률을 높이기 위한 최신 시험 경향 분석

개념완성

한국사영역
필수 한국사 / 자료와 연표로 흐름을 읽는 한국사

사회탐구영역
통합사회 / 생활과 윤리 / 윤리와 사상 / 한국지리 / 세계지리 / 사회·문화 / 정치와 법 / 동아시아사

과학탐구영역
통합과학 / 물리학 I / 화학 I / 생명과학 I / 지구과학 I / 물리학 II / 화학 II / 생명과학 II / 지구과학 II

개념완성 문항편

사회탐구영역
통합사회

과학탐구영역
통합과학 / 물리학 I / 화학 I / 생명과학 I / 지구과학 I

학교시험 대비 활용 방법

∨ 우리학교 교과서를 확인한다.

∨ 개념완성에 수록된 교과서 조견표를 확인한다.

EBS

물리학 Ⅱ

정답과 해설

고1~2 내신 중점 로드맵

과목	고교 입문		기초	기본	특화	+ 단기
국어	고등 예비 과정	내 등급은?	윤혜정의 개념의 나비효과 입문편/워크북 어휘가 독해다!	기본서 올림포스	국어 특화 국어 독해의 원리 / 국어 문법의 원리	단기 특강
영어			정승익의 수능 개념 잡는 대박구문 주혜연의 해석공식 논리 구조편	올림포스 전국연합 학력평가 기출문제집	영어 특화 Grammar POWER / Reading POWER Listening POWER / Voca POWER	
수학			기초 50일 수학 매쓰 디렉터의 고1 수학 개념 끝장내기	유형서 올림포스 유형편	고급 올림포스 고난도	
				수학 특화 수학의 왕도		
한국사 사회		인공지능 수학과 함께하는 고교 AI 입문 수학과 함께하는 AI 기초		기본서 개념완성	고등학생을 위한 多담은 한국사 연표	
과학				개념완성 문항편		

과목	시리즈명	특징	수준	권장 학년
전과목	고등예비과정	예비 고등학생을 위한 과목별 단기 완성	●	예비 고1
국/수/영	내 등급은?	고1 첫 학력평가+반 배치고사 대비 모의고사	●	예비 고1
	올림포스	내신과 수능 대비 EBS 대표 국어·수학·영어 기본서	●	고1~2
	올림포스 전국연합학력평가 기출문제집	전국연합학력평가 문제 + 개념 기본서	●	고1~2
	단기 특강	단기간에 끝내는 유형별 문항 연습	●	고1~2
한/사/과	개념완성 & 개념완성 문항편	개념 한 권+문항 한 권으로 끝내는 한국사·탐구 기본서	●	고1~2
국어	윤혜정의 개념의 나비효과 입문편/워크북	윤혜정 선생님과 함께 시작하는 국어 공부의 첫걸음	●	예비 고1~고2
	어휘가 독해다!	학평·모평·수능 출제 필수 어휘 학습	●	예비 고1~고2
	국어 독해의 원리	내신과 수능 대비 문학·독서(비문학) 특화서	●	고1~2
	국어 문법의 원리	필수 개념과 필수 문항의 언어(문법) 특화서	●	고1~2
영어	정승익의 수능 개념 잡는 대박구문	정승익 선생님과 CODE로 이해하는 영어 구문	●	예비 고1~고2
	주혜연의 해석공식 논리 구조편	주혜연 선생님과 함께하는 유형별 지문 독해	●	예비 고1~고2
	Grammar POWER	구문 분석 트리로 이해하는 영어 문법 특화서	●	고1~2
	Reading POWER	수준과 학습 목적에 따라 선택하는 영어 독해 특화서	●	고1~2
	Listening POWER	수준별 수능형 영어듣기 모의고사	●	고1~2
	Voca POWER	영어 교육과정 필수 어휘와 어원별 어휘 학습	●	고1~2
수학	50일 수학	50일 만에 완성하는 중학~고교 수학의 맥	●	예비 고1~고2
	매쓰 디렉터의 고1 수학 개념 끝장내기	스타강사 강의, 손글씨 풀이와 함께 고1 수학 개념 정복	●	예비 고1~고1
	올림포스 유형편	유형별 반복 학습을 통해 실력 잡는 수학 유형서	●	고1~2
	올림포스 고난도	1등급을 위한 고난도 유형 집중 연습	●	고1~2
	수학의 왕도	직관적 개념 설명과 세분화된 문항 수록 수학 특화서	●	고1~2
한국사	고등학생을 위한 多담은 한국사 연표	연표로 흐름을 잡는 한국사 학습	●	예비 고1~고2
기타	수학과 함께하는 고교 AI 입문/AI 기초	파이선 프로그래밍, AI 알고리즘에 필요한 수학 개념 학습	●	예비 고1~고2